中國歷代歷象典

廣陵書社

欽定古今圖書集成曆象彙編曆法典

第一卷目錄

曆法典第一卷

曆法總部彙考一

上古

天皇氏始制干支以定歲之所在

按通鑑前編宋劉恕外紀天皇氏一姓十三人繼盤古氏以治是曰天靈澹泊無爲而俗自化始制干支之名以定歲之所在十干曰閼逢旃蒙柔兆彊圉著雍屠維上章重光元黓昭陽十二支曰困敦赤奮若攝提格單閼執徐大荒落敦牂協洽涒灘作噩閹茂大淵獻

太昊伏羲氏始作甲曆以定歲時

按外紀伏羲氏作甲曆定歲時起於甲寅支干相配爲十二辰六甲而天道周矣歲以是紀而年不亂月以是紀而時不易晝夜以是紀而人知度東西南北以是紀而方不惑（天皇或以爲即太昊上古事無可考姑從外紀兩存之）

黃帝有熊氏始作甲子作蓋天以象周天之形造十六神曆積邪分以置閏設靈臺以占日月星辰

按外紀命大撓探五行之情占斗剛所建於是始作甲子甲乙丙丁戊己庚辛壬癸謂之幹子丑寅卯辰巳午未申酉戌亥謂之枝枝幹相配以名日而定之以納音又命容成作蓋天以象周天之形綜六術以定氣運因問於鬼臾區曰上下周紀其可數乎對曰天以六節地以五制周天氣者六期爲備終地紀者五歲爲周五六合者歲　千七百二十氣爲一紀六十歲千四百四十氣爲一周太過不及斯以見矣乃因五量治五氣起消息察發斂以作調曆歲紀甲寅日紀甲子而時節定是歲己酉朔旦日南至而獲神策得寶鼎冕服問於鬼臾區對曰是謂得天之紀終而復始乃迎日推策造十六神曆積邪分以置閏配甲子而設部於是時惠而辰從矣

路史註云伏羲有甲子元曆是太昊已有甲子而世本皆謂黃帝令大撓作甲子誤也撓特配甲子作納音爾

按路史乃設靈臺立五官以敘五事命臾區占星闕苞授規正日月星辰之象分星次象應著名始終相驗於是有星官之書浮箭爲泉孔壺爲漏以攷中星命羲和占日偁珥旺適纓紐苞負關啓亡浮尚儀占月繩九道之側匿糾五精之留疾專區占風道八風以道乎二十四隸首定數以率其羨要其會而律度量衡繇是成焉

註　史黃帝攷定星曆建立五行起消息正閏餘于是始有天地神祇物類之官是謂五官隋志云星官之書自黃帝始

少昊金天氏以鳥紀官以鳳鳥氏爲曆正

按左傳昭公十七年郯子來朝公與之宴昭子問焉曰少皞氏鳥名官何故也郯子曰吾祖也我知之昔者黃帝氏以雲紀故爲雲師而雲名炎帝氏以火紀故爲火師而火名共工氏以水紀故爲水師而水名太皞氏以龍紀故爲龍師而龍名我高祖少皞摯之立也鳳鳥適至故紀於鳥爲鳥師而鳥名鳳鳥氏曆正也元鳥氏司分者也伯趙氏司至者也青鳥氏司啓者也丹鳥氏司閉者也祝鳩氏司徒也鴡鳩氏司馬也鳲鳩氏司空也爽鳩氏司寇也鶻鳩氏司事也五鳩鳩民者也五雉爲五工正利器用正度量夷民者也九扈爲九農正扈民無淫者也

按路史少昊即位也五鳳適至而乙遺書故爲鳥紀鳥師而鳥名乙鳥氏司分伯趙氏司至蒼鳥氏司啓丹鳥氏司閉而鳳鳥氏董之以爲曆正

註　燕以春分來秋分去故司分鵙以夏至鳴冬至止故司至鶬以立春來立夏去故司啓鷩以立秋來立冬去故司閉鳳知天時故曆正

顓頊高陽氏初作曆象以建寅月爲元

按通鑑前編帝始爲儀制驗其盈虛升降制曆以孟春之月爲元是歲正月朔旦立春五星會于天歷營室冰凍始泮蟄蟲始發雞始三號天曰作時地曰作昌人曰作樂鳥獸萬物莫不應和故顓帝爲曆宗

按史記曆書少皞氏之衰也九黎亂德民神雜擾不可放物禍菑荐至莫盡其氣顓頊受之乃命南正重司天以屬神命火正黎司地以屬民使復舊常無相侵瀆

按竹書紀年十三年初作曆象

按路史顓頊高陽氏乃注新曆十三月以爲元歲紀

甲寅上日乙巳日月直艮維之初而五星會于天歷冰始離蟄始動時雞三號而立春至天曰作時地曰作昌人曰作樂是以萬物應和而百事理是爲曆宗

〔注〕天歷營室也秦用顓帝曆元用乙卯竊案曆法黃帝顓帝夏商周魯凡六家皆有元顓帝曆術云天元正月乙巳朔旦立春俱以日月起於天廟營室五度與月令合然秦曆以十月爲歲首故說者謂顓帝曆首十月非也蓋秦遇閏則一切置之九月爲後九月則是首十月亦非以十月爲正也按二世二年閏在西漢二年閏在巳五年在寅而皆書後九月非法也傳又云顓帝曆正月用寅朔亦非　傳言顓帝曆正月朔旦七曜直艮維之初漢太初曆冬至七曜會於牽牛按金水二星常附日而行故史記漢書及荀悅紀皆記高帝元年十月五星聚東井而魏高允以爲史之失按五星乃以前三月聚東井非漢元年十月乃正出未　律家皆謂顓帝始作渾儀故後世尊用之不能改益部傳巴郡洛下閎改顓頊曆爲太初云後八百年差一日隋顏愍楚上言亦云又詳陰曺元傳按歷帝紀顓頊造渾儀黃帝爲蓋天以古未有歲差之法如顓帝曆冬至日宿牛初今宿斗六度古正月建丑又歲與歲合今亦差一辰且如堯典日短星昴今則日短東壁矣其疏如此顓帝之渾儀其法則實蓋爾故劉氏曆正問云顓帝造渾儀黃帝爲蓋天皆以天象於蓋非今之所謂渾也

陶唐氏

帝堯陶唐氏命羲和作曆象以授人時定閏月以成歲

按書經堯典乃命羲和欽若昊天曆象日月星辰敬授人時

〔孔傳〕重黎之後羲氏和氏世掌天地四時之官〔蔡注〕曆紀數之書象觀天之器〔大全〕朱子曰羲和即是那四子或云有羲伯和伯共六人未必是　王氏曰昔少昊氏命官鳳鳥氏司曆元鳥氏司分伯趙氏司至青鳥氏司啓丹鳥氏司閉位五鳩五雉九扈之上古聖人重曆數如此堯世步占曰欽曰敬最爲詳嚴及夏羲和合爲一其職已略至周爲太史正歲年以序事以下大夫爲之馮相氏掌日月星辰以中士爲之則其官益輕蓋創端建始推測天度非上哲有所不能及成法已具有司守之亦可步占所以始重終輕亦其勢然也

分命羲仲宅嵎夷曰暘谷寅賓出日平秩東作日中星鳥以殷仲春厥民析鳥獸孳尾

〔孔傳〕東表之地稱嵎夷日出於谷而天下明故稱暘谷暘谷嵎夷一也〔蔡注〕此下四節言曆既成而分職以頒布且考驗之恐其推步之或差也嵎夷暘谷羲仲所居官次之名蓋官在國都而測候之所則在於嵎夷東表之地也寅敬也賓禮接之如賓客也出日方出之日蓋以春分之旦朝方出之日而識其初出之景也平均秩序作起也東作春月歲功方興所當作起之事也蓋以曆之節氣早晚均次其先後之宜以授有司也日中者春分之刻於夏永冬短爲適中也星鳥南方朱鳥七宿殷中也春分陽之中也析分散也冬寒民聚於隩至是則以民之散處驗其氣之溫也乳化曰孳交接曰尾〔大全〕朱氏曰寅賓求之於日星鳥求之於夜厥民析非使民如此民自是如此孳尾亦是鳥獸自然如此如今曆書紀鳴鳩拂羽等事平秩東作之類只是如今穀雨芒種之節候爾　林氏曰東作謂萬物發生於東非全取農作之義

申命羲叔宅南交平秩南訛敬致日永星火以正仲夏厥民因鳥獸希革

〔孔傳〕南交言夏與春交訛化也掌夏之官平敘南方化育之事敬行其教以致其功因謂老弱因就在田之丁壯以助農也〔蔡注〕南交南方交阯之地陳氏曰南交下當有曰明都三字訛化也謂夏月時物長盛所當變化之事也敬致周禮所謂冬夏致日蓋以夏至之日中祠日而識其景如所謂日至之景尺有五寸謂之地中者也永長也晝六十刻也星火大火也正者夏至陽之極午爲正陽位也因析而又析以氣愈熱而民愈散處也希革鳥獸毛希而革易也

分命和仲宅西曰昧谷寅餞納日平秩西成宵中星虛以殷仲秋厥民夷鳥獸毛毨

〔孔傳〕日入於谷而天下冥故曰昧谷餞送也日出言導日入言送因事之宜秋西方萬物成平序其政助成物夷平也老壯在田與夏平〔蔡注〕西謂西極之地餞禮送行者之名納日方納之日也蓋以秋分之莫夕方納之日而識其景也西成秋月物成之時所當成就之事也宵夜也宵中者秋分夜之刻於夏冬爲適中也晝夜亦各五十刻舉夜以見日

故曰宵星虛北方元武七宿之虛星亦曰殷者秋分陰之中也夷平也老者退而入氣平也毛毨鳥獸毛落更生潤澤鮮好也

申命和叔宅朔方曰幽都平在朔易日短星昴以正仲冬厥民隩鳥獸氄毛

蔡注　朔方北荒之地萬物至此死而復蘇猶月之晦而有朔也日行至是則淪於地中萬象幽暗故曰幽都在察也朔易冬月歲事已畢除舊更新所當改易之事也日短晝四十刻也星昴西方白虎七宿之昴宿亦曰正者冬至陰之極子爲正陰之位也隩室之內也氣寒而民聚於內也氄毛鳥獸生耎毳細毛以自溫也按此冬至日在虛昏中昴今冬至日在斗昏中壁中星不同者蓋天有三百六十五度四分度之一歲有三百六十五日四分日之一天度四分之一而有餘歲日四分之一而不足故天度常平運而舒日道常內轉而縮天漸差而西歲漸差而東此歲差之由唐一行所謂歲差者是也

帝曰咨汝羲暨和朞三百有六旬有六日以閏月定四時成歲允釐百工庶績咸熙

孔傳　匝四時曰朞一歲十二月月三十日正三百六十日除小月六爲六日是爲一歲有餘十二日未盈三歲足得一月則置閏焉以定四時之氣節成一歲之曆象

孔疏　周天三百六十五度四分度之一而日日行一度則一朞三百六十五日四分日之一此言三百六十六日者王肅云四分日之一又入六日之內舉全數以言之故云三百六十六日也傳又解所以須置閏之意皆據大率以言之云一歲十二月月三十日正三百六十日也除小月六又爲六日今經云三百六十六日故云餘十二日不成朞以一月不整三十日今一年餘十二日故未盈滿三歲足得一月則置閏也

周

周制大史正歲年以序事頒之官府都鄙頒告朔於邦國諸侯馮相氏致日月以辨四時之敘保章氏志星辰日月之變動以辨吉凶

按周禮春官大史正歲年以序事頒之於官府及都鄙

訂義　賈氏曰中數曰歲朔數曰年一年之內有二十四氣正月立春節雨水中至十二月小寒節大寒中皆節氣在前中氣在後節氣一名朔氣中數一名中氣節氣有入前月法中氣無入前月法中氣帀則爲歲朔氣帀則爲年假令十二月中氣在晦則閏十二月十六日得後正月立春節此即朔數曰年至後年正月一日得雨水中此中氣帀此是中數曰歲中朔大小不齊不置閏則中氣入後月須置閏以補之正之以閏若今時作曆矣　鄭鍔曰周以建子爲正而四時之事有用夏正建寅者用建寅謂之歲用建子謂之年事有用建寅者如正歲則讀法二歲大計羣吏之治之類事有用建子者如司稼以年之上下出斂法豐年則公旬用三日之類太史正歲與年而次序其事頒於官府都鄙使以次舉先後不失其序如月令所建十二月之事是亦併與歲而皆正也　又按此以周人建子兼用夏正說極是爾雅云周曰年夏曰歲經所謂正月之吉者建子之正年只讀法朝會等事用之而歲則便於事功然有合用當時之正亦有合用前王之正不可不正之以敘其事也豳風七月一詩稱一之日二之日與夫七月八月即此義孔子作春秋亦兩存之書四時而不月則行夏之時而建寅如書二月無冰以夏正論之二月春煖無冰亦是時之常不知此二月乃用周正夏之十二月

頒告朔於邦國

鄭康成曰天子頒朔於諸侯諸侯藏之祖廟至朔朝於廟告而受行之

閏月詔王居門終月

胡伸曰周天三百六十五度四分度之一日行天度之一故歲則周天月小餘之一故歲復減六積三歲未周之度與所減之日乃置閏　鄭鍔曰治曆明時非置閏則四時無自而能定閏雖可以定四時然斗指兩辰之間天無是月也太史則詔王居門何邪以月令攷之王者之位春則青陽之左右个夏則明堂之左右个秋則總章之左右个冬則元室之左右个閏月非常月也太史詔王居路寢之門其意以爲門者往來不窮之地閏乃天道所由以變通也王者終月聽政於此示變通之意也　李嘉會曰十二月天子各有所居者月令之說月令呂不韋集諸儒而作三代無明文今日詔者得非閏月不常大史詔王居門以應之以順上天裁成制度之義其餘則有常居不在所詔矣

馮相氏

鄭康成曰馮乘也相視也世登高臺視天文之次序天文屬大史月令曰乃命大史守典奉法司天日月星辰之行宿離不貸　鄭鍔曰古者天子有靈臺諸侯有觀臺以占視天象其臺巍然而高則視天者得以乘高而相視之故名曰馮相氏

掌十有二歲

鄭康成曰歲謂太歲歲星與日同次之月斗所建之辰樂說說歲星與日常應太歲月建以見然則今曆太歲非此也　王氏詳說曰在天有歲星在地有太歲歲星右行太歲左行在斗曰星紀在女曰元枵在危曰娵訾在奎曰降婁在胃曰大梁在畢曰實沈在井曰鶉首在柳曰鶉火在軫曰鶉尾在氐曰壽星在心曰大火在箕曰析木此所謂歲星右行在寅曰攝提格在卯曰單閼在辰曰執徐在巳曰大荒落在午曰敦牂在未曰協洽在申曰涒灘在酉曰作鄂在戌曰掩茂在亥曰大淵獻在子曰困敦在丑曰赤奮若此所謂太歲左行左行者謂自東而南自南而西自西而北右行者謂自北而西自西而南自南而東至於日月之行猶是也天道左旋而經星從之日纏右轉而歲星從之故日行北陸爲冬西陸爲春南陸爲夏東陸爲秋然歲星行天一歲移一辰率百四十四歲而跳一辰若再跳則曆又改矣春秋保乾圖曰三百年斗曆改憲者以此

十有二月

賈氏曰十有二月者謂斗柄月建一辰十二月而周也　鄭鍔曰正月爲陬二月爲始三月爲寎四月爲余五月爲皋六月爲且七月爲相八月爲壯九月爲元十月爲陽十一月爲辜十二月爲涂是謂十二月之位

十有二辰

賈氏曰十有二辰者謂子丑寅卯等　劉執中曰謂所會之次在天爲次在地爲辰

十日

賈氏曰十日謂甲乙丙丁等

二十有八星之位

賈氏曰二十八星謂東方角亢氐房心尾箕北方斗牛之等位者總五者皆有位處五者皆依四方四面十二辰而見

辯其序事以會天位

鄭鍔曰歲月辰日星在天之定位各推其所在欲人之行事不違乃辨其先後之序以會之如春則平秩東作欲合乎日中星鳥之時夏則平秩南訛欲合乎日永星火之時以至民之析因夷隩國之寅賓寅餞凡事之敘皆求合乎天是之謂會堯典之平秩所以謂之辨秩者正此所謂辨其序事　黃氏曰堯典曆象日月星辰曆推其數象占其行太史掌曆馮相氏象之日月星辰皆動也雖有常度而不免或贏或縮其差常在毫釐眇忽之間積而漸遠故古人有曆則有象隨而正之歲星大約一歲歷一次十二歲而小周故以位定歲歲十二月日與月合於十二辰是爲朔相直爲望此月之位故以定十二月周天三百六十五度日行一度自甲至癸爲十日天運一日一周二十八星每月更迭昏旦中日日而差積十日爲一旬積三旬爲一月積十二月爲一歲此日之位故以定十日大史正歲年以序事馮相氏於此平辨之以合於歲月日之位而知曆之精疏中否此其大法也

冬夏致日春秋致月

王昭禹曰日爲陽而實故致於長短極之時月爲陰而闕故致於長短不極之時　鄭康成曰冬至日在牽牛景丈三尺夏至日在東井景尺五寸此長短之極極則氣至冬無愆陽夏無伏陰春分日在婁秋分日在角而月弦於牽牛東井亦以其景知氣至否　陸佃曰黃道北至東井南至牽牛東至角西至婁夏至日在東井而北近極高閎曰夏至日去極百十五度則晷短而表景尺五寸冬至日在牽牛而南遠極高閎曰冬至日去極六十七度則晷長而表景丈三尺春分日在婁秋分日在角而中於極星則晷中而表景七尺三寸夫日陽也陽用事則日進而北晝進而長陽升故爲溫爲暑陰用事則日退而南晝退而短陰勝則爲涼爲寒若日失節於南則晷過而長爲常寒失節於北則晷退而短爲常燠此四時致日之法也月之九行在東西南北有青白赤黑之道各二而出於黃道之旁立春春分月循行青道而春分上弦在東井立冬冬至北旋黑道立夏夏至南從赤道古之致月不在立而常在二分不在二分之望而常在弦者以月入八日與不盡八日得陰陽之正平故也然日之與月陰陽尊卑之辨若君臣然觀君居中而逸臣旁行而勞臣近君則

感損遠君則勢盛感損與君異勢盛與君同月遠日則光盛近日則光缺未望則出西既望則出東則日行中道月有九行之說蓋足信也　劉迎曰馮相氏但言十二月十日二十有八星之位而無土圭之文此以二至長短之極與二分之中而致日月耳不必謂以土圭致日景也

以辨四時之敘

鄭鍔曰辨字本亦作辯說者謂見景之至否可以辯說其晷刻以正閏餘使四時之敘無有差忒　黃氏曰夏至日景極長冬至日景極短春秋分平日景平則日亦平致言長短與平各至其數四時之氣定矣於是而置閏所謂以閏月定四時成歲也

保章氏

黃氏曰推步雖精星辰日月之動晷度從違吉凶之證著焉則又設官以觀占之名曰保章氏保安也章明也占天象以詔救政務在保安時變章明天意不爲怪誕詭幻

掌天星以志星辰日月之變動以觀天下之遷辨其吉凶

王昭禹曰掌天與星所謂日月之變動五雲之物十有二風皆天也所謂星辰分星者皆星也　黃氏曰二十八星十二辰隨天左旋日月星辰右運天日月五星皆動物也觀諸天星而星辰日月之動爲可志矣堯典日中宵中日永日短蓋以其星志之不曰天之動而曰星辰之動天之動不可見也不言五星日月五星爲七政從可知也星辰日月之動有疾徐贏縮循軌不循軌日月薄蝕五星陵犯皆於此乎占之天下之遷遷變也變則其占不可常梓慎論孛曰夏數得天火作宋衛陳鄭當之占歲曰歲在星紀而淫於元枵蛇乘龍宋鄭必饑裨竈曰歲棄其火而旅於明年之次以害鳥帑周楚惡之星孛大辰而占在宋衛陳鄭失次在星紀而占在宋鄭周楚是皆所謂遷也（夏數得天蛇乘龍害鳥帑皆其占法注家雖附會其說然其所以用之者終不能知也歲失次梓慎裨竈之占亦異）其後崔浩占熒惑亦曰星亡必以庚辛秦也是當入秦此猶得古人遺法循軌爲吉不循軌爲凶又有時變如當食不食當陵犯不陵犯爲吉暈珥朓匿員角失色皆非晷度之變爲凶

以星土辨九州之地所封封域皆有分星

鄭康成曰星土星所主土封猶界也

以觀妖祥

黃氏曰日月五星其動者二十八星不動者二十八星各有所主後鄭言古數之存者十二次之分而已唐僧一行分星度豈非世與遺學歟其繫亦甚日月五星占其動故言觀天下之遷二十八星占其不動故言九州之地皆有分星鄭云主用客星彗孛之氣爲象恐非彗孛五星之變則其動者常星自有變當占　王昭禹曰以觀妖祥則分星所主在地者妖祥兆於天以所主之分星觀之則九州之妖祥灼然可見矣

以十有二歲之相觀天下之妖祥

鄭鍔曰歲星之行十二歲而周天是謂十二歲色欲明光潤澤赤而角則其國昌赤黃而沉其野大穰故其占色相色相變異則天下之妖祥皆可得而知也歲星所在其國有福春秋之際越得歲而吳伐之遂受其凶左傳言歲在顓帝之墟居其鶉首而有妖星焉告邑姜也觀其相則又觀其有妖星也　黃氏曰先儒說歲星太歲爲祥獨不言相爲何義然觀天下之妖祥不獨以分土占之也星書言歲爲五星長君象其應在天下梓慎裨竈之占可見　劉執中曰十有二歲則太歲也是謂歲陰木星之神太歲左行於地歲歷一辰元枵之歲在子星紀之歲在丑而歲常右行於天而居其舍也所謂相者木之相火星也火之相土星也土之相金星也金之相水星也水之相木星也歷十二年而五星更生星循度或合於一舍爲吉祥三合兩合贏縮流逆失度則爲兵裁水旱凶札各如其占焉

以五雲之物辨吉凶水旱

鄭康成曰物色也視日旁雲氣之色

降豐荒之祲象

鄭康成曰降下也知水旱所下之國　李嘉會曰氣爲祲形爲象

以十有二風察天地之和命乖別之妖祥

王昭禹曰十有二風風之生於十二辰之位者也蓋天地六氣合以生風艮爲條風震爲明庶風巽爲清明風離爲景風坤爲涼風兌爲閶闔風乾爲不周風坎爲廣莫風八風本乎八卦傳曰舞以行八風謂此也四維之風兼於其月故艮爲條風而立春亦曰條風巽爲清明風而立夏亦曰清明風

坤爲涼風而立秋亦曰涼風乾爲不周風而立冬亦曰不周風故八風變而言之又謂十二風也　王氏曰乖別在人妖祥先見於風亦人與天地同流通萬物一氣故也豐荒之祲象言降乖別之妖祥言命皆命而降之命謂名言之

凡此五物者以詔救政訪序事

賈氏曰五物謂掌天星以下　王氏曰詔以詔上訪以訪下　鄭康成曰訪謀也見其象則當豫爲之備以詔王救其政且謀今年星天時占相所宜次序其事　黃氏曰序事即太史序事星辰日月有變動則訪其事當行當止以承天意是爲救政　劉執中曰序事者馮相氏以曆數而考之者也故以所志之變動訪於曆數者以稽合而使王信之則恐懼生而救政出矣　鄭鍔曰古謀於方萌之始詔人君以救災應變之道而已救災者必貴予有政應變者不可以無事以政而救災者王之職也故行應變之事當先後之序必詢訪然後知　易氏曰政者國之大本詔救政於上則人君知修省之道事者有司之常職訪序事於下則人臣知儆戒之意　李嘉會曰救政詔於上序事訪於下五物之變可以感通君上之心而盡臣下欲言之情後世因災異以求直言近之

漢

高祖　年用顓頊曆

按史記漢書高祖本紀皆不載　按史記曆書秦滅六國兵戎極煩又升至尊之日淺未暇遑也而亦頗推五勝而自以爲獲水德之瑞更名河曰德水而正以十月色尚黑然曆度閏餘未能睹其眞也漢興高祖曰北畤待我而起亦自以爲獲水德之瑞雖明習曆及張蒼等咸以爲然是時天下初定方綱紀大基高后女主皆未遑故襲秦正朔服色　按漢書律曆志漢興方綱紀大基庶事草創襲秦正朔以北平侯張蒼言用顓頊曆比於六曆疏闊中最爲微近然正朔服色未睹其眞而朔晦月見弦望滿虧多非是

文帝　年以魯人公孫臣上言議改正朔不果

按漢書文帝本紀不載　按史記曆書孝文時魯人公孫臣以終始五德上書言漢得土德宜更元改正朔易服色當有瑞瑞黃龍見事下丞相張蒼張蒼亦學律曆以爲非是罷之其後黃龍見成紀張蒼自黜所欲論著不成而新垣平以望氣見頗言正曆服色事貴幸後作亂故孝文帝廢不復問

武帝太初元年夏五月始改正朔以正月爲歲首造太初曆

按漢書武帝本紀夏五月正曆以正月爲歲首色上黃數用五定官名協音律　按史記曆書今上即位招致方士唐都分其天部而巴落下閎運算轉曆然後日辰之度與夏正同　按漢書律曆志武帝元封七年漢興百二歲矣大中大夫公孫卿壺遂太史令司馬遷等言曆紀壞廢宜改正朔是時御史大夫兒寬明經術上迺詔寬曰與博士共議今宜何以爲正朔服色何上寬與博士賜等議皆曰帝王必改正朔易服色所以明受命於天也創業變改制不相復推傳序文則今夏時也臣等問學褊陋不能明陛下躬聖發憤昭配天地臣愚以爲三統之制後聖復前聖者二代在前也今二代之統絕而不序矣唯陛下發聖德宣考天地四時之極則順陰陽以定大明之制爲萬世則於是迺詔御史曰迺者有司言曆未定廣延宣問以考星度未能讎也蓋聞古者黃帝合而不死名察發斂定清濁起五部建氣物分數然則上矣書缺樂弛朕甚難之依違以惟未能修明其以七年爲元年遂詔卿遂遷與侍郎尊大典星射姓等議造漢曆乃定東西立晷儀下漏刻以追二十八宿相距於四方舉終以定朔晦分至躔離弦望迺以前曆上元泰初四千六百一十七歲至於元封七年復得閼逢攝提格之歲仲冬十一月甲子朔旦冬至日月在建星太歲在子已得太初本星度新正姓等奏不能爲算願募治曆者更造密度各自增減以造漢太初曆迺選治曆鄧平及長樂司馬可酒泉候宜君侍郎尊及與民間治曆者凡二十餘人方士唐都巴郡落下閎與焉都分天部而閎運算轉曆其法以律起曆曰律容一龠積八十一寸則一日之分也與長相終律長九寸百七十一分而終復三復而得甲子夫律陰陽九六爻象所從出也故黃鐘紀元氣之謂律律法也莫不取法焉與鄧平所治同於是皆觀新星度日月行更以算推如閎平法法一月之日二十九日八十一分日之四十三先藉半日名曰陽曆不藉名曰陰曆所謂陽曆者先朔月生陰曆者朔而後月迺生平曰陽曆朔皆先旦月生以朝諸侯王羣臣便乃詔遷用鄧平所造八十一分律曆罷廢尤疏遠者十七家復使校曆律昏明宦者淳于陵渠復覆太初曆晦朔弦望皆最密日月如合璧五星如連珠陵渠奏

狀遂用鄧平曆以平爲太史丞

昭帝元鳳三年以太史令張壽王言更課曆仍用太初法

按漢書昭帝本紀不載　按律曆志元鳳三年太史令張壽王上書言曆者天地之大紀上帝所爲傳黃帝調律曆漢元年以來用之今陰陽不調宜更曆之過也詔下主曆使者鮮于妄人詰問壽王不服妄人請與治曆大司農中丞麻光等二十餘人雜候日月晦朔弦望八節二十四氣鈞校諸曆用狀奏可詔與丞相御史大將軍右將軍史各一人雜候上林清臺課諸曆疏密凡十一家以元鳳三年十一月朔旦冬至盡五年十二月各有第壽王課疏遠案漢元年不用黃帝調曆壽王非漢曆逆天道非所宜言大不敬有詔勿劾復候盡六年太初曆第一即墨徐萬且長安徐禹治太初曆亦第一壽王及待詔李信治黃帝調曆課皆疏闊又言黃帝至元鳳三年六千餘歲丞相屬寶長安單安國安陵桮育治終始言黃帝以來三千六百二十九歲不與壽王合壽王又移帝王錄舜禹年歲不合人年壽王言化益爲天子代禹驪山女亦爲天子在殷周間皆不合經術壽王曆乃太史官殷曆也壽王猥曰安得五家曆又妄言太初曆虧四分日之三去小餘七百五分以故陰陽不調謂之亂世劾壽王吏八百石古之大夫服儒衣誦不祥之辭作妖言欲亂制度不道奏可壽王候課比三年下終不服再劾死更赦勿劾遂不更言誹謗益甚竟以下吏故曆本之驗在於天自漢曆初起盡元鳳六年三十六歲而是非堅定

成帝　年劉歆作三統曆

按漢書成帝本紀不載　按律曆志孝成世劉向總六曆列是非作五紀論向子歆究其微眇作三統曆及譜以說春秋推法密要故述焉夫歷春秋者天時也列人事而因以天時傳曰民受天地之中以生所謂命也是故有禮誼動作威儀之則以定命也能者養之以福不能者敗以取禍故列十二公二百四十二年之事以陰陽之中制其禮故春爲陽中萬物以生秋爲陰中萬物以成是以事舉其中禮取其和曆數以閏正天地之中以作事厚生皆所以定命也易金火相革之卦曰湯武革命順乎天而應乎人又曰治曆明時所以和人道也周道既衰幽王既喪天子不能頒朔魯曆不正以閏餘一之歲爲蔀首故春秋刺十一月乙亥朔日有食之於是辰在申而司曆以爲在建戌史書建亥哀十二年亦以建申流火之月爲建亥而怪蟄蟲之不伏也自文公閏月不告朔至此百有餘年莫能正曆數故子貢欲去其餼羊孔子愛其禮而著其法於春秋經曰冬十月朔日有食之傳曰不書日官失之也天子有日官諸侯有日御日官居卿以底日禮也日御不失日以授百官於朝言告朔也元典曆始曰元傳曰元善之長也共養三德爲善又曰元體之長也合三體而爲之原故曰元於春三月每月書王元之三統也三統合於一元故因元一而九三之以爲法十一三之以爲實實如法得一黃鐘初九律之首陽之變也因而六之以九爲法得林鐘初六呂之首陰之變也皆參天兩地之法也上生六而倍之下生六而損之皆以九爲法九六陰陽夫婦子母之道也律娶妻而呂生子天地之情也六律六呂而十二辰立矣五聲清濁而十日行矣傳曰天六地五數之常也天有六氣降生五味夫五六者天地之中合而民所受以生也故日有六甲辰有五子十一而天地之道畢言終而復始太極中央元氣故爲黃鐘其實一龠以其長自乘故八十一爲日法所以生權衡度量禮樂之所繇出也經元一以統始易太極之首也春秋二以目歲易兩儀之中也於春每月書王易三極之統也於四時雖亡事必書時月易四象之節也時月以建分至啓閉之分易八卦之位也象事成敗易吉凶之效也朝聘會盟易大業之本也故易與春秋天人之道也傳曰龜象也筮數也物生而後有象象而後有滋滋而後有數是故元始有象一也春秋二也三統三也四時四也合而爲十成五體以五乘十大衍之數也而道據其一其餘四十九所當用也故蓍以爲數以象兩兩之又以象三三之又以象四四之又歸奇象閏十九及所據一加之因以再扐兩之是爲月法之實如日法得一則一月之日數也而三辰之會交矣是以能生吉凶故易曰天一地二天三地四天五地六天七地八天九地十天數五地數五五位相得而各有合天數二十有五地數三十凡天地之數五十有五此所以成變化而行鬼神也并終數爲十九易窮則變故爲閏法參天九兩地十是爲會數參天數二十五兩地數三十是爲朔望之會以會數乘之則周於朔旦冬至是爲會月九會而復元黃鐘初九之數也經於四時雖亡事必書時月時所以紀啓閉也月所以紀分至也

啓閉者節也分至者中也節不必在其月故時中必在正數之月故傳曰先王之正時也履端於始舉正於中歸餘於終履端於始序則不愆舉正於中民則不惑歸餘於終事則不誖此聖王之重閏也以五位乘會數而朔旦冬至是爲章月四分月法以其一乘章月是爲中法參閏法爲周至以乘月法以減中法而約之則六扐之數爲一月之閏法其餘七分此中朔相求之術也朔不得中是爲閏月言陰陽雖交不得中不生故曰法乘閏法是爲統歲三統是爲元歲元歲之閏陰陽災三統閏法易九戹曰初入元百六陽九次三百七十四陰九次四百八十陽九次七百廿陰七次七百二十陽七次六百陰五次六百陽五次四百八十陰三次四百八十陽三凡四千六百一十七歲與一元終經歲四千五百六十災歲五十七是以春秋曰舉正於中又曰閏月不告朔非禮也閏以正時時以作事事以厚生生民之道於是乎在不告閏朔棄時正也故魯僖五年春王正月辛亥朔日南至公既視朔遂登觀臺以望而書禮也凡分至啓閉必書雲物爲備故也至昭二十年二月己丑日南至失閏至在非其月梓慎望氛氣而弗正不履端於始也故傳不曰冬至而曰日南至極於牽牛之初日中之時景最長以此知其南至也斗綱之端連貫營室織女之紀指牽牛之初以紀日月故曰星紀五星起其初日月起其中凡十二次日至其初爲節至其中斗建下爲十二辰視其建而知其次故曰制禮上物不過十二天之大數也經曰春王正月傳曰周正月火出於夏爲三月商爲四月周爲五月夏數得天得四時之正也三代各據一統明三統常合而迭爲首登降三統之首周還五行之道也故三五相包而生天統之正始施於子半日萌色赤地統受之於丑初日肇化而黃至丑半日牙化而白人統受之於寅初日孽成而黑至寅半日生成而青天施復於子地化自丑畢於辰人生自寅成於申故曆數三統天以甲子地以甲辰人以甲申孟仲季迭用事爲統首三微之統既著而五行自青始其序亦如之五行與三統相錯傳曰天有三辰地有五行然則三統五星可知也易曰參五以變錯綜其數通其變遂成天地之文極其數遂定天下之象太極運三辰五星於上而元氣轉三統五行於下其於人皇極統三德五事故三辰之合於三統也日合於天統月合於地統斗合於人統五星之合於五行水合於辰星火合於熒惑金合於太白木合於歲星土合於填星三辰五星而相經緯也天以一生水地以二生火天以三生木地以四生金天以五生土五勝相乘以生小周以乘乾坤之策而成大周陰陽比類交錯相成故九六之變登降於六體三微而成著三著而成象二象十有八變而成卦四營而成易爲七十二參三統兩四時相乘之數也參之則得乾之策兩之則得坤之策以陽九九之爲六百四十八以陰六六之爲四百三十二凡一千八十陰陽各一卦之微算策也八之爲八千六百四十而八卦小成引而信之又八之爲六萬九千一百二十天地再之爲十三萬八千二百四十然後大成五星會終觸類而長之以乘章歲爲二百六十二萬六千五百六十而與日月會三會爲七百八十七萬九千六百八十而與三統會三統二千三百六十三萬九千四十而復於太極上元九章歲而六之爲法太極上元爲實實如法得一陰一陽各萬一千五百二十當萬物氣體之數天下之能事畢矣

三統曆法

統母日法八十一孟康曰分一日爲八十一分爲三統之本母也元始黃鐘初九自乘一龠之數得日法

閏法十九因爲章歲合天地終數得閏法

統法一千五百三十九以閏法乘日法得統法

元法四千六百一十七參統法得元法

會數四十七參天九兩地十得會數

章月二百三十五五位乘會數得章月

月法二千三百九十二推大衍象得月法

通法五百九十八四分月法得通法

中法十四萬五百三十以章月乘通法得中法

周天五十六萬二千一百二十以章月乘月法得周天

歲中十二以三統乘四時得歲中

月周二百五十四以章月加閏法得月周

朔望之會一百三十五參天數二十五兩地數三十得朔望之會

會月六千三百四十五以會數乘朔望之會得會月

統月一萬九千三十五參會月得統月

元月五萬七千一百五參統月得元月

章中二百二十八以閏法乘歲中得章中

統中一萬八千四百六十八以日法乘章中得統中

元中五萬五千四百四參統中得元中

策餘八千八十什乘元中以減周天得策餘
周至五十七參閏法得周至
紀母水金相乘爲十二是爲歲星小周小周乘巛策
爲一千七百二十八是爲歲星歲數
見中分二萬七百三十六
積中十三中餘百五十七
見中法一千五百八十三見數也
見閏分萬二千九十六
積月十三
月餘一萬五千七十九
見月法三萬七十七
見中日法七百三十萬八千七百一十一
見月日法二百四十三萬六千二百三十七
金火相乘爲八又以火乘之爲十六而小復小復乘
乾策爲三千四百五十六是爲太白歲數
見中分四萬一千四百七十二
積中十九中餘四百一十三
見中法二千一百六十一復數
見閏分二萬四千一百九十二
積月十九月餘二萬二千三十九
見月法四萬一千五十九
晨中分二萬三千三百二十八
積中七中餘千七百一十八
夕中分萬八千一百四十四
積中八中餘八百五十六
晨閏分萬三千六百八
積月十一月餘五千一百九十一

夕閏分萬五百八十四
積月八月餘二萬六千八百四十八
見中日法九百九十七萬七千三百三十七
見月日法三百三十二萬五千七百七十九
土木相乘而合經緯爲三十是爲鎮星小周小周乘
巛策爲四千三百二十是爲鎮星歲數
見中分五萬一千八百四十
積中十二中餘千七百四十
見中法四千一百七十五見數也
見閏分三萬二百四十
積月十二月餘六萬三千三百
見月法七萬九千三百二十九
見中日法千九百二十七萬五千九百七十五
見月日法六百四十二萬五千三百二十五
火經特成故二歲而過初二十二過初爲六十四歲
而小周小周乘乾策則太陽大周爲萬三千八百二
十四歲是爲熒惑歲數
見中分十六萬五千八百八十八
積中二十五中餘四千一百六十三
見中法六千四百六十九見數也
見閏分九萬六千七百六十八
積月二十六月餘五萬二千九百五十四
見月法十二萬一千九百一十一
見中日法二千九百八十六萬七千三百七十三
見月日法九百九十五萬五千七百九十一
水經特成故一歲而及初六十四及初而小復小復
乘巛策則太陰大周爲九千二百一十六歲是爲辰

星歲數
見中分十一萬五百九十二
積中三中餘二萬二千四百六十九
見中法二萬九千四十一復數也
見閏分六萬四千五百一十二
積月三月餘五十一萬四百二十三
見月法五十五萬一千七百七十九
晨中分六萬二千二百八
積中二中餘四千一百二十六
夕中分四萬八千三百八十四
積中一中餘萬九千三百四十三
晨閏分三萬六千二百八十八
積月二月餘十一萬四千六百八十二
夕閏分二萬八千二百二十四
積月一月餘三十九萬五千七百四十一
見中日法一億三千四百八萬二千二百九十七
見月日法四千四百六十九萬四千九十九
合太陰太陽之歲數而中分之各萬一千五百二十
陽施其氣陰成其物以星行率減歲數餘則見數也
東九西七乘歲數并九七爲法得一金木晨夕歲數
以歲中乘歲數是爲星見中分
星見數是爲見中法
以歲閏乘歲數是爲星見閏分
以章歲乘見數是爲見月法
以元法乘見數是爲見中日法
以統法乘見數是爲見月日法
五步木晨始見去日半次順日行十一分度二百二

十一日始留二十五日而旋逆日行七分度一八十四日復留二十四日三分而旋復順日行十一分度二百一十一日有百八十二萬八千三百六十二分而伏凡見三百六十五日有百八十二萬八千三百六十五分除逆定行星三十度百六十六萬一千二百八十六分凡見一歲行一次而後伏日行不盈十一分度一伏三十三日三百三十三萬四千七百三十七分行星三度百六十七萬三千四百五十三分壹見三百九十八日五百一十六萬三千一百二分（劉歆曰三百九十八日五百一十六萬三千一百二分者通計上文見伏之日分也今作一見字疑後人妄改之以下文金晨見伏夕見伏推之可知）行星三十三度三百三十三萬四千七百三十七分通其率故日日行千七百二十八分度之百四十五

金晨始見去日半次逆日行二分度一六日始留八日而旋始順日行四十六分度三十三四十六日順疾日行一度九十二分度十五百八十四日而伏凡見二百四十四日除逆定行星二百四十四度伏日行一度九十二分度三十三有奇伏八十三日行星百一十三度四百三十六萬五千二百二十分凡晨見伏三百二十七日行星三百五十七度四百三十六萬五千二百二十分夕始見去日半次順日行一度九十二分度十五百八十一日百七分日四十五順遲日行四十六分度四十三四十六日始留七日百七分日六十二分而旋逆日行二分度一六日而伏凡見二百四十一日除逆定行星二百四十一度伏逆日行八分度七有奇伏十六日百二十九萬五千三百五十二分行星十四度三百六萬九千八百六十八分一凡夕見伏二百五十七日百二十九萬五千三百五十二分行星二百二十六度六百九十萬七千四百六十九分壹復五百八十四日百二十九萬五千三百五十二分（劉歆曰此又妄改爲壹復自是還計晨夕見伏之日分也）行星亦如之故日日行一度

土晨始見去日半次順日行十五分度一八十七日始留三十四日而旋逆日行八十一分度五百一日復留三十三日八十六萬二千四百五十五分而旋復順日行十五分度一八十五日而伏凡見三百四十日八十六萬二千四百五十五分除逆定行星五度四百四十七萬三千九百三十分伏日行不盈十五分度三百三十七日千七百一十七萬一百七十分行星七度八百七十三萬六千五百七十分壹見三百七十七日千八百三萬二千六百二十五分（劉歆曰此壹見與火一見字皆妄與木通計議同）行星十二度千三百二十一萬五百分通其率故日日行四千三百二十分度之百四十五

火晨始見去日半次順日行九十二分度五十三二百七十六日始留十日而旋逆日行六十二分度十七（宋祁曰十七景本作七十）六十二日復留十日而旋復順日行九十二分度五十三二百七十六日而伏凡見六百三十四日除逆定行星三百一度伏日行不盈九十二分度七十三分伏百四十六日千五百六十八萬九千七百分行星百一十四度八百二十一萬八千五分一見七百八十日千五百六十八萬九千七百分凡行星四百一十五度八百二十一萬八千五分通其率故日日行萬三千八百二十四分度之七千三百五十五

水晨始見去日半次逆日行二度一日始留二日而旋順日行七分度六十七日順疾日行一度三分度一十八日而伏凡見二十八日除逆定行星二十八度伏日行一度九分度七有奇三十七日一億二千二百二萬九千六百五分行星六十八度四千六百六十一萬一百二十八分凡晨見伏六十五日一億二千二百二萬九千六百五分行星九十六度四千六百六十一萬一百二十八分夕始見去日半次順疾日行一度三分度一十六日二分日一順遲日行七分度六十日留一日二分日一而旋逆日行二度一日而伏凡見二十六日除逆定行星二十六度伏逆日行十五分度四有奇二十四日行星六度五千八百六十六萬二千八百二十分凡夕見伏五十日行星十九度七千五百四十一萬九千四百七十七分壹復百一十五日一億二千二百二萬九千六百五分（劉歆曰此壹復字亦妄與金還計義同）行星亦如之故日日行一度

統術

推日月元統置太極上元以來外所求年盈元法除之餘不盈統者則天統甲子以來年數也盈統除之餘則地統甲辰以來年數也又盈統除之餘則人統甲申以來年數也各以其統首日爲紀

推天正以章月乘入統歲數盈章歲得一名曰積月不盈者名曰閏餘閏餘十二以上歲有閏求地正加積月一求人正加二

推正月朔以月法乘積月盈日法得一名曰積日不

盈者名曰小餘小餘三十八以上其月大積日盈六十除之不盈者名曰大餘數從統首日起算外則朔日也求其次月加大餘二十九小餘四十三小餘盈日法得一從大餘數除如法求弦加大餘七小餘三十一求望倍弦

推閏餘所在以十二乘閏餘加十得一盈章中數所得起冬至算外則中至終閏盈中氣在朔若二日則前月閏也

推冬至以算餘乘入統歲數盈統法得一名曰大餘不盈者名曰小餘除數如法則所求冬至日也

求八節加大餘四十五小餘千一十求二十四氣三其小餘加大餘十五小餘千一十林文炳曰當作小餘千一十當云求二十四氣加大餘十五三分其小餘千一十蓋傳寫誤漏一分字

推中部二十四氣皆以元爲法

推五行其四行各七十三日統歲分之七十七宋祁曰十七當作十四中央各十八日統法分之四百四冬至後中央二十七日六百六分

推合晨所在星置積日以統法乘之以十九乘小餘而并之盈周天除去之不盈者令盈統法得一度數起牽牛算外則合晨所入星度也

推其日夜半所在星以章歲乘月小餘以減合晨度小餘不足者破全度

推其月夜半所在星以月周乘月小餘盈統法得一度以減合晨度

推諸加時以十二乘小餘爲實各盈分母爲法數起於子算外則所加辰也

推月食置會餘歲積月以二十三乘之盈百三十五除之不盈者加二十三得一月盈百三十五數所得起其正算外則食月也加時在望日衝辰

紀術

推五星見復置太極上元以來盡所求年乘大統見復數盈歲數得一則定見復數也宋祁曰景本大統作大終不盈者名曰見復餘見復餘盈其見復數一以上見在往年倍一以上又在前往年不盈者在今年也

推星所在見中次以見中分乘定見復數盈見中法得一則積中法也不盈者名曰中餘以中元除積中餘則中元餘也以章中除之餘則入章中數也以十二除之餘則星見中次也中數從冬至起次數從星紀起算外則星所見中次也

推星見月以閏分乘定見以章歲乘中餘從之盈見月法得一併積中則積月也不盈者名曰月中餘以元月除積月餘名曰月元餘以章月除月元餘則入章月數也以十二除之至有閏之歲除十三入章三歲一閏六歲二閏九歲三閏十一歲四閏十四歲五閏十七歲六閏十九歲七閏不盈者數起於天正算外則星所見月也

推至日以中法乘中元餘盈元法得一名曰積日不盈者名曰小餘小餘盈二千五百九十七以上中大數除積日如法算外則冬至也

推朔日以月法乘月元餘盈日法得一名曰積日餘名曰小餘小餘二十八以上月大數除積日如法算外則星見月朔日也

推入中次日度數以中法乘中餘以見中法乘其小餘并之盈見中日法得一則入中日入次度數也中次至日數次以次初數算外則星所見及日所在度數也求夕在日後十五度

推入月日數以月法乘月餘以見月法乘其小餘并之盈見月日法得一則入月日數也并之大餘數除如法則見日也

推後見中加積中於中元餘加後餘於中餘盈其法得一從中元餘數如法則見中也宋祁[illegible]

推後見月加積月於月元餘加後月餘於月餘盈其法得一從月元餘除數如法則後見月也

推至日及入中次度數如上法

推朔日及入月數如上法

推晨見加夕夕見加晨皆如上法

推五步置始見以來日數至所求日各以其行度數乘之其星若日有分者分子乘全爲實分母爲法其兩有分者分母分度數乘全分子從之令相乘爲實分母相乘爲法實如法得一名曰積度數起星初見星宿所在宿度算外則星所在宿度也

歲術

推歲所在置上元以來外所求年盈歲數除去之不盈者以百四十五乘之以百四十四爲法如法得一名曰積次不盈者名曰次餘積次盈十二除去之不盈者名曰定次數從星紀起算盡之外則所在次也欲知太歲以六十除積次餘不盈者數從丙子起算盡之外則太歲日也贏縮傳曰歲棄其次而旅於明年之次以害鳥帑師古曰帑與孥同周楚惡之五星之贏縮不是過也過次者殃大過舍者災小不過者亡咎次度六物者歲時數日月星辰也辰者日月之會而

建所指也

星紀初斗十二度大雪中牽牛初冬至於夏為十一月商為十二月周為正月終於婺女七度

元枵初婺女八度小寒中危初大寒於夏為十二月商為正月周為二月終於危十五度

娵訾初危十六度立春中營室十四度驚蟄今日雨水於夏為正月商為二月周為三月終於奎四度

降婁初奎五度雨水今日驚蟄中婁四度春分於夏為二月商為三月周為四月終於胃六度

大梁初胃七度穀雨今日清明中昴八度清明今日穀雨於夏為三月商為四月周為五月終於畢十一度

實沈初畢十二度立夏中井初小滿於夏為四月商為五月周為六月終於井十五度

鶉首初井十六度芒種中井三十一度夏至於夏為五月商為六月周為七月終於柳八度

鶉火初柳九度小暑中張三度大暑於夏為六月商為七月周為八月終於張十七度

鶉尾初張十八度立秋中翼十五度處暑於夏為七月商為八月周為九月終於軫十一度

壽星初軫十二度白露中角十度秋分於夏為八月商為九月周為十月終於氐四度

大火初氐五度寒露中房五度霜降於夏為九月商為十月周為十一月終於尾九度

析木初尾十度立冬中箕七度小雪於夏為十月商為十一月周為十二月終於斗十一度

角十二　亢九　氐十五　房五

心五　尾十八　箕十一

東七十五度

斗二十六　牛八　女十二　虛十

危十七　營室十六　壁九

北九十八度

奎十六　婁十二　胃十四　昴十一

畢十六　觜二　參九

西八十度

井三十三　鬼四　柳十五　星七

張十八　翼十八　軫十七

南百一十二度

九章歲為百七十一歲而九道小終九終千五百三十九歲而大終三終而與元終進退於牽牛之前四度五分九會陽以九終故日有九道陰兼而成之故月有十九道陽名成功故九會而終四營而成易故四歲中餘一四章而朔餘一為篇首八十一章而終一統

一甲子元首（漢太初元年）

十辛酉　十九己未　二十八丁巳

二十七乙卯　四十六壬子　五十五庚戌

六十四戊申　七十三丙午中

甲辰二統　辛丑　己亥

丁酉　乙未　壬辰

庚寅　戊子　丙戌季

甲申三統　辛巳　己卯

丁丑（[illegible]）　乙亥（[illegible]）　壬申

庚午　戊辰　丙寅孟（[illegible]）

二癸卯　十一辛丑　二十己亥

二十九丁酉　三十八甲午　四十七壬辰

五十六庚寅　六十五戊子（宋鄉日景本作戊午）

七十四乙酉中

癸未　辛巳　己卯

丁丑　甲戌　壬申

庚午　戊辰　乙丑季

癸亥　辛酉　己未（宋鄉日景本作乙未）

丁巳（閔公五年宋鄉日景本作丁酉）　甲寅

壬子　庚戌　戊申（元四年）

乙巳孟

三癸未　十二辛巳　二十一己卯

三十丙子　三十九甲戌　四十八壬申

五十七庚午　六十六丁卯　七十五乙丑中

癸亥　辛酉　己未

丙辰　甲寅　壬子

庚戌　丁未　乙巳季

癸卯　辛丑　己亥

丙申　甲午　壬辰

庚寅（成十二年）　丁亥　乙酉孟

四癸亥（初元二年）　十三辛酉　二十二戊午

三十一丙辰　四十甲寅　四十九壬子

五十八己酉　六十七丁未　七十六乙巳中

癸卯　辛丑　戊戌

丙申　甲午　壬辰

己丑　丁亥　乙酉季

癸未　辛巳　戊寅

丙子　甲戌　壬申（惠三十八年）

己巳　丁卯　乙丑孟
五癸卯河平元年　十四庚子　二十三戊戌
三十二丙申　四十一甲午　五十辛卯
五十九己丑　六十八丁亥　七十七乙酉中
癸未　庚辰　戊寅
丙子　甲戌　辛未
己巳　丁卯
乙丑季商太甲元年宋祁曰太甲元年當在楚元三年上
癸亥　庚申　戊午
丙辰　甲寅獻十五年　辛亥
己酉　丁未
乙巳孟楚元三年宋祁曰景本無三字
六壬午　十五庚辰　二十四戊寅
三十三丙子　四十二癸酉　五十一辛未
六十己巳　六十九丁卯　七十八甲子中
壬戌　庚申　戊午
丙辰　癸丑　辛亥
己酉　丁未　甲辰季
壬寅　庚子　戊戌
丙申陽二十四年　癸巳　辛卯
己丑　丁亥庚四年　甲申孟
七壬戌始建國三年　十六庚申　二十五戊午
二十四乙卯　四十三癸丑
五十二辛亥宋祁曰改作辛巳　六十一己酉
七十丙午　七十九甲辰中
壬寅　庚子　戊戌
乙未　癸巳　辛卯

己丑　丙戌　甲申季
壬午　庚辰　戊寅
乙亥　癸酉　辛未
己巳定七年宋祁曰景作十一年　丙寅
甲子孟
八壬寅　十七庚子　二十六丁酉
三十五乙未　四十四癸巳　五十三辛卯
六十二戊子　七十一丙戌　八十甲申中
壬午　庚辰　丁丑
乙亥　癸酉　辛未
戊辰　丙寅　甲子季
壬戌　庚申　丁巳
乙卯　癸丑　辛亥僖五年
戊申　丙午　甲辰孟
九壬午　十八己卯　二十七丁丑
三十六乙亥　四十五癸酉　五十四庚午
六十三戊辰　七十二丙寅　八十一甲子中
壬戌　己未　丁巳
乙卯　癸丑　庚戌
戊申　丙午　甲辰季
壬寅　己亥　丁酉
乙未　癸巳懿九年　庚寅
戊子　丙戌　甲申孟元朔六年

推章首朔日冬至日置大餘三十九小餘六十一數除如法各從其統首起求其後章當加大餘三十九小餘六十一各盡其八十一章

推篇大餘亦如之小餘加一求周至加大餘五十九小餘二十一

世經春秋昭公十七年郯子來朝傳曰昭子問少昊氏鳥名何故師古曰郯國名子其君之爵也郯國即東海郯縣是也朝朝於魯也昭子魯大夫叔孫婼子也名婼對曰吾祖也我知之矣昔者黃帝氏以雲紀故爲雲師而雲名炎帝氏以火紀故爲火師而火名共工氏以水紀故爲水師而水名太昊氏以龍紀故爲龍師而龍名我高祖少昊摯之立也鳳鳥適至故紀於鳥爲鳥師而鳥名言郯子據少昊受黃帝黃帝受炎帝炎帝受共工共工受太昊故先言黃帝上及太昊稽之于易炮犧神農黃帝相繼之世可知師古曰炮與庖同

太昊帝易曰炮犧氏之王天下也言炮犧繼天而王爲百王先首德始於木故爲帝太昊作罔罟以田漁取犧牲故天下號曰炮犧氏

祭典曰共工氏伯九域師古曰祭典即禮經祭法也伯讀與霸同下亦類此言雖有水德在火木之間非其序也任知刑以彊故伯而不王秦以水德在周漢木火之間師古曰志言秦其閒位亦猶共工不當五德之序周人遷其行序故易不載鄧展曰晷去也以其非次故去之師古曰此注謂共工也晷古遷字其下並同

炎帝易曰炮犧氏沒神農氏作言共工伯而不王雖有水德非其序也以火承木故爲炎帝教民耕農故天下號曰神農氏

黃帝易曰神農氏沒黃帝氏作火生土故爲土德與炎帝之後戰於阪泉遂王天下始垂衣裳有軒冕之服師古曰軒軒車也冕冕服也春秋左氏傳曰服冕乘軒故天下號曰軒轅氏

少昊帝考德曰少昊曰清師古曰考德者五帝德之書也考清者黃帝之子清陽也是其子孫名摯立土生金故爲金德

天下號曰金天氏周遷其樂故易不載序於行

顓頊帝春秋外傳曰少昊之衰九黎亂德顓頊受之乃命重黎蒼林昌意之子也金生水故爲水德天下號曰高陽氏周遷其樂故易不載序於行

帝嚳春秋外傳曰顓頊之所建帝嚳受之清陽元囂之孫也水生木故爲木德天下號曰高辛氏帝摯繼之不知世數周遷其樂故易不載周人禘之

唐帝帝系曰帝嚳四妃陳豐生帝堯封於唐蓋高辛氏衰天下歸之木生火故爲火德天下號曰陶唐氏讓天下於虞使子朱處於丹淵爲諸侯即位七十載

虞帝帝系曰顓頊生窮蟬五世而生瞽叟瞽叟生帝舜處虞之媯汭（師古曰媯水名也水曲曰汭音人銳反）堯嬗以天下（師古曰嬗古禪讓字也）火生土故爲土德天下號曰有虞氏讓天下於禹使子商均爲諸侯即位五十載

伯禹帝系曰顓頊五世而生鯀鯀生禹虞舜嬗以天下土生金故爲金德天下號曰夏后氏繼世十七王四百三十二歲

成湯書經湯誓湯伐夏桀金生水故爲水德天下號曰商後曰殷（孟康曰初契封商湯居殷而受命故二號）

三統上元至伐桀之歲十四萬一千四百八十歲歲在大火房五度故傳曰大火閼伯之星也實紀商人後爲成湯方即世崩沒之時爲天子用事十三年矣商十二月乙丑朔旦冬至故書序曰成湯既沒太甲元年使伊尹作伊訓伊訓篇曰惟太甲元年十有二月乙丑朔伊尹祀于先王誕資有牧方明言雖有成湯太丁外丙之服以冬至越茀祀先王于方明（如淳曰覲禮諸侯覲天子爲壇十有二尋加方明於其上孟康曰方明者神明之象也以木爲之方四尺畫六彩東青西白南赤北黑上元下黃）以配上帝是朔旦冬至之歲也後九十五歲商十二月甲申朔旦冬至亡餘分是爲孟統

自伐桀至武王伐紂六百二十九歲故傳曰殷載祀六百

殷曆曰當成湯方即世用事十三年十一月甲子朔旦冬至終六府首（師古曰府首即蔀首）當周公五年則爲距伐桀四百五十八歲少百七十一歲不盈六百二十九又以夏時乙丑爲甲子計其年迺孟統後五章癸亥朔旦冬至也以爲甲子府首皆非是凡殷世繼嗣三十一王六百二十九歲

四分上元至伐桀十三萬二千一百一十三歲其八十八紀甲子府首入伐桀後百二十七歲

春秋曆周文王四十二年十二月丁丑朔旦冬至孟統之二會首也後八歲而武王伐紂武王書經牧誓

武王伐商紂水生木故爲木德天下號曰周室

三統上元至伐紂之歲十四萬二千一百九歲歲在鶉火張十三度文王受命九年而崩再期在大祥而伐紂故書序曰惟十有一年武王伐紂太誓八百諸侯會還歸二年乃遂伐紂克殷以箕子歸十三年也故書序曰武王克殷以箕子歸作洪範洪範篇曰惟十有三祀王訪於箕子自文王受命而至此十三年歲亦在鶉火故傳曰歲在鶉火則我有周之分壄也師初發以殷十一月戊子日在析木箕七度故傳曰日在析木是夕也月在房五度房爲天駟故傳曰月在天駟後三日得周正月辛卯朔合辰在斗前一度斗柄也故傳曰辰在斗柄明日壬辰晨星始見（師古曰晨古晨字也其字從日日音民玉反）癸巳武王始發丙午還師戊午度於孟津孟津去周九百里師行三十里故三十一日而度明日己未冬至晨星與婺女伏歷建星及牽牛至於婺女天黿之首故傳曰星在天黿周書武成篇惟一月壬辰旁死霸（孟康曰月二日以往月生魄死故言死魄魄月質也師古曰霸古魄字同）若翌日癸巳武王乃朝步自周于征伐紂序曰一月戊午師度于孟津至庚申二月朔日也四日癸亥至牧壄夜陳甲子昧爽而合矣故外傳曰王以二月癸亥夜陳武成篇曰粵若來三月既死霸粵五日甲子咸劉商王紂（師古曰劉殺也）是歲也閏數餘十八正大寒中在周二月己丑晦明日閏月庚寅朔三月二日庚申驚蟄四月己丑朔死霸死霸朔也生霸望也是月甲辰望乙巳旁之故武成篇曰惟四月既旁生霸粵六日庚戌武王燎于周廟翌日辛亥祀于天位粵五日乙卯乃以庶國祀馘于周廟（師古曰亦今文尚書也祀馘獻於廟而告祀也截耳曰馘音居獲反）文王十五而生武王受命九年而崩崩後四年而武王克殷克殷之歲八十六矣後七歲而崩故禮記文王世子曰文王九十七而終武王九十三而終凡武王即位十一年周公攝政五年正月丁巳朔旦冬至殷曆以爲六年戊午距煬公七十六歲入孟統二十九章首也後二歲得周公七年復子明辟之歲是歲二月乙亥朔庚寅望後六日得乙未故名誥曰惟二月既望粵六日乙未又其三月甲辰朔三日丙午名誥曰惟三月丙午朏（孟康曰朏月出也音斐尾反）古文月采篇曰三日曰朏（師古曰月采說月之光采其書則亡）是歲十二月戊辰晦周公以反政故洛誥篇曰戊辰王在新邑烝祭歲命作策惟周公誕保文武受命惟七年成王元年正月己巳朔此命伯禽俾侯於魯之歲也

後二十年四月庚戌朔十五日甲子哉生霸師古曰哉始也故顧命曰惟四月哉生霸王有疾不豫甲子王乃洮沬水作顧命師古曰洮盥手也沬洗面也洮音徒高反沬即頮字也音呼內反翌日乙丑成王崩康王十二年六月戊辰朔三日庚午故畢命豐刑曰惟十有二年六月庚午朏王命作策豐刑孟康曰逸書篇名

春秋殷曆皆以殷魯自周昭王以下亡年數故據周公伯禽以下為紀魯公伯禽推即位四十六年至康王十六年而薨故傳曰燮父禽父並事康王師古曰燮父晉唐叔虞之子禽父即伯禽也父讀曰甫甫者男子之美稱言晉侯燮魯公伯禽俱事康王也子考公就立酋師古曰又記此酋者諸說不同而名字或異也下皆放此酋音在由反考公世家即位四年及煬公熙立師古曰及者兄弟相及非子繼父也下皆類此煬公二十四年正月丙申朔旦冬至殷曆以為丁酉距微公七十六歲

世家煬公即位十六年子幽公宰立幽公世家即位十四年及微公弟立濆師古曰弟音弗濆古沸字微公二十六年正月乙亥朔旦冬至殷曆以為丙子距獻公七十六歲

世家微公即位五十年子厲公翟立翟厲公世家即位三十七年及獻公具立獻公十五年正月甲寅朔旦冬至殷曆以為乙卯距懿公七十六歲

世家獻公即位五十年子慎公執立嚊師古曰嚊音皮祕反又音許器反慎公世家即位三十年及武公敖立武公世家即位二年子懿公被立戲師古曰戲音許宜反懿公九年正月癸巳朔旦冬至殷曆以為甲午距惠公七十六歲

世家懿公即位九年兄子柏御立柏御世家即位十一年叔父孝公稱立孝公世家即位二十七年子惠公皇立惠公三十八年正月壬申朔旦冬至殷曆以為癸酉距釐公七十六歲師古曰釐讀曰僖下皆類此

世家惠公即位四十六年子隱公息立

凡伯禽至春秋三百八十六年

春秋隱公春秋即位十一年及桓公軌立此元年上距伐紂四百歲

桓公春秋即位十八年子莊公同立

莊公春秋即位三十二年子愍公啓方立

愍公春秋即位二年及釐公申立釐公五年正月辛亥朔旦冬至殷曆以為壬子距成公七十六歲

是歲距上元十四萬二千五百七十七歲得孟統五十三章首故傳曰五年春王正月辛亥朔日南至八月甲午晉侯圍上陽童謠云丙子之辰龍尾伏辰袀服振振取虢之旂師古曰袀音均又弋均反振音之人反鶉之賁賁天策焞焞火中成軍虢公其奔師古曰賁音奔焞音徒門反又土門反卜偃曰其九月十月之交乎丙子旦日在尾月在策鶉火中必是時也冬十二月丙子滅虢言曆者以夏時故周十二月夏十月也是歲歲在大火故傳曰晉侯使寺人披伐蒲重耳奔狄師古曰晉侯謂獻公也寺人奄人也披其名也蒲晉邑也公子重耳之所居獻公用驪姬之讒故令披伐之而重耳懼罪出奔也事見春秋左氏傳及國語董因曰君之行歲在大火師古曰董因晉史也本周太史辛有之後以董主史官故為董氏因其名也後十二年釐之十六歲歲在壽星故傳曰重耳處狄十二年而行過衞五鹿乞食於壄人壄人舉甴而與之子犯曰天賜也後十二年必獲此土歲復於壽星必獲諸侯後八歲釐之二十四年也歲在實沈秦伯納之故傳曰董因云君以辰出而以參入必獲諸侯春秋釐公即位三十三年子文公興立

文公元年距辛亥朔旦冬至二十九歲是歲閏餘十三正小雪閏當在十一月後而在三月故傳曰非禮也後五年閏餘十是歲亡閏而置閏閏所以正中朔也亡閏而置閏又不告朔故經曰閏月不告朔言亡此月也傳曰不告朔非禮也春秋文公即位十八年子宣公倭立師古曰倭音於危反

宣公春秋即位十八年子成公黑肱立

成公十二年正月庚寅朔旦冬至殷曆以為辛卯距定公七年七十六歲

春秋成公即位十八年子襄公午立襄公二十七年距辛亥百九歲九月乙亥朔是建申之月也魯史書十二月乙亥朔日有食之傳曰冬十一月乙亥朔日有食之於是辰在申司曆過也再失閏矣言時實行以為十一月也不察其建不考之於天也二十八年距辛亥百一十歲歲在星紀故經曰春無冰傳曰歲在星紀而淫於元枵三十年歲在娵訾三十一年歲在降婁是歲距辛亥百一十三年二月有癸未上距文公十一年會于承匡之歲夏正月甲子朔凡四百四十有五甲子奇二十日為日二萬六千六百有六旬故傳曰絳縣老人曰臣生之歲正月甲子朔四百四十有五甲子矣其季於今三之一也師曠曰郤成子會於承匡之歲也七十三年矣史趙曰亥有二首六身下二如身則其日數也孟康曰下二畫使若身也師古曰杜預云亥字二畫在上并三六為身如算之六也下亥上二畫豎置身傍士文伯曰然則二萬六千六百有六旬也春秋襄公即位三十一年子昭公稠立昭公八年歲在析木十年歲在顓頊之虛元枵也十八年距辛亥百三十一歲五月有丙子戊寅

壬午火始昏見宋衞陳鄭火二十年春王正月距辛
亥百三十三歲是辛亥後八章首也正月己丑朔旦
冬至失閏故傳曰二月己丑日南至三十二年歲在
星紀距辛亥百四十五歲盈一次矣故傳曰越得歲
吳伐之必受其咎
春秋昭公即位三十二年及定公宋立定公七年正
月己巳朔旦冬至殷曆以爲庚午距元公七十六歲
春秋定公即位十五年子哀公蔣立哀公十二年冬
十一月流火非建戌之月也是月也螽故傳曰火伏
而後蟄者畢今火猶西流司曆過也詩曰七月流火
春秋哀公即位二十七年自春秋盡哀十四年凡二
百四十二年六國春秋哀公後十三年遜于邾子悼
公曼立寧悼公世家即位三十七年子元公嘉立元
公四年正月戊申朔旦冬至殷曆以爲己酉距康公
七十六歲
元公世家即位二十一年子穆公衍立顯穆公世家
即位三十三年子恭公奮立恭公世家即位二十二
年子康公毛立康公四年正月丁亥朔旦冬至殷曆
以爲戊子距緍公七十六歲師古曰緍讀與愍同下皆類此
康公世家即位九年子景公偃立景公世家即位二
十九年子平公旅立平公世家即位二十年子緍公
賈立緍公二十二年正月丙寅朔旦冬至殷曆以爲
丁卯距楚元七十六歲
緍公世家即位二十三年子頃公讎立頃公表十八
年秦昭王之五十一年也秦始滅周周凡三十六王
八百六十七歲
秦伯師古曰伯讀曰霸其下亦同昭王本紀無天子五年

孝文王本紀即位一年元年楚考烈王滅魯頃公爲
家人周滅後六年也莊襄王本紀即位三年
始皇本紀即位三十七年
二世本紀即位三年凡秦伯五世四十九歲
漢高祖皇帝著紀伐秦繼周木生火故爲火德天下
號曰漢距上元年十四萬三千一二十五歲歲在大棣
之東井二十二度鶉首之六度也故漢志曰歲在大
棣名曰敦牂太歲在午
八年十一月乙巳朔旦冬至楚元三年也故殷曆以
爲丙午距元朔七十六歲
著紀高帝即位十二年
惠帝著紀即位七年
高后著紀即位八年
文帝前十六年後七年著紀即位二十三年
景帝前七年中六年後三年著紀即位十六年
武帝建元元光元朔各六年元朔六年十一月甲申
朔旦冬至殷曆以爲乙酉距初元七十六歲
元狩元鼎元封各六年漢曆太初元年距上元十四
萬三千一百二十七歲前十一月甲子朔旦冬至歲
在星紀婺女六度故漢志曰歲名困敦師古曰敦頓也正月
歲星出婺女
太初天漢太始征和各四年後二年著紀即位五十
四年
昭帝始元元鳳各六年元平一年著紀即位十三年
宣帝本始地節元康神爵五鳳甘露各四年黃龍一
年著紀即位二十五年
元帝初元二年十一月癸亥朔旦冬至殷曆以爲甲

子以爲紀首是歲也十月日食非合辰之會不得爲
紀首距建武七十六歲
初元永光建昭各五年竟寧一年著紀即位十六年
成帝建始河平陽朔鴻嘉永始元延各四年綏和二
年著紀即位二十六年
哀帝建平四年元壽二年著紀即位六年
平帝著紀即位元始五年以宣帝元孫嬰爲嗣謂之
孺子孺子著紀新都侯王莽居攝三年王莽居攝盜
襲帝位竊號曰新室始建國五年天鳳六年地皇三
年著紀盜位十四年更始帝著紀以漢宗室滅王莽
即位二年赤眉賊立宗室劉盆子滅更始帝自漢元
年訖更始二年凡二百三十歲
光武皇帝著紀以景帝後高祖九世孫受命中興復
漢改元曰建武歲在鶉尾之張度建武三十一年中
元二年即位三十三年

欽定古今圖書集成曆象彙編曆法典

第二卷目錄

曆法總部彙考二

後漢 明帝永平一則 章帝元和一則 和帝永元二則 安帝延光一則 順帝漢安一則 靈帝熹平一則 光和二則 四分曆法 昭烈帝一則

曆法典第二卷

曆法總部彙考二

後漢

明帝永平十二年十一月詔待詔張盛景防鮑鄴與楊岑等參課弦望月食用之

按後漢書明帝本紀不載　按律曆志自太初元年始用三統曆施行百有餘年曆稍後天朔先曆朔或在晦月見考其行日有退無進月有進無退建武八年中太僕朱浮大中大夫許淑等數上書言曆不正宜當改更時分度覺差尚微上以天下初定未遑考正至永平五年官曆署七月十六日食待詔楊岑見時月食多先曆即縮用筭上爲日上言月當十五日食官曆不中詔書令岑普與官課起七月盡十一月弦望凡五官曆皆失岑皆中庚寅詔令岑署弦望月食官復令待詔張盛景防鮑鄴等以四分法與岑課歲餘盛等所中多岑六事十二年十一月丙子詔書令盛防代岑署弦望月食加時四分之術始頗施行是時盛防等未能分明曆元綜校分度故但用其弦望而已

章帝元和二年春二月甲寅始用四分曆

按後漢書章帝本紀云云　按律曆志先是九年太史待詔董萌上言曆不正事下三公太常知曆者雜議訖十年四月無能分明據者至元和二年太初失天益遠日月宿度相覺浸多而候者皆知冬至之日日在斗二十一度未至牽牛五度而以爲牽牛中星從天四分日之三晦朔弦望差天一日宿差五度章帝知其謬錯以問史官雖知不合而不能易故名治曆編訢李梵等綜校其狀二月甲寅遂下詔曰朕聞古先聖王先天而天不違後天而奉天時河圖曰赤九會昌十世以光十一以興又曰九名之世帝行德封刻政朕以不德奉承大業夙夜祇畏不敢荒寧予末小子託在於數終曷以續興崇弘祖宗拯濟元元尚書璇璣鈐曰述堯世放唐文帝命驗曰堯考德頠期立象且三五步驟優劣殊軌況乎頑陋無以克堪雖欲從之末由也已每見圖書中心恧焉間者以來政治不得陰陽不和災異不息癘疫之氣流傷於牛農本不播夫庶徵休咎五事之應咸在朕躬信有闕矣將何以補之書曰惟先假王正厥事又曰歲二月東巡狩至岱宗柴望秩於山川遂覲東后叶時月正日祖堯岱宗同律度量考在璣衡以正曆象庶乎有益春秋保乾圖曰三百年斗曆改憲史官用太初鄧平術有餘分一在三百年之域行度轉差浸以謬錯璇璣不正文象不稽冬至之日日在斗二十二度而曆以爲牽牛中星先立春一日則四分數之立春日也以折獄斷大刑於氣已迕用望平和曆時之義蓋亦遠矣今改行四分以遵於堯以順孔聖奉天之文冀百君子越有民同心敬授儻獲咸喜以明予祖之遺功於是四分施行

按宋書曆志光武建武八年太僕朱浮上言曆紀不正宜當改治時所差尚微未遑考正明帝永平中待詔楊岑張盛景防等典治曆但改易加時弦望未能綜校曆元也至元和二年太初失天益遠宿度相覺浸多候者皆知日宿差五度冬至之日在斗二十一度晦朔弦望先天一日章帝名治曆編訢李梵等綜核意狀遂下詔書稱春秋保乾圖曰三百年斗曆改憲史官用太初鄧平術有餘分一在三百年之域行度轉差浸以繆錯璇璣不正文象不稽冬至之日在斗二十二度先立春一日則四分之立春日也而以折獄斷大刑於氣已逆用望平和蓋亦遠於今改行四分以遵堯順孔奉天之文同心敬授儻獲咸熙於是四分法施行黃帝以來諸曆以爲冬至在牽牛初者皆黜焉

和帝永元　年詔左中郎將賈逵及治曆者編訢衛承等校論四分曆法

按後漢書和帝本紀不載　按律曆志四分施行而訢梵猶以爲元首十一月當先大欲以合耦弦望命有常日而十九歲不得七閏晦朔失實行之未期章帝復發聖思考之經讖使左中郎將賈逵問治曆者衛承李崇太尉屬梁鮪司徒嚴勗太子舍人徐震鉅鹿公乘蘇統及訢梵等十人以爲月當先小據春秋經書朔不書晦者朔必有明晦不朔必在其月也即先大則一月再朔後月無朔是明不可必梵等以爲

當先大無文正驗取欲諸耦十六日月朓昏晦當滅而已又晦與合同時不得異日又上知訢梵亢見赦毋拘曆以班天元始起之月當小定後年曆數遂正永元中復令史官以九道法候弦望驗無有差跌逵論集狀後之議者用得折衷故詳錄焉

逵論曰太初曆冬至日在牽牛初者牽牛中星也古黃帝夏殷周魯冬至日在建星建星即今斗星也太初曆斗二十六度三百八十五分牽牛八度案行事史官注冬夏至日常不及太初曆五度冬至日在斗二十一度四分度之一石氏星經曰黃道規牽牛初直斗二十度去極二十五度於赤道斗二十一度也四分法與行事候注天度相應尚書考靈曜斗二十二度無餘分冬至在牽牛所起又編訢等據今日所在牽牛中星五度於斗二十一度四分一與考靈曜相近即以明事元和二年八月詔書曰石不可離令兩候上得筭多者太史令元等候元和二年至永元元年五歲中課日行及冬夏至斗十一度四分一合古曆建星考靈曜日所起其星間距度皆如石氏故事他術以爲冬至日在牽牛初者自此遂黜也逵論曰以太初曆考漢元盡太初元年日朔二十三事其十七得朔四得晦二得二日新曆七得朔十四得晦二得三日以太初曆考太初元年盡更始二年二十四事十得晦以新曆十六得朔七得二日一得晦以太初曆考建武元年盡永元元年二十三事五得朔十八得晦以新曆十七得朔三日晦三得二日又以新曆上考春秋中有日朔者二十四事失不中者二十三事天道參差不齊必有餘餘又有長短不可以等齊治曆者方以七十六歲斷之則餘分稍長稍得一日故易金火相革之卦象曰君子以治曆明時又曰湯武革命順乎天應乎人言聖人必曆象日月星辰明數不可貫數千萬歲其間必改更先距求度數取合日月星辰所在而已故求度數取合日月星辰有異世之術太初曆不能下通於今新曆不能上得漢元一家曆法必在三百年之間故讖文曰三百年斗曆改憲漢興當用太初而不改下至太初元年百二歲乃改故其前有先晦一日合朔下至成哀以二日爲朔故合朔多在晦此其明效也逵論曰臣前上傳安等用黃道度日月弦望多近史官一以赤道度之不與日月同於今曆弦望至差一日以上輒奏以爲變至以爲日却縮退行於黃道日得行度不爲變願請太史官日月宿簿及星度課與待詔星象考校奏可臣謹案前對言冬至日去極一百一十五度夏至日去極六十七度春秋分日去極九十一度洪範日月之行則有冬夏五紀論日月循黃道南至牽牛北至東井率日日行一度月行十三度十九分度七也今史官一以赤道爲度不與日月行同其斗牽牛與鬼赤道得十五而黃道得十三度半行東壁奎婁軫角亢赤道十度黃道八度或月行多而日月相去反少謂之日却案黃道值牽牛出赤道南二十五度其直東井與鬼出赤道北五度赤道者爲中天去極俱九十度非日月道而以搖準度日月失其實行故也以今太史官候注考元和二年九月已來月行牽牛東井四十九事無行十一度者行婁角三十七事無行十五六度者如安言問典星待詔姚崇井畢等十二人皆曰星圖有規法日月實從黃道官無其器不知施行案甘露二年大司農中丞耿壽昌奏以圖儀度日月行考驗天運狀日月行至牽牛東井日過度月行十五度至婁角日行一度月行十三度赤道使然此前世所共知也如言黃道有驗合天日無前却弦望不差一日比用赤道密近宜施用上中多臣校案逵論永元四年也至十五年七月甲辰詔書造太史黃道銅儀以角爲十三度亢十氐十六房五心五尾十八箕十斗二十四四分度之一牽牛七須女十一虛十危十六營室十八東壁十奎十七婁十二胃十五昴十二畢十六觜三參八東井三十輿鬼四柳十四星七張十七翼十九軫十八凡三百六十五度四分度之一冬至日在斗十九度四分度之一史官以郭日月行參弦望雖密近而不爲注日儀黃道與度轉運難以候是以少循其事逵論曰又今史官推合朔弦望月食加時率多不中在於不知月行遲疾意永平中詔書令故太史待詔張隆以四分法署弦望月食加時隆言能用易九六七八支知月行多少今案隆所署多失臣使隆逆推前手所署不應或異日不中天乃益遠至十餘度梵統以史官候注考校月行當有遲疾不必在牽牛東井婁角之間又非所謂朓側匿乃由月所行道有遠近出入所生率一月移故所疾處三度九歲九道一復凡九章百七十一歲復十一月合朔旦冬至合春秋三統九道終數可以知合朔弦望月食加時據官注天度爲分率以其術法上考建武以來月食凡三十八事差密近有益宜課試上案史官舊有九道術廢而不脩熹平

中故治曆郎梁國宗整上九道術詔書下太史以參舊術相應部太子舍人馮恂課校恂亦復作九道術增損其分與整術並校差爲近太史令颺上以恂術參弦望然而加時猶復先後天遠則十餘度

永元十二年以月食訛改用蒙公乘宗紺術推之

按後漢書和帝本紀不載　按律曆志太初曆推月食多失四分因太初法以河平癸巳爲元施行五年永元元年天以七月後閏食術以八月其十二年正月十二日蒙公乘宗紺上書言今月十六日月當食而曆以二月至期如紺言太史令巡上紺有益官用除待詔甲辰詔書以紺法署施行

安帝延光二年詔議改曆不果

按後漢書安帝本紀不載　按律曆志安帝延光二年中謁者亶誦言當用甲寅元河南梁豐言當復用太初尚書郎張衡周興皆能曆數難誦豐或不對或言失誤衡興參案儀注考往校今以爲九道法最密詔書下公卿詳議太尉愷等上侍中施延等議太初過天日一度弦望失正月以晦見西方食不與天相應元和改從四分四分雖密於太初復不正皆不可用甲寅元與天相應合圖讖可施行博士黃廣大行令任僉議如九道河南尹祉太子舍人李弘等四十人議即用甲寅元當除元命苞天地開闢獲麟中百一十四歲推閏月六直其日或朔晦弦望二十四氣宿度不相應者非一用九道爲朔月有比三大二小皆疏遠元和變曆以應保乾圖三百歲斗曆改憲之文四分曆本起圖讖最得其正不宜易愷等八十四人議宜從太初尚書令忠上奏諸從太初者皆無他效驗徒以世宗攘夷廓境享國久長爲辭或云孝章改四分災異率甚未有善應臣伏惟聖王興起各異正朔以通三統漢祖受命因秦之紀十月爲年首閏常在歲後不稽先代違於帝典太宗遵修三階以平黃龍以至刑犴以錯五者以備哀平之際同承太初而妖孽累仍痾禍非一議者不以成數相參考眞求實而汎采妄說歸福太初致咎四分太初曆衆賢所立是非已定永平不審復革其弦望四分有謬不可施行元和鳳鳥不當應曆而翔集遠嘉前造則喪其休近譏後改則隱其福漏見曲論未可爲是臣輒復重難衡興以爲五紀論推步行度當時比諸術爲近然猶未稽於古及向子歆欲以合春秋橫斷年數損夏益周考之表紀差謬數百兩曆相課六千一百五十六歲而太初多一日冬至日直斗而云在牽牛迂闊不可復用昭然如此史官所共見非獨衡興前以爲九道密近今議者以爲有闕及甲寅元復多違失皆未可取正昔仲尼順假馬之名以崇君之義况天之曆數不可任疑從虛以非易是上納其言遂改曆事

按宋書曆志安帝延光三年中謁者亶誦上書言當用甲寅元河南梁豐云當復用太初尚書郎張衡周興皆審曆數難誦豐或不能對或云失課衡等參案儀注考往校今以爲九道法最密詔下公卿詳議太尉愷等參議太初過天一度月以晦見西方元和改從四分四分雖密於太初復不正皆不可用甲寅元與天相應合圖讖可施行議者不同尚書令忠上奏天之曆數不可任疑從虛以非易是亶等遂寢

順帝漢安二年以尚書侍郎邊韶上言詔公卿議曆仍用四分法

按後漢書順帝本紀不載　按律曆志順帝漢安二年尚書侍郎邊韶上言世微於數虧道盛於得常數虧則物衰得常則國昌孝武皇帝攄發聖思因元封七年十一月甲子朔旦冬至乃詔太史令司馬遷治曆鄧平等更建太初改元易朔行夏之正乾鑿度八十分之四十三爲日法設淸臺之候驗六異課效觕密太初爲最其後劉歆研幾極深驗之春秋參以易道以河圖帝覽嬉雒書乾曜度推廣九道百七十一歲進退六十三分百四十四歲一超次與天相應少有闕謬從太初至永平十一年百七十歲進退餘分六十三治曆者不知處之推得十二度弦望不效挾廢術者得竄其說至永和二年小終之數寖過餘分稍增月不用晦朔而先見孝章皇帝以保乾圖三百年斗曆改憲就用四分以太白復樞甲子爲癸亥引天從算耦之目前更以庚申爲元既無明文託之於獲麟之歲又不與感精符單閼之歲同史官相代因成習疑少能鉤深致遠案弦望足以知之詔書下三公百官雜議太史令虞恭治曆宗訢等議建曆之本必先立元元正然後定日法法定然後度周天以定分至三者有程則曆可成也四分曆仲紀之元起於孝文皇帝後元三年歲在庚辰上四十五歲歲在乙未則漢興元年也又上二百七十五歲歲在庚申則孔子獲麟二百七十六萬歲尋之上行復得庚申歲歲相承從下尋上其執不誤此四分曆元明文圖讖所著也太初元年歲在丁丑上極其元當在庚戌而

曰丙子言百四十四歲超一辰凡九百九十三超歲有空行八十二周有奇乃得丙子案歲所超於天元十一月甲子朔旦冬至日月俱超日行一度積三百六十五度四分度一而周天一匝名曰歲歲從一辰日不得空周天則歲無由超辰案百七十歲二蔀一章小餘六十三自然之數也夫數出於杪曶以成毫氂毫氂積累以成分寸兩儀既定日月始離初行生分積分成度日行一度一歲而周故爲術者各生度法或以九百四十或以八十一法有細觕以生兩科其歸一也日法者日之所行分也日垂令明行有常節日法所該通遠無已損益毫氂差以千里自此言之數無緣得有虧棄之意也今欲飾平之失斷法垂分恐傷大道以步日月行度終數不同四章更不得朔餘一雖言九道去課進退恐不足以補其闕且課曆之法晦朔變弦以月食天驗昭著莫大焉今以去六十三分之法爲曆驗章和元年以來日變二十事月食二十八事與四分曆更失定課相除四分尚得多而又便近孝章皇帝曆度審正圖儀晷漏與天相應不可復尚文曜鉤曰高辛受命重黎說文唐堯卽位羲和立禪夏后制德昆吾列神成周改號萇弘分官運斗樞曰常占有經世史所明洪範五紀論曰民間亦有黃帝諸曆不如史官記之明也自古及今聖帝明王莫不取言於羲和常占之官定精微於晷儀正衆疑祕藏中書改行四分之原及光武皇帝數下詔書草創其端孝明皇帝課校其實孝章皇帝宣行其法君更三聖年歷數十信而徵之舉而行之其元則上統開闢其數則復古四分宜如甲寅詔書故事奏可

靈帝熹平四年以五官郎中馮光等言詔議曆仍用四分法

按後漢書靈帝本紀不載　按律曆志靈帝熹平四年五官郎中馮光沛相上計掾陳晃言曆元不正故妖民叛寇益州盜賊相續爲曆用甲寅爲元而用庚申圖緯無以庚爲元者近秦所用代周之元太史治曆郎中郭香劉固意造妄說乞與本庚申元經緯有明受虛欺重誅乙卯詔書下三府與儒林明道者詳議務得道眞以羣臣會司徒府議議郎蔡邕議以爲曆數精微去聖久遠得失更迭術術無常是以承秦曆用顓頊元用乙卯百有二歲孝武皇帝始改正朔曆用太初元用丁丑行之百八十九歲孝章皇帝改從四分元用庚申今光晃各以庚申爲非甲寅爲是案曆法黃帝顓頊夏殷周魯凡六家各自有元光晃所據則殷曆元也他元雖不明於圖讖各家術皆當有效於其當時黃帝始用太初丁丑之元有六家紛錯爭訟是非太史令張壽王挾甲寅元以非漢曆雜候清臺課在下第卒以疏闊連見劾奏太初效驗無所漏失是則雖非圖讖之元而有效於前者也及用四分以來考之行度密於太初是又新元效於今者也延光元年中謁者亶誦亦非四分庚申上言當用命曆序甲寅元公卿百寮參議正處竟不施行且三光之行遲速進退不必若一術家以算追而求之取合於當時而已故有古今之術今之不能上通於古亦猶古術之不能下通於今也元命苞乾鑿度皆以爲開闢至獲麟二百七十六萬歲及命曆序積獲麟至漢起庚子蔀之二十三歲竟己酉戊子及丁卯蔀六十九歲合爲二百七十五歲漢元年歲在乙未上至獲麟則歲在庚申推此以上上極開闢則不在庚申讖雖無文其數見存而光晃以爲開闢至獲麟二百七十五萬九千八百八十六歲獲麟至漢百六十二歲轉差少一百一十四歲云當滿足則上違乾鑿度元命苞中使獲麟不得在哀公十四年下不及命曆序獲麟漢相去四蔀年數與奏記譜注不相應當今曆正月癸亥朔光晃以爲乙丑朔乙丑之與癸亥無題勒款識可與衆共別者須以弦望晦朔光魄虧滿可得而見者考其符驗而光晃曆以考靈曜二十八宿度數及冬至日所在與今史官廿石舊文錯異不可考校以今渾天圖儀檢天文亦不合於考靈曜光晃誠能自依其術更造望儀以追天度遠有驗於圖書近有效於三光可以易奪甘石窮服諸術者實宜用之難問光晃但言圖讖所言不服元和二年二月甲寅制書曰朕聞古先聖王先天而天不違後天而奉天時史官用太初鄧平術冬至之日日在斗二十二度而曆以爲牽牛中星先立春一日則四分數之立春也而以折獄斷大刑於氣已迕用望平和蓋亦遠矣今改行四分以遵於堯以順孔聖奉天之文是始用四分曆庚申元之詔也深引河洛圖讖以爲符驗非史官私意獨所興構而光晃以爲固意造妄說違反經文謬之甚者昔堯命羲和曆象日月星辰舜叶時月正日湯武革命治曆明時可謂正矣且猶遇水遭旱戒以蠻夷猾夏寇賊姦宄而光晃以爲陰陽不和姦臣盜賊皆元之咎誠非其理元和二年乃

用庚申至今九十二歲而光晃言秦所用代周之元不知從秦來漢三易元不常庚申光晃區區信用所學亦妄虛無造欺語之愆至於改朔易元往者壽王之術已課不效亶誦之議不用元和詔書文備義著非羣臣議者所能變易太尉耽司徒隗司空訓以邕議劾光晃不敬正鬼薪法詔書勿治罪

按宋書曆志靈帝熹平四年五官郎中馮光沛相上計掾陳晃等言曆元不正故盜賊爲害曆當以甲寅爲元不用庚申乞本庚申元經緯明文詔下三府與儒林明道術者詳議羣臣會司徒府集議議郎蔡邕曰曆數精微術無常是漢興承秦曆用顓頊元用乙卯百有二歲孝武皇帝始改太初元用丁丑行之百八十九歲孝章帝改從四分元用庚申今光等以庚申爲非甲寅爲是按曆法黃帝顓頊夏殷周魯各自有元光晃所援則殷曆元也昔始用太初丁丑之後六家紛錯爭訟是非張壽王挾甲寅元以非漢曆雜候清臺課在下第太初效驗無所漏失是則雖非圖讖之元而有效於前者也及用四分以來考之行度密於太初是又新元有效於今者也故延光中亶誦亦非四分言當用甲寅元公卿參議竟不施行且三光之行遲速進退不必若一故有古今之術今術之不能上通於古亦猶古術不能下通於今也又光晃以考靈曜爲本二十八宿度數至日所在錯異不可參校元和二年用至今九十二歲而光晃言陰陽不和姦臣盜賊皆元之咎元和詔書文備義著非羣臣議者所能變易三公從邕議以光晃不敬正鬼薪法詔書勿治皐

光和二年以月食多訛改用舍人張恂法又以萬年公乘王漢言較月食仍如舊法

按後漢書靈帝本紀不載　按律曆志宗紺法施行五十六歲至本初元年天以十二月食曆以後年正月於是始差到熹平三年二十九年之中先曆食者十六事常山長史劉洪上作七曜術甲辰詔屬太史部郎中劉固舍人馮恂等課效後作八元術固等作月食術並已相參固術與七曜術同月食所失皆以歲在己未當食四月恂術以三月官曆以五月太史上課到時施行中者丁巳詔書報可其四年紺孫誠上書言受紺法術當復改今年十二月當食而官曆以後年正月到期如言拜誠爲舍人丙申詔書聽行誠法光和二年歲在己未三月五月皆陰太史令修部舍人張恂等推計行度以爲二月近四月遠誠以四月奏廢誠術施用恂術　又光和二年萬年公乘王漢上月食注自章和元年到今年凡九十三歲合百九十六食與官曆河平元年月錯以己巳爲元事下太史令修上言漢所作注不與見食相應者二事以同爲異者二十九事尚書召穀城門候劉洪敕曰前郎中馮光司徒掾陳晃各訟曆故議郎蔡邕共補續其志今洪其詣修與漢相參推元謂分考校月食審己巳元密近有師法洪便從漢受不能對洪上言推元漢己巳元則考靈曜旃蒙之歲乙卯元也與光晃甲寅元相經緯於以追天作曆校三光之步今爲疏闊孔子緯一事見二端者明曆興廢隨天爲節甲寅曆於孔子時效己巳顓頊秦所施用漢興草創因而不易至元封中迂闊不審更用太初應期三百改憲之節甲寅己巳讖雖有文略其年數是以學人各傳所聞至於課校因得厥正夫甲寅元天正正月甲子朔旦冬至七曜之起始於牛初乙卯之元人正己巳朔旦立春三光聚天廟五度課兩元端閏餘差白五十分之三朔三百四中節之餘二十九以效信難聚漢不解說但言先人有書而已以漢成注參官施行術不同二十九事不中見食二事案漢習書見己巳元謂朔不聞不知聖人獨有興廢之義史官有附天密術甲寅己巳前已施行效後格而已不用河平疏闊史官已廢之而漢以去事分爭殆非其意雖有師法與無同課又不近密其說部數術家所共知無所采取遣漢歸鄉里

光和三年月食又改用宗紺孫誠法

按後漢書靈帝本紀不載　按律曆志其三年誠兒整前後上書言去年三月不食當以四月史官廢誠正術用恂不正術整所上五屬太史太史主者終不自言三月近四月遠食當以見爲正無遠近詔書下太常其詳案注記平議術之要效驗虛實太常就耽上選侍中韓說博士蔡較穀城門候劉洪右郎中陳調於太常府覆校注記平議難問恂誠各對恂術以五千六百四十日有九百六十一食爲法而除成分空加縣法推建武以來俱得三百二十七食其十五食錯案其官素注天見食九十八與兩術相應其錯辟二千一百誠術以百三十五月二十三食爲法乘除成月從建康以上減四十一建康以來減三十五以其俱不食恂術改易舊法誠術中復減損論其長短無以相驗各引書緯自證文無義要取追天而已

夫日月之術日循黃道月從九道以赤道儀日冬至去極俱一百一十五度其入宿也赤道在斗二十一而黃道在斗十九兩儀相參日月之行曲直有差以生進退故月行井牛十四度以上其在角婁十二度以上皆不應率不行以是言之則術不差不改不驗不用天道精微度數難定術法多端曆紀非一未驗無以知其是未差無以知其失失然後改之是然後用之此謂允執其中今誠術未有差錯之謬恂術未有獨中之異以無驗改未失是以檢將來爲是者也誠術百三十五月有二十三食其文在書籍學者所修施行日久官守其業經緯日月厚而未愆信於大文述而不作恂久在候部詳心善意能揆儀度定立術數推前校往亦與見食相應然協曆正紀欽若昊天宜率舊章如甲辰丙申詔書以見食爲比今宜施用誠術棄放恂術史官課之後有效驗乃行其法以審術數以順改易耽以說等議奏聞詔書可恂整誠各復上書恂言不當施誠術整言不當復棄恂術爲洪議所侵事下永安臺覆實皆不如恂誠等言劾奏謾欺詔書報恂誠各以二月奉贖罪整適作左校二月遂用洪等施行誠術

光和　年劉洪作乾象法

按後漢書靈帝本紀不載　按晉書律曆志漢靈帝時會稽東部尉劉洪考史官自古迄今曆注原其進退之行察其出入之驗規其往來度其終始始悟四分於天疏闊皆斗分太多故也更以五百八十九爲紀法百四十五爲斗分作乾象法冬至日日在斗二十二度以術追日月五星之行推而上則合於古引而下則應於今其爲之也依易立數遁行相號潛處相求名爲乾象曆又創制日行遲速兼考月行陰陽交錯於黃道表裏日行黃道於赤道宿度復有進退方於前法轉爲精密矣獻帝建安元年鄭元受其法以爲窮幽極微又加注釋焉

按宋書曆志光和中穀城門候劉洪始悟四分於天疏闊更以五百八十九爲紀法百四十五爲斗分造乾象法又制遲疾曆以步月行方於太初四分轉精微矣魏文帝黃初中太史丞韓翊以爲乾象減斗分太過後當先天造黃初曆以四千八百八十三爲紀法一千二百五爲斗分其後尚書令陳羣奏以爲曆數難明前代通儒多共紛爭黃初之元以四分曆久遠疏闊大魏受命宜正曆明時韓翊首建黃初猶恐不審故以乾象互相參校歷三年更相是非舍本即末爭長短而疑尺丈竟無時而決按三公議皆綜盡曲理殊塗同歸欲使效之璿璣各盡其法一年之間得失足定合於事宜奏可明帝時尚書郎楊偉制景初曆施用至於晉宋古之爲曆者鄧平能修舊制新劉洪始減四分又定月行遲疾楊偉斟酌兩端以立多少之衷因朔積分設差以推合朔月蝕此三人漢魏之善曆者然而洪之遲疾不可以檢春秋偉之五星大乖於後代斯則洪用心尚疏偉拘於同出上元壬辰故也

四分曆法

後漢書律曆志昔者聖人作曆觀璿璣之運三光之行道之發斂景之長短斗綱之建青龍所躔參伍以變錯綜其數而制術焉天之動也一晝一夜而運過周星從天而西日違天而東日所行與運周在天成度在曆成日居以列宿終於四七受以甲乙終於六旬日月相推日舒月速當其同謂之合朔舒先速後近一遠三謂之弦相與爲衡分天之中謂之望以速及舒光盡體伏謂之晦晦朔合離斗建移辰謂之日月之行則有冬有夏冬夏之間則有春有秋故日行北陸謂之冬西陸謂之春南陸謂之夏東陸謂之秋日道發南去極彌遠其景彌長遠長乃極冬乃至焉日道斂北去極彌近其景彌短近短乃極夏乃至焉二至之中道齊景正春秋分焉日周以天一寒一暑四時備成萬物畢改攝提遷次青龍移辰謂之歲歲首至也月首朔也至朔同日謂之章同在日首謂之蔀蔀終六旬謂之紀歲朔又復謂之元是故日以實之月以閏之時以分之歲以周之章以明之蔀以部之紀以記之元以原之雖有變化萬殊贏朒無方莫不結系于此而稟正焉極建其中道營于外璇衡追日以察斂光道生焉孔壺爲漏浮箭爲刻下漏數刻以考中星昏明生焉日有九道月有九行九行出入而交生焉朔會望衡鄰於所交虧薄生焉月有晦朔星有合見月有弦望星有留逆其歸一也步術生焉金水承陽先後日下速則先日遲而後留留而後逆逆與日違違而後速速與日競競又先日遲速順逆晨夕生焉日月五緯各有終原而七元生焉見伏有日留行有度而率數生焉參差齊之多少均之會終生焉引而伸之觸而長之探賾索隱鉤深致遠無幽辟潛伏而不以其精者然故陰陽有分寒暑有節天地貞觀日月貞明若夫祐術開業淳燿天光重黎其

上也顓頊日重黎承聖帝之命若昊天典曆象三辰以授民事立閏定時以成歲功羲和其隆也唐虞夏商日羲和取象金火革命創制治曆明時應天順民湯武其盛也月令章句日帝舜叶時月正日湯武革命治曆明時言承平者叶之承亂者革之及王德之衰也無道之君亂之於上頑愚之史失之於下夏后之時羲和淫湎廢時亂日引乃征之紂作淫虐喪其甲子武王誅之夫能貞而明之者其興也勃焉回而敗之者其亡也忽焉巍巍乎若道天地之綱紀帝王之壯事是以聖人寶焉君子勤之夫曆有聖人之德六焉以本氣者尚其體以綜數者尚其文以考類者尚其象以作事者尚其時以占往者尚其源以知來者尚其流大業載之吉凶生焉是以君子將有興焉咨焉而以從事受命而莫之逆也若夫用天因地揆時施教頒諸明堂以爲民極者莫大乎月令帝王之大司備矣天下之能事畢矣過此而往群忌苟禁君子未之或知也斗之二十一度去極至遠也日在焉而冬至群物於是乎生故律首黃鐘曆始冬至月先建子時平夜半當漢高皇帝受命四十有五歲陽在上章陰在執徐冬十有一月甲子夜半朔旦冬至日月閏積之數皆自此始立元正朔謂之漢曆又上兩元而月食五星之元並發端焉曆數之生也乃立儀表以校日景景長則日遠天度之端也日發其端周而爲歲然其景不復四周千四百六十一日而景復初是則日行之終以周除日得三百六十五四分度之一爲歲之日數日日行一度亦爲天度察日月俱發度端即是起會合朔日行十九周月行二百五十四周復會于端是則月行之終也以日周除月周得一歲周天之數以日一周減之餘十二十九分之七則月行過周及日行之數也爲一歲之月以除一歲日爲一月之數月之餘分積滿其法得一月月成則其歲月大四時推移故置十二中以定月位有朔而無中者爲閏月中之始日節與中爲二十四氣以除一歲日爲一氣之日數也其分積而成日爲沒并歲氣之分如法爲一歲沒沒分于終中中終于冬至冬至之分積如其法得一日四歲而終月分成閏閏七而盡其歲十九名之曰章章首分盡四之俱終名之曰蔀以一歲日乘之爲蔀之日數也以甲子命之二十而復其初是以二十蔀爲紀紀歲青龍未終三終歲後復青龍爲元元法四千五百六十

樂叶圖徵曰天元以甲子朔旦冬至日月起於牽牛之初右行二十八宿以考王者終始或盡一其曆數或不能盡 以四千五百六十爲紀甲寅窮宋均曰紀即元也四千五百六十者五行相代一終之大數也王者即位或遇其統或不盡其數故一共以四千五百六十爲甲寅之終也王者起必易元故不復沿前而終言之也韓子曰四千五百六十歲爲一元元中有厄故聖人有九歲之畜以備之也

紀法千五百二十月令章句日紀還復故曆

紀月萬八千八百

蔀法七十六月令章句日七十六歲爲蔀首

蔀月九百四十

章法十九

章月二百三十五月令章句日十九歲七閏月爲一章

周天千四百六十一

日法四

蔀日二萬七千七百五十九

沒數二十一爲章閏

通法四百八十七

沒法七因爲章閏

日餘百六十八

中法四十二

大周三十四萬三千三百三十五

月周千一十六

月食數之生也乃記月食之既者率二十三食而復既其月食百三十五率之相除得五百二十三之二十而一食以除一歲之月得歲有再食五百一十三分之五十也分終其法因以與蔀相約得四與二十七五之會二千五十二三十而與元會

元會四萬一千四十

蔀會三千五十三

歲數五百一十三

食數千八十一

月數百二十五

食法二十二

推入蔀術曰以元法除去上元其餘以紀法除之所得數從天紀算外則所入紀也不滿紀法者入紀年數也以蔀法除之所得數從甲子蔀起算外所入紀歲名命之算上即所求年太歲所在

推月食所入蔀會年以元會除去上元其餘以蔀會除之所得以七十二乘之滿六十除去之餘以二十

除所得數從天紀算之起外所以入紀不滿二十者數從甲子蔀起算外所入蔀會也其初不滿蔀會者入蔀會年數也各以不入紀歲名命之算上即所求

年蔀

天紀歲名	地紀歲名	人紀歲名	蔀首
甲子	庚辰	庚子	庚申一
癸卯	丙申	丙辰	丙子二
壬午	壬子	壬申	壬辰三
辛酉	戊辰	戊子	戊申四
庚子	甲申	甲辰	甲子五
己卯	庚子	庚申	庚辰六
戊午	丙辰	丙子	丙申七
丁酉	壬申	壬辰	壬子八
丙子	戊子	戊申	戊辰九
乙卯	甲辰	甲子	甲申十
甲午	庚申	庚辰	庚子十一
癸酉	丙子	丙申	丙辰十二
壬子	壬辰	壬午	壬申十三
辛卯	戊申	戊辰	戊子十四
庚午	甲子	甲申	甲辰十五
乙酉	庚辰	庚子	庚申十六
戊子	丙申	丙辰	丙子十七
丁卯	壬子	壬申	壬辰十八
丙午	戊辰	戊子	戊申十九
乙酉	甲申	甲辰	甲子二十

推天正術置入蔀年減一以章月乘之滿章法得一名爲積月不滿爲閏餘十二以上其歲有閏

推天正朔日置入蔀積月以蔀日乘之滿蔀月得一名爲積日不滿爲小餘積日以六十除去之其餘爲大餘以所入蔀名命之算盡之外則前年天正十一月朔日也小餘四百四十一以上其月大求後月朔加大餘二十九小餘四百九十小餘滿蔀月得一上加大餘命之如前

一術以大周乘年周天乘減之餘滿蔀日則天正朔日也

推二十四氣術曰置入蔀年減一以月餘乘之滿中法得一名曰大餘不滿爲小餘大餘滿六十除去之其餘以蔀名命之算盡之外則前年冬至之日也

求次氣加大餘十五小餘七除命之如前小寒日也

推閏月所在以閏餘減章法餘以十二乘之滿章閏數得一滿四以上亦得一算之數從前年十一月起算盡之外閏月也或進退以中氣定之

推弦望日因其月朔大小餘之數皆加大餘七小餘三百五十九四分三小餘滿蔀月得一加大餘大餘命如法得上弦又加得望次下弦又後月朔其弦望小餘二百六十以下每以百刻乘之滿蔀月得一刻不滿其數近節氣夜漏之半者以算上爲日

推沒滅術置入蔀年減一以沒數乘之滿日法得一名爲積沒不盡爲沒餘以通法乘積沒滿沒法得一名爲大餘不盡爲小餘大餘滿六十除去之其餘以蔀名命之算盡之外前年冬至前沒日也求後沒加大餘六十九小餘四小餘滿沒法從大餘命之如前無分爲滅

一術以爲五乘冬至小餘以減通法餘滿沒法得一則天正後沒也

推合朔所在度置入蔀積月以日乘之滿大周除去之其餘滿蔀月得一名爲積度不盡爲餘分積度加斗二十一度加二百三十五分以宿次除之不滿宿則日月合朔所在星度也求後合朔加度二十九加分四百九十九分滿蔀月得一度經斗除二百三十五分

一術以閏餘乘周天以減大周餘滿蔀月得一合以斗二十一度四分一則天正合朔日月所在度推日所在度置入蔀積日之數以蔀法乘之滿蔀日除去之其餘滿蔀法得一爲積度不盡爲餘分積度加斗二十一度加十九分以宿次除去之則夜半日所在宿度也

求次日加一度求次月大加三十度小加二十九度經斗除十分

一術以朔小餘減合度分即日夜半所在其分二百三十五約之十九乘之

推月所在度置入蔀積日之數以月周乘之滿蔀日除去之其餘滿蔀法得一爲積度不盡爲餘分積度加斗二十一十分除如上法則所求之日夜半月所在宿度也

求次日加十三度二十八分求次月大加三十五度六十一分月小二十二度三十二分分滿法得一度經斗除十九分其冬下旬月在張心署之謂盡漏分後盡漏盡也

一術以蔀法除朔小餘所得以減日半度也餘以減分即月夜半所在度也

推日明所入度分術曰置其月節氣夜漏之數以蔀法乘之二百除之得一分即夜半到明所行分也以增夜半日所在度分爲明所在度分也

求昏日所入度以夜半到明日所行分分減蔀法其餘即夜半到昏所行分也以加夜半所在度分爲昏日所在度也

推月明所入度分術曰置其節氣夜半之數以月周乘之以二百除之爲積分積分滿蔀法得一以增夜半度即明月所在度也

求昏月所入度以明積分減月周其餘滿蔀法得一度加夜半則昏月所在度也

推弦望日所入星度術曰置合朔度分之數加七度三百五十九分四分之三宿次除之即得上弦日所入宿度分也

求望下弦加除如前法小分四從大分滿蔀月從度

推弦望月所入星度術曰置月合朔度分之數加度九十八加分六百五十三半以宿次除之即上弦月所入宿度分也

求望下弦加除如前分滿蔀月從度

推月食術曰置入蔀會年數減一以食數乘之滿歲數得一名曰積食不滿爲食餘以月數乘積滿食法得一名爲積月不滿爲月餘分積月以章月除去之其餘爲入章月數當先除入章閏乃以十二除去之不滿者命以十一月算盡之外則前年十一月前食月也

求入章閏者置入章月以章閏乘之滿章月得一則入章閏數也餘分滿二百二十四以上至二百三十一爲食在閏月閏或進退以朔日定之求後食加五百二十分滿法得一月數命之如法其分盡食算上

推月食朔日術曰置食積月之數以二十九乘之爲積日又以四百九十乘積月滿蔀月得一以并積日以六十除之其餘以所會蔀名命之算盡之外則前年天正前食月朔日也

求食日加大餘十四小餘七百一十九半小餘滿蔀月爲大餘大餘命如前則食日也

求後食朔及日皆加大餘二十七小餘六百一十五其月餘分不滿二十者又加大餘二十九小餘四百九十九其食小餘者當以漏刻課之夜漏未盡以算上爲日一術以歲數去上元餘以爲積月以百一十二乘之滿月數去之餘滿食法得一則天正後食也

推諸加時以十二乘小餘先減如法之半得一時其餘乃以法除之所得算之數從夜半子起算盡之外則所加時也

推諸上水漏刻以百乘其小餘滿其法得一刻不滿法法什之滿法得一分積刻先減所入節氣夜漏之半其餘爲晝上水之數過晝漏去之餘爲夜上水數其刻不滿夜漏半者乃減之餘爲昨夜未晝其弦望其日五星數之生也各記於日與周天度相約而爲率以章法乘周率爲用法章月乘日率如月法爲積月月餘以月之月乘積爲朔大小餘乘爲入月日餘以日法乘周率爲日度法以率去日率餘以乘周天如日度法爲度之餘也日率相約取之得二千九百九十萬一千六百二十一億五十八萬二千三百而五星終如蔀之數與元通

木

周率四千三百二十七

日率四千七百二十五

合積月十三

月餘四萬一千六百六

月法八萬二千二百一十三

大餘二十三

小餘八百四十七

虛分九十三

入月日十五

日餘萬四千六百四十七

日度法萬七千三百八

積度三十三

度餘萬二百一十四

火

周率八百七十九

日率千八百七十六

合積月二十六

月餘六千六百三十四

月法萬六千七百一

大餘四十七

小餘七百五十四

虛分一百八十六

入月日十一

日餘千八百七十二

日度法三千五百一十六

積度四十九

度餘一百一十四

土

周率九千九十六
日率九千四百一十五
合積月十二
月餘十三萬八千六百三十七
月法十七萬二千八百二十四
大餘五十四
小餘三百四十八
虛分五百九十二
入月日二十三
日餘二千一百六十三
日度法二萬六千三百八十四
積度十二
度餘二萬九千四百五十一

金

周率五千八百三十
日率四千六百六十一
合積月九
月餘九萬八千四百五
月法十一萬七百七十
大餘二十五
小餘七百三十一
虛分二百九
入月日二十六
日餘二百八十一
日度法二萬三千三百二十
積度二百九十二
度餘二百八十一

水

周率萬一千九百八
日率千八百八十九
合積月一
月餘二十一萬七千六百六十
月法二十二萬六千二百五十二
大餘二十九
小餘四百九十九
虛分四百四十九
入月日二十七
日餘四萬四千八百五
日度法四萬七千六百二十一
積度五十七
度餘四萬四千八百五

推五星術置上元以來盡所求年以周率乘之滿日率得一名爲積合不盡名合餘餘以周率除之不得爲退歲無所得星合其年得一合前年二合前二年金水積合奇爲晨偶爲夕其不滿周率者反減之餘爲度分

推星合月以合積月乘積合爲小積又以月餘乘積合滿其月法得一從小積爲月餘積月滿紀月去之餘爲入紀月每以章閏乘之滿章月得一爲閏不盡爲閏餘以閏減入紀月其餘以十二去之餘爲入歲月數從天正十一月起算外星合所在之月也其閏滿二百二十四以上至二百三十一星合閏月閏或進退以朔制之

推朔日以蔀日乘之入紀月滿蔀月得一爲積日不盡爲小餘積日滿六十去之餘爲大餘命以甲子筭外星合月朔日

推入月日以蔀日乘月餘以其月法乘朔小餘從之以四千四百六十五約之所得得滿日度法得一爲入月日不盡爲日餘以朔命入月日筭外星合日也

推合度以周天乘度分滿日度法得一爲積度不盡爲度餘以斗二十一四分一命度筭外星合所在度也

一術加退歲一以減上元滿八十除去之餘以沒數乘之滿日法得一爲大餘不盡爲小餘以甲子命大餘則星合歲天正冬至日也以周率小餘并度餘滿日度法從度卽正後星合日數也命以冬至求後合月加合積月於入歲月加月餘於月餘滿其月法得一從入歲月入歲月滿十二去之有閏計焉餘命如前算外後合月也餘一加晨得夕加夕得晨

求朔日以大小餘加今所得其月餘得一月者又餘二十九小餘滿蔀月得一如大餘大餘命如前

求入月日以入月日餘加今所得餘滿日度法得一從日其前合月朔小餘不滿其虛分者空加一日日滿月先去二十九其後合月朔小餘不滿四百九十九又減一日其餘命如前

求合度以積度度餘加今所得餘滿日度法得一從度命如前經斗除如周率矣

木晨伏十六日七千二百二十分半行二度萬三千八百一十一分在日後十三度有奇而見東方見順

日行五十八分度之十一五十八日行十一度微遲日行九分五十八日行九度留不行二十五日旋逆日行七分度之一八十四日進十二度復留二十五日復順五十八日行九度又五十八日行十一度在日前十三度有奇而夕伏西方除伏逆一見三百六十六日行二十八度伏復十六日七千二百二十二分半行二度萬二千八百一十一分而與日合凡一終三百九十八日有萬四千六百四十一分行星三十二度與萬三百一十四分通率日行四千七百二十五分之三百九十八

火晨伏七十一日二千六百九十四分行五十五度二千二百五十四分半在日後十六度有奇而見東方見順日行二十三分度之十四八十四日行一十二度微遲日行十二分九十二日行四十八度留不行十一日旋逆日行六十二分度之十七六十二日退十七度復留十一日復順九十二日行四十八度又百八十四日行百一十二度在日前十六度有奇而夕伏西方除伏逆一見六百三十六日行百三度伏復七十一日二千六百九十四分行五十五度二千二百五十四分半而與日合凡一終七百七十九日有千八百七十二分行星四百一十四度與九百九十三分通率日行千八百七十六分之九百九十七

土晨伏十九日千八十一分半行三度萬四千七百二十五分半在日後十五度有奇而見東方見順日行四十三分度之三八十六日行六度留不行三十三日旋逆日行十七分度之一百二日退六度復留二十三日復順八十六日行六度在日前十五度有奇而夕伏西方除伏逆見三百四十日行六度伏復十九日千八十一分半行三度萬四千七百二十五分半與日合凡一終三百七十八日有二千一百六十三分行星十二度與二萬九千四百五十一分通率日行九千四百一十五分之三百一十九

金晨伏五日退四度在日後九度而見東方見逆日行五分度之三十日退六度留不行八日順日行行四十六分度之三十三四十六日行三十三度而日行一度九十分度之十五九十一日行百六度益疾日行一度二十二分九十一日行百一十三度在日後九度而晨伏東方除伏逆一見二百四十六日行二百四十六度伏四十一日二百八十一分行五十度二百八十一分而與日合一合二百九十二日百八十一分行星如之

金夕伏四十一日二百八十一分行五十度一百八十一分在日前九度而見西方見順疾日行一度九十一分度之二十二九十一日行百一十三度微遲日行一度十五分九十一日行百六度而進日行四十六分度之三十三四十六日行三十三度留不行八日旋逆日行五分度之三十日退六度在日前九度而夕伏西方除伏逆一見二百四十六日行二百四十六度伏五日退四度而後合凡一合一終五百八十四日有五百六十二分行星如之通率日行一度

水晨伏九日退七度在日後十六度而見東方見逆一日退一度留不行二日旋順日行九分度之八九日行八度而疾日行一度四分度之一二十日行二十五度在日後十六度而晨伏東方除伏逆一見三十二日行三十二度伏十六日四萬四千八百五分行三十二度四萬四千八百五分而與日合一合五十七日有四萬四千八百五分行星如之

水夕伏十六日四萬四千八百五分行三十二度四萬四千八百五分在日前十六度而見西方見順疾日行一度四分度之一二十日行二十五度而遲日行九分度之八九日行八度留不行一日逆一日退一度在日前十六度而夕伏西方除伏逆一見二十二日行三十度伏九日退七度而復合凡再合一終百一十五日行四萬一千九百七十八分行星如之通率日行一度

步術以步法伏日度分如星合日度餘命之如前得星見日度也術分母乘之分日如度法而一分不盡如法半以上亦得一而日加所行分滿其母得一度逆順母不同以當行之母乘故分如故母如一也留者承前逆則減之伏不書度經斗除如行母四分其一其分有損益前後相放其以赤道命度進加退減之其步以黃道日名大正十一月十二月正月二月三月四月五月六月七月八月九月十月冬至大寒雨水春分穀雨小滿夏至大暑處暑秋分霜降小雪

月令章句孟春以立春爲節驚蟄爲中中必在其月節不必在其月據孟春之驚蟄在十六日以後立春在正月驚蟄在十五日以前立春在往年十二月

斗二十六四分退二　牛八　女十二進　虛十三進

危十六二進　室十六二進　壁十二進

北方九十八度四分一

奎十六　婁十二二進　胃十四二進　昴十一二進

畢十六二進　觜二二退　參九四退

西方八十度

井三十三三退　鬼四　柳十五　星七一進

張十八一進　翼十八一進　軫十七一進

南方百一十二度

角十二　亢九一退　氐十五二退　房五三退

心五三退　尾十八三進　箕十一二退

東方七十五度

右赤道度周天三百六十五度四分一

斗二十四一進　牛七　女十一　虛十　危十六

室十八　壁十

北方九十六度四分一

奎十七　婁十二　胃十五　昴十二　畢十六

觜三　參八

西方八十三度

井三十　鬼四　柳十四　星七　張十七

翼十九　軫十八

南方百九度

角十三　亢十　氐十六　房五　心五

尾十八　箕十

東方七十七度

右黃道度三百六十五度四分一

黃道去極日景之生據儀表也漏刻之生以去極遠近差乘節氣之差如遠近而差一刻以相增損昏明之生以天度乘晝漏夜漏減三百而一爲定度以減天度餘爲明加定度一爲昏其餘四之如法爲少不盡三之如法爲強餘半法以上以成強強三爲少少四爲度其強二爲少弱也又以日度餘爲少強而各加焉

張衡渾儀曰赤道橫帶渾天之腹去極九十一度十分之五黃道斜帶其腹出赤道表裏各二十四度故夏至去極六十七度而強冬至去極百一十五度亦強也然則黃道斜截赤道者則春分秋分之去極也今此春分去極九十少秋分去極九十一少者就夏曆景去極之法以爲率也上頭橫行第一行者黃道進退之數也本當以銅儀日月度之則可知也以儀一歲乃竟而中間又有陰雨難卒成也是以作小渾蓋赤道黃道乃各調賦三百六十五度四分之一從冬至所在始起令之相當值也取北極及衡各誠椓之爲軸取薄竹篾穿其兩端令兩穿中間與渾半等以貫之令察之與渾相切摩也乃從減半起以爲八十二度八分之五盡衡減之半焉又中分其篾拗去其半令其半之際正直與兩端減半相直令篾半之際從冬至起一度一移之視篾之半際夕多黃赤道幾也其所多少則進退之數也從北極數之則元極之度也各分赤道黃道爲二十四氣一氣相去十五度十六分之七每一氣者黃道進退一度焉所以然者黃道直時去南北極近其處地小而橫行與赤道且等故以篾度之於赤道多也設一氣令十六日皆常率四日差少半也令一氣十五日不能半耳故使中道三日之中若少半也三氣一節故四十六日而差今三度也至於差三之時而五日同率者一其實節之間不能四十六日也今殘日居其策故五日同率也其率雖同先之皆強後之皆弱不可勝計取至於三而復有進退者黃道稍斜於橫行不得度故也春分秋分所以退者黃道始起更斜矣於橫行不得度故也亦每一氣一度焉三氣一節亦差三度也至三氣之後稍遠而直故橫行得度而稍進也立春立秋橫行稍退矣而度猶云進者以其所退減其所進猶有盈餘未盡故也立夏立冬橫行稍進矣而度猶退者以其所進增其所退猶有不足未畢故也以此論之日行非有進退而以赤道重廣黃道使之然也本二十八宿相去度數以赤道爲強耳故於黃道亦進退也冬至在斗二十一度少半最遠時也而此曆斗二十度俱百一十五強矣冬至宜與之同率焉夏至在井二十一度半強最近時也而此曆井二十三度俱六十七度強矣夏至宜與之同率焉

二十四氣

冬至月令章句曰冬至之爲極有三意爲晝漏極短去極極遠晷景極長極者至而還之辭也

日所在斗二十一度百十分八分退二　黃道去極百一十五度

晷景丈三尺　晝漏刻四十五

夜漏刻五十五

昏中星奎六弱　日中星亢二少強退一月令章句曰中星當中而不中日行遲也未當中而中日行疾也

小寒

日所在女二度七分進二　黃道去極百一十三強

晷景丈二尺三寸　晝漏刻四十五八分
夜漏刻五十四二分
昏中星婁六半强退一　旦中星氐七少弱退二

大寒

日所在虛九度十四分進二　黃道去極百一十一大弱
晷景丈一尺　晝漏刻四十六八分
夜漏刻五十三二分
昏中星胃十一半强退一　旦中星心半[illegible]

立春

日所在危七度二十一分進二　黃道去極百六少弱
晷景九尺六寸　晝漏刻四十八六分
夜漏刻五十一四分
昏中星畢五少强退三　旦中星尾七半弱退三

雨水

日所在室八度十八分退一　黃道去極百一强
晷景七尺九寸五分　晝漏刻五十八分
夜漏刻四十九二分
昏中星參六半弱退　旦中星箕六大弱退

驚蟄

日所在壁八度三分進一　黃道去極九十五强
晷景六尺五寸　晝漏刻五十三三分
夜漏刻四十六七分
昏中星井十七少强退二　旦中星斗十二少退

春分

日所在奎十四度十分[illegible]　黃道去極八十九少强
晷景五尺二寸五分　晝漏刻五十五八分
夜漏刻四十四分

昏中星鬼四　旦中星斗十一强退

清明

日所在胃一度十七分退二　黃道去極八十三少弱
晷景四尺一寸五分　晝漏刻五十八
夜漏刻四十一七分
昏中星星四大退　旦中星斗二十一半退

穀雨

日所在昴二度二十四分退[illegible]　黃道去極七十七[illegible]
晷景三尺二寸　晝漏刻六十五分
夜漏刻三十九五分
昏中星張十七退二　旦中星斗十六半

立夏

日所在畢八度十一分退三　黃道去極七十三少弱
晷景二尺五寸二分　晝漏刻六十二四分
夜漏刻三十七六分
昏中星翼十七大退　旦中星女十少[illegible]

小滿

日所在參四度[illegible]　黃道去極六十九大[illegible]
晷景尺九寸八分　晝漏刻六十三九分
夜漏刻三十六一分
昏中星角六弱　旦中星危大弱進二

芒種

日所在井十度十三分退三　黃道去極六十七少弱
晷景尺六寸八分　晝漏刻六十四九分
夜漏刻三十五一分
昏中星亢五[illegible]退　旦中星危十四强進二

夏至[illegible]

日所在井二十五度十分退三　黃道去極六十七强
晷景尺五寸　晝漏刻六十五
夜漏刻三十五
昏中星氐十二少弱退二　旦中星室十二少弱退

小暑

日所在柳三度[illegible]　黃道去極六十七大强
晷景尺七寸　晝漏刻六十四七分
夜漏刻三十五三分
昏中星尾一大强退二　旦中星奎二大强

大暑

日所在星四度[illegible]分進二　黃道去極七十
晷景二尺　晝漏刻六十二八分
夜漏刻三十六二分
昏中星尾十五半弱退三　旦中星婁三大退一

立秋

日所在張十二度七分進一　黃道去極七十[illegible]
晷景二尺五寸五分　晝漏刻六十二[illegible]
夜漏刻三十七七分
昏中星箕九大强退二　旦中星胃九大强退

處暑

日所在翼九度[illegible]分退[illegible]　黃道去極七十八[illegible]
晷景三尺二寸二分　晝漏刻六十[illegible]
夜漏刻三十九八分
昏中星斗十少退　旦中星畢[illegible]大退

白露

日所在軫六度[illegible]分退[illegible]　黃道去極八十四少强
晷景四尺三寸五分　晝漏刻五十七八分

夜漏刻四十一分二
昏中星斗二十一強退　旦中星參五半弱退四

秋分
日所在角四度二十分　黃道去極九十半強
晷景五尺五寸　晝漏刻五十五分二
夜漏刻四十四分八
昏中星牛五少　旦中星井十六少弱退二

寒露
日所在亢八度五分退二　黃道去極九十六少強
晷景六尺八寸九分　晝漏刻五十二分六
夜漏刻四十七分四
昏中星女七大進一　旦中星鬼三少強

霜降
日所在氐十四度分退二　黃道去極百少強
晷景八尺四寸　晝漏刻五十分二
夜漏刻四十九分七
昏中星虛六大進一　旦中星星一大強進

立冬
日所在房四度九分退二十　黃道去極百七少強
晷景丈四寸分　晝漏刻四十八分二
夜漏刻五十一分八
昏中星危八強進二　旦中星張十五大強進一

小雪
日所在箕十度十分退二十　黃道去極百一十一弱
晷景丈一尺四寸　晝漏刻四十六分七
夜漏刻五十三分三
昏中星室一半強進　旦中星翼十五大強進二

大雪
日所在斗六度一分退二十　黃道去極百一十三大強
晷景丈二尺六寸五分　晝漏刻四十五分五
夜漏刻五十四分五
昏中星壁半強退　旦中星軫十五少強進一

右易緯所稱晷景長短不與相應今列之於後并至與不至各有所候以參據異同　冬至晷長一丈三尺當至不至則旱多溫病未當至而至則多病暴逆心痛應在夏至　小寒晷長一丈一尺四分當至不至先小旱後小水丈夫多病喉痹未當至而至多病身熱來年麻不熟耳　大寒晷長一丈一尺八分當至不至先大旱後大水麥不成病厥逆未當至而至多病上氣嗌腫　立春晷長一丈一寸六分當至不至兵起麥不成民瘦瘵未當至而至多病熛疾疫　雨水晷長九尺一寸六分當至不至旱麥不成多病心痛未當至而至多病蔽　驚蟄晷長八尺二寸當至不至則霧稚禾不成老人多病嚏未當至而至多病癰疽脛腫　春分晷長七尺二寸四分當至不至先旱後水歲惡米不成多病耳痒　清明晷長六尺二寸八分當至不至菽豆不熟多病嚏振寒洞泄未當至而至多溫病暴死　穀雨晷長五尺三寸六分當至不至水物雜稻等不熟多病疾瘧振寒霍亂未當至而至老人多病氣腫　立夏晷長四尺三寸六分當至不至旱五穀傷牛畜疾未當至而至多病頭痛腫嗌喉痹　小滿晷長三尺四寸當至不至凶言國有大喪先水後旱多病筋急痺痛未當至而至多熛嗌腫　芒種晷長二尺四寸四分當至不至凶言國有狂令未當至而至多病厥眩頭痛　夏至晷長一尺四寸八分當至不至國有大殃旱陰陽並傷草木夏落有大寒未當至而至病眉腫　小暑晷長二尺四寸四分當至不至前小水後小旱有兵多病泄注腹痛未當至而至病臚腫　大暑晷長三尺四寸當至不至外兵作來年饑多病筋痺胷痛未當至而至多病脛痛惡氣　立秋晷長四尺三寸六分當至不至暴風為災來年黍不熟未當至而至多病咳上氣咽腫　處暑晷長五尺三寸二分當至不至國多浮令兵起來年麥不熟未當至而至病脹耳熱不出行　白露晷長六尺二寸八分當至不至多病痤疽泄未當至而至多病水腹閉疝瘕　秋分晷長七尺二寸四分當至不至草木復榮多病溫悲心痛未當至而至多病胷鬲痛　寒露晷長八尺二寸當至不至來年穀不成六畜鳥獸被殃多病疝瘕腰痛未當至而至多病疾熱中　霜降晷長九尺一寸六分當至不至萬物大耗年多大風人病腰痛未當至而至多病胷脅支滿　立冬晷長丈一寸二分當至不至地氣不藏來年立夏反寒早旱晚水萬物不成未當至而至多病臂掌痛　小雪晷長一丈一尺八分當至不至來年蠶麥不成多病腳腕痛未當至而至亦為多肘腋痛　大雪晷長一丈二尺四分當至不至溫氣泄夏蝗蟲生大水多病少氣五疸水腫未當至而至多病癰疽痛應在芒種

月令章句曰周天三百六十五度四分度之一分

爲十二次日月之所躔也地有十二分王侯之所國也每次三十二度三十二分之十四日至其初爲節至其中爲中氣　自危十度至壁八度謂之豕韋之次立春雨水居之衛之分野　自壁八度至胃一度謂之降婁之次驚蟄春分居之魯之分野　自胃一度至畢六度謂之大梁之次清明穀雨居之趙之分野　自畢六度至井十度謂之實沈之次立夏小滿居之晉之分野　自井十度至柳三度謂之鶉首之次芒種夏至居之秦之分野

自柳三度至張十二度謂之鶉火之次小暑大暑居之周之分野　自張十二度至軫六度謂之鶉尾之次立秋處暑居之楚之分野　自軫六度至亢八度謂之壽星之次白露秋分居之鄭之分野　自亢八度至尾四度謂之大火之次寒露霜降居之宋之分野　自尾四度至斗十六度謂之析木之次立冬小雪居之燕之分野　自斗十六度至須女二度謂之星紀之次大雪冬至居之越之分野　自須女二度至危十度謂之元枵之次小寒大寒居之齊之分野　蔡邕分星次度數與皇甫謐不同兼明氣節所在故載焉謐所列在郡國志中星以日所在爲正日行四歲乃終置所求年二十四氣小餘四之如法爲少大餘不盡三之如法爲強弱以減節氣昏明中星而各定矣強正弱直也其強弱相減同名相去異名從之從強進少爲弱從弱退少而強從上元太歲在庚辰以來盡熹平三年歲在甲寅積九千四百五十五歲也

宋世治曆何承天曰曆數之術若心所不達雖復通人前識無救其弊是以多歷年歲猶未能有定四分於天出三百年而盈一日積世不悟徒云建曆之本必先立元假託讖緯遂開治亂此之爲蔽亦以甚矣劉歆三統法尤復疏闊方於四分六千餘年又益一日揚雄心惑其說採爲太元班固謂之最密著於漢志司馬彪曰自太初元年始用三統曆施行百有餘年曾不憶劉歆之生不逮太初二三君子爲曆幾乎不知而妄言者歟元和中穀城門候劉洪始悟四分於天疏闊更以五百八十九爲紀法百四十五爲斗分而造乾象法又制遲疾曆以步月行方於太初四分轉精密矣

昭烈帝嗣統於蜀復用四分曆

按三國蜀志先主傳不載　按晉書律曆志劉氏在蜀仍漢四分曆

孫氏用乾象曆至吳亡

欽定古今圖書集成曆象彙編曆法典

第三卷目錄

曆法總部彙考三

魏文帝黃初一則　明帝景初一則

曆法典第三卷

曆法總部彙考三

魏

文帝黃初　年詔太史令高堂隆等詳議曆數

按魏志文帝本紀不載　按高堂隆本傳亦不載註引魏略曰太史上漢曆不及天時因更推步弦望朔晦爲太和曆帝以隆學問優深於天文又精乃詔使隆與尚書郎楊偉太史待詔駱祿參共推校偉祿是太史隆故據舊曆更相劾奏紛紜數歲偉稱祿得日蝕而月晦不盡隆不得日蝕而月晦盡詔從太史隆所爭雖不得而遠近猶知其精微也

按晉書律曆志魏文帝黃初中太史令高堂隆復詳議曆數更有改革太史丞韓翊以爲乾象減斗分大過後當先天造黃初曆以四千八百八十三爲紀法千二百五十爲斗分其後尚書令陳羣奏以爲曆數難明前代通儒多共紛爭黃初之元以四分曆久遠疏闊大魏受命宜改曆明時韓翊首建猶恐不審故以乾象互相參校其所校日月行度弦望朔晦校歷三年更相是非無時而決案三公議皆綜盡典理殊塗同歸欲使效之璿璣各盡其法一年之間得失足定奏可太史令許芝云劉洪月行術用以來且四十餘年以復覺失一辰有奇孫欽議史遷造太初其後劉歆以爲疏復爲三統章和中改爲四分以儀天度考合符應時有差跌日蝕覺過半日至平中劉洪改爲乾象推天七曜之符與天地合其序董巴議云聖人迹太陽於晷景效太陰於弦望明五星於見伏正是非於晦朔弦望伏見者曆數之綱紀檢驗之明者也徐岳議劉洪以曆後天潛精內思二十餘載參校漢家太初三統四分曆術課弦望於兩儀郭間而月行九歲一終謂之九道九章百七十一歲九道小終九九八十一章五百六十七分而九終進退牛前四度五分學者務追合四分但減一道六十三分分不下通是以疏闊皆由斗分多故也課弦望當以昏明度月所在則知加時先後之意不宜用兩儀郭間洪加太初元十二紀減十斗下分元起己丑又爲月行遲疾交會及黃道去極度五星術理實粹密信可長行今韓翊所造皆用洪法小益斗下分所錯無幾翊所增減致亦畱思然十術新立猶未就悉至於日蝕有不盡效效曆之要要在日蝕熹平之際時洪爲郎欲改四分先上驗日蝕日蝕在晏加時在辰蝕從下上三分侵二事御之後如洪言海內識眞莫不聞見劉歆已來未有洪比夫以黃初二年六月二十七日戊辰加時未日蝕乾象術加時申半強於消息就加未黃初以爲加半強乾象後天一辰半強爲近黃初二辰半爲遠消息與天近三年正月丙寅朔加時申北日蝕黃初加酉弱乾象加午少消息加未黃初後天半辰近乾象先天二年少弱於消息先天一辰強爲遠天三年十一月二十九日庚寅加時西南維日蝕乾象加未初消息加申黃初加未強乾象先天一辰遠黃初先天半辰近消息乾象近中天二年七月十五日癸未日加壬月景蝕乾象月加申消息加未黃初月加子強入甲申日乾象後天一辰消息後一辰爲近黃初後天六辰遠三年十月十五日乙巳日加丑月加未蝕乾象月加巳半於消息加午黃初以丙午月加酉強乾象先天二辰近黃初後天二辰強爲遠於消息於乾象先一辰凡課日月蝕五事乾象四遠黃初一近翊於課難徐岳乾象消息但可減不可加加之無可說不可用岳云本術自有消息受師法以消息爲奇辭不能改故列之正法消息翊術自疏木以三年五月二十四日丁亥晨見黃初五月十七日庚辰見先七日乾象五月十五日戊寅見先九日土以二年十一月二十五日壬辰見乾象十一月二十八日丁亥見先五日黃初十一月十八日甲申見先八日土以三年十月十一日壬申伏乾象同壬申伏黃初已下十月八日戊辰伏先四日土以三年十一月二十二日壬子見乾象十一月十五日乙巳見先七日黃初十一月十二日壬寅見先十日金以三年閏六月十五日丁丑晨伏乾象六月二十五日戊午伏先十九日黃初六月二十一日乙卯伏先二十三日金以三年九月十一日壬寅見乾象以八月十八日庚辰見先二十三日黃初八月十五日丁丑見先二十五日水以二年十一月十七日癸未晨見

乾象十一月十三日己卯見先四日黃初十一月十二日戊寅見先五日木以二年十二月十三日己酉晨伏乾象十二月十三日辛亥伏後三日黃初十二月十四日庚戌伏後二日木以三年五月十八日辛巳夕見乾象亦以五月十八日見黃初五月十七日庚辰見先一日木以三年六月十三日丙午伏乾象六月二十日癸丑伏後七日黃初六月十九日壬子伏後六日木以三年閏六月二十五日丁亥晨見乾象以閏月九日辛未見先十六日黃初閏月八日庚午見先十七日木以三年七月七日己亥伏乾象七月十一日癸卯伏後四日黃初以七月十日壬寅伏後三日木以三年十一月日於晷度十四日甲辰伏乾象以十一月九日己亥伏先五日黃初十月八日戊戌伏先六日木以三年十二月二十八日戊子夕見二曆同以十二月壬申見俱先十六日凡四星見伏十五乾象七近二中黃初五近一中郎中李恩議以太史天度與相覆校二年七月三年十一月望與天度日皆差異月蝕加時乃後天六時半非從三度之謂定爲後天過半日也董巴議曰昔伏羲始造八卦作三畫以象二十四氣黃帝因之初作調曆歷代十一更年五千凡有七曆顓頊以今之孟春正月爲元其時正月朔旦立春五星會於天歷營室也冰凍始泮蟄蟲始發雞始三號天曰作時地曰作昌人曰作樂鳥獸萬物莫不應和故顓頊聖人爲曆宗也湯作殷曆弗復以正月朔旦立春爲節也更以十一月朔旦冬至爲元首下至周魯及漢皆從其節據正四時夏爲得天以承堯舜從顓頊故也禮記大戴曰虞夏之曆建正於孟春此之謂也楊偉請上六十日中疏密可知不待十年若不從法是校方員棄規矩考輕重背權衡課長短廢尺寸論是非違分理若不先定校曆之本法而懸聽棄法之末爭則孟軻所謂方寸之基可使高於岑樓者也今韓翊據劉洪術者知貴其術珍其法而棄其論背其術廢其言違其事是非必使洪奇妙之式不傳來世若知而違之於挾故而背師也若不知據之是爲挾不知而罔知也校議未定而寢

明帝景初元年春正月改太和曆爲景初曆

按魏志明帝本紀景初元年春正月壬辰山茌縣言黃龍見於是有司奏以爲魏得地統宜以建丑之月爲正三月定曆改年爲孟夏四月服色尚黃犧牲用白戎事乘黑首白馬建大赤之旂朝會建大白之旗改太和曆曰景初曆其春夏秋冬孟仲季月雖與正歲不同至於郊祀迎氣礿祠烝嘗巡狩蒐田分至啓閉班宣時令中氣早晚敬授民事皆以正歲斗建爲曆數之序　按注魏書曰初文皇帝即位以受禪於漢因循漢正朔弗改帝在東宮著論以爲五帝三王雖同氣共祖禮不相襲正朔自宜改變以明受命之運及即位優游者久之史官復著言宜改乃詔三公特進九卿中郎將大夫博士議郎千石六百石博議議者或不同帝據古典甲子詔曰夫太極運三辰五星於上元氣轉三統五行於下登降周旋終則又始故仲尼作春秋於三微之月每月稱王以明三正迭相爲首今推三統之次魏得地統當以建丑之月爲正月考之羣藝厥義章矣其改青龍五年三月爲景初元年四月

按晉書律曆志明帝景初元年尚書郎楊偉造景初曆表上帝遂改正朔施行偉曆以建丑之月爲正改其年三月爲孟夏其孟仲季月雖與夏正不同至於郊祀蒐狩班宣時令皆以建寅爲正三年正月帝崩復用夏正

按宋書曆志魏明帝景初元年改定曆數以建丑之月爲正改其年三月爲孟夏四月其孟仲季月雖與正歲不同至於郊祀迎氣祭祠烝嘗巡狩蒐田分至啓閉班宣時令皆以建寅爲正三年正月帝崩復用夏正楊偉表曰臣覽載籍斷考曆數時以紀農月以紀事其所由來遐而尚矣乃自少昊則元鳥司分顓頊帝嚳則重黎司天唐帝虞舜則羲和掌日三代因之則世有日官日官司曆則頒之諸侯諸侯受之則頒於境內夏后之代羲和湎淫廢時亂日則書載引征由此觀之審農時而重人事者歷代然也逮至周室既衰戰國橫騖告朔之羊廢而不紹登臺之禮滅而不遵閏分乖次而不識孟陬失紀而莫悟大火猶西流而怪蟄蟲之不藏也是時也天子不協時司曆不書日諸侯不受職日御不分朔人事不恤廢棄農時仲尼之撥亂於春秋託褒貶糾正司曆失閏則譏而書之登臺頒朔則謂之有禮自此以降暨於秦漢乃復以孟冬爲歲首閏爲後九月中節乖錯時月紕繆加時後天蝕不在朔累載相久而不革也至武帝元封七年始乃寤其繆焉於是改正朔更曆數使大才通人造太初曆校中朔所差以正閏分課中星得度以考疏密以建寅之月爲正朔以黃鍾之月爲曆

初其曆斗分太多後遂疏闊至元和二年復用四分曆施而行之至於今日考察日蝕率常在晦是則斗分太多故先密後疏而不可用也是以臣前以制典餘日推考天路稽之前典驗之食朔詳而精之更建密曆則不先不後古今中天以昔在唐帝協日正時允釐百工咸熙庶績也欲使當今國之典禮凡百制度皆韜合往古郁然備足乃改正朔更曆數以大呂之月爲歲首以建子之月爲曆初臣以爲昔在帝代則法曰顓頊曩自軒轅則曆曰黃帝暨至漢之孝武革正朔更曆數改元曰太初因名太初曆今改元爲景初宜曰景初曆臣之所建景初曆法數則約要施用則近密治之則省功學之則易知雖復使研桑心筭隸首運籌重黎司晷羲和察景以考天路步驗日月究極精微盡術數之極者皆未如臣如此之妙也是以累代曆數皆疏而不密自黃帝以來改革不已

壬辰元以來至景初元年丁巳歲積四千四十六筭上此元以天正建子黃鐘之月爲曆初元首之歲夜半甲子朔旦冬至

元法萬一千五十八

紀法千八百四十三

紀月二萬二千七百九十五

章歲十九

章月二百三十五

章閏七

通數十三萬四千六百三十

日法四千五百五十九

餘數九千六百七十

周天六十七萬三千一百五十

紀日歲中十二

氣法十二

沒分六萬七千二百一十五

沒法九百六十七

月周二萬四千六百三十八

通法四十七

會通七十九萬一百二十

朔望合數六萬七千三百一十五

入交限數七十二萬二千七百九十五

通周十二萬五千六百二十一

周日日餘二千五百二十八

周虛二千三十一

斗分四百五十五

甲子紀第一

紀首合朔月在日道裏

交會差率四十一萬二千九百一十九

遲疾差率十萬三千九百四十七

甲戌紀第二

紀首合朔月在日道裏

交會差率五十一萬六千五百二十九

遲疾差率七萬二千七百六十七

甲申紀第三

紀首合朔月在日道裏

交會差率六十二萬一百三十九

遲疾差率四萬一千五百八十七

甲午紀第四

紀首合朔月在日道裏

交會差率七十二萬三千七百四十九

遲疾差率一萬三千四百七

甲辰紀第五

紀首合朔月在日道裏

交會差率三萬七千二百四十九

遲疾差率一十萬八千八百四十八

甲寅紀第六

紀首合朔月在日道裏

交會差率闕十四萬八百五十九

遲疾差率七萬八千六百六十八

交會紀差十萬三千六百一十求其數之所生者置一紀積月以通數乘之會通去之所去之餘紀差之數也以之轉加前紀則得後紀加之未滿會通者則紀首之歲天正合朔月在日道裏滿去之則月在日道表加表滿在裏加裏滿在表

遲疾紀差三萬一百八十求其數之所生者置一紀積月以通數乘之通周去之餘以減通周所減之餘紀差之數也以之轉減前紀則得後紀不足減者加通周

求次元紀差率轉減前元甲寅紀差率餘則次元甲子紀差率也求次紀如上法也

推朔積月

術曰置壬辰元以來盡所求年外所求以紀法除之所得筭外所入紀第也餘則入紀年數年以章月乘之如章歲而一爲積月不盡爲閏餘閏餘十二以其年有閏閏月以無中氣爲正

推朔

術曰以通數乘積月爲朔積分如日法而一爲積日不盡爲小餘以六十去積日餘爲大餘大餘命以紀筭外所求年天正十一月朔日也

求次月

加大餘二十九小餘二千四百一十九小餘滿日法從大餘命如前次月朔日也小餘二千一百四十以上其月大也

推弦望

加朔大餘七小餘千七百四十四小分一小分滿二從小餘小餘滿日法從大餘大餘滿六十去之餘命以紀算外上弦日也又加得望下弦後月朔其月蝕望者定小餘如所近中節間限限數以下者算上爲日望在中節前後各四日以還者視限數望在中節前後各五日以上者視間限

推二十四氣

術曰置所入紀年外所求以餘數乘之滿紀法爲大餘不盡爲小餘大餘滿六十去之餘命以紀算外天正十一月冬至日也

求次氣

加大餘十五小餘四百二小分十一小分滿氣法從小餘滿紀從大餘命如前次氣日也

推閏月

術曰以閏餘減章歲餘以歲中乘之滿章閏得一月餘滿半法以上亦得一月數從天正十一月起筭外閏月也閏有進退以無中氣御之

大雪十一月節	限數千二百四十二	間限千二百四十八
冬至十一月中	限數千二百五十四	間限千二百五十五
小寒十二月節	限數千二百三十五	間限千二百二十四
大寒十二月中	限數千二百一十三	間限千一百九十二
立春正月節	限數千一百七十二	間限千一百三十七
雨水正月中	限數千一百一十二	間限千九十三
驚蟄二月節	限數千六十五	間限千二十五
春分二月中	限數千八	間限九百七十九
清明三月節	限數九百五十一	間限九百二十五
穀雨三月中	限數九百十七	間限八百七十九
立夏四月節	限數八百五十七	間限八百四十
小滿四月中	限數八百二十二	間限八百一十三
芒種五月節	限數八百	間限七百九十九
夏至五月中	限數七百九十八	間限八百
小暑六月節	限數八百五	間限八百一十五
大暑六月中	限數八百二十五	間限八百四十二
立秋七月節	限數八百五十九	間限八百八十三
處暑七月中	限數九百七	間限九百三十五
白露八月節	限數九百六十二	間限九百九十二
秋分八月中	限數千二十一	間限千五十一
寒露九月節	限數千八十	間限千一百七
霜降九月中	限數千一百三十三	間限千百五十七
立冬十月節	限數千一百八十	間限千一百九十八
小雪十月中	限數千二百一十五	間限千二百二十九

推沒滅

術曰因冬至積日有小餘者加積一以沒分乘之以沒法除之所得爲大餘不盡爲小餘大餘滿六十去之餘命以紀筭外即去年冬至後沒日也

求次沒

加大餘六十九小餘五百九十二小餘滿沒法得一從大餘命如前小餘盡爲滅也

推五行用事日

立春立夏立秋立冬者即木火金水始用事日也各減其大餘十八小餘四百八十三小分六餘命以紀筭外各四立之前土用事日也大餘不足減者加六十小餘不足減者減大餘一加紀法小分不足減者減小餘一加氣法推卦用事日因冬至大餘六其小餘坎卦用事日也加小餘萬九十一滿元法從大餘即中孚用事日也

求次卦

各加大餘六小餘九百六十七其四正各因其中日六其小餘

推日度

術曰以紀法乘朔積日滿周天去之餘以紀法除之所得爲度不盡爲分命度從牛前五起宿次除之不滿宿則天正十一月朔夜半日所在度及分也

求次日

日加一度分不加經斗除斗分分少退一度

推月度

術曰以月周乘朔積日滿周天去之餘以紀法除之所得爲度不盡爲分命如上法則天正十一月朔夜半月所在度及分也

求次月

小月加度二十二分八百六十大月又加一日度十三分六百七十九分滿紀法得一度則次月朔夜半月

所在度及分也其冬下旬夕在張心署也

推合朔度

術曰以章歲乘朔小餘滿通法爲大分不盡爲小分以大分從朔夜半日度分滿紀法從度命如前則天正十一月合朔日月所共合度也

求次月

加度二十九大分九百七十七小分四十二小分滿通法從大分大分滿紀法從度經斗除其分則次月合朔日月所共合度也

推弦望日所在度

加合朔度七大分七百五小分十微分一微分滿二從小分小分滿通法從大分大分滿紀法從度命如前則上弦日所在度也又加得望下弦後月合也

推弦望月所在度

加合朔度九十八大分千二百七十九小分三十四數滿命如前卽上弦月所在度也又加得望下弦後月合也

推日月昏明度

術曰日以紀法月以月周乘所近節氣夜漏二百而一爲明分日以減紀法月以減月周餘爲昏分各以加夜半如法爲度

推合朔交會月蝕

術曰置所入紀朔積分以所入紀交會差率之數加之以會通去之餘則所求年天正十一月合朔去交度分也以通數加之滿會通去之餘則次月合朔去交度分也以朔望合數各加其月合朔去交度分滿會通去之餘則各其月望去交度分也朔望去交分加朔望合數以下入交限數以上者朔則交會望則月蝕

推合朔交會月蝕月在日道表裏

術曰置所入紀朔積分以所入紀下交會差率之數加之倍會通去之餘不滿會通者紀首表天正合朔月在表紀首裏天正合朔月在裏滿會通去之表在裏裏在表

求次月

以通數加之滿會通去之加裏滿在表加表滿在裏先交會後月蝕者朔在表則望在表朔在裏則望在裏先月蝕後交會者看食月朔在裏則望在表朔在表則望在裏交會月蝕如朔望會數以下則前交後會如入交限數以上則前會後交其前交後會近於限數者則豫伺之前月前會後交近於限數者則後伺之後月闕

求去交度

術曰其前交後會者令去交度分如日法而一所得則却去交度也其前會後交者以去交度分減會通餘如日法而一所得則前去交度餘皆度分也去交度十五以上雖交不蝕也十以下是蝕十以上虧蝕微少光晷相及而已虧之多少以十五爲法

求日蝕虧起角

術曰其月在外道先交後會者虧蝕西南角起先會後交者虧蝕東南角起其月在內道先交後會者虧食西北角起先會後交者虧食東北角起虧食分多少如上以十五爲法會交中者蝕盡月蝕在日之衝虧角與上反也

月行遲疾度	損益率	盈縮積分	月行分
一日十四度分十四	益二十六	盈初	二百八十
二日十四度分十一	益二十三	盈積分一十一萬八千五百三十四	二百七十七
三日十四度分八	益二十	盈積分二十二萬三千三百九十一	二百七十四
四日十四度分五	益十七	盈積分三十一萬四千五百七十一	二百七十
五日十四度分一	益十三	盈積分三十九萬千七十四	三百六十七
六日十三度分十四	益七	盈積分四十五萬一千三百四十一	二百六十一
七日十三度分七	損一	盈積分四十八萬三千二百五十四	二百五十四
八日十三度分一	損六	盈積分四十八萬三千二百五十四	二百四十八
九日十二度分十六	損十	盈積分四十五萬五千九百	二百四十四
十日十二度分十三	損十三	盈積分四十一萬三百一十	二百四十一
十一日十二度分十一	損十五	盈積分三十五萬一千四十三	二百三十九
十二日十二度分八	損十八	盈積分二十八萬二千六百五十八	二百三十六
十三日十二度分五	損二十一		

盈積分二十萬五百七十六　二百三十三

十四日　十二度分三　損二十三

盈積分十萬四千八百五十七　二百三十一

十五日　十二度分五　益二十一

縮初　二百三十三

十六日　十二度分七　益十九

縮積分九萬五千七百三十九　二百三十五

十七日　十二度分九　益十七

縮積分十八萬二千三百六十　二百三十七

十八日　十二度分十二　益十四

縮積分二十五萬九千八百六十三　二百四十

十九日　十二度分十五　益十一

縮積分三十二萬一千六百八十九　二百四十三

二十日　十二度分十八　益八

縮積分[illegible]萬[illegible]千八百三十八　二百四十六

二十一日　十三度分　益四

縮積分四十一萬三百一十　二百五十

二十二日　十三度分三　損一

縮積分[illegible]萬[illegible]千[illegible]　二百五十四

二十三日　十三度分十二　損五

縮積分[illegible]萬八千[illegible]六　二百五十九

二十四日　十三度分[illegible]八　損十一

縮積分[illegible]萬[illegible]千[illegible]十一　二百六十五

二十五日　十四度分[illegible]　損十七

縮積分[illegible]萬[illegible]　二百七十一

二十六日　十四度分[illegible]　損二十三

縮積分[illegible]萬[illegible]　二百七十七

二十七日　十四度分十一　損二十四

縮積分十七萬三千二百四十二　二百七十八

周日　十四度十三分有小分六百二十六　損二十五有小分六百二十六

縮積分六萬三千八百二十六　二百七十九[illegible]

推合朔交會月蝕入遲疾曆

術曰置所入紀朔積分以所入紀下遲疾差率之數加之以通界去之餘滿日法得一日不盡爲日餘命日算外則所求年天正十一月合朔入曆日也

求次月

加一日餘四千四百五十求望加十四日日餘三千四百八十九日餘滿日法成日日滿二十七去之又除餘如周日餘日餘不足除者減一日加周虛

推合朔交會月蝕定大小餘

以入曆日乘所入曆損益率以損益盈縮積分爲定積分以章歲減所入曆月行分餘以除之所得以盈減縮加本小餘加之滿日法者交會加時在後日減之不足者交會加時在前日月蝕者隨定大小餘爲日加時入曆在周日者以周日日餘乘縮積分爲定積分以率損乘入曆日餘又以周日日餘乘之以周日日度小分并之以損定積分餘爲後定積分以章歲減周日月行分餘以周日日餘乘之以周日度小分并之以除後定積分所得以加本小餘如上法

推加時

以十二乘定小餘滿日法得一辰數從子起筭外則朔望加時所在辰也有餘不盡者四之如日法而一爲少二爲半三爲太又有餘者三之如日法而一爲強半法以上排成之不滿半法廢棄之以強并少爲少強并半爲半強并太爲太強得二強者爲少弱以之并少爲半弱以之并半爲太弱以之并太爲一辰弱以所在辰命之則各得其少太半及強弱也其月蝕望在中節前後四日以還者視限數五日以上者視間限定小餘如間限限數以下者以算上爲日

斗二十六分四百五十五

牛八

女十二

虛十

危十七

室十六

壁九

北方九十八度分四百五十五

奎十六

婁十二

胃十四

昴十一

畢十六

觜二

參九

西方八十度

井三十三

鬼四

柳十五

星七

張十八

翼十八

軫十七

南方百一十二度

角十二

亢九

氐十五

房五

心五

尾十八

箕十一

東方七十五度

中節日所在度	日行黃道去極度	日中晷景	晝漏刻	夜漏刻	昏中星	明中星
冬至十一月中斗二十一少	百一十五度	丈三尺	四十五	五十五	奎六弱	亢二少強
小寒十二月節女二少	百一十二少	丈二尺三寸	四十五分八	五十四分二	婁五半強	氐七強
大寒十二月中虛女半強	百一十太弱	丈一尺	四十六分八	五十三分二	胃十一太強	心半
立春正月節危十太弱	百六少弱	九尺六寸	四十八分六	五十一分四	畢五少弱	尾七半弱
雨水正月中室八太強	百一強	七尺九寸分五	五十分八	四十九分二	參六半弱	箕半弱
驚蟄二月節壁八強	九十五強	六尺五寸	五十三分三	四十六分七	井十七少弱	斗初少
春分二月中奎十四少強	八十九少強	五尺二寸分五	五十五分八	四十四分二	鬼四	斗十一弱
清明三月節胃一半	八十三少弱	四尺一寸分五	五十八分三	四十一分七	星四太	斗二十一半
穀雨三月中昴二太	七十七太強	三尺二寸	六十分五	三十九分五	張十七	牛六半
立夏四月節畢六太	七十三少弱	二尺五寸分二	六十二分四	三十七分六	翼十七太	女十少弱
小滿四月中參四少弱	六十九太	尺九寸分八	六十三分九	三十六分一	角太弱	危太弱
芒種五月節井十半弱	六十七少弱	尺六寸分八	六十四分九	三十五分一	亢五太	危十四強
夏至五月中井二十五半強	六十七強	尺五寸	六十五	三十五	氐十二少弱	室十二強
小暑六月節柳二太強	六十七太強	尺七寸	六十四分七	三十五分三	尾一太強	奎二太強
大暑六月中星四強	七十	二尺	六十三分八	三十六分二	尾十五半強	婁二太
立秋七月節張十二少	七十三半強	二尺九寸分五	六十二分二	三十七分七	箕九太強	胃九太弱
處暑七月中翼九半	七十八半強	三尺三寸分三	六十分二	三十九分八	斗十少	畢三太
白露八月節軫六太	八十四少強	四尺三寸分五	五十七分八	四十二分二	斗二十一強	參五少強
秋分八月中角五弱	九十半強	五尺五寸分二	五十五分二	四十四分八	牛五少	井十六少強
寒露九月節亢八半弱	九十六太強	六尺八寸分五	五十二分六	四十七分四	女七太	鬼三少強
霜降九月中氐十四少強	百二少強	八尺四寸	五十分三	四十九分七	虛六太	星三太
立冬十月節尾四半強	百七少強	丈八寸分三	四十八分二	五十一分八	危八強	張十五太強
小雪十月中箕一太強	百一十一弱	丈一尺四寸	四十六分七	五十三分三		

室三強半　翼十五太

大雪節十一月斗十六　百一十三太強

丈二尺五寸六分　四十五三分　五十四五分

壁半強　軫十五少強

右中節二十四氣如術求之得冬至十一月中也加之得次月節加節得其月中中星以日所求爲正置所求年二十四氣小餘四之如法得一爲少不盡少三之如法爲强所以減其節氣昏明中星各定

推五星術

五星者木曰歲星火曰熒惑土曰填星金曰太白水曰辰星凡五星之行有遲有疾有留有逆曩自開闢淸濁始分則日月五星聚於星紀發自星紀並而行天遲疾留逆互相逮及星與日會同宿共度則謂之合從合至合之日則謂之終各以一終之日與一歲之日通分相約終而率之歲數歲則謂之合終歲數歲終則謂之合終合數二率既定則法數生焉以章歲乘合數爲合月法以紀法乘合數爲日度法以章月乘歲數爲合月分如合月法爲合月數合月之餘爲月餘以通數乘合月數如日法而一爲大餘以六十去大餘餘爲星合朔大餘之餘爲朔小餘以通數乘月餘以合月法乘朔小餘幷之以日法乘合月法除之所得星合入月日數也餘以朔通法約之爲入月日以朔小餘減日法餘爲朔虛分以曆斗分乘合數爲星度斗分木火土各以合數減歲數餘以周天乘之如日度法而一所得則行星度數也餘則度餘金木以周天乘歲數如日度法而一所得則行星度數也餘則度餘也

木合終歲數一千二百五十五

合終合數一千一百四十九

合月法二萬一千八百三十一

日度法二百一十一萬七千六百七

合月數十三

月餘萬一千一百二十二

朔大餘二十三

朔小餘四千九十三

入月日十五

日餘百九十九萬五千六百六十四

朔虛分四百六十六

斗分五十二萬二千七百九十五

行星度三十三

度餘百四十七萬二千八百

火合終歲數五千一百五

合終合數二千三百八十八

合月法四萬五千三百七十二

日度法四百四十萬一千八十四

合月數二十六

月餘二萬三

朔大餘四十七

朔小餘三千六百二十七

入月日十三

日餘二百五十八萬五千二百二十

朔虛分九百三十二

斗分百八萬六千五百四十

行星度五十

度餘百四十一萬二千一百五十

土合終歲數二千九百四十三

合終合數三千八百九

合月法七萬二千三百七十一

日度法七百一萬九千九百八十七

合月數十二

月餘五萬八千一百五十三

朔大餘五十四

朔小餘千六百七十四

入月日二十四

日餘六十七萬五千三百六十四

朔虛分二千八百八十五

斗分百七十三萬三千九十五

行星度十二

度餘五百九十六萬二千二百五十六

金合終歲數千九百七

合終合數二千三百八十五

合月法四萬五千三百一十五

日度法四百三十九萬五千五百五十五

合月數九

月餘四萬三百一十

朔大餘二十五

朔小餘三千五百三十五

入月日二十七

日餘十九萬四千九百九十

朔虛分千一十四

斗分百八萬五千一百七十五

行星度二百九十二
度餘十九萬四千九百九十
水合終歲數一千八百七十
合終合數萬一千七百八十九
合月法二十二萬三千九百九十一
日度法二千一百七十一萬七千一百二十七
合月數一
月餘二十一萬五千四百五十九
朔大餘二十九
朔小餘二千四百一十九
入月日二十八
日餘二千三十四萬千三百六十一
朔虛分二千一百四十
斗分五百三十六萬三千九百九十五
行星度五十七
度餘二千三十四萬四千二百六十一

推五星

術曰置壬辰元以來盡所求年以合終合數乘之滿合終歲數得一名積合不盡名合餘以合終合數減合餘得一者星合往年得二者合前往年無所得合其年餘以減合終合數爲度分金木積合偶爲晨奇爲夕

推五星合月

以月數月餘各乘積合餘滿合月法從月爲積月不盡爲月餘以紀月除積月所得筭外所入紀也餘爲入紀月副以章閏乘之滿章月得一爲閏以減入紀月餘以歲中去之餘爲入歲月命以天正起筭外星合月也其在閏交際以朔御之

推合月朔

以通數乘入紀月滿日法得一爲積日不盡爲小餘以六十去積日餘爲大餘命以所入紀筭外星合朔日也

推入月日

以通數乘月餘合月法乘朔小餘并之通法約之所得滿日度法得一則星合入月日也不滿爲日餘命日以朔筭外入月日也

推星合度

以周天乘度分滿日度法得一爲度不盡爲餘命以牛前五度起筭外星所合度也求後合月以月數加入歲月以餘加月餘餘滿合月法得一月月不滿歲中卽在其年滿去之有閏計焉餘爲後年再滿在後二年金水加晨得夕加夕得晨也

求後合朔

以朔大小餘數加合朔月大小餘其月餘上成月者又加大餘二十九小餘一千四百一十九小餘滿日法從大餘命如前法

求後入月日

以入月日日餘加入月日及餘餘滿日度法得一其前合朔小餘滿其虛分者去一日後小餘滿二千四百一十九以上去二十九日不滿去三十日其餘則後合入月日命以朔求後合度以度數及分如前合宿次命之

木晨與日合伏順十六日九十九萬七千八百三十二分行星二度百七十九萬五千二百三十八分而晨見東方在日後順疾日行五十七分之十一五十七日行十一度順遲日行九分五十七日行九度而留不行二十七日而旋逆日行七分之一八十四日退十二度而復留二十七日復遲日行九分五十七日行九度而復順疾日行十一分五十七日行十一度在日前夕伏西方順十六日九十九萬七千八百三十二分行星二度百七十九萬五千二百三十八分而與日合凡一終三百九十八日百九十九萬五千六百六十四分行星三十三度百四十七萬二千八百六十九分

火晨與日合伏七十二日百七十九萬二千六百一十五分行星五十六度百二十四萬九千三百四十五分而晨見東方在日後順日行二十三分之十四百八十四日行百一十二度更順遲日行十二分九十二日行四十八度而留不行十一日而旋逆日行六十二分之十七六十二日退十七度而復留十一日復順遲日行十二分九十二日行四十八度而復疾日行十四分百八十四日行百一十二度在日前夕伏西方順七十二日百七十九萬二千六百一十五分行星五十六度百二十四萬九千三百四十五分而與日合凡一終七百八十日三百五十八萬五千二百三十分行星四百一十五度二百四十九萬八千六百九十分

土晨與日合伏十九日三百八十四萬七千六百七十五分半行星二度六百四十九萬一千一百二十一分半而晨見東方在日後順行百七十二分之十三八十六日行六度半而留不行三十二日半而旋

逆日行十七分之一百二日退六度而復留不行三十三日半復順日行十三分八十六日行六度半在日前夕伏西方順十九日三百八十四萬七千六百七十五分半行星二度六百四十九萬一千一百二十六分半而與日合凡一終三百七十八日六十七萬五千三百六十四分行星十二度五百九十六萬二千二百五十六分

金晨與日合伏六日退四度而晨見東方在日後而逆遲日行五分之三十日退六度留不行七日而旋順遲日行四十五分之三十三四十五日行三十三度而順疾日行一度九十一分之十四九十一日行百五度而順益疾日行一度九十一分之二十一九十一日行百一十二度在日後而晨伏東方順四十二日十九萬四千九百九十分行星五十二度十九萬四千九百九十分而與日合一合二百九十二日十九萬四千九百九十分行星如之

金夕與日合伏順四十二日十九萬四千九百九十分行星五十二度十九萬四千九百九十分而夕見西方在日前順疾日行一度九十一分之二十一九十一日行百一十二度而更順遲日行一度十四分九十一日行百五度而順益遲日行四十五分之三十三四十五日行三十三度而留不行七日而旋逆日行五分之三十日退六度在日前夕伏西方逆六日退四度而與日合凡再合一終五百八十四日三十八萬九千九百八十分行星如之

水晨與日合伏十一日退七度而晨見東方在日後逆疾一日退一度而留不行一日而旋順遲日行八分之七八日行七度而順疾日行一度十八分之四十八日行二十二度在日後晨伏東方順十八日二千三十四萬四千二百六十一分行星三十六度二千三十四萬四千二百六十一分而與日合凡一合五十七日二千三十四萬四千二百六十一分行星如之

水夕與日合伏十八日二千三十四萬四千二百六十一分行星三十六度二千三十四萬四千二百六十一分而夕見西方在日前順疾日行一度十八分之四十八日行二十二度而更順遲日行八分之七八日行七度而留不行一日而旋逆一日退一度在日前夕伏西方逆十一日退七度而與日合凡再合一終百一十五日千八百九十六萬一千三百九十五分行星如之

五星曆步術

以法伏日度餘加星合日度餘滿日度法得一從全命如之前得星見日及度餘也以星行分母乘見度分如日度法得一分不盡半法以上亦得一而日加所行分分滿其母得一度逆順母不同以當行之母乘故分如故母而一當行分也留者承前逆則減之伏不書度除斗分以行母爲率分有損益前後相御

凡五星行天遲疾留逆雖大率有常至犯守逆順難以術推月之行天猶有遲疾況五星乎唯日之行天有常進退有率不遲不疾不外不內人君德也

求木合終歲數法

以木日度法乘一木終之日內分周天除之即得也

求木合終合數法

以木日度法乘周天滿紀法所得復以周天除之即得五星皆放此也

魏景初元年十一月小己卯蔀首己亥歲十一月己卯朔日冬至臣偉上

吳

大帝分統於吳用乾象曆

按三國吳志闞澤傳孫權稱尊號以澤爲尚書嘉禾中爲中書令加侍中赤烏五年拜太子太傅領中書如故澤以經傳文多難得盡用乃斟酌諸家刊約禮文及諸注說以授二宮爲制行出入及見賓儀又著乾象曆注以正時日

按晉書律曆志吳中書令闞澤受劉洪乾象法於東萊徐岳又加解注中常侍王蕃以洪術精妙用推渾天之理以制儀象及論故孫氏用乾象曆至吳亡

欽定古今圖書集成曆象彙編曆法典

第四卷目錄

曆法總部彙考四

晉武帝泰始一則　又一則　元帝一則　乾象曆法　穆帝永和一則　孝武帝太元一則

曆法典第四卷

曆法總部彙考四

晉

武帝泰始元年冬十二月有司奏改景初曆爲泰始曆

按晉書武帝本紀泰始元年冬十二月丁卯改景初曆爲泰始曆臘以酉社以丑　按律曆志武帝踐祚泰始元年因魏之景初曆改名泰始曆楊偉推五星尤疎闊　自黃初已後改作曆術皆斟酌乾象所減斗分朔餘月行陰陽遲疾以求折衷洪術爲後代推步之師表故先列之云洪即漢靈帝時劉洪

按宋書曆志晉武帝泰始元年有司奏王者祖氣而奉其闕終晉於五行之次應尚金金生於巳事於酉終於丑宜祖以酉日臘以丑日改景初曆爲泰始曆奏可

武帝　年平原劉智以斗曆改憲

按晉書武帝本紀不載　按律曆志武帝侍中平原劉智以斗曆改憲推四分法三百年而減一日以百五十爲度法三十七爲斗分推甲子爲上元至泰始十年歲在甲午九萬七千四百一十一歲上元天正甲子朔夜半冬至日月五星始於星紀得元首之端餘以浮說名爲正曆當陽侯杜預著春秋長曆說云日行一度月行十三度十七分之七有奇日官當會集此之遲疾以考成晦朔以投閏月閏月無中而北斗邪指兩辰之間所以異於他月積此以相通四時八節無違乃得成歲其微密至矣得其精微以合天道則事敘而不愆故傳曰閏以正時時以作事然陰陽之運隨動而差差而不已遂與曆錯故仲尼丘明每於朔閏發文蓋矯正得失因以宣明曆數也劉子駿造三正曆以修春秋日蝕有甲乙者三十四而三正曆惟得一蝕比諸家既最疏又六千餘歲輒益一日凡歲當累日爲次而故益之此不可行之甚者自古已來諸論春秋者多述謬誤或造家術或用黃帝已來諸曆以推經傳朔日皆不諧合日蝕於朔此乃天驗經傳又書其朔蝕可謂得天而劉賈諸儒說皆以爲月二日或三日公違聖人明文其弊在於守一元不與天消息也余感春秋之事嘗著曆論極言曆之通理其大指曰天行不息日月星辰各運其舍皆動物也物動則不一雖行度有大量可得而限累日爲月累月爲歲以新故相涉不得不有毫末之差此自然之理也故春秋日有頻月而蝕者曠年不蝕者理不得一而筭守恆數故曆無不有先後也始失於毫毛而尚未可覺積而成多以失弦望晦朔則不得不改憲以從之書所謂欽若昊天曆象日月星辰易所謂治曆明時言當順天以求合非爲合以驗天者也推此論之春秋二百餘年其治曆變通多矣雖數術絕滅遠尋經傳微旨大量可知時之違謬則經傳有驗學者固當曲循經傳月日日蝕以考晦朔以推時驗而皆不然各據其學以推春秋此異於度己之跡而欲削他人足也余爲歷諸論之後至咸寧中善筭者李修卜顯依論體爲術名乾度曆表上朝廷其術合日行四分數而微增月術用三百歲改憲之意二元相推七十餘歲承以彊弱彊弱之差蓋少而適足以遠通盈縮時尚書及史官以乾度與泰始曆參校古今記注乾度曆殊勝泰始曆上勝官曆四十五事今其術具存又并考古今十曆以驗春秋知三統之最疏也

春秋大凡七百七十九日三百九十三經三百八十六傳其四十七日蝕三無甲乙

黃帝曆得四百六十六日　一蝕

顓頊曆得五百九日　八蝕

夏曆得五百三十六日　十四蝕

眞夏曆得四百六十六日　一蝕

殷曆得五百三日　十三蝕

周曆得四百六日　十三蝕

眞周曆得四百八十五日　一蝕

魯曆得五百二十九日　十三蝕

三統曆得四百八十四日　一蝕

乾象曆得四百九十五日　七蝕

泰始曆得五百一十日　十九蝕

乾度曆得五百三十八日　十九蝕

今長曆得七百三十六日

三十日蝕失三十三日經傳誤　四日蝕三無甲乙

漢末宋仲子集七曆以考春秋按其夏周二曆術數皆與藝文志所記不同故更名爲眞夏眞周曆也

元帝　年更以乾象五星法代楊偉曆

按晉書元帝本紀不載　按律曆志元帝渡江左以後更以乾象五星法代偉曆自黃初已後改作曆術皆斟酌乾象所減斗分朔餘月行陰陽遲疾以求折衷洪術爲後代推步之師表

乾象曆法

上元己丑以來至建安十一年丙戌歲積七千三百七十八年

乾法千一百七十

會通七千一百七十一

紀法五百八十九

周天二十一萬五千一百四十

通法四萬二千二十六

通數四十一

日法四百五十七

歲中十二

餘歲三千九十

章歲十九

沒法百三

章閏七

會數四十七

會歲八百九十三

章月二百四十五

會率千八百八十二

朔望合數九百四十一

會日萬一千四十五

紀月七千二百八十五

元月一萬四千五百七十

月周七千八百七十四

小周二百五十四

推入紀

置上元盡所求年以乾法除之不滿乾法以紀法除之餘不滿紀法者入內紀甲子年也滿法去之入外紀甲午年也

推朔

置入紀年外所求以章月乘之章歲而一所得爲定積月不盡爲閏餘閏餘十二以上歲有閏以通法乘定積月爲假積日滿日法爲定積日不盡爲小餘以六旬去積日爲大餘命以所入紀筭外所求年天正十一月朔日也

求次月

加大餘二十九小餘七百七十三小餘滿日法從大餘小餘六百八十四以上其月大

推冬至

置入紀年外所求以餘數乘之滿紀爲大餘不盡爲小餘以六旬去之命以紀筭外天正冬至日也

求二十四氣

置冬至小餘加大餘十五小餘五百一十五滿二千三百五十六從大餘命如法

推閏月

以閏餘減章歲餘以歲中乘之滿章閏爲一月不盡半法已上亦一有進退以無中月

推弦望

加大餘七小餘五百五十七半小餘如日法從大餘餘命如前得上弦又加得望又加得下弦又加得後月朔其弦望定小餘四百一以下以百刻乘之滿日法得一刻不盡什之求分以課所近節氣夜漏未盡以筭上爲日

推沒

置日紀年外所求以餘數乘之滿紀法爲積沒有餘加盡積爲一以會通乘之滿沒法爲大餘不盡爲小餘大餘命以紀算外冬至後沒日求次沒加大餘六十九小餘六十滿其法從大餘無分爲滅

推日度

以紀法乘積日滿周天去之餘以紀法除之所得爲度命度以牛前五度起宿次除之不滿宿即天正夜半日所在求次日加一度經斗除分分少損一度爲紀法加焉

推月度

以月周乘積日滿周天去之餘滿紀法爲度不盡爲分命如上則天正朔夜半月所在度

求次月

小月加度二十二分二百五十八大月又加一日度十三分二百一十七滿法得一度其冬下旬夕在張心署之

推合朔度

以章歲乘朔小餘滿會數爲大分不盡小分以大分從朔夜半日分滿紀法從度命如前天正合朔日月

所共會也求次月加度二十九大分三百一十二小分滿會數從大分大分滿紀法從度經斗除大分

求弦望月所在度

加合朔度大分二百二十五小分十七半大小分及度命如前則上弦日所在度又加得望下弦後月合

求弦望月行所在度

加合朔度九十八大分四百八小分四十一大小分及求命如前合朔則上弦月所在又加得望下弦後月合求日月昏明度日以紀法月以月周乘所近節氣夜漏二百而一爲明分日以減紀法月以減月周餘爲昏分各以加夜半如法爲度

推月蝕

置上元年外所求以會歲去之其餘年以會率乘之如會歲爲積蝕有餘加積一會月乘之如會率爲積月不盡爲月餘以章閏乘餘年滿章月爲積閏以減積月餘以歲中去之不盡數起天正

求次蝕

加五月月餘千六百三十五五滿會率得一月月以望

推卦用事日

因冬至大餘倍其小餘坎用事日也加小餘千七十五滿乾法從大餘中孚用事日也

求坎卦

各加大餘六小餘百三其四正各因其中日而倍其小餘

推五行用事

置冬至大小餘加大餘二十七小餘九百二十七滿二千三百五十六從大餘得土用事日也加大餘十八小餘六百一十八得立春木用事日加大餘七十三小餘百一十六復得土又加土如得其火金水放此

推加時

以十二乘小餘滿其法得一度辰數從子起算外朔弦望以定小餘

推漏刻

以百乘小餘滿其法得一刻不盡什之求分課所近節氣起夜分盡夜上水未盡以所近言之推有進退進加退減所得也進退有差起分度後二率四度轉增少少每半者三而轉之差滿三止歷五度而減如初

月行三道術

月行遲疾周進有恆會數從天地凡數乘餘率自乘如會數而一爲過周分以從周天月周除之歷日數也遲疾有衰其變者勢也以衰減加月行率爲日轉度分衰左右相加爲損益率益轉相益損轉相損盈縮積也半小周乘通法如通數而一以歷周減焉爲朔行分也

日	日轉度分	列衰	損益率	盈縮積	月行分
一日	十四度分十	一退減	益二十二	盈初	三百七十六
二日	十四度分九	二退減	益二十二	盈二十二	二百七十五
三日	十四度分七	三退減	益十九	盈四十三	二百七十三
四日	十四度分四	四退減	益十六	盈六十二	二百七十
五日	十四度分八	四退減	益十二	盈七十八	二百六十六
六日	十三度分十五	四退減	益八	盈九十	二百六十二
七日	十三度分十一	四退減	益四	盈九十八	二百五十八
八日	十三度分七	四退減	損四	盈百二	二百五十四
九日	十三度分三	四退減	損四	盈百二	二百五十
十日	十二度分十八	三退減	損八	盈九十八	二百四十六
十一日	十二度分十九	四退加	損十一	盈九十	二百四十三
十二日	十二度分七	三退加	損十五	盈七十九	二百四十九
十三日	十二度分八	二退加	損十八	盈六十四	二百四十六
十四日	十二度分六	一退加	損二十	盈三十六	二百三十四
十五日	十一度分五	一退加	損二十一	盈二十六	三百三十三
十六日	十二度分六	一退減	損二十（損不足減五）	（爲盈盈有五損盈而損縮初十故不足）爲五縮初	二百四十四

十七日十二度八分　三退減　益十八
縮十五　二百二十六
十八日十二度一分　四進減　益十五
縮三十三　二百三十九
十九日十二度十九分　三進減　益十一
縮四十八　二百四十三
二十日十三度十八分　四進減　益八
縮五十九　二百四十六
二十一日十三度三分　四進減　益四
縮六十七　二百五十
二十二日十三度七分　四進加　損四
縮七十一　二百五十四
二十三日十三度十一分　四進加　損四
縮七十一　二百五十八
二十四日十三度十五分　四進加　損八
縮六十七　二百六十二
二十五日十四度　四進加　損十三
縮五十九　二百六十六
二十六日十四度四分　三進加　損十六
縮四十七　二百七十
二十七日十四度七分　初進加入周日　損十九
縮三十一　二百七十四
周日十四度九分　少進加　損二十一
縮十二　二百七十五
周日分三千三百三
周虛二千六百六十六
周日法五千九百六十九
通周十八萬五千三十九
曆周十六萬四千四百六十六
少大法二千一百一
朔行大分一千八百一
周半一百二十七

推合朔入曆

以上元積月乘朔行大小分滿通數四十一從大分大分滿曆周去之餘滿周法得一日不盡爲日餘日餘命等外所求合朔入曆也

求次月

加一日日餘五千二百三十三分二十五

求弦望

各加七日日餘二千八百八十三小分二十九半分各如法成日日滿二十七日去之餘如周分不足除減一日加周虛

求弦望定大小餘

置所入曆盈縮稱以通周乘之爲實令通數乘日餘分以乘損益率以損益實爲加時盈縮也章歲減月行分乘周半爲差法以除之所得盈減縮加大小餘如日法盈不足朔加時在前後日弦望進退大餘爲定小餘

求朔弦望加時定度

以章歲乘加時盈縮差法除之所得滿會數爲盈縮大小以盈減縮加本日月所在盈不足以紀法進退度爲日月所在定度分

推月行夜半入曆

以周半乘朔小餘如通數而一以減入曆日餘餘不足加周法而減焉却一日却得周日加其分即得夜半入曆

求次日轉

一日因日餘到二十七日日餘滿周日分去之不直周日也其不滿直之加周虛於餘餘皆次日入曆日餘也

求月夜半定度

以夜半入曆日餘乘損益率如周法得一不盡爲餘以損益盈縮積餘無所損破全爲法損之爲夜半盈縮也滿章歲爲度不盡爲分通數乘分及餘餘如周法從分分滿紀法從度以盈加縮減本夜半度及餘爲定度

求變衰法

以入曆日餘乘列衰如周法得一不盡爲餘即各如其日變衰也

求次曆

以周虛乘列衰如周法爲常數曆竟輒以加率衰滿列衰去之轉爲次曆率衰也

求次日夜半定度

以變衰進加退減曆日轉分分盈不足章歲出入度也通數乘分及餘而日轉加夜定度爲次日也竟曆不直周日減餘千三十八乃以通數乘之直周日者加餘八百三十七又以少大分八百九十九加次曆變衰轉求如前

求次日夜半盈縮

以變衰減加損益率爲變損日益而以轉損益夜半盈縮曆竟損不足反減爲入次曆減加餘如上數

求昏明月度

以曆月行分乘所近節氣夜漏二百而一爲分以減月行分爲昏分分如章歲爲度以通數乘分以昏後以明加夜半定度餘分半法以上成不滿廢之

求月行遲疾

月經四表出入三道交錯分天以月率除之爲曆之日周天乘朔望合如會月而一朔合分也通數乘合數餘如會數而一退分也以從月周爲日進分會數而一爲差率也

陰陽曆	衰	損益率	兼數
一日	一減	益十七	初
二日	二減	益十六	十七
三日	三減	益十五	三十七
四日	四減	益十二	三十八
五日	四減	益八	六十
六日	三減	益四	六十八
七日	三減減不足反損爲加謂益有一當加減三爲不足	益一過除損之謂月行半周度已過極則當損之	七十二
八日	四加	損二	七十三
九日	四加	損六	七十一
十日	三加	損十	六十五
十一日	二加	損十三	五十五
十二日	一加	損十五	三十二
十三日限餘三千九百一十三微分千七百五十二	一加曆初大分日	損十六	大二十七此爲後限
分日五千二百四十三	少加小者	損十六	大十一

少大法四百七十三

曆周十萬七千五百六十五

差率萬一千九百八十六

朔合分萬八千三百二十八

微分九百一十四

微分法二千二百九

推朔入陰陽曆

以會月去上元積月餘以朔合分定微分各乘之微分滿其法從合分合分滿周天去之其餘不滿曆周者爲入陽曆餘去之餘爲入陰曆餘皆如月周得一日筭外所求月合朔入曆不盡爲日餘

求次月

加二日日餘二千五百八十微分九百一十四如法成日滿十三去之除餘如分日陰陽曆竟互入端入曆在前限餘前後限後者月行中道也

求朔望定數

各置入遲疾曆盈縮大小分會數乘小分爲微盈減縮加陰陽日餘日餘盈不足進退日而定以定日餘乘損益率如月周得一以損益數爲加時定數

推夜半入曆

以差率乘朔小餘如微分法得一以減入曆日餘不足加月周而減之却得分日加其分以會數約微分爲小分即朔日夜半入曆日日餘三十一小分如會數從會餘餘滿月周去之又加一日曆竟下日餘滿分日去之爲入曆初也不滿分日者直之加餘二千七百二小分三十一爲入次曆

求夜半定日

以通數乘入遲疾曆夜半盈縮及餘餘滿半爲小分以盈加縮減入陰陽日餘日盈不足以月周進退日而定也以定日餘乘損益兼數爲夜半定數也

求昏明數

以損益率乘所近節氣夜漏二百而一爲明以減損益率爲昏而以損益夜半數爲昏明定數

求月去極度

置加時若昏明定數以十二除之爲度其餘三日而一爲少不盡一爲强二少弱也所得爲月去黃道度也其陽曆以加日所在黃道曆去極度陰曆以減之則月去極度强正弱負强弱相并同名相從異名相消其相減也同名相消異名相從無對互之二强進少而弱

上元己丑以來至建安十一年丙戌歲積七千三百七十八

己丑　戊寅　丁卯　丙辰　乙巳

甲午　癸未　壬申　辛酉　庚戌

己亥　戊子　丁丑　丙寅

推五星

五行木歲星火熒惑土塡星金太白水辰星各以終日與天度相約爲日率章歲乘周爲月法章月乘日爲月分分如法爲月數通數乘月法日度法也升分乘周率爲升分

日度法用紀法乘同率故此同以分乘之

五星朔大餘小餘

以通法各乘月數日法各除之爲大餘不盡爲小餘以六十去大餘

五星入月日日餘

各以通法乘月餘以合月法朔小餘并之會數約
之所得各以日度法除之則皆是
主度數度餘
減多爲度餘分以周天乘之以日度法約之所得
爲度不盡爲度餘過周天法之及十分
紀月七千二百八十五
章閏七
章月二百三十五
歲中十二
通法四萬三千二十六
日法千四百五十七
會數四十七
周天二十一萬五千一百三十
升分一百四十五
木
周率六千七百二十二
日率七千三百六十一
合月數十二
月餘六萬四千八百一
合月法十二萬七千七百一十八
日度法三百九十五萬九千二百五十八
朔大餘二十三
朔小餘一千三百七
入月日十五
日餘三百三十八萬四千四十六
朔虛分一百五十
升分九十七萬四千六百九十
度數三十三
度餘二百五十萬九千九百五十六
火
周率二千四百七
日率七千二百七十一
合月數二十六
月餘二萬五千六百二十七
合月法六萬四千七百三十三
日度法二百萬六千七百一十
朔大餘四十七
朔小餘一千一百五十七
入月日十二景初十二
日餘九十七萬二千一十三
朔虛分三百
升分四十九萬四千二十五
度數四十八景初五十
度餘一百九十九萬一千七百六
土
周率三千五百二十九
日率三千六百五十三
合月數十二
月餘五萬三千八百四十三
合月法六萬七千五十一
日度法二百七萬八千五百八十
朔大餘五十四
朔小餘五百三十四
入月日二十四
日餘十六萬六千二百七十二
朔虛分九百二十三
升分五十一萬一千七百五
度數十二
度餘一百七十三萬三千一百四十八
金
周率九千二十二
日率七千二百一十三
合月數九
月餘十五萬二千二百九十三
合月法十七萬一千四百一十六
日度法五百三十一萬三千九百五十八
朔大餘二十五
朔小餘一千一百二十九
入月日二十七
日餘五萬六千九百四十四
朔虛分三百二十八
升分一百三十萬八千一百九十
度數二百九十二
度餘五萬六千九百五十四
水
周率一萬一千五百六十一
日率一千八百三十四
合月數一
月數二十一萬一千三百二十一
合月法二十一萬九千六百五十九
日度法六百八十萬九千四百二十九

朔大餘二十九
朔小餘七百七十三
入月日二十八
日餘六百三十一萬九百六十七
朔虛分六百八十四
斗分一百六十七萬六千三百四十五
度數五十七
度餘六百四十一萬九百六十七

推五星

置上元盡所求年以周率乘之滿日率得一名積合不盡爲合餘以周率除之得一星合往年二合前往年無所得合其年合餘減周率爲度分金水積合奇爲晨耦爲夕

推星合月

以月數月餘各乘積合滿合月法從月不盡爲月餘以紀月去積月餘爲入紀月副以章閏乘之滿章月得一閏以減入紀月餘以歲中去之命以天正筭外合月也其在閏交際以朔御之

推入月日

以通法乘月餘合月法乘朔小餘并以會數約之所得滿日度法得一則星合入月日也不滿爲日餘命以朔算外

推星合度

以周天乘度分滿日度法得一度不盡爲餘命度以牛前五起右求星合

求後合月

以月數加月數以月餘加月餘滿合月法得一月不減滿歲中即合其年滿去之有閏計焉餘爲後年再滿在後二年金水加晨得夕加夕得晨

求合朔日

以朔大小餘加合月大小餘其成月者又加大餘二十九小餘七百七十三小餘滿日法從大餘命如前

求入月日術

以入月日日餘加合入月日及餘餘滿日度法得一日其前合朔小餘滿其虛分者減一日後小餘滿七百七十三以上者去二十日其餘則後合入月日也

求後度

以度度加度餘加度餘滿日度法得一度

木伏三十二日
三百四十八萬四千六百四十六分
見三百六十六日
伏行五度
二百五十萬九千九百五十六分
見行四十度（除逆退十二度定行二十八度）

火伏百四十三日
九十七萬三千一十三分
見行百三十六日
伏行一百一十度
四十七萬八千九百九十八分
見行三百二十度（除逆十七度定行三百三度）

土伏三十四日
十六萬六千二百七十二分
見三百五十五日
伏行二度
百七十三萬三千一百四十八分
見行十五度（除逆六度定行九度）

金晨伏東方八十二日
十一萬三千九百八分
見西方（二百四十六日除逆六度定行二百四十六度）
晨伏行百度
十一萬三千九百八分
見東方（日度加西伏十日退八度）

水晨伏三十三日
六百一萬二千五百五分
見西方（三十二日除逆一度定行三十二度）
伏行六十五
六百一萬二千五百五分
見東方

五星曆步

以術法伏日度及餘加星合日度餘餘滿日度法得一從令命之如前得星見日及度也以星行分母乘見度餘如日度法得一分不盡半法以上亦得一而日加所行分分滿其母得一度逆順母不同以當行之母乘故分如母而一當行分也留者承前逆則減之伏不盡度經升除分以行母爲率分有損益前後相御凡言如盈約滿皆求實之除也去及除之取盡之際也

木晨與日合順伏十六日百七十四萬二千三百二十三分行星二度三百二十三萬四千六百七分而晨見東方在日後後順疾日行五十八分之十一五十八日行十一度更順逆日行九分五十八日行九

度畱不行二十五日而旋逆日行七分之一八十四日退十二度復畱二十五日而順日行五十八分之九五十八日行九度順疾日行十一分五十八日行十一度在日前

夕伏西方十六日百七十四萬二千三百二十三分行星二度三百二十三萬四千六百七分而與日合凡一終三百九十八日三百四十八萬四千六百四十六分行星四十三度二百五十萬九千九百五十六分

火晨與日合伏順七十一日百四十八萬九千八百六十八分行星五十度百二十四萬二千八百六十分半而晨見東方在日後順日行二十三分之十四百八十四日行一百一十二度更順遲日行二十三分之十二九十二日行四十八度畱不行十一日旋逆日行六十二分之十七六十二日退十七度日行十二分九十二日行四十八度復順疾日行十四分百八十四日行百一十二度在日前

夕伏西方七十一日百四十八萬九千八百六十八分行星五十五度百二十四萬二千八百六十分半而與日合凡一終七百七十九日九十七萬三千一十三分行星四百一十四度四十七萬八千九十八分

土晨與日合伏順十六日百二十二萬二千四百二十六分半行星一度百九十九萬五千八百六十四分半而晨見東方在日後順日行三十五分之三百八十七日半行七度半畱不行三十四日旋逆日行十七分之一百二日退六度復三十四日而順日行三分八十七日逆行七度半在日前

夕伏西方十六日百一十二萬二千四百二十六分半行星一度百九十萬五千八百六十四分半而與日合也凡一終三百七十八日十六萬六千二百七十二分行星十二度百七十三萬三千一百三十八分

金晨與日合伏逆五日退四度而晨見東方在日後逆日行五分度之三十日退六度畱不行八日旋順遲日行四十六分之三十三四十六日行三十三度而順疾日行一度九十一分之十五九十一日行一百六度更順益疾日行一度九十一分之二十二九十一日行百一十三度在日後晨伏東方順四十一日五萬六千九百五十四度行星五十度五萬六千九百五十四分而與日合二日五萬六千九百五十四分行星亦如之

金夕與日合伏順四十一日五萬六千九百五十四分行星五十度五萬九千九百五十四分而夕見西方在日前順疾日行一度九十一分之二十二九十一日行百一十三度更順減疾日行一度十五分九十一日行百六度而順遲日行四十六分之三十三四十六日行三十三度畱不行八日旋逆日行五分之三十日退六度而與日合凡再合一終五百八十四日十一萬二千九百八分行星亦如之

水晨與日合伏逆九日退七度而晨見東方在日後更逆疾一日退一度畱不行二日旋順遲日行九分之八九日行八度而順疾日行一度四分之一二十日行二十五度在日後晨伏東方順十六日六百四十一萬九百六十七分而與日合一合五十七日六百四十一萬九百六十七分行星三十二度六百四十一萬九百六十七分行星亦如之

水夕與日合伏順十六日六百四十一萬九百六十七分而夕見西方在日前順疾日行一度四分之一二十日行二十五度而順遲日行九分之八九日行八度畱不行二日旋逆一日退一度在日前夕伏西方逆遲九日退七度與日合凡再合一終一百一十五日六百一萬二千五百五分行星亦如之

穆帝永和八年著作郎王朔之造通曆

按晉書穆帝本紀不載　按律曆志穆帝永和八年著作郎瑯邪王朔之造通曆以甲子爲上元積九萬七千年四千八百八十三爲紀法千二百五爲斗分因其上元爲開闢之始

孝武帝太元九年後秦姚興命姜岌造三紀甲子元曆

按晉書孝武帝本紀不載　按律曆志後秦姚興時當孝武太元九年歲在甲申天水姜岌造三紀甲子元曆其略曰治曆之道必審日月之行然後可以上考天時下察地化一失其本則四時變移故仲尼之作春秋日以繼月月以繼時時以繼年年以首事明天時者人事之本是以王者重之自皇羲以降暨於漢魏各自制曆以求厥中考其疏密惟交會薄蝕可以驗之然書契所記惟春秋著日蝕之變自隱公訖於哀公凡二百四十二年之間日蝕三十有六考其晦朔不知用何曆也班固以爲春秋因魯曆魯曆不正故置閏失其序魯以閏餘一之歲爲蔀首檢春秋

置閏不與此部相符也命曆序曰孔子爲治春秋之故退修殷之故曆使其數可傳於後如是春秋宜用殷曆正之今考其交會不與殷曆相應以殷曆考春秋月朔多不及其日又以檢經率多一日傳率少一日但公羊經傳異朔於理可從而經有蝕朔之驗傳爲失之也服虔解傳用太極上元太極上元迺三統曆劉歆所造元也何緣施於春秋於春秋而用漢曆於義無乃遠乎傳之違失多矣不惟斯事而已襄公二十七年冬十有一月乙亥朔日有蝕之傳曰辰在申司曆過再失閏也考其去交分交會應在此月而不爲再失閏也按歆曆於春秋日蝕一朔其餘多在二日因附五行傳著朓與側匿之說云春秋時諸侯多失其政故月行恆遲歆不以曆失天而爲之差說日之蝕朔此乃天驗也而歆反以己曆非此寃天而負時曆也杜預又以爲周衰世亂學者莫得其眞今之所傳七曆皆未必是時王之術也今誠以七家之曆以考古今交會信無其驗也皆由斗分疏之所致也殷曆以四分一爲斗分三統以一千五百三十九分之三百八十五爲斗分乾象以五百八十九分之一百四十五爲斗分今景初以一千八百四十三分之四百五十五爲斗分疏密不同法數各異殷曆斗分麤故不施於今乾象斗分細故不得通於古景初斗分雖在麤細之中而日之所在乃差四度日月虧已皆不及其次假使日在東井而蝕以月驗之迺在參六度差違乃爾安可以考天時人事乎今治新曆以二千四百五十一分之六百五爲斗分日在斗十七度天正之首上可以考合於春秋下可以取驗於今世以之考春秋三十六蝕正朔者二十有五蝕二日者二蝕晦者二課者五凡三十三蝕其餘蝕經元日諱之名無以考其得失圖緯皆云三百歲斗曆改憲以今新曆施於春秋之世日蝕多在朔春秋之世下至於今凡一千餘歲交會弦望故進退於三蝕之間此法乃可永載用之豈三百歲斗曆改憲者乎

欽定古今圖書集成曆象彙編曆法典

第五卷目錄

曆法典第五卷

曆法總部彙考五

宋一

武帝永初元年夏六月己卯改晉泰始曆爲永初曆

按宋書武帝本紀云云

文帝元嘉二十二年春正月辛卯朔改用御史中丞何承天元嘉新曆

按宋書文帝本紀云云　按曆志晉江左時侍中平原劉智推三百年斗曆改憲以爲四分法三百年而減一日以百五十爲度法三十七爲斗分飾以浮說以扶其理江左中領軍琅邪王朔之以其上元歲在甲子善其術欲以九萬七千歲之甲子爲開闢之始何承天云悼於立意者也景初日中晷景卽用漢四分法是以漸就乖差其推五星則甚疎闊晉江左以來更用乾象五星法以代之猶有前却　宋太祖頗好曆數太子率更令何承天私撰新法元嘉二十年上表曰臣授性頑惰少所關解自昔幼年頗好曆數躭情注意迄於白首臣亡舅故祕書監徐廣素善其事有既往七曜曆每記其得失自太和至泰元之末四十許年臣因比歲考校至今又四十載故其疎密差會皆可知也夫圓極常動七曜運行離合去來雖有定勢以新故相涉自然有毫末之差連日累歲積微成著是以虞書著欽若之典周易明治曆之訓言當順天以求合非爲合以驗天也漢代雜候清臺以昏明中星課日所在雖不可見月盈則蝕必當其衝以月推日則躔次可知焉捨易而不爲役心於難事此臣所不解也堯典云日永星火以正仲夏今季夏則火中又宵中星虛以殷仲秋今季秋則虛中爾來二千七百餘年以中星檢之所差二十七八度則堯冬至日在須女十度左右也漢之太初曆冬至在牽牛初後漢四分及魏景初法同在斗二十一臣以月蝕檢之則景初今之冬至應在斗十七又史官受詔以土圭測景考校二至差三日有餘從來積歲及交州所上檢其增減亦相符驗然則今之二至非天之二至也天之南日在斗十三四矣此則十九年七閏數微多差復改法易章則用算滋繁宜當隨時遷革以取其合按後漢志春分日長秋分日短差過半刻尋二分在二至之間而有長短因識春分近夏至故長秋分近冬至故短也楊偉不悟卽用之上曆表云自古及今凡諸曆數皆未能並己之妙何此不曉亦何以云是故臣更建元嘉曆以六百八爲一紀半之爲度法七十五爲室分以建寅之月爲歲首雨水爲氣初以諸法閏餘一之歲爲章首冬至從上三日五時日之所在移舊四度又月有遲疾合朔月蝕不在朔望亦非曆意也故元嘉皆以盈縮定其小餘以正朔望之日伏惟陛下允迪聖哲先天不違劬勞庶政寅亮鴻業究淵思於往籍探妙旨於未聞窮神知化罔不該覽是以愚臣欣遇盛明効其管穴伏願以臣所上元嘉法下史官考其疏密若謬有可採庶或補正闕謬以備萬分詔曰何承天所陳殊有理據可付外詳之太史令錢樂之兼丞嚴粲奏曰太子率更令領國子博士何承天表更改元嘉曆法以月蝕檢今冬至日在斗十七以土圭測影知冬至已差三日詔使付外檢署以元嘉十一年被勅使考月蝕土圭測影檢署由來用偉景初法冬至之日日在斗二十一度少檢十一年七月十六日望月蝕加時在卯到十五日四更二唱丑初始蝕到四唱蝕既在營室十五度末景初其日日在軫三度以月蝕所衝考之其日日應在翼十五度半又到十三年十二月十六日望月蝕加時在酉到亥初始蝕到一更三唱蝕既在鬼四度景初其日日在女三以衝考之其日日應在牛六度半又到十四年十二月十六日望月蝕加時在戌之半到二更四唱亥末始蝕到三更一唱蝕既在井三十八度景初其日日在斗二十五以衝考之其日日應在斗二十二度半到十五年五月十五日望月蝕加時在戌其日月始生而已蝕光已生四分之一格在斗十六度許景初其日日在井二十四考取其衝其日日應在井二十又到十七年九月十六日望月蝕加時在子之少到十五日未二更一唱始蝕到三唱蝕十五分之十二格在昴一度半景初其日在房二以衝考之則其日日在氐十三度半凡此五蝕以月衝一百八十二度半考之冬至之日日並

不在斗二十一度少並在斗十七度半間悉如承天所上又去十一年起以土圭測景其年景初法十一月七日冬至前後陰不見影到十二年十一月十八日冬至其十五日影極長到十三年十一月二十九日冬至其二十六日影極長到十四年十一月十一日冬至其前後並陰不見到十五年十一月二十一日冬至十八日影極長到十六年十一月二日冬至其十月二十九日影極長到十七年十一月十三日冬至其十日影極長到十八年十一月二十五日冬至二十一日影極長到十九年十一月六日冬至其三日影極長到二十年十一月十六日冬至其前後陰不見影尋校前後以影極長爲冬至並差三日以月蝕檢日所在已差四度土圭測影冬至又差三日今之冬至乃在斗十四間又如承天所上又承天法每月朔望及弦皆定大小餘於推交會時刻雖審皆用盈縮則月有頻三大頻二小比舊法殊爲異舊日蝕不唯在朔亦有在晦及二日公羊傳所謂或失之前或失之後愚謂此一條自宜仍舊員外散騎郎皮延宗又難承天若晦朔定大小餘紀首值盈則退一日便應以故歲之晦爲新紀之首承天乃改新法依舊術不復每月定大小餘如延宗所難太史所上有司奏治曆改憲經國盛典爰及漢魏屢有變革良由術無常是取協當時方今皇欲載暉舊域光被誠應綜叙曆度以播維新承天曆術合可施用宋二十二年普用元嘉曆詔可

元嘉曆法

上元庚辰甲子紀首至太甲元年癸亥三千五百二十三年至元嘉二十年癸未五千七百三年算外

元法三千六百四十八

紀法六百八

章歲十九

章月二百三十五

紀月七千五百二十

章閏七

紀日二十二萬二千七十

度分七十五

度法三百四

氣法二十四

餘數一千五百九十五

歲中十二

日法七百五十二

沒餘三十六

通數二萬二千二百七

通法四十七

沒法三百一十九

月周四千六十四

周天十一萬一千二十五

通周二萬七百二十一

周日日餘四百一十七

周虛三百三十五

會數一百六十

交限數八百五十九

會月九百二十九

朔望合數八十

甲子紀第一　遲疾差一萬七千六百六十三　交會差八百七十七

甲戌紀第二　遲疾差三千四十三　交會差二百七十九

甲申紀第三　遲疾差九千一百四十四　交會差六百二十一

甲午紀第四　遲疾差一萬五千二百四十五　交會差二十二

甲辰紀第五　遲疾差六百二十五　交會差三百六十三

甲寅紀第六　遲疾差六千七百二十六　交會差七百四

推入紀法

置上元庚辰盡所求年以元法除之不滿元法以紀法除之餘不滿紀法入紀年也滿法去之得後紀

入甲午紀壬辰歲來至今元嘉二十年歲在癸未二百三十一年算外

推積月術

置入紀年數筭外以章月乘之如章歲爲積月不盡爲閏餘閏餘十二以上其年閏

推朔術

以通數乘積分爲朔積分滿日法爲積日不盡爲小餘以六旬去積日不盡爲大餘命以紀算外所求年正月朔日也

求次月

加大餘二十九小餘三百九十九小餘滿日法從大餘即次月朔也小餘三百五十三以上其月大也

推弦望法

加朔大餘七小餘二百八十七小分三小分滿四從小餘小餘滿日法從大餘命如前上弦日也又加之得望又加之得下弦

推二十四氣術

置入紀年筭外以餘數乘之滿度法三百四爲積沒不盡爲小餘六旬去積沒不盡爲大餘命以紀筭外所求年雨水日也求次氣加大餘十五小餘六十六小分十一小分滿氣法從小餘小餘滿度法從大餘次氣日也

雨水在十六日以後者如法減之得立春

推閏月法

以閏餘減章歲餘以歲中乘之滿章閏得一數從正月起閏所在也閏有進退以無中氣御之

節氣	限數	間數
立春正月節	一百九十四	一百九十
雨水正月中	一百八十六	一百八十二
驚蟄二月節	一百七十七	一百七十二
春分二月中	一百六十七	一百六十二
清明三月節	一百五十八	一百五十四
穀雨三月中	一百四十九	一百四十六
立夏四月節	一百四十	一百三十九
小滿四月中	一百三十	一百三十四
芒種五月節	一百三十三	一百三十二
夏至五月中	一百三十一	一百三十二
小暑六月節	一百三十三	一百三十四
大暑六月中	一百三十六	一百三十九
立秋七月節	一百四十二	一百四十五
處暑七月中	一百四十九	一百五十三
白露八月節	一百五十七	一百六十二
秋分八月中	一百六十七	一百七十二
寒露九月節	一百七十七	一百八十二
霜降九月中	一百八十六	一百九十
立冬十月節	一百九十四	一百九十七
小雪十月中	二百	二百三
大雪十一月節	二百五	二百六
冬至十一月中	二百七	二百六
小寒十二月節	二百五	二百三
大寒十二月中	二百	一百九十七

推沒滅術

因雨水積以沒餘乘之滿沒法爲大餘不盡爲小餘如前所求年爲雨水前沒日也求次沒加大餘六十九小餘一百九十六滿沒法從大餘命如前雨水後沒日也

雨水前沒多在故歲常有五沒官以沒正之一年常有五沒或六沒小餘盡爲滅日也

雨水小餘三十九以還雨水六旬後乃有推土用事法置立春大小餘小分之數減大餘十八小餘七十九小分十八命以紀筭外立春前土用事日也大餘不足加六十小餘不足減減大餘一加度法而後減之立夏立冬求土用事皆如上法

推日所在度法

以度法乘朔積度不盡爲分命度起室二次宿除之筭外正月朔夜半日在度及分也求次日日加一度經室去度分

推月所在度法

以月周乘朔積日周天去之餘滿度法爲積度不盡爲分命度如前正月朔夜半月所在及度分求次月小月加度二十二分一百三十三大月加度三十五分二百四十五分滿度法成一度命如前次月朔月所在度及分也曆先月法以十六除月行分爲大分如所入遲疾加之經室去度分

推合朔月食術

置所求年積月以會數一百六十乘之以所入交會紀差二十加之滿會月去之餘則其年正月朔去交分也求次月以會數加之滿會月去之求望加合數朔望去交分如合數以下交限數以上朔則交會望則月食

推入遲疾曆法

置所求年朔積分所入遲疾差一萬五千二百四十五加之滿通周去之餘滿日得一日不盡爲日餘命日筭外所求年正月朔入曆求次月加一日日餘七百三十四求望加十四日日餘五百七十五半餘滿日法成一日日滿二十七去之除日餘如周日日餘不足減減一日加周虛

日滿二十七而日餘不滿周日日餘爲損周日滿去之爲入曆一日

推合朔月食定大小餘法

以入曆日餘乘入曆下損益率入一日益二十五是也以損益盈縮積分值損則損之值益則益之爲定積分以入曆日餘乘列差滿日法盈減縮加差法爲定差法以除定積分所得減加本朔望小餘值盈則減值縮則加之爲定小餘加之滿日法合朔月食進一日減之不足減者加日法而後減之則退一日值周日者用日日定數

推加時

以十二乘定小餘滿日法得一辰數從子起筭外則朔望加時所在辰也有餘者四之滿日法得一爲少二爲半三爲太半又有餘者三之滿日法得一爲強半法以上排成一不滿半法棄之以強并少爲少強并半爲半強并太爲太強得二者爲小弱以并少爲半弱以并半爲大弱以并太爲一辰弱以所在辰名之

推合朔月食加時漏刻法

各以百刻乘定小餘如日法而一不盡什之求分先除夜漏之半卽晝漏加時刻及分也晝漏盡又入夜漏在中節前後四日以還者視限數在中節前後五日以上者視間限數月食加時定小餘不滿數間數者皆以筭上爲日

月行遲疾度	盈縮積分	損益率	列差差分
一日十四度分十三	盈二	益二十五	二百六十
二日十四度分十一	盈萬八千八百二	益二十三	二百五十八
三日十四度分八	盈三萬六千九十六分四	益二十	二百五十五
四日十四度分四	盈五萬一千一百二十六五	益十六	二百五十一
五日十三度分十八	盈六萬三千一百六十八五	益十一	二百四十六
六日十三度分十三	盈七萬一千四百四十六	益六	二百四十一
七日十三度分七	盈七萬五千九百五十二五	益	二百三十五
八日十三度分三	盈七萬五千九百五十二四	損五	一百三十
九日十二度分十七	盈七萬二千一百九十二三	損九	二百二十六
十日十二度分十四	盈六萬五千四百二十四三	損十二	二百二十三
十一日十二度分十一	盈五萬六千四百三	損十五	二百二十
十二日十二度分八	盈四萬五千一百二十二	損十八	二百一十七
十三日十二度分六	盈三萬一千五百八十四二	損二十	二百一十五
十四日十二度分四	盈一萬六千五百四十四二	損二十二	二百一十三
十五日十二度分二	縮一	益二十四	二百一十一
十六日十二度分四	縮一萬八千四百八十二	益二十二	二百一十三
十七日十二度分六	縮三萬四千五百九十二三	益二十	二百一十五
十八日十二度分九	縮四萬九千六百三十二五	益十七	二百一十八
十九日十二度分十四	縮六萬二千四百一十六六	益十二	二百二十三
二十日十三度分二	縮七萬一千四百四十六	益六	二百二十九
二十一日十三度分七	縮七萬五千九百五十二五	益	二百三十五
二十二日十三度分十二	縮七萬五千九百五十二四	損五	二百四十
二十三日十三度分十六	縮七萬二千一百九十二四	損九	二百四十四
二十四日十四度分一	縮六萬五千四百二十四四	損十三	二百四十八
二十五日十四度分五	縮五萬五千六百四十八三	損十七	二百五十二
二十六日十四度分八	縮四萬二千八百六十四三	損二十	二百五十五
二十七日十四度分十一	縮二萬七千八百二十四二	損二十三	二百五十八
周日十四度分十三小分一百三	縮一萬五百二十八定備九萬三千四百八	損二十五定損二百二十四	二百六十定益差法二千三百九

推合朔度

以章歲乘朔小餘滿通法爲大分不盡爲小分以大分從朔夜半日日分滿度命如前正月朔日月合朔所在共合度也

求次月

加度二十九大分一百六十一小分十四小分滿通法從大分大分滿度法從度經室除度分求望加十四度大分二百三十二小分三十半

求望月所在度加日度一百八十二分一百八十九小分二十三半

二十四氣	日所度	日中晷影	晝漏刻	夜漏刻	昏中星	明中星
雨水	室一太強	八尺二寸分八	五十分五	四十九分五	觜一少強	尾十一強
驚蟄	壁一強	六尺七寸分二	五十二分九	四十七分一	井九半強	箕四少弱
春分	奎七少強	五尺三寸分九	五十五分五	四十四分五	井二十九半強	斗四弱
清明	婁六半	四尺二寸分五	五十八	四十二	柳十二太	斗十四半
穀雨	胃九太弱	三尺二寸分五	六十分三	三十九分七	張十	斗二十五半
立夏	昴十一弱	二尺五寸	六十二分三	四十七分七	翼十太弱	女三少
小滿	畢十五少弱	一尺九寸分七	六十三分九	三十六分一	軫十弱	虛二弱
芒種	井三半弱	一尺六寸分九	六十四分八	三十五分一	角十太弱	危七弱
夏至	井十八	一尺五寸	六十五	三十五	氐五少弱	室五少強
小暑	鬼一弱	一尺六寸分九	六十四分八	三十五分二	房四太弱	壁六太弱
大暑	柳十二弱	一尺九寸分七	六十三分九	三十六分一	尾八太弱	奎十二太弱
立秋	張五半強	二尺五寸	六十二分三	三十七分七	箕三	胃二太弱
處暑	翼二半	三尺二寸分五	六十分三	三十九分三	斗三半	昴七太弱
白露	翼十七太弱	四尺二寸分五	五十八	四十二	斗十四半弱	畢十六半弱
秋分	軫十五	五尺三寸分九	五十五分五	四十四分五	斗二十五少強	井九少強
寒露	亢一少	六尺七寸分二	五十二分九	四十七分一	牛八半強	井二十九弱
霜降	氐七半	八尺二寸分八	五十分五	四十九分五	女十一半弱	柳十一半強
立冬	心二半弱	九尺九寸分一	四十八分四	五十一分六	危二弱	張八太弱
小雪	尾十一太強	一丈一尺三寸分四	四十六分七	五十三分三	危十三半強	翼八太強
大雪	箕十	一丈二尺四寸分八	四十五分六	五十四分四	室九半強	軫八少強
冬至	斗十四強	一丈三尺	四十五	五十五	壁八太強	角七少強
小寒	牛三半強	一丈二尺四寸分八	四十五分六	五十四分四	奎十五少	亢九
大寒	女十半強	一丈一尺三寸分四	四十六分七	五十三分三	胃四半強	氐十三太強
立春	危四	九尺九寸分一	四十八分四	五十一分六	昴九四少	心四強

推五星法

合歲 日度法	合數 室分
木三百四十四	三百一十五
九萬五千七百六十	二萬三千六百二十五
火四百五十九	二百一十五
六萬五千三百六十	一萬六千一百二十五
土三百八十三	三百七十
十一萬二千四百八十	二萬七千七百五十
金二百六十七	一百六十七
五萬七百六十八	一萬二千五百二十五
水七十九	二百四十九
七萬五千六百九十六	一萬八千六百七十五

木後元丙戌　晉咸和元年至元嘉二十年癸未百十八年筭上

火後元乙亥　元嘉十二年至元嘉二十年癸未九年筭上

土後元甲戌　元嘉十一年至元嘉二十年癸未十年筭上

金後元甲申　晉太元九年至元嘉二十年癸未六十年筭上

水後元乙丑　元嘉二年至元嘉二十年癸未十九年筭上

推五星法

各設其元至所年筭上以合數乘之滿合歲爲積合不盡曰合餘多者以合數除之得一星合往年得二合前往年不滿合數其年

木土金則有往年合火有前往年合水一年三合

或四合也
以合餘減合數爲度分
木度分滿合歲則去之也
以周天
十一萬一千三十五
乘度分滿日度法爲積度不盡日度餘命度以室二
筭外星合所在度也以合數乘其年内雨水小餘并
度餘爲日餘滿日度法從積度爲日命以雨水筭外
星合日也求星見日法以法伏日及餘
木則十六日及金是也
加星合日及餘滿日度法成一日命如前星見日也
求星見度法以法伏度及餘
木則二度及餘是也
加星合度及餘滿日度法成一度命如前所見日也
以星行分母
木則二十三見也
乘見度餘滿日度法得一分乃以加所行分
木順日行四分
分滿其母成一度逆順母不同
木逆分母七也
當各乘度餘留者承前逆則減之伏不盡度經室去
分不足減者破全度
五星室分各異若在行分各依室分去之
木初與日合伏十六日日餘四萬一千七百八十行
二度餘七萬七千八百四十七半晨見東方（去日十三度半）
（强）順日行二十三分之四一百一十五日行二十度
留不行二十六日而逆日行七分之一八十四日退

十二度又留二十六日順一百一十五日行二十度
夕伏西方日度餘如初與日合一終三百九十八日
日餘八萬三千五百六十行星三十三度餘五萬九
千九百三十五
火初與日合伏七十一日日餘一萬四千八百一十
半行五十四度度餘四萬九千四百二十晨見東方
（去日十七度半強）順疾日行七分之五一百八日半行七十
七度半小遲日行七分之四一百二十六日行七十
二度而大遲日行七分之二四十二日行十二度留
不行十二日而遲日行十分之三六十日退十八度
又留十二日順遲四十二日行十二度小疾一百二
十六日行七十二度二百八日半行七十七度半夕
伏西方日度餘如初與日合一終七百七十九日日
餘四萬九千六百二十五行星四百一十四度餘三
萬三千五百除一周定四十九度一萬七千三百七
十五（缺）
土初與日合伏十八日日餘四千四百八十二半行
二度度餘四萬六千八百四十七半晨見東方（去日十五度）
（日半強）順日行十二分之一八十四日行七度留不行
三十六日而逆日行十七分之一一百二日退六度
又留三十六日順八十四日行七度夕伏西方日度
餘如初與日合一終三百七十八日日餘八千九百
六十五行星十二度度餘九萬三千六百九十五
金初與日合伏四十一日日餘四萬九千六百八十
四半行半五十一度度餘四萬九千六百八十四半
見西方（去日十度）順疾日行一度十三分之三九十一日
行一百十二度而小遲日行一度十三分之二九十

一日行一百五度又大遲日行十五分之十一四十
五日行三十三度留不行八日而遲日行三分之二
九日退六度伏西方伏六日退四度而與日合又六
日退四度晨見東方逆九日退六度又留八日順四
十五日行三十三度小疾九十一日行一百五度大
疾九十一日行百一十二度晨伏東方日度餘如初
與日合一終五百八十三日日餘四萬八千六百一
除一周行星定二百一十八度度餘三萬六千七十
六一合二百九十一日餘四萬九千六百八十四半
行星如之
水初與日合伏十七日日餘七萬一千二百一十半
行三十四度度餘七萬一千二百一十半見西方（去日）
（中七度）順疾日行一度三分之一十八二十四度而遲
日行七分之五七日行五度留不行四日夕伏西方
伏十一日退六度而與日合又十一日退六度而晨
見東方留四日順遲七日行五度疾十八日行二十
四度晨伏東方日度餘如初與日合一終一百一十
五日日餘六萬六千七百二十五行星如之一合五
十七日日餘七萬一千二百一十半行星亦如之盈
加縮減十六除月行分日法除盈縮分以減度分盈
加縮減
推卦因雨水大小餘
加大餘六小餘三百一十九小餘滿三千六百四十
八成日日滿二十七日餘不足加減不加周虛
元嘉二十年承天奏上尚書今既改用元嘉曆漏刻
與先不同宜應改革按景初曆春分日長秋分日短
相承所用漏刻冬至後晝漏率長於冬至前且長短

增減進退無漸非唯先法不精亦各傳寫謬誤今二至二分各據其正則至之前後無復差異更增損舊刻參以晷影删定爲經改用二十五箭請臺勒漏郎將考驗施用從之前世諸儒依圖緯云月行有九道故畫作九規更相交錯檢其行次遲疾換易不得順度劉向論九道云青道二出黃道東白道二出黃道西黑道二出北赤道二出南又云立春春分東從青道立夏夏至南從赤道秋白冬黑各隨其方按日行黃道陽路也月者陰精不由陽路故或出其外或入其內出入去黃道不得過六度入十三日有奇而出出亦十三日有奇而入凡二十七日而一入一出矣交於黃道之上與日相掩則蝕焉漢世劉洪推檢月行作陰陽曆法元嘉二十年太祖使著作令史吳癸依洪法制新術令太史施用之

元嘉曆月行陰陽法

陰陽曆	損益率	兼數
一日	益十七	初
二日（前限餘六百六十五微分一千七百三十八）	益十六	十七
三日	益十五	三十三
四日	益十二	四十八
五日	益八	六十
六日	益四	六十八
七日	益一	七十二
八日	損二	七十三
九日	損六	七十一
十日	損十	六十五
十一日	損十三	五十五
十二日	損十五	四十二
十三日（後限餘二千一十九微分一千七百七十九）	損十六	二十七

分日二千六百八十五半損十六大（大者五千三百七十一分之三千四百七十二）十一曆周五萬五千五百一十七半

差率一萬一百九十

微分法一千八百七十八

推入陰陽曆術

以會月去入紀積月餘以會數乘之以所入紀交會差加之周天乘之滿微分法爲大分不盡爲微分大分滿周天去之餘不滿曆周者爲入陽曆餘皆如月周得一日筭外所求年正月合朔入曆也不盡爲日餘

求次月

加二日日餘一千三百三十一微分一千五百九十八如法成日日滿十三去之除日餘如分日陰陽曆竟互入端入曆在前限餘前後限餘後者月行中道

求朔弦望定數

各置入遲疾曆盈縮定積分以章歲乘之差法除之所得滿通法爲大分不盡以微分法乘之如法爲微分盈減縮加陰陽日餘盈不足以月周進退日而定以定日餘乘損益兼數爲時如定數

推夜半入曆

以差率朔小餘如微分法得一以減入曆餘不足加月周而減之卻一日卻得分日如其分半微分爲小卽朔日夜半入曆曆餘小分也

求次日

加一日日餘十六小分三百二十小分如會從餘餘滿月周去之又加一日曆竟下日餘滿分日去之千入曆初也不滿分日者值之加餘一千二百九十四小分七百八十九半爲入次曆

求夜半定日

以朔小餘減入遲疾曆日餘不足一日卻得周日加餘四百一十七卽月夜半入曆日及餘也以日餘乘損益率盈縮積分爲定積分滿通法爲大分不盡以會月乘之如法爲小分以盈加縮減入陰陽日餘盈不足進退日而定也以定日餘乘損益率如月周以損益兼數爲夜半定數

求昏明數

以損益率乘所近節氣夜漏二百而一爲明以減損益率爲昏而以損益夜半數爲昏明定數也

求月去黃道度

置加時若昏明定數以十二除之爲度其餘三而一爲少不盡爲強二少弱也所得爲月去黃道度

孝武大明六年南徐州從事史祖沖之表上新曆詔有司博議

按宋書孝武帝本紀不載　按曆志大明六年南徐州從事史祖沖之上表曰古曆疏舛頗不精密羣氏糾紛莫審其要何承天所奏意存改革而置法簡略今已乖遠以臣校之三覩厥謬日月所在差覺三度二至晷影幾失一日五星見伏至差四旬留逆進退或移兩宿分至乖失則節閏非正宿度違天則伺察無準臣生屬聖辰逮在昌運敢率愚瞽更刱新曆謹

立改易之意有二設法之情有三改者其一以舊法一章十九歲有七閏閏數爲多經二百年輒差一日節閏既移則應改法曆紀屢遷實由此條今改章法三百九十一年有一百四十四閏令卻合周漢則將來永用無復差動其二以堯典云日短星昴以正仲冬以此推之唐代冬至日在今宿之左五十許度漢代之初即用秦曆冬至日在牽牛六度漢武改立太初曆冬至日在牛初後漢四分法冬至日在斗二十二晉時姜岌以月蝕檢日知冬至在斗十七今參以中星課以蝕望冬至之日在斗十一通而計之未盈百載所差二度舊法並令冬至日有定處天數既差則七曜宿度漸與曆舛乖謬既著輒應改制僅合一時莫能通遠遷革不已又由此條今令冬至所在歲歲微差卻檢漢注並皆審密將來久用無煩屢改又設法者其一以子爲辰首位在正北爻應初九斗氣之端虛爲北方列宿之中元氣肇初宜在此次前儒虞喜備論其義今曆上元日度發自虛一其二以日辰之號甲子爲先曆法設元應在此歲而黃帝以來世代所用凡十一曆上元之歲莫值此名今曆上元歲在甲子其三以上元之歲曆中衆條並應以此爲始而景初曆交會遲疾亦置紀差裁合朔氣而已條序紛互不及古意今設法日月五緯交會遲疾悉以上元歲首爲始則合璧之曜信而有徵連珠之暉於是乎在羣流共源實精古法若夫測以定形據以實效縣象著明尺表之驗可推動氣幽微寸管之候不忒今臣所立易以取信但深練始終大存整密革新變舊有約有繁用約之條理不自懼用繁之意顧非謬然何者夫紀閏參差數各有分分之爲體非細不密臣是用深惜毫釐以全求妙之準不辭積累以成永定之制非爲思而莫悟知而不改也竊恐讚有然否每崇遠而隨近論有是非或貴耳而遺目所以竭其管穴俯洗同異之嫌披心日月仰希葵藿之照若臣所上萬一可采伏願頒宣羣司賜垂詳究庶陳錙銖少增盛典世祖下之有司使內外博議時人少解曆數竟無異同之辯唯太子旅賁中郎將戴法興議以爲三精數微五緯會始自非深推測窮識晷變豈能刊古革今轉正圭宿案沖之所議每有違舛竊以愚見隨事辨問案沖之新推曆術今冬至所在歲歲微差臣法興議夫二至發斂南北之極日有恆度而宿無改位古曆冬至皆在建星戰國橫騖史官喪紀爰及漢初格候莫審後雜覘知在南斗二十二度元和所用即與古曆相符也逮至景初而終無毫忒書云日短星昴以正仲冬直以月維四仲則中宿常在衛陽羲和所以正時取其萬世不易也沖之以爲唐代冬至日在今宿之左五十許度遂虛加度分空撤天路其置法所在近違半次則四十五年九月率移一度在詩七月流火此夏正建申之時也定之方中又小雪之節也若冬至審差則豳風火流晷長一尺五寸楚宮之作晝漏五十三刻此詭之甚也仲尼曰丘聞之火伏而後蟄者畢今火猶西流司曆過也就如沖之所誤則星無定次卦有差方名號之正古今必殊典誥之音代不通軌堯之開閉今成建除今之壽星乃周之鶉尾即時東壁已非元武軫星頓屬蒼龍誣天背經乃至於此沖之又改章法三百九十一年有一百四十四閏臣法興議夫日有緩急故斗有闊狹古人制章立爲中格年積十九常有七閏晷或虛盈此不可革沖之削閏壞章倍減餘數則一百三十九年二月於四分之料頓少一日七千四百二十九年輒失一閏夫日少則先時閏失則事悖竊聞時以作事事以厚生以此乃生人之大本曆數之所先愚恐非沖之淺慮妄可穿鑿沖之又令上元日度發自虛一云虛爲北方列宿之中臣法興議沖之既云冬至歲差又謂虛爲北中舍形責影未足爲通何者凡在天非日不明居地以斗而辯借令冬至在虛則黃道彌遠東北當爲黃鐘之宮室壁應屬元枵之位虛宿豈得復爲北中乎曲使分至屢遷而星次不改招搖易繩而律呂仍往則七政不以璣衡致齊建時亦非攜提所紀不知五行何居六屬安託沖之又令上元年在甲子臣法興議夫置元設紀各有所尚或據文於圖讖或取效於當時沖之云羣氏糾紛莫審其會昔黃帝辛卯日月不過顓頊乙卯四時不忒景初壬辰晦無差光元嘉庚辰朔無錯景豈非承天者乎沖之苟存甲子可謂爲合以求天也沖之又令日月五緯交會遲疾悉以上元爲始臣法興議夫交會之元則食既可求遲疾之際非凡夫所測昔賈逵略見其差劉洪粗著其術至於疎密之數莫究其極且五緯所居有時盈縮即如歲星在軫見超七辰術家既追算以會今則往之與來斷可知矣景初所以紀首置差元嘉兼又各設後元者其並省功於實用不虛推以爲煩也沖之既違天於改易又設法以遂情愚謂此治曆之大過也臣法興議日有八行合成一

道月有一道離爲九行左交右疾倍半相違其一終之理日數宜同沖之通同與會周相覺九千四十其陰陽七十九周有奇遲疾不及一匝此則當縮反盈應損更益沖之隨法與所難辯折之曰臣少鈍愚尚專功數術搜練古今博采沈奧唐篇夏典莫不揆量周正漢朔咸加該驗罄策籌之思究疎密之辨至若立員舊誤張衡述而弗改漢時解銘劉歆詭謬其數此則算氏之劇疵也乾象之弦望定數景初之交度周日匪謂測候不精遂乃乘除翻謬斯又曆家之甚失也及鄭元闞澤王蕃劉徽並綜數藝而每多疏舛臣昔以暇日撰正衆謬理據炳然易可詳密此臣以俯信偏識不虛推古人者也按何承天曆二至先天閏移一月五星見伏或違四旬列差妄設當益反損皆前術之乖遠臣曆所改定也既沿波以討其源刪滯以暢其要能使躔次上通晷管下合反以譏詆不其惜乎尋法與所議六條並不造理難之關楗謹陳其目其一日度歲差前法所略臣據經史辨正此數而法與設難徵引詩書三事皆謬其二臣校晷景改舊章法法與立難不能有詰直云恐非淺慮所可穿鑿其三次改方移臣無此法求術意誤橫生嫌貶其四曆上元年甲子術體明整則苟合可疑其五臣其曆七曜咸始上元無隙可乘復云非凡夫所測其六遲疾陰陽法與所未解誤謂兩率日數宜同凡此衆條或援謬目讖或空加抑絕未聞折正之談厭心之論也謹隨詰洗釋依源徵對仰照天暉敢罄管穴法與議曰夫二至發斂南北之極日有恆度而宿無改位故古曆冬至皆在建星沖之曰周漢之際疇人喪業曲技競設圖緯實繁或借號帝王以崇其大或假名聖賢以神其說是以讖記多虛桓譚知其矯妄古曆舛雜杜預疑其非直按五紀論黃帝曆有四法顓頊夏周並有二術詭異紛然則孰識其正此古曆可疑之據一也夏曆七曜西行特違衆法劉向以爲後人所造此可疑之據二也殷曆日法九百四十而乾鑿度云殷曆以八十一爲日法若易緯非差殷曆必妄此可疑之據三也顓頊曆元歲在乙卯而命曆序云此術設元歲在甲寅此可疑之據四也春秋書日有食朔者凡二十六其所據曆非周則魯以周曆考之檢其朔日失二十五魯曆校之又失十三二曆並乖則必有一僞此可疑之據五也古之六術並同四分四分之法久則後天以食檢之經三百年輒差一日古曆課今其甚疎者朔後天過二日有餘以此推之古術之作皆在漢初周末理不得遠且却校春秋朔並先天此則非三代以前之明徵矣此可疑之據六也尋律曆志前漢冬至日在斗牛之際度在建星其勢相鄰自非帝者有造則儀漏或闕豈能窮密盡微纖毫不失建星之說未足證矣法與議曰戰國橫騖史官喪紀爰及漢初格候莫審後雜覘知在南斗二十二度元和所用卽與古曆相符也逮至景初終無毫忒沖之曰古術訛雜其詳闕聞乙卯之曆秦代所用必有效於當時故其言可徵也漢武改創檢課詳備正儀審漏事在前史測星辨度理無乖遠今議者所是不實見所非徒爲虛妄辨彼駭此既非通談運今背古所誣誠多偏據□說未若徵今之爲長也景初之法實錯五緯今則在衡日至曩已移日蓋略治朔望無事檢候是以晷漏昏明並卽元和二分異景尚不知革日度微差宜其謬矣法與議曰書云日短星昴以正仲冬直以月推四仲則中宿常在衛陽羲和所以正時取其萬代不易也沖之以爲唐代冬至日在今宿之左五十許度遂虛加度分空撤天路沖之曰書以四星昏中審分至者據人君南面而言也且南北之正其詳易准流見之勢中天爲極先儒注述其義僉同而法與以爲書說四星皆在衛陽之位自在巳地進失向方退非始見迂迴經文以就所執違訓詭情此則甚矣捨午稱巳午上非無星也必據中宿餘宿豈復不足以正時若謂舉中語兼七列者指參尚隱則不得言昴星雖見當云伏矣奎婁已見復不得言伏見（缺）不得以爲辭則名將何附若中宿之通非允當實謹檢經旨直云星昴不自衛陽衛陽無自顯之義此談何因而立苟理無所依則可愚辭成說曾泉桑野皆爲明證分至之辨竟在何日循復再三竊深歎息法與議曰其置法所在近違半次則四十五年九月率移一度沖之曰元和日度法與所是唯徵古曆在建星以今考之臣法冬至亦在此宿斗二十二了無顯證而虛貶臣曆乖差半次此愚情之所駭也又年數之餘有十一月而議云九月涉數每乖皆此類也月盈則食必在日衝以檢日則宿度可辨請據效以課疏密按太史註紀元嘉十三年十二月十六日中夜月蝕盡在鬼四度以衝計之日當在牛六依法與議曰在女七又十四年五月十五日丁夜月蝕盡在斗二十六度以衝計之日當在井三十依法與議曰日在柳二又二十八年八月十五

日丁夜月蝕在奎十一度以衝計之日當在角二依法興議曰日在角十二又大明三年九月十五日乙夜月蝕盡在胃宿之末以衝計之日當在氐十二依法興議曰日在心二凡此四蝕皆與臣法符同纖毫不爽而法興所據頓差十度違衝移宿顯然易覩故知天數漸差則當式遵以爲典事驗昭晳豈得信古而疑今法興議曰在詩七月流火此夏正建申之時也定之方中又小雪之節也若冬至審差則豳風火流晷長一尺五寸楚宮之作晝漏五十三刻此詭之甚也沖之曰臣按此議三條皆謬詩稱流火蓋略舉西移之中以爲驚寒之候流之爲言非始動之辭也就如始說冬至日度在斗二十二則火星之中當在大暑之前豈鄰建中之限此專自攻糾非謂矯失夏小正五月昏大火中此復在偏陽之地乎又謂臣所立法楚宮之作在九月初按詩傳箋皆謂定之方中者室壁昏中形四方也然則中天之正當在室之八度臣曆推之元年立冬後四日此度昏中乃自十月之初又非寒露之日也議者之意蓋誤以周世爲堯時度差五十故致此謬小雪之節自信之談非有明文可據也法興議曰仲尼曰丘聞之火伏而後蟄者畢今火猶西流司曆過也就如沖之所誤則星無定次卦有差方名號之正古今必殊典誥之音時不通軌堯之開閉今成建除今之壽星乃周之鶉尾也即時東壁已非元武軫星頓屬蒼龍誣天背經乃至於此沖之曰臣以爲辰極居中而列曜貞觀羣像殊體而陰陽區別故羽介咸陳則水火有位蒼素齊設則東西可準非以日之所在定其名號也何以明之夫

陽爻初九氣始正北元武七列虛當子位若圓儀辨方以日爲主冬至所舍當在元枵而今之南極乃處東維違體失中其義何附若南北以冬夏稟稱則卯西以生殺定號豈得春躔義方秋麗仁域名舛理乖若此之反哉因茲以言固知天以列宿分方而不在於四時景緯環序日不獨守故輟矣至於中星見伏記籍每以審時者蓋以曆數難詳而天驗易顯各據一代所合以爲簡易之政也亦猶夏禮未通商典濩容豈襲韶節誠天人之道同差則藝之興因代而推移矣月位稱建諒以氣之所本名隨實著非爲斗杓所指近校漢時已差半次審斗節時其效安在或義非經訓依以成說將緯候多詭僞辭間設乎次隨方名義合宿體分至雖遷而厭位不改豈謂龍火貿處金水亂列名號乖殊之譏抑未詳究至如壁非元武軫屬蒼龍瞻度察晷實效咸然元嘉曆法壽星之初亦在翼限參校晉注顯驗甚衆天數差移百有餘載議者誠能馳辭騁辯令南極非冬至望不在衝則此談乃可守耳若使日遷次留則無事屢嫌乃臣曆之良證非難者所宜列也尋臣所執必據經史遠考唐典近徵漢籍讖記碎言不敢依述竊謂循經之論也月蝕檢日度事驗昭著史注詳論文存禁閣斯又稽天之說也堯典四星並在衛陽今之日度遠準元和誣背之誚實此之謂法興議曰夫日有緩急故斗有闊狹古人制章立爲中格年積十九常有七閏晷或盈虛此不可革沖之削閏壞章倍減餘數則一百三十九年二月於四分之料頓少一日七千四百二十九年輒失一閏夫日少則先時閏失則事悖竊聞時

以作事事以厚生此乃生民之所本曆數之所先愚恐非沖之淺慮妄可穿鑿沖之曰按後漢書及乾象說四分曆法雖分章設部創自元和而晷儀衆數定於嘉平三年四分志立冬中影長一丈立春中影九尺六寸尋冬至南極日晷最長二氣去至日數既同則中影應等而前長後短頓差四寸此曆景冬至後天之驗也二氣中影日差九分半弱進退均調略無盈縮以率計之二氣各退二日十二刻則晷影之數立冬更短立春更長並差二寸二氣中影俱長九尺八寸矣即立冬立春之正日也以此推之曆置冬至後天亦二日十二刻也嘉平三年時曆丁丑冬至加時正在日中以二日十二刻減之天定以乙亥冬至加時在夜半後三十八刻又臣測景曆紀躬辨分寸銅表堅剛暴潤不動光晷明潔纖毫憭然據大明五年十月十日影一丈七寸七分半十一月二十五日一丈八寸一分太二十六日一丈七寸五分彊折取其中則中天冬至應在十一月三日求其蚤晚令後二日影相減則一日差率也倍之爲法前二日減以百刻乘之爲實以法除實得冬至加時在夜半後三十一刻在元嘉曆後一日天數之正也量檢竟年則數減均同異歲相課則遠近應率臣因此驗考正章法今以臣曆推之刻如前竊謂至密永爲定式尋古曆法並同四分四分之數久則後天經三百年朔差一日是以漢載四百食率在晦魏代已來遂革斯法世莫之非者誠有效於天也章歲十九其疏尤甚同出前術非見經典而議云此法自古數不可移若古法雖疏永當循用謬論誠立則法興復欲施四分於

當今矣理容然乎臣所未譬也若謂今所革刪違舛失衷者未聞顯據有以矯奪臣法也元嘉曆術減閏餘二直以襲舊分蠱故進退未合至於棄盈求正非爲乖理就如議意率不可易則分無增損承天置法復爲違謬節氣早晚當循景初二至差三日曾不覺其非橫謂臣曆爲失知日少之先時未悟增月之甚惑也誠未覩天驗豈測曆數之要生民之本諒非率意所斷矣又法興始云窮識晷變可以刊舊今復謂晷數盈虛不可爲准互自違伐罔識所依若推步不得准天功絕於心目未詳曆紀何因而立案春秋以來千有餘祀以食檢朔曾無差失此則日行有恆之明徵也且臣考影彌年窮察毫微課驗以前合若符契孟子以爲千歲之日至可坐而致斯言實矣日有緩急未見其證浮辭虛貶竊非所懼法興議曰沖之既云冬至歲差又謂虛爲北中捨形責影未足爲通何者凡在天非日不明居地以斗而辨借令冬至在虛則黃道彌遠東北當爲黃鐘之宮室壁應屬元枵之位虛宿豈得復爲北中乎曲使分至屢遷而星次不改招搖易繩而律呂仍往則七政不以璣衡致齊建時亦非攝提所紀不知五行何居六屬安託沖之曰此條所嫌前牒已詳次改方移虛非中位繁辭廣證自搆紛惑皆議者所謬誤非臣法之違設也七政致齊實謂天儀鄭王唱述厥訓明允雖有異說蓋非實義法典議曰夫置元設紀各有所尚或據文於圖讖或取效於當時沖之云羣氏糾紛莫審其會昔黃帝辛卯日月不過顓頊乙卯四時不忒景初壬辰晦無差光元嘉庚辰朔無錯景豈非承天者乎沖之苟

存甲子可謂爲合以求天也沖之曰夫曆存效密不容殊尚合讖乖說訓義非所取雖驗當時不能通遠又臣所未安也元值始名體明理正未詳辛卯之說何依古術詭謬事在前牒溺名喪實殆非索隱之謂也若以曆合一時理無久用元在所會非有定歲者今以效明之夏殷以前載籍淪逸春秋漢史咸書月蝕正朔詳審顯然可徵以臣曆檢之數皆協同誠無虛設術密而至千載無殊則雖遠可知矣備閱曩法疎越實多或朔差三日氣移七晨未聞可以下通於今者也元在乙丑前說以爲非正今值甲子議者復疑其苟合無名之歲自昔無之則推先者將何從乎曆紀之作幾於息矣夫爲合必有不合願聞顯據以覈理實法典曰夫交會之元則蝕既可求遲疾之際非凡夫所測昔賈逵略見其差劉洪粗著其術至於疎密之數莫究其極且五緯所居有時盈縮即如歲星在軫見超七辰術家既追算以會今則往之與來斷可知矣景初所以紀首置差元嘉兼又各設後元者其並省功於實用不虛推以爲煩也沖之既違天於改易又設法以遂情愚謂此治曆之大過也沖之曰遲疾之率非出神怪有形可檢有數可推劉賈能述則可累功以求密矣議又云五緯所居有時盈縮歲星在軫見超七辰謂應年移一辰也按歲星之運年恆過次行天七帀輒超一位代以求之曆凡十法並合一時此數咸同史注所記天驗又符此則盈次之行自其定準非爲衍度濫徙頓過其衝也若審由盈縮豈得常疾無遲夫甄耀測象者必料分析度考往驗來準以實見據以經史曲辯碎說類多浮詭甘

石之書互爲矛盾今以一句之經誣一字之謬堅執偏論以罔正理此愚情之所未厭也算自近始衆法可同但景初之二差承天之元實以奇偶不協故數無同盡爲遺前設後以從省易夫建言倡論豈尚矯異蓋令實以文顯言勢可極也稽元曩歲羣數咸始斯誠術體理不可容譏而譏者以爲過謬之大者然則元嘉置元雖七率舛陳而猶紀協甲子氣朔俱終此又過謬之小者也必當虛立上元假稱曆始歲違名初日避辰首閏餘朔分月緯七率並不得有盡乃爲允衷之製乎設法情實謂意之所安改易違天未覩理之譏者也法興曰日有八行合成一道月有一道離爲九行左交右疾倍半相違其一終之理日數宜同沖之通同與會周相覺九千四十其陰陽七十九周有奇遲疾不及一匝此則當縮反盈應損更益沖之曰此議雖游漫無據然言迹可檢按以日八行譬月九道此爲月行之軌當循一轍環帀於天理無差動也然則交會之際當有定所豈容或斗或牛同麗一度去極應等安得南北無常若日月非例則八行之說是衍文邪左交右疾語甚未分爲交與疾對爲舍交即疾若舍交即疾即交在平率入曆七日及二十一日是也值交蝕既當在盈縮之極豈得損益或多或少若交與疾對則在交之衝當爲遲疾之始豈得入曆或深或淺倍半相違新故所同復摽此句欲以何明臣覽曆書古今略備至如此說所未前聞遠乖舊準近背天數求之愚情竊所深惑尋遲疾陰陽不相生故交會加時進退無常昔術著之久矣前儒言之詳矣而法典云日數同竊謂議者未曉此意

乖謬自著無假驟辯既云盈縮失衷復不備記其數或自嫌所執故汎略其說乎又以全爲率當互因其分法與所列二數皆誤或以八十爲七十九當縮反盈應損更益此條之謂矣總檢其議豈但臣曆不密又謂何承天法乖謬彌甚若臣曆宜棄則承天術益不可用法與所見既審則應革厥至非景極望非日衛凡諸新說必有妙辯予時法興爲世祖所寵天下畏其權既立異議論者皆附之唯中書舍人巢尚之是沖之之術執據宜用上愛奇慕古欲用沖之新法時大明八年也故須明年改元因此改曆未及施用而宮車晏駕也

曆法典第六卷

曆法總部彙考六

宋二

祖沖之曆法

上元甲子至宋大明七年癸卯五萬一千九百三十九年算外

元法五十九萬二千三百六十五

紀法三萬九千四百九十一

章歲三百九十一　章月四千八百三十六

章閏一百四十四　閏法十二

月法十一萬六千三百二十一

日法三千九百三十九

餘數二十萬七千四十四

歲餘九千五百八十九

沒分三百六十萬五千九百五十一

沒法五萬一千七百六十一

周天一千四百四十二萬四千六百六十四

虛分萬四百四十九　行分法二十二

小分法一千七百一十七

通周七十二萬六千八百一十

會周七十一萬七千七百七十七

通法二萬六千三百七十七

差率三十九

推朔術

置入上元年數算外以章月乘之滿章歲爲積月不盡爲閏餘閏餘二百四十七以上其年有閏以月法乘積月滿日法爲積日不盡爲小餘六旬去積日不盡爲大餘大餘命以甲子算外所求年天正十一月朔也小餘千八百四十九以上其月大

求次月

加大餘二十九小餘二千九十餘滿日法從大餘大餘滿六旬去之命如前次月朔也

求弦望

加朔大餘七小餘千五百七小分一小分滿四從小餘小餘滿日法從大餘命如前上弦日也又加得望又加得下弦又加得後月朔也

推閏術

以閏餘減章歲餘滿閏法得一月命以天正算外閏所在也閏有進退以無中氣爲正

推二十四氣術

置入上元年數算外以餘數乘之滿紀法爲積日不盡爲小餘六旬去積日不盡爲大餘大餘命以甲子算外天正十一月冬至日也

求次氣

加大餘十五小餘八千六百二十六小分五小分滿六從小餘小餘滿紀法從大餘命如前次氣日也

求土用事

加冬至大餘二十七小餘萬五千五百二十八季冬土用事日也又加大餘九十一小餘萬二千二百七十六次土用事日也

推沒術

以九十乘冬至小餘以減沒分滿沒法爲日不盡爲日餘命日以冬至算外沒日也

求次沒

加日六十九日餘三萬四千四百四十二餘滿沒法從日次沒日也日餘盡爲滅

推日所在度術

以紀法乘朔積日爲度實周天去之餘滿紀法爲積度不盡爲度餘命以虛一次宿除之算外天正十一月朔夜半日所在度也

求次月

大月加度三十小月加度二十九入虛去度分

求行分

以小分法除度餘所得爲行分不盡爲小分小分滿法從行分行分滿法從度

求次日

加一度入虛去行分六小分百四十七

推月所在度術

以朔小餘乘百二十四爲度餘又以朔小餘乘八百六十爲微分微分滿月法從度度餘滿紀法爲度以減朔夜半日所在則月所在度

求次月

大月加度三十五度餘三萬一千八百三十四微分七萬七千九百六十七小月加度二十二度餘萬七千二百六十一微分六萬三千七百三十六入虛去度也

遲疾曆月行度　損益率　盈縮積分　差法

日	月行度	損益率	盈縮積分	差法
一日	十四行分十三	益七十	盈初	五千三百四
二日	十四十一	益六十五	盈百八十四萬二千三百一十六	五千二百七十
三日	十四八	益五十七	盈三百五十五萬七百六	五千二百一十九
四日	十四四	益四十七	盈五百五萬八千三百	五千一百五十一
五日	十三二十一	益三十四	盈六百二十九萬七千八百五十七	五千六十六
六日	十三十七	益二十二	盈七百二十萬二千六百九十一	四千九百八十一
七日	十三十一	益六	盈七百七十七萬二千一百一十一	四千八百七十九
八日	十三五	損九	盈七百九十四萬九百五十二	四千七百七十七
九日	十二二十二	損二十四	盈七百七十萬七千四百一十五	四千六百七十五
十日	十二十六	損三十九	盈七百七萬二千一百	四千五百七十三
十一日	十二十一	損五十二	盈六百三萬五千七	四千四百八十八
十二日	十二八	損六十	盈四百六十六萬三千一百	四千四百三十七
十三日	十二六	損六十五	盈三百九萬三百三	四千四百三
十四日	十二四	損七十	盈百三十八萬三千五百八十	四千三百六十九
十五日	十二五	益六十七	縮四十五萬七千六十九	四千三百八十六
十六日	十二七	益六十二	縮二百二十三萬七百五十五	四千四百二十
十七日	十二十	益五十五	縮三百八十七萬五十四	四千四百七十一
十八日	十二十四	益四十四	縮五百三十一萬九千三百八十五	四千五百三十九
十九日	十二十九			

益三十二
縮六百四十八萬四百四
四千六百二十四
二十日　十三一　益十九
縮七百三十一萬六千六百八
二十一日　十三七　益四
縮七百八十一萬七千九百九十六
四千八百一十一
二十二日　十三三十　損十一
縮七百九十一萬七千六百七
四千九百一十三
二十三日　十三九十　損二十七
縮七百六十一萬五千四百四十
五千一十五
二十四日　十四一　損三十九
縮六百九十萬一千四百九十五
五千一百
二十五日　十四六十　損五十二
縮五百八十七萬二千七百三十五
五千一百八十五
二十六日　十四十　損六十二
縮四百四十九萬九千一百五十九
五千二百五十三
二十七日　十四二十　損六十七
縮二百八十五萬七千七百三十二
五千二百八十七
二十八日　十四廿　損七十四
縮百八萬二千三百七十九
五千三百三十一

推入遲疾曆術

以通法乘朔積日爲通實通周去之餘滿通法爲日不盡爲日餘命日筭外天正十一月朔夜半入曆日也

求次月

大月加二日小月加一日日餘皆萬一千七百四十六曆滿二十七日日餘萬四千六百三十一則去之

求次日加一日求日所在定度

以夜半入曆日餘乘損益率以損益盈縮積分如差率而一所得滿紀法爲度不盡爲度餘以盈加縮減平行度及餘爲定度益之或滿法損之或不足以紀法進退求度行分如上法求次日如所入遲疾加之虛去分如上法

陰陽曆	損益率	兼數
一日	益十六	初
二日	益十五	十六
三日	益十四	三十一
四日	益十二	四十五
五日	益九	五十七
六日	益五	六十六
七日	益一	七十一
八日	損二	七十二
九日	損六	七十
十日	損十	六十四
十一日	損十三	五十四
十二日	損十五	四十一
十三日	損十六	二十六
十四日	損十六	十

推入陰陽曆術

置通實以交周去之不滿交數三十五萬八千八百八十八半爲朔入陽曆分各去之爲朔入陰曆分各滿通法得一日不盡爲日餘命日筭外天正十一月朔夜半入曆日也

求次月

大月加二日小月加一日日餘皆二萬七百七十九曆滿十三日日餘萬五千九百八十七半則去之陽竟入陰陰竟入陽

求次日加一日求朔望差

以二千二十九乘朔小餘滿三百三爲日餘不盡倍之爲小分則朔差數也加一十四日日餘二萬一百八十六小分百二十五小分滿六百六從日餘日餘滿通法爲日即望差數也又加之後月朔也

求合朔月食

置朔望夜半入陰陽曆日及餘有半者去之置小分三百三以差數加之小分滿六百六從日餘日餘滿通法從日日滿一曆去之命日算外則朔望加時入曆也朔望加時入曆一日日餘四千一百九十八小分四百二十八以下十二日日餘萬一千七百八十八小分四百八十一以上朔則交會望則月食

求合朔月食定大小餘

令差數日餘加夜半入遲疾曆餘日餘滿通法從日則朔望加時入曆也以入曆餘乘損益率以損益盈縮積分如差法而一以盈減縮加本朔望小餘爲定小餘益之或滿法損之或不足以日法進退日

求合朔月食加時

以十二乘定小餘滿日法得一辰命以子算外加時所在辰也有餘者四之滿日法得一爲少二爲半三爲太又有餘者三之滿日法得一爲强以强幷少爲少强幷半爲半强幷太爲太强得二者爲少弱以幷太爲一辰弱以前辰名之

求月去日道度

置入陰陽曆餘乘損益率如通法而一以損益兼數爲定定數十二而一爲度不盡三而一爲少半太又不盡者一爲强二爲少弱則月去日道數也陽曆在表陰曆在裏

二十四氣	日中影	晝漏刻	夜漏刻	昏中星度	明中星度
冬至	一丈三尺	四十五	五十五	八十二二十行分	二百八十三八行分
小寒	一丈二尺四寸分三	四十五六	五十四分四	八十四	二百八十二六
大寒	一丈一尺二寸	四十六七	五十三三	八十六一	二百八十六
立春	九尺八寸	四十八四	五十一六	八十九三	二百七十七三
雨水	八尺一寸七分	五十五	四十九五	九十三	二百七十三七
驚蟄	六尺六寸七分	五十二九	四十七一	九十七	二百六十八十二
春分	五尺三寸七分	五十五五	四十四五	百二三	二百六十四三
清明	四尺二寸五分	五十八一	四十一九	百六二十	二百五十九八
穀雨	三尺二寸六分	六十四	三十九六	百一十一二	二百五十四四
立夏	二尺五寸三分	六十二四	三十七六	百一十四八十	二百五十一十
小滿	一尺九寸九分	六十三九	三十六一	百一十七二十	二百四十八七十
芒種	一尺六寸九分	六十四八	三十五二	百一十九四	二百四十七
夏至	一尺五寸	六十五	三十五	百一十九二十	二百四十六七十
小暑	一尺六寸九分	六十四分八	三十五二	百一十九四	二百四十七
大暑	一尺九寸九分	六十三九	三十六一	百一十七二十	二百四十八七十
立秋	二尺五寸三分	六十二四	三十七六	百一十四八十	二百五十一十
處暑	三尺二寸六分	六十四	三十九六	百一十一二	二百五十四四
白露	四尺二寸五分	五十八一	四十一九	百六十二	二百五十九八
秋分	五尺三寸七分	五十五五	四十四五	百二三	二百六十四三
寒露	六尺六寸七分	五十二九	四十七一	九十七九	二百六十八十二
霜降	八尺一寸七分	五十五	四十九五	九十三	二百七十三七
立冬	九尺八寸	四十八四	五十一六	八十九二	二百七十七三
小雪	一丈一尺一寸	四十六七	五十三三	八十六一	二百八十六
大雪	一丈二尺四寸分三	四十五六	五十四四	八十四	二百八十二六

求昏明中星各以度數如夜半日所在則中星度也

推五星術

木率千五百七十五萬三千八十二

火率三千八十萬四千一百九十六

土率千四百九十三萬三百五十四

金率二千二百六萬一十四

水率四百五十七萬六千二百四

留度實各以率去之餘以減率其餘如紀法而一爲入歲日不盡爲日餘命以天正朔筭外星合日

求星合度

以入歲日及餘從天正朔日積度及餘滿紀法從度滿三百六十餘度分則去之命以虛一筭外星合所在度也

求星見日

以術伏日及餘加星合日及餘餘滿紀法從日命如前見日也

求星見度

以術伏度及餘加星合度及餘餘滿紀法從度入虛去度分命如前星見度也

行五星法

以小分法除度餘所得爲行分不盡爲小分及日加所行分滿法從度留者因前逆則減之伏不盡度從行入虛去行分六小分百四十七逆行出虛則加之

木初與日合伏十六日餘萬七千八百三十二行二度度餘三萬七千五百四晨見東方從日行四分百一十二日（行十九度十一分）留二十八日逆日行三分八十六日（退十一度五分）又留二十八日從日行四分百一十二日夕伏西方日度餘如初一終三百九十八日日餘三萬五千六百六十四行三十三度度餘二萬五千二百一十五

火初與日合伏七十二日日餘六百八行五十五度度餘二萬八千八百六十五晨見東方從疾日行十七分九十二日（行六十八度）小遲日行十四分九十二日（行五十六度）大遲日行九分九十二日（行三十六度）留十日逆日行六分六十四日（退十六度十六分）又留十日從遲日行九分九十二日小疾日行十四分九十二日大疾日行十七分九十二日夕伏西方日度餘如初一終七百八十日日餘千二百一十六行四百一十四度度餘三萬二百五十八除一周定行四十九度度餘萬九千八百九

土初與日合伏十七日日餘千三百七十八行一度度餘萬九千三百三十三晨見東方行順日行二分八十四日（行七度七分）留三十三日行逆日行一分百一十日（退四度十八分）又留三十三日從日行二分八十四日夕伏西方日度餘如初一終三百七十八日日餘二千七百五十六行十二度度餘三萬一千七百九十八

金初與日合伏三十九日日餘三萬八千一百二十六行四十九度度餘三萬八千一百二十六夕見西方從疾日行一度五分九十二日（行百十二度）小遲日行一度四分九十二日（行百八度）大遲日行十七分四十五日（行三十三度六分）留九日遲日行十六分（退六度六分）夕伏西方伏五日退五度而與日合又五日退五度而晨見東方逆日行十六分九日留九日從日遲日行十七分四十五日小疾日行一度四分九十二日大疾日行一度五分九十二日晨伏東方日度餘如初一終五百八十三日日餘三萬六千七百六十一行星如之除一周定行二百十八度度餘二萬六千三百一十三合二百九十一日日餘三萬八千一百二十六行星亦如之

水初與日合伏十四日日餘三萬七千一百十五行三十度度餘三萬七千一百一十五夕見西方從疾日行一度六分二十三日（行二十九度）遲日行二十分八日（行六度二十二分）留二日遲日行十一分二日（退二十二分）夕伏西方伏八日退八度而與日合又八日退八度晨見東方逆日行十一分二日留二日從遲日行二十分八日疾日行一度六分二十三日晨伏東方日度餘如初一終百一十五日日餘三萬四千七百三十九行星如之一合五十七日日餘三萬七千一百一十五行星亦如之

上元之歲歲在甲子天正甲子朔夜半冬至日月五星聚於虛度之初陰陽遲疾並自此始

欽定古今圖書集成曆象彙編曆法典

第七卷目錄

曆法典第七卷

曆法總部彙考七

南齊

高帝建元元年夏五月改元嘉曆爲建元曆

按南齊書高帝本紀五月改元嘉曆爲建元曆木德盛卯終未以正月卯祖十二月未臘

梁

武帝天監三年詔定曆法

按梁書武帝本紀不載　按隋書律曆志梁初因齊用宋元嘉曆天監三年下詔定曆員外散騎侍郎祖暅奏曰臣先在晉已來世居此職仰尋黃帝至今十二代曆元不同周天斗分疎密亦異當代用之各垂一法宋大明中臣先人考古法以爲正曆垂之於後事皆符驗不可改張

天監九年詔用祖沖之甲子元曆

按梁書武帝本紀不載　按隋書律曆志八年暅又上疏論之詔使太史令將匠道秀等候新舊二曆氣朔交會及七曜行度起八年十一月訖九年七月新曆密舊曆疎暅乃奏稱史官今所用何承天曆稍與天乖緯緒參差不可承案被詔付靈臺與新曆對課疎密前期百日并又再申始自去冬終於今朔得失之效竝已月別啓聞夫七曜運行理數深妙一失其源則歲積彌爽所上脫可施用宜在來正至九年正月用祖沖之所造甲子元曆頒朔

姜岌甲子元曆法

甲子上元以來至魯隱公元年己未歲凡八萬二千七百三十六至晉孝武太元九年甲申歲凡八萬三千八百四十一算上

元法七千三百五十　紀法二千四百五十一

通數十七萬九千四十四　日法六千六十三

月周三萬二千七百六十六

氣分萬二千八百六十

元月九萬九百四十五

紀月三萬三百一十五

沒分四萬四千七百六十一

沒法六百三十三（□分十百五）

周天八十九萬五千二百二十一（一名紀日）

章月二百三十五　章歲十九

章閏七　章中十二

會數四十七（日月八百九十二歲凡四十七會分盡）　氣中十二

甲子紀　交差九千一百五十七

甲申紀　交差六千二百四十七

甲辰紀　交差三千一百一十七

周半一百二十七　朔望合數九百四十一

周天八十萬五千二百二十　會歲八百九十三

會月萬一千四十五　日分法二千五百

章數一百二十七　小分二千一百八十三

周閏大分七萬六千二百六十九

曆周四十萬七千六百一十（半周大）

會分三萬八千一百四十四

月周三萬二千七百六十六

差分一萬一千九百八十六

會率一千八百八十三　小分法二千二百九

入交限一萬一百四　小周二百五十四

甲子紀　差率四萬九千一百七十八

甲申紀　差率五萬八千一百四十一

甲辰紀　差率六萬七千二百八十四

通周十六萬七千六百三

周日日餘三千二百六十三

周虛二千七百一

五星約法

據出見以爲正不繫於元本然則筭步究於元初約法施於今用曲求其趣則各有宜故作者兩設其法也岌以月蝕檢日宿度所在爲曆術者宗焉又著渾天論以步日於黃道駮前儒之失竝得其中矣

大同十年詔更改新曆

按梁書武帝本紀不載　按隋書律曆志大同十年制詔更造新曆以甲子爲元六百一十九爲章歲一千五百三十六爲日法一百八十三年冬至差一度月朔以遲疾定其小餘有三大二小未及施用而遭侯景之亂遂寢陳氏因梁亦用祖沖之曆更無所創改也

北魏一

太祖天興元年晁崇造渾儀考天象仍用景初曆

按魏書太祖本紀天興元年冬十有一月太史令晁崇造渾儀考天象　按律曆志曆者數之用探靈測化窮微極幽之術也所以上齊七政下授萬方自軒轅以還迄於三代推元革統厥事不一也秦世漢興曆同顓頊百有餘年始行三統後漢孝章世改從四分光和中易以乾象魏文時用韓翊所定至明帝行楊偉景初終於晉朝無所改作司天測象今古共情啓端歸餘爲法不等協日正時俱有得失太祖天興初命太史令晁崇修渾儀以觀星象仍用景初曆

世祖　年以元始曆法代景初

按魏書世祖本紀不載　按律曆志景初曆歲年積久頗以爲疎世祖平涼土得趙敺所修元始曆後謂爲密以代景初

太平真君　年司徒崔浩造五寅元曆

按魏書世祖本紀不載　按律曆志真君中司徒崔浩爲五寅元曆未及施行浩誅遂寢　按魏書高允列傳詔允與司徒崔浩述成國記以本官領著作郎時浩集諸術士考校漢元以來日月薄蝕五星行度并譏前史之失別爲魏曆以示允允曰天文曆數不可空論夫善言遠者必先驗於近且漢元年冬十月五星聚于東井此乃曆術之淺今譏漢史而不覺此謬恐後人譏今猶今之譏古浩曰所謬云何允曰案星傳金水二星常附日而行冬十月日在尾箕昏沒於申南而東井方出于寅北二星何因背日而行是史官欲神其事不復推之於理浩曰欲爲變者何所不可君獨不疑三星之聚而怪二星之來允曰此不可以空言爭宜更審之時坐者咸怪惟東宮少傅游雅曰高君長於曆數當不虛也後歲餘浩謂允曰先所論者本不注心及更考究果如君語以前三月聚于東井非十月也又謂雅曰高允之術陽元之射也衆乃歎服允雖明于曆數初不推步有所論說惟游雅數以災異問允允曰昔人有言知之甚難既知復恐漏泄不如不知也天下妙理至多何遽問此雅乃止

高祖太和　年詔祕書鐘律郎張明豫修曆事

按魏書高祖本紀不載　按律曆志高祖太和中詔祕書鐘律郎上谷張明豫爲太史令修綜曆事未成明豫物故遷洛仍歲南討而宮車晏駕

世宗景明　年詔太樂令公孫崇等考驗曆法

按魏書世宗本紀不載　按律曆志世宗景明中詔太樂令公孫崇太樂令趙樊生等同共考驗

正始四年詔公孫崇等集議曆法

按魏書世宗本紀不載　按律曆志正始四年冬崇表曰臣頊自太樂詳理金石及在祕省考步三光稽覽古今詳其得失然四序遷流五行變易帝王相踵必奉初元改正朔殊徽號服色觀於時變以應天道故易湯武革命治曆明時是以三五迭隆曆數各異伏惟皇魏紹天明命家有率土戎軒仍動未遑曆事因前魏景初曆術數差違不協晷度世祖應期輯寧諸夏乃命故司徒東郡公崔浩錯綜其數浩博涉淵通更修曆術兼著五行論是時故司空咸陽公高允該覽羣籍贊明五緯并述洪範然浩等考察未及周密高宗踐祚乃用敦煌趙敺甲寅之曆然其星度稍爲差遠臣輒鳩集異同研其損益更造新曆以甲寅爲元考其盈縮晷象周密又從約省起自景明因名景明曆然天道盈虛豈曰必協要須參候是非乃可施用太史令辛寶貴職司元象頗閑祕數祕書監鄭道昭才學優贍識覽該密長兼國子博士高僧裕乃故司空允之孫世綜文業尚書祠部郎中宗景博涉經史前兼尚書郎中崔彬微曉法術請此數人在祕省參候而伺察晷度要在冬夏二至前後各五日然後乃可取驗臣區區之誠冀效萬分之一詔曰測度晷象考步宜審可令太常卿芳率太學四門博士等依所啓者悉集詳察

延昌四年冬著作郎崔光等請立表測驗

按魏書世宗本紀不載　按律曆志延昌四年冬侍中國子祭酒領著作郎崔光表曰易稱君子以治曆明時書云曆象日月星辰迺同律度量衡孔子陳後王之法曰謹權量審法度春秋舉先王之正時也履端於始又言天子有日官是以昔在軒轅容成作曆逮乎帝唐羲和察影皆所以審農時而重民事也太和十一年臣自博士遷著作忝司載述時舊鐘律郎張明豫推步曆法治己丑元草創未備及遷中京轉爲太史令未幾喪亡所造致廢臣中修史景明初奏求奉車都尉領太史令趙樊生著作佐郎張洪給事中領太樂令公孫崇等造曆功未及訖而樊生又喪洪出除涇州長史唯崇獨專其任暨永平初亦已略舉時洪府解停京又奏令重修前事更取太史令趙勝太廟令龐靈扶明豫子龍祥共集祕書與崇等詳

驗推建密曆然天道幽遠測步理深候觀遷延歲月滋久而崇及勝前後並喪洪所造曆爲甲午甲戌二元又除豫州司馬靈扶亦除蒲陰令洪至豫州續造甲子己亥二元唯龍祥在京獨修前事以皇魏運水德爲甲子元兼校書郎李業興本雖不預亦和造曆爲戊子元三家之術並未申用故貞靜處士李謐私立曆法言合紀次求就其兄瑒追取與洪等所造遞相參考以知精麤臣以仰測晷度實難審正又求更取諸能算術兼解經義者前司徒司馬高綽駙馬都尉盧道虔前冀州鎮東長史祖瑩前幷州秀才王延業謁者僕射常景一日集秘書與史官同檢疎密幷朝貴十五日一臨推驗得失擇其善者奏聞施用限至歲終但世代推移軌憲時改上元今古考準或異故三代課步始卒各別臣職預其事而朽墮已甚旣謝運籌之能彌愧意算之藝由是多歷年世茲業弗成公私負責俯仰慙靦靈太后令曰可如所請延昌四年冬太傅清河王懌司空尚書令任城王澄散騎常侍尚書僕射元暉侍中領軍江陽王繼奏天道至遠非人情可量曆數幽微豈以意輒度而議者紛紜競起端緒爭指虛遠難可求衷自非建標準影無以驗其眞僞頃永平中雖有考察之例而不累歲窮究遂不知影之至否差失少多臣等參詳謂宜今年至日更立表木明伺晷度三載之中足知當否令是非有歸爭者息競然後採其長者更議所從

肅宗正光三年頒正光曆

按魏書肅宗本紀正光三年十有一月丙午詔曰治曆明時前王茂軌考辰正律弈代通規是以北平革定於漢年楊偉草算於魏世自皇運肇基典章猶缺推步晷曜未盡厥理先朝仍世每所慨然至神龜中始命儒官改剏疎踳回度易憲始會璇衡今天正斯始陽煦將開品物初萌宜變耳目所謂魏雖舊邦其曆維新者也便可班宣內外號曰正光曆又首節嘉辰獲展丘禘神人交和理契幽顯思與億兆共此維新可大赦天下　按律曆志神龜初崔光復表曰春秋載天子有日官諸侯有日御又曰履端於始歸餘於終皆所以推二氣考五運成六位定七曜審八卦立三才正四序以授百官於朝萬民於野陰陽剛柔仁義之道罔不畢備緜是先代重之垂於典籍及史遷班固司馬彪著立書志所論備矣謹案曆之作始自黃帝辛卯爲元迄於大魏甲寅歷數千有餘代歷祀數千軌憲不等遠近殊術消息盈虛覘步疎密莫得而識焉去延昌四年冬中堅將軍屯騎校尉張洪故太史令張明豫息盪寇將軍龍祥校書郎李業興等三家並上新曆各求申用臣學缺章程藝謝籌運而竊職觀閣謬忝厥司奏請廣訪諸儒更取通數兼通經義者及太史並集祕書與史官同驗疏密并請宰輔羣官臨檢得失至於歲終密者施用　詔聽可時太傅太尉公清河王臣懌等以天道至遠非卒可量請立表候影期之三載乃採其長者更議所從又蒙敕許於是洪等與前鎮東府長史祖瑩等研窮其事爾來三年再歷寒暑積勤構思大功獲成謹案洪等三人前上之曆并駙馬都尉盧道虔前太極採材軍主衛洪顯殄寇將軍太史令胡榮及雍州沙門統道融司州河南人樊仲遵定州鉅鹿人張僧豫所上總合九家共成一曆元起壬子律始黃鐘考古合今謂爲最密昔漢武帝元封中治曆改年爲太初卽名太初曆魏文帝景初中治曆卽名景初曆伏惟陛下道唯先天功邈稽古休符告徵靈蔡炳瑞壬子北方水之正位龜爲水畜實符魏德修母子應義當麟趾請定名爲神龜曆今封以上呈乞付有司重加考議事可施用幷藏祕府附於典志肅宗以曆就大赦改元因名正光曆班於天下其九家共修以龍祥業興爲主

正光曆法

壬子元以來至魯隱公元年歲在己未積十六萬六千五百七算外入甲申紀來至隱公元年己未積四萬五千三百七算外

壬子元以來至今大魏正光三年歲在壬寅積十六萬七千七百五十算外壬子歲入甲申紀以來至今孝昌二年歲在丙午積四萬六千五百五十四算外從壬子元以來至今大魏孝昌三年歲次丁未積十六萬七千七百五十六算上壬子歲入甲寅紀以來至今大魏孝昌三年歲次丁未積四萬六千五百五十六算上

章歲五百五

古十九年七閏閏餘盡爲章積至多年月盡之日月見東方日蝕先晦輒復變曆二百年多一日三百年多一日半晦朔失故先儒及緯文皆言二百年斗曆改憲候天減閏五百五年減閏餘一九千五百九十五年減一閏月則從僖公五年至今日蝕不失晦與二日合朔者多閏餘成月餘盡爲章

章閏一百八十六
五百五年閏月之數其中減舊十九分之一
章月六千二百四十六
五百五年所有月之數並閏月
蔀法六千六十
十二章爲一蔀至此年小餘成日爲度法
斗分一千四百七十七
四分度法得一千五百一十五爲古法今減三十
八者從僖公五年以來減七日有奇謂爲太近一
百一十二歲減闕日減之太深是以三十餘年改
徙四子也本旬恐有誤字
紀法六萬六百
十蔀成紀人餘十也
統法十二萬一千二百
二紀成統大餘二十
元法三十六萬三千六百
三統成元大餘盡
日法七萬四千九百五十二
十二乘章月爲日法章月一年之閏分
周天分二百二十一萬三千三百七十七
以度法通三百六十五度內十分
氣法二十四
歲中十二年一十二次次有初中分二十四
經月大餘二十九小餘三萬九千七百六十九
日法除周天分得之日法者一蔀之月數周天分
者一蔀之日數以用月除衆日得一月二十九及
餘是周天分即爲月通

會數百七十三餘二萬三千二百八
五月二十三分月之二十爲一會以二十三乘五
月內二十得二百三十五以乘周天分以二十三
乘日法除之得一百七十三及餘
會通一千二百九十八萬九千九百四
以日法乘會數內會餘
周日二十七餘四萬一千五百六十二
以月一日行除周天得二十七日及餘
通周二百六萬五千二百六十六
日法乘周日二十七內周餘
小周六千七百五十一
月一日行十三度乘章歲內章閏也
月周八萬一千一十二
以十二乘小周即得與度同

推月朔術第一

推積月

術曰置入紀年筭外以章月乘之如章歲爲積月不
盡爲閏餘閏餘滿三百一十九以上其歲有閏

推朔積日

術曰以通數乘積月爲朔積分分滿日法爲積日不
盡爲小餘六旬去積日不盡爲大餘命以紀筭外則
所求年天正十一月朔日

推上下弦望

術曰加朔大餘七小餘二萬八千六百八十小分一
小分滿四從小餘小餘滿日法從大餘一大餘滿六
十去之即上弦日又加得望又加得下弦又加得後
月朔

推二十四氣術第二

推二十四氣

術曰置入紀年以來筭外以餘數乘之爲實以蔀法
除之所得爲積沒不盡爲小餘以六旬去積沒不盡
爲大餘命以紀筭外所求年天正十一月冬至日求
次氣加大餘十五小餘一千三百二十四小分一小
分滿氣法二十四從小餘一小餘滿蔀法從大餘一
大餘滿六十去之命如上即次氣日

推閏

術曰以閏餘減章歲五百五餘以歲中十二乘之滿
章閏一百八十六得一月餘半法已上亦得一月數
從天正十一月起筭外閏月月也閏有正退以無中
氣爲正

冬至十一月中
小寒十二月節
大寒十二月中
立春正月節
雨水正月中
驚蟄二月節
春分二月中
清明三月節
穀雨三月中
立夏四月節
小滿四月中
芒種五月節
夏至五月中
小暑六月節

大暑六月中
立秋七月節
處暑七月中
白露八月節
秋分八月中
寒露九月節
霜降九月中
立冬十月節
小雪十月中
大雪十一月節

推合又交會月蝕去交度（此處應有第三求字原本無今存疑）

術曰置入紀朔積分朔以交會差分并之
今用甲申紀差分七百四十一萬八千七百八十四也
以會通去之所得爲積交餘不盡者以日法除之所得爲度餘即所求年天正十一月朔却去交度及餘

求次月去交度

術曰加度二十九日度餘二萬九千七百六十九除如上則次月去交度及分

求望去交度

術曰加度十四日度餘五萬七千三百六十半度餘滿日法從度滿會數去之亦除其餘餘若不足減者減度一加會虛則望去交度及分朔望去交度分如朔望合數十四度度餘五萬七千三百六十半已下入交限數一百五十八度度餘四萬七千七百九十九半以上者朔則交會望則月蝕

甲子紀（合朔日月如合璧交中）
甲戌紀（合朔月在日道裏）　交會差四十九度
度餘三萬六千七百四十四
甲申紀（合朔月在日道裏）　交會差九十八度
度餘七萬三千四百八十八
甲午紀（合朔月在日道裏）　交會差一百四十八度
度餘三萬五千二百二十八
甲辰紀（合朔月在日道裏）　交會差二十四度
度餘四萬八千八百一十六
甲寅紀（合朔月在日道裏）　交會差七十四度
度餘一萬六百八

求交道所在月

以十一月朔却去交度及餘減會數及餘餘若不足減者減一度加入法乃減之乃以十一月朔小餘加之滿日法除去之從日一餘爲日餘命起往年十一月如歷月大小除之不滿月者爲入月算外交道日交在望前者其月朔則交會望則月蝕交在望後者亦其月月蝕後月朔則交會交正在望者其月月蝕既前後朔皆交會交正在朔者日蝕既前後望皆月蝕求後交月及日以會數及餘加前入月日及餘餘滿日法從日一如歷月大小除之命起前蝕月得後交月及餘

推月在日道表裏

術曰置入紀朔積分又以紀交會差分加之
今用甲申如交會差分七百四十一萬八千七百八十四
倍會通去之餘不滿會通者紀首裏者則天正十一月合朔月在日道裏紀首表者則月在表若滿會通者紀首表者則月在裏紀首裏者則月在表黃道南爲表北爲裏其滿會通者去之餘如日法而一即往年天正十一月朔却交度及餘以却去交度及餘減會數及會餘會餘若不足減者減一度加日法乃減餘爲前去度及餘又以十一月朔小餘加之滿日法從度一命起十一月如歷月大小除之不滿月者爲入月日及餘算外交道日
若十一月朔月在日道裏者此交爲出外後交爲入內十一月朔在表者此交爲入內後交爲出外一出一入常法也
其交在朔後望前者朔月在日道表裏與十一月同望則反矣若交在望後朔前者望與十一月同後月朔則異矣
若先交會後月蝕者朔月在日道裏望在表朔在表則望在裏其先月蝕後交會者望在表則朔在裏也
望在裏則朔在表矣

推交會起角

術曰其月在外道先會後交者虧從東南角起先交後會者虧從西南角起其月在內道先會後交者虧從西北角起先交後會者虧從西北角起合交中者蝕之既其月蝕在日之衝起角亦如之凡日月蝕去交十五爲限十以下是蝕也十以上虧蝕微少光影相接而已

推蝕分多少

術曰置入交限十五度以朔望去交日數減之餘則蝕分

推合朔入曆遲疾盈縮第四

推合朔入曆遲疾

術曰置入紀以來朔日積分又以紀遲疾差分并之今用甲申紀遲疾差分一百八十二萬千七百九十二以通周如一爲積周不盡者以日法約之爲日不盡爲日餘命日筭外即所求年天正十一月合朔入曆日

甲子紀　遲疾差二十四日　日餘六萬三千五百六十八

甲戌紀　遲疾差二十四日　日餘四萬一千二百五十六

甲申紀　遲疾差二十四日　日餘二萬九百四十四

甲午紀　遲疾差二十三日　日餘十萬四千五百八十四

甲辰紀　遲疾差二十三日　日餘五萬三千二百七十二

甲寅紀　遲疾差二十三日　日餘二萬一千九百六十

求次月入曆日

術曰加一日日餘七萬三千一百五十九日餘滿日法從日日滿二十七去之亦除餘如周日餘日餘若不足減一日加周虛日滿二十七而餘不滿周日日餘者爲入曆值周日法滿去之爲入曆一日

求望入曆

術曰加十四日日餘五萬七千三百六十半又加得

後月曆日

月行遲疾度及分	盈縮并	損益率	盈縮積分
一日十四度二百六十一分	盈初	益六百八十	
二日十四度三百分	盈六百八十	益六百一十九	盈積分七千五百五十
三日十四度二百四十六分	盈一千二百九十九	益五百五十五	盈積分一萬四千四百二十二
四日十四度一百七十一分	盈一千八百五十四	益四百九十	盈積分二萬五百八十四
五日十四度九十九分	盈二千三百四十四	益四百一十八	盈積分二萬六千二十四
六日十三度四百七十一分	盈二千七百六十二	益二百八十五	盈積分三萬六百六十五
七日十二度二百六十六分	盈三千四十七	益八十	盈積分三萬三千八百二十九
八日十三度六十一分	盈三千一百二十七	損一百二十五	盈積分三萬四千七百一十七
九日十三度四百一十九分	盈三千二	損二百五十二	盈積分三萬三千三百二十九
十日十二度三百二十八分	盈二千七百五十	損三百五十三	盈積分三萬五百三十一
十一日十二度二百三十七分	盈二千三百九十七	損五百五十四	盈積分二萬六千六百一十二
十二日十二度一百三十六分	盈一千九百四十二	損五百五十五	盈積分二萬一千五百七十二
十三日十二度三十五分	盈一千三百八十八	損六百五十六	盈積分一萬五千四百一十
十四日十一度四百六十四分	盈七百三十二	損七百三十一	盈積分八千一百二十七
十五日十二度三七六分	縮初	益六百五十五	
十六日十二度二百九分	縮六百五十五	益五百八十二	縮積分七千一百七十二
十七日十二度二百八十九分	縮一千二百三十七	益五百二	縮積分一萬三千七百二十四
十八日十二度二百九十分	縮一千七百三十七	益四百一	縮積分一萬九千

三百七

十九日　十二度二百九十二分　縮二千一百四十　益二百九十九　縮積分二萬二千七百五十九

二十日　十二度四百九十六分　縮二千四百三十九　益二百九十五　縮積分二萬七千七十九

二十一日　十三度一百十八分　縮二千六百三十四　益六十八　縮積分二萬九千一百四十四

二十二日　十三度二百三十三分　縮二千七百二　損五十七　縮積分二萬九千九百九十九

二十三日　十三度三百八十八分　縮二千六百四十五　損二百二　縮積分二萬九千三百六十六

二十四日　十四度二十九分　縮二千四百四十三　損三百四十八　縮積分二萬七千一百二十三

二十五日　十四度一百七十四分　縮二千九十五　損四百九十三　縮積分二萬三千二百五十九

二十六日　十四度三百八十七分　縮一千六百二　損六百六　縮積分一萬七千七百八十六

二十七日　十四度三百一十一分　縮九百九十六　損六百三十一　縮積分一萬闕五

周日十四度三百三十九分小分九千六百八十四　縮三百六十五　十八　損六百五十小分九十　六百八十四分　二　縮積分四百五十

推合朔交會月蝕定大小餘

術曰以入曆日餘乘所入曆下損益率以小周六千七百五十一除之所得以損益盈縮積分加之爲定積分值盈者以減本朔望小餘值縮者加之滿日法者交會加時在後日減之不足減者減上一日加下日法乃減之交會加時在前日月蝕者隨定大小餘爲定日加時

推加時

術曰以時法六千二百四十六除定小餘所得命以子起筭外朔望加時有餘不盡者四之加法得一爲少二爲半三爲太半又有餘者三之如法得一爲彊半法以上排成之不滿半法棄之以彊并少爲少彊并半爲半彊并太爲太彊得二彊者爲少弱以定并少爲半彊以之并半爲太弱以之并太爲一弱隨所在辰命之則其彊弱日之衝爲破月常在破下蝕

入曆值周日者

術曰以周日月餘乘損率以周日度小分并又以入曆日餘乘之爲實以小周乘周日日餘爲法實如法得一以減縮積積分有餘者以加本朔望小餘小餘滿日法從大餘一是爲蝕後日推加時如上法

推日月合朔弦望度術第五

推日度

術曰置入紀朔積日以日度法乘之滿周天去之餘滿日度法爲度不盡爲餘命度起牛前十二度

牛前十二度在斗十五度也

宿次除之不滿宿者筭外即天正十一月朔夜半日所在度

推日度又法

術曰置周天三百六十五度斗分一千四百七十七以冬至去朔日數減一餘以減周天度冬至小餘減斗分不足減者減度一加日度法乃減之命起如上即所求年天正十一月朔日夜半日所在度

求次月日所在度

術曰月大加三十度月小加二十九度求次日加一度宿次除之逕斗去其分一千四百七十七

推合朔日月共度

術曰以章歲乘朔小餘以章月除之所得爲大分不盡小分以加夜半日度分分滿日度法從度命起如前即所求年天正十一月合朔日月共度

求次月合朔共度

術曰加度二十九大分三千二百一十五小分二千四百五十五小分滿章月從大分大分滿日度法從度宿次除之逕斗除其分則次月合朔日月共度

推月度

術曰置入紀朔積日以月周八萬一千一十二乘之滿周天去之餘以日度法約之爲度不盡爲度分命度起牛前十二度宿次除之不滿宿者筭外即所求年天正十一月朔夜半月所在度及分

推月度又一法

術曰以小周乘朔小餘爲實以章歲來日法爲法實如法得一爲度不滿法者以章月除之爲大分不盡爲小所得以減合朔度及分餘卽所求年天正十一月朔夜半月所在度及分

求次月度

術曰小月加度二十二分二千六百五十一大月加度三十五分四千八百八十三分滿日度法從度宿次除之不滿宿者算次月所在度

求次日月行度

術曰加度十三分二千二百二十二分滿日度法從度宿次除之逕斗去其分

求弦望日所在度

術曰加合朔度七大分二千三百一十八小分五千二百九十八微分微分滿四從小分小分滿章月從大分大分滿日度法從度命如上則上弦日所在度又加得望下弦月合朔

斗二十六度　牛八度　女十二度
虛十度　危十七度　室十六度
壁九度
北方元武七宿九十八度一千四百十七分
奎十六度　婁十二度　胃十四度
昴十一度　畢十六度　觜二度
參九度
西方白虎七宿八十度
井三十三度　鬼四度　柳十五度
星七度　張十八度　翼十八度
軫十七度

南方朱雀七宿一百一十二度
角十二度　亢九度　氐十五度
房五度　心五度　尾十八度
箕十一度
東方蒼龍七宿七十五度

周天三百六十五度六千六十分度之一千四百七十七通分得二百二十一萬三千七百七十七名曰周天分

推五行沒滅易卦氣候上朔術第六

推五行用事日水火木金土各王七十三日小餘二百九十五小分九微分三春木夏火秋金冬水四立卽其用事始求土者置立春大小餘及分以木王七十三日小餘二百九十五小分九微分三加之微分滿五從小分一小分滿氣法二十四從小餘一小餘滿蔀法從大餘一大餘滿六十去之命以紀得季春土王日又加土王十八日小餘一千五百八十八小分二十微分二滿從命如上卽得立夏日求次如法又一法求土王用事日各置四立大小餘及分各減大餘十八小餘一千五百八十八小分二十微分二命以紀算外卽四立土王日若大餘不足減者加六十而後減之小餘不足減者減取大餘一加蔀法乃減之

推沒滅

術曰因冬至積沒有小餘者加積一以沒分乘之如沒法而一爲積日不盡爲沒餘以六旬去積日餘爲沒日命以紀算外卽所求年天正十一月冬至後沒日

求次沒

術曰加沒日六十九沒餘二萬七百六十四沒餘滿沒法三萬一千七百七從沒日一沒日滿六十去之命以紀算外卽次沒月一歲常有五沒或六沒小餘盡者爲滅日又以冬至去朔日加沒日冬至小餘滿蔀法從沒日命日起天正十一月如曆月大小除之不足除者入月算命以朔算外卽冬至後沒日求次沒加沒日六十九沒餘三千九百五十九沒分二萬四千六百九十七分滿沒法從沒餘滿蔀從沒日命起前沒凡曆日大小除之卽後沒日及餘

爲四正卦

術曰因冬至大小餘卽坎卦用事日春分卽震卦用事日夏至卽離卦用事日秋分卽兌卦用事日

求中孚卦

加冬至小餘五千五百三十小分九微分一微分滿五從小分小分滿氣法從小餘小餘滿蔀法從大餘命以紀算外卽中孚卦用事日其解加震咸加離賁加兌亦如中孚加坎

求次卦

加坎大餘六小餘五百二十九小分十四微分四微分滿五從小分小分滿氣法從小餘小餘滿蔀法從大餘命以紀算外卽復卦用事日大壯加震姤加離觀加兌如中孚加坎

十一月未濟蹇頤中孚復十二月屯謙睽升臨正月小過蒙益漸泰二月需隨晉解大壯三月豫訟蠱革夬四月旅師比小畜乾五月大有家人井咸姤六月鼎豐渙履遯七月恆節同人損否八月巽萃大畜賁

觀九月歸妹无妄明夷困剝十月艮既濟噬嗑大過坤

四正爲方伯中孚爲三公復爲天子屯爲諸侯謙爲大夫睽爲九卿升還從三公周而復始

九三應上九清淨微溫陽風九三應上六絳赤決溫陰雨六三應上六白濁微寒陰雨六三應上九麴塵決寒陽風諸卦上有陽爻者陽風上有陰爻者陰雨

推七十二候

術曰因冬至大小餘卽虎始交日加大餘五小餘四百四十一小分八微分一微分滿三從小分小分滿氣法從小餘小餘滿蔀從大餘命以紀筭外所候日

冬至　虎始交　芸始生　茘挺出
小寒　蚯蚓結　麋角解　水泉動
大寒　鴈北向　鵲始巢　雉始雊
立春　雞始乳　東風解凍　蟄蟲始振
雨水　魚上冰　獺祭魚　鴻鴈來
驚蟄　始雨水　桃始華　倉庚鳴
春分　鷹化鳩　元鳥至　雷始發聲
清明　電始見　蟄蟲咸動　蟄蟲啓戶
穀雨　桐始華　田鼠爲鴽　虹始見
立夏　萍始生　戴勝降於桑　螻蟈鳴
小滿　蚯蚓出　王瓜生　苦菜秀
芒種　靡草死　小暑至　螳蜋生
夏至　鵙始鳴　反舌無聲　鹿角解
小暑　蟬始鳴　半夏生　木槿榮
大暑　溫風至　蟋蟀居壁　鷹乃學習
立秋　腐草化螢　土潤溽暑　涼風至
處暑　白露降　寒蟬鳴　鷹祭鳥
白露　天地始肅　暴風至　鴻鴈來
秋分　元鳥歸　羣鳥養羞　雷始收聲
寒露　蟄蟲附戶　殺氣浸盛　陽氣始衰
霜降　水始涸　鴻鴈來賓　雀入大水化爲蛤
立冬　菊有黃華　豺祭獸　水始冰
小雪　地始凍　雉入大水化爲蜃　虹藏不見
大雪　冰始壯　地始坼　鶡旦不鳴

術曰因冬至虎始交後五日一候

推上朔法

置入紀年減一加八以六律乘之以六十去之餘爲大餘以甲子算外上朔日

推五星六通術第七

上元壬子以來至春秋隱公元年己未積十六萬六千五百七算外至今大魏熙平二年歲次丁酉積十六萬七千七百四十五算外

木精曰歲星其數二百四十一萬六千六百六十

火精曰熒惑星其數四百七十二萬五千八百四十八

土精曰鎭星其數三百二十九萬一千二十一

金精曰太白其數三百五十三萬八千一百三十一

水精曰辰星其數七十萬二千一百八十二

推五星

置上元以來盡所求年減一以周天二百二十一萬三千三百七十七乘之名爲六通之實以蔀法除之所得爲冬至積日不盡爲小餘以六旬去積日不盡爲大餘命以甲子算外卽冬至日以章歲五百五除冬至小餘所得命子算外卽律氣加時

五星各以其數爲法除六通實所得爲積合不盡爲合餘以合餘減法餘爲入歲度分以日度約之所得卽所求天正十一月冬至後晨夕合度算及餘其金水以一合日數及合餘減合度算及餘得一者爲夕見無所得爲晨見若度餘不足減減合度算一加日度法乃減之命起斗前十二度宿次除之不滿宿者算外卽天正十一月冬至後晨夕合度及餘

求星合月及日

置冬至朔日數減一以加合度算以冬至小餘加度餘度餘滿日度法去之加度一合度算變成合日算餘爲日餘命起天正十一月如曆月大小除之不滿月者算外星合月及日有閏計之

求後合月及日

以合終日數及餘如前入月算及餘餘滿日度從日曆月大小除之起前合月算外卽後合月及日其金水以一合日數及餘加晨得夕加夕得晨

求後合度

以行星度及餘加前合度算及餘餘滿日度從度命起前合度宿次除之不滿宿者算外卽後合度及餘還斗去其分一千四百七十七

歲星合終日數三百九十八合終日餘四千七百八十行星三十三度度餘三千三百三周虛一千二百八十

歲星晨與日合在日後伏十六日餘二千三百九十行星二度餘四千六百八十一半去日十三度半晨見東方順疾日行五十七分之十一五十七日行十

一度順遲日行九分五十七日行九度而留不行二十七日而旋逆日行七分之一八十四日退十三度復留二十七日復順遲日行九分五十七日行九度復疾日行十一分五十七日行十一度在日前夕伏西方順遲十六日日餘二千三百九十行星二度餘四千六百八十一半與日合凡一見三百六十六日行星二十八度在日前後伏三十二日餘四千七百八行星五度度餘三千三百三復終於晨見

熒惑合終日數七百七十九合終日餘五千一十八周虛九百五十二行星四十九度度餘三千一百五十四

熒惑晨與日合在日後伏七十一日餘五千五百八十四行星五十五度餘四千八百四十五半去日十六度晨見東方順疾日行二十三分之十四一百八十四日行一百一十二度順遲日行二十三分之十二九十二日行四十八度而留不行十一日而旋逆日行六十二分之十七六十二日退十度復留十一日復順疾日行十四分一百八十四日行一百一十二度在日前夕伏西方順七十一日餘五千五百八十四行星五十五度度餘四千八百四十五半而與日合凡一見六百三十六日行星三百三度在日前後伏一百四十三日餘五千一百八行星一百一十一度餘三千六百四十一過周四十九度度餘二千一百五十四復終於晨見

鎮星合終日數三百七十八日餘三百四十一行星十二度餘四千九百二十四周虛五千七百一十九

鎮星晨與日合在日後伏十八日日餘一百七十半行星二度餘二千四百六十一去日十五度半晨見東方順日行十二分之一八十四日行七度而留不行三十六日而旋逆行十七分之一一百二日退六度復留三十六日復順日行十二分之一八十四日行七度在日前伏西方順十八日日餘一百七十半行星二度餘二千四百六十二而與日合凡見三百四十二日行星八度在日前後伏三十六日日餘三百四十一行星四度度餘四千九百二十四復終於晨見

太白金再合終日數五百八十三日日餘五千一百五十一周虛九百九行星二百九十一度（亦日一合日數）度餘五千六百五五半（亦日一合日餘）

太白晨與日合在日後伏六日退四度去日十度晨見東方逆日行三分之二九日退六度留不行八日順遲日行十五分之十一四十五日行三十三度順疾日行一度十三分之二九十一日行一百五度太疾日行一度十三分之三九十一日行一百一十二度在日後晨伏東方順四十一日餘五千六百五半行星五十一度度餘五千六百五五半而與日合凡見東方二百四十四日行星二百四十度在日後伏四十一日餘五千六百五五半行星五十一度餘五千六百五半而與日合（見西方亦如之）夕與日合在前伏四十一日餘五千六百五半行星五十一度餘三千六百五半去日十度夕見西方順疾日行一度十二分之三九十一日行一百一十二度順遲日行一度十三分之二九十一日行一百五度順遲日行十五分之十一四十五日行三十三度而留不行八日而旋逆日行三分之二九日退六度在日前夕伏西方六日退四度而與日合凡再見四百八十日行星四百八十度在日前後伏八十三日餘五千一百五十一行星一百二度度餘五千一百五十一過周二百一十八度度餘三千六百七十四復終於晨見

水星辰星再合終日數一百一十五餘五千二百八十二行星五十七度（亦日一合日數）餘五千六百七十一（亦日一合日餘）周虛七百七十八

辰星晨與日合在日後伏十一日退六度去日十七度晨見東方而留不行四日順遲日行七分之五七日行五度順疾日行一度三分之一十八日行二十四度在日後晨伏東方順十七日餘五千六百七十一行星四十四度餘五千六百六十一而與日合凡見東方二十九日行星二十二度在日後伏二十八日餘五千六百七十一行星三十四度餘五千六百七十一而與日合見西方亦然

辰星夕與日合在日前伏十七日餘五千六百七十一行星三十四度餘五千六百七十一去日十七度夕見西方順疾日行一度三分之一十八日行二十四度順遲日行七分之五七日行五度而留四日在日前夕伏西方逆十一日退六度而晨與日合凡再見五十八日行星四十六度在日前後伏五十七日餘五千二百八十二行星六十九度餘五千二百八十二復終於晨見

斗十一至牛五星紀丑

牛五至危五元枵子

危五至壁三娵訾亥

壁三至婁八降婁戌
婁八至畢二大梁酉
畢二至井五實沈申
井五至鬼三鶉首未
鬼三至張七鶉火午
張七至軫一鶉尾巳
軫一至亢三壽星辰
亢三至心四大火卯
心四至斗一析木寅

孝靜帝興和元年以李業興改修甲子元曆

按魏書孝靜帝紀不載　按律曆志孝靜世壬子曆氣朔稍違熒惑失次四星出伏曆亦乖舛興和元年十月齊獻武王入鄴復命李業興改正立甲子元曆事訖尚書左僕射司馬子如右僕射隆之等表曰自天地剖判日月運行剛柔相摩寒暑交謝分之以氣序紀之以星辰弦望有盈缺明晦有修短古先哲王則之成化迎日推策各有司存以天下之至聖盡生民之能事先天而天弗違後天而奉天時及卯金受命年曆屢改當塗啓運日官變業分路揚鑣異門馳騖同互靡定交錯不等豈是人情淺深苟相違異蓋亦天道盈縮欲止不能正光之曆既行於世發元壬子置差令朔測影清臺懸炭之期或爽候氣重室布灰之應少差伏惟陛下當璧膺符大橫協兆乘機虎變撫運龍飛苞括九隅牢籠萬寓四海來王百靈受職大丞相渤海王降神挺生固天縱德負圖作宰知機成務撥亂反正決江疏河效顯勤王勳彰濟世功成治定禮樂維新以履端歸餘術數未盡乃命兼散騎常侍執讀臣李業興大丞相府東閤祭酒夷安縣開國公臣王春大丞相府戶曹參軍臣和貴興等委其刊正但同舍有疾徐推步有疎密不可以一方知難得以一途揆大丞相主簿臣孫搴驃騎將軍左光祿大夫臣暢前給事黃門侍郎臣季景渤海王世子開府諮議參軍事定州大中正臣崔暹業興息國子學生屯留縣開國子臣子述等並令參預定其是非臣等職司其憂猶恐未盡竊以蒙戎爲飾必藉衆腋之華輪奐成宇寧止一枝之用必集名勝更共修理左光祿大夫臣盧道約大司農卿彭城侯臣李諧左光祿大夫東雍州大中正臣裴獻伯散騎常侍西兗州大中正臣溫子昇太尉府長史臣陸操尚書右丞城陽縣開國子臣盧元明中書侍郎臣李同軌前中書侍郎臣邢子明中書侍郎臣宇文忠之前司空府長史建康伯臣元仲悛大丞相法曹參軍臣杜弼尚書左中兵郎中定陽伯臣李溥濟尚書起部郎中臣辛術尚書祠部郎中臣元長和前青州驃騎府司馬安定子臣胡世榮太史令盧鄉縣開國男臣趙洪慶太史令臣胡法通應詔左右臣張喆員外司馬督臣曹魏祖太史丞郭慶太史博士臣胡仲和等或器攝民譽或術兼世業並能顯微闡幽表同錄異詳考古今共成此曆甲寅爲日始子實天正命曆置元宜從此起運屬興和以年號爲目豈獨太初表於漢代景初冠於魏曆而已謹以封呈乞付有司依術施用詔以新曆示齊獻武王田曹參軍信都芳關通曆術駮業興曰今年十二月二十日新曆在營室十三度順疾天上歲星在營室十一度今月二十日新曆鎮星在角十一度留天上鎮星在亢四度留今月二十日新曆太白在斗二十五度晨見逆行天上太白在斗二十一度逆行便爲差殊業興對曰歲星行天伺候以來八九餘年恆不及二度今新曆加二度至於夕伏晨見纖毫無爽今日仰看如覺二度及其出沒還應如術鎮星自造壬子元以來歲常不及故加壬子闕度亦知猶不及五度適欲并加恐出沒頓校十度十日將來永用不合處多太白之行頓疾頓遲取其會歸而已近十二月二十日晨見東方新舊二曆推之分寸不異行星三日頓校四度如此之事無年不有至其伏見還依術法又芳唯嫌十二月二十日星有前却業興推步已來三十餘載上算千載之日月星辰有見經史者與涼州趙𢾺劉義隆廷尉卿何承天劉駿南徐州從事史祖沖之參校業興甲子元曆長於三曆一倍考洛京已來四十餘歲五星出沒歲星鎮星太白業興曆首尾恆中及有差處不過一日二日一度兩度三曆之失動校十日十度熒惑一星伏見體自無常或不應度祖沖之曆多甲子曆十日六度何承天曆不及三十日二十九度今曆還與壬子同不有加增辰星一星沒多見少及其見時與曆無舛今此亦依壬子元不改太白辰星唯起夕合爲異業興以天道高遠測步難積五行伏留推考不易入目仰闚未能盡密但取其見伏大歸略其中間小謬如此曆便可行若專據所見之驗不取出沒之效則曆數之道其幾廢矣夫造曆者節之與朔貫穿於千年之間閏餘斗分推之於毫釐之內必使盈縮得衷間限數合周日小分不殊錙銖陽曆陰曆纖芥無

爽損益之數驗之交會日所居度考之月蝕上推下減先定衆條然後曆元可求猶甲子難值又雖值甲子復有差分如此踳駮參錯不等今曆發元甲子七率同遵合璧連珠其言不失法理分明情謂爲可如芳所言信亦不謬但一合之裏星度不驗者至若合終必還依術鎮星前年十二月二十日見差五度今日差三度太白前差四度今全無差以此準之見伏之驗尋效可知將來永用大體無失芳又云以去年十二月中筭新曆其鎮星以十二月二十日在角十一度留天上在亢四度留是新曆差大五度太白歲星並各有差校於壬子舊曆鎮星差天五度太白歲星亦各有差是舊曆差天爲多新曆差天爲少凡造曆者皆須積年累日依法候天知其疎密然後審其近者用作曆術不可一月兩月之間能正是非若如熒惑行天七百七十九日一遲一疾一留一逆一順一伏一見之法七頭一終太白行天五百八十三日晨夕之法七頭一終歲星行天三百九十八日七頭一終鎮星行天三百七十八日七頭一終辰星行天一百一十五日晨夕之法七頭一終造曆者必須測知七頭然後作術得七頭者造曆爲近不得頭者其曆甚疎皆非一二日能知是非自五帝三代以來及秦漢魏晉造曆者皆積年久測術乃可觀其倉卒造者當時或近不可久行若三四年作者初雖近天多載恐失今甲子新曆業興潛搆積年雖有少差校於壬子元曆近天者多若久而驗天十年二十年間比壬子元曆二星行天其差爲密獻武王上言之詔付外施行

欽定古今圖書集成曆象彙編曆法典

第八卷目錄

曆法總部彙考八

北魏二甲子元曆法

曆法典第八卷

曆法總部彙考八

北魏二

甲子元曆法

上元甲子以來至春秋魯隱公元年歲在己未積二十九萬二千七百三十六算上

甲子之歲入甲戌紀已來積十二萬四千一百三十六算上

上元甲子以來至大魏興和二年歲在庚申積二十九萬三千九百九十七算上

甲子之歲入甲戌紀至今庚申積十二萬五千三百九十七算上

元法一百一萬一千六百三統之數

統法三十三萬七千二百二紀之數

紀法十六萬八千六百千蔀成紀日數至十

蔀法一萬六千八百六十

三十乘章歲得日月餘皆盡之年數

度法一萬六千八百六十

三十乘章歲得此數

日法二十萬八千五百三十

三十乘章月得此數

氣時法一千四百五

小二分度法得一時之數

章歲五百六十二

二十九章十一年減閏餘二萬一百七十八年減

右一閏月

章閏二百七

五百六十二年之閏月數

章月六千九百五十一

五百六十二年之月數幷閏

章中六千七百四十四

五百六十二年月除閏月數

周天六百一十五萬八千一十七

度法通度內斗分之數

通數六百一十五萬八千一十七

日法通二十九日內經月餘之數

沒分六百一十五萬八千一十七

餘數通經沒六十九內分五萬七千一百八十四

得此數

餘數八萬八千四百一十七

度法通一年五內斗分之數

沒法八萬八千四百一十七

一年之同成甲之外分數

斗分四千一百一十七

從斗量周天至此不成度之分

虛分九萬七千八百八十三

經月二十九日外少此不滿三十日

小分法二十四

二十四氣除周天分之數也

歲中十二

十二月之中氣

會數一百七十三

月一出一入黃道之日數周髀六二十三分月之二十也

會餘六萬七千一百一十七

百七十二日外不成日之分

會通三千六百一十四萬二千八百七

以日法通百七十二內會餘之數

會虛十四萬一千四百一十三

會餘之外不成度之數

周日二十七

周天用日月行數

周餘十一萬五千六百二十一

周天用日外及木處

通周五百七十四萬五千九百四十一

日法通二十七內分

周虛九萬一千八百九十九

用餘外不成日之數

小周七千五百一十三

月一日行之數

月周二十二萬五千三百九十

通小周內度數

朔望合數十四
半經月日數
度餘十五萬九千五百八十八半
半經月日餘
入交限數一百五十八度
月出入黃道減半月之數
度餘十一萬六千五十八度
減半月小餘之數

推月朔弦望術第一

推積月

術曰置入紀以來盡所求年減一以章月乘之章歲如一所得爲積月不盡爲閏餘閏餘三百五十五以上其年有閏餘五百一十五以上進退在天正十一月前後以冬至定之

推積日

術曰以通數乘積月爲朔積分日法如一爲積日不盡爲小餘以六旬去積日不盡爲大餘命大餘以紀（今命以甲戌紀）算外卽所求年天正十一月朔日

求次月朔

術曰加大餘二十九小餘十一萬六百四十七滿除如上命以紀算外卽次月朔日其小餘滿虛分九萬七千八百八十三者其月大減者其月小

求上下弦望

術曰加朔大餘七小餘七萬九千七百九十四小分一小分滿四從小餘小餘滿日法從大餘大餘滿六十去之命以紀算卽上弦日又加得望下弦後月朔

推二十四氣閏術第二

推二十四氣

術曰置入紀以來盡所求年減一以餘數乘之蔀法如一爲積沒不盡爲小餘以六旬去積沒不盡爲大餘命以紀算外卽所求年天正十一月冬至日

求次氣術

術曰加大餘十五小餘三千六百八十四小分一小分滿小分法二十四從小餘小餘滿蔀法從大餘一命如上算外卽次氣日

推閏

術曰以閏餘減章歲餘以歲中十二乘之滿章閏二百七得一月餘半法以上亦得一月數起天正十一月算外卽閏月閏月有進退以無中氣定之

推閏又法

術曰以歲中乘閏餘加章閏得一盈章中六千七百四十四數起冬至算外中氣終閏月也盈中氣在朔若二日卽前月閏

冬至十一月中
小寒十二月節
大寒十二月中
立春正月節
雨水正月中
驚蟄二月節
春分二月中
清明三月節
穀雨三月中
立夏四月節
小滿四月中
芒種五月節
夏至五月中
小暑六月節
大暑六月中
立秋七月節
處暑七月中
白露八月節
秋分八月中
寒露九月節
霜降九月中
立冬十月節
小雪十月中
大雪十一月節

推合朔卻去度表裏術第三

推合朔卻去交度

術曰置入紀以來朔積分又以所入紀交會差分并之

甲戌紀交會差分二千六百五十二萬二千六百四十九

以會通去之所得爲積交不盡者以日法約之爲度不盡者爲度餘卽所求年天正十一月朔卻去交度及度餘

甲子紀（紀首合朔月合璧交中）

甲戌紀（紀首合朔月在日道表）　交會差一百二十七度

度餘三萬九千二百四十九

甲申紀（紀首合朔月在日道裏）　交會差八十一度

度餘一萬一千五百六十一

甲午紀紀首合朔月在日道裏　交會差三十四度
度餘十九萬二千三百一十三
甲辰紀紀首合朔月在日道表　交會差一百六十二度
度餘二萬三千一百二十二
甲寅紀紀首合朔月在日道　交會差一百一十五度
度餘二十萬三千八百七十四

求次月卻去交度

術曰加度二十九度餘十萬六百四十七度餘滿日法從度滿會數去之亦除其會餘即次月朔卻去交度及度餘

求望卻去交度

術曰加度十四度餘十五萬九千五百八十八半滿除如上即望卻去交度及度餘

推月在日道表裏

術曰置入紀以來朔積分又以紀交會差分并之倍會通去之餘以會通減之得一減者爲月在日道裏無所得者爲月在日道表

求次月表裏

術曰加次月度及度餘加表滿會數及會數餘則在裏加裏滿會數及會餘則在表

推交道所在日

術曰以十一月朔卻去交度及餘減會數及會餘會餘若不足減者減一度加日法乃減之又以十一月朔小餘加之滿日法從度餘爲度餘即是天正十一月朔前去交度及餘如曆月大小除之起天正月十一月不滿月者爲入月算外交道所在日又以歲中乘入月小餘日法除之所得命以子算即交道所在辰其交在望前者其月朔則交道望則月蝕交在望後者其月月蝕後朔交會交正在望者其月月蝕既前後朔交會交正朔者日蝕既前後月望皆月蝕

求後交月及日

術曰以會數及會餘加前入月算及餘餘滿日法從日日如曆月大小除之起前交月算外即後交月及日以次放之

推交會起角

術曰其月在外道先會後交者虧從東南角起先交後會者虧從西南角起其月在內道先會後交者虧從西北角起合交中者蝕之既其月蝕在日之衝起角亦如之

推蝕分多少

術曰其朔望去交度及度餘如入交限數一百五十八度度餘十一萬六千五十八半以上者以減會數及會數餘餘爲不蝕度若朔望去交度如朔望合數十四度度餘十五萬九千五百八十八半以下者即是不餘度皆以減十五餘爲餘蝕分朔望去交度盡者蝕之既

推合朔月蝕入遲疾曆盈縮術第四

推合朔入遲疾曆

術曰置入紀以來朔積分又以所入紀遲疾差分并之

甲戌紀遲差分二日三十五萬三千一百九十一

以通周去之所得日餘周不盡者以日法約之爲日不盡者爲日餘命日算外即所求年天正月十一月合朔入曆日

求次月入曆日

術曰加一日日餘二十萬三千五百四十六日蝕滿日從日法日滿周日及周餘去之命如上算外即次月入曆日

求望入曆

術曰加日十四日餘十五萬九千五百八十八半滿除如上算外即望入曆

日月行遲疾度及合	盈縮井率	損益率	盈縮積分
一日十四度四百二分	盈初	益七百五十七	
二日十四度三百三十十四分	盈七百五十	益六百八十九	盈積分二萬一千一十一
三日十四度一百四十六十一分	盈一千四百二十六	益六百一十七	盈積分四萬一百三十五
四日十四度一百九十分	盈二千六十二	益五百四十五	盈積分五萬七千二百三十二
五日十四度一百一十一分	盈二千六百七	益四百六十六	盈積分七萬二千二百六十
六日十三度五百十二分	盈三千七十三	益二百一十五	盈積分八萬五千二百九十四
七日十三度二百九十六分		益八十九	

	盈三千三百八十八		盈積分九萬四千三十七
八日十二度六十八分	盈二千四百七十七	損一百三十九	盈積分九萬六千五百七
九日十二度四百八十六分	盈二千三百三十八	損二百八十三	盈積分九萬二千六百四十九
十日十二度三百七十九分	盈三千五十五	損三百九十	盈積分八萬四千七百九十四
十一日十二度三百六十七分	盈二千六百六十五	損五百二	盈積分七萬三千九百六十九
十二日十二度一百五十一分	盈二千一百六十三	損六百一十八	盈積分六萬三十六
十三日十二度四十分	盈一千五百四十五	損七百二十九	盈積分四萬二千八百八十三
十四日十一度五百一十五分	盈八百一十六	損八百一十六	盈積分二萬二千六百四十九
十五日十二度三十八分	縮初	益七百三十一	
十六日十二度一百二十三分	縮七百三十一	益六百三十六	縮積分二萬百九十
十七日十二度三百一十一分	縮一千三百七十七	益五百五十八	縮積分三萬八千二百二十
十八日十二度二百二十四分	縮一千九百三十五	益四百四十五	縮積分五萬三千七百
十九日十二度四百三十五分	縮二千三百八十	益三百三十四	縮積分六萬六千五十九
二十日十二度五百五十五分	縮二千七百一十四	益二百一十四	縮積分七萬五千三百二十九
二十一日十二度一百二十八分	縮二千九百二十八	益七十九	縮積分八萬一千二百六十九
二十二日十二度二百七十分	縮三千七	損六十三	縮積分八萬三千四百六十二
二十三日十三度四百三十二分	縮二千九百四十四	損二百二十五	縮積分八萬一千七百一十三
二十四日十四度三十三分	縮二千七百一十九	損三百八十八	縮積分七萬五千四百六十八
二十五日十四度一百九十四分	縮二千三百三十一	損五百四十九	縮積分六萬四千六百九十九
二十六日十四度三百一十九分	縮一千七百八十二	損六百七十四	縮積分四萬九千四百六十一
二十七日十四度三百三十六分	縮一千一百八	損七百一	縮積分三萬七百五十四
周日十四度三百七十九分	縮四百七	損七百三十四	縮積分一萬一千二百九十七

推合朔交會月蝕定大小蝕

術曰以入曆日餘乘所入曆下損益率以小周七千五百一十三除之所得損益盈縮積分爲定積分積分盛者以減本朔望小餘縮者加之加之滿日法者交會加時在後日減之不足減者減一日加日法乃減之交會加時在前日月蝕者隨定大小蝕餘爲定日加時

推加時

術曰以歲中乘定小餘日法除之所得命以子算外朔望加時有餘不盡者四之如法得一爲少二爲半三爲太半又有餘者三之如法得一爲彊半法以上排成一不滿半法棄之以彊幷少爲少彊幷半爲半彊幷太爲太彊得二彊者爲少弱以之幷少爲半弱以之幷半爲太弱以之幷太爲一辰弱隨所在辰而命之卽其彊弱日之衛爲破月常在破下蝕

推日月合朔弦望度第五

推日度

術日置入紀以來朔積日以日度法一萬六千八百六十乘之滿周天去之餘以日度法約之爲度餘命起牛前十二度宿次除之不滿宿者算外卽所求年

天正十一月朔夜半日所在度及分

推日度又法

術曰置周天三百六十五度斗分四千一百一十七以冬至去朔日數減一以減周天度冬至小餘減斗分斗分不足減者減一度加日度法乃減之命起如上筭外即所求年天正十一月朔夜半日所在度及分

求日次月次日所在度

術曰月大者加度三十月小者加度二十九次日者加度一宿次除之逕斗除其分

推合朔日月共度

術曰以章歲五百六十二乘朔小餘以章月六千九百五十一除之所得爲大分不盡爲小分以加夜半日度分分滿日度法從度命如上筭外即所求年天正十一月合朔日月共度

推合朔日月共度又法

術曰加度二十九大分八千九百四十五小分六千九百一十九小分滿章月從大分大分滿日度法從度宿次除之逕斗去其分筭外即次月合朔日月共度

推月度

術曰置入紀以來朔積日以周二十二萬五千二百九十乘之滿周天去之餘以日度法約之爲度餘爲度分命起牛前十二度宿次除之不滿宿者算外即所求年天正十一月朔夜半月所在度及分

推月度又法

術曰以小周乘朔小餘爲實章歲乘日法爲法實如法得一爲度不滿法者以章月除之爲大分餘爲小分所得以減合朔度及度分筭外即所求年天正十一月朔夜半月所在度及分

求月次月度

術曰月小加度二十二分七千三百七十三月大加度三十五分一萬三千五百八十三分滿日度法從度宿次除之不滿宿者筭外即月次月所在度

求月次日度

術曰加度十三分六千二百一十分滿日度法從度除如上筭外即月次日所在度

求弦望日所在度

術曰加合朔度七大分六千四百五十一小分三千四百六十一微分二微分滿四從小分小分滿章月從大分大分滿日度法從度命如上筭外即上弦日所在度又加得望下弦後月合朔

求弦望月所在度

術曰加合朔度九十八大分一萬一千六百九十五小分五千二百二十五微分一滿除如上筭外即上弦日月所在度又加得望下弦後月合朔

斗二十六度　牛八度　女十二度

虛十度　危十七度　室十六度

壁九度

北方元武七宿九十八度（分四千一百一十七）

奎十六度　婁十二度　胃十四度

昴十一度　畢十六度　觜二度

參九度

西方白虎七宿八十度

井三十三度　鬼四度　柳十五度

星七度　張十八度　翼十八度

軫十七度

南方朱雀七宿一百一十二度

角十二度　亢九度　氐十五度

房五度　心五度　尾十八度

箕十一度

東方蒼龍七宿七十五度

周天三百六十五度一萬六千八百六十分度之四千一百一十七通之得六百一十五萬八千一十七名曰周天

推土王滅沒卦候上朔術第六

推土王日

術曰置四立大小餘各減其大餘十八小餘四千四百二十小分十八微分二大餘不足減者加六十乃減之小餘不足減者減一日加蔀法乃減之小分不足減者減小餘一加小分法二十四乃減之微分不足減者減小分一加五然後皆減之命以紀筭外即四立前土王日

推土王又法

術曰加冬至大餘二十七小餘六千六百三十一小分六微分三微分滿五從小分小分滿小分法從小餘小餘滿蔀法從大餘一命以紀筭外即季冬土王日

求次季土王日

術曰加大餘九十一小餘五千二百四十四小分六小分滿小分法從小餘小餘滿蔀法從大餘大餘滿

六十去之命以紀筭外卽次季土王日

推滅沒

術曰因冬至積沒有小餘者加積沒一以沒分乘之以沒法八萬八千四百一十七除之所得爲積日不盡爲沒餘六旬去積日不盡爲沒日命以紀筭外卽所求天正十一月冬至後沒日

求次滅

術曰加沒日六十九沒餘五萬七千二百四十四沒餘滿沒法從沒日沒日滿六十去之命以紀筭外卽次沒日餘盡者爲滅

求次沒

術曰加沒日六十九沒餘一萬九百一十五沒分六萬二千二百八十五沒分滿沒法從沒餘沒餘滿蔀法從沒日命起前沒月曆月大小除之不滿月者卽後沒日及沒餘沒分命曰如上筭外卽次沒日

推四正卦

術曰因冬至大小餘卽坎卦用事日春分卽震卦用事日夏至卽離卦用事日秋分卽兌卦用事日中孚因坎卦

求坎卦

術曰加坎卦大餘六小餘一千四百七十三小分十四微分四微分滿五從小分小分滿小分法從小餘小餘滿蔀法從大餘大餘滿六十去之命以紀筭外卽復卦用事日

十一月未濟蹇頤中孚復

十二月屯謙睽升臨

正月小過蒙益漸泰

二月需隨晉解大壯

三月豫訟蠱革夬

四月旅師比小畜乾

五月大有家人井咸姤

六月鼎豐渙履遯

七月恆節同人損否

八月巽萃大畜賁觀

九月歸妹无妄明夷困剝

十月艮既濟噬嗑大過坤

四正爲方伯中孚爲三公復爲天子屯爲諸侯謙爲大夫睽爲九卿升還從三公周而復始

九三應上九清淨微溫陽風九三應上六降赤決溫陰雨六三應上六曰澤寒陰雨六三應上九麴塵決寒陽風諸卦上有陽爻者陽風上有陰爻者陰雨

推七十二候

術曰因冬至大小餘卽虎始交日加大餘五小餘一千二百二十八微分一微分滿三從小分小分滿小分法從小餘小餘滿蔀蔀法從大餘大餘滿六十去之命以紀筭外依次候日

冬至　虎始交　芸始生　荔挺生

小寒　蚯蚓結　麋角解　水泉動

大寒　鴈北向　鵲始巢　雉始雊

立春　雞始乳　東風解凍　蟄蟲始振

雨水　魚上負冰　獺祭魚　鴻鴈來

驚蟄　始雨水　桃始華　倉庚鳴

春分　鷹化爲鳩　元鳥至　雷始發聲

清明　電始見　蟄蟲咸動　蟄蟲啓戶

穀雨　桐始華　田鼠化爲鴽　虹始見

立夏　萍始生　戴勝降桑　螻蟈鳴

小滿　蚯蚓出　王瓜生　苦菜秀

芒種　靡草死　小暑至　螳蜋生

夏至　鵙始鳴　反舌無聲　鹿角解

小暑　蟬始鳴　半夏生　木槿榮

大暑　溫風至　蟋蟀居壁　鷹乃學習

立秋　腐草化爲螢　土潤溽暑　涼風至

處暑　白露降　寒蟬鳴　鷹祭鳥

白露　天地始肅　暴風至　鴻鴈來

秋分　元鳥歸　羣鳥養羞　雷始收聲

寒露　蟄蟲附戶　殺氣浸盛　陽氣日衰

霜降　水始涸　鴻鴈來賓　雀入大水化爲蛤

立冬　菊有黃華　豺祭獸　水始冰

小雪　地始凍　雉入大水爲蜃　虹藏不見

大雪　冰始壯　地始坼　鶡旦鳴

推上朔

術曰置入紀以來盡所求年減一以六律乘之以六旬去之不盡者命以甲子筭上卽上朔日

推五星見伏術第七

上元甲子以來至春秋魯隱公元年歲在乙未積二十九萬二千七百三十六筭

上元甲子以來至今大魏興和二年歲在庚申積二十九萬三千九百九十七筭

木精曰歲星其數六百七十二萬二千八百八十八

火精曰熒惑其數一千三百一十四萬九千八十三

土精曰鎮星其數六百三十七萬四千六十一

金精曰太白其數九百八十四萬三千八百八十二

水精曰辰星其數一百九十五萬三千七百一十七

推五星

術曰置上元以來盡所求年減一以周天乘之爲五星之實各以其數爲法除之所得爲積合不盡爲合餘以合餘減法餘爲入歲度分以日度法約之所得卽所求年天正十一月冬至後晨夕合度筭及度餘其金水以一合日數及合餘減合度筭及度餘得一者爲晨無所得者爲夕若度餘不足減者減合度筭一加日度法乃減之命起牛前十二度宿次除之不滿宿者筭外卽所求年天正十一月冬至後晨夕合度及度餘

徑推五星

術曰置上元以來盡所求年減一如法筭之合度餘滿日度法加合度筭一合度筭滿合終日數去之亦以合終日餘減合度若不足減者減合度筭一加周虛積年盡所得卽所求年天正十一月冬至後晨夕合度筭及度餘其求水及命度皆如上法

求星合月及日

術曰置冬至去朔日數減一加合度筭冬至小餘以加合度餘合度餘滿日度法去之加合度筭一合度筭變成合日筭合度餘爲日餘命日起天正十一月如曆月大小除之不滿月者筭外卽星合月及日有閏以閏計之

求後合月及日

術曰以合終日數及合終日餘加前入月筭及餘餘滿日度法後日一日如曆月大小除之起前合月筭外卽後合月及日其金水以合日數及一合日餘加之加夕得晨加晨得夕也

求後合度

術曰以行星度餘加前合度及度餘度餘滿日度法從度命起前合度宿次除之不滿宿者筭外卽後合度餘逕半除其分其分四千一百一十七

歲星合終日數三百九十八合終日餘一萬二千六百八周虛三千二百五十二行星三十三度度餘九千四百九十一

歲星晨與日合在日後伏十六日日餘六千八百四行星二度度餘一萬三千一百七十五晨見東方順疾日行五十八分之十一五十八日行十一度順遲日行九分五十八日行九度而留不行二十五日而旋逆日行七分之一八十四日退十二度復留二十五日復順遲日行九分五十八日行九度復順疾日行十一分五十八日行十一度在日前夕伏西方順十六日日餘六千八百四行星二度度餘一萬三千一百七十六而與日合

熒惑合終日數七百七十九合終日餘一萬五千一百四十三周虛一千七百一十七行星四十九度度餘六千九百九

熒惑晨與日合在日後伏七十一日日餘一萬六千一行星五十五度度餘一萬三千九百四十三晨見東方順疾日行二十三分之十四一百八十四日行一百一十二度順遲日行十二分九十一日行四十八度而留不行十一日而旋逆日行六十二分之十七六十二日退十七度復留十一日復順遲日行十二分九十一日行四十八度復順疾日行十四分一百八十四日行一百一十二度在日前夕伏西方順七十一日日餘一萬六千二行星五十度度餘一萬三千九百四十三而與日合

鎭星合終日數三百七十八合終日餘九百八十一周虛一萬五千八百七十九行星十二度度餘一萬三千七百二十四

鎭星晨與日合在日後伏十八日日餘四百九十行星二度度餘六千八百六十二晨見東方順日行十二分之一八十四日行七度而留不行三十六日而旋逆日行十七分之一一百二日退六度復留三十六日復順日行十二分之一八十四日行七度在日前夕伏西方順十八日日餘四百九十一行星二度度餘六千八百六十二而與日合

太白合終日數五百八十三合終日餘一萬四千五百二周虛二千三百五十八行星二百九十一度（赤日一合日數）度餘一萬五千六百八十一（赤日一合日數）

太白夕與日合在日前伏四十一日日餘一萬五千六百八十一行星五十一度度餘一萬五千六百八十一夕見西方順疾日行一度十三分之三九十一日行一百一十二度順遲日行一度十三分之二九十一日行五度順大疾日行十五分之十一四十五日行三十三度而留不行八日而旋逆日行三分之二九日退六度在日前夕伏西方伏六日退四度而與日晨合

太白晨與日合在日後伏六日退四度晨見東方逆日行三分之二九日退六度而留不行八日順日行

十五分之十一四十五日行三十三度順疾日行一度十三分之二九十一日行一百五度順大疾日行一度十三分之二九十一日行一百一十二度在日後晨伏東方順四十一日日餘一萬五千六百八十一行星五十一度度餘一萬五千六百八十一而與日夕合

辰星合終日數一百一十五合終日餘一萬四千八百一十八周虛二千四十四行星五十七度亦日一合日數度餘一萬五千八百四十八亦日合日數

辰星夕與日合在日前伏十七日日餘一萬五千八百四十八夕見西方順疾日行一度三分之一十八日行二十四度順遲日行七分之五七日行五度而留不行四日在日前夕伏西方逆十一日退六度而與日晨合

辰星晨與日合在日後伏十一日退六度晨見東方而留不行四日順遲日行七分之五七日行五度順疾日行一度三分之一十八日行二十四度在日後晨伏東方順十七日日餘一萬五千八百二十八行星三十四度度餘一萬五千八百四十八而與日夕合

五星曆步

術曰以術法伏日度及餘加星合日度及餘餘滿日度法一萬六千八百六十得一從命命之加前得星見日度及餘以星行分母乘見度分日度法如一得一分不盡半法以上亦得一以加所行分分滿其母得一度逆順母不同以當行之母乘故分故母如一為當行分留者承前逆則減之伏不盡度除十分以行母為率分有損益前後相御十四

求五星行所在度

術曰以行分子乘行日數分母除之所得即星行所在度

欽定古今圖書集成曆象彙編曆法典

第九卷目錄

曆法典第九卷

曆法總部彙考九

北齊

文宣帝天保　年命散騎侍郎宋景業造天保曆

按北齊書文宣帝本紀不載　按隋書律曆志後齊文宣受禪命散騎侍郎宋景業叶圖讖造天保曆景業奏依握誠圖及元命包言齊受籙之期當魏終之紀得乘三十五以爲蔀應六百七十六以爲章文宣大悅乃施用之期曆統曰上元甲子至天保元年庚午積十一萬五百六算外章歲六百七十六度法二萬三千六百六十斗分五千七百八十七曆餘十六萬二千二百六十一

後主武平七年董峻鄭元偉等上甲寅元曆

按北齊書後主本紀不載　按隋書律曆志武平七年董峻鄭元偉立議曰宋景業移閏於天正退命於冬至交會之際承二大之後三月之交妄減平分臣按景業學非探賾識殊深解有心改作多依舊章惟寫子換母頗有變革妄誕穿鑿不會眞理乃使日之所在差至八度節氣後天閏先一月朔望虧食既未能知其表裏遲疾之曆步又不可以傍通妄設平分虛退冬至虛退則日數減於周年平分妄設故加時差於異日五星見伏有違二旬遲疾逆留或乖兩宿軌籥之術妄刻水旱今上甲寅元曆並以六百五十七爲率二萬二千三百三十八爲蔀五千四百六十一爲斗分甲寅歲甲子日爲元紀又有廣平人劉孝孫張孟賓二人同知曆事孟賓受業於張子信並棄舊事更制新法又有趙道嚴準晷影之長短定日行之進退更造盈縮以求虧食之期劉孝孫以百一十九爲章八千四十七爲紀九百六十六爲歲餘甲子爲上元命日度起虛中張孟賓以六百一十九爲章四萬八千九百爲紀九百四十八爲日法萬四千九百四十五爲斗分元紀共命法略旨遠日月五星並從斗十一起盈縮轉度陰陽分至與漏刻相符共日影俱合循轉無窮上距春秋下盡天統日月虧食及五星所在以二人新法考之無有不合其年訖于敬禮及曆家豫刻日食疎密六月戊申朔太陽虧劉孝孫言食於卯時張孟賓言食於申時鄭元偉董峻言食於辰時宋景業言食於巳時至日食乃於卯辰之間其言皆不能中爭論未定遂屬國亡

北周

明帝武成元年詔定新曆

按周書明帝本紀夏五月戊子詔曰皇王之迹不一因革之道已殊莫不播八政以成物兆三元而爲紀是以容成創定於軒轅羲和欽若於唐世鴻範九疇大弘五法易曰澤中有火革君子以治曆明時故曆之爲義大矣但忽微成象象極則差分積命時時積斯舛開闢至於獲麟二百七十六萬歲晷度推移餘分盈縮南正無聞疇人靡記暑往寒來理乖攸序敬授民時何其積謬昔漢世巴郡洛下閎善治曆云後八百歲當有聖人定之自火行至今木德應其運矣朕何讓焉可命有司旁稽六曆仰觀七曜博推古今造我周曆量定以聞　按隋書律曆志西魏入關尚行李業興正光曆法至周明帝武成元年始詔有司造周曆於是露門學士明克讓麟趾學士庾季才及諸日者採祖暅舊議通簡南北之術自斯已後頗覩其謬故周齊並時而曆差一日克讓儒者不處日官以其書下於太史

武帝天和元年甄鸞上天和曆

按周書武帝本紀不載　按隋書律曆志武帝時甄鸞造天和曆上元甲寅至天和元年丙戌積八十七萬五千七百九十二筭外章歲三百九十一蔀法二萬三千四百六十日法二十九萬一百六十十朔餘十五萬三千九百九十一斗分五千七百三十一會餘九萬三千五百一十六曆餘一十六萬八百三十冬至斗十五度參用推步終於宣政元年

宣帝大象元年太史上士馬顯上丙寅元曆

按周書宣帝本紀不載　按隋書律曆志大象元年太史上士馬顯等又上丙寅元曆奏曰臣按九章五紀之旨三統四分之說咸以節宣發斂考詳晷緯布政授時以爲皇極者也而乾維難測斗憲易差盈縮之期致舛咎徵之道斯應寧止蝕或乘龍水能沴火因亦玉羊掩曜金雞喪精王化闕以盛衰有國由其降替曆之時義於斯爲重自炎漢已還迄於有魏運經四代事涉千年日御天官不乏於世命元班朔互有沿改驗近則疊璧應辰經遠則連珠失次義雖循舊其在茲乎大周受圖膺籙牢籠萬古時夏乘殷斟酌前代曆變壬子元用甲寅高祖武皇帝以爲此曆雖行未臻其妙爰降詔旨博訪時賢并敕太史上士馬顯等更事刊定務得其宜然術藝之士各封異見凡所上曆合有八家精麤踳駮未能盡善去年冬孝宣皇帝乃詔臣等監考疏密更令同造謹按史曹舊簿及諸家法數棄短取長共定今術開元發統肇自丙寅至於兩曜虧食五星伏見參校積時最爲精密庶鐵炭輕重無失寒燠之宜灰箭飛浮不爽陰陽之度上元丙寅至大象元年己亥積四萬一千五百五十四算上日法五萬三千五百六十三亦名蔀會法章歲四百四十八斗分三千一百六十七蔀法一萬二千九百九十二章中爲章會法日法五萬三千五百六十三曆餘二萬九千六百九十三會日百七十三會餘一萬六千六百一十九冬至日在斗十二度小周餘盈縮積其曆術別推入蔀會分用陽率四百九十九陰率九每十二月下各有日月蝕轉分推步加減之乃爲定蝕大小餘而求加時之正其術施行

隋一

文帝開皇四年春正月頒新曆

按隋書文帝本紀云云　按律曆志高祖作輔方行禪代之事欲以符命曜於天下道士張賓揣知上意自云元相洞曉星曆因盛言有代謝之徵又稱上儀表非人臣相由是大被知遇恆在幕府及受禪之初擢賓爲華州刺史使與儀同劉暉驃騎將軍董琳索盧縣公劉祐前太史上士馬顯太學博士鄭元偉前保章上士任悅開府掾張徹前盪邊將軍張膺之校書郎衡洪建太史監候粟相太史司曆郭翟劉宜兼筭學博士張乾敘門下參人王君瑞荀隆伯等議造新曆仍令太常卿盧賁監之賓等依何承天法微加增損四年二月撰成奏上高祖下詔曰張賓等存心筭數通洽古今每有陳聞多所啓沃畢功表奏具已披覽使後月復育不出前晦之宵前月之餘罕留後朔之旦減朓就朒懸殊舊準月行表裏厥途乃異日交弗食由循陽道驗時轉筭不越纖毫逖聽前修斯祕未啓有一於此實爲精密宜頒天下依法施行

張賓開皇曆法

張賓所造曆法其要以上元甲子己巳來至開皇四年歲在甲辰積四百一十二萬九千一筭上

蔀法一十萬二千九百六十

章歲四百二十九

章月五千三百六

通月五百三十七萬二千二百九

日法一十八萬一千九百二十

斗分二萬五千六十三

會月一千二百九十七

會率二百二十一

會數一百一十半

會分一十一億八千七百二十五萬八千一百八十九

會日法四千二十萬四千三百二十

會日百七十三

餘五萬六千一百四十三

小分一百一十

交法五億一千二百一十萬四千八百

交分法二千八百一十五

陰陽曆一十三　餘十一萬二百六十三

小分二千三百二十八

朔差二　餘五萬七千九百二十一

小分九百七十四

蝕限一十二　餘八萬一千三百三

小分四百三十三半

定差四萬四千五百四十八

周日二十七

餘一十萬八百五十九亦名少大法

木精曰歲星合率四千一百六萬三千八百八十九

火精曰熒惑合率八千二十九萬七千九百二十六

土精曰鎮星合率三千八百九十二萬五千四百一十三

金精曰太白合率六千一千一萬九千六百五十九

木精曰辰星合率一千一百九十三萬一千一百二十五

開皇十七年夏四月詔頒新曆

按隋書文帝本紀云云　按律曆志張賓所創之曆既行劉孝孫與冀州秀才劉焯並稱其失言學無師法刻食不中所駁凡有六條其一云何承天不知分閏之有失而用十九年之七閏其二云賓等不解宿度之差改而冬至之日守常度其三云連珠合璧七曜須同乃以五星別元其四云賓等惟知日氣餘分恰盡而爲立元法不知日月不合不成朔旦冬至其五云賓等但守立元定法不須明有進退其六云賓等唯識轉加大餘二十九以爲朔不解取日月合會准以爲定此六事微妙曆數大綱聖賢之通術而暉未曉此實管窺之謂也若驗影定氣何氏所優賓等推測去之彌遠合朔順天何氏所劣賓等依據循彼迷蹤蓋是失其菁華得其糠粃者也又云魏明帝時有尚書郎楊偉修景初曆乃上表立義駁難前非云加時後天食不在朔然觀楊偉之意故以食朔爲眞未能詳之而制其法至宋元嘉中何承天著曆其上表云月行不定或有遲疾合朔月食不在朔望亦非曆之意也然承天本意欲立合朔之術遭皮延宗飾非致難故事不得行至後魏獻帝時有龍宜弟復修延興之曆又上表云日食不在朔而習之不廢據春秋書食乃天之驗朔也此三人者前代善曆皆有其意未正其書但曆數所重唯在朔氣朔爲朝會之首氣爲生長之端朔有告餼之文氣有郊迎之典故孔子命曆而定朔旦冬至以爲將來之範今孝孫曆法並按明文以月行遲疾定其合朔欲令食必在朔不在晦二之日也縱使頻月一小三大得天之統大抵其法有三今列之云

第一勘日食證恆在朔

引詩云十月之交朔日辛卯日有食之今以甲子元曆術推筭符合不差春秋經書日合三十五二十七日食經書有朔推與甲子元曆不差入食經書並無朔字左氏傳云不書朔官失之也公羊傳云不言朔者食二日也穀梁傳云不言朔者食晦也今以甲子元曆推筭俱是朔日丘明受經夫子於理尤詳公羊穀梁皆臆說也

春秋左氏隱公三年二月己巳日有食之

推合己巳朔

莊公十八年春三月日有食之

推合壬子朔

僖公十二年三月庚午日有食之

推合庚午朔

十五年夏五月日有食之

推合癸未朔

襄公十五年秋八月丁未日有食之

推合丁巳朔

前後漢及魏晉四代所記日食朔晦及先晦都合一百八十一今以甲子元曆術推之並合朔日而食

前漢合有四十五食

三食並先晦一日三十二食並皆晦日十食並是朔日

後漢合有七十四食

三十七食並皆晦日三十七食並皆朔日

魏合有十四食

四食並皆晦日十食並皆朔日

晉合有四十八食

二十五食並皆晦日二十三食並皆朔日

第二勘度差變驗

尚書云日短星昴以正仲冬即是唐堯之時冬至之日日在危宿合昏之時昴正午按竹書紀年堯元年丙子今以甲子元曆術推筭得合堯時冬至之日合昏之時昴星正午漢書武帝太初元年丁丑歲洛下閎等考定太初曆冬至之日日在牽牛初今以甲子元曆術筭即得斗末牛初矣晉時有姜岌又以月食驗於日度知冬至之日日在斗十七度宋文帝元嘉十年癸酉歲何承天考驗乾度亦知冬至之日日在斗十七度雖言冬至後上三日前後通融只合在斗十七度但堯年漢日所在既殊唯晉及宋所在未改故知其度理有變差至今大隋甲辰之歲考定曆數象以稽天道知冬至之日日在斗十三度

第三勘氣影長驗

春秋緯命曆序云魯僖公五年正月壬子朔旦冬至今以甲子元曆術推筭得合不差宋書元嘉十年何承天以土圭測影知冬至已差三日詔使付外考驗起元嘉十三年爲始畢元嘉二十年八年之中冬至之日恆與影長之日差校三日今以甲子元曆術推筭但冬至之日恆與影長之日符合不差詳之如左

十三年丙子

天正十八日曆注冬至

十五日影長

即是今曆冬至日

十四年丁丑

天正二十九日曆注冬至

二十六日影長

即是今曆冬至日

十五年戊寅

天正十一日曆注冬至

陰無影可驗

今曆八日冬至

十六年己卯

天正二十一日曆注冬至

十八日影長

即是今曆冬至日

十七年庚辰

天正二日曆注冬至

十月二十九日影長

即是今曆冬至日

十八年辛巳

天正十三日曆注冬至

十一日影長

即是今曆冬至日

十九年壬午

天正二十九日曆注冬至

陰無影可驗

今曆二十二日冬至

二十年癸未

天正六日曆注冬至

三日影長

即是今曆冬至日

于時新曆初頒賓有寵於高祖劉暉附會之被升為太史令二人叶議共短孝孫言其非毀天曆率意迂怪焯又妄相扶證惑亂時人孝孫焯等竟以他事斥罷後賓死孝孫為掖縣丞委官入京又上前後為劉暉所詰事寢不行仍留孝孫直太史累年不調寓宿觀臺乃抱其書弟子輿櫬來詣闕下伏而慟哭執法拘以奏之高祖異焉以問國子祭酒何妥妥言其善即日擢授大都督遣與賓曆比校短長先是信都人張冑元以算術直太史久未知名至是與孝孫共短賓曆異論蜂起久之不定至十四年七月上令參問日食事楊素等奏太史凡奏日食二十有五唯一晦三朔依剋而食尚不得其時又不知所起他皆無驗冑元所剋前後妙衷時起分數合如符契孝孫所剋驗亦過半於是高祖引孝孫冑元等親自勞徠孝孫因請先斬劉暉乃可定曆高祖不懌又罷之俄而孝孫卒楊素牛弘等傷惜之又薦冑元上召見之冑元因言日長景短之事高祖大悅賞賜甚厚令與參定新術劉焯聞冑元進用又增損孝孫曆法更名七曜新術以奏之與冑元之法頗相乖爽袁充與冑元害之焯又罷至十七年冑元曆成奏之上付楊素等校其短長劉暉與國子助教王頍等執舊曆術迭相駮難與司曆劉宜援據古史影等駮冑元云命曆序僖公五年天正壬子朔旦日至左氏傳僖公五年正月辛亥朔日南至張賓曆天正壬子朔冬至合命曆序差傳一日張冑元曆天正壬子朔合命曆序差傳一日三日甲寅冬至差命曆序二日差傳三日成公十二年命曆序天正辛卯朔旦日至張賓曆天正辛卯朔冬至合命曆序張冑元曆天正辛卯朔合命曆序二日壬辰冬至差命曆序一日昭公二十年春秋左氏傳二月己丑朔日南至準命曆序庚寅朔旦日至張賓曆天正庚寅朔冬至並合命曆序差傳一日張冑元曆天正庚寅朔合命曆序差傳一日二日辛卯冬至差命曆序一日差傳二日宜按命曆序及春秋左氏傳並閏餘盡之歲皆須朔旦冬至若依命曆序勘春秋三十七食合處至多若依左傳合者至少是以知傳為錯今張冑元信情置閏命曆序及傳氣朔並差又宋元嘉冬至影有七張賓曆合者五差者二亦在前一日張冑元曆合者三差者四在後一日元嘉十二年十一月甲寅朔十五日戊辰冬至日影長張賓曆合戊辰冬至張冑元曆己巳冬至差後一日十[illegible]年十一月己酉朔二十六日甲戌冬至日影長張賓曆癸酉冬至差前一日張冑元曆合甲戌冬至十五年十一月丁卯朔十八日甲申冬至日影長二曆並合甲申冬至十六年十一月辛酉朔二十九日己丑冬至日影長張賓曆合己丑冬至張冑元曆庚寅冬至差後一日十七年十一月乙酉朔十日甲午冬至日影長張賓曆合甲午冬至張冑元曆乙未冬至差後一日十八年十一月己卯朔二十一日己亥冬至日影長張賓曆合己亥冬至張冑元曆庚子冬至差後一日十九年十一月癸卯朔三日乙巳冬至影長張賓曆甲辰冬至差前一日張冑元曆合乙巳冬至又周從天和元年丙戌至開皇十五年乙卯合得冬夏至日影一十四張賓曆合得者十差者四二

差前一日一差後一日張胄元曆合者五差者九八差後一日一差前一日大和二年十一月戊戌朔三日庚子冬至日影長張賓曆合庚子冬至張胄元曆辛丑冬至差後一日三年十一月壬辰朔十四日乙巳冬至日影長張賓曆合乙巳冬至張胄元曆丙午冬至差後一日建德元年十一月己亥朔二十九日丁卯冬至日影長張賓曆丙寅冬至差前一日張胄元曆合丁卯冬至二年五月丙寅朔三日戊辰夏至日影短張賓曆己巳夏至差後一日張胄元曆庚午夏至差後二日三年十一月戊午朔二十日丁丑冬至日影長張賓曆合丁丑冬至張胄元曆戊寅冬至差後一日六年十一月庚午朔二十三日壬辰冬至日影長張賓曆合壬辰冬至張胄元曆癸巳冬至差後一日宣政元年十一月甲午朔五日戊戌冬至日影長兩曆並合戊戌冬至開皇四年十一月己未朔十一日己巳冬至日影長張賓曆合己巳冬至張胄元曆庚午冬至差後一日五年十一月甲寅朔二十二日乙亥冬至日影長張賓曆甲戌冬至差前一日張胄元曆合庚辰冬至七年五月乙亥朔九日癸未夏至日影短張賓曆壬午夏至差前一日張胄元曆合癸未夏至十一月壬申朔十四日乙酉冬至日影長張賓曆合乙酉冬至張胄元曆丙戌冬至差後一日十一年十一月己卯朔二十八日丙午冬至日影長張賓曆合丙午冬至張胄元曆丁未冬至差後一日十四年十一月辛酉朔旦冬至張賓曆合十一月辛酉朔旦冬至張胄元曆十一月辛酉朔二日壬戌冬至差後一日建德四年四月大乙酉朔三十日甲寅月晨見東方張賓曆四月大乙酉朔三十日甲寅月晨見東方張胄元曆四月小乙酉朔五月大甲寅朔月晨見東方宜按影極長爲冬至影極短爲夏至二至自古史分可勘者二十四其二十一有影三有至日無影見行曆合一十八差者六旅騎尉張胄元曆合者八差者一十六二差後二日一十四差後一日又開皇四年在洛州測冬至影與京師二處進退絲毫不差周大和已來按驗並在後史檢得建德四年晦朔東見張胄元曆五月朔日月晨見東方今十七年張賓曆閏七月張胄元曆閏五月又齊至以定閏胄元曆至既不當故知當閏必乘見行曆四月五月頻大張胄元曆九月十月頻大爲胄元朔弱頻大在後晨故朔日殘月晨見東方宜又按開皇四年十二月十五日癸卯依曆月行在鬼三度時加酉月在卯上食十五分之九虧起西北今伺候一更一籌起食東北角十五分之十至四籌還生至二更一籌復滿五年六月三十日依曆太陽虧日在七星六度加時在午少強上食十五分之一半強虧起西南角今伺候日乃在午後六刻上始食虧起西北角十五分之六至未後一刻還生至五刻復滿六年六月十五日依曆太陰虧加時酉在卯上食十五分之九半弱虧起西南當其時陰雲不見月至辰巳雲裏見月已食三分之二虧從東北即還雲合至巳午間稍生至午後雲裏蹔見已復滿十月三十日丁丑依曆太陽虧日在斗九度時加在辰少弱上食十五分之九強虧起東北角今候所見日出山一丈辰二刻始食虧起正西食三分之二辰後二刻始生入巳時三刻上復滿十年三月十六日癸卯依曆月行在氐七度時加戌月在辰太半上食十五分之七半強虧起東北今候月初出卯南帶半食出至辰初三分可食二分許漸生辰未巳復滿見行曆九月十六日庚子月行在胃四度時加丑月在未半強上食十分之三半強虧起正東今伺候月以午後二刻食起正東須臾如南至未正上食南畔五分之四漸生入申一刻半復滿十二年七月十五日己未依曆月行在室七度時加戌月在辰太強上食十五分之十二半弱虧起西北今伺候一更三籌起西北上食準三分之二強與曆注同十三年七月十六日依曆月在申半強上食十五分之半弱虧起西南十五日夜從四更候月五更一籌起東北上食半強入雲不見十四年七月一日依曆時加巳弱上食食十五分之十二半強至未後三刻日乃食虧起西北食半許入雲不見食頃暫見猶未復生因即雲鄣十五年十一月十六日庚午依曆月行在井十七度時加亥月在巳半上食十五分之九半強虧西北其夜一更四籌後月在辰上起食虧東南至二更三籌月在巳上食三分之二許漸生至三更一籌月在丙上復滿十六年十一月十六日乙丑依曆月行在井十七度時加丑月在未太弱上食十五分之十二半弱虧起東南十五日夜伺候至三更一籌月在丙上雲裏見已食十五分之三許虧起正東至丁上食既後從東南生至四更三籌月在未末復滿而胄元不能盡中迭相駮難高祖惑焉踰時不決會通事舍人顏愍楚上書云漢洛下閎改顓頊曆作太初曆云後八百歲此曆差一日語在胄

元傳高祖欲神其事遂下詔曰朕應運受圖君臨萬寓思欲興復聖教恢弘令典上順天道下授人時搜揚海內廣延術士旅騎尉張冑元理思沉敏術藝宏深懷道白首來上曆法令與太史舊曆並加勘審仰觀元象參驗璿璣冑元曆數與七曜符合太史所行乃多疏舛羣官博議咸以冑元爲密太史令劉暉司曆郭翟劉宜驍騎尉任悅往經修造致此乖謬通直散騎常侍領太史令庾季才太史丞邢儁司曆郭遠曆博士蘇粲曆助教傅儁成珍等既是職司須審疎密遂虛行此曆無所發明論暉等情狀已合科罪方共飾非護短不從正法季才等附下罔上義實難容於是暉等四人元造詐者並除名季才等六人容隱姧慝俱解見任冑元所造曆法付有司施行擢拜冑元爲員外散騎侍郎領太史令冑元進袁充互相引重各擅一能更爲延譽冑元言充曆妙極前賢充言冑元曆術冠於今古冑元學祖沖之兼傳其師法自茲厥後剋食頗中

開皇二十年詔皇太子徵天下曆算之士集東宮議曆法

按隋書文帝本紀不載　按律曆志開皇二十年袁充奏日長影短高祖因以曆事付皇太子遣更研詳著日長之候太子徵天下曆算之士咸集於東宮劉焯以太子新立復增修其書名曰皇極曆駮正冑元之短太子頗嘉之未獲考驗焯爲太學博士負其精博志解冑元之印官不滿意又稱疾罷歸

煬帝大業元年詔劉焯張冑元參校曆法焯罷歸

按隋書煬帝本紀不載　按律曆志仁壽四年焯言冑元之誤於皇太子其一曰張冑元所上見行曆日月交食星度見留雖未盡善得其大較官至五品誠無所愧但因人成事非其實錄就而討論違舛甚衆其二曰冑元弦望晦朔違古且疎氣節閏候乖天爽命時不從子半晨前別爲後日日躔莫悟緩急月逡妄爲兩種月度之轉輒遺盈縮交會之際意造氣差七曜之行不循其道月星之度行無出入應黃反赤當近更遠虧食乖準陰陽無法星端不協珠璧不同盈縮失倫行度愆序去極晷漏應有而無食分先後彌爲煩碎測今不審考古莫通立術之疎不可紀極今隨事糾駁凡五百三十六條其三曰冑元以開皇五年與李文琮於張賓曆行之後本州貢舉即齎所造曆擬以上應其曆在鄉陽流布散寫甚多今所見行與焯前曆不異元前擬獻年將六十非是忽迫倉卒始爲何故至京未幾即變同焯曆與舊懸殊焯作於前元獻於後捨己從人異同暗會且孝孫因焯冑元後附孝孫曆術之文又皆是孝孫所作則元本偷竊事甚分明恐冑元推諱故依前曆爲駮凡七十五條并前曆本俱上其四曰元爲史官自奏虧食前後所上多與曆違今算其乖舛有一十三事又前與太史令劉暉等校其疎密五十四事云五十三條新計後爲曆應密於舊見用算推更疎於本今糾發并前凡四十四條其五曰冑元於曆未爲精通然孝孫初造皆有意徵天推步事必出生不是空文徒爲臆斷其六曰焯以開皇三年奉勅修造顧循記注自許精微秦漢以來無所與讓尋聖人之跡悟曩哲之心測七曜之行得三光之度正諸氣朔成一曆象會通今古符允經傳稽於庶類信而有徵冑元所違焯法皆合冑元所闕今則盡有槩括始終謂爲總備仍上啓曰自木鐸寂寥緒言成燼羣生蕩析諸夏沸騰曲技雲浮疇官雨絕曆紀廢壞千有年矣焯以庸鄙謬荷甄擢專精藝業耽翫數象自力羣儒之下冀覩聖人之意開皇之初奉敕修撰性不諧物功不克終猶被冑元竊爲己法未能盡妙協時多爽尸官亂日實玷皇猷請徵冑元答驗其長短焯又造曆家同異名曰稽極大業元年著作郎王劭諸葛潁二人因入侍宴言劉焯善曆推步精審證引陽明帝曰知之久矣仍下其書與冑元參校冑元駮難云焯曆有歲率月率而立定朔月有三大三小按歲率月率者平朔之章歲章月也以平朔之率而求定朔值三小者猶似減三五爲十四值三大者增三五爲十六也校其理實並非十五之正故張衡及何承天創有此意爲難者執數以校其率率皆自敗故不克成今焯爲定朔則須除其平率然後爲可互相駮難是非不決焯又罷歸

劉焯皇極曆法上

大業四年駕幸汾陽宮太史奏曰日食無效帝名焯欲行其曆袁充方幸於帝左右冑元共排焯曆又會焯死曆竟不行術士咸稱其妙故錄其術云

甲子元距大隋仁壽四年甲子積一百萬八千八百四十算

歲率六百七十六

月率八千三百六十一

朔日法千二百四十二

朔實三萬六千六百七十七

旬周六十

朔晨百三半

日干元五十二

日限十一

盈汎十六

虧總十七

推經朔術

置入元距所求年月率乘之如歲率而一為積月不滿為閏衰朔實乘積月滿朔日法得一為積日不滿為朔餘旬周去積日不盡為日即所求年天正經朔日及餘求上下弦望加經朔日七餘四百七十五小即上弦經日及餘又加得望下弦及後月朔就徑求望者加日十四餘九百五十半下弦加日二十二餘百八十四餘九百五十半下弦加五十九每月加閏衰二十大即各其月閏衰也凡月建子為天正建丑為地正建寅為人正即以人正為正月統求所起本於天正若建歲曆從正月始氣候月星所值節度雖有前卻並亦隨之其前地正為十二月天正為十一月并諸氣度皆屬往年其日之初亦從星起晨前多少俱歸昨日若氣在夜半之候晨影以後日為正諸因加者各以其餘滿法殘者為全餘若所因之餘滿全餘以上皆增全一而加之減其全餘即因餘少於全餘者不增全加皆得所求分度亦爾凡日不全為餘積以成餘者曰秒度不全為分積以成分者曰蔑其有不成秒曰麼不成蔑曰幺其分餘秒蔑皆一為小二為半三為大四為全加滿全者從一其三分者一為少二為太若加者秒蔑成法分餘滿法從日度一百度有所滿則從去之而日命以日辰者滿旬周則亦除命有連分餘秒蔑者亦隨全而從去其日度雖滿而分秒不滿者未可從去仍依本數若減者秒蔑不足減分餘一加法而減之分餘不足減者加所從去或前日度乃減之即其名有總而日度全及分餘共者須相加除當皆連全及分餘共加除之若須相乘有分餘者母必通全內子乘訖報除或分餘相并母不同者子乘而并之母相乘為法其并滿法從一為全此即齊同之也既除為分餘而有不成若例有秒蔑法乘而又法除得秒蔑數已為秒蔑及正有分餘而所不成不復須者須過半從一無半棄之若分餘其母不等須變相通以彼所法之母乘此而分餘而此母除之得彼所須之子所有秒蔑者亦法乘不滿此母又除而得其數麼幺亦然其所除去而有不盡全則謂之不盡亦曰不如其不成全全乃為不滿分餘秒蔑更曰不成凡以數相減而有小及半太須相加減同於分餘法者皆以其母三四除其氣度日法以半及太大本率二三乘之少小即須因所除之數隨其分餘而加減焉秋分後春分前為盈汎春分後秋分前為虧總須取其數汎總為名指用其時春分為主虧日分後盈日分前凡所不見皆放於此

氣日法四萬六千六百四十四

歲數千七百三萬六千四百六十六半

度準三百四十八

約率九

氣辰三千八百八十七

餘通八百九十七

秒法四十八

麼法五

推氣術

半閏衰乘朔實又準度乘朔餘加之如約率而一所得滿氣日法為去經朔日不滿為氣餘以去經朔日即天正月冬至恆日定餘乃加夜數之半者減日一滿者因前皆為定日命日甲子算外即定冬至日其餘如半氣辰千九百四十三半以下者為氣加子半後也過以上先加此數乃氣辰而一命以辰算外即氣所在辰十二辰外為子初以後餘也又十二乘辰

餘四為小太亦曰少

五為半少　六為半

七為半太　八為大少亦曰太

九為太　十為大太

十一為窮辰少

其又不成法者半以上為進以下為退退以配前為強進以配後為弱即初不成而有退者謂之沾辰初成十一而有進者謂之窮辰未日其名有重者則於間可以加之命辰通用其餘辨日分辰而判諸日因別亦皆準此因冬至有減日者還加之每加日十五餘萬一百九十秒三十七即各次氣恆日及餘諸月齊其閏衰如求冬至法亦即其月中氣恆日去經朔數其求後月節氣恆日如次之求前節者減之

月	氣	躔衰	衰總
十一月	大雪 冬至中	增二十八	先端
十二月	小寒節	增二十四	先二十八
	大寒中	增二十	先五十二

月	氣	陟降率	遲速數
正月	立春節	增二十四	先七十二
	雨水中	增二十	先九十二
二月	驚蟄節	增二十八	先一百一十六
	春分中	損二十八	先一百四十四
三月	清明節	損二十四	先一百一十六
	穀雨中	損二十	先九十二
四月	立夏節	損二十	先七十二
	小滿中	損二十四	先五十二
五月	芒種節	損二十八	先後端
	夏至中	增二十八	後端
六月	小暑節	增二十	後五十二
	大暑中	增二十	後五十二
七月	立秋節	增二十	後七十二
	處暑中	增二十四	後九十二
八月	白露節	增二十八	後一百一十六
	秋分中	損二十八	後一百四十四
九月	寒露節	損二十四	後一百一十六
	霜降中	損二十	後九十二
十月	立冬節	損二十	後七十二
	小雪中	損二十四	後五十二
十一月	大雪節	損二十八	後二十八
	冬至		

月	氣	陟降率	遲速數
十一月	大雪 冬至中	陟五十	速本
十二月	小寒節	陟五十	速五十
	大寒中	陟三十六	速九十二
正月	立春節	陟二十八	速一百二十九
	雨水中	陟四十二	速一百六十五
二月	驚蟄節	陟五十	速一百八十
	春分中	陟五十	速一百五十八
三月	清明節	降四十二	速二百八十五
	穀雨中	降三十六	速一百六十五
四月	立夏節	降三十六	速一百二十九
	小滿中	降四十三	速九十三
五月	芒種節	降五十	速五十
	夏至中	降五十	遲九十
六月	小暑節	陟三十六	遲九十三
	大暑中	陟三十六	遲九十二
七月	立秋節	陟三十六	遲一百二十九
	處暑中	陟四十四	遲一百六十九
八月	白露節	陟五十	遲二百八十八
	秋分中	陟五十	遲二百五十八
九月	寒露節	陟四十三	遲二百八十
	霜降中	降三十六	遲一百六十三
十月	立冬節	降二十六	遲一百二十九
	小雪中	降四十三	遲九十三
十一月	大雪節	降五十	遲五十
	冬至		

推每日遲速數術

兒求所在氣陟降率并後氣率半之以日限乘而汎總除得氣末率又以日限乘二率相減之殘汎總除爲總差其總差亦日限乘而汎總除爲別差率前少者以總差減末率爲初率乃別差加之前多者即以總差加末率皆爲氣初日陟降數以別差前多者日減前少者日加初數得每日數所歷推定氣日隨筭其數陟加降減其遲速爲各遲速數其後氣無同率及有數同者皆因前末以末數爲初率加總差爲末率及差漸加初率爲每日數通計其秒調而御之求月朔弦望應平會日所入遲速各置其經餘爲辰以入氣辰減之乃日限乘日日內辰爲入限以乘其氣前多之末率前少之初率日限而一爲總率其前多者入限減汎總之殘乘總差汎總而一爲入差并於總差入限乘倍日限除以總率前少者入限再乘差別日限自乘倍而除亦加總率皆爲總數乃以陟加降減其氣遲速數爲定即速加遲減其經餘各其月平會日所入遲速定日及餘求每日所入先後各置其氣躔衰與衰總皆以餘通乘之所乃躔衰如陟降衰總如遲速數亦如求遲速法即得每所入先後及定數

求定氣其每日所入先後數即爲氣餘其所曆日皆以先加之以後減之隨筭其日通準其餘滿一恆氣即爲二至後一氣之數以加二如法用別其日而命之又筭其次每相加命各得其定氣日及餘也亦以其先後已通者先減後加其恆氣即次氣定日及餘亦因別其日命以甲子各得所求

求土王距四立各四氣外所入先後加減滿二日餘八千一百五十四秒十㢘除所滿日外即土始王日

求候日定氣即初候日也三除恆氣各爲平候日餘亦以所入先後數爲氣餘所曆之日皆以先加後減隨計其日通準其餘每滿其平以加氣日而命之即得次候日亦筭其次每相加命又得末候及次氣日

氣	初候	次候
冬至	虎始交	芸始生
小寒	蚯蚓結	麋角解
大寒	鴈北向	鵲始巢
立春	雞始乳	東風解凍
雨水	魚上冰	獺祭魚
驚蟄	始雨水	桃始華
春分	鷹化爲鳩	元鳥至
清明	電始見	蟄蟲咸動
穀雨	桐始華	田鼠爲鴽
立夏	萍始生	戴勝降桑
小滿	蚯蚓出	王瓜生
芒種	靡草死	小暑至
夏至（夜四十刻十四分）	鵙始鳴	反舌無聲
小暑	蟬始鳴	半夏生
大暑	溫風至	蟋蟀居壁
立秋	腐草爲螢	土潤溽暑
處暑	白露降	寒蟬鳴
白露	天地始肅	暴風至
秋分	元鳥歸	羣鳥養羞
寒露	蟄蟲附戶	殺氣盛
霜降	水始涸	鴻鴈來賓
立冬	菊有黃華	豺祭獸

氣		
小雪	地始凍	雉入水爲蜃
大雪	冰益壯	地始坼

氣	末候	夜半漏
冬至	荔挺出	二十七刻分四十
小寒	水泉動	二十七刻二十六
大寒	雉始雊	二十六刻七十八
立春	蟄蟲始振	二十五刻九十八半
雨水	鴻鴈來	二十四刻九十六半
驚蟄	倉庚鳴	二十三刻七十七半
春分	雷始發聲	二十二刻五十
清明	蟄蟲啓戶	二十一刻二十二半
穀雨	虹始見	二十刻三分半
立夏	螻蟈鳴	十九刻分半
小滿	苦菜秀	十八刻十三
芒種	螳蜋生	十七刻六十九
夏至夜四十刻十四分	鹿角解	十七刻五十七
小暑	木槿榮	十七刻六十九
大暑	鷹乃學習	十八刻十三
立秋	涼風至	十九刻半
處暑	鷹祭鳥	二十刻三
白露	鴻鴈來	二十一刻二十二半
秋分	雷始收聲	二十二刻五十
寒露	陽氣始衰	二十三刻七十七半
霜降	雀入水爲蛤	二十四刻九十六半
立冬	水始冰	二十五刻九十八半
小雪	虹藏不見	二十六刻九十六
大雪	鶡旦鳴	二十七刻二十六

氣	昏去中星
冬至	八十二度轉分四十七
小寒	八十三度十六
大寒	八十五度六
立春	八十七度四十九
雨水	九十一度四十八
驚蟄	九十六度三
春分	一百度三十七半
清明	百五度二十一
穀雨	百九度三十九
立夏	百一十三度二十五
小滿	百一十六度十九
芒種	百一十八度十八
夏至夜四十刻十四分	百一十八度四十
小暑	百一十八度十八
大暑	百一十六度十九
立秋	百一十三度二十五
處暑	百九度三十九
白露	百五度二十一
秋分	百度二十七半
寒露	九十六度三
霜降	九十一度三十六
立冬	八十七度二
小雪	八十五度六
大雪	八十三度十六

倍夜半之漏得夜刻也以減百刻不盡爲晝刻每減晝刻五以加夜刻即其晝爲日見夜爲不見刻數刻分以百爲母

求日出入辰刻十二除百刻十二除百刻得辰刻數爲法半不見刻以半辰加之爲日出實又加日出見刻爲日入實如法而一命子筭外卽所在辰不滿法爲刻及分

求辰前餘數氣朔日法乘夜半刻百而一卽其餘也

求每日刻差每氣準爲十五日全刻二百二十五爲法其二至各前後於二分而數因相加減間皆六氣各盡於四立爲三氣至與前日爲一乃每日增太又各二氣每日增少其末之氣每日增少之小而末六日不加而裁爲二望至前後一氣之末日終於十少二氣初日稍增爲十二半終於二十大三氣初日二十一終於三十少四立初日三十一終於三十五太五氣亦稍增初日三十六太終四十一少末氣初日四十一少終於四十二每氣前後累筭其數又百八十乘爲實各汎總乘法而除得其刻差隨而加減夜刻而半之各得入氣夜之半刻其分後十五日外累筭盡日乃副置之百八十乘虧總除爲其所因數以減上位不盡爲所加也不全日者隨辰率之

求晨去中星加周度一各昏去中星減之不盡爲辰去度

求每日度差準日因增加裁累筭所得百四十三之四百而一亦百八十乘汎總除爲度差數滿轉法爲度隨日加減各得所求分後氣間亦求準外與前求刻至前加減皆因日數逆筭求之亦可因至向背其刻各減夏加而度各加夏減若至前以入氣減氣間不盡者因後氣而反之以不盡日累筭乘除所定從

後氣而逆以加減皆得其數此但略校其總若精存於稽極云

轉終日二十七餘千一百五十五

終法二千一百六十三

終實六萬二千三百五十六

終全餘千八

轉法五十二

蔑法八百九十七

閏限六百七十六

推入轉術

終實去積日不盡以終法乘而又去不如終實者滿終法得一日不滿爲餘即其年天正經朔夜半入轉日及餘

求次日加一日每日滿轉終則去之旦二十八日者加全餘爲夜半入初日餘

求弦望皆因朔加其經日各得夜半所入日餘

求次月加大月二日小月一日皆及全餘亦其夜半所入

求經辰所入朔弦望經餘變從轉不成爲秒加其夜半所入皆其辰入日及餘因朔辰所入每加日七餘八百六十五秒千一百六十八秒滿日法成餘亦得上弦望下弦次朔經辰所入徑求者加望日十四餘千七百三十一秒千七十九半下弦日二十二餘三百三十四秒八百九十七小次朔日一餘二千二百八秒九百一十七亦朔望各增日一減其全餘望五百三十一秒百六十二半朔五十四秒三百二十五

求月平應會日所入以月朔弦望會日所入遲速定數亦變從轉餘乃速加遲減其經辰所入餘即各平會所入日餘

轉日	速分	違差
一日	七百六十四	消七
二日	七百五十七	消八
三日	七百四十九	消十一
四日	七百四十八	消十二
五日	七百二十六	消十三
六日	七百一十三	消十三
七日	七百	消十三加五減秒太
八日	六百八十八	消十四
九日	六百七十四	消十四
十日	六百六十	消十二
十一日	六百四十八	消九
十二日	六百三十九	消七
十三日	六百三十二	消六
十四日	六百二十六	息二
十五日	六百二十八	息七
十六日	六百三十五	息九
十七日	六百四十四	息十一
十八日	六百五十五	息十一
十九日	六百六十六	息十三
二十日	六百七十九	息十四
二十一日	六百九十三	息十三
二十二日	七百五	息十四
二十三日	七百二十九	息十三
二十四日	七百三十一	息十二
二十五日	七百四十四	息十
二十六日	七百五十四	息七
二十七日	七百六十一	息五四蔑
二十八日	七百六十六蔑	平五息四消

轉日	加減
一日	加六十八
二日	加六十一
三日	加五十三
四日	加四十二
五日	加三十一
六日	加十八
七日	九分八加二減
八日	減七
九日	減二十一
十日	減三十四
十一日	減四十六
十二日	減五十五
十三日	減六十二
十四日	減五十六減七加十六二加
十五日	加六十六
十六日	加五十九
十七日	加五十
十八日	加三十九
十九日	加二十九
二十日	加十六
二十一日	加三六加減六三減
二十二日	減十七

二十三日　減二十三
二十四日　減三十六
二十五日　減四十八
二十六日　減五十八
二十七日　減六十五
二十八日　減七十三十八少終餘四十一太全餘
轉日　朓朒積
一日　朓初
二日　朓百二十三
三日　朓二百四十四
四日　朓三百三十一
五日　朓四百八
六日　朓四百六十四
七日　朓四百九十六
八日　朓五百五
九日　朓四百九十二
十日　朓四百五十四
十一日　朓三百九十一
十二日　朓三百七
十三日　朓二百七
十四日　朓九十四
十五日　朒二十八
十六日　朒百四十八
十七日　朒二百五十六
十八日　朒三百四十七
十九日　朒四百一十九
二十日　朒四百七十一
二十一日　朒五百
二十二日　朒五百五當日自減減見爲五百四
二十三日　朒四百八十七
二十四日　朒四百四十六
二十五日　朒三百八十
二十六日　朒二百九十三
二十七日　朒百八十八
二十八日　朒七十

推朔弦望定日術

各以月平會所入之日加減限限并後限而半之爲通率又二限相減爲限衰前多者以入餘減終法殘乘限衰終法而一并於限衰而半之前少者半入餘乘限衰亦終法而一皆加通率入餘乘之日法而一所得爲平會加減限數其限數又別從轉餘爲變餘朓減朒加本入餘限前多者朓以減與未減朒以加與未加皆減終法并而半之以乘限衰前少者亦朓朒各并二入餘半以乘限衰皆終法而一加於通率變餘乘之日法而一所得以朓減朒加限數加減朓朒積而定朓朒乃朓減朒加其平會日所入餘滿若不足進退之卽朔弦望定日及餘不滿晨前數者借減日筭命甲子筭外各其日也不減與減朔日立筭與後月同若俱無立筭者月大其定朔筭後加所借減筭閏衰限滿閏限定朔無中氣者爲閏滿之前後在分前若近春分後秋分前而或月有二中者皆量置其朔不必依定其後無同限者亦因前多以通率數爲半衰而減之前少卽爲通率其加減變餘進退日者分爲一日隨餘初末如法求之所得并以加減限數凡分餘秒蔑事非因舊文不著母者皆十爲法若法當求數用相加減而更不過通遠率少數微者則不須筭其入七百餘二千一十一十四日餘千七百五十九二十一日餘千五百七二十八日始終餘以下爲初數各減終法以上爲末數其初末數皆加減相返其要各爲九分初則七日八分十四日七分二十一日六分二十八日五分末則七日一分十四日二分二十一日三分二十八日四分雖初稍弱而末微強餘差止一理勢兼舉皆今有轉差各隨其數若恆筭所求七日與二十一日得初衰數而末初加隱而不顯且數與平行正等亦初末有數而恆筭所無其十四日二十八日既初末數存而虛衰亦顯其數當去恆法不見

求朔弦望之辰所加

定餘半朔辰五十一大以下爲加子過以上加此數乃朔辰而一亦命以子十二筭外又加子初以後其求入辰強弱如氣

求入辰法度

度法四萬六千六百四十
周數千七百三萬七千七十六
周分萬二千一十六
轉十三
蔑三百五十五
周差六百九半

在日謂之餘迺在度謂之蔑法亦氣爲日法爲度法隨事名異其數本同女末接虛謂之周分變周從轉謂之轉晨昏所距日在黃道中準度赤道計之

斗二十六　牛八　女十二　虛十
危十七　室十六　壁九
北方元武七宿九十八度
奎十六　婁十三　胃十四　昴十一
畢十六　觜二　參九
西方白虎七宿八十度
井三十三　鬼四　柳十五　星七
張十八　翼十八　軫十七
南方朱雀七宿百一十二度
角十二　亢九　氐十五　房五
心五　尾十八　箕十一
東方蒼龍七宿七十五度

前皆赤道度其數常定紘帶天中儀極攸準推黃道術

推黃道術

準冬至所在爲赤道度後於赤道四度爲限初數九十七每限增一以終百七其三度少弱平乃初限百九亦每限增一終百一十九春分所在因百一十九每損一又終百九亦三度少弱平乃初限百七每限損一終九十七夏至所在又加冬至後法得秋分冬至所在數各以數乘其限度百八而一累而總之卽皆黃道度也度有分者前輩之宿有前却度亦依體數逐差遷道不常定準令爲度見步天行歲久差多隨術而變

斗二十四　牛七　女十一半　虛十
危十七　室十七　壁十
北方九十六度半
奎十七　婁十三　胃十五　昴十一
畢十五半　觜二　參八
西方八十一度半
井三十　鬼四　柳十四半　星七
張十七　翼十九　軫十八
南方一百九度半
角十三　亢十　氐十六　房五
心五　尾十七　箕十
東方七十六度半

前見黃道度步日所行月與五星出入循此

推月道所行度術

準交定前後所在度半之亦於赤道四度爲限初十一每限損一以終於一其三度強平乃初限數一每限增一亦終十一爲交所在卽因十一每限損一以終於一亦三度強平又初限數一每限增一終於十一復至交半返前表裏仍因十一增損如道得後交及交半數各積其數百八十而一卽道所行每與黃道差數其月在表半後交前損增加交後半前損加增減於黃道其月在裏各返之卽得月道所行度其限未盡四度以所直行數乘入度四而一若月在黃道度增損於黃道之表裏不正當於其極可每日準去黃道度增損於黃道而計去赤道之遠近準上黃道之率以求之道伏相消朓朒互補則可知也積交差多隨交爲正其五星先後在月表裏出入之漸又格以黃儀準求其限若不可推明者依黃道命度

推日度術

置入元距所求年歲數乘之爲積實周數去之不盡者滿度法得積度不滿爲分以冬至餘減分命積度以黃道起於虛一宿次除之不滿宿算外卽所求年天正冬至夜半日所在度及分

欽定古今圖書集成曆象彙編曆法典

第十卷目錄

曆法典第十卷

曆法總部彙考十

隋二

劉焯皇極曆法下

求年天正定朔度

以定朔日至冬至每日所入先後餘爲分日爲度加分以減冬至度卽天正定朔夜半日所在度分亦去朔日乘衰總已通者以至前定氣除之又如上求差加以并去朔日乃減度亦卽天正定朔日所在度皆日爲度餘爲分其所入先後及衰總用增損者皆分前增分後損其平日之度求次日

每日所入先後分增損度以加定朔度得夜半

求弦望

去定朔每日所入分累而增損去定朔日乃加定朔度亦得其夜半

求次月

曆算大月三十日小月二十九日每日所入先後分增損其月以加前朔度卽各夜半所在至虛去周分

求朔弦望辰所加

各以度準乘定餘約率而一爲平分又定餘乘其日所入先後分日法而一乃增損其平分以加其夜半卽各辰所加其分皆蔑法約之爲轉分不成爲蔑凡朔辰所加者皆爲合朔日月同度

推月而與日同度術

各以朔平會加減限數加減朓朒爲平會朓朒以加減定朔度準乘約率除以加減定朔辰所加日度卽平會辰日所在又平會餘乘度準約率除減其辰所在爲平會夜半日所在乃以四百六十四半乘平會餘亦以周差乘朔實除從之以減夜半日所在卽月平會夜半所在三十七半乘平會餘增其所減以加減半得月平會辰平行度五百二乘朓朒亦以周差乘朔實除而從之朓減朒加其平行卽月定朔辰所在度而與日同若卽以平會朓朒所得分加減平會辰所在亦得同度

求月弦望定辰度

各置其弦望辰所加日度及分加上弦度九十一轉分十六蔑三百一十三望度百八十二轉分三十二蔑六百二十六下弦度二百七十三轉分四十二皆至虛去轉周求之

定朔夜半入轉

經朔夜半所入準於定朔日有增損者亦以一日加減之否者因經朔爲定其因定求朔次日弦望次月夜半者如於經月法爲之

推月轉日定分術

以夜半入轉餘乘逡差終法而一爲見差以息加消減其日逡分爲月每日所行逡定分

求次日

各以逡定分加轉分滿轉法從度皆其夜半因日轉若各加定日皆得朔弦夜半月所在定度其就辰加以求夜半各以逡分消者定餘乘差終法除并差而半之息者半定餘以乘差終法而一皆加所減乃以定餘乘之日法而一各減辰所加度亦得其夜半度因夜半亦如此求逡分以加之亦得辰所加度諸轉可初以逡分及差爲蔑而求其次皆訖乃除爲轉分因經朔夜半求定辰度者以定辰去經夜半減而求其增損數乃以數求逡定分加減其夜半亦各定辰度

求月晨昏度

如前氣與所求每日夜之半夜以逡定分乘之百而一爲晨分減逡定分爲昏分除爲轉度望前以昏後以晨加夜半定度得所在求晨昏中星各以度數加夜半定度卽中星度其朔弦望以百刻乘定餘滿日法得一刻卽各定辰近入刻數皆減其夜半漏不盡爲晨初刻不滿者屬昨日

復月五千四百五十八

交月二千七百二十九

交率四百六十五

交數五千九百二十三

交法七百三十五萬六千三百六十六

會法五十七萬七千五百三十

交復日二十七　餘二百六十三　秒三千四百三十五

交日十三　秒四千六百七十九　餘七百五十三
交限日十三　秒四百七十三半　餘三百五十五
望差日一　秒四千二百五十　餘百九十七
朔差日二　秒二千四百八十八　餘三百九十五
會限百五十八　秒五十半　餘六百七十六
會日百七十三　秒二百八十三　餘三百八十四

推月行入交表裏術

置入元積月復月去之不盡交率乘而復去不如復月者滿交月去之爲在裏數不滿爲在表數即所求年天正經入交表裏數

求次月

以交率加之滿交月去之前表者在裏前裏者在表

入交日	去交衰
一日	進十四
二日 餘百九十八以下食限	進十二
三日	進十一半
四日	進九半
五日	進七
六日	進四
七日	進五分四進強 退一分一退弱
八日	退二
九日	退五
十日	退八
十一日	退十半
十二日	退十二半
十三日 餘五百五十五以上食限	退十三半
十四日	退十四小 三退強 二退弱

入交日	衰積
一日	衰始
二日 餘百九十八以下食限	十四
三日	二十七
四日	三十八半
五日	三十八
六日	五十五
七日	五十九
八日	六十 六十又一分 一分當日限
九日	五十八
十日	五十三
十一日	四十五
十二日	四十四半
十三日 餘五百五十五以上食限	二十二
十四日	八半

推月入交日術

以朔實乘表裏數爲交實滿交法爲日不滿者交數而一成餘不爲秒命日筭外即其經朔月平入交日餘

求望以望差加之滿交日去之則月在表裏與朔同不滿者與朔返其月食者先交與當月朔後交與月朔表裏同

求次月朔差加月朔所入滿交日去之表裏與前月進不滿者與前月同

求經朔望入交常日

以月入氣朔望平會日遲速定數速加遲減其平入交日餘爲經交常日及餘

求定朔望入交定日

以交率乘定朓朒交數而一所得以朓減朒加常日餘即定朔望所入定日餘其去交如望差以交限以上者月食月在衰者日食

推日入會術

會法除交實爲日不滿者如交率爲餘不成爲秒命日筭外即經朔日入平會日及餘

求望加望日及餘次月加經朔其表裏皆準入交求入會常日以交數乘月入氣朔望所平會日遲速定數交率而一以速加遲減其入平會日餘即所入常日餘亦以定朓朒而朓減朒加其常日餘即日定朔望所入會日及餘皆滿會日去之其朔望去會如望以下會限以上者亦月食月在日道裏則日食

求月定朔望入交定日夜半

交率乘定餘交數而一以減定朔望所入定日餘即其夜半所定入

求次日

以每日遲速數分前增分後損定朔所入定日餘以加其日各得所入定日及餘

求次月

加定朔大月二日小月一日皆餘九百七十八秒二

千四百八十八各以一月遲速數分前增分後損其所加爲定其入七日餘九百九十七秒一千三百三十九半以下者進其入此以上盡全餘二百四十四秒三千五百八十三半者退其入十四日如交餘及秒以下者退其入此以上盡全餘四百八十九秒千二百四十四者進而復也其要爲五分初則七日四分十四日三分末則七日後一日十四日後二分雖初強末弱衰率有檢求月入交去日道皆同其數以交餘爲秒積以後衰并去交衰半之爲通數進則秒積減衰法以乘衰交法除而并衰以半之退者半秒積以乘衰交法而一皆加通數秒積乘交法除所得以進退衰積十而一爲度不滿者求其強弱則月去日道數月朔望入交如限以上減交日殘爲去後交數如望差以卽爲去先交數有全日同爲餘各朔辰而一得去交辰其月在日道裏日應食而有不食者月在日不應食而亦有食者

推應食不食術

朔先後在夏至十日內去交十二辰少二十日內十二辰半一月內十二辰大閏四月六月十二辰以上加南方三辰若朔在夏至二十日內去交十三辰以加辰中半以南四辰閏四月六日亦加四辰穀雨後處暑前加三辰清明後白露前加巳半以西未半以東二辰春分前加午一辰皆去交十三辰半以上者竝或不食

推不應食而食術

朔在夏至前後一月內去交二辰四十六日內一辰半以加二辰又一月內亦一辰半加三辰及加四辰與四十六日內加三辰穀雨後處暑前加巳少後未太前清明後白露前加二辰春分後秋分前加一辰皆去交半辰以下者竝得食

推月食多少術

望在分後以去夏至氣數三之其分前又以去分氣數位而加分後者皆又以十加去交辰位而并并之減其去交餘爲不食定餘乃以減望差殘者九十六而一不滿者求其強弱亦如氣辰法以十五爲限命之卽各月食多少

推日食多少術

月在內者朔在夏至前後二氣加南二辰增去交餘一辰太加三辰增一辰少加四辰增太三氣內加二辰增一辰加三辰增太加四辰增少四氣內加二辰增太加辰及五氣內加二辰增小自外所加辰立夏後立秋前依本其四氣內加四辰五氣內加三辰六氣內加二辰六氣內加二辰者亦依乎自外所加之北諸辰各依其去立夏立秋白露數隨其依平辰辰北每辰以其數三分減去交餘雨水後霜降前又半其去二分日數以加二分去二立之日乃減去交餘其在冬至前後更以去霜降雨水日數三除之以加霜降雨水當氣所得之數而減去交餘皆爲定不食餘以減望差乃如月食法月在外者其去辰數若日氣所繫之限止一而無等次者加所去交辰一卽爲食數若限有等次加別繫同者隨所去交辰數而返其衰以少爲多以多爲少亦加其一以爲食數皆以十五爲限乃以命之卽各日之所食多少

凡日食月行黃道體所映蔽大較正交如累璧漸減則有差在內食分多在外無損雖外全而月下內損而更高交淺則間遙交深則相搏而不掩因遙而蔽多所觀之地又偏所食之時亦別月居外道此不見虧月外之人反以爲食交分正等同在南方冬損則多夏虧乃少假均冬夏早晚又殊處南辰體則高居東西傍而下視有邪正理不可一由準率若實而違古史所詳事有紛互今故推其梗槩求者知其指歸苟地非於陽城皆隨所而漸異然月食以月行虛道暗氣所衝日有暗氣天有虛道正黃道常與日對如鏡居下魄耀見陰名曰暗虛奄月則食故稱當月月食當星星亡雖夜半之辰子午相對正隔於地虛道卽虧既月兆日光當午更耀時亦隔地無廢稟明諒以天光神妙應感元通正當夜半何害虧稟月由虛道表裏俱食日之與月體同勢等校其食分月盡爲多容或形差微增虧數疎而不漏綱要克舉

推日食所在辰術

置定餘倍日限克減之月在裏三乘朔辰爲法除之所得以艮巽坤乾爲次命艮筭外不滿法者半法減之無可減者爲前所減之殘爲後前則因餘後者減法各爲其率乃以十加去交辰三除之以乘率十四而一爲差其朔所在氣二分前後一氣內卽爲定差近冬至以去寒露驚蟄近夏至清明白露氣數倍而三除去交辰謂增之近冬至艮巽以加坤乾以減近夏至艮巽以減坤乾以加其差爲定差乃艮以坤加巽以乾減定餘月在外直三除去交辰以乘率十四而一亦爲定差艮坤以減巽乾以加定餘皆爲食餘如氣求入辰法卽日食所在辰及小大其求辰刻以

辰刻乘辰餘朔辰而一得刻及分若食近朝夕者以朔所入氣日之出入刻校食所在知食見否之少多所在辰爲正見

推月食所在辰術

三日阻減望定餘半望之所入氣日不見刻朔日法乘之百而一所得若食餘與之等以下又以此所得減朔日法其殘食餘與之等以上爲食正見數其食餘亦朔辰而一如求加辰所在又如前求刻校之月在衝辰食日月食既有起訖晚早亦或變常進退皆於正見前後十二刻半候之

推日月食起訖辰術

準其食分才五分爲率全以下各爲衰十四分以上以一爲衰以盡於五分每因前衰每降一分積衰增二以加於前以至三分每積增四二分每增四二分增六一分增十九皆累筭爲各衰三百爲率各衰減之各以其殘乘朔日法皆率而一所得爲食衰數其率全郎以朔日法爲衰數以衰數加減食餘其減者爲起加者爲訖數亦如氣

求入辰法及求刻以加減食所刻等得起訖早晚之辰與校正見多少之數史書虧復起訖不同今以其全一辰爲率

推日月食所起術

月在景者其正南則起右上虧左上若正東月自日上邪北而下其在東南維前東向望之初不正橫月高日下乃月稍西北日漸東南過於維後南向望之月更北日差西南以至於午之後亦南望之月欹西北日復東南西南維後西向而望月爲東北日則西南正西自日北下邪虧而亦後不正橫月高日下若食十二以上起右虧左其正東起上近虧下而北午前則漸自上邪下維西起西北虧東南維北起西南虧東北午後則稍從下傍下維東起西南虧東北維北虧東南在東則以上爲東在西則以下爲西月在外者其正南起右下虧左上在正東月自日南邪下而映維北則月微東南日返西維西南日稍移東北以至於午月南日北過午之後月稍東南日更西北維北月有西南日復東北正西月自日下邪南而上皆準此體以定起虧隨其所處每用不同其月之所食皆依日虧起每隨類反之皆與日食限同表裏而與日返其逆順上勢過其分

五星

歲爲木　熒惑爲火　鎭爲土　太白金　辰爲水

木數千八百六十萬五千四百六十八

伏半平八十三萬六千八百四十八

復日三百九十八餘四萬一千一百五十六

歲一殘日三十三萬餘二萬九千七百三十九半

見去日十四度

平見在春分前以四乘去立春日小滿前又三乘去春分日增春分所乘者白露後亦四乘去寒露日小暑加七日小雪前以八乘去寒露日冬至後以八乘去立春日爲減小雪至冬至減七日

見初日行萬一千八百一十八分益遲七十分百一十日行十八度分四萬七百三十八而留二十八日乃逆日退六千四百三十六分八十七日退十二度二百四又留二十八日初日行四千一百八十八分日益疾七十分百一十日亦行十八度分四萬七百三十八而伏

火數三千六百三十七萬七千五百九十五

伏半平三百三十七萬九千三百二十七半

復日七百七十九餘四萬一千九百一十九

歲再殘日四十九餘萬九千一百六

見去日十六度

平見在雨水前以十九乘去大寒日清明前又十八乘去雨水日增雨水所乘者夏至後以十六乘去處暑日小滿後又十五日寒露前以十八乘去白露日小雪前又十七乘去寒露所乘者大雪後二十九乘去大寒日爲減小雪至大雪減二十五日

見初在冬至則二百三十六日行百五十八度以後日度隨其日數增損各一盡三十日一日半損一又八十六日二日損一復三十八日同又十五日三日損一復十二日同又三十九日三日增一又二十四日二日增一又五十八日增一復三十二日同又三十日二日損一還終至冬至二百三十六日行百五十八度其立春盡春分夏至盡立夏八日減一日春分至立夏減六日立秋至秋分減五度各其初行日及度數白露至寒露初日行半度四十日行二十度以其殘日及度計充前數皆差行日益遲二十分各盡其日度乃遲初日行分二萬二千六百六十九日益遲一百一十分六十一日行二十五度分萬五千四百九初減度五者於此初日加分三千八百二十三蔑十七以遲日爲母盡其遲日行三十度分同而留十三日

前減日分於二畱乃逆日退分萬二千五百二十六
六三日退十六度分四萬二千八百三十四又畱十
三日而行初日萬六千六十九日益疾百一十分六
十一日行二十五度分萬五千四百九立秋盡秋分
增行度五加初日分同前更疾在冬至則二百一十
三日行百三十五度盡三十六日一日損一又二十
日二日損一復二十四日同又五十四日三日增
一又十二日二日增一又四十二日一日增一又十
四日一日增一半又十二日增一復四十五日同又
一百六日二日損一亦終冬至二百一十三日行百
三十五度

前增行度五者於此亦減五度爲疾日及數其立夏
盡夏至日亦日行半度六十日行三十度夏至盡立
秋亦初日行半度四十日行二十度其殘亦計充如
前皆差行日盡益疾二十分各盡其日度而伏

土數千七百六十三萬五千五百九十四

伏半平八十六萬四千九百九十五

復日三百七十八餘四千一百六十二

歲一殘日十二餘三萬九千三百九十九半

見去日十六度半

平見在大暑前以七乘去小滿日寒露後九乘去小
雪日爲加大暑至寒露加八日小寒前以九乘去小
雪日雨水後以四乘去小滿日立春後又三乘去雨
水日增雨水所乘者爲減小寒至立春減八日

見日行分四千三百六十四八十日行七度分二萬
七千六百一十二而畱三十九日乃逆日退分二千
八百二十百三日退六度分萬五百九十六又畱三
十九日亦行分日四千三百六十四八十日行七度
分二萬七千六百一十二而伏

金數二千七百二十三萬六千二百八

晨伏半平百九十五萬七千一百四

復日五百八十三餘四萬二千七百五十六

歲一殘日二百一十八餘三萬一千三百四十九半

夕見伏二百五十六日

晨見伏三日二十七日餘與復同

見去日十一度

夕平見在立秋前以六乘去芒種日秋分後以五乘
去小雪日小雪後又四乘去大雪日增小雪所乘者
爲加立秋至秋分加七日立春前以五乘去大雪日
雨水前又四乘去立春日增立春所乘者清明後以
六乘去芒種日爲減雨水至清明減七日

晨平見在小寒前以六乘去冬至日立春前又五乘
去小寒日增小寒所乘者芒種前以六乘去夏至日
立夏前又五乘去芒種日增芒種所乘者爲加立春
至立夏加五日小暑前以六乘去夏至立秋前又五
乘去小暑日增小暑所乘者大雪後以六乘去冬至
日立冬後又五乘去大雪日增大雪所乘者爲減立
秋至立冬減五日

夕見百七十一日行二百六度其穀雨至小滿寒露
皆十日加一度小滿至白露加三度乃十二日行十
二度冬至後十二日減日度各一雨水盡見夏至日
度七夏至後六日增一大暑至立秋還日度十二至
寒露日度二十二後六日減一自大雪盡冬至又日
度十二而遲日益遲五百二十分初日行分二萬三
千七百九十一蔑三十四行日爲母四十三日行三
十二度

前加度者此依減之畱九日乃逆日退太半度九日
退六度而夕伏晨見日退太半度九日退六度復畱
九日而行日益疾五百二十分初日行分四萬五千
六百三十一蔑三十四四十三行三十二度芒種至
小暑大雪至立冬十五日減一度小暑至立冬減二
度又十二日行十二度冬至後十五日增日一驚蟄
至春分日度十七後十五日減一盡夏至還日度十
二後六日減一至白露日度皆盡霜降後五日增一
盡冬至又日度十二乃疾百七十一日行二百度前
減者此亦加之而晨伏

水數五百四十萬五千六

晨伏半平七十九萬九十九

復日百一十五餘四萬九百四十六

夕見伏五十一日

晨見伏六十四日餘與復同

見去日十七度

夕應見在秋及小雪前者不見其白露前立冬後時
有見者

晨應見在春及小滿前者不見其驚蟄前立冬後時
有見者

夕見日行一度太十二日行二十度小暑至白露行
度半十二日行十八度及八日行八度大暑後二日
去度一訖十六日而日度俱盡而遲日行半度四日
行二度益遲日行少半度三日行一度前行度半者
去此益遲乃畱四日而夕伏晨見畱四日爲日行少

半度三日行一度大寒至驚蟄無此行更疾日行半度四日行二度又日行八度亦大寒後二日去度一訖十六日亦日度俱盡益疾日行一度太十二日行廿度初無遲者此行度半十二日行十八度而晨伏

推星平見術

各以伏半減積半實乃以其數去之殘返減數滿氣日法爲日不滿爲餘即所求年天正冬至後平見日餘金水滿晨見伏日者去之晨平見求平見月日以冬至去定朔日餘加其後日及餘滿復日又去起天正月依定大小朔除之不盡筭外日即星見所在求後平見因前見去其歲一再皆以殘日加之亦可其復日金水準以晨夕見伏日加晨得晨

求常見日以轉法除所得加減者爲日其不滿以餘通乘之爲餘并日皆加減平見日餘即爲常見日及餘

求定見日以其先後已通者先減後加常見日即得定見日餘

求星見所在度

置星定見其日夜半所在宿度及分以其日先後餘分前加分後減氣日法而乘定見餘氣日法而一所得加夜半度分乃以星初見去日度數晨減夕加之即星初見所在宿度及分

求次日

各加一日所行度及分其有益疾遲者則置一日行分各以其分疾增損乃如之有蔑者滿法從分其母有不等齊而進退之雷即因前逆則依減入虛去分逆出先加皆以蔑法除爲轉分其不盡者仍謂之蔑各得每日所在知去日度增以日所入先後分定之諸行星度求水其外內準月行增損黃道而步之不明者依黃道而求所去日度先後分亦分明前加後減其金火諸日度計數增損定之者其日少度多以日減度之殘者與日多度少之度皆度法乘之日數而一所得爲分不滿蔑以日數爲母日少者以分并減之一度日多者直爲度分即皆一日平行分其差行者皆減所行日數一乃半其益疾益遲分而乘之益疾以減益遲以加一日平行分皆初日所行分有計日加減而日數不滿未得成度者以氣日法若度法乘見已所行日即日數除之所得以增損其氣日疾法爲日及度其不成者亦即爲蔑其木火土晨有見而夕有伏金水即夕見還夕伏晨見即晨伏然火之初行及後疾距冬至日計日增損日度者皆當先置從冬至日餘數累加於位上以知其去冬至遠近乃以初見與後疾初日去冬至日數而增損定之而後依其所直日度數行之也

煬帝大業四年改修戊辰曆　按隋書煬帝本紀不載　按律曆志開皇十七年所行曆術命冬至起虛五度後稍覺其疎至大業四年劉焯卒後乃敢改法命起虛七度諸法率更有增損朔終義寧今錄戊辰年所定曆術著之於此云

大業戊辰曆法

自甲子元至大業四年戊辰百四十二萬七千六百四十四年筭外

章歲四百一十

章閏百五十一

章月五千七十一

日法千一百四十四

月法三萬三千七百八十三

辰法二百八十六

歲分一千五百五十七萬二千九百六十三

度法四萬二千六百四十

沒分五百一十九萬一千三百一十一

沒法七萬四千五百二十一

周天分一千五百五十七萬四千四百六十六

十分一萬八百六十六

氣法四十六萬九千四十

氣時法一萬六百六十

周日二十七

日餘一千四百一十三

周通七萬二百九

周法二千五百四十八

推積月術

置入元已來至所求年以章月乘之如章歲得一爲積月餘爲閏餘

閏餘三百九十七已上若冬至不在其月加積月一

推月朔弦望術

以月法乘積月如法得一爲積日餘爲小餘以六十去積日餘爲大餘命以甲子筭外爲所求年天正月朔日

天正月者建子月也今爲去年十一月凡朔小餘

五百四十七已上其月大

加大餘七小餘四百三十七太

凡四分一爲少二爲半三爲太

小餘滿日法去之從大餘滿六十去之命如前爲上弦日又加得望下弦後月朔朔餘滿五百三十七其月大減者小餘

推二十四氣術

以月法乘閏餘又以章歲乘朔小餘加之如氣法得一爲日命朔筭外爲冬至日不盡者以十一約之爲日分求次氣加日十五日分九十三百一十五小分一小分滿八從日分一日分滿度法從日一如月大小去之日不滿月筭外爲次氣日其月無中氣者爲閏

二十四氣	損益率	盈縮數
冬至十一月中	益七十	縮初
小寒十二月節	益三十五	縮七十
大寒十二月中	益三十五	縮百五
立春正月節	益二十	縮百三十
雨水正月中	益二十	縮百六十
驚蟄二月節	益三十五	縮百九十
春分二月中	損五十五	縮二百二十五
清明三月節	損三十五	縮百七十
穀雨三月中	損四十	縮百二十五
立夏四月節	損三十	縮八十五
小滿四月中	損五十五	縮五十五
芒種五月節	益六十五	盈初
夏至五月中	益五十五	盈六十五
小暑六月節	益四十	盈百二十
大暑六月中	益二十五	盈百六十
立秋七月節	益五	盈百八十五
處暑七月中	益三十	盈百九十
白露八月節	益四十	盈二百二十
秋分八月中	益六十	盈二百六十
寒露九月節	損五十五	盈二百
霜降九月中	損五十	盈百四十五
立冬十月節	損四十五	盈九十五
小雪十月中	損四十	盈五十
大雪十一月節	損十	盈十

求朔望入氣盈縮術

以入氣日筭乘損益率如十五得一餘八已上從一以損益盈縮數爲定盈縮其入氣日十五筭者如十六得一餘半法已上亦從一已下皆準此

推土王術

如分至日二十七日分一萬六千七百六十七小分九小分滿四十從日分一滿去如前即分至後土始王日

推沒日術

其氣有小分者以水乘日分內小分又以十五乘之以減沒分無小分者以百二十乘日分以減之滿沒法爲日不盡爲日分以其氣去朔日加之去命如前

求次沒

加日六十九日分四萬九千三百七十二日分滿沒法從日去命如前

推入遲疾曆術

以周通去朔積日餘以周法乘之滿周通又去之餘滿周法得一日餘爲日餘即所求年天正朔筭外夜半入曆日及餘

求次月

大月加二日小月加一日日餘皆千一百三十五滿周日及日餘去之

求次日加一滿去如前

求朔望加時入曆術

以四十九乘朔小餘滿二十二得一爲日餘不盡爲小分以加夜半入曆日及餘分

求次月加日一餘二千四百八十六小分二十一滿去如前即次月入曆日及餘

求望加日十四日餘千九百四十九小分二十一半滿去如前爲望入曆日及餘

曆日轉分轉法		益損率
一日六百一	退六	益二百四十八
二日五百九十五	退七	益二百一十八
三日五百八十八	退八	益一百七十九
四日五百八十	退九	益一百四十二
五日五百七十一	退九	益一百三
六日五百六十二	退九	益六十二
七日五百五十三	退十	益二十一
八日五百四十三	退十	損二十三
九日五百三十三	退九	損六十八
十日五百二十四	退八	損一百八
十一日五百一十六	退七	損一百四十四
十二日五百九	退七	損一百七十六

十三日五百二 退六 損二百七
十四日四百九十六 進二 損二百三十四
十五日四百九十八 進六 益二百二十五
十六日五百四 進七 益一百九十八
十七日五百一十一 進八 益一百六十七
十八日五百一十九 進八 益一百三十一
十九日五百二十七 進九 益九十五
二十日五百三十六 進九 益五十四
二十一日五百四十五 進十 益十四
二十二日五百五十五 進九 損三十一
二十三日五百六十四 進九 損七十一
二十四日五百七十三 進八 損一百一十二
二十五日五百八十一 進八 損一百四十八
二十六日五百八十九 進六 損一百八十四
二十七日五百九十五 進五 損二百一十六
二十八日六百 進一 損二百三十二

曆日 盈縮積分
一日 盈初
二日 盈六十萬五千一百五十九
三日 盈一百一十四萬一千六百七十八
四日 盈一百五十九萬八千一百一十七
五日 盈一百九十六萬三千三十六
六日 盈二百二十一萬四千九百九十五
七日 盈二百三十八萬三千九百九十四
八日 盈二百三十四萬三十三
九日 盈二百三十八萬一千六百七十二
十日 盈二百二十萬八千九百一十一
十一日 盈一百九十三萬三千一百九十
十二日 盈一百五十六萬五千九百四十七
十三日 盈一百一十八萬八千六百二十八
十四日 盈五十九萬一千二百二十七
十五日 縮四千八百一十四
十六日 縮五十七萬七千九百七十五
十七日 縮一百八萬二千四百九十六
十八日 縮一百五十萬六千九百三十七
十九日 縮一百八十三萬九千八百五十八
二十日 縮二百八萬二千一百五十九
二十一日 縮二百二十一萬九千七百
二十二日 縮二百二十五萬五千一百八十一
二十三日 縮二百一十七萬六千二百六十二
二十四日 縮一百九十九萬四千三百八十三
二十五日 縮一百七十萬九千五百四十四
二十六日 縮一百三十三萬二千一百八十五
二十七日 縮八十六萬五千三百六
二十八日 縮三十二萬八千七百八十七

曆日 差法
一日 五千六百
二日 五千五百四十
三日 五千四百七十
四日 五千三百九十
五日 五千三百
六日 五千二百一十
七日 五千一百二十
八日 五千二十
九日 四千九百二十
十日 四千八百三十
十一日 四千七百五十
十二日 四千六百八十
十三日 四千六百一十
十四日 四千五百五十
十五日 四千五百七十
十六日 四千六百四十
十七日 四千七百
十八日 四千七百八十
十九日 四千八百六十
二十日 四千九百五十
二十一日 五千四十
二十二日 五千一百四十
二十三日 五千二百四十
二十四日 五千三百二十
二十五日 五千四百
二十六日 五千四百八十
二十七日 五千五百四十
二十八日 五千五百九十

推朔望加時定日及小餘術

以入曆日餘乘所入曆所日損益率以損益盈縮積分如差法而一爲定積分如差法乃與入氣定盈縮皆以盈減縮加本朔望小餘不足減者加日法乃減之加時在往日加之滿日法者去之則在來日餘爲定小餘無食者不須氣盈縮

角十二度 亢九度 氐十五度

房五度　心五度　尾十八度
箕十一度
東方七宿七十五度
十二十六度　牛八度　女十二度
虛十度　危十七度　室十六度
壁九度
北方七宿九十八度
奎十六度　婁十二度　胃十四度
昴十一度　畢十六度　觜二度
參九度
西方七宿八十度
井三十三度　鬼四度　柳十五度
星七度　張十八度　翼十八度
軫十七度
南方七宿百一十二度
推日度術
置入元至所求年以歲分乘之爲通實滿周天分去之餘如度法而一爲積度不盡爲度分命度以虛七度宿次去之經斗去其分度不滿宿筭外卽所求年天正冬至日所在度及分以冬至去朔日以減分度數分不足減者減度一加度法乃減之命如前卽天正朔前夜半日所在度及分
須求朔共度者用去定用日數減之俟後所須
求次月大月加度三十小月加度二十九宿次去去其分
求次日加度一去命如前
求朔望加時日所在度術
各以定小餘乘章歲滿十一爲度分以加其前夜半度分滿之去如前
凡朔加時日月同度
求望加時月所在度術
求轉分以千四十約度分不盡爲小分
置望加時日所在度及分加度一百八十二轉分二十五小分七百五十三小分滿千四十從轉分一轉分滿四十一從度去命如前經斗去轉分十小分四百六十六
求月行遲疾日轉定分術
以夜半入曆日餘乘轉差滿周法得一爲變差以進加退減日轉分爲定分
推朔望夜半月定術
以定小餘乘所入曆日轉定分滿日法得一爲分分滿四十一爲度各以減加時月所在度卽各其前夜半定度
求次日以日轉定分加轉分滿四十一從度去命如前朔日不用前加
推五星術
木數千七百萬八千三百三十二四分
火數三千三百二十五萬六千二十六
土數千六百一十二萬一千七百六十七
金數二千四百八十九萬八千四百一十七
水數四百九十四萬一千九十八
木終日三百九十八
日分三萬七千六百一十二四分
火終日七百七十九
日分三萬九千四百六十六
土終日三百七十八
日分三千八百四十七
金終日五百八十三
日分三萬九千二百九十七晨見伏三百二十七
日分同
水終日百一十五
日分三萬七千四百九十八晨見伏六十三日分同
夕見伏二百五十六日
夕見伏五十二日
求星見術
置通實各以數去之餘以減數其餘如度法得一爲日不盡爲日分卽所求年天正冬至後晨平見日及分
其金水以夕見伏日去之得者餘爲夕平見日及分
求平見見月日置冬至去朔日數及分各以冬至後日數及分加之分滿度法從日起天正月依大小去之不滿月者爲去朔日命日筭卯卽星見所在月日及分
求後見各以終日及分加之滿去如前
其金水各以晨夕加之滿去如前加晨得夕加夕得晨
木平見在春分前者以三千三百四十乘去大寒後十日數以加平見分滿法之以爲定見日及分立秋

後者以四千二百乘去寒露日加之滿同前春分至清明均加四日後至立夏五日以後至芒種加六日均至立秋小雪前者以七千四百乘去寒露日數以減平見日分冬至後者以八千三百乘去大寒後十日數以減之小雪至冬至均減八日爲定見日數初見伏去日各十四度

火平見在雨水前以二萬六千八百八十乘去大寒日數在立夏後以萬三千四百四十乘去立秋日數以見日分滿去如前雨水至立夏均加二十九日小雪前以萬一千五百八十乘去處暑日數冬至後以三萬四千三百八十乘去大寒日數滿去如前以減之小雪至冬至均減二十五日初見伏去日各十七度

土平見在處暑前以萬二千三百七十乘去大暑日數白露後以八千三百四十乘去霜降日數以加見日分滿如前處暑至白露均加九日小寒前以四千九百八十乘去霜降日數小寒至立春均減九日立春後減八日啓蟄後去七氣別去一至穀雨去三夏至後十日去一至大暑去盡初見伏去日各十七度

金晨平見在立春前者以四千一百二十乘去小滿後以乘去夏至日數以加見日分滿均加三日立秋前以乘去冬至日數滿去如前以減之立秋至小雪均減三百夕平見在啓蟄前以六千三百九十乘去小雪日數清明後以六千二百九十乘去芒種日數滿去如前以減之啓蟄至清明均減九日處暑前以六千二百九十乘去夏至日數寒露以六千二百九十乘去大雪日數以加之處暑至寒露均加九日初伏去日各十一度

水晨平見在雨水後立夏前者應見不見啓蟄至雨水去日十八度外四十六度內晨有木火土金一星已上者見無者不見立夏至小滿去日度如前晨有木火土金一星已上者見無者亦不見從霜降至小雪加一日冬至至小寒減四日立春至雨水減三日冬至前一去三二去二三去一夕平見在處暑後霜降前者應見不見立秋至處暑夕有星去日如前者見無者亦不見霜降至立冬夕有星去日如前者見無者亦不見從穀雨至夏至減二日初見伏去日各十七度

行五星法

置星定見之前夜半日所在宿度筭及分各以定見日分加其分滿度法從又以星初見去日度數晨減夕加之滿去如前即星初見所在度及分

求次日各加一日所行度及分有小分者各日數爲母小分滿其母去從分分滿度法從度

其行有益疾遲者副置一日行分各以其分疾遲損乃加之

留者因前退則減之伏不注度順行出斗去其分退行入斗先加分

訖皆以千四十約分爲大分以四十一爲母

木初見順日行萬六百一十八分日益遲六十分一百一十四日行十九度萬三千八百三十二分而留二十六日乃退日六千一百一分八十四日退十二度八百四分又留二十五日三萬七千六百一十二分小分四乃順初日行三千八百三十七分日益疾六十分百一十四日行十九度萬三千七百一十八分而伏

土初見順日行三千八百一十四分八十三日行七度萬八千八十二分而留三十八日乃退日二千五百六十三分百日退六度四百六十分又留三十七日三千八百四十七分乃順日三千八百一十三分八十三日行七度萬七千九百九十九分如初乃伏

火初見巳後各如其法

損益（日度各一）　冬至初　二百四十一日

行百六十三度

二日損一　盡百二十八日　百七十七日

行九十九度（盡百六十一日同）

三日損一　盡百八十二日　百七十七日

行九十二度（盡百八十八日同）

三日益一　盡二百二十七日　百八十三日

行一百五度

二日益一　盡二百四十九日　百九十四日

行百一十六度

一日益一　盡三百一十日　二百五十五日

行百七十七度（盡三百四十七日同）

二日損一　盡三百六十五日　復二百四十一日

行百七十七度

見在雨水前以見去小寒日數小滿後以去大暑日數三約之所得減日爲定日雨水至小滿均去二十日爲定日巳前皆前疾日數及度數

各計冬至後日數依損益之爲定日數及度數以度法乘定度如定日得一即平行一日分不盡爲

小分
大寒至立秋差行餘平行處暑至白露皆去定皆度
六日白露至寒露初日行半度四十日行二十度餘
日及餘度續同前
置日數減一以三十乘之加平行一日分爲初日
分
差行者日益遲六十分各盡其日度而遲初日行二
萬六百分日益遲百分六十日行二十四度三萬五
千六百四十分
其前去度六者此遲初日加四千二百六十四分
六十日行三十度分同
而留十三日
前去日者分日於二留奇從後留
乃退日萬二千八十二分六十日退十七度四十分
又留十二日三萬九千四百六十六分又順遲初日
行萬四千七百分日益疾百分六十日行二十四度
分同前
此遲在立秋至秋分加一日行分四千二百六十
四六十日行四十度分同前
而後疾
損益　冬至初　二百一十四日
行百三十六度
一日損一　盡三十七日　百七十七日
行九十九度
二日損一　盡五十五日　百六十七日
行八十九度（盡七十九日同）
三日益一　盡百四十日　百八十四日
行百六度
一日益一　盡百九十日　二百三十七日
行百五十九度
一日益一　盡二百日　二百五十七日
行百七十九度
一日益一　盡二百一十日　二百六十七日
行百八十九度（盡二百五十九日同）
二日損一　盡二百六十五日　復二百一十四日
行百三十六度
後遲加六度者此後疾去度爲定度已前皆後疾日
數及度數其在立夏至小暑至立秋盡四十日行二
十度計餘日及度從前法前法皆平行（求行分亦如前）各盡
其日度而伏
金晨初見乃退日半度十日退五度而留九日乃順
遲差行先遲日益五百分四十日行三十度
小暑前以去芒種日數十日減一度立冬後以去
大雪日數十日減一度小暑至立冬均減三度爲
定度大雪至芒種不加減求初日以三十乘度法
四十得一爲平分又以三十九乘二百五十以減
半分爲初日行分
平行日一度十五日行十五度
小寒後十日益日度各一至雨水二十一日行二
十一度均至春分後十日減一至小滿復十五日
行十五度其後六日減一至處暑日及度皆盡至
霜降後四日益一至復十五日行十五度
疾百七十日行二百四度
前順遲減度者計減數益此度爲定度求一日行
度分者以百七十日日一度以減定度餘乘度法
加百七十得一爲一日平行度分
晨伏東方夕初見順疾百七十日行二百四度
夏至前以見去小滿日數六日加一度大暑後以
去立秋日數五日加一度夏至至大暑均加五度
爲定度白露至清明差行先度日益遲百分清明
至白露平行求一日平行周晨疾求差行以五十
乘百六十九加之爲初日行度分
平行日一度十五日行十五度
冬至後十日減日度各一至啓蟄九日行九度均
至夏至後五日益一至大暑復十五日行十五度
均至立秋後六日益一至寒露二十五日日行五
度後六日減一至大雪復十五日行十五度均至
冬至
順遲差行先疾日益五百分四十日行三十度
前加度者此依數減之求一日行分如晨遲唯減
者爲加之
又留九日乃退日半度十日退五度而夕伏西方
水晨初見留六日順遲日行萬六百六十分四日行
一度
大寒至雨水不須此遲行
平行日一度十日行十度
大寒後二日去日度各一盡二十日日及度俱盡
疾日行一度三萬八千三百七十六分十日行十九
度
前無遲行者減此分萬二千七百九十二分十日
行十六度

晨伏東方夕初見順疾日行一度三萬八千三百七十六分十日行十九度

小暑至白露減萬二千七百九十二分十日行十六度

平行日一度十日行十度

大暑後二日去日度各一盡二十日日及度俱盡

遲行日萬六百六十分四日行一度

疾減萬二千七百九十二分者不須此遲

又畱六日夕伏西方

推交會行

會通千六十四萬六千七百二十九

朔差九十萬七千五十七

望差四十五萬三千五百二十八半

單數五百三十二萬三千三百六十四半

時法三萬二千六百四

望數五百七十七萬六千八百九十三

外限四百八十六萬九千八百三十六

內限千一十九萬三千二百半

中限五百六十四萬九千四百四半

次限千三十二萬六百八十九

推入交法

以會通去積月餘以朔望差乘之滿會通又去之餘爲所求年天正朔入交餘

求望數加之滿如前

求次月以朔差加之滿去如前

推交道內外及先後去交術

其朔望在啓蟄前以一千三百八十乘去小寒日數在穀雨木以乘去芒種日數爲氣差以加之啓蟄至穀雨均加六萬三千六百滿會通之餘爲定餘

其小寒至春分立夏至芒種朔值盈二時已下皆半氣差而加之二時已上皆不加朔入交餘如望差望數已下中限已上有星伏木土去見十日外火去見四十日外金晨伏去見二十二日外有一星者不加氣差

朔望在白露前者以九百乘去小暑日數在立冬後者以千七百七十乘去大雪日數以減之白露至立冬均減五萬五千不足減者加會通乃減之餘爲定餘

朔入交餘如外限內限已上單數次限已上有星伏如前者不減氣差

定餘不滿單數者爲在外滿去之餘在內其餘如望差已下外限已上望則月食在內者朔則日

其餘如望差已下者卽爲去先交餘如外限已上者以減單數餘爲去後交餘如時法得一然爲去交時數

推月食加時術

置食定日小餘三之如辰法得一辰命以子算外卽所在辰不盡爲時餘四之如法無所得爲辰初一爲少二爲半三爲太又不盡者三之如法得一爲强以幷少爲少强幷半爲半强幷太爲太强得二强者爲少弱幷少爲半弱幷半爲太弱幷太爲辰末

此加時謂食四時月在衝也

推日食四時術

置食定日小餘秋三月內道去交八時已上加二十四十二時以加四十八春三月內道去交七時已上加二十四乃以三乘之如辰法得一辰以命子算外卽所在辰不盡爲時餘副置時餘仲辰不滿半辰減半辰已上云半辰季辰者直加半辰孟辰者減辰法餘加半辰爲差率

又置去交時數三已下加三六已下加二九已下加一九已上依數十二已上從十二以乘差率如十四得一爲時差子半至卯半午半至酉半以加時餘卯半至午半酉半至子半以減時餘加之滿辰法去之進一辰餘爲定時餘乃如月食法子午卯酉爲仲辰戌丑未爲季寅申巳亥爲孟

日出前入後各二時外不注日食

三乘氣時法得一命子算外爲時

求外道日食法

去交一時內者食夏去交二時內加時在南方三辰者食若去至十二時內去交六時內者亦食若去春分三日內後交二時內秋分三日內先交二時內者亦食先交二時內值盈二時外及後交二時內值縮二時外亦食

諸志交三時內星伏如前者食

求內道日不食法

加時南方三辰五月朔先交十三時外六月朔後交十三時外不食啓蟄至穀雨先交十三時值縮加時在未以西者不食處暑至霜降後交十三時外值盈加時在巳以東者不食

求月食分

春後交秋先交冬後交皆去不食餘一時不足去者

食既餘以三萬二百三十五爲法得一爲不食分不盡者半法已上爲半強已下爲半弱以減十五餘爲食分

推日食分術

在秋分前者以去夏至日數乘二千以減去交餘餘爲不食餘不足減者反減十八萬四千餘爲不食餘亦減望差爲定法其交値縮並不減望差直以望差爲定法

在啓蟄後者以去夏至日數乘千五百以減之秋分至啓蟄均減十八萬四千不足減者如前大寒至小滿去後交五時外皆去不食餘一時時差減者先交減之後交加之不足減者食既値加先交減之不足減者食

求所起內道西北虧東北外道西南虧東南十三分以上正左起

虧皆據甚時月則行上起

氣	日出	日入
冬至	辰六十八刻之五十	申七刻分刻之四十
小寒	辰三十二分	申七刻四十八分
大寒	卯八刻四十九分	酉一分
小雪 立春	卯七刻二十九分	酉五十二分
立冬 驚蟄	卯六刻二十五分	酉一刻九十一分
霜降 雨水	卯五刻十三分	酉二刻七分
寒露 春分	卯三刻五十五分	酉四刻十五分
秋分 清明	卯二刻四十七分	酉五刻四十三分
白露 穀雨	卯一刻二十八分	酉六刻五十一分
處暑 立夏	卯二十八分	酉七刻五十三分
立秋 小滿	寅八刻三分	戌十七分
大暑 芒種	寅七刻三十六分	戌四十四分
小暑 夏至	寅七刻四十分	戌五十分

求日出入所在術

以所入氣辰刻及分與後氣辰刻及分相減餘乘入氣日筭如十五得一以損益所入氣依刻及分爲定刻

曆法典第十一卷

曆法總部彙考十一

唐一

高祖武德二年始用戊寅元曆

按唐書高祖本紀不載　按曆志唐終始二百九十餘年而曆八改初曰戊寅元曆曰麟德甲子元曆曰開元大衍曆曰寶應五紀曆曰建中正元曆曰元和觀象曆曰長慶宣明曆曰景福崇元曆而止矣高祖受禪將治新曆東都道士傅仁均善推步之學太史令庾儉丞傅奕薦之詔仁均與儉等參議合受命歲名爲戊寅元曆乃列其大要所可考驗者有七曰唐以戊寅歲甲子日登極曆元戊寅日起甲子如漢太初一也冬至五十餘年輒差一度日短星昴合於堯典二也周幽王六年十月辛卯朔入蝕限合於詩三也魯僖公五年壬子冬至合春秋命曆序四也月有三大三小則日蝕常在朔月蝕常在望五也命辰起子半命度起虛六符陰陽之始六也立遲疾定朔則月行晦不東見朔不西朓七也高祖詔司曆起二年用之擢仁均員外散騎侍郎

戊寅曆法

戊寅曆上元戊寅歲至武德九年丙戌積十六萬四千三百四十八算外

章歲六百七十六亦名行分法

章閏二百四十九

章月八千三百六十一

月法三十八萬四千七十五

日法萬三千六

時法六千五百三

度法氣法九千四百六十四

氣時法千一百八十三

歲分三百四十五萬六千六百七十五

歲餘二千三百一十五

周分三百四十五萬六千八百四十五半

斗分一千四百八十五半

沒分七萬六千八百一十五

沒法千一百三

曆日二十七曆餘萬六千六十四

曆周七十九萬八千二百

曆法二萬八千九百六十八

餘數四萬九千六百三十五

章月乘年如章歲得一爲積月以月法乘積月如日法得一爲朔積日餘爲小餘日滿六十去之餘爲大餘命甲子算外得天正平朔加大餘二十九小餘六千九百一得次朔加平朔大餘七小餘四千九百七十六小分四之三爲上弦又加得望又加得下弦餘數乘年如氣法得一爲氣積日命日如前得冬至加大餘十五小餘二千六十八小分八之一得次氣日加四季之節大餘十二小餘千六百五十四小分四得土王凡節氣小餘三之以氣時法而一命子半算外各其加時置冬至小餘八之減沒分餘滿沒法爲日加冬至去朔日算依月大小去之日不滿月算得沒日餘分盡爲滅加日六十九餘七百八得次沒

二十四氣	損益率	盈縮數
冬至	益八百九十六	盈空
小寒	益三百九十八	盈八百九十
大寒	益四百	盈千二百九十
立春	益二百二十	盈千六百九十四
啓蟄	益三百四十	盈千九百一十四
雨水	益四百五十	盈二千二百六十三
春分	損五百	盈二千七百一十三
清明	損四百五十五	盈二千二百一十三
穀雨	損三百五十五	盈千七百五十八
立夏	損五百五十五	盈千四百三
小滿	損八百四十八	盈八百四十八

芒種	益七百三十九	縮初
夏至	益六百二十六	縮七百三十九
小暑	益四百五十六	縮千三百六十五
大暑	益二百八十八	縮千八百二十一
立秋	益四十	縮二千一百九
處暑	益三百四十二	縮二千一百四十九
白露	益四百五十五	縮二千四百九十一
秋分	損六百八十二	縮二千九百四十六
寒露	損六百二十五	縮二千二百六十四
霜降	損五百七十	縮千六百三十九
立冬	損五百一十三	縮千六十九
小雪	損四百五十六	縮五百五十六
大雪	損百	縮百

以平朔弦望入氣日筭乘損益率如十五得一以損益盈縮數爲定盈縮分凡不盡半法已上亦從一以曆法乘朔積日滿曆周去之餘如曆法得一爲日命日筭外得天正平朔夜半入曆日及餘求日加一累而裁之若以萬四千四百八十四乘平朔小餘如六千五百三而一不盡爲小分以加夜半入曆日加之滿曆日及餘去之得平朔加時所入加曆日七餘萬一千八十四小分三千九百九十五命如前得上弦又加得望下弦及後朔

曆日	行分	損益率
一日	九千九百九	益三百九十二
二日	九千八百一十	益三百四十七
三日	九千六百九十五	益二百九十五
四日	九千五百六十三	益二百三十六
五日	九千四百一十四	益百六十九
六日	九千二百六十六	益百三
七日	九千一百一十八	益三十六
八日	八千九百五十三	損三十八
九日	八千七百八十八	損百一十二
十日	八千六百四十	損百七十八
十一日	八千五百八	損二百三十八
十二日	八千三百九十二	損二百九十
十三日	八千二百七十七	損三百四十一
十四日	八千一百七十八	損三百八十六
十五日	八千二百一十一	益三百七十一
十六日	八千三百一十	益三百二十六
十七日	八千四百二十五	益二百一十五
十八日	八千五百五十五	益二百一十六
十九日	八千六百八十九	益百五十六
二十日	八千八百三十七	益九十
二十一日	八千九百八十六	益二十三
二十二日	九千一百五十一	損五十一
二十三日	九千二百九十九	損一百一十八
二十四日	九千四百四十七	損百八十四
二十五日	九千五百七十八	損二百四十三
二十六日	九千七百一十	損三百二
二十七日	九千八百九	損三百四十七
二十八日	九千八百九十一	損三百八十三

曆日	盈縮積分
一日	盈初
二日	盈二千一百四十四萬一千二百二十六
三日	盈二千一百三十九萬四千八百五十八
四日	盈二千九百九十五萬二千八百四
五日	盈三千六百七十九萬三千九百五十
六日	盈四千一百六十九萬七千二百七
七日	盈四千四百六十七萬三千五百七十五
八日	盈四千五百七十二萬九千五十五
九日	盈四千四百六十三萬六千五百五十七
十日	盈四千一百三十九萬八千六十八
十一日	盈三千六百三十二萬四千六百九十二
十二日	盈二千九百三十五萬四千五百二十八
十三日	盈二千九十六萬五千六百六十
十四日	盈千一百八萬一千一百六
十五日	縮九萬一千四十三
十六日	縮千八十三萬四千四
十七日	縮二千二十八萬九千三百七十二
十八日	縮二千八百二十三萬九千五十
十九日	縮三千四百四十九萬一千九百三十六
二十日	縮三千九百一萬八千三十
二十一日	縮四千一百六十一萬九千二百三十五
二十二日	縮四千二百二十八萬二千五百四十七
二十三日	縮四千七百九萬九千八百五十七
二十四日	縮三千七百三十九萬二千二百七十九
二十五日	縮三千二百五十萬九千八百一十四
二十六日	縮二千五百二萬三千五百六十二
二十七日	縮千六百二十九萬五百一十八
二十八日	縮六百二十二萬九千八百八十

曆行分與次日相減爲行差後多爲進後少爲退減

去行分六百七十六爲差法各置平朔弦望加時入曆日餘乘所入日損益率以損益其下積分差法除爲定盈縮積分置平朔弦望小餘各以入氣積分盈加縮減之以入曆積分盈減縮加之滿若不足進退日法皆爲定大小餘命日甲子筭外以歲分乘年爲積分滿周分去之餘如度法得一爲度命以虛六經斗去分得冬至日度及分以冬至去朔日筭及分減之得天正平朔前夜半日度及分

以小分法十四約度分爲行分凡小分滿法成行分行分滿法成度若注曆又以二十六約行分月星準此斗分百七十七小分七半

累加一度得次日以行分法乘朔望定小餘以九百二十九除爲度分又以十四約爲行分以加夜半度爲朔望加時日度定朔加時日月同度望則因加日度百八十二行分四百二十六小分十太以夜半入曆日餘乘行差滿曆法得一以進加退減曆行分爲行定分以朔定小餘乘之滿日法得一爲行分以減加時月度爲朔望夜半月度求次日加月行定分累之

歲星率三百七十七萬五千二十三

終日三百九十八行分五百九十六小分七

平見入冬至初日減行分五千四百一十一自後日損所減百二十分立春初日增所加六十分春分均加四日清明畢穀雨均加五日立夏畢大暑均加六日立秋初日加四千八十分乃日損所加六十七分入寒露日增所減百一十七分入小雪畢大雪均減八日初見順日行百七十一分日益遲一分百一十四日行十九度二百九分而留二十六日乃退日九十七分八十四日退十二度三十六分又留二十五日五百九十六分小分七

凡五星留日有分者以初定見日分加之若滿行分法去之又增一日

乃順初日行六十分日益疾一分百一十四日行十九度四百三十七分而伏

熒惑率七百三十八萬一千二百二十三

終日七百七十九行分六百二十六小分三

平見入冬至初日減萬六千三百五十四分乃日損所減五百四十五分入大寒日增所加四百二十六分入雨水後均加二十九日立夏初日加萬九千三百九十二分乃日損所加二百一十三分入立秋初依平入處暑日增所減百八十四分入小雪後均減二十五日初見入冬至初率二百四十一日行百六十三度自後二日損日度各一自百二十八日率百七十七日行九十九度畢百六十一日又三日損一盡百八十二日率百七十日行九十二度畢百八十八日乃三日益一盡二百二十七日率百八十三日行百五度又二日益一盡二百四十九日率百九十四日行百一十六度又每日益一盡二百一十日率二百五十五日行百七十七度畢三百三十七日乃二日損一盡大雪復初見入小雪後三日去日率一入雨水畢立夏均去日率二十自後三日減所去一日畢小暑依平爲定日率若入處暑畢秋分皆去度率六各依冬至後日數而損益之又依所入之氣以減之爲前疾日度率若初行入大寒畢大暑皆差行日益遲一分其餘皆平行若入白露畢秋分初遲日行半度四十日行二十度

即去日率四十度率二十別爲半度之行訖然後求平行分續之以行分法乘度定率如日定率而一爲平行分不盡爲小分求差行者減日率一又半之加平行分爲初日行分

各盡其日度而遲初日行三百二十六分日益遲一分半六十日行二十五度五分

其前疾去度六者行三十一度五分此遲初日加六十七分小分六十分之三十六

而留十三日

前疾去日者分日於二留奇從後留

乃退日百九十二分六十日退十七度二十八分又留十二日六百二十六分小分三又順後遲初日行二百三十八分日益疾一分半六十日行二十五度三十五分

此遲在立秋至秋分者加六度行三十一度三十五分此遲初日加行分六十七小分六十分之三十六

而後疾入冬至初率二百一十四日行百三十六度乃每日損一盡三十七日率百七十七日行九十九度又二日損一盡五十七日率百六十七日行八十九度畢七十九日又三日益一盡百三十日率百八十四日行百六度又二日益一盡百四十四日率百九十一日行百一十三度又每日益一盡百九十日率二百三十七日行百五十九度又每日益二盡二百日率二百五十七日行百七十九度又每日益一

盡二百一十日率二百六十七日行百八十九度畢二百五十九日乃二日損一畢大雪復初後遲加六度者此後疾去度率六爲定各依冬至後日數而損益之爲後疾日度率若入立夏畢夏至日行半度盡六十日行三十度若入小暑畢大暑盡四十日行二十度各盡其日度而伏

皆去日度率別爲半度之行訖然後求平行分續之

鎭星率三百五十七萬八千二百四十六

終日三百七十八行分六十一

平見入冬至初日減四千八百一十四分乃日增所減七十九分入小寒均減九日乃每氣損所減一日入夏至初日均減二日自後十日損所減一日小暑五日外依平入大暑日增所加百八十一分入處暑均加九日入白露初日加六千二分乃日損所加百三十三分入霜降日增所減七十九分初見順日行六十分八十三日行七度二百四十八分而留三十八日乃退日四十一分百日退六度四十四分又留三十七日六十一分乃順日行六十分八十三日行七度二百四十八分而伏

太白率五百五十二萬六千二百

終日五百八十三行分六百二十小分八

晨見伏三百二十七日行分六百二十小分八

夕見伏二百五十六日

晨平見入冬至依平入小寒日增所加六十六分入立春畢立夏均加三日小滿初日加千九百六十四分乃日損所加六十七分入夏至依平入小暑日增所減六十分入立秋畢立冬均減三日小雪初日減千九百六十四分乃日損所減六十六分初見乃退日半度十日退五度而留九日乃順遲差行日益疾八分四十日行三十度入大雪畢小滿者依此入芒種十日減一度入小暑畢霜降均減三度入立冬十日損所減一度畢小雪皆爲定度

以行分法乘定度四十除爲平行分又以四乘三十九以減平行爲初日行分

平行日一度十五日行十五度入小寒十日益日度各一入雨水後皆二十一日行二十一度入春分後十日減一畢立夏依平入小滿後六日減一畢立秋日度皆盡無平行入霜降後四日加一畢大雪依平疾百七十日行二百四度

前順遲減度者計所減之數以益此度爲定

而晨伏夕平見入冬至日增所減百分入啓蟄畢春分均減九日清明初日減五千九百八十六分乃日損所減百分入芒種依平入夏至日增所加百分入處暑畢秋分均加九日寒露初日加五千九百八十六分乃日損所減百分入大雪依平初見順疾百七十日行二百四度入冬至畢立夏者依此入小滿六日加一度入夏至畢小暑均加五度入大暑三日減一度入立秋畢大雪依平從白露畢春分皆差行日益疾一分半以一分半乘百六十九而半之以加平行爲初日行分入清明畢於處暑皆平行乃平行日一度十五日行十五度入冬至後十日減日度各一入啓蟄畢芒種皆九日行九度入夏至後五日益一入大暑依平入立秋後六日加一畢秋分二十五日行二十五度入寒露六日減一入大雪依平順遲日益遲八分四十日行三十度

前加度者此依數減之

又留九日乃退日半度十日退五度而夕伏

辰星率百九萬六千六百八十三

終日百一十五行分五百九十四小分七

晨見伏六十三日行分五百九十四小分七

夕見伏五十二日

晨平見入冬至均減四日入小寒依平入立春後均減三日入雨水畢立夏應見不見

其在啓蟄立夏氣內去日十八度外三十六度內晨有木火土金一星者亦見

入小滿依平入霜降畢立冬均加一日入小雪至大雪十二日依平若在大雪十三日後日增所減一日初見留六日順遲日行百六十九分入大寒畢啓蟄無此遲行乃平行日一度十日行十度入大寒後二日去日度各一畢於二十日日度俱盡無此平行疾日行一度六百九分十日行十九度六分

前無遲行者此疾日減二百三分十日行十六度四分

而晨伏夕平見入冬至後依平入穀雨畢芒種均減二日入夏至依平入立秋畢霜降應見不見

其在立秋霜降氣內夕有星去日如前者亦見

入立冬畢大雪依平初見順疾日行一度六百九分十日行十九度六分若入小暑畢處暑日減二百三分乃平行日一度十日行十度入大暑後二日去日及度各一畢於二十日日度俱盡無此平行遲日行

百六十九分
若疾減二百三分者即不須此遲行
又畱六日七分而夕伏
各以星率去歲積分餘反以減其率餘如度法得一爲日得冬至後晨平見日及分以冬至去朔日筭及分加之起天正依月大小計之命日筭外得所在日月金水各以晨見伏日及分加之得夕平見各以其星初日所加減之分計後日損益之數以損益之訖乃以加減平見爲定見其加減分皆滿行分法爲日以定見去朔日及分加其朔前夜半日度又以星初見去日度歲星十四太白十一熒惑鎮星辰星皆十七晨減夕加之得初見宿度求次日各加一日所行度及分熒惑太白有小分者各以日率爲母
其行有益疾遲者副置一日行分各以其差疾益遲損乃加之
畱者因前退則依減伏不注度順行出斗去其分退行入斗先加分訖皆以二十六約行分爲度分
交會法千二百七十四萬一千二百五八分交分法六百三十七萬六百二九分
朔差百八萬五千四百九十四二分
望分六百九十一萬三千三百五十
交限五百八十二萬七千八百五十五八分
望差五十四萬二千七百四十七一分
外限六百七十六萬七百八十二九分
中限千二百三十五萬一千二十五八分
內限千二百一十九萬一千四百五十八七分
以朔差乘積月滿交會法去之餘得天正月朔入平交分求望以望分加之求次月以朔差加之其朔望入大雪畢冬至依平入小寒日加氣差千六百五十分入啓蟄畢清明均加七萬六千一百分自後日損所加千六百五十分入芒種畢夏至依平加之滿法去之
若朔交入小寒畢雨水及立夏畢小滿值盈二時已下皆半氣差加之二時已上則否如望差已下外限已上有星伏木土去見十日外火去見四十日外金晨伏去見二十二日外有一星者不加氣差
入小暑後日增所減千二百分入白露畢霜降均減九萬五千八百二十五分立冬初日減六萬三千三百分自後日損所減二千一百一十分減若不足加法乃減之餘爲定交分
朔入交分如交限內限已上交分中限已下有星伏如前者不減
不滿交分法者爲在外道滿去之餘爲在內道如望差已下爲去先交分交限已上以減交分餘爲去後交分皆三日法約爲時數望則月蝕朔在內道則日蝕
雖在外道去交近亦蝕在內道去交遠亦不蝕
置蝕望定小餘入曆一日減二百八十若十五日即加之十四日加五百五十若二十八日即減之餘日皆盈加縮減二百八十爲月蝕定餘十二乘之時法而一命子半筭外不盡得月蝕加時約定小餘如夜漏半已下者退日筭上置蝕朔定小餘入曆一日即減二百八十若十五日即加之十四日加五百五十若二十八日即減之爲定後不入四時加減之限其內道春去交四時已上入曆盈加縮減二百八十夏盈加縮減二百八十秋去交十一時已下惟盈加二百八十已上者盈加五百五十縮加二百八十冬去交五時已下惟盈加二百八十皆爲定餘十二乘之時法而一命子半筭外不盡爲時餘副之仲辰半前以副減法爲差率半後退半辰以法加餘以副爲差率季辰半前以法加副爲差率半後退半辰以法加餘倍法加副爲差率孟辰半前三因其法以副減之餘爲差率半後退半辰以法加餘又以法加副乃三因其法以副減之爲差率又置去交時數三已下加三六已下加二九已下加一九已上依數十二已上從十二
若季辰半後孟辰半前去交六時已上者皆從其六六時已下依數不加
皆乘差率十四除爲時差子午半後以加時餘卯酉半後以減時餘加之滿若不足進退時法
孟謂寅巳申仲謂午卯酉季謂辰未戌
得日蝕加時望去交分冬先後交皆去二時春先交秋後交去半時春後交秋先交去二時夏則依定不足去者既乃以三萬六千一百八十三爲法而一以減十五餘爲月蝕分朔去交在內道五月朔加時在南方先交十三時外六月朔後交十三時外者不蝕啓蟄畢清明先交十三時外值縮加時在未西處暑畢寒露後交十三時外值盈加時在巳東皆不蝕交在外道先後去交一時內者皆蝕若二時內及先交值盈後交值縮二時外者亦蝕夏去交二時內加時

在南方者亦蝕若去分至十二時內去交六時內者亦蝕若去春分三日內後交二時秋分三日內先交二時內者亦蝕諸去交三時內有星伏土木去見十日外火去見四十日外金晨伏去見二十二日外有一星者不蝕各置去交分秋分後畢立春均減二十二萬八百分啓蟄初日畢芒種日損所減千八百一十分夏至後畢白露日增所減二千四百分以減去交分餘爲不蝕分不足減反相減爲不蝕分亦以減望差爲定法後交值縮者直以望差爲定法其不蝕分大寒畢立春後交五時外皆去一時時差值減者先交減之後交加之時差值加者先交加之後交減之不足減者皆旣十五乘之定法而一以減十五餘爲日蝕分置日月蝕分四已下因增二五已下因增三六已上因增五各爲刻率副之以乘所入曆損益率四千五十七爲法而一值盈反其損益值縮依其損益皆損益其副爲定用刻乃六乘之十而一以減蝕甚辰刻爲虧初又四乘之十而一以加食甚辰刻爲復滿

武德六年以月蝕不效詔吏部郎中祖孝孫較曆得失去其尤疎闊者

按唐書高祖本紀不載　按曆志三年正月望二月八月朔當蝕比不效六年詔吏部郎中祖孝孫考其得失孝孫使算曆博士王孝通以甲辰曆法詰仁均曰日短星昴以正仲冬七星畢見舉中宿言耳舉中宿則餘星可知仁均專守昴中執文害意不亦謬乎又月令仲冬昏東壁中明昴中非爲常準若堯時星昴昏中差至東壁然則堯前七千餘歲冬至昏翼中日應在東井井極北去人最近故暑斗極南去人最遠故寒寒暑易位必不然矣又平朔定朔舊有二家三大三小爲定朔望一大一小爲平朔望日月行有遲速相及謂之合會晦朔無定由時消息若定大小皆在朔者合會雖定而蔀元紀首三端并失若上合履端之始下得歸餘於終合會有時則甲辰元曆爲通術矣仁均對曰宋祖沖之立歲差隋張胄元等因而修之雖差數不同各明其意孝通未曉乃執南斗爲冬至常星夫日躔宿度如郵傳之過宿度旣差黃道隨而變矣書云季秋月朔辰弗集於房孔氏云集合也不合則日蝕可知又云先時者殺無赦不及時者殺無赦旣有先後之差是知定朔矣詩云十月之交朔日辛卯又春秋傳曰不書朔官失之也自後曆差莫能詳正故秦漢以來多非朔食宋御史中丞何承天微欲見意不能詳究乃爲散騎侍郎皮延宗等所抑孝通之語乃延宗舊說治曆之本必推上元日月如合璧五星如連珠夜半甲子朔旦冬至自此七曜散行不復餘分普盡總會如初唯朔分氣分有可盡之理因其可盡卽有三端此乃紀其日數之元爾或以爲卽夜半甲子朔冬至者非也冬至自有常數朔名由於月起月行遲疾匪常三端安得卽合故必須日月相合與至同日者乃爲合朔冬至耳孝孫以爲然但略去尤疎闊者

武德九年詔大理卿崔善爲較定曆法

按唐書高祖本紀不載　按曆志九年復詔大理卿崔善爲與孝通等較定善爲所改凡數十條初仁均以武德元年爲曆始而氣朔遲疾交會及五星皆有加減至是復用上元積算其周天度卽古赤道也

太宗貞觀　年以太史李淳風言改曆法十八事

按唐書太宗本紀不載　按曆志貞觀初直太史李淳風又上疏論十有八事復詔善爲課二家得失其七條改從淳風

貞觀十四年詔從李淳風改甲子合朔冬至

按唐書太宗本紀不載　按曆志十四年太宗將親祀南郊以十一月癸亥朔甲子冬至而李淳風新術以甲子合朔冬至乃上言古曆分日起於子半十一月當甲子合朔冬至故太史令傅仁均以減餘稍多子初爲朔遂差三刻司曆南宮子明太史令薛頤等言子初及半日月未離淳風之法較春秋已來晷度薄蝕事皆符合國子祭酒孔穎達等及尚書八座參議請從淳風又以平朔推之則二曆皆以朔日冬至於事彌合且平朔行之自古故春秋傳或失之前謂晦日也雖癸亥日月相及明日甲子爲朔可也詔從之

貞觀十九年詔又用傅仁均平朔

按唐書太宗本紀不載　按曆志十八年李淳風又上言仁均曆有三大三小云日月之蝕必在朔望十九年九月後四朔頻大詔集諸解曆者詳之不能定庚子詔用仁均平朔訖麟德元年仁均曆法祖述胄元稍以劉孝孫舊議參之其大最疎於淳風然更相出入其有所中淳風亦不能逾之今所記者善爲所較也

高宗麟德二年詔改用麟德曆

按唐書高宗本紀不載　按曆志高宗時戊寅曆益

疎淳風作甲子元曆以獻詔太史起麟德二年頒用謂之麟德曆古曆有章蔀有元紀有日分度分參差不齊淳風爲總法千三百四十以一之損益中晷術以考日至爲木渾圖以測黃道餘因劉焯皇極曆法增損所宜當時以爲密與太史令瞿曇羅所上經緯曆參行

武后聖曆元年命瞿曇羅作光宅曆不果仍用麟德曆

按唐書武后本紀不載　按曆志弘道元年十二月甲寅朔壬午晦八月詔二年元日用甲申故進以癸未晦焉永昌元年十一月改元載初用周正以十二月爲臘月建寅月爲一月神功二年司曆以臘爲閏而前歲之晦月見東方太后詔以正月爲閏十月是歲甲子南至改元聖曆命瞿曇羅作光宅曆將用之三年罷作光宅曆復行夏時終開元十六年

麟德曆法

麟德曆麟德元年甲子距上元積二十六萬九千八百八十算

總法千三百四十

朞實四十八萬九千四百二十八

常朔實三萬九千五百七十一

加三百六十二日盈朔實減三百五十一日朒朔實

辰率三百三十五

以期實乘積算爲期總如總法得一爲日六十去之命甲子算外得冬至累加日十五小餘二百九十二小分六之五得次氣六乘小餘辰率而一命子半算外各其加時以常朔實去期總不滿爲閏餘以閏餘減期總爲總實如總法得一爲日以減冬至得天正常朔又以常朔小餘併閏餘以減期總爲總實因常朔加日二十九小餘七百一十一得次朔因朔加日七小餘五百一十二太得上弦又加得望及下弦

進綱十六秋分後　退紀十七春分後

中節	躔差率	消息總
冬至	益七百二十二	息初
小寒	益六百一十八	息七百二十二
大寒	益五百一十四	息千三百四十
立春	益五百一十四	息千八百五十四
啓蟄	益六百一十八	息二千三百六十八
雨水	益七百一十二	息二千九百八十六
春分	損七百一十二	息三千七百八
清明	損六百一十八	息二千九百八十六
穀雨	損五百一十四	息二千三百六十八
立夏	損五百一十四	息千八百五十四
小滿	損六百一十八	息千三百四十
芒種	損七百二十二	息七百二十二
夏至	益七百二十二	消初
小暑	益六百一十八	消七百二十二
大暑	益五百一十四	消千三百四十
立秋	益五百一十四	消千八百五十四
處暑	益六百一十八	消二千三百六十八
白露	益七百二十二	消二千九百八十六
秋分	損七百二十二	消三千七百八
寒露	損六百一十八	消二千九百八十六
霜降	損五百一十四	消二千三百六十八
立冬	損五百一十四	消千八百五十四
小雪	損六百一十八	消千三百四十
大雪	損七百二十二	消七百二十二

中節	先後率	盈朒積
冬至	先五十四	盈初
小寒	先四十六	盈五十四
大寒	先三十八	盈百
立春	先三十八	盈百三十八
啓蟄	先四十六	盈百七十六
雨水	先五十四	盈二百二十二
春分	後五十四	盈二百七十六
清明	後四十六	盈二百二十二
穀雨	後三十八	盈百七十六
立夏	後三十八	盈百三十八
小滿	後四十六	盈百
芒種	後五十四	盈五十四
夏至	先五十四	朒初
小暑	先四十六	朒五十四
大暑	先三十八	朒百
立秋	先三十八	朒百三十八
處暑	先四十六	朒百七十六
白露	先五十四	朒二百二十二
秋分	後五十四	朒二百七十六

寒露　後四十六　朒二百二十二
霜降　後三十八　朒百七十六
立冬　後三十八　朒百三十八
小雪　後四十六　朒百
大雪　後五十四　朒五十四

各以其氣率并後氣率而半之十二乘之綱紀除之爲末率二率相減餘以十二乘之綱紀除爲總差又以十二乘總差綱紀除之爲別差以總差前少以減末率前多以加末率爲初率累以別差前少以加初率前多以減初率爲每日躔差及先後率乃循積而損益之各得其日定氣消息與盈朒積其後無同率因前末爲初率前少者加總差前多者以總差減之爲末率餘依術入之各以氣下消息積息減消加常氣爲定氣各以定氣大小餘減所近朔望大小餘十二通其日以辰率約其餘相從爲辰總其氣前多以乘末率前少以乘初率十二而一爲總率前多者以辰總減綱紀以乘十二綱紀而一以加總率辰總乘之一十四除之前少者辰總再乘別差二百八十八除之皆加總率乃以先加後減其氣盈朒積爲定以定積盈加朒減常朔弦望得盈朒大小餘

變周四十四萬三千七十七
變日二十七餘七百四十三變奇一
變奇法十二
月程法六十七

以奇法乘總實滿變周去之不滿者奇法而一爲變分盈總法從日得天正常朔夜半入變加常朔小餘爲經辰所入因朔加七日餘五百一十二奇九得上弦轉加得望下弦及次朔加之滿變日及餘去之又以所入盈朒定積盈加朒減之得朔弦望盈朒經辰所入

變日	離程	增減率
一日	九百八十五	增百二十四
二日	九百七十四	增百一十七
三日	九百六十二	增九十九
四日	九百四十八	增七十八
五日	九百三十三	增五十六
六日	九百一十八	增三十三
七日	九百二	增九 初增九 末減隱
八日	八百八十六	減十四
九日	八百七十	減三十八
十日	八百五十四	減十四
十一日	八百三十九	減八十五
十二日	八百二十六	減百四
十三日	八百一十五	減百二十一
十四日	八百八	初減百二 末增二十九
十五日	八百十	增百二十八
十六日	八百一十九	增百一十五
十七日	八百三十二	增九十五
十八日	八百四十六	增七十四
十九日	八百六十一	增五十二
二十日	八百七十七	增二十八
二十一日	八百九十三	增四 初增四 末減隱
二十二日	九百九	減二十
二十三日	九百二十五	減四十四
二十四日	九百四十一	減六十八
二十五日	九百五十五	減八十九
二十六日	九百六十八	減百八
二十七日	九百七十九	減百二十五
二十八日	九百八十五	減百四十四 初減七十 末增入後

變日	遲速積
一日	速初
二日	速百三十四
三日	速二百五十一
四日	速三百五十
五日	速四百二十八
六日	速四百八十四
七日	速五百一十七
八日	速五百二十六
九日	速五百一十二
十日	速四百七十四
十一日	速四百一十二
十二日	速三百二十七
十三日	速二百二十三
十四日	速百二
十五日	遲二十九
十六日	遲百五十七
十七日	遲二百七十二
十八日	遲三百六十七
十九日	遲四百四十一
二十日	遲四百九十三
二十一日	遲五百二十一

二十二日遲五百二十五
二十三日遲五百五
二十四日遲四百六十一
二十五日遲三百九十三
二十六日遲三百四
二十七日遲百九十六
二十八日遲七十一

以離程與次相減得進退差後多爲進後少爲退等爲平各列朔弦望盈朒經辰所入日增減率并後率而半之爲通率又二率相減爲率差增者以入變曆日餘減總法餘乘率差總法而一并率差而半之減者半入餘乘率差亦總法而一皆加通率以乘入餘總法除爲經辰變率半之以速減遲加入餘爲轉餘增者以減總法減者因餘皆乘率差總法而一以加通率變法乘之總法除之以速減遲加變率爲定率乃以定率增減遲速積爲定其後無同率亦因前率應增者以通率爲初數半率差而減之應損者即爲通率其曆率損益入餘進退日者分爲二日隨餘初末如法求之所得并以加減變率爲定七日初千一百九十一末百四十九十四日初千四十二末二百九十八二十一日初八百九十二末四百四十八二十八日初七百四十三末五百九十七各視入餘初數已下爲初已上以初數減之餘爲末各以入變遲速定數速減遲加朔弦望盈朒小餘滿若不足進退其日加其常日者爲盈減其常日者爲朒各爲定大小餘命日如前乃前朔後朔迭相推校盈朒之課據實爲準損不侵朒益不過盈定朔日名與次朔同者大不同者小無中氣者爲閏月

其元日有交加時應見者消息前後一兩月以定大小令虧在晦二弦望亦隨消息月朔盈朒之極不過頻三其或過者觀定小餘近夜半者量之

黃道南斗二十四度三百二十八分牛七度婺女十一度虛十度危十六度營室十八度東壁十度奎十七度婁十三度胃十五度昴十一度畢十六度觜觿二度參九度東井三十度輿鬼四度柳十四度七星七度張十七度翼十九度軫十八度角十三度亢十度氐十六度房五度心五度尾十八度箕十度

冬至之初日躔定在南斗十二度每加十五度二百九十二分小分五依宿度去之各得定氣加時日度各以初日躔差乘定氣小餘總法而一進加退減小餘爲分以減加時度爲氣初夜半度乃日加一度以躔差進加退減之得次日以定朔弦望小餘副之以乘躔差總法而一進加退減其副各加夜半日躔爲加時宿度合朔度即月離也上弦加度九十一度分四百一十七望加度百八十二度分八百三十四下弦加度二百七十三度分千二百五十一訖半其分降一等以同程法得加時月離因天正常朔夜半所入變日及餘定朔有進退日者亦進退一日爲定朔夜半所入累加一日得次日各以夜半入變餘乘進退差總法而一進加退減離程爲定程以定朔弦望小餘乘之總法而一以減加時月離爲夜半月離求次日程法約定程累加之若以定程乘夜刻二百除爲晨分以減定程爲昏分其夜半月離朔後加昏爲昏度望後加晨爲晨度其注曆五乘弦望小餘程法而一爲刻不滿晨前刻者退命算上

辰刻八分二十四

刻分七十二

定氣	晨前刻	黃道去極度
冬至	三十刻	百一十五度三分
小寒	二十九刻五十四分	百一十三度一分
大寒	二十九刻十八分	百一十度七分
立春	二十八刻三十三分	百七度九分
啓蟄	二十七刻三十分	百二度九分
雨水	二十六刻十八分	九十七度三分
春分	二十五刻	九十一度三分
清明	二十三刻五十四分	八十五度三分
穀雨	二十二刻四十二分	七十九度七分
立夏	二十一刻三十九分	七十四度七分
小滿	二十刻五十四分	七十度九分
芒種	二十刻十八分	六十八度五分
夏至	二十刻	六十七度三分
小暑	二十刻十八分	六十八度五分
大暑	二十刻五十四分	七十度九分
立秋	二十一刻三十九分	七十四度七分
處暑	二十二刻四十二分	七十九度七分
白露	二十三刻五十四分	八十五度三分
秋分	二十五刻	九十一度三分
寒露	二十六刻十八分	九十七度三分
霜降	二十七刻三十分	百二度九分
立冬	二十八刻三十三分	百七度九分
小雪	二十九刻十八分	百一十度七分

大雪　二十九刻五十四分　百一十三度一分

定氣	屈伸率	發斂差
冬至	伸一三分	益十六
小寒	伸三七分	益十六
大寒	伸六一分	益二十二
立春	伸九四分	益九
啓蟄	伸十七分半	益七
雨水	伸十一八分	益三
春分	伸十二二分半	損三
清明	伸十一八分	損七
穀雨	伸十七分半	損九
立夏	伸九四分	損二十二
小滿	伸六一分	損十六
芒種	伸三七分	損十六
夏至	屈一三分	益十六
小暑	屈三七分	益十六
大暑	屈六一分	益二十二
立秋	屈九四分	益九
處暑	屈十七分半	益七
白露	屈十一八分	益三
秋分	屈十二二分半	損三
寒露	屈十一八分	損七
霜降	屈十七分半	損九
立冬	屈九四分	損二十二
小雪	屈六一分	損十六
大雪	屈三七分	損十六

置其氣屈伸率各以發斂差損益之爲每日屈伸率差滿十從分分滿十爲率各累計其率爲刻分百八十乘之十一乘綱紀除之爲刻差各半之以伸減屈加晨前刻分爲每日晨前定刻倍之爲夜刻以減一百爲晝刻以三十四約刻差爲分分滿十爲度以伸減屈加氣初黃道去極得每日以晝刻乘朞實二百乘總法除爲昏中度以減三百六十五度三百二十八分餘爲旦中度各以加日躔得昏旦中星赤道計之其赤道同太初星距

遊交終率千九十三萬九千三百一十三

奇率三百

約終三萬六千四百六十四奇百十三

交中萬八千二百三十二奇五十六半

交終日二十七餘二百八十四奇百一十三

交中日十三餘八百一十二奇五十六半

虧朔三千一百六奇百八十七

實望萬九千七百八十五奇百五十

後準千五百五十三奇九十三半

前準萬六千六百七十八奇二百六十三

置總實以奇率乘之滿終率去之不滿以奇率約爲入交分加天正常朔小餘得朔汎交分求次朔以虧朔加之因朔求望以實望加之各以朔望入氣盈朒定積盈加朒減之又六十乘遲速定數七百七十七除爲限數以速減遲加爲定交分

其朔月在日道裏者以所入限數減遲速定數餘以速減遲加其定交分而日出道表者爲變交分不出表者依定交分其變交分三時生內者依衞消息以定蝕不

交中已下者爲月在外道已上者去之餘爲月在內道其分如後準已下爲交後分前準已上者反減交中餘爲交前分望則月蝕朔在內道則日蝕百一十二約前後分爲去交時置定朔小餘副之辰率約之以艮巽坤乾爲次命筭外其餘半法已下爲初已上者去之爲末初則因餘末則減法各爲差率月在內道者益去交時十而三除之以乘差率十四而一爲差其朔在二分前後一氣內卽以差爲定近冬至以去寒露雨水近夏至以去清明白露氣數倍之又三除去交時增之近冬至艮巽以加坤乾以減近夏至艮巽以減坤乾以加其差爲定差艮巽加副坤乾減副月在外道者三除去交時數以乘差率十四而一爲差艮坤以減副巽乾以加副爲食定小餘望卽因定望小餘卽所在辰近朝夕者以日出沒刻校前後十二刻半內候之月在外道朔不應蝕夏至初日以二百四十八爲初準去交前後分如初準已下加時在午正前後七刻內者蝕朔去夏至前後每一日損初準二分皆畢於九十四日爲每日變準交分如變準已下加時如前者亦蝕又以末準六十減初準及變準餘以十八約之爲刻準以并午正前後七刻內數爲時準加時準內交分如末準已下亦蝕又置末準每一刻加十八爲差準加時刻去午前後如刻準已上交分如差準已下者亦蝕自秋分至春分去交如末準已下加時巳午未者亦蝕月在內道朔應蝕若在夏至初日以千三百七十三爲初準去交如初準已上加時在午正前後十八刻內者或不蝕夏至前後每日益初準一分半皆畢於九十四日爲每日

變準以初準減變準餘十而一爲刻準以減午正前後十八刻餘爲時準其去交在變準已上加時在準內或不蝕望去交前後定分冬減二百二十四夏減五十四春交後減百交前減二百秋交後減二百交前減百不足減者蝕既有餘者以減後準百四而一得月蝕分朔交月在內道入冬至畢定雨木及秋分畢大雪皆以五百五十八爲蝕差入春分日損六分畢芒種以蝕差減去交分不足減者反減蝕差爲不蝕分其不蝕分自小滿畢小暑加時在午正前後七刻外者皆減一時三刻內者加一時大寒畢立春交前五時外大暑畢立冬交後五時外者皆減一時五時內者加一時諸加時蝕差應減者交後減之交前加之應加者交後加之交前減之不足減者皆既加減入不蝕限者或不蝕月在外道冬至初日無蝕差自後日益六分畢於雨木入春分畢白露皆以五百二十二爲差入秋分日損六分畢大雪以差加去交分爲蝕分以減後準餘爲不蝕分十五約蝕差以百四爲定法其不蝕分如定法得一以減十五餘得日蝕分

歲星總率五十三萬四千四百八十三奇四十五

伏分二萬四千三十一奇七十二半

終日三百九十八餘千一百六十三奇四十五平見入冬至畢小寒均減六日入大寒日損六十七分入春分依平乃日加八十九分入立夏畢小滿均加六日入芒種日損八十九分入夏至畢立秋均加四日入處暑日損百七十八分入白露依平自後日減五十二分入小雪畢大雪均減六日初順百一十四日行十八度五百九分日益遲一分前留二十六日旋退四十二日退六度十二分日益疾二分又退四十二日退六度十二分日益遲二分後留二十五日後順百一十四日行十八度五百九分日益疾一分日盡而夕伏

熒惑總率百四萬五千八十奇六十

伏分九萬七千九十奇三十

終日七百七十九餘千二百二十奇六十

平見入冬至減二十七日自後日損六百三分入大寒日加四百二分入雨水畢穀雨均加二十七日入立夏日損百九十八分入立秋依平入處暑日減百九十八分入小雪畢大雪均減二十七日初順入冬至率二百四十三日行百六十五度乃三日損日度各二小寒初日率二百三十三日行百五十五度乃二日損一入穀雨四日平畢小滿九日率百七十八日行百度乃三日損一夏至初日平畢六日率百七十一日行九十三度乃三日益一入立秋初日百八十四日行百六度乃每日益一入白露初日率二百一十四日行百三十六度乃五日益六入秋分初日率二百三十二日行百五十四度又每日益一入寒露初日率二百四十七日行百六十九度乃五日益三入霜降五日平畢立冬十三日率二百五十九日行百八十一度乃二日損一入冬至復初各依所入常氣平者依率餘皆計日損益爲前疾日度定率其前遲及留退入氣有損益日度者計日損益皆準此法疾行日率入大寒六日損一入春分畢立夏均減十日入小滿三日損所減一畢芒種依平入立秋三日益一入白露畢秋分均加十日入寒露一日半損所加一畢氣盡依平爲變日率疾行度率入大寒畢啓蟄立夏畢夏至大暑畢氣盡霜降畢小雪皆加四度淸明畢穀雨加二度爲變度率初行入處暑減日率六十度率三十入白露畢秋分減日率四十四度率二十二皆爲初遲半度之行盡此日度乃求所減之餘日度率續之爲疾初行入大寒畢大暑差行日益遲一分

其前遲後遲日率既有增損而益遲益疾差分皆檢括前疾末日行分爲前遲初日行分以前遲平行分減之餘爲前遲總差後疾初日行分爲後遲末日行分以後遲初日行分減之餘爲後遲總差相減爲前後別日差分其不滿者皆調爲小分遲疾之際行分衰殺不倫者依此

前遲入冬至率六十日行二十五度先疾日益遲二分入小寒三日損一大寒初日率五十五日行二十度乃三日益一立春初日平畢淸明率六十日行二十五度入穀雨每氣別減一度立夏初日平畢小滿率六十日行二十二度入芒種每氣別益一度夏至初日平畢處暑率六十日行二十五度入白露三日損一秋分初日率六十日行二十五度乃每日益日一三日益度二寒露初日率七十五日行三十度乃每日損日一三日損度一霜降初日率六十日行二十五度乃二日損一度入立冬一日平畢氣盡率六十日行十七度入小雪五日益一度大雪初日率六十日行二十度乃三日益一度入冬至復初前留十三日

前疾減日率一者以其數分益此畱及後遲日率
前疾加日率者以其數分減此畱及後遲日率

旋退西行入冬至初日率六十三日退二十二度乃四日益度一小寒一日率六十三日退二十六度乃三日半損度一立春三日平畢啓蟄率六十三日退十七度乃二日益日度各一雨水八日平畢氣盡率六十七日退二十一度入春分每氣損日度各一大暑初日平畢氣盡率五十八日退十二度立秋初日平畢氣盡率五十七日退十一度乃二日益日一寒露九日平畢氣盡率六十六日退二十度乃二日損一霜降六日平畢氣盡率六十三日退十七度乃三日益一立冬十一日平畢氣盡率六十七日退二十一度乃二日損一入冬至復初後畱冬至初畱十三日乃二日半益一大寒初日平畢氣盡畱二十五日乃二日半損一雨水初日畱十三日乃三日益一清明初日畱二十三日乃日損一清明十日平畢處暑畱十三日乃二日損一秋分十一日無畱乃每日益一霜降初日畱十九日乃三日損一立冬畢大雪畱十三日後遲順六十日行二十五度日益疾二分

前疾加度者此遲依數減之爲定度前疾無加度者此遲入秋分至立冬減三度入冬至減五度後畱定日朒十三日者以所朒日數加此遲日率

後疾冬至初日率二百一十日行百三十二度乃每日損一大寒八日率百七十二日行九十四度乃二日損一啓蟄平畢氣盡率百六十一日行八十三度乃二日益一芒種十四日平畢夏至率二百三十三日行百五十五度乃每日益一大暑初日平畢處暑率二百六十三日行百八十五度乃二日損一秋分一日率二百五十五日行百七十七度乃一日半損一大雪初日率二百五日行百二十七度乃三日益一入冬至復初其入常氣日度之率有損益者計日損益爲後疾定日率度疾行日率其前遲定日朒六十及退行定日朒六十三者皆以所朒日數加疾行定日率前遲定日盈六十退行定日盈六十三後畱定日盈十三者皆以所盈日數減此疾定日率各爲變日率疾行度率其前遲定度朒二十五退行定度盈十七後遲入秋分到冬至減度者皆以所盈朒度數加此疾定率前遲定度盈二十五及退行定度朒十七者皆以所盈朒度數減此疾定度率各爲變度率初行入春分畢穀雨差行日益疾一分初行入立夏畢夏至日行十度六十六日行三十三度小暑畢大暑五十日行二十五度立秋畢氣盡二十日行十度減率續行竝同前盡日度而夕伏

鎭星總率五十萬六千六百二十三奇二十九
伏分二萬二千八百三十一奇六十四半
終日三百七十八餘一百三奇二十九

平見入冬至初減四日乃日益八十九分入大寒畢春分均減八日入清明日損五十九分入小暑初依平自後日加八十九分入白露初加八日自後日損百七十八分入秋分均加四日入寒露日損五十九分入小雪初日依平乃日減八十九分初順八十三日行七度二百九十分日益遲半分前畱三十七日旋退五十一日退二度四百九十一分日益疾少半又退五十一日退二度四百九十一分日益遲少半後畱三十七日後順八十三日行七度二百九十分日益疾半分日盡而夕伏

太白總率七十八萬四千四百四十九奇九
伏分五萬六千二百二十四奇五十四半
終日五百八十三餘千二百二十九奇九
夕見伏日二百五十六
晨見伏日三百二十七餘千二百二十九奇九

夕平見入冬至初依平乃日減百分入啓蟄畢春分均減九日入清明日損百分入芒種依平入夏至日加百分入處暑畢秋分均加九日入寒露日損百分入大雪依平夕順入冬至畢立夏入立秋畢大雪率百七十二日行二百六度入小滿後十日益一度爲定度入白露畢春分差行益遲二分自餘平行夏至畢小暑率百七十二日行二百九度入大暑五日損一度畢氣盡平行入冬至大暑畢氣盡平十三日行十三度入冬至十日損一畢立春入立秋十日益一畢秋分啓蟄畢芒種七日行七度入夏至後五日益一畢於小暑寒露初日率二十三日行二十二度乃六日損一畢小雪順遲四十二日行三十度日益遲八分

前疾加過二百六疾者準數損此度

夕畱七日夕退十日退五度日盡而夕伏晨平見入冬至依平入小寒日加六十七分入立春畢立夏均加三日入小滿日損六十七分入夏至依平入小暑日減六十七分入立秋畢立冬均減三日入小雪日損六十七分晨退十日退五度晨畱七日順遲冬至畢立夏大雪畢氣盡率四十二日行三十度日益疾八分入小滿率十日損一度畢芒種夏至畢寒露率

四十二日行二十七度入霜降每氣益一度畢小雪平行冬至畢氣盡立夏畢氣盡十三日行十三度入小寒後六日益日度各一畢啓蟄小滿後七日損日度各一畢立秋雨水初日率二十三日行二十三度自後六日損日度各一畢穀雨處暑畢寒露無平行入霜降後五日益日度各一畢大雪疾行百七十二日行二百六度前遲行損度不滿三十度者此疾依數益之處暑畢寒露差行日益疾一分自餘平行日盡而晨伏

辰星總率十五萬五千二百七十八奇六十六

伏分二萬二千六百九十九奇三十三

終日百一十五餘千一百七十八奇六十六

夕見伏日五十二

晨見伏日六十三餘千一百七十八奇六十六夕平見入冬至畢清明依平入穀雨畢芒種均減二日入夏至畢大暑依平入立秋畢霜降應見不見

其在立秋霜降氣內夕去日十八度外三十六度內有木火土金星者亦見

入立冬畢大雪依平順疾十二日行二十一度六分日行一度五百三分大暑畢處暑十二日行十七度二分日行一度二百八十分平行七日行七度入大暑後二日損日度各一入立秋無此平行順遲六日行二度四分日行二百二十四分前疾行十七度者無此遲行夕留五日日盡而夕伏晨平見入冬至均減四日入小寒畢大寒依平入立春畢啓蟄均減三日

其在啓蟄氣內去日度如前晨無木火土金星者不見

入雨水畢立夏應見不見

其在立夏氣內去日度如前晨有木火土金星者亦見

入小滿畢寒露依平入霜降畢立冬均加一日入小雪畢大雪依平晨見留五日順遲六日行二度四分日行二百二十四分入大寒畢啓蟄無此遲行平行七日行七度入大寒後二日損日度各一入立春無此平行順疾行十二日行二十一度六分日行一度五百三分前無遲行者十二日行十七度一十分日行一度二百八十分日盡而晨伏各以伏分減總實以總率去之不盡反以減總率如總法爲日天正定朔與常朔有進退者亦進減退加一日乃隨次月大小去之命日筭外得平見所在各半見餘以同半總太白辰星以夕見伏日加之得晨平見各依所入常氣加減日及應計日損益者以損益所加減訖餘以加減平見爲常見又以常見日消息定數之半息減消加常見爲定見日及分置定見夜半日躔半其分以其日躔差乘定見餘總法而一進加退減之乃以其星初見去日度歲星十四太白十一熒惑鎮星辰星十七晨減夕加得初見定辰所在宿度其初見消息定數亦半之以息加消減其星初見行留日率

其歲星鎮星不須加減其加減不滿日者與見通之過半從日乃依行星日度率求初日行分

置見定餘以減半總各以初日行分乘之半總而一順加逆減星初見定辰所在度分得星見後夜半宿度以所行度分順加逆減之其差行益疾益遲者副置初日行分各以其差遲損疾加之留者因前逆則依減以程法約行分爲度分得每日所至求行分者皆以半總乘定度率有分者從之日率除爲平行度分置定日率減一以所差分乘之二而一爲差率以疾減遲加平行爲初日所行度及分中宗反正太史丞南宮說以麟德曆上元五星有入氣加減非合璧連珠之正以神龍元年歲次乙巳故治乙巳元曆推而上之積四十一萬四千三百六十筭得十一月甲子朔夜半冬至七曜起牽牛之初其術有黃道而無赤道推五星先步定合加伏日以求定見佗與淳風術同所異者惟平合加減差既成而睿宗即位罷之

欽定古今圖書集成曆象彙編曆法典

第十二卷目錄

曆法典第十二卷

曆法總部彙考十二

唐二

元宗開元十七年詔頒大衍曆

按唐書元宗本紀不載　按曆志開元九年麟德曆署日蝕比不效詔僧一行作新曆推大衍數立術以應之十五年草成一行卒詔特進張說與曆官陳元景等次爲曆術七篇略例一篇曆議十篇元宗顧訪者則稱制旨明年說表上之起十七年頒於有司時善算瞿曇譔者怨不得預改曆事二十一年與元景奏大衍寫九執曆其術未盡太子右司禦率南宮說亦非之詔侍御史李麟太史令桓執圭較靈臺候簿大衍十得七八麟得纔三四九執一二焉乃罪說等而是否決自太初至麟德曆有二十三家與天雖近未密至一行密矣故詳錄之其說皆足以爲將來折衷略其大要著於篇者十有二其一曆本議曰易天數五地數五五位相得而各有合所以成變化而行鬼神也天數始於一地數始於二合二始以位剛柔天數終於九地數終於十合二終以紀閏餘天數中於五地數中於六合二中以通律曆天有五音所以司日也地有六律所以司辰也參伍相周究於六十聖人以此見天地之心也自五以降爲五行生數自六以往爲五材成數錯而乘之以生數衍成位一六而退極五十而增極一六爲爻位之統五十爲大衍之母成數乘生數其筭六百爲天中之積生數乘成數其筭亦六百爲地中之積合千有二百以五十約之則四象周六爻也二十四約之則太極包四十九用也綜成數約中積皆十五綜生數約中積皆四十兼而爲天地之數以五位取之復得二中之合矣著數之變九六各一乾坤之象也七八各三六子之象也故爻數通乎六十策數行乎二百四十是以大衍爲天地之樞如環之無端蓋律曆之大紀也夫數象微於三四而章於七八卦有三微策有四象故二微之合在始中之際焉著以七備卦以八周故二章之合而在中終之際焉中極居五六間由闢闔之交而在章微之際者人神之極也天地中積千有二百揲之以四爲爻率三百以十位乘之而二章之積三千以五材乘八象爲二微之積四十兼章微之積則氣朔之分母也以三極參之倍六位除之凡七百六十是謂辰法而齊於代軌以十位乘之倍大衍除之凡三百四是謂刻法而齊於德運半氣朔之母千五百二十得天地出符之數因而三之凡四千五百六十當七精返初之會也易始於三微而生一象四象成而後八卦章三變皆剛太陽之象三變皆柔太陰之象一剛二柔少陽之象一柔二剛少陰之象少陽之剛有始有壯有究少陰之柔有始有壯有究兼三才而兩之神明動乎其中故四十九象而大業之用周矣數之德圓故紀之於三而變於七象之德方故紀之以四而變於八人在天地中以閱盈虛之變則閏餘之初而氣朔所虛也以終合通大衍之母虧其地十凡九百四十爲通數終合除之得中率四十九餘十九分之九終歲之弦而斗分復初之朔也地於終極之際虧十而從天所以遠疑陽之戰也夫十九分之九盈九而虛十也乾盈九隱乎龍戰之中故不見其首坤虛十以導潛龍之氣故不見其成周日之朔分周歲之閏分與一章之弦一蔀之月皆合於九百四十蓋取諸中率也一策之分十九而章法生一揲之分七十六而蔀法生一蔀之日二萬七千七百五十七以通數約之凡二十九日餘四百九十九而日月相及於朔此六爻之紀也以卦當歲以爻當月以策當日凡三十二歲而小終二百八十五小終而與卦運大終二百八十五則參伍二終之合也數象既合而遯行之變在乎其間矣所謂遯行者以爻率乘朔餘爲十四萬九千七百以四十九用二十四象虛之復以爻率約之爲四百九十八微分七十五太半則章微之中率也二十四象象有四十九蓍凡千一百七十六故虛遯之數七十三半氣朔之母以三極乘參伍以兩儀乘二十四變因而并之得千六百一十三爲朔餘四揲氣朔之母以八氣九精遯其十七得七百四十三爲氣餘歲八萬九千七百七十三而氣朔會是謂章率歲二億七千二百九十萬九百二十而無小餘合於夜半是謂蔀率歲百六十三億七

千四百五十九萬五千二百而大餘與歲建俱終是謂元率此不易之道也策以紀日象以紀月故乾坤之策三百六十爲日度之準乾坤之用四十九象爲月弦之檢日之一度不盈全策月之一弦不盈全用故策餘萬五千九百四十三則十有二中所盈也用差萬七千一百二十四則十有二朔所虛也綜盈虛之數五歲而再閏中節相距皆當三五弦朢相距皆當二七升降之應發斂之候皆紀之以策而從日者也表裏之行朓朒之變皆紀之以用而從月者也積算曰演紀日法曰通法月氣曰中朔朔實曰揲法歲分曰策實周天曰乾實餘分曰虛分氣策曰三元一元之策則天一遯行也月策曰四象一象之策則朔弦朢相距也五行用事曰發斂候策曰天中卦策曰地中半卦曰貞悔旬周曰爻數小分母曰象統日行曰躔其差曰盈縮積盈縮曰先後古者平朔月朝見曰朒夕見曰朓今以日之所盈縮月之所遲疾損益之或進退其日以爲定朔舒亟之度乃數使然躔離相錯偕以損益故同謂之朓朒月行曰離遲疾曰轉度母曰轉法遲疾有衰其變者勢也月逶迤馴屈行不中道進退遲速不率其常過中則爲速不及中則爲遲積遲謂之屈積速謂之伸陽執中以出令故曰先後陰含章以聽命故曰屈伸日不及中則損之過則益之月不及中則益之過則損之尊卑之用睽而及中之志同觀晷景之進退知軌道之升降軌與晷名舛而義合其差則水漏之所從也總名曰軌漏中晷長短謂之陟降景長則夜短景短則夜長積其陟降謂之消息遊交曰交會交而周曰交終交終不及朔謂之朔差交中不及朢謂之朢差日道表曰陽曆其裏曰陰曆五星見伏周謂之終率以分從日謂之終日其差爲進退其二中氣議曰曆氣始於冬至稽其實蓋取諸晷景春秋傳僖公五年正月辛亥朔日南至以周曆推之入壬子蔀第四章以辛亥一分合朔冬至殷曆則壬子蔀首也昭公二十年二月己丑朔日南至魯史失閏至不在正左氏記之以懲司曆之罪周曆得己丑二分殷曆得庚寅一分殷曆南至常在十月晦則中氣後天也周曆蝕朔差經或二日則合朔先天也傳所據者周曆也緯所據者殷曆也氣合於傳朔合於緯斯得之矣戊寅曆月氣專合於緯麟德曆專合於傳偏取之故兩失之又命曆序以爲孔子修春秋用殷曆使其數可傳於後考其蝕朔不與殷曆合及開元十二年朔差五日矣氣差八日矣上不合於經下不足以傳於後代蓋哀平間治甲寅元曆者託之非古也又漢太史令張壽王說黃帝調曆以非太初有司劾官有黃帝調曆不與壽王同壽王所治乃殷曆也漢自中興以來圖讖漏泄而考靈曜命曆序皆有甲寅元其所起在四分曆庚申元後百一十四歲延光初中謁者亶誦靈帝時五官郎中馮光等皆請用之卒不施行緯所載壬子冬至則其遺術也魯曆南至又先周曆四分日之三而朔後九百四十分日之五十一故僖公五年辛亥爲十二月晦壬子爲正月朔又推日蝕密於殷曆其以閏餘一爲章首亦取合於當時也開元十二年十一月陽城測景以癸未極長較其前後所差則夜半前尚有餘分新曆大餘十九加時九十九刻而皇極戊寅麟德曆皆得甲申以元始曆氣分二千四百四十二爲率推而上之則失春秋辛亥是減分太多也以皇極曆氣分二千四百四十五爲率推而上之雖合春秋而失元嘉十九年乙巳冬至及開皇五年甲戌冬至七年癸未夏至若用麟德曆率二千四百四十七又失春秋己丑是減分太少也故新曆以二千四百四十四爲率而舊所失者皆中矣漢會稽東部尉劉洪以四分疎闊由斗分多更以五百八十九爲紀法百四十五爲斗分減餘太甚是以不及四十年而加時漸覺先天韓翊楊偉劉智等皆稍損益更造新術而皆依讖緯三百歲改憲之文考經之合朔多中較傳之南至則否元始曆以爲十九年七閏皆有餘分是以中氣漸差據渾天二分爲東西之中而晷景不等二至爲南北之極而進退不齊此古人所未達也更因劉洪紀法增十一年以爲章歲而減閏餘十九分之一春秋後五十四年歲在甲寅直應鐘章首與景初曆閏餘皆盡雖減章閏然中氣加時尚差故未合於春秋其斗分幾得中矣後代曆象皆因循元始而損益或過差大抵古曆未減斗分其率自二千五百以上乾象至於元嘉曆未減閏餘其率自三千四百六十以上元始大明至麟德曆皆減分破章其率自二千四百二十九以上較前代史官注記惟元嘉十三年十一月甲戌景長皇極麟德開元曆皆得癸酉蓋日度變常爾祖沖之既失甲戌冬至以爲加時大早增小餘以傳會之而十二年戊辰景長得己巳十七年甲午景長得乙未十八年己亥景長得庚子合一失三其失愈多劉孝孫張胄元因之小餘益彊又

以十六年己丑景長爲庚寅矣治曆者糾合衆同以稽其所異苟獨異焉則失行可知今曲就其一而少者失三多者失五是捨常數而從失行也周建德六年以壬辰景長而麟德開元曆皆得癸巳開皇七年以癸未景短而麟德開元曆皆得壬午先後相戾不可叶也皆日行盈縮使然凡曆術在於常數而不在於變行既叶中行之率則可以兩齊先後之變矣麟德已前實錄所記乃依時曆書之非候景所得又比年候景長短不均由加時有早晏行度有盈縮也自春秋以來至開元十二年冬夏至凡三十一事戊寅曆得十六麟德曆得二十三開元曆得二十四其三合朔議曰日月合度謂之朔無所取之取之蝕也春秋日蝕有甲乙者三十四殷曆魯曆先一日者十三後一日者三周曆先一日者二十二先二日者九其僞可知矣莊公三十年九月庚午朔襄公二十一年九月庚戌朔定公五年三月辛亥朔當以盈縮遲速爲定朔殷曆雖合適然耳非正也僖公五年正月辛亥朔十二月丙子朔十四年三月己丑朔文公元年五月辛酉朔十一年三月甲申晦襄公十九年五月壬辰晦昭公元年十二月甲辰朔二十年二月己丑朔二十三年正月壬寅朔七月戊辰晦皆與周曆合其所記多周齊晉事蓋周王所頒齊晉用之僖公十五年九月己卯晦十六年正月戊申朔成公十六年六月甲午晦襄公十八年十月丙寅晦十一月丁卯朔二十六年三月甲寅朔二十七年六月丁未朔與殷曆魯曆合此非合蝕故仲尼因循時史而所記多宋魯事與齊晉不同可知矣昭公十二年十月壬申朔原輿人逐原伯絞與魯曆周曆皆差一日此丘明卽其所聞書之也僖公二十二年十一月己巳朔宋楚戰於泓周殷魯曆皆先一日楚人所赴也昭公二十年六月丁巳晦衛侯與北宮喜盟七月戊午朔遂盟國人三曆皆先二日衛人所赴也此則列國之曆不可以一術齊矣而長曆日子不在其月則改易閏餘欲以求合故閏月相距近則十餘月遠或七十餘月此杜預所甚繆也夫合朔先天則經書日蝕以糾之中氣後天則傳書南至以明之其在晦二日則原乎定朔以得之列國之曆或殊則稽於六家之術以知之此四者皆治曆之大端而預所未曉故也新曆本春秋日蝕古史交會加時及史官候簿所詳稽其進退之中以立常率然後以日躔月離先後屈伸之變偕損益之故經朔雖得其中而躔離或失其正若躔離各得其度而經朔或失其中則參求累代必有差矣三者迭相爲經若權衡相持使千有五百年間朔必在晝望必在夜其加時又合則三術之交自然各當其正此最微者也若乾度盈虛與時消息告譴於經數之表變常於潛遯之中則聖人且猶不質非籌曆之所能及矣昔人考天事多不知定朔假蝕在二日而常朔之晨月見東方食在晦日則常朔之夕月見西方理數然也而或以爲朓朒變行或以爲曆術疎闊遇常朔朝見則增朔餘夕見則減朔餘此紀曆所以屢遷也漢編訢李梵等又以晦猶月見欲令蔀首先大賈逵曰春秋書朔晦者朔必有朔晦必有晦晦朔必在其月前也先大則一月再朔後月無朔是朔不可必也訢梵等欲諧偶十六日月朓昏晦當滅而已又晦與合朔同時不得異日考逵等所言蓋知之矣晦朔之交始終相際則光盡明生之限度數宜均故合於子正則晦日之朝猶朔日之夕也是以月皆不見若合於午正則晦日之晨猶二日之昏也是以月或皆見若陰陽遲速軌漏加時不同舉其中數率去日十三度以上而月見乃其常也且晦日之光未盡也如二日之明已生也一以爲是一以爲非又常朔進退則定朔之晦二也或以爲變或以爲常是未通於四三交質之論也綜近代諸曆以百萬爲率齊之其所差少或一分多至十數失一分考春秋纔差一刻而百數年間不足成朓朒之異施行未幾旋復疎闊由未知躔離經朔相求耳李業興甄鸞等欲求天驗輒加減月分遷革不已朓朒相戾又未知昏明之限與定朔故也楊偉採乾象爲遲疾陰陽曆雖知加時後天蝕不在朔而未能有以更之也何承天欲以盈縮定朔望小餘錢樂之以爲推交會時刻雖審而月頻三大二小日蝕不唯在朔亦有在晦二者皮延宗又以爲紀首合朔大小餘當盡若每月定之則紀首位盈當退一日便應以故歲之晦爲新紀之首立法之制如爲不便承天乃止虞劇曰所謂朔在會合苟躔次既同何患於頻大也日月相離何患於頻小也春秋日蝕不書朔者八公羊曰二日也穀梁曰晦也左氏曰官失之也劉孝孫推俱得朔日以丘明爲是乃與劉焯皆議定朔爲有司所抑不得行傅仁均始爲定朔而曰晦不東見朔不西朓以爲昏晦當滅亦訢梵之論淳風因循皇極皇極密於麟德以朔餘乘三千四十乃一萬除之就全數得千六百

一十三又以九百四十乘之以三千四十而一得四百九十八秒七十五太彊是爲四分餘率劉洪以古曆斗分太彊久當後天乃先正斗分而後求朔法故朔餘之母煩矣韓翊以乾象朔分太弱久當先天乃先考朔分而後覆求度法故度餘之母煩矣何承天反覆相求使氣朔之母合簡易之率而星數不得同元矣李業興宋景業甄鸞張賓欲使六甲之首衆術同元而氣朔餘分其細甚矣麟德曆有總法開元曆有通法故積歲如月分之數而後閏餘皆盡考漢元光已來史官注記日蝕有加時者凡三十七事麟德曆得五開元曆得二十二其四沒滅略例曰古者以中氣所盈之日爲沒沒分偕盡者爲滅開元曆以中分所盈爲沒朔分所虛爲滅綜終歲沒分謂之策餘終歲滅分謂之用差皆歸於揲易再扐而後掛也其五卦候議曰七十二候原於周公時訓月令雖頗有增益其先後之次則同自後魏始載於曆乃依易軌所傳不合經義今改從古其六卦議曰十二月卦出於孟氏章句其說易本於氣而後以人事明之京氏又以卦爻配朞之日坎離震兌其用事自分至之首皆得八十分日之七十三頤晉井大畜皆五日十四分餘皆六日七分止於占災眚與吉凶善敗之事至於觀陰陽之變則錯亂而不明自乾象曆以降皆因京氏惟天保曆依易通統軌圖自八十有二節五卦初爻相次用事及上爻而與中氣偕終非京氏本旨及七略所傳按郎顗所傳卦皆六日七分不以初爻相次用事齊曆繆矣又京氏減七十三分爲四正之候其說不經欲傳會緯文七日來復而已夫陽精道消靜而無迹不過極其正數至七而通矣七者陽之正也安在益其小餘令七日而後雷動地中乎當據孟氏自冬至初中孚用事一月之策九六七八是爲三十而卦以地六候以天五五六相乘消息一變十有二變而歲復初坎震離兌二十四氣次主一爻其初則二至二分也坎以陰包陽故自北正微陽動於下升而未達極於二月凝涸之氣消坎運終焉春分出於震始據萬物之元爲主於內則羣陰化而從之極於南正而豐大之變窮震功究焉離以陽包陰故自南正微陰生於地下積而未章至於八月文明之質衰離運終焉仲秋陰形於兌始循萬物之末爲主於內羣陽降而承之極於北正而天澤之施窮兌功究焉故陽七之靜始於坎陽九之動始於震陰八之靜始於離陰六之動始於兌故四象之變皆兼六爻而中節之應備矣易爻當日十有二中直全卦之初十有二節直全卦之中齊曆又以節在貞氣在晦非是其七日度議曰古曆日有常度天周爲歲終故係星度於節氣其說似是而非故久而益差虞喜覺之使天爲天歲爲歲乃立差以追其變使五十年退一度何承天以爲太過乃倍其年而反不及皇極取二家中數爲七十五年蓋近之矣考古史及日官候簿以通法之三十九分太爲一歲之差自帝堯演紀之端在虛一度及今開元甲子却三十六度而乾策復初矣日在虛一則鳥火昴虛皆以仲月昏中合於堯典劉炫依大明曆四十五年差一度則冬至在虛危而夏至火已過中矣梁武帝據虞劇曆百八十六年差一度則唐虞之際日在斗牛間而冬至昴尚未中以爲皆承閏後節前月却使然而此經終始一歲之事不容頓有四閏故淳風因爲之說曰若冬至昴中則夏至秋分星火星虛皆在未正之西若以夏至火中秋分虛中則冬至昴在巳正之東互有盈縮不足以爲歲差證是又不然今以四象分天北正元枵中虛九度東正大火中房二度南正鶉火中七星七度西正大梁中昴七度總晝夜刻以約周天命距中星則春分南正中天秋分北正中天冬至之昏西正在午東十八度夏至之昏東正在午西十八度軌漏使然也冬至日在虛一度則春分昏張一度中秋分虛九度中冬至胃二度中昴距星直午正之東十二度夏至尾十一度中心後星直午正之西十二度四序進退不逾午正間而淳風以爲不叶非也又王孝通云如歲差自昴至壁則堯前七千餘載冬至日應在東井井極北故暑斗極南故寒寒暑易位必不然矣所爲歲差者日與黃道俱差也假冬至日躔大火之中則春分黃道交於虛九而南至之軌更出房心外距赤道亦二十四度設在東井差亦如之若日在東井猶去極最近表景最短則是分至常居其所黃道不遷日行不退又安得謂之歲差乎孝通及淳風以爲冬至日在斗十三度昏東壁中昴在巽維之左向明之位非無星也水星昏正可以爲仲冬之候何必援昴於始覿之際以惑民之視聽哉夏后氏四百三十二年日却差五度太康十二年戊子歲冬至應在女十一度書曰乃季秋月朔辰弗集於房劉炫曰房所舍之次也集會也會合也不合則日蝕可知或以房爲房星知不然者且日之所在正可推而知之君

子愼疑寧當以日在之宿爲文近代善曆者推仲康時九月合朔已在房星北矣按古文集與輯義同日月嘉會而陰陽輯睦則陽不疚乎位以常其明陰亦含章示沖以隱其形若變而相傷則不輯矣房者辰之所次星者所次之名其揆一也又春秋傳辰在斗柄天策焞焞降婁之初辰尾之末君子言之不以爲繆何獨愼疑於房星哉新曆仲康五年癸巳歲九月庚戌朔日蝕在房二度炫以五子之歌仲康當是其一肇位四海復修大禹之典其五年羲和失職則王命徂征虞劇以爲仲康元年非也國語單子曰辰角見而雨畢天根見而水涸本見而草木節解駟見而隕霜火見而淸風戒寒韋昭以爲夏后氏之令周人所因推夏后氏之初秋分後五日日在氐十三度龍角盡見時雨可以畢矣又先寒露三日天根朝覿時訓爰始收潦而月令亦云水涸後寒露十日日在尾八度而本見又五日而駟見故隕霜則蟄蟲墐戶鄭康成據當時所見謂天根朝見在季秋之末以月令爲謬韋昭以仲秋水始涸天根見乃竭皆非是霜降六日日在尾末火星初見營室昏中於是始脩城郭宮室故時儆曰營室之中土功其始火之初見期於司理麟德曆霜降後五日火伏小雪後十日晨見至大雪而後定星中日且南至冰壯地坼又非土功之始也夏曆十二次立春日在東壁三度於太初星距壁一度太也顓頊曆上元甲寅歲正月甲寅晨初合朔立春七曜皆直艮維之首蓋重黎受職於顓頊九黎亂德二官咸廢帝堯復其子孫命掌天地四時以及虞夏故本其所由生命曰顓頊其實夏曆也湯作

殷曆更以十一月甲子合朔冬至爲上元周人因之距羲和千祀昏明中星率差半次夏時直月節者皆當十有二中故因循夏令其後呂不韋得之以爲秦法更考中星斷取近距以乙卯歲正月己巳合朔立春爲上元洪範傳曰曆紀始於顓頊上元太始閼蒙攝提格之歲畢陬之月朔日己巳立春七曜俱在營室五度是也秦顓頊曆元起乙卯漢太初曆元起丁丑推而上之皆不值甲寅猶以日月五緯復得上元本星度故命曰閼蒙攝提格之歲而實非甲寅夏曆章蔀紀首皆在立春故其課中星揆斗建與閏餘之所盈縮皆以十有二節爲損益之中而殷周漢曆章蔀紀首皆直冬至故其名察發斂亦以中氣爲主此其異也夏小正雖頗疎簡失傳乃羲和遺迹何承天循大戴之說復用夏時更以正月甲子夜半合朔雨水爲上元進乖夏曆退非周正故近代推月令小正者皆不與古合開元曆推夏時立春日在營室之末昏東井二度中古曆以參右肩爲距方當南正故小正曰正月初昏斗杓懸在下魁枕參首所以著參中也季春在昴十一度半去參距星十八度故曰三月參則伏立夏日在井四度昏角中南門右星入角距西五度其左星入角距東六度故曰四月初昏南門正昴則見五月節日在輿鬼一度半參去日道最遠以渾儀度之參體始見其肩股猶在濁中房星正中故曰五月參則見初昏大火中八月參中則曙失傳也辰伏則參見非中也十月初昏南門見亦失傳也定星方中則南門伏非昏見也商六百二十八年日却差八度太甲二年壬午歲冬至應在女六度國語

曰武王伐商歲在鶉火月在天駟日在析木之津辰在斗柄星在天黿舊說歲在己卯推其朏魄迺文王崩武王成君之歲也其明年武王卽位新曆孟春定朔丙辰於商爲二月故周書曰維王元祀二月丙辰朔武王訪於周公竹書十一年庚寅周始伐商而管子及家語以爲十二年蓋通成君之歲也先儒以文王受命九年而崩至十年武王觀兵盟津十三年復伐商推元祀二月丙辰朔距伐商日月不爲相距四年所說非是武王十年夏正十月戊子周師始起於歲差日在箕十度則析木津也晨初月在房四度於易雷乘乾曰大壯房心象焉心爲乾精而房升陽之駟也房與歲星實相經緯以屬靈威仰之神后稷感之以生故國語曰月之所在辰馬農祥我祖后稷之所經緯也又三日得周正月庚寅朔日月會南斗一度故曰辰在斗柄壬辰辰星夕見在南斗二十度其明日武王自宗周次於師所凡月朔而未見曰死魄夕而成光則謂之朏朏或以二日或以三日故武成曰維一月壬辰旁死魄翌日癸巳王朝步自周于征伐商是時辰星與周師俱進由建星之末歷牽牛須女涉顓頊之虛戊午師渡盟津而辰星伏於天黿辰星叶光紀之精所以告顓頊而終水行之運且木帝之所繇生也故國語曰星與日辰之位皆在北維顓頊之所建也帝嚳受之我周氏出自天黿及析木有建星牽牛焉則我皇妣太姜之姪伯陵之後逄公之所憑神也是歲歲星始及鶉火其明年周始革命歲又退行旅於鶉首而後進及鳥帑所以返復其道經緯周室鶉火直軒轅之虛以爰稼穡稷星繫焉而成

周之大萃也鶉首當山河之右太王以興后稷封焉而宗周之所宅也歲星與房實相經緯而相距七舍木與水代終而相及七月故國語曰歲之所在則我有周之分也自鶉及駟七列南北之揆七月其二月戊子朔哉生明王自克商還至於酆於周爲四月新曆推定望甲辰而乙巳旁之故武成曰維四月既旁生魄粵六日庚戌武王燎於周廟麟德曆周師始起歲在降婁月宿天根日躔心而合辰在尾水星伏於星紀不及天黿又周書革命六年而武王崩管子家語以爲七年蓋通克商之歲也周公攝政七年二月甲戌朔己丑望後六日乙未三月定朔甲辰三日丙午故召誥曰惟二月既望越六日乙未王朝步自周至於酆三月惟丙午朏越三日戊申太保朝至於洛其明年成王正位三十年四月己酉朔甲子哉生魄故書曰惟四月哉生魄甲子作顧命康王十二年歲在乙酉六月戊辰朔三日庚午故畢命曰惟十有二年六月庚午朏越三日壬申王以成周之衆命畢公自伐紂及此五十六年朏魄日名上下無不合而三統曆以己卯爲克商之歲非也夫有效於古者宜合於今三統曆自太初至開元朔後天三日推而上之以至周初先天失之蓋益甚焉是以知合於歆者必非克商之歲自宗周訖春秋之季日卻差八度康王十一年甲申歲冬至應在牽牛六度周曆十二次星紀初南斗十四度於太初星距斗十七度少也古曆分率簡易歲久輒差達曆數者隨時遷革以合其變故三代之興皆揆測天行考正星次爲一代之制正朔既革而服色從之及繼體守文疇人代嗣則謹循先王舊制焉國語曰農祥晨正日月底於天廟土乃脈發先時九日太史告稷曰自今至於初吉陽氣俱蒸土膏其動弗震不渝脈其滿眚穀乃不殖周初先立春九日日至營室古曆距中九十一度是日晨初大火正中故曰農祥晨正日月底於天廟也於易象升氣究而臨受之自冬至後七日乾精始復及大寒地統之中陽洽於萬物根柢而與萌芽俱升木在地中之象升氣已達則當推而大之故受之以臨於消息龍德在田得地道之和澤而動於地中升陽憤盈土氣震發故曰自今至於初吉陽氣俱蒸土膏其動又先立春三日而小過用事陽好節止於內動作於外矯而過正然後返求中焉是以及於艮維則山澤通氣陽精闢戶甲拆之萌見而莩穀之際離故曰不震不渝脈其滿眚穀乃不殖君子之道必擬之而後言豈億度而已哉韋昭以爲日及天廟在立春之初非也於麟德曆則又後立春十五日矣春秋桓公五年秋大雩傳曰書不時也凡祀啓蟄而郊龍見而雩周曆立夏日在觜觿二度於軌漏昏角一度中蒼龍畢見然則當在建巳之初周禮也至春秋時日已潛退五度節前月卻猶在建辰月令以爲五月者呂氏以顓頊曆芒種亢中則龍以立夏昏見不知有歲差故雩祭失時然則唐禮當以建巳之初農祥始見而雩若據麟德曆以小滿後十三日則龍角過中爲不時矣傳曰凡土功龍見而畢務戒事火見而致用水昏正而栽日至而畢十六年冬城向十有一月衛侯朔出奔齊冬城向書時也以歲差推之周初霜降日在心五度角亢晨見立冬火見營室中後七日水星昏正可以興板幹故祖沖之以爲定之方中直營室八度是歲九月六日霜降二十一日立冬十月之前水星昏正故傳以爲得時杜氏據晉曆小雪後定星乃中季秋城向似爲太早因曰功役之事皆總指天象不與言曆數同引詩云定之方中乃未正中之辭非是麟德曆立冬後二十五日火見至大雪後營室乃中而春秋九月書時不已早乎大雪周之孟春陽氣靜復以繕城隍治宮室是謂發天地之房方於立春斷獄所失多矣然則唐制宜以元枵中天興土功僖公五年晉侯伐虢卜偃曰克之童謠云丙之辰龍尾伏辰袀服振振取虢之旂鶉之賁賁天策焞焞火中成軍其九月十月之交乎丙子旦日在尾月在策鶉火中必是時策入尾十二度新曆是歲十月丙子定朔日月合尾十四度於黃道日在古曆尾而月在策故曰龍尾伏辰於古距張中而曙直鶉火之末始將西降故曰賁賁昭公七年四月甲辰朔日蝕士文伯曰去衞地如魯地於是有災魯實受之新曆是歲二月甲辰朔入常雨水後七日在奎十度周度爲降婁之始則魯衞之交也自周初至是已退七度故入雨水七日方及降婁雖日度潛移而周禮未改其配神主祭之宿宜書於建國之初淳風駁戊寅曆曰漢志降婁初在奎五度今曆日蝕在降婁之中依無歲差法食於兩次之交是又不然議者曉十有二次之所由生然後可以明其得失且劉歆等所定辰次非能有以覩陰陽之跡而得於鬼神各據當時中節星度耳歆以太初曆冬至日在牽牛前五度故降婁直東壁八度李業興正光曆冬至在牽牛前十二度故

降婁退至東壁三度及祖沖之後以爲日度漸差則當據列宿四正之中以定辰矣不復繫於中節淳風以冬至常在斗十三度則當以東壁二度爲降婁之初安得守漢曆以駁仁均耶又三統曆昭公二十年己丑日南至與麟德及開元曆同然則入雨水後七日亦入降婁七度非魯衛之交也三十一年十二月辛亥朔日蝕史墨曰日月在辰尾庚午之日日始有謫開元曆是歲十月辛亥朔入立冬五日日在尾十三度於古距辰尾之初麟德曆日在心三度於黃道退直於房矣哀公十二年冬十有二月螽開元曆推置閏當在十一年春至十二年冬失閏已久是歲九月己亥朔先寒露三日於定氣日在亢五度去心近一次火星明大尚未當伏至霜降五日始潛日下乃月令蟄蟲咸俯則火辰未伏當在霜降前雖節氣極晚不得十月昏見故仲尼曰丘聞之火伏而後蟄者畢今火猶西流司曆過也方夏后氏之初八月辰伏九月內火及霜降之後火已朝覿東方距春秋之季千五百餘年乃云火伏而後蟄者畢向使冬至常居其所則仲尼不得以西流未伏明是九月之初也自春秋至今又千五百歲麟德曆以霜降後五日日在氐八度房心初伏定增二日以月蝕衝校之猶差三度閏餘稍多則建亥之始火猶見西方向使宿度不移則仲尼不得以西流未伏明非十月之候也自羲和以來火辰見伏三紀厥變然則丘明之記欲令後之作者參求微象以探仲尼之旨是歲失閏寖久季秋中氣後天三日比及明年仲冬又得一閏寤仲尼之言補正時曆而十二月猶可以螽至哀公十四年五月庚申朔日蝕以開元曆考之則日蝕前又增一閏魯曆正矣長曆自哀公十年六月迄十四年二月纔置一閏非是戰國及秦日却退三度始皇十七年辛未歲冬至應在斗二十二度秦曆上元正月己巳朔晨初立春日月五星俱起營室五度蔀首日名皆直四孟假朔退十五日則閏在正月前朔進十五日則閏在正月後是以十有二節皆在盈縮之中而晨昏宿度隨之以顓頊曆依月令自十有二節推之與不韋所記合而潁子嚴之倫謂月令晨昏距宿當在中氣致雩祭太晚自乖左氏之文而杜預又據春秋以月令爲否皆非是梁大同曆夏后氏之初冬至日在牽牛初以爲明堂月令乃夏時之記據中氣推之不合更以中節之間爲正迺稍相符不知進在節初自然契合自秦初及今又且千歲節初之宿皆當中氣淳風因爲說曰今孟春中氣日在營室昏明中星與月令不殊按秦曆立春日在營室五度麟德曆以啓蟄之日迺至營室其昏明中宿十有二建以爲不差妄矣古曆冬至昏明中星去日九十二度春分秋分百度夏至百一十八度率一氣差三度九日差一刻秦曆十二次立春在營室五度於太初星距危十六度少也昏畢八度中月令參中謂肩股也晨星八度中月令尾中於太初星距尾也仲春昏東井十四度中月令弧中弧星入東井十八度晨南斗二度中月令建星中於太初星距西建也甄耀度及魯曆南方有狼弧無東井鬼北方有建星無南斗井斗度長弧建度短故以正昏明云古曆星度及漢洛下閎等所測其星距遠近不同然二十八宿之體不異古以牽牛上星爲距太初改用中星入古曆牽牛太半度於氣法當三十二分日之二十一故洪範傳冬至日在牽牛一度減太初星距二十一分直南斗二十六度十九分也顓頊曆立春起營室五度冬至在牽牛一度少洪範傳冬至所起無餘分故立春在營室四度太祖沖之自營室五度以太初星距命之因云秦曆冬至日在牽牛六度虞劇等襲沖之之誤爲之說云夏時冬至日在斗末以歲差考之牽牛六度乃顓頊之代漢時雖覺其差頓移五度故冬至還在牛初按洪範古今星距僅差四分之三皆起牽牛一度劇等所說亦非是魯宣公十五年丁卯歲顓頊曆第十三蔀首與麟德曆俱以丁巳平旦立春至始皇三十三年丁亥凡三百八十歲得顓頊曆壬申蔀首是歲秦曆以壬申寅初立春而開元曆與麟德曆俱以庚午平旦差二日日當在南斗二十二度古曆後天二日又增二度然則秦曆冬至定在午前二度氣後天二日日不及天二度微而難覺故呂氏循用之及漢與張蒼等亦以爲顓頊曆此五家疏闊中最近密今考月蝕衝則開元冬至上及牛初正差一次淳風以爲古術疏舛雖弦望昏明差天十五度而猶不知又引呂氏春秋黃帝以仲春乙卯日在奎始奏十二鍾命之曰咸池至今三千餘年而春分亦在奎反謂秦曆與今不異按不韋所記以其月令孟春在奎謂黃帝之時亦在奎猶淳風曆冬至斗十三度因謂黃帝時亦在建星耳經籍所載合於歲差者淳風皆不取而專取於呂氏春秋若謂十二紀可以爲正則立春在營室五度固當不易安得頓移使當啓蟄之節此

又其所不思也漢四百二十六年日却差五度景帝中元三年甲午歲冬至應在斗二十一度太初元年三統曆及周曆皆以十一月夜半合朔冬至日月俱起牽牛一度古曆與近代密率相較二百年氣差一日三百年朔差一日推而上之久益先天引而下之久益後天僖公五年周曆正月辛亥朔餘四分之一南至以歲差推之日在牽牛初至宣公十一年癸亥周曆與麟德曆俱以庚戌日中冬至而月朔尚先麟德曆十五辰至昭公二十年己卯周曆以正月己丑朔日中南至麟德曆以己丑平旦冬至哀公十一年丁巳周曆入己酉蔀首麟德曆以戊申禺中冬至惠王四十三年己丑周曆入丁卯蔀首麟德曆以乙丑日昳冬至呂后八年辛酉周曆入乙酉蔀首麟德曆以壬午黃昏冬至其十二月甲申人定合朔太初元年周曆以甲子夜半合朔冬至麟德曆以辛酉禺中冬至十二月癸亥晡時合朔氣差三十二辰朔差四辰此疏密之大較也僖公五年周曆漢曆唐曆皆以辛亥南至後五百五十餘歲至太初元年周曆漢曆皆得甲子夜半冬至唐曆皆以辛酉則漢曆後天三日矣祖沖之張胄玄促上章歲至太初元年沖之以癸亥雞鳴冬至而胄玄以癸亥日出欲令合於甲子而適與魯曆相會自此推僖公五年魯曆以庚戌冬至而二家皆以甲寅且僖公登觀臺以望而書雲物出於表晷天驗非時史億度乖在明正時之意以就劉歆之失今考麟德元年甲子唐曆皆以甲子冬至而周曆漢曆皆以庚午然則自太初下至麟德差四日自太初上及僖公差三日不足疑也以歲差考太初元年辛酉冬至加時日在斗二十三度漢曆氣後天三日而日先天三度所差尚少故洛下閎等雖候昏明中星步日所在猶未覺其差然洪範太初所揆冬至昏奎八度中夏至昏氐十三度中依漢曆冬至日在牽牛初太半度以昏距中命之奎十一度中夏至房一度中此皆閎等所測自差三度則劉向等殆已知太初冬至不及天三度矣及永平中治曆者考行事史官注日常不及太初曆五度然諸儒守讖緯以爲當在牛初故賈逵等議石氏星距黃道規牽牛初直斗二十度於赤道二十一度也尚書考靈耀斗二十二度無餘分冬至日在牽牛初無牽牛所起文編訢等據今日所去牽牛中星五度於斗二十一度四分一與考靈耀相近遂更曆從斗二十一度起然古曆以斗魁首爲距至牽牛爲二十二度未聞移牽牛六度以就太初星距也逵等以末學僻於所傳而昧天象故以權誣之而後聽從他術以爲日在牛初者由此遂黜今歲差引而退之則辛酉冬至日在斗二十度合於密率而有驗於今推而進之則甲子冬至日在斗二十四度昏奎八度中而有證於古其虛退之度又適及牽牛之初而沖之雖促減氣分冀符漢曆猶差六度未及於天而麟德曆冬至不移則昏中向差半次淳風以爲太初元年得本星度日月合璧俱起建星賈逵考曆亦云古曆冬至皆起建星兩漢冬至日皆後天故其宿度多在斗末今以儀測建星在斗十三四度間自古冬至無差審矣按古之六術竝同四分四分之法久則後天推古曆之作皆在漢初却較春秋朔竝先天則非三代之前明矣古曆南斗至牽牛上星二十一度入太初星距四度上直西建之初故六家或以南斗命度或以建星命度方周漢之交日已潛退其襲春秋舊曆者則以爲在牽牛之首其考當時之驗者則以爲入建星度中然氣朔前後不逾一日故漢曆冬至當在斗末以爲建星上得太初本星度此其明據也四分法雖疏而先賢謹於天事其遷革之意俱有效於當時故太史公等觀二十八宿疏密立晷儀下漏刻以稽晦朔分至躔離弦望其赤道遺法後世無以非之故雜候清臺太初最密若當時日在建星已直斗十三度則壽王調曆宜允得其中豈容頓差一氣而未知其謬不能觀乎時變而欲厚誣古人也後百餘歲至永平十一年以麟德曆較之氣當後天二日半朔當後天半日是歲四分曆得辛酉蔀首已減太初曆四分日之三定後天二日太半開元曆以戊午禺中冬至日在斗十八度半弱潛退至牛前八度進至辛酉夜半日在斗二十一度半弱續漢志云元和二年冬至日在斗二十一度四分之一是也祖沖之曰四分曆立冬景長一丈立春九尺六寸冬至南極日晷最長二氣去至日數既同則中景應等而相差四寸此冬至後天之驗也二氣中景日差九分半弱進退調均略無盈縮各退二日十二刻則景皆九尺八寸以此推冬至後天亦二日十二刻矣東漢晷漏定於永元十四年則四分法施行後十五歲也二十四氣加時進退不等其去午正極遠者四十九刻有餘日中之晷頗有盈縮故治曆者皆就其中率以午正言之而開元曆所推氣及日度皆直子半之始其未及日中尚五十刻

因加二日十二刻正得二日太半與沖之所筭及破章二百年間輒差一日之數皆合自漢時辛酉冬至以後天之數減之則合於今曆歲差斗十八度自今曆戊午冬至以後天之數加之則合於賈逵所測斗二十一度反復僉同而淳風冬至常在斗十三度豈當時知不及牽牛五度而不知過建星八度耶晉武帝太始三年丁亥歲冬至日當在斗十六度晉用魏景初曆其冬至亦在斗二十一度少太元九年姜岌更造三紀術退在斗十七度曰古曆斗分彊故不可施於今乾象斗分細故不可通於古景初雖得其中而日之所在乃差四度合朔虧盈皆不及其次假月在東井一度蝕以日檢之乃在參六度岌以月蝕衝知日度由是躔次遂正爲後代治曆者宗宋文帝時何承天上元嘉曆曰四分景初曆冬至日在斗二十一度臣以月蝕檢之則今應在斗十七度又土圭測二至晷差三日有餘則天之南至日在斗十三四度矣事下太史考驗如承天所上以開元曆考元嘉十年冬至日在斗十四度與承天所測合大明八年祖沖之上大明曆冬至日在斗十一度開元曆應在斗十三度梁天監八年沖之子員外散騎侍郎暅之上其家術詔太史令將作大匠道秀等較之上距大明又五十年日度益差其明年閏月十六日月蝕在虛十度日應在張四度承天曆在張六度沖之曆在張二度大同九年虞劆等議姜岌何承天俱以月蝕衝步日所在承天雖移及三度然其冬至亦上岌三日承天在斗十三四度而岌在十十七度其實非移祖沖之謂爲實差以推今冬至日在斗九度用求中星不合自岌至今將二百年而冬至在斗十二度然日之所在難知驗以中星則漏刻不定漢世課昏明中星爲法已淺今候夜半中星以求日衝近於得密而水有清濁壺有增減或積度所擁故漏有遲疾臣等頻夜候中星而前後相差或至三度大略冬至遠不過斗十四度近不出十度又以九年三月十五日夜半月在房四度蝕九月十五日夜半月在昴三度蝕以其衝計冬至皆在斗十二度自姜岌何承天所測下及大同日已却差二度而淳風以爲晉宋已來三百餘歲以月蝕衝考之固在斗十三四度間非矣劉孝孫甲子元曆推太初冬至在牽牛初下及晉太元宋元嘉皆在斗十七度開皇十四年在斗十三度而劉焯曆仁壽四年冬至日在黃道斗十度於赤道斗十一度也其後孝孫改從焯法而仁壽四年冬至日亦在斗十度焯卒後胄玄以其前曆上元起虛五度推漢太初猶不及牽牛乃更起虛七度故太初在斗二十三度永平在斗二十一度並與今曆合而仁壽四年冬至在斗十三度以驗近事又不逮其前曆矣戊寅曆太初元年辛酉冬至進及甲子日在牽牛三度永平十一年得戊午冬至進及辛酉在斗二十六度至元嘉中氣上景初三日而冬至猶在斗十七度欲以求合反更失之又曲循孝孫之論而不知孝孫已變從皇極故爲淳風等所駁歲差之術由此不行以太史注記月蝕衝考日度麟德元年九月庚申月蝕在婁十度至開元四年六月庚申月蝕在牛六度較麟德曆率差三度則今冬至定在赤道斗十度又皇極曆歲差皆自黃道命之其每歲周分常當南至之軌與赤道相較所減尤多計黃道差二十六度赤道差四十餘度雖每歲遯之不足爲過然立法之體宜盡其原是以開元曆皆自赤道推之乃以今有術從變黃道其八日躔盈縮略例曰北齊張子信積候合蝕加時覺日行有入氣差然損益未得其正至劉焯立盈縮躔衰術與四象升降麟德曆因之更名躔差凡陰陽往來皆馴積而變日南至其行最急急而漸損至春分及中而後遲迨日北至其行最舒而漸益之以至秋分又及中而後益急急極而寒若舒極而燠若及中而雨暘之氣交自然之數也焯術於春分前一日最急後一日最舒秋分前一日最舒後一日最急舒急同於二至而中間一日平行其說非是當以二十四氣晷景考日躔盈縮而密於加時其九

九道議曰洪範傳云日有中道月有九行中道謂黃道也九行者青道二出黃道東朱道二出黃道南白道二出黃道西黑道二出黃道北立春春分月東從青道立夏夏至月南從朱道立秋秋分月西從白道立冬冬至月北從黑道漢史官舊事九道術廢久劉洪頗採以著遲疾陰陽曆然本以消息爲奇而術不傳推陰陽曆交在冬至夏至則月行青道白道所交則同而出入之行異故青道至春分之宿及其所衝皆在黃道正東白道至秋分之宿及其所衝皆在黃道正西若陰陽曆交在立春立秋則月循朱道黑道所交則同而出入之行異故朱道至立夏之宿及其所衝皆在黃道西南黑道至立冬之宿及其所衝皆在黃道東北若陰陽曆交在春分秋分之宿則月行朱道黑道所交則同而出入之行異故朱道至夏至

之宿及其所衡皆在黃道正南黑道至冬至之宿及其所衡皆在黃道正北若陰陽曆交在立夏立冬則月循青道白道所交則同而出入之行異故青道至立春之宿及其所衡皆在黃道東南白道至立秋之宿及其所衡皆在黃道西北其大紀皆兼二道而實分主八節合於四正四維按陰陽曆中終之所交則月行正當黃道去交七日其行九十一度齊於一象之率而得八行之中八行與中道而九是謂九道凡八行正於春秋其去黃道六度則交在冬夏正於冬夏其去黃道六度則交在春秋易九六七八迭爲終始之象也乾坤定位則八行各當其正及其寒暑相推晦朔相易則在南者變而居北在東者徙而爲西屈伸消息之象也黃道之差始自春分秋分赤道所交前後各五度爲限初黃道增多赤道二十四分之十二每限損一極九限數終於四率赤道四十五度而黃道四十八度至四立之際一度少彊依平復從四起初限五度赤道增多黃道二十四分之四每限益一極九限而止終於十二率赤道四十五度而黃道四十二度復得冬夏至之中矣月道之差始自交初交中黃道所交亦距交前後五度爲限初限月道增多黃道四十八分之十二每限損一極九限而止數終於四率黃道四十五度而月道四十六度半乃一度彊依平復從四起初限五度月道差少黃道四十八分之四每限益一極九限而止終於十二率黃道四十五度而月道四十三度半至陰陽曆二交之半矣凡近交初限增十二分者至半交末限減十二分去交四十六度得損益之平率夫日行與歲差偕遷月行隨交限而變遯伏相消朓朒相補則九道之數可知矣其月道所交與二分同度則赤道黑道近交初限黃道增二十四分之十二月道增四十八分之十二至半交之末其減亦如之故九限之際黃道差三度月道差一度半蓋損益之數齊也若所交與四立同度則黃道在損益之中月道差四十八分之十二月道至損益之中黃道差二十四分之十二於九限之際黃道差三度月道差四分度之三皆朓朒相補也若所交與二至同度則青道白道近交初限黃道減二十四分之十二月道增四十八分之十二至半交之末黃道增二十四分之十二月道減四十八分之十二於九限之際黃道與月道差同蓋遯伏相消也日出入赤道二十四度月出入黃道六度相距則四分之一故於九道之變以四立爲中交在二分增四分之一而與黃道度相半在二至減四分之一而與黃道度正均故推極其數引而伸之每氣移一候月道所差增損九分之一七十二候而九道究矣凡月交一終退前所交一度及餘八萬九千七百七十三分度之四萬二千五百三少半積二百二十一月及分七千七百五十三而交道周天矣因而半之將九年而九道終以四象考之各據合朔所交入七十二候則其八道之行也以朔交爲交初望交爲交中若交初在冬至初候而入陰曆則行青道又十三日七十六分日之四十六至交中得所衡之宿變入陽曆亦行青道若交初入陽曆則白道也故考交初所入而周天之度可知若望交在冬至初候則減十三日四十六分視大雪初候陰陽曆而正其行也其十晷漏中星略例曰日行有南北晷漏有長短然二十四氣晷差徐疾不同者句股使然也直規中則差遲與句股數齊則差急隨辰極高下所遇不同如黃道刻漏此乃數之淺者近代且猶未曉今推黃道去極與晷景漏刻昏距中星四術反覆相求消息同率旋相爲中以合九服之變其十一日蝕議曰小雅十月之交朔日辛卯虞鄺以曆推之在幽王六年開元曆定交分四萬三千四百二十九入蝕限加時在晝交會而蝕數之常也詩云彼月而食則維其常此日而食云何不臧日君道也無朏魄之變月臣道也遠日益明近日益虧望與日軌相會則徙而浸遠遠極又徙而近交所以著臣人之象也望而正於黃道是謂臣干君明則陽斯蝕之矣朔而正於黃道是謂臣壅君明則陽爲之蝕矣且十月之交於曆當蝕君子猶以爲變詩人悼之然則古之太平日不蝕星不孛蓋有之矣若過至未分月或變行而避之或五星潛在日下禦侮而救之或涉交數淺或在陽曆陽盛陰微則不蝕或德之休明而有小眚焉則天爲之隱雖交而不蝕此四者皆德教之所由生也四序之中分同道至相過交而有蝕則天道之常如劉歆賈逵皆近古大儒豈不知軌道所交朔望同術哉以日蝕非常故闕而不論黃初已來治曆者始課日蝕疏密及張子信而益詳劉焯張胄元之徒自負其術謂日月皆可以密率求是專於曆紀者也以戊寅麟德曆推春秋日蝕大最皆入蝕限於曆應蝕而春秋不書者尚多則日蝕必在交限其入限者不必盡蝕開元十二年七月戊午朔於曆當蝕半彊自交趾至於朔

方候之不蝕十三年十二月庚戌朔於曆當蝕大半時東封泰山還次梁宋間皇帝徹膳不舉樂不蓋素服日亦不蝕時羣臣與八荒君長之來助祭者降物以需不可勝數皆奉壽稱慶肅然神服雖筭術乖舛不宜如此然後知德之動天不俟終日矣若因開元二蝕曲變交限而從之則差者益多自開元治曆史官每歲較節氣中晷因檢加時小餘雖大數有常然亦與時推移每歲不等晷變而長則日行黃道南晷變而短則日行黃道北行而南則陰曆之交也或失行而北則陽曆之交也或失日在黃道之中且猶有變况月行九道乎杜預云日月動物雖行度有大量不能不小有盈縮故有雖交會而不蝕者或有頻交而蝕者是也故較曆必稽古史虧蝕深淺加時朓朒陰陽其數相叶者反覆相求由曆數之中以合辰象之變觀辰象之變反求曆數之中類其所同而中可知矣辨其所異而變可知矣其循度則合於曆失行則合於占占道順成常執中以追變曆道逆數常執中以俟變知此之說者天道如視諸掌略例曰舊曆考日蝕淺深皆自張子信所傳云積候所得而未曉其然也以圓儀度日月之徑乃以月徑之半減入交初限一度半餘爲闇虛半徑以月去黃道每度差數令二徑相掩以驗蝕分以所入日遲疾乘徑爲泛所用刻數大率去交不及三度卽月行沒在闇虛皆入既限又半日月之徑減春分入交初限相去度數餘爲斜射所差乃考差數以立既限而優游進退於二度中間亦令二徑相掩以知日蝕分數月徑踰既限之南則雖在陰曆而所虧類同外道斜望使然也既限之外應向外蝕外道交分準用此例以較古今日蝕四十三事月蝕九十九事課皆第一使日蝕皆不可以常數求則無以稽曆數之疏密若皆可以常數求則無以知政教之休咎今更設考日蝕或限術得常則合於數又日月交會大小相若而月在日下自京師斜射而望之假中國食既則南方戴日之下所虧纔半月外反觀則交而不蝕步九服日晷以定蝕分晨昏漏刻與地偕變則宇宙雖廣可以一術齊之矣其十二五星議曰歲星自商周迄春秋之季率百二十餘年而超一次戰國後其行寖急至漢尚微差及哀平間餘勢乃盡更八十四年而超一次因以爲常此其與餘星異也姬氏出自靈威仰之精受木行正氣歲星主農祥后稷憑焉故周人常閱其禨祥而觀善敗其始王也次於鶉火以達天黿及其衰也淫於元枵以害鳥帑其後羣雄力爭禮樂隕壞而從衡攻守之術興故歲星常贏行於上而侯王不寧於下則木緯失行之勢宜極於火運之中理數然也開元十二年正月庚午歲星在進賢東北尺三寸直軫十二度於麟德曆在軫十五度推而上之至漢河平二年其十月下旬歲星在軒轅南耑大星西北尺所麟德曆在張二度直軒轅大星上下相距七百五十年考其行度猶未甚盈縮則哀平後不復每歲漸差也又上百二十年至孝景中元三年五月星在東井鉞麟德曆在參三度又上六十年得漢元年七月五星聚於東井從歲星也於秦正歲在乙未夏正當在甲午麟德曆白露八日歲星留觜觿一度明年立夏伏於參由差行未盡而以常數求之使然也又上二百七十一年至哀公十七年歲在鶉火麟德曆初見在輿鬼二度立冬九日留星三度明年啓蟄十日退至柳五度猶不及鶉火又上百七十八年至僖公五年歲星當在大火麟德曆初見在張八度明年伏於翼十六度定在鶉火差三次矣哀公以後差行漸遲相去猶近哀公以前率常行遲而舊曆猶用急率不知合變故所差彌多武王革命歲星亦在大火而麟德曆在東壁三度則唐虞以上所差周天矣太初三統曆歲星十二周天超一次推商周間事大抵皆合驗開元注記差九十餘度蓋不知歲星後率故也皇極麟德曆七周天超一次以推漢魏間事尚未差上驗春秋所載亦差九十餘度蓋不知歲星前率故也天保天和曆得二率之中故上合於春秋下猶密於記注以推永平黃初間事遠者或差三十餘度蓋不知戰國後歲星變行故也自漢元始四年距開元十二年凡十二甲子上距隱公六年亦十二甲子而二曆相合於其中或差三次於古或差二次於今其兩合於古今者中間亦乖欲一術以求之則不可得也開元曆歲星前率三百九十八日餘二千一百一十九秒九十三自哀公二十年丙寅後每加度餘一分盡四百二十九合次合乃加秒十三而止凡三百九十八日餘二千六百五十九秒六而與日合是爲歲星後率自此因以爲常入漢元始六年也歲星差合術曰置哀公二十年冬至合餘加入差已來中積分以前率約之爲入差合數不盡者如曆術入之反求冬至後合日乃副列入差合數增下位一筭乘而半之盈大衍通法爲日不盡爲日餘以加合日卽差合所

在也求歲星差行徑術以後終率約上元以來中積分亦得所求若稽其實行當從元始六年置差步之則前後相距閒不容髮而上元之首無忽微空積矣成湯伐桀歲在壬戌開元曆星與日合於角次於氐十度而後退行其明年湯始建國爲元祀順行與日合於房所以紀商人之命也後六百一篇至紂六祀周文王初禴於畢十三祀歲在己卯星在鶉火武王嗣位克商之年進及輿鬼而退守東井明年周始革命順行與日合於柳進留於張考其分野則分陝之間與三監封域之際也成王三年歲在丙午星在大火唐叔始封故國語曰晉之始封歲在大火春秋傳僖公五年歲在大火晉公子重耳自蒲奔狄十六年歲在壽星適齊過衛野人與之塊子犯曰天賜也天事必象歲及鶉火必有此乎復於壽星必獲諸侯二十三年歲星在胃昴秦伯納晉文公董因曰歲在大梁將集天行元年實沈之星晉人是居君之行也歲在大火閼伯之星也是謂大辰辰以善成后稷是相唐叔以封且以辰出而以參入皆晉祥也二十七年歲在鶉火晉侯伐衛取五鹿敗楚師於城濮始獲諸侯歲適及壽星皆與開元曆合襄公十八年歲星在娵訾之口開元曆大寒三日星與日合在危三度遂順行至營室八度其明年鄭子蟜卒將葬公孫子羽與裨竈晨會事焉過伯有氏其門上生莠子羽曰其莠猶在乎於是歲在降婁中而曙裨竈指之曰猶可以終歲歲不及此次也開元曆歲星在奎奎降婁也麟德曆在危危元枵也二十八年春無冰梓慎曰歲在星紀而淫於元枵裨竈曰歲棄其次而旅於明年之次以害鳥帑周楚惡之開元曆歲星在南斗十七度而退守西建間復順行與日合於牛初應在星紀而盈行進及虛宿故曰淫留元枵二年至三十年開元曆歲星順行至營室十度留距子蟜之卒一終矣其年八月鄭人殺良霄故曰及其亡也歲在娵訾之口其明年乃降婁昭公八年十一月楚滅陳史趙曰未也陳顓頊之族也歲在鶉火是以卒滅今在析木之津猶將復由開元曆在箕八度析木津也十年春進及婺女初在元枵之維首傳曰正月有星出於婺女裨竈曰今茲歲在顓頊之墟是歲與日合於危其明年進及營室復得豕韋之次景王問萇弘曰今茲諸侯何實吉何實凶對曰蔡凶此蔡侯般殺其君之歲歲在豕韋弗過此矣楚將有之歲及大梁蔡復楚凶至十三年歲星在昴畢而楚弒靈王陳蔡復封初昭公九年陳災裨竈曰後五年陳將復封歲五及鶉火而後陳卒亡自陳災五年而歲在大梁陳復建國哀公十七年五及鶉火而楚滅陳是年歲星與日合在張六度昭公三十一年夏吳伐越始用師於越也史墨曰越得歲而吳伐之必受其凶是歲星與日合於南斗三度昔僖公六年歲陰在卯星在析木昭公三十二年亦歲陰在卯而星在星紀故三統曆因以爲超次之率考其實猶百二十餘年近代諸曆欲以八十四年齊之此其所惑也後三十八年而越滅吳星三及斗牛已入差合二年矣夫五事感於中而五行之祥應於下五緯之變彰於上若聲發而響和形動而影隨故王者失典刑之正則星辰爲之亂行汩彝倫之敘則天事爲之無象當其亂行無象又可以曆紀齊乎故襄公二十八年歲在星紀淫於元枵至三十年八月始及娵訾之口超次而前二年守之漢元鼎中太白入於天苑失行在黃道南三十餘度閒歲武帝北巡守登單于臺勒兵十八萬騎及誅大宛馬大死軍中晉咸寧四年九月太白當見不見占曰是謂失舍不有破軍必有亡國時將伐吳明年三月兵出太白始夕見西方而吳亡永寧元年正月至閏月五星經天縱橫無常永興二年四月丙子太白犯狼星失行在黃道南四十餘度永嘉三年正月庚子熒惑犯紫微皆天數所未有也終以二帝蒙塵天下大亂後魏神瑞二年十二月熒惑在瓠瓜星中一夕忽亡不知所在崔浩以日辰推之曰庚午之夕辛未之朝天有陰雲熒惑之亡在此二日庚午未皆主秦辛爲西夷今姚興據咸陽是熒惑入秦矣其後熒惑果出東井留守盤旋秦中大旱赤地昆明水竭明年姚興死二子交兵三年國滅齊永明九年八月十四日火星應退在昴三度先曆在畢二十一日始逆行北轉垂及立冬形色彌盛魏永平四年八月癸未熒惑在氐夕伏西方亦先期五十餘日雖時曆疎闊不宜如此隋大業九年五月丁丑熒惑逆行入南斗色赤如血大如三斗器光芒震耀長七八尺於斗中句已而行亦天變所未有也後楊元感反天下大亂故五星留逆伏見之效表裏盈縮之行皆繫之於時而象之於政政小失則小變事微而象微事章而象章已示吉凶之象則又變行襲其常度不然則皇天何以陰騭下民警悟人主哉近代算者昧於象占者迷於數覩五星失行皆謂之曆舛雖七曜循軌猶或謂

之天災終以數象相蒙兩喪其實故較曆必稽古今注記入氣均而行度齊上下相距反復相求苟獨異於常則失行可知矣凡二星相近多爲之失行三星以上失度彌甚天竺曆以九執之情皆有所好惡遇其所好之星則趣之行疾捨之行遲張子信曆辰星應見不見術晨夕去日前後四十六度內十八度外有木火土金一星者見無則不見張胄元曆朔望在交限有星伏在日下木土去見十日外火去見四十日外金去見二十二日外者並不加減差皆精氣相感使然夫日月所以著尊卑不易之象五星所以示政教從時之義故日月之失行也微而少五星之失行也著而多今略考常數以課疎密略例曰其入氣加減亦自張子信始後人莫不遵用之原始要終多有不叶今較麟德曆熒惑太白見伏行度過與不及熒惑凡四十八事太白二十一事餘星所差蓋細不足考且盈縮之行宜與四象潛合而二十四氣加減不均更推易數而正之又各立歲差以究五精運周二十八舍之變較史官所記歲星二十七事熒惑二十八事鎭星二十一事太白二十二事辰星二十四事開元曆課皆第一云

欽定古今圖書集成曆象彙編曆法典

第十三卷目錄

曆法總部彙考十三

唐三大衍曆法

曆法典第十三卷

曆法總部彙考十三

唐三

大衍曆法

開元大衍曆演紀上元閼逢困敦之歲距開元十二年甲子積九千七百九十六萬一千七百四十算

一曰步中朔術

通法三千四十

策實百一十一萬三百四十三

揲法八萬九千七百七十三

減法九萬一千二百

策餘萬五千九百四十三

用差萬七千一百二十四

掛限八萬七千一十八

三元之策十五餘六百六十四秒七

四象之策二十九餘千六百一十三

中盈分千三百二十八秒十四

朔虛分千四百二十七　象統二十四

以策實乘積算曰中積分盈通法得一爲積日爻數去之餘起甲子算外得天正中氣凡分爲小餘日爲大餘加三元之策得次氣

凡率相因加者下有餘秒皆以類相從而滿法迭進用加上位日盈爻數去之

以揲法去中積分不盡曰歸餘之掛以減中積分爲朔積分如通法爲日去命如前得天正經朔加一象之日七餘千一百六十三少得上弦倍之得望參之得下弦四之是謂一揲得後月朔

凡四分一爲少分爲大

綜中盈朔虛分纍益歸餘之掛每其月閏衰

凡歸餘之掛五萬六千七百六十以上其歲有閏因考其閏衰滿掛限以上其月合置閏或以進退皆以定朔將中氣裁焉

凡常氣小餘不滿通法如中盈分之半已下者以象統乘之內秒分參而伍之以減策實不盡如策餘爲日命常氣初日算外得沒日凡經朔小餘不滿朔虛分者以小餘減通法餘倍參伍乘之用減滅法不盡如朔虛分爲日命經朔初日算外得滅日

二曰發斂術

天中之策五餘二百二十一秒三十一秒法七十二

地中之策六餘二百六十五秒八十六秒法百二十

貞悔之策三餘百三十二秒百三

辰法七百六十

刻法三百四

各因中節命之得初候如天中之策得次候又加得末候因中氣命之得公卦用事以地中之策纍加之得次卦若以貞悔之策加候卦得十有二節之初外卦用事因四立命之得春木夏火秋金冬水用事以貞悔之策減季月中氣得土王用事

凡相加減而秒母不齊當令母互乘子乃加減之母相乘爲法

常氣（月中節 四正卦）	初候	次候	末候
	始卦	中卦	終卦
冬至（十一月中 坎初六）	丘蚓結	麋角解	水泉動
	公中孚	辟復	侯屯內
小寒（十二月節 坎九二）	鴈北鄉	鵲始巢	野鷄始雊
	侯屯外	大夫謙	卿睽
大寒（十二月中 坎六三）	鷄始乳	鷙鳥厲疾	水澤腹堅
	公升	辟臨	侯小過內
立春（正月節 坎六四）	東風解凍	蟄蟲始振	魚上冰
	侯小過外	大夫蒙	卿益
雨水（正月中 坎九五）	獺祭魚	鴻鴈來	草木萌動
	公漸	辟泰	侯需內
驚蟄（二月節 坎上六）	桃始華	倉庚鳴	鷹化爲鳩
	侯需外	大夫隨	卿晉
春分（二月中 震初九）	元鳥至	雷乃發聲	始電
	公解	辟大壯	侯豫內
清明（三月節 震六二）	桐始華	田鼠化爲鴽	虹始見
	侯豫外	大夫訟	卿蠱
穀雨（三月中 震六三）	萍始生	鳴鳩拂其羽	戴勝降于桑
	公革	辟夬	侯旅內
立夏（四月節 震九四）	螻蟈鳴	丘蚓出	王瓜生
	侯旅外	大夫師	卿比

小滿四月中震六五　苦菜秀　靡草死　小暑至
公小畜　辟乾　侯大有內
芒種五月節震上六　螳螂生　鵙始鳴　反舌無聲
侯大有外　大夫家人　卿井
夏至五月中離初九　鹿角解　蜩始鳴　半夏生
公咸　辟姤　侯鼎內
小暑六月節離六二　溫風至　蟋蟀居壁　鷹乃學習
侯鼎外　大夫豐　卿渙
大暑六月中離九三　腐草爲螢　土潤溽暑　大雨時行
公履　辟遯　侯恒內
立秋七月節離九四　涼風至　白露降　寒蟬鳴
侯恒外　大夫節　卿同人
處暑七月中離六五　鷹祭鳥　天地始肅　禾乃登
公損　辟否　侯巽內
白露八月節離上九　鴻鴈來　元鳥歸　羣鳥養羞
侯巽外　大夫萃　卿大畜
秋分八月中兌初九　雷乃收聲　蟄蟲培戶　水始涸
公賁　辟觀　侯歸妹內
寒露九月節兌九二　鴻鴈來賓　雀入大水爲蛤　菊有黃華
侯歸妹外　大夫无妄　卿明夷
霜降九月中兌六三　豺乃祭獸　草木黃落　蟄蟲咸俯
公困　辟剝　侯艮內
立冬十月節兌九四　水始冰　地始凍　野雞入水爲蜃
侯艮外　大夫既濟　卿噬嗑
小雪十月中兌九五　虹藏不見　天氣上騰地氣下降　閉塞而成冬
公大過　辟坤　侯未濟內
大雪十一月節兌上六　鶡鳥不鳴　虎始交　茘挺生
侯未濟外　大夫蹇　卿頤

各以通法約其月閏衰爲日得中氣去經朔日筭求卦侯者各以天地之策纍加減之凡發斂加時各置其小餘以六爻乘之如辰法而一爲半辰之數不盡者三約爲分

分滿刻法爲刻若令滿象積爲刻者卽置不盡之數十之十九而一爲分

命辰起子半筭外

三日步日躔術

乾實百一十一萬三百七十九太

周天度三百六十五

虛分七百七十九太　歲差三十六太

定氣	盈縮分	先後數	損益率	朓朒積
冬至	盈二千三百五十三	先端	益百七十六	朒初
小寒	盈千八百四十五	先二千三百五十三	益百三十八	朒百七十六
大寒	盈千三百九十	先四千一百九十八	益百四	朒三百一十四
立春	盈九百七十六	先五千五百八十八	益七十三	朒四百一十八
雨水	盈五百八十八	先六千五百六十四	益四十四	朒四百九十一
驚蟄	盈二百一十四	先七千一百五十二	益十六	朒五百三十五
春分	縮二百一十四	先七千三百六十六	損十六	朒五百五十一
清明	縮五百八十八	先七千一百五十二	損四十四	朒五百三十五
穀雨	縮九百七十六	先六千五百六十四	損七十三	朒四百九十一
立夏	縮千三百九十	先五千五百八十八	損百四	朒四百一十八
小滿	縮千八百四十五	先四千一百九十八	損百三十八	朒三百一十四
芒種	縮二千三百五十三	先二千三百五十三	損百七十六	朒百七十六
夏至	縮一千三百五十三	後端	益百七十六	朓初
小暑	縮千八百四十五	後二千三百五十三	益百三十八	朓百七十六
大暑	縮千三百九十	後四千一百九十八	益百四	朓三百一十四
立秋	縮九百七十六	後五千五百八十八	益七十三	朓四百一十八
處暑	縮五百八十八	後六千五百六十四	益四十四	朓四百九十一
白露	縮二百一十四	後七千一百五十二	益十六	朓五百三十五
秋分	盈二百一十四	後七千三百六十六	損十六	朓五百五十一
寒露	盈五百八十八	後七千一百五十二	損四十四	朓五百三十五
霜降	盈九百七十六	後六千五百六十四	損七十三	朓四百九十一
立冬	盈千三百九十	後五千五百八十八	損百四	朓四百一十八
小雪	盈千八百四十五	後四千一百九十八	損百三十八	朓三百一十四
大雪	盈二千三百五十三	後二千三百五十三	損百七十六	朓百七十六

以盈縮分盈減縮加三元之策爲定氣所有日及餘乃十二乘日又三其小餘辰法約而一從之爲定氣辰數不盡十之又約爲分以所入氣并後氣盈縮分倍六爻乘之綜兩氣辰數除之爲末率又列二氣盈縮分皆倍六爻乘之各如辰數而一以少減多餘爲氣差至後以差加末率分後以差減末率爲初率倍氣差亦倍六爻乘之復綜兩氣辰數除爲日差半之以加減初末各爲定率以日差至後以減分後以加氣初定率爲每日盈縮分乃馴積之隨所入氣日加減氣下先後數各其日定數其求朓朒放此

冬至後爲陽復在盈加之在縮減之夏至後爲陰復在縮加之在盈減之距四正前一氣在陰陽變革之際不可相并皆因前末爲初率以氣差至前加之分前減之爲末率餘依前術各得所求其分不滿全數母又每氣不同當退法除之以百爲母半已上收成一

冬至夏至皆得天地之中無有盈縮餘各以氣下先

後數先減後加常氣小餘滿若不足進退其日得定大小餘

凡推日月度及軌漏交蝕依定氣注曆依常氣以減經朔弦望各其所入日筭若大餘不足減加爻數乃減之減所入定氣日筭一各以日差乘而半之前少以加前多以減氣初定率以乘其所入定氣日筭及餘秒

凡除者先以母通全內子乃相乘母相乘除之所得以損益朓朒積各其入朓朒定數

若非朔望有交者以十二乘所入日筭三其小餘辰法除而從之以乘損益率如定氣辰數而一所得以損益朓朒積各為定數

南斗二十六牛八婺女十二虛十虛分七百七十九太危十七營室十六東壁九奎十六婁十二胃十四昴十一畢十七觜觿一參十東井三十三輿鬼三柳十五七星七張十八翼十八軫十七角十二亢九氐十五房五心五尾十八箕十一為赤道度其畢觜觿參與鬼四宿度數與古不同依大以儀測定用為常數紘帶天中儀極攸憑以格黃道推冬至歲差所在每距冬至前後各五度為限初數十二每限減一盡九限數終於四當二立之際一度少彊依平乃距春分前秋分後初限起四每限增一盡九限終於十二而黃道交復計春分後秋分前亦五度為限初數十二盡九限數終於四當二立之際一度少彊依平乃距夏至前後初限起四盡九限終於十二皆累裁之以數乘限度百二十而一得度不滿者十二除為分

若以十除則大分十二為母命太半少及彊弱

命曰黃赤道差數二至前後各九限以差減赤道度二分前後各九限以差加赤道度各為黃道度開元十二年南斗二十三半牛七半婺女十一少虛十六虛之差十九太危十七太營室十七少東壁九太奎十七半婁十二太胃十四太昴十一畢十六少觜觿一參九少東井三十輿鬼二太柳十四少七星六太張十八太翼十九少軫十八太角十三亢九半氐十五太房五心四太尾十七箕十少為黃道度以步日行月與五星出入循此

求此宿度皆有餘分前後輒之成少半太準為全度若上考往古下驗將來當據歲差每移一度各依術筭使得當時度分然後可以步三辰矣

以乾實去中積分不盡者盈通法為度命起赤道虛九宿次去之經虛去分至不滿宿筭外得冬至加時日度

以三元之策累加之得次氣加時日度

以度餘減通法餘以冬至日躔距度所入限數乘之為距前分置距度下黃赤道差以通法乘之減去距前分餘滿百二十除為定差不滿者以象統乘之復除為秒分乃以定差減赤道宿度得冬至加時黃道日度又置歲差以限數乘之滿百二十除為秒分不盡為小分以加三元之策因累裁之命以黃道宿次各得定氣加時日度置其氣定小餘副之以乘其日盈縮分滿通法而一盈加縮減其副用減其日加時度餘得其夜半日度因累加一策以其日盈縮分盈加縮減度餘得每日夜半日度

四曰步月離術

轉終六百七十萬一千二百七十九

轉終日二十七餘千六百八十五秒七十九

轉法七十六

轉秒法八十

以秒法乘朔積分盈轉終去之餘復以秒法約為入轉分滿通法為日命日筭外得天正經朔加時所入因加轉差日一餘二千九百六十七秒一得次朔以一象之策循變相加得弦望盈轉終日及餘秒者去之各以經朔弦望小餘減之得其日夜半所入

轉日	轉分	列衰	轉積度
一日	九百一十七	進十三	度初
二日	九百三十	進十三	十二度五分
三日	九百四十三	進十三	二十四度二十三分
四日	九百五十六	進十四	三十六度五十四分
五日	九百七十	進十四	四十九度二十二分
六日	九百八十四	進十六	六十二度四分
七日	千闕	進十八	七十五度空
八日	千一十八	進十九	八十八度十二分
九日	千三十七	進十四	百一度四十二分
十日	千五十一	進十四	百一十五度十五分
十一日	千六十五	進十四	百二十九度分
十二日	千七十九	進十三	百四十三度三分
十三日	千九十二	進十三	百五十七度十八分
十四日	千一百五	進十退三	百七十一度四十六分
十五日	千一百十二	退十三	百八十六度十一分
十六日	千九十九	退十二	二百度百十九分
十七日	千八十六	退十三	二百一十五度十八分

十八日 千七十二 退十四 二百二十九度四十分
十九日 千五十九 退十四 二百四十三度四九分
二十日 千四十五 退十七 二百五十七度四十四分
二十一日 千二十八 退十八 二百七十一度二十五分
二十二日 千一十 退十八 二百八十四度六十五分
二十三日 九百九十一 退十四 二百九十八度十一分
二十四日 九百七十八 退十四 三百一十一度十五分
二十五日 九百六十四 退十四 三百二十四度五分
二十六日 九百五十 退十三 三百三十六度五十七分
二十七日 九百三十七 退十三 三百四十九度十九分
二十八日 九百二十四 退七進六 三百六十一度四十四分

轉日 損益率 朓朒積
一日 益二百九十七 朒初
二日 益二百五十九 朒二百九十七
三日 益二百二十 朒五百五十六
四日 益百八十 朒七百七十六
五日 益百三十九 朒九百五十六
六日 益九十七 朒千九十五
七日 初益四十八 末損六 朒千一百九十二
八日 損六十四 朒千二百三十四
九日 損百六 朒千一百七十
十日 損百四十八 朒千六十四
十一日 損百八十九 朒九百一十六
十二日 損二百二十九 朒七百二十七
十三日 損二百六十七 朒四百九十八
十四日 初損二百三十一 末益六十六 朒二百三十一
十五日 益二百八十九 朓六十六
十六日 益二百五十 朓三百五十五
十七日 益二百一十一 朓六百五
十八日 益百七十一 朓八百一十六
十九日 益百三十 朓九百八十七
二十日 益八十七 朓千一百一十七
二十一日 初益三十六 末損十八 朓千二百四
二十二日 損七十三 朓千二百二十三
二十三日 損百一十六 朓千一百四十九
二十四日 損百五十七 朓千三十三
二十五日 損百九十八 朓八百七十六
二十六日 損二百三十七 朓六百七十八
二十七日 損二百七十六 朓四百四十一
二十八日 初損百六十五 末益入後 朓百六十五

各置朔弦望所入轉日損益率井後率而半之爲通率又二率相減爲率差前多者以入餘減通法餘乘率差盈通法得一井率差而半之前少者半入餘乘率差亦以通法除之爲加時轉率乃半之以損益加時所入餘爲轉餘其轉餘應益者減法應損者因餘皆以乘率差盈通法得一加於通率轉率乘之通法約之以朓減朒加轉率爲定率乃以定率損益朓朒積爲定數

其後無同率者亦因前率應益者以通率爲初數半率差而減之應損者卽爲通率其損益入餘進退日分爲二日隨餘初末如法求之所得並以損益轉率此術本出皇極曆以究算術之微變若非朔望有交者直以入餘乘損益率如通法而一以損益朓朒爲定數

七日 初數二千七百一 末數三百三十九
十四日 初數二千三百六十三 末數六百七十七
二十一日 初數二千二十四 末數千一十六
二十八日 初數千六百八十六 末數千三百五十四

以四象約轉終均得六日二千七百一分就全數約爲九分日之八各以減法餘爲末數乃四象馴變相加各其所當之日初末數也視入轉餘如初數已下者加減損益因循前率如初數以上則反其衰歸於後率云各置朔弦望大小餘以入氣入轉朓朒定數朓減朒加之爲定朔弦望大小餘定朔日各與後朔同者月大不同者小無中氣者爲閏月

凡言夜半皆起晨前子正之中若注曆觀弦望定小餘不盈晨初餘數者退一日其望有交起虧在晨初已前者亦如之又月行九道遲疾則有三大二小以日行盈縮累增損之則容有四大三小理數然也若俯循常儀當察加時早晚隨其所近而進退之使不過三大三小其正月朔有交加時正見者消息前後一兩月以定大小令虧在晦二

定朔弦望夜半日度各隨所直日度及餘分命之乃列定朔望小餘副之以乘其日盈縮分如通法而一盈加縮減其副以加夜半日度各得加時日度凡合朔所交冬在陰曆夏在陽曆月行青道

冬至夏至後青道半交在春分之宿當黃道東立冬立夏後青道半交在立春之宿當黃道東南至所衝之宿亦如之

冬在陽曆夏在陰曆月行白道

冬至夏至後白道半交在秋分之宿當黃道西立

冬立夏後白道半交在立秋之宿當黃道西北至所衝之宿亦如之

春在陽曆秋在陰曆月行朱道

春分秋分後朱道半交在夏至之宿當黃道南立春立秋後朱道半交在立夏之宿當黃道西南至所衝之宿亦如之

春在陰曆秋在陽曆月行黑道

春分秋分後黑道半交在冬至之宿當黃道北立春立秋後黑道半交在立冬之宿當黃道東北至所衝之宿亦如之

四序離爲八節至陰陽之所交行與黃道相會故月有九行各視月交所入七十二候距交初中黃道日度每五度爲限亦初數十二每限減一數終於四乃一度彊依平更從四起每限增一終於十二而至半交其去黃道六度又自十二每限減一數終於四亦一度彊依平更從四起每限增一終於十二復與日軌相會各累計其數以乘限度二百四十而一得度不滿者二十四除爲分

若以二十除之則大分以十二爲母

爲月行與黃道差數距半交前後各九限以差數爲減距正交前後各九限以差數爲加

此加減出入六度單與黃道相較之數若較之赤

道則隨氣遷變不常

計去冬至夏至以來候數乘黃道所差十八而一爲月行與赤道差數凡日以赤道內爲陰外爲陽月以黃道內爲陰外爲陽故月行宿度入春分交後行陰曆秋分交後行陽曆皆爲同名若入春分交後行陽曆秋分交後行陰曆皆爲異名其在同名以差數爲加者加之減者減之若在異名以差數爲加者減之減者加之皆以增損黃道度爲九道定度各以中氣去經朔日算加其入交汎乃以減交終得平交入中氣日算滿三元之策去之餘得入後節日算

因求次交者以交終加之滿三元之策去之得後平交入氣日算

各以氣初先後數先加後減之得平交入定氣日算倍六爻乘之三其小餘辰法除而從之以乘其氣損益率如定氣辰數而一所得以損益其氣朓朒積爲定數又置平交所入定氣餘加其日夜半入轉餘以乘其日損益率滿通法而一以損益其日朓朒積交率乘之交數而一爲定數乃以入氣入轉朓朒定數朓減朒加平交入氣餘滿若不足進退日筭爲正交入定氣日算其入定氣餘副之乘其日盈縮分滿通法而一以盈加縮減其副以加其日夜半日度得正交加時黃道日度以正交加時度餘減通法餘以正交之宿距度所入限數乘之爲距前分置距度下月道與黃道差以通法乘之減去距前分餘滿二百四十除爲定差不滿者一退爲秒以定差及秒加黃道度餘仍計去冬至夏至已來候數乘定差十八而一所得依名同異而加減之滿若不足進退其度得正交加時月離九道宿度各置定朔弦望加時日度從九道循次相加凡合朔加時月行潛在日下與太陽同度是謂離象

先置朔弦望加時黃道日度以正交加時所在黃道宿度減之餘以加其正交九道宿度命起正交宿度算外卽朔弦望加時所當九道宿度也其合朔加時若非正交則日在黃道月在九道各入宿度雖多少不同考其去極皆應繩準故云月行潛在日下與太陽同度

以一象之度九十一餘九百五十四秒二十二半爲上弦兌象倍之而與日衝得望坎象參之得下弦震象各以加其所當九道宿度秒盈象統從餘餘滿通法從度得其日加時月度

綜五位成數四十以約度餘爲分不盡者因爲小分

視經朔夜半入轉若定朔大餘有進退者亦加減轉日否則因經朔爲定累加一日得次日各以夜半入轉餘乘列衰如通法而一所得以進加退減其日轉分爲月轉定分滿轉法爲度視定朔弦望夜半入轉各半列衰以減轉分退者定餘乘衰以通法除幷衰而半之進者半餘乘衰亦以通法除皆加所減乃以定餘乘之盈通法得一以減加時月度爲夜半月度各以每日轉定分累加之得次日若以入轉定分乘其日夜漏倍百刻除爲晨分以減轉定分餘爲昏分望前以昏望後以晨加夜半度各得晨昏月

交日	屈伸率	屈伸積
一日	屈二十七	積初
二日	屈十九	積二十七
三日	屈十三	積四十六
四日	屈八	積五十九
五日	屈十三	積六十七
六日	屈十九	積一度四

七日	初屈二十 末伸七	積一度二十三
八日	伸十九	積一度三十六
九日	伸十三	積一度十七
十日	伸八	積一度四
十一日	伸十三	積七十二
十二日	伸十九	積五十九
十三日	伸二十七	積四十
十四日	初伸十二 末屈入後	積十三

各視每日夜半入陰陽曆交日數以其下屈伸積月道與黃道同名者加之異名者減之各以加減每日晨昏黃道月度爲入宿定度及分

五曰步軌漏術

爻統千五百二十

象積四百八十

辰八刻百六十分

昏明二刻二百四十分

定氣	陟降率	消息衰
冬至	降七十八	息空 六十四
小寒	降七十二	息十一 九十一
大寒	降五十三	息二十二 四十二
立春	降三十四	息三十 二十五
雨水	降初限七十八	息三十五 七十八
驚蟄	降一	息三十九 五十
春分	陟五	息三十九 六十五
清明	陟初限一	息三十八 八十九
穀雨	陟三十二	息三十三 五十六
立夏	陟五十二	息二十八 三十八
小滿	陟六十三	息二十 十二
芒種	陟六十四	息十 十二
夏至	降六十四	消空 五十二
小暑	降六十三	消十 七十六
大暑	降五十二	消二十 七十五
立秋	降三十二	消二十八 九十
處暑	降初限九十九	消三十四 九十五分
白露	降五	消三十八 九十
秋分	陟一	消三十九 六十六
寒露	陟初限一	消三十九 五十
霜降	陟三十四	消三十四 九十八
立冬	陟五十三	消二十九 七十二
小雪	陟七十二	消二十一 七十
大雪	陟七十八	消十一 十三

定氣	陽城日晷
冬至	丈二尺七寸一分 五十
小寒	丈二尺二寸二分 七十七
大寒	丈一尺二寸一分 八十二
立春	九尺七寸三分 五十一
雨水	八尺二寸一分 六
驚蟄	六尺七寸三分 八十四
春分	五尺四寸三分 十九
清明	四尺三寸二分 十一
穀雨	三尺三寸 四十七
立夏	二尺五寸三分 三十一
小滿	尺九寸五分 七十六
芒種	尺六寸 三
夏至	尺四寸七分 七十九
小暑	尺六寸 三
大暑	尺九寸五分 七十六
立秋	二尺五寸三分 三十一
處暑	三尺三寸 四十七
白露	四尺三寸二分 十一
秋分	五尺四寸三分 十九
寒露	六尺七寸三分 八十四
霜降	八尺二寸一分 六
立冬	九尺七寸三分 五十一
小雪	丈一尺二寸一分 八十二
大雪	丈二尺二寸二分 七十七

定氣	漏刻	黃道去極度
冬至	二十七刻 二百三十分	百一十七度 二十分
小寒	二十七刻 百三十五分	百一十四度 二十五分
大寒	二十六刻 三百八十分	百一十一度 九十分
立春	二十五刻 四百七十五分	百八度 五分
雨水	二十四刻 四百七十分	百三度 二十分
驚蟄	二十三刻 三百六十分	九十七度 三十分
春分	二十二刻 二百三十分	九十一度 三十分
清明	二十一刻 百二十分	八十五度 三十分
穀雨	二十刻 十分	七十九度 三十分
立夏	十九刻 五分	七十四度 五十五分
小滿	十八刻 百分	七十度 七十分
芒種	十七刻 三百三十五分	六十八度 二十五分
夏至	十七刻 二百五十分	六十七度 四十分
小暑	十七刻 三百三十五分	六十八度 二十五分

大暑	十八刻百分	七十度七十分
立秋	十九刻五分	七十四度九十五分
處暑	二十刻十分	七十九度二十分
白露	二十一刻百二十分	八十五度一十分
秋分	二十二刻二百三十分	九十一度三十分
寒露	二十三刻三百六十分	九十七度二十分
霜降	二十四刻四百七十分	百二度一十分
立冬	二十五刻四百七十五分	百八度九分
小雪	二十六刻三百八十分	百一十一度九十分
大雪	二十七刻百三十五分	百一十四度三十五分

定氣	距中星度
冬至	八十二度二十六分
小寒	八十二度九十一分
大寒	八十四度七十七分
立春	八十七度七十分
雨水	九十一度三十九分
驚蟄	九十五度八十八分
春分	百度四十四分五十
清明	百五度一分
穀雨	百九度五十分
立夏	百十三度十九分
小滿	百一十六度十二分
芒種	百一十七度九十八分
夏至	百一十八度六十三分
小暑	百一十七度九十八分
大暑	百一十六度十二分
立秋	百一十三度十九分
處暑	百九度五十分
白露	百五度一分
秋分	百度四十四分五十
寒露	九十五度八十八分
霜降	九十一度三十九分
立冬	八十七度七十分
小雪	八十四度七十七分
大雪	八十二度九十一分

各置其氣消息衰依定氣所有日每以陟降率陟減降加其分滿百從衰各得每日消息定衰其距二分前後各一氣之外陟降不等皆以三日爲限雨水初日降七十八初限日損十二次限日損八次限日損三次限日損二次限日損一清明初日陟一初限日益一次限日益二次限日益三次限日益八末限日益十九處暑初日降九十九初限日損十九次限日損八次限日損三次限日損二末限日損一寒露初日陟一初限日益一次限日益二次限日益三次限日益八末限日益十二各置初日陟降率依限次損益之爲每日率乃遞以陟減降加氣初消息衰各得每日定衰南方戴日之下正中無晷自戴日之北一度乃初數千三百七十九自此起差每度增一終於二十五度計增二十六分又每度增二終於四十度又每度增六終於四十四度增六十八又每度增二終於五十度又每度增七終於五十五度又每度增十九終於六十度增百六十又每度增三十三終於六十五度又每度增三十六終於七十度又每度增三十九終於七十二度增二百六十又度增四百四十又度增千六十又度增千八百六十又度增二千八百四十又度增四千又度增五千三百四十各爲每度差因累其差以遞加初數滿百爲分分十爲寸各爲每度晷差又累其晷差得戴日之北每度晷數各置其氣去極度以極去戴日度五十六及分八十二半減之得戴日之北度數各以其消息定衰所直度之晷差滿百爲分分十爲寸得每日晷差乃遞以息減消加其氣初晷數得每日中晷常數以其日所在氣定小餘爻統減之餘爲中後分不足減反相減爲中前分以其晷差乘之如通法而一爲變差以加減中晷常數

冬至後中前以差減中後以差加夏至後中前以差加中後以差減冬至一日有減無加夏至一日有加無減

得每日中晷定數又置消息定衰滿象積爲刻不滿爲分各遞以息減消加其氣初夜半漏得每日夜半漏定數其全刻以九千一百二十乘之十九乘刻分從之如三百而一爲晨初餘數各倍夜半漏爲夜刻以減百刻餘爲晝刻減晝五刻以加夜即晝爲見刻夜爲沒刻半沒刻加半辰起子初筭外得日出辰刻以見刻加而命之得日入

置夜刻五而一得每更差刻又五除之得每籌差刻以昏刻加日入辰刻得甲夜初刻又以更籌差加之得五夜更籌所當辰其夜半定漏亦名晨初夜刻

又置消息定衰滿百爲度不滿爲分各遞以息減消加氣初去極度各得每日去極定數又置消息定衰

以萬二千二百八十六乘之如萬六千一百七十七而一爲度差差滿百爲度各遞以息加消減其氣初距中度得每日距中度定數倍之以減周天爲距子度置其日赤道日度加距中度得昏中星倍距子度以加昏中星得曉中星命昏中星爲甲夜中星加每更差度得五夜中星凡九服所在每氣初日中晷常數不齊使每氣去極度數相減各爲其氣消息定數

因測其地二至日晷

測一至可矣不必兼要冬夏

於其戴日之北每度晷數中較取長短同者以爲其地戴日北度數及分每氣各以消息定數加減之

因冬至後者每氣以減因夏至後者每氣以加得每氣戴日北度數各因所直度分之晷數爲其地每定氣初日中晷常數

其測晷有在表南者亦據其晷尺寸長短與戴日北每度晷數同者因取其所直之度去戴日北度數反之爲去戴日南度然後以消息定數加減之二至各於其地下水漏以定當處晝夜刻數乃相減爲冬夏至差刻半之以加減二至晝夜刻數爲定春秋分初日晝夜刻數乃置每氣消息定數以當處差刻數乘之如二至去極差度四十七分八十而一所得依分前後加減初日晝夜漏刻各得餘定氣初日晝夜漏刻置每日消息定衰亦以差刻乘之差度而一所得以息減消加其氣初漏刻得次日

其求距中度及昏明中星日出入皆依陽城法求之仍以差刻乘之差度而一爲今有之數

若置其地春秋定日中晷常數與陽城每日晷數較其同者因其日夜半漏亦爲其地定春秋分初日夜半漏求餘定氣初日亦以消息定數依分前後加減刻分

春分後以減秋分後以加

滿象積爲刻求次日亦以消息定衰依陽城術求之此術究理大體合通然高山平川視大不等較其日晷長短乃同考其水漏多少殊別以茲參課前術爲審

六曰步交會術

終數八億二千七百二十五萬一千二百二十二

交終日二十七餘六百四十五秒千三百二十二

中日十三餘千八百四十三秒五千六百六十一

朔差日二餘九百六十七秒八千六百七十八

望差日一餘四百八十三秒九千三百三十九

望數日十四餘二千三百二十六秒五十

交限日十二餘千三百五十八秒六千三百二十三

交率三百四十三

交數四千三百六十九

交秒法一萬

以交數去朔積分不盡以秒法乘之盈交數又去之餘如秒法而一爲入交分滿通法爲日命日算外得天正經朔加時入交汎日及餘因加朔差得次朔以望數加朔得望若以經朔望小餘減之各得夜半所入累加一日得次日加之滿交終去之各以其日入氣朓朒定數朓減朒加交汎爲入交常日及餘又以交率乘其日入轉朓朒定數如交數而一以朓減朒加入交常爲入交定日及餘各如中日已下者爲月入陽曆已上者去之餘爲月入陰曆

陰陽曆

交日加減率

少陽少陰初加百八十七

少陽少陰二加百七十一

少陽少陰三加百四十七

少陽少陰四加百一十五

少陽少陰五加七十五

少陽少陰上加二十七

老陽老陰初減二十七

老陽老陰二減七十五

老陽老陰三減百一十五

老陽老陰四減百四十七

老陽老陰五減百七十一

老陽老陰上減百八十七

陰陽積	月去黃道度
陽陰初	空
陽陰百八十七	一度六十七分
陽陰三百五十八	二度百一十八分
陽陰五百五	四度二十五分
陽陰六百二十	五度二十分
陽陰六百九十五	五度九十五分
陽陰七百二十二	六度二分
陽陰六百九十五	五度九十五分
陽陰六百二十	五度二十分
陽陰五百五	四度二十五分
陽陰三百五十八	二度百一十八分

綱百八十七　一度六十七分

以其爻加減率與後爻加減率相減爲前差又以後爻率與次後爻率相減爲後差二差相減爲中差置所在爻并後爻加減率半中差以加而半之十五而一爲爻末率因爲後爻初率每以本爻初末率相減爲爻差十五而一爲度差半之以加減初率

少象減之老象加之

爲定初率每以度差累加減之

少象以差減老象以差加

各得每歲加減定分迺循積其分滿百二十爲度各爲月去黃道數及分

其四象初爻無初率上爻無末率皆倍本爻加減率十五而一所得各以初末率減之皆互得其率

各置夜半入轉以夜半入交定日及餘減之

不足減加轉終

餘爲定交初日夜半入轉乃以定交初日與其日夜半入餘各乘其日轉定分如通法而一爲分滿轉法爲度各以加其日轉積度分乃相減所餘爲其日夜半月行入陰陽度數

轉求次日以轉定分加之

以一象之度九十除之

若以少象除之則兼除差度一度分百六大分十三小分十四訖然後以次象除之

所得以少陽老陽少陰老陰爲次起少陽算外得所入象度數及分

先以三十乘陰陽度分十九而一爲度分不盡以十五乘十九除爲大分不盡者又乘又除爲小分

然後以象度及分除之

乃以一爻之度十五除之得所入爻度數及分

其月行入少象初爻之內及老象上爻之中皆沾黃道當朔望則有虧蝕

凡入交定如望差以下交限以上爲入蝕限望入蝕限則月蝕朔入蝕限月在陰曆則日蝕如望差以下爲交後交限以上以減交中餘爲交前置交前後定日及餘通之爲去交前後定分十一乘之二千六百四十三除爲去交度數不盡以通法乘之復除爲餘

大抵去交十三度以上雖入蝕限爲涉交數微光景相接或不見蝕

望去交分七百七十九以下者皆既以上者以定交分減望差餘以百八十三約之命以十五爲限得月蝕之大分月在陰曆初起東南甚於正南復於西南月在陽曆初起東北甚於正北復於西北其蝕十二分以上者起於正東復於正西

此據午正而論之餘各隨方面所在準此取正

凡月蝕之大分五已下因增三十已下因增四十已上因增五其去交定分五百二十已下又增半二百六十已下又增半各爲汎用

刻率

定氣	增損差	差積
冬至	增十	積初
小寒	增十五	積十
大寒	增二十	積二十五
立春	增二十五	積四十五
雨水	增三十	積七十
驚蟄	增三十五	積百
春分	增四十	積百三十五
清明	增四十五	積百七十五
穀雨	增五十	積二百二十
立夏	增五十五	積二百七十
小滿	增六十	積三百二十五
芒種	增六十五	積三百八十五
夏至	損六十五	積四百五十
小暑	損六十	積三百八十五
大暑	損五十五	積三百二十五
立秋	損五十	積二百七十
處暑	損四十五	積二百二十
白露	損四十	積百七十五
秋分	損三十五	積百三十五
寒露	損三十	積百
霜降	損二十五	積七十
立冬	損二十	積四十五
小雪	損十五	積二十五
大雪	損十	積十

以所入氣并後氣增損差倍六爻乘之綜兩氣辰數除之爲氣末率又列二氣增損差皆倍六爻乘之各如辰數而一少減多餘爲氣差加減末率

冬至後以差減夏至後以差加

爲初率倍氣差綜兩氣辰數除爲日差半之加減初末爲定率以差累加減氣初定率

冬至後以差加夏至後以差減

爲每日增損差乃循積之隨所入氣日增損氣下差

積各其日定數

其二至之前一氣皆後無同差不可相并各因前末爲初率以氣差冬至前減夏至前加爲末率

陰曆蝕差千二百七十五蝕限三千五百二十四或限三千六百五十九陽曆蝕限百三十五或限九百七十四以蝕朔所入氣日下差積陰曆減之陽曆加之各爲朔定差及定限朔在陰曆去交定分滿蝕定差已上者爲陰曆蝕不滿者雖在陰曆皆類同陽曆蝕其去交定分滿定限已下者的蝕或限已下者或蝕陰曆蝕者置去交定分以蝕定差減之餘百四已下者皆蝕既已上者以百四減之餘以百四十三約之其入或限者以百五十二約之半已下爲半弱半已上爲半强以減十五餘爲日蝕之大分其同陽曆蝕者其去交定分少於蝕定差六十已下者皆蝕既已上者以陽曆蝕定限加去交分以九十約之其陽曆蝕者置去交定分亦以九十約之入或限者以百四十三約之皆半已下爲半弱半已上爲半彊命之以十五爲限得日蝕之大分月在陰曆初起西北甚於正北復於東北月在陽曆初起西南甚於正南復於東南其蝕十二分已上皆起於正西復於正東凡日蝕之大分皆因增二其陰曆去交定分多於蝕定差七十已下者又增三十五已下者又增半其同陽曆去交定分少於蝕定差二十已下者又增半四已下者又增少各爲汎用刻率置去交定分以交率乘之二十乘交數除之其月道與黃道同名者以加朔望定小餘異名者以減朔望定小餘爲蝕定餘如求發斂加時術入之得蝕甚辰刻各置汎用刻率副之以乘其日入轉損益率如通法而一所得應朒者依其損益應朓者損加益減其副爲定用刻數半之以減蝕甚辰刻爲虧初以加蝕甚辰刻爲復末

其月蝕置定用刻數以其日每更差刻除爲更數不盡以每籌差刻除爲籌數綜之爲定用更籌乃累計日入後至蝕甚辰刻置之以昏刻加日入辰刻減之餘以更籌差刻除之所得命以初更籌算外得蝕甚更籌半定用更籌減之爲虧初加之爲復末按天竺得摩羅所傳斷日蝕法日躔鬱車宮者的蝕其餘據日所在宮火星在前三及後五之宮井伏在日下則不蝕若五星皆見又水在陰曆及三星已上同聚一宿則亦不蝕凡星與日別宮或別宿則易斷若同宿則難天竺所云十二宮卽

中國之十二次鬱車宮者降婁之次也

九服之地蝕差不同先測其地二至及定春秋中晷長短與陽城每日中晷常數較取同者各因其日蝕差爲其地二至及定春秋分蝕差以夏至差減春分差以春分差減冬至各爲率并二率半之六而一爲夏率二率相減六而一爲總差置總差六而一爲氣差半氣差以加夏率又以總差減之爲冬率（冬率卽冬至率）每以氣差加之各爲每氣定率乃循積其率以減冬至蝕差各得每氣初日蝕差

求每日如陽城法求之若戴日之南當計所在地皆反用之

七日步五星術

歲星終率百二十一萬二千五百七十九秒六

終日三百九十八餘二千六百五十九秒六

變差三十四秒十四

象算九十一餘二百三十八秒五十七微分十二

爻算十五餘百六十六秒四十二微分八十二

熒惑終率二百三十七萬一千三秒八十六

終日七百七十九餘二千八百四十三秒八十六

變差三十二秒二

象算九十一餘二百三十八秒四十三微分八十四

爻算十五餘百六十六秒四十微分六十二

鎮星終率百一十四萬九千三百九十九秒九十八

終日三百七十八餘二百七十九秒九十八

變差二十二秒九十二

象算九十一餘二百三十七秒八十七

爻算十五餘百六十六秒三十一微分十六

太白終率百七十七萬五千三十秒十二

終日五百八十三餘二千七百一十一秒十二

中合日二百九十一餘二千八百七十五秒六

變差三十秒五十三

象算九十一餘二百三十八秒三十四微分五十四

爻筭十五餘百六十六秒三十九微分九

辰星終率三十五萬二千二百七十九秒七十二

終日百一十五餘二千六百七十九秒七十二

中合日五十七餘二千八百五十九秒八十六

變差百三十六秒七十八

象筭九十一餘二百四十四秒九十八微分六十

爻筭十五餘百六十七秒四十九微分七十四

辰法七百六十

秒法一百

微分法九十六

置中積分以冬至小餘減之各以其星終率去之不盡者返以減終率餘滿通法爲日得冬至夜半後平合日筭各以其星變差乘積筭滿乾實去之餘滿通法爲日以減平合日筭得入曆筭數皆四約其餘同於辰法乃以一象之筭除之以少陽老陽少陰老陰爲爻起少陽筭外餘以一爻之筭除之所得命起其象初爻筭外得所入爻筭數

五星爻象曆

歲星

爻	陰陽	損益	進退
初	少陽少陰	益七百七十三	積空
二	少陽少陰	益七百二十一	七百七十三
三	少陽少陰	益六百二十	千四百九十四
四	少陽少陰	益五百	二千一百一十四
五	少陽少陰	益三百三十一	二千六百一十四
上	少陽少陰	益百二十三	二千九百五十五
初	老陽老陰	損一百二十三	三千七十八
二	老陽老陰	損三百三十一	二千九百五十五
三	老陽老陰	損五百	二千六百二十四
四	老陽老陰	損六百二十	二千一百二十四
五	老陽老陰	損七百二十一	千四百九十四
上	老陽老陰	損七百七十三	七百七十三

熒惑

爻	陰陽	損益	進退
初	少陽少陰	益千二百三十七	積空
二	少陽少陰	益千一百四十三	千二百三十七
三	少陽少陰	益九百九十一	二千三百八十
四	少陽少陰	益七百八十一	三千三百七十一
五	少陽少陰	益五百一十三	四千一百五十二
上	少陽少陰	益百八十七	四千六百六十五
初	老陽老陰	損百八十七	四千八百五十二
二	老陽老陰	損五百一十三	四千六百六十五
三	老陽老陰	損七百八十一	四千一百五十二
四	老陽老陰	損九百九十一	三千三百七十一
五	老陽老陰	損千一百四十三	二千三百八十
上	老陽老陰	損千二百三十七	千二百三十七

鎮星

爻	陰陽	損益	進退
初	少陽少陰	益千六百八十四	積空
二	少陽少陰	益千五百四十四	千六百八十四
三	少陽少陰	益千三百三十	三千二百二十八
四	少陽少陰	益千四十二	四千五百五十八
五	少陽少陰	益六百八十	五千六百
上	少陽少陰	益二百四十四	六千二百八十
初	老陽老陰	損二百四十四	六千五百二十四
二	老陽老陰	損六百八十	六千二百八十
三	老陽老陰	損千四十二	五千七百
四	老陰老陽	損千三百三十	四千五百五十八
五		損千五百四十四	三千二百二十八
上		損千六百八十四	千六百八十四

太白

爻	陰陽	損益	進退
初		益二百五十五	積空
二		益二百三十一	二百五十五
三		益百九十八	四百八十六
四	少陽少陰	益百五十六	六百八十四
五		益百五	八百四十
上		益四十五	九百四十五
初	老陽老陰	損四十五	九百九十
二		損百五	九百四十五
三		損百五十六	八百四十
四		損百九十八	六百八十四
五		損二百三十一	四百八十六
上		損二百五十五	二百五十五

辰星

爻	陰陽	損益	進退
初	少陰少陽	益六百四十三	積空
二		益五百八十五	六百四十三
三		益五百一	千二百二十八
四		益三百九十一	千七百一十九
五	少陽少陰	益二百五十五	二千一百二十
上	少陽少陰	益九十三	二千三百七十五
初	老陽老陰	損九十三	二千四百六十八
二	老陽老陰	損二百五十五	二千三百七十五
三	老陽老陰	損三百九十一	二千一百二十
四	老陽老陰	損五百一	千七百二十九
五	老陽老陰	損五百八十五	千二百二十八
上	老陽老陰	損六百四十三	六百四十三

以所入爻與後爻損益率相減爲前差又以後爻與次後爻損益率相減爲後差二差相減爲中差置所入爻并後爻損益率半中差以加之九之二百七十四而一爲爻末率因爲後爻初率

皆因前爻末率以爲後爻初率

初末之率相減爲爻差倍爻差九之二百七十四而一爲算差半之加減初末各爲定率以算差累加減

爻初定率
少象以差減老象以差加
爲每筭損益率循累其率隨所入爻損益其下進退
積各得其筭定數
其四象初爻無初率上爻無末率皆置本爻損益
率四而九之二百七十四得一各以初末率減之
皆五得其率
各置其星平合所入爻之筭差半之以減其入筭損
益率損者以所入餘乘差辰法除幷差而半之益者
半入餘乘差亦辰法除皆加所減之率乃以入餘乘
之辰法而一所得以損益其筭下進退各爲平合所
入定數置進退定數
金星則倍置之
各以合下乘數乘之除數除之所得滿辰法爲日以
進加退減平合日筭
先以四約平合餘然後加減
爲常合日筭置常合日先後定數四而一以先減後
加常合日筭得定合日筭又四約盈縮分以定合餘
乘之滿辰法而一所得以盈加縮減其定除加其日
夜半日度爲定合加時星度又置定合日筭以多至
大小餘加之天正經朔大小餘減之
其至朔小餘皆先以四約之若大餘不足減又以
爻數加之乃減之
餘滿四象之策除爲月數不盡者爲入朔日筭命月
起天正日起經朔筭外得定合月日
視定朔與經朔有進退者亦進減退加一日爲定
置常合及定合應加減定數同名相從異名相消乃

以加減其平合入爻筭滿若不足進退爻筭得定合
所入乃以合後諸變歷度累加之去命如前得次變
初日所入如平合求進退定數乃以乘數乘之除數
除之各爲進退變率
五星變行日中率度中率差行損益率歷度數
乘數 除數
歲星合後伏十七日三百三十二分行三度三百三
十二分先遲二日益疾九分歷一度三百五十七分
乘數三百五十除數二百八十一
前順百一十二日行十八度六百五十六分先疾五
日益遲六分歷九度三百三十七分
乘數三百五十除數二百八十一
前畱二十七日歷二度二百二十分
乘數二百六十七除數二百二十二
前退四十三日退五度三百六十九分先遲六日益
疾十一分歷三度四百七十五分
乘數四百七十除數四百三十
後退四十三日退五度三百六十九分先遲六日益
遲十一分歷三度四百七十五分
乘數五百十一除數四百六十七
後畱二十七日歷三度二百一十分
乘數二百七十除數二百二十二
後順百一十二日行十八度六百六十五分先遲五日益
疾六分歷九度三百三十七分
乘數二百六十七除數二百二十七
合前伏十七日三百三十二分行三度三百三十二
分先疾二日益遲九分歷一度三百五十八分

乘數三百五十除數二百八十一
熒惑合後伏七十一日七百三十五分行五十四度
七百三十五分先疾五日益遲七分歷三十八度二
百一分
乘數百二十七除數三十
前疾二百一十四日行百三十六度先疾九日益遲
四分歷百一十三度五百九十六分
乘數百二十七除數三十
前遲六十日行二十五度先疾日益遲四分歷三十
一度六百八十五分
乘數二百三除數五十四
前畱十三日歷六度六百九十三分
乘數二百三除數五十四
前退三十一日退八度四百七十三分先遲六日益
疾五分歷十六度三百六十七分
乘數二百三除數四十八
後退三十一日退八度四百七十三分先疾六日益
遲五分歷十六度三百六十七分
乘數二百三除數四十八
後畱十三日歷六度六百九十三分
乘數二百三除數四十八
後遲六十日行二十五度先遲日益疾四分歷三十
一度六百八十五分
乘數二百三除數五十四
後疾二百一十四日行百三十六度先遲九日益疾
四分歷百一十三度五百九十六分
乘數二百三除數五十四

合前伏七十一日七百三十六分行五十四度七百三十六分先遲五日益疾七分歷三十八度二百一分

乘數百二十七除數三十

鎮星合後伏十八日四百一十五分行一度四百一十五分先遲二日益疾九分歷四百八十分

乘數十二除數十一

前順八十三日行七度二百四十一分先疾六日益遲五分歷二度六百二十三分

乘數十二除數十一

前留三十七日三百八十分歷一度二百八分

乘數十除數九

前退五十日退二度三百三十四分先遲七日益疾一分歷一度五百三十一分

乘數二十除數十七

後退五十日退二度三百三十四分先疾七日益遲一分歷一度五百三十一分

乘數五除數四

後留三十七日三百八十分歷一度二百八分

乘數二十除數十七

後順八十三日行七度二百四十一分先遲六日益疾五分歷二度六百二十三分

乘數十除數九

合前伏十八日四百一十五分行一度四百一十五分先疾二日益遲九分歷四百八十分

乘數十二除數十一

太白晨合後伏四十一日七百一十九分行五十二度七百一十九分先遲三日益疾十六分歷四十一度七百一十九分

乘數七百九十七除數二百九

夕疾行百七十一日行二百六度先疾五日益遲九分歷百七十一度

乘數七百九十一除數三百九

夕平行十二日行十二度歷十二度

乘數五百一十五除數百五十六

夕遲行四十二日行三十一度先疾日益遲十分歷四十二度

乘數五百一十五除數百三十七

夕留八日歷八度

乘數五百一十五除數九十二

夕退十日退五度先遲日益疾九分歷[illegible]

乘數五百一十五除數八十六

夕合前伏六日退五度先疾日益遲十五分歷六度

乘數五百一十五除數八十四

夕合後伏六日退五度先遲日益疾十五分歷六度

乘數五百一十五除數八十三

晨退十日退五度先疾日益遲九分歷十度

乘數五百一十五除數八十四

晨留八日歷八度

乘數五百一十五除數八十六

晨遲行四十二日行三十一度先遲日益疾十分歷四十二度

乘數五百一十五除數九十二

晨平行十二日行十二度歷十二度

乘數五百一十五除數百三十七

晨疾行百七十一日行二百六度先遲五日益疾九分歷百七十一度

乘數五百一十五除數百五十六

晨合前伏四十一日七百一十九分行五十二度七百一十九分先疾三日益遲十六分歷四十一度七百一十九分

乘數七百九十七除數二百九

辰星晨合後伏十六日七百一十五分行三十三度七百一十五分先遲日益疾二十二分歷十六度七百一十五分

乘數二百八十六除數二百八十七

夕疾行十二日行十七度先疾日益遲五十分歷十二度

乘數二百八十六除數二百八十七

夕平行九日行九度歷九度

乘數四百九十五除數百九十四

夕遲行六日行四度先疾日益遲七十六分歷六度

乘數四百九十六除數百九十五

夕留三日歷三度

乘數四百九十七除數百九十六

夕合前伏十一日退六度先遲日益疾三十一分歷十一度

乘數四百九十八除數百九十七

夕合後伏十一日退六度先疾日益遲三十一分歷十一度

乘數五百除數百九十八

晨留二日歷三度

乘數四百九十八除數百九十八

晨遲行六日行四度先遲日益疾七十六分歷六度

乘數四百九十七除數百九十六

晨平行九日行九度歷九度

乘數四百九十六除數百九十五

晨疾行十二日行十七度先遲日益疾五十分歷十二度

乘數四百九十二除數百九十四

晨合前伏十六日七百一十五分行三十二度七百一十五分先疾日益遲二十二分歷十六度七百一十五分

乘數二百八十六除數二百八十七

各置其本進退變率與後變率同名者相消爲差在進前少在退前多各以差爲加在進前多在退前少各以差爲減異名者相從爲并前退後進各以并爲加前進後退各以并爲減逆行度率則反之皆以差及并加減日度中率各爲日度變率

其木星疾行直以差并加減度中率爲變率其日直因中率爲變率勿加減也

以定合日與前疾初日後疾初日與合前伏初日先後定數各以同名者相消爲差異名者相從爲并皆四而一所得滿辰法各爲日度乃以前日度盈加縮減其合後伏度之變率及合前伏前疾日之變率亦以後日度盈減縮加其後疾日之變率及合前伏前疾度之變率

金水夕合反其加減留退亦然

其二留日之變率若差於中率者卽以所差之數爲度各加減本遲度之變率

謂以所多於中率之數加之少於中率之數減之已下加減準此

退行度之變率若差於中率者卽倍所差之數各加減本疾度之變率

其土木二星既無遲疾卽加減前後順行度之變率

其水星疾行度之變率若差於中率者卽以所差之數爲日各加減留日變率

其留日變率若少不足減者卽侵減遲日變率若多於中率者亦以所多之數爲日以加留日變率

各加減變率訖皆爲日度定率其日定率有分者前後輩之

輩配也以少分配多分滿全爲日有餘轉配其諸變率不加減者皆依變率爲定率

置其星定合餘以減辰法餘以其星初日行分乘之辰法而一以加定合加時度得定合後夜半星度及餘

自此各依其星計日行度所至皆從夜半爲始

各以一日所行度分順加退減之其行有小分者各滿其法從行分伏不注度留者因前退則依減順行出虛去六虛之差退行入虛先加此差

六虛之差亦四而一乃用加減

訖皆以轉法約行分爲度分得每日所至

日度定率或加或減益疾益遲每日漸差不可預定今且略據日度中率商量置之其定率既有盈縮卽差數合隨而增損當先檢括諸變定率與中率相較近者因用其差求其初末之日行分爲主自餘諸變因此消息加減其差各求初末行分循環比較使際會參合衰殺相循其金水皆以平行爲主前後諸變準此求之其合前伏雖有日度定率因加至合而與後算不叶者皆從後算爲定其初見伏之度去日不等各以日度與星辰相較木去日十四度金十一度火土水各十七度皆見各減一度皆伏其木火土三星前順之初後順之末及金水疾行留退初末皆是見伏之初日注曆消息定之金水及日月度皆不注分

置日定率減一以所差分乘之爲實以所差日乘定日率爲法實如法而一爲行分得每日差以辰法通度定率從其分如日定率而一爲平行度分減日定率一以所差分乘之二而一爲差率以加減平行分益疾者以差率減平行爲初日加平行爲末日益遲者以差率加平行爲初日減平行爲末日

得初末日所行度及分

其差不全而與日相合者先置日定率減一以所差分乘之爲實倍所差日爲法實如法而一爲行分不盡者因爲小分然後爲差率

置初日行分益遲者以每日差累減之益疾者以每日差累加之得次日所行度分

其每日差及初日行皆有小分母既不同當令同之乃用加減

其先定日數而求度者減所求日一以每日差乘之二而一所得以加減初日行分

益遲減之益疾加之

以所求日乘之如辰法而一爲度不盡者爲行分得從初日至所求日積度及分若先定度數而返求日者以辰法乘所求行度有分者從之入之如每日差而一爲積倍初日行分以每日差加減之

益遲者加之益疾者減之

如每日差而一爲率令自乘以積加減之

益遲者以積減之益疾者以積加之

開方除之所得以率加減之

益遲者以率加之益疾者以率減之

乃半之得所求日數

開方除者置所開之數爲實借一筭於實之下名曰下法步之超一位置商於上方副商於下法之上名曰方法命上商以除實畢倍方法一折下法

再折乃置後商於下法之上名曰隅法副隅幷方命後商以除實畢隅從方法折下就除如前開之

五星前變入陽爻爲黃道北入陰爻爲黃道南後變入陽爻爲黃道南入陰爻爲黃道北

其金水二星以夕爲前變晨爲後變各計其變行起初日入爻之筭盡老象上爻末筭之數不滿變行度常率者因置其數以變行日定率乘之如變行度常率而一爲日其入變日數與此日數已下者星在道南北依本所入陰陽爻爲定過此日數之外者南北返之

九執曆者出於西域開元六年詔太史監瞿曇悉達譯之斷取近距以開元二年二月朔爲曆首度法六十月有二十九日餘七百三分日之三百七十三曆首有朔虛分百二十六周天三百六十度無餘分日去沒分九百分度之十三二月爲時六時爲歲三十度爲相十二相而周天望前曰白博叉望後曰黑博叉其筭皆以字書不用籌策其術繁碎或幸而中不可以爲法名數詭異初莫之辯也陳元景等持以惑當時謂一行寫其術未盡妄矣

欽定古今圖書集成曆象彙編曆法典

第十四卷目錄

曆法典第十四卷

曆法總部彙考十四

唐四

代宗寶應元年改用五紀曆

按唐書代宗本紀不載　按律曆志寶應元年六月望戊夜月蝕三之一官曆加時在日出後有交不署蝕代宗以至德曆不與天合詔司天臺官屬郭獻之等復用麟德元紀更立歲差增損遲疾交會及五星差數以寫大衍舊術上元七曜起赤道虛四度帝爲製序題曰五紀曆其與大衍小異者九事曰仲夏之朔若月行極疾合於亥正朔不進則朔之晨月見東方矣依大衍戌初進初朔則朔之夕月見西方矣當視定朔小餘不滿五紀通法如晨初餘數減十刻已下者進以明日爲朔一也以三萬二千一百六十乘夜半定漏刻六十七乘刻分從之二千四百而一爲晨初餘數二也陽曆去交分交前加一辰交後減一辰餘百八十三已下者日亦蝕三也月蝕有差以望日所入定數視月道同名者交前爲加交後爲減異名者交前爲減交後爲加各以加減去交分又交前減一辰交後加一辰餘如三百三十八已下者既已上以減望差八十約之得蝕分四也日蝕有差以朔日所入定數十五而一以減百四餘爲定法以蝕差減去交分又交前減兩辰餘爲陰曆蝕其不足減者反減蝕差在交後減兩辰交前加三辰餘爲類同陽曆蝕又自小滿畢小暑加時距午正八刻外者皆減一辰三刻內者皆加一辰自大寒畢立春交前五辰外自大暑畢立冬交後五辰外又減一辰不足減者既加減訖各如定法而一以減十五餘爲蝕分其陽曆蝕者置去交分以蝕差加之交前加一辰交後減一辰所得以減望差餘如百四約之得爲蝕分五也所蝕分日以十八乘之月以二十乘之皆十五而一爲汎用刻不復因加六也日蝕定用刻在辰正前者以十分之四爲虧初刻六爲復末刻未正後者六爲虧初刻四爲復末刻不復相半七也五星乘數除數諸變皆通用之不復變行異數入進退曆皆用度中率八也以定合初日與前疾初日後疾初日與合前伏初日先後定數各同名者相消爲差異名者相從爲井皆四而一所得滿辰法各爲日乃以前日盈減縮加其合後伏日變率亦以後日盈加縮減合前伏日變率

太白辰星夕變則返加減畱退二退度變率若差於中率者倍所差之數曰伏差以加減前疾日度變率

熒惑均加減前疾兩變日度變率歲星熒惑鎭星前畱日變率若差於中率者以所差之爲度加減前遲日變率

皆多於中率之數者加之少於中率者減之後畱日變率若差於中率者以所差之數爲日以加減後遲日變率及加減二退度變率又以伏差加減後疾日度變率

多於中率之數者減之少於中率者加之其熒惑均加減疾遲兩變日度變率歲星鎭星無遲即加減前後順行日度變率

太白晨夕退行度變率若差於中率者亦倍所差之數爲度加減本疾變度率

夕合前後伏雖亦退行不取加減

二畱日變率若差於中率者以所差之數爲度加減本遲度變率皆多於中率之數加之少於中率減之其辰星二畱日變率若差於中率者以所差之數爲度各加減本遲度變率疾行度變率若差於中率者以所差之數爲日各加減畱日變率

亦多於中率之數者加之少於中率者減之其畱日變率若少不足減者侵減遲日變率

加減訖皆爲日度定率九也大衍以四象考五星進退或時弗叶獻之加減頗異而偶與天合於是頒用訖建中四年

寶應五紀曆法

寶應五紀曆演紀上元甲子距寶應元年壬寅積二十六萬九千九百七十八算

五紀通法千三百四十

策實四十八萬九千四百二十八

揲法三萬九千五百七十一

策餘七千二十八

用差七千五百四十八

掛限三萬八千三百五十七

三元之策十五餘二百九十二秒五秒母六

以象統爲母者又四因之

四象之策二十九餘七百一十一

一象之策七餘五百一十二太

天中之策五餘九十七秒十一秒母十八

地中之策六餘百一十九秒四秒母三十

貞悔之策三餘五十八秒十七

辰法三百三十五

刻法百三十四

乾實四十八萬九千四百四十二秒七十

周天度三百六十五

虛分三百四十二秒七十

歲差十四秒七十　秒法百

定氣	盈縮分	先後數	損益率	朓朒積
冬至	盈千三十七	先端	益七十八	朒初
小寒	盈八百一十三	先千三十七	益六十一	朒七十八
大寒	盈六百一十三	先千八百五十	益四十六	朒百三十九
立春	盈四百三十	先二千四百六十三	益三十二	朒百八十五
雨水	盈二百五十九	先二千八百九十三	益十九	朒二百一十七
驚蟄	盈九十四	先三千一百五十二	益七	朒二百三十六
春分	縮九十四	先三千二百四十六	損七	朒二百四十三
清明	縮二百五十九	先三千一百五十二	損十九	朒二百三十六
穀雨	縮四百三十	先二千八百九十三	損三十二	朒二百一十七
立夏	縮六百一十三	先二千四百六十三	損四十六	朒百八十五
小滿	縮八百一十三	先千八百五十	損六十一	朒百三十九
芒種	縮千三十七	先千三十七	損七十八	朒七十八
夏至	縮千三十七	後端	益七十八	朓初
小暑	縮八百一十三	後千三十七	益六十一	朓七十八
大暑	縮六百一十三	後千八百五十	益四十六	朓百三十九
立秋	縮四百三十	後二千四百六十三	益三十二	朓百八十五
處暑	縮二百五十九	後二千八百九十三	益十九	朓二百一十七
白露	縮九十四	後三千一百五十二	益七	朓二百三十六
秋分	盈九十四	後三千二百四十六	損七	朓二百四十三
寒露	盈二百五十九	後三千一百五十二	損十九	朓二百三十六
霜降	盈四百三十	後二千八百九十三	損三十二	朓二百一十七
立冬	盈六百一十三	後二千四百六十三	損四十六	朓百八十五
小雪	盈八百一十三	後千八百五十	損六十一	朓百三十九
大雪	盈千三十七	後千三十七	損七十八	朓七十八

定氣所有日及餘以辰計之日辰數與大衍同

六虛之差七秒七十

轉終分百三十六萬六千一百五十六

轉終日二十七餘七百四十三秒五

秒法三十七

轉法六十七

約轉分爲度日逡程積逡程日轉積度

終日	轉分列衰	損益率	朓朒積
一日	九百八十六退十二	益百三十五	朓初
二日	九百七十四退十二	益百一十七	朓百三十五
三日	九百六十二退十四	益九十九	朓二百五十二
四日	九百四十八退十五	益七十八	朓三百五十一
五日	九百三十三退十五	益五十六	朓四百二十九
六日	九百一十八退十六	益三十三	朓四百八十五
七日	九百二退十六	初益八末損一	朓五百一十八
八日	八百八十六退十六	損十四	朓五百二十五
九日	八百七十退十五	損三十八	朓五百一十一
十日	八百五十五退十四	損六十二	朓四百七十三
十一日	八百四十一退十二	損八十五	朓四百一十一
十二日	八百二十八退十一	損百三	朓三百二十六
十三日	八百一十七退十	損百一十八	朓二百二十三
十四日	八百一十退二進一	初損百五末益三十	朓百五
十五日	八百八進十一	益百二十八	朒三十
十六日	八百一十九進十三	益百一十五	朒百五十八
十七日	八百三十二進十四	益九十五	朒二百七十三
十八日	八百四十六進十五	益七十四	朒三百六十八
十九日	八百六十一進十六	益五十二	朒四百四十二
二十日	八百七十七進十六	益二十八	朒四百九十四
二十一日	八百九十三進十六	初益六末損三	朒五百二十二
二十二日	九百九進十五	損二十	朒五百二十五
二十三日	九百二十四進十五	損四十二	朒五百五
二十四日	九百三十九進十五	損六十五	朒四百六十三
二十五日	九百五十四進十四	損八十九	朒三百九十八
二十六日	九百六十八進十一	損百九	朒三百九

二十七日九百七十九進六　損百二十五　朒二百
二十八日九百八十五進五初損七十五退四末益入後　朒七十五
七日初千一百九十一末百四十九
十四日初千四十二末二百九十八
二十一日初八百九十二末四百四十八
二十八日初七百四十三末五百九十七
入交陰陽　屈伸率　屈伸積
一日　屈二十四　積初
二日　屈十七　積二十四
三日　屈十一　積四十一
四日　屈八　積五十二
五日　屈十一　積六十
六日　屈十七　積一度四
七日　初屈十八末伸六　積一度二十一
八日　伸十七　積一度三十三
九日　伸十一　積一度十六
十日　伸八　積一度五
十一日　伸十一　積六十四
十二日　伸十七　積五十三
十三日　伸二十四　積三十六
十四日　初伸十二末屈入後　積十二
半紀六百七十
象積四百八十
辰刻八刻分百六十
昏明刻各二刻分二百四十
交終三億六千四百六十四萬三千七百六十七
交終日二十七餘二百八十四秒三千七百六十七

交中日十三餘八百一十二秒千八百八十三半
朔差日二餘四百二十六秒六千三百三十三
望差日一餘二百一十三秒三千一百一十六半
望數日十四餘千二十五秒五千
交限日十二餘五百九十八秒八千七百六十七
交率六十一
交數七百七十七凡春分後陰曆交後秋分後陽曆交後爲月道同名餘皆爲異名
辰分百一十三
秒法一萬
去交度乘數十一　除數千一百六十五
太陰損益差冬至夏至益十九積七十六小寒小暑
益十七積九十五大寒大暑益十四積百一十一立
春立秋益十二積百二十五雨水處暑益十積百三
十七驚蟄白露益七積百四十七春分秋分損七積
百五十四清明寒露損十積百四十七穀雨霜降損
十二積百三十七立夏立冬損十四積百二十五小
滿小雪損十七積百一十一芒種大雪損十九積九
十五依定氣求朓朒術入之各得其望日所入定數
太陽每日蝕差月在陰曆自秋分後春分前皆以四
百五十七爲蝕差入春分後日損五分入夏至初日
損不盡者七乃自後日益五分月在陽曆自春分後
秋分前亦以四百五十七爲蝕差入秋分後日損五
分入冬至初日損不盡者七乃自後日益五分各得
朔日所入定數
歲星終率五十三萬四千四百八十二秒三十六
終日三百九十八餘千一百六十二秒三十六
變差十四秒八十八

象筭九十一餘百五秒十八
爻筭十五餘七十三秒四十六微分三十二
乘數五
除數四
熒惑終率百四萬五千八十八秒八十三
終日七百七十九餘千二百二十八秒八十三
變差三十二秒五十七
象筭九十一餘百六秒二十八微分五十四
爻筭十五餘七十三秒五十四微分七十三
乘數百二十七
除數三十
鎮星終率五十萬六千六百二十三秒二十九
終日三百七十八餘百三秒二十九
變差九秒八十七
象筭九十一餘百四秒八十六微分六十六
爻筭十五餘七十三秒三十一微分十一
乘數十二
除數十一
太白終率七十八萬二千四百四十九秒九
終日五百八十三餘千二百二十九秒九
中合二百九十二餘千二百八十四秒五十九微分
七十二
變差四十九秒七十二
象筭九十一餘百七秒三十五微分七十二
爻筭十五餘七十三秒七十二微分六十
乘數十五
除數二

辰星終率十五萬五千二百七十八秒六十六

終日百一十五餘千一百七十八秒六十六

中合五十七餘千二百五十九秒三十三

變差五十秒八十五

象筭九十一餘百七秒四十二微分七十八

爻筭十五餘七十三秒七十三微分七十七

秒法百微分法九十六

星名　爻目損益率　進退積

歲星　少陽少陰初益三百四十一　進退空
少陽少陰二益三百一十八　進退三百四十一
少陽少陰三益二百七十七　進退六百五十九
少陽少陰四益二百二十一　進退九百三十六
少陽少陰五益百四十六　進退千一百五十七
少陽少陰上益五十四　進退千三百三

熒惑　少陽少陰初益五百四十五　進退空
少陽少陰二益五百四　進退五百四十五
少陽少陰三益四百三十七　進退千四十九
少陽少陰四益三百四十四　進退千四百八十六
少陽少陰五益二百二十七　進退千八百三十
少陽少陰上益八十二　進退二千五十七

鎮星　少陽少陰初益七百四十二　進退空
少陽少陰二益六百八十一　進退七百四十二
少陽少陰三益五百八十六　進退千四百二十三
少陽少陰四益四百五十九　進退二千九
少陽少陰五益三百　進退二千四百六十八
少陽少陰上益百八　進退二千七百六十八

太白　少陽少陰初益百一十二　進退空
少陽少陰二益百二　進退百一十二
少陽少陰三益八十八　進退二百一十四
少陽少陰四益六十八　進退三百二
少陽少陰五益四十七　進退三百七十
少陽少陰上益十九　進退四百一十七

辰星　少陽少陰初益二百八十三　進退空
少陽少陰二益二百五十八　進退二百八十三
少陽少陰三益二百二十一　進退五百四十一
少陽少陰四益百七十二　進退七百六十二
少陽少陰五益百一十三　進退九百三十四
少陽少陰上益四十一　進退千四十七

星名　爻目損益率　進退積

歲星　老陽老陰初損五十四　進退千三百五十七
老陽老陰二損百四十六　進退千三百三
老陽老陰三損二百二十一　進退千一百五十七
老陽老陰四損二百七十七　進退九百三十六
老陽老陰五損三百一十八　進退六百五十九
老陽老陰上損三百四十一　進退三百四十一

熒惑　老陽老陰初損八十二　進退二千一百三十九
老陽老陰二損二百二十七　進退二千五十七
老陽老陰三損三百四十四　進退千八百三十
老陽老陰四損四百三十七　進退千四百八十六
老陽老陰五損五百四　進退千四十九
老陽老陰上損五百四十五　進退五百四十五

鎮星　老陽老陰初損百八　進退二千八百七十七
老陽老陰二損三百　進退二千七百六十八
老陽老陰三損四百五十九　進退二千四百六十八
老陽老陰四損五百八十六　進退二千九
老陽老陰五損六百八十一　進退千四百二十三
老陽老陰上損七百四十二　進退七百四十二

太白　老陽老陰初損十九　進退四百三十六
老陽老陰二損四十七　進退四百一十七
老陽老陰三損六十八　進退三百七十
老陽老陰四損八十八　進退三百二
老陽老陰五損百二　進退二百一十四
老陽老陰上損百一十二　進退百一十二

辰星　老陽老陰初損四十一　進退千八十八
老陽老陰二損百一十三　進退千四十七
老陽老陰三損百七十二　進退九百三十四
老陽老陰四損二百二十一　進退七百六十二
老陽老陰五損二百五十八　進退五百四十一
老陽老陰上損二百八十三　進退二百八十三

星目　變行目　變行日中率

歲星　合後伏　十七日百四十五分
前順　百一十四日
前留　二十七日
前退　四十一日
後退　四十一日
後留　二十七日
後順　百一十四日
合前伏　十七日百四十六分

熒惑　合後伏　七十一日三百二十二分
前疾　百八日
前次疾　百六日

前遲　六十日
前留　十三日
前退　三十一日
後退　三十一日
後留　十三日
後遲　六十日
後次疾　百六日
後疾　百八日
合前伏　七十一日三百二十三分
鎮星　合後伏　十八日百八十四分
前順　八十三日
前留　三十七日百六十四分
前退　五十日
後退　五十日
後留　三十七日百六十四分
後順　八十三日
合前伏　十八日百八十四分
太白　晨合後伏　四十一日二百八十分
夕疾行　百七十一日
夕平行　十二日
夕遲行　四十三日
夕留　八日
夕退　十日
夕合前伏　六日
夕合後伏　六日
晨退　十日
晨留　八日
晨遲行　四十三日
晨平行　十二日
晨疾行　百七十一日
晨合前伏　四十一日二百八十分
辰星　晨合後伏　十六日二百一十五分
夕疾行　十二日
夕平行　九日
夕遲行　六日
夕留　三日
夕合前伏　十一日
夕合後伏　十一日
晨留　三日
夕合前伏　十一日
夕合後伏　十一日
晨留　三日
晨遲行　六日
晨平行　九日
晨疾行　十二日
晨合前伏　十六日

星目　變行目　變行度中率
歲星　合後伏　行二度一百四十五分
前順　行十八度二百八十九分
前留
前退　退五度百六十二分
後退　退五度百六十三分
後留
後順　行十八度二百八十九分
熒惑　合前伏　行二度一百四十六分
合後伏　行五十四度三百二十二分
前疾　行七十度
前次疾　行六十六度
前遲　行二十五度
前留
前退　退八度二百一十分
後退　退八度二百一十分
後留
後遲　行二十五度
後次疾　行六十六度
後疾　行七十度
合前伏　行五十四度三百二十三分
鎮星　合後伏　行一度百八十四分
前順　行七度百二分
前留
前退　退二度百四十七分
後退　退二度百四十七分
後留
後順　行七度百二分
合前伏　行一度百八十四分
太白　晨合後伏　行五十二度二百八十分
夕疾行　行一百六度
夕平行　行十二度
夕遲行　行三十一度
夕留
夕退　退五度

夕合前伏　退五度
夕合後伏　退五度
晨退　退五度
晨留
晨遲行　行三十一度
晨平行　行十二分
晨疾行　行二百六度
晨合前伏　行五十二度二百八十分
辰星　晨合後伏　行三十三度三百一十五分
夕疾行　行十七度
夕平行　行九度
夕遲行　行四度
夕留
夕合前伏　退六度
夕合後伏　退六度
晨留
夕合前伏　退六度
夕合後伏　退六度
晨留
晨遲行　行四度
晨平行　行九度
晨疾行　行十七度
晨合前伏　行三十三度三百一十五分
星目　變行目　差行損益率
歲星　合後伏　先遲日益疾二分
前順　先疾二日益遲一分
前留

前退　先遲四日益疾三分
後退　先遲四日益疾三分
後留
後順　先遲二日益疾一分
合前伏　先疾日益遲二分
熒惑　合後伏　先疾五日益遲七分
前疾　先疾三日益遲一分
前次疾　先疾九日益遲四分
前遲　先疾日益遲四分
前留
前退　先遲六日益疾五分
後退　先疾六日益遲五分
後留
後遲　先遲日益疾四分
後次疾　先遲九日益疾二分
後疾　先遲三日益疾一分
合前伏　先遲五日益疾七分
鎮星　合後伏　先遲日益疾二分
前順　先疾三日益遲二分
前留
前退　先遲十四日益疾一分
後退　先疾十四日益遲一分
後留
後順　先遲三日益疾一分
合前伏　先疾日益遲二分
太白　晨合後伏　先疾五日益遲八分
夕疾行　先疾五日益遲四分

夕平行
夕遲行　先疾日益遲五分
夕留
夕退　先遲日益疾四分
夕合前伏　先遲日益疾四十二分
夕合後伏　先疾日益遲四十二分
晨退　先疾日益遲四分
晨留
晨遲行　先遲日益疾五分
晨平行
晨疾行　先遲五日益疾四分
晨合前伏　先遲三日益疾八分
辰星　晨合後伏　先遲日益疾十一分
夕疾行　先疾日益遲二十五分
夕平行
夕遲行　先疾日益遲三十八分
夕留
夕合前伏　先遲日益疾十五分
夕合後伏　先疾日益遲十五分
晨留
夕合前伏　先遲日益疾十五分
夕合後伏　先疾日益遲十五分
晨留
晨遲行　先遲日益疾三十八分
晨平行
晨疾行　先遲日益疾二十五分
晨合前伏　先疾日益遲十一分

欽定古今圖書集成曆象彙編曆法典

第十五卷目錄

曆法總部彙考十五

唐五德宗建中一則　建中正元曆法　憲宗元和一則　穆宗長慶一則　長慶宣明曆法

曆法典第十五卷

曆法總部彙考十五

唐五

德宗建中四年頒正元曆

按唐書德宗本紀不載　按曆志德宗時五紀曆氣朔加時稍後天推測星度與大衍差率頗異詔司天徐承嗣與夏官正楊景風等雜麟德大衍之旨治新曆上元七曜起赤道虛四度建中四年曆成名曰正元其氣朔發斂日躔月離軌漏交會悉如五紀法惟發斂加時無辰法皆以象統乘小餘通法而一爲半辰數餘五因之六刻法除之得刻不盡六而一爲刻分其軌漏夜半刻分以刻法準象積取其數用之以刻法通夜半定漏刻內分二十而一爲晨初餘數月蝕去交分如二百七十九已下者既已上以減望差六十六約之爲蝕分日蝕差亦十五約之以減八十五餘爲定法又加減去交分訖以減望差八十五約之得蝕分日法不同也其五星爲麟德曆舊術因冬至後夜半平合日算加合後伏日及餘即平見日算金木先得夕見其滿晨見伏日及餘秒去之餘爲晨平見求入常氣以取定見而推之麟德曆之啓蟄正元曆之雨水麟德曆之雨水正元曆之驚蟄也麟德曆熒惑前後疾變度率初行入氣差行日益遲疾一分正元曆則二分亦度母不同也詔起五年正月行新曆會朱泚之亂改元興元自是頒用訖元和元年

建中正元曆法

建中正元曆演紀上元甲子距建中五年甲子歲積四十萬二千九百算外

正元通法千九十五

策實三十九萬九千九百四十三

揲法三萬三千三百三十六

章閏萬一千九百一十一

策餘五千七百四十三

用差六千一百六十八

掛限三萬一千三百四十三

三元之策十五餘二百三十九秒七

四象之策二十九餘五百八十一

一象之策七餘四百一十九

中盈分四百七十八秒一十四

朔虛分五百一十四

象統二十四

象位六

天中之策五餘七十九秒五十五秒母七十二

地中之策六餘九十五秒四十三秒母六十

貞悔之策三餘四十七秒五十一半

刻法二百一十九六刻去千三百一十四

乾實三十九萬九千九百五十五秒二

周天度三百六十五虛分二百八十秒二

歲差十二秒二

秒母百

定氣	盈縮分	先後數	損益率	朓朒積
冬至	盈八百四十八	先端	益六十三	朒初
小寒	盈六百六十四	先八百四十八	益五十	朒六十三
大寒	盈五百一	先千五百一十二	益三十七	朒百一十三
立春	盈三百五十一	先二千一十三	益二十六	朒百五十
雨水	盈二百一十二	先二千三百六十四	益十六	朒百七十六
驚蟄	盈七十七	先二千五百七十六	益六	朒百九十二
春分	縮七十七	先二千六百五十三	益六	朒百九十八
清明	縮二百一十二	先二千五百七十六	損十六	朒百九十二
穀雨	縮三百五十一	先二千三百六十四	損二十六	朒百七十六
立夏	縮五百一	先二千一十三	損三十七	朒百五十
小滿	縮六百六十四	先千五百一十二	損五十	朒百一十三
芒種	縮八百四十八	先八百四十八	損六十三	朒六十三
夏至	縮八百四十八	後端	益六十三	朓初
小暑	縮六百六十四	後八百四十八	益五十	朓六十三
大暑	縮五百一	後千五百一十二	益三十七	朓百一十三
立秋	縮三百五十一	後二千一十三	益二十六	朓百五十
處暑	縮二百一十二	後二千三百六十四	益十六	朓百七十六
白露	縮七十七	後二千五百七十六	益六	朓百九十二
秋分	盈七十七	後二千六百五十三	損六	朓百九十八

寒露　盈二百一十二　後二千五百七十六　損十六　朓百九十二
霜降　盈三百五十一　後二千三百六十四　損二十六　朓百七十六
立冬　盈五百一　後二千一十三　損三十七　朓百十五
小雪　盈六百六十四　後千五百一十二　損五十　朓百一十三
大雪　盈八百四十八　後八百四十八　損六十三　朓六十三
定氣辰數同大衍
六處之差六秒二十
轉終分三億一百七十二萬一百三十二
轉終日二十七餘六百七秒百二十二
入轉秒法一萬
轉法二百一十九約轉分爲度日遂程積遂程日轉積度
終日　轉分列衰
一日　三千二百二十二退三十八
二日　三千一百八十四退四十
三日　三千一百四十四退四十五
四日　三千九十九退四十九
五日　三千五十退四十九
六日　三千一退五十三
七日　二千九百四十八退五十二
八日　二千八百九十六退五十二
九日　二千八百四十四退四十九
十日　二千七百九十五退四十九
十一日　二千七百四十六退四十六
十二日　二千七百退三十
十三日　二千六百七十退二十二
十四日　二千六百四十八退十進三
十五日　二千六百四十一進三十六
十六日　二千六百七十七進四十三
十七日　二千七百二十進四十五
十八日　二千七百六十五進四十九
十九日　二千八百一十四進五十三
二十日　二千八百六十七進五十二
二十一日　二千九百一十九進五十二
二十二日　二千九百七十一進四十九
二十三日　三千二十進四十九
二十四日　三千六十九進四十九
二十五日　三千一百一十八進四十六
二十六日　三千一百六十四進三十六
二十七日　三千二百進一十
二十八日　三千二百二十進十一退九
終日　損益率　朓朒積
一日　益百一十　朓初
二日　益九十六　朓百一十
三日　益八十一　朓二百六
四日　益六十四　朓二百八十七
五日　益四十六　朓三百五十一
六日　益二十七　朓三百九十七
七日　初益十末損二　朓四百二十四
八日　損十二　朓四百三十
九日　損三十一　朓四百一十八
十日　損五十一　朓三百八十七
十一日　損六十八　朓三百三十六
十二日　損八十五　朓二百六十八
十三日　損九十六　朓百八十三
十四日　初損八十七末益二十五　朓八十七
十五日　益百七　朒二十五
十六日　益九十四　朒百三十二
十七日　益七十八　朒二百二十六
十八日　益六十一　朒三百四十
十九日　益四十二　朒三百六十五
二十日　益二十三　朒四百七
二十一日　初益五末損二　朒四百三十
二十二日　損十六　朒四百三十三
二十三日　損三十五　朒四百一十七
二十四日　損五十三　朒三百八十二
二十五日　損七十一　朒三百二十九
二十六日　損八十八　朒二百五十八
二十七日　損百二　朒百七十
二十八日　初損六十八末益四十二　朒六十八
七日初九百七十三末百二十二
十四日初八百五十一末二百四十四
二十一日初七百二十九末三百六十六
二十八日初六百七末四百八十八
入交陰陽　屈伸率　屈伸積
一日　屈七十八　積初
二日　屈五十六　積七十八
三日　屈三十六　積百三十四
四日　屈二十六　積百七十
五日　屈三十六　積百九十六
六日　屈五十六　積一度十三
七日　初屈五十九末伸二十　積一度六十九

八日　伸五十六　積一度百八
九日　伸三十六　積一度五十二
十日　伸二十六　積一度十六
十一日　伸二十六　積二百九
十二日　伸五十六　積百七十三
十三日　伸七十八　積百一十七
十四日　初伸三十九末屈入後　積三十九
辰刻八刻分七十三
刻法二百一十九
昏明刻各二刻分百九半
交終分二億九千七百九十七萬三千八百一十五
交終日二十七餘二百三十二秒三千八百一十五
交中日十三餘六百六十三秒六千九百七半
朔差日二餘三百四十八秒六千一百八十五
望差日一餘百七十四秒三千九十二半
望數日十四餘八百三十八
交限日十二餘四百八十九秒三千八百一十五
交率六十一
交數七百七十七
交辰法九十一少
秒法一萬
去交度乘數十一除數九百四十五
太陰損益差冬至夏至益十六積六十二小寒小暑益十三積七十八大寒大暑益十一積九十一立春立秋益十積百二雨水處暑益八積百一十二驚蟄白露益六積百二十春分秋分損六積百二十六清明寒露損八積百二十穀雨霜降損十積百一十二立夏立冬損十一積百二小滿小雪損十三積九十一芒種大雪損十六積七十八以損益依入定氣求朓朒術入之各得其望日所入定數

太陽每日蝕差月在陰曆自秋分後春分前皆以三百七十三爲蝕差入春分後日損四分入夏至初日損不盡者六乃自後日益四分月在陽曆自春分後秋分前亦以三百七十三爲蝕差入秋分後日損四分入冬至初日損不盡者六乃自後日益四分各得朔日所入定數

歲星終率四十三萬六千七百六十秒四
終日三百九十八餘九百五十秒四
合後伏日十七餘千二十三
熒惑終率八十五萬四十七秒七十九
終日七百七十九餘千二秒七十九
合後伏日七十一餘千四十九
鎭星終率四十一萬三千九百九十四秒六十三
終日三百七十八餘八十四秒六十三
合後伏日十八餘五百九十
太白終率六十三萬九千三百八十九秒二十八
晨合後伏日四十一餘九百一十五
夕見伏日二百五十六餘五百二秒一十四
晨見伏日三百二十七餘五百二秒一十四
辰星終率十二萬六千八百八十八秒四半
終日百一十五餘九百六十二秒四半
晨合後伏日十六餘千四十
夕見伏日五十二餘四百八十一秒五十二少
晨見伏日六十三餘四百八十一秒五十二少
秒法一百

五星平見加減差

歲星初見去日十四度見入冬至畢小寒均減六日自入大寒後日損百九分半入春分初日依平自後日加百四十五分半入立夏畢小滿均加六日自入芒種後日損百四十五分入夏至畢立秋均加四日自入處暑後日損二百九十一分半入白露初日依平自後日減八十七分入小雪畢大雪均減六日

熒惑初見去日十七度見入冬至初日減二十七日自後日損九百八十五分半入大寒初日依平自後日加六百五十七分入驚蟄畢穀雨均加二十七日自入立夏後日損三百二十三分入立秋依平自入處暑後日減三百二十三分入小雪畢大雪均減二十七日

鎭星初見去日十七度見入冬至初日減四日自後日益百四十五分半入大寒畢春分均減八日自入清明後日損九十六分入小暑初日依平自後日加百四十五分半入白露初日加八日自後日損二百九十一分入秋分均加四日自入寒露後日損九十六分入小雪初日依平自後日減百四十五分半

太白初見去日十一度夕見入冬至初日依平自後日減百六十三分入雨水畢春分均減九日自入清明後日減百六十三分入芒種依平自入夏至日加百六十三分入處暑畢秋分均加九日自入寒露後日損百六十三分入大雪依平晨見入冬至依平入小寒後日加百九分半入立春畢立夏均加三日入小滿後日損百九分半入夏至依平入小暑後日減

百九分半入立秋畢立冬均減三日入小雪後日損百九分半

辰星初見去日十七度夕見入冬至畢清明依平入穀雨畢芒種均減二日入夏至畢大暑依平入立秋畢霜降應見不見

其在立秋及霜降二氣之內者去日十八度外三十六度內有木火土金一星巳上者見

入立冬畢大雪依平晨見入冬至均減四日入小寒畢雨水均減三日

其在雨水氣內去日度如前晨無木火土金一星已上者不見

入驚蟄畢立夏應見不見

其在立夏氣內去日度如前晨有木火土金一星巳上者亦見

入小滿寒露依平入霜降畢立冬均加一日入小雪畢大雪依平

五星變行加減差日度率

歲星前順差行百一十四日行十八度九百七十一分先疾二百益遲三分

前留二十六日

前退差行四十二日退六度先遲日益疾二分

後退差行四十二日退六度先疾日益遲二分

後留二十五日

後順差行百一十四日行十八度九百七十一分先遲二日益疾三分日盡而夕伏

熒惑前疾入冬至初日二百四十三日行百六十五度自後三日損日度各二小寒初日二百三十三日行百五十五度自後二日損日度各一穀雨四日依平畢小滿九日百七十八日行百度自九日後三日損日度各一夏至初日依平畢六日百七十一日行九十三度自六日後每三日益日度各一立秋初日百八十四日行百六度自後每日益日度各一白露初日二百一十四日行百三十六度自後五日益日度各六秋分初日二百三十二日行百五十四度自後每日益日度各一寒露初日二百四十七日行百六十九度自後五日益日度各三霜降五日依平畢立冬十三日二百五十九日行百八十一度自入十三日後二日損日度各一

前遲差行入冬至六十日行二十五度先疾日益遲三分自入小寒後三日損日度各一大寒初日五十五日行二十度自後三日益日度各一立春初日畢清明平六十日行二十五度自入穀雨每氣損度一立夏初日畢小滿平六十日行二十三度自入芒種後每氣益一度夏至初日平畢處暑六十日行二十五度自入白露後三日損度一秋分初日六十日行二十度自後每日益日一三日益度二寒露初日七十五日行三十度自後每日損日一三日損度一霜降初日六十日行二十五度自後二日損度一立冬一日平畢氣末六十日行一十七度自小雪後五日益度一大雪初日六十日行二十度自後三日益度一

前留十三日

前疾減　日率者以其差分益此留及遲日率前疾加日率者以其差分減此留及後遲日率

退行入冬至初日六十三日行二十二度自後四日益度一小寒一日六十三日行二十六度自入小寒一日後三日半損度一立春三日平畢雨水六十三日退一十七度自入驚蟄後二日益日度各一驚蟄八日平畢氣末六十七日退二十一度自入春分後一日損日度各一春分四日平畢芒種六十三日退十七度自入夏至後每六日損日度各一大暑初日平畢氣末五十八日退十一度立秋初日平畢氣末五十七日退十一度自入白露後二日益日度各一白露十二日平畢秋分六十三日退十七度自入寒露後三日益日度各一寒露九日平畢氣末六十六日退二十度自入霜降後二日損日度各一霜降六日平畢氣末六十三日退十七度自入立冬後三日益日度各一立冬十二日平畢氣末六十七日退二十一度自入小雪後二日損日度各一小雪八日平畢氣末六十三日退十七度自入大雪後三日益度一

後留冬至初日十三日大寒初日平畢氣末二十五日自入立春後二日半損一日驚蟄初日十三日自後三日益日一清明初日二十三日自後每日損日一清明十日平畢處暑十三日自入白露後二日損日一秋分十一日無留自入秋分十一日後日益日一霜降初日十九日立冬畢大雪十三日

後遲差行六十日行二十五度

先遲日益疾三分前疾加度者此遲依數減之爲定若不加度者此遲入秋分至立冬減三度入立冬到冬至減五度後留定日十三日者以所朒數

加此遲日率
後疾冬至初日二百一十日行百三十二度自後每日損日度各一大寒八日百七十二日行九十四度自入大寒八日後二日損日度各一雨水平畢氣末百六十一日行八十三度自入驚蟄後三日益日度各一穀雨三日百七十七日行九十九度自三日後每日益日度各一芒種十四日平畢夏至十日二百三十三日行百五十五度自十日後每日益日度各一小暑五日二百五十三日行百七十五度自後每日益日度各一大暑初日平畢處暑二百六十三日行百八十五度自入白露後二日損日度各一秋分一日二百五十五日行百七十七度自一日後每三日損日度各一大雪初日二百五日行百二十七度自後二日益日度各一

鎭星前順差行八十三日行七度四百七十四分先疾二日益遲二分

前留三十七日

前退差行五十一日退三度先遲二日益疾一分

後退差行五十一日退三度先疾二日益遲一分

後留三十六日

後順差行八十三日行七度四百七十四分先遲二日益遲二分

太白夕見入冬至畢立夏立秋畢大雪百七十二日行二百六度自入小滿後十日益度一爲定初入白露畢春分差行先疾日益遲二分自餘平行夏至畢小暑百七十二日行二百九度自入大暑後五日損一度畢氣末

夕平行冬至及大暑大雪各畢氣末十三日行十三度自入冬至後十日損一畢立春入立秋六日益一畢秋分雨水畢芒種七日行七度自入夏至後五日益一畢小暑寒露初日二十三日行二十三度自後六日損一畢小雪

夕遲差行四十二日行三十度先疾日益遲十三分前加度過二百六度者準數損此度

夕留七日

夕退十日退五度日盡而夕伏

晨退十日退五度

晨留七日

晨遲差行冬至畢立夏大雪畢氣末四十二日行三十度先遲日益疾十三分自小滿後率十日損一度畢芒種夏至畢寒露四十二日行二十七度差依前自入霜降後每氣益一度畢小雪

晨平行冬至畢氣末立夏畢氣末十三日行十三度自小寒後六日益日度各一畢雨水入小滿後七日損日度各一畢立秋驚蟄初日二十三日行二十三度自後六日損日度各一畢穀雨處暑畢寒露無此平行自入霜降後五日益日度各一畢大雪

晨疾百七十二日行二百六度

前遲行損度不滿三十者此疾依數益之

處暑畢寒露差行先遲日益疾二分自餘平行日盡而晨伏

辰星夕見疾十二日行二十一度十分大暑畢處暑十二日行十七度十六分

夕平七日行七度自入大暑後二日損度各一入立秋無此平行

夕遲六日行二度七分前疾行十七度者無此遲行

夕伏留五日日盡而夕伏

晨見留五日

晨遲六日行二度七分自入大寒畢雨水無此遲行

晨平行七日行七度入大寒後二日損日度各一入立春無此平行

晨疾十二日行二十一度十分前無遲行者十二日行十七度十六分日盡而晨伏

憲宗元和　年司天徐昂上觀象曆

按唐書憲宗本紀不載　按曆志憲宗卽位司天徐昂上新曆名曰觀象起元和二年用之然無蔀章之數至於察斂啓閉之候循用舊法測驗不合

穆宗長慶二年詔改宣明曆

按唐書穆宗本紀不載　按曆志穆宗立以爲累世纘緒必更曆紀乃詔日官改撰曆術名曰宣明上元七曜起赤道虛九度其氣朔發斂日躔月離皆因大衍舊術晷漏交會則稍增損之更立新數以步五星其大略謂通法曰統法策實曰章歲揲法曰章月掛限曰閏限三元之策曰中節四象之策曰合策一象之策曰象準策餘曰通餘爻數曰紀法通紀法爲分日旬周章歲乘年曰通積分地中之策曰候策天中之策曰卦策以貞悔之策減中節曰辰數以加季月之節卽土王用事日已小餘滿辰法爲辰數滿刻法爲刻乾實曰象數秒法三百以乘統法曰分統凡步七曜入宿度皆以刻法爲度母凡刻法乘盈縮分如定氣而一曰氣中率與後氣中率相減爲合差以定

氣乘合差併後定氣以除爲中差加減氣率爲初末率倍中差百乘之以定氣除爲日差半之以加減初末各爲定率以日差累加減之爲每日盈縮分凡百乘氣下先後數先減後加常氣爲定氣限數乘歲差千四百四十爲秒分以加中節因冬至黃道日度累而裁之得每定氣初日度入轉日曆凡入曆如曆中已下爲進已上去之爲退凡定朔小餘秋分後四分之三已上進一日春分後昏明小餘差春分初日者五而一以減四分之三定朔小餘如此數已上者進一日或有交應見虧初則否定弦望小餘不滿昏明小餘者退一日或有交應見虧初者亦如之凡止交以平交入曆朓朒定數朓減朒加平交入定氣餘滿若不足進退日筭爲正交入定氣不復以交率乘交數除及不加減平交入氣朓朒也凡推月度以曆分乘夜半定全漏如刻法而一爲晨分以減曆分爲昏分又以定朔弦望小餘乘曆分統法除之以減晨分除爲前不足反相減餘爲後乃前加後減加時月度爲晨昏月度以所入加時日度減後曆加時日度餘加上弦之度及餘以所入日前減後加又以後曆前加後減各爲定程乃累計距後曆每日曆度及分以減定程爲盈不足及相減爲縮以距後曆日數均其差盈減縮加每日曆分爲曆定分累以加朔弦望晨昏月度爲每日晨昏月度不復加減屈伸也又統日中統象積日刻法消息曰屈伸以屈伸準盈縮分求每日所入日定衰五乘之二十四除之曰漏差屈加伸減氣初夜半漏得每日夜半定漏刻法通爲分曰昏明小餘二十一乘屈伸定數二十五而一爲黃道屈伸差乃屈減伸加氣初去極度分得每日去極度分以萬二千三百八十六乘黃道屈伸差萬六千二百七十七而一爲每日度差屈減伸加氣初距中度分得每日距中度數凡屈伸準消息於中晷曰定數於漏刻曰漏差於去極曰屈伸差於距中度曰度差交終曰終率朔差曰交朔望數曰交望交限曰前準望差曰後準凡月行入四象陰陽度有分者十乘之七而一爲度分不盡十五乘之七除爲大分不盡又除爲小分乃以一象之度九十除之兼除度差分百一十三大分七小分一少然後以次象除之凡日蝕以定朔日出入辰刻距午正刻數約百四十七爲時差視定朔小餘如半法已下以減半法爲初率已上減去半法餘爲末率以乘時差如刻法而一初率以減末率倍之以加定朔小餘爲蝕定餘月蝕以定望小餘爲蝕定餘凡日蝕有氣差有刻差有加差二至之初氣差二千三百五十距二至前後每日損二十六至二分而空以日出沒辰刻距午正刻數約其朔日氣差以乘食甚距午正刻數所得以減氣差爲定數春分後陰曆加之陽曆減之秋分後陰曆減之陽曆加之二至初日無刻差自後每日益差分二小分十起立春至立夏起立秋至立冬皆以九十四分有半爲刻差自後日損差分二小分十至二至之初損盡以朔日刻差乘食甚距午正刻數爲刻差定數冬至後食甚在午正前夏至後食甚在午正後陰曆以減陽曆以加冬至後食甚在午正後夏至後食甚在午正前陰曆以加陽曆以減又立冬初日後每氣增差十七至冬至初日得五十一自後每氣損十七終於大寒損盡若蝕甚在午正後則每刻累益其差陰曆以減陽曆以加應加減差同名相從異名相銷各爲蝕差以加減去交分爲定分月在陰曆不足減反減蝕差交前減之餘爲陽曆交後定分交後減之餘爲陽曆交前定分皆不蝕陽曆不足減亦反減蝕差交前減之餘爲陰曆交後定分交後減之餘爲陰曆交前定分皆蝕凡去交定分如陽曆蝕限已下爲陽曆蝕以陽曆定法約爲蝕分已上者以陽曆蝕限減之餘爲陰曆蝕以陰曆定法約之以減十五餘爲蝕分凡月蝕去交分二千一百四十七已下皆既已上者以減後準餘如定法五百六約爲蝕分凡月蝕既汎用刻二十如去交分千四百三十五已下因增半刻七百一十二已下又增半刻凡日月帶蝕出沒各以定法通蝕分半定用刻約之以乘見刻多於半定用刻出爲進沒爲退少於半定用刻出爲退沒爲進各如定法而一爲見蝕之大分朔晝望夜皆爲見刻其九服蝕差則不復考詳五星終率日周率因平合加中伏得平見金水加夕得晨加晨得夕又以變差乘年滿象數去之不盡爲變交三百約爲分統法而一以減平見

三十六乘平見秒十二乘變交秒同以三千六百爲母

餘如交率已下星在陽曆已上去之爲入陰曆各以變策除爲變數命初變算外不盡爲入其變度數及餘自此百約餘分母同刻法以所入變下數加減平見爲常見金星晨見先計自夕見盡夕退應加減先後差同名相從異名相銷與晨常見加減差異名相

銷同名相從依加減晨平見爲常見凡常見討入定氣求先後定數各以差率乘之差數而一爲定差晨見先減後加夕見先加後減常見爲定見以常見與定見加減數加減平見入變度數及餘秒爲定見初變所入以所行度順加退減之即次變所入各以所入變下差數加減日度變率

其木星常見與定見加減數同名相從異名相銷反其加減夕見差加疾行日率者倍其差加度率又分其差以加遲留日率晨見亦分其差以加遲留日率以所差之數加疾行日率亦倍其差加疾行度率夕見差減疾行日率者倍其差減度率又以其差減留日不足減使減遲日晨見差減留日不足減者侵減遲日亦以其差減疾行日率倍其差以減度率

前變初日與後變末日先後數同名相銷異名相從爲先後定數各以差率乘之差數而一爲日差

金星用後變差率差數

以先後定數減之爲度差

金星夕伏以日差減先後定數爲度差晨伏以先後定數加日差爲度差木星夕伏以先後定數爲日差倍之爲度差

乃以日度差積盈者以減積縮者以加末變日度率

金木晨伏反用其差

又倍退行差差率乘之差數而一爲日差以退差減之爲度差

金星夕伏以日差減退差爲度差晨伏以退差如日差爲度差

以退行日度差應加者減末變日度率

晨伏反用其差

各加減變訖爲日度定率佗亦皆準大衍曆法其分秒不同則各據本曆母法云起長慶二年用宣明曆自敬宗至於僖宗皆遵用之雖朝廷多故不暇討論然大衍曆後法制簡易合望密近無能出其右者訖景福元年觀象曆今有司無傳者

長慶宣明曆

長慶宣明曆演紀上元甲子至長慶二年壬寅積七百七萬一百二十八算外

宣明統法八千四百

章歲三百六萬八千五十五

章月二十四萬八千五十七

通餘四萬四千五十五

章閏九萬一千三百七十一

閏限二十四萬四百四十三秒六

中節十五餘千八百三十五秒五

合策二十九餘四千四百五十七

象準七餘三千二百一十四少中盈分三千六百七十一秒二

朔虛分三千九百四十三

旬周五十萬四千

紀法六十

秒法八

候數五餘六百一十一秒七

卦位六餘七百三十四秒二

辰數十二餘千四百六十八秒四

刻法八十四

象數九億二千四十四萬六千一百九十九

周天三百六十五度

虛分二千一百五十三秒一百九十九

歲差二萬九千六百九十九

分統二百五十二萬

秒母三百

氣節	盈縮分	先後數	損益率	朓朒數
冬至	盈六十	先初	益四百四十九	朒初
小寒	盈五十	先六十	益三百七十四	朒四百四十九
大寒	盈四十	先百一十	益二百九十九	朒八百二十三
立春	盈三十	先百五十	益二百二十四	朒千一百二十二
雨水	盈十八	先百八十	益百三十五	朒千三百四十六
驚蟄	盈六	先百九十八	益四十九	朒千四百八十一
春分	縮六	先二百四	損四十五	朒千五百二十六
清明	縮十八	先百九十八	損百三十五	朒千四百八十一
穀雨	縮三十	先百八十	損二百二十四	朒千三百四十六
立夏	縮四十	先百五十	損二百九十九	朒千一百二十二
小滿	縮五十	先百一十	損三百七十四	朒八百二十三
芒種	縮六十	先六十	損四百四十九	朒四百四十九
夏至	縮六十	後初	益四百四十九	朓初
小暑	縮五十	後六十	益三百七十四	朓四百四十九
大暑	縮四十	後百十	益二百九十九	朓八百二十三
立秋	縮三十	後百五十	益二百二十四	朓千一百二十二
處暑	縮十八	後百八十	益百三十五	朓千三百四十六

節氣	盈縮	先後	損益	朓朒
白露	縮六	後百九十八	益四十五	朓千四百八十一
秋分	盈六	後二百四	損四十五	朓千三百一十六
寒露	盈十八	後百九十八	損百三十五	朓千四百八十一
霜降	盈三十	後百八十	損二百二十四	朓千二百四十一
立冬	盈四十	後百五十	損二百九十九	朓[illegible]
小雪	盈五十	後百一十一	損三百七十四	朓[illegible]
大雪	盈六十	後六十	損四百四十九	朓[illegible]

二十四定氣皆自乘其氣盈縮分盈減縮加中節爲定氣所有日及餘秒

六虛之差五十三秒二百九十九

曆周二十三萬一千四百五十八秒十九

曆周日二十七餘四千六百五十八秒十九

曆中日十三餘六千五百二十九秒九半

周差日一餘八千一百九十八秒八十一

秒母一百

七日初數七千四百六十五末數九百三十五

十四日初數六千五百二十九末數千八百七十一

上弦九十一度餘二千六百三十八秒百四十九太

望百八十二度餘五千二百七十六秒二百九十九半

下弦二百七十三度餘七千九百一十五秒百四十九半

秒母三百

曆日	曆分 進退衰	積度
	以刻法約曆分爲度積之爲積度	
一日	千一十二 進十四	初度
二日	千二十六 進十六	十二度 四分
三日	千四十二 進十八	二十四度 二十二分
四日	千六十 進十八	三十六度 五十六分
五日	千七十八 進十八	四十九度 二十四分
六日	千九十六 退十九	六十二度 一十分
七日	千一百一十五 進十九	七十五度 十四分
八日	千一百三十四 進十九	八十八度 三十七分
九日	千一百五十三 進十九	百一度 七十九分
十日	千一百七十二 進十九	百一十五度 [illegible]分
十一日	千一百九十一 進十八	百二十九度 五十二分
十二日	千二百九 進十四	百四十三度 七十七分
十三日	千二百二十三 進十一	百五十八度 八十分
十四日	千二百三十四 進空退	百七十二度 六十三分
一日	千二百三十四 退十四	百八十七度 二十七分
二日	千二百二十一 退十七	二百二度 十一分
三日	千二百三 退十八	二百一十六度 五十五分
四日	千一百八十五 退十八	二百三十度 八十二分
五日	千一百六十七 退十八	二百四十五度 七分
六日	千一百四十九 退十八	二百五十八度 八十二分
七日	千一百三十一 退十九	二百七十一度 五十五分
八日	千一百一十二 退十九	二百八十六度 十分
九日	千九十三 退十九	二百九十九度 三十分
十日	千七十四 退十八	三百一十二度 三十一分
十一日	千五十六 退十七	三百二十五度 十二分
十二日	千三十九 退十五	三百三十七度 六十一分
十三日	千二十四 退十二	三百五十度 八分
十四日	千一十二 進空退	三百六十二度 二十四分

曆日	損益率	朓朒積
一日	益八百三十	朒初
二日	益七百二十六	朒八百三十
三日	益六百六	朒千五百五十六
四日	益四百七十一	朒二千一百六十二
五日	益二百三十七	朒二千六百三十三
六日	益二百二	朒二千九百七十
七日	初益五十三 末損七	朒三千一百七十二
八日	損八十二	朒三千一百一十八
九日	損二百二十四	朒三千一百三十六
十日	損三百六十六	朒二千九百一十二
十一日	損五百九	朒二千五百四十六
十二日	損六百四十三	朒二千三十七
十三日	損七百四十八	朒千三百九十四
十四日	初損六百四十六	朒六百四十六
一日	益八百三十	朓初
二日	益七百二十六	朓八百三十
三日	益五百九十八	朓千五百五十六
四日	益四百六十四	朓二千一百五十四
五日	益二百一十九	朓二千六百一十八
六日	益百九十五	朓二千九百四十七
七日	初益五十二 末損七	朓三千一百四十二
八日	損八十二	朓三千一百八十八
九日	損二百一十五	朓三千一百六
十日	損三百六十六	朓二千八百八十一
十一日	損五百一	朓二千五百一十五
十二日	損六百二十八	朓二千一十四
十三日	損七百四十	朓千三百八十六

十四日　初損六百四十六　朓六百四十六

中統四千二百

辰刻八刻分二十八

昏明刻各二刻分四十二

刻法八十四度母同刻法

距極度五十六餘八十二分半

北極出地三十四度餘四十七分半

定氣	屈伸數	黃道去極度
冬至	屈六十五	百一十五度十七分
小寒	屈二百二十五	百一十四度三十六分
大寒	屈三百六十五	百一十二度二十五分
立春	屈四百八十五	百八度五十五分
雨水	屈五百八十五	百三度六十七分
驚蟄	屈六百六十五	九十七度八十分
春分	屈六百六十五	九十一度二十五分
清明	屈五百八十五	八十四度五十五分
穀雨	屈四百八十五	七十八度六十七分
立夏	屈三百六十五	七十二度八十分
小滿	屈二百二十五	七十度十五分
芒種	屈六十五	六十八度四分
夏至	伸六十五	六十七度二十四分
小暑	伸二百二十五	六十八度四分
大暑	伸三百六十五	七十度二十五分
立秋	伸四百八十五	七十三度八十分
處暑	伸五百八十五	七十八度六十七分
白露	伸六百六十五	八十四度五十五分
秋分	伸六百六十五	九十一度二十五分
寒露	伸五百八十五	七十七度八十分
霜降	伸四百八十五	百三度六十七分
立冬	伸三百六十五	百八度五十五分
小雪	伸二百二十五	百一十二度二十五分
大雪	伸六十五	百一十四度四十六分

定氣	陽城日晷	夜半定漏
冬至	丈二尺七寸三十二分	二十七刻四十分
小寒	丈二尺三寸九分十一	二十七刻二十九分
大寒	丈一尺三寸八分三十	二十六刻七十四分
立春	九尺九寸四分七十八	二十六刻十分
雨水	八尺三寸七分八十一	二十五刻九分
驚蟄	六尺八寸八分七十四	二十三刻七十[illegible]分
春分	五尺四寸四分七十	二十二刻四十[illegible]分
清明	四尺一寸九分五十九	二十二刻十分
穀雨	三尺二寸六十九	十九刻七十五分
立夏	二尺四寸四分五十一	十八刻七十四分
小滿	尺八寸九分八十七	十八刻十分
芒種	尺五寸七分十四	十七刻五十五分
夏至	尺四寸七分八十	十七刻四十四分
小暑	尺五寸七分十四	十七刻二十五分
大暑	尺八寸九分八十九	十八刻十分
立秋	二尺四寸四分五十	十八刻七十四分
處暑	三尺二寸六十九	十九刻七十五分
白露	四尺一寸九分五十九	二十一刻十分
秋分	五尺四寸五分七十	二十二刻四十二分
寒露	六尺八寸八分七十四	二十三刻七十四分
霜降	八尺三寸七分八十一	二十五刻九分
立冬	九尺九寸四分七十八	二十六刻十分
小雪	丈一尺三寸八分三十	二十六刻七十四分
大雪	丈二尺三寸九分十一	二十七刻二十九分

定氣	距中星度
冬至	八十二度二十二分
小寒	八十二度六十四分
大寒	八十四度四十分
立春	八十七度二十一分
雨水	九十度七十分
驚蟄	九十五度十二分
春分	百度三十八分
清明	百五度四十二分
穀雨	百九度八十一分
立夏	百一十三度九十三分
小滿	百一十六度三十六分
芒種	百一十八度十二分
夏至	百一十八度五十四分
小暑	百一十八度十二分
大暑	百一十六度三十分
立秋	百一十三度五十五分
處暑	百九度八十一分
白露	百五度四十三分
秋分	百度三十八分
寒露	九十五度三十三分
霜降	九十度七十九分
立冬	八十七度十一分
小雪	八十四度四十分

大雪　八十二度六十四分
終率二十二萬八千五百八十二秒六千五百一十二
終日二十七餘千七百八十二秒六千五百一十二
中日十三餘五千九十一秒三千二百五十六
交朔日二餘二千六百七十四秒三千四百八十八
交望日十四餘六千四百二十八秒五千
前準日十二餘三千七百五十四秒千五百一十二
後準日一餘千三百二十七秒千七百四十四
陰曆蝕限六千六十
陽曆蝕限二千六百四十
陰曆定法四百四
陽曆定法百七十六
交率二百二
交數二千五百七十三
秒法一萬
去交度乘數十一除數七千三百三
歲星周率二百三十五萬五百四十秒八十三
周策二百九十八餘七千三百四十秒八十三
中伏日十六餘七千八百七十秒四十一半
變差九十八秒三十二
交率百八十二餘五十二秒二十七
變策十五餘十八秒三十五
差率五
差數四
熒惑周率六百五十五萬一千三百九十五秒二十六
周策七百七十九餘七千七百九十五秒二十六
中伏日七十餘八千九十七秒六十二
變差三千五秒一
交率百八十二餘五十二秒三十二
變策十五餘十八秒三十六
差率三十九
差數十
鎮星周率三百一十七萬五千八百七十九秒七十九
周策三百七十八餘六百七十九秒七十九
中伏日十八餘四千五百三十九秒八十九半
變差二百七十七秒九十二
交率百八十二餘五十二秒二十七
變策十五餘十八秒三十五
差率十
差數九
太白周率四百九十萬四千八百四十五秒八十五
周策五百八十三餘七千六百四十五秒八十五
夕見伏日二百五十六
夕見伏行二百四十四度
晨見伏日三百二十七餘七千六百四十五秒八十五
晨見伏行三百四十九餘七千六百四十五秒八十五
中伏日四十一餘八千二十二秒九十二半
變差千二百三十六秒十二
交率百八十二餘五十二秒二十九
變策十五餘十八秒三十五
夕見差率三十一
差數十
晨見差率二
差數三
辰星周率九十七萬三千三百九十秒二十五
周策百一十五餘七千三百九十秒二十五
夕見伏日五十二
夕見伏行十八度
晨見伏日六十三餘七千三百九十秒二十五
晨見伏行九十七度餘七千三百九十秒二十五
中伏日十八餘七千八百九十五秒十二半
變差三千二百一餘十秒六十七
交率百八十二餘五十二秒三十二
變策十五餘十八秒三十六
差率差數空秒法百
小分法三千六百

五星平見加減曆

變數	歲星	熒惑	鎮星	太白夕	太白晨	辰星夕	辰星晨
陽初	減空	加空	五百八十	加空	七十太	加空	二百七十七
二	百二十六	九百七十	六百五	百二十六	百二十九	百五十一	二百七十八
三	二百三十九	千七百六十四	六百五	百五十	百八十九	二百七十七	四百五十四
四	三百四十	二千一百六十七	六百五	三百七十八	二百二十七	三百七十八	五百四
五	四百二十八	二千二百三十	五百八十	五百四	二百五十二	四百五十四	四百七十九
六	四百九十一	二千二百五十五	五百四	六百三十	二百六十五	五百四	四百五十四
七	五百一十七	二千二百六十八	三百七十八	七百五十六	二百五十二	四百七十九	四百三
八	四百九十一	二千一百九十二	二百二十七	六百三十	二百十七	四百五十四	三百二十八

九	四百二十八	千九百六十六	七十六	五百四 百八十九	四百三 二百二十七
十	三百四十	千五百一十二	加七十六	三百七十八 百三十九	三百二十八 百二十六
十一	二百三十九	千二十一	百八十九	二百五十二 七十六	二百二十七 加空
十二	百二十六	五百一十七	三百一十五	百二十六 加空	百二十六 百五十八
陰初	加空	減空	四百五十四	減空 七十六	減空 二百七十七
二	百二十六	百二十六	六百五	百二十六 百三十九	百五十一 三百七十八
三	二百三十九	二百一十四	五百二十九	二百五十二 百八十九	二百七十七 四百五十四
四	三百四十	五百一十七	四百五十四	三百七十八 二百二十七	三百七十八 五百四
五	四百二十八	九百三十二	三百七十八	五百四 二百五十二	四百五十四 四百七十九
六	四百九十一	千四百二十四	三百二十	六百三十 二百六十六	五百四 四百五十四
七	五百一十七	二千二百六十八	二百一十八	七百五十六 二百五十二	四百七十九 四百三
八	四百九十一	二千二百六十八	百一十三	六百三十 二百三十	四百五十四 三百二十八
九	四百二十八	二千二百五十五	減空	五百四 百八十九	四百三 二百二十七
十	三百四十	二千一百六十一	二百二十七	三百七十八 百三十九	三百二十八 百二十六
十一	二百三十九	二千七十九	四百三	二百五十二 七十六	二百二十七 減空
十二	百二十六	千九十六	五百四	百二十六 減空	百二十六 百五十一
歲星	前順百一十五日行十九度三十二分	前留二十五日	退行八十五日行十度八十二分	後留二十五日	後順百一十五日行十九度三十三分
	留者先疾日益 十度遲十三秒		益疾益遲 二十二秒		先遲日益 疾十三秒
陽初	七十六		三十四		六十三
二	六十三		四十		七十六
三	五十		三十四		六十三
四	三十八		二十七		五十
五	二十五		二十		三十八
六	十三		十三		二十五
七	加空		七		十三
八	十三		減空		加空
九	二十五		七		十三

十	三十八		十三		二十五
十一	五十		二十		三十八
十二	六十三		二十七		五十
陰初	七十六		三十四		六十三
二	六十三		四十		七十六
三	五十		三十四		六十三
四	三十八		二十七		五十
五	二十五		二十		三十八
六	十三		十三		二十五
七	減空		七		十三
八	十三		加空		減空
九	二十五		七		十三
十	三十八		十三		二十五
十一	五十		二十		三十八
十二	六十三		二十七		五十
熒惑	前疾二百二十日行百四十度	前遲六十日行二十五度	前留 退行六十三日行十七度	後留 後遲六十日行二十五度	後疾二百七日行百三十四度
	留者先疾日益 十七度遲五秒	先疾日益 遲四十二秒	十二日 益疾益 遲九秒	十二日 先遲日益 疾四十二秒	先遲日益 疾五秒
陽初	七百五十六	百一	五十	百一	二千五百二十
二	減空	百二十六	六十三	百二十六	千六百七十六
三	二百三十九	百五十一	七十六	百五十一	八百三十二
四	五百四	百二十六	百五十一	百二十六	減空
五	千八	百一	一百七十七	百一	六百三十
六	千八百三十八	七十六	二百五十二	七十六	七百六
七	二千五百二十	五十	二百二十七	五十	千六百七十六
八	三千二十四	二十五	百四十三	二十五	二千九百二十六
九	二千二百七十六	減空	三十八	加空	三千九百六
十	三千四百四十	二十五	加空	二十五	四千五百三十六

十一	三千六百一十六	五十	七十六	五十	四千四百六十
十二	三千四百四十	七十六	八十八	七十六	四千一百八
陰初	三千二百七十六	百一	百一十三	百一	三千六百九十六
二	二千五百二十	百二十六	百三十九	百二十六	三千二百八十
三	千三百三十八	百五十一	二百五十二	百五十一	二千二百六十八
四	加空	百二十六	二百七十七	百二十六	千八
五	千三百三十八	百一	百七十六	百一	加三百四十
六	二千六百九十六	七十六	百一	七十六	二千五百一十二
七	三千二百七十六	五十	七十六	五十	三千三百五十六
八	三千六百一十六	二十五	五十	二十五	四千三百三十二
九	三千五百三十一	加空	二十五	減空	四千三十二
十	二千九百三十八	二十五	減空	二十五	三千三百五十一
十一	二千二百六十八	五十	十三	五十	三千一百五十四
十二	二千五百一十三	七十六	二十五	七十六	二千五百六十二
鎮星	前順八十三日行七度三十六分	前留三十六日	退行百三日行六度	後留三十六日	後順八十三日行七度三十六分
	留者先疾日益 十度遲八秒		益疾益 遲二秒		先遲日益 疾八秒
陽初	二十六		二十		二十六
二	三十二		二十五		三十二
三	三十八		三十		三十八
四	三十二		二十五		三十二
五	二十六		二十		二十六
六	二十		十五		二十
七	十三		十		十三
八	七		五		七
九	加空		減空		加空
十	七		五		七
十一	十三		十		十三

十二	二十		十五		二十
陰初	二十六		二十		二十六
二	三十二		二十五		三十二
三	三十八		三十		三十八
四	三十二		二十五		三十二
五	二十六		二十		二十六
六	二十		十五		二十
七	十三		十		十三
八	七		五		七
九	減空		加空		減空
十	七		五		七
十一	十三		十		十三
十二	二十		十五		二十
太白	夕疾百七十二日 日行二百六度 留者先疾日益遲 十度八十四秒	夕平十三日 行十三度	夕遲四十二日 行三十度 先疾日益遲 一分二十八秒	夕留 七日	夕退十日 行五度 先遲日益疾 八十四秒
陽初	二百二十七	六	減空		四
二	百一十二	十二	十三		空
三	減空	十八	二十五		減空
四	百一十三	二十四	三十八		空
五	二百二十七	三十一	五十		四
六	三百四十	三十八	六十三		八
七	四百五十四	三十一	七十六		十三
八	五百六十七	二十四	六十三		十三
九	六百八十	十八	五十		十三
十	五百六十七	十二	三十八		十三
十一	四百五十四	六	二十五		十三
十二	三百四十	加空	十三		八

陰初	二百二十七	六	加空		四
二	百一十二	十二	十二		空
三	加空	十八	二十五		加空
四	百一十三	二十四	三十八		空
五	二百二十七	三十一	五十		四
六	三百四十	三十八	六十三		八
七	四百五十四	三十一	七十六		十三
八	五百六十七	二十四	六十三		十三
九	六百八十	十八	五十		十三
十	五百六十七	十二	三十八		十三
十一	四百五十四	六	二十五		十三
十二	三百四十	減空	十三		八
太白	晨見退行十日 日行五度 先疾日益遲 八十四秒	晨留 七日 晨遲四十二日 日行三十度 先遲日益疾 一分二十八秒		晨平十三日 三十度	晨疾百七十二日 日行二百六度 先遲日益疾 十九秒
陽初	十三		百六十四	七十六	四百五十四
二	八		百三十九	八十八	五百六十七
三	四		百一十三	七十六	六百八十
四	空		七十六	六十三	五百六十七
五	空		三十八	五十	四百五十四
六	減空		加空	三十八	三百四十
七	空		三十八	十九	二百二十七
八	空		七十六	加空	百一十三
九	四		百一十三	十八	加空
十	八		百三十九	三十八	百一十三
十一	十三		百六十四	[illegible]	二百二十七
十二	十三		百七十六	六十三	三百四十
陰初	十三		百六十四	七十六	四百五十四

二	八		百三十九	八十八	五百六十七
三	四		百一十三	七十六	六百八十
四	空		七十六	六十三	五百六十七
五	空		三十八	五十	四百五十四
六	加空		減空	三十八	三百四十
七	空		三十八	十九	二百二十七
八	空		七十六	減空	百一十三
九	四		百一十三	十八	減空
十	八		百三十九	三十八	百一十三
十一	十三		百六十四	五十	二百二十七
十二	十三		百七十六	六十三	三百四十
辰星	夕疾十二日 行十七度 留者先疾日益 十度遲三分	夕遲十一 日行九度 先疾日益 遲六分	夕留 三日	晨留 三日 晨遲十一 日行九度 先遲日益 疾六分	晨疾十二日 行十七度 先遲日益 疾三分

欽定古今圖書集成曆象彙編曆法典

第十六卷目錄

曆法典第十六卷

曆法總部彙考十六

唐六

昭宗景福元年崇元曆成

按唐書昭宗本紀不載 按曆志昭宗時宣明曆施行已久數亦漸差詔太子少詹事邊岡與司天少監胡秀林均州司馬王墀改治新曆然術一出於岡岡用算巧能馳騁反覆於乘除間由是簡捷超徑等接之術興而經制遠大衰序之法廢矣雖籌策便易然皆冥於本原其上元七曜起赤道虛四度景福元年曆成賜名崇元氣朔發斂盈縮朓朒定朔弦望九道月度交會入蝕限去交前後皆大衍之舊餘雖不同亦殊塗而至者大略謂策實曰歲實揲法曰朔實三元之策曰氣策四象之策曰平會一象之策曰弦策掛限曰閏限爻數曰紀法策餘曰歲餘天中之策曰候策地中之策曰卦策貞悔之策曰土王策辰法半辰法也乾實曰周天分盈縮朓朒皆用常氣盈縮分日升降先後曰盈縮凡升降損益皆進一等倍象統乘之除法而一爲平行率與後率相減爲差半之以加減平行率爲初末率倍差進一等以象統乘之除法而一爲日差以加減初末爲定以日差累加減爲每日分凡小餘皆萬乘之通法除爲約餘則以萬爲法又以百約之爲大分則以百爲法凡冬至赤道日度及約餘以減其宿全度乃累加次宿皆爲距後積度滿限九十一度三十一分三十七小分去之餘半已下爲初已上以減限爲末皆百四十四乘之退一等以減千三百一十五所得以乘初末度分爲差又通初末度分與四千五百六十六先相減後相乘千六百九十除之以減差爲定差再退爲分至後以減分後以加距後積度爲黃道積度宿次相減卽其度也以冬至赤道日度及約餘依前求定差以減之爲黃道日度凡歲差十一乘之又以所求氣數乘之三千八百八十八而一以加前氣中積又以盈縮分盈加縮減之命以冬至宿度卽其氣初加時宿度其定朔小餘如日法四十分之二十九已上以定朔小餘減日法餘如晨初餘數已下進一日岡又作徑術求黃道月度以蔀率去積年爲蔀周不盡爲蔀餘以歲餘乘蔀餘副之二因蔀周三十七除之以減副百一十九約蔀餘以加副滿周天去之餘四因之爲分度母而一爲度卽冬至加時平行月又以冬至約餘距午前後分二百五十四乘之萬約爲分度母爲度午前以加午後以減加時月爲午中月自此計日平行十三度十九分度之七自冬至距定朔累以平行減之爲定朔午中月求次朔及弦望各計日以平行加之其分以度母除爲約分又四十七除蔀餘爲率差不盡以乘七日三分半副之九因率差退一等爲分以減副又百約冬至加時距午分午前加之午後減之滿轉周去之卽冬至午中入轉以冬至距朔日減之卽定朔午中入轉求次朔及弦望計日加之各以所入日下損益率乘轉餘百而一以損益盈縮積爲定差以盈加縮減午中月爲定月以月行定分乘其日晨昏距午分萬約爲分滿百爲度以減午中定月爲晨月加之爲昏月以朔昏月減上弦昏月以上弦昏月減望昏月以望晨月減下弦晨月以下弦晨月減後朔晨月各爲定程以相距日均爲平行度分與次程相減爲差以加減平行爲初末日定行 後少加爲初減爲末後多減爲初加爲末 減相距日一均差爲日差累損益初日爲每日定行 後多累益之後少累減之

因朔弦望晨昏月累加之得每日晨昏月晷漏各計其日中入二至加時已來日數及餘如初限已下爲後已上以減二至限餘爲前副之各以乘數乘之用減初末差所得再乘其副滿百萬爲尺不滿爲寸爲分夏至後則退一等皆命曰晷差冬至前後以減冬至中晷夏至前後以加夏至中晷爲每日陽城中晷與次日相減後多曰息後少曰消以冬夏至午前後約分乘之萬而一午前息減消加午後息加消減中晷爲定數也凡冬至初日有減無加夏至初日有加無減又計二至加時已來至其日昏後夜半日數及餘冬至後爲息夏至後爲消如一象以下爲初已上反減二至限餘爲末命自相乘進二位以消息法除爲分副之與五百分先相減後相乘千八百而一以

加副爲消息數以象積乘之百約爲分再退爲度春分後以加六十七度四十分秋分後以減百一十五度二十分卽各其日黃道去極與一象相減則赤道內外也以消息數春分後加千七百五十一秋分後以減二千七百四十八卽各其日晷漏母也以減五千爲晨昏距子分置晷漏母千四百六十一乘而再半之百約爲距午度以減半周天餘爲距中度百三十五乘晷漏母百約爲分得晨初餘數凡晷漏百爲刻不滿以象積乘之百約爲分得夜半定漏九服中晷各於其地立表候之在陽城北冬至前候晷景與陽城冬至同者爲差日之始在陽城南夏至前候晷景與陽城夏至同者爲差日之始自差日之始至二至日爲距差日數也在至前者計距前已來日數至後者計入至後已來日數反減距差日餘爲距後日準求初末限晷差各冬至前後以加夏至前後以減冬夏至陽城中晷得其地其日中晷若不足減減去夏至陽城中晷卽其日南倒中晷也日餘之日各計冬夏至後所求日數減去距冬夏至差日餘準初末限入之又九服所在各於其地置水漏以定二至夜刻爲漏率以漏率乘每日晷漏母各以陽城二至晷漏母除之得其地每日晷漏母交命以四百一乘朔望加時入交常日及約餘三十除爲度不滿退除爲分得定朔望入交定積度分以減周天命起朔望加時黃道日躔卽交所在宿次凡入交定積度如半交已上爲在陽曆已上減去半交餘爲入陰曆以定朔望約餘乘轉分萬約爲分滿百爲度以減入陰陽曆積度爲定朔望夜半所入如一象已下爲在少象已上者反減半交餘爲入老象皆七十三乘之退一等用減千三百二十四餘以乘老少象度及餘再退爲分副之在少象三十度已下老象六十一度已上皆與九十一度先相減後相乘五十六除爲差若少象三十度已上反減九十一度及老象六十度已下皆自相乘百五除爲差皆以減副百約爲度卽朔望夜半月去黃道度分凡定朔約餘距午前後分與五千先相減後相乘三萬除之午前以減午後倍之以加約餘爲日蝕定餘定望約餘卽爲月蝕定餘晨初餘數已下者皆四百乘之以晨初餘數除之所得以加定望約餘爲或蝕小餘各以象統乘之萬約爲半辰之數餘滿二千四百爲刻不盡退除爲刻分卽其辰刻日蝕有差置其朔距天正中氣積度以減三百六十五度半餘以千乘滿三百六十五度半除爲分日限心加二百五十分爲限首減二百五十分爲限尾滿若不足加減一千退蝕定餘　等與限首尾相近者相減餘爲限內外分其蝕定餘多於限首少於限尾者爲外少於限首多於限尾者爲內在限內者令限內分自乘百七十九而一以減六百三十餘爲陰曆蝕差限外者置限外分與五百先相減後相乘四百四十六而一爲陰曆蝕差又限內分亦與五百先相減後相乘三百一十三半而一爲陽曆蝕差在限內者以陽曆蝕差加陰曆蝕差爲既前法以減千四百八十餘爲既後法在限外者以六百一十分爲既前法八百八十分爲既後法其去交度分在限外陰曆者以陰曆差減之不足減者不蝕又限外無陽曆交在限內陰曆者以陽曆蝕差加之若在限內陽曆者以去交度分反減陽曆蝕差若不足反減者不蝕皆爲去交定分如既前法已下者爲既前分已上者以減千四百八十餘爲既後分皆進一位各以既前後法除爲蝕分在既後者其虧復陰曆也既前者陽曆也凡朔望月行定分日以九百乘月以千乘如千三百三十七而一日以減千八百月以減二千餘爲汎用刻分凡月蝕汎用刻在陽曆以三十四乘在陰曆以四十一乘百約爲月蝕既前以減千四百八十餘爲月食定法其去交度分如既限已下者既已上者以減千四百八十餘進一位以定法約爲蝕分其蝕五分已下者爲或食已上爲的蝕凡日月食分汎用刻乘之千而一爲定用刻不盡退除爲刻分既者以汎爲定各以減蝕甚約餘爲虧初加之爲復滿凡蝕甚與晨昏分相近如定用刻已下者因相減餘以乘蝕分滿定用刻而一所得以減蝕分得帶蝕分五星變差曰歲差陰陽進退差曰盈縮文筭曰晝度晝有十二亦爻數也推冬至後加時平合日筭曰平合中積副之曰平合中星歲差減中星曰入曆有餘者皆約之因平合以諸變常積日加中積常積度加中星入曆各其變中積中星入曆也凡入曆盈限已下爲盈已上去之爲縮各如晝度分而一命晝數筭外不滿以晝下損益乘之晝度分除之以損益盈縮積爲定差盈加縮減中積爲定積準求所入氣及月日加冬至大餘及約餘爲其變大小餘以命日辰則變行所在也亦以盈加縮減中星應用躔差親定積如半交已下爲在盈已上去之爲在縮所得令半交度先相減後相乘三千四百三十五除爲度不盡退除

爲分者亦盈加縮減之其變異術者從其術各爲定星命起冬至黃道日躔得其變行加時所在宿度也凡辰星依曆變置筭乃視晨見晨順在冬至後夕見夕順在夏至後計中積去二至九十一日半已下令自乘已上以減百八十二日半亦自乘五百而一爲日以加晨夕見中積中星減晨夕順中積中星各爲應見不見中積中星也凡盈縮定差熒惑晨見變六十一乘之五十四除之乃爲定差太白辰星再合則半其差其在夕見晨疾二變則盈減縮加凡歲鎭熒惑留退皆用前遲入曆定差又各視前遲定星以變下減度減之餘半交已下爲盈已上去之爲縮又視之七十三已下三因之已上減半交餘二因之爲差歲鎭二星退一等熒惑全用之在後退又倍其差後留三之皆滿百爲度以盈加縮減中積又以前遲定差盈加縮減乃爲留退定積其前後退中星則以差縮加盈減又以前遲定差盈加縮減乃爲退行定星凡諸變定星迭相減爲日度率熒惑遲日盈六十度盈二十四者所盈日度加疾變日度爲定率太白退日率百乘之二百一十一除之爲留日以減退日率爲定率辰星退順日率一等爲留日以減順日率爲定率以日均度爲平行又與後變平行相減爲差半之視後多少以加減平行爲初末日行分以初日行分乘其變小餘萬而一順減退加其變加時宿度爲夜半宿度又減日率一均之爲日差視後多少累損益初日爲每日行分因夜半宿度累加減之得每日所在五星差行衰殺不倫皆以常變相命消息署之

起一年頒用至唐終

景福崇元曆法

景福崇元曆演紀上元甲子距景福元年壬子歲積五千三百九十四萬七千三百八算外

崇元通法萬三千五百

歲實四百九十三萬八百一

氣策十五餘二千九百五十秒一

朔實三十九萬八千六百六十三

平會二千九餘七千一百六十三

望策十四餘萬三百三十一半

弦策七餘五千一百六十五太

朔虛分六千三百三十七

中盈分五千九百秒二

歲餘七萬八百一

閏限三十八萬六千四百二十五秒二十三

象位六　象統二千四

候策五餘九百八十三秒二十五

秒母七十二

卦策六餘千一百八十秒一

秒母六十

土王策三餘五百九十秒一

秒母百二十

辰數五百六十二半

刻法百三十五

周天分四百九十三萬九百六十一秒二十四

歲差百六十秒二十四

周天三百六十五度

虛分三千四百六十一秒二十四

約虛分二千五百六十三秒八十八

除法七千三百五

秒母一百

二十四氣

中積自冬至每氣以氣策及約餘累之

氣節	升降差	盈縮分
冬至	升七千七百四十	盈初
小寒	升六千六十九	盈七千七百四十
大寒	升四千五百七十二	盈萬五千八百九
立春	升二千二百五十	盈萬八千三百八十一
雨水	升千九百七十七	盈二萬一千一百三十一
驚蟄	升六百六十	盈二萬三千六百八
春分	降六百六十	盈二萬四千二百六十八
清明	降千九百七十七	盈二萬三千六百八
穀雨	降二千二百五十	盈二萬一千六百三十一
立夏	降四千五百七十二	盈萬八千三百八十一
小滿	降六千六十九	盈萬三千八百九
芒種	降七千七百四十	盈七千七百四十
夏至	降七千七百四十	縮初
小暑	降六千六十九	縮七千七百四十
大暑	降四千五百七十一	縮萬三千八百九
立秋	降三千二百五十	縮萬八千三百八十一
處暑	降千九百七十七	縮二萬一千六百三十一
白露	降六百六十	縮二萬三千六百八
秋分	升六百六十	縮二萬四千二百六十八
寒露	升千九百七十七	縮二萬三千六百八
霜降	升二千二百五十	縮二萬一千六百三十一

立冬升四千五百七十二　縮萬八千三百八十一
小雪升六千六十九　縮萬三千八百九
大雪升七千七百四十　縮七千七百四十
氣節損益數　朓朒積
冬至益七百八十二　朒初
小寒益六百一十三　朒七百八十二
大寒益四百六十二　朒千三百九十五
立春益三百二十八　朒千八百五十七
雨水益二百　朒二千一百八十五
驚蟄益六十七　朒二千三百八十五
春分損六十七　朒二千四百五十二
清明損二百　朒二千三百八十五
穀雨損三百二十八　朒二千一百八十五
立夏損四百六十二　朒千八百五十七
小滿損六百一十三　朒千三百九十五
芒種損七百八十二　朒七百八十二
夏至益七百八十二　朓初
小暑益六百一十三　朓七百八十二
大暑益四百六十二　朓千三百九十五
立秋益三百二十八　朓千八百五十七
處暑益二百　朓二千一百八十五
白露益六十七　朓二千三百八十五
秋分損六十七　朓二千四百五十二
寒露損二百　朓二千三百八十五
霜降損三百二十八　朓二千一百八十五
立冬損四百六十二　朓千八百五十七
小雪損六百一十三　朓千三百九十五

大雪損七百八十二　朓七百八十二
轉周分三十七萬一千九百八十六秒九十七
轉終日二十七餘七千四百八十六秒九十七
朔差日一餘萬三千一百七十六秒三
度母一百　每日累轉分爲轉積度
秒母一百
轉終　日轉分列差　損益率
一日　千二百七 進十六　益千三百一十九
二日　千二百二十三 進十七　益千一百五十
三日　千二百四十 進十八　益九百七十八
四日　千二百五十八 進十八　益七百九十九
五日　千二百七十六 進十九　益六百一十七
六日　千二百九十五 進二十　益四百三十一
七日　千三百一十六 進二十三 初益二百一十三 末損二十七
八日　千三百三十九 進二十六　損二百八十五
九日　千三百六十五 進十八　損四百七十
十日　千三百八十三 進十八　損六百五十
十一日　千四百一 進十九　損八百四十
十二日　千四百二十 進十七　損千一十七
十三日　千四百三十七 進十六　損千一百八十五
十四日　千四百五十三 進十一 初損千三十二 末益二百九十二
十五日　千四百六十四 退十七　益千二百八十四
十六日　千四百四十七 退十八　益千一百一十
十七日　千四百二十九 退十八　益九百四十一
十八日　千四百一十一 退十八　益七百五十七
十九日　千三百九十三 退十八　益五百七十八
二十日　千三百七十五 退二十二　益三百八十六
二十一日　千三百五十三 退二十三 初益百六十 末損八十
二十二日　千三百二十八 退二十二　損三百二十四
二十三日　千三百六 退十九　損五百一十六
二十四日　千二百八十七 退十九　損六百九十七
二十五日　千二百六十八 退十八　損八百七十九
二十六日　千二百五十 退十七　損千五十三
二十七日　千二百三十三 退十七　損千二百二十二
二十八日　千二百一十六 退九 初損七百三十七 末益入後

轉終　朓朒積
一日　朒初
二日　朒千三百一十九
三日　朒二千四百六十九
四日　朒三千四百四十七
五日　朒四千二百四十六
六日　朒四千八百六十三
七日　朒五千二百九十四
八日　朒五千四百八十
九日　朒五千一百九十五
十日　朒四千七百二十四
十一日　朒四千七十四
十二日　朒三千二百三十四
十三日　朒二千二百一十七
十四日　朒千三十二
十五日　朓二百九十三
十六日　朓千五百七十三
十七日　朓二千六百八十七
十八日　朓三千六百二十八

十九日　朓四千三百八十五
二十日　朓四千九百六十三
二十一日　朓五千三百四十九
二十二日　朓五千四百二十九
二十三日　朓五千一百五
二十四日　朓四千五百八十九
二十五日　朓三千八百九十二
二十六日　朓三千一十三
二十七日　朓千九百六十
二十八日　朓七百三十七
七日初數萬一千九百九十六太末數千五百三
十四日初數萬四百九十三半末數三千六半
二十一日初數八千九百九十少末數四千五百九
太
二十八日初數七千四百八十七
部率九千三十六
歲餘六百三十九
周天分千七百三十五
周天三百六十五度五分
度母十九
月行定分同轉分
平行積度日累十三度七分
入轉日　損益數　盈縮積度
一日　益百三十一　縮初空
二日　益百一十四　縮一度三十一分
三日　益九十七　縮二度四十五分
四日　益七十九　縮三度四十二分
五日　益六十一　縮四度二十一分
六日　益四十三　縮四度八十二分
七日　初益二十一末損三　縮五度二十五分
八日　損二十八　縮五度四十三分
九日　損四十七　縮五度一十五分
十日　損六十五　縮四度六十八分
十一日　損八十三　縮四度三分
十二日　損百一　縮三度二十分
十三日　損百一十七　縮二度十九分
十四日　初損百二十末益二十九　縮一度二分
十五日　益百二十七　盈二十九分
十六日　益百一十　盈一度五十六分
十七日　益九十四　盈二度六十六分
十八日　益七十五　盈二度六十分
十九日　益五十七　盈四度三十五分
二十日　益三十八　盈四度九十二分
二十一日　初益十六末損八　盈五度三十分
二十二日　損三十二　盈五度三十八分
二十三日　損五十一　盈五度六分
二十四日　損六十九　盈四度五十五分
二十五日　損八十七　盈三度八十六分
二十六日　損百四　盈二度九十九分
二十七日　損百二十二　盈一度九十五分
二十八日　初損七十四末益入後　盈七十四分
轉周二十七日五十五分半
七日初八十八分小分八十七半末十一分小分十
二半
十四日初七十七分太末二十二分少
二十一日初六十六分小分六十二半末三十三分
小分三十七半
二十八日初五十五分半
入轉日母一百
二至限百八十二日六十二分小分二十二分半
消息法千六百六十七半
一象九十一度三十一百三十一分
辰法八刻百六十分
昏明二刻二百四十分
象積四百八十
冬至前後限五十九日
差二千一百九十五分乘數十五
夏至前後限百二十三日六十二分小分二十二半
差四千八百八十分乘數四
陽城冬至晷丈二尺七寸一分半
夏至晷尺四寸七分小分八十
交終分三十六萬七千三百六十四秒九千六百七
十三
交終日二十七餘二千八百六十四秒九千六百七
十三約餘二千一百二十二
交中日十三餘八千一百八十二秒四千八百三十
六半約餘六千六百十一
朔差日二餘四千二百九十八秒三百二十七約餘
三千一百八十四
望策日十四餘萬二百三十一秒五千約餘七千六
百五十三

交限日十二餘六千三十三秒四千六百七十三約餘四千四百六十九

望差日一餘二千一百四十九秒百六十三半約餘千五百九十二

交率二百六十二

交數三千三百五十

交終三百六十三度七十三分小分六十四

轉終三百七十四度二十八分

半交百八十一度八十六分小分八十二

一象九十度九十三分小分四十一

去交度乘數十一　除數八千六百三十二

秒母一萬

歲星終率五百三十八萬四千九百六十二秒十一

平合日三百九十八餘萬一千九百六十二秒十一

約餘八千八百六十一

盈限二百五度

盈晝十七度八分秒三十三

縮限百六十度二十五分秒六十三太

縮晝十三度二十五分秒四十七

歲差百三十三秒九十二半

晝數	損益	盈差積
初	益百九十	盈初
二	益百八十	盈一度九十
三	益百五十	盈三度七十
四	益百四十	盈五度二十
五	益七十	盈六度六十
六	益四十五	盈七度三十
七	損四十五	盈七度七十五
八	損百四十五	盈七度三十
九	損八十五	盈五度八十五
十	損二百	盈五度
十一	損百六十	盈三度
十二	損百四十	盈一度四十

晝數	損益	縮差積
初	益九十	縮初
二	益百七十	縮九十
三	益二百一十	縮二度六十
四	益百六十	縮四度七十
五	益八十	縮七度三十
六	益四十	縮七度十
七	益十五	縮七度五十
八	益十	縮七度六十五
九	損十	縮七度七十五
十	損二百六十五	縮七度六十五
十一	損二百六十	縮五度
十二	損二百四十	縮二度四十

熒惑終率千五十二萬八千九百一十六秒九十一

平合日七百七十九餘萬二千四百一十六秒九十

一約餘九千一百九十八

盈限百九十六度八十分

盈晝十六度四十分

縮限百六十八度四十五分秒六十三太

縮晝十四度三分秒八十

歲差百三十三秒四十六

晝數	損益	盈差積
初	益千二百一十三	盈初
二	益八百一十二	盈十二度十三
三	益四百七十三	盈二十度二十五
四	益二百二	盈二十四度九十八
五	損十六	盈二十七度
六	損二百一十四	盈二十六度八十四
七	損三百二十三	盈二十四度七十
八	損四百五	盈二十一度四十七
九	損四百四十八	盈十七度四十二
十	損四百五十七	盈十二度九十四
十一	損四百四十一	盈八度三十七
十二	損三百九十六	盈三度九十六

晝數	損益	縮差積
初	益三百九十六	縮初
二	益四百四十一	縮三度九十六
三	益四百五十七	縮八度三十七
四	益四百四十八	縮十二度九十四
五	益四百五	縮十七度四十一
六	益三百二十三	縮二十一度四十七
七	益二百一十四	縮二十四度七十
八	益十六	縮二十六度八十四
九	損二百二	縮二十七度
十	損四百七十三	縮二十四度九十八
十一	損八百一十二	縮二十度二十五
十二	損千二百一十三	縮十二度十三

鎮星終率五百一十萬四千八十四秒五十四

平合日三百七十八餘千八十四秒五十四約餘八百三
盈限百八十二度六十二分秒六十三太
盈晝十五度二十二分
縮限百八十二度六十三分
縮晝十五度二十二分
歲差百三十二秒九十四

晝數	損益	盈差積
初	益百	盈初
二	益百三十	盈一度
三	益百七十	盈二度三十
四	益二百三十	盈四度
五	益百二十	盈六度二十
六	益三十五	盈七度四十
七	損三十五	盈七度七十五
八	損百二十	盈七度四十
九	損二百二十	盈六度二十
十	損百七十	盈四度
十一	損百二十	盈二度三十
十二	損百	盈一度

晝數	損益	縮差積
初	益三百	縮初
二	益二百二十五	縮三度
三	益二百	縮五度二十五
四	益五十	縮七度二十五
五	損三十五	縮七度七十五
六	損三十	縮七度四十
七	損十五	縮七度二十
八	損五	縮七度五
九	損百六十	縮七度
十	損百七十	縮五度四十
十一	損百八十	縮三度七十
十二	損百九十	縮一度九十

太白終率七百八十八萬二千六百四十八秒七十六
平合日五百八十三餘萬二千一百四十八秒七十六
約餘八千九百九十九
再合日二百九十一餘萬二千八百二十四秒三十八約餘九千五百
盈限百九十七度十六分
盈晝十六度四十三分
縮限百六十八度九分秒六十三太
縮晝十四度秒八十
歲差百三十四秒三十六

晝數	損益	盈差積
初	益百八十三	盈初
二	益百五十	盈一度八十三
三	益百一十七	盈三度三十三
四	益八十三	盈四度五十
五	益五十	盈五度三十三
六	益七十	盈五度八十三
七	損十七	盈六度
八	損五十	盈五度八十三
九	損八十二	盈五度三十三
十	損百一十七	盈四度五十
十一	損百五十	盈三度三十三
十二	損百八十三	盈一度八十三

晝數	損益	縮差積
初	益六十四	縮初
二	益百一十九	縮六十四
三	益百二	縮一度八十二
四	益百	縮二度八十五
五	益九十	縮三度八十五
六	益七十三	縮四度七十五
七	益四十五	縮五度四十八
八	益十五	縮五度九十三
九	益五十一	縮六度八
十	損百五	縮五度五十七
十一	損百八十	縮四度五十二
十二	損二百七十二	縮二度七十二

辰星終率百五十六萬四千三百七十八秒九十七
平合日百一十五餘萬一千八百七十八秒九十七
約餘八千八百
再合日五十七餘萬二千六百八十九秒四十八半
約餘九千四百
盈限百八十二度六十三分
盈晝十五度二十二分
縮限百八十二度六十二分秒六十三太
縮晝十五度二十一分秒八十九
歲差百三十三秒六十四

晝數	損益	盈差積
初	益九十二	盈初
二	益七十五	盈九十二
三	益五十八	盈一度六十七
四	益四十一	盈二度二十五
五	益二十五	盈二度六十六
六	益九	盈二度九十一
七	損九	盈三度
八	損二十五	盈二度九十一
九	損四十一	盈二度六十六
十	損五十八	盈二度二十五
十一	損七十五	盈一度六十七
十二	損九十二	盈九十二

晝數	損益	縮差積
初	益九十二	縮初
二	益七十五	縮九十二
三	益五十八	縮一度六十七
四	益四十一	縮二度二十五
五	益二十五	縮二度六十六
六	益九	縮二度九十一
七	損九	縮三度
八	損二十五	縮二度九十一
九	損四十一	縮二度六十六
十	損五十八	縮二度二十五
十一	損七十五	縮一度六十七
十二	損九十二	縮九十二

五星入變曆

星名變目	常積日
歲星晨見	十七日五十分
前疾	九十八日
前遲	百三十一日五十分
前留	百五十八日
前退	百九十九日七十五分
後退	二百四十日
後留	二百六十七日五十分
後遲	三百一日
後疾	三百八十一日三十八分
夕合	三百九十八日八十七分

	常積度
歲星晨見	三度五十分
前疾	十八度五十分
前遲	二十二度五十分
前留	
前退	十六度七十五分
後退	十一度
後留	
後遲	十五度
後疾	三十度十二分半
夕合	三十三度六十二分半

	加減
歲星晨見	用日躔差
前疾	
前遲	
前留	減六十五度
前退	減七十一度
後退	減八十二度五十分
後留	減八十七度
後遲	
後疾	用日躔差
夕合	用日躔差

	常積日
熒惑晨見	七十二日
前疾	百九十三日
前次疾	二百八十七日
前遲	三百四十七日
前留	三百六十日
前退	三百九十日
後退	四百二十日
後留	四百三十三日
後遲	四百九十三日
後次疾	五百八十七日
後疾	七百七日九十二分
夕合	七百七十九日九十二分

	常積度
熒惑晨見	五十五度
前疾	百三十五度
前次疾	百九十二度五十分
前遲	二百一十六度七十五分
前留	
前退	二百七度二十五分
後退	百九十七度七十五分

後留
後遲　二百二十二度
後次疾二百七十九度五十分
後疾　三百五十九度六十二分
夕合　四百一十四度六十二分
加減
熒惑晨見　用日躔差
前疾
前次疾
前遲
前留　減百二十度
前退　減百二十五度五十分
後退　減百三十度
後留　減百三十五度
後遲
後次疾
後疾　用日躔差
夕合　用日躔差
常積日
鎮星晨見　十九日
前疾　七十九日
前遲　百三日
前留　百四十日
前退　百八十九日
後退　二百三十八日
後留　二百七十五日
後遲　二百九十九日

後疾　三百五十九日八分
夕合　三百七十八日八分
常積度　加減
鎮星晨見　二度　用日躔差
前疾　八度
前遲　九度六十分
前留　減百七十二度
前退　六度四十二分　減百七十度
後退　三度二十四分　減百七十六度
後留　減百八十二度
後遲　四度八十四分
後疾　十度八十三分　用日躔差
夕合　十二度八十三分　用日躔差
常積日
太白夕見　四十二日
夕疾　百四十一日
夕次疾二百一十九日
夕遲　二百六十八日
夕留退二百八十五日
再合　二百九十二日
晨見　二百九十九日
晨退留三百一十六日
晨遲　三百六十五日
晨次疾四百四十二日
晨疾　五百四十一日九十分
晨伏合五百八十三日九十分
常積度　加減

太白夕見　五十三度　用日躔差
夕疾　百八十度五十分
夕次疾二百六十五度
夕遲　三百一度五十分　用日躔差
夕留退二百九十六度　用日躔差
再合　二百九十二度　用日躔差
晨見　二百八十八度　用日躔差
晨退留二百八十二度五十分
晨遲　三百一十九度五十分
晨次疾四百三度五十分
晨疾　五百三十度九十分　用日躔差
晨伏合三百八十三度九十分　用日躔差
常積日
辰星夕見　十七日
夕順留四十七日
再合　五十八日
晨見　六十九日
晨留順九十八日八十八分
晨伏合百一十五日八十八分
常積度　加減
辰星夕見　三十四度　用日躔差
夕順留六十四度　用日躔差
再合　五十八度　用日躔差
晨見　五十二度　用日躔差
晨留順八十一度八十八分　用日躔差
晨伏合百一十五度八十八分　用日躔差

欽定古今圖書集成曆象彙編曆法典

第十七卷目錄

曆法典第十七卷

曆法總部彙考十七

後晉

高祖天福　年馬重績更造新曆行之有差而復用崇元曆

按五代史高祖本紀不載　按司天考五代之初因唐之故用崇元曆至晉高祖時司天監馬重績始更造新曆不復推古上元甲子冬至七曜之會而起唐天寶十四載乙未爲上元用正月雨水爲氣首初唐建中時術者曹士蔿始變古法以顯慶五年爲上元雨水爲歲首號符天曆然世謂之小曆祇行於民間而重績乃用以爲法遂施於朝廷賜號調元曆然行之五年輒差不可用而復用崇元曆

天福三年馬重績上言曆象詔下司天監趙仁琦張文皓等考覈得失依古改正

按五代史高祖本紀不載　按馬重績傳重績字洞微少學數術明太一五紀八象三統大曆遷司天監天福三年重績上言曆象王者所以正一氣之元宣萬邦之命而古今所紀考審多差宣明氣朔正而星度不驗崇元五星得而歲差一日以宣明之氣朔合崇元之五星二曆相參然後符合自前世諸曆皆起天正十一月爲歲首用太古甲子爲上元積歲愈多差闊愈甚臣輒合二曆創爲新法以唐天寶十四載乙未爲上元雨水正月中氣爲氣首詔下司天監趙仁琦張文皓等考覈得失仁琦等言明年庚子正月朔用重績曆考之皆合無舛乃下詔頒行之號調元曆行之數歲輒差遂不用重績又言漏刻之法以中星考晝夜爲一百刻八刻六十分刻之二十爲一時時以四刻十分爲正此自古所用也今失其傳以午正爲時始下侵未四刻十分而爲午由是晝夜昏曉皆失其正請依古改正從之

天福四年三月丙辰頒調元曆

按五代史高祖本紀云云

後周

世宗顯德二年詔王朴校曆創不經之學以設正法爲欽天曆

按五代史世宗本紀不載　按王朴傳顯德二年詔朴校定大曆乃削去近世符天流俗不經之學設通經統三法以歲軌離交朔望周變率策之數步日月五星爲欽天曆

顯德三年王朴上欽天曆

按五代史世宗本紀不載　按司天考周廣順中國子博士王處訥私撰明元曆于家民間又有萬分曆而蜀有永昌曆正象曆南唐有齊政曆五代之際曆家可考見者止於此而調元曆法既非古明元又止藏其家萬分止行於民間其法皆不足紀而永昌正象齊政曆皆止用于其國今亦亡不復見世宗卽位外伐僭叛內修法度端明殿學士王朴通於曆數乃詔朴撰定歲餘朴奏曰臣聞聖人之作也在乎知天之變者也人情之動則可以言知之天道之動則當以數知之數之爲用也聖人以之觀天道焉歲月日時由斯而成陰陽寒暑由斯而節四方之政由斯而行夫爲國家者履端立極必體其元布政考績必因其歲禮動樂舉必正其朔三農百工必順其時五刑九伐必順其氣庶務有爲必從其日月是以聖人受命必治曆數故五紀有常度庶徵有常應正朔行之於天下也自唐之季凡歷數朝亂日失天垂將百載天之曆數汨陳而已陛下順考古道寅畏上天咨詢庶官振舉墜典臣雖非能者敢不奉詔乃包萬象以爲法齊七政以立元測圭箭以候氣審朓朒以定朔明九道以步月校遲疾以推星考黃道之斜正辨天勢之昇降而交蝕詳焉夫立天之道曰陰與陽陰陽各有數合則化成矣陽之策三十六陰之策二十四奇偶相命兩陽三陰同得七十二何則陰陽之數合七十二者化成之數也化成則謂之五行之數五行之得朞數過之者謂之氣盈不及者謂之朔虛至於應變分用無所不通故以七十二爲經法經者常用之法也百者數之節也隨法進退不失舊位故謂之通法以通法進經法得七千二百謂之統法自元入

經先用此法統曆之諸法也以通法進統法得七十二萬氣朔之下收分必盡謂之全率以通法進全率得七千二百萬謂之大率而元紀生焉元者歲月日時皆甲子日月五星合在子當盈縮先後之中所謂七政齊矣古者植圭於陽城以其近洛也蓋尚慊其中乃在洛之東偏開元十二年遣使天下候影南距林邑北距橫野中得浚儀之岳臺應南北弦居地之中大周建國定都於汴樹圭置箭測岳臺晷漏以爲中數晷漏正則日之所至氣之所應得之矣日月皆有盈縮日盈月縮則後中而朔月盈日縮則先中而朔自古朓朒之法率皆平行之數入曆既有前次而又衰稍不倫皇極舊術則迂迴而難用降及諸曆則疎遠而多失今以月離朓朒隨曆校定日躔朓朒臨用加減所得者入離定日也一日之中分爲九限每限損益衰稍有倫朓朒之法可謂審矣赤道者天之紘帶也其勢圜而平紀宿度之常數焉黃道者日軌也其半在赤道內半在赤道外去極二十四度當與赤道近則其勢斜當與赤道遠則其勢直當斜則日行宜遲當直則日行宜速故二分前後加其度二至前後減其度九道者月軌也其半在黃道內半在黃道外去極遠六度出黃道謂之正交入黃道謂之中交若正交在秋分之宿中交在春分之宿則比黃道益斜若正交在春分之宿中交在秋分之宿則比黃道反直若正交中交在二至之宿則其勢差斜故校去二至二分遠近以考斜正乃得加減之數自古雖有九道之說蓋亦知而未詳徒有祖述之文而無推步之用今以黃道一周分爲八節一節之中分爲九道盡七十二道而使日月無所隱其斜正之勢焉九道之法可謂明矣星之行也近日而疾遠日而遲去日極遠勢盡而留自古諸曆分段失實隆降無準今日行分尚多次日便留自留而退惟用平行仍以入段行度爲入曆之數皆非本理遂至乖戾今校逐日行分積以爲變段然後自疾而漸遲勢盡而留自留而行亦積微而後多別立諸段變曆以推變差俾諸段變差際會相合星之遲疾可得而知之矣自古相傳皆謂去交十五度以下則日月有蝕殊不知日月之相掩與闇虛之所射其理有異今以日月徑度之大小校去交之遠近以黃道之斜正天勢之昇降度仰視旁視之分數則交虧得其實矣臣考前世無食神首尾之文近自司天卜祝小術不能舉其大體遂爲等接之法蓋從假用以求徑捷於是乎交有逆行之數後學者不能詳知因言曆有九曜以爲注曆之常式今並削而去之謹以步日步月步星步發斂爲四篇合爲曆經一卷曆十一卷草三卷顯德三年七政細行曆一卷以爲欽天曆昔在帝堯欽若昊天陛下考曆象日月星辰唐堯之道也天道元遠非微臣之所盡知世宗嘉之詔司天監用之以明年正月朔旦爲始

顯德欽天曆法

演紀上元甲子距今顯德三年丙辰積七千二百六十九萬八千四百五十二算外

欽天統法七千二百

欽天經法七十二

欽天通法一百

欽天步日躔術

歲率二百六十二萬九千七百六十　四十

軌率二百六十二萬九千八百四十四　八十

朔率二十一萬二千六百二十　二十八

歲策三百六十五　一千七百六十　四十

軌策三百六十五　一千八百四十四　八十

歲中一百八十二　四千四百八十　二十

軌中一百八十二　四千五百二十二　四十

朔策二十九　三千八百二十　二十八

氣策一十五　一千五百七十三　三十五

象策七　一千七百五十五　七

周紀六十　歲差八十四　四十

辰則六百　八刻二十四分

赤道宿次

斗二十六度牛八度女十二度虛十度少危十七度室十六度壁九度

北方七宿九十八度少

奎十六度婁十二度胃十四度昴十一度畢十七度觜一度參十度

西方七宿八十一度

井三十三度鬼三度柳十五度星七度張十八度翼

十八度軫十七度

南方七宿一百一十一度

角十二度亢九度氐十五度房五度心五度尾十八度箕十一度

東方七宿七十五度

中節

置歲率以演紀上元距所求積年乘之爲氣積統法而一爲日盈周紀去之命甲子算外卽天正中氣日辰及分秒也以氣策累加之秒盈通法從分分盈統法從日日盈周紀去之卽各得次氣日辰及分秒也

朔弦望

置氣積以朔率去之不盡爲閏餘用減氣積爲朔積統法而一爲日盈周紀去之命甲子算外卽天正常朔日辰及分秒也以象策累加之卽各得弦望及次朔也

日躔入曆

置歲率以閏餘減之統法而一爲日歲中以下爲盈以上減去歲中爲縮卽天正常朔加時所入也累加象策滿歲中去之盈縮互命卽四象所入也

日躔朓朒

置加時入曆分秒以其日損益率乘之統法而一損益其日朓朒數爲日躔朓朒定數

赤道日度

置氣積以軌率去之餘統法而一爲度命赤道虛八算外卽天正中氣加時日躔赤道宿度及分秒也加歲中以次命之卽夏至之宿也

黃道宿次

置二至日躔赤道宿度距前後每五度爲限初率八每限減一盡九限末率空乃一度少彊亦限率空其半當四立之宿自後亦五度爲限初率空每限增一盡九限末率八因二分之宿自二分至二至亦如之各以限率乘所入限度爲分經法而一爲度二至前後各九限以減二分前後各九限以加赤道宿爲黃道宿及分就其分爲少大半之數

黃道日度

置天正中氣加時日躔赤道宿度各與所入限率相乘皆以統法通之以所入限率乘其分以從之經法而一爲分盈統法爲度用減赤道所躔卽天正中氣加時日躔黃道宿度及分也加歲中以黃道宿次命之卽夏至加時日度及分也

午中日躔

置二至分減去半法爲午後分不足反減爲午前分以乘初日躔分經法而一午前以加午後以減加時黃道日度爲午中日度及分也各以次日躔分加之滿統法從度依宿次命之卽次日午中日躔也

午中日躔入曆

置天正中氣午前分便爲午中入盈曆日分其在午後者以午後分減歲中爲午中入縮曆日分累加一日滿歲中卽去之盈縮互命爲每日午中入曆也

岳臺中晷

置午中入曆分以其日損益率乘之加統法而一爲分分十爲寸用損益其下中晷數爲定數也

晨昏分

各置入曆分以其日損益率乘之加統法而一用損益其下晨分卽所求晨定分也用損加益減其下昏分卽所求昏定分也

日出入辰刻

置晨昏分以一百八十加晨減昏爲日出入分各以辰則除爲辰數餘滿經法爲刻命辰數子正算外則日出入辰刻也

晝夜刻

置日入分以日出分減之爲晝分用減統法爲夜分各滿經法爲晝夜刻

五夜辰刻

置昏分以辰則除爲辰數經法除爲刻數命辰數子正算外卽甲夜辰刻也倍晨分五約之爲更用分又五約之爲籌用分用累加甲夜滿辰則爲辰滿經法爲刻卽各得五夜辰刻也

昏曉中星

置昏分減去半統用乘軌率統法除之爲距中分盈統法爲度加午中日躔爲昏中星減之爲曉中星

赤道內外數

置入曆分以其日損益率乘之加統法而一用損益其下內外數如不足損則反損之內外互命卽得所求赤道內外定數也

九服距軌數

置距岳臺南北里數以三百六十通之爲步一千七百五十六除之用北加南減二千五百一十三爲其地戴中數以赤道內外定數內減外加之卽九服距軌數也

九服中晷

置距軌數二十五乘之一百三十七除爲天用分置之以二十二乘六約之用減四千爲晷法又以天用分自相乘如晷法而一爲地用分相從爲晷分分十爲寸卽得其地中晷也

九服刻漏

經法遍軌中而半之用自相乘如其地戴中數而一以乘二百六十三經法除之爲漏法通軌中於上置赤道內外數於下以下減上餘用乘之盈漏法爲漏分赤道內以減赤道外以加一千六百二十爲其地晨分減統法爲昏分置晨昏分各如岳臺術入之卽得其地日出入辰刻五夜辰刻昏曉中星也

欽天步月離術

離率一十九萬八千三百九十三 九

交率一十九萬五千九百三十七 九十七 五十六

離策二十七 三千九百九十三 九

交策二十七 一千五百二十七 九十七 五十六

朢策一十四 五千五百一十 一十四

交中一十三 四千三百六十三 九十八 七十八

離朔一 七千二十七 一十九

交朔二 二千二百九十二 三十二 四十四

中準一千七百三十六

中限四千七百八十

平離九百六十三

程節八百

月離入曆

置朔積以離率去之餘滿統法爲日卽天正常朔加時入曆也累加象策盈離策去之卽弦朢及次朔入曆也

月離朓朒

置入曆分以日躔朓朒定數朓減朒加之程節除之爲限數餘乘所入限損益率程節而一用損益其限朓朒爲定數

朔弦朢定日

各以日躔月離朓朒定數朓減朒加朔弦朢常分爲定日定朔加時日入後則進一日有交見初則不進弦朢加時日未出則退一日日雖出有交見初亦如之元日有交則消息定之定朔與後朔干同者大不同者小無中氣者爲閏

朔朢加時日度

各置日躔入曆以日躔月離朓朒定數朓減朒加之爲定朔加時入曆以曆分乘其日損益率統法而一損益其下盈縮數爲定數置定朔曆分通法約之以定數盈加縮減之各命以冬夏至之宿筭外卽所求也

月離入交

置朔積以交率去之餘滿統法爲日卽天正常朔入交泛日也以朢策累加之盈交策去之卽朢及次朔所入也各以日躔朓朒定數朓減朒加之爲入交常日置月離朓朒定數經法乘之平離而一朓減朒加常分卽入交定日也

黃道正交月度

統法通朔交定日以二百五十四乘之十九而一復以統法除爲入交度用減其朔加時日度卽朔前月離正交黃道宿度也

九道宿次

月離出入黃道六度變從八節斜正不同故月有九道黃道八節各有九限若正交起八節後第一限之宿爲月行其節第一道起第二限之宿爲月行其節第二道卽以所起限爲正交後第一限初率八每限減一盡九限末率空又九限初率空每限增一末率八因半交之宿自後亦九限初率八每限減一末率空又九限初率空每限增一末率八復與黃道相會謂之中交自中交至正交亦如之各置所入限度以限率乘之爲泛差其正交中交前後各九限以距二至之宿限數乘之半交前後各九限以距二分之宿限數乘之皆如經法而一爲黃道差在冬至之宿後正交前後各九限爲減中交前後各九限爲加在夏至之宿後正交前後各九限爲加中交前後各九限爲減凡月正交後出黃道外中交後入黃道內其半交前後各九限在春分之宿後出黃道外秋分之宿後入黃道內皆以差爲加在春分之宿後入黃道內秋分之宿後出黃道外皆以差爲減四約泛差以黃道差減之爲赤道差正交中交前後各九限皆以差爲加半交前後各九限皆以差爲減以黃赤二差加減黃道爲九道宿次就其分爲少太半之數八節各九道七十二道周焉

九道正交月度

置月離正交黃道宿度各以所入限率乘之亦乘其分經法約之爲泛差用求黃赤二差以加減之卽月離正交九道宿度也

九道朔月度

置月離正交九道宿度以入交度加之命以九道宿次即其朔加時月離九道宿度也

九道望月度

置朔望加時日相距之度以軌中加之爲加時象積用加其朔九道月度命以其道宿次即所求也自望推朔亦如之

月離午中入曆

置朔望月離入曆加半統減去定分各以日躔月離朓朒定數朓減朒加之即所求也

晨昏月度

置其日晨昏分以定分減之爲前不足反減爲後用乘其日離程統法而一滿經法爲度爲晨昏前後度前加後減加時月爲晨昏月度

晨昏象積

置加時象積以前象前後度前減後加又以後象前後度前加後減之即所求也

每日晨昏月度

累計距後象離度以減晨昏象積爲加不足反減之爲減以距後象日數除之用加減每日離度爲定度累加晨昏月度命以九道宿次即所求也

月去黃道度

置入交定日交中以下月行陽道以上去之月行陰道皆以經法通之用減九百八十餘以乘之五百五十六而一爲分滿經法爲度行陽道在黃道外行陰道在黃道內即所求月去黃道內外度也

日月食限

置定交行陰陽道日半交中以下爲交後以上用減交中爲交前皆以統法通之爲距交分朔視距交分陽道四千三百一十九陰道一萬三百八十三以下日入食限望視距交分陰陽道皆六千九百九十五以下月入食限

日月食甚加時定分

置朔定分半統以上以半統減之半統以下用減半統爲距午分十一乘之經法而一半統以下減半統以上加之朔定分爲日食加時定分望以其日晨分與一千六百二十相減餘以二百四十五乘之三百一十三而一用減二百四十五餘以損益望定分爲月食加時定分

日食常準

置中準與其日赤道內外數相乘二千五百一十三除爲黃道出入食差以距午分減半晝分以乘之半晝分而一赤道內以減赤道外以加中準爲日食常準

日食定準

置日躔入曆以經法通之三千二百八十七以下用減三千二百八十七爲二至後以上減去三千二百八十七爲二分前六千五百七十四以上用減九千八百六十一爲二分後以上減去九千八百六十一爲二至前各三約之二至前後用減二分前後用加二千七百七十二爲黃道斜正食差以距午分乘之半晝分而一以加常準爲定準

日食分

以定準加中限爲陰道定準減中限爲陽道定限不足減者反減之爲限外分視陰道距交分定準以上定限以下爲陰道食即置定限以距交分減之爲距食分定準以下雖日陰道亦爲陽道食即加陽道定限爲距食分其有限外分者即減去限外分爲距食分不足減者不食其陰道距交分定限以下爲入定食限即用減陽道定限爲距食分各置距食分皆以四百七十八除爲日食之大分餘爲小分命大分以十爲限命小分以半及彊弱

月食分

視距交分中準以下皆既以上用減食限爲距食分置之以五百二十六除爲月食之大分餘爲小分命大分以十爲限命小分以半及彊弱

日食泛用分

置距食分一千九百一十二以上用減四千七百八十餘自相乘六萬三千二百七十二除之以減六百四十七爲泛用分九百五十六以上用減一千九百一十二餘以通法乘之七百三十五而一以減五百一十七爲泛用分九百五十六以上以距食分自相乘二千三百六十二除之用減三百八十七爲泛用分

月食泛用分

置距食分二千一百四以上用減五千二百六十餘自相乘六萬九千一百六十九除之以減七百一十一爲泛用分一千五十二以上用減二千一百四十餘七除之以減五百六十七爲泛用分一千五十二以下以距食分減之餘自相乘二千六百五十四而一用減四百一十七爲泛用分

日月初末加時定分

各置泛用分以平離乘之其日離程而一爲定用分以減朔望定分爲虧初加之爲復末加時常分如食甚術推之得虧初復末定分置初甚末定分各以辰則除之爲辰經法除之爲刻卽初甚末之辰刻也

虧食所起

日食起虧自西月食起虧自東其食分少者月行陽道則日食偏南月食偏北陰道則日食偏北月食偏南此常數也立春後立夏前食分多則日食偏南月食偏北立秋後立冬前食分多則日食偏北月食偏南北黃道斜正也陽道交前陰道交後食分多則日食偏南月食偏北陽道交後陰道交前食分多則日食偏北月食偏南此九道斜正也黃道比常數所偏差少九道比黃道所偏又四分之一皆據午而言之若午前午後一理偏南一理偏北及消息所食分數多少以定初甚末之方卽各得所求也

帶食出入分

視其日出入分在虧初定分已上復末定分已下卽帶食出入食甚在出入分已下者以出入分減復末定分爲帶食差食甚在出入分已上者以虧初定分減出入分爲帶食差各置帶食差以距食分乘之定用分而一日以四百七十八月以五百二十六除爲帶食之大分餘爲小分

食入更籌

各置初甚末定分晨分已下以昏分加之昏分已上以昏分減之皆更用分而一爲更數餘籌用分而一爲籌數

欽天步五星術

歲星

周率二百八十七萬一千九百七十六　六

變率二百四萬二千二百一十五　六十六

曆率二百六十二萬九千九百六十六　七十八

周策三百九十八　六千三百七十六　六

曆中一百八十二　四千四百八十　八十九

變段	變日	變度	變曆
晨見	一十七	三 三十七	二 二十四
順疾	九十	一十六 六十三	一十一 一十三
順遲	二十五	二 九	一 二十九
前留	二十六 三十二		
退遲	一十四	一 一十二	空 二十八
退疾	二十七	四 三十八	一 三十七
退疾	二十七	四 三十八	一 三十七
退遲	一十四	一 一十二	空 二十八
後留	二十六 三十二		
順遲	二十五	二 九	一 二十九
順疾	九十	一十六 六十三	一十一 一十二
夕伏	一十七	三 三十七	二 二十四

熒惑

周率五百六十一萬五千四百二十二　一十一

變率二百九十八萬五千六百六十一　七十一

曆率二百六十二萬九千七百六十　空

周策七百七十九　六千六百二十二　一十一

曆中一百八十二　四千四百八十　空

變段	變日	變度	變曆
晨見	七十三	五十三 六十八	五十 五十八
順疾	七十三	五十一 一	四十 三
次疾	七十一	四十六 六十九	四十四 一十六
次遲	七十一	四十五 三十三	四十二 五十八
順遲	六十二	一十九 二十九	一十八 二十
前留	八 六十九		
退遲	一十	一 五十八	空 四十四
退疾	二十一	七 四十六	二 四十
退疾	二十一	七 四十六	二 四十
退遲	一十	一 五十八	空 四十四
後留	八 六十九		
順遲	六十一	一十九 二十九	一十八 二十
次遲	七十一	四十五 三十三	四十二 五十八
次疾	七十一	四十六 六十九	四十四 一十七
順疾	七十三	五十一 一	四十八 三
夕伏	七十三	五十三 六十六	五十 五十八

鎮星

周率二百七十二萬二千一百七十六　九十

變率九萬二千四百一十六　五十

曆率二百六十二萬九千七百五十九　八十

周策二百七十八　五百七十六　九十

曆中一百八十二　四千四百七十九　九十

變段	變日	變度	變曆
晨見	一十九	二 七	一 一十四
順疾	六十五	六 三十八	三 五十一
順遲	一十九	空 六十三	空 二十五
前留	三十七 三		
退遲	一十六	空 四十三	空 一十四

變段	變日	變度	變曆
退疾	三十三	二五三十	空十六
退疾	三十三	二五三十	空十六
退遲	一十六	空三四十	空四一十
後留	三十七三		
順遲	一十九	空三六十	空五三十
順疾	六十五	六八三十	三一五十
夕伏	一十九	二七	一四一十

太白

周率四百二十萬四千一百四十三　九十六

變率四百二十萬四千一百四十三　九十六

曆率二百六十二萬九千七百五十　五十六

周策五百八十三　六千五百四十三　九十六

曆中一百八十二　四千四百七十五　二十八

變段	變日	變度	變曆
夕見	四十二	五十三十四	五十一七一十
順疾	九十六	一百廿一七五十	一百一十六九三十
次疾	七十三	八十七三十	七十七一
次遲	三十三	三十四一	三十二十四
順遲	二十四	一十一一六十	一十一四二十
前留	六九六十		
退遲	四	一二二十	空一三十
退疾	六	三五六十	一二二十
夕伏	七	四一四十	一七三十
晨見	七	四十四	一七三十
退疾	六	三五六十	一二二十
退遲	四	一二二十	空一三十
後留	六九六十		
順遲	二十四	一十一一六十	一十一四二十
次遲	三十三	三十四一	三十二十四
次疾	七十三	八十七三十	七十七一
順疾	九十六	一十廿一七五十	一百一十六九三十
晨伏	四十二	五十三十四	五十一七一十

辰星

周率八十三萬四千三百三十五　五十二

變率八十三萬四千三百三十五　五十二

曆率二百六十二萬九千七百六十　四十四

周策一百一十五　六千三百三十五　五十二

曆中一百八十二　四千四百八十　二十二

變段	變日	變度	變曆
夕見	一十七	三十四	二十九四三十
順疾	一十七	一十八四二十	一十六四
順遲	一十六三四十	一十一三四十	一十十一
前留	二八六十		
夕伏	一十一	六	二
晨見	一十一	六	二
後留	二八六十		
順遲	一十六三四十	一十一二四十	一十一十一
順疾	一十一	一十八四二十	一十六四
晨伏	一十七	三十四一	二十九四五十

中日中星

置氣積以其星周率除之爲周數不盡爲天正中氣積前合用減歲率爲前年天正中氣後合如不足減則加歲率以減之爲次前年天正中氣後合各以統法約之爲日爲度即所求平合中日中星也置中日以逐段變日累加之即逐段中日也置中星以逐段變度順加退減之即得逐段中星金木夕伏晨見皆退變也

入曆

置變率以周數乘之以曆率去之餘滿統法爲度曆中以下爲先以上減去曆中爲後即所求平合入曆以逐段變曆累加之得逐段入曆也

先後定數

置入曆分以其度損益率乘之經法而一用損益其下先後數即所求也

常日定星

置中日中星各以先後定數先加後減之留用前段先後數太白順伏見及前順疾次疾後次遲次疾辰星順伏見及前疾後遲並先減後加之即各爲其段常日定星置定星以其年天正中氣日躔黃道宿次加而命之得逐段末日加時宿度也

盈縮定數

置常日如歲中以下爲在盈以上減去歲中餘爲在縮即常日入盈縮曆也置曆分以其日損益率乘之經法而一用損益其下盈縮數即得所求也

定日

置常日以盈縮定數盈減縮加之爲定日以其年天正二氣加而命之即逐段末日加時日辰也

入中節

置定日以氣策除之命起冬至即所入氣日數也

平行分

置定日以前段定日減之爲日率定星與前段定星

相減爲度率通度率以經法乘之遍日率而一爲平行分

初末行分

近伏段與伏段平行分合而半之爲其段近伏行分以平行分減之餘減平行分爲其段遠伏行分近留段近留行分空倍平行分爲其段遠留行分其不近伏留段者以順行二段平行分合而半之爲前段末日後段初日行分各與其段平行分相減平行分多則加平行分平行分少則減平行分即前段初日後段末日行分其不近伏留段退行則以遲段近疾行分爲疾段近遲行分所得與平行分相減平行分多則加之少則減之皆爲遠遲行分也

初行夜半宿次

置經法以前段末日加時分減之餘乘前段末日行分經法而一用順加退減前段末日加時宿度爲其段初行昏後夜半宿度也

每日行分

初末行分相減爲差率累計其段初行昏後夜半距後段初行昏後夜半日數除之爲日差半日差以減多加少爲其段初末定行分置初定行分用日差末多則累加末少則累減爲每日行分以每日行分順加退減初行昏後夜半宿度爲每日昏後夜半星所至宿度也

先定日昏後夜半宿次

自初日累計距所求日數以乘其段日差末多用加末少用減初日行分爲其日行分合初日而半之以所累計日乘之用順加退減其段初行昏後夜半宿次即所求也

欽天步發斂術

候策五	五百二十四	四十五
卦策六	六百二十九	三十四
外策三	三百一十四	六十七
維策一十二	一千二百五十八	六十八
氣盈一千五百七十三		三十五
朔虛三千二百九十九		七十二

氣候圖

冬至十一月中	蚯蚓結	麋角解	水泉動
小寒十二月節	鴈北鄉	鵲始巢	雉始雊
大寒十二月中	雞始乳	鷙鳥厲疾	水澤腹堅
立春正月節	東風解凍	蟄蟲始振	魚上冰
雨水正月中	獺祭魚	鴻鴈來	草木萌動
驚蟄二月節	桃始華	倉庚鳴	鷹化爲鳩
春分二月中	元鳥至	雷乃發聲	始電
清明三月節	桐始華	田鼠化爲鴽	虹始見
穀雨三月中	萍始生	鳴鳩拂其羽	戴勝降于桑
立夏四月節	螻蟈鳴	蚯蚓出	王瓜生
小滿四月中	苦菜秀	靡草死	小暑至
芒種五月節	螳螂生	鵙始鳴	反舌無聲
夏至五月中	鹿角解	蜩始鳴	半夏生
小暑六月節	溫風至	蟋蟀居壁	鷹乃學習
大暑六月中	腐草爲螢	土潤溽暑	大雨時行
立秋七月節	涼風至	白露降	寒蟬鳴
處暑七月中	鷹祭鳥	天地始肅	禾乃登
白露八月節	鴻鴈來	元鳥歸	羣鳥養羞
秋分八月中	雷乃收聲	蟄蟲坏戶	水始涸
寒露九月節	鴻鴈來賓	雀入水爲蛤	菊有黃華
霜降九月中	豺祭獸	草木黃落	蟄蟲咸俯
立冬十月節	水始冰	地始凍	雉入水爲蜃
小雪十月中	虹藏不見	天氣上騰地氣下降	閉塞成冬
大雪十一月節	鶡鳥不鳴	虎始交	荔挺出

爻象圖

冬至坎初六	公中孚	辟復	侯屯內	
小寒坎九二	侯屯外	大夫謙	卿睽	
大寒坎六三	公升	辟臨	侯小過內	
立春坎六四	侯小過外	大夫蒙	卿益	
雨水坎九五	公漸	辟泰	侯需內	
驚蟄坎上六	侯需外	大夫隨	卿晉	
春分震初九	公解	辟大壯	侯豫內	
清明震六二	侯豫外	大夫訟	卿蠱	
穀雨震六三	公革	辟夬	侯旅內	
立夏震九四	侯旅外	大夫師	卿比	
小滿震六五	公小畜	辟乾	侯大有內	
芒種震上六	侯大有外	大夫家人	卿井	
夏至離初九	公咸	辟姤	侯鼎內	
小暑離六二	侯鼎外	大夫豐	卿渙	
大暑離九三	公履	辟遯	侯恒內	
立秋離九四	侯恒外	大夫節	卿同人	
處暑離六五	公損	辟否	侯巽內	
白露離上九	侯巽外	大夫萃	卿大畜	
秋分兌初九	公賁	辟觀	侯歸妹內	
寒露兌九二	侯歸妹外	大夫无妄	卿明夷	

霜降兌六三　公困　辟剝　侯艮內

立冬兌九四　侯艮外　大夫既濟　卿噬嗑

小雪兌九五　公大過　辟坤　侯未濟內

大雪兌上六　侯未濟外　大夫蹇　卿頤

七十二候

各置中節卽初候也以候策累加之卽次候也

六十四卦

並中氣卽公卦也以卦策累加之卽次卦也置侯卦以外策加之卽外卦也

五行用事

置四立之節而命之卽春木夏火秋金冬水用事之初也置四季之節各以維策加之卽土用事也

沒日

中節分五千六百二十六秒六十五已上者用滅統法爲有沒分通氣策以乘之氣盈而一滿統法爲日用加其氣而命之卽所求沒日也

滅日

常朔分朔虛已下者爲滅分以朔率乘之朔虛而一盈統法爲日用加其朔而命之卽所求滅日也

右朴所撰欽天曆經四篇舊史亡其步發斂一篇而存者三篇簡略不完不足爲法朴曆世既罕傳予嘗問於著作佐郎劉羲叟羲叟爲予求得其本經然後朴之曆大備羲叟好學知書史尤通於星曆嘗謂予曰前世造曆者其法不同而多差至唐一行始以天地之中數作大衍曆最爲精密後世善治曆者皆用其法惟寫分擬數而已至朴亦能自爲一家朴之曆法總日躔差爲盈縮二曆分月離爲遲疾二百四十八限以考衰殺之漸以審朓朒而朔望正矣校赤道九限更其率數以步黃道使日躔有常度分黃道八節辨其內外以揆九道使月行如循環而二曜協矣觀天勢之升降察軌道之斜正以制食差而交會密矣測岳臺之中晷以辨二至之日夜而軌漏實矣推星行之逆順伏留使舒亟有漸而五緯齊矣然不能宏深簡易而徑急是取至其所長雖聖人出不能廢也羲叟之言蓋如此覽者得以考焉

遼一

聖宗統和十二年夏六月可汗州刺史賈俊進新曆

按遼史聖宗本紀云云

大明曆法上

大同元年太宗皇帝自晉汴京收百司僚屬伎術曆象遷於中京遼始有曆先是梁唐仍用唐景福崇元曆晉天福四年司天監馬重績上乙未元曆號調元曆太宗所收於汴是也穆宗應曆十一年司天王白李正等進曆蓋乙未元曆也聖宗統和十二年可汗州刺史賈俊進新曆則大明曆是也高麗所志大遼古今錄稱統和十二年始頒正朔改曆驗矣大明曆本宋祖冲之法具見沈約宋書具如左

宋武帝大明六年祖冲之上甲子元曆法未及施用因名大明曆

上元甲子至宋大明七年癸卯五萬一千九百三十九年算外

元法五十九萬二千三百六十五

紀法三萬九千四百九十一

章歲三百九十一

章月四千八百三十六

章閏一百四十四

閏法十二

月法十一萬六千三百二十一

日法三千九百三十九

餘數二十萬七千四十四

歲餘九千五百八十九

沒分三百六十萬五千九百五十一

沒法五萬一千七百六十一

周天一千四百四十二萬四千六百六十四

虛分萬四百四十九

行分法二十三

小分法一千七百一十七

通周七十二萬六千八百一十

會周七十一萬七千七百七十七

通法二萬六千三百七十七

差率三十九

推朔術

置入上元年數算外以章月乘之滿章歲爲積月不盡爲閏餘閏餘二百四十七以上其年有閏以月法乘積月滿日法爲積日不盡爲小餘六旬去積日不盡爲大餘大餘命以甲子算外所求年天正十一月朔也小餘千八百四十九以上其月大

求次月

加大餘二十九小餘二千九十餘滿日法從大餘大餘滿六旬去之命如前次月朔也

求弦望

加朔大餘七小餘千五百七小分一小分滿四從小餘小餘滿日法從大餘命如前上弦日也又加得望又加得下弦又加得後月朔也

推閏術

以閏餘減章歲餘滿閏法得一月命以天正算外閏所在也閏有進退以無中氣爲正

推二十四氣

置入上元年數算外以餘數乘之滿紀法爲積日不盡爲小餘六旬去積日不盡爲大餘大餘命以甲子算外天正十一月冬至日也

求次氣

加大餘十五小餘八千六百二十六小分五小分滿六從小餘滿紀法從大餘命如前次氣日也

求土王用事

加冬至大餘二十七小餘萬五千五百二十八季月土用事日也又加大餘九十一小餘萬二千二百七十次土用事日也

推沒術

以九十乘冬至小餘以減沒分滿沒法爲日不盡爲日餘命日以冬至算外沒日也

求次沒

加日六十九日餘三萬四千四百四十二餘滿沒法從日次沒日也日餘盡爲滅

推日所在度術

以紀法乘朔積日爲度實周天去之餘滿紀法爲積度不盡爲度餘命以虛一次宿除之算外天正十一月朔夜半日所在度也

求次月

大月加度三十小月加度二十九入虛去度分

求行分

以小分法除度餘所得爲行分不盡爲小分小分滿法從行分行分滿法從度

求次日

加一度入虛去行分六小分百四十七

推月所在度術

以朔小餘乘百二十四爲度餘又以朔小餘乘八百六十爲微分微分滿月法從度度餘滿紀法爲度以減朔夜半日所在則月所在度

求次月

大月加度三十五度餘三萬一千八百三十四微分七萬七千九百六十七小月加度二十二度餘萬七千二百六十一微分六萬三千七百三十六入虛去度也

遲疾曆

月行度	行分	損益率
一日十四	十三	益七十
二日十四	十一	益六十五
三日十四	八	益五十七
四日十四	四	益四十七
五日十三	二十一	益三十四
六日十三	十七	益二十一
七日十三	十一	益六
八日十三	五	損九
九日十二	二十二	損二十四
十日十二	十六	損三十九
十一日十二	十一	損五十二
十二日十二	八	損六十
十三日十二	六	損六十五
十四日十二	四	損七十
十五日十二	五	益六十七
十六日十二	七	益六十二
十七日十二	十	益五十五
十八日十二	十四	益四十五
十九日十二	十九	益三十二
二十日十三		益十九
二十一日十三	七	益四
二十二日十二	十二	損十一
二十三日十三	十九	損三十七
二十四日十四	一	損三十九
二十五日十四	十六	損五十二
二十六日十四	十	損六十二
二十七日十四	十二	損六十七
二十八日十四	十	損七十四

月行度（度數已于前）	盈縮積分
一日	盈初
二日	盈百八十四萬二千三百一十六
三日	盈三百五十五萬七百六
四日	盈五百五萬八千三百八
五日	盈六百二十九萬七千八百五十七
六日	盈七百二十萬二千六百九十一

七日	盈七百七十七萬二千七百一十一
八日	盈七百九十四萬九百五十二
九日	盈七百七十萬七千四百一十五
十日	盈七百七萬二千一百
十一日	盈六百三萬五千七
十二日	盈四百六十六萬三千一百
十三日	盈三百九萬三百三
十四日	盈百三十八萬三千五百八十
十五日	縮四十五萬七千六十九
十六日	縮二百二十三萬七百五十五
十七日	縮三百八十七萬五千四
十八日	縮五百三十一萬九千三百八十五
十九日	縮六百四十八萬四百四
二十日	縮七百三十一萬六千六百八
二十一日	縮七百八十一萬七千九百九十六
二十二日	縮七百九十一萬七千六百七
二十三日	縮七百六十一萬五千四百四十
二十四日	縮六百九十萬一千四百九十五
二十五日	縮五百八十七萬一千七百二十五
二十六日	縮四百四十九萬九千一百五十九
二十七日	縮二百八十五萬七千七百三十二
二十八日	縮百八萬二千三百七十九

月行度 度數已載于前	差法
一日	五千三百四
二日	五千二百七十
三日	五千二百一十九
四日	五千一百五十一
五日	五千六十六
六日	四千九百八十一
七日	四千八百七十九
八日	四千七百七十七
九日	四千六百七十五
十日	四千五百七十三
十一日	四千四百八十八
十二日	四千四百三十七
十三日	四千四百三
十四日	四千三百六十九
十五日	四千三百八十六
十六日	四千四百二十
十七日	四千四百七十一
十八日	四千五百二十九
十九日	四千六百二十四
二十日	
二十一日	四千八百一十一
二十二日	四千九百一十三
二十三日	五千一十五
二十四日	五千一百
二十五日	五千一百八十五
二十六日	五千二百五十三
二十七日	五千二百八十七
二十八日	五千三百三十一

推入遲疾曆術以通法乘朔積日爲通實通周去之餘滿通法爲日不盡爲日餘命日算外天正十一月朔夜半入曆日也

求次月

大月加二日小月加一日日餘皆萬一千七百四十六曆滿二十七日日餘萬四千六百三十一則去之

求次日

加一日求日所在定度以夜半入曆日餘乘損益率以損益盈縮積分如差率而一所得滿紀法爲度不盡爲度餘以盈加縮減牛行度及餘爲定度益之或滿法損之或不足以紀法進退求度行分如上法求次日如所入遲疾加之虛去分如上法

陰陽曆	損益率	兼數
一日	益十六	初
二日	益十五	十六
三日	益十四	三十一
四日	益十二	四十五
五日	益九	五十七
六日	益五	六十六
七日	益一	七十一
八日	損二	七十二
九日	損六	七十
十日	損十	六十四
十一日	損十三	五十四
十二日	損十五	四十一
十三日	損十六	二十六
十四日	損十六	十

推入陰陽曆術置通實以會周去之不滿交數二十五萬八千八百八十八半爲朔入陽曆分各去之爲

朔入陰曆分各滿通法得一日不盡爲日餘命日算外天正十一月朔夜半入曆日也

求次月

大月加二日小月加一日日餘皆二萬七百七十九曆滿十三日日餘萬五千九百八十七半則去之陽竟入陰陰竟入陽

求次日

加一日求朔望差以二千二十九乘朔小餘滿三百三爲日餘不盡倍之爲小分則朔差數也加一十四日日餘二萬一百八十六小分百二十五小分滿六百六從日餘日餘滿遍法爲日即望差數也又加之後月朔也

求合朔月食

置朔望夜半入陰陽曆及餘有半者去之置小分三百三以差數加之小分滿六百六從日餘日餘滿遍法從日日滿一曆去之命日算外則朔望加時入曆也朔望加時入曆一日日餘四千一百九十八小分四百二十八以下十二日日餘萬一千七百八十八小分四百八十一以上朔則交會望則月食

求合朔月食定大小餘

合差數日餘加夜半入遲疾曆餘日餘滿遍法從日則朔望加時入曆也以入曆餘乘損益率以損益盈縮積分如差法而一以盈減縮加本朔望小餘爲定小餘益之或滿法損之或不足以日法進退日

求合朔月食加時

以十二乘定小餘滿日法得一辰命以子算外加時所在辰也有餘者四之滿日法得一爲少二爲半三爲太又有餘者三之滿日法得一爲强以强并少爲少强并半爲半强并太爲太强得二者爲少弱以并太爲一辰弱以前辰名之

求月去日道度

置入陰陽曆餘乘損益率如通法而一以損益兼數爲定定數十二而一爲度不盡三而一爲少半太又不盡者一爲强二爲少弱則月去日道數也陽曆在表陰曆在裏

測景漏刻中星數

二十四氣	日中景
冬至	一丈三尺
小寒	一丈二尺四寸三分
大寒	一丈一尺二寸
立春	九尺八寸
雨水	八尺一寸七分
驚蟄	六尺六寸七分
春分	五尺三寸七分
清明	四尺二寸五分
穀雨	二尺二寸六分
立夏	二尺五寸三分
小滿	一尺九寸九分
芒種	一尺六寸九分
夏至	一尺五寸
小暑	一尺六寸九分
大暑	一尺九寸九分
立秋	二尺五寸三分
處暑	三尺二寸六分
白露	四尺二寸五分
秋分	五尺三寸七分
寒露	六尺六寸七分
霜降	八尺一寸七分
立冬	九尺八寸
小雪	一丈一尺二寸
大雪	一丈二尺四寸三分

二十四氣	晝漏刻	夜漏刻
冬至	四十五	五十五
小寒	四十五 六	五十四 四
大寒	四十六 七	五十三 二
立春	四十八 四	五十一 六
雨水	五十 五	四十九 五
驚蟄	五十二 九	四十七 一
春分	五十五 五	四十四 五
清明	五十八 一	四十一 九
穀雨	六十 四	三十九 六
立夏	六十二 四	三十七 六
小滿	六十三 九	二十六 一
芒種	六十四 八	二十五 二
夏至	六十五	三十五
小暑	六十四分八	三十五 一
大暑	六十三 九	三十六 一
立秋	六十三 四	三十七 六
處暑	六十 四	三十九 六
白露	五十八 一	四十一 九
秋分	五十五 五	四十四 五

寒露	五十二 九	四十七
霜降	五十 五	四十九 五
立冬	四十八 四	五十一 六
小雪	四十六 七	五十三 三
大雪	四十五 六	五十四 四
	昏中星度	明中星度
冬至	八十二 行分一 十一	二百八十三 行分 八
小寒	八十四	二百八十二 六
大寒	八十六 一	二百八十六
立春	八十九 三	二百七十七 三
雨水	九十三	二百七十二 七
驚蟄	九十一	二百六十八 十二
春分	百二 三	二百六十四 三
清明	百六 二十一	二百五十九 八
穀雨	百一十一 三	二百五十四 四
立夏	百一十四 八十	二百五十一 七
小滿	百一十七 二十	二百四十八 七十
芒種	百一十九 四	二百四十七 二
夏至	百一十九 二十	二百四十六 七十
小暑	百一十九 四	二百四十七 一
大暑	百一十七 二十	二百四十八 七十
立秋	百一十四 八十	二百五十一 一十
處暑	百一十一 二	二百五十四 四
白露	百六 一二十	二百五十九 八
秋分	百二 三	二百六十四 二
寒露	九十七 九	二百六十八 十二
霜降	九十三	二百七十三 七
立冬	八十九 三	二百七十七 三
小雪	八十六 一	二百八十二 六
大雪	八十四	二百八十二 六

求昏明中星

各以度數加夜半日所在則中星度

推五星術

木率千五百七十五萬三千八十二

火率三千八十萬四千一百九十六

土率千四百九十三萬三百五十四

金率二千三百六萬一十四

水率四百五十七萬六千二百四

推五星術

置度實各以率去之餘以減率其餘如紀法而一爲入歲日不盡爲日餘命以天正朔算外星合日

求星合度

以入歲日及餘從天正朔日積度及餘滿紀法從度滿三百六十餘度分則去之命以虛一算外星合所在度也

求星見日

以術伏日及餘加星合日及餘餘滿紀法從日命如前見日也

求星見度

以術伏度及餘加星合度及餘餘滿紀法從度入虛去度分命如前星見度也

行五星法

以小分法除度餘所得爲行分不盡爲小分及日加所行分滿法從度留者因前逆則減之伏不盡度從行入虛去行分六小分百四十七逆行出虛則加之

木星

初與日合伏十六日日餘萬七千八百三十二行二度度餘三萬七千五百四晨見東方從日行四分百一十二日行十九度十一分留二十八日逆日行三分八十六日退十一度五分又留一十八日從日行四分百一十五日夕伏西方日度餘如初一終三百九十八日日餘五萬五千六百六十四行三十三度度餘二萬五千二百一十五

火星

初與日合伏二十七日日餘六百八行五十五度度餘二萬八千八百六十五晨見東方從疾日行十七分九十二日行六十八度小遲日行十四分九十二日行五十六度大遲日行九分九十二日行三十六度留十日逆日行六分六十四日退十六度十六分又留十日從遲日行九分九十二日小疾日行十四分九十二日大疾日行十七分九十二日夕伏西方日度餘如初一終七百八十日日餘千二百一十六行四百一十四度度餘三萬二百五十八除一周定行四十九度度餘萬九千八百九

土星

初與日合伏十七日日餘千三百七十八行一度度餘萬九千三百三十三晨見東方行順日行二分八十四日行七度七分留三十三日行逆日行一分百一十日退四度十八分又留三十三日從日行二分八十四日夕伏西方日度餘如初一終三百七十八日日餘二千七百五十六行十二度度餘三萬一千

七百九十八

金星

初與日合伏三十九日日餘三萬八千一百二十六行四十九度度餘三萬八千一百二十六夕見西方從疾日行一度五分九十二日行百十二度小遲日行一度四分九十二日行百八度大遲日行十七分四十五日行二十三度六分留九日遲日行十六分九日退六度六分夕伏西方伏五日退五度而與日合又五日退五度而晨見東方逆日行十六分九日畱九日從日遲日行十七分四十五日小疾日行一度四分九十二日大疾日行一度五分九十二日晨伏東方日度餘如初一終五百八十三日日餘三萬六千七百六十一行星如之除一周定行二百十八度度餘二萬六千三百一十三合二百九十一日日餘三萬八千一百二十六行星亦如之

水星

初與日合伏十四日日餘三萬七千一百一十五行三十度度餘三萬七千一百一十五夕見西方從疾日行一度六分二十三日行二十九度遲日行二十分八日行六度二十二分畱二日遲日行十一分二日退二十一分夕伏西方伏八日退八度而與日合又八日退八度晨見東方逆日行十一分二日畱二日從遲日行二十分八日疾日行一度六分二十三日晨伏東方日度餘如初一終百一十五日日餘三萬四千七百三十九行星如之一合五十七日日餘三萬七千一百一十五行星亦如之

上元之歲歲在甲子天正甲子朔夜半冬至日月五星聚于虛度之初陰陽遲疾竝自此始

欽定古今圖書集成曆象彙編曆法典

第十八卷目錄

曆法典第十八卷

曆法總部彙考十八

遼二

大明曆法下

閏考

月度不足是生朔虛天行有餘是爲氣盈盈虛相懸歲月乃牉積牉而差寒暑互易百穀不成庶政不明聖人驗以斗柄準以歲星爰立閏法信治百官是故閏正而月正月正而歲正歲月既正須令考績無有不時國史正歲年以敘事莫重於此遼始徵曆梁唐入晉之後奄有帝制乙未大明曆法再變穆宗應曆六年周用顯德欽天曆十年宋用建隆應天曆景宗乾亨四年宋用乾元曆聖宗統和十九年宋用儀天曆太平元年宋用崇天曆道宗淸寧十年宋用明天曆太康元年宋用奉元曆大安七年宋用觀天曆天祚皇帝乾統六年宋用紀元曆五代曆三變宋凡八變遼終始再變曆法不齊故定朔置閏時有不同覽者惑焉作閏考

年	首欽五閏太祖神册五年	天贊二年	太宗欽閏天顯三年	六年	九年	十一年	會同二年	欽酉七年	大同九年	穆宗欽閏應曆三年	五年
正					閏 儼 大任 唐						
二											
三											
四		梁閏									
五				閏 儼 唐			閏 儼 大任 晉				
六	閏 耶律儼 陳大任										
七									閏 儼 大任 高麗 十年 七月		
八			閏 儼								
九											閏 儼 大任
十											
十一						閏 儼 大任 唐					
十二								閏 儼 大任			

八年	十一年	十三年	十六年	十九年	景宗保寧四年	六年	九年	乾亨二年	四年	聖宗統和三年	六年
					閏 儼 大任 宋						
	閏 儼 大任 宋							閏 儼 大任 宋			
				宋閏							閏 儼 大任
閏 儼 大任							宋閏				
			閏 儼 大任 宋								
										宋閏	
						宋閏					
		宋閏							宋閏		

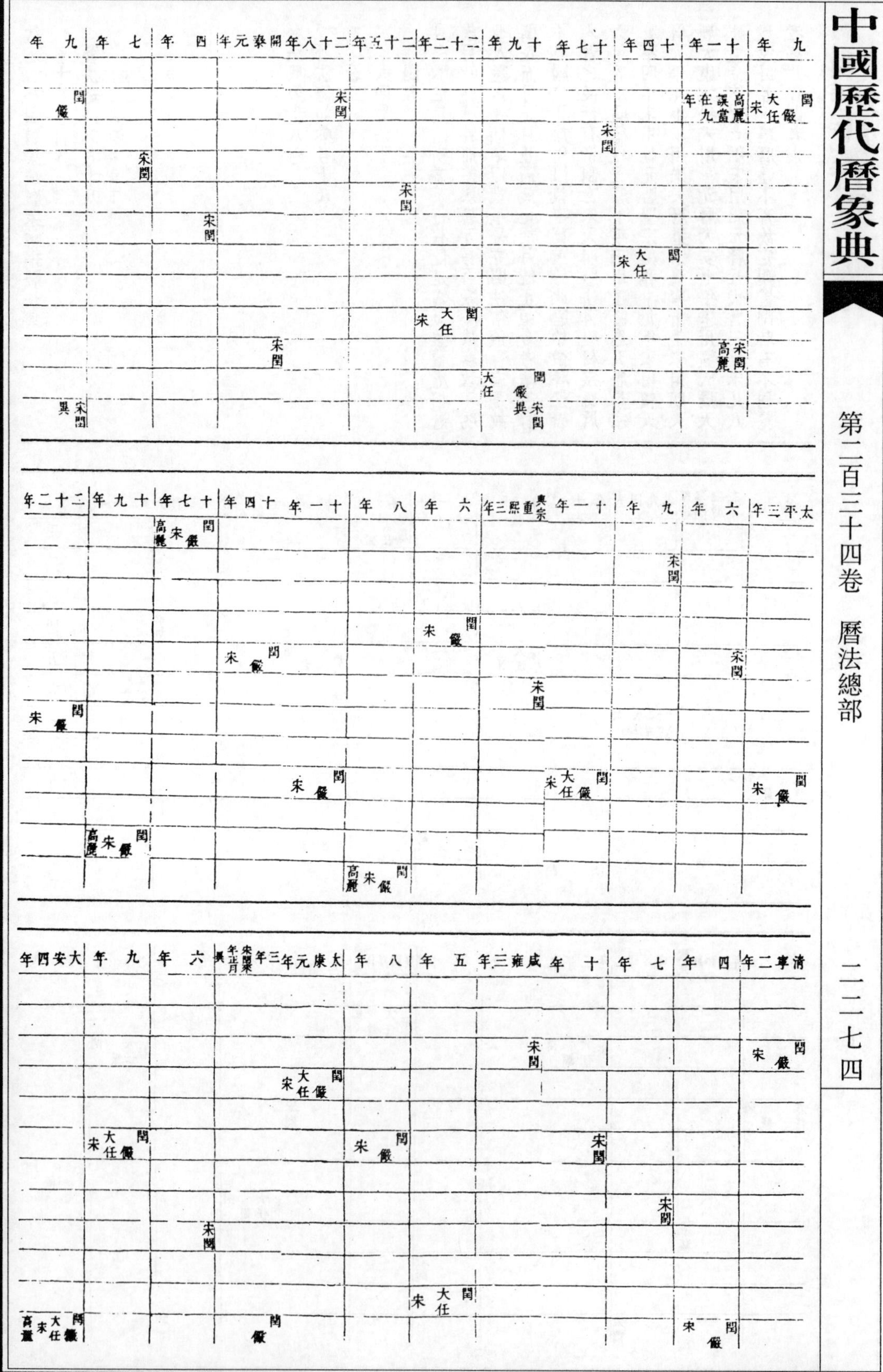

九年	閏儼 大任 宋
十一年	高麗誤當在九年；宋閏 高麗
十四年	閏 大任 宋
十七年	宋閏
十九年	閏儼異 宋閏 大任
二十二年	閏 大任 宋
二十五年	宋閏
二十八年	宋閏
開泰元年	宋閏
四年	宋閏
七年	宋閏
九年	閏儼；宋閏 異
太平三年	閏儼 宋
六年	宋閏
九年	宋閏
十一年	閏儼 大任 宋
興宗重熙三年	宋閏
六年	閏儼 宋
八年	閏儼 宋 高麗
十一年	閏儼 宋
十四年	閏儼 宋
十七年	閏儼 宋 高麗
十九年	閏儼 宋 高麗
二十二年	閏儼 宋
清寧二年	閏儼 宋
四年	閏儼 宋
七年	宋閏
十年	宋閏
咸雍三年	宋閏
五年	閏 大任 宋
八年	閏儼 宋
太康元年	閏儼 大任 宋
三年 宋閏來年正月 異	閏儼
六年	宋閏
九年	閏儼 大任 宋
大安四年	閏儼 大任 宋 高麗

年												
七年								宋閏				
十年				閏大任宋								
壽昌三年		宋閏										
五年									閏儼大任宋			
天祚乾統二年						閏儼大任宋						
五年		宋閏										
七年										宋閏		
十年							閏儼大任	異宋閏				
天慶三年					閏儼大任宋							
六年	閏儼大任宋											
八年									閏儼大任宋			
保大元年					宋閏							
四年			宋閏儼大任									

朔考

古者太史掌正歲年以敘事國史以事繫日以日月時繫年時月不正則敘事不一故二史合爲一官頒曆授時必大一統遼漢周宋俱行夏時各自爲曆國史閏朔頗有異同遼初用乙未元曆本何承天元嘉曆法後用大明曆本祖沖之甲子元曆法承天日食晦朏一章必七閏沖之日必食朔或四年一閏用乙未曆漢周多同用大明曆則間與宋異國史敘事甲子不殊閏朔多異以此故也耶律儼紀以大明法追正乙未月朔又與陳大任紀時或牴牾稽古君子往往惑之用五代職方考志契丹州軍例作朔考法殊曰異傳訛曰誤遼史不書國儼大任偏見竝見各名地史以國冠朔竝見注於後

年	孟月朔	仲月朔	季月朔
太祖元年	丁未耶律儼	梁丁丑	
二年			梁壬申
	乙亥儼		
四年	梁壬辰		
	戊子儼		
五年	戊戌儼		
		梁甲申	
	壬午儼		梁辛巳
六年	丙戌儼		
七年		甲戌儼	
八年			
	甲子儼		
九年	甲辰儼	甲戌儼	甲辰儼
	癸酉儼	壬寅儼	壬申儼梁庚寅誤
	辛丑儼	庚午儼	庚子儼
	己巳儼		戊辰儼

十年	十一年	神冊元年	二年	三年	四年	五年（閏六月庚申儀大任）	六年	天贊元年
戊戌儀 丁卯儀 丙申儀 甲子儀	壬辰儀 庚申儀 戊子儀	丙辰儀 乙酉儀 甲寅儀 癸未儀 辛亥儀	己卯儀 戊申儀 丁丑儀	乙亥儀 癸卯儀 壬申儀 辛丑儀	庚午儀 戊戌儀 丙寅儀	乙未儀 甲子儀 癸巳儀 庚寅儀 己未儀	戊子儀 丁卯儀 誤當作丁亥 甲申儀 癸丑儀大任	
		戊戌儀 癸未儀 壬子儀 庚辰儀	戊寅儀	甲辰儀 癸酉儀	己亥儀 丁卯儀 乙未儀	壬戌儀 誤當作壬辰 己未儀梁 乙未梁 戊午儀 誤當作戊子	戊午儀 丙戌儀大任 誤當作丙辰 壬午儀	
	庚寅儀	乙卯儀 甲申儀 壬戌儀 庚戌儀	戊寅儀	甲戌 庚子		癸亥儀梁 誤當作癸巳 辛亥儀 誤當作辛酉 己丑儀大任	丁亥儀 誤當作丁巳 己卯儀大任	

二年	三年	四年	天顯元年	二年	三年（閏八月癸卯）	四年	五年	六年（閏五月戊子儀唐）
辛未儀梁 大任	丙寅儀	唐癸亥	丁亥儀大任	庚癸丑	戊申儀 丙子儀 甲辰儀 壬寅儀大任癸卯與	壬申儀大任 庚子儀 戊辰儀 丙申儀	丙寅儀 甲午儀 壬戌儀 辛卯儀	庚申儀 己丑儀 丙戌儀 乙卯儀
	唐己巳 乙未儀		唐乙酉	唐壬午 己卯唐儀	丁丑唐儀 乙巳儀 癸酉儀 壬申儀	辛丑儀 己巳唐儀 丁丑儀 丙寅儀	乙未儀 甲子儀 壬辰儀 庚申唐儀	己丑儀 戊午儀 丙辰儀 甲申唐儀
庚午唐儀	丙申儀			唐壬子	丁未唐儀 甲戌儀 癸酉儀 壬寅儀	辛未儀 戊戌儀 丁卯儀大任 丙申儀	乙丑儀 癸巳唐儀 辛酉儀 庚寅儀	己未儀 丁巳儀 乙酉儀 甲寅唐儀

七年	八年	九年（閏正月壬寅 唐）	十年	十一年（閏十一月丙辰儀唐大任）	十二年	會同元年	二年（閏七月儀大任晉）	三年
癸未儀 癸丑儀 辛巳儀大任 己酉儀	戊寅儀 丁未儀 乙亥儀 甲辰儀	壬申唐儀 庚午儀 己亥儀 戊辰儀	丙申儀 乙丑儀 癸巳儀 壬戌儀	辛卯儀 己未儀 丁亥儀 丙辰儀	甲寅晉儀 大任乙卯 二月乙卯同 癸未儀 辛亥儀 庚辰儀	戊申晉儀同 大任己酉異 戊寅儀大任 丙午儀 甲戌儀	癸卯晉儀 壬申儀 庚子儀 戊戌儀	丁卯儀 丙申儀 甲子儀 癸巳儀
癸丑儀 壬午儀大任 庚戌儀 己卯儀	丁未儀 丙子儀 癸酉儀	辛未儀 庚子儀 己巳儀 丁酉儀	丙寅儀 甲午儀大任 壬辰儀	庚申儀 己丑儀 丁巳儀 丙戌儀	甲申儀 壬子儀 辛巳儀 庚戌儀	戊寅儀 丁未儀 乙亥儀 甲辰儀	癸酉儀 壬寅儀 己亥儀 戊辰儀	丁酉儀 丙寅儀 甲午儀 壬戌儀
癸未儀 壬子儀 庚辰儀 戊申儀	丁丑儀 丙午儀 癸卯儀 大任己巳異	辛丑儀 庚午儀 戊戌儀 丁卯儀	乙未儀 甲子儀 癸巳儀 壬戌儀	庚寅儀大任 丁亥儀 乙酉儀	甲寅儀 壬午儀 庚戌儀 己卯儀	戊申儀 丙子儀大任 乙巳儀 甲戌儀	癸卯儀 辛未儀 己巳儀 丁酉儀	丁卯儀 乙未儀 癸亥儀 壬辰儀

年	上	中	下
四年	辛酉蝕	辛卯蝕	辛酉蝕
	庚寅蝕	庚申蝕	庚寅蝕
	己未蝕	戊子蝕	戊午蝕
	丁亥蝕	丁巳蝕	丙戌蝕
閏三月甲申	丙辰蝕	乙酉蝕	乙卯蝕
五年	甲寅蝕晉 大任	甲申蝕	癸丑蝕 大任
	癸未蝕	壬子蝕	壬午蝕
	辛亥蝕	辛巳蝕	庚戌蝕
六年	庚辰蝕	己酉蝕	己卯蝕 大任
	戊申蝕	戊寅蝕	丁未蝕
	丁丑蝕	丁未蝕宋	丙子蝕
	丙午蝕	乙亥蝕	乙巳蝕
七年	甲戌蝕	甲辰蝕 大任	癸酉蝕 大任
	癸卯蝕	壬申蝕	辛丑蝕
閏十二月己巳	辛未蝕	辛丑蝕	庚午蝕晉
蝕晉 大任	庚子蝕	庚午蝕	己卯蝕 誤當作己亥
八年	戊戌蝕	戊辰蝕	丁酉蝕
	丙寅蝕	丙申蝕	乙丑蝕
	乙未蝕	甲子蝕晉	甲午蝕
	甲子蝕	甲午蝕	癸亥蝕
九年	癸巳蝕	壬戌蝕晉	壬辰蝕
	辛酉蝕 大任	庚寅蝕	庚申蝕
	己丑蝕	己未蝕	戊子蝕
大同元年	戊午蝕	戊子蝕 大任	丁巳蝕
	丁亥蝕 大任	丁巳蝕 大任	丙戌蝕 大任
	丙辰蝕 大任		甲寅蝕 大任
九月改天元年		壬午蝕 大任	壬子蝕
世宗天祿	庚辰蝕 大任		漢戊寅
二年	漢戊申		
三年	漢乙巳		
	漢癸酉		辛丑蝕 大任

年	上	中	下
四年			戊戌蝕 大任
			乙丑蝕 大任
		漢甲子	
五年	癸亥蝕 大任		
		壬戌蝕 大任	辛卯蝕 大任
九月改元應曆	辛酉蝕 大任	丙辰蝕 誤當作庚寅	庚申蝕 大任
穆宗應曆	戊午蝕 大任		周丁巳
	丙戌蝕 大任	丙辰蝕 大任	周乙酉
二年			甲寅蝕 大任
	甲申蝕 大任	癸丑蝕 大任	癸未蝕 大任
	壬午蝕閏 大任	辛亥蝕 大任	庚申蝕 大任
三年			
四年	周丙子	丙午蝕 大任	
五年	辛未蝕 大任	庚子蝕閏 大任	
閏九月 蝕大任		乙未蝕 大任	乙丑蝕 大任
六年			己未蝕 大任
七年	戊午蝕 大任		丙辰蝕 大任
八年			周壬午
		周辛巳	
閏七月庚戌 蝕大任			

年	上	中	下
九年		乙巳蝕周 大任	乙亥蝕 大任
		甲戌蝕 大任	
十年	宋辛丑	宋辛未	宋庚子
	宋庚午	宋己亥	宋己巳
	己亥蝕宋	戊辰蝕宋 大任	宋戊戌
	宋丁亥	宋丁酉	宋丙寅
閏三月甲子	宋丙申	宋乙丑	宋乙未
十一年 宋大任	癸巳蝕宋 大任	宋癸亥	宋癸巳
	宋壬戌	宋壬辰	宋壬戌
	宋辛卯	宋辛酉	宋庚寅
	宋庚申	己丑蝕宋 大任	宋戊午
十二年	宋戊子	丁巳蝕宋 戊午異	宋丁亥
	宋丙辰	宋丙戌	宋丙辰
	宋乙酉	宋乙卯	宋乙酉
十三年	宋甲寅	宋甲申	癸丑蝕宋 大任
	宋壬午	宋壬子	宋辛巳
	辛亥蝕宋 大任	宋庚辰	庚戌蝕宋 大任
閏十二月乙酉	宋己卯	宋己酉	宋己卯
十四年	戊寅蝕宋 大任	宋戊申	宋丁丑
	宋丁未	宋丙子	丙午蝕宋 大任 乙巳異
	宋甲戌	宋甲辰	宋甲戌
	宋癸卯	宋癸酉	宋癸卯
	宋癸酉	壬寅蝕宋 大任	宋壬申
十五年	宋辛丑	宋辛未	宋庚子
	宋己巳	宋戊戌	宋戊辰
	宋丁酉	宋丁卯	宋丁酉
十六年	丁卯蝕宋 大任	宋丙申	宋丙寅
	宋丙申	宋乙丑	宋甲午
	宋甲子	宋癸巳	宋壬辰
閏八月壬戌 宋大任	宋辛酉	宋辛卯	宋辛酉
十七年	庚寅蝕宋 大任	宋庚申	宋庚寅
	宋己未	宋己丑	宋戊午
	宋戊子	宋丁巳	丙戌蝕宋 大任
	宋丙辰	宋乙酉	宋乙卯

年	上	中	下
十八年	乙酉宋儀大任	宋甲寅	甲申宋儀大任乙酉異
	癸丑宋大任	宋癸未	宋癸丑
	宋壬午	宋壬子	宋辛巳
	辛亥宋儀大任庚戌異	宋庚辰	宋己酉
十九年（宋閏五月丁未）	己卯宋儀大任	己酉宋儀大任戊申異	宋戊寅
	戊申宋儀大任	宋丁丑	丙子宋儀大任
	宋丙午	宋丙子	宋乙巳
	宋乙亥	甲辰宋儀大任	宋甲戌
景宗保寧二年	宋癸卯	宋壬申	宋壬寅
	宋辛未	宋辛丑	宋庚午
	宋庚子	宋庚午	宋己亥
	宋己巳	宋己亥	宋己巳
三年	宋戊戌	宋丁卯	宋丙申
	宋丙寅	宋乙未	宋乙丑
	宋甲午	甲子宋儀大任	宋甲午
	宋癸亥	宋癸巳	癸亥宋儀大任
四年（宋閏三月辛卯）	宋壬辰	宋壬戌	庚申宋儀大任
	庚寅宋儀大任	宋己未	宋戊子
	宋戊午	宋戊子	宋丁巳
	丁亥宋儀大任	宋丁巳	宋丙戌
五年	宋丙辰	宋丙戌	乙卯宋儀大任
	宋甲申	宋癸丑	宋癸未
	宋壬子	宋壬午	宋壬子
	宋辛巳	辛亥宋儀大任	宋辛巳
六年（宋閏十月己巳）	宋庚戌	宋庚辰	宋庚戌
	宋己卯	宋戊申	宋戊寅
	丁未宋儀大任	宋丙子	宋丙午
	乙亥宋儀大任	宋乙亥	宋甲辰
七年	甲戌宋儀大任	宋甲辰	宋癸酉
	宋癸卯	宋壬申	宋壬寅
	宋辛未	宋庚子	宋庚午
	宋己亥	宋己巳	宋己亥
八年	宋戊辰	宋戊戌	宋戊辰
	宋丁卯	宋丁酉	宋丙申
	宋乙未	宋乙丑	甲子宋儀大任
	宋癸亥	宋癸巳	宋癸亥

年	上	中	下
九年	宋壬戌	宋壬辰	宋壬戌
	宋辛卯	宋辛酉	宋辛卯
	庚申宋儀	宋己未	宋己丑
閏七月庚寅	宋戊午	丁亥宋儀大任	宋丁巳
十年	宋丙戌	宋丙辰	宋乙酉
	宋乙卯	宋乙酉	宋甲寅
	宋甲申	癸丑宋儀大任	宋癸未
	癸丑宋儀大任	宋癸未	宋壬子
乾亨元年	宋辛巳	宋辛亥	宋庚辰
	宋己酉	己卯宋儀大任	宋己酉
	宋戊寅	宋戊申	宋丁丑
	宋丁未	宋丁丑	宋丙午
二年（宋閏三月甲辰）	丙子宋儀大任	宋乙巳	宋甲戌
	宋甲辰	宋癸卯	宋癸酉
	宋癸卯	宋壬申	宋壬寅
	辛未宋儀大任	庚子宋儀大任	庚午宋儀大任
三年	宋庚子	宋己巳	
	宋戊辰	宋丁酉	
	宋丙申	宋乙丑	宋乙未
	宋乙丑	宋乙未	宋甲子
四年	宋甲午		
	宋壬戌		
		宋庚申	宋己丑
宋閏十二月戊子	己未宋儀大任	宋己丑	戊午宋儀大任
五年	戊午宋儀大任	戊子儀大任丁亥異宋	宋丁巳
	丙戌宋儀大任	丙辰宋儀	乙酉宋儀大任
	甲寅儀大任乙卯異宋	甲申儀大任	癸丑宋儀大任
[illegible]	癸未儀大任	壬子儀大任宋	壬午宋儀大任
聖宗統和	壬子宋儀	壬午儀	辛亥儀大任庚戌異宋
	辛巳儀	庚戌儀	庚辰儀大任己卯異宋
	己酉儀	戊寅儀	戊申宋儀大任
二年	丁丑宋儀戊寅異	丁未宋儀	
	丙午儀大任甲戌異宋	丙子宋儀乙亥異	乙巳宋儀
	乙亥儀大任甲戌異宋	乙巳宋儀甲辰異	甲戌儀大任癸酉異宋
三年	甲辰宋儀	癸酉宋儀大任	壬寅
宋閏九月壬申	辛丑	辛未	庚子宋儀

年	上	中	下
四年	庚午宋儀	己亥宋儀庚子異	己巳宋儀大任
	己亥宋大任	戊辰宋儀	戊戌宋儀
	宋戊辰	丁酉大任丙申異宋	丙寅宋儀
	丙申宋儀大任	乙丑大任丙寅異宋	丁酉宋儀誤乙未異
五年	甲子宋儀	甲午宋儀	癸亥宋儀
	癸巳宋儀大任	壬戌宋儀癸亥異	壬辰宋儀
	壬戌	宋辛卯	宋辛酉
	宋庚寅	宋庚申	宋庚寅
六年（閏五月丙戌）	己未宋儀	戊子宋儀己丑異	戊午宋儀
宋大任	丁亥	丁巳宋儀丙辰異	丙辰宋儀
	乙酉	乙卯	乙酉宋儀
	宋甲寅	甲申宋儀	甲寅宋儀
七年	癸未宋儀大任	壬子宋儀	壬午宋儀大任
	辛亥宋儀	庚辰宋大任	庚戌
	宋己卯	宋己酉	宋己卯
	宋己酉	宋戊寅	宋戊申
八年	宋戊寅	丁未宋儀	宋丙子
	丙午宋儀	宋乙亥	宋甲辰
	宋甲戌	宋癸卯	宋癸酉
	宋癸卯	宋壬申	宋壬寅
九年（閏二月辛未儀宋）	宋壬申	宋辛丑	庚子宋儀
	宋庚午	宋己亥	宋己巳
	宋戊戌	宋丁卯	宋丁酉
	宋丙寅	宋丙申	宋丙寅
十年	宋丙申	乙丑宋儀	宋乙未
	宋甲子	甲午儀	宋癸亥
	宋壬辰	宋壬戌	宋壬辰
	庚申儀誤宋辛酉	宋辛卯	宋庚申
十一年	宋庚寅	宋己未	宋己丑
	宋己未	宋戊子	宋戊午
	宋丁亥	宋丙辰	宋丙戌
宋閏十月甲申	甲申儀誤宋乙卯	宋甲寅	宋甲申
十二年	癸丑儀大任宋甲寅異	宋癸未	宋癸丑
	宋壬午	宋壬子	辛巳宋儀壬午異
	辛亥宋儀大任	庚辰宋儀大任	宋庚戌
	宋己卯	戊申宋儀大任	戊寅宋儀大任

年	上	中	下
十三年	宋戊申	丁丑宋儀大任	宋丁未
	宋丙子	宋丙午	丙子宋儀大任
	己巳宋儀大任	宋乙亥	宋甲辰
	宋甲戌	宋癸卯高麗	宋癸酉
十四年（閏七月己巳儀大任宋）	宋壬寅	宋壬申	宋辛丑
	宋辛未	宋辛丑	宋庚午
	宋己亥	宋己亥	宋戊辰
	宋戊戌	宋丁卯	宋丁酉
十五年	宋丙寅	丙申宋儀大任	乙丑宋儀大任
	乙未宋儀大任	甲子宋儀大任	宋癸巳
	宋癸亥	宋癸巳	宋癸亥
	壬辰宋儀大任	壬戌宋儀大任	宋壬辰
十六年	宋辛酉	宋庚寅	宋庚申
	宋己丑	宋戊午	戊子宋儀大任
	丁巳宋儀大任	丁亥宋儀大任	丁巳宋儀大任
	宋丙戌	宋丙辰	丙戌宋儀大任
十七年（宋閏三月甲申）	乙卯宋儀大任丙辰異	宋乙酉	宋甲寅
	宋癸丑	宋壬午	宋壬子
	宋辛丑	宋辛亥	庚辰儀大任
	宋庚戌	宋庚辰	宋庚戌
十八年	宋己卯	宋己酉	宋戊寅
	宋戊申	宋丁丑	宋丙午
	宋丙子	宋乙巳	乙亥宋儀大任
	宋甲辰	甲戌宋儀大任	宋甲辰
十九年（宋閏十二月戊辰）	宋甲戌	宋癸卯	宋壬申
	宋壬寅	宋壬申	宋辛丑
	庚午宋儀大任	宋庚子	己巳宋儀大任
	宋己亥	宋戊辰	宋戊戌
二十年	宋丁酉	宋丁卯	宋丁酉
	丙寅宋儀大任	宋丙申	宋乙丑
	甲午宋儀大任	甲子宋儀大任	癸巳宋儀大任
	癸亥宋儀大任	宋壬辰	宋壬戌
二十一年	宋辛卯	宋辛酉	宋辛卯
	宋庚申	庚寅宋儀大任	宋己未
	宋己丑	宋戊午	宋戊子
	丁巳宋儀大任	丁亥宋儀大任	宋丙辰

年	上	中	下
二十二年（閏九月壬子儀宋大任）	宋丙戌	乙卯宋儀大任	宋乙酉
	宋甲寅	宋甲申	宋甲寅
	宋癸未	宋癸丑	宋壬午
	宋辛巳	宋辛亥	庚辰宋儀大任
二十三年	宋庚戌	宋己卯	宋己酉
	宋戊寅	戊申宋儀大任	宋丁丑
	宋丁未	宋丁丑	宋丙午
	丙子宋儀大任	乙巳	宋乙亥
二十四年	宋甲辰	宋甲戌	宋癸卯
	宋壬申	壬寅宋儀大任	宋辛未
	辛丑宋儀大任	宋辛未	宋庚子
	庚午宋儀	宋庚子	宋己巳
二十五年（宋閏五月丙寅）	宋己亥	宋戊辰	宋戊戌
	宋丁卯	宋丙申	宋乙未
	宋乙丑	宋甲午	宋甲子
	宋甲午	宋甲子	宋癸巳
二十六年	宋癸亥	宋壬辰	宋壬戌
	辛卯宋儀大任	庚申宋儀	宋庚寅
	宋己未	宋己丑	宋戊午
	戊子宋儀	宋戊午	宋丁亥
二十七年	宋丁巳	宋丁亥	宋丙辰
	丙戌宋儀大任	宋乙卯	宋甲申
	甲申宋儀系大任甲寅	宋癸未	宋壬子
	宋壬午	壬子宋儀大任	宋辛巳
二十八年（宋閏二月辛亥）	辛亥	宋辛巳	宋庚辰
	宋庚戌	己卯宋儀大任乙卯異	宋戊申
	宋戊寅	宋丁未	宋丙子
	丙午宋儀大任	宋丙子	宋乙巳
二十九年	乙亥宋儀大任	宋乙巳	宋甲戌
	宋甲辰	甲戌宋儀大任	宋癸卯
	宋壬申	宋壬寅	宋辛未
	宋庚子	庚午宋大任	宋庚子
開泰元年（宋閏十月己丑）	宋己巳	宋己亥	宋戊辰
	宋戊戌	戊辰宋儀大任	宋丁酉
	宋丁卯	宋丙申	宋丙寅
	宋乙未	甲午宋大任	宋甲子

年	上	中	下
二年	宋癸巳	宋癸亥	壬辰宋儀大任
	壬戌	辛卯宋儀大任	辛酉宋儀大任
	辛卯	宋庚申	宋庚寅
	己未宋儀大任	宋己丑	宋戊午
三年	宋戊子	宋丁巳	宋丙戌
	宋丙辰	丙戌宋儀大任乙酉異	宋乙卯
	乙酉宋儀大任	甲寅宋儀大任	宋甲申
	甲寅宋儀大任	宋癸未	宋癸丑
四年（宋閏六月己卯）	宋壬午	壬子宋儀大任	宋辛巳
	庚戌宋儀大任	宋庚辰	宋己酉
	宋戊申	宋戊寅	宋戊申
	宋戊寅	宋丁未	宋丁丑
五年	宋丙午	宋丙子	乙巳宋儀大任
	宋甲戌	宋甲辰	宋甲戌
	宋癸卯	宋壬申	宋壬寅
	宋壬申	宋辛丑	宋辛未
六年	宋辛丑	宋庚午	宋庚子
	宋己巳	戊戌宋儀大任	戊辰宋大任
	宋丁酉	宋丙寅	宋丙申
	宋丙寅	宋乙未	宋乙丑
七年（宋閏四月癸巳）	宋乙未	乙丑宋儀大任	宋乙未
	宋甲子	宋壬戌	宋壬辰
	宋辛酉	宋庚寅	宋庚申
	宋庚寅	宋己未	宋己丑
八年	宋己未	宋己丑	宋戊午
	戊子宋儀大任	宋丁巳	宋丙戌
	宋丙辰	宋乙酉	宋甲寅
	宋甲申	宋癸丑	宋癸未
九年（儀閏二月壬子）	宋癸丑	宋癸未	宋壬子以下宋儀同月異
	宋壬午儀二月以下用此推之	宋辛亥	宋辛巳
	庚戌宋儀大任	宋庚辰	宋己酉
	宋戊寅	宋戊申	宋丁丑宋閏丁未異
太平元年	宋丁丑	宋丙午	宋丙子
	宋丙午	宋乙亥	宋乙巳
	甲戌宋儀大任	宋甲辰	宋甲戌
	宋癸卯	壬申宋儀癸酉異	宋壬寅

年	上	中	下
	宋辛未	辛丑宋儀 大任庚子異	宋庚午
二年	宋庚子	宋己巳	宋己亥
	宋戊辰	宋戊戌	宋戊辰
	宋丁酉	宋丁卯	宋丙申
三年 閏九月壬辰 宋儀	宋丙寅 高麗	宋乙未	宋甲子
	宋甲午	宋癸亥	宋癸巳
	宋壬戌	宋壬辰	宋壬戌
	宋辛酉	宋辛卯	宋庚申
四年	宋庚寅	宋己未	戊子宋儀
	宋戊午	宋丁亥	宋丁巳
	宋丙戌	宋丙辰	宋丙戌
	宋乙卯	宋乙酉	宋乙卯
五年	宋甲申	宋甲寅	宋癸未
	宋壬子	宋壬午	宋辛亥
	宋庚辰	宋庚戌	宋庚辰
	宋己酉	宋己卯	宋己酉
六年 閏五月丙午 宋	宋己卯	宋戊申	宋戊寅
	丁未宋儀	宋丁丑	宋乙亥
	宋甲辰	宋甲戌	宋甲辰
	宋甲戌	宋癸卯	宋壬申
七年	宋壬寅	宋壬申	宋壬寅
	宋辛未	宋庚子	宋庚午
	宋己亥	宋戊辰	宋戊戌
	宋丁卯	宋丁酉	宋丁卯
八年	宋丁酉	宋丙寅	宋丙申
	宋丙寅	宋乙未	宋甲子
	宋甲午	宋癸亥	宋壬辰
	宋壬戌	宋辛卯	宋辛酉
九年 閏七月庚寅 宋	宋辛卯	宋庚申	宋庚申
	宋己丑	宋己未	宋戊子
	戊午宋儀 大任	丁卯	宋丙辰
	丙戌宋儀 大任	乙卯	宋乙酉
	宋乙卯	宋甲申	宋甲寅
十年	宋癸未	宋癸丑	宋癸未
	宋壬子	宋壬午	宋辛亥
	宋辛巳	宋庚戌	宋己卯

年	上	中	下
	宋己酉	宋戊寅	宋戊申
十一年	宋丁丑	宋丁未	丁丑宋儀 大任
閏十月乙巳 宋儀	宋丙午	宋庚子 誤當作丙子	宋丙午
	宋乙亥	宋甲戌	宋癸卯
興宗重熙	宋壬申	宋壬寅	壬申宋儀
	宋辛丑	宋辛未	宋庚子
	宋庚午	宋庚子	宋己巳
元年	宋己亥	宋己巳	宋戊戌
	宋戊辰	宋丁酉	宋丙寅
二年	宋丙申	宋乙丑	宋甲午
	宋甲子	宋甲午	宋癸亥
	宋癸巳	宋癸亥	宋癸巳
閏六月戊午 宋	宋壬戌	壬辰宋儀	宋辛酉
三年	宋庚寅	庚申宋儀	宋己丑
	戊子宋儀	宋戊午	宋丁亥
	宋丁巳	宋丁亥	宋丁巳
四年	宋丙戌	宋丙辰	乙酉宋儀
	甲寅宋儀	宋甲申	癸酉宋儀 誤癸丑
	壬午宋儀	宋壬子	宋辛巳
	宋辛亥	宋辛巳	宋辛亥
五年	宋庚辰	宋庚戌	宋庚辰
	宋己酉	宋戊寅	宋戊申
	宋丁丑	丙午宋儀	丙子
	宋乙巳	宋乙亥	宋乙巳
六年 閏四月癸酉 宋	宋甲戌	宋甲辰	宋甲戌
	宋甲辰	宋壬寅	宋壬申
	辛丑宋儀	宋庚午	宋庚子
	宋己巳	宋己亥	己亥宋儀 誤戊辰
七年	宋戊戌	宋戊辰	戊戌
	宋丁卯	宋丁酉	宋丙寅
	宋丙申	宋乙丑	宋甲午
	甲子宋儀	宋癸巳	宋癸亥
八年	宋壬辰	宋壬戌	宋壬辰
	宋辛酉	宋辛卯	宋庚申
	宋庚寅	宋庚申	宋己丑
閏十二月丁亥 宋	己未	宋戊子	宋丁巳

年	上	中	下
	丙辰宋儀	宋丙戌	宋乙卯
九年	宋乙酉	乙卯宋儀 甲寅異	宋甲申
	宋甲寅	宋癸未	宋癸丑
	癸未宋儀	宋壬子	宋壬午
	宋辛亥	庚辰宋儀	宋庚戌
十年	宋己卯	宋己酉	宋戊寅
	宋戊申	宋丁丑	宋丁未
	宋丁丑	宋丁未	宋丙子
	宋丙午	宋乙亥	甲辰宋儀
十一年 閏九月辛未 宋	甲戌宋儀	宋癸卯	宋癸酉
	壬寅宋儀	宋壬申	宋辛丑
	宋辛丑	宋庚午	宋庚子
	宋庚午	宋己亥	宋戊辰
十二年	宋戊戌	宋丁卯	宋丙申
	丙寅宋儀	乙未宋儀 高麗	壬申宋儀 乙丑
	宋乙未	宋乙丑	宋甲午
	甲子宋儀	宋甲午	宋癸亥
十三年	宋壬辰	壬戌宋儀	宋辛卯
	宋辛酉	宋庚寅	宋己未
	宋己丑	宋戊午	宋戊子
十四年 閏五月丙戌 宋	宋戊午	宋戊子	宋丁巳
	宋丁亥	宋丙辰	宋乙卯
	甲申宋儀	宋甲寅	宋癸未
	宋癸丑	壬午宋儀	宋壬子
	宋壬午	宋壬子	宋辛巳
十五年	辛亥宋儀	宋庚辰	宋庚戌
	宋己卯	宋戊申	宋戊寅
	宋丁未	宋丁丑	宋丙午
	宋丙子	宋丙午	宋乙亥
十六年	乙巳宋儀	宋乙亥	宋甲辰
	宋甲戌	宋癸卯	宋壬申
	宋壬寅	宋辛未	辛丑宋儀
十七年 閏正月庚子 宋	宋庚午	宋己巳	宋己亥
	宋己巳	宋戊戌	宋戊辰
	宋丁酉	宋丁卯	宋丙申
	宋丙寅	乙未宋儀	宋乙丑

十八年	甲午宋儀 高麗	宋甲子	宋癸巳
	宋癸亥	宋壬辰	宋壬戌
	宋壬辰	宋辛酉	宋辛卯
	宋庚申	宋庚寅	宋庚申
十九年	宋己丑	宋戊午	宋戊子
	宋丁巳	宋丁亥	丙辰宋儀
閏十一月甲寅宋	丙戌	宋乙卯	宋乙酉
	宋乙卯	宋甲申	宋甲申
二十年	宋癸丑	宋壬午	壬子宋儀
	宋辛巳	宋庚戌	宋庚辰
	宋己酉	宋己卯	宋己酉
	己卯宋儀	宋戊申	宋戊寅
	宋戊申	宋丁丑	宋丙午
二十一年	宋丙子	宋乙巳	宋甲戌
	甲辰宋儀	癸酉宋儀	宋癸卯
	宋癸酉	宋壬寅	宋壬申
	宋壬寅	宋壬申	宋辛丑
二十二年	宋庚午	宋庚子	宋己巳
	宋戊戌	宋丁酉	宋丁卯
閏七月戊辰	丙申宋儀	宋丙寅	丙申宋儀
二十三年	宋丙寅	宋乙未	宋乙丑
	宋甲午	宋甲子	宋癸巳
	宋壬戌	宋壬辰	宋辛酉
	宋辛卯	宋庚申	宋庚寅
二十四年	宋庚申	宋己丑	宋己未
	宋己丑	宋戊午	宋戊子
	宋丁巳	宋丙戌	宋丙辰
	宋乙酉	宋乙卯	宋甲申
道宗	宋甲寅	宋癸未	宋癸丑
清寧	宋壬子	宋壬午	宋辛亥
二年	宋辛巳	宋庚戌	宋庚辰
宋閏三月癸未	宋己酉	宋己卯	戊申宋儀
	宋戊寅 高麗	宋丁未	宋丁丑
	宋丙午	宋丙子	宋丙午
三年	宋乙亥	宋乙巳	宋甲戌
	宋甲辰	宋癸酉	宋癸卯

四年	壬申宋儀	宋壬寅	宋辛未
	宋辛丑	庚午宋儀	宋庚子
	宋己巳	宋己亥	宋己巳
宋閏十二月丁卯	戊戌宋儀	宋戊辰	宋丁酉
五年	宋丙申	宋丙寅	宋乙未
	甲子宋儀 乙丑異	宋甲午	宋癸亥
	宋癸巳	宋癸亥	宋癸巳
	壬子 誤宋壬戌	宋壬辰	宋壬戌
六年	宋辛卯	宋庚申	宋庚寅
	宋己未	戊子宋儀	戊午宋儀
	宋丁亥	宋丁巳	宋丁亥
	宋丙辰	宋丙戌	宋丙辰
	宋乙酉	宋乙卯	宋甲申
七年	宋甲寅	宋癸未	壬午宋儀 誤壬子
	宋壬午	宋辛亥	宋庚戌
閏八月辛巳宋	宋庚辰	宋庚戌	宋庚辰
	宋己酉	宋己卯	戊申宋儀
八年	宋戊寅	宋丁未	甲子宋儀 誤丙子
	宋丙午	宋乙亥	宋乙巳
	甲戌宋儀	宋甲辰	宋甲戌
九年	宋癸卯	宋癸酉	宋癸卯
	宋壬申	宋壬寅	宋辛未
	宋庚子	庚午宋儀	宋己亥
	戊辰宋儀	宋戊戌	宋戊辰
閏五月丙寅	宋丁酉	宋丁卯	宋丁酉
十年宋	宋丁卯	宋丙申	宋乙未
	宋甲子	宋甲午	宋癸亥
	壬辰宋儀 癸巳異	宋壬戌	宋壬辰
咸雍	辛酉宋儀 大任 高麗	宋辛卯	宋辛酉
	宋庚寅	宋庚申	宋己丑
元年	宋己未	宋戊子	宋戊午
	丁亥宋儀 大任	宋丁巳	宋丙戌
	宋丙辰	宋乙酉	宋乙卯
二年	宋甲申	宋甲寅	宋甲申
	癸丑宋儀 大任	宋癸未	壬子宋儀 大任
	宋壬午	宋辛亥	宋辛巳

閏二月己卯宋	宋庚戌	宋庚辰	宋己酉
三年	宋戊申	宋戊寅	宋丁未
	宋丁丑	宋丁未	宋丙子
	宋丙午	宋乙亥	宋乙巳
	甲戌宋儀 大任	甲辰宋儀 大任	宋癸酉
四年	宋壬寅	宋壬申	宋辛丑
	宋辛未	宋辛丑	宋庚午
	宋庚子	宋庚午	宋己亥
	宋己巳	宋戊戌	宋戊辰
五年	宋丁酉	宋丙寅	宋丙申
閏十一月甲午宋	乙丑宋儀 大任	宋乙未	宋甲子
	宋甲午	宋甲子	宋癸亥
	宋癸巳	宋癸亥	宋壬辰
六年	宋辛酉	宋庚寅	宋庚申
	宋己丑	宋戊午	宋戊子
	宋戊午	宋戊子	宋丁巳
	宋丁亥	宋丁巳	宋丙戌
	宋丙辰	宋乙酉	宋甲寅
七年	甲申宋儀 大任	宋癸丑	宋壬午
	宋壬子	宋壬午	宋辛亥
	宋辛巳	宋辛亥	宋辛巳
	宋庚戌	宋庚辰	宋己酉
八年	宋戊寅	宋丁丑	宋丙午
閏七月戊申宋	宋丙子	宋丙午	宋乙亥
	宋乙巳	宋乙亥	宋甲辰
	宋甲戌	宋癸卯	宋癸酉
九年	宋壬寅	宋壬申	宋辛丑
	宋庚午	宋庚子	宋庚午
	宋己亥	宋己巳	宋戊戌
十年	宋戊辰	宋戊戌	宋丁卯
	宋丁酉	宋丙寅	宋丙申
	宋乙丑	宋乙未	宋甲子
閏四月壬辰宋	宋甲午	宋癸亥	宋癸巳
太康	宋壬戌	宋辛酉	宋辛卯
	辛酉宋	庚寅宋儀 大任	宋庚申
元年	宋己丑	宋己未	宋己丑

年	上	中	下
	宋戊午	宋丁亥	宋丙辰
二年	宋丙戌	宋丙辰	乙酉微宋 大任
	宋乙卯	宋甲申	宋甲寅
	宋甲申	宋癸丑	宋癸未
	宋壬子	壬午微宋 大任	宋辛亥
三年	宋庚辰	宋庚戌	己卯
	宋己酉	宋戊寅	宋戊申
	宋戊寅	宋戊申	宋丁丑
閏五月丙子	宋丁未	宋丙午	宋乙亥
宋四年	宋甲辰	宋甲戌	宋癸卯
	宋癸酉	宋壬寅	宋壬申
	宋壬寅	宋辛未	宋辛丑
	宋辛未	宋庚子	宋庚午
五年	宋己亥	宋戊辰	宋戊戌
	宋丁卯	宋丙申	宋丙寅
	宋丙申	宋乙丑	宋乙未
	宋乙丑	宋乙未	宋甲子
六年	宋甲午	癸亥 大任	宋壬辰
	宋壬戌	宋辛卯	宋庚申
閏九月庚寅宋	己未微宋 大任	己丑微宋 大任	宋己未
	宋己丑	宋戊午	宋戊子
七年	宋戊午	宋丁亥	宋丙辰
	宋丙戌	宋乙卯	宋甲申
	宋甲寅	宋癸未	宋癸丑
	宋癸未	宋癸丑	宋壬午
八年	宋壬子	宋辛巳	辛亥微宋 大任
	宋庚辰	宋庚戌	宋己卯
	宋戊申	宋戊寅	宋丁未
閏六月乙亥	宋丁丑	宋丁未	宋丙子
宋九年	丙午微宋 大任	宋丙子	宋乙巳
	宋甲辰	宋甲戌	癸卯微 大任
	宋癸酉	宋壬寅	宋辛未
	辛丑微宋 大任 高麗	庚午微宋	宋庚子
十年	宋庚午	宋己亥	宋己巳
	宋戊戌	宋戊辰	宋戊戌
	宋丁卯	宋丁酉	宋丙寅

年	上	中	下
大安	宋丙申	宋乙丑	宋甲午
元年	宋甲子	宋癸巳	宋癸亥
	宋癸巳	宋壬戌	宋壬辰
缺一閏	宋壬戌	辛卯宋 高麗	辛酉
	宋庚寅	庚申	宋戊午
二年	宋戊子	丁巳微宋 大任	丁亥微宋 大任丙午誤
	宋丙辰	宋丙戌	宋丙辰
	己酉微宋 誤乙酉	宋庚午誤當作乙卯	宋乙酉
	宋甲寅	宋甲申	宋癸丑
三年	宋壬午	宋壬子	宋辛巳
	宋庚戌	宋庚辰	宋庚戌
	宋己卯	宋己酉	宋己卯
	宋己酉	宋戊寅	宋戊申
四年	宋丁丑	宋丙午	宋丙子
閏十二月癸卯宋	宋乙巳	宋甲戌	宋甲辰
	宋癸酉	宋癸卯	癸卯微宋癸酉誤 大任
	宋壬申	宋壬寅	宋壬申
	宋辛丑	宋庚午	宋庚子
五年	宋己巳	宋戊戌	宋戊辰
	宋丁酉	丁卯微宋 大任	宋丁酉
	宋丁卯	宋丙申	宋丙寅
	宋丙申	宋乙丑	宋甲午
六年	宋甲子	宋癸巳	宋壬戌
	宋壬辰	宋辛酉	宋辛卯
	宋辛酉	宋庚寅	宋庚申
	宋庚寅	己未微宋 大任	宋己丑
七年	戊午微宋 大任	宋戊子	宋丙戌
閏八月丁巳宋	宋丙辰	宋乙酉	宋乙卯
	宋甲申	宋甲寅	宋甲申
	宋癸丑	宋癸未	宋癸丑
八年	宋壬午	宋壬子	宋辛巳
	庚戌微宋 大任	宋庚辰	宋己酉
	宋己卯	宋戊申	宋戊寅
	宋丁未	宋丁丑	丁未微宋 大任
九年	宋丙子	宋丙午	宋丙子
	宋乙巳	宋乙亥	宋甲辰

年	上	中	下
閏四月辛未	宋癸酉	宋癸卯	壬申微宋
宋十年	壬寅微宋 大任	宋辛丑	宋庚午
	庚子宋 大任	宋庚午	宋己亥
	宋己巳	宋己亥	宋戊辰
壽隆	戊戌微宋 大任	宋丁卯	宋丙申
	宋丙寅	乙未微宋 大任	宋乙丑
元年	宋甲午	宋甲子	宋癸巳
	宋癸亥	宋癸巳	宋癸亥
	宋壬辰	宋壬戌	宋辛卯
二年	宋庚申	宋庚寅	宋己未
	宋戊子	宋戊午	宋丁亥
	宋丁巳	宋丁亥	宋丁巳
閏二月丙戌宋	宋丙戌	丙辰微宋 大任	宋乙卯
三年	宋甲申	宋甲寅	宋癸未
	壬子 大任	宋壬午	宋辛亥
	宋辛巳	宋辛亥	宋辛巳
	宋庚戌	宋庚辰	宋庚戌
	宋己卯	宋戊申	戊寅微宋 大任
四年	宋丁未	宋丙子	宋丙午
	乙亥微宋 大任	乙巳微宋 大任	宋乙亥
	宋甲辰	宋甲戌	宋甲辰
	宋癸酉	宋癸卯	宋壬申
五年	壬寅微宋 大任	宋辛未	宋庚子
閏九月庚午宋	己亥微宋 大任	己巳微	宋戊戌
	宋戊辰	宋戊戌	宋戊辰
	丁酉微宋 大任	宋丁卯	宋丙申
六年	宋丙寅	宋乙未	宋甲子
	宋甲午	宋癸亥	宋癸巳
	壬戌微宋 大任	壬辰微宋 大任	宋壬戌
	宋辛卯	宋辛酉	宋庚寅
七年	宋庚申	宋庚寅	宋己未
	宋戊子	宋戊午	宋丁亥
天祚	宋丁巳	宋丙戌	宋丙辰
閏六月甲寅宋	宋乙酉	宋己卯	宋乙酉
乾統	宋甲申	宋癸丑	宋癸未
二年	宋壬子	宋壬午	宋辛亥

年	上	中	下
三年	宋辛巳	宋庚戌	宋庚辰
	宋己酉	宋己卯	宋戊申
	宋戊寅	宋丁未	宋丁丑
	宋丁未	宋丁丑	宋丙午
四年	宋丙子	宋乙巳	宋甲戌
	宋甲辰	宋癸酉	宋壬寅
	宋壬申	宋壬寅	宋辛未
	宋辛丑	宋辛未	宋庚子
五年（宋閏二月己巳）	宋庚午	宋庚子	宋戊戌
	宋戊辰	宋丁酉	宋丙寅
	宋丙申	宋乙丑	宋乙未
	宋乙丑	宋乙未	宋甲子
六年	宋甲午	宋甲子	宋癸巳
	宋壬戌	宋壬辰	宋辛酉
	宋庚寅	宋庚申	宋己丑
	宋己未	宋戊子	宋戊午
七年（宋閏十月癸未）	宋戊子	宋戊午	宋丁亥
	宋丁巳	宋丙戌	宋丙辰
	宋己酉	宋甲寅	宋甲申
	宋癸丑	宋壬子	宋壬午
八年	宋壬子	宋壬午	宋辛亥 高麗
	宋辛巳	宋庚戌	宋庚辰
	宋己酉	宋戊寅	宋戊申
	宋丁丑 丙午 宋大任	宋丁未 宋丙子	宋丙子 宋乙巳
九年	宋乙亥	宋乙巳	宋甲戌
	宋甲辰	宋癸酉	宋壬寅
	宋壬申	宋辛丑	宋辛未
十年（宋閏八月丁酉）	宋庚子	宋庚午	宋己亥
	宋己巳	宋己亥	宋戊辰
	宋戊戌	宋丁卯	宋丙寅
	宋丙申	宋乙丑	宋乙未
天慶元年	宋甲子	宋甲午	宋癸亥
	宋癸巳	宋壬戌	宋壬辰
	宋壬戌	宋辛卯	宋辛酉
	宋庚寅	宋庚申	宋己丑

年	上	中	下
二年	己未 宋闕 大任	宋戊子	宋戊午
	丁亥 宋闕 大任	宋丁巳	宋丙戌
	宋丙辰	宋乙酉	宋乙卯
	宋乙酉	宋甲寅	宋甲申
三年（宋閏四月辛亥）	宋甲寅	宋癸未	宋壬子
	宋壬午	宋庚辰	宋庚戌
	宋己卯	宋己酉	宋己卯
	宋戊申	宋戊寅	宋戊申
四年	宋戊寅	宋丁未	宋丙子
	宋丙午	宋乙亥	宋甲辰
	宋甲戌	宋癸卯	宋癸酉
	壬寅 宋闕 大任	宋壬申	宋壬寅
五年	宋壬申	宋辛丑	宋辛未
	宋庚子	宋庚午	己亥 宋闕 大任
	宋戊辰	宋戊戌	丁卯 宋闕 大任
	宋丁酉	宋丙寅	宋丙申
六年（宋閏正月丙申）	宋丙寅	宋己丑	宋乙未
	宋甲子	宋甲午	宋癸亥
	宋壬辰	宋壬戌	宋辛卯
	宋辛酉	宋庚寅	宋庚申
七年	宋庚寅	宋己未	宋己丑
	宋己未	宋戊子	宋戊午
	宋丁亥	宋丙辰	宋丙戌
	乙卯 宋闕 大任	宋乙酉	宋甲寅
八年（宋閏五月庚戌）	宋甲申	宋癸丑	宋癸未
	宋癸丑	壬午 宋闕	宋壬子
	宋辛巳	宋辛亥	宋庚辰
	宋己卯	宋己酉	宋戊寅
九年	宋戊申	宋丁丑	丁未 宋闕 大任
	宋丙子	宋丙午	宋丙子
	宋乙巳	宋乙亥	宋甲辰
	甲戌 宋大任	宋癸卯	宋癸酉
十年	宋壬寅	宋壬申	宋辛丑
	宋辛未	宋庚子	宋庚午
	宋己亥	宋己巳	宋己亥
	宋戊辰	宋戊戌	宋丁卯

年	上	中	下
保大元年（宋閏五月甲子）	丁酉 宋闕 大任	宋丙寅	宋丙申
	宋乙丑	宋甲午	宋癸巳
	宋癸亥	宋癸巳	宋壬戌
	宋壬辰	宋壬戌	宋辛卯
二年	宋辛酉	庚寅 宋闕 大任	宋庚申
	宋己丑	宋戊午	宋戊子
	丁巳 宋闕 大任	宋丁亥	宋丁巳
	宋丙戌	宋丙辰	宋丙戌
三年	宋乙卯	乙酉 宋闕	宋甲寅
	甲申 宋闕 大任	癸丑 宋大任	宋壬午
	宋壬子	宋辛巳	宋辛亥
	宋庚辰	宋庚戌	宋庚辰
四年（宋閏三月戊寅）	宋庚戌	宋己卯	宋己酉
	宋戊申	宋丁丑	宋丙午
	宋丙子	宋乙巳	宋甲戌
	宋甲辰	宋甲戌	宋甲辰
五年	宋癸酉	宋癸卯	宋癸酉
	宋壬寅	宋壬申	宋辛丑
	宋庚午	宋庚子	宋己巳
	宋戊戌	宋戊辰	宋戊戌

宋元豐元年十二月詔司天監考遼及高麗日本國曆與奉元曆同異遼己未歲氣朔與宣明曆合日本戊午歲與遼曆相近高麗戊午年朔與奉元曆合氣有不同戊午遼太康四年己未五年也當遼宋之世二國司天固相參考矣高麗所進大遼事蹟載諸王冊文頗見月朔因附入

欽定古今圖書集成曆象彙編曆法典

第十九卷目錄

曆法典第十九卷

曆法總部彙考十九

宋一

太祖乾德元年夏四月建隆應天曆成御製序頒行之

按宋史太祖本紀云云　按律曆志宋初用周顯德欽天曆建隆二年五月以其曆推驗稍疎乃詔司天少監王處訥等別造曆法四年四月新法成賜號應天曆　按王處訥傳處訥周廣順中遷司天少監世宗以舊曆差舛俾處訥詳定曆成未上會樞密使王朴作欽天曆以獻頗爲精密處訥私謂朴曰此曆且可用不久卽差矣因指以示朴朴深然之至建隆二年以欽天曆謬誤詔處訥別造新曆經三年而成爲六卷太祖自製序命爲應天曆處訥又以漏刻無準重定水稱及候中星分五鼓時刻

太宗太平興國六年吳昭素進新曆賜名乾元御製序頒行之

按宋史太宗本紀不載　按律曆志太平興國間有上言應天曆氣候漸差詔處訥等重加詳定六年表上新曆詔付本監集官詳定會冬官正吳昭素徐瑩董昭吉等各獻新曆處訥所上曆遂不行詔以昭素瑩昭吉所獻新曆遣內臣沈元應集本監官屬學生參校測驗考其疎密秋官正史端等言昭吉曆差昭素瑩二曆以建隆癸亥以來二十四年氣朔驗之頗爲切準復對驗二曆唯昭素曆氣朔稍均可以行用又詔衛尉少卿元象宗與元應等再集明曆術吳昭素劉內眞苗守信徐瑩王熙元董昭吉魏序及在監官屬史端等精加詳定象宗等言昭素曆法考驗無差可以施之永久遂賜號爲乾元曆應天乾元二曆皆御製序焉

至道元年命昭晏兼知曆算

按宋史太宗本紀不載　按律曆志至道元年昭晏上言承詔考驗司天監丞王睿雍熙四年所上曆以十八事按驗所得者六所失者十二太宗嘉之謂宰相曰昭晏曆術用功考驗否臧昭然無隱由是賜昭晏金紫令兼知曆算

至道二年詔新曆甲子紀一百二十歲

按宋史太宗本紀十一月丁卯朔增司天新曆爲一百二十甲子　按律曆志至道二年屯田員外郎呂奉天上言按經史年曆自漢魏以降雖有編聯周秦以前多無甲子太史公司馬遷雖言歲次詳求朔閏則與經傳都不符合乃言周武王元年歲在乙酉唐兵部尚書王起撰五位圖言周桓王十年歲在甲子四月八日佛生常星不見又言孔子生於周靈王庚戌之歲卒於周悼王四十一年壬戌之歲皆非是也馬遷乃古之良史王起又近世名儒後人因循莫敢改易臣竊以史氏凡編一年則有一十二月月有晦朔氣閏則須與歲次合同苟不合同何名歲次本朝文教聿興禮樂咸備惟此一事久未刊詳臣探索百家用心十載乃知唐堯卽位之年歲在丙子迄太平興國元年亦在丙子凡三千三百一年矣虞夏之間未有甲子可證成湯旣沒太甲元年始有二月乙丑朔旦冬至伊尹祀于先王至武王伐商之年正月辛卯朔二十有八日戊午二月五日甲子昧爽又康王十二年六月戊辰朔三日庚午朏王命作冊畢自堯卽位年距春秋魯隱公元年凡一千六百七年從隱公元年距今至道二年凡一千七百一十五年從太甲元年距今至道二年凡二千七百三十二年從魯莊公七年四月辛卯夜常星不見距今至道二年凡一千六百八十一年從周靈王二十年孔子生其年九月庚戌十月庚辰兩朔頻食距今至道二年凡一千五百四十五年從魯哀公十六年四月乙丑孔子卒距今至道二年凡一千四百七十二年以上並據經傳正文用古曆推校無不符合乃知史記及五位圖所編之年殊爲闊略諸如此事觸類甚多若盡披陳恐煩聖覽臣耽研旣久引證尤明起商王小甲七年二月甲申朔旦冬至自此之後每七十六年一得朔旦冬至此乃古曆一蔀每蔀積月九百四十積日二萬七千七百五十九率以爲常直至春秋魯僖公五年正月辛亥朔旦冬至了無差爽用此爲法以推經傳縱小有增減抑又經傳之誤皆可以發明也古曆到齊梁以來或差一日更用近曆校課亦得符合

伏望聖慈許臣撰集不出百日其書必成儻有可觀
願藏祕書府詔許之書終不就又司天冬官正楊文
鎰上言新曆甲子請以百二十年事下有司以其無
所依據議寢不行太宗曰支干相承雖止於六十儻
再周甲子成上壽之數使期頤之人得見所生之年
不亦善乎遂詔新曆甲子所紀百二十歲
眞宗咸平四年春三月司天監進儀天曆
按宋史眞宗本紀云云　按律曆志眞宗嗣位命判
官司天監史序等考驗前法研覈舊文取其樞要編
爲新曆至咸平四年三月曆成來上賜號儀天曆凡
天道運行皆有常度曆象之術古今所同蓋變法以
從天隨時而推數故法有疎密數有繁簡雖條例稍
殊而綱目一也今以三曆參相考校以應天爲本乾
元儀天附而注之法同者不復重出法殊者備列於
後

建隆應天曆法上（乾元儀天二曆附）

演紀上元木星甲子距建隆三年壬戌歲積四百八
十二萬五千五百五十八
乾元上元甲子距太平興國六年辛巳積三千五
十四萬三千九百七十七儀天自上元土星甲子
至咸平四年辛丑積七十一萬六千四百九十七
步氣朔
元法一萬二
乾元元率九百四十儀天宗法一萬一百又總謂
之日法
歲盈二十六萬九千三百六十五
乾元歲周二十一萬四千七百六十四儀天歲周
三十六萬八千八百九十七儀天有周天三百六
十五餘二千四百七十約餘二千四百四十五歲
餘五萬二千九百七十餘二千四百七十應天乾
元無此法後皆倣此
月率五萬九千七十三
乾元不置此法儀天合率二十九萬八千二百五
十九又儀天有歲閏一萬九千八百六十二月閏
九千一百一十五秒六
會日二十九小餘五千三百七
乾元朔策二十九小餘一千五百六十儀天會日
二十九小餘五千三百五十七
弦策七小餘三千八百二十七秒六
乾元小餘一千一百二十五儀天小餘三千八百
六十四秒二十七策並同
望策十四小餘七千六百五十四秒一十二
乾元小餘二千二百五十七儀天小餘七千七百
二十七秒一十八策並同
氣策十五小餘二千一百八十五秒二十四
乾元小餘六百四十二半儀天小餘二千二百七
秒三策並同又儀天有氣盈四千四百一十四秒
六
朔虛分四千六百九十五
乾元一千三百八十儀天四千七百四十一
沒限七千八百一十六秒九
乾元二千二百九十七半儀天七千八百九十二
又儀天有紀實六十萬六千
秒法二十四
乾元一百儀天秒母三十六
紀法六十（二曆同）
推元積（乾元儀天皆謂之求歲積分）置所求年以歲盈展之爲元
積求天正所盈之日及分幷冬至大小餘以八十四
萬一百六十八去元積不盡者半而進位以元法收
爲所盈日不滿爲小餘日滿六十去之不滿者命從
甲子算外卽冬至日辰大小餘也
乾元以歲周乘積年爲歲積分以七萬五百六十
去之不盡以五因滿元率收爲日不滿爲餘日儀
天以歲周乘積年進一位爲歲積分盈宗法而一
爲積日不滿爲餘日去命並同應天
求次氣以天正冬至大小餘徧加諸常數盈六十去
之不盈者命如前卽得諸氣日辰大小餘秒也
乾元置中氣大小餘以氣策加之命以前卽次氣
日辰也儀天置冬至大小餘加氣及餘秒秒盈秒
母從小餘盈紀法去之皆命如前法各得次氣常
日辰及餘秒
求天正十一月朔中日（乾元謂之經朔儀天謂之天正合朔）以月率去
元積不盡者爲天正十一月通餘以通餘減七十三
萬六百三十五餘半而進位以元法收爲日不滿爲
分卽得所求天正十一月朔中日及餘秒
乾元以一萬七千三百六十四去歲積分不盡爲
朔餘以歲積分爲朔積分又倍五萬二千九百二
十除之餘以五因滿元率爲日不滿爲分儀天以

合率去歲積分不盡爲閏餘滿宗法爲閏日不滿爲餘以閏日及餘減天正冬至大小餘爲天正合朔大小餘去命如前卽得合朔日辰大小餘

求次朔望中日（乾元謂之求弦望經朔儀天謂之求次朔）置朔中日累加弦策餘秒卽得弦望及次朔中日

乾元以弦策加經朔大小餘卽得次朔經自以弦策及餘秒加經朔得上弦再加得望三之得下弦

求望中月置朔中月加半交盈交正去之餘爲望中月（二曆不立此法）

求朔弦望入氣置朔望中日各以盈縮準去不盡者爲入氣日及分（二曆不立此法）

推沒日置有沒之氣小餘（其小餘七千八百一十六秒九以上者求之也）返減元法餘以八因之一千九十二秒一十九半除爲沒日命起氣初卽得沒日辰其秒不足者退一分加二十四秒然後除之四分之三以上者進

乾元置有沒之氣小餘在二千二百九十七半以上者以十五乘之用減四萬四千七百四十二半餘以六百四十二半除爲沒日儀天以秒母通常氣小餘及秒而從之以減歲周餘滿五千二百九十七爲沒日去命如前

推滅日以冬至大小餘徧加朔日中爲上位有分爲下位在四千六百九十五以下者爲有滅之分也置有滅之分進位以一千五百六十五除爲滅日以滅日加上位命從甲子算外卽得月內滅日

乾元置有滅之經朔小餘在一千二百八十以下者以八因之滿三百六十八除爲滅日儀天經朔小餘在朔虛法以下者三因進位以朔虛分除爲滅日

求發斂

候策五小餘七百二十八秒二母二十四

乾元候數五小餘一百一十四秒十二秒母七十二儀天候率五小餘七百三十五秒二十五秒母三十六

卦策六小餘八百七十四秒六

乾元卦位六小餘二百五十七秒母六十儀天卦率六小餘八百八十三秒二十

土王策十二小餘一千七百四十八秒一十二

乾元策三小餘一百二十八半秒母一百一十儀天土王率三小餘四百四十秒五秒母同上

辰數八百三十三半

乾元辰法二百四十五辰率千五百二十

刻法一百

乾元一百四十七儀天刻三百

求七十二候各因諸氣大小餘秒命之卽初候日也各以候策加之得次候日又加之得末候日（二曆同法）

求六十四卦各置諸中氣大小餘秒命之卽公卦用事日以卦策加之得次卦用事日又加之得終卦用事日十有二節之初皆諸候外卦用事日（二曆同法）

求五行用事各因四立大小餘秒命之卽春木夏火秋金冬水首用事日以土王策加四季之節大小餘秒命從甲子算外卽其月土王用事日

乾元以土王策減四季中氣大小餘儀天以土王率加四季大小餘

求二十四氣加時辰刻（乾元謂之長刻儀天謂之求時刻）各置小餘以辰數除之爲時數不滿百收爲刻分命起子正算外卽所在

乾元時數同其不盡以五因之以刻法除爲刻分儀天以三因小餘以辰率除之爲時數不盡者滿刻率除爲刻餘爲分

常氣（月中節 四正卦）	初候	中候	末候
冬至（十一月中 坎初六）	蚯蚓結	麋角解	水泉動
小寒（十二月節 坎九二）	鴈北鄉	鵲始巢	雉始雊
大寒（十二月中 坎六三）	雞始乳	鷙鳥厲疾	水澤腹堅
立春（正月節 坎六四）	東風解凍	蟄蟲始振	魚上冰
雨水（正月中 坎九五）	獺祭魚	鴻鴈來	草木萌動
驚蟄（二月節 坎上六）	桃始華	倉庚鳴	鷹化爲鳩
春分（二月中 震初九）	元鳥至	雷乃發聲	始電
清明（三月節 震六二）	桐始華	田鼠化鴽	虹始見
穀雨（三月中 震六三）	萍始生	鳴鳩拂羽	戴勝降桑
立夏（四月節 震九四）	螻蟈鳴	蚯蚓出	王瓜生
小滿（四月中 震六五）	苦菜秀	靡草死	小暑至
芒種（五月節 震上六）	螳螂生	鵙始鳴	反舌無聲
夏至（五月中 離初九）	鹿角解	蜩始鳴	半夏生
小暑（六月節 離六二）	溫風至	蟋蟀居壁	鷹乃學習
大暑（六月中 離九三）	腐草爲螢	土潤溽暑	大雨時行
立秋（七月節 離九四）	涼風至	白露降	寒蟬鳴
處暑（七月中 離六五）	鷹乃祭鳥	天地始肅	禾乃登
白露（八月節 離上九）	鴻鴈來	元鳥歸	羣鳥養羞
秋分（八月中 兌初九）	雷乃收聲	蟄蟲坯戶	水始涸
寒露（九月節 兌九二）	鴻鴈來賓	雀入水爲蛤	菊有黃華
霜降（九月中 兌六三）	豺乃祭獸	草木黃落	蟄蟲咸俯

立冬十月節兌九四　水始冰　地始凍　雉入大水爲蜃

小雪十月中兌九三　虹藏不見　天氣上騰地氣下降　閉塞成冬

大雪十一月節兌上六　鶡鳥不鳴　虎始交　荔挺出

常氣	始卦	中卦	末卦
冬至	公中孚	辟復	侯屯內
小寒	侯屯外	大夫謙	卿睽
大寒	公升	辟臨	侯小過內
立春	侯小過外	大夫蒙	卿益
雨水	公漸	辟泰	侯需內
驚蟄	侯需外	大夫隨	卿晉
春分	公解	辟大壯	侯豫內
清明	侯豫外	大夫訟	卿蠱
穀雨	公革	辟夬	侯旅內
立夏	侯旅外	大夫師	卿比
小滿	公小畜	辟乾	侯大有內
芒種	侯大有外	大夫家人	卿井
夏至	公咸	辟姤	侯鼎內
小暑	侯鼎外	大夫豐	卿渙
大暑	公履	辟遯	侯恆內
立秋	侯恆外	大夫節	卿同人
處暑	公損	辟否	侯巽內
白露	侯巽外	大夫萃	卿大畜
秋分	公賁	辟觀	侯歸妹內
寒露	侯歸妹外	大夫无妄	卿明夷
霜降	公困	辟剝	侯艮內
立冬	侯艮外	大夫既濟	卿噬嗑
小雪	公大過	辟坤	侯未濟內
大雪	侯未濟外	大夫蹇	卿頤二曆同

求日躔

天總七十三萬六百五十八秒六十四

乾元軌率二十一萬四千七十七秒七千五百一十小分七十儀天乾元數三百六十八萬九千八十八秒九十九

天度三百六十五小餘二千五百六十三微八十八

乾元周天三百六十五度小餘二千五百六十三儀天乾則三百六十五度小餘二千五百八十八秒九十九應天諸法皆在天總數中乾元儀天各立其法乾元周天策一百七萬三千八百五十三秒七千五百五十三半會周一萬七千三百六十四會餘二十一萬四千七百六十四天中一百八十二六千二百八十一半儀天歲差一百一十八秒九十九一象度九十一餘三千一百四十二秒五十盈初縮末限分八十九萬七千六百九十九秒五十限日八十八餘八千八百九十九秒五十縮初盈末限分九十四萬六千七百八十五秒十五限日九十三餘七千四百八十五秒五十盈縮積二萬四千五百四十三進退率一千八百三十六秒母一百

常氣	盈縮準	常數
冬至	十四五千四十五秒十五	十五二千一百八十五秒十五
小寒	一十九一千二百八十六	三十四千三百七十一
大寒	四十三八千七百五秒二十一	四十五六千五百五十六秒二十一
立春	五十八七千三百二十半	六十八千七百四十二半
雨水	七十三七千三百六十三	七十六九百二十六
驚蟄	八十八八千太八百三十四	九十一三千一百一十一太
春分	一百四一千三百三十三九	一百六五千二百九十七秒九
清明	一百十九六千六十一空	一百二十一七千四百八十三空
穀雨	一百三十五一千八百一十五十五	一百三十六六千六百六十八秒十五
立夏	一百五十八千七百六十五六	一百五十二一千八百五十二秒六
小滿	一百六十六六千八百九十七二十一	一百六十七四千二十一秒二十
芒種	一百八十二六千二百二十三半	一百八十二六千二百二十三半
夏至	一百九十八五千五百四十九三	一百九十七八千四百九秒三
小暑	二百十四三千六百八十三十八	二百十三五百九十二太
大暑	二百三十六百二十九九	二百二十八二千七百七十八秒九
立秋	二百四十五六千三百八十六空	二百四十三四千九百六十四空
處暑	二百六十一七百一十二十五	二百五十八七千二百四十九秒十五
白露	二百七十六三千六百一十二六	二百五十八七千一百四十九秒十五
秋分	二百九十一五千八十三二十一	二百八十九七千五百十八秒五十一
寒露	三百六五千一百二十六十二	二百四三千七百四半
霜降	二百二十一三千四百四十一三	三百一十九五千八百九十秒三
立冬	三百三十六一千六百六十四一十六	三百三十四八千七十五太
小雪	三百五十七千四百十九	三百五十三百九十九秒十五
大雪	三百六十五二十四百四十五	三百六十五二千四百四十五

常氣	定日	損益準	先後積
冬至	十四五千四十五秒十五	損六十四	後二十
小寒	十四六千二百三十六秒十五	損六十九	先五百二十九
大寒	十四七千四百二十五秒十五	損七十六	先九百七十五
立春	十四八千六百一十六秒十五	損八十二	先一千三百三十五
雨水	十五四十二秒十五	損八十九	先一千六百六
驚蟄	十五一千四百七十秒十五	損九十七	先一千七百七十一
春分	十五二千八百九十九秒十五	益九十七	先一千八百一十九

清明	十五四千三百二十八秒十五	益八十九	先一千七百八十
穀雨	十五五千七百五十七秒十五	益八十三	先一千六百五
立夏	十五六千九百四十七秒十五	益七十八	先一千三百五十
小滿	十五八千一百三十六秒十五	益七十二	先九百九十五
芒種	十五九千三百七十二秒十五	益六十六	先五百四十一
夏至	十五九千三百二十七秒十五	損六十五	先五
小暑	十五八千一百三十六秒十五	損七十二	後五百四十九
大暑	十五八千一百三十六秒十五	損七十七	後九百八十五
立秋	十五五千七百五十六秒十五	損八十三	後一千三百四十六
處暑	十五四千三百二十八秒十五	損八十九	後一千六百一十一
白露	十五四千三百二十八秒十五	損九十七	後一千七百八十
秋分	十五	益九十七	後一千八百二十一
寒露	十五四十二秒十五	益八十九	後一千七百八十六
霜降	十四八千六百一十六秒三	益八十二	後一千六百二十一
立冬	十四七千四百二十五秒十五	益七十五	後一千三百五十七
小雪	十四六千二百三十六秒十五	益七十	後九百八十八
大雪	十四五千四十五秒十五	益六十四	後五百五十

乾元二十四氣日躔陰陽度

	陰陽分	陰陽度
冬至	陽分二千二百七十六	陽度空
小寒	陽分一千七百八十四	陽初度二千二百七十六
大寒	陽分一千三百四十四	陽一度一千一百二十
立春	陽分九百五十六	陽一度二千四百六十四
雨水	陽分五百八十一	陽二度四百八十
驚蟄	陽分二百九十三	陽二度一千六十一
春分	陽分一百九十四	陽二度一千二百五十五
清明	陽分五百八十一	陽二度一千六十一
穀雨	陽分九百五十六	陽二度四百八十
立夏	陽分一千三百四十四	陽一度二千四百六十四
小滿	陽分一千七百八十四	陽一度一千一百二十
芒種	陽分二千一百七十六	陽初度二千二百七十六
夏至	陰分二千二百七十六	陰度空
小暑	陰分一千七百八十四	陰度二千二百七十六
大暑	陰分一千三百四十四	陰一度一千一百二十
立秋	陰分九百五十六	陰一度二千四百六十四
處暑	陰分五百八十	陰二度四百八十
白露	陰分一百九十四	陰二度一千六十一
秋分	陰分一百九十四	陰二度一千二百五十五
寒露	陰分五百八十一	陰二度一千六十一
霜降	陰分九百五十六	陰二度四百八十
立冬	陰分三千三百四十四	陰一度二千四百六十四
小雪	陰分一千七百八十四	陰一度一千一百二十
大雪	陰分二千二百七十六	陰初度二千二百七十

	損益率	陰陽差
冬至	益一百七十	陽差空
小寒	益一百三十三	陽差一百七十
大寒	益一百一	陽差三百三
立春	益七十一	陽差四百四
雨水	益四十三	陽差四百七十五
驚蟄	益十四	陽差五百一十八
春分	損十四	陽差五百三十二
清明	損四十三	陽差五百一十八
穀雨	損七十一	陽差四百七十五
立夏	損一百一	陽差四百四
小滿	損一百三十三	陽差三百三
芒種	損二百七十	陽差一百七十
夏至	益一百七十	陰差空
小暑	益一百三十三	陰差一百七十
大暑	益一百一	陰差三百三
立秋	益七十一	陰差四百四
處暑	益四十三	陰差四百七十五
白露	益十四	陰差五百一十八
秋分	損十四	陰差五百三十一
寒露	損四十三	陰差五百一十八
霜降	損七十一	陰差四百七十五
立冬	損百一	陰差四百四
小雪	損一百三十三	陰差三百三
大雪	損一百七十	陰差一百七十

應天乾元二曆以常氣求其陰陽差故有二十四氣立成儀天以盈縮定分四限直求二十四氣陰陽差乃更不制二十四氣差法

求日躔損益盈縮度乾元謂之求每日陰陽差儀天謂之求入盈縮分先後定數

各置定日及分以冬至常數相減百收通爲分自雨水後十六爲法自霜降後十五爲法除分爲氣中率二相減爲合差半之加減率爲初末率後多者減爲初加爲末後少者加爲初減爲末又法以除合差爲日差後少者日損初率後多者日益初率爲每日日躔損益率累積其數爲盈縮度分

乾元各置氣數以一百二十乘之以一千八百三十六除之所得爲平行率相減爲合差初末並如應天儀天以宗法乘盈縮積以其限分除之爲限率分倍之爲末限平率日分乘之亦以限分除之

爲日差半之加減初末限平率在初者減初加末在末者減末加初爲末定率乃以日差累加減限初定率初限以減末限以加爲每日盈縮定分各隨其限盈加縮減其下先後數爲每日先後定數冬至後積盈爲先在縮減之夏至後積縮爲後在盈減之其進退率昇平積準此求之即各得其限每日進退率昇積也

求日躔先後定數（乾元謂之求入氣朓朒儀天謂之求入氣陰陽差）各以朔弦望入氣日及減本氣定日及分秒通之下以損益率展以元法爲分損減益加其氣下先後積爲定數

乾元以其月氣節減經朔大小餘即得入氣日及分又以弦策累加天正朔日入氣大小餘滿氣策去之即得弦望經朔入氣日及分以其日損益率乘入氣日餘分所得用損益其日陰陽差爲定數儀天法見上又儀天有求四正節定日去冬夏二至盈縮之中先後皆空以常爲定其春秋二分盈縮之極以一百乘盈縮積滿宗法爲日先減後加去命如前各得定日若求朔弦望盈縮限日以天正閏日及餘減縮末限日及分餘爲天正十一月經朔加時入限日及餘以弦策累加之即得弦望及後朔初末限日各置入限日及餘以其日進退率乘之如宗法而所得以進退其日下昇平即各爲定

赤道宿度

斗二十六　牛八　女十二　虛十（及分）

危十七　室十六　壁九（二曆同）

北方七宿九十八度虛分二千五百六十三秒一十九（乾元七千五百二十五秒二十五儀天二千五百八十八秒九十九）

奎十六　婁十二　胃十四　昴十一

畢十七　觜一　參十

西方七宿八十一度（二曆同）

井三十三　鬼三　柳十五　星七

張十八　翼十八　軫十七

南方七宿一百一十一度（二曆同）

角十二　亢九　氐十五　房五

心五　尾十八　箕十一

東方七宿七十五度（二曆同）

（又儀天云前皆赤道度自古以來累依天儀測定用爲常準赤道者天中紘帶儀極攸憑以格黃道也）

求赤道變黃道度（乾元謂之求黃道度儀天謂之推黃道度）準二至赤道日躔宿次前後五度爲限初限十二每限減半終九限減盡距二立之宿減一度少強又從盡起限每限增半九限終於十二距二分之宿皆乘限度身外除一餘滿百爲度分命曰黃赤道差二至前後各九限以差爲減二分前後各九限以差爲加各加減赤道度爲黃道度有餘分就近收爲太半少之數

乾元初率九每限減一末率一儀天初數一百七每限減一十末率二十七其餘限數加減並同應天

黃道宿度

斗二十三度半　牛七度半（二曆同）

女十一度太（二曆並十一度半）

虛十度小強（二千五百六十三秒十九乾元無分儀天六十三分九十九秒）

危十七度少（乾元同儀天十七度太）　室十六度太

壁十度（乾元九度太儀天同）

北方七宿九十七度二千五百六十三秒十九（乾元九十六度半儀天九十七度半六十三秒九十九）

奎十七度半（二曆同）　婁一十二度太（乾元十三度儀天同）

胃十四度少（二曆並十四度太）　昴十一度（二曆同）

畢十六度半（乾元同儀天十六度少）　觜一度

參九度少（二曆並同）

西方七宿八十二度少（乾元八十三度儀天八十二度半）

井三十度　鬼二度太（二曆並同）

柳十四度半（乾元儀天十四度少）　星七度（乾元儀天並六度太）

張十八度少（乾元同儀天十八度太）　翼十九度少（乾元十九度儀天同）

軫十八度太（二曆同）

南方七宿一百一十度半（乾元一百九度太儀天同）

角十三度　亢九度半（二曆並同）

氐十二度少（乾元儀天並十五度半）　房五度（二曆同）

心五度（乾元同儀天四度太）　尾十七度少（乾元同儀天十七度）

箕十度（乾元十度太儀天十度）

東方七宿七十五度少（乾元七十六度儀天七十四度太）

求赤道日度（儀天謂之推日度）以天總除元積爲總數不盡半而進位又以一百收總數從之以元法收爲度不滿爲分秒命起赤道虛宿四度分

乾元以軌率去歲積分餘以五因之滿軌率收爲度不滿退除爲分餘同儀天以乾數去歲積分宗法收爲度命起虛宿二度餘同應天又以一象度及餘秒累加之滿赤道宿度即去之各得四正即初日加時赤道日度也

求黃道日度置冬至赤道日躔宿度以所入限數乘

之所得身外除一滿百爲度不滿爲分用減赤道日度爲冬至加時黃道日度及分

乾元儀天亦如其法乾元卽以八十四儀天以一百一除爲度餘同應天

求朔望常日月（乾元謂之收黃道平朔日度）置朔望日躔先後定數進一位倍之身外除之以元法收爲度分先加後減朔望中日月爲朔望中常日月度分用加冬至黃道之宿命如前卽得朔望常日月所在

乾元置會周一萬七千三百六十以距十一月後來月數乘之所得減去朔餘加會餘而半之以二百九十四收爲度不盡退除爲分儀天法在後乾元又有求黃道加時朔日度置平朔日以日躔陽加陰減之又以冬至黃道日度加而命之卽其朔加時黃道日度及分也若求望日度者以半朔策加之卽得望日度及分也用陽度卽依本術

每日加時黃道日度（乾元謂之每日行分）以定朔望日所在相減餘以距後日數除之爲平行分二行分相減爲合差半之加減平行分爲初行分（後平行多減爲初後平行少加爲初）以距後日數除合差爲日差後少者損後多者益爲每日行分累加朔望日卽得所求

乾元同儀天不立此法又儀天有求次正定日加時黃道日度置歲差以限數乘之退一位滿一百一爲差秒及小分再析之乃以加一象度所得累加冬至黃道日滿黃道宿次去之各得四正卽加時黃道日度也若求四正定日夜半黃道日度置其定日小餘副之以其日盈縮分乘之滿宗法而一盈加縮減其副乃以減其日加時卽爲夜半黃道日度又有求每日夜半日度因四正初日夜半度累加一策以其日盈縮分盈加縮減滿黃道宿次去之卽得每日夜半日度又有求定朔弦望加時日度置定朔望小餘副之以其日盈縮分乘之以宗法收之爲分盈加縮減其副以加其日夜半度各得其時加日躔所次如朔望有進退者此術不用

步月離入先後曆（乾元謂之月離儀天謂之步月離）

離總五萬五千一百二十秒一千二百四十二

乾元轉分一萬六千二百秒一千二百四儀天曆終分二十七萬八千三百一秒一百六十五

轉日二十七五千五百四十六秒六千二百一十

乾元轉曆二十七一千六百三十秒六千二十儀天曆周二十七五千六百一秒一百六十五

曆中日一十三七千七百七十四秒三千一百五

乾元不立此法儀天曆中十三日七千八百五十秒五千八十二半儀天有象限六日八千九百七十五秒二千五百四十一少

朔差日一九千七百六十二秒三千七百九十

乾元轉差一三千八百六十九秒三千九百八十

儀天會差日一九千八百五十七秒九千八百三十五

儀天又有象差日空四千九百八十秒四千九百五十八太望一百八十二度六千三百四十四秒四千九百五十

度母一萬一百

秒法一萬（二曆同）

求天正十一月朔入先後曆

乾元謂之求月離入曆求弦望入曆儀天謂之推天正經朔入曆

以通餘減元積餘以離總去之爲總數不盡者半而進位以元法收爲日不滿爲分如曆中日以下爲入先曆以上者去之爲入後曆命日算外卽得天正十一月朔入先後曆日分累加七日三千八百二十七分秒六盈曆中日及分秒去之各得次朔望入先後曆日分

乾元以朔餘減歲積分以轉分去之餘以五因之滿元率收之爲度以弦策加之卽弦望所入以轉差加之得後朔曆累加之卽得弦望入曆及分儀天以閏餘減歲積分餘以曆終分去之不滿以宗法除之爲日在象限以下爲初限以上去之餘爲末限各爲入遲疾曆初末限

先後（乾元謂之入轉）	離分（乾元謂之離度）
先一日一千二百一十	乾元十二度六分
先二日一千二百二十七	乾元十二度二十二
先三日一千二百四十五	乾元十二度三十九
先四日一千二百六十二	乾元十二度五十六
先五日一千二百八十一	乾元十二度七十七
先六日一千三百一	乾元十二度九十六
先七日一千三百二十一	乾元十二度十七
先八日一千三百四十五	乾元十三度四十
先九日一千三百六十九	乾元十三度六十六
先十日一千三百九十	乾元十三度八十一
先十一日一千四百一十五	乾元十四度三

先十二日一千四百三十五 乾元十四度二十
先十三日一千四百五十六 乾元十四度三十五
先十四日一千四百七十 乾元十四度五十九
後一日乾元十五日一千四百七十 乾元十四度六十四
後二日乾元十六日一千四百五十三 乾元十四度四十五
後三日乾元十七日一千一百三十二 乾元十四度三十
後四日乾元十八日一千四百六 乾元十四度一十
後五日乾元十九日一千三百八十 乾元十三度九十一
後六日乾元二十日一千三百五十八 乾元十三度七十四
後七日乾元二十一日一千三百三十七 乾元十三度五十一
後八日乾元二十二日一千三百二十五 乾元十三度二十八
後九日乾元二十三日一千二百九十四 乾元十三度七
後十日乾元二十四日一千二百七十四 乾元十二度八十九
後十一日乾元二十五日一千二百五十六 乾元十二度十七
後十二日乾元二十六日一千二百四十 乾元十二度五十二
後十三日乾元二十七日一千二百二十五 乾元十二度三十五
後十四日乾元二十八日一千二百一十 乾元十二度一十七
積度 乾元謂之離差
初度 乾元三百五十五
十二度一十 乾元三百六十一
二十四度三十七 乾元三百六十四
二十六度八十二 乾元三百六十九
四十九度四十四 乾元三百七十五
六十二度二十五 乾元三百八十一
七十五度二十六 乾元三百八十七
八十八度四十七 乾元三百九十四
一百一度九十二 乾元四百一

一百一十五度六十一 乾元四百十七
一百一十九度五十 乾元四百一十二
一百四十三度六十六 乾元四百一十七
一百五十八度一 乾元四百一十七
一百七十二度 乾元四百二十七
一百八十七度二十七 乾元四百三十
二百一度九十七 乾元四百二十五
二百十六度五十 乾元四百二十
二百三十度八十二 乾元四百一十五
二百四十四度八十八 乾元四百一十
二百五十八度六十八 乾元四百四
二百七十二度二十六 乾元三百九十七
二百八十五度六十三 乾元三百九十
二百九十八度七十八 乾元三百八十四
三百一十一度七十二 乾元三百七十八
三百二十四度四十六 乾元三百七十二
三百二十七度二 乾元三百六十七
三百四十九度四十二 乾元三百六十三
三百六十一度六十五 乾元三百五十八
損益率 乾元同
損十二 乾元益二百八十七
損一百三十六 乾元益二百五十
損二百八十八 乾元益二百一十三
損四百三十九 乾元益一百七十三
損五百九十九 乾元益一百三十四
損七百六十 乾元益九十三
初損九百三十七 末益九百九十二 乾元初益四十六 末損六

益九百 乾元損六十二
益七百三十三 乾元損一百二
益五百六十五 乾元損一百四十一
益三百九十四 乾元損一百九十三
益二百三十五 乾元損百二十一
益一百一十 乾元損一百五十六
初益三百三十一 末損七百八十一 乾元初損二百二十五 末益六十三
損十二 乾元益一百八十
損一百三十六 乾元益二百四十二
損二百八十八 乾元益二百五
損四百四十八 乾元益一百六十五
損六百八 乾元益一百四十六
損七百六十八 乾元益八十四
初損九百三十七 末益九百九十二 乾元初益三十五 末損十七
益九百 乾元損七十一
益七百三十二 乾元損一百一十二
益五百六十四 乾元損一百五十
益四百四 乾元損一百九十一
益二百五十二 乾元損二百二十九
益一百二十 乾元損二百六十六
初益二百三十一 末損七百八十一 乾元損一百六十一
先後積 乾元謂之陰陽差
後空 乾元陽差空
先九百八十八 乾元陽差二百八十七
先一千八百五十二 乾元陽差五百三十七
先二千五百七十四 乾元陽差七百五十
先三千一百三十五 乾元陽差九百二十三

先三千一百二十六乾元陽差一千五十七
先三千七百七十六乾元陽差一千一百五十
先三千八百三十一乾元陽差一千一百九十
先三千七百三十二乾元陽差二千一百二十八
先三千四百六十五乾元陽差一千二十六
先三千三百乾元陽差八百八十五
先二千四百二十四乾元陽差七十二
先一千六百五十九乾元陽差四百八十一
先七百六十九乾元陽差二百二十五
初先空末後空乾元陰差六十三
後九百八十八乾元陰差二百四十三
後一千八百五十二乾元陰差五百八十五
後二千五百六十四乾元陰差七百五十
後三千一百一十六乾元陰差九百九十五
後三千五百八乾元陰差一千八十一
後三千七百四十乾元陰差一千一百六十五
後三千七百九十五乾元陰差一千一百八十三
後三千六百九十七乾元陰差一千一百一十二
後三千四百二十九乾元陰差一千
後二千九百九十二乾元陰差八百四十三
後二千三百九十七乾元陰差六百五十七
後一千六百四十九乾元陰差四百二十八
後七百六十九乾元陰差一百六十一
七日初數八千八百八十八乾元初二千六百一十二末數一千一百一十四末三百二十八
十四日初數七千七百七十四乾元初二千百八十五末數二千二百二十八
末六百五十五乾元又有二十一日初一千九百五十八末九百八十二二十八日初一千六百三十二末一千三百九

又儀天法

遲疾限日　曆衰　曆定分　曆定度
疾初初日　疾十五　一千二百一十五　十二度三分
一日　疾十九　一千二百三十　十二度十八分
二日　疾二十二　一千二百四十九　十二度三十七
三日　疾二十二　一千二百七十一　十二度五十九
四日　疾二十一　一千二百九十三　十二度八十一
五日　疾二十五　一千三百一十五　十二度二分
六日　疾二十四　一千三百三十八　十二度七十二
疾末初日　疾二十三　一千三百六十二　十三度四十九
一日　疾二十二　一千三百八十三　十三度七十二
二日　疾二十二　一千四百七十五　十三度九十四
三日　疾二十二　一千四百二十九　十四度一十五
四日　疾十九　一千四百五十一　十四度三十七
五日　疾十五　一千四百七十　十四度五十六
六日　疾空　一千四百八十五　十四度七十一
遲初初日　遲十五　一千四百八十五　十四度七十一
一日　遲十九　一千四百七十　十四度五十六
二日　遲二十二　一千四百五十一　十四度三十七
三日　遲二十二　一千四百二十九　十四度十五
四日　遲二十二　一千四百七　十三度九十四
五日　遲二十三　一千三百八十五　十三度七十二
六日　遲二十三　一千三百六十二　十三度四十九
遲末初日　遲二十　一千三百三十八　十三度二十七
一日　遲二十二　一千三百一十五　十三度二
二日　遲二十二　一千二百九十三　十二度八十一
三日　遲二十二　一千二百七十一　十二度一十
四日　遲十九　一千二百四十九　十二度三十七
五日　遲十五　一千二百三十　十二度一十八
六日　遲空　一千二百一十五　十二度三

遲疾限日　曆積度　損益率　昇平積
疾初初日　初度　益一千八十六　昇初
一日　十二度三分　益九百一十六　昇一千八十六
二日　二十四度二十二　益七百四十六　昇二千二
三日　三十六度五十八　益五百七十六　昇二千七百四十八
四日　四十九度一十六　益四百六　昇三千三百二十四
五日　六十一度九十七　益二百三十六　昇三千七百三十
六日　七十四度九十九　益六十五　昇三千九百六十六
疾末初日　八十八度二十二　損八十六　昇四千三十一
一日　一百一度七十二　損三百五十六　昇三千九百四十六
二日　一百一十五度四十三　損四百六　昇二千七百一十七
三日　一百二十九度五十六　損五百七十六　昇三千三百四十三
四日　一百四十三度五十一　損七百四十六　昇二千七百二十八
五日　一百五十七度八十八　損七百二十六　昇一千九百八十二
六日　一百七十二度四十三　損一千二百　昇一千六十六
遲初初日　一百八十七度一十三　益一千八十六　平初
一日　二百一度八十四　益九百一十六　平一千八十六
二日　二百一十六度三十九　益七百四十六　平二千二
三日　二百三十度七十六　益五百七十六　平二千七百四十八
四日　二百四十四度九十一　益四百六　平三千三百一十四
五日　二百五十八度八十四　益二百三十六　平三千七百三十七

六日	二百七十二度五十五	益七十五	平三千九百六十四
初日末	二百八十六度二	損八十六	平[illegible]
一日	二百九十九度二十八	損二百三十六	平三千九百四十六
二日	三百一十二度三十	損四百六	平三千七百一十
三日	三百二十五度一十	損五百七十六	平三千三百四
四日	三百三十七度六十九	損七百四十六	平二千七百二十八
五日	三百五度五	損九百一十六	平一千九百八十二
六日	三百六十二度二十二	損一千二	平一千六十六

月離先後度數乾元謂之月離陰陽差儀天謂之朓朒弦望升平定數 以月朔弦望入曆先後分通減元法餘進位下以其日損益率展之以元法收爲分所得損益次日下先後積爲定數其七日十四日如初數以下者返減之以上者去之餘返減末數皆進位下以損益率展之各滿末數爲分損益次日下先後積爲定數

乾元置入曆分以其日損益率乘之元率收爲分損益其下陰陽差爲定數四七術如初數已下者以初率乘之如初數而一以損益陰陽差爲定數若初數以上者以初數減之餘乘末率末數除之用減初率餘加陰陽差各爲定數

朔弦望定日以日躔月離先後定數先加後減朔弦望中日爲定日二曆法同

推定朔弦望日辰七直以天正所盈之日加定積朔視弦望中日如入大小雪氣卽加去年天正所盈之日分若入冬至氣者卽加今年天正所盈之日分日滿七十六去之不滿者命從金星甲子算外卽得定朔弦望日辰星直也視朔下名與後朔同者大不同者小其月無中氣者爲閏又視朔所入辰分皆與二分相減餘二收用減八分之六其朔定小餘如此以上者進一日朔或有交正見者其朔不進定望小餘在日出分以下者退一日若有虧初在辰分以下亦如之二曆法同

儀天又有求朔弦望加時月度置弦望加時日度其合朔加時月與太陽同度其日度便爲月離所次餘加弦望象度及餘秒滿黃道宿次去之卽定朔弦望加時日度也

九道宿度乾元儀天皆謂之月行九道 凡合朔所交冬在陰曆夏在陽曆月行青道冬至夏至後青道半交在春分之宿出黃道東立冬立夏後青道半交在立春之宿出黃道東南至所衝之宿亦如之 冬在陽曆夏在陰曆月行白道冬至夏至後白道半交在秋分之宿出黃道西立冬立夏後白道半交在立秋之宿出黃道西北至所衝之宿亦如之 春在陽曆秋在陰曆月行朱道春分秋分後朱道半交在夏至之宿出黃道南立春立秋後朱道半交在立夏之宿出黃道西南至所衝之宿亦如之 春在陰曆秋在陽曆月行黑道春分秋分後黑道半交在冬至之宿出黃道北立春立秋後黑道半交在立冬之宿出黃道東北至所衝之宿亦如之 四序月離爲八節九道斜正不同所入七十二候皆與黃道相會各距交初黃道宿度每五度爲限初限十二每限減半終九限又減盡距二立之宿減一度少強卻從減盡起每限減半九限終十二而至半交乃去黃道六度又自十二每限減半終九限又減一度少強更從減盡起每限增半九限終十二復與日軌相會交初交中半交各以限數遇半倍使乘限度爲汎差其交中前後各九限以距二至之宿前後候數乘之半交前後各九限各至二分之宿前後候數乘之皆滿百而一爲黃道差在冬至之宿後交初前後各九限爲減交中前後各九限爲加夏至之宿後交初前後各九限爲減交中前後各九限爲加大凡月交後爲出黃道外交中後爲入黃道內半交前後各九限在春分之宿後出黃道外秋分之宿後入黃道內皆以差爲加在春分之宿後入黃道內秋分之宿後出黃道外皆以差爲減倍汎差退一位遇減身外除三遇加身外除一又以黃道差減爲赤道差交初交中前後各九限以差加半交前後各九限皆以差減以黃赤道差減黃道宿度爲九道宿度有餘分就近收爲太半少之數

乾元初數九每限減一終於一限數並同卽八十四除之儀天初數一百一十七每限減一十終於二十七以一百一除二曆皆不身外爲法初中正交春秋二分冬夏二至前後各九限加減並同應天又儀天卽除法是九十乘黃道汎差一百一收爲度乃得月與黃赤道定差以上入交定月出入各六度相較之差黃道隨其日行所向斜正各異餘皆同應天儀天有求定朔望加時入遲疾曆初末限置經朔望入遲疾初末限日及餘秒如求定朔弦望法入之卽各得所求又求初中正交入曆日月行入陰陽曆日及餘秒如近前交者卽加近後交者卽返減交中日餘乃如之各得初中正交入遲疾曆初末限日及餘秒也其加減滿或不足卽進退象限及餘秒各得所求又求朔望加時及置其朔望加時入遲疾曆初末限日及餘秒視其初中正交入遲疾限日入曆積度各置小餘以其日曆定分乘之宗法收之爲分一百一除之爲度以加其日下曆積度各得所求又乾元儀天有求正交黃道月度乾元元率通定交度及分以一百二十七乘之滿九十五而一進一等復收爲入交

度用減其朔加時日度即朔前月離正交黃道宿度儀天置朔望及正交曆積度以少減多餘爲月行去交度及分乃視其朔望在交前者加交後者減朔望加時黃道月度爲初中正交黃道月度也

九道交初月度（乾元謂之月離入交九道正交月度九道朔度儀天謂之求月離正交九道宿度）置月離交初黃道宿度各以所入限數乘之（半退位度）如百而一爲汎差用求黃赤二道差依前法加減之即月離交初九道宿度

乾元以日躔陰陽差陽加陰減爲朔望常分又以所入限率乘正交黃道宿度相從之以求黃赤二道差如前加減爲月離正交九道宿度以入交定度加而命之即朔月離宿度儀天置正交月離黃道以距度下月九道差宗法乘之以距度所入限數乘度餘從之爲總差半而退位一百一收之又計冬夏二至以求度數乘滿九十而一爲度差依前法加減爲正交月離九道

求九道朔月度百約月離先後定數後加先減四十二用減中盈而從朔日迺加交初九道宿次即得所求

乾元置九道正交之度及分以入交定度加之命以九道宿次即其朔加時月離宿度及分也儀天法見下乾元又有定交度置月離陰陽定數以七十一乘之滿九百一除之爲分用陰減陽加常分爲度及分

求九道望月度（儀天謂之求定朔望加時日月度）以象積加朔九道月度命以其道即得所求

乾元置朔望加時日相距之度以天中度及分加之爲加時象積用加九道朔月度命以其道宿次去之即望日月度及分也自望推朔亦如之儀天求定朔望加時九道日度以其朔望去交度交前者減之交後者加之滿九道宿度去之即定朔望加時九道日度也求定朔望加時九道月度置其日加時九道日度其合朔者非正交即日在黃道月在九道各入宿度多少不同考其去極若應繩準故云月與太陽同度也如求黃道月度法盈九道宿次去之各得其日加時九道宿度自此以後皆如求黃道月度法入之依九道宿度行之各得所求也

求晨昏月（乾元謂之月離晨昏度儀天謂之求晨昏月度）置後曆七日下離分與其日離分相比較取多者乘朔望定分取少者乘晨昏分皆滿元法爲分百除爲度分仍相減之（朔望度多者爲後少者爲前）各得晨昏前後度分前加後減朔望九道月度爲晨昏月

乾元置其月離差在三百九十三以上者用乘朔望定分以下者只用三百九十三乘爲加時分元率除之進一位二百九十四收爲度又以離差乘晨昏分亦如前收之爲度與加時度相減之加時度多爲後少爲前即得晨昏前度及分加減如應天儀天以晨昏分減定朔弦望小餘爲後不足者返減之爲前以乘入曆定分宗法除之一百一約之爲度乃以前加後減加時月度爲晨昏月度

晨昏象積（儀天謂之求晨昏程積度）置加時象積以前象前後度前減後加又以後象前後度前加後減即得所求

乾元法同儀天以所求朔弦望加時日度減後朔弦望加時日度餘加弦望度及餘爲加時程積以所求前後分返其加減又以後朔弦望前後度分依其加減各爲晨昏程積度及餘也

求每日晨昏月（儀天謂之求每日入曆定度）累計距後象離分百除爲度分用減晨昏象積爲加不足返減以距後象日數除之爲日差用加減每日離分百除爲度分累加晨昏月命以九道宿次即得所求

乾元法同儀天從所求日累計距後曆每日曆度及分以減程積爲進不足返減之餘爲退以距後朔弦望日數均之進加退減每日曆定度及分各爲每日曆定度及分也

步晷漏

二十四氣午中晷景（乾元同）	去極度
冬至一丈二尺七寸一分（乾元同）	一百一十五
小寒一丈二尺三寸一分（乾元一丈一尺三寸）	一百一十四
大寒一丈一尺二寸一分（乾元同）	一百一十二（乾元）
立春九尺七寸一分（乾元九尺七寸三分）	一百八
雨水八尺二寸一分（乾元同）	一百三
驚蟄六尺七寸四分（乾元六尺七寸三分）	九十七
春分五尺四寸三分（乾元同）	九十一
清明四尺三寸一分（乾元同）	八十四
穀雨三尺三寸一分（乾元三尺三寸）	七十八
立夏二尺五寸三分（乾元二尺五寸）	七十三
小滿一尺九寸六分（乾元一尺九寸三分）	七十度
芒種一尺六寸（乾元同）	六十八
夏至一尺四寸八分（乾元一尺四寸七分）	六十七
小暑一尺六寸（乾元同）	六十八

大暑一尺九寸二分乾元一尺九十五分　七十度
立秋二尺五寸三分乾元同　七十三
處暑三尺三寸一分乾元二尺三寸　七十八
白露四尺三寸一分乾元同　八十四
秋分五尺四寸三分乾元同　九十一
寒露六尺七寸四分乾元六尺七寸三分　九十七
霜降八尺二寸一分乾元同　一百三
立冬九尺七寸一分乾元九尺七寸二分　一百八
小雪一丈一尺二寸一分乾元同　一百一十二
大雪一丈二尺三寸一分乾元同　一百一十四

二十四氣黃道乾元謂之距中度
冬至二十乾元八十二二十二
小寒五十八乾元八十一五十九
大寒二十二乾元八十四八十四
立春六十七乾元八十七九十四
雨水八十一乾元九十一六十七
驚蟄九十三乾元九十六一十四
春分三十一乾元一百度二十四
清明七十七乾元一百五二十四
穀雨七十九乾元一百九五十六
立夏九十二乾元一百一十三二十九
小滿二十七乾元一百六十一十五
芒種二乾元一百一十八一十四
夏至三十九乾元一百一十八五十八
小暑二乾元一百一十八一十四
大暑二十七乾元一百一十六一十五
立秋九十二乾元一百一十三三十
處暑七十九乾元一百九五十六
白露七十七乾元一百五十六九
秋分三十一乾元一百度二十四
寒露九十一乾元九十六十六
霜降八十二乾元九十一六十九
立冬六十七乾元八十七九十五
小雪三十二乾元八十四八十四
大雪五十八乾元八十一五十九

二十四氣晨分乾元同
冬至二千七百四十八乾元八百八
小寒二千七百三十五乾元八百二
大寒二千六百八十八乾元七百八十六
立春二千六百一十二乾元七百六十二
雨水二千五百八乾元七百三十二
驚蟄二千三百八十八乾元六百九十九
春分二千三百五十乾元六百六十一
清明二千二百一十二乾元六百二十四
穀雨一千九百九十二乾元五百八十九
立夏一千八百八十八乾元五百五十八
小滿一千八百一十二乾元五百二十四
芒種一千七百六十五乾元五百十九
夏至一千七百五十二乾元五百一十五
小暑一千七百六十一乾元五百十九
大暑一千八百一十二乾元五百三十
立秋一千八百八十八乾元五百五十八
處暑一千九百九十二乾元五百八十五
白露二千一百一十二乾元六百十四
秋分二千二百五十乾元六百六十六
寒露二千三百八十八乾元六百九十九
霜降二千五百八乾元六百三十
立冬二千六百一十二乾元七百六十二
小雪二千六百八十八乾元七百八十六
大雪二千七百三十五乾元八百三儀天不置六成法

求每日晷景去極度晨分乾元謂之晷景距中度晨分儀天則立法具後各以氣數相減爲分自雨水後法十六霜降後法十五除分爲中率二率相減爲合差半之加減中率爲初末率前多者加爲初減爲末前少者減爲初加爲末又以法除合差爲日差後多者累益初率後少者累減初率爲每日損益率以其數累積之各得諸氣初數也乾元法同

求昏分以晨分減元法爲昏分乾元謂之元率儀天謂之宗法

求每日距中度乾元同儀天謂之求每日距子度以百乘晨分如二千七百三十八爲度不盡退除爲距子度用減半周天度餘爲距中星度分倍距子度分五等除爲每更度分

乾元百約晨分進一位以三千六百五十三乘如元率收爲度餘同應天儀天置晷漏母五因進一位以一千三百八十二小分五十五微分三十五除爲度不盡以一千三百六十八小分八十六退除皆爲距子度餘同應天

求每日昏明中星乾元謂之昏曉率星置其日赤道日躔宿次以距南度分加而命之卽其日昏中星以距子度分加之爲夜半中星又加之爲曉中星二曆法同

求五更中星置昏中星爲初更中星以每更度分加之得二更初中星又加之得三更初中星累加之各

得五更初中星所照二曆法同

求日出入時刻乾元謂之求晝夜出入辰刻儀天謂之求日出入晨刻及分以二百五十加晨減昏爲出入分以八百三十三半除爲時不滿百除爲刻分如前即得所求

乾元以七十三半加晨減昏爲出入分各以辰法除之爲辰數不盡以五因之滿刻法爲刻命辰數起子正算外即日出入辰刻也儀天置其日晷漏母以加昏明餘以三因滿辰法除爲辰數餘以刻法除爲刻不滿爲分辰數命子正算外即日出辰刻及分乃置日出辰刻及分以加晝刻及分滿辰法及分除爲辰數不滿爲入時之刻及分乃置其辰數命子正算外即得日入辰刻及分

晝夜分乾元謂之晝夜刻儀天謂之求每日夜半定漏求每日晝夜刻倍日出分爲夜分減元法爲晝分百約爲晝夜分

乾元置日入分以日出分減之爲晝分以減元率爲夜分以五因之以刻法除爲晝夜刻分儀天先求夜半定漏置其日晷漏母以刻法除之爲刻不滿三因爲分爲夜半定漏及分置夜半定漏刻及分倍之其分滿刻法爲刻不滿爲分即得夜刻及分以夜刻減一百刻餘者爲晝刻及分減晝五刻加夜刻爲日出沒刻之數

更籌乾元謂之更點差分倍晨分以五收爲更差又五收爲籌差乾元法同儀天不立此法

步晷漏

冬至後初夏至後次象八十八日小餘八千八百九十九半約餘八千八百一十一分

夏至後初冬至後次象九十三日小餘七千四百八十五半約餘七千四百一十二分

前限一百八十八日小餘六千二百八十五約餘六千二百二十二太

辰法八百四十一分三分之二

刻法一百一分

辰八刻三十三分三分之二

昏明二百五十二分半

冬至後上限五十九日下限一百二十三日小餘六千二百八十五約餘六千二百二十二太

中晷一丈二尺七寸一分半

冬至後上差夏至後下差二千一百三十分

昇法一十五萬六千四百二十八分

冬至後下差夏至後上差四千八百一十二分

平法一十七萬四千三分

夏至後上限同冬至後下限夏至後下限同冬至後上限

中晷一尺四寸七分小分八十四

儀天求每日陽城晷景常數置入冬夏二至後來日數及分以所入象日數下盈縮分盈減縮加之爲其日定積又以減其象小餘爲夜半定積及分以隔位除一用若夜半定積及分在二至上限以下者爲入上限之數以上者以返減前限日及約餘爲入下限日及分若冬至後上限夏至後下限以十四乘之所得以減上下限差分爲定差法以所入上下限日數再乘之所得滿一百萬爲尺不滿爲寸及分以減冬至晷影餘爲其日中景常數也若夏至後上限冬至後下限以三十五乘之以上下差分爲定法以入上下限日數再乘之退一等滿一百萬爲尺不滿尺爲寸及分用加夏至晷景即得其日中晷景常數

儀天求晷景每日損益差以其日晷景與次日晷景相減其日景長於次日晷影爲損短於次日晷景爲益

儀天求陽城中晷景定數置五千分以其日晷景定數損益差乘之所得以萬約之爲分冬至後用減夏至後用加冬至一日有減無加夏至一日有加無減

儀天求晷漏損益度入前後限數置入冬至後來日數在前限以下者爲損以上者減去前限餘爲入後限日數者爲益若算立成自冬至後一日日加滿初象即加象下約餘爲一象之數

儀天求每日晷漏損益數置入前後限損益日數及分如初象以下爲在上限以上者返減前限餘爲下限皆自相乘之其分半以下乘半以上收之以一百通日內其分迺乘之所得在冬至後初象夏至後次象以昇法除之若冬至後次象夏至後初象以平法除之皆爲分不滿退除爲小分所得置於上位又別置五百五分於下以上減下以下乘上用在昇法者以二千八百五十除之用在平法者以五千五百五十二除之皆爲分不滿退除爲小分所得以加上位爲其日損益數

儀天求每日黃道去極度及赤道內外度分若春分後置損益差以五十乘之以一千五十二除之爲度不滿以一千四十二除之爲分以加六十七度三千八百四十五若秋分後置損益差以五十乘之以一千六十除之爲度不滿以一千五十退除爲分以減

一百一十五度二千二百二十二分卽得黃道去極度置去極度分與九十一度三千八百四十五相減餘者爲赤道內外度分若黃道去極度分在九十一度三千八百四十五以下者爲內若在以上者爲外度及分

儀天求每日晷漏母各以其日損益差自春分初日以後加一千七百六十八自秋分初日以後減二千七百七十七各得其日晷漏母又曰晨分

儀天求每日昏分及距午分置日元分以其日晷漏母減之餘者爲昏分又以其日晷漏母減五千五十分餘者爲其日距午分

月離九道交會（乾元謂之交會儀天謂之步交會）

交總七十一萬七千八百一秒八十二

正交三百六十三度八千二百八十三秒七

半交一百八十一度九千一百四十二秒五十三半

少交九十度九千五百二十一秒二十六太

平朔一度四千六百三十二

平望空七千三百一十六

朔差二度八千八百四十一

望差二度一千五百二十五

初準一萬六千六百四十一

中準一萬八千一百九十一

末準一千五百五十

乾元交會

交率一萬六千秒七千八百九十一

交策二十七餘六百二十三秒九千四百五十五

朔準二九百三十六秒五百四十五

望準十四二千二百五十

初限三萬六千五百九十四

中限四萬二

末限三千四百八

儀天步交會

交終分二十七萬四千八百四十三秒二千二百七十九

交終日二十七餘二千一百四十三秒二千二百七十九

交中日一十三餘六千一百二十一秒六千一百二十一

交朔日二餘三千二百一十五秒七千七百二十一

交望日一十四餘七千七百二十九秒五千

前限日一十二餘四千五百一十三秒七千二百七十九

後限日一餘一千六百七秒八千八百六十半

交差四十五

交數五百七十二

秒母一萬

陰限七千二百八十六

交日空小餘六千一百四十六秒三百七十三

陽限三千一百七十四

月食既限二千五百八十二

月食分法九百一十二半

中盈度（乾元謂之求平交朔日儀天謂之求天正朔入交）以通餘減元積七十五展之以四百六十七除爲分滿交總去之爲總數不盡半而進位倍總數百收爲分用減之餘以元法收爲度不滿爲分命曰中盈度及分

乾元置朔分以交率去之餘以五因之滿元率收爲日卽得平交朔日及分次朔望以朔望準加之卽得所求儀天置天正朔積分以交終分去之滿宗法爲日卽得所求

求次朔望中盈（儀天謂之求次朔入交）各置天正經朔中盈度分視十一月望十二月朔望中日如二十九日五千三百七以下者卽加朔望差度分秒餘月卽加平朔望度分秒卽得所求

乾元法見上儀天置天正朔入交汎日餘秒如交朔及交望餘秒皆滿交終日及餘秒卽去之各得朔望入交汎日及餘秒

月離朔交初度分（乾元謂之求朔望交分儀天謂之求入交常日）置其朔中盈度分（常與其朔常日度分合之如正交以下者減半法以上者倍而加之）加減訖爲定用減天正加時黃道宿度分餘命起天正之宿初算卽得所求

乾元置平交朔望日及分以元率通之以日躔陰陽差陽加陰減爲朔望交分儀天以其日入盈朔限昇平定數昇加平減入交汎日卽爲其朔望入交常日也儀天又有求朔望入定交日至其日入遲疾限昇平定數以交差乘之如交數而一昇加平減入交常日卽爲入定交日

月入陰陽曆（乾元謂之求朔望陰陽定分儀天謂之求月行陰陽曆）以月離先後定數先加後減朔望中盈用加朔望常日月分（分卽百除度卽百通）如中準以下者爲月出黃道外以上者去之餘爲月入黃道內

乾元以一百四十二乘陰陽差一千八百二除陽

加陰減朔望交分爲度定分中限以上爲陽以下爲陰儀天視入交定日及餘秒在交中日以下爲陽以上者去之餘爲月入陰曆

求食甚定餘置朔定分如半法以下者返減半法餘爲午前分前以上者減去半法餘爲午後分以乘三百如半晝分而一爲差（午後加之午前半而減之）加減定朔分爲食定餘以差皆加午前後分爲距中分其望定分便爲食定餘

乾元以半晝刻約刻法爲時差乃視定朔小餘在半法以下爲用減半法爲午前分以上者去之爲午後分以時差乘五因之如刻法而一午前減午後加又皆加午前後分爲距日分刻法而一爲距午刻分月只以定朔小餘爲食定餘儀天置月行去交黃赤道差視月道差如黃赤道交者依其加減不如黃赤道交者返其加減定朔望小餘爲食甚餘亦返其加減去交定分其日食則又以其日晝刻其三百五十四爲時差乃視食甚餘如半法以下返減半法餘爲初率半法以上者半法去之餘爲末率滿一百一收之爲初率以減末率倍之以加食甚餘爲食定餘亦加減初末率爲距午退分置之皆如求發斂加時術入之卽日月食甚辰刻及分也

入食限置黃道內外分如初準已上末準已下爲入食限望入食限則月食朔入食限則日食月在黃道內則日食在外則不食望則無問內外皆食末準已下爲交後分初準以上者返減中準爲交前分

乾元置陰陽定分在初限以上末限以下爲入食限餘同應天儀天置朔望入交月行陰陽曆日及餘秒如前限以上後限以下者爲入食限望入食限則月食朔入食限月入陰曆則日食如後限以下爲交後限以上以減交中日及餘秒爲交前限各得所求

入盈縮曆（乾元儀天不立此法）置朔定積如一百八十二日六千二百二十三以下爲入盈日分以上者去之餘爲入縮日分

黃道差（乾元謂之求朔差儀天謂之求黃道食差）置其朔入曆盈縮日及分如四十五日以上一百三十七日以下皆以一千五百乘爲汎差如四十五日以下返減之餘爲初限日一百三十七日以上者減去之餘爲末限日及分以六十七乘半之用減汎差以乘距午分以元法收爲黃道定分入盈以定分午前內減外加午後內加外減入縮以定分午前內加外減午後內減外加

乾元置入氣日以距冬至之氣以十五乘之以所入氣日逼之以一百八十二日以下爲陽曆以上者去之爲入陰曆置入曆分在四十五日以下以三十七乘五除退一等爲汎差在四十五日以上一百三十七日以下只用三十三秒三十爲汎差一百三十七以上者去之餘以三十七乘五除退一位用減三十三秒三十爲汎差皆以距午分乘爲晷差儀天二至後日益差至立春立秋得一百一十三小分六十二半立夏立冬後每日損以宗法乘之冬至立冬後三氣用四十四萬二千三百八十四夏至立夏後各三氣用二十七萬九千八百五十八除爲食差以食甚距午正刻乘其日食差爲定差冬至後甚在午正東陰減陽加甚在午正西陰加陽減夏至後卽返此立冬初日後每氣益差二十秒四十四至冬至初日加六十二秒三十二自後每氣損差二十秒四十四終於大寒甚在午正西卽每刻累益其差陰曆加陽曆減

赤道差（乾元謂之求離差儀天謂之求赤道食差）置入盈縮曆日及分如九十一日以下返減之爲初限日以上者用減一百八十二日半餘爲末限日及分四因之用減三百七十四爲汎差以乘距中分如半晝分而一用減汎差爲赤道定分盈初縮末內減外加縮初盈末內加外減

乾元計春秋二分後日加入氣日以十五乘在九十以下以九十一乘退爲汎差九十一以上去之餘以九十一乘退一等以減八百一十九爲汎差二分氣內置入氣日以九十一乘退爲汎差以半晝刻而一以乘距午分用加減汎差爲離差食甚在出沒以前者不用求離差只用汎差春分後陰加陽減秋分後陰減陽加儀天二分後益差至二至積差皆二千八百二十六自後累減至二分空冬至後日損三十一小分八十夏至後日益三十小分十五又以宗法乘積差各以盈縮初末限分除之爲日差乃以末限累增初限累損各爲每日食差又以半晝刻數約其日食差以乘食甚距午正刻所得以減食差餘爲定數餘同乾元

日食差依黃赤二差同名相從異名相消爲食差（曆二同法）

距交分（乾元謂之去交分儀天謂之去交定分）置交前後分以黃赤二

差加減之爲距交分如月在內道不足減者返減入外道不食如月在外道不足減返減食差爲返減入內道卽有食

乾元置陰陽曆去交前後分以食差合加減者依其加減所得爲去交前後定分月在陰曆去交前後分不足減者卽返減食差交前減之餘者爲得陽曆交後得減之餘者爲陽曆交前定分並不入食限月在陽曆去交前後分不足減者亦返減食差交前減之餘者爲陰曆交後定分交後減之餘者爲陰曆交前定分並入食限儀天應食差同名相從異名相消餘同乾元法

日食分置距交分如四百二十以下者類同陽曆分以上者去之爲陰曆分又以食定餘減四分之三（午前倍之午後半之）皆退一等用減陰陽曆分爲食定分如不足減卽返減之餘進一位加陰曆分爲食定分陽以四十二除爲食之大分陰九百六十以下返減之如九十六而一爲食之大分命十爲限

乾元置交前後分以食差加減之爲定交分在九百二十以下爲陽以上去之爲陰在陽以九十四在陰以二百一十三除爲大分餘同應天儀天置入限去交定分減七百二十八陽限以上爲陰曆食以陽限去之餘減陰限爲陰曆食分以下者爲陽曆食分亦減三百一十七如限除之皆進一位各命十爲限餘同應天

月食分置黃道內外前後分如食限三百四十以下者食既以上者返減末準餘以一百二十一除爲月食之大分（共食五分以下在子正前後八刻內以二百四十二除爲食之大分命十爲限）其前後分以九百以上入或食或不食之限

乾元交定分在七百五十二以下食既以上返減末限以二百六十四除之爲大分儀天陽減陰加前後定分九百一十二半在既限以下食既以上以少交分減之以月食法除之爲大分

日月食虧初復末（乾元謂之求定用刻儀天謂之求日月汎用分求虧初復末）通日月食之大小分以一千三百三十七乘之各如其日離分爲定用分加食定餘爲復末定分減之爲虧初定分其月食以食限減定用分用減食甚爲虧初定分如不足減者卽以食限分如望定餘爲食定分餘却依日食加減各得月食虧初復末定分也

乾元月以五百八十八日以五百二十九秒二十乘所食分退一等半之爲定用刻儀天日以五百四十五秒四十月以六百六皆乘所食分其小分以本母除從之爲泛用分其食又視去交定分在一千七百二十六以下增半刻八百五十六以下又增半刻以一千三百五十乘以辰定分除爲定用用刻皆減定朔望小餘爲虧初加之爲復末

日食起虧（儀天謂之求日食初起）視距交分如四百二十以上者初起西北甚於正北復於東北如以下者初起西南甚於正南復於東南凡食八分以上者皆初起正西復於正東

儀天乾元日在陰曆初起西北在陽曆初起西南餘並同應天

月食起虧（乾元謂之月食初定儀天謂之月食初起）月在內道初起東南甚於正南復於西南月在外道初起東北甚於正北復於西北凡食八分以上者初起正東復於正西

乾元儀天以內道爲陰曆外道爲陽曆餘皆同應天而儀天又法云此法據古經所載以究天體食在午中前後一辰之內其餘方若要的驗當視日月食時所在方位高下審詳黃道斜正月行所向起虧復滿皆可知也

帶食出入（儀天謂之求帶食出入見食分數）視其日出入分如在虧初定分以上復末定分以下卽帶食出入食甚在出入分以下以出入分減復末定分爲帶食差食甚在出入分以上者以虧初定分減出入分爲帶食差以乘食定分滿定用而一日陽以四十二陰以九十六月一百二十一除之爲帶食之大分餘爲小分

乾元各以食甚餘與其日晨昏分相減餘爲帶食差其帶食差在定用刻以下者卽帶食出入以上者卽不帶食出入也以帶食差乘所食之分滿定用刻而一所得以減所食之分卽帶食出入所見之分也其朔日食甚在晝者晨爲已食之分昏爲所殘之分若食甚在夜昏爲已食之分晨爲所殘之分其月食見此可以知之也儀天以食甚餘減晨昏分餘爲出入前分不足者返減食甚餘爲出入後分以乘所食之分其食分以本母通之從其小分滿定用分除之所得以本母約之不滿者半以上爲半強半以下爲半弱卽得帶食出入之分數也其日月食甚在出入前者爲所殘之分在出入後者爲已退之分

更點（乾元儀天謂之月食入定點）各置虧初食甚復末定分如晨分以下者加晨分昏分以上者減去昏分皆以更分除爲更數不盡以點分除之爲點數命初更算外卽

得所求

乾元法同儀天倍其日晨分以五除之爲更分又以五除之爲點分乃視所求小餘如晨分以下加晨分昏分以上減去昏分求更點並同應天

日月食宿分乾元謂之日月食宿以天正冬至黃道日度加朔望常日月度命起斗初算外卽日月食在宿分也

乾元以距日沒辰至食甚辰之數約其日離差用加昏度儀天用加時定月度也

欽定古今圖書集成曆象彙編曆法典

第二十卷目錄

曆法總部彙考二十

宋二建隆應天曆法下

曆法典第二十卷

曆法總部彙考二十

宋二

建隆應天曆法下（乾元儀天二曆附）

步五星

歲星總七十九萬七千九百三十一秒五

乾元率二十三萬四千五百三十五秒五千七百二十五儀天木星周率四百二萬八千五百八十七秒七千五百六十

平合三百九十八日八千八百五十七秒二十八

乾元餘二千五百五十五秒八千六百二十五約分八十七儀天餘八千七百八十七秒七千五百六十二曆平合皆謂之周日數同應天

變差空秒一十六

乾元差二十八秒九千四百二十二半秒抖一萬儀天歲差九十八秒九千五百上限二百五度下限一百六十度二十五分秒六十三

熒惑總一百五十六萬一百五十二秒三

乾元率四十五萬八千五百九十二秒九千一百八十三十四儀天火星周率七百八十七萬六千一百九十一秒一千一百

平合七百七十九日九千二百二秒一十八

乾元餘二千七百四秒五千九百一十七約分九十二儀天餘九千二百九十一秒一千一百二曆平合皆謂之周日數同應天

變差三秒空

乾元差二十九秒一千一百三十五儀天歲差九十八餘三千八百上限一百九十六度八十下限一百六十八度四十五秒六十三

鎮星總七十五萬六千三百一十一秒八十五

乾元率二十二萬二千三百一十一秒二千一百六十四二十儀天土星周率三百八十一萬八千六百八秒三千五百

平合三百七十八日八百六秒五十一

乾元餘二百三十六秒八百三十一約分八儀天餘八百八秒三千五百二曆平合皆謂之周日數同應天

變差五秒七十九

乾元差二十八秒九千五百三儀天歲差一百秒一千一百上限一百八十二度六十三分秒八十一下限同上限

太白總一百一十六萬八千三十二秒四十二

乾元率三十四萬三千三百三十九秒一千五百四十七儀天金星周率五百八十九萬七千四百八十九秒五千四百

平合五百八十三日八千九百九十六秒一十

乾元餘二千六百七十六秒一千七百三十五約分九十一儀天餘九千一百八十九秒五千四百二曆平合皆謂之周日數同應天

再合二百九十一日九千四百九十九秒五（乾元儀天不立此法）

變差三秒三十六

乾元差二十九秒一千七百九十八儀天歲差一百二十餘八千三百九上限一百九十七度一十六下限一百六十八度秒六十三

辰星總二十三萬一千八百六秒四十二八十

乾元率八萬八千一百三十七秒四千四百一十八十儀天水星周率一百一十七萬三百八十七秒二千八百

平合一百一十五日八千八百二秒三十

乾元餘二千五百八十七秒二千九十四約分八十八儀天餘八千八百八十七秒二千八百二曆平合皆謂之周日數同應天

再合五十七日九千四百二秒一十五（乾元儀天不立此法）

變差三秒七十八

乾元差二十九秒一千一百三十八儀天歲差九十八秒三十上限一百八十三度六十二分下限一百八十二度六十二分秒六十三

求五星天正冬至後加時平合日度分秒（乾元謂之五星平合變日儀天謂之常合中日中度）各以星總除元積爲總數不盡者返減星總餘半而進位又置總數木火三之土如其數皆百而從之以元法收之爲天正冬至後平合日度

及分

乾元置歲積分各以星率去之不盡用減星率餘以五因之滿元率收爲日不滿退除爲分儀天各以其星周率去歲積分不滿者返減其周率餘以宗法收爲日不盡退除爲分

求平合入曆分（乾元謂之入曆儀天謂之推五星常合入曆度分）各以其星變差展所求積年滿三百六十五萬三千二百九十三秒一十九去之不盡以元法收爲度不滿爲分以減平合日爲入曆度分

乾元以積年乘星差以周天策去之不盡以元率收爲度不滿退除爲分用減平合變日爲入曆分

儀天各置其星歲差以積年乘之滿三百六十八萬九千八百八秒九千九百去之不盡以宗法收爲度不滿退收爲分

求入陰陽變分在陽末變分以下爲入陽曆以上去之餘爲入陰曆置入陰陽曆分以陰陽變數去之不盡爲入陰陽數及變分

乾元歲星前限二萬五百五中限一萬二百四十八後限一萬六千二十熒惑前限一萬九千六百八十二中限六千五百六十四後限一萬六千八百四十四鎮星前限一萬八千二百六十二中限九千一百二十六後限同前限前後中皆半周天太白前限一萬九千七百一十六中限九千八百五十八後限一萬六千八百九辰星前中後與鎮星同又歲星前法一千七百八後法一千三百三十四熒惑前法一千六百四十一後法一千四百三鎮星辰星前後法皆一千五百二十二太白前法一千六百四十三後法一千四百二儀天各置常合入曆度分如在上限末數以下者爲增數以上者減去上限末數下度分餘爲入下限減數又各置所入上下限度分以上下限度分相近者減之餘爲入次限下限度及分

歲星	陽變分	損益率	陽積
初	一千七百九	損八十九	陽六
二	一千四百一十七	損八十九	陽一百八十八
三	五千一百二十六	損九十二	陽三百七十六
四	八千八百三十四	損九十一	陽五百一十三
五	八千五百四十三	損九十六	陽六百六十七
六	一萬二百五十二	損九十八	陽七百三十五
七	一萬一千九百六十	益九十八	陽七百六十九
八	一萬二千六百六十九	益九十一	陽七百三十五
九	一萬五千三百七十七	益九十五	陽五百八十一
十	一萬七千八十六	益八十九	陽四百九十六
十一	一萬八千七百七十四	益九十	陽三百八
末	二萬五百三	益九十二	陽一百三十七

歲星	陰變分	損益率	陰積
初	一十三百三十五	損九十三	陰一
二	二千六百七十	損八十七	陰九十三
三	四千六	損八十五	陰一百六十七
四	五千三百四十一	損八十八	陰四百六十七
五	六千六百七十六	損九十四	陰六百二十七
六	八千一十一	損九十四	陰七百七
七	九千三百四十六	損九十九	陰七百五十四
八	一萬六百八十二	損九十九	陰七百六十七
九	一萬二千一十七	益八十九	陰七百八十
十	一萬三千三百五十三	益八十	陰七百六十七
十一	一萬四千六百八十七	益八十一	陰五百
末	一萬六千二十二	益八十二	陰二百四十六

熒惑	陽變分	損益率	陽積
初（變度）	一千五百二十二	損一十一	陽一
二	三千四十四	損四十七	陽一千二百二
三	四千五百六十六	損六十九	陽二千
四	六千八十二	損八十五	陽一千四百七十七
五	七千六百九	益九十八	陽二千六百九十九
六	九千一百三十一	益八十一	陽二千六百六十八
七	一萬六百五十三	益八十	陽二千四百六十八
八	一萬二千一百七十五	益七十四	陽二千二百八十
九	一萬三千六百九十七	益七十二	陽一千七百九十
十	一萬五千二百十九	益七十	陽一千五百六十
十一	一萬六千七百四十	益七十一	陽九百二
末	一萬八千二百六十三	益六十九	陽四百六十五

熒惑	陰變分	損益率	陰積
初（變度）	一千五百二十二	損七十三	陰二
二	三千四十四	損七十三	陰四百四十四
三	四千五百六十六	損七十二	陰八百一十七
四	六千八十七	損六十九	陰一千二百四十七
五	七千六百九	損七十四	陰一千七百一十四
六	九千一百三十一	損七十九	陰二千一百一十五
七	一萬六百五十三	損八十六	陰二千四百三十九
八	一萬二千一百七十五	損九十七	陰二千六百四十七
九	一萬三千六百九十七	益八十九	陰二千七百

限	變分	損益率	積
十	一萬五千二百一十九	益七十三	陰二千五百三十一
十一	一萬六千七百四	益五十一	陰百六十一
末	一萬八千二百六十三	益十	陰一千三百六十一

鎮星

限	陽變分	損益率	陽積
初	一千五百二十二	損八十四	陽空
二	三百四十四	損八十五	陽二百八十九
三	四千五百六十六	損八十九	陽五百一十七
四	六千八十七	損九十三	陽六百八十四
五	七千六百九	損九十七	陽七百九十一
六	九千一百三十一	損九十九	陽八百三十七
七	一萬六百五十三	益九十七	陽八百五十二
八	一萬二千一百七十五	益九十四	陽八百六
九	一萬三千六百九十七	益九十三	陽七百一十五
十	一萬五千二百一十九	益九十	陽五百九十三
十一	一萬六千七百四十	益八十八	陽四百四十一
末	一萬八千二百六十二	益八十三	陽二百五十

鎮星

限	陰變分	損益率	陰積
初	一千五百二十五	損八十六	陰一
二	三千四十四	損八十七	陰二百一十三
三	四千五百六十六	損九十	陰四百一十一
四	六千八十七	損九十一	陰五百六十三
五	七千六百九	損九十四	陰七百
六	九千一百三十一	損九十七	陰七百九十一
七	一萬六百五十三	損九十九	陰八百三十七
八	一萬二千一百七十七	益九十七	陰八百五十二
九	一萬三千六百九十七	益九十四	陰八百六
十	一萬五千二百一十九	益九十	陰七百一十五
十一	一萬六千七百四十	益八十五	陰五百六十三
末	一萬八千六百二十三	益七十八	陰二百三十五

太白

限	陽變分	損益率	陽積
初	一十六百四十四	損九十	陽空
二	三千二百八十七	損九十三	陽一百八十一
三	四千九百三十一	損九十五	陽三百二十九
四	六千五百七十四	損九十七	陽四百四十四
五	八千二百一十八	損九十八	陽五百二十六
六	九千八百六十一	損九十八	陽五百七十五
七	一萬一千五百五	益九十八	陽六百八
八	一萬三千一百四十八	益九十七	陽五百七十五
九	一萬四千七百九十二	益九十五	陽五百二十六
十	一萬六千四百三十五	益九十三	陽四百四十四
十一	一萬八千七十九	益九十一	陽三百二十九
末	一萬九千七百二十三	益八十九	陽一百八十三

太白

限	陰變分	損益率	陰積
初	一千四百	損九十五	陰二
二	二千八百	損九十二	陰七十
三	四千二百	損九十三	陰一百八十三
四	五千六百一	損九十二	陰二百八十
五	七千一	損九十三	陰三百七十八
六	八千四百一	損九十五	陰四百七十六
七	九千八百一	損九十七	陰五百四十六
八	一萬一千二百一	損九十九	陰五百八十八
九	一萬二千六百一	益九十七	陰六百二
十	一萬四千二	益九十三	陰五百六十
十一	一萬五千四百一	益八十七	陰四百八十四
末	一萬六千八百三	益八十一	陰二百六十六

辰星

限	陰陽變分	損益率	陰陽積
初	一千五百二十二	損九十四	空
二	三千四十四	損九十五	九十一
三	四千五百六十六	損九十六	一百六十八
四	六千八十七	損九十七	二百二十五
五	七千六百九	損九十八	二百七十一
六	九千一百三十一	損九十九	三百
七	一萬六百五十三	益九十九	三百一十四
八	一萬二千一百七十五	益九十八	三百
九	一萬三千六百九十七	益九十九	二百七十一
十	一萬五千二百一十九	益九十六	二百二十五
十一	一萬六千七百四十	益九十五	一百六十八
末	一萬八千三百六十三	益九十四	九十二

乾元五星

歲星

限	差分	差度
前限 初	九空	一少
一	九半	一度八十八
二	十一半	二度六十八
三	十二少	五度一十九
四	二十四半	六度五十八
五	三十八	七度二十八
末限 初	三十八	七度七十三
一	十二	七度二十九
二	二十	五度八十三
三	八半	五度二

段	差分	差度
四	十太	三度二
五	十二少	一度三十八
後初	十四太	限度空
一	七太	空八十八
二	八少	二度五十九
三	八少	四度六十八
四	十六半	六度二十九
五	三十三半	七度八十
六	八十九	七度八十四
七	一百二十三半	七度六十三
末限初	一百三十三半	七度七十二
一	五	七度六十六
二	五	五度三
三	五半	二度三十八
熒惑	差分	差度
前限初	空	十五少
一	二	十二度十五
二	三半	二十度二十一
三	八	二十四度九十一
四	四十九太	二十七度三
五	八少	二十六度六十四
末限初	五	二十四度七十二
一	四	二十一度四十五
二	三太	十七度四十
三	三半	十三度一
四	三半	八度四十

段	差分	差度
五	四	三度九十八
後初	三半	初空
一	三少	三度九十四
二	三	八度四十
三	三	十三度一
四	三半	十七度四十
五	四少	二十一度四十五
六	六半	二十四度七十一
七	八十七半	二十六度六十四
末限初	七	二十七度三
一	三	二十四度九十
二	一太	二十度二十三
三	一太	十二度十五
鎮星	差分	差度
前限初	空	九
一	十一太	一度二
二	九	二度二十八
三	七	四度二
四	十二半	六度一十九
五	四十三少	七度三十八
末限初	六十太	七度七十三
一	十二半	七度三十七
二	七	六度一十八
三	九	四度二
四	十一太	二度三十一
五	十五少	一度三

段	差分	差度
後初	五	空
一	四太	三度
二	七半	五度二十四
三	三十半	七度二十三
四	末四十三半	七度七十三
五	七十六	七度三十九
六	一百一半	七度十七
七	三百四	七度三
末限初	九半	七度一
一	九	五度三十七
二	八半	三度六十八
三	八	一度八十五
太白	差分	差度
前限初	空	
一	十一	一度八十
二	十四	三度五十一
三	十九太	四度四十八
四	三十二太	五度三十一
五	九十六半	五度八十一
末限初	九十六半	六度二
一	三十二太	五度七十九
二	十九太	五度三十
三	十四	四度四十六
四	十一	三度三十
五	九	一度七十九
後初	三十一半	空

	差分	差度
一	十一太	一度
二	十三太	一度八十一
三	十四	二度八十三
四	十五半	三度八十六
五	十九半	四度七十三
六	三十一少	五度四十
七	九十三少	五度八十七
末限初	初末九十三半	六度三
一	十三少	五度五十一
二	七太	四度半
三	五	二度七十

辰星陰陽差分并陰陽差度並同初末

前限後限同初	差分	差度
初	一十六半	空
一	二十小	九十八九十
二	二十六半	一度六十五
三	三十七	二度六十二
四	六十太	二度八十七九
五	一百六十九	二度

末限後末限同	差分	差度
初	一百六十九	三度二
一	六十太	一度八十九
二	三十七	二度六十一
三	二十六半	二度二十五
四	二十少	一度六十三
五	十六半	空度九十

儀天五星

木星限數	上限度分	損益率	增定度
一	十七度八少	益一百一十一	空
二	三十四度十六半	益一百六	一度八十九半
三	五十一度二十五	益八十八	三度十七半
四	六十八度三十三少	益八十二	五度二十半
五	八十五度四十一半	益四十一	六度六十半
六	一百二度半	益二十六	七度三十半
七	一百十九度五十八小	損二十六	七度太
八	一百三十六度六十六半	損八十四	七度三十半
九	一百五十三度太	損五十	五度八十七
十	一百七十度八十三	損一百二十八	五度一半
十一	一百八十七度九十半	損八十一	一度三十八
末	三百五度	損八十一	一度三十八

木星限數	下限度	損益率	減定度
一	十三度三十五半	益六十八	空
二	二十六度七十一	益一百二十七	空九十一
三	四十度六少	益一百三十八	二度六十
四	五十三度四十一太	益一百二十	四度十二
五	六十六度七十七半	益六十	六度三十一
六	八十度十三太	益三十	七度一十一
七	九十三度四十一八半	益一十一	七度五十一
八	一百六度八十三半	益七	七度六十五半
九	一百二十度十九	損七	七度一十四半
十	一百三十三度五十四半	損一百九十九	七度六十五
十一	一百四十六度九十	損一百九十五	四度九十九半
末	一百六十度三十五分六十三	損一百七十九	七度五十九

火星	上限度分	損益率	增定度
一	一十六度四十	益七百四十一	空
二	三十二度八十	益四百九十五	十二度一十七
三	四十九度二十	益二百八十七	二十度二十七
四	六十五度六十	益一百二十二	二十四度九十八
五	八十二度	損二十一	一十六度六十八
六	九十八度四十	損一百十九	二十六度六十四
七	一百十四度八十	損一百九十六	二十四度六十九
八	一百三十一度二十	損二百四十八	二十一度四十八
九	一百四十七度六十	損二百六十八	一十七度四十
十	一百六十四度	損二百八十一	一十三度二
十一	一百八十度四十	損二百七十一	八度四十七
末	一百九十六度八十	損二百四十二	三度九十七

火星	下限度分	損益率	減定度
一	十四度四	益二百八十三	空
二	二十八度七十	益三百十五	三度九十三
三	四十二度十一少	益三百二十七	八度二十九
四	五十六度十五	益三百一十六	十二度九十八
五	七十度十八太	益二百八十七	十七度四十二
六	八十四度二十一半	益二百三十二	二十一度四十五
七	九十八度二十六少	益一百四十五	二十四度七十一
八	一百一十一度三十	益十九	二十六度七十五
九	一百一十六度三十四	損一百四十六	二十七度二
十	一百四十度三十七太	損三百三十七	二十四度九十十
十一	一百五十四度四十一半	損五百七十八	二十度二十四
末	一百六十八度四十五秒六十三	損八百六十四	一十二度一十三

土星	上限度分	損益率	增定度
一	十五度二十二	益六十七	增空

二	三十度二十二太	益八十五	一度二
三	四十五度六十五太	益一百一十一	三度三十
四	六十度八十七半	益一百四十四	四度
五	七十六度九十	益七十九	六度十九
六	九十一度三十一半	益二十三	七度三十九
七	一百六度五十三小	損二十三	七度七十四
八	一百二十一度十五五少	損七十九	七度三十九
九	一百三十六度九十七	損一百四十四	六度十九
十	一百五十二度一十九	損一百一十一	四度
十一	一百六十七度六十二八十	損八十五	二度三十一
末	一百八十二度六十二分八十	損六十七	一度二

土星	下限度分	損益率	減定度
一	十五度二十二	益一百九十八	減空
二	三十度二十二太	益一百四十八	三度
三	四十五度六十五太	益一百二十	五度二十六
四	六十度八十七半	益一百三十三	七度二十四
五	七十六度九十	損二十三	七度七十四
六	九十一度三十一半	損十三	七度三十九
七	一百六度五十三少	損十	七度十九
八	一百二十一度十五五少	損四	七度四
九	一百三十六度九十七	損一百五	六度九十八
十	一百五十二度一十九	損一百一十一	五度三十八
十一	一百六十七度六十二八十	損一百一十八	三度六十九
末	一百八十二度六十二分八十	損一百二十五	一度

金星	上限度	損益率	增定度
一	十六度四十二	益一百五十三	增空
二	三十二度八十六	益一百三十二	二度四十八
三	四十九度一十九	益五十	四度六十五
四	六十五度七十二	益十九	五度四十七
五	八十二度十五	益九	五度七十八
六	九十八度五十八	益五	五度九十三
七	一百一十五度一	損五	六度一
八	一百三十一度四十四	損九	五度九十三
九	一百四十七度八十七	損十九	五度九十八
十	一百六十四度三十	損五十	五度四十七
十一	一百八十度七十三	損一百二十三	四度六十五
末	一百九十七度十太	損一百一十五	五度四十八

金星	下限度	損益率	減定度
一	十四度一	益一百四十	減空
二	二十八度一	益一百三十	二度三十八
三	四十二度二	益八十	四度二十
四	五十六度三	益三十	五度三十一
五	七十度四	益十六	五度七十四
六	八十四度五	益五	五度九十四
七	九十八度五	損五	六度一
八	一百一十二度六	損十六	五度九十四
九	一百二十六度七	損三十	五度七十四
十	一百四十度	損八十	五度三十二
十一	一百五十四度九	損一百三十	四度二十
末	一百六十八度九十三秒六	損一百七十	二度三十八

水星	上下限	損益率	增減度
一	十五度二十一	益六十	增減空
二	三十度四十四	益五十	九十一
三	四十五度六十六	益四十八	一度六十七
四	六十度八十八	益二十七	一度二十五
五	七十六度二十一	益十六	一度六十六
六	九十一度三十一	益六	一度九十
七	一百六度五十四	損六	一度九十九
八	一百二十一度七十六	損十六	一度九十
九	一百三十六度九十	損二十七	一度六十六
十	一百五十二度二十	損三十八	二度二十五
十一	一百六十七度四十二	損五十	一度六十七
末	一百八十二度六十三	損六十	九十一

入陰陽定分乾元謂之入諸曆變分儀天謂之求五星常入增減定數以入變分各減初變分餘却以其變下損益率展之百而一為分損益亥變下陰陽積為定分

乾元置平合入曆分以其星入段前後限分加減之如不足加周天以減之餘却依入曆分入初末限各置其段入曆分前限以下為在前以上者去之為後限分在中限以下為初限以上去之為末限分置初末以前後限星分除之為限數不滿為初末限日各以其限差分約之為差初限以加末限以減用加減前後限度為定度儀天各置常合所入限下度數及分以其限下損益率乘之退一等以百約之為度不滿為分以損益其限下增減積度及分若求諸變增減定度者置其變入上下限準此求之

定合積日乾元謂之求定日儀天謂之求五星定合積日日除陰陽定分為二陽加陰減平合日為定積日及分

乾元置變日以前後限度前加後減為定日儀天各置其星常合中日及餘以入曆增減度增者增

之減者減之金水返而加減之以日躔定差先減後加之金水則先加後減即得定合積日及分又儀天求入盈縮初末限皆以半周天爲準

入氣盈縮度分乾元謂之入氣儀天謂之求入盈縮初末限置定積以常數去之不盡者爲入氣日分置入氣日分如求朔望盈縮術入之即得入氣盈縮度分

乾元置定日以氣策去之爲氣數不盡爲入氣日命以冬至算外即得入氣日及分儀天各置定合積日在半周天以下者去之餘爲在縮乃視在盈縮初限日及約餘以下者便爲在盈縮初限以上者減去盈縮初限日約餘爲在盈縮末限日及餘

定合日辰乾元謂之日辰儀天同應天以其大小餘加入氣日命從甲子算外即得所求

乾元儀天以冬至大小餘加定日各滿紀法去之餘並同應天乾元冬至小餘以元率退收百爲母又有日躔陰陽度置其氣陰陽分如求朔日度分術入之即得所求

求入月日數儀天謂之求定合在何月日置定合日辰大餘以定朔大餘減之餘命算外即得所求二曆法同

定合定星乾元同儀天謂之求日躔先後定數求五星定合定數及分各以其星入氣盈縮度分盈加縮減之又以百除陰陽定分爲度分陽加陰減皆加減平合爲定星用加天正黃道日度滿宿去之不滿宿即得所求

乾元各置其星平合中星以日躔陰度陰減陽加之又以其星入曆限度前加後減之即爲其星定合定星餘同應天儀天置所入限日下小餘以其日盈縮率乘以宗法除爲分以盈縮其日下先後定分爲日躔先後定度及分又各置其星常合中度及分以入限增定度及分增減之金水二星增者減減者增又以日躔先後定度及分木火土即先減後加金水先加後減其日躔差木星二因退位火星除二土星退位從下加三金木倍用即得定度及分餘同應天

歲星入段亦名入變

段名	平日乾元謂之變日儀天謂之常日
晨見	十七半二曆同
前疾	九十八乾元八十一半儀天八十一
前遲	一百三十一半乾元儀天並三十三半
前留	一百五十八乾元二十六半儀天二十七
前退	一百九十九半乾元四十一半儀天四十一
後退	二百四十乾元儀天各四十半
後留	二百六十七半乾元儀天各二十七
後遲	三百一乾元三十三半儀天二十三半
後疾	三百八十一乾元八十三半儀天八十半
夕合	三百九十八八十九 乾元十七儀天十七 三十七半三十七分秒一

段名	平度乾元謂之變度儀天謂之常度
晨見	三半二曆同
前疾	十八半乾元儀天並十五
前遲	二十二半乾元儀天各四度
前留	空乾元儀天同
前退	十六太乾元儀天各五度太減
後退	十一乾元儀天五度太減
後留	空乾元儀天同
後遲	十四半乾元儀天各三度半
後疾	三十二半乾元十五度儀天十五度 六十二半六十三
夕合	三十二六十四 乾元三度五十半儀天三度四十九小分五十六

段名	陰陽曆分乾元謂之常後限分儀天謂之上下限
晨見	三百五十二乾元三度五十四用陰陽度不盈縮度儀天三度[illegible]躔差
前疾	一千八百五十二乾元十四度九十八儀天十五度
前遲	二千二百四十九乾元三度九十八儀天三度
前留	空乾元儀天同
前退	二千二百乾元空四十九減儀天一度半
後退	二千二百五十五乾元空五十五儀天一度四十六
後留	空乾元儀天同
後遲	一千四百五十乾元八度五分減儀天二度六十三
後疾	三千一十二乾元十五度六十用陰陽不用盈縮儀天十一用躔差
夕合	三千六百六十四乾元三度五十一半用陰陽度儀天二度五十二小分五十八用躔差

熒惑入段

段名	平日乾元謂之變日儀天謂之常日
晨見	七十二乾元儀天並同
前疾	一百八十乾元一百一十三儀天一百十二
前次	二百八十六乾元儀天各一百二
前遲	三百五十乾元六十四儀天六十四半
前留	三百五十九乾元儀天各九
前退	三百八十九九十六 乾元儀天各三十四十六
後退	四百二十九十六 乾元三十四儀天二十四 十六十五
後留	四百二十九九十二 乾元儀天各九
後遲	四百九十四九十二 乾元六十五儀天六十四半
後次	五百十二 乾元一百三儀天一百二
後疾	七百七九十二 乾元一百一十儀天一百一十二

夕合 七百七十九乾元七十二 九十二儀天七十二小分九十六

段名平度 乾元謂之變度 儀天謂之常度

晨見五十五 乾元儀天並同

前疾一百三十 乾元七十七半 儀天七十六度二十一

前次六百九十太 乾元六十 儀天六十半

前遲二百一十六太 乾元二十四 儀天二十三

前留空 二曆同

前退二百七十三 乾元儀天各減九度少

後退 一百九十七乾元儀天各 九十一減九度半

後留空 二曆同

後遲 二百十九乾元十三 九十儀天十二

後次 三百八十四乾元儀天各 六十四六十四半

後疾 三百五十九乾元七十五十六半 六十六儀天七十六二十一

夕合 四百一十四乾元五十五二十六 六十六儀天五十五小分五十一

段名陽曆分 乾元謂之前限分 儀天謂之上限分

晨見五千五百 乾元五千五百八 儀天五十五度六

前疾一萬三千二百五十 乾元六千七百四十九 儀天六十七度半

前次一萬七千一百 乾元四千八百四十九 儀天四十八半

前遲二萬四千五十 乾元三千三百五十 儀天三十三半

前留空 二曆同

前退二萬七百三十一 乾元二百八十二 儀天一度十一

後退二萬一千一百 乾元三百六十九 儀天三度五十

後留空 二曆同

後遲二萬三千七百九十一 乾元二千六百九十一 儀天二十六九十二

後次一萬八千九百六十六 乾元五千一百七十五 儀天五十一七十六

後疾三萬六千一百六十六 乾元七千二百二 儀天七十二度一

夕合四千九百四十一 乾元三萬一千五百三十五 減儀天五十三小分六十八

段名陰曆分 乾元謂之後限度 儀天謂之下限度

晨見四千一百三十 乾元四千一百五用盈縮度 儀天四十一用朏差

前疾一萬二千二百五十 乾元八十四十九 儀天八十一半

前次一萬七千一百 乾元四千八百五十 儀天四十八半

前遲二萬五百 乾元三千四百 儀天三十三度九十六

前留空 二曆同

前退二萬七百二十一 乾元二百三十 儀天二百三十二

後退一萬一千二百二十六 乾元四百八十三 儀天四度八十三

後留空 二曆同

後遲二萬四千三百六十一 乾元三千一百五十 儀天三十一度四十九

後次一萬八千九百六十六 乾元四千六百 儀天四十六

後疾三萬六千一百六十 乾元七千三百用盈縮度 儀天七十二度用朏差

夕合四千九百四十一 乾元三萬一千二百二十五 儀天五十三小分六十八用朏差

鎮星入段

段名平日

晨見十九 二曆同

前疾八十四 乾元儀天各六十五半

前遲一百三 乾元儀天各十九

前留一百四十 乾元儀天各三十七

前退 一百八十九 四 乾元四十九四分半 儀天四十九四分

後退 二百三十八 八 乾元儀天各四十九四分

後留 二百七十五 八 乾元儀天各三十七

後遲 三百九十四 八 乾元儀天各十九

後疾 三百五十九 八 乾元儀天各六十四半

夕合 三百七十八 八 乾元儀天各十九

段名平度

晨見三十 乾元二度十九 儀天二度五分半

前疾八 六十二 乾元儀天各六度五十六

前遲九半 乾元空八十七 儀天空八十八

前留空 二曆同

前退六 四十二 乾元三度八分減 儀天減三度七分

後退三 三十四 乾元減三度八分 儀天減三度七分

後留空 二曆同

後遲四 二十一 乾元空八千七 儀天空八千八

後疾十七 十四 乾元儀天各六度五十六

夕合十二 乾元二度七分 儀天一度四十分五

段名陽分

晨見一百二十 乾元一度十九 儀天一度一十

前疾四百五十 乾元三度六十八 儀天三度六十七

前遲五百三十九 乾元空五十七 儀天空五十八

前留空 二曆同

前退六百四十二 乾元一百七 儀天一度十四

後退七百四十五 乾元一百七 儀天一度十四

後留空 二曆同

後遲七百九十四 乾元空四十七 儀天空四十八

後疾一千一百六十四 乾元三度六十八 儀天三度六十五

夕合一千二百八十四 乾元一度十九 儀天一度十分五十九

段名陰分

晨見二百二十五 乾元一度二十七用陰陽數用 盈縮度儀天一度十六用朏差

前疾四百八十八 乾元三度六十五 儀天二度六十八

前遲五百四十 乾元空五十四 儀天空五十五

前留空 二曆同

前退六百四十 乾元一百 儀天二度六分

後退七百五十乾元一百八儀天一度十四
後留空二曆同
後遲七百八十乾元空三十二儀天空二十三
後疾一千一百五十乾元三百七十四用陰陽度用盈縮度儀天三度太用朓差
夕合一千三百四十八乾元一百二十五用陰陽度儀天一度十四分五十分用朓差

太白入段

段名平日乾元謂之變日儀天謂之常日
夕見四十二二曆同
夕疾一百四十五乾元一百二儀天一百三
夕次二百一十九乾元儀天各七十四
夕遲二百六十九乾元儀天各四十九
夕留二百七十五乾元儀天各七
夕退二百八十五乾元儀天各缺
再合乾元謂之夕合儀天無此法
二百九十六九十五 乾元六九十五半
晨見二百九十八十九 乾元六儀天十三
晨退三百八十九十 乾元儀天各十
晨留三百一十五九十一 乾元儀天各七
晨遲三百六十四九十 乾元儀天各四十九
晨次四百三十八九十 乾元七十五儀天七十四
晨疾五百四十一九十 乾元儀天各一百三
晨合五百八十三九十 乾元儀天各四十二
段名平度乾元謂之變度儀天謂之常度
夕見五十三乾元五十三一分儀天五十三二分
夕疾一百八十半乾元一百二十七半儀天一百二十七四十八
夕次二百六十五乾元儀天各八十四半

夕遲三百二十半乾元三十七半儀天三十七
夕留空
夕退二百九十六乾元六度半儀天減六度
再合二百九十一九十五 乾元四度五分減
晨見二百八十七九十 乾元四度五分減儀天減八度一十一
晨退二百八十一乾元儀天各六度半
晨留空
晨遲三百一十八九十 乾元儀天各三十七
晨次四百三十四乾元儀天各八十四半
晨疾五百三十九十 乾元一百二十七半儀天一百二十七四十八
晨合五百八十三九十 乾元五十三一分儀天五十三三分
段名陰陽曆分
夕見五千三百二十乾元五千三百一十用盈縮度儀天四十六用朓差
夕疾一萬八千五百五十一乾元一萬二千七百四十用盈縮度儀天一百一十三半
夕次二萬六千五百二乾元八千四百五十用盈縮度儀天七十八
夕遲二萬一百五十乾元三千七百一十儀天四十六九十六
夕留空
夕退二萬九千六百二乾元減五百八十八用盈縮度儀天四用朓差
再合二萬九千一百九十四乾元減四百七分用盈縮度儀天六十用朓差
晨見二萬八千七百九十一乾元減四百七用盈縮度儀天六十用朓差
晨退二萬八千一百九十二乾元減六百儀天四
晨留空二曆並同
晨遲三萬一千八百九十一乾元三千七百十八儀天四十七九十六
晨次三千八百一十五乾元減二萬八千六十六儀天七十八
晨疾一萬六千五百六十五乾元一萬三千七百四十三用盈縮度儀天一百一十三用朓差

晨合一萬一千八百六十五乾元五千三百一用盈縮度儀天四十五九千五百用朓差

辰星入段

段名平日乾元變度儀天常度
夕見十七二曆同
夕疾二十九乾元十七儀天二十七
夕遲四十四乾元十儀天無此法
夕留四十七乾元儀天各三
再合五十七九十四 乾元十一謂之夕合
晨見六十八八十八 乾元十一儀天十二
晨留七十一八十八 乾元儀天各三
晨遲八十六八十八 乾元十儀天無此法
晨疾九十八八十八 乾元十七儀天一十七
晨合一百一十五八十八 乾元十六八十八儀天十六八千七百九十九
段名陰陽曆分乾元前後限分儀天上下限
夕見一十四二曆同
夕疾五十一乾元二十二儀天三十二
夕遲六十四乾元八
夕留空
再合五十七九十四 乾元減六度
晨見五十一八十八 乾元減六度儀天減十二度
晨遲六十四八十八 乾元加八
晨留空二曆並同
晨疾八十一八十八 乾元三十三儀天三十
晨合一百一十五八十八 乾元三十五八十三儀天三十八千七百九十九
段名陰陽曆分乾元前後限分儀天上下限
夕見三千四百一乾元三千四百一不用盈縮度儀天二十七九十四用朓差

夕疾五千一百三乾元二千二百二用躔差用盈縮度儀天二十九

夕遲六千三百九十八乾元八百用躔差用盈縮度

夕留空二曆並同

再合五千七百九十四乾元減六百二用躔差用盈縮度

晨見五千一百八十八乾元減六百用躔差用盈縮度儀天二用躔差

晨留空

晨遲六千四百八十八乾元八百一用躔差不用盈縮度

晨疾八千一百八十七乾元二千二百五用躔差用盈縮度儀天二十七度九十四用躔差

晨合一萬一千五百一十五乾元二千三百八十四用躔差用盈縮度儀天二十七度九十四用躔差

諸段平日平度乾元謂之諸星變定積儀天謂之五星諸變中日中度置平合日度以諸段下平日平度加之即得所求

乾元各置其星變日以所求入曆前後度前加後減之其太白辰星夕見變及晨疾變皆以反用加減熒惑晨見變定置定差以進一位滿十一除之爲定差各依加減即得所求在留變者置其變定積以前變前後度前加後減之其火星三因之後退者倍之儀天各置其星常合中日中度及分以其星諸變段下常加合中日變度加減中星即得諸變中日中度及分

諸段入曆儀天謂之求五星諸變入陰及增減定度置平合入陰陽曆分各以逐段陰陽曆分加之爲諸段入曆分

乾元以在諸變曆分中入曆名日限變度儀天各置其星常合入曆度分以其星諸變段下上下限度分累加之滿周天去之餘依常合術入之各得增減定度其金星在晨疾晨合夕見變者置增減定度及分以四乘三除爲金星變定差其火星在晨見變者以九乘增減定度及分退一位爲晨星變定差

諸段入變分置入曆分各以變分去之餘爲入變分求陰陽定分依平合術入之乾元諸段變分在入變前術儀天即同應天

五星諸段定積日乾元謂之求五星諸變定日置其入陰陽定分百除爲日分陽減陰減諸段平日其金水夕見晨疾返爲之定積其金星晨次晨遲更用盈縮度縮加盈減定積爲定求其入氣月日如平合術入之又熒惑前遲定積置平合入陰陽曆分加二萬一千六百七十五盈三萬六千五百二十五半去之餘與見求入陰陽曆同者更不求之如不同曆者即依平合術入所得用加前遲留退後退留平日爲定積入氣月日如前又五星定用盈縮差及陰陽定分歲熒惑鎮星晨見夕疾定合太白定合夕見夕退再合晨見及後晨疾皆用盈縮定差太白定合晨夕見及後疾皆用盈縮定差內歲星後疾不用盈縮定差辰星諸段總用盈縮定差盈加縮減熒惑晨見陰陽定分身外加一前疾陽定分再析各爲定分

乾元諸變定日在入變前儀天各置其星入變中日以其星所入變限增減定度及分增者增之減者減之其金星定合夕見夕順疾夕次疾晨次疾水星定合夕見晨疾變皆以增減定度及分增者減之減者增之各得定日合用日躔差者乃以日躔先後定差先減後加乃爲定日及分其日躔差金水定合夕見晨疾以日躔差先加後減乃爲定日及分天之定數

定星乾元謂之求五星諸變定星儀天謂之求五星諸變定度以合用盈縮定差加減平度分又以陰陽定分陽加陰減其金水夕見晨疾返用爲定星求宿度加平合入之熒惑前遲後退差度以二百三十六度加前遲定星二百五十七度加後退定星如半周天以下爲陽度以上者去之餘爲陰度前遲陰陽度在一百一十度以上者返減半周天餘以五因之後退入陰陽度在七十四度以下者亦五因之皆滿百爲度分陽減陰加定星爲前遲後退定星求宿度加平合入之

乾元置其星其變中星以入曆前後度前加後減之又合用陰陽度者陰減陽加之爲定星以冬至黃道日度加之命從斗宿算外即其變所入宿次也若在留變者更不求定星也只用前變定星爲留變定星又熒惑留差以一百一十九度減前遲定星以一百三十四度減後退定星在一百八十二度半以下爲前以上者去之爲後置前後度在七十三度以下爲在前以上者返減一百八十三度半餘爲後度皆倍之百除爲度命曰留差度及分也又前退定星度以一百二十三度減前退定星又以一百三十一度減後退定星在一百八十二度半以下者爲前以上者去之爲後視前後度在七十三度以下爲前以上者返減一百八十二度半爲後皆以倍之百餘爲度即得前後退差度及分也用前減後加其段定星爲定星又五星用陰陽度歲星熒惑鎮星晨見後疾夕合太白夕見退夕合晨見後疾平合皆用日躔陰陽度其晨星諸段皆用之儀天各置其星其變中度及分以其

變入限增減定度及分增者增之減者減之其金星定合夕見夕定度及分增者減之減者增之各得定日次定日各加減訖後合用日躔先後定差者以日躔先後定差及分先減後加之卽各得定度及分其日躔差木星定合五因半而退位晨見先二因退位後五因半而退位後定疾先差五因半而退位定差二因退位火星定合身外除二晨見先差七因退位後差身外除二後差七因退位土星定合退位從下加三晨見先差退位後差從下加三退位後差退位金星定合二因之夕見先差伏倍用後差從下加三晨疾伏先差從下加二後差二因夕退伏晨退見六因先後退位水星夕見後差從下加二先差二因晨疾先差從下加三後差倍用定合乃用加減次定度爲定度置定度及分以加天正冬至加時黃道日度及分命從斗宿初度起算至不滿宿算外卽得其變加時宿度其火星前後退及前遲變皆爲次定星又置之以留退定差度及分增者增之減者減之得爲前後退定度前遲置前留定差以三除之乃用增減前遲定度也又火星留差以一百二十四半減前遲次定度又以二百四十六度少加後退定度若在一百八十二度六十二分以下爲入在增以上者以減去一百八十二度六十二分爲入在減置入在增減度及分如在七十二度以下者爲上限以上者返減一百八十二度六十二分餘爲下限各置所入上下限增減度及分在上限四因之在下限倍身外加三皆以一百約之爲度及分若在後留者三因之爲定差度及分又儀天有火星退定差度及分以二百四十一度少加前退後次定度又以一百一十九度減退次定度及分餘在一百八十二度六十二分以下者爲入在增以上者減去一百八十二度六十二分餘爲入在減又置入上下限度分若在七十二度以下者爲上限如在七十二度以上者爲減一百八十二度六十二分餘爲下限又置上下限增減度分在上爲度不滿爲分卽各得退定差度及分其定差如在後退者倍之爲定差又有火星留定日各置前後留常中日前留以前遲變入限增減定度及分增者增之減者減之各以前後留定差度及分增者加之減者損之卽得前後留定日其增減差通入曆用之又有火星前後退定度分置前後變次定度及分以前後退定差度及分如在增者加之在減者損之卽得定度及分置定度及分以加天正冬至黃道日度及分命從斗宿初度去之至不滿宿算外卽得退行所在宿度及分也其增減定度三除乃用之

日率度率以本段定積減後段定積爲泛日率以本段定星減後段定星爲定度率又置後段甲子以前段甲子減之餘爲距後實日率

　乾元以前段定積減後段定積爲日率以其段定星減後段定星爲度率儀天各置其段定日定度以前段定日定度減之餘者爲其段日率度率其退行段置前段定度減之餘爲退行度率

平行分（儀天謂之求每日平行度及分）以距後日率除度率爲平行分

　乾元以日率除度率爲行分儀天各置其段度率及分以其段日率除之卽得其星平行分

初末行分（儀天謂之求每段初末日度及分）置其段平行分與後段平行分相減爲合差半之加減平行分爲初末行分後多者減平行分爲初加平行分爲末後少者加平行分爲初減平行分爲末

　乾元法同儀天各以其段平行分與後段平行分相減餘爲會差半會差以加減其段平分餘同應天又五星前留一段及後退段皆加爲初減爲末後留一段及前退段皆以半總差減爲初加爲末其總差消息前後段初末分令衰殺等以用總差卽得前後段初末行分相應也

求日差以距後日除合差爲日差

　乾元以日率除合差爲日差儀天置其段總差以減其日率一百除之卽爲每日差行之分

求每日行分以日差後多者益後少者損初日行分爲每日行分（乾元儀天法同）

求每日星所在以每日行分順加逆減其星命如前卽得所求其木火土水前後遲段平行分倍之前爲初後爲末分各以距後日除爲日差前遲日損後遲日益爲每日行分

　乾元以日差累損益初日行分累加其段宿次卽得每日星行宿次及分儀天求每日差行度及分各置其段總差以減其日率一日以餘之卽爲每日差行之分以每日差分累損益初日行分爲每日行度及分初日行分多於末日行分累損初日

行分少於末日行分累益初日行分將其每日行度及分累加其星初日所在宿次各得每日所在宿次及分如是退行段將每日行分累減其初日宿次及分即得退行所在宿度及分又儀天有直求其日星所在宿次置其所求日減一以乘每日差分所得爲積差以積差加減初日行分初日多於末日減之末日多於初日加之即得其日行分以初日行分併之乃半之爲平行分置平行分以求日數乘之爲積度及分以其積度及分加其星初日星度命去之即其星其日所在宿次及分如是退行段以其積度及分減其星初日宿度餘爲其星所在宿度及分

端拱中翰林天文鄭昭晏上言唐貞觀二年三月朔日有食前志不書分數宿度分野虧初復末時刻臣以乾元曆法推之得其歲戊子其朔戊申日所食五分一分在未出時前四分出後其時出在寅六刻虧在三刻食甚在八刻復在卯四刻當降婁九度又言按曆書云凡欲取驗將來必在考之既往謹按春秋交食及漢氏以來五星守犯以新曆及唐麟德開元二曆覆驗三十事以究其疎密

日食

春秋魯僖公十二年春三月庚午朔日有食之其年五月庚午朔去交入食限誤爲三也文公元年春二月癸亥朔日有食之其年三月癸巳朔去交入食限誤爲二也文公十五年夏六月辛丑朔日有食之是月汎交分入食限前漢元光元年七月癸未晦日有食之今按曆法當以癸未爲八月朔蓋日食朔月食望自爲常理今云晦日食者蓋司曆之失也征和四年八月辛酉晦日有食之辛酉亦當爲九月朔又失之

五星守犯

後漢末元五年七月壬午歲星犯軒轅大星
麟德星五度開元張五度乾元張八度
元初三年七月甲寅歲星入輿鬼
麟德井二十九度開元鬼一度乾元柳五度
後魏太延二年八月丁亥歲星入鬼
麟德井二十八度開元鬼二度乾元柳三度
正始二年六月己未歲星犯昴
麟德昴二度開元昴三度乾元昴四度
宋大明三年五月戊辰歲星犯東井鉞
麟德參四度開元參六度乾元井初度
後漢永和四年七月壬午熒惑入南斗犯第三星
麟德箕七度開元斗一度乾元斗十二度
魏嘉平三年十月癸未熒惑犯亢南星
麟德角六度開元亢五度乾元亢三度
晉永和七年五月乙未熒惑犯軒轅大星
麟德星七度開元張二度乾元張二度
後魏太常二年五月癸巳熒惑犯右執法
麟德翼六度開元翼十二度乾元翼十三度
陳天嘉四年八月甲午熒惑犯軒轅大星
麟德張二度開元張五度乾元張四度
後漢延光三年九月壬寅鎮星犯左執法
麟德翼十九度開元軫二度乾元翼五度
晉永和十年正月癸酉鎮星掩鉞星
麟德參六度開元參七度乾元井三度
後魏神瑞二年三月己卯鎮星再犯輿鬼積尸
麟德井二十八度開元井三十度乾元柳初度
齊永明九年七月庚戌鎮星逆在泣星東北
麟德危二度開元虛九度乾元危四度
陳永定三年六月庚子鎮星入參
麟德參七度開元參八度乾元井二度
後漢永初四年六月癸酉太白入鬼
麟德參五度開元井三十度乾元鬼初度
延光三年二月辛未太白入昴
麟德晨伏開元昴六度乾元昴一度
魏黃初三年閏六月丁丑太白晨伏
麟德丁亥晨伏後十日開元同丁丑晨伏乾元十月置閏七月丁丑晨伏
晉咸康七年四月己丑太白入輿鬼
麟德柳三度開元鬼一度乾元柳一度
晉永和十一年九月己未太白犯天江
麟德尾四度開元尾九度乾元尾十二度
漢太始二年七月辛亥辰星夕見
麟德伏末見開元夕見軫九度乾元夕見軫九度
後漢元初五年五月庚午辰星犯輿鬼
麟德井二十七度開元井二十八度乾元井二十九度
漢安二年五月丁亥辰星犯輿鬼
麟德夕見井二十二度開元夕見鬼二度乾元夕見鬼二度
晉隆安三年五月辛未辰星犯軒轅大星

麟德夕見星五度開元夕見星三度乾元夕見星五度

後魏太和十五年六月丙子辰星隨太白於西方

麟德張二度開元星五度乾元張初五度

欽定古今圖書集成曆象彙編曆法典

第二十一卷目錄

曆法典第二十一卷

曆法總部彙考二十一

宋三

仁宗天聖元年春三月司天監上崇天曆

按宋史仁宗本紀云云　按律曆志宋興百餘年司天數改曆其說曰曆者歲之積歲者月之積月者日之積日者分之積又推餘分置閏以定四時非博學妙思弗能考也夫天體之運星辰之動未始有窮而度以一法是以久則差差則敝而不可用曆之所以數改造也物銖銖而較之至石必差況於無形之數哉乾興初議改曆命司天役人張奎運等共術以八千爲日法一千九百五十八爲斗分四千二百九十九爲朔距乾興元年壬戌歲三千九百萬六千六百五十八爲積年詔以奎補保章正又推擇學者楚衍與曆官宋行古集天章閣詔內侍金克隆監造曆至天聖元年八月成率以一萬五百九十爲樞法得九鉅萬數既上奏詔翰林學士晏殊制序而施行爲命曰崇天曆

崇天曆法上

曆法曰演紀上元甲子距天聖二年甲子歲積九千七百五十五萬六千三百四十

上考往古歲減一筭下驗將來歲加一筭

步氣朔

崇天樞法一萬五百九十

歲周三百八十六萬七千九百四十

歲餘五萬五千五百四十

氣策一十五餘五千三百一十四秒六

朔實三十一萬二千七百二十九

歲閏一十一萬五千一百九十二

朔策二十九餘五千六百一十九

望策一十四餘八千一百四秒一十八

弦策七餘四千五十二秒九

中盈分四千六百二十八秒一十二

朔虛分四千九百七十一

閏限三十萬三千一百二十九秒二十四

秒法三十六

旬周六十三萬五千四百

紀法六十

推天正冬至置距所求積年以歲周乘之爲氣積分滿旬周去之不盡以樞法約之爲大餘不滿爲小餘大餘命甲子筭外卽所求年天正冬至日辰及餘

若以後合用約分卽以樞法退除爲分秒各以一百爲母

求次氣置天正冬至大小餘以氣策秒累加之秒盈秒法從小餘小餘滿樞法從大餘滿紀法去之不盡命甲子筭外卽各得次氣日辰及餘秒

推天正十一月經朔置天正冬至氣積分朔實去之不盡爲閏餘以減天正冬至氣積分爲天正十一月經朔加時及分滿旬周去之不盡以樞法約之爲大餘不滿爲小餘大餘命甲子筭外卽所求年天正十一月經朔日辰及餘

求弦望及次朔經日置天正十一月經朔大小餘以弦策累加之去命如前卽各弦望及次朔經日及餘秒

求沒日置有沒之氣小餘三百六十乘之其秒進一位從之用減歲周餘滿歲餘爲日不滿爲餘命其氣初日筭外卽其氣沒日日辰

凡二十四氣小餘滿八千二百六十五秒三十以上爲有沒之氣

求滅日置有滅經朔小餘三十乘之滿朔虛分爲日不滿爲餘命經朔初日筭外卽爲其朔滅日日辰

凡經朔小餘不滿朔虛分爲有滅之朔

步發斂

候策五餘七百七十一秒一十四

卦策六餘九百二十五秒二十四

土王策三餘四百六十二秒三十

辰法八百八十二半　刻法一千五十九

秒法三十六

推七十二候各因中節大小餘命之爲其氣初候日也以候策加之爲次候又加之爲末候

求六十四卦各因中氣大小餘命之爲公卦用事日以卦策加之得次卦用事日以土王策加諸侯之卦

得十有二節之初外卦用事之日

推五行用事日各因四立日大小餘命之即春木夏火秋金冬水首用事日以土王策減四季中氣大小餘命甲子筭外即其月土始用事日

七十二候及卦日與應天同

求發斂去經朔置天正十一月閏餘以中盈及朔虛分累益之即每月閏餘滿樞法除之爲閏日不盡爲小餘即各得其月中氣去經朔日及餘秒

其餘閏滿閏限至閏仍先見定朔大小其月內無中氣乃爲閏月

求卦候去經朔各以卦候策及餘秒累加減之中氣前以減中氣後以加即各得卦候去經朔日及餘秒

求發斂加時置小餘以辰法除之爲辰數進一位滿刻法爲刻不滿爲刻分其辰數命子正筭外即各加時所在辰刻及分

步日躔

周天分三百八十六萬八千六十五秒二

周天度三百六十五度

虛分二千七百一十五秒二約分二十五秒六十四

歲差一百二十五秒二

乘法三十二

除法四百八十七

秒法一百

常氣中積

冬至空

小寒一十五二千三百十四六

大寒三十四千六百二十八一十二

立春四十五六千九百四十二十八

雨水六十九千二百五十六二十四

驚蟄七十六九百八十三三十

春分九十一三千二百九十五空

清明一百六五千六百九六

穀雨一百二十一七千九百二十三一十二

立夏一百三十六一萬二百二十七十八

小滿一百五十二一千九百六十二二十四

芒種一百六十七四千二百七十五三十

夏至一百八十二六千五百九十空

小暑一百九十七八千九百四六

大暑二百一十三六百二十八一十二

立秋二百二十八二千九百四十二十八

處暑二百四十三五千一百五十四二十四

白露二百五十八七千五百七十三十

秋分二百七十三九千八百八十五空

寒露二百八十九一千六百九六

霜降三百四三千九百二十三一十二

立冬三百一十九六千二百三十七一十八

小雪三百三十四八千五百五十一二十四

大雪三百五十二百七十五三十

常氣昇降分　盈縮分

冬至昇七千三百四十七　盈空

小寒昇六千二十一　盈七千三百四十七

大寒昇四千六百九十六　盈萬三千五百六十八

立春昇三千三百九十六　盈一萬八千六十四

雨水昇二千七十　盈二萬一百六十

驚蟄昇七百七十五　盈二萬三千五百三十

春分降七百五十七　盈二萬四千二百八十七

清明降二千七十　盈二萬三千五百三十

穀雨降三千三百九十六　盈二萬一千四百六十

立夏降四千六百九十六　盈一萬八千六十四

小滿降六千二十二　盈一萬三千三百六十七

芒種降七千三百四十七　盈七千三百四十七

夏至降七千三百四十七　縮空

小暑降六千二十　縮七千三百四十七

大暑降四千六百九十六　縮一萬三千三百六十八

立秋降三千三百九十六　縮一千八百六十四

處暑降二千七十　縮二萬一千四百六十

白露降七百五十七　縮二萬三千五百三十

秋分昇七百五十七　縮二萬四千二百八十七

寒露昇二千七十　縮二萬三千一百三十

霜降昇三千三百九十六　縮二萬一千四百六十

立冬昇四千六百九十六　縮一萬八千六十四

小雪昇六千二十一　縮一萬二千三百六十八

大雪昇七千三百四十七　縮七千三百四十七

常氣損益率　朓朒積

冬至益五百八十二　朒空

小寒益四百七十七　朒五百八十三

大寒益三百七十二　朒一千五十九

立春益二百六十九　朒一千四百三十一

雨水益一百六十四　朒一千七百

驚蟄益六十　朒一千八百六十四

春分損六十 朒一千九百二十四
清明損一百六十四 朒一千八百六十四
穀雨損二百六十九 朒一千七百
立夏損三百七十二 朒一千四百三十一
小滿損四百七十七 朒一千五十九
芒種損五百八十二 朒五百八十二
夏至益五百八十二 朓空
小暑益四百七十七 朓五百八十二
大暑益三百七十二 朓一千九十五
立秋益二百六十九 朓一千四百三十一
處暑益一百六十四 朓一千七百
白露益六十 朓一千八百六十四
秋分損六十 朓一千九百二十四
寒露損一百六十四 朓一千八百六十四
霜降損二百六十九 朓一千七百
立冬損三百七十三 朓一千四百三十一
小雪損四百七十七 朓一千五十九
大雪損五百八十二 朓五百八十二

求每日盈縮定數以乘法乘所入氣昇降分如除法而一爲其氣中平率與後氣中平率相減爲差率半差率加減其氣中平率爲其氣初末泛率

至後加爲初減爲末分後減爲初加爲末

又以乘法乘差率除法而一爲日差半之加減初末泛率爲初末定率

至後減初加末分後加初減末

以日差累加減氣之定率爲每日昇降定率

至後減分後加

以每日昇降定率冬至後昇加減降夏至後昇減降加其氣初日盈縮分爲每日盈縮定數

其分至前一氣先後率相減以前末泛率爲其氣初泛率以半日差至前加之分前減之爲其氣初日定率餘依本日求朓朒準此

求經朔弦望入氣置天正閏日及餘如氣策及餘秒以下者以減氣策及餘秒爲入大雪氣巳上者去之餘以減氣策及餘秒爲入小雪氣即得天正十一月經朔入大小雪氣日及餘秒

求弦望及後朔入氣以弦策累加之滿氣策及餘秒去之即得

求定氣日冬夏二至以常氣爲定餘即以其氣下盈縮分縮加盈減常氣約餘爲定氣滿若不足進退大餘命甲子筭外即定氣日及分

求經朔弦望入氣朓朒定數各以所入氣小餘乘其日損益率如樞法而一即得

求赤道宿度

斗二十六度 牛八度 女十二度 虛十度及分
危十七度 室十六度 壁九度

北方七宿九十八度虛分二千七百一十五秒二約分二十五秒六十四

奎十六度 婁十二度 胃十四度 昴十一度
畢十七度 觜一度 參十度

西方七宿八十一度

井三十三度 鬼三度 柳十五度 星七度
張十八度 翼十八度 軫十七度

南方七宿一百一十一度

角十二度 亢九度 氐十五度 房五度
心五度 尾十八度 箕十一度

東方七宿七十五度

前皆赤道度其畢觜參及輿鬼四宿度數與古度不同自大衍曆依渾天儀以測定爲用紘帶天中儀極是憑以格黃道

推天正冬至赤道日度以歲差乘距所求積年滿周天分去之不盡用減周天分餘以樞法除之爲度不盡爲餘秒其度命以赤道虛宿七度外起筭依宿次去之不滿者即得天正冬至加時赤道日躔所距宿度及餘秒

其餘以樞法退除爲分及秒各以一百爲度

求二十四氣赤道日度置天正冬至加時赤道日度及餘秒以氣策及餘秒累加之

先以三十六乘赤道秒以一百乘氣策秒然後加之即秒母皆同三千六百

滿赤道宿次去之即各得二十四氣加時赤道日躔宿度及餘秒

求二十四氣昏後半赤道日度各以其氣小餘減樞法

其秒亦以一百乘然乃減之

餘加其氣加時赤道日躔宿度及餘秒即其氣初日昏後夜半赤道日度及餘秒

求次日累加一度滿宿次去之各得所求

求赤道宿積度置冬至加時日躔赤道宿全度以冬至加時日躔赤道宿度及約分秒減之餘爲距後度及分秒以赤道宿度累加距後度即得各赤道宿積度及分秒

求赤道宿積度入初末限各置赤道宿積度及分秒滿九十一度三十一分秒一十一去之餘四十五度六十六分以下爲入初之限已上者用減九十一度三十一分餘爲入末限度及分秒

求二十八宿黃道度各置赤道宿入初末限度及分用減一百二十五餘以初末限度及分乘之十二除爲分分滿百爲度命爲黃赤道差度及分至後分前以減分後至前以加赤道宿積度爲其宿黃道積度以前宿黃道積度減其宿黃道積度爲其宿黃道度及分

其分就近約爲太半少

求黃道宿度

斗二十三太　牛七半　女十一半　虛十秒六十四

危十七太　室十七　壁九少

北方七宿九十七度半秒六十四

奎十七半　婁十二太　胃十四太　昴十一

畢十六　觜一　參九少

西方七宿八十二度

井三十　鬼二　柳十四　星七

張十八太　翼十九少　軫十八

南方七宿一百一十度

角十三　亢九半　氐十五半　房五

心四　尾十七　箕十

東方七宿七十四度

求冬至加時黃道日躔宿次以冬至加時赤道日躔宿度用減一百二十五餘以冬至加時赤道度及分乘之十二除爲分分滿百爲度用減冬至加時赤道日度及分卽冬至加時黃道日躔宿度及分

求二十四氣初日加時黃道日躔宿次置所求年冬至日躔黃道赤道差以次年黃赤道差減之餘以所氣數乘之二十四而一所得以加其氣下中積及約分又以其氣初日盈縮分盈加縮減之用加冬時黃道日度依宿次命之卽各得其氣初日加時黃道日躔所在宿度及分

若其年冬至加時赤道日躔度空分秒在歲差已下者卽如前宿全度乃求黃赤道差以次年冬至加時黃赤道差減之餘依本術各得所求此術以究筭理之微亟求其當止以盈縮分加減中積以天正冬至加時黃道日度加而命之

求二十四氣初日晨前夜半黃道日躔宿次置一百分以一百約其氣初日昇降分昇加降減之一日所行之分乘其初日約分所得滿百爲分分滿百爲度不滿百分爲秒以減其初日黃道加時日躔宿次卽其日晨前夜半黃道日躔宿次

求每日晨前夜半黃道日躔宿次各因二十四氣初日晨前夜半黃道日躔宿次日加一度以一百約每日昇降爲分秒昇加降減之以黃道宿次命之卽每日晨前夜半黃道日躔所距宿度及分

步月離

轉周分二十九萬一千八百二秒五百九十四

轉周日二十七餘五千八百七十三秒五百九十四

朔差日一餘一萬三百三十五秒九千四百六

望差一十四餘八千一百四秒五千

弦策七餘四千五十二秒二千五百

七日

初數九千四百四十一初約分八十九末數一千一百七十九末約分一十一

十四日

初數八千二百三十二初約分七十八末數二千三百五十八末約分二十二

二十一日

初數七千五十二初約分六十九末數三千五百三十八末約分二十三

二十八日

初數五千八百七十三初約分五十六

已上秒法一萬

上弦九十一度三十一分秒四十一

望一百八十二度六十二分秒八十二

下弦二百七十三度九十四分秒二十三

平行一十三度三十六分秒八十七半

已上秒母一百

推天正十一月經朔入轉置天正十一月經朔積分以轉周分秒去之不盡以樞法除之爲日不滿爲餘秒命日筭外卽所求天正十一月經朔加時入轉日及餘秒

若以朔差日及餘秒加之滿轉周日及餘秒去之卽次日加時入轉

求弦望入轉因天正十一月經朔加時入轉日及餘秒以弦策累加之去命如前卽上弦望及下弦加時入轉日及餘秒若以經朔弦望小餘減之各得其日夜半入轉日及餘秒

轉日	進退差	轉定分
一日	進十二	一千二百五
二日	進十九	一千二百十七
三日	進二十三	一千二百三十六
四日	進二十二	一千二百五十八
五日	進二十三	一千二百八十
六日	進二十四	一千三百三
七日	進二十五	一千三百二十七
八日	進二十四	一千三百五十二
九日	進二十三	一千三百七十六
十日	進二十三	一千三百九十九
十一日	進二十	一千四百二十二
十二日	進十八	一千四百四十二
十三日	進八	一千四百六十
十四日	退二	一千四百六十八
十五日	退一十四	一千四百六十六
十六日	退一十九	一千四百五十二
十七日	退二十一	一千四百三十三
十八日	退二十三	一千四百一十三
十九日	退二十四	一千三百八十九
二十日	退二十四	一千三百六十五
二十一日	退二十四	一千五百四十一
二十二日	退二十四	一千三百七十七
二十三日	退二十四	一千二百九十三
二十四日	退二十三	一千二百六十九
二十五日	退一十八	一千二百四十六
二十六日	退一十七	一千二百二十八
二十七日	退四	一千二百一十一
二十八日	退三	一千二百七

轉日	轉積度
一日	空
二日	一十二度五
三日	二十四度二十二
四日	三十六度五十八
五日	四十九度一十六
六日	六十一度九十六
七日	七十四度九十九
八日	八十八度二十六
九日	一百一度七十八
十日	一百一十五度五十四
十一日	一百二十九度五十六
十二日	一百四十三度七十五
十三日	一百五十八度二十七
十四日	一百七十二度七十七
十五日	一百八十七度四十五
十六日	二百二度一十一
十七日	二百一十六度六十三
十八日	二百三十度九十六
十九日	二百四十五度八
二十日	二百五十八度九十七
二十一日	二百七十二度九十六
二十二日	二百八十六度二二
二十三日	二百九十九度二十
二十四日	三百一十二度二十
二十五日	三百二十四度八十二
二十六日	三百三十七度二十八
二十七日	三百四十九度五十六
二十八日	三百六十一度六十七

轉日	增減差	遲疾度
一日	增一百三十	遲空
二日	增一百二十	遲一度三十一
三日	增一百一	遲二度五十一
四日	增七十九	遲三度二十五
五日	增五十七	遲四度三十一
六日	增三十三	遲四度八十八
七日	初增一十一 末減一	遲五度二十一
八日	減一十五	遲五度三十一
九日	減三十九	遲五度十六
十日	減六十二	遲四度七十七
十一日	減八十五	遲四度一十五
十二日	減一百五	遲三度三十
十三日	減一百二十三	遲二度二十五
十四日	初減二百二 末增二十九	遲一度二
十五日	增一百二十九	疾空二十九
十六日	增一百一十五	疾一度五十八
十七日	增九十七	疾二度七十三
十八日	增七十五	疾三度七十
十九日	增五十一	疾四度四十五
二十日	增二十八	疾四度九十六
二十一日	初增八 末減四	疾五度二十四
二十二日	減二十	疾五度二十八

二十三日	減四十四	疾五度八
二十四日	減六十七	疾四度六十四
二十五日	減九十	疾三度九十七
二十六日	減一百九	疾三度七
二十七日	減一百二十六	疾一度九十六
二十八日	初減七十二	疾空七十二

轉日	損益率	朓朒積
一日	益一千四十三	朒空
二日	益九百四十六	朒一千四十三
三日	益八百二	朒一千九百八十九
四日	益六百三十	朒二千七百九十一
五日	益四百五十	朒三千四百二十一
六日	益二百六十二	朒三千八百七十一
七日	初益八十三 末損一十	朒四千一百二十四
八日	損一百一十七	朒四千二百七
九日	損三百七	朒四千九十
十日	損四百九十三	朒三千七百八十三
十一日	損六百七十二	朒三千二百九十
十二日	損八百三十六	朒二千六百一十八
十三日	損九百七十一	朒一千七百八十二
十四日	初損八百十一 末益二百二十三	朒八百一十一
十五日	益一千二十三	朓三百三十二
十六日	益九百一十四	朓一千二百五十六
十七日	益七百六十四	朓二千一百七十
十八日	益三百九十一	朓三千九百二十四
十九日	益四百九	朓三千五百二十五
二十日	益二百二十	朓三千九百三十四
二十一日	初益六十三 末減三十一	朓四千一百五十四
二十二日	損一百五十九	朓四千一百八十六
二十三日	損三百四十九	朓四千二十七
二十四日	損五百三十一	朓三千六百七十八
二十五日	損七百一十	朓三千一百四十七
二十六日	損八百六十七	朓二千四百三十七
二十七日	初損九百九十二	朓一千五百七十
二十八日	初損五百七十八	朓五百七十八

求朔弦望入轉朓朒定數置所入轉餘乘其日損益率樞法而一所得以損益其下朓朒積爲定數其四七日下餘如初數下以初率乘之初數而一以損益朓朒爲定數若初數已上者以初數減之餘乘末率末數而一用減初率餘加朓朒各爲定數其十四日下餘若在初數已上者初數減之餘乘末率末數而一爲朓定數

求朔望定日各以入氣入轉朓朒定數朓減朒加經朔弦望小餘滿若不足進退大餘命甲子筭外各得定日及餘若定朔干名與後朔同名者大不同者小其月無中氣者爲閏月

凡注曆觀朔小餘如日八分已上者進一日朔或當定有食應見者其朔不進弦望定小餘不滿日出分退一日其望定小餘雖滿此數若有交食虧初起在日出已前者亦如之有月行九道遲疾曆有三大二小若行盈縮累增損之則有四大三小理數然也若倍循常儀當察加時早晚隨其所近而進退之不過三大二小若正朔有加交時虧在晦二正見者消息前後一兩月以定大小

求定朔弦望加時日所在度置定朔弦望約分副之以乘其日昇降分一萬約之所得昇加降減其副以加其日夜半日度命如前各得其日加時日躔黃道宿次

推月行九道凡合朔所交冬在陰曆夏在陽曆月行青道

冬夏至後青道半交在春分之宿當黃道東立冬立夏後青道半交在立春之宿當黃道東南至所衝之宿亦如之

冬在陽曆夏在陰曆月行白道

冬夏至後白道半交在秋分之宿當黃道西立冬立夏後白道半交在立秋之宿當黃道西北至所衝之宿亦如之

春在陽曆秋在陰曆月行朱道

春秋分後朱道半交在夏至之宿當黃道南立春立秋後朱道半交在立夏之宿當黃道西南至所衝之宿亦如之

春在陰曆秋在陽曆月行黑道

春秋分後黑道半交在冬至之宿當黃道北立春立秋後黑道半交在立冬之宿當黃道凍北至所衝之宿亦如之

四序月離雖爲八節至陰陽之所交皆與黃道相會故月行有九道各視月所入正交積度滿象度及分去之

入交積度及象度若在半並在交會術中象以下者爲入初限已上者復減象度餘爲入末限用減一百二十五餘以所入初末限度及分乘之滿

二十四而一爲分分滿百爲度所得爲月行與黃道差數距半交後正交前以差數爲減距正交後半交前以差數爲加

此加減出入六度單與黃道相較之數若較赤道則隨氣遷變不常

計去冬夏至以來度數乘黃道所差九十而一爲月行與赤道差數凡日以赤道內爲陰外爲陽月以黃道內爲陰外爲陽故月行宿度入春分交後行陰曆秋分交後行陽曆皆爲同名春分交後行陽曆秋分交後行陰曆皆爲異名其在同名以差數加者加之減者減之其在異名以差數加者減之減者加之皆以增損黃道宿積度爲九道宿積度以前宿九道積度減之爲其九道宿度及分

其分就近約爲少半太之數

推月行九道平交入氣各以其月閏日及餘加經朔加時入交汎日及餘秒盈交終日去之乃減交終日及餘秒卽各平交入其月中氣日及餘秒滿氣策及餘秒去之餘卽平交入後月節氣日及餘秒

因求次交者以交終日及餘秒加之滿氣策及餘秒去之餘爲平交入其氣日及餘秒若求其氣朓朒定數如求朔弦望經日術入之各得所求也

求平加入轉朓朒定數置所入氣餘加其日夜半入轉餘以乘其日損益率樞法而一所得以損益其下朓朒積乃以交率乘之交數而一爲定數

求正交入氣以平交入氣入轉朓朒定數朓減朒加平交入氣餘滿若不足進退其日卽正交入氣日及餘秒

求正交加時黃道宿度置正交入氣餘副之以乘其日昇降分一百約之昇加降減其副乃一百乘之樞法而一以加其日夜半日度卽正交加時黃道日度及分秒

求正交加時月離九道宿度以正交度及分減一百二十五餘以正交度及分乘之滿二十四餘爲定差以差加黃道宿度仍計去冬夏至以來度數乘差九十而一所得依名同異而加減之滿若不足進退其度命如前卽正交加時月離九道宿度及分

推定朔弦望加時月所在度各置其日加時日躔所在變從九道循次相當凡合朔加時月行潛在日下與太陽同度是爲加時月離宿次

先置朔弦望加時黃道日度以正交加時黃道宿度減之餘以加其正交加時九道宿度命起正交宿度筭外卽朔弦望加時所當九道宿度其合朔加時若非正交則日在黃道月在九道各入宿度雖多少不同考其去極若應繩準故云月行潛在日下與太陽同度

各以弦望度及分秒加其所當九道宿度滿宿次去之命如前卽各得加時九道月離宿次

求定朔夜半入轉各視經朔夜半入轉若定朔大餘有進退者亦加減轉日不則因經爲定

求次定朔夜半入轉因定朔夜半入轉大月加二小月加一餘皆四千七百一十六秒九千四百六十六滿轉周日及餘秒去之卽次定朔夜半入轉累加一日去命如前各得次日夜半轉日及餘秒

求月晨昏度以晨昏乘其日轉定分樞法而一爲晨轉分減轉定分餘爲昏轉分乃以朔弦望定小餘乘轉定分樞法而一爲加時分以減晨昏轉分餘爲前不足覆減餘爲後仍前加後減加時月卽晨昏月所在度

求朔弦望晨昏定程各以其朔昏定月減上弦昏定月爲朔後定程以上弦昏定月減望日昏定月爲上弦後定程以望日晨定月減下弦晨定月爲望後定程以下弦晨定月減後朔晨定月爲下弦後定程

求每日轉定度累計每程相距日轉定分以減定程爲盈不足覆減爲縮以相距日均其盈縮盈加縮減每日轉定分爲每日轉定度及分

求每日晨昏月因朔弦望晨昏月加每日轉定度及分盈縮次去之爲每日晨昏月

凡注曆自朔日注昏望後次日注晨已前月度竝依九道所推以究筭理之精微如求其速要卽依後術求之

推天正經朔加時平行月置歲周以天正閏餘減之餘以樞法除之爲度不盡退除爲分秒卽天正經朔加時平行月積度

求天正十一月定朔夜半平行月置天正經朔小餘以平行分乘之樞法而一爲度不盡退除爲分秒所得爲加時度用減天正經朔加時平行月卽經朔晨前夜半平行月

其定朔有進退者卽以平行度分加減之卽天正十一月定朔晨前夜半平行月積度

求次定朔夜半平行月大月加三十五度八十分秒六十一小月加二十二度

四十三分秒七十三半滿周天度分去之卽每月定
朔晨前夜半平行月積度及分
求定望夜半平行月計定朔距定望日數以乘平行
度及分秒所得加其定朔夜半平行月積度及分卽
定望夜半平行月積度及分
求天正定朔夜半入轉因天正經朔夜半入轉若定
朔大餘有進退者亦進退之不則因經而定卽所求
年天正定朔晨前夜半入轉及其餘以樞法退除爲
約分及秒皆一百爲母
求定望及次定朔夜半入轉因天正定朔夜半入轉
及分秒以朔望相距日累加之滿轉周日二十七及
分五十五秒四十六去之卽各得定望及次定朔晨
前夜半入轉日及分秒
求定朔望夜半定月置定朔望夜半入轉分乘其日
增減差一百約之爲分分滿百爲度增減其下遲疾
度爲遲疾定度遲減疾加夜半平行月爲朔望夜半
定月以冬至加時黃道日度加而命之卽朔望夜半
月離宿次
其入轉若在四七日不如求朏朒術入之卽得所
求
求朔望定程以朔定月減望定月爲朔後定程以望
定月減次朔定月卽望後定程
求朔望轉積計朔至望轉定分爲朔後轉積自望至
次朔亦如之爲後轉積
求每日夜半月離宿次各以其朔望定程與轉積相
減餘爲程差以距後程日數除之爲日差加歲轉定
分爲每日行度及分定程多加之定程少減之以每日行度及分
累加朔望夜半宿次命之卽每日晨前夜半月離宿
次
若求晨昏月以其日晨昏分乘其日轉定度及分
樞法而一以加夜半月卽晨昏月所在度及分若
以四象爲程兼求弦日平行積餘各依次入之若
以九終轉定分累加之依宿次命之亦得所求
步晷漏
二至限一百八十二六十二分
一象九十一三十一分
消息法七千八百七十三
辰法八百八十二半八刻三百五十三
昏明刻一百二十九半
昏明餘數二百六十四太
冬至陽城晷景一丈二尺七寸一分半初限六十二
末限一百二十六二分
夏至陽城晷景一尺四寸七分小分八十初限一百
二十六十二分末限六十二
求陽城晷景入二至後日數各計入二至後日數乃
如半日之分五十又以二至約分減之卽入二至後
來午中日數及分
求陽城晷景入初末限定日及分置其日中入二至
後求日數及分以其日午中入氣盈縮分盈加縮減
之各如初限已下爲在初限已上覆減二至限餘爲
入末限定日及分
求盈縮分置入二至後來午中日數及分以氣策
入約分除之爲氣數不盡爲入氣以來日數及分
加其氣數命以冬夏至筭外卽其日午中所入氣
日及分置所入氣日約分如出朏朒術入之卽得
所求
求陽城每日中晷定數置入二至初末限定日及分
如冬至後初限夏至後末限者以初末限日及分減
一百四十六餘退一等爲定差又以初末限日及分
自相乘以乘定差滿六千六百四十五爲尺不滿退
除爲寸分命曰晷差以晷差減冬至晷數卽其日陽
城午中晷景定數如冬至後末限夏至後初限者以
初末限日及分減一千二百一十七餘再退爲定差
亦以初末限日及分自相乘以乘定差滿二萬四千
九百三十餘爲尺不滿退除爲寸分命曰晷差以晷
差加夏至晷數卽其日陽城中晷定數
若以中積求之卽得每日晷景常數
求每日消息定數以所入氣日及加其氣下中積一
象已下自相乘已上者用減二至限餘亦自相乘皆
五因之進二位以消息法除之爲消息常數副置常
數用減五百二十九半餘乘其副以二千三百五十
除之加於常數爲消息定數
冬至後爲消夏至後爲息
求每日黃道去極度及赤道內外度置其日消息數
十六乘之以三百五十三除爲度不滿退除爲分所
得在春分後加六十七度三十一分秋分後減一百
一十五度三十一分卽每日黃道去極度分度又以
每日黃道去極度及分與一象度相減餘爲赤道內
外度若去極度少爲日在赤道內去極度多爲日在
赤道外卽各得所求
其赤道內外度爲黃赤道相去度分

求每日晨昏分日出入分及半晝分以每日消息定數春分後加一千八百五十三少秋分後減二千九百一十二少各爲每日晨分用減樞法爲昏分以昏明餘數加晨分爲日出分減昏分爲日入分以日出分減半法爲晝分

求每日距中度置每日晨分三因進二位以八千六百九十八除爲度不滿退除爲分即距子度用減半周天餘爲距中度倍距子度五除爲每更差度及分

求夜半定漏置晨分進一位以刻法除爲刻不滿爲分即每日夜半定漏

求晝夜刻及日出入辰刻倍夜半定漏加五刻爲夜刻減一百刻餘爲晝刻以昏明刻加夜半定漏命子正筭外即日出辰刻以晝刻加之命如前即日入辰刻

求更籌辰刻倍夜半定漏二十五而一爲籌差刻五乘之爲更差刻以昏明刻加日入辰刻即甲夜辰刻以更籌差刻累加之滿辰刻及分去之各得每更籌所入辰刻及分

求每日昏明度置距中度以其日昏後夜半赤道日度加而命之即昏中星所格宿次又倍距子度加昏中星命之即曉中星所格宿次

求五更中星皆以昏中星爲初更中星以每更差加而命之即乙夜所格宿次累加之各得五更中星所格宿次

求九服距差日各於所在立表候之若地在陽城北測冬至後與陽城冬至晷景同者累冬至後至其日爲距差日若地在陽城南測夏至後與陽城夏至晷景同者累夏至後至其日爲距差日

求九服晷景若地在陽城北冬至前後者置冬至前後日數用減距差日爲餘日以餘日減一百四十六餘退一等爲定差以餘日自相乘而乘之滿六千六百四十五除之爲尺不滿退除爲寸分加陽城冬至晷景爲其地其日中晷常數若冬至前後日多於距差日即減去距差日餘依陽城法求之各其地其日中晷常數若地在陽城南夏至前後者以夏至前後日數減距差日爲餘日以減一千二百一十七餘再退爲定差以餘日自相乘而乘之滿二萬四千九百三十爲尺不滿退除爲寸分以減陽城夏至晷數即其地其日中晷常數如不及減乃減去陽城夏至日晷景餘即晷在表南也若夏至前後日多於距差日即減去距差日餘依陽城法求之各其地其日中晷常數

若求中晷定數先以盈縮分加減之乃用法求之即各得其地其日中晷定數

求九服所在晝夜漏刻冬夏至各於所在下水漏以定其處二至夜刻數相減爲冬夏至差刻乃置陽城其日消息定數以其處二至差刻乘之如陽城二至差刻二十而一所得爲其地其日消息定數乃倍消息定數進一位滿刻法約之爲刻不滿爲分乃加減其處二至夜刻

秋分後春分前減冬至夜刻春分後秋分前加夏至夜刻

爲其地其日夜刻用減一百刻餘爲晝刻

求日出入辰刻及距中度五更中星皆依陽城法

步交會

交終分二十八萬八千一百七十七秒四千二百七十七

交終日二十七餘二千二百四十七秒四千二百七十七

交中日一十三餘六千四百一十八秒七百三十八半

朔差日二餘三千三百七十一秒五千七百二十三半

後限日一餘一千六百八十五秒七千八百六十一半

望策十四餘八千一百四秒五十

前限日十二餘四千七百三十二秒九千二百七十七

交率一百四十一

交數一千七百九十六

交終度三百六十三度七十六分

交象九十度九十四

半交一百八十一度八十八

陽曆食限四千二百

陽曆定法四百二十

陰曆食限七千

陰曆定法七百

求天正十一月經朔加時入交置天正十一月朔積分以交終分秒去之不盡滿樞法爲日不滿爲餘秒即天正經朔加時入交汎日及餘秒

求次朔及望入交因天正經朔加時入交汎日及餘秒

求次朔以朔差日及餘秒加之求望以望策及餘秒
加之滿交終日及餘秒皆去之卽次朔及望加時所
入若以經朔望小餘減之卽各得朔望夜半入交汎
日及餘秒
求定朔夜半入交因經朔望夜半入交若定朔望大
餘有進退者亦進退交日不則因經爲定各得所求
求次定朔夜半入交各因前定朔夜半二入交大月
加日二小月加日一餘皆加八千三百四十二秒五
千七百二十三若求次日累加一日滿交終日及餘
秒皆去之卽得次定朔及每日夜半入交汎日及餘
秒
求朔望加時入交常日置經朔望入交汎日及餘秒
以其朔望入氣朏朒定數朏減朒加之卽朔望入交
常日及餘秒
求朔望加時入交定日置其朔望入轉朏朒定數以
交率乘之如交數而一所得以朏減朒加入交常日
餘滿若不足進退其日卽朔望加時入交定日及餘
秒
求月行入陰陽曆視其朔望入交定日及餘秒在中
日及餘秒以下者爲月在陽曆如中日及餘秒以上
者減去之爲月在陰曆
　凡入交定日陽初陰末爲交初陰初陽末爲交中
求朔望加時月入陰陽曆積度置其月入陰陽曆日
及餘
　其餘先以二百乘之樞法除爲約分
以九百九乘之六十八除爲度不盡退除爲分卽朔
望加時月入陰陽曆積度及分

　其月在陽曆卽爲入陽曆積度月在陰曆卽爲入
　陰曆積度
求朔望加時月去黃道度置入陰陽曆積度及分如
交象以下爲在少象已上覆減半交餘爲入老象置
所入老少象度及分以五因之用減一千一十餘以
老少象度及分乘之八十四而一列於上位又置所
入老少象度及分如半象以下爲在初限已上減去
半象餘爲入末限置初末限度及分於上列半象度
及分於下以上減下餘以乘上四十而一所得初限
以減末限以加上位滿百爲度不滿爲分卽朔望加
時月去黃道度數及分
求食定餘置定朔小餘如半法以下覆加半法餘爲
午前分已上減去半法餘爲午後分置午前後分於
上列半法於下以上減下以下乘上午前以三萬一
千七百七十餘午後以一萬三千八百八十五除之
各爲時差午前以減午後以加定朔小餘各爲食定
小餘以時差加午前後分爲午前後定分
　其月食直以定望小餘便爲食定小餘
求日月食甚辰刻置食定小餘以辰法除之爲辰數
不滿進一位刻法除之爲刻不滿爲刻分其辰數命
子正筭外卽食甚辰刻及分
求氣差置其朔中積滿二至限去之餘在一象以下
爲在初已上覆減二至限餘爲在末皆自相乘進二
位滿二百三十六除之用減三千五百三十三爲氣
差以乘距午定分半晝分而一所得以減氣差爲定
數
　春分後交初以減交中以加秋分後交初以加交
　中以減
求刻差置其朔中積滿二至限去之餘列二至限於
下以上減下餘以乘上進二位滿二百三十六除之
爲刻差以乘距午定分四因之樞法而一爲定數冬
至後食甚在午前夏至後食甚在午後（交初以加交中以減）冬
至後食甚在午後夏至後食甚在午前（交初以減交中以加）
求日入食限置入交定日及餘秒以氣刻時三差定
數各加減之如中日及餘秒以下爲不食已上者減
去中日及餘秒如後限以下前限以上爲入食限後
限以下爲交後分前限以上覆減中日餘爲交後分
求日食分置入交前後分如陽曆食限以下者爲陽
曆食定分已上者覆減一萬一千二百餘爲陰曆食
定分（不足減者不食）各如陰陽曆定法而一爲食之大分不
盡退除爲小分半已上爲半強半以下爲半弱命大
分以十爲限得日食之分
求日食汎用法置朔入陰陽曆食定分一百約之在
陽曆者列八十四於下在陰曆者列一百四十於下
各以上減下餘以乘上進二位陽曆以一百八十五
除陰曆以五百一十四除各爲日食汎用分
求月入食限視月入陰陽曆日及餘如後限以下前
限已上覆減中日爲交前分
求月食分置交前後分如三千二百以下者食旣已
上用減一萬二百不足減者不食餘以七百除之爲
大分不盡退除爲小分小分半已上爲半強半已下
爲半弱命大分以十爲限得月食之分
求月食汎用分置望入交前後分退一等自相乘交
初以九百三十五除交中以一千一百五十六除之

得數用減刻各得所求

率交初以一千一百一十一爲刻率交中以九百爲刻率

求日月食定用分置日月食汎用分以一千三百三十七乘之以所食日轉定分除之即得所求

求日月食虧初復滿小餘各以定用分減食甚小餘爲虧初加食甚小餘爲復滿即各得虧初復滿小餘

若求時刻者依食甚術入之

求月食更籌定法置其望晨分四因之退一等爲更法倍之退一等爲籌法

求月食入更籌置虧初食甚復滿小餘在晨分以下加晨分昏分已上減去昏分餘以更法除之爲更數不滿以籌法除之爲籌數其更數命初更筭外即各得所入更籌

求朔望食甚宿次置其經朔望入氣小餘以入氣入轉朏朒定數朏減朒加之乘其日升降分樞法而一加減其日盈縮分（至後分前以加分後至前以減）一百約之爲分分滿百爲度以盈加縮減其定朔望加時中積以天正冬至加時黃道日度及分加而命之即定朔望加時日躔宿次其望加半周天命如前即朔望食甚宿次

求月食既內外刻分置月食交前後分覆減三千二百（不及減者爲食下既）一百約之列六十四於下以上減下餘以乘上進二位交初以二百九十三除交中以三百六十五除所得以定用分乘之如汎用分而一爲月食既內刻分覆減定用分即既外刻分

求日月帶食出入分數各以食定小餘與日出入分相減餘爲帶食差

其帶食差滿定用分已上者不帶食出入也

以帶食差乘所食分滿定用分而一

若月食既者以既內刻分減帶食差餘所食分以既外刻分而一不及減者爲帶食既出入也

各以減所食分既帶出入所見之分

其朔日食甚在晝者晨爲漸進之分昏爲已退之分若食甚在夜者晨爲已退之分昏爲漸進之分

其月食者見此可知也

求日食所起日在陰曆初起西北甚於正北復於東北日在陽曆初起西南甚於正南復於東南其食八分已上者皆起正西復於正東

此據午地而論之其餘方位審黃道斜正月行所向可知方向

求月食所起月在陰曆初起東南甚於正南復於西南月在陽曆初起東北甚於正北復於西北其食八分已上皆起正東復於正西

此亦據午地而論之其餘方位依日食所向即知既虧復滿

欽定古今圖書集成曆象彙編曆法典

第二十二卷目錄

曆法典第二十二卷

曆法總部彙考二十二

宋四

崇天曆法下

步五星

五星會策十五度二十一分秒九十

木星

周率四百二十二萬四千五十八秒三十二

周日三百九十八餘九千二百二十八秒三十二

歲差一百三秒六　伏見度一十三

變目	變日	變度
前伏	一十六日八十	三度八十
前疾初	二十八日	六度六十一
前疾末	二十八日	五度五十二
前遲初	二十八日	四度四十一
前遲末	二十八日	二度二十二
前留	二十四日	
前退	四十六日六十四	五度一十八
後退	四十六日六十四	五度一十八
後留	二十四日	
後遲初	二十八日	二度二十二
後遲末	二十八日	四度四十一
後疾初	二十八日	五度五十二
後疾末	二十八日	六度六
後伏	一十六日八十	三度八十

變目	限度	初行率
前伏	二度八十五	二十二
前疾初	四度五十五	三十二
前疾末	四度一十五	二十二
前遲初	三度三十三	二十八
前遲末	一度六十五	二十三
前留		
前退	空度二十九	空
後退	空度二十九	一十六
後留		
後遲初	一度六十六	空
後遲末	三度三十二	一十三
後疾初	四度一十五	一十八
後疾末	四度五十五	二十
後伏	二度八十五	二十二

木星盈縮曆

會數	損益率	盈積度
初	益一百六十三	盈空
一	益一百四十九	盈一度
二	益一百二十六	盈三度一十二
三	益九十五	盈四度三十八
四	益五十五	盈五度三十三
五	益二十二	盈五度八十八
六	損三十九	盈六度一十
七	損六十五	盈五度七十一
八	損九十六	盈五度六
九	損一百二十	盈四度一十
十	損一百三十九	盈二度九十
十一	損一百五十一	盈一度五十一

會數	損益率	縮積度
初	益二百	縮空
一	益一百八十四	縮空一
二	益一百五十九	縮四度三十五
三	益一百二十七	縮五度四十五
四	益八十八	縮六度七十一
五	益三十八	縮七度五十七
六	損一十五	縮七度九十五
七	損七十三	縮七度八十
八	損一百二十六	縮七度七
九	損一百六十七	縮五度八十一
十	損一百九十八	縮四度一十四
十一	損二百一十六	縮二度一十六

火星

周率八百二十五萬九千三百六十六秒五十九

周日七百七十九餘九千七百五十六秒五十九

歲差一百三秒五十三　伏見度二十

變目	變日	變度

前伏	六十九日	四十九度空
前疾初	六十一日	四十二度五十
前疾末	四十二日五十	三十度一十
前次疾初	四十二日五十	二十九度三
前次疾末	四十二日五十	二十六度九十二
前遲初	四十二日五十	二十一度七十二
前遲末	四十三日五十	一十四度二十八
前留	一十三日	
前退	二十八日九十六	八度二十一
後退	二十八日九十六	八度二十
後留	一十三日	
後遲初	四十三日五十	一十四度二十八
後遲末	四十三日五十	二十二度七十二
後次疾初	四十二日五十	二十六度九十二
後次疾末	四十三日五十	二十九度三
後疾初	四十三日五十	三十度十
後疾末	六十一日五十	四十三度五十
後伏	六十九日	四十九度空

變目	限度	初行率
前伏	四十六度四十六	七十一
前疾初	四十一度二十三	七十一
前疾末	二十八度五十六	七十
前次疾初	二十七度五十二	六十八
前次疾末	二十五度五十四	六十三
前遲初	二十一度五十四	五十七
前遲末	一十三度五十五	四十三
前留		
前退	二度九十二	空
後退	二度九十二	二十九
後留		
後遲初	一十三度五十五	空
後遲末	二十一度五十四	四十三
後次疾初	二十五度五十四	五十七
後次疾末	二十七度五十二	六十三
後疾初	二十八度五十六	六十八
後疾末	四十三度五十二	七十
後伏	四十六度四十六	七十一

火星盈縮曆

會數	損益率	盈積度
初	益一千一百三十五	盈空
一	益八百七十六	盈一十一度
二	益四百一十七	盈二十度一十
三	益一百四十五	盈二十四度二十八
四	益二十四	盈二十五度七十三
五	損一百四十六	盈二十五度四十九
六	損二百九十六	盈二十四度三
七	損三百八十八	盈二十一度七
八	損四百五十八	盈一十一度一十九
九	損四百四十五	盈一十二度六十一
十	損四百二十	盈八度一十六
十一	損三百九十六	盈三度九十六

會數	損益率	縮積度
初	益四百一十二	縮空
一	益四百三十三	縮四度一十二
二	益四百五十五	縮八度四十五
三	益四百六十七	縮十三度空
四	益四百一	縮十七度六十七
五	益三百四	縮二十一度八十八
六	益一百五十二	縮二十四度七十二
七	益二十六	縮二十六度二十四
八	損一百五十二	縮二十六度五十
九	損四百三十八	縮二十四度九十八
十	損九百	縮二十度六十
十一	損一千一百六十	縮一十一度六十

土星

周率四百萬三千八百七十二秒三十九

周日三百七十八餘八百五十二秒二十九

歲差一百三秒七十八　伏見度一十六

變目	變日	變度
前伏	一十八日三十四	一度三十四
前疾	二十八日	三度二十九
前次疾	二十八日	二度七十三
前遲	二十八日	一度六十四
前留	三十六日	
前退	五十日七十	三度五十八
後退	五十日七十	三度五十八
後留	三十六日	
後遲	二十八日	一度六十四
後次疾	二十八日	二度七十五
後疾	二十八日	三度二十九
後伏	一十八日二十四	二度三十四

變目	限度	初行率
前伏	一度四十六	一十二
前疾	二度五	一十二
前次疾	一度七十一	一十一
前遲	一度二	八
前留		
前退	度空一十八	空
後退	度空一十八	一十
後留		
後遲	一度二	空
後次疾	一度七十一	八
後疾	二度五	一十一
後伏	一度四十六	一十二

土星盈縮曆

會數	損益率	盈積度
初	益一百八十七	盈空
一	益一百七十一	盈一度八十七
二	益一百四十四	盈三度五十八
三	益一百一十二	盈五度二
四	益六十七	盈六度一十四
五	益二十	盈六度八十一
六	損二十九	盈七度一
七	損七十四	盈六度七十一
八	損一百一十二	盈五度九十八
九	損一百四十三	盈四度八十六
十	損一百六十四	盈三度四十三
十一	損一百七十九	盈一度九十七

會數	損益率	縮積度
初	益一百九十一	縮空
一	益一百七十六	縮一度九十一
二	益一百五十二	縮三度六十八
三	益一百二十	縮五度二十
四	益七十九	縮六度四十
五	益三十一	縮七度一十九
六	損二十一	縮七度五十
七	損七十二	縮七度二十九
八	損一百一十九	縮六度五十七
九	損一百五十五	縮五度三十八
十	損一百八十三	縮三度八十三
十一	損二百	縮二度

金星

周率六百一十八萬三千五百九十九秒一十六

周日五百八十三餘九千六百二十九秒一十六

歲差一百三十秒八十

夕見晨伏度一十一

晨見夕伏度九

變目	變日	變度
前伏合	三十八日五十	四十九度五十
夕疾初	六十二日	七十八度四十六
夕疾末	三十三日五十	四十一度七十
夕次疾初	三十三日五十	四十度三十六
夕次疾末	三十三日五十	三十七度六十七
夕遲初	三十三日五十	二十二度二十九
夕遲末	三十三日五十	二十七度五十二
夕留	八日	
夕退	十日九十五	五度五十五
夕伏退	五日	四度
再合退	五日	四度
晨退	十日九十五	五度五十五
晨留	八日	
晨遲初	三十三日五十	二十七度五十三
晨遲末	三十三日五十	三十二度一十九
晨疾初	三十三日五十	三十七度六十七
晨疾末	三十三日五十	四十度三十六
晨疾初	三十三日五十	四十一度七十
晨疾末	六十二日	七十八度四十六
後伏	三十八日	四十九度五十

變目	限度	初行率
前伏合	四十七度六十	一度二十七
夕疾初	七十五度四十三	一度二十七
夕疾末	四十度一十	一度二十五
夕次疾初	三十八度八十	一度二十二
夕次疾末	三十六度二十二	一度二十六
夕遲初	三十一度四	一度五
夕遲末	二十度六十九	八十五
夕留		
夕退	一度二十二	
夕伏退	度空八十六	七十三
再合退	度空八十六	八十三
晨退	一度二十一	七十三
晨留		

晨遲初　二十度六十九
晨遲末　三十一度四　八十五
晨疾初　三十六度二十五　一度五
晨疾末　三十八度十八　一度五十
晨疾初　四十度十一　一度五十
晨疾末　七十五度四十二　一度二十五
後伏　四十七度十六　一度二十五

金星盈縮曆

會數	損益率	盈積度
初	益五十二	盈空
一	益四十八	盈空五十二
二	益四十一	盈一度
三	益三十一	盈一度四十一
四	益二十一	盈一度七十二
五	益七	盈一度九十三
六	損七	盈二度
七	損二十一	盈一度九十三
八	損三十一	盈一度七十二
九	損四十一	盈一度四十一
十	損四十八	盈一度
十一	損五十二	盈空

會數	損益率	縮積度
初	益五十二	縮空
一	益四十八	縮空五十二
二	益四十一	縮一度
三	益三十一	縮一度四十一
四	益二十一	縮一度七十二
五	益七	縮一度九十三
六	損七	縮二度
七	損二十一	縮一度
八	損三十一	縮一度七十二
九	損四十一	縮一度四十一
十	損四十八	縮一度
十一	損五十二	縮五十二

水星

周率一百二十二萬七千一百七十秒二十八
周日一百一十三餘九千三百二十秒二十八
歲差二百三秒九十四　夕見晨伏度一十四
晨見夕伏度二十一

變目	變日	變度
前伏合	一十六日	三十度
夕疾	一十三日	二十一度一十五
夕遲	一十三日	一十四度八十五
夕畱	三日	
夕伏退	一十二日九十四	八度六
再合退	一十二日九十四	八度六
晨畱	三日	
晨遲	一十三日	一十四度八十五
晨疾	一十三日	二十一度一十五
後伏	一十六日	三十度

變日	限度	初行率
前伏合	二十六度八	一度九十五
夕疾	一十八度三十八	一度七十九
夕遲	一十二度	一度四十七
夕畱		
夕伏退	一度三十二	
再合退	一度三十二	九十三
晨畱		
晨遲	一十二度一十六	
晨疾	一十八度三十八	一度四十七
後伏	二十六度八	一度七十九

水星盈縮曆

會數	損益率	盈積度
初	益五十七	盈空
一	益五十三	盈空五十七
二	益四十五	盈一度十一
三	益三十五	盈一度五十五
四	益二十二	盈一度十九
五	益八	盈二度一十二
六	損八	盈二度十二
七	損二十二	盈二度一十二
八	損三十五	盈一度十九
九	損四十五	盈一度五十五
十	損五十三	盈一度十一
十一	損五十七	盈空五十七

會數	損益率	縮積度
初	益五十七	縮空
一	益五十三	縮空五十七
二	益四十五	縮一度十一
三	益三十五	縮一度五十五
四	益二十二	縮一度十九

五　益八　縮二度一十二
六　損八　縮二度二十
七　損二十二　縮二度一十二
八　損三十五　縮一度九十
九　損四十五　縮一度五十五
十　損五十三　縮一度一十
十一　損五十七　縮空五十七

推五星天正冬至後諸變中積中星置氣積分各以其星周率去之不盡覆減周率餘滿樞法除之爲日不滿退除爲分卽天正冬至後平合中積命之積平合中星以諸段變日變度累加之卽諸變中積中星

其經退行者卽其變度累減之卽其星其變中星

求五星諸變入曆以其星歲差乘積年滿周天分去之不盡以樞法除之爲度不滿退除爲分以減其星平合中星卽平合入曆以其星其變限度依次加之各得其星諸變入曆度分

求五星諸變盈縮定差各置其星其變入曆度分半周天以下爲在盈以上減去半周天餘爲在縮置盈縮限度及分以五星會策除之爲會數不盡爲入會度及分以其會下損益率乘之會策除之爲分分滿百爲度以損益其下盈縮積度卽其星其變盈縮定差

若用立成者以其所入會度下差而用之

其木火土三星後退後留者置盈縮差各列其星盈縮極度於下皆以上減下餘以乘上八十七除之所得木土三因火直用之在盈益減損加在縮益加損減其段盈縮差爲後退後留定差因爲後遲初段定差

各須類會前留定差觀其盈縮初末審察降殺皆裒多益少而用之

求五星諸變定積各置其星其變中積以其變盈縮定差盈加縮減之卽其星其變定積及分以天正冬至大餘及分加之卽其星其變定日及分以紀法去定日不盡命甲子算外卽得日辰

求五星諸變在何月日各置諸變定日以其年天正經朔大餘及分減之

若冬至大餘少加經朔大餘者加紀法乃減之餘以朔策及分除之爲月數不滿爲入月日數及分其月數命以天正十一月算外卽其星其變入其月經朔日數及分

若置定積以天正閏月及分加之朔策除爲月數亦得所求

求五星諸變入何氣日置定積以氣策及約分除之爲氣數不盡爲入氣已來日數及分其氣數命起天正冬至算外卽五星諸變入其氣日及分

其定卽滿歲周日及分卽去之餘在來年天正冬至後

求五星諸變定星各置其變中星以其變盈縮定差盈加縮減之

其金水二星金以倍之水以三之乃可加減

卽五星諸變定星以大正冬至加時黃道日度加而命之卽其星其變加時定星宿次及分

五星皆以前留爲前退初日定星後留爲後遲初日歲星

求五星諸變初日晨前夜半定星以其星其變盈縮所入會度下盈縮積度與次度下盈縮積度相減餘爲其度損益分乘其變初行率一百約之所得以加減其日初行率

在盈益加損減在縮益減損加

爲初行積率又置一日分亦依其數加減之以除初行積率爲初日定行率以乘其率初日約分一百約之順減退加其日加時定星爲其變晨前夜半定星加冬至時日度命之卽所在宿次

求諸變日度率置後變定日以其變定日減之餘爲其變日率又置後變夜半定星以其變夜半定星及分減之餘爲其變度率及分

求諸變平行分各置其變度率及分以其變日率除之爲平行分不滿退除爲秒卽各得平行度及分秒

求諸變總差各以其段平行分與後段平行分相減餘爲汎差併前段汎差四因之九而一爲總差若前段無平行分相減爲汎差者

各因後段初日行分與其段平行分相減爲半總差倍之爲總差

若後段無平行分相減爲汎差者

各因前段末日行分與其段平行分相減爲半總差

其前後退行者各置本段平行分十四乘十五除爲總差

其金星夕退夕伏再合晨退各行順段銜入之卽得所求

求諸段初末日行分各半其段總差加減其段平行

分

後段行分多者減之爲初加之爲末後段行分少者加之爲初減之爲末

即各得其星其段初末日行度及分秒

凡前後段平行分俱多或俱少乃平注之及本段總差不滿大分者亦平注之其退行段各以半總差前變減之爲初加之爲末後變加之爲初減之爲末

求每日晨前夜半星行宿次置其段總差減其段日率一以除之爲日差以日差累損益初日行分

後段行分少日損之後段行分多日益之

爲每日行度及分以每日行度及分累加其星其段初日晨前夜半宿次命之即每日星行宿次

遇退行者以每日行分累減之即得所求

徑求其日宿次置所求日減一日差乘之加減初日行分

後行分少即減之後行分多即加之

爲所求日行分加日行分而半之以所求日乘之爲徑求積度加其星初日宿次命之即其日星行宿次

求五星定合日定星以其星平合初日行分減一百分餘以約其日太陽盈縮分爲分分滿百爲日不滿爲分命爲距合差日以盈縮分減之爲距合差度以差日差度縮加盈減平合定積定星爲其星定合日定積定星

其金水二星以二百分減初日行分餘以除其日太陽盈縮分爲距合差日以盈縮分加之爲距合差度以差日差度盈加縮減之

金水二星退合者

以初日行分加一百分以除太陽盈縮分爲距合差日以距合差日減盈縮分爲距合差度以差日差度盈減縮加再合定積定星爲其星再合定日定積定星

其金水二星定積

各依見伏術先以盈縮差求其加減訖然後以距合差日差度加減之

求木火土三星晨見夕伏定日各置其星其段定積乃加減一象度

晨見加之夕伏減之

半周天已下自相乘半周天已上覆減周天度及分餘亦自相乘一百約爲分以其星伏見度乘之十五除之爲差乃以其段初日行分覆減一百分餘以除其差爲日不滿退除爲分所得以加減定積

晨見加之夕伏減之

各得晨見夕伏定積加天正冬至大餘及分命甲子算外即得日晨

求金水二星夕見晨伏定日各置其星其段定積其定積先倍其段盈縮差縮加盈減之然加減一象度

夕見減之晨伏加之

半周天已下自相乘已上覆減周天度餘亦自相乘一百約爲分以其星伏見度乘之十五除爲差乃置其段約日行分減去一百分餘以除其差爲日不滿退除爲分所得以加減定積

夕見加之晨伏減之

各得夕見晨伏定積

求金水二星晨見夕伏定日置其星其段定積其定積先以一百乘其段盈縮差乃以一百分加其日行分以除其差所得盈加縮減然加減一象度

晨見加之夕伏減之

半周天已下自相乘已上覆減周天度餘亦自相乘一百約爲分以其星伏見度乘之十五除爲差乃置其段初日行分如一百以除其差爲日不滿退除爲分所得以加減定積

晨見加之夕伏減之

各爲其星晨見夕伏定積

曆既成以來年甲子歲用之是年五月丁亥朔日食不效

算食二分半候之不食

詔候驗至七年命入內都知江德明集曆官用渾儀較測時周琮言古之造曆必使千百年間星度交食若應繩準今曆成而不驗則曆法爲未密又有楊皞于淵者與琮求較驗而皞術於木爲得淵於金爲得琮於月土爲得詔增入崇天曆具改用率數如後

周天分三百八十六萬八千六十六秒一十七

周天三百六十五度

虛分二千七百一十六秒一十七約分二十五秒六十一

歲差一百二十六秒一十七

木星

會數	損益率	盈積度
初	益一百五十	盈空
一	益一百三十六	盈一度十五

二	益一百一十六	盈二度八十六
三	益八十七	盈四度二
四	益五十一	盈四度八十九
五	益二十	盈五度四十
六	損三十六	盈五度六十六
七	損六十	盈五度二十四
八	損八十八	盈四度六十四
九	損一百十七	盈三度七十六
十	損一百二十八	盈二度六十六
十一	損一百三十八	盈一度三十八

求諸變總差各以其段平行分與後段平行分相減餘爲泛差併前段泛差四因之退一等爲總差若前段無平行分相減爲泛差

各因後段末日行分與其段平行分相減爲半總差倍之爲總差

若後段無平行分相減爲泛差者

各因前段末日行分與其段平行分損減爲半總差倍之爲總差

其前後退行者各置本段平行分十四乘十五爲總差

其金星夕退夕伏再合晨退各依順段術入之卽得所求

求五星定合及見伏泛用積其木火土三星各以平合及前疾後伏定積爲泛用積金水二星平合及夕見晨伏者

置其星其段盈縮差金以倍之水以三之列於上位又置盈縮差以其段初行率乘之退二等以減上位又置初行率減去一百分餘以除之爲日不滿退除爲分乃盈減縮加中積爲其星其變泛用積

金水二星再合及夕伏晨見者

其星其段盈縮差金星直用水以倍之進二位以其段初行率加一百分以除之所得并盈縮差以盈加縮減中積爲其星其段泛用積

求五星定合定積定星其木火土三星平合者

以平合初日行分減一百分餘以約其日太陽盈縮分爲分滿百爲日不滿爲分命爲距合差日以盈縮分減之爲距合差度以差日差度縮加盈減其星平合泛用積爲其星定合日定積定星

金水二星平合者

以一百分減初日行分餘以除其日太陽盈縮分爲距合差日以盈縮分加之爲距合差度以差日差度盈加縮減平合泛用積爲其星定合日定積定星也

金水二星退合者

以初日行分一百分以除太陽盈縮分爲距合差日以距合差日減盈縮分爲距合差度以差日盈減縮加再合泛用積爲其星再合定日定積差度盈加縮減再合泛用積爲其星再合日定星各加冬至大小餘及黃道加時日躔宿次命之卽得其日日辰及宿次

求木火土星晨見夕伏定用積各置其星其段泛用積乃加減一象度

晨見加之夕伏減之

半周天已下自相乘已上覆減周天度餘亦自相乘各二因百約之在一百六十七已上以一百約其日太陽盈縮分減之不滿一百六十七者卽加之以其星本伏見度乘之十五除爲差乃置其段初日行分覆減一百分餘以除其差爲日不滿退除爲分所得以加減泛用積

晨見加之夕伏減之

各得其星晨見夕伏定用積加天正冬至大餘命甲子算外卽得日辰

求金水二星夕見晨伏定用積各置其星其段泛用積乃加減一象度

夕見減之晨伏加之

半周天已下自相乘已上覆減周天度餘亦自相乘二因百約之滿一百六十七已上以一百約太陽盈縮分減之不滿一百六十七者卽加之以其星本伏見度乘之十五除爲差乃置其段初日行分減去一百分餘以除其差爲日不滿退除爲分所得以加減泛用積

晨見加之夕伏減之

各得夕見晨伏定用積加命如前卽得日辰

求金水二星晨見夕伏定用積各置其星其段泛用積乃加減一象度

晨見加之夕伏減之

半周天已下自相乘已上覆減周天度餘亦自相乘二因百約之在一百六十七已上以百約太陽盈縮分減之不滿一百六十七者卽加之以其星本伏見度乘之十五除爲差金星者直以一百除其差爲日

不滿退除爲分所得以加減汎用積

晨見加之夕伏減之

各爲其星晨見夕伏定用積加命如前即得日辰

欽定古今圖書集成曆象彙編曆法典

第二十三卷目錄

曆法總部彙考二十三

宋五仁宗慶曆一則　英宗治平一則　明天曆法　神宗熙寧一則

曆法典第二十三卷

曆法總部彙考二十三

宋五

仁宗慶曆元年冬十二月司天監上崇天萬年曆

按宋史仁宗本紀云云

英宗治平二年春三月頒明天曆

按宋史英宗本紀云云　按律曆志崇天曆行之至於嘉祐之末英宗卽位命殿中丞判司天監周琮及司天冬官正王炳丞王棟主簿周應祥周安世馬傑靈臺郎楊得言作新曆三年而成琮言舊曆氣節加時後天半日五星之行差半次日食之候差十刻既而司天中官正舒易簡與監生石道李遘更陳家學於是詔翰林學士范鎭諸王府侍講孫思恭國子監直講劉攽考定是非上推尚書辰弗集於房與春秋之日食參今曆之所候而易簡道遘等所學疎闊不可用新書爲密遂賜名明天曆詔翰林學士王珪序之而琮亦爲義略冠其首今紀其曆法於後

明天曆法

調日法朔餘周天分斗分歲差日度母附

造曆之法必先立元元正然後定日法法定然後度周天以定分至三者有程則曆可成矣日者積餘成之度者積分成之蓋日月始離初行生分積分成日自四分曆洎古之六曆皆以九百四十爲日法率由日行一度經三百六十五日四分之一是爲周天月行十三度十九分之七經二十九日有餘與日相會是爲朔策史官當會集日月之行以求合朔自漢太初至于今冬至差十日如劉歆三統復強于古故先儒謂之最疎後漢劉洪考驗四分于天不合乃減朔餘苟合時用自是已降率意加減以造日法宋世何承天更以四十九分之二十六爲強率十七分之九爲弱率於強弱之際以求日法承天日法七百五十二得一十五強一弱自後治曆者莫不因承天法累強弱之數皆不悟日月有自然合會之數今稍悟其失定新曆以三萬九千爲日法六百二十四萬爲度母九千五百爲斗分二萬六百九十三爲朔餘可以上稽于古下驗于今反覆推求若應繩準又以二百三十萬一千爲月行之餘月行十三度之餘以一百六十萬四百四十七爲日行之餘日行周天之餘乃會日月之行以盈不足平之并盈不足是爲一朔之法月法也名元法今乃以大月乘不足之數以小月乘盈行之分平而并之是爲一朔之實周天分也以法約實得日月相會之數皆以等數約之悉得今有之數盈爲朔虛不足爲朔餘又二法相乘爲本母各母互乘以減周天餘則歲差生焉亦以等數約之卽得歲差度母周天實用之數此之一法理極幽眇所謂反覆相求潛遁相通數有冥符法有偶會古曆家皆所未達

以等數約之得三萬九千爲元法九千五百爲斗分三萬六百九十三爲朔餘六百二十四萬爲日度母二十二億七千七百二十萬四百四十七爲周天分八萬四百四十七爲歲差

歲餘九千五百古曆日斗分

古者以周天三百六十五度四分度之一是爲斗分夫舉正于中上稽往古下驗當時反覆參求合符應準然後施行于百代爲不易之術自後治曆者測今冬至日晷用校古法過盈以萬爲母課諸氣分率二千五百以下二千四百二十八已上爲中平之率新曆斗分九千五百以萬平之得二千四百二十五半盈得中平之數也而三萬九千年冬至小餘成九千五百日滿朔實一百一十五萬一千六百九十三年齊于日分而氣朔相會

歲周一千四百二十四萬四千五百以元法乘三百六十五度內斗分九千五百得之卽爲一歲之日分故曰歲周

差以二十四均之得一十五日餘八千五百二十秒一十五爲一氣之策也

朔實一百一十五萬一千六百九十三本會日月之行以盈不足平而得二萬六百九十三是爲朔餘備在調日法術中是則四象全策之餘也今以元法乘四象全策二十九總而并之是爲一朔之實也古曆以一百萬平朔餘之分得五十三萬六百以下五百七十以上是爲中平之率新曆以一百萬平之得五十三萬

五百八十九得中平之數也

若以四象均之得七日餘一萬四千九百一十三秒是爲弦策也

中盈朔虛分閏餘附　日月以會朔爲正氣序以斗建爲中是故氣進而盈分存焉置中節兩氣之策以一月之全策三十減之每至中氣即一萬七千四十秒十二是爲中盈分朔退而虛分列焉置一月之全策三十以朔策及餘減之餘一萬八千三百七是爲朔虛分綜中盈朔虛分而閏餘章焉閏餘三萬五千三百四十五秒一十三從消息而自致以盈虛名焉

紀法六十易乾象之爻九坤象之爻六震坎艮象之爻皆七巽離兌象之爻皆八綜八卦之數凡六十又六旬之數也紀者終也數終八卦故以紀名焉

天正冬至大餘五十七小餘一萬七千先測立冬晷景次取測立春晷景取近者通計半之爲距至汎日乃以晷數相減餘者以法乘之滿其日晷差而一爲差刻乃以差刻

求冬至視其前晷多爲減少爲加求夏至者反之加減距至汎日爲定日仍加半日之刻命從前距日辰算外即二至加時日辰及刻分所在如此推求則加時與日晷相協今須積歲四百一年治平元年甲辰歲氣積年則冬至大小餘與今適會也

天正經朔大餘三十四小餘三萬一千閏餘八十八萬三千九百九十此乃檢括日月交食加時早晚而定之損益在夜半後得戊戌之日以方程約而齊之今須積歲七十一萬一千七百六十一治平元年甲辰歲朔積年則經朔大小餘與今有之數偕閏餘而相會也

日度歲差八萬四百四十七書舉正南之星以正四方蓋先王以明時授人奉天育物然先儒所述互有同異虞喜云堯時冬至日短星昴今二千七百餘年乃東壁中則知每歲漸差之所至又何承天云堯典日永星火以正仲夏宵中星虛以正仲秋今以中星校之所差一十七八度即堯時冬至日在須女十度故祖沖之修大明曆始立歲差率四十五年九月却一度虞鄺劉孝孫等因之各有增損以創新法若從虞喜之驗昴中則五十餘年日退一度若依承天之驗火中又不及百年日退一度後皇極綜兩曆之率要取其中故七十五年而退一度此通其意未盡其微今別調新率改立歲差大率七十七年七月日退一度上元命于虛九可以上覆往古下逮于今自帝堯以來循環考驗新曆歲差皆得其中最爲親近

周天分二十二億七千九百二十萬四百四十七本齊日月之行會合朔而得之在調日法使上考仲康房宿之交下驗姜岌月食之衝三十年間若應準繩則新曆周天有自然冥符之數最爲密近

日躔盈縮定差張胄元名損益率曰盈縮數劉孝孫以盈縮數爲朏朒積皇極有陟降率遲疾數麟德曰先後盈縮數大衍曰損益朏朒積崇天曰損益盈縮積所謂古曆平朔之日而月或朝覿東方夕見西方則史官謂之朏朒今以日行之盈縮月行之遲疾皆損益之或進退其日以爲定朔則舒亟之度乃勢數使然非失政之致也新曆以七千一爲盈縮之極其數與月離相錯而損益盈縮爲名則文約而義見

升降分皇極躔衰有陟降率麟德以日景差陟降率日晷景消息爲之義通軌漏夫南至之後日行漸升去極近故晷短而萬物皆盛北至之後日行漸降去極遠故晷長而萬物寖衰自大衍以下皆從麟德今曆消息日行之升降積而爲盈縮焉

赤道宿漢百二年議造曆乃定東西立晷儀下漏刻以追二十八宿相距于四方赤道宿度則其法也其赤道斗二十六度及分牛八度女十二度虛十度危十七度室十六度壁九度奎十六度婁十二度胃十四度昴十一度畢十六度觜二度參九度井三十三度鬼四度柳十五度星七度張十八度翼十八度軫十七度角十二度亢九度氐十五度房五度心五度尾十八度箕十一度自後相承用之至唐初李淳風造渾儀亦無所改開元中浮屠一行作大衍曆詔梁令瓚作黃道游儀測知畢觜參及輿鬼四宿赤道宿度與舊不同畢十七度觜一度參十度鬼三度　自一行之後因相沿襲下更五代無所增損至仁宗皇祐初始有詔造黃道渾儀鑄銅爲之自後測驗赤道宿度又一十四宿與一行所測不同

斗二十五度牛七度女十一度危十六度室十七度胃十五度畢十八度井三十四度鬼二度柳十四度氐十六度心六度尾十九度箕十度

蓋古今之人以八尺圓器欲以盡天體決知其難矣又況圖本所指距星傳習有差故今赤道宿度與古不同自漢太初後至唐開元治曆之初凡八百年間悉無更易今雖測驗與舊不同亦歲月未久新曆兩備其數如淳風從舊之意

月度轉分洪範傳曰晦而月見西方謂之朏月未合

朔在日後今在日前太疾也朓者人君舒緩臣下驕盈專權之象朔而月見東方謂之側匿合朔則月與日合今在日後太遲也側匿者人君嚴急臣下危殆恐懼之象盈則進縮則退躔離九道周合三旬考其變行自有常數傳稱人君有疾舒之變未達月有遲速之常也後漢劉洪粗通其旨爾後治曆者多循舊法皆考遲疾之分增損平會之朔得月後定追及日之際而生定朔焉至于加時早晚或速或遲皆由轉分強弱所致舊曆課轉分以九分之五爲強率一百一分之五十六爲弱率乃於強弱之際而求秒焉新曆轉分二百九十八億八千二百二十四萬二千二百五十一以一百萬平之得二十七日五十五萬四千六百二十六最得中平之數舊曆置日餘而求朓朒之數衰次不倫今從其度而遲疾有漸用之課驗稍符天度

轉度母（轉法會周附）本以朔分并周天是爲會周（一朔之月常度也各用本母）去其朔差爲轉終（朔差乃終外之數也）各以等數約之卽得實用之數乃以等數約本母爲轉度母（齊數也）又以等數約月分爲轉法（亦名轉日法也）以轉法約轉終得轉日及餘本曆剏立此數皆古曆所未有

約得八千一百一十二萬爲轉度母二百九十八億八千二百二十四萬二千二百五十一爲轉終分三百二十億二千五百一十二萬九千二百五十一爲會周一十億八千四百四十七萬三千爲轉法二十一億四千二百八十八萬七千爲朔差

月離遲疾定差皇極有加減限朓朒積麟德曰增減率遲疾積大衍曰損益率朓朒積崇天亦曰損益率朓朒積所謂日不及平行則損之過平行則益之從陽之義也月不及平行則益之過平行則損之御陰之道也陰陽相錯而以損益遲疾爲名新曆以一萬四千八百一十九爲遲疾之極而得五度八分其數與躔相錯可以知合食加時之早晚也

進朔進朔之法興于麟德自後諸曆因而立法互有不同假令仲夏月朔月行極疾之時合朔當于亥正若不進朔則晨而月見東方若從大衍當戌初進朔則朔日之夕月生于西方新曆察朔日之餘驗月行徐疾變立法率參驗加時常視定朔小餘秋分後四分法之三已上者進一日春分後定朔晨分差如春分之日者三約之以減四分之三定朔小餘如此數已上者亦進以來日爲朔俾循環合度月不見于朔晨交會無差明必藏于朔夕加時在于午中則晦日之晨同二日之夕皆合月見加時在于酉中則晦日之晨尚見二日之夕未生加時在于子中則晦日之晨不見二日之夕以生定晦朔乃月見之晨夕可知課小餘則加時之早晏無失使坦然不惑觸類而明之

消息數因漏刻立名義通晷景麟德曆差曰屈伸率天晝夜者易進退之象也冬至一陽爻生而晷道漸升夜漏益減象君子之道長故日息夏至一陰爻生而晷道漸降夜漏益增象君子之道消故日消表景與陽而衝從晦者也故與夜漏長短今以屈伸象太陰之行而刻差曰消息數黃道去極日行有南北故晷漏有長短然景差徐疾不同者句股使之然也景直晷中則差遲與句股數齊則差急隨北極高下所遇不同其黃道去極度數與日景漏刻昏晚中星反覆相求消息用率步日景而稽黃道因黃道而生漏刻而正中星四術旋相爲中以合九服之變約而易知簡而易從

六十四卦十二月卦出于孟氏七十二候原于周書後宋景業因劉洪傳卦李淳風據舊曆元圖皆未覩陰陽之賾至開元中浮屠一行考揚子雲太元經錯綜其數索隱周公三統紀正時訓參其變通著在爻象非深達易象孰能造于此乎今之所修循一行舊義至于周策分率隨數遷變夫六十卦直常度全次之交者諸侯卦也竟六日二千四百八十六秒而大夫受之次九卿受之次三公受之次天子受之五六相錯復協常月之次凡九三應上九則天微然以靜六三應上六則地鬱然而定九三應上六卽溫六三應上九卽寒上爻陽者風陰者雨各視所直之爻察不刊之象而知五等與君辟之得失過與不及焉七十二候李業興以來迄于麟德凡七家曆皆以雞始乳爲立春初候東風解凍爲次候其餘以次承之與周書相校二十餘日舛訛益甚而一行改從古義今亦以周書爲正

岳臺日晷岳臺者今京師岳臺坊地曰浚儀近古侯景之所尚書洛誥稱東土是也禮玉人職土圭長尺有五寸以致日此卽日有常數也司徒職以圭正日晷日至之景尺有五寸謂之地中此卽是地土中致日景與土圭等然表長八尺見于周髀夫天有常運地有常中曆有正象表有定數言日至者明其日至此也景尺有五寸與圭等者是其景晷之眞效然夏

至之日尺有五寸之景不因八尺之表將何以得故經見夏至日景者明表有定數也新曆周歲中晷長短皆以八尺之表測候所得名中晷常數交會日月成象于天以辯尊卑之序日君道也月臣道也謫食之變皆與人事相應若人君修德以禳之則或當食而不食故太陰有變行以避日則不食五星潛在日下爲太陰禦侮而扶救則不食涉交數淺或在陽曆日光著盛陰氣衰微則不食德之休明而有小眚焉天爲之隱是以光微蔽之雖交而不見食此四者皆德感之所繇致也按大衍曆議開元十二年七月戊午朔當食時自交阯至朔方同日度景測候之際晶明無雲而不食以曆推之其日入交七百八十四分當食八分半十三年天正南至東封禮畢還次梁宋史官言十二月庚戌朔當食帝曰予方修先后之職謫見于天是朕之不敏無以對揚上帝之休也于是徹膳素服以俟之而卒不食在位之臣莫不稱慶以謂德之動天不俟終日以曆推之是月入交二度弱當食十五分之十三而陽光自若無纖毫之變雖算術乖舛不宜若是凡治曆之道定分最微故損益毫釐未得其正則上考春秋以來日月交食之載必有所差假令治曆者因開元二食變交限以從之則所協甚少而差失過多由此明之詩云此日而微乃非天之常數也舊曆直求月行入交今則先課交初所在然後與月行更相表裏務通精數

四正食差正交如累壁漸減則有差在內食分多在外食分少交淺則間遙交深則相薄所觀之地又偏所食之時亦別苟非地中皆隨所在而漸異縱交分正等同在南方冬食則多夏食乃少假均冬夏早晚又殊處南辰則高居東西則下視有斜正理不可均月在陽曆校驗古今交食所虧不過其半合置四正食差則斜正于卯酉之間損益于子午之位務從親密以考精微

五星立率五星之行亦因日而立率以示尊卑之義日周四時無所不照君道也星分行列宿臣道也陰陽進退于此取儀刑焉是以當陽而進當陰而退皆得其常故加減之古之推步悉皆順行至秦方有金火逆數大衍曰

木星之行與諸星稍異商周之際率一百二十年而超一次至戰國之時其行寖急逮中平之後八十四年而超一次自此之後以爲常率其行也初與日合一十八日行四度乃晨見東方而順行一百八日計行二十二度強而畱二十七日乃退行四十六日半退行五度強與日相望旋日而退又四十六日半退五度強復畱二十七日而順行一百八日行十八度強乃夕伏西方又十八日行四度復與日合

火星之行初與日合七十日行五十二度乃晨見東方而順行二百八十日計行二百一十六度半弱而畱十一日乃退行二十九日退九度與日相望旋日而退又二十九日退九度復畱十一日而順行二百八十日行一百六十四度半弱而夕伏西方又七十日行五十二度復與日合

土星之行初與日合二十一日行二度半乃晨見東方順行八十四日計行九度半強而畱三十五日乃退行四十九日退三度半與日相望乃旋日而退又四十九日退三度少復畱三十五日又順行八十四日行七度強而夕伏西方又二十一日行二度半復與日合

金星之行初與日合五十八日半行四十九度太而夕見西方乃順行二百三十一日計行二百五十一度半而畱七日乃退行九日退四度半而夕伏西方又六日半退四度太與日再合又六日半退四度太而晨見東方又退九日逆行四度半而復畱七日而復順行二百三十一日行二百五十一度半乃晨伏東方又三十八日半行四十九度太復與日會

水星之行初與日合十五日行三十三度乃夕見西方而順行三十日計行六十六度而畱三日乃夕伏西方而退十日退八度與日再合又退十日退八度乃晨見東方而復畱二日又順行三十三日行三十三度而晨伏東方又十五日行三十三度與日復會

一行云五星伏見畱逆之效表裏盈縮之行皆係之于時驗之于政小失則小變大失則大變事微而象微事章而象章蓋皇天降譴以警悟人主又或算者昧于象占者迷于數覩五星失行悉謂之曆舛以數象相參兩喪其實大凡校驗之道必稽古今注記使上下相距反覆相求苟獨異常則失行可知矣

星行盈縮五星差行惟火尤甚乃有南侵很坐北入匏瓜變化超越獨異于常是以日行之分自有盈縮此乃天度廣狹不等氣序升降有差故今升降之分積爲盈縮之數凡五星入氣加減興于張子信以後方士各自增損以求親密而開元曆別爲四象六爻均以進退今則別立盈縮與舊異

五星見伏五星見伏皆以日度爲規日度之運既進退不常星行之差亦隨而增損是以五星見伏先考日度之行今則審日行盈縮究星躔進退五星見伏率皆密近

舊說水星晨應見不見在雨水後穀雨前夕應見不見在處暑後霜降前又云五星在卯酉南則見遲伏早在卯酉北則見早伏遲蓋天勢使之然也

步氣朔術

演紀上元甲子歲距治平元年甲辰歲積七十一萬一千七百六十算外上驗往古每年減一算下算將來每年加一算

元法三萬九千

歲周一千四百二十四萬四千五百

朔實一百一十五萬一千六百九十三

歲周三百六十五日餘九千五百

朔策二十九餘二萬六百九十三

望策一十四餘二萬九千八百四十六半

弦策七餘一萬四千九百二十三秒

氣策一十五餘八千五百二十秒一十五

中盈分一萬七千四十一秒一十二

朔虛分一萬八千三百七

閏限一百一十一萬六千三百四十四秒六

歲閏四十三萬四千一百八十四

月閏三萬五千三百四十八秒一十二

沒限三萬四百七十九秒三

紀法六十秒母一十八

求天正冬至置所求積年以歲周乘之爲天正冬至氣積分滿元法除之爲積日不滿爲小餘日盈紀法去之不盡命甲子算外卽得所求年前天正冬至日辰及餘

求次氣置天正冬至大小餘以氣策加之卽得次氣大小餘

若秒盈秒母從小餘小餘滿元法從大餘大餘滿紀法卽去之

命大餘甲子算外卽次氣日辰及餘餘氣累而求之

求天正經朔置天正冬至氣積分滿朔實去之爲積月不盡爲閏餘盈元法爲日不盈爲餘以減天正冬至大小餘爲天正經朔大小餘

大餘不足減加紀法小餘不足減退大餘加元法以減之

命大餘甲子算外卽得所求年前天正經朔日辰及餘

求弦望及次朔經日置天正經朔大小餘以弦策累加之命如前卽得弦望及次朔經日日辰及餘

求沒日置有沒之氣小餘

二十四氣小餘在沒限已上者爲有沒之氣

以秒母乘之其秒從之用減七十一萬二千二百二十五餘以一萬二百二十五除之爲沒日不滿爲餘以沒日加其氣大餘命甲子算外卽其氣沒日日辰

求滅日置有滅經朔小餘

經朔小餘不滿朔虛分者爲有滅之朔

以三十乘之滿朔虛分爲滅日不滿爲餘以減日加經朔大餘命甲子算外卽其月滅日日辰

步發斂術

候策五餘二千八百四十秒五

卦策六餘三千四百八秒六

土王策三餘一千七百四秒三

辰法三千二百五十

刻法三百九十

半辰法一千六百二十五

秒母一十八

求七十二候各置中節大小餘命之爲初候以候策加之爲次候又加之爲末候各命甲子算外卽得其候日辰

求六十四卦各因中氣大小餘命之爲公卦用事日以卦策加之卽次卦用事日以土王策加諸侯之卦得十有二節之初外卦用事日

求五行用事日各因四立之節大小餘命之卽春木夏火秋金冬水首用事日以土王策減四季中氣大小餘命甲子算外卽其月土始用事日也

求發斂加時各置小餘滿辰法除之爲辰數不滿者刻法而一爲刻又不滿爲分命辰數從子正算外卽得所求加時辰時

若以半辰之數加而命之卽得辰初後所入刻數

求發斂去經朔置天正經朔閏餘以月閏累加之卽每月閏餘滿元法除之爲閏日不盡爲小餘卽得其月中氣去經朔日及餘秒

其閏餘滿閏限卽爲置閏以月內無中氣爲定

求卦候去經朔各以卦候策及餘秒累加減之中氣前減中氣後加卽各得卦候去經朔日及餘秒

步日躔術

日度母六百二十四萬

周天分二十二億七千九百二十萬四百四十七
周天三百六十五度
餘一百六十四萬四百四十七約分二千五百六
十四秒八十二
歲差八萬四百四十七
二至限一百八十二度
餘二萬四千二百五十約分六千二百一十八
一象度九十一
餘一萬二千一百二十五約分三千一百九
求朔弦望入盈縮度置二至限度及餘以天正閏日
及餘減之餘爲天正經朔入縮度及餘以弦策累加
之滿二至限度及餘去之（則盈入縮縮入盈而互得之）卽得弦望
及次經朔日所入盈縮度及餘
其餘以一萬乘之元法除之卽得約分
求朔弦望盈縮差及定差各置朔弦望所入盈縮度
及約分如在象度分以下者爲在初以上者覆減二
至限餘爲在末置初末度分于上列二至于下以上
減下餘以下乘上爲積數滿四千一百三十五除之
爲度不滿退除爲分命曰盈縮差度及分若以四百
乘積數滿五百六十七除之爲盈縮定差
若用立成以其度損益率乘度除滿元法而一所
得以損益其度下盈縮積爲定差度其損益初末
分爲二日者各隨其初末以乘除其後皆如此例
求定氣日冬夏二至盈縮之端以常爲定餘者以其
氣所得盈縮差度及分盈減縮加常氣日及約分卽
爲其氣定日及分
赤道宿度
斗二十六　牛八　女十二　虛十及分
危十七　室十六　壁九
北方七宿九十八度（餘一百六十萬四百四十七約分二千五百六十四）
奎十六　婁十二　胃十四　昴十一
畢十七　觜一　參十
西方七宿八十一度
井三十三　鬼三　柳十五　星七
張十八　翼十八　軫十七
南方七宿一百一十一度
角十二　亢九　氐十五　房五
心五　尾十八　箕十一
東方七宿七十五度
前皆赤道度自大衍以下以儀測定用爲常數赤道
者常道也紘于天半以格黃道
求天正冬至赤道日度以歲差乘所求積年滿周天
分去之不盡用減周天分餘以度母除之一度爲度
不滿爲餘
餘以一萬乘之度母退除爲約分
命起赤道虛宿六度去之至不滿宿卽所求年天正
冬至加時赤道日躔所在宿度及分
求夏至赤道加時日度置天正冬至加時赤道日度
以二至限度及分加之滿赤道宿度去之卽得夏至
加時赤道日度
若求二至昏後夜半赤道日度者各以二至之日
約餘減一萬分餘以加二至加時赤道日度卽爲
二至初日昏後夜半赤道日度每日加一度滿赤
道宿度去之卽得每日昏後夜半赤道日度
求赤道宿積度置冬至加時赤道宿全度以冬至赤
道加時日度減之餘爲距後度及分以赤道宿度累
加之卽各得赤道其宿積度及分
求赤道宿積度入初末限各置赤道宿積度及分滿
九十一度三十一分去之餘在四十五度六十五分
半以下（分以日爲母）爲在初限以上者用減九十一度三
十一分餘爲入末限度及分
求二十八宿黃道度各置赤道宿入初末限度及分
用減一百一十一度三十七分餘以乘初末限度及
分進一位以一萬約之所得命曰黃赤道差度及分
在至後分前減在分後至前加皆加減赤道宿積度
及分爲其宿黃道積度及分以前宿黃道積度減其
宿黃道積度爲其宿黃道及分（其分就近爲太半少）
黃道宿度
斗二十三（半）　牛七（半）　女十一（半）　虛十（少秒六十四）
危十七（太）　室十七（少）　壁九（太）
北方七宿九十七度半（秒六十四）
奎十七（太）　婁十二（太）　胃十四（半）　昴十（太）
畢十六　觜一　參九（少）
西方七宿八十一度
井三十　鬼二（太）　柳十四（少）　星七
張十八（太）　翼十九（半）　軫十八（太）
南方七宿一百一十一度
角十三　亢九（半）　氐十五（半）　房五
心四　尾十七　箕十
東方七宿七十四度（太）
七曜循此黃道宿度準今曆變定若上考往古下驗

將來當據歲差每移一度乃依法變從當時宿度然後可步日月五星知其守犯

求天正冬至加時黃道日度以冬至加時赤道日度及分減一百一十一度三十七分餘以冬至加時赤道日度及分乘之進一位滿一萬約之爲度不滿爲分命曰赤道差用減冬至赤道日度及分卽爲所求年天正冬至加時黃道日度及分

求冬至之日晨前夜半日度置一萬分以其日升分加之以乘冬至約餘以一萬約之所得以減冬至加時黃道日度卽爲冬至之日晨前夜半黃道日度及分

求逐月定朔之日晨前夜半黃道日度置其朔距冬至日數以其度下盈縮積度盈加縮減之餘以加天正冬至夜半日度命之卽其月定朔之日晨前夜半日躔所在宿次

求每日夜半黃道日度各置其定朔之日晨前夜半黃道日度每日加一度以其日升降分升加降減之滿黃道宿度去之卽各得每日晨前夜半黃道日躔所在宿度及分

若次年冬至小餘滿法者以升分極數加之

步晷漏術

二至限一百八十一日六十二分

一象度九十一度三十一分

消息法一萬六百八十九

辰法三千二百五十

刻法三百九十

半辰法一千六百二十五

昏明刻分九百七十五

昏明二刻一百九十五分

冬至岳臺晷景常數一丈二尺八寸五分

夏至岳臺晷景常數一尺五寸七分

冬至後初限夏至後末限四十五日六十二分

夏至後初限冬至後末限一百三十七日

求岳臺晷景入二至後日數計入二至後來日數以二至約餘減之仍加半日之分卽爲入二至後來日午中積數及分

求岳臺晷景午中定數置所求午中積數加初限以下者爲在初以上者覆減二至限餘爲在末其在冬至後初限夏至後末限者以入限日減一千九百三十七半爲汎差仍以入限日分乘其日盈縮積[盈縮積在日度術中]五因百約之用減汎差爲定差乃以入限日分自相乘以乘定差滿一百萬爲尺不滿爲寸爲分及小分以減冬至常晷餘爲其日午中晷景定數若所求入冬至後末限夏至後初限者乃三約入限日分以減四百八十五少餘爲汎差仍以盈縮差減極數餘者若在春分後秋分前者直以四約之以加汎差爲定差若春分前秋分後者以去二分日數及分乘之滿六百而一以減汎差餘爲定差乃以入限日分自相乘以乘定差滿一百萬爲尺不滿爲寸爲分及小分以加夏至常晷卽爲其日午中晷景定數

求每日消息定數置所求日中日度分如在二至限以下者爲在息以上者去之餘爲在消又視入消息度加一象以下者爲在初以上者覆減二至限餘爲在末其初末度自相乘以一萬乘而再折之滿消息法除之爲常數乃副之用減一千九百五十餘以乘其副滿八千六百五十除之所得以加常數爲所求消息定數

求每日黃道去極度及赤道內外度置其日消息定數以四因之滿三百二十五除之爲度不滿退除爲分所得在春分後加六十七度三十一分在秋分後減一百一十五度三十一分卽爲所求日黃道去極度及分以黃道去極度與一象度相減餘爲赤道內外度若去極度少爲日在赤道內若去極度多爲日在赤道外

求每日晨昏分及日出入分以其日消息定數春分後加六千八百二十五秋分後減一萬七百二十五餘爲所求日晨分用減元法餘爲昏分以昏明分加晨分爲日出分減昏分爲日入分

求每日距中距子度及每更差度置其日晨分以七百乘之滿七萬四千七百四十二除爲度不滿退除爲分命曰距子度用減半周天餘爲距中度

若倍距子度五除之卽爲每更差度及分若依司晨星漏曆則倍距子度減去待旦三十六度五十二分半餘以五約之卽每更差度

求每日夜半定漏置其日晨分以刻法除之爲刻不滿爲分卽所求日夜半定漏

求每日晝夜刻及日出入晨刻倍夜半定漏加五刻爲定刻用減一百刻餘爲晝刻以昏明刻加夜半定漏滿辰法除之爲辰數不滿刻法除之爲刻又不滿爲刻分命辰數從子正算外卽日出辰刻以晝刻加之命如前卽日入辰刻

若以半辰刻加之卽命從辰初也
求更點辰刻倍夜半定漏二十五而一爲點差刻五因之爲更差刻以昏明刻加日入辰刻卽甲夜辰刻以更點差刻累加之滿辰刻及分去之各得更點所入辰刻及分
若同司辰星漏曆者倍夜半定漏減去待旦一十刻餘依術求之卽同內中更點
求昏曉及五更中星置距中度以其日昏後夜半赤道日度加而命之卽其日昏中星所格宿次其昏中星便爲初更中星以每更差度加而命之卽乙夜所格中星累加之得逐更中星所格宿次又倍距子度加昏中星命之卽曉中星所格宿次
若同司辰星漏曆中星則倍距子度減去待旦十刻之度三十六度五十二分半餘約之爲五更卽同內中更點中星
求九服距差日各于所在立表候之若地在岳臺北測冬至後與岳臺冬至晷景同者累冬至後至其日爲距差日若地在岳臺南測夏至後與岳臺晷景同者累夏至後至其日爲距差日
求九服晷景若地在岳臺北冬至前後者以冬至前後日數減距差日爲餘日以餘日減一千九百三十七半爲汎差依前術求之以加岳臺冬至晷景常數爲其地其日中晷常數若冬至前後日多以距差日乃減去距差日餘依前術求之卽得其地其日中晷常數若地在岳臺南夏至前後者以夏至前後日數減距差日爲餘日乃三約之以減四百八十五少爲汎差依前術求之以減岳臺夏至晷景常數卽其地其日中晷常數如夏至前後日數多于距差日乃減岳臺夏至常晷餘卽晷在表南也若夏至前後日多于距差日卽減去距差日餘依前術求之各得其地其日中晷常數
若求定數依立成以求午中晷景定數
求九服所在晝夜漏刻冬夏二至各于所在下水漏以定其地二至夜刻乃相減餘爲冬夏至差刻置岳臺其日消息定數以其地二至差刻乘之如岳臺二至差刻二十而一所得爲其地其日消息定數乃倍消息定數滿刻法約之爲刻不滿爲分乃加減其地二至夜刻
秋分後春分前減冬至夜刻春分後秋分前加夏至夜刻
爲其地其日夜刻用減一百刻餘爲晝刻
其日出入辰刻及距中度五更中星並依前術求之

步月離術

轉度母八千一百一十二萬
轉中分二百九十八億八千二百二十四萬二千二百五十一
朔差二十一億四千二百八十八萬七千
朔差二十六度餘三千三百七十六萬七千約餘四千一百六十二半
轉法一十億八千四百四十七萬三千
會周三百二十億二千五百一十二萬九千二百五十一
轉終三百六十八度餘三十八萬二千二百五十一約餘二千七百八
轉終二十七日餘六億一百四十七萬一千二百五十一約餘五千五百四十六
中度一百八十四度餘一千五百四萬一千一百二十五半約餘一千八百五十四
象度九十二度餘七百五十二萬五百六十二太約分九百二十七
月平行十三度餘二千九百九十一萬三千約分三千六百八十七半
望差一百九十七度餘三千一百九十二萬四千百二十五半約分三千九百十四
弦差九十八度餘五千六百五十二萬二千三百一十二太約分六千九百六十七
日衰一十八小分九
求月行入轉度以朔差乘所求積月滿轉中分去之不盡爲轉餘滿轉度母除爲度不滿爲餘
其餘若以一萬乘之滿轉度母除之卽得約分若以轉法除轉餘卽爲入轉日及餘
卽得所求月加時入轉度及餘
若以弦度及餘累加之卽得上弦望下弦及後朔加時入轉度及分其度若滿轉終度及餘去之
其入轉度如在中度以下爲月行在疾曆如在中度以上者乃減去中度及餘爲月入遲曆
求月行遲疾差度及定差置所求月行入遲速度如在象度以下爲在初以上覆減中度餘爲在末其度餘用約分百爲母置初末度于上列二百一度九分于下以上減下餘以下乘上爲積數滿一千九百七十六除爲度不滿退除爲分命曰遲疾差度在疾爲減在遲爲加以一萬乘積數滿六千七百七十三半除之爲遲疾定差
疾加遲減若用立成以其度下損益率乘度餘滿轉度母而一所得隨其損益卽得遲疾及定差其遲疾初末損益分爲二日者各加其初末以乘除
求朔弦望所直度下月行定分置遲疾所入初末度分進一位滿七百三十九除之用減一百二十七餘

爲衰差以衰差疾初遲末減遲初疾末加皆加減平行度分爲其度所直月行定分其度以百命爲分

求朔弦望定日各以日躔盈縮月行遲疾定差加減經朔弦望小餘滿若不足進退大餘命甲子算外各得定日日辰及餘若定朔干名與後朔干名同者月大不同月小月內無中氣者爲閏月

凡注曆觀定朔小餘秋分後四分之三已上者進一日若春分後其定朔晨分差如春分之日者三約之以減四分之三如定朔小餘及此數已上者進一日朔或當交有食初虧在日入已前者其朔不進弦望定小餘不滿日出分者退一日其望或當交有食初虧在日出已前其定望小餘雖滿日出分者亦退之又月行九道遲疾曆有三大二小日行盈縮累增損之則有四大三小理數然也若循其常則當察加時早晚隨其所近而進退之使月之大小不過連三舊說正月朔有交必須消息前後一兩月移食在晦二之日且日食當朔月食當望蓋自然之理夫日之食蓋天之垂誡警悟時政若道化得中則變咎爲祥國家務以至公理天下不可私移晦朔宜順天誡故春秋傳書日食乃亂正其朔不可專移食于晦二其正月朔有交一從近典不可移避

求朔定弦望加時日度置朔弦望中日及約分以日躔盈縮度及分盈加縮減之又以元法退除遲疾定差疾加遲減之餘爲其朔弦望加時定日以天正冬至加時黃道日度加而命之即所求朔弦望加時定日所在宿次朔望有交則依後術

求月行九道凡合朔所交冬在陰曆夏在陽曆月行青道

冬至夏至後青道半交在春分之宿當黃道東立夏立冬後青道半交在立春之宿當黃道東南至所衝之宿亦如之

冬在陽曆夏在陰曆月行白道

冬至夏至後白道半交在秋分之宿當黃道西立冬立夏後白道半交在立秋之宿當黃道西北至所衝之宿亦如之

春在陽曆秋在陰曆月行朱道

春分秋分後朱道半交在夏至之宿當黃道南立春立秋後朱道半交在立夏之宿當黃道西南至所衝之宿亦如之

春在陰曆秋在陽曆月行黑道

春分秋分後黑道半交冬至之宿當黃道正北立春立秋後黑道半交在立冬之宿當黃道東北至所衝之宿亦如之

四序離爲八節至陰陽之所交皆與黃道相會故月行九道各視月所入正交積度視正交九道宿度所入節候即其道其節所起滿象度及分去之餘者入交積度及象度並在交會術中若在半象以下爲在初以上覆減象度及分爲在末限用減一百一十一度三十七分餘以所入初末限度及分乘之退位半之滿百爲度不滿爲分所得爲月行與黃道差數距半交後正交前以差數減距正交後半交前以差數加

此加減出入六度單與黃道相較之數若較之赤道隨數遷變不常

計去二至以來度數乘黃道所差九十而一爲月行與黃道差數凡日以赤道內爲陰外爲陽月以黃道內爲陰外爲陽故月行宿度入春分交後行陰曆秋分交後行陽曆皆爲同名若入春分交後行陽曆秋分交後行陰曆皆爲異名其在同名以差數加者加之減者減之其在異名以差數加者減之減者加之皆加減黃道宿積度爲九道宿積度以前宿九道宿積度減其宿九道宿積度餘爲其宿九道宿度及分其分就近約爲太半小三數

求月行九道入交度置其朔加時定日度以其朔交初度及分減之餘爲其朔加時月行入交度及餘其餘以一萬乘之以元法退除之即爲約餘以天正冬至加時黃道日度加而命之即正交月離所在黃道宿度

求正交加時月離九道宿度以正交度及分減一百一十一度三十七分餘以正交度及分乘之退一等半之滿百爲度不滿爲分所得命曰定差以定差加黃道宿度計去冬至夏至以來度數乘定差九十而一所得依同異名加減之滿若不足進退其度命如前即正交加時月離九道宿度及分

求定朔弦望加時月離所在宿度各置其日加時日躔所在變從九道循次相加凡合朔加時月行潛在日下與太陽同度是爲加時月離宿次

先置朔弦望加時黃道宿度以正交加時黃道宿度減之餘以加其正交加時九道宿度命起正交宿次算外即朔弦望加時所當九道宿度其合朔加時若非正近則日在黃道月在九道各入宿度雖多少不同考其去極若應繩準故云月行潛在

日下與太陽同度
各以弦望度及分如其所當九道宿度滿宿次去之各得加時九道月離宿次
求定朔夜半入轉以所求經朔小餘減其朔加時入轉日餘其經朔小餘以二萬七千八百七乘之即母轉法爲其經朔夜半入轉若定朔大餘有進退者亦進退轉日無進退則因經爲定其餘以轉法退收之即爲約分
求次月定朔夜半入轉因定朔夜半入轉大月加二日小月加一日餘分皆加四千四百五十四滿轉終日及約分去之即次月定朔夜半入轉累加一日去命如前各得逐日夜半入轉日及分
求定朔弦望夜半月度各置加時小餘若非朔望有交者有用定朔弦望小餘以其日月行度分乘之滿元法而一爲度不滿退除爲分命曰加時度以減其日加時月度即各得所求夜半月度
求晨昏月以晨昏乘其日月行定分元法而一爲晨度用減月行定分餘爲昏度各以晨昏度加夜半月度即所求晨昏月所在宿度
求朔弦望晨昏定程各以其朔昏定月減上弦昏定月餘爲朔後昏定程以上弦昏定月減望昏定月餘爲上弦後昏定程以望晨定月減下弦晨定月餘爲望後晨定程以下弦晨定月減次朔晨定月餘爲下弦後晨定程
求轉積度計四七日月行定分以日衰加減之爲逐日月行定程乃自所入日計求定之爲其程轉積度分
其四七日月行定分者初日益遲一千二百一十七日漸疾一千三百四十一七四日損疾一千四百六十一二十一日漸遲一千三百二十八乃觀其遲疾之極差而損益之以百爲分母
求每日晨昏月以轉積度與晨昏定程相減餘以距後程日數除之爲日差定程多爲加定程少爲減以加減每日月行定分爲每日轉定度及分以每日轉定度及分加朔弦望晨昏月滿九道宿次去之即爲每日晨昏月離所在宿度及分凡注曆朔後注昏望後注晨已前月度並依九道所推以究算術之精微若注曆求其速要者即依後術以推黃道月度
求天正十一月定朔夜半平行以天正經朔小餘乘平行度分元法而一爲度不滿退除爲分秒所得爲經朔加時度用減其朔中日即經朔晨前夜半平行月積度若定朔有進退以平行度分加減之即爲天正十一月定朔之日晨前夜半平行月積度及分
求次月定朔之日夜半平行月置天正定朔之日夜半平行月大月加三十五度八十分六十一秒小月加二十二度四十三分七十三秒半滿周天度分即去之即每月定朔之晨前夜半平行月積度及分秒
求定弦望夜半平行月計弦望距定朔日數以乘平行度及分秒以加其定朔夜半平行月積度及分秒即定弦望之日夜半平行月積度及分秒亦可直求朔望不復求度從簡易也
求天正定朔夜半入轉度置天正經朔小餘以平行月度及分乘之滿元法除爲度不滿退除爲分秒命爲加時度以減天正十一月經朔加時入轉度及約分餘爲天正十一月經朔夜半入轉度及分若定朔大餘有進退者亦進退平行度分即爲天正十一月定朔之日晨前夜半入轉度及分秒
求次月定朔及弦望夜半入轉度分大月加三十二度六十九分一十七秒小月加十九度三十二分二十九秒半即各得次月定朔夜半入轉度及分各以朔弦望相距日數乘平行度分以加之滿轉終度及秒即去之如在中度以下者爲在疾以上者去之餘爲入遲曆即各得次朔弦望定日晨前夜半入轉度及分
若以平行月度及分收之即爲定朔弦望入轉日
求定朔弦望夜半定月以定朔弦望夜半入轉度分乘其度損益衰以一萬約之爲分百約之爲秒損益其度下遲疾度爲遲疾定度乃以遲加疾減夜半平行月爲朔弦望夜半定月積度以冬至加時黃道日度加而命之即定朔弦望夜半月離所在宿次
若有求晨昏月以其日晨昏分乘其日月行定分元法而一所得爲晨昏度以加其夜半定月即得朔弦望晨昏月度
求朔弦望定程各以朔弦望定月相減餘爲定程
若求晨昏定程則用晨昏定月相減朔後用昏望後用晨
求朔弦望轉積度分計四七日月行定分以日衰加減之爲逐日月行定分乃自所入日計之爲其程轉積度分
其四七日月行定分者初日益遲一千二百一十七日漸疾一千三百四十一十四日損疾一千四百六十一二十一日漸遲一千三百二十八乃覼

其遲疾之極差而損益之分以百爲母
求每日月離宿次各以其朔弦望定程與轉積度相
減餘爲程差以距後程日數除之爲日差定程多爲益差定程
少爲損差以日差加減月行定分爲每日月行定分以每
日月行定分累加定朔弦望夜半月在宿次命之卽
每日晨前夜半月離宿次如晨昏宿次卽得每日晨昏月度

步交會術

交度母六百二十四萬
周天分二十二億七千九百二十萬四百四十七
朔差九百九十萬一千一百五十九
朔差一度餘三百六十六萬一千一百五十九
望差空度餘四百九十五萬五百七十九半
半周天一百八十二度餘三百九十二萬二百二十三半約分六千二百八十二
日食限一千四百六十四
月食限一千三百三十八
盈初限縮末限六十度八十七分半
縮初限盈末限一百二十一度七十五分
求交初度置所求積月以朔差乘之滿周天分去之
不盡覆減周天分滿交度母除之爲度不滿爲餘卽
得所求月交初度及餘以半周天加之滿周天去之
餘爲交中度及餘
若以望差減之卽得其月望交初度及餘以朔差
減之卽得次月交初度及餘以交度母退除卽得
餘分若以天正黃道日度加而命之卽各得交初
中所在宿度及分
求日月食甚小餘及加時辰刻以其朔望月行遲疾
定差疾加遲減經朔望小餘

若不足減者退大餘一加元法以減之若加之滿
法者但積其數
以一千三百三十七乘之滿其度所直月行定分除
之爲月行差數乃以日躔盈定差盈加縮減之餘爲
其朔望食甚小餘
凡加減滿者不足進退其日此朔望加時以究月
行遲疾之數若非有交會直以經定小餘爲定
置之如前發斂加時術入之卽各得日月食甚所在
晨刻
視食甚小餘如半法以下者覆減半法餘爲午前
分半法已上者減去半法餘爲午後分
求朔望加時日月度以其朔望加時小餘與經朔望
小餘相減餘以元法退收之以加減其朔望中日及
約分經朔望少加經朔望多減爲其朔望加時中日乃以所入日
昇降分乘所入日約分以一萬約之所得隨以損益
其日下盈縮積爲盈縮定度以盈加縮減加時中日
爲其朔望加時定日望則更加半周天爲加時定月
以天正冬至加時黃道日度加而命之卽得所求朔
望加時日月所在宿度及分
求朔望日月加時去交度分置朔望日月加時定度
與交初交中度相減餘爲去交度分就近者相減之其度以百通之
爲分加時度多爲後少爲前卽得其朔望去交前後分
交初後交中前爲月行外道陽曆交中後交初前
爲月行內道陰曆
求日食四正食差定數置其朔加時定日如半周天
以下者爲在盈以上者去之餘爲在縮視之如在初
限以下者爲在初以上者覆減二至限餘爲在末置

初末限度及分盈初限縮末限者倍之置于上位列二百四十
三度半于下以上減下餘以下乘上以一百六乘之
滿三千九十三除之爲東西食差汎數凡減五百八
餘爲南北食差汎數其求南北食差定數者乃視午
前後分如四分法之一以下者覆減之餘以乘汎數
若以上者卽去之餘以乘汎數皆滿九千七百五十
除之爲南北食差定數盈初縮末限者
食甚在卯酉以南內減外加食甚在卯酉以北內
加外減
縮初盈末限者
食甚在卯酉以南內加外減食甚在卯酉以北內
減外加
其求東西食差定數者乃視午前後分如四分法之
一以下者以乘汎數以上者覆減半法餘乘汎數皆
滿九千七百五十除之爲東西食差定數盈初末限
者
食甚在子午以東內減外加食甚在子午以西內
加外減
縮初末限者
食甚在子午以東內加外減食甚在子午以西內
減外加
卽得其朔四正食差加減定數
求日月食去交定分視其朔四正食差加減定數同
名相從異名相消除爲食差加減總數以加減去交
分餘爲日食去交定分
其去交定分不足減乃覆減食差總數若陽曆覆
減入陰曆爲入食限若陰曆覆減入陽曆爲不入

食限凡加之滿食限已上者亦不入食限

其望食者以其望去交分便爲其望月食去交定分

求日月食分日食者視去交定分如食限三之一以下者倍之類同陽曆食分以上者覆減食限餘爲陰曆食分皆進一位滿九百七十六除爲大分不滿退除爲小分命十爲限即日食之大小分月食者視去交定分如食限三之一以下者食既以上者覆減食限餘進一位滿八百九十二除之爲大分不滿退除爲小分命十爲限即月食之大小分

其食不滿大分者雖交而數淺或不見食也

求日食汎用刻分置陰陽曆食分于上列一千九百五十二于下以上減下餘以乘上滿二百七十一除之爲日食汎用刻分

求月食汎用刻分置去交定分自相乘交初以四百五十九除交中以五百四十除之所得交初以減三千九百交中以減三千三百一十五餘爲月食汎用刻分

求日月食定用刻分置日月食汎用刻分以一千三百三十七乘之以所直度下月行定分除之所得爲日月食定用刻分

求日月食虧初復滿時刻以定用刻分減食甚小餘爲虧初小餘加食甚爲復滿小餘各滿辰法爲辰數不盡滿刻法除之爲刻數不滿爲分命辰數從子正算外即得虧初復末辰刻及分若以辛辰數加之即命從時初也

求日月食初虧復滿方位其日食在陽曆者初食西南甚于正南復于東南日在陰曆者初食西北甚于正北復于東北其食過八分者皆初食正西復于正東其月食者月在陰曆初食東南甚于正南復于西南月在陽曆初食東北甚于正北復于西北其食八分已上者皆初食正東復于正西

此皆審其食甚所向據午正而論之其食餘方審其斜正則初虧復滿乃可知矣

求月食更點定法倍其望晨分五而一爲更法又五而一爲點法

若依司晨星注曆同內中更點則倍晨分減去待旦十刻之分餘五而一爲更法又五而一爲點法

求月食入更點各置初虧食甚復滿小餘如在晨分以下者加晨分如在昏分以上者減去昏分餘以更法除之爲更數不滿以點法除之爲點數其更數命初更算外即各得所入更點

求月食既內外刻分置月食去交分覆減食限三之一不及減者爲食不既餘列于上位乃列三之二于下以上減下餘以下乘上以一百七十除之所得以定用刻分乘之滿汎用刻分除之爲月食既內刻分用減定用刻分餘爲既外刻分

求日月帶食出入所見分數視食甚小餘在日出分以下者爲月見食甚日不見食甚以日出分減復滿小餘若食甚小餘在日出分已上者爲日見食甚月不見食甚以初虧小餘減日出分各爲帶食差

若月食既者以既內刻分減帶食差餘乘所食分既外刻分而一不及減者即帶食既出入也

以乘所食之分滿定用刻分而一即各爲日帶食出月帶食入所見之分

凡虧初小餘多如日出分爲在晝復滿小餘多如日出分爲在夜不帶食出入也

若食甚小餘在日入分以下者爲日見食甚月不見食甚以日入分減復滿小餘若食甚小餘在日入分已上者爲月見食甚日不見食甚以初虧小餘減日入分各爲帶食差

若月食既者以既內刻分減帶食差餘乘所差分既外刻分而一不及減者既帶食既出入也

以乘所食之分滿定用刻分而一即各爲日帶食入月帶食出所見之分

凡虧初小餘多如日入分爲在夜復滿小餘少如日入分爲在晝並不帶食出入也

步五星術

木星

終率一千五百五十五萬六千五百四

終日三百九十八日餘三萬四千五百四約分八千八百四十七

暦差六萬一千七百五十

見伏常度一十四度

變段變日	變度	暦度
前二十八日	四度	二度九十二
前二三十六日	七度四十七	五度四十六
前三三十六日	六度四十	四度六十八
前四三十六日	四度二十七	三度一十二
前留二十七日		
前退四十六日四十四	五度二十二	空度六十四
後退四十六日四十四	五度三十二	空度六十四
後留二十七日		
後四三十六日	四度二十七	三度一十二

後三三十六日　六度四十　四度六十八

後二三十六日　七度四十七　五度四十六

後一二十八日　四度　二度九十二

初行率

前一二十一六十四

前二二十一六十四

前三一十九五十五

前四一十五四十二

前留

前退

後退一十四八十九

後留

後四

後三一十五九十九

後二一十九八十六

後一二十一八十

火星

終率三千四十一萬七千五百三十六

終日七百七十九日餘三萬六千五百三十六約分九千三百六十八

曆差六萬一千二百四十

見伏常度一十八度

變段變日　變度

前一七十日　五十二度三十三

前二七十日　五十度三十三

前三七十日　四十六度九十七

前四七十日　四十度二十六

前五七十日　二十六度八十四

前留一十一日

前退二十八日九十七　九度五

後退二十八日九十七　九度五

後留一十一日

後五七十日　二十六度八十四

後四七十日　四十度二十六

後三七十日　四十六度九十七

後二七十日　五十度三十三

後一七十日　五十二度

曆度　初行率

前一四十九度二十九　七十五空

前二四十七度七十　七十三三十三

前三四十四度五十二　六十九九十八

前四三十八度一十六　六十三六十六

前五一十五度四十四　四十七二十二

前留

前退二度二十四

後退二度二十四　四十六十四

後留

後五二十五度四十四

後四三十八度一十六　五十一度三十六

後三四十四度五十二　六十四二十二

後二四十七度七十　七十四十六

後一四十九度二十九　七十三五十六

土星

終率一千四百七十四萬五千四百四十六

終日三百七十八餘三千四百四十六約分八百八十三

曆差六萬一千三百五十

見伏常度一十八度半

變段變日　變度　曆度

前一二十一日　二度五十　一度五十四

前二四十二日　四度二十九　二度六十四

前三四十二日　二度八十六　一度七十六

前留三十五日

前退四十九日四　三度二十三　空度四十八

後退四十九日四　三度二十三　空度四十八

後留三十五日

後三四十二日　二度八十六　一度七十六

後二四十二日　四度二十九　二度六十四

後一二十一日　二度五十　一度五十四

初行率

前一一十四四十一

前二二十一二十三

前三八八十五

前留

前退

後退八五十七

後留

後三

後二九一十八

後一一十一三十九

金星

終率二千二百七十七萬二千一百九十六

終日五百八十三日餘三萬五千一百九十六約分九千二十四

見伏常度一十一度少

變段變日　變度
前一三十八日五十　四十九度七十五
前二三十八日五十　四十九度三十七
前三三十八日五十　四十八度五十九
前四三十八日五十　四十七度二
前五三十八日五十　四十三度九十九
前六三十八日五十　四十七度六十二
前七三十八日五十　三十五度八
夕留七日
夕退八日九十五　四度六十二
夕伏退六日五十　四度七十五
晨伏退六日五十　四度七十五
晨退八日九十五　四度六十二
晨留七日
後七三十八日五十　三十五度八
後六三十八日五十　三十七度六十二
後五三十八日五十　四十三度八十九
後四三十八日五十　四十七度二
後三三十八日五十　四十八度五十九
後二三十八日五十　四十九度三十七
後一三十八日五十　四十九度七十五

初行率
前一一百二十九五十二
前二一百二十八八十三
前三一百二十六四十三
前四一百二十四五十七
前五一百一十八八十八
前六一百七四十八
前七八十四六十八
夕留
夕退
夕伏退六十二二十
晨伏退八十三九十四
晨退六十二二十
晨留
後七
後六八十七九十四
後五一百九一十二
後四一百一十九九十九
後三一百二十四九十九
後二一百二十七六十三
後一一百二十八九十二

水星

終率四百五十一萬九千一百八十四改九千一百九十四
終日一百一十五日餘三萬四千一百八十四約分八千七百六十四
見伏常度一十八度

變段變日　變度　初行率
前一十五日　三十三度　二百四十七五十
前二三十日　三十二度　一百七十六
前留三日
夕伏退九日九十四　八度六
晨伏退九日九十四　八度六　一百三十六七十二
後留三日
後二三十日　三十二度　一百九十二五十
後一一十五日　三十三度

求五星天正冬至後諸段中積中星置氣積分各以其星終率去之不盡覆減終率餘滿元法爲日不滿退除爲分卽天正冬至後其星平合中積重列之爲中星因命爲前一段之初以諸段變日變度累加減之卽爲諸段中星變日加減中積變度加減中星

求木火土三星入曆以其星曆差乘積年滿周天分去之不盡以度母除之爲度不滿退除爲分命曰差度以減其星平合中星卽爲平合入曆度以其星其段曆度加之滿周天度分卽去之各得其星其段入曆度分

金水附日而行更不求曆差其木火土三星前變爲晨後變爲夕金水二星前變爲夕後變爲晨

求木火土三星諸段盈縮定差木土二星置其星其段入曆度分如半周天以下者爲在盈以上者減去半周天餘爲在縮置盈縮度分如在一象以下者爲在初限以上者覆減半周天餘爲在末限置初末限度及分于上列半周天于下以上減下以下乘上木進一位土九因之皆滿百爲分分滿百爲度命曰盈縮度差其火星置盈縮度分如在初限以下者爲在初以上者覆減半周天餘爲在末

以四十五度六十五分半爲盈初縮末限度以一百三十六度九十六分半爲縮初盈末限度分置初末限度于上盈初縮末三因之列二百七十三度九十三分于下以上減下餘以下乘上以一十二乘之滿萬爲度不滿百約爲分命曰盈縮定差

若用立成法以其度下損益率乘度下約分滿百者以損益其度下盈縮差度爲盈縮定差若在留退段者卽在盈縮汎差

求木火土三星留退差置後退後留盈縮汎差各列其星盈縮極度于下

木極廣八度三十三分火極廣二十二度五十一分土極廣七度五十分

以上減下餘以下乘上（木土三因之火倍之）皆滿百爲度命曰留退差（後退初半之後留全用）其留退差在盈益減損加在縮損減益加其段盈縮汎差爲後退後留定差

因爲後遲初段定差名須類會前留定差觀其盈縮察其降差也

求五星諸段定積各置其星其段中積以其段盈縮定差盈加縮減之卽其星其段定積及分以天正冬至大餘及約分加之滿紀法去之不盡命甲子算外卽得日晨

其五星合見伏卽爲推算段定日後求見伏合定日卽曆注其日

求五星諸段所在月日各置諸段定積以天正閏日及約分加之滿朔策及分去之爲月數不滿爲入月以來日數及分其月數命從天正十一月算外卽其星其段入其月經朔日數及分

定朔有進退者亦進退其日以日辰爲定若以氣策及約分去定積命從冬至算外卽得其段入氣日及分

求五星諸段加時定星各置其星其段中星以其段盈縮定差盈加縮減之卽五星諸段定星若以天正冬至加時黃道日度加而命之卽其段加時定星所在宿次（五星皆以前留爲前退初定星後留爲後順初定星）

求五星諸段初日晨前夜半定星木火土三星以其星其段盈縮定差與次度下盈縮定差相減餘爲其度損益差以乘其段初行率一百約之所得以加減其段初行率（在盈益加損減在縮益減損加）以一百乘之爲初行積分又置一百分亦依其數加減之以除初行積分爲初日定行分以乘其段初日約分以一百約之順減退加其段定星爲其段初日晨前夜半定星以天正冬至加時黃道日度加而命之卽得所求（金水二星直以初行半便爲初日定行分）

求太陽盈縮度各置其段定積如二至限以下爲在盈以上者去之餘爲在縮又視入盈縮度如一象以下者爲在初以上者覆減二至限餘爲在末置初末限度及分如前日度術求之卽得所求

若用立成者直以其度下損益分乘度餘百約之所得損益其度下盈縮差亦得所求

求諸段日度率以一段日辰相距爲日率又以二段夜半定星相減餘爲其段度率及分

求諸段平行分各置其段度率及分以其段日率除之爲其段平行分

求諸段汎差各以其段平行分與後段平行分相減餘爲汎差併前段汎差四因之退一等爲其段總差

五星前留前後留後一段皆以六因平行分退一等爲其段總差水星爲半總差其在退行者木火土以十二乘其段平行分退一等爲其段總差金星退行者以其段汎差爲總差後變則及用初末

水星退行者以其段平行分爲總差若在前後順第一段者乃半次段總差爲其段總差

求諸段初末日行分各半其段總差加減其段平行分爲其段初末日行分

前變加爲初減爲末後變減爲初加爲末在退段者前則減爲初加爲末後則加爲初減爲末若前後段行分多少不倫者乃平注之或總差不備大分者亦平注之皆類會前後初末不可失其衰殺

求諸段日差減其段日率一以除其段總差爲其段日差（後行分少爲損後行分多爲益）

求每日晨前夜半星行宿次置其段初日行分以日差累損益之爲每日行分以每日行分累加減其段初日晨前夜半宿次命之卽每日星行宿次

徑求其日宿次置所求日減一以乘日差以加減初日行分（後少減之後多加之）爲所求日行分乃加初日行分而半之以所求日數乘之爲徑求積度以加減其段初日宿次命之卽徑求其日星宿次

求五星定合定日木火土三星以其段初日行分減一百分餘以除其日太陽盈縮分爲日不滿退除爲分命曰距合差日以差日及分減太陽盈縮分餘爲距合差度以差日差度盈減縮加金水二星平合者以百分減初日行分餘以除其日太陽盈縮分爲日不滿退除爲分命曰距合差日及分以減太陽盈縮分餘爲距合差度以差日差度盈加縮減金水星再合者以初日行分加一百分以除其日太陰盈縮餘爲日不滿退除爲分命曰再合差日以減太陽盈縮分餘爲再合差度以差日差度盈加縮減（差度因反其加）

皆以加減定積爲再合定日以天正冬至大餘及約分加而命之即得定合日辰

求五星定見伏木火土三星各以其段初日行分減一百分餘以除其日太陽盈縮分爲日不滿退除爲分以盈減縮加金水二星夕見晨伏者以一百分減初行日分餘以除其日太陽盈縮分爲日不滿退除爲分以盈加縮減其在晨見夕伏者以一百分加其段初日行分以除其日太陽盈縮分爲日不滿退除爲分以盈減縮加皆加減其段定積爲見伏定日以加冬至大餘及約分滿紀法去之命從甲子算外即得五星見伏定日日辰

琮又論曆曰古今之曆必有術過于前人而可以爲萬世之法者乃爲勝也若一行爲大衍曆議及略例校正歷世以來曆法强弱爲曆家體要得中平之數

劉焯悟日行有盈縮之差

舊曆推日行平行一度至此方悟日行有盈縮冬至前後定日八十八日八十九分夏至前後定日九十三日七十四分冬至前後日行一度有餘夏至前後日行不及一度

李淳風悟定朔之法并氣朔閏餘皆同一術

舊曆定朔平注一大一小至此以日行盈縮月行遲疾加減朔餘餘爲定朔望加時以定大小不過三數自此後日食在朔月食在望更無晦二之差舊曆皆須用章歲章月之數使閏餘有差淳風造麟德曆以氣朔閏餘同歸一母

張子信悟月行有交道表裏五星有入氣加減

北齊學士張子信因葛榮亂隱居海島三十餘年專以圓儀揆測天道始悟月行有交道表裏在表爲外道陽曆在裏爲內道陰曆月行在內道則日有食之月行在外道則無食若月外之人北戸向日之地則反觀有食又舊曆五星率無盈縮至是始悟五星皆有盈縮加減之數

宋何承天始悟測景以定氣序

景極長冬至景極短夏至始立八尺之表連測十餘年即知舊景初曆冬至常遲天三日乃造元嘉曆冬至加時比舊退減三日

晉姜岌始悟以月食所衝之宿爲日所在之度

日所在不知宿度至此以月食之宿所衝爲日所在宿度

後漢劉洪作乾象曆始悟月行有遲疾數

舊曆月平行十三度十九分度之七至是始悟月行有遲疾之差極遲則日行十二度強極疾則日行十四度太其遲疾極差五度有餘

宋祖沖之始悟歲差

書堯典曰日短星昴以正仲冬宵中星虛以殷仲秋至今三千餘年中星所差三十餘度則知每歲有漸差之數造大明曆率四十五年九月而退差一度

唐徐昇作宣明曆悟日食有氣刻差數

舊曆推日食皆平求食分多不允合至是推日食以氣刻差數增損之測日食分數稍近天驗

明天曆悟日月會合爲朔所立日法積年有自然之數及立法推求晷景知氣節加時所在

自元嘉曆後所立日法以四十九分之二十六爲强率以十七分之九爲弱率併强弱之數爲日法朔餘自後諸曆效之殊不知日月會合爲朔併朔餘虛分爲日法蓋自然之理其氣節加時晉漢以來約而要取有差半日今立法推求得盡其數

後之造曆者莫不遵用焉其疎謬之甚者即苗守信之乾元曆馬重績之調元曆郭紹之五紀曆也大槩無出于此矣然造曆者皆須會日月之行以爲晦朔之數驗春秋日食以明强弱其于氣序則取驗于傳之南至其日行盈縮月行遲疾五星加減二曜食差日宿月離中星晷景立數立法悉本之于前語然後較驗上自夏仲康五年九月辰弗集于房以至于今其星辰氣朔日月交食等使三千年間若應準繩而有前有後有親有疎者即爲中平之數乃可施于後世其較驗則依一行孫思恭取數多而不以小得爲親密較日月交食若一分二刻以下爲親二分四刻以下爲近三分五刻以上爲遠以曆注有食而天驗無食或天驗有食而曆注無食者爲失其較星度則以差天二度以下爲親三度以下爲近四度以上爲遠其較晷景尺寸以二分以下爲親三分以下爲近四分以上爲遠若較古而得數多又近于今兼立法立數得其理而通于本者爲最也琮自謂善曆嘗曰世之知曆者甚少近世獨孫思恭爲妙而思恭又嘗推劉羲叟爲知曆焉

神宗熙寧八年夏閏四月壬寅沈括上奉元曆

按宋史神宗本紀云云

欽定古今圖書集成曆象彙編曆法典

第二十四卷目錄

曆法總部彙考二十四

曆法典第二十四卷

曆法總部彙考二十四

宋六

哲宗元祐六年冬十一月作元祐觀天曆

按宋史哲宗本紀云云

觀天曆法上

元祐觀天曆演紀上元甲子距元祐七年壬申歲積五百九十四萬四千八百八筭上考往古每年減一下驗將來每年加一

步氣朔

統法一萬二千三十

歲周四百三十九萬三千八百八十

歲餘六萬三千八十

氣策一十五餘二千六百二十八秒一十二

朔實三十五萬五千二百五十三

朔策二十九餘六千三百八十三

望策一十四餘九千二百六秒一十八

弦策七餘四千六百三秒九

歲閏一十三萬八百四十四

中盈分五千二百五十六秒二十四

朔虛分五千六百四十七

沒限分九千四百二

閏限三十四萬四千三百四十九秒一十二

旬周七十二萬一千八百

紀法六十

以上秒母同三十六

推天正冬至置距所求積年以歲周乘之爲氣積分滿旬周去之不盡以統法約之爲大餘不滿爲小餘其大餘命甲子筭外卽得所求年天正冬至日辰及餘

求次氣置天正冬至大小餘以氣策及餘秒累加之秒盈秒法從小餘一小餘盈統法從大餘一大餘盈紀法去之

命甲子筭外卽各得次氣日辰及餘秒

推天正經朔置天正冬至氣積分以朔實去之不盡爲閏餘以減天正冬至氣積分餘爲天正十一月經朔加時積分滿旬周去之不盡以統法約之爲大餘不滿爲小餘其大餘命甲子筭外卽所求年天正十一月經朔日辰及餘

求弦望及次朔經日置天正十一月經朔大小餘以弦策累加之去命如前卽各得弦望及次朔經日及餘秒

求沒日置有沒之氣小餘以三百六十乘之其秒進一位從之用減歲周餘滿歲餘除之爲日不滿爲餘其日命其氣初日日辰筭外卽爲其氣沒日日辰凡氣小餘在沒限以上者爲有沒之氣

求滅日置有滅之朔小餘以三十乘之滿朔虛分除之爲日不滿爲餘其日命其月經朔初日日辰筭外卽爲其月滅日日辰凡經朔小餘不滿朔虛分者爲有滅之朔

步發斂

候策五餘八百七十六秒四

卦策六餘一千五十一秒一十二

土王策三餘五百二十五秒二十四

月閏一萬九百三秒二十四

辰法二千五

半辰法一千二半

刻法一千三百三

秒母三十六

推七十二候各因中節大小餘命之爲初候以候策加之爲次候又加之爲末候

求六十四卦各因中氣大小餘命之爲初卦用事日以卦策加之爲中卦用事日又加之得終卦用事日以土王策加諸侯內卦得十有二節之初外卦用事日又加之得大夫卦用事日復以卦策加之得卿卦用事日

推五行用事各因四立之節大小餘命之卽春木夏火秋金冬水首用事日以土王策減四季中氣大小餘命甲子筭外爲其月土始用事日

求中氣去經朔置天正冬至閏餘以月閏累加之滿統法約之爲日不盡爲餘卽各得每月中氣去經朔日及餘秒

其閏餘滿閏限者爲月內有閏也仍定其朔內無中氣者爲閏月

求卦候去經朔以卦候策累加減中氣去經朔日及餘（中氣前減　中氣後加）卽各得卦候去經朔日及餘秒

求發斂加時倍所求小餘以辰法除之爲辰數不滿五因之滿刻法爲刻不滿爲餘其辰數命子正筭外卽各得所求加時辰刻及分

步日躔

周天分四百三十九萬四千三十四秒五十七

周天度三百六十五餘三千八十四秒五十七

歲差一百五十四秒五十七

二至限日一百八十二餘七千四百八十

冬至後盈初夏至後縮末限日八十八餘一萬九百五十八

夏至後縮初冬至後盈末限日九十三餘八千五百五十二

求每日盈縮分置入二至後全日各在初限已下爲初限已上用減二至限餘爲末限列初末限日及分于上倍初末限日及約分于下相減相乘求盈縮分者在盈初縮末以三千二百九十四除之在盈末縮初以三千六百五十九除之皆爲度不滿退除爲分秒求朓朒積者各進二位在盈初縮末以三百六十六而一在盈末縮初以四百七而一各得所求以盈縮相減餘爲升降分（盈初縮末爲升　縮初盈末爲降）以朓朒積相減餘爲損益率（在初爲益　在末爲損）

求經朔弦望入盈縮限置天正閏日及餘減縮末限日及餘爲天正十一月經朔入縮末限日及餘以弦策累加之滿盈縮限日去之卽各得弦望及次朔入盈縮限日及餘秒

求經朔弦望朓朒定數各置所入盈縮限日下餘以其日下損益率乘之如統法而一所得損益其下朓朒積爲定數

求定氣冬夏二至以常氣爲定氣自後以其氣限日下盈縮分盈加縮減常氣約餘卽爲所求之氣定日及分秒

赤道入度

斗二十六　牛八　女十二　虛十少（秒六十四）

危十七　室十六　壁九

北方七宿九十八度少秒六十四

奎十六　婁十二　胃十四　昴十一

畢十七　觜一　參十

西方七宿八十一度

井三十三　鬼三　柳十五　星七

張十八　翼十八　軫十七

南方七宿一百一十一度

角十二　亢九　氐十五　房五

心五　尾十八　箕十一

東方七宿七十五度

前皆赤道宿度與古不同自大衍曆依渾儀測爲定用紘帶天中儀極攸憑以格黃道

推天正冬至加時赤道日度以歲差乘所求積年滿周天分去之不盡用減周天分餘以統法除之爲度不滿爲餘命起赤道虛宿四度外去之至不滿宿卽爲所求年天正冬至加時赤道日度及餘秒

求夏至赤道日度置天正冬至加時赤道日度以二至限及餘加之滿赤道宿次去之卽得夏至加時赤道日度及餘秒

因求後晷後夜半赤道日度者以二至小餘減統法餘以加二至赤道日度之餘卽二至初日晷後夜半赤道日度以每日累加一度去命如前各得所求

求二十八宿赤道積度置二至加時日躔赤道全度以二至加時赤道日度及約分減之餘爲距後度以赤道宿次累加之卽得二十八宿赤道積度及分秒

求二十八宿赤道積度入初末限各置赤道積度及分秒滿象限九十一度三十一分秒九卽去之若在四十五度六十五分秒五十四半已下爲初限已上用減象限餘爲末限

求二十八宿黃道度各置赤道宿入初末限度及分三之爲限分用減四百餘以限分乘之一萬二千而一爲度命曰黃赤道差至後以減分後以加赤道宿積度爲黃道積度以前宿黃道積度減之餘爲二十八宿黃道度及分

其分就近約爲太半少若二至之宿不足減者卽加二至限然後減之餘依術筭

黃道宿度

斗二十三半　牛七半　女十一半　虛十少（秒六十四）

危十七太　室十七少　壁九太

北方七宿九十七度半秒六十四

奎十七太　婁十二太　胃十四半　昴十一太

畢十六　觜一　參九少

西方七宿八十二度

井三十　鬼二太　柳十四少　星七

張十八太　翼十九半　軫十八太

南方七宿一百一十一度

角十三　亢九半　氐十五半　房五

心四太　尾十七　箕十

東方七宿七十四度太

前黃道宿度乃依今曆歲差變定若上考往古下驗將來當據歲差每移一度依曆推變然後可步七曜知其所在

求天正冬至加時黃道日度置天正冬至加時赤道日度及約分三之爲限分用減四百餘以限分乘之一萬二千而一爲度命曰黃赤道差用減天正冬至加時赤道日度及分卽爲所求年天正冬至加時黃道日度及分夏至日度準此求之

求二至初日晨前夜半黃道日度置一萬分以其日升降分升加降減之以乘二至小餘如統法而一所得以減二至加時黃道日度餘爲二至初日晨前夜半黃道日度及分

求每日晨前夜半黃道日度置二至初日晨前夜半黃道日度及分每日加一度百約其日下升降分升加降減之滿黃道宿次去之卽各得二至後每日晨前夜半黃道日度及分

求太陽過宮日時刻置黃道過宮宿度以其日晨前夜半黃道宿度及分減之餘以統法乘之如其太陽行分而一爲加時小餘如發斂求之卽得太陽過宮日時刻及分

黃道過宮

太史局吳澤等補治有此一段開封進士吳時舉國學進士程憙常州百姓張文進本竝無之

危宿十五度少入衞之分	亥
奎宿三度半入魯之分	戌
胃宿五度半入趙之分	酉
畢宿十度半入晉之分	申
井宿十二度入秦之分	未
柳宿七度半入周之分	午
張宿十七度少入楚之分	巳
軫宿十二度入鄭之分	辰
氐宿三度少入宋之分	卯
尾宿八度入燕之分	寅
斗宿九度入吳之分	丑
女宿六度少入齊之分	子

步月離

轉周分三十三萬一千四百八十二秒三百八十九

轉周日二十七餘六千六百七十二秒三百八十九

朔差日一餘一萬一千七百四十秒九千六百十一

弦策七餘四千六百三秒二千五百

望策一十四餘九千二百六秒五千

以上秒母同一萬

七日初數一萬六百九十初約八十九末數一千三百四十末約一十一

十四日初數九千三百五十一初約七十八末數二千六百七十九末約二十二

二十一日初數八千一十一初約六十七末數四千一十九末約三十三

二十八日初數六千六百七十二初約五十五

上弦九十一度三十一分秒四十一

望一百八十二度六十二分秒八十二

下弦二百七十三度九十四分秒二十三

平行一十三度三十六分秒八十七半

以上秒母同一百

求天正十一月經朔加時入轉置天正十一月經朔加時積分以轉周分秒去之不盡以統法約之爲日不滿爲餘命日筭外卽得所求年天正十一月經朔加時入轉日及餘秒

若以朔差日及餘秒加之滿轉周日及餘秒去之卽其朔加時入轉日及餘秒各以其月經朔小餘減之餘爲其月經朔夜半入轉

求弦望入轉因天正十一月經朔加時入轉日及餘秒以弦策累加之去命如前卽弦望入轉日及餘秒

轉日	轉定分	增減差
一日	一千二百六	增一百三十一
二日	一千二百一十五	增一百二十二
三日	一千二百三十二	增一百四
四日	一千二百五十一	增八十六
五日	一千二百七十五	增六十二
六日	一千三百一	增三十六
七日	一千三百二十七	初增一十末減
八日	一千三百五十四	減一十七
九日	一千三百七十八	減四十一
十日	一千四百三	減六十一
十一日	一千四百二十七	減九十
十二日	一千四百四十六	減一百九

十三日　一千四百五十七　減一百二十二
十四日　一千四百七十三　初減一百六　末增三十
十五日　一千四百六十六　增一百二十九
十六日　一千四百五十四　增一百一十七
十七日　一千四百三十七　增一百
十八日　一千四百一十六　增七十九
十九日　一千三百九十四　增五十七
二十日　一千三百六十八　增三十一
二十一日　一千三百四十一　初增九　末減五
二十二日　一千三百一十五　減二十二
二十三日　一千二百九十　減四十七
二十四日　一千二百六十五　減七十三
二十五日　一千二百四十三　減九十四
二十六日　一千二百三十五　減一百一十二
二十七日　一千二百一十三　減一百二十四
二十八日　一千二百六　初減七十五

轉日　遲疾度　損益率
一日　遲空度　益一千一百八十七
二日　遲一度三十一　益一千八十九
三日　遲二度五十三　益九百四十五
四日　遲三度五十七　益七百六十五
五日　遲四度四十三　益五百六十
六日　遲五度五　益三百二十二
七日　遲五度四十一　初益九十九　末損九
八日　遲五度五十一　損一百五十四
九日　遲五度三十四　損三百六十九
十日　遲四度九十三　損五百九十四
十一日　遲四度二十七　損八百一十
十二日　遲三度三十七　損九百七十九
十三日　遲二度二十八　損一千九十九
十四日　遲一度六　初損九百五十四　末益二百七十
十五日　疾空度三十　益一千一百六十一
十六日　疾一度五十九　益一千五十二
十七日　疾二度七十六　益九百
十八日　疾三度七十六　益七百一十一
十九日　疾四度五十五　益五百一十二
二十日　疾五度一十二　益二百七十九
二十一日　疾五度四十三　初益八十二　末損四十五
二十二日　疾五度四十七　損一百九十八
二十三日　疾五度二十五　損四百二十三
二十四日　疾四度七十八　損六百五十七
二十五日　疾四度五　損八百四十六
二十六日　疾三度一十一　損一千八
二十七日　疾一度九十九　損一千一百一十六
二十八日　疾空度七十五　損六百七十四

轉日　朓朒積
一日　朒空
二日　朒一千一百八十七
三日　朒二千二百七十六
四日　朒三千二百二十一
五日　朒三千九百八十六
六日　朒四千五百四十六
七日　朒四千八百六十九
八日　朒四千九百五十九
九日　朒四千八百五
十日　朒四千四百三十六
十一日　朒三千八百四十二
十二日　朒三千三十二
十三日　朒二千五十三
十四日　朒九百五十四
十五日　朓二百七十
十六日　朓一千四百三十一
十七日　朓二千四百八十三
十八日　朓三千三百八十三
十九日　朓四千九十四
二十日　朓四千六百六
二十一日　朓四千八百八十五
二十二日　朓四千九百二十二
二十三日　朓四千七百二十四
二十四日　朓四千三百一
二十五日　朓三千六百四十四
二十六日　朓二千七百九十八
二十七日　朓一千一百一十六
二十八日　朓六百七十四

求朔弦望入轉朓朒定數置入轉餘乘其日筭外損益率如統法而一所得以損益其下朒朓積爲定數其在四七日下餘如初數已下初率乘之初數而一以損益其下朓朒積爲定數若初數已上者以初數減之餘乘末率末數而一用減初率餘加其日下朓朒積爲定數

其十四日下餘若在初數已上者初數減之餘乘

末率末數而一便爲朏定數

求朔弦望定日各以入限入轉朏朒定數朏減朒加經朔弦望小餘滿若不足進退大餘命甲子筭外各得定日及餘若定朔干名與後朔干名同者月大不同者月小其月內無中氣者爲閏月

凡注曆觀定朔小餘秋分後在統法四分之三已上者進一日若春分後定朔晨昏差如春分之日者三約之用減四分之三定朔小餘在此數已上者亦進一日或當交虧初在日入已前者其朔不進弦望定小餘不滿日出分者退一日望若有交虧初在日出分已前者其定望小餘雖滿日出分亦退一日又有月行九道遲疾曆有三大二小者行盈縮累增損之則有四大三小理數然也若俯循常儀當察加時早晚隨其所近而進退之使不過三大二小

求定朔弦望加時日度置定朔弦望約分副之以乘其日升降分一萬約之所得升加降減其副以加其日夜半日度命如前各得定朔弦望加時日躔黃道宿度及分秒

求月行九道凡合朔初交冬入陰曆夏入陽曆月行青道

冬至夏至後青道半交在春分之宿出黃道東立冬立夏後青道半交在立春之宿出黃道東南至所衝之宿亦如之

冬入陽曆夏入陰曆月行白道

冬至夏至後白道半交在秋分之宿出黃道西立冬立夏後白道半交在立秋之宿出黃道西北至所衝之宿亦如之

春入陽曆秋入陰曆月行朱道

春分秋分後朱道半交在夏至之宿出黃道南立夏立秋後朱道半交在立夏之宿出黃道西南至所衝之宿亦如之

春入陰曆秋入陽曆月行黑道

春分秋分後黑道半交在冬至之宿出黃道北立春立秋後黑道半交在立冬之宿出黃道東北至所衝之宿亦如之

四序離爲八節至陰陽之所交皆與黃道相會故月行有九道各視月行所入正交積度滿交象去之（入交積度及交象度並在交會術中）若在半交象已下爲初限已上覆減交象餘爲末限置初末限度及分三之爲限分用減四百餘以限分乘之二萬四千而一爲度命曰月道與黃道差數距正交後半交前以差數加距半交後正交前以差數減

此加減出入黃道六度單與黃道相校之數若校赤道則隨氣遷變不常

仍計去冬夏二至已來度數乘差數如九十而一爲月道與赤道差數

凡日以赤道內爲陰外爲陽月以黃道內爲陰外爲陽故月行宿度入春分交後行陰曆秋分交後行陽曆皆爲同名入春分交後行陽曆秋分交後行陰曆皆爲異名

其在同名者以差數加者加之減者減之其在異名者以差數加者減之減者加之二差皆增益黃道宿積度爲九道宿積度以前有九道積度減之爲其宿九道度及分秒（其分就近約之爲太半少）

求月行九道平交入氣各以其月閏日及餘加經朔加時入交汎日及餘秒盈交終日及餘秒去之乃減交終日及餘秒卽各得平交入其月中氣日及餘秒若滿氣策卽去之餘爲平交入後月節氣日及餘秒

若求朏朒定數如求朔望朏朒術入之卽得所求

求平交入轉朏朒定數置所入氣餘加其日夜半入轉餘乘其日筭外損益率如統法而一所得以損益其下朏朒積乃以交率乘之交數而一爲定數

求正交入氣以平交入氣入轉朏朒定數朏減朒加平交入氣餘滿若不足進退其日卽正交入氣日及餘秒

求正交加時黃道日度置正交入氣餘副之以乘其日升降分一萬約之升加降減其副乃以一百乘之如統法而一以加其日夜半日度卽正交加時黃道日度及分秒

求正交加時月離九道宿度置正交度加時黃道日及分三之爲限分用減四百餘以限分乘之二萬四千而一命曰月道與黃道差數以加黃道宿度仍計去冬夏二至以來度數以乘差數如九十而一爲月道與赤道差數同名以加異名以減二差皆增損正交度卽正交加時月離九道宿度及分秒

求定朔弦望加時月離黃道宿度置定朔弦望加時日躔黃道宿度及分凡合朔加時月行潛在日下與太陽同度是爲加時月度各以弦望度加其所當日度滿黃道宿次去之卽各得定朔弦望加時月離黃道宿度及分秒

求定朔弦望加時月離九道宿度置定朔弦望加時月離黃道宿度及分秒加前宿正交後黃道積度如前求九道術入之以前定宿正交後九道積度減之餘爲定朔弦望加時月離九道宿度及分秒

凡合朔加時若非正交卽日在黃道月在九道所入宿度雖多少不同考其去極若應繩準故曰加時九道

求定朔午中入轉各視經朔夜半入轉日及餘秒以半法加之若定朔大餘有進退者亦進退轉日否則因經爲定

因求次日累加一日滿轉周日及餘秒去之卽每日午中入轉

求晨昏月度以晨分乘其日筭外轉定分如統法而一爲晨轉分用減轉定分餘爲昏轉分乃以朔弦望小餘乘其日筭外轉定分如統法而一爲加時分以減晨昏轉分餘爲前不足減者覆減之餘爲後以前加後減定朔弦望月度卽晨昏月所在度

求朔弦望晨昏定程各以其朔昏定月減上弦昏定月餘爲朔後昏定程以上弦昏定月減望昏定月餘爲上弦後昏定程以望晨定月減下弦晨定月餘爲望後晨定程以下弦晨定月減後朔晨定月餘爲下弦後晨定程

求每日轉定度數累計每程相距日轉定分以減定程餘爲盈不足減者覆減之餘爲縮以相距日除之所得盈加縮減每日轉定分爲每日轉定度及分秒

求每日晨昏月置朔弦望晨昏月以每日轉定度及分加之滿宿次去之爲每日晨昏月凡注曆自朔日注昏月望後一日注晨月已前月度竝依九道所推以究筭術之精微如求速要卽依後術求之

求天正十一月經朔加時平行月置歲周以天正閏餘減之餘以統法約之爲度不滿退除爲分秒卽天正十一月經朔加時平行月積度及分秒

求天正十一月定朔夜半平行月置天正經朔小餘以平行月度分秒乘之如統法而一爲度不滿退除爲分秒以減天正十一月經朔加時平行月積度卽天正十一月經朔晨前夜半平行月其定朔大餘有進退者亦進退平行度否則因經爲定卽天正十一月定朔晨前夜半平行月積度及分秒

求次定朔夜半平行月置天正十一月定朔晨前夜半平行月積度及分秒大月加三十五度八十分秒六十一小月加二十二度四十三分秒七十二半滿周天度及約分秒去之卽得次定朔晨前夜半平行月積度及分秒

求弦望定日夜半平行月各計朔弦望相距之日乘平行度及分秒以加其月定朔晨前夜半平行月積度及分秒卽其月弦望定日晨前夜半平行月積度及分秒

求定朔晨前夜半入轉置其月經朔晨前夜半入轉日及餘秒若定朔大餘有進退者亦進退轉日否則因經爲定其餘如統法退除爲分秒卽得其月定朔晨前夜半入轉日及分秒

因求次日累加一日滿轉周二十七日五十五分秒四十六去之卽每日晨前夜半入轉

求定朔弦望晨前夜半定月置定朔弦望晨前夜半入轉分乘其日筭外增減差百約爲分分滿百爲度增減其下遲疾度爲遲疾定度遲減疾加定朔弦望晨前夜半平行月積度及分秒以天正冬至加時黃道日度加而命之卽各得定朔弦望晨前夜半月離宿度及分秒如求每日晨昏月依前術入之卽得所求

步晷漏

二至限一百八十二日六十二分

一象九十一日三十一分

消息法九千七百三

半法六千一十五

辰法二十五

半辰法一十二半

刻法一千二百二

辰刻八餘四百一

昏明分三百太

昏明刻二餘六百一半

冬至岳臺晷影常數一丈二尺八寸五分

夏至岳臺晷影常數一尺五寸七分

冬至後初限夏至後末限四十五日六十二分

冬至後末限夏至後初限一百三十七日空分

求岳臺晷影入二至後日數計入二至以來日數以二至約分減之乃加半日之分五十卽入二至後來午中日數及分

求岳臺午中晷影定數置入二至後日及分如初限已下者爲初已上覆減二至限餘爲末其在冬至後初限夏至後末限者以入限日及分減一千九百三十七半爲汎差仍以入限日及分乘其日盈縮積

其盈縮積者以入盈縮限日及分與三百相減相乘爲盈縮積也

五因百約用減汎差爲定差乃以入限日及分自相乘以定差乘之滿一百萬爲尺不滿爲寸分以減冬至岳臺晷影常數餘爲其日午中晷影定數其在冬至後末限夏至後初限者以三約入限日及分減四百八十五少爲汎差仍以盈縮差度減去極度餘者春分後秋分前四約以加汎差爲定差春分前秋分後以去二分日數乘之六百而一以減汎差爲定差乃以入限日及分自相乘以定差乘之滿一百萬爲尺不滿爲寸分以加夏至岳臺晷影常數爲其日午中晷影定數

求每日午中定積日置其日午中入二至後來日數及分以其日盈縮分盈加縮減之卽每日午中定積日及分

求每日午中消息定數置定積日及分在一象已下自相乘以上用減二至限餘亦自相乘七因進二位以消息法除之爲消息常數副置之用減六百一半餘以乘其副以二千六百七十除之以加常數爲消息定數（冬至後爲息夏至後爲消）

求每日黃道去極度置其日消息定數十六乘之滿四百一除之爲度不滿退除爲分春分後加六十七度三十一分秋分後減一百一十五度三十一分卽每日午中黃道去極度及分

求每日太陽去赤道內外度置其日黃道去極度及分與一象度相減餘爲太陽去赤道內外度及分去極多爲日在赤道外去極少爲日在赤道內

求每日晨昏分及日出入分半晝分置其日消息定數春分後加二千一百少秋分後減三千三百八少各爲其日晨分用減統法餘爲昏分以昏明分加晨分爲日出分減昏分爲日入分以日出分減半法餘爲半晝分

求每日距中度置其日晨分進位十四因之以四千六百一十一除之爲度不滿退除爲分卽距子度用減半周天餘爲距中度五而一爲每更差數

欽定古今圖書集成曆象彙編曆法典

第二十五卷目錄

曆法總部彙考二十五

宋七觀天曆法下徽宗崇寧一則紀元曆法上

曆法典第二十五卷

曆法總部彙考二十五

宋七

觀天曆法下

求每日夜半定漏置晨分進一位如刻法而一爲刻不滿爲刻分即每日夜半定漏

求每日晝夜刻及日出入辰刻置夜半定漏倍之加五刻爲夜刻減百刻爲晝刻以昏明刻加夜半定漏命子正算外得日出辰刻以晝刻加之命如前即日入辰刻其辰數依發斂術求之

求更點辰刻置其日夜半定漏倍之二十五而一爲籌差半之進位爲更差以昏明刻加日入辰刻即甲夜辰刻以更籌差累加之滿辰刻及分去之各得每更籌所在辰刻及分

若用司辰漏者倍夜半定漏減去待旦十刻餘依術算即得內中更籌也

求每日昏曉中星及五更中星置距中度以其日昏後夜半赤道日度加而命之得其日昏中星所格宿次命之日初更中星以每更差度加而命之即乙夜中星以更差度累加之去命如前即五更及曉中星

若依司辰星漏倍距子度減去待旦三十六度五十二分半餘依術求更點差度即內中昏曉五更及攢點中星也

求九服距差日各於所在立表候之若地在岳臺北測冬至後與岳臺冬至晷影同者累冬至後至其日爲距差日若地在岳臺南測夏至後與岳臺晷影同者累夏至後至其日爲距差日

求九服晷影若地在岳臺北冬至前後者以冬至前後日數減距差日爲餘日以餘日減一千九百三十七半爲汎差依前術求之以加岳臺冬至晷影常數爲其地其日午中晷影定數冬至前後日多於距差日者乃減去距差日餘依法求之即得其地其日午中晷影定數若地在岳臺南夏至前後者以夏至前後日數減距差日爲餘日乃三約之以減四百八十五少爲汎差依前術求之以減岳臺夏至晷影常數即其地其日午中晷影定數加夏至前後日數多於距差日乃減去距差日餘依法求之即得其地其日午中晷影定數即晷在表南也

求九服所在晝夜漏刻各於所在下水漏以定二至夜刻乃相減餘爲二至差刻乃置岳臺其日消息定數以其處二至差刻乘之如岳臺二至差刻二十除之所得爲其地其日消息定數乃信消息定數進位滿刻法約之爲刻不滿爲分以加減其處二至夜刻春分後秋分前以加夏至夜刻秋分後春分前以減冬至夜刻爲其地其日夜刻以減百刻餘爲晝刻

求日出入差刻及五更中星並依岳臺法求之

步交會

交終分三十二萬七千三百六十一秒九千九百四十四

交終日二十七餘二千五百五十一秒九千九百四十四

交終日一十三餘七千二百九十秒九千九百七十二

朔差日二餘三千八百三十一秒五十六

望策一十四餘九千二百六秒五千

後限日一餘一千九百一十五秒五千二十八

前限日一十二餘五千三百七十五秒四千九百四十四

以上秒母同一萬

交率一百八十三

交數二千三百三十一

交終度三百六十三分七十六

交中度一百八十一分八十八

交象度九十分九十四

半交象度四十五分四十七

陽曆食限四千九百定法四百九十

陰曆食限七千九百定法七百九十

求天正十一月經朔加時入交汎日置天正十一月經朔加時積分以交終分及秒去之不盡滿統法爲日不滿爲餘秒即天正十一月經朔加時入交汎日及餘秒

求次朔及望加時入交汎日置天正經朔加時入交汎日及餘秒求朔以朔差加之求望以望策加之滿交終日及餘秒去之即次朔及望加時入交汎日及餘秒若以經朔小餘減之餘爲夜半入交汎日

求定朔望夜半入交汎日置經朔望夜半入交汎日若定朔望大餘有進退者亦進退交日否則因經爲定即定朔望夜半入交汎日及餘秒

求次朔夜半入交汎日置定朔夜半入交汎日及餘秒大月加二日小月加一日餘皆加九千四百七十八秒五十六求次日累加一日滿交終日及餘秒去之即次定朔及每日夜半入交汎日及餘秒

求朔望加時入交常日置經朔望入交汎日及餘秒以其朔望入盈縮限朏朒定數朏減朒加之即朔望加時入交常日及餘秒

求朔望加時入交定日置其朔望入轉朏朒定數以交率乘之交數而一所得以朏減朒加入交常日及餘秒滿與不足進退其日即朔望加時入交定日及餘秒

求月行入陰陽曆置其朔望入交定日及餘秒在交中已下爲月行陽曆已上去之餘爲月行陰曆

求朔望加時月行入陰陽曆積度置月行入陰陽曆日及餘秒以統法通日內餘九而一爲分分滿百爲度即朔望加時月行入陰陽曆積度及分

求朔望加時月去黃道度置入陰陽曆積度及分如交象已下爲入少象已上覆減交中度餘爲入老象皆列於上下列交中度相減相乘進位如一百三十八而一爲汎差又視入老少象度如半交象已下爲初已上去之餘爲末皆二因退位初減末加汎差滿百爲度即朔望加時月去黃道度及分

求日月食甚定餘置定朔小餘如半統法已下與半統法相減相乘如三萬六千九十而一爲時差以減如半統法已上減去半統法餘亦與半統法相減相乘如一萬八千四十五而一爲時差午前減午後加皆加減定朔小餘爲日食甚小餘與半法相減餘爲午前後分其月食者以定望小餘爲月食甚小餘

求日月食甚辰刻各置食甚小餘倍之以辰法除之爲辰數不滿五因滿刻法而一爲刻不滿爲分其辰數命子正算外即食甚辰刻及分若加半辰即命起子初

求氣差置其朔盈縮限度及分自相乘進二位盈初縮末一百九十七而一盈末縮初二百一十九而一皆用減四千一十爲氣汎差以乘午前後分如半晝分而一所得以減汎差爲定差

春分後交初以減交中以加秋分後交初以加交中以減如食在夜反用之

求刻差置其朔盈縮限度及分與半周天相減相乘進二位二百九而一爲刻汎差以乘午前後分如三千七百半而一爲定差

冬至後午前夏至後午後交初以加交中以減冬至後午後夏至後午前交初以減交中以加

求日入食限交前後分置朔入交定日及餘秒以氣刻時三差各加減之如交中日已下爲不食已上去之如後限已下爲交後分前限已上覆減交中日餘爲交前分

求日食分置交前後分如陽曆食限已下爲陽曆食定分已上用減一萬二千八百餘爲陰曆食定分如不足減者日不食各如定法而一爲大分不盡退除爲小分小分半已上爲半彊已下爲半弱命大分以十爲限即得日食之分

求日食汎用分置日食定分退二位列於上在陽曆列九十八於下在陰曆列一百五十八於下各相減相乘陽以二百五十而一陰以六百五十而一各爲日食汎用分

求月入食限交前後分置望月行入陰陽曆日及餘秒如後限已下爲交後分前限已上覆減交中日餘爲交前分

求月食分置交前後分如三千七百已下爲食既已上覆減一萬一千七百不足減者爲不食餘以八百而一爲大分不盡退除爲小分小分半已上爲半彊已下爲半弱命大分以十爲限即得月食之分

求月食汎用分置望交前後分自相乘退二位交初以一千一百三十八而一用減一千二百三交中以一千二百六十四而一用減一千八十三各爲月食汎用分

求日月食定用分置日月食汎用分以一千三百三十七乘之以定朔望入轉算外轉定分而一所得爲日月食定用分

求日月食虧初復滿小餘置日月食甚小餘以定用分減之爲虧初加之爲復滿即各得所求小餘若求辰刻依食甚術入之

求月食更籌法置望辰分四因退位爲更法五除之

爲籌法

求月食入更籌置虧初食甚復滿小餘在晨分已下加晨分昏分已上減去昏分皆以更法除之爲更數不盡以籌法除之爲籌數其更籌數命初更算外卽各得所入更籌

求日月食甚宿次置朔望之日晨前夜半黃道日度及分以統法約日月食甚小餘加之內月食更加半周天各依宿次去之卽日月食甚所在宿次

求月食旣內外刻分置月食交前後分覆減三千七百（如不足減者爲食不旣）退二位列於上下列七十四相減相乘進位如三十七而一所得以定用分乘之如汎用分而一爲旣內分以減定用分餘爲旣外分

求日月帶食出入所見之分各以食甚小餘與日出入分相減餘爲帶食差（其帶食差在定用分已上爲不帶食出入）以乘所食之分滿定用分而一

若月食旣者以旣內分減帶食差餘乘所食之分如旣外分而一所得以減旣分如不足減者爲帶食旣出入

以減所食之分餘爲帶食出入所見之分

求日食所起日在陽曆初起西南甚於正南復滿東南日在陰曆初起西北甚于正北復滿東北其食八分已上者皆起正西復滿正東（此據午地而論之當審黃道斜正可知）

求月食所起月在陽曆初起東北甚于正北復滿西北月在陰曆初起東南甚于正南復滿西南其食八分已上者皆起正東復滿正西（此據午地而論之當審黃道斜正可知）

步五星

五星曆策一十五度約分二十一秒九十

木星

周率四百七十九萬八千五百二十六秒九十二

周日三百九十八餘一萬五百八十六秒九十二

歲差一百一十六秒七十二

伏見度一十三半

變目	變日	變度
晨伏	一十七日	三度七十五
晨疾初	二十八日	六度二
晨疾末	二十八日	五度六十
晨遲初	二十八日	四度六十二
晨遲末	二十八日	一度九十
晨留	二十四日	
晨退	四十六日四十四	五度七
夕退	四十六日四十四	五度七
夕留	二十四日	
夕遲初	二十八日	一度九十
夕遲末	二十八日	四度六十二
夕疾初	二十八日	五度六十
夕疾末	二十八日	六度二
夕伏	一十七日	三度七十五

變目	限度	初行率
晨伏	二度三	二十三
晨疾初	四度三十九	二十三
晨疾末	四度八	二十二
晨遲初	三度三十七	一十九
晨遲末	一度三十八	一十四
晨留		
晨退	空度八十七	空
夕退	空度八十七	一十六
夕留		
夕遲初	一度三十八	空
夕遲末	三度三十七	一十四
夕疾初	四度八	一十九
夕疾末	四度三十九	二十一
夕伏	二度七十五	二十二

木星盈縮曆

策數	損益率	盈積度
初	益一百七十二	空
一	益一百四十三	一度七十二
二	益一百一十四	三度一十五
三	益八十五	四度二十九
四	益五十四	五度十四
五	益二十二	五度六十八
六	損二十二	五度九十
七	損五十四	五度六十八
八	損八十五	五度一十四
九	損一百一十四	四度二十九
十	損一百四十三	三度一十五
十一	損一百七十二	一度七十二

策數	損益率	縮積度
初	益一百七十二	空
一	益一百四十三	一度七十二
二	益一百一十四	三度一十五
三	益八十五	四度二十九

四	益五十四	五度一十四
五	益二十二	五度六十八
六	損二十二	五度九十
七	損五十四	五度六十八
八	損八十五	五度一十四
九	損一百一十四	四度二十九
十	損一百四十三	三度一十五
十一	損一百七十二	一度七十二

火星

周率九百二十八萬二千五百六十秒七十六

周日七百七十九餘一萬一千一百九十秒七十六

歲差一百一十六秒一十三

伏見度一十八

變日	變日	變度
晨伏	六十八日	五十度空分
晨疾初	五十五日	三十九度五
晨疾末	五十五日	三十八度九十四
晨次疾初	四十七日	三十一度二
晨次疾末	四十七日	二十八度二十
晨遲初	三十九日	一十八度七十二
晨遲末	三十九日	一十度空分
晨留	一十一日	
晨退	二十八日九十六	八度五十九
夕退	二十八日九十六	八度五十九
夕留	一十一日	
夕遲初	三十九日	一十度空分
夕遲末	三十九日	一十八度七十二
夕次疾初	四十七日	二十八度二十
夕次疾末	四十七日	三十一度二
夕疾初	五十五日	三十八度九十四
夕疾末	五十五日	三十九度五
夕伏	六十八日	

變目	限度	初行率
晨伏	四十七度五十	七十四
晨疾初	三十七度九	七十二
晨疾末	三十七度空	七十
晨次疾初	三十九度四十六	六十八
晨次疾末	一十六度七十九	六十四
晨遲初	一十七度七十八	五十六
晨遲末	九度五十	四十
晨留		
晨退	二度二十二	空
夕退	二度二十二	四十五
夕留		
夕遲初	九度五十	空
夕遲末	一十七度七十八	四十
夕次疾初	二十六度七十九	五十六
夕次疾末	二十九度四十六	六十四
夕疾初	三十七度空分	六十八
夕疾末	三十七度九	七十
夕伏		

火星盈縮曆

策數	損益率	盈積度
初	益千一百六十	空
一	益八百八十	一十一度六十
二	益四百三十	二十度四十
三	益一百五十五	二十四度七十
四	損五十	二十六度二十五
五	損一百二十	二十五度七十五
六	損三百五	二十四度五十五
七	損三百八十五	二十一度五十
八	損四百八十五	一十七度六十五
九	損四百五十	一十二度八十
十	損四百二十六	八度三十
十一	損四百四	四度四

策數	損益率	縮積度
初	益四百四	空
一	益四百二十六	四度四
二	益四百五十	八度三十
三	益四百八十五	一十二度八十
四	益三百八十五	一十七度六十五
五	益三百五	二十一度五十
六	益一百二十	二十四度五十五
七	益五十	二十五度七十五
八	損一百五十五	二十六度二十五
九	損四百三十	二十四度七十
十	損八百八十	二十度四十
十一	損一千一百六十	一十一度六十

土星

周率四百五十四萬八千四百三十一秒八十五

周日三百七十八餘一千九百一十一秒八十五

歲差一百一十六秒三十

伏見度一十六半

變目	變日	變度
晨伏	十九日	二度五十
晨疾初	二十八日	三度二十二
晨疾末	二十八日	二度八十
晨遲	二十八日	一度四十
晨留	三十六日	
晨退	五十日四	三度五十
夕退	五十日四	三度五十
夕留	三十六日	
夕遲	二十八日	一度四十
夕疾初	二十八日	二度八十
夕疾末	二十八日	三度二十二
夕伏	一十九日	二度五十

變目	限度	初行率
晨伏	一度五十	一十四
晨疾初	一度九十三	一十二
晨疾末	一度六十八	一十一
晨遲	空度八十四	九
晨留		
晨退	空度四十七	空
夕退	空度四十七	一十
夕留		
夕遲	空度八十五	空
夕疾初	一度六十八	九
夕疾末	一度九十三	一十一
夕伏	一度五十	一十二

土星盈縮曆

策數	損益率	盈積度
初	益二百二十	空二度
一	益一百八十	二度二十
二	益一百四十	四度
三	益一百	五度四十
四	益六十	六度四十
五	益二十	七度
六	損二十	七度二十
七	損六十	七度
八	損一百	六度四十
九	損一百四十	五度四十
十	損一百八十	四度
十一	損二百二十	二度二十

策數	損益率	縮積度
初	益二百二十	空
一	益一百八十	二度二十
二	益一百四十	四度
三	益一百	五度四十
四	益六十	六度四十
五	益二十	七度
六	損二十	七度二十
七	損六十	七度
八	損一百	六度四十
九	損一百四十	五度四十
十	損一百八十	四度
十一	損二百二十	二度二十

金星

周率七百二萬四千三百二十一秒三十四

周日五百八十三餘一萬八百三十一秒三十四

歲差一百一十六秒六十九

伏見度一十一半

變目	變日	變度
夕伏	三十八日五十	五十度空分
夕疾初	五十日	六十三度七十五
夕疾末	五十日	六十一度二十五
夕次疾初	四十日	四十六度空分
夕次疾末	四十日	四十二度空分
夕遲初	三十日	二十六度二十五
夕遲末	二十日	一十二度空分
夕留	七日	
夕退	九日九十五	四度三十一
夕伏退	六日五十	五度空分
伏合退	六日五十	五度空分
晨退	九日九十五	四度三十一
晨留	七日	
晨遲初	二十日	一十二度空分
晨遲末	三十日	二十六度二十五
晨次疾初	四十日	四十二度空分
晨次疾末	四十日	四十六度空分
晨疾初	五十日	六十一度二十五
晨疾末	五十日	六十三度七十五
晨伏	三十八日五十	五十度空分

變目	限度	初行率
夕伏	四十八度空分	一百三十
夕疾初	六十一度二十	一百三十
夕疾末	五十八度八十	一百二十五
夕次疾初	四十四度一十八	一百二十
夕次疾末	四十度三十二	一百一十
夕遲初	二十五度二十	一百
夕遲末	一十一度五十一	七十五
夕留		
夕退	一度二十二	空
夕伏退	一度五十	七十三
伏合退	一度五十	八十一
晨退	一度二十三	七十三
晨留		
晨遲初	一十一度五十二	空
晨遲末	二十五度二十	七十五
晨次疾初	四十度三十二	一百
晨次疾末	四十四度一十八	一百一十
晨疾初	五十八度八十	一百二十
晨疾末	六十一度二十	一百二十五
晨伏	四十八度空分	一百三十

金星盈縮曆

策數	損益率	盈積度
初	益五十三	空
一	益四十九	空度五十三
二	益四十二	一度二
三	益三十二	一度四十四
四	益二十二	一度七十六
五	益七	一度九十八
六	損七	二度五
七	損二十二	一度九十八
八	損三十二	一度七十六
九	損四十二	一度四十四
十	損四十九	一度二
十一	損五十三	空度五十三

策數	損益率	縮積度
初	益五十三	空
一	益四十九	空度五十三
二	益四十二	一度二
三	益三十二	一度四十四
四	益二十二	一度七十六
五	益七	一度九十八
六	損七	二度五
七	損二十二	一度九十八
八	損三十二	一度七十六
九	損四十二	一度四十四
十	損四十九	一度二
十一	損五十三	空度五十三

水星

周率一百三十九萬四千二秒七

周日一百一十五餘一萬五百五十二秒七

歲差一百一十六秒四十

夕見晨伏度一十五

晨見夕伏度二十一

變目	變日	變度
夕伏	一十五日	三十度空分
夕疾	一十四日	二十三度空分
夕遲	一十三日	一十三度空分
夕留	三日	
夕伏退	十二日九十三	八度七
晨伏退	十二日九十三	八度七
晨留	三日	
晨遲	一十三日	一十三度空分
晨疾	一十四日	二十三度空分
晨伏	一十五日	三十度空分

變目	限度	初行率
夕伏	二十五度二十	二百二十二
夕疾	一十九度五十五	一百七十八
夕遲	十度九十二	一百五十一
夕留		
夕伏退	二度二十六	
晨伏退	二度二十六	一百五
晨留		
晨遲	十度九十二	空
晨疾	一十九度五十五	一百五十一
晨伏	二十五度二十	一百七十九

水星盈縮曆

策數	損益率	盈積度
初	益五十九	空
一	益五十四	空度五十九
二	益四十六	一度一十二

三	益三十六	一度五十九
四	益二十四	一度九十五
五	益八	二度一十九
六	損八	二度二十七
七	損二十四	二度一十九
八	損三十六	一度九十五
九	損四十六	一度五十九
十	損五十四	一度一十五
十一	損五十九	空度五十九

策數	損益率	縮積度
初	益五十九	空
一	益五十四	空度五十九
二	益四十六	一度一十二
三	益三十六	一度五十九
四	益二十四	一度九十五
五	益八	二度一十九
六	損八	二度二十七
七	損二十四	二度一十九
八	損三十六	一度九十五
九	損四十六	一度五十九
十	損五十四	一度一十三
十一	損五十九	空度五十九

求五星天正冬至後平合中積中星置天正冬至氣積分各以其星周率去之不盡用減周率餘滿統法約之爲度不滿退除爲分秒命之爲平合中積因而重列之爲平合中星各以前段變日加平合中積又以前段變度加平合中星其經退行者即減之各得五星諸變中積中星

求五星入曆各以其星歲差乘所求積年滿周天分去之不盡以統法約之爲度不滿退除爲分秒以減平合中星爲平合入曆度及分秒求諸變者各以前段限度累加之爲五星諸變入曆度及分秒

求五星諸變盈縮定差各置其星其變入曆度及分秒如半周天已下爲盈已上去之爲縮以五星曆策度除之爲策數不盡爲入策度及分秒以其策下損益率乘之如曆策而一爲分分滿百爲度以損益其下盈縮積度即五星諸段盈縮定差

求五星平合及諸變定積各置其星其變中積以其段盈縮定差盈加縮減之即其段定積日及分以天正冬至大餘及約分加之滿統法去之不盡命甲子算外即定日辰及分

求五星諸變入所在月日各置其星其變定積以天正閏日及約分加之滿朔策及約分除之爲月數不盡爲入月已來日數命月數起天正十一月算外即其星其段入其月經朔日數及分乃以其朔日辰相距即所在月日

求五星平合及諸變加時定星各置其星其變中星以盈縮定差盈加縮減之內金倍之水三之然後加減即五星諸段定星以天正冬至加時黃道日度加時命之即其星其段加時所在宿度及分秒

五星皆因留爲後段初日定星餘依術算

求五星諸變初日晨前夜半定星各以其段初行率乘其段加時分百約之以順減退加其日加時定星即爲其星其段初日晨前夜半定星加命如前即得所求

求諸變日率度率各以其段日辰距至後段日辰爲其段日率以其段夜半定星與後段夜半定星相減餘爲其段度率

求諸變平行分各置其段度率以其段日率除之爲其段平行度及分秒

求諸變總差各以其段平行分與後段平行分相減餘爲汎差併前段汎差四因退一位爲總差若前段無平行分相減爲汎差者因後段初日行分與其段平行分相減爲半總差倍之爲總差若後段無平行分相減爲汎差者因前段末日行分與其段平行分相減爲半總差倍之爲總差其在再行者以本段平行分十四乘之十五而一爲總差內金星依順段術求之

求初末日行分各半其段總差加減其段平行分

後行分少加之爲初減之爲末後行分多減之爲初加之爲末

初加之爲末退行者前段減之爲初加之爲末後

段加之爲初減之爲末

爲其星其段初末日行分

求每日晨前夜半星行宿次置其段總差減日率一以除之爲日差累損益初日行分後行分少損之後行分多益之爲每日行度及分秒乃順加退減其星其段初日晨前夜半定星命之即每日夜半星行所在宿次

徑求其日宿次置所求日減一半之以日差乘而加減初日行分後行分少減之後行分多加之以所求日乘之爲積度以順加退減其星其段初日夜半宿次即所求日夜半宿次

求五星合見伏行差木火土三星以其段初日星行分減太陽行分爲行差金水二星順行者以其段初日太陽行分減星行分爲行差金水二星退行者以其段初日星行分并太陽行分爲行差內水星夕伏晨見直以太陽行分爲行差

求五星定合見伏汎用積木火土三星各以平合晨疾夕伏定積便爲定合見伏汎用積金水二星各置其段盈縮定差內水星倍之以其段行差除之爲日不滿退除爲分在平合夕見晨伏者盈減縮加定積爲定合見伏汎用積在退合夕伏晨見者盈加縮減定積爲定合見伏汎用積

求五星定合定積定星木火土三星以平合行差除其日盈縮分爲距合差日以盈縮分減之爲距合差度以差日差度盈減縮加其星定合汎用積爲其星定合積定星金水二星順合者以平合行差除其日盈縮分爲距合差日以盈縮分加之爲距合差度以差日差度盈加縮減其星定合汎用積爲其星定合定積定星金水二星退合者以平合行差除其日盈縮分爲距合差日以減盈縮減之分爲距合差度以差日盈減縮加以差度盈加縮減再定合汎用積爲其星再定合定積定星各以天正冬至大餘及約分加定積滿紀法去之命甲子算外卽得定合日晨以天正冬至加時黃道日度加定星依宿次去之卽得定合所在宿次

求五星定見伏定積木火土三星以汎用積晨加夕減一象如半周天已下自相乘已上覆減二周天餘亦自相乘七十五而一所得以其星伏見度乘之十五而一爲差如其段行差除之爲日不滿退除爲分見加伏減汎用積爲其星定見伏定積金水二星以行差除其日盈縮分爲日在夕見晨伏盈加縮減汎用積爲常用積夕伏晨見盈減縮加汎用積爲常用積如常用積在半周天已下爲冬至後已上去之餘爲夏至後各在一象已下自相乘已上覆減一周天餘亦自相乘冬至後晨夏至後夕以十八而一冬至後夕夏至後晨以七十五而一所得以其星伏見度乘之十五而一爲差如其段行差除之爲日不滿退除爲分冬至後晨見夕伏夏至後夕見晨伏以加常用積爲其星定見伏定積冬至後夕見晨伏夏至後晨見夕伏以減常用積爲其星定見伏定積加命如前卽得定見伏日辰

徽宗崇寧五年夏五月班紀元曆

按宋史徽宗本紀云云

紀元曆法上

崇寧紀元曆演紀上元上章執徐之歲距元符三年庚辰歲積二千八百六十一萬三千四百六十算至崇寧五年丙戌歲積二千八百六十一萬三千四百六十六算

步氣朔第一

日法七千二百九十

朞實二百六十六萬二千六百二十六

朔實二十一萬五千二百七十八

歲周三百六十五日餘一千七百七十六

氣策一十五餘一千五百九十二太

朔策二十九餘三千八百六十八

望策一十四餘五千五百七十九

弦策七餘二千七百八十九半

中盈分三千一百八十五半

朔虛分三千四百二十二

沒限五千六百九十七少

旬周四十三萬七千四百

紀法六十

求天正冬至置上元距所求積年以朞實乘之爲天正冬至氣積分滿旬周去之不滿如日法而一爲大餘不盡爲小餘其大餘命己卯算外卽所求年天正冬至日辰及餘

求次氣置天正冬至大小餘以氣策加之

四分之一爲少之二爲半之三爲太如滿秒母收從小餘小餘滿日法從大餘大餘盈紀法者乃去之

去命如前卽次氣日辰及餘

求天正經朔置天正冬至氣積分以朔實去之不盡爲天正閏餘用減氣積分餘爲天正十一月經朔加時積分滿旬周去之不滿如日法而一爲大餘不盡爲小餘其大餘命己卯算外卽所求年天正十一月經朔日辰及餘

求弦望及次朔經日置天正經朔大小餘以弦策累

加之去命如前即各得弦望及次朔經日辰及餘

求沒日置有沒常氣小餘

凡常氣小餘在沒限已上者爲有沒之氣

六十乘之用減四十四萬三千七百七十一餘滿六千三百七十一而一爲日不滿爲餘命日起其氣初日晨算外即爲氣內沒日辰

求滅日置有滅經朔小餘

凡經朔小餘不滿朔虛分者爲有滅之朔

三十乘之滿朔虛分而一爲日不滿爲餘命日起其月經朔日辰算外即爲月內滅日辰

步發斂

候策五餘五百三十秒五十五

卦策六餘六百三十七秒六

土王策三餘三百一十八秒三十三

歲閏七萬九千二百九十

月閏六千六百七半

閏限二十萬八千六百七十半

辰法一千二百一十五

半辰法六百七半

刻法七百二十九

秒法六十

求七十二候各置中節大小餘命之爲初候以候策加之爲次候又加之爲末候各命己卯算外即得所求日辰

求六十四卦各置中氣大小餘命之爲公卦用事日以卦策加之得辟卦用事日又加之得諸侯內卦用事日以土王策加之得十有二節之初諸侯外卦用事日又加之得大夫卦用事日復以卦策加之得卿卦用事日各命己卯算外即得所求日辰

求五行用事各因四立之節大小餘命之即春木夏火秋金冬水首用事日以土王策減四季中氣大小餘即其季土始用事之日各命己卯算外即得所求日辰

七十二候及卦目（與前曆同）

求中氣去經朔置天正閏餘以月閏累加之滿日法爲閏日不滿爲餘即其月中氣去經朔日算因求卦候者各以卦候策依次累加減之（中氣前減中氣後加）各得其月卦候去經朔日算

求發斂加時置所求小餘倍之加辰法而一爲辰數不滿五因之如刻法而一爲刻數不盡爲分命辰數起子正算外即各得加時所在辰刻及分（如半辰數即命起子初）

步日躔

周天分二億一千三百一萬八千一十七

歲差七千九百三十七

周天度三百六十五約分二十五秒七十二

象限九十一約分三十一秒九

乘法一百一十九

除法一千八百一十一

秒法一百

常氣中積日

冬至空

小寒一十五（一千五百九十二太 二十一 八十四）

大寒三十（三千一百八十五半 四十三 六十九）

立春四十五（四千七百七十八少 六十五 五十四）

雨水六十（六千三百七十一 八十七三十九）

驚蟄七十六（六百七十三太 九 二十四）

春分九十一（二千二百六十六半 三十一 九）

清明一百六十（三千八百五十九少 五十二 九十三）

穀雨一百二十一（五千四百五十二 七十四 七十八）

立夏一百三十六（七千四十四太 九十六 六十三）

小滿一百五十二（一千三百四十一半 一十八 四十八）

芒種一百六十七（二千九百四十少 四十 三十三）

夏至一百八十二（四千五百三十三 六十二 一十八）

小暑一百九十七（六千一百二十五太 八十四 二）

大暑二百一十三（四百二十八半 五 八十七）

立秋二百一十八（二千二十少 二十七 七十二）

處暑二百四十三（三千一百六十四 四千九 五十七）

白露二百五十八（五千二百六太 七十一 四十二）

秋分二百七十三（六千七百九十九半 九十三 二十七）

寒露二百八十九（一千一百二少 一十五 一十二）

霜降三百四（二千六百九十五 三十六 九十六）

立冬三百一十九（四千二百八十七太 五十八 八十一）

小雪三百三十四（五千八百八十半 八十 六十六）

大雪三百五十（一百八十三少 二 五十二）

常氣盈縮分	先後數
冬至盈七千六十	先初
小寒盈五千九百二十	先七千六十
大寒盈四千七百一十七	先一萬二千九百八十
立春盈三千四百五十一	先一萬七千六百九十七
雨水盈二千一百二十二	先二萬一千一百四十八

驚蟄盈七百三十　先二萬三千二百七十
春分縮七百三十　先二萬四千
清明縮二千一百二十二　先二萬三千二百七十
穀雨縮三千四百五十一　先二萬一千一百四十八
立夏縮四千七百一十七　先一萬七千六百九十七
小滿縮五千九百二十　先一萬二千九百八十
芒種縮七千六十　先七千六十
夏至縮七千六十　後初
小暑縮五千九百二十　後七千六十
大暑縮四千七百一十七　後一萬二千九百八十
立秋縮三千四百五十一　後一萬七千六百九十七
處暑縮二千一百二十二　後二萬一千一百四十八
白露縮七百三十　後二萬三千二百七十
秋分盈七百三十　後二萬四千
寒露盈二千一百二十二　後二萬三千二百七十
霜降盈三千四百五十一　後二萬一千一百四十八
立冬盈四千七百一十七　後一萬七千六百九十七
小雪盈五千九百二十　後一萬二千九百八十
大雪盈七千六十　後七千六十

常氣損益率　朒朓積
冬至益三百八十五　朒積空
小寒益三百二十三　朒三百八十五
大寒益二百五十七　朒七百八
立春益一百八十八　朒九百六十五
雨水益一百一十六　朒一千一百五十三
驚蟄益四十　朒一千二百六十九
春分損四十　朒一千三百九
清明損一百一十六　朒一千二百六十九
穀雨損一百八十八　朒一千一百五十三
立夏損二百五十七　朒九百六十五
小滿損三百二十三　朒七百八
芒種損三百八十五　朒三百八十五
夏至益三百八十五　朓空
小暑益三百二十三　朓三百八十五
大暑益二百五十七　朓七百八
立秋益一百八十八　朓九百六十五
處暑益一百一十六　朓一千一百五十三
白露益四十　朓一千二百六十九
秋分損四十　朓一千三百九
寒露損一百一十六　朓一千二百六十九
霜降損一百八十八　朓一千一百五十三
立冬損二百五十七　朓九百六十五
小雪損三百二十三　朓七百八
大雪損三百八十五　朓三百八十五

求每日盈朒分先後數置所求盈縮分以乘法乘之如除法而一為其氣中平率與後氣中平率相減為合差半合差加減其氣中平率為初末汎率（至後加為初減為末分後減為初加為末）又以乘法乘合差如除法而一為日差半日差加減初末汎率為末定率（至後減初加末分後加初減末）以日差累加減其氣初定率為每日盈縮分（至後減分後加）各以每日盈縮分加減氣下先後數

冬至後積盈為先在縮減之夏至後積縮為後在盈減之其分至前一氣無後氣相減皆因前氣合差為其氣合差餘依前術求朓朒倣此

求經朔弦望入氣置天正閏日及餘如氣策以下者以減氣策為入大雪氣以上者去之餘以減氣策為入小雪氣即天正十一月經朔入氣日及餘

求弦望及後朔入氣以弦策累加之滿氣策去之即各得弦望及次朔入氣日及餘

求經朔弦望入氣朓朒定數各以所入氣小餘乘其日損益率如日法而一所得以損益其日下朓朒積各為定數

赤道宿度

斗二十五　牛七少　女十一少　虛九少（秒七十二）
危十五半　室十七　壁八太
北方七宿九十四度（秒七十二）
奎十六半　婁十二　胃十五　昴十一少
畢十七少　觜半　參十半
西方七宿八十三度
井三十三少　鬼二半　柳十三太　星六太
張十七少　翼十八太　軫十七
南方七宿一百九度少
角十二　亢九少　氐十六　房五太
心六少　尾十九少　箕十半
東方七宿七十九度

按諸曆赤道宿次就立全度頗失真數今依宋朝渾儀校測距度分定太半少用為常數校之天道最為密近如考唐用唐所測考古用古所測即各得當時宿度

求冬至赤道日度以歲差乘所求積年滿周天分去之不滿覆減周天分餘如五千八百二十二而一為

分不盡退除爲秒其分滿百爲度命起赤道虛宿七度外去之至不滿宿卽所求年天正冬至加時日躔赤道宿度及分秒

求春分夏至秋分赤道日度置天正冬至加時赤道日度累加象限滿赤道宿次去之卽各得春分夏至秋分加時日在宿度及分秒

求四正後赤道宿積度置四正赤道宿全度以四正赤道日度及分減之餘爲距後度以赤道宿度累加之各得四正後赤道宿積度及分

求赤道宿積度入初末限視四正後赤道宿積度及分在四十五度六十五分秒五十四半已下爲入初限已上用減象限餘爲入末限

求二十八宿黃道度以四正後赤道宿入初末限度及分減一百一度餘以初末限度及分乘之進位滿百爲分分滿百爲度至後以減分後以加赤道宿積度爲其宿黃道積度以前宿黃道積度減之其四正之宿先加象限然後以前宿減之爲其宿黃道度分其分就近約爲太半少

黃道宿度

斗二十三　牛七　女十一　虛九少秒七十二

危十六　室十八　壁九半

北方七宿九十三度太秒七十二

奎十八　婁十二太　胃十五半　昴十一

畢十六半　觜半　參九太

西方七宿八十四度

井三十半　鬼二半　柳十三少　星六太

張十七太　翼二十　軫十八半

南方七宿一百九度

角十二太　亢九太　氐十六少　房五太

心六　尾十八少　箕九半

東方七宿七十八度少

前黃道宿度依今曆歲差所在算定如上考往古下驗將來常據歲差每移一度依術推變當時宿度然後可步七曜知其所在

如徑求七曜所在置所在積度以前黃道宿積度減之爲所在黃道宿度及分

求天正冬至加時黃道日度以冬至加時赤道日度及分秒減一百一度餘以冬至加時赤道日度及分秒乘之進位滿百爲分分滿百爲度命曰黃赤道差用減冬至赤道日度及分秒卽所求年天正冬至加時黃道日度及分秒

求二十四氣加時黃道日度置所求年冬至日躔黃道差以次年黃赤道差減之餘以所求氣數乘之二十四而一所得以加其氣中積及約分又以其氣初日先後數先加後減之用加冬至加時黃道日度依宿次去之卽各得其氣加時黃道日躔宿度及分秒

如其年冬至加時赤道宿度空分秒在歲差已下者卽加前宿全度然求黃赤道差餘依術算

求二十四氣晨前夜半黃道日度置日法以其氣小餘減之餘副置之以其氣初日盈縮分乘之如萬約之所得盈加縮減其副滿日法爲度不滿退除爲分秒以加其氣加時黃道日度卽各得其氣一日晨前夜半黃道日度及分秒每日加一度以百約每日盈縮分爲分秒盈加縮減之滿黃道宿次去之卽每日晨前夜半黃道日躔宿度及分秒

其二十四氣初日晨前夜半黃道日度係屬前氣自前氣推算卽各得所求

求每日午中黃道日度置一萬分以所入氣日盈縮分盈加縮減而半之滿百爲分不滿爲秒以加其日晨前夜半黃道日度卽其日午中日躔黃道宿度及分

求夏至加時黃道日度置天正冬至加時黃道日度及分秒以二至限及分秒加之滿黃道宿次去之不滿爲夏至加時黃道日度及分秒

求每日午中黃道積度以二至加時黃道日度距至所求日午中黃道日度爲入二至後黃道積度及分

求每日午中黃道入初末限視二至後黃道積度在四十三度一十二分秒八十七以下爲初限以上用減象限餘爲入末限其積度滿象限去之爲二分後黃道積度在四十八度一十八分秒二十二以下爲初限以上用減象限餘爲入末限

求每日午中赤道日度以所求日午中黃道積度入至後初限分後末限度及分秒進三位加二十萬二千五十一少開平方除之所得減去四百四十九半餘在初限者直以二至赤道日度加而命之在末限者以減象限餘以二分赤道日度加而命之卽每日午中赤道日度以所求日午中黃道積度入至後末限分後初限度及分秒進三位用減三十萬三千五十少開平方除之所得以減五百五十半餘在初限者直以二分赤道日度加而命之在末限者以減象限餘以二至赤道日度加而命之卽每日午中赤道日度

求太陽入宮日時刻及分各置入宮宿度及分秒以其日晨前夜半日度減之餘以二十四乘爲時實以其日太陽行度及分秒爲法實如法而一爲半時數不滿進二位爲刻實以二十四乘前法除之爲刻不滿退除爲分其半時命起子正算外卽得太陽入宮初正時刻及分

其逐刻日時及分舊曆均其日數從其簡略未盡其詳今但依入宮正術求之卽允協天道

步晷漏

二至限一百八十二分六十二秒一十八

象限九十一分三十一秒九

一象度九十一分三十一秒四十三

冬至後初限夏至後末限六十二日分二十

夏至後初限冬至後末限一百二十日分四十二

已上分秒母各同一百

冬至岳臺晷影常數一丈二尺八寸三分

夏至岳臺晷影常數一尺五寸六分

昏明分一百八十二少

昏明刻二分三百六十四半

辰刻八分二百四十三

半辰刻四分一百二十一半

刻法七百二十九

求午中入氣置所求日大餘及半法以所入氣大小餘減之爲其日午中入氣日及餘

求午中中積置其氣中積以午中入氣日及餘加之（其餘以日法退除爲分秒）爲所求日午中中積及分秒

求午中入二至後初末限置午中中積及分爲入冬至後滿二至限去之爲入夏至後其二至後如在初限已下爲入初限已上覆減二至限餘爲入末限

求岳臺晷影午中定數冬至後初限夏至後末限以百通日內分自相乘爲實置之以七百二十五除之所得加一十萬六百一十七併入限分折半爲法實如法而一爲分不滿退除爲小分其分滿十爲寸寸滿十爲尺用減冬至岳臺晷影常數卽得所求午中晷影定數夏至後初限冬至後末限以百通日內分自相乘爲實乃置入限分九因再折加一十九萬八千七十五爲法

其夏至前後日如在半限以上者減去半限餘置于上列半限于下以上減下餘以乘上進二位七十七除之所得加法爲定法然後除之

實如法而一爲分不滿退除爲小分其分滿十爲寸寸滿十爲尺以加夏至岳臺晷影常數卽得所求日午中晷影定數

求每日日行積度以午中入氣餘乘其日盈縮分日法而一冬至後盈加縮減夏至後縮加盈減先後數以先加後減中積日及分秒滿與不足進退其日爲所求日行積度及分秒

求每日赤道內外度置所求日午中日行積度及分如不滿二至限在象限已下爲冬至後度象限已上用減二至限爲夏至前度如滿二至限去之餘在象限已下爲夏至後度象限已上用減二至限爲冬至前度並置之於上列象限於下以上減下餘以乘上冬至前後五百一十七而一夏至前後四百而一爲度不滿退除爲分以加二至前後度所得用減象限餘置於上列二至限於下以上減下餘以乘上（其度分秒皆以百通然後乘之）退一位如三十四萬八千八百五十六而一爲秒滿百爲分分滿百爲度卽所求日黃道去赤道內外度及分（冬至前後爲外夏至前後爲內）

求每日午中太陽去極度以每日午中黃道去赤道內外度及分內減外加一象度及分爲每日午中太陽去極度及分

求每日日出入分晨昏分半晝分置所求日黃道去赤道內外度及分以三百六十三乘之進一位如二百三十九而一所得以加減一千八百二十二半（赤道內以減赤道外以加）爲所求日日出分用減日法爲入日分以昏明分減日出分爲晨分加日入分爲昏分以日出分減半法爲半晝分

求每日晝夜刻日出入辰刻置日出分倍之進一位滿刻法爲刻不滿爲分卽所求日夜刻以減百刻餘爲晝刻半夜刻滿辰刻爲辰數命子正算外卽日出辰刻（以半辰刻加之卽命起時初）以晝刻加之滿辰刻爲辰數命日出算外卽日入辰刻及分

求每更點差刻及逐更點辰刻置夜刻減去十五刻五而一爲更差又五而一爲點差以昏明刻加日入辰刻卽初更辰刻以更點差刻累加之滿辰刻及分去之各得更點所入辰刻及分

求每日距中度及每更差度置所求日黃道去赤道內外度及分以四千四百三十五乘之如五千八百一十二而一爲度不滿退除爲分以內加外減一百度七十二分秒七爲距中度用減一百八十四度八十一分秒五十七餘四因退一位爲每更差度

求昏曉五更及攢點中星置距中度以其日午中赤道日度加而命之即昏中星所格宿次命爲初更中星以每更差度加而命之即二更中星以每更差度累加之滿赤道宿度去之即逐更及攢點中星加三十六度六十二分秒五十七滿赤道宿度去之即曉中星

求九服晷景各於所在測冬夏二至晷數乃相減之餘爲二至差數如地在岳臺南測夏至晷景在表南者併冬夏二至晷數爲二至差數其所求日在冬至後初限夏至後末限者皆岳臺冬至晷景常數以所求日岳臺午中晷景定數減之餘以其處二至差數乘之如岳臺二至差數一丈一尺二寸七分而一所得以減其處冬至晷數即其地其日中晷定數所求日在夏至後初限冬至後末限者置所求日岳臺午中晷景定數以岳臺夏至晷景常數減之餘以其處二至差數乘之如岳臺二至差數而一所得以加其處夏至晷數即其地其日中晷定數如其處夏至景在表南者以所得之數減其處夏至晷數餘爲其地其日中晷定數亦在表南也其所得之數多於其處夏至晷數即減去夏至晷數餘爲其地其日中晷定數在表北也

求九服所在晝夜漏刻各於所在下水漏以定其處冬夏二至夜刻（但得一至可矣不必須要冬夏二至）乃與五十刻相減餘爲至差刻置所求日黃道去赤道內外度及分以至差刻乘之進一位如二百三十九而一爲刻不盡以刻法乘之復八而一爲分內減外加五十刻即所求日夜刻減百刻餘爲晝刻

其日日出入辰刻及更點差刻每更點辰刻並依岳臺術求之

步月離

轉周分二十萬八百七十三秒九百九十

轉周日二十七餘四千四十三秒九百九十

朔差日一餘七千一百一十四秒九千一十

望策一十四餘五千五百七十九

弦策七餘二千七百八十九半

已上秒母一萬

七日（初數六千四百七十八　末數八百一十二）（初約分八十九　末約分一十一）

十四日（初數五千六百六十六　末數一千六百二十四）（初約分七十八　末約分二十二）

二十一日（初數四千八百五十四　末數二千四百三十六）（初約分六十七　末約分三十三）

二十八日（初數四千四十三）（初約分五十五）

上弦九十一度分三十一秒四十三

望一百八十二度分六十二秒八十六

下弦二百七十三度分九十四秒二十九

月平行十三度分三十六秒八十七太

已上分秒母皆同一百

求天正十一月經朔入轉置天正十一月經朔加時積分以轉周分及秒去之不盡滿日法除之爲日不滿爲餘秒命日算外即所求年天正十一月經朔加時入轉日及餘秒

若以朔差日及餘秒加之滿轉周日及餘秒去之即次朔加時入轉日

求弦望入轉各因其月經朔加時入轉日及餘秒以弦策累加之去命如前即上弦望及下弦經日加時入轉日及餘秒

轉日	進退衰	轉定分
一日	退一十	一千四百六十八
二日	退十五	一千四百五十七
三日	退二十	一千四百四十二
四日	退二十三	一千四百二十二
五日	退二十六	一千三百九十九
六日	退二十六	一千三百七十三
七日	退二十六	一千三百四十七
八日	退二十六	一千三百二十一
九日	退二十四	一千二百九十五
十日	退二十四	一千二百七十一
十一日	退十九	一千二百四十七
十二日	退十四	一千二百二十八
十三日	退十	一千二百一十四
十四日	進四	一千二百四
十五日	進十一	一千二百八
十六日	進十七	一千二百一十九
十七日	進二十二	一千二百三十六
十八日	進二十三	一千二百五十八
十九日	進二十六	一千二百八十一
二十日	進二十六	一千三百七
二十一日	進二十六	一千三百三十三
二十二日	進二十五	一千三百五十九
二十三日	進二十四	一千三百八十四
二十四日	進二十三	一千四百八
二十五日	進十八	一千四百三十一
二十六日	進十四	一千四百四十九

二十七日進九	一千四百六十三	
二十八日退四	一千四百七十二	

轉日	加減差	遲疾度
一日	加一百三十一	疾初
二日	加一百二十	疾一度三十一
三日	加一百五	疾二度五十一
四日	加八十五	疾三度五十六
五日	加六十二	疾四度四十一
六日	加三十六	疾五度三
七日	初加一十一 末減一	疾五度三十九
八日	減一十六	疾五度四十九
九日	減四十二	疾五度三十三
十日	減六十六	疾四度九十一
十一日	減九十	疾四度二十五
十二日	減一百九	疾三度三十五
十三日	減一百二十二	疾二度二十六
十四日	初減一百三 末加三十	疾一度三
十五日	加一百二十九	遲空度三十
十六日	加一百一十八	遲一度五十九
十七日	加一百一	遲二度七十七
十八日	加七十九	遲三度七十八
十九日	加五十六	遲四度五十七
二十日	加三十	遲五度一十三
二十一日	初加七 末減三	遲五度四十三
二十二日	減二十二	遲五度四十七
二十三日	減四十七	遲五度二十五
二十四日	減七十二	遲四度七十八
二十五日	減九十四	遲四度七
二十六日	減一百一十二	遲三度一十三
二十七日	減一百二十六	遲二度一
二十八日	初減七十五	遲空度七十五

轉日	損益率	朓朒積
一日	益七百一十四	朓初
二日	益六百五十四	朓七百一十四
三日	益五百七十三	朓一千三百六十八
四日	益四百六十四	朓一千九百四十一
五日	益三百二十八	朓二千四百五
六日	益一百九十六	朓二千七百四十三
七日	初益六十 末損五	朓二千九百三十九
八日	損八十八	朓二千九百九十四
九日	損二百二十九	朓二千九百六
十日	損三百六十	朓二千六百七十七
十一日	損四百九十	朓二千三百一十七
十二日	損五百九十五	朓一千八百二十七
十三日	損六百七十	朓一千二百三十二
十四日	初損五百六十二 末益一百六十四	朓五百六十二
十五日	益七百三	朒一百六十四
十六日	益六百四十三	朒八百六十七
十七日	益五百五十一	朒一千五百一十
十八日	益四百三十一	朒二千六十一
十九日	益三百五	朒二千四百九十
二十日	益一百六十四	朒二千七百九十七
二十一日	初益三十八 末損一十六	朒二千九百九十一
二十二日	損一百二十	朒二千九百八十三
二十三日	損二百五十六	朒二千八百六十三
二十四日	損三百八十八	朒二千六百七
二十五日	損五百一十二	朒二千二百一十九
二十六日	損六百一十一	朒一千七百七
二十七日	損六百八十七	朒一千九十六
二十八日	初損四百九	朒四百九

曆法典第二十六卷

曆法總部彙考二十六

宋八

紀元曆法下

求朔弦望入轉朓朒定數置入轉餘以其日算外損益率乘之如日法而一所得以損益其下朓朒積爲定數其四七日下餘如初數已下者初率乘之初數而一以損益朓朒爲定數如初數已上者以初數減之餘乘末率末數而一用減初率餘加朓朒爲定數其十四日下餘如初數已上者初數減之餘乘末率末數而一爲朓朒定數

求朔弦望定日各置經朔弦望小餘以入氣入轉朓朒定數朓減朒加之滿與不足進退大餘命己卯算外各得定日日辰及餘定朔幹名與後朔幹名同者月大不同者月小其月內無中氣者爲閏月

凡注曆觀定朔小餘秋分後在日法四分之三已上者進一日春分後定朔日出分差如春秋之日者三約之用減四分之三定朔小餘及此數已上者亦進一日或當交虧初在日入已前者其朔不進弦望定小餘不滿日出分者退一日望若有食虧初在日出已前者定望小餘進滿日出分亦退一日又月行九道遲疾有三大二小日行盈縮累增損之則有四大三小理數然也若俯循常儀當察加時早晚隨其所近而進退之使不過三大二小

求定朔弦望加時日所在度置定朔弦望約餘副之以乘其日盈縮分萬約之所得盈加縮減其副滿百爲分分滿百爲度以加其日夜半日度命之各得其日加時日躔黃道宿次

求平交日辰置交終日及餘秒以其月經朔加時入交汎日及餘秒減之餘爲平交入其月經朔加時後日算及餘秒以加減其月經朔大小餘其大餘命己卯算外即平交日辰及餘秒

求次交者以交終日及餘秒加之大餘滿紀法去之命如前即次平交日辰及餘秒

求平交入轉朓朒定數置平交小餘加其日夜半入轉餘以乘其日損益率日法而一所得以損益其下朓朒積爲定數

求正交日辰置平交小餘以平交入轉朓朒定數朓減朒加之滿與不足進退日辰即正交日辰及餘秒與定朔日辰相距即所在月日

求經朔加時中積各以其月經朔加時入氣日及餘加其氣中積及餘其日命爲度其餘以日法退除爲分秒即其月經朔加時中積度及分秒

求正交加時黃道月度置平交入經朔加時後日算及約餘秒以日法通日內餘進一位如五千四百五十三而一爲度不滿退除爲分秒以加其月經朔加時中積然後以冬至加時黃道日度加而命之即得其月正加時月離黃道宿度及分秒如求次交者以交終度及分秒加而命之即得所求

求黃道宿積度置正交加時黃道宿全度以正交加時月離黃道宿度及分秒減之餘爲距後度及分秒以黃道宿度累加之即各得正交後黃道宿積度及分秒

求黃道宿積度入初末限各置黃道宿積度及分秒滿交象度及分去之在半交象已下爲初限已上者以減交象度餘爲入末限（入交積度交象度並在交會術中）

求月行九道宿度凡月行所交冬入陰曆夏入陽曆月行青道

冬至夏至後青道半交在春分之宿當黃道東立冬立夏後青道半交在立春之宿當黃道東南至所衝之宿亦如之

冬入陽曆夏入陰曆月行白道

冬至夏至後白道半交在秋分之宿當黃道西立冬立夏後白道半交在立秋之宿當黃道西北至所衝之宿亦如之

春入陽曆秋入陰曆月行朱道

春分秋分後朱道半交在夏至之宿當黃道南立春立秋後朱道半交在立夏之宿當黃道西南至所衝之宿亦如之

春入陰曆秋入陽曆月行黑道

春分秋分後黑道半交在冬至之宿當黃道北立

春立秋後黑道半交在立冬之宿當黃道東北至所衝之宿亦如之

四序離爲八節至陰陽之所交皆與黃道相會故月行有九道各以所入初末限度及分減一百一度餘以所入初末限度及分乘之半而退位爲分分滿百爲度命爲月道與黃道汎差凡日以赤道內爲陰外爲陽月以黃道內爲陰外爲陽故月行正交入夏至後宿度內爲同名入冬至後宿度內爲異名其在同名者置月行與黃道汎差九因八約之爲定差半交後正交前以差減正交後半交前以差加

此加減出入六度正如黃赤道相交同名之差若較之漸異則隨交所在遷變不常

仍以正交度距秋分度數乘定差如象限而一所得爲月道與赤道定差前加者爲減減者爲加其在異名者置月行與黃道汎差七因八約之爲定差半交後正交前以差加正交後半交前以差減

此加減出入六度異如黃道赤道相交異名之差若較之漸同則隨交所在遷變不常

仍以正交度距春分度數乘定差如象限而一所得爲月行與赤道定差前加者爲減減者爲加皆加減黃道宿積度爲九道宿積度以前宿九道積度減之爲其宿九道度及分〔其分就近約爲太半少論春夏秋冬以四時日所在宿度爲正〕

求正交加時月離九道宿度以正加時黃道日度及分減一百一度餘以正交度及分乘之半而退位爲分分滿百爲度命爲月道與黃道汎差其在同名者置月行與黃道汎差九因八約之爲定差以加仍以正交度距秋分度數乘定差如象限而一所得爲月道與赤道定差以減其在異名者置月行與黃道汎差七因八約之爲定差以減仍以正交度距春分度數乘定差如象限而一所得爲月道與赤道定差以二差加減之卽正交加時月離九道宿度及分

求定朔弦望加時月所在度置定朔加時日躔黃道宿次凡合朔加時月行潛在日下與太陽同度是爲加時月離宿次各以弦望度及分秒加其所當弦望加時日躔黃道宿度滿宿次去之命如前各得定朔弦望加時月所在黃道宿度及分秒

求定朔弦望加時九道月度各以定朔弦望加時月離黃道宿度及分秒如前宿正交後黃道積度爲定朔弦望加時正交後黃道積度如前求九道積度以前宿九道積度減之餘爲定朔弦望加時九道月離宿度及分秒

其合朔加時若非正加則日在黃道月在九道所入宿度雖多少不同考其兩極若應繩準故云月行潛在日下與太陽同度

求定朔午中入轉以經朔小餘與半法相減餘以加減經朔加時入轉〔經朔小餘少如半法加之多如半法減之〕爲經朔午中入轉若定朔大餘有進退亦加減轉日否則因經爲定命日算外卽得所求〔次月倣此求之〕

求每日午中入轉因定朔午中入轉日及餘秒每日累加一日滿轉周日及餘秒去之命如前卽得每日午中入轉日及餘秒

求晨昏月度置其日晨分乘其日算外轉定分日法而一爲晨轉分用減轉定分餘爲昏轉分又以朔弦望定小餘乘轉定分日法而一爲加時分以減晨昏轉分爲前不足覆減之餘爲後乃前加後減加時月度卽晨昏月所在宿度及分秒

求朔弦望晨昏定程各以其朔昏定月減上弦昏定月餘爲朔後昏定程以上弦昏定月減望昏定月餘爲上弦後昏定程以望晨定月減下弦晨定月餘爲望後晨定程以下弦晨定月減後朔晨定月餘爲下弦後晨定程

求每日轉定度累計海程相距日轉定分與晨昏定程相減餘以相距日數除之爲日差〔定程多爲加定程少爲減〕以加減每日轉定分爲每日轉定度及分秒

求每日晨昏月因朔弦望晨昏月加每日轉定度及分秒滿宿次去之爲每日晨昏月〔凡注曆自朔日注昏月望後次日注晨月〕已前月度以究算術之精微如求其速要卽依後術徑求

求經朔加時平行月各以其月經朔入氣日及餘秒〔其餘以日法退除爲分秒〕加其氣中積日及約分命日爲度卽爲經朔加時平行月積度及分秒求所求日加時平行月置所求日大餘及加時小餘以其月經朔大小餘減之餘爲入經朔加時後日數及餘以其日乘月平行度及分秒列于上位又以其餘乘月平行度及分秒滿日法除之爲度不滿退除爲分秒併上位用加經朔加時平行月滿周天度及分秒去之卽得所求日加時平行月積度及分秒

求所求日加時又轉以所求日加時入經朔加時後日數及餘加經朔加時入轉日及餘秒滿轉周日及餘秒去之命日算外卽得所求〔其餘先以日法退除爲分秒〕

求所求日加時定月置所求日加時入轉分以其日算外加減差乘之百約爲分分滿百爲度加減其下遲疾度爲遲疾定度乃以遲減疾加所求日加時平行月爲定月各以天正冬至加時黃道日度加而命之卽得所求日加時月離黃道宿度及分秒

其入轉若在四七日者如求朏朒術入之

步交會

交終分一十九萬八千三百七十七秒八百八十

交終日二十七餘一千五百四十七秒八百八十

交中日一十三餘四千四百一十八秒五千四百四十

朔差日二餘二千三百二十秒九千一百二十

望策一十四餘五千五百七十九

已上秒母一萬

交率三百二十四

交數四千一百二十七

交終度三百六十三約分七十九秒四十四

交中度一百八十一約分八十九秒七十二

交象度九十約分九十四秒八十六

半交象度四十五約分四十七秒四十三

日食陽曆限三千四百定法三百四十

陰曆限四千三百定法四百三十

月食限六千八百定法四百四十

已上分秒母各同一百

推天正十一月經朔加時入交置天正十一月經朔加時積分以交終分及秒去之不盡滿日法爲日不滿爲餘秒卽天正十一月經朔加時入交汎日及餘秒

求次朔及望入交置天正十一月經朔加時入交汎日及餘秒求次朔以朔差加之求望以望策加之滿交終日及餘秒去之卽各得次朔及望加時入交汎日及餘秒若以經朔望小餘減之各得朔望夜半入交汎日及餘秒

求定朔望夜半入交因經朔望夜半入交汎日及餘秒視定朔望日辰有進退者亦進退交日否則因經爲定各得所求

求次定朔夜半入交各因定朔夜半入交汎日及餘秒大月加二日小月加一日餘皆加五千七百四十二秒九千一百二十卽次朔夜半入交若求次日累加一日滿交終日及餘秒皆去之卽每日夜半入交汎日及餘秒

求定朔望加時入交置經朔望加時入交汎日及餘秒以入氣入轉朏朒定數朏減朒加之卽得定朔望加時入交汎日及餘秒

求定朔望加時月行入交積度置定朔望加時入交汎日及餘秒以日法通日內餘進一位如五千四百五十三而一爲度不滿退除爲分卽定朔望加時月行入交積度及分每日夜半準此求之

求定朔望加時月行入交定積度置定朔望加時月行入交積度及分以定朔望加時入轉遲疾度遲減疾加之滿與不足進退交終度及分卽定朔望加時月行入交定積度及分每日夜半準此求之

求定朔望加時月行入陰陽曆積度置定朔望加時月行入交定積度及分如在交中度及分已下爲入陽曆積度已上者去之餘爲入陰曆積度每日夜半準此求之

求定朔望加時月去黃道度視月入陰陽曆積度及分如交象已下爲在少象已上覆減交中度餘爲入老象置所入老少象度及分于上列交象度于下以上減下餘以乘上五百而一所得用減所入老少象度及分餘列交中度于下以上減下餘以乘上滿一千三百七十五而一所得爲度不滿退除爲分卽爲定朔望加時月去黃道度及分每日夜半準此求之

求朔望加時入交常日置其月經朔望加時入交汎日及餘秒以其月入氣朏朒定數朏減朒加之滿與不足進退其日卽得朔望加時入交常日及餘秒

近交初爲交初在二十六日二十七日爲交初近交中爲交中在十三日十四日爲交中

求日月食甚定數以其朔望入氣入轉朏朒定數同名相從異名相消副置之以定朔望加時入轉算外損益率乘之如日法而一

其定朔望如算外在四七日者視其餘在初數已下初率乘之初數而一初數以上以末率乘之末數而一

所得視入轉應朒者依其損益應朏者益減損加其副以朏減朒加經朔望小餘爲汎餘滿與不足進退大餘日食者視汎餘如半法已下爲中前列半法于下以上減下餘以乘上如一萬九百三十五而一所得爲差以減汎餘爲食甚定餘用減半法爲午前分如此餘在半法已上減去半法爲中後列半法于下以上減下餘以乘上如日法而一所得爲差以加汎餘爲食甚定餘乃減去半法爲午後分月食者視汎餘如半法已上減去半法餘在一千八百二十二半已下自相

乘已上者覆減半法餘亦自相乘如三萬而一所得以減汎餘爲食甚定餘如汎餘不滿半法在日出分三分之二已下列于上位已上者用減日出分餘倍之亦列于上位乃四因三約日出分列之於下以上減下餘以乘上如一萬五千而一所得以加汎餘爲食甚定餘

求日月食甚辰刻倍食甚定餘以辰法除之爲辰除不盡五因之滿刻法除之爲刻不滿爲分命辰數起子正算外即食甚辰刻及分（若加半辰命起子初）

求日月食甚入氣

食甚大小餘及食定小餘幷定朔望大餘以此與經朔望大小餘相減

置其朔望食甚大小餘與經朔望大小餘相減之餘以加減經朔望入氣日餘（經朔望少即加之多即減之）爲日月食甚入氣日及餘秒各置食甚入氣及餘秒加其氣中積其餘以日法退除爲分即爲日月食甚中積及分

求日月食甚日行積度置食甚入氣餘以所入氣日盈縮分乘之日法而一加減其日先後數（至後加分後減）先加後減日月食甚中積即爲日月食甚日行積度及分

求氣差置日食甚日行積度及分滿二至限去之餘在象限已下爲在初已上覆減二至限餘爲在末皆自相乘進二位滿三百四十三而一所得用減二千四百三十餘爲氣差以午前後分乘之如半晝分而一以減氣差爲氣差定數在冬至後末限夏至後初限（交初以減交中以加）夏至後末限冬至後初限（交初以加交中以減）如半晝分而一所得在氣差已上者即以氣差覆減之餘應加者爲減減者爲加

求刻差置日食甚日行積度及分滿二至限去之餘列二至限于下以上減下餘以乘上進二位滿三百四十三而一所得爲刻差以午前後分乘而倍之如半法而一爲刻差定數冬至後食甚在午前夏至後食甚在午後（交初以加交中以減）冬至後食甚在午後夏至後食甚在午前（交初以減交中以加）如半法而一所得在刻差已上者即倍刻差以所得之數減之餘爲刻差定數依其加減

求朔入交定日置朔入交常日及餘秒以氣刻差定數各加減之交初加三千一百交中減三千爲朔入交定日及餘秒

求望入交定日置望入轉朓朒定數以交率乘之如交數而一所得以朓減朒加入交常日之餘滿與不足進退其日即望入交定日及餘秒

求月行入陰陽曆視其朔望入交定日及餘秒如在中日及餘秒已下爲月在陽曆如中日及餘秒已上減去中日爲月在陰曆

求入食限交前後分視其朔望月行入陰陽曆不滿日者爲交後分在十三日上下者覆減交中日爲交前分視交前後分各在食限已下者爲入食限

求日食分以交前後分各減陰陽曆食限餘如定法而一爲日食之大分不盡退除爲小分命大分以十爲限即得日食之分

其食不及大分者行勢稍近交道光氣微有映蔽

其日或食或不食

求月食分視其望交前後分如二千四百已下者食既已上用減食限餘如定法而一爲月食之大分不盡退除爲小分命大分以十爲限得月食之分

求日食汎用分置交前後分自相乘退二位陽曆一百九十八而一陰曆三百一十七而一所得用減五百八十三餘爲日食汎用分

求月食汎用分置交前後分自相乘退二位如七百四而一所得用減六百五十六餘爲月食汎用分

求日月食定用分置日月食汎用分副之以食甚加時入轉算外損益率乘之如日法而一（如算外在四七日者依食定餘求之）所得應朒者依其損益應朓者益減損加其副即爲日月食定用分

求月食既內外分置月食交前後分自相乘退二位如二百四十九而一所得用減二百三十一餘以定用分乘之如汎用分而一爲月食既內分用減定用分餘爲既外分

求日月食虧初復滿小餘置日月食甚小餘各以定用分減之爲虧初加之爲復滿其月食既者以既內分減之爲初既加之爲生光即各得所求小餘

如求時刻依食甚術入之

求月食入更點法置月食甚所入日晨分倍之減去七百二十九餘五約之爲更法又五除之爲點法

求月食入更點置虧初食甚復末小餘在晨分已下加晨分昏分已上減去昏分餘以更法除之爲更數不滿以點法除之爲點數其更數命初更算外即各得所入更點

求日食所起日在陽曆初起西南甚于正南復於東南日在陰曆初起西北甚于正北復于東北其食八

分已上皆起正西復于正東（此據午地而論之）

求月食所起月在陽曆初起東北甚于正北復于西北月在陰曆初起東南甚于正南復于西南其食八分已上皆起正東復于正西（此亦據午地而論之）

求日月出入帶食所見分數各以食甚小餘與日出入分相減餘爲帶食差以乘所食之分滿定用分而

如月食既者以既內分減帶食差餘進一位如既外分而一所得以減既分卽月帶食出入所見之分不及減者爲帶食既出入

以減所食分卽日月出入帶食所見之分

其食甚在晝晨爲漸進昏爲已退其食甚在夜晨爲已退昏爲漸進

求日月食甚宿次置食甚日行積度（望卽更加半周天）以天正冬至加時黃道日度加而命之卽各得日月食甚宿度及分

步五星

木星

周率二百九十萬七千八百七十九秒六十四

周差二十四萬五千二百五十三秒六十四

曆率二百六十六萬二千六百三十六秒二十二

周日三百九十八約分八十八秒六十

曆度三百六十五約分二十四秒五十

曆中度一百八十二約分六十二秒二十五

曆策度一十五約分二十一秒八十五

伏見度一十三

段目	常日	常度
合伏	十六日八十六	三度八十六
晨疾初	二十八日	六度一十一
晨疾末	二十八日	五度五十一
晨遲初	二十八日	四度三十一
晨遲末	二十八日	一度九十一
晨留	二十四日	
晨退	四十六日五十八三十	四度八十七八十八
夕退	四十六日五十八三十	四度八十七八十八
夕留	二十四日	
夕遲初	二十八日	一度九十一
夕遲末	二十八日	四度三十八
夕疾初	二十八日	五度五十一
夕疾末	二十八日	六度一十一
夕伏	十六日八十六	三度八十六

段目	限度	初行率
合伏	二度九十三	二十三二十五
晨疾初	四度六十四	二十二五十四
晨疾末	四度一十九	二十一一十一
晨遲初	三度三十八	一十八二十五
晨遲末	一度四十五	一十二五十三
晨留		
晨退	度空三十三一十二	一十五
夕退	度空三十三一十二	一十五七十五
夕留		
夕遲初	一度四十五	
夕遲末	三度二十八	一十二五十三
夕疾初	四度一十九	一十八二十五
夕疾末	四度六十四	二十一二十一
夕伏	二度九十三	二十二五十四

木星

策數	損益率	盈積度
一	益一百五十九	初
二	益一百四十二	一度五十九
三	益一百二十	三度一
四	益九十三	四度二十一
五	益六十一	五度一十四
六	益二十四	五度七十五
七	損二十四	五度九十九
八	損六十一	五度七十五
九	損九十三	五度一十四
十	損一百二十	四度二十一
十一	損一百四十二	三度一
十二	損一百五十九	一度五十九

策數	損益率	縮積度
一	益一百五十九	初
二	益一百四十二	一度五十九
三	益一百二十	三度一
四	益九十三	四度二十一
五	益六十一	五度一十四
六	益二十四	五度七十五
七	損二十四	五度九十九
八	損六十一	五度七十五
九	損九十三	五度一十四
十	損一百二十	四度二十一

十一	損一百四十二	三度一
十二	損一百五十九	一度五十九

火星

周率五百六十八萬五千六百八十七秒六十四
周差三十六萬四百一十四秒四十四
曆率二百六十六萬二千六百四十七秒二十
周日七百七十九約分九十二秒九十七
曆度三百六十五約分二十四秒六十五
曆中度一百八十二約分六十二秒三十二半
曆策度二十五約分二十一秒八十六
伏見度一十九

段目	常日	常度
合伏	六十七日	四十八度
晨疾初	六十三日	四十四度六十
晨疾末	五十八日	四十度九
晨次疾初	五十二日	三十四度六
晨次疾末	四十五日	二十六度三十二
晨遲初	三十七日	十六度六十八
晨遲末	二十八日	五度七十五
晨留	十一日	
晨退	二十八日九十六四十八半	八度一十五六十九半
夕退	二十八日九十六四十八半	八度一十五六十九半
夕留	十一日	
夕遲初	二十八日	五度七十五
夕遲末	二十七日	十六度六十八
夕次疾初	四十五日	二十六度三十二
夕次疾末	五十二日	三十四度六
夕疾初	五十八日	四十度九
夕疾末	六十三日	四十四度六十
夕伏	六十七日	四十八度

段目	限度	初行率
合伏	四十五度四十八	七十一九十二
晨疾初	四十二度二十六	七十一三十六
晨疾末	三十七度九十九	七十二十四
晨次疾初	三十二度三十二	六十八
晨次疾末	二十四度九十九	六十三
晨遲初	十五度八十	五十四
晨遲末	五度四十五	三十七二十六
晨留		
晨退	三度五三十半	
夕退	三度五三十半	四十一三十
夕留		
夕遲初	五度四十五	
夕遲末	十五度八十	三十七二十六
夕次疾初	二十四度九十九	五十四
夕次疾末	三十二度三十一	六十三
夕疾初	三十七度九十九	六十八
夕疾末	四十二度二十六	七十二十四
夕伏	四十五度四十八	七十一三十六

火星盈縮曆

策數	損益率	盈積度
一	益一千一百六十	初
二	益八百	十一度六十
三	益四百六十四	十九度六十
四	益一百五十二	二十四度二十四
五	損五十七	二十五度七十九
六	損一百七十二	二十五度一十九
七	損二百六十六	二十三度二十七
八	損三百四十一	二十度八十一
九	損三百九十六	十七度四十
十	損四百三十三	十三度四十四
十一	損四百五十三	九度一十一
十二	損四百五十八	四度五十八

策數	損益率	縮積度
一	益四百五十八	初
二	益四百五十三	四度五十八
三	益四百三十三	九度一十一
四	益三百九十六	十三度四十
五	益三百四十一	十七度四十
六	益二百六十六	二十度八十一
七	益一百七十二	二十三度四十七
八	益五十七	二十五度一十九
九	損一百五十二	二十五度七十六
十	損四百六十四	二十四度二十四
十一	損八百	十九度六十
十二	損千一百六十	一十一度六十

土星

周率二百七十五萬六千一百八十八秒七十八
周差九萬三千六百六十二秒七十八
曆率二百六十六萬九千九百二十五秒九十
周日三百七十八約分九秒一十七

曆度三百六十六約分二十四秒四十九
曆中度一百八十三約分一十二秒二十四半
曆策度一十五約分二十六秒二
伏見度一十七

段目	常日	常度
合伏	十九日四十八	二度四十八
晨疾	二十七日五十	三度二十二
晨次疾	二十七日五十	二度六十四
晨遲	二十七日五十	一度四十八
晨留	三十六日	
晨退	五十一日六五十八	三度三十九六十
夕退	五十一日六五十八	三度三十九六十
夕留	三十六日	
夕遲	二十七日五十	一度四十八
夕次疾	二十七日五十	二度六十四
夕疾	二十七日五十	三度二十二
夕伏	十九日四十八	二度四十八

段目	限度	初行率
合伏	一度五十六	一十三一十
晨疾	二度二	一十二四十
晨次疾	一度六十五	一十一
晨遲	空度九十一	八三十
晨留		
晨退	空度二十八四十	
夕退	空度二十八四十	九七十五
夕留		
夕遲	空度九十一	
夕次疾	一度六十五	八二十
夕疾	二度二	一十一
夕伏	一度五十六	一十二四十

土星盈縮曆

策數	損益率	盈積度
一	益二百一十三	初
二	益一百九十七	二度一十三
三	益一百六十八	四度一十
四	益一百二十八	五度七十八
五	益八十一	七度六
六	益三十三	七度八十七
七	損三十三	八度二十
八	損八十一	七度八十七
九	損一百二十八	七度六
十	損一百六十八	五度七十八
十一	損一百九十七	四度一十
十二	損二百一十三	二度一十三

策數	損益率	縮積度
一	益一百六十三	初
二	益一百四十九	一度六十二
三	益一百二十八	三度一十二
四	益一百	四度四十
五	益六十五	五度四十
六	益二十三	六度五
七	損二十三	六度二十八
八	損六十五	六度五
九	損一百	五度四十
十	損一百二十八	四度四十
十一	損一百四十九	三度一十二
十二	損一百六十三	一度六十三

金星

周率四百二千五萬六千六百五十一秒四十三半
合日二百九十一約分九十五秒一十四
曆率二百六十六萬二千六百九十六秒一十六
周日五百八十三約分九十秒二十八
曆度三百六十五約分二十五秒三十二
曆中度一百八十二約分六十二秒六十六
曆策度一十五約分二十一秒八十九
伏見度一十半

段目	常日	常度
合伏	三十九日二十五	四十九度七十五
夕疾初	四十七日七十五	六十度一十六五十
夕疾末	四十七日七十五	五十九度三十九
夕次疾初	四十七日七十五	五十七度空
夕次疾末	二十九日二十五	四十二度二十九
夕遲初	二十九日二十五	二十四度七十二
夕遲末	一十八日二十五	六度九十三五十
夕留	七日	
夕退	九日七十一十四	三度九十九八十六
夕伏退	六日	四度五十
合伏退	六日	四度五十
晨退	九日七十一十四	三度七十九八十六
晨留	七日	
晨遲初	一十八日二十五	六度九十三五十

晨遲末	二十九日二十五	二十四度七十二
晨次疾初	三十九日二十五	四十二度二十九
晨次疾末	四十七日七十五	五十七度空
晨疾初	四十七日七十五	五十九度三十九
晨疾末	四十七日七十五	六十度一十六五十
晨伏	三十九日二十二	四十度七十五

段目	限度	初行率
合伏	四十七度七十六	一百二十七
夕疾初	五十七度七十六	一百二十六五十
夕疾末	五十七度一	一百二十五五十
夕次疾初	五十四度七十二	一百二十三二十五
夕次疾末	四十度六十	一百一十五五十
夕遲初	二十三度七十三	一百
夕遲末	六度六十六	六十九
夕留		
夕退	一度六十九一十四	
夕伏退	二度二	六十八
合伏退	二度二	八十二
晨退	一度六十九一十四	六十八
晨留		
晨遲初	六度六十六	空
晨遲末	二十三度七十三	六十九
晨次疾初	四十度六十	一百
晨次疾末	五十四度七十二	一百一十五五十
晨疾初	五十七度一	一百二十三二十五
晨疾末	五十七度七十六	一百二十五五十
晨伏	四十七度	一百二十六五十

金星盈縮曆

策數	損益率	盈積度
一	益五十二	初
二	益四十八	空度五十二
三	益四十一半	一度
四	益三十二半	一度四十一半
五	益二十一	一度七十四
六	益七	一度九十五
七	損七	二度二
八	損二十一	一度九十五
九	損三十二半	一度七十四
十	損四十一半	一度四十一半
十一	損四十八	一度
十二	損五十二	空度五十二

策數	損益率	縮積度
一	益五十二	初
二	益四十八	空度五十二
三	益四十一半	一度
四	益三十二半	一度四十一半
五	益二十一	一度七十四
六	益七	一度九十五
七	損七	二度二
八	損二十一	一度九十五
九	損三十二半	一度七十四
十	損四十一半	一度四十一半
十一	損四十八	一度
十二	損五十二	空度五十二

水星

周率八十四萬四千七百三十八秒五

合日五十七約分九十三秒八十一

曆率二百六十萬二千七百九十四秒九十五

周日一百一十五約分八十七秒六十二

曆度三百六十五約分二十六秒六十八

曆中度一百八十二約分六十三秒三十四

曆策度一十五約分二十一秒九十四半

晨伏夕見一十四

夕伏晨見一十九

段目	常日	常度
合伏	十五日	二十九度
夕疾	十五日	二十三度七十五
夕遲	十三日	一十五度二十五
夕留	二日	
夕伏退	一十日	八度
合伏退	一十日	八度
晨留	二日	
晨遲	一十五日	一十三度二十五
晨疾	一十五日	二十三度七十五
晨伏	一十五日	二十九度

段目	限度	初行率
合伏	二十四度三十六	二百五
夕疾	一十九度九十五	一百八十一六十六
夕遲	一十一度一十三	一百三十五
夕留		
夕伏退	二度	

合伏退	二度	一百八
晨留		
晨遲	一十一度一十三	
晨疾	一十九度九十五	一百三十五
晨伏	二十四度三十四	一百八十一

水星盈縮曆

策數	損益率	盈積度
一	益五十七	空度
二	益五十三	空度五十七
三	益四十五	一度一十
四	益三十五	一度五十五
五	益二十二	一度九十
六	益八	二度一十二
七	損八	二度二十
八	損二十二	二度一十二
九	損三十五	一度九十
十	損四十五	一度五十五
十一	損五十三	一度一十
十二	損五十七	空度五十七

策數	損益率	縮積度
一	益五十七	空度
二	益五十三	空度五十七
三	益四十五	一度一十
四	益三十五	一度五十五
五	益二十二	一度九十
六	益八	二度一十二
七	損八	二度二十
八	損二十二	二度一十二
九	損三十五	一度九十
十	損四十五	一度五十五
十一	損五十三	一度一十
十二	損五十七	空度五十七

推五星天正冬至後平合及諸段中積中星置氣積分各以其星周率除之所得周數不盡者爲前合以減周率餘滿日法爲日不滿退除爲分秒即其星天正冬至後平合中積命之爲平合中星以諸段常日常度累加之即諸段中積中星其段退行者以常度減之即其段中星

求木火土三星平合諸段入曆置其星周數（求冬至後合者加一數置之）以周差乘之滿其星曆率去之不盡滿日法爲度不滿退除爲分秒即爲其星平合入曆度及分秒以其段限度依次累加之即得諸段入曆

求金水二星平合及諸段入曆置氣積分各以其星曆率去之不盡滿日法除之爲度不滿退除爲分秒以加平合中星即爲其星天正冬至後平合入曆度及分秒以其星其段限度依次累加之即得諸段入曆

求五星平合及諸段盈縮定差各置其星其段入曆度及分如曆中已下爲在盈已上減去曆中餘爲在縮以其星曆策除之爲策數不盡爲入策度及分命策數算外以其策損益率乘之如曆策而一爲分分滿百爲度以損益其下盈縮積即其星其段盈縮定差

求五星平合及諸段定積各置其星其段中積以其段盈縮定差盈加縮減之即其段定積日及分以天正冬至大餘及約分加之即爲定日及分盈紀法六十去之不盡命己卯算外即得日辰

求五星平合諸段所在月日各置其段定積以天正閏日及約分加之滿朔策及約分除之爲月數不盡爲入月已來日數及分其月數命天正十一月算外即其星其段入其月經朔日數及分乃以日辰相距爲定朔月日

求五星平合及諸段加時定星各置其段中星以其段盈縮定差盈加縮減之（金星倍之水星三之乃可加減）即五星諸段定星以天正冬至加時黃道日度加而命之即其星其段加時所在宿度及分秒五星皆因前留爲前段初日定星後留爲後段初日定星餘依術算

求五星諸段初日晨前夜半定星各以其段初行率乘其段加時分百約之乃以順減退加其日加時定星即爲其段初日晨前夜半定星加命如前即得所求

求諸段日率度率各以其段日辰距至後段日辰爲其段日率以其段夜半定星與後段夜半定星相減爲其段度率及分秒

求諸段平行度各置其段度率及分秒以其段日率除之爲其段平行度及分秒

求諸段總差各以其段平行分與後段平行分相減餘爲汎差併前段汎差四因退一位爲總差若前段無平行分相減爲汎差者因後段初日行分與其段平行分相減餘爲半總差倍之爲總差若後段無平行分相減爲汎差者因前段末日行分與其段平行

分相減餘爲半總差倍之爲總差晨遲末段視段無平行分因前初段末日行分爲晨遲末段平行分相減爲半總差其退行者各置本段平行分十四乘之十五而一爲總差內金星依順段術入之卽得所求夕遲初段視前段無平行分因後末段初日行分與夕遲初段平行分相減爲半總差

求諸段初末日行分各半其段總差加減其段平行分

後段平行分多者減之爲初加之爲末後段平行分少者加之爲初減之爲末其在退行者前減之爲初加之爲末後加之爲初減之爲末

各爲其星其段初末日行度及分秒

如前後段平行分俱多俱少者平注之本段總差不滿大分者亦平注之

求每日晨前夜半星行宿次置其段總差減日率一以除之爲日差累損益初日行分後行分少損之後行分多益之爲每日行度及分秒乃順加退減其段初日晨前夜半宿次命之卽每日晨前夜半星行所在宿次

徑求其日宿次置所求日減一半之以日差乘而加減初行日分後行分少減之後行分多加之以所求日乘之爲積度及順加退減其段初日宿次卽得所求日宿次

求五星平合及見伏入氣置定積以氣策及約分除之爲氣數不盡爲入氣已來日數及分秒其氣數命天正冬至算外卽五星平合及見伏入氣日及分秒

其定積滿歲周日及分去之餘在來年冬至後

求五星合見伏行差木火土三星以其段初日星行分減太陽行分餘爲行差金水二星順行者以其段初日太陽行分減星行分餘爲行差金水二星退行者以其段初日星行分併太陽行分爲行差

求五星定合及見伏汎積木火土三星各以平合晨疾夕伏定積便爲定合定見定伏汎積金水二星各置其段盈縮定差內水星倍之以其段行差除之爲日不滿退除爲分秒在平合夕疾晨伏者乃盈減縮加定積爲定合定見定伏汎積在退合夕伏晨見者乃盈加縮減定積爲定合定見定伏汎積

求五星定合定積定星木火土三星以平合行差除其日先後數爲距合差日以先後數減之爲距合差度以差日差度後加先減其星定合汎積爲其星定合日定積定星金水二星順合者以平合行差除其日先後數爲距合差日以先後數加之爲距合差度以差日差度先加後減其星定合汎積爲其星定合日定積定星金水二星退合者以退合行差除其日先後數爲距合差日以減先後數爲距合差度以差日先減後加以差度先加後減再定合汎積爲其星再定合積星各以冬至大餘及約分加定積滿紀法去之命已卯算外卽得定合日辰以冬至加時黃道日度加定星依宿次去之卽得定合所在宿次

求木火土三星定見伏定積日各置其星定見伏汎積晨加夕減象限日及分秒如二至限已下自相乘已上覆減歲周餘亦自相乘百約爲分以其星伏見度乘之十五除之爲差其差如其段行差而一爲日不滿退除爲分秒見加伏減汎積爲定積如前加命卽得日辰

求金水二星定見伏定日夕見晨伏以行差除其日先後數爲日先加後減汎用積爲常用積晨見夕伏以行差除其日先後數爲日先減後加汎用積爲常用積如常用積在二至限已下爲冬至後已上去之餘爲夏至後其二至後日及分在象限已下自相乘已上用減二至限餘亦自相乘如法而一所得爲分

冬至後晨夏至後夕以十八爲法冬至後夕夏至後晨以七十五爲法

以伏見度乘之十五除之爲差滿行差而一爲日不滿退除爲分秒加減常用積爲定用積加命如前卽得定見伏日辰

冬至後晨見夕伏加之夕見晨伏減之夏至後晨見夕伏減之夕見晨伏加之

其水星夕疾在大暑氣初日至立冬氣九日三十五分已下者不見晨留在大寒氣初日至立夏氣九日三十五分已下者春不晨見秋不夕見

欽定古今圖書集成曆象彙編曆法典

第二十七卷目錄

曆法典第二十七卷

曆法總部彙考二十七

宋九

高宗紹興二年重購紀元曆議製渾儀詔李繼宗等參詳

按宋史高宗本紀不載　按律曆志宋曆在東都凡八改曰應天乾元儀天崇天明天奉元觀天紀元星翁離散紀元曆亡紹興二年高宗重購得之六月甲午語輔臣曰曆官推步不精今曆差一日近得紀元曆自明年當改正協時月正日蓋非細事是歲始議製渾儀十一月工部言渾儀法要當以子午爲正今欲定測樞極合差局官二員詔差李繼宗等充測驗定正官俟造畢進呈日同參詳指說制度官丁師仁李公謹入殿安設

紹興五年春二月命常州布衣陳得一造新曆夏六月名新曆曰統元

按宋史高宗本紀云云　按律曆志五年日官言正月朔旦日食九分半虧在辰正常州布衣陳得一言當食八分半虧在巳初其言卒驗侍御史張致遠言今歲正月朔日食太史所定不驗得一嘗爲臣言皆有依據蓋患筭造者不能通消息盈虛之與進退遲疾之分致立朔有訛凡定朔小餘七千五百以上者進一日紹興四年十二月小餘七千六百八十太史不進故十一月小盡今年五月小餘七千一百八十少三百二十乃爲進朔四月大盡建炎三年定十一月三十日甲戌爲臘陰陽書曰臘者接也以故接新在十二月近大寒前後戌日定之若近大寒戌日在正月十一日若卽用遠大寒戌日定之庶不出十二月如宣和五年十二月二十七日丙午大寒後四日庚戌雖近緣在六年正月一日此時以十九日戊戌爲臘得一於歲旦日食嘗預言之不差釐刻願詔得一改造新曆委官專董其事仍盡取其書參校太史有無以補遺闕擇曆筭子弟粗通了者授演撰之要庶幾日官無廢曆法不絕二月丙子詔祕書少監朱震卽祕書省監視得一改造新曆八月曆成震請賜名統元從之詔翰林學士孫近爲序以六年頒行遷一秩賜得一通微處士官其一子道士裴伯壽等受賞有差得一等上推甲子之歲得十一月甲子朔夜半冬至日度起於虛中以爲元著曆經七卷曆議二卷立成四卷考古春秋日食一卷七曜細行二卷氣朔入行草一卷詔付太史氏副藏祕府

紹興九年詔陳得一裴伯壽赴闕補修曆法

按宋史高宗本紀不載　按律曆志紹興九年史官重修神宗正史求奉元曆不獲詔陳得一裴伯壽赴闕補修之

紹興十年夏四月訪求亡逸曆書及精於星曆者

按宋史高宗本紀云云

紹興十四年頒統元曆

按宋史高宗本紀不載　按律曆志紹興十四年太史局請製渾儀工部員外郎謝伋言臣嘗詢渾儀之法太史官生論議不同鑄作之二今尚闕焉臣愚以爲宜先詢訪制度敷求通曉天文曆數之學者參訂是非斯合古制蘇頌之子應詔赴闕請訪求其父遺書考質制度宰相秦檜曰在廷之臣罕能通曉高宗曰此闕典也朕已就宮中製造範制雖小可用窺測日以晷度夜以樞星爲則非久降出第當廣其尺寸爾於是命檜提舉時內侍邵諤善運思專令主之累年方成統元曆頒行雖久有司不善用之暗用紀元法推步而以統元爲名

孝宗乾道二年秋九月詔改造大曆

按宋史孝宗本紀云云　按律曆志乾道二年日官以紀元曆推三年丁亥歲十一月甲子朔將頒行裴伯壽詣禮部陳統元曆法當進作乙丑朔於是依統元曆法正之光州士人劉孝榮言統元曆交食先天六刻火星差天二度嘗自著曆期以半年可成願改造新曆禮部謂統元曆法用之十有五年紀年曆法經六十年日月交食有先天分數之差五星細行亦有二三度分之殊算造曆官拘于依經用法致朔日有進退氣節日分有誤於時宜改造伯壽言造曆必先立表測景驗氣庶幾精密判太史局吳澤私於孝榮且言銅表難成木表易壞以沮之乃詔禮部尚書周執羔提領改造新曆執羔亦謂測景驗氣經涉歲

月孝榮乃采萬分曆作三萬分以爲日法號七曜細行曆上之三年執羔以曆來上孝宗曰日月有盈縮須隨時修改執羔對曰舜協時月正日正爲積久不能無差故協正之孝宗問曰今曆於古曆何如對曰堯時冬至日在牽牛今冬至日在斗十一度孝榮七曜細行曆自謂精密且預定是年四月戊辰朔日食一分日官言食二分伯壽并非之既而晴明不食孝榮又定八月庚戌望月食六分半候之止及五分又定戊子歲二月丁未望月食九分以上出地其光復滿伯壽言當食既復滿在戌正三刻侍御史單時言比年太史局以統元曆稍差而用紀元曆紀元寖差邇者劉孝榮議改曆四年朔日食不驗日官兩用統元紀元以定晦朔二曆之差歲益已甚非所以明天道正人事也如四月朔之日不食雖爲差誤然一分之說猶爲近焉八月望之月食五分新曆以爲食六分亦爲近焉聞欲以明年二月望月食爲驗是夜或有陰晦風雨願令日官與孝榮所定七政躔度其說異同者俟其可驗之時以渾象測之察其稍近而屢中者從其說以定曆庶幾不致甚差詔從之十一月詔國子司業權禮部侍郎程大昌監察御史張敦實監太史局驗之時孝宗務知曆法疏密詔太史局以高宗所降小渾儀測驗造曆四年二月十四日丁未望月食生光復滿如伯壽言時等又言去年承詔十二月癸卯乙巳兩夜監測太陰太白新曆爲近今年二月十四日望月食臣與大昌等以渾儀定其光滿則舊曆差近新曆差遠若遽以舊曆爲是則去年所測四事皆新曆爲近今者所定月食乃復稍差以是知天道之難測儒者莫肯究心一付之星翁曆家其說又不精密願令繼宗孝榮等更定三月一日內七政躔度之異同者仍令臣等往視測驗而造曆焉三月詔時與大昌同驗之太史局止用紀元曆與新曆測驗未嘗參以統元曆臣等先求判太史局李繼宗天文官劉孝榮等統元紀元新曆異同於三月初九日夜十一日早十四日夜二十日早詣太史局名三曆官上臺用銅儀窺管對測太陰木火土星昏晨度纏歷度數參稽所供監視測驗初九日昏度舊曆太陰在黃道張宿十二度八十七分在赤道張宿十度新曆在黃道張宿十四度四十分在赤道張宿十五度太臣等驗得在赤道張宿十五度半今考之新曆稍密舊曆皆疏十一日早晨度木星在黃道室宿十五度七分在赤道室宿十三度少土星在黃道虛宿七度三分在赤道虛宿七度彊新曆木星在黃道室宿十五度四十四分在赤道室宿十四度少弱土星在黃道虛宿六度二十一分在赤道虛宿六度少弱臣等驗得五更三點土星在赤道虛宿六度弱五更五點木星在赤道室宿十四度今考之新曆稍密舊曆皆疏十二日都省令定驗統元紀元及新曆疏密統元曆昏度太陰在黃道氐宿初度九十四分在赤道氐宿三度少紀元曆在黃道氐宿初度八十三分在赤道氐宿二度太新曆在黃道亢宿八度七十一分在赤道亢宿九度少弱三曆官以渾儀由南數之其太陰北去角宿距星二十一度少弱新舊曆官稱昏度亢宿未見秖以窺管測定角宿距星復以曆書考東方七宿角占十二度亢占九度少既亢宿未見當除角宿十二度卽太陰此時在赤道亢宿九度少弱今考之新曆全密紀元統元曆皆疏二十日早晨度統元曆太陰在黃道斗宿十一度九十一分在赤道斗宿十二度少火星在黃道危宿七度九十一分在赤道危宿七度少土星在黃道虛宿八度八十二分在赤道虛宿八度太彊紀元曆太陰在黃道斗宿十一度四十分在赤道斗宿十一度半火星在黃道危宿六度在赤道危宿六度太土星在黃道虛宿七度三十九分在赤道虛宿七度半弱新曆太陰在黃道斗宿十度六十一分在赤道斗宿十度少火星在黃道危宿七度二十分在赤道危宿六度土星在黃道虛宿六度五十三分在赤道虛宿六度半三曆官驗得太陰在赤道斗宿十度火星在赤道危宿六度彊土星在赤道虛宿六度半今考之太陰紀元曆疏火星新曆紀元曆全密統元曆疏土星新曆全密紀元統元曆疏又詔時與尚書禮部員外郎李燾同測驗時等言先究統元紀元新曆異同名三曆官上臺用銅儀窺管對測太陰土火木星晨度經歷度數參稽所供監視測驗二十四日早晨度統元曆太陰在黃道危宿十一度九十分在赤道危宿九度木星在黃道室宿十八度一十五分在赤道壁宿初度少火星在黃道危宿十度七十分在赤道危宿十度土星在黃道虛宿八度九十五分在赤道虛宿九度紀元曆太陰在赤道危宿十度五十三分在赤道危宿八度半木星在黃道室宿十七度六十八分在赤道室宿十六度少火星在黃道危宿九度八十四分在赤道危宿九度土星在黃道畱在虛宿七度四十分在赤

道虛宿七度半新曆太陰在黃道危宿十三度五分在赤道危宿十二度木星在黃道室宿十八度一十分在赤道室宿十六度半强火星在黃道危宿十度八分在赤道危宿九度土星在黃道虛宿六度六十分始留在赤道虛宿六度半强始留三曆官驗得太陰在赤道危宿十度木星在赤道室宿十□度太火星在赤道危宿九度半土星在赤道虛宿六度半弱今考之太陰統元曆精密紀元曆新曆皆疏木星新曆稍密紀元統元曆皆疏火星紀元新曆皆稍密統元曆疏土星新曆稍密紀元統元曆皆疏二十七日早晨度統元曆木星在黃道壁宿初度四十六分在赤道壁宿初度太强火星在黃道危宿十二度九十二分在赤道危宿十二度强土星留在黃道虛宿八度九十八分在赤道虛宿九度紀元曆木星在黃道壁宿初度二十五分在赤道壁宿初度分空火星在黃道危宿十二度九十七分在赤道危宿十一度土星留在黃道虛宿七度四十八分在赤道虛宿七度半新曆木星在黃道壁宿初度四十四分在赤道壁宿初少强火星在黃道危宿十二度二十二分在赤道危宿十一度半土星留在黃道虛宿六度六十分在赤道虛宿六度半强三曆官驗得木星在赤道壁宿初度少火星在赤道危宿十一度土星在赤道虛宿六度半今觀木星新曆稍密紀元統元曆皆疏火星紀元曆全密統元新曆皆疏土星新曆稍密紀元統元曆皆疏由是朝廷始知三曆異同乃詔太史局以新舊曆參照行之禮部言新舊曆官互相異同參照實難新曆比之舊曆稍密詔用新曆名以乾道曆

己丑歲頒行孝榮有考春秋日食一卷漢魏周隋日月交食一卷唐日月交食一卷宋朝日月交食一卷氣朔入行一卷强弱日法格數一卷

乾道四年夏四月詔大使局參用新舊曆五月行乾道新曆

按宋史孝宗本紀云云　按律曆志乾道四年禮部員外郎李燾言統元曆行之既久與天不合固宜大衍曆最號精微用之亦不過三十餘年後之欲行遠也難矣抑曆未差無以知其失未驗無以知其是仁宗用崇天曆天聖至皇祐四年十一月日食二曆不效詔以唐八曆及宋四曆參定皆以景福爲密遂欲改作而劉羲叟謂崇天曆頒行逾三年所差無幾詎可偶緣天變輕議改移又謂古聖人曆象之意止於敬授人時雖則預考交會不必脗合辰刻或有遲速未必獨是曆差乃從羲叟言復用崇天曆羲叟曆學爲宋第一歐陽修司馬光輩皆遵用之崇天曆既復用又十三年治平二年始改用明天曆曆官周琮皆遷官後三年驗熙寧三年七月月食不效乃詔復用崇天曆奪琮等所遷官熙寧八年始更用奉元曆沈括實主其議明年正月月食遂不效詔問修曆推恩者姓名括具奏辨得不廢議者謂括强辨不許其深於曆也然後知羲叟之言然願申飭曆官加意精思勿執今是益募能者熟復討論更造密度補治新曆緣燾嘗承詔監視測驗値新曆太陰熒惑之差恐書成所差或多見議能者乃詔諸道訪通曆者久之福州布衣阮興祖上言新曆差謬荆大聲不以白部郎補興祖爲局生初新曆之成也大聲孝榮共爲之至是大聲乃以太陰九道變赤道別演一法與孝榮立異于後祕書少監崇政殿說書兼權刑部侍郎汪大猷等言承詔於御史臺監集局官參筭明年太陰宿度簽註御覽詣實今大聲等推筭明年正月至月終九道太陰變赤道限十二月十五日以前具稾成至正月內臣等名曆官上臺用渾儀監驗疏密從之

乾道五年命裴伯壽與諸曆官各具乾道五年以後太陰五星躔度上御史令測驗官參考

按宋史孝宗本紀不載　按律曆志五年國子監司業兼權禮部侍郎程大昌侍御史單時祕書丞唐孚祕書郎李木言都省下靈臺郎充曆筭官蓋堯臣皇甫繼明宋允恭等言更造乾道新曆朝廷累委官定驗得見日月交食密近天道五星行度允協躔次惟九道太陰間有未密搜訪能曆之人補治新曆半年未有應詔者獨荆大聲別演一法與劉孝榮乾道曆定驗正月內九道太陰行度今來二法皆未能密於天道乾道太陰一法與諸曆比較皆未盡善今撮其精微纘成一法其先推步到正月內九道太陰正對在赤道宿度願委官與孝榮大聲驗之如或精密卽以所修九道經法請得與定驗官更集孝榮大聲等同赴臺推步明年九道太陰正對在赤道宿度點定月分定驗從其善者用之大昌等從大聲孝榮所供正月內太陰九道宿度已赴太史局測驗上中旬畢及取大聲孝榮堯臣等三家所供正月下旬太陰宿度參照覽視測驗疏密堯臣繼明允恭請具今年太陰九道宿度欲依逐人所請限一月各具今年太陰九道變黃道正對赤道某宿某度依經具稾送御史

臺測驗官不時視驗然後見其疏密裴伯壽上書言孝榮自陳預定丁亥歲四月朔日食八月望月食俱不驗又定去年二月望夜二更五點月食九分以上出地復滿臣嘗言于宰相是月之食當食既出地紀元曆亦食既出地生光在戌初二刻復滿在戌正三刻是夕月出地時有微雪至昏時見月已食既至戌初三刻果生光即食既出地可知復滿在戌正三刻時二更二點臣所言卒驗孝榮言見行曆交食先天六刻今所定月食復滿乃後天四刻新曆謬誤爲甚其一日步氣朔孝榮先言氣差一日觀景表方知其失此不知驗氣者也臣之驗氣差一二刻亦能知之紀元節氣自崇寧間測驗逮今六十餘載不無少差苟非測驗安知其失凡日月合朔以交食爲驗今交食既差朔亦弗合矣其二日步發斂止言卦候而已其三日步日躔新曆乃用紀元二十八宿赤道度暨至分宮遂減紀元過宮三十餘刻殊無理據而又赤道變黃道宿度婁胃二宿頓減紀元半度在衛則婁胃二宿合二十八度婁當十二度太今新曆婁作十二度半乃棄四分度之一室軫二宿虛收復多少數變宿分宮既訛是以乾道己丑歲太陽過宮差誤其四日步晷漏新曆不合前史唐開元十二年測景于天下安南測夏至午中晷在表南三寸三分新曆筭在表北七寸其鐵勒測冬至午中晷長一丈九尺二寸六分新曆筭晷長一丈四尺九寸九分乃差四尺二寸七分其謬蓋若此其五日步月離諸曆遲疾朏朒極數一同新曆朏之極數少朒之極數四百九十三分疾之極數少遲之極數二十分不合曆法其六曰交步會新曆妄設陽準陰準等差蓋欲苟合已往交食其間復有不合者則遷就天道所以預定丁亥戊子二歲日月之食便見差違其七日步五星以渾儀測驗新曆星度與天不合蓋孝榮與同造曆人皆不能探端知緒乃先造曆後方測驗前後倒置遂多差失夫立表驗氣窺測七政然後作曆豈容掇拾緒餘超接舊曆以爲新術可乎新曆出於五代民間萬分曆其數朔餘太彊明曆之士往往鄙之今孝榮乃三因萬分小曆作三萬分爲日法以隱萬分之名三萬分曆即萬分曆也緣朔餘太彊孝榮遂減其分乃增立秒不入曆格前古至于宋諸曆朔餘並皆無秒且孝榮不知王處訥於萬分增二爲應天曆日法朔餘五千三百七自然無秒而去王朴用秒之曆臣與造統元曆之後潛心探討復三十餘年考之諸曆得失曉然誠假臣演撰之職當與太史官立表驗氣窺測七政運筭立法當遠過前曆詔送監視測驗官詳之達于尚書省時談天者各以技術相高互相詆毀諫議大夫單時祕書少監汪大猷國子司業權禮部侍郎程大昌祕書丞唐孚祕書郎李木言乾道新曆判大聲劉孝榮同主一法自初測驗以至權行施用二人無異議後緣新曆不密詔訪求通曆者孝榮乃訟阮興祖緣大聲補局生自是紛紛不已大聲官以判局提點曆書爲名乃言不當責以立法起筭不知起曆授時何所憑據且正月內五夜比較孝榮所定五日並差大聲所定五日內三日的中兩日稍疏繼伯壽進狀獻術時等將求其曆書上臺測驗務求至當而大聲等正居其官乃飾辭避事測驗弗精且大聲孝榮同立新法今猶反覆苟非各具所見他日曆成大聲妄有動搖即前功盡廢請令孝榮大聲堯臣伯壽各具乾道五年五月以後至年終太陰五星排日正對赤道躔度上之御史臺令測驗官參考詔從之

乾道六年以曆官所推日月食各有異同仍詔曆官詳定

按宋史孝宗本紀不載　按律曆志六年日官言比詔權用乾道曆推筭今歲頒曆于天下明年用何曆推筭詔亦權用乾道曆一年秋成都曆學進士賈復自言詔求推明熒惑太陰二事轉運使資遣至臨安願造新曆畢還蜀仍進曆法九議孝宗嘉其志館于京學賜廩給太史局李繼宗等言十二月望月食大分七小分九十三賈復劉大中等各虧初食甚分夜不同詔禮部侍郎鄭聞監李繼宗等測驗是夜食八分祕書省言臺郎宋允恭國學生林永叔草澤祝斌黃夢得吳時舉陳彥健等各推筭日食時刻分數異同乃詔諫議大夫姚憲監繼宗等測驗五月朔日食憲奏時刻分數皆差舛繼宗澤大聲削降有差太史局春官正判本史局吳澤等言乾道十年頒賜曆日其中十二月已定作小盡乾道十一年正月一日注癸未朔畢乾道十一年正月一日崇天統元二曆算得甲申朔紀元乾道二曆算得癸未朔今乾道曆正朔小餘約得不及進限四十二分是爲疑朔更考日月之行以定月朔大小以此推之則當是甲申朔今曆官弗加精究直以癸未注正朔竊恐差誤請再推步於是俾繼宗監視皆以是年正月朔當用甲申

兼今歲五月朔太陽交食本局官生瞻視到天道日食四分半虧初西北午時五刻半食甚正北未初二刻復滿東北申初一刻後令末叔等五人各言五月朔日食分數并虧初食甚復滿時刻皆不同并見行乾道曆比之五月朔天道日食多算二分少彊虧初少算四刻半食甚少算三刻復滿少算二刻已上又考乾道曆比之崇天紀元統元三曆日食虧初時刻爲近較之乾道日食虧初時刻爲不及繼宗等參考來年十二月係大盡及十一年正月朔當用申申而太史局丞同判太史局荊大聲言乾道曆加時係不及進限四十二分定今年五月朔日食虧初在午時一刻今測驗五月朔日食虧初在午時五刻半乾道曆加時弱四百五十分苟以天道時刻預定乾道十二年正月朔已過甲申日四百五十分大聲今再指定乾道十一年正月合作甲申朔十年十二月合作大盡請依太史局詳定行之五月詔曆官詳定

淳熙元年以諸曆官推算太陽交食不同罰造曆者

按宋史孝宗本紀不載　按律曆志淳熙元年禮部言今歲頒賜曆書權用乾道新曆推算明年復欲權用乾道曆詔從之十一月詔太史局春官正吳澤推算太陽交食不同令祕書省勑責之并罰造曆者

淳熙四年春正月班淳熙曆

按宋史孝宗本紀云云　按律曆志三年判太史局李繼宗等奏令集在局通算曆人重造新曆今撰成新曆七卷推算備草二卷校之紀元統元乾道諸曆新曆爲密願賜曆名於是詔名淳熙曆四年頒行令禮部祕書省參詳以聞　又奏言二年九月望太陰交食以紀元統元乾道三曆推之初虧在攢點九刻食二分及三分已上以新曆推之在明刻內食大分空止在小分百分中二十七是夜瞻候月體盛明雖有雲而不翳至旦不見虧食於是可見紀元統元乾道三曆不逮新曆之密今當預期推筭淳熙五年曆蓋舊曆疏遠新曆未行請賜新曆名付下推步禮部驗得孟邦傑李繼宗等所定五星行度分數各有異同繼宗云六月癸酉木星在氐宿二度一十九分邦傑言夜昏度瞻測得木星在氐宿三度半半係五十分雖見月體而西南方有雲翳之繼宗云是月戊寅木星在氐宿三度四十一分邦傑言四望有雲雖雲間時露月體所可測者木星在氐宿三度太太係七十五分繼宗云庚辰土星在畢宿三度三十四分金星在參宿五度六十五分火星在井宿七度二十七分邦傑言五更五點後測見土星入畢宿二度半半係五十分金星入參宿六度半火星入井宿八度多三分繼宗云七月辛丑太陰在角宿初度七十一分木星在氐宿五度七十六分邦傑言測見昏度太陰入軫宿十六度太太係七十五分木星入氐宿六度少少係二十五分孝宗曰自古曆無不差者況近世此學不傳求之草澤亦難其人詔以淳熙曆權行頒用一年

淳熙五年以金使來言曆異同詔禮部郎官呂祖謙測驗太陰行度

按宋史孝宗本紀不載　按律曆志五年金遣使來朝賀會慶節乃妄稱其國曆九月庚寅晦爲己丑晦接伴使檢詳丘崈辨之使者辭窮於是朝廷益重曆事李繼宗吳澤言今年九月大盡係三十日於二十八日早晨度瞻見太陰離東濁高六十餘度則是太陰東行未到太陽之數然太陰一晝夜東行十三度餘以太陰行度較之又減去二十九日早晨度太陰所行十三度餘則太陰尚有四十六度以上未行到太陽之數九月大盡明矣其金國九月作小盡不當見月體今既見月體不爲晦日乞九月三十日十月一日差官驗之詔遣禮部郎官呂祖謙祖謙言本朝十月小盡一日辛卯朔夜昏度太陰躔在尾宿七度七十分以太陰一晝夜平行十三度三十一分至八日上弦日太陰計行九十一度餘按曆法朔至上弦太陰平行九十一度三十一分當在室宿一度太金國十月大盡一日庚寅朔夜昏度太陰約在心宿初度三十一分太陰一晝夜亦平行十三度三十一分自朔至本朝八日爲金國九日太陰已行一百四度六十二分比之本朝十月八日上弦太陰多行一晝夜之數今測見太陰在室宿二度計行九十二度餘始知本朝十月八日上弦密於天道詔祖謙復測驗是夜邦傑用渾天儀法物測驗太陰在室宿四度其八日上弦夜所測太陰在室宿二度按曆法太陰平行十三度餘行遲行十二度今所測太陰比之八日夜又東行十二度信合天道

淳熙十年以曆字有誤曆官削降有差

按宋史孝宗本紀不載　按律曆志十年十月詔甲辰歲曆字誤令禮部更印造頒諸安南國李繼宗吳澤及荊大聲削降有差

淳熙十二年以成忠郎楊忠輔言詔測來年月食

按宋史孝宗本紀不載　按律曆志十二年九月成忠郎楊忠輔言淳熙曆簡陋於天道不合今歲三月望月食三更二點而曆在二更二點數虧四分而曆虧幾五分四月二十三日水星據曆當夕伏而水星方與太白同行東井間昏見之時去濁猶十五餘度七月望前土星已伏而曆猶注見八月未弦金已過氐矣而曆猶在亢此類甚多而朔差者八年矣夫守疏敝之曆不能革舊其可哉忠輔於易粗窺大衍之旨創立日法撰演新曆不敢以言者誠懼太史順過飾非恃刻漏則水有增損遲疾恃渾儀則度有廣狹斜正所賴今歲九月之交食在晝而淳熙曆法當在夜以晝夜辨之不待紛爭而決矣輒以忠輔新曆推算淳熙十二年九月定望日辰退乙未太陰交食大分四小分八十五晨度帶入漸進大分一小分七虧初在東北卯正一刻一十一分係日出前食甚在正北辰初一刻一十分復滿在西北辰正初刻並日出後其日日出卯正二刻後與虧初相去不滿一刻以地形論之臨安在岳臺之南秋分後晝刻比岳臺差長日當先曆而出故知月起虧時日光已盛必不見食以淳熙曆推之九月望夜月食大分五小分二十六帶入漸進大分三小分四十七虧初在東北卯初三刻係攢點九刻後食甚在正北卯正三刻後復滿在西北辰正初刻後並在晝禮部乃考其異同孝宗曰日月之行有疏數故曆久不能無差大抵月之行速多是不及無有過者可遣臺官禮部官同驗之詔遣禮部侍郎顏師魯其夜戌正二刻陰雲蔽月不辨虧食師魯請詔精于曆學者與太史定曆孝宗曰曆久必差聞來年月食者二可俟驗否

淳熙十三年布衣皇甫繼明論淳熙曆非是詔與楊忠輔及曆官劉孝榮各推太陰虧食罷遣楊忠輔皇甫繼明等

按宋史孝宗本紀不載　按律曆志十三年右諫議大夫蔣繼周言試用民間有知星曆者遴選提領官以重其事如祖宗之制孝宗曰朝士鮮知星曆者不必專領乃詔有通天文曆算者所在州軍以聞八月布衣皇甫繼明等陳今歲九月望以淳熙曆推之當在十七日實曆敝也太史乃注於十六日之下徇私遷就以掩其過請造新曆而忠輔乞與曆官劉孝榮及繼明等各具己見合用曆法指定今年八月十六日太陰虧食加時早晚有無帶出所見分數及節次生光復滿方面辰刻更點同驗之仰合乾象折衷疏密再請今年八月二十九日驗月見東方一事苟見月餘光則其日不當以爲晦也又今年九月十六日驗月未盈一事苟見月體東向之光猶薄則其日不當爲望也知晦望之差則朔之差明矣必使氣之與朔無毫髮之差始可演造新曆付禮部議各具先見指定太陰虧食分數方面辰刻定驗折衷詔師魯繼周監之既而孝榮差一點繼明等差二點忠輔差三點乃罷遣之

淳熙十四年國學進士石萬與諸曆官各進所造曆詔吏部侍郎章森等參定以聞

按宋史孝宗本紀不載　按律曆志十四年國學進士會稽石萬言淳熙曆立元非是氣朔多差不與天合按淳熙十四年曆清明夏至處暑立秋四氣及正月望二月十二月下弦六月八月上弦十月朔並差一日如卦候盈虛沒滅五行用事亦各隨氣朔而差南渡以來渾儀草剏不合制度無圭表以測日景長短無機漏以定交食加時設欲考正其差而太史局官尚如去年測驗太陰虧食自一更一點還光一分之後或一點還光二分或一點還光三分以上或一點還光三分以下使吏點乍疾乍徐隨景走弄以肆欺蔽若依晉泰始隋開皇唐開元課曆故事取淳熙曆與萬所造之曆各推而上之於千百世之上以求交食與夫歲月日星辰之著見於經史者爲合與否然後推而下之以定氣朔則與前古不合者爲差合者爲不差甚易見也然其差謬非獨此耳冬至日行極南黃道出赤道二十四度晝極短故四十刻夜極長故六十刻夏至日行極北黃道入赤道二十四度晝極長故六十刻夜極短故四十刻春秋二分黃赤二道平而晝夜等故各五十刻此地中古今不易之法至王普重定刻漏又有南北分野冬夏晝夜長短三刻之差今淳熙曆皆不然冬至晝四十刻極短夜六十刻極長乃在大雪前二日所差一氣以上自冬至之後晝當漸長夜當漸短今過小寒晝猶四十刻夜猶六十刻所差七日有餘夏至晝六十刻極長夜四十刻極短乃在芒種前一日所差亦一氣以上自夏至之後晝當漸短夜當漸長今過小暑晝猶六十刻夜猶四十刻所差亦七日有餘及晝夜各五十刻又不在春分秋分之下至於日之出入人視之以爲晝夜有長短有漸不可得而急與遲也急與遲則爲變今日之出入增減一刻近或五日遠或三四十日

而一急一遲與日行常度無一合者請考正淳熙曆法之差俾之上不違於天時下不乖於人事送祕書省禮部詳之皇甫繼明史元寔皇甫迨龎元亨等言石萬所撰五星再聚曆乃用一萬三千五百為日法特竊唐末崇元舊曆而婉其名爾淳熙曆立法乖疏丙午歲定望則在十七日太史知其不可遂注望於十六日下以掩其過臣等嘗陳請於太史局官對辨置局更曆迄今未行今考淳熙曆經則又差於將來戊申歲十一月下弦則在二十四日太史局官必俟頒曆之際又將妄退于二十三日矣法不足恃必假遷就而朔望二弦曆法綱紀苟失其一則五星盈縮日月交會與夫昏旦之中星晝夜之晷刻皆不可得而正也渾儀景表壺漏之器臣等私家無之是以曆之成書猶有所待國朝以來必假冊局而曆始成請依故造大曆故事置局更曆以袪太史局之敝事上聞宰相王淮奏免送後省看詳孝宗曰使祕書省各司同察之亦免有異同之論六月給事中兼修玉牒官王信亦言更曆事以為曆法深奧若非詳加測驗無以見其疏密乞令繼明與萬各造來年一歲之曆取其無差者詔從之十二月進所造曆淮等奏萬等曆日與淳熙十五年曆差二朔淳熙曆十一月下弦在二十四日恐曆法有差孝宗曰朔豈可差朔差則所失多矣乃令吏部侍郎章森祕書丞宋伯嘉參定以聞

淳熙十五年禮部較諸家曆疏密

按宋史孝宗本紀不載　按律曆志十五年禮部言石萬等造曆與淳熙曆法不同當以其年六月二日十月晦日月不應見而見為驗兼論淳熙曆下弦不合在十一月二十四日是日請遣官監視詔禮部侍郎尤袤與章森監之六月二日森奏是夜月明至一更二點入濁十月晦袤奏晨前月見東方孝宗問諸家孰為疏密周必大等奏三人各定二十九日早月體尚存一分獨忠輔萬謂既有月體不應小盡孝宗曰十一月合朔在申時故二十九日尚存月體耳

光宗紹熙元年秋八月詔造新曆

按宋史光宗本紀云云　按律曆志淳熙十六年承節郎趙渙言曆象大法及淳熙曆今歲冬至并十二月望月食皆後天一辰請遣官測驗詔禮部侍郎李巘祕書省鄧馹等視之巘等請用太史局渾儀測驗如乾道故事差祕書省提舉一員專監之詔差祕書丞黃艾校書郎王叔簡紹熙元年八月詔太史局更造新曆頒之

紹熙二年賜新曆名會元曆

按宋史光宗本紀不載　按律曆志二年正月太史局進立成二卷紹熙二年七曜細行曆一卷賜名會元詔李巘序之

紹興統元乾道淳熙會元曆上

演紀上元甲子距紹興五年乙卯歲積九千四百二十五萬一千五百九十一

乾道上元甲子距乾道三年丁亥歲積九千一百六十四萬五千八百二十三淳熙上元甲子距淳熙三年丙申歲積五千二百四十二萬一千九百七十二會元上元甲子距紹熙三年辛亥歲積二千五百四十九萬四千七百六十七

步氣朔

元法六千九百三十

乾道三萬淳熙五千六百四十會元統率三萬八千七百

歲周二百五十三萬一千一百三十八歲周日三百六十五餘一千六百八十八

乾道朞實一千九十五萬七千三百八歲周三百六十五餘七千三百八淳熙歲實二百五萬九千九百七十四歲周日三百六十五餘一千三百七十四會元氣率一千四百一十二萬四千九百三十二

氣策一十五日餘一千五百一十四秒十五

乾道餘六千五百五十四半淳熙餘一千二百二十二秒二十五會元餘八千四百五十五半

朔實二十萬四千六百四十七

乾道八十八萬三千九百一十七秒七千六淳熙一十六萬六千五百十二秒五十六會元朔率一百一十四萬二千八百一十四

歲閏七萬五千三百七十四

乾道三十二萬六千二百九十四秒八十八又有閏限八十五萬八千七百二十六秒五十二月閏二萬七千一百九十一秒二十四會元四十二萬九百二十四又有閏限七十二萬一千九百一十

乾道又有沒限二萬三千四百四十五半淳熙四千四百七秒七十五會元三萬二百四十四半

朔策二十九日餘三萬六千七十七

乾道餘一萬五千九百一十七秒七十六淳熙餘三千九百九十二秒五十六會元餘二萬五百三十四約分五十三秒五

望策十四日餘五千三百三半

乾道餘一萬二千九百五十八秒八十八淳熙餘四千三百一十六秒二十八會元餘二萬九千六百一十七

弦策七日餘二千六百五十一太

乾道餘一萬一千四百七十九秒四十四淳熙餘二千一百五十八秒十四會元餘一萬四千八百八半

中盈分三千三百二十八秒三十

乾道一萬三千一百九淳熙二千四百六十四秒五十會元一萬六千九百一十一

朔虛分三千二百五十三

乾道一萬四千八十二秒二十四淳熙二千六百四十七秒四十四會元一萬八千一百六十六

旬周四十一萬五千八百

乾道一百八十萬淳熙三十三萬八千四百秒一會元二百三十二萬二千

紀法六十 三曆同

推天正冬至

置距所求積年以歲周乘之爲氣積分以旬周去之不盡總法約之爲大餘不滿爲小餘大餘命甲子算外卽得所求年天正冬至日辰及餘

其小餘總法退除爲約分卽百爲母

求次氣

置冬至大小餘以氣策及餘秒加之秒盈秒法從一小餘小餘滿總法從一大餘滿紀法去命甲子算外合得次氣日辰及餘秒

求天正經朔

置天正冬至氣積分以朔實去之不盡爲閏餘以減冬至氣積分餘爲天正十一月經朔加時朔積分以旬周去之不滿總法約之爲大餘不滿爲小餘命甲子算外卽得所求年天正十一月經朔加時朔積分以旬周去之不滿總法約之爲大餘不滿爲小餘大餘命甲子算外卽得所求天正十一月經朔日辰及餘

求弦望及月朔經日

置天正十一月經朔大小餘以弦策加之爲上弦累加之去命如前各得弦望及次月朔經日及餘也

求沒日

置有沒之氣小餘以一百八十乘之秒從之用減一百二十六萬五千五百六十九餘以一萬八千一百六十九除之爲日不滿爲餘命其氣初日算外卽得其氣辰

凡二十四氣小餘五千四百一十五秒一百六十五

求滅日

置有經朔小餘三十乘之滿朔虛分除爲日不滿爲餘命經朔初日算外卽得其月滅日辰

經朔小餘不滿朔虛分者爲有滅之朔

步發斂

候策五日餘五百四秒一百二十五

乾道餘二千一百八十四秒二十五淳熙餘四百一十秒七十五會元餘二千八百一十二秒五十

卦策六日餘六百五秒一百一十四

乾道餘二千六百二十一秒二十四淳熙餘四百九十二秒九十會元餘三千三百八十二秒二十

土王策三日餘三百二秒一百四十七

乾道餘一千三百一十秒二十七淳熙餘三百四十六秒四十五會元一千六百九十一秒一十

辰法五百七十七半

乾道二千五百淳熙四百七十會元三千二百二十五

半辰法二百八十八太

乾道一千二百五十淳熙二百三十五會元一千六百一十二半

刻法六百九十三

乾道三百淳熙五百六十四會元三百八十七

秒法一百八十

乾道三十淳熙會元同一百淳熙又有月閏五千一百一十一秒九十四

求六十四卦五行用事日二十四氣七十二候

四曆俱與前曆同此不載

求發斂去經朔日

置天正閏餘以中盈及朔虛分累益之卽每月閏餘滿總法除之爲閏日不盡爲小餘卽各得其月中氣去經朔日辰因求卦候者各以卦候土王策依文累加減之

中氣前減中氣後加

各得其月卦候去經朔日筭

求發斂加時

置所求小餘以辰除之爲辰數不滿進一位以刻法而一爲刻不盡爲刻分其辰數命子正筭外各得加時所在辰刻及分

加辰刻卽命起子初

步日躔

周天分二百五十三萬一千二百二十六秒八十七

乾道分一千九十五萬七千七百一十七秒五

歲差八十八秒八十七

乾道四百九秒五淳熙一萬一千五百一十三會元軌差五百二十五秒一十三

周天度三百六十五約分二十五秒六十四三曆同

乘法九十九

乾道八十七淳熙一百一十九會元一百一十九

除法八百三十七

乾道一千三百二十四淳熙一千八百一十二會元一千八百一十

秒法一百三曆同

乾道又有象限九十一度分二十一秒九淳熙會元同淳熙又有乾實三億九百萬七千六百一十三半周天一百八十二度分二十五秒七十二會元原本闕五字半周天度同分六十二秒八十六

常氣中積及餘　盈縮分

統元空

乾道空

冬至空

淳熙空

會元空

統元一千五百一十四秒一十五　盈七千一百五十六

乾道六千五百五十四半　盈七千二百六十七

小寒十五

淳熙一千二百五十二秒一十五　二十一八十四　盈七千六十

會元八千四百五十五半　二十一八十四

統元五千二十八秒三十　盈一萬二千一百三十六

乾道一萬三千一百九　盈一萬三千六百四十八

大寒三十

淳熙二千四百六十四秒五十六　四十三六十九　盈一萬二千九百八十

會元一萬六千九百一十一　四十三六十九

統元四千五百四十二秒四十五　盈一萬七千九百七

乾道一萬九千六百六十二半　盈一萬七千九百二十八

立春四十五

淳熙三千六百九十六秒七十五　六十五五十四　盈一萬七千六百九十七

會元二萬五千三百六十六半　六十五五十四

統元六千五十九秒六十　盈二萬一千四百

乾道二萬六千二百一十八半　盈二萬一千二百

雨水六十

淳熙四千九百二十九秒空　八十七二十五　盈二萬一千一百四十

會元三萬二千八百二十二　八十三十九

統元六百四十秒七十五　盈二萬三千五百五十八

乾道二千七百七十二半　盈一萬三千三百二十

驚蟄七十六

淳熙五百二十秒二十五　九二十四　盈二萬三千二百七十

會元三千五百七十七半　九二十四

統元二千一百五十四秒九十　盈二萬四千二百八十八

乾道九千三百三十七　盈二萬四千

春分九十一

淳熙一千七百五十二秒五十　三十一九　盈同乾道

會元一萬二千三十三　三十九

統元三千六百六十八秒一百五　盈二萬二千五百五十八

乾道一萬五千八百八十一半　盈二萬三千三百二十

清明一百六

淳熙二千九百八十五秒二十五　五十二九十三　盈二萬三千二百七十

會元二萬四百八十八半　五十二九十三

統元五千一百八十二秒一百一十　盈三萬二千四百

乾道一萬一千四百三十六　盈二萬一千一百九十一

穀雨一百二十一

淳熙四千一百一十六秒空　六十四七十八　盈二萬一千百四十八

會元一萬八千九百四十四　七十四七十九

統元六千九百九十六秒一百三十五　盈二萬七千九百

乾道二萬八千九百九十八半　盈一萬七千九百二十八

立夏一百三十六

淳熙五千四百五十八秒二十五　九十六六十三　盈一萬七千六百九十七

會元三萬七千三百九十半　九十六六十三

統元　二千二百八十秒一百五十　盈一萬三千二百三十六

乾道　五千五百四十五　盈一萬三千二百四十八

小滿一百五十二

淳熙　一千四十二秒五十　十八四十八　盈一萬二千九百八十

會元　七千一百五十五　一十八四十八

統元　二千七百九十秒一百六十五　四十二　盈七千一百五十六

乾道　一萬二千九十九半　盈七千二百六十七

芒種一百六十七

淳熙　二千二百九十四秒五十五　四十二十三　盈七千六十

會元　一萬五千六百一十半　四十三十二

統元　四千三百九秒空　空

乾道　一萬八千六百五十四　空

夏至一百八十二

淳熙　三千五百七秒空　六十一一十八　空

會元　二萬四千六十六　六十二一十八

統元　五千八百二十三秒十五　縮七千一百五十六

乾道　二萬五千一百八半　縮七千一百六十

小暑一百九十七

淳熙　四千七百五十九秒二十五　八十四　縮七千六十

會元　二萬二千五百二十一半　八十四三

統元　四百七秒三十　縮一萬二千一百二十六

乾道　一千七百六十三　縮一萬三千二百四十八

大暑二百十三

淳熙　三百三十一秒五十　五十七八　縮一萬二千九百八十

會元　二千二百七十七　五八十八

統元　一千九百一十一秒四十五　縮一萬七千九百七十

乾道　八千三百十七半　縮一萬七千九百二十八

立秋二百二十八

淳熙　一千五百六十二秒七十五　二十七七十二　縮一萬七千六百九十七

會元　一萬七百三十二半　二十七七十三

統元　三千四百三十五秒六十　縮二萬一千四百

乾道　一萬四千八百七十二　縮二萬一千二百九十一

處暑二百四十三

淳熙　二千七百九十一秒空　四十九五十七　縮二萬一千一百四十八

會元　一萬九千一百八十八　四十九五十八

統元　四千九百四十九秒七十五　縮二萬三千五百五十八

乾道　二萬一千四百二十六半　縮二萬三千三百二十

白露二百五十八

淳熙　四千二十八秒二十五六　七十一四十二　縮二萬三千二百七十

會元　二萬七千六百四十二半　七十一四十三

統元　六千四百六十三秒九十　縮二萬四千二百八十八

乾道　二萬七千九百八十一　縮二萬四千

秋分二百七十三

淳熙　五千二百六十秒五十　九十三二十七　縮二萬四千

會元　三萬六千九十九　九十三二十七

統元　一千四十七秒一百五　縮二萬三千五百五十八

乾道　四千五百三十五半　縮三萬三千三百二十

寒露二百八十九

淳熙　八百五十二秒七十五　五十一十一　縮三萬三千二百七十

會元　五千八百五十四半　一十五一十二

統元　二千五百六十一秒一百二十　縮二萬二千四百

乾道　一萬一千九十　縮二萬一千二百九十一

霜降三百四

淳熙　三千八十五秒空　二十六九十六　縮二萬一千一百四十八

會元　一萬四千三百一十　三十六九十七

統元　四千七十五秒一百三十五　縮一萬七千九百七

乾道　一萬七千六百四十四半　縮一萬七千九百一十八

立冬三百十九

淳熙　二千二百一十七秒二十五　三十八八十一　縮一萬七千六百九十七

會元　二萬二千七百六十五半　五十八八十二

統元　五千五百八十九秒一百五十　縮一萬一千一百十六

乾道　二萬四千一百九十九　縮一萬三千一百四十八

小雪三百三十四

淳熙　四千五百四十九秒五十　八十六十六　縮一萬二千九百八十

會元　三萬八千二百二十一　八十二六十七

統元　一百七十三秒一百六十五　縮七千一百五十六

乾道　七百五十三半　縮七千二百六十七

大雪三百五十

淳熙　一百四十一秒七十五　二五十一　縮七千六十

會元　九百三十六半　二五十二

常氣　升降差　損益率　朓朒積

統元　升七千二百五十六　益二百七十一　朒空

乾道　升七千二百六十七　益二千六百三十　同

冬至

淳熙　升七千六十　益二百九十八　同

會元　升七千一百八十　益二千五十七　朒初

統元　升五千九百八十　益三百一十　朒一百七十一

乾道　升五千九百八十一　益一千五百十五　朒一千六百三十

小寒

淳熙　升五千九百二十一　益二百五十　朒二百九十八

會元　升五千七百七十三　益一千六百七十二　朒二千五十七

節氣	曆	升降	損益	朓朒
	統元	升四千七百七十一	益二百四十六	朒六百六十一
	乾道	升四千六百八十一	益一千五十	朒二千九百七十二
大寒	淳熙	升四千七百一十九	益一百九十九	朒五百四十八
	會元	升四千四百五十六	益一千三百九十	朒三千七百三十九
	統元	升二千四百九十二	益一百八十一	朒九百二十八
	乾道	升[illegible]千[illegible]百六十二	益七百五十五	朒四千二十一
立春	淳熙	升三千四百五十一	益一百四十五	朒七百四十七
	會元	升三千一百五十九	益九百十四	朒五千一十九
	統元	升一千一百五十八	益一百一十二	朒一千一百九
	乾道	升二千二十九	益四百五十二	朒四千七百七十八
雨水	淳熙	升二千一百二十二	益九十	朒八百九十二
	會元	升一千八百八十一	益五百四十四	朒五千九百三十五
	統元	升七百三十	益三十八	朒一千二百二十二
	乾道	升六百八十	益一百五十二	朒五千二百三十三
驚蟄	淳熙	升七百二十	益三十一	朒九百八十二
	會元	升六百二十三	益一百八十一	朒六千四百七十七
	統元	降七百三十	損三十八	朒一千二百五十九
	乾道	降六百八十	損一百五十二	朒五千三百八十五
春分	淳熙	降同統元	損三十一	朒一千一十三[illegible]
	會元	降六百二十三	損一百八十一	朒六千六百五十八
	統元	降二千一百五十八	損一百一十二	朒一千二百二十一
	乾道	降二千二十九	損四百五十五	朒五千二百三十三
清明	淳熙	降二千一百二十三	損九十	朒九百八十二
	會元	降二千八百八十一	損五百四十四	朒六千四百七十七
	統元	降二千四百九十二	損一百八十一	朒一千一百九
	乾道	降三千二百六十三	損七百五十五	朒四千七百七十八
穀雨	淳熙	降三千四百五十一	損一百四十五	朒八百九十二
	會元	降三千一百五十九	損九百十一	朒五千九百三十二
	統元	降四千七百七十一	損二百四十一	朒九百二十八
	乾道	降四千六百八十	損一千五十	朒四千二十三
立夏	淳熙	降四千七百十七	損一百九十九	朒七百四十七
	會元	降四千四百五十六	損一千二百九十	朒五千一十九
	統元	降五千九百八十	損一萬三千一百三十	朒六百八十一
	乾道	降五千九百八十二	損一千三百四十三	朒二千九百七十二
小滿	淳熙	降五千九百二十	損二百五十	朒五百四十八
	會元	降五千七百七十三	損一千六百七十二	朒二千七百二十九
	統元	降七千一百五十六	損三百七十一	朒三百七十一
	乾道	降七千三百六十七	損一千六百三十	朒一千六百三十
芒種	淳熙	降七千六十	損二百九十八	朒二百九十八
	會元	降七千一百八	損二千五十七	朒二千五十七
	統元	降七千一百五十六	益五百七十一	朓空
	乾道	降七千二百六十七	益[illegible]千六百三十	朓空
夏至	淳熙	降七千六十	益二百九十八	朓空
	會元	降七千一百八	益二千五十七	朓空
	統元	降五千九百八十	益三百一十	朓三百七十一
	乾道	降五千九百八十一	益一千五百四十三	朓一千六百三十
小暑	淳熙	降二千九百二十	益二百五十	朓二百九十八
	會元	降五千七百七十三	益一千六百七十二	朓二千五十七
	統元	降四千七百七十一	益二百四十七	朓六百八十一
	乾道	降四千六百八十	益一千五十	朓二千九百七十三
大暑	淳熙	降四千七百一十七	益一百九十九	朓五百四十八
	會元	降四千五百五十六	益一千二百九十	朓三千七百二十九
	統元	降二千四百九十三	益一百八十一	朓九百二十八
	乾道	降三千三百六十三	益七百五十五	朓四千二十三
立秋	淳熙	降三千四百五十一	益一百四十五	朓七百四十七
	會元	降二千一百五十九	益九百一十四	朓五千一十九
	統元	降二千一百五十八	益一百一十二	朓一千一百九
	乾道	降二千二十九	益四百五十五	朓四千七百七十八
處暑	淳熙	降二千一百二十二	益九十	朓八百九十二
	會元	降一千八百八十二	益五百四十四	朓五千九百三十三
	統元	降七百三十	益三十八	朓五千一百二十一
	乾道	降六百八十	益一百五十二	朓五千二百三十二
白露	淳熙	降七百五十	益三十一	朓九百八十二
	會元	降六百二十三	益一百八十一	朓六千四百七十七
	統元	升七百三十	損三十八	朓一千二百五十九

乾道　升六百八十　損百五十　朓五千五百八十五

秋分

淳熙　升七百三十　損三十　朓一千一十三

會元　升六百二十三　損一百八十一　朓六千六百五十八

統元　升二千一百五十八　損一百一十二　朓二千二百二十

乾道　升二千二十九　損五百五十九　朓五千三百三十三

寒露

淳熙　升二千一百二十二　損九十　朓九百八十二

會元　升二千八百八十一　損五百四十四　朓六千四百七十七

統元　升二千四百九十三　損一百八十一　朓一千一百九十

乾道　升三千三百六十三　損七百五十五　朓四千七百七十八

霜降

淳熙　升三千四百九十一　損百四十五　朓八百九十二

會元　升三千一百五十九　損九百一十四　朓五千九百三十三

統元　升四千七百七十一　損二百四十七　朓九百二十

乾道　升四千六百八十　損一千五十　朓四千二十二

立冬

淳熙　升四千七百一十七　損一百九十九　朓七百四十七

會元　升四千四百五十六　損一千二百九十　朓五千一十九

統元　升五千九百八十　損二百二十二　朓六百八十一

乾道　升五千九百八十一　損一千二百四十三　朓二千九百七十二

小雪

淳熙　升五千九百二十　損三百五十　朓五百四十八

會元　升五千七百七十三　損一千六百七十二　朓三千七百二十九

統元　升七千一百五十六　損三百七十一　朓三百七十一

乾道　升七千二百三十　損一千六百三十　朓一千六百三十

大雪

淳熙　升七千六十　損二百九十八　朓二百九十八

會元　升七千一百八　損二千五十七　朓二千五十七

求每月盈縮分朔弦望入氣朓朒定數赤道宿度冬至赤道日度赤道宿積度入初末限二十八宿黃道度天正冬至加時黃道日度二十四氣加時黃道日度二十四氣初日晨前夜半黃道日躔宿次晨前夜半黃道日躔宿次太陽入宮日時刻及分法同前曆此不載

欽定古今圖書集成曆象彙編曆法典

第二十八卷目錄

曆法典第二十八卷

曆法總部彙考二十八

宋十

紹興統元乾道淳熙會元曆中

步月離

轉周分一十九萬九百五十三秒二千五百六十三乾道八十二萬六千六百三十七秒七千三百九十五淳熙一十五萬五千四百七秒九千七百四十會元轉率一百六萬六千三百六十一秒七千三百一十

轉周日二十七餘三千八百四十三秒二千五百六十三乾道餘一萬六千六百三十七秒七千三百九十五淳熙餘三千一百二十七秒九千七百四會元餘三萬一千四百十一秒七千三百一十

朔差日一餘六千七百六十三秒七千四百三十七乾道餘二萬九千二百八十秒二百淳熙餘五千五百四十秒五千八百六十會元餘三萬七千七百七十二秒二千六百二十

望策一十四餘五千三百三秒五千

弦策七餘二千六百五十一秒七千五百乾道餘一萬一千四百七十九秒四千四百淳熙餘千一百五十八秒一千四百會元一萬四千八百八秒五十

七日初數六千一百五十八約分八十九末數七百七十二約分一十一

十四日初數五千三百八十七約分七十八末數一千五百四十三約分二十二

二十一日初數四千六百一十五約分六十七末數二千三百一十五約分三十三

廿八日初數三千八百四十三約分五十五末數空

以上秒母一萬

以下秒母一百

上弦九十一度三十一分秒四十一三曆同

望一百八十二度六十二分秒八千二三曆秒八十六

下弦二百七十三度九千四分秒二十三三曆秒二十九

平行分一十三度三十六分秒八十七半

推天正十一月經朔入轉經弦望及次朔入轉法同前曆此不載

入轉日進退差　轉定分　損益率

一日

統元退二十　一千四百六十八　益六百八

乾道　二千四百六十四　益二千八百五十八

淳熙退一十　一千四百六十八　益五百五十三

會元　一千四百六十七　益五千七百六十三

二日

統元退八十　一千四百五十六　益六百一十八

乾道　一千四百五十三　益二千六百三

淳熙退五十　一千四百五十七　益五百六

會元　一千四百五十四　益三千三百八十七

三日

統元退二十一　一千四百三十八　益五百一十三

乾道　一千四百三十八　益二千二百六十六

淳熙退十二　一千四百三十二　益四百四十三

會元　一千四百四十　益二千九百八十一

四日

統元退二十三　一千四百一十七　益四百一十一

乾道　一千四百一十六　益一千七百七十三

淳熙退二十二　一千四百二十二　益三百五十八

會元　一千四百二十二　益二千四百六十一

五日

統元退二十四　一千三百九十四　益二百九十三

乾道　一千三百九十四　益一千二百七十九

淳熙退二十六　一千三百九十九　益二百六十二

會元　一千四百一　益一千八百五十三

六日

統元退二十四　一千二百七十　益一百七十二

乾道　一千三百七十三　益八百八

淳熙退二十六　一千三百七十二　益一百五十二

會元　一千三百七十六　益一千一百二十九

七日

統元退二十四　一千三百四十六　初益五十四末損七

乾道一千三百四十七初益二百七十末損二十三
淳熙退二十六一千三百四十七初益四十六末損四
會元一千三百四十九初益三百一十六末損一十九

八日
統元退二十四一千二百一十一損七十六
乾道一千三百二十二損三百一十四
淳熙退二十六一千三百二十一損六十七
會元一千三百一十九損五百二十一

九日
統元退二十三一千二百九十八損二百
乾道一千二百九十九損八百三十九
淳熙退二十四一千二百九十五損二百七十八
會元一千二百九十二損一千二百二

十日
統元退二十三一千一百七十五損三百一十一
乾道一千二百七十五損一千四百五
淳熙退二十四一千二百七十一損二百七十八
會元一千二百六十八損一千九百九十七

十一日
統元退二十一千二百五十二損四百三十八
乾道一千二百五十四損一千八百六十三
淳熙退十九一千二百四十九損三百八十
會元一千二百四十八損二千五百七十七

十二日
統元退十七一千二百三十二損五百四十五
乾道一千二百四十損三千一百七十六
淳熙退十四一千二百二十六損四百六十
會元一千二百三十損三千九十七

十三日
統元退九一千二百一十五損六百三十六
乾道一千二百一十五損二千七百三十八
淳熙退十一千二百一十四損五百一十八
會元一千二百一十七損三千四百七十三

十四日
統元進二一千二百六初損五百二十一末益一百五十一
乾道一千一百九十八初損一千四百六十八末益六百五十
淳熙進四一千二百四初損四百三十五末益二百二十七
會元一千二百六初損二千九百五十二末益八百三十九

十五日
統元進一十四一千二百八益六百六十九
乾道一千二百一十三益二千七百八十三
淳熙進一十一一千二百八益九百四十四
會元一千二百九益三千七百五

十六日
統元進一十九一千二百二十二益五百九十八
乾道一千二百二十二益二千五百八十一
淳熙進一十七一千二百一十九益四百九十八
會元一千二百二十二益三千二百二十七

十七日
統元進二十一一千二百四十一益四百九十九
乾道一千二百三十六益二千二百六十六
淳熙進二十一千二百三十六益四百二十六
會元一千二百三十八益二千八百六十六

十八日
統元進二十三一千二百六十二益三百八十六
乾道一千二百五十七益一千七百九十六
淳熙進二十三一千二百五十八益三百二十三
會元一千二百五十七益二千二百一十六

十九日
統元進二十四一千二百八十五益二百六十七
乾道一千二百七十八益一千二百二十三
淳熙進二十六一千二百八十一益二百三十六
會元一千二百七十八益一千七百八

二十日
統元進二十四一千二百九益一百四十一
乾道一千三百二益七百六十二
淳熙進二十六一千三百七益一百二十七
會元一千三百二益九百八十四

二十一日
統元進二十四一千三百三十三初益四十末損二十
乾道一千三百三十一初益一百五十末損二十二
淳熙進二十六一千三百三十二初益二十九末損二十二
會元一千三百三十三初益二百三末損五十八

二十二日
統元進二十四一千三百五十七損一百四
乾道一千三百六十二損五百一十九
淳熙進一十五一千三百五十九損九十三
會元一千三百六十二損七百二十四

二十三日
統元進二十三一千三百八十一損二百一十八
乾道一千三百八十七損一千一百二十二

淳熙進二十一　一千三百八十四　損二百九十八
會元　一千三百八十八　損一千四百七十六

二十四日
統元進二十二　一千四百四　損三百四十八
乾道　一千四百六十二　損一千六百八十三
淳熙進二十三　一千四百八　損三百
會元　一千四百一十　損二千一百一十三

二十五日
統元進三一　一千四百二十六　損四百六十三
乾道　一千四百二十七　損一千一十九
淳熙進一十八　一千四百三十　損三百九十七
會元　一千四百三十　損二千六百九十一

二十六日
統元進一十四　一千四百一十七　損五百六十七
乾道　一千四百四十六　損二千四百四十六
淳熙進一十四　一千四百四十九　損四百七十二
會元　一千四百四十九　損三千一百八十五

二十七日
統元進一十一　一千四百六十一　損六百四十四
乾道　一千四百六十二　損二千八百五
淳熙進九　一千四百六十三　損五百三十一
會元　一千四百六十一　損三千五百八十九

二十八日
統元退四　一千四百七十二　損三百七十七
乾道　一千四百七十　初損一千六百八十三
淳熙退四　一千四百七十三　初損三百一十六
會元　一千四百六十九　初損二千一百一十三

入轉日		朏朒數	轉日度
一日	統元	朏空	空
	乾道	朏空	
	淳熙	朏空	
	會元	朏初	
二日	統元	朏六百八十	十四度六十八
	乾道	朏三千八百五十	
	淳熙	朏五百五十三	
	會元	朏三千七百六十三	
三日	統元	朏一千二百九十八	二十九度二十四
	乾道	朏五千四百五十三	
	淳熙	朏一千五十九	
	會元	朏七千一百五十	
四日	統元	朏一千八百二十一	四十三度六十二
	乾道	朏七千七百一十九	
	淳熙	朏一千五百二	
	會元	朏一萬一百三十一	
五日	統元	朏一千二百三十二	五十七度七十九
	乾道	朏九千四百九十二	
	淳熙	朏一千八百六十	
	會元	朏一萬二千五百九十二	
六日	統元	朏二千五百二十五	七十一度七十三
	乾道	朏一萬七百七十二	
	淳熙	朏二千一百二十二	
	會元	朏一萬四千四百四十五	
七日	統元	朏二千六百九十七	八十五度四十三
	乾道	朏一萬一千五百七十九	
	淳熙	朏二千二百七十四	
	會元	朏一萬五千五百七十四	
八日	統元	朏二千七百四十四	九十八度八十九
	乾道	朏一萬一千八百三	
	淳熙	朏二千三百一十六	
	會元	朏一萬五千五百二十一	
九日	統元	朏一千六百六十八	一百十二度十一
	乾道	朏一萬一千四百八十九	
	淳熙	朏二千二百四十九	
	會元	朏一萬五千四百	
十日	統元	朏二千四百六十八	一百一十五度
	乾道	朏一萬六百五十	
	淳熙	朏二千七十一	
	會元	朏一萬四千九十七	
十一日	統元	朏二千一百四十七	一百三十七度八十四
	乾道	朏九千二百四十五	

淳熙　朓一千七百九十三
會元　朓一萬二千一百

十二日
統元　朓一千七百九　一百五十度三十六
乾道　朓七千三百八十二
淳熙　朓一千四百一十三
會元　朓九千五百二十三

十三日
統元　朓一千一百六十四　一百六十八度六十六
乾道　朓五千二百六
淳熙　朓九百五十三
會元　朓六千四百二十六

十四日
統元　朓五百三十一　一百七十四度八十三
乾道　朓二千四百六十八
淳熙　朓四百五十五
會元　朓二千九百五十三

十五日
統元　朓一百五十　一百八十六度八十九
乾道　朒六百五十
淳熙　朒一百三十七
會元　朒八百三十九

十六日
統元　朒八百二十　一百九十八度九十七
乾道　朒三千四百三十三
淳熙　朒六百七十一
會元　朒四千五百四十四

十七日
統元　朒一千四百一十八　一百一十二度十九
乾道　朒六千一十四
淳熙　朒一千一百六十九
會元　朒七千八百七十三

十八日
統元　朒一千九百一十七　二百二十三度八十
乾道　朒八千二百八十
淳熙　朒一千五百九十五
會元　朒一萬七百三十九

十九日
統元　朒二千三百三　三百三十六度二十三
乾道　朒一萬七十六
淳熙　朒一千九百二十八
會元　朒一萬三千五十五

二十日
統元　朒二千五百七十　二百四十九度
乾道　朒一萬一千三百九十一
淳熙　朒二千一百六十四
會元　朒一萬四千七百六十二

二十一日
統元　朒二千七百一十一　二百六十二度十六
乾道　朒一萬一千一百六十二
淳熙　朒二千二百九十二
會元　朒一萬五千一百四十七

二十二日
統元　朒二千七百三十一四十九　二百七十五度
乾道　朒一萬一千二百九十七
淳熙　朒二千二百八
會元　朒一萬五千八百八十二

二十三日
統元　朒二千六百二十七　二百八十九度六
乾道　朒一萬一千七百
淳熙　朒二千二百一十五
會元　朒一萬五千一百六十八

二十四日
統元　朒二千三百九十九　三百二度八十七
乾道　朒一萬六百三十六
淳熙　朒二千一十七
會元　朒一萬三千六百九十二

二十五日
統元　朒二千五百一十一　三百十六度九十一
乾道　朒八千五百九十三
淳熙　朒一千七百一十七
會元　朒一萬一千五百七十九

二十六日
統元　朒一千五百八十八　三百三十一度十七
乾道　朒六千九百三十四
淳熙　朒一千三百一十
會元　朒八千八百八十七

二十七日
統元　朒一千二十二　三百四十五度九十八
乾道　朒四千四百八十八
淳熙　朒八百四十八

	會元	朒五千七百二	
二十八日	統元	朒三百七十七	三百六十度二十五
	乾道	朒一千六百八十三	
	淳熙	朒三百一十六	
	會元	朒二千一百一十三	
入轉日		加減差	遲疾度
一日	統元	加一百三十一	疾空
	乾道	加一百二十七	疾空
	淳熙		疾空
	會元	加一百三十	疾初
二日	統元	加一百十九	疾一度三十一
	乾道	加一百一十六	疾一度二十七
	淳熙		疾一度三十一
	會元	加一百一十七	疾一度三十
三日	統元	加一百一	疾一度五十
	乾道	加一百一	疾二度四十三
	淳熙		疾二度五十一
	會元	加一百三	疾二度四十七
四日	統元	加八十	疾三度五十一
	乾道	加七十九	疾三度四十四
	淳熙		疾三度五十六
	會元	加八十五	疾三度五十
五日	統元	加五十七	疾四度
	乾道	加五十七	疾四度二十三
	淳熙		疾四度四十一
	會元	加六十四	疾四度二十五
六日	統元	加三十三	疾四度
	乾道	加三十六	疾四度八十
	淳熙		疾五度三十
	會元	加三十九	疾五度九十九
七日	統元	初加十末減	疾五度一十一
	乾道		疾五度一十六
	淳熙		疾五度三十九
	會元	初加一十三末減	疾五度三十八
八日	統元	減十五	疾五度三十
	乾道	減一十四	疾五度二十六
	淳熙		疾五度四十九
	會元	減一十八	疾五度五十
九日	統元	減三十九	疾五度一十五
	乾道	減三十八	疾五度一十六
	淳熙		疾五度三十三
	會元	減四十五	疾五度三十二
十日	統元	減六十二	疾四度七十六
	乾道	減六十二	疾四度七十四
	淳熙		疾四度九十一
	會元	減六十八	疾四度八十一
十一日	統元	減八十五	疾四度一十四
	乾道	減八十三	疾四度一十三
	淳熙		疾四度二十五
	會元	減八十九	疾四度一十八
十二日	統元	減一百五	疾三度二十九
	乾道	減九十七	疾三度二十九
	淳熙		疾三度三十一
	會元	減一百七	疾三度二十九
十三日	統元	減一百二十二	疾二度二十四
	乾道	減一百二十二	疾二度三十二
	淳熙		疾二度二十六
	會元	減一百二十	疾二度二十二
十四日	統元	初減一百一十五末加二十	疾一度二
	乾道	初減一百一十末加二十五	疾一度一十
	淳熙		疾一度三
	會元		疾一度二
十五日	統元	加一百二十九	遲初度二十九
	乾道	加一百二十四	遲空二十九
	淳熙		遲空二十

會元　加一百二十八　遲空二十九

十六日

統元　加一百十五　遲度一五十八

乾道　加一百一十五　遲度一二十三

淳熙　加一百一十五　遲度一五十九

會元　加一百十五　遲度一五十七

十七日

統元　加九十六　遲度一七十三

乾道　加一百一　遲度一六十八

淳熙　遲度二七十七

會元　加九十九　遲度二七十二

十八日

統元　加七十五　遲度三六十九

乾道　加八十　遲度三六十九

淳熙　遲度三七十八

會元　加八十　遲度三七十一

十九日

統元　加五十二　遲度四四十四

乾道　加五十九　遲度四四十九

淳熙　遲度四五十七

會元　加五十九　遲度四五十一

二十日

統元　加二十七　遲度四九十六

乾道　加三十四　遲度五八

淳熙　遲度五一十三

會元　加三十四　遲度五一十

二十一日

統元　初加八末減四　遲度五二十三

乾道　初加七末減一　遲度五四十二

淳熙　遲度五四十二

會元　初加七末減二　遲度五四十四

二十二日

統元　減二十　遲度五二十七

乾道　減二十四　遲度五四十八

淳熙　遲度五四十七

會元　減二十五　遲度五四十九

二十三日

統元　減四十四　遲度五七

乾道　減五十　遲度五二十四

淳熙　遲度五二十五

會元　減五十　遲度五二十四

二十四日

統元　減六十七　遲度四六十三

乾道　減七十五　遲度四七十四

淳熙　遲度四七十八

會元　減七十三　遲度四七十三

二十五日

統元　減八十九　遲九十六

乾道　減九十　遲九十九

淳熙　遲七

會元　減九十三　遲空

二十六日

統元　減一百九　遲七

乾道　減一百九　遲九

淳熙　遲三十一

會元　減一百十　遲七

二十七日

統元　減一百二十四　遲度一九十八

乾道　減一百二十五　遲度一

淳熙　遲度一

會元　減一百一十二　遲度一九十一

二十八日

統元　減七十四　遲空七十四

乾道　初減七十五　遲空七十五

淳熙　遲空七十五

會元　初減七十三　遲空七十三

乾道又有七日初數二萬六千六百五十九初約八十九末數三千三百四十一末約一千一十四日初數二萬二千三百一十九初約七十八末數六千六百八十一末約二十三二十一日初數一萬九千九百九十八初約六十七末數一萬二十二末約三十三二十八日初數一萬六千六百三十七初約五十五末數空末約空淳熙七日初數五十一末數六百二十初約八十九末約一千二十四日初數四千三百八十三末數一千二百五十七初約七十八末約二十二二十一日初數三千七百五十五末數一千八百八十五初約六十七末約三千三二十八日初數三千一百二十七初約五十五會元七日初數三萬四千三百九十初約八十九末數四千三百一十末約一十一十四日初數三萬八千初約七十八末數八千六百

二十末約二十一二十一日初數二萬五千七百
七十二初約六十七末數一萬二千九百二十九
末數三十三二十八日初數二萬一千四初約五
十五末數一百六十一
求朔弦望入轉朓朒定數朔弦望定日朔弦望加時
日所在度推月行九道求九道宿度月行九道平交
入氣平定入轉朓朒定數正交入氣正交加時黃道
日度正交加時月離九道宿度定朔弦望月所在宿
度定朔夜半入轉大朔夜半入轉月晨昏度朔弦望
晨昏定程轉定度晨昏月天正十一月經朔加時平
行月天正十一月定朔日晨前夜半平行月朔次夜
半平行月定弦望夜半平行月天正定朔夜半入轉
弦望及後朔定日夜半入轉定朔弦望夜半月度
法同前曆此不載

步晷漏

二至限一百八十二六十二分
乾道分同秒二十八淳熙會元同
象限九十一三十一分秒九二曆同
消息法一萬二千二百十一
辰法五百七十七半計八刻二百三十一分
淳熙餘一百八十八會元餘一百二十九
昏明刻三百四十六半
乾道餘一百五十淳熙餘二百八十二
昏明餘數一百七十三少
乾道昏明分七百五十淳熙昏明分一百四十一
會元九百六十七半
冬至岳臺晷景一丈二尺八寸三分
夏至岳臺晷景一尺五寸六分
冬至後初限夏至後末限六十二日空分
夏至後初限冬至後末限一百二十日六十二分
求每日消息定數黃道去極度及赤道內外度晨昏
日出入分及半晝分每日距中度夜半夜漏晝夜刻
及日出入辰刻更籌辰刻昏明度五更攢點中星九
服距差日九服晷景九服所在晝夜漏刻法與前曆同此不載

步交會

交終分一十八萬八千五百八十秒六千四百五十
七
乾道八十一萬六千三百六十六秒六千三十四
淳熙交實一十五萬三千四百七十六秒九千五
百四十六會元交率一百五萬三千一百一十二
秒二千一百四十
交終日二十七餘一千四百七十秒六千四百五十
七
乾道餘六千三百六十六秒六千三十四淳熙餘
一千一百九十六秒九千五百四十二會元餘八
千二百一十三秒二千一百四十
交中日一十三餘四千二百秒三千二百二十八半
乾道餘一萬八千一百八十三秒三十七淳熙餘
三千四百一十八秒四千七百七十一半會元餘
二萬三千四百五十六秒六千七十
朔差二日餘二千二百六秒二千五百四十三
乾道餘九千五百五十一秒一千五百六十六淳
熙餘一千七百九十五秒六千五十七會元餘一
萬二千三百二十秒七千八百六十
後限一日餘一千一百十三秒一千七百七十一半
乾道餘四千七百七十五秒五千七百八十三
前限十二日餘三千九十七秒一千四百五十
乾道餘一萬三千四百九秒七千二百二十四
望策十四日餘五千三百三秒五十
乾道餘二萬二千九百五十六秒八千八百淳熙
餘四千三百二十六秒二千八百會元餘二萬九
千六百三十七
交率四十二
乾道八十淳熙六十一會元五百七
交數五百三十五
乾道一千一十九淳熙七百七十七
交終度三百六十三度七十六分
乾道分七十九秒四十淳熙同會元分同秒四十
四
交象度九十度九十四分
乾道分同秒八十五淳熙同會元分同秒八十六
半交象度一百八十一度八十八分
乾道度四十五分四十七秒四十二半淳熙同會
元秒四十二
陽曆食限二千七百四十五
乾道一萬四千四百淳熙二千六百三十會元一
萬八千
陽曆定法二百七十四半
乾道一千四百四十淳熙二百六十三
陰曆食限四千五百八十五
乾道一萬八千淳熙三千一百四十會元二萬五

千五百

陰曆定法四百五十八半

乾道三百二十四

乾道又有月食限二萬九千一百淳熙五千四百六十會元三萬六千乾道月食定法一千八百淳熙三百五十六乾道月食既限一萬一千一百淳熙月食既限一千九百

推天正十一月加時入交汎日求次朔及望入交汎日定朔望夜半交汎次朔夜半入交汎日朔望加時入交常日朔望加時入交定日月行陰陽曆朔望加時入陰陽曆積度朔望加時月去黃道度食甚定餘日月食甚入氣日月食甚中積氣差刻差日入食限日入食分日食汎用分月入食限月入食分月食汎用分日月食定用分日月食虧初復滿小餘月食既內外分日月食所起月食更點定法月食入更點日月帶食出入所見分數日月食甚宿次法同前曆此不載

曆法典第二十九卷

曆法總部彙考二十九

宋十一

紹興統元乾道淳熙會元曆下

步五星

五星會策一十五度二十一分秒九十

木星

終率二百七十六萬四千二百三十八秒三十二乾道一千一百九十六萬六千五百八十一秒五十五淳熙周實二百二十四萬九千七百一十五秒六十五會元周率一千五百四十三萬六千八百三十四秒九十八

終日三百九十八約分八十八秒七十九乾道分八十八秒六十淳熙約分八十八秒五十七會元分八十八秒四十六

歲差六十七秒九十八乾道周差一百萬八千八百六十四秒五十淳熙一十八萬九千七百四十一秒六十五

伏見度一十三乾道曆率一千九十五萬七千二百四十九秒九淳熙二百五萬九千九百八十一秒一十會元一千四百一十三萬五千四百五十六秒九乾道曆中度一百八十二分六十二秒二十四淳熙同會元秒八千六乾道曆策度一十五分二十秒八十五淳熙同會元秒九十

段目	常日	常度
晨伏	十六日	三度
	闕	闕
	闕	闕
	闕	闕
	闕	闕
晨疾		
統元	三十七日	七度
乾道	三十一日	六度
淳熙	二十九日	度同乾道
會元	同乾道	度同乾道
晨次疾		
統元	三十七日	六度六十六
乾道	二十九日	五度五十八
淳熙	十九日	五度五十九
會元	三十日	五度八十二
晨遲		
統元	三十七日	三度
乾道	二十七日	四度
淳熙	二十八日	四度
會元	二十八日	四度
晨留		
統元	二十五日	空
乾道	二十四日	空
淳熙	二十二日	
會元	二十二日	
晨退		
統元	四十六日 五十六	五度一十六
乾道	四十六日 六十九三十	四度八十四 八十八
淳熙	四十六日 六十九二十八半	四度八十一
會元	四十六日 九十六二十三	四度九十二 九十五半
夕退		
統元	四十六日 一十六	五度一十六
乾道	四十六日 六十九三十	四度八十四 八十八
淳熙	四十六日 六十九二十八半	四度八十一 八十九半
會元	四十六日 六十九二十三	四度九十二 九十五半
夕留		
統元	二十五日	空
乾道	二十四日	空
淳熙	二十二日	
會元	二十二日	
夕遲		
統元	三十七日	三度四十六
乾道	二十五日	一度一十六
淳熙	二十八日	四度八十八
會元	二十五日	一度

夕次疾
統元　三十七日　六度八十六
乾道　三十一日　六度六十二
淳熙
會元

夕疾
統元　三十七日　七度九十八
乾道　二十七日　五度五十八
淳熙　二十九日　五度五十九
會元　三十日　五度八十五

夕伏
統元　十六日　八十八　三度八十八
乾道　十六日　三度七十五
淳熙　十七日　七十五　三度七十五
會元　十六日　七十五　三度七十五

段目　限度　初行率

晨伏　二度
統元　闕　分二十二
乾道　闕　分二十四秒七十四
淳熙　闕　分同統元
會元　闕　分同乾道秒八十五

晨疾
統元　五度　分二十二
乾道　度同統元　分同統元
淳熙　四度　分同統元
會元　度同統元　分二十

晨次疾
統元　五度空　二十
乾道　四度二十四　二十六十四
淳熙　四度二十四　二十七十
會元　四度四十四　二十二

晨遲
統元　二度六十　一十五
乾道　三度八　一十七八十四
淳熙　三度二十　一十七九十
會元　三度八　一十八

晨留
統元　空　空
乾道　空　空
淳熙
會元

晨退
統元　空三十一　五十七半
乾道　空三十五　四十四　空
淳熙　空四十一　十半　空
會元　空三十　二十一　空

夕退
統元　空三十一　一十六
乾道　空二十五　四十四　一十五五十九
淳熙　空四十一半　一十五四十八
會元　空三十　二十七　一十六

夕留
統元　空
乾道　空　空
淳熙
會元

夕遲
統元　二度六十
乾道　一度二十六
淳熙　一度四十二
會元

夕次疾
統元　五度　空一十五
乾道　五度三　二十六十四
淳熙
會元

夕疾
統元　五度九十九　二十
乾道　四度一十四　一十七八十四
淳熙　四度二十四　二十七九十七
會元　四度四十四　一十八

夕伏
統元　二度九十一　一十二
乾道　二度八十五　二十一四
淳熙　二度八十五　二十一
會元　二度八十五　二十二

木星盈縮曆

策數　損益率　盈積度

初
統元　益一百四十五　盈空

策數	曆	損益率	盈縮積度
	乾道	益一百五十九	盈空
	淳熙	益一百五十一	盈空
	會元	益一百五十	初
一	統元	益一百三十五	盈度四十五
	乾道	益一百四十二	盈一度五十九
	淳熙	益一百三十五	盈一度
	會元	益一百三十七	盈一度五十
二	統元	益一百一十四	盈二度八十
	乾道	益一百二十	盈三度一
	淳熙	益一百一十四	盈二度八十六
	會元	益一百一十六	盈二度八十七
三	統元	益八十七	盈三度九十四
	乾道	益九十三	盈四度二十一
	淳熙	益八十	盈四度空
	會元	益九十一	盈四度三
四	統元	益五十一	盈四度八十一
	乾道	益六十	盈五度一十四
	淳熙	益五十七	盈四度八十八
	會元	益五十九	盈四度九十四
五	統元	益十九	盈五度二十三
	乾道	益二十一	盈五度七十四
	淳熙	益一	盈五度四十五
	會元	益二十二	盈五度五十三
六	統元	損三十六	盈五度五十一
	乾道	損二十一	盈五度九十五
	淳熙	損二十	盈五度六十五
	會元	損二十五	盈五度二十五
七	統元	損五十八	盈五度六
	乾道	損七十	盈五度十四
	淳熙	損五十七	盈五度四十五
	會元	損五十九	盈五度五十二
八	統元	損八十六	盈四度五十七
	乾道	損九十三	盈五度一十四
	淳熙	損八十八	盈四度八十八
	會元	損九十一	盈四度九十四
九	統元	損一百八	盈二度九十三
	乾道	損一百二十	盈四度二十一
	淳熙	損一百一十四	盈四度空
	會元	損一百一十六	盈四度三
十	統元	損一百三十	盈二度六十二
	乾道	損一百四十一	盈三度一
	淳熙	損一百三十五	盈二度八十六
	會元	損一百三十七	盈二度八十七
十一	統元	損一百三十二	盈一度三十五
	乾道	損一百五十九	盈一度五十九
	淳熙	損一百五十一	盈一度五十一
	會元	損一百五十	盈一度五十
策數		損益率	縮積度
初	統元	益一百七十八	縮空
	乾道	益二百二	縮空
	淳熙	益一百七十二	縮空
	會元	益七十五	初
一	統元	益一百六十一	縮一度七十八
	乾道	益一百八十一	縮二度二
	淳熙	益一百五十六	縮度七十一
	會元	益一百五十八	縮一度七十五
二	統元	益一百四十	縮三度一十九
	乾道	益一百三十五	縮三度八十一
	淳熙	益一百三十五	縮三度二十六
	會元	益一百二十五	縮三度三十三
三	統元	益一百一十一	縮四度七十九
	乾道	益一百一十八	縮二度三十六
	淳熙	益一百二	縮四度六十三
	會元	益一百五	縮一度六十八
四	統元	益七十三	縮五度九十

乾道　益七十六　縮六度五十四

淳熙　益六十九　縮五度六十五

會元　益九十六　縮五度七十三

五

統元　益二十五　縮六度六十三

乾道　益一十八　縮三十度

淳熙　益二十四　縮六度三十四

會元　益二十五　縮六度四十一

六

統元　損十　縮六度八十八

乾道　損二十八　縮七度五十八

淳熙　損一十四　縮六度五十八

會元　損二十五　縮六度六十七

七

統元　損五十五　縮六度七十

乾道　損七十六　縮七度二十

淳熙　損六十九　縮六度三十四

會元　損六十九　縮六度

八

統元　損一百一十七　縮六度二十三

乾道　損一百八　縮六度五十四

淳熙　損一百二　縮五度

會元　損一百五　縮五度七十三

九

統元　損一百四十七　縮五度一十二

乾道　損一百五十三　縮五度二十六

淳熙　損一百三十五　縮四度六十三

會元　損一百三十五　縮四度六十八

十

統元　損一百七十四　縮三度六十五

乾道　損一百八十一　縮三度八十三

淳熙　損一百五十六　縮三度二十八

會元　損一百五十八　縮三度三十八

十一

統元　損一百九十一　縮一度九十一

乾道　損二百二　縮二度二

淳熙　損一百七十一　縮一度七十一

會元　損一百七十五　縮一度七十五

火星

終率五百四十萬四千八百四十六秒三十九

乾道二千三百三十九萬一千九百八秒一十八

淳熙周實四百三十九萬八千八百一秒六千五

會元周率三千一十八萬三千二百六十八秒八

十七

終日七百七十九約分九十二秒一

乾道七百七十七分九十三秒二一淳熙七百七十

九約分九十二秒九十五會元七百七十九分九

十一秒九十四

歲差六千七秒九

乾道周差一百四十八萬二千七百八十八淳熙

二十七萬八千八百三十秒七十五

伏見度十九二曆同會元二十

乾道曆率一千九十五萬七千四百二秒二十一

淳熙二百五萬九千九百八十九秒九十會元一

千四百一十二萬五千四百五十五秒四十七乾

道曆中度一百八十二分六十二秒三十三淳熙

秒三十二會元秒八十六乾道曆策度一十五分

二十一秒八十六淳熙同會元秒九十

段目　常日　常度

晨伏

統元　六十七日　四十八度

乾道　六十七日　四十八度

淳熙　六十七日二十五　十八度二十五

會元　六十九日七十五　四十九度七十五

晨疾初

統元　六十五日　四十六度三

乾道　五十九日　四十一度八十八

淳熙　六十六日　四十三度三十一

會元　五十八日　四十度八十九

晨疾末

統元　四十八日　三十三度二十四

乾道　五十七日　三十九度四十三

淳熙　六十一日　四十二度九

會元　五十五日　三十八度二十二

晨次疾初

統元　四十八日　三十一度九十

乾道　五十八日　三十四度九十一

淳熙　四十八日　三十一度六十八

會元　五十一日　三十四度一十七

晨次疾末

統元　四十八日　二十九度二十

	乾道	四十七日		一十七度二十六	
	淳熙	四十八日		二十八度五十七	
	會元	四十六日		二十九度八十二	
晨遲初	統元	四十一日		一十九度九十二	
	乾道	三十九日		一十七度九十七	
	淳熙	三十三日		一十五度五十四	
	會元	四十日		一十八度八十	
晨遲末	統元	三十二日		七度二十一	
	乾道	二十九日		五度七十	
	淳熙	三十三日		六度二十七	
	會元	三十三日		六度九	
晨留	統元	一十二日		空	
	乾道	一十日		空	
	淳熙	一十日			
	會元	七日			
晨退	統元	二十八日	九十六	八度十六	十七
	乾道	二十八日	九十六五十一	八度三十	六十七
	淳熙	二十八日	七十一四十七半	八度一十五	九十七
	會元	二十日	二十一四十七	八度四十七	十一半
夕退	統元	七十一日	六十六	八度十六	十七
	乾道	一十八日	九十六五十一	八度三十	六十七
	淳熙	一十八日	七十一四十七半	八度一十五	七十半
	會元	三十日	二十一四十	八度四十	七十一半
夕留	統元	十二日		空	
	乾道	一十日		空	
	淳熙				
	會元				
夕遲初	統元	三十二日		七度二十一	
	乾道	二十九日		五度七十	
	淳熙	三十三日		六度二十七	
	會元	三十三日		六度九十	
夕遲末	統元	四十一日		一十九度九十三	
	乾道	三十九日		一十七度九十七	
	淳熙	三十三日		一十五度三十四	
	會元	四十一日		一十八度八十四	
夕次疾初	統元	四十八日		二十九度二十	
	乾道	四十七日		二十七度八十六	
	淳熙	四十八日		二十八度五十六	
	會元	四十六日		二十七度八十三	
夕次疾末	統元	四十八日		三十一度九十	
	乾道	五十五日		三十四度三十	
	淳熙	四十八日		三十一度六十八	
	會元	五十一日		二十四度一十七	
夕疾	統元	四十日		三十三度二十四	
	乾道	五十七日		三十九度四十三	
	淳熙	六十一日		四十二度九	
	會元	五十五日		三十八度二十七	
夕疾末	統元	六十五日		四十六度三	
	乾道	五十九日		四十一度七十八	
	淳熙	六十一日		四十三度三十一	
	會元	五十八日		四十度八十九	
夕伏	統元	六十七日		四十八度	
	乾道	六十七日		四十八度	
	淳熙	六十七日	二十五	四十八度二十五	
	會元	六十九日	七十五	四十九度七十五	

段目		限度	初行率
晨伏	統元	四十五度五十一	七十二
	乾道	四十五度二十六	七十一九十二
	淳熙	四十五度五十九	七十二
	會元	四十六度七十六	七十二
晨疾初	統元	四十三度六十三	六十三七十一
	乾道	三十九度四十	七十一三十七
	淳熙	四十度九十一	七十二
	會元	三十八度四十三	四十三七十一
晨疾末	統元	三十一度五十一	七十

乾道　三十七度一十五　七十二十七
淳熙　三十九度七十七　七十一
會元　三十五度九十二　七十

晨次疾初
統元　三十度二十四　六十八
乾道　二十二度九十二　六十六七
淳熙　二十九度九十三　六十八
會元　三十三度一十一　六十九

晨次疾末
統元　二十七度六十八　六十四
乾道　二十六度一十七　六十三六十七
淳熙　二十六度九十八　六十四
會元　二十六度一十六　六十五

晨遲初
統元　十八度八十八　五十七
乾道　一十六度九十三　五十四八十七
淳熙　一十四度四十九　五十三
會元　一十七度六十七　五十六

晨遲末
統元　六度八十三　四十一
乾道　五度二十七　三十七二十七
淳熙　五度九十二　二十八
會元　五度七十二　三十八

晨留
統元　空　空
乾道　空　空
淳熙
會元

晨退
統元　三度　六十八半
乾道　四度一　六十五　空
淳熙　三度七十五　二十九半　空
會元　四度五十六　六十一

夕退
統元　三度六　十一半　四十
乾道　四度一　六十五　一十二
淳熙　三度七十五　二十九半　四十二六
會元　四度五十六　六十一　四十一

夕留
統元　空　空
乾道　空　空
淳熙
會元

夕遲初
統元　六度八十三　空
乾道　五度三十七　空
淳熙　五度九十二　空
會元　五度七十三　空

夕遲末
統元　十八度八十八　四十一
乾道　十六度九十五　三十七一十七
淳熙　一十四度四十九　三十八
會元　一十七度六十七　三十八

夕次疾初
統元　二十七度八十七　五十七
乾道　一十六度二十七　五十五八十七
淳熙　二十六度九十八　五十五
會元　二十六度一十六　五十五

夕次疾末
統元　三十度二十四　六十四
乾道　三十一度九十一　六十三六十七
淳熙　二十九度九十三　六十四
會元　三十二度一十一　六十五

夕疾
統元　三十一度五十一　六十八
乾道　三十七度一十五　六十八七
淳熙　三十九度七十七　六十八
會元　三十五度九十二　六十九

夕疾末
統元　四十二度六十三　七十
乾道　三十九度四十七　七十一十七
淳熙　四十度九十一　七十一
會元　三十九度四十三　七十

夕伏
統元　四十五度二十六　七十一
乾道　四十五度五十一　七十一三十七
淳熙　四十五度五十九　七十二
會元　四十六度七十六　七十

火星盈縮曆

策數　損益率　盈積度
初

日	曆	損益率	盈縮積度
	統元	益一千一百二十	盈空
	乾道	益一千一百四十五	盈空
	淳熙	益一千一百五十	初
	會元	益一千一百三十七	初
一	統元	益八百七十二	十二度三十
	乾道	益七百八十五	十一度四十五
	淳熙	益七百八十	一十一度五十
	會元	益七百八十六	一十一度三十七
二	統元	益四百一十五	二十度二
	乾道	益四百五十二	一十九度三十
	淳熙	益四百五十二	一十九度二十
	會元	益四百五十六	一十九度二十二
三	統元	益一百四十五	二十四度十七
	乾道	益一百四十四	二十三度八十二
	淳熙	益一百四十四	二十三度八十二
	會元	益一百四十七	二十三度七十九
四	統元	損二十四	二十五度六十二
	乾道	損五十六	二十五度二十六
	淳熙	損五十六	二十五度二十六
	會元	損五十三	二十五度二十六
五	統元	損一百五十六	二十五度三十六
	乾道	損一百六十	二十四度七十
	淳熙	損一百六十	二十四度七十
	會元	損一百五十	二十四度七十三
六	統元	損二百九十五	二十三度九十二
	乾道	損二百四十八	二十二度一十
	淳熙	損二百四十八	二十三度一十
	會元	損二百三十六	二十三度二十五
七	統元	損三百八十	二十度九十七
	乾道	損三百二十	二十度六十二
	淳熙	損三百二十	二十度六十二
	會元	損二百一十一	二十度八十七
八	統元	損四百五十六	一十七度一十二
	乾道	損三百七十九	一十七度四十二
	淳熙	損三百七十九	一十七度四十二
	會元	損三百七十四	一十七度七十六
九	統元	損四百四十四	二十二度五十四
	乾道	損四百二十五	二十三度六十三
	淳熙	損四百二十五	一十三度六十三
	會元	損四百三十八	一十四度一
十	統元	損四百二十八	八度十
	乾道	損四百五十八	九度三十八
	淳熙	損四百四十八	九度二十八
	會元	損四百九十	九度七十四
十一	統元	損三百九十二	三度九十二
	乾道	損四百八十	四度八十
	淳熙	損四百八十	四度八十
	會元	損五百四	五度四
策數		損益率	縮積度
初	統元	益四百一十	縮空
	乾道	益四百八十	縮空
	淳熙	益四百八十	初
	會元	益五百四	初
一	統元	益四百二十一	四度十
	乾道	益四百五十八	四度八十
	淳熙	益四百五十八	四度八十
	會元	益四百七十	五度四
二	統元	益四百五十三	八度三十一
	乾道	益四百二十五	九度三十八
	淳熙	益四百二十五	九度三十八
	會元	益四百二十八	九度七十四
三	統元	益四百六十五	十二度八十四
	乾道	益三百七十九	一十三度六十八
	淳熙	益三百七十九	一十三度六十三
	會元	益三百七十四	一十四度二
四			

	統元	益四百	一十七度四十九
	乾道	益五百二十	一十七度四十二
	淳熙	益三百三十	一十七度四十二
	會元	益三百一十一	一十七度七十六
五	統元	益三百四	二十一度四十九
	乾道	益三百四十八	二十度六十一
	淳熙	益二百四十八	二十度六十二
	會元	益二百二十六	二十度八十七
六	統元	益一百五十二	二十四度五十三
	乾道	益一百六十	二十三度一十
	淳熙	益一百六十	二十五度一十
	會元	益一百五十	二十三度二十三
七	統元	益二十六	二十六度五
	乾道	益五十六	二十四度七十
	淳熙	益五十六	二十四度七十
	會元	益五十三	二十四度七十三
八	統元	損一百五十二	二十六度三十一
	乾道	損一百四十四	二十五度二十六
	淳熙	損一百四十四	二十五度二十六
	會元	損一百四十七	二十五度二十六
九	統元	損四百三十六	二十四度七十九
	乾道	損四百五十二	二十三度八十二
	淳熙	損四百五十二	二十三度八十二
	會元	損四百五十六	二十三度七十九
十	統元	損八百八十六	二十度四十三
	乾道	損七百八十五	一十九度三十
	淳熙	損七百八十	一十九度三十
	會元	損七百八十六	一十九度二十三
十一	統元	損一千一百五十七	十度五十七
	乾道	損一千一百四十五	一十一度四十五
	淳熙	損一千一百五十	一十一度五十
	會元	損一千一百三十七	一十一五十七

土星

終率二百六十二萬九十四秒三十三乾道一千一百三十四萬一千七百四十六秒一十五淳熙周實二百一十三萬二千四百二十八秒六會元周率一千四百六十三萬二千一百四十七秒七十二

終日三百七十八約分七秒九十九乾道分九秒一十五淳熙約分九秒一十八會元分同淳熙秒一十六

歲差六十七秒三十四

伏見度十七

乾道曆率一千六十八萬七千三百五十一秒七十四淳熙一千四百一十三萬五千四百五十五秒一十七會元二百六萬五千六百二十二秒七十四乾道曆中度一百八十三分一十二秒二十五淳熙同會元分六十二秒八十六乾道曆策度一十五分廿六秒二淳熙同會元分廿一秒九十

段目		常日	常度
晨伏	統元	十九日四十八	二度四十八
	乾道	一十九日五十	二度五十
	淳熙	一十九日七十五	二度七十五
	會元	二十一日七十五	二度七十九
晨疾	統元	三十八日	三度二十八
	乾道	三十日	三度五十三
	淳熙	二十九日	三度六十
	會元	三十日	三度五十五
晨次疾	統元	二十八日	二度二十七
	乾道	二十八日	二度六十八
	淳熙	二十八日	二度六十三
	會元	二十八日	二度六十六
晨遲	統元	二十八日	一度五十
	乾道	二十八日	二度二十三
	淳熙	二十七日	空九十五
	會元	二十五日	一度三
晨留	統元	三十五日	空
	乾道	三十五日	空
	淳熙	三十五日	

	會元	三十三日			
晨退	統元	五十日	五十六	三度三十二	二十八
	乾道	五十日	五十四五十七	三度五十	六十半
	淳熙	五十日	二十九五十九	三度五十	五十九
	會元	五十日	二十九五十九	三度五十七	六十半
夕退	統元	五十日	五十六	三度五十一	一十八
	乾道	五十日	五十四五十七半	三度五十	六十半
	淳熙	五十日	二十九五十九	三度五十	五十九
	會元	五十日	二十九五十八	三度五十七	六十半
夕留	統元	三十五日		空	
	乾道	三十五日		空	
	淳熙	五十五日			
	會元	三十三日			
夕遲	統元	二十八日		一度五十二	
	乾道	二十六日		一度二十五	
	淳熙	二十七日		空九十五	
	會元	二十五日		一度三	
夕次疾	統元	二十八日		二度六十七	
	乾道	二十八日		二度六十八	
	淳熙	二十八日		二度六十三	
	會元	二十八日		六度六十六	
夕疾					

段目				限度	初行率
	統元	二十八日		三度二十八	
	乾道	三十日		三度五十一	
	淳熙	二十九日		三度六十	
	會元	三十一日		三度五十六	
夕伏	統元	一十九日	四十八	二度四十八	
	乾道	一十九日	五十	二度五十	
	淳熙	一十九日	七十五	二度七十五	
	會元	二十一日	七十五	二度七十五	
晨伏	統元			一度五十四	一十三
	乾道			一度五十五	一十三一十八
	淳熙			一度六十七	一十四四十五
	會元			一度七十	一十三
晨疾	統元			二度四	一十二四十六
	乾道			二度一十八	一十三四十三
	淳熙			二度一十九	一十三
	會元			二度二十	一十二
晨次疾	統元			一度二十五	十一
	乾道			一度六十六	一十一二
	淳熙			一度六十	一十一四十二
	會元			一度六十四	一十一
晨遲	統元			空九十三	八

	乾道	空		八一十四
	淳熙	空		七四十二
	會元	空		八
晨留	統元	空		空
	乾道	空		空
	淳熙			
	會元			
晨退	統元	空二十五	一十七半	空
	乾道	空二十六	七十一半	空
	淳熙	空三十九	四十一	空
	會元			
夕退	統元	空二十五	一十七半	
	乾道	空二十六	五十一半	
	淳熙	空三十九	四十二	
	會元	空二十四	七十二	
夕留	統元	空		
	乾道	空		
	淳熙			
	會元			
夕遲	統元	空九十三		空
	乾道	空七十六		空
	淳熙	空五十七		空

	會元	空六十三	空
夕大疾	統元	一度六十五	八
	乾道	一度六十六	八一十四
	淳熙	二度六十	七四十二
	會元	一度六十四	八
夕疾	統元	二度四	一十一
	乾道	二度一十八	一十一二
	淳熙	二度一十九	一十一四十二
	會元	二度二十	一十一
夕伏	統元	一度五十四	一十二
	乾道	一度五十五	一十二四十一
	淳熙	一度六十七	一十三四十一
	會元	一度七十	一十二

土星盈縮曆

策數		損益率	盈積度
初	統元	益一百八十九	盈空
	乾道	益一百九十五	盈空
	淳熙	益一百九十五	初
	會元	益一百九十四	初
一	統元	益一百七十三	一度八十九
	乾道	益一百七十七	一度九十五
	淳熙	益一百七十一	一度九十五
	會元	益一百八十六	一度九十四
二	統元	益一百四十六	三度六十三
	乾道	益一百五十三	三度七十二
	淳熙	益一百五十三	三度七十二
	會元	益一百六十七	三度八十
三	統元	益一百一十三	五度八
	乾道	益一百一十九	五度二十五
	淳熙	益一百一十九	五度二十五
	會元	益一百三十六	五度四十七
四	統元	益六十七	六度二十一
	乾道	益七十八	六度四十四
	淳熙	益七十八	六度四十四
	會元	益九十六	六度八十六
五	統元	益二十一	六度八十八
	乾道	益二十八	七度二十二
	淳熙	益二十八	七度二十二
	會元	益三十五	七度七十五
六	統元	損三十	七度九
	乾道	損三十八	七度五十
	淳熙	損二十八	七度五十
	會元	損三十四	八度九
七	統元	損七十五	六度七十九
	乾道	損七十八	七度二十二
	淳熙	損七十八	七度二十二
	會元	損九十一	七度七十九
八	統元	損一百二十一	六度四
	乾道	損一百一十九	六度四十四
	淳熙	損一百一十九	六度四十四
	會元	損一百三十六	六度八十二
九	統元	損一百四十五	四度九十三
	乾道	損一百五十三	五度二十五
	淳熙	損一百五十三	五度二十五
	會元	損一百六十七	五度四十七
十	統元	損一百六十八	三度四十八
	乾道	損一百七十七	三度七十二
	淳熙	損一百七十七	三度七十二
	會元	損一百八十六	三度八十
十一	統元	損一百八十	一度八十
	乾道	損一百九十五	一度九十五
	淳熙	損一百九十五	一度九十五
	會元	損一百九十四	一度九十四

策數		損益率	縮積度
初	統元	益一百三十二	空

乾道　益一百九十五　空
淳熙　益一百六十三　初
會元　益一百三十七　初

一
統元　益一百一十五　一度三十二
乾道　益一百七十七　一度九十五
淳熙　益一百四十九　一度六十三
會元　益一百三十一　一度

二
統元　益一百九十　二度五十七
乾道　益一百五十三　三度七十二
淳熙　益一百二十八　三度一十二
會元　益一百一十八　二度六十八

三
統元　益九十八　三度七十六
乾道　益一百一十九　五度二十五
淳熙　益一百　四度四十
會元　益九十六　三度八十六

四
統元　益六十六　四度七十四
乾道　益七十八　六度四十四
淳熙　益六十五　五度四十
會元　益九十二　六度八十三

五
統元　益二十六　五度四十
乾道　益二十八　七度二十二
淳熙　益二十三　六度五
會元　益二十五　五度四十七

六
統元　損二十六　五度六十六
乾道　損二十八　七度五十
淳熙　損二十三　六度二十八
會元　損二十五　五度七十二

七
統元　損六十六　五度四十
乾道　損七十八　七度二十二
淳熙　損六十五　六度五
會元　損六十五　五度四十一

八
統元　損九十八　四度七十四
乾道　損一百一十九　六度四十四
淳熙　損一百　五度四十
會元　損九十六　四度八十二

九
統元　損一百一十九　三度七十六
乾道　損一百五十五　五度二十五
淳熙　損一百二十八　四度四十
會元　損一百一十八　二度八十六

十
統元　損一百二十五　二度五十七
乾道　損一百七十七　三度七十二
淳熙　損一百四十九　三度一十二
會元　損一百三十一　一度六十八

十一
統元　損一百二十三　一度三十二
乾道　損一百九十五　一度九十五
淳熙　損一百六十三　一度六十三
會元　損一百三十七　一度二十七

金星

終率四百四十六萬四千四百九十六秒三十三乾道一千七百五十一萬六千八百七十二淳熙周實三百二十九萬三千一百七十秒五十會元周率二千二百五十九萬七千三十九秒三十七

終日五百八十三約分九十一乾道分八十九秒五十七淳熙分同乾道秒五十四會元分九十秒二十八

段目　常日　常度

夕伏
統元　三十九日　四十九度五十
乾道　三十九日五十　五十度
淳熙　三十九日五十　五十度空
會元　三十九日二十五　四十九度二十五

夕疾初
統元　五十八日　七十三度一十五
乾道　五十日　六十二度七十四
淳熙　五十一日　六十四度空
會元　五十二日　六十四度七十四

夕疾末
統元　四十日　四十九度八十一
乾道　四十八日　五十九度一十四
淳熙　五十一日　六十二度九十八

會元四十八日　五十九度二十八

夕次疾末
統元四十日　四十八度二十六
乾道四十四日　五十一度一十一
淳熙四十一日　四十八度五十八
會元四十三日　五十一度八十一

夕次疾初
統元四十日　四十四度二十
乾道三十八日　四十一度一十九
淳熙四十一日　四十四度二十八
會元三十七日　四度八十八

夕遲初
統元二十一日　二十七度六十四
乾道三十日　二十八度
淳熙二十五日　二十度
會元三十日　二十五度八十

夕遲末
統元二十日　八度二十八
乾道二十日　八度六十一
淳熙二十三日　一十度三十三
會元二十二日　八度九十九

夕留
統元十日　空
乾道十日　空
淳熙七日
會元五日

夕退
統元九日九十五　五十四度三十四五十
乾道九日四十四七十八半　三度五十三二十一半
淳熙九日四十四七十七　三度七十三二十三
會元一十日　四度五十

伏合退
統元六日　四度五十
乾道六日　四度五十
淳熙六日　四度五十
會元五日七十一十四　四度二十九八十六

晨退
統元九日九十五五十　四度二十四五十
乾道九日四十四七十八　三度五十二一十一半
淳熙九日四十四七十八　三度七十三二十三
會元二十日　四度五十

晨留
統元七日　空
乾道七日　空
淳熙七日
會元七日

晨遲初
統元二十日　八度三十六
乾道二十日　八度六十一
淳熙二十三日　一十度三十三
會元二十二日　八度九十九

晨遲末
統元三十二日　二十七度六十二
乾道三十日　二十六度一十九
淳熙二十三日　二十度
會元三十日　二十五度八十

晨次疾初
統元四十日　四十四度二十
乾道三十八日　四十一度一十九
淳熙四十一日　四十四度二十八
會元三十七日　四十度八十八

晨次疾末
統元五十八日　七十三度十五
乾道五十日　六十二度七十四
淳熙五十一日　六十四度空
會元五十二日　六十四度七十四

晨疾初
統元四十日　四十九度八十一
乾道四十八日　五十九度一十四
淳熙五十一日　六十二度九十八
會元四十八日　五十九度五十八

晨疾末
統元五十八日　七十三度十五
乾道三十日　六十二度七十四
淳熙五十一日　六十四度空
會元五十二日　六十四度七十四

晨伏
統元三十九日　四十九度五十
乾道三十九日　五十度
淳熙三十九日　五十度空
會元三十九日　四十九度二十五

段目		限度	初行率
夕伏	統元	四十七度	五十二（一百二十七）
	乾道	四十八度（五十）	一百二十六（九十一）
	淳熙	四十八度（空）	一百二十七
	會元	四十七度（二十八）	一百二十六
夕疾初	統元	七十度（二十二）	一百二十二
	乾道	六十度（八十六）	一度（一十六）（二十一）
	淳熙	六十一度（四十四）	一百二十六
	會元	六十二度（一十五）	一百三十五
夕疾末	統元	四十七度（八十二）	一百二十五
	乾道	五十七度（三十七）	一度（二十四）（七十五）
	淳熙	六十度（四十六）	一百二十五
	會元	五十六度（九十）	一百二十四
夕次疾末	統元	四十六度（三十三）	一百二十三
	乾道	五十度（五十五）	一度（二十一）（六十六）
	淳熙	四十六度（六十三）	一百二十二
	會元	四十九度（七十三）	一百二十三
夕次疾初	統元	四十二度（四十三）	一百十七
	乾道	三十九度（九十五）	一度（一十五）（一十九）
	淳熙	四十二度（五十）	一百一十五
	會元	三十九度（二十四）	一百一十八
夕遲初	統元	二十六度（五十二）	一百
	乾道		
	淳熙	一十九度（二十）	一百一
	會元	二十四度（七十六）	一百三
夕遲末	統元	七度（九十二）	七十一
	乾道	八度（二十五）	空（七十一）
	淳熙	九度（九十一）	七十三
	會元	八度（六十三）	六十九
夕留	統元	空	空
	乾道	空	空
	淳熙		
	會元		
夕退	統元	一度（五十六）（五十）	空
	乾道	空（四十二）（七十八半）	空
	淳熙	一度（八十）（七十八半）	空
	會元	一度（七十五）（七十五）	空
伏合退	統元	一度（六十二）	一（六十六）
	乾道	空（五十四）	空（六十九）（空）
	淳熙	三度（空）	六十九
	會元	三度（一十四）	六十九
晨退	統元	一度（五十六）（五十）	六十二
	乾道	空（四十一）（七十八半）	空（六十九）
	淳熙	一度（八十）（七十七）	六十九
	會元	一度（七十五）	六十九
晨留	統元	空	空
	乾道	空	空
	淳熙		
	會元		
晨遲初	統元	七度（九十三）	空
	乾道	八度（三十五）	空
	淳熙	九度（九十一）	空
	會元	八度（六十三）	空
晨遲末	統元	二十六度（五十二）	七十一
	乾道	一十五度（四十）	空（七十三）
	淳熙	一十九度（二十）	七十三
	會元	一十四度（七十六）	六十九
晨次疾初	統元	四十二度（四十三）	一百
	乾道	三十九度（九十五）	一度（一）（五十八）
	淳熙	四十二度（五十）	一百一
	會元	三十九度（一十四）	一百二
晨次疾末	統元	七十度（二十三）	一百二十五
	乾道	六十度（八十六）	一度（二十四）（七十五）
	淳熙	六十一度（四十四）	一百二十五
	會元	六十二度（一十五）	一百二十四

晨疾初	統元	四十七度八十二	一百二十二
	乾道	五十七度三十七	一度二十一六十六
	淳熙	六十度四十六	一度二十二
	會元	五十六度九十	一百一十三
晨疾末	統元	七十度二十二	一百二十五
	乾道	六十度八十六	一度二十四七十五
	淳熙	六十一度四十四	一百二十五
	會元	六十二度一十五	一百二十四
晨伏	統元	四十七度五十二	一百二十六
	乾道	四十八度五十	一度二十六二十一
	淳熙	四十八度空	一百二十六
	會元	四十七度二十八	一百二十五

金星盈縮曆

策數		損益率	盈積度
初	統元	益五十	空
	乾道	益五十三	空
	淳熙	益五十二	初
	會元	益五十三	初
一	統元	益四十五	空五十
	乾道	益四十八	空五十三
	淳熙	益十七	空五十三
	會元	益四十八	空五十三
二	統元	益三十九	空九十五
	乾道	益四十一	一度一
	淳熙	益四十一	一度空
	會元	益四十一	一度一
三	統元	益二十九	一度三十四
	乾道	益三十二	一度四十二
	淳熙	益三十一	一度四十一
	會元	益三十二	一度四十二
四	統元	益二十一	一度六十三
	乾道	益二十一	一度七十四
	淳熙	益	一度七十二
	會元	益二十一	一度七十四
五	統元	益六	一度八十四
	乾道	益八	一度九十五
	淳熙	益七	一度九十五
	會元	益八	一度九十五
六	統元	損六	一度九十
	乾道	損八	二度三
	淳熙	損七	一度空
	會元	損八	一度三
七	統元	損七十二	一度八十四
	乾道	損二十一	一度九十五
	淳熙	損二十一	一度九十三
	會元	損二十一	一度九十五
八	統元	損三十九	一度六十三
	乾道	損三十二	一度七十四
	淳熙	損三十一	一度七十二
	會元	損三十二	一度七十四
九	統元	損三十九	一度三十四
	乾道	損四十一	一度四十二
	淳熙	損四十一	一度四十一
	會元	損四十一	一度四十三
十	統元	損四十五	空九十五
	乾道	損四十八	一度一
	淳熙	損四十七	一度空
	會元	損四十八	一度一
十一	統元	損五十	空五十
	乾道	損五十三	空五十三
	淳熙	損五十三	空五十三
	會元	損五十三	空五十三

策數		損益率	縮積度
初	統元	益五十	
	乾道	益五十三	空

段	曆	損益	積
	淳熙	益五十三	初
	會元	益五十九	初
一	統元	益四十五	空五十
	乾道	益四十八	空五十三
	淳熙	益四十一	空五十三
	會元	益三十六	空二十九
二	統元	益三十九	空九十五
	乾道	益四十一	一度一
	淳熙	益四十一	一度空
	會元	益三十一	一度七十五
三	統元	益二十九	一度三十四
	乾道	益三十二	一度四十二
	淳熙	益三十一	一度四十一
	會元	益二十四	一度六
四	統元	益二十一	一度六十三
	乾道	益二十一	一度七十四
	淳熙	益二十一	一度七十二
	會元	益十六	一度三十
五	統元	益六	一度八十四
	乾道	益八	一度九十五
	淳熙	益七	一度九十一
	會元	益五	一度四十六

段	曆	損益	積
六	統元	損六	一度九十
	乾道	損八	二度三
	淳熙	損七	二度空
	會元	損五	一度五十一
七	統元	損二十一	一度八十四
	乾道	損二十一	一度九十五
	淳熙	損二十一	一度九十三
	會元	損一十六	一度四十六
八	統元	損二十九	一度六十三
	乾道	損三十二	一度七十四
	淳熙	損三十一	一度七十二
	會元	損二十四	一度三十
九	統元	損三十九	一度二十四
	乾道	損四十一	一度四十一
	淳熙	損四十一	二度四十一
	會元	損三十一	一度六
十	統元	損四十五	空九十五
	乾道	損四十八	一度一
	淳熙	損四十七	一度空
	會元	損三十六	空七十五
十一	統元	損五十	空五十
	乾道	損五十三	空
	淳熙	損五十三	空五十三
	會元	損五十九	空三十九

水星

終率八十萬三千四十八秒八十三

乾道三百四十七萬六千二百八十四秒五十淳熙周實六十五萬三千三百四十五秒五十一會元周率四百四十八萬四千四百四秒四十三

終日一百一十五約分八十八

乾道分八十七秒六十一曆分同乾道淳熙秒六十八會元秒六十

歲差六十七秒六十九

晨伏夕見一十四度半

乾道同淳熙度一十五會元度一十六

夕伏晨見一十九度

乾道淳熙同會元度二十一

乾道曆率一千九十五萬八千秒九十六淳熙二百六萬一百一秒一十一會元周率一千四百一十三萬五千四百五十六秒七十五乾道曆中度一百八十二分六十三秒三十三淳熙秒三十會元分六十二秒八十六乾道曆策度一十五秒九十四淳熙分二十一秒同乾道會元分同淳熙秒九十

段目	常日	常度
夕伏		
統元	一十六日	三十度五十
乾道	一十六日	三十度五十

	淳熙	一十五日		三十度	空
	會元	一十七日	二十五	五十三度	二十五
夕疾	統元	十四日		一十二度	六十八
	乾道	一十五日		一十三度	三十九
	淳熙	一十五日		一十二度	八十三
	會元	一十四日		一十一度	八十二
夕遲	統元	一十四日		一十二度	八十二
	乾道	一十四日		一十二度	一十一
	淳熙	一十五日		一十三度	一十七
	會元	一十二日		一十度	一十八
夕留	統元	一日		空	
	乾道	二日		空	
	淳熙	二日		空	
	會元	二日		空	
夕退	統元	十日	九十四	八度六	
	乾道	一十日	九十三八十二半	八度六	一十九半
	淳熙	一十日	九十三八十四	八度六	一十六
	會元	一十二日	六十八八十	八度	二十
再合退	統元	一十日	九十四	八度	六
	乾道	一十日	九十八十半	八度六	一十九半
	淳熙	一十日	九十三八十四	八度八	一十六
	會元	一十二日	六十八八十	八度三十一	二十

段目			限度		初行率
晨留	統元	三日			空
	乾道	二日			空
	淳熙	二日			
	會元	二日			
晨遲	統元	十四日			一十二度八十九
	乾道	一十四日			一十二度一十一
	淳熙	一十五日			一十三度一十七
	會元	一十一日			一十度一十八
晨疾	統元	一十四日			一十二度六十八
	乾道	一十五日			一十三度三十九
	淳熙	一十五日			一十三度八十三
	會元	一十四日			一十二度八十二
晨伏	統元	一十六日			二十度十五
	乾道	一十六日			三十度十五
	淳熙	一十五日			三十度空
	會元	一十七日	二十五		三十三度二十五
夕伏	統元		二十五度九十二		一度九十八
	乾道		二十五度六十二		二度二十二
	淳熙		三十三度一十一		一百五三十
	會元		二十七度九十三		二百

夕疾	統元	一十九度二十八		一度八十二
	乾道	一十二度六十五		一度九十九六
	淳熙	一十九度一十八		一百八十四十一
	會元	一十九度一十六		一百八十六
夕遲	統元	一十度八十九		一度四十一
	乾道	一十度一十七		一度三十二七十八
	淳熙	一十六度六		一百二十五十
	會元	八度五十五		一百四十
夕留	統元	空		
	乾道	空		空
	淳熙	空		空
	會元	空		空
夕退	統元	一度八十五		空
	乾道	二度四十九	八十半	空
	淳熙	二度四十九	八十四	空
	會元	二度二十九	八十	空
再合退	統元	一度	八十五	空
	乾道	二度四十九	八十半	一度
	淳熙	二度四十九	八十四	一百一十五十五
	會元	二度二十九	八十	九十八
晨留	統元	空		
	乾道	空		空

淳熙
會元

晨遲
統元　十度八十九　空
乾道　一十度一十七　空
淳熙　一十一度六　空
會元　八度五十五　空

晨疾
統元　一十九度二十八　一度四十一
乾道　一十九度六十五　一度三十一　一十八
淳熙　一十九度一十八　一百二十五十
會元　一十九度一十六　一百四十

晨伏
統元　二十五度九十二　一度　八十二
乾道　二十五度六十二　一度七十八　六
淳熙　二十五度二十　一百八十四一十
會元　二十七度九十三　一百八十六

水星盈縮曆

策數　損益率　盈積度

初
統元　益五十四　空
乾道　益五十七　空
淳熙　益五十八　初
會元　益五十七　初

一
統元　益五十十　空五十四
乾道　益五十二　空五十七
淳熙　益五十四　空五十八
會元　益五十二　空五十七

二
統元　益四十三　一度四
乾道　益四十五　一度九
淳熙　益四十六　一度一十二
會元　益四十五　一度九

三
統元　益三十三　一度四十七
乾道　益三十四　一度五十四
淳熙　益三十五　一度五十八
會元　益三十四　一度五十四

四
統元　益二十一　一度八十
乾道　益二十三　一度八十八
淳熙　益二十三　一度九十三
會元　益二十三　一度八十八

五
統元　益八　一度一
乾道　益八　二度一十一
淳熙　益八　二度一十六
會元　益八　二度一十一

六
統元　損八　二度九
乾道　損八　二度二十九
淳熙　損八　二度二十四
會元　損八　二度一十九

七
統元　損一十一　二度一
乾道　損二十三　二度一十一
淳熙　損二十三　二度一十一
會元　損二十三　二度一十一

八
統元　損三十三　一度八十
乾道　損三十四　一度八十八
淳熙　損三十五　一度九十三
會元　損三十四　一度八十八

九
統元　損四十三　一度四十七
乾道　損四十五　一度五十四
淳熙　損四十六　一度五十八
會元　損四十五　一度五十四

十
統元　損五十　一度四
乾道　損五十二　一度九
淳熙　損五十四　一度一十二
會元　損五十一　一度九

十一
統元　損五十四　空五十四
乾道　損五十七　空五十七
淳熙　損五十八　空五十八
會元　損五十七　空五十七

策數　損益率　縮積度

初

月	曆	益損	度
	統元	益五十四	空
	乾道	益五十七	空
	淳熙	益五十八	初
	會元	益五十七	初
一	統元	益五十	空五十四
	乾道	益五十二	空五十七
	淳熙	益五十四	空五十八
	會元	益五十二	空五十七
二	統元	益四十三	一度四
	乾道	益四十五	一度九
	淳熙	益四十六	一度一十二
	會元	益四十五	一度九
三	統元	益三十三	一度四十七
	乾道	益三十四	一度五十四
	淳熙	益三十五	一度五十八
	會元	益三十四	一度五十四
四	統元	益二十一	一度八十
	乾道	益二十三	一度八十八
	淳熙	益二十三	一度九十三
	會元	益二十三	一度八十八
五	統元	益八	二度一
	乾道	益八	二度一十一
	淳熙	益八	二度一十六
	會元	益八	二度一十一
六	統元	損八	二度九
	乾道	損八	二度一十九
	淳熙	損八	二度二十四
	會元	損八	二度一十九
七	統元	損二十一	二度一
	乾道	損二十三	二度一十一
	淳熙	損二十三	一度一十六
	會元	損二十三	二度一十九
八	統元	損二十三	一度八十
	乾道	損三十四	一度八十八
	淳熙	損三十五	一度九十三
	會元	損三十四	一度八十八
九	統元	損四十三	一度四十七
	乾道	損四十五	一度五十四
	淳熙	損四十六	一度五十八
	會元	損四十五	一度五十四
十	統元	損五十	一度
	乾道	損五十二	一度九
	淳熙	損五十四	一度一十二
	會元	損五十二	一度九
十一	統元	損五十四	空五十四
	乾道	損五十七	空五十七
	淳熙	損五十八	空五十八
	會元	損五十七	空五十七

欽定古今圖書集成曆象彙編曆法典

第三十卷目錄

曆法典第三十卷

曆法總部彙考三十

宋十二

光宗紹熙四年布衣王孝禮請立表測景從之不果行

按宋史光宗本紀不載　按律曆志紹熙四年布衣王孝禮言今年十一月冬至日景表當在十九日壬午會元曆注乃在二十日癸未係差一日崇天曆癸未日冬至加時在酉初七十六分紀元曆在丑初一刻六十七分統元曆在丑初二刻二分會元曆在丑初一刻二百四十分迨今八十有七年常在丑初一刻不減而反增崇天曆實天聖二年造紀元曆崇寧五年造計八十二年是時測景驗氣知冬至後天乃減六十七刻半方與天道協其後陳得一造統元曆劉孝榮造乾道淳熙會元三曆未常測景苟弗立表測景莫識其差乞遣官令太史局以銅表同孝禮測驗朝廷雖從之未暇改作

寧宗慶元四年秋九月詔造新曆

按宋史寧宗本紀云云　按律曆志會元曆占候多差日官草澤互有異同詔禮部侍郎胡紘充提領官正字馮履充參定官監楊忠輔造新曆右諫議大夫兼侍講姚愈言太史局文籍散逸測驗之器又復不備幾何而不疏略哉漢元鳳間言曆者十有一家議久不決考之經籍驗之帝王錄然後是非洞見元和間以太初違天益遠晦朔失實使治曆者修之以無文證驗雜議蠭起越三年始定此無他不得儒者以總其綱故至於此也周官馮相氏保章氏志日月星辰之運動而冢宰實總之漢初曆官猶宰屬也熙寧間司馬光沈括皆嘗提舉司天監故當是時曆數明審法度嚴密乞命儒臣常兼提舉以專其責

慶元五年夏五月新曆成賜名統天

按宋史寧宗本紀云云　按律曆志監察御史張巖論馮履唱為詖辭罷去詔通曆算者所在具名來上及忠輔曆成宰臣京鏜上進賜名統天頒之凡曆經三卷八曆冬至考一卷闕曆交食考三卷晷景考一卷考古今交食細草八卷盈縮分損益率立成二卷日出入晨昏分立成一卷岳臺日出入晝夜刻一卷赤道內外去極度一卷臨安午中晷景常數一卷禁漏街鼓更點辰刻一卷禁漏五更攢點昏曉中星一卷將來十年氣朔二卷己未庚申二年細行二卷總三十二卷慶元五年七月辛卯朔統天曆推日食雲陰不見

慶元六年六月統天曆推日食不驗

按宋史寧宗本紀不載　按律曆志六年六月乙酉朔推日食不驗

嘉泰元年春二月詔求明曆之士

按宋史寧宗本紀云云　按律曆志中奉大夫守祕書監俞豐等請改造新曆監察御史施康年劾太史局官吳澤荊大聲周端友循默尸祿言災異不及時詔各降一官臣僚言頒正朔所以前民用也比曆書一日之間吉凶并出異端并用如土鬼暗金兀之類則添注於凶神之上猶可也而其首則揭九良之名其末則出九曜吉凶之法勘昏行嫁之法至於周公出行一百二十歲宮宿圖凡閭閻鄙俚之說無所不有豈正風俗示四方之道哉願削不經之論從之

嘉泰二年詔草澤通曉曆法者修治又以日食誤曆官皆抵罪

按宋史寧宗本紀不載　按律曆志嘉泰二年五月甲辰朔日有食之詔太史與草澤聚驗於朝太陽午初一刻起虧未初刻復滿統天曆先天一辰有半乃罷楊忠輔詔草澤通曉曆者應聘修治　又五月朔日食太史以為午正草澤趙大猷言午初三刻半日食三分詔著作郎張嗣古監視測驗大猷言然曆官乃抵罪

開禧三年以大理評事鮑澣之祕書監編修官曾漸充提領考定官定新曆權附統天曆頒行之

按宋史寧宗本紀不載　按律曆志開禧三年大理評事鮑澣之言曆者天地之大紀聖人所以觀象明時倚數立法以前民用而詔方來者自黃帝以來至於秦漢六曆具存其法簡易同出一術既久而與天道不相符合於是太初三統之法相繼改作而推步之術愈見闊疏是以劉洪祖沖之之減破斗分追求

月道而推測之法始加詳焉至於李淳風一行而後總氣朔而合法效乾坤而擬數演算之法始加備焉故後世之論曆轉爲精密非過於古人也蓋積習考驗而得之者審也試以近法言之自唐麟德開元而至於五代所作者國初應天而至於紹熙會元所更者十二書無非推求上元開闢爲演紀之首氣朔同元而七政會於初度從此推步以爲曆本未嘗敢輒爲截法而立加減數於其間也獨石晉天福間馬重績更造調元曆不復推古上元甲子七曜之會施於當時五年輒差遂不可用識者咎之今朝廷自慶元三年以來測驗氣景見舊曆後天十一刻改造新曆賜名統天進曆未幾而推測日食已不驗此猶可也但其曆書演紀之始起於唐堯二百餘年非開闢之端也氣朔五星皆立虛加虛減之數氣朔積分乃有泛積定積之繁以外算而加朔餘以距算而減轉率無復彊弱之法盡廢方程之舊其餘差滿不可備言以是而爲術乃民間之小曆而非朝廷頒正朔授民時之書也漢人以爲曆元不正故盜賊相續言雖迂誕然而曆紀不治實國家之重事願詔有司選演撰之官募通曆之士置局討論更造新曆庶幾并智合議調治日法追迎天道可以行遠澣之又言當楊忠輔演造統天曆之時每與議論曆事今見統天曆舛近亦私成新曆誠改新曆容臣投進與太史草澤諸人所著之曆參考之七月澣之又言統天曆來年閏差願以諸人所進曆令祕書省參考頒用祕書監兼國史院編修官實錄院檢討官曾漸言改曆重事也昔之主監事者莫非道術精微之人如太史公洛下閎劉歆張衡杜預劉焯李淳風一行王朴等然猶久之不能無差其餘不過遞相祖述依約乘除捨短取長移疎就密而已非有卓然特達之見也一時偶中即復舛戾宋朝敝在數改曆法統天曆頒用之初即已測日食不驗因仍至今置閏遂差一月其爲當改無疑也然朝廷以一代鉅典責之專司必其人確然著論破見行之非服衆多之口庶幾可見按乾道淳熙慶元凡三改曆皆出劉孝榮一人之手其後遂爲楊忠輔所勝久之忠輔曆亦不驗故孝榮安職至今紹熙以來王孝禮者數以自陳每預測驗或中或不中李孝節陳伯祥本皆忠輔之徒趙達卜筮之流石如愚獻其父書不就測驗晷景止定月食分數其術最疎陳光則并與交食不論愈無憑依此數人者未知孰爲可付故鮑澣之屢以爲請今若降旨開局不過收聚此數人者和會其說使之無爭來年閏差其事至重今年八月便當頒曆外國而三數月之間急遽成書結局推賞討論未盡必生詆訾今劉孝榮王孝禮李孝節陳伯祥所擬改曆及澣之所進曆皆已成書願以衆曆參考擇其與天道最近且密者頒用庶幾來年置閏不差請如先朝故事搜訪天下精通曆書之人用沈括所議以渾儀浮漏圭表測驗每日紀錄積三五年前後參較庶幾可傳未久漸又言慶元三年以後氣景比舊曆有差至四年改造新曆未成時當頒五年曆乃差官以測算晷景氣朔加時辰刻附會元曆頒賜今若頒來年氣朔既有去年十月以後今年正月以前所測晷景已見天道冬至加時分數來年置閏比之統天曆亦已不同兼諸所進曆並可參考請速下本省集判局官於本省參考使澣之覆考以最近之曆推筭氣朔頒用於是詔漸充提領官澣之充參定官草澤精筭造者嘗獻曆者與造統天曆者皆延之於是開禧新曆議論始定詔以戊辰年權附統天曆頒之既而婺州布衣阮泰發獻渾儀十論且言統天開禧曆皆差朝廷令造木渾儀賜文解罷遣之

嘉定三年以鄒淮言曆差忒改造未及頒行

按宋史寧宗本紀不載　按律曆志嘉定三年鄒淮言曆書差忒當改造試太子詹事兼同修國史實錄院同修撰兼祕書監戴溪等言請詢漸澣之造曆故事詔溪充提領官澣之充參定官鄒淮演撰王孝禮劉孝榮提督推筭官生十有四人日法用三萬五千四百四年春曆成未及頒行溪等去國曆亦隨寢韓侂胄當國或謂非所急無復敢言曆差者於是開禧曆附統天曆行於世四十五年

嘉定四年以祕書省丁端祖請試司天生

按宋史寧宗本紀不載　按律曆志嘉定四年祕書省著作郎兼權尚左郎丁端祖請考試司天生

嘉定十三年以日食不驗曆官皆降一官

按宋史寧宗本紀不載　按律曆志十三年監察御史羅相言太史局推測七月朔太陽交食至是不食願令與草澤新曆精加討論於是澤等各降一官

理宗淳祐四年名山林布衣造新曆

按宋史理宗本紀不載　按律曆志淳祐四年兼崇政殿說書韓祥請名山林布衣造新曆從之

淳祐五年以日食不符曆官左降

按宋史理宗本紀不載　按律曆志五年降算造成永祥一官以元算日食未初三刻今未正四刻元算虧八分今止六分故也

淳祐八年名四方通曆算者至都習學

按宋史理宗本紀不載　按律曆志八年朝奉大夫太府少卿兼尚書左司郎中兼勅令所刪修官尹渙言曆者所以統天地侔造化自昔皆擇聖智典司其事後世急其所當緩緩其所當急以爲利吾國者惟錢穀之務固吾圉者惟甲兵是圖至於天文曆數一切付之太史局荒疏乖謬安心爲欺朝士大夫莫有能詰者請名四方通曆算者至都使曆官學焉

淳祐十一年殿中侍御史陳垓以新曆多差請參考推算頒行

按宋史理宗本紀不載　按律曆志十一年殿中侍御史陳垓言曆者天地之大紀國家之重事今淳祐十年冬所頒十一年曆稱成永祥等依開禧新曆推算辛亥歲十二月十七日立春在酉正一刻今所頒曆乃相師堯等依淳祐新曆推算到壬子歲立春日在申正三刻質諸前曆乃差六刻以此頒行天下豈不貽笑四方且許時演撰新曆將以革舊曆之失又考驗所食分數開禧舊曆僅差一二刻而李德卿新曆差六刻二分有奇與今頒行前後兩曆所載立春氣候分數亦差六刻則同由此觀之舊曆差少未可遽廢新曆差多未可輕用一旦廢舊曆而用新曆不知何所憑據請參考推算頒行

淳祐十二年秋八月詔行會天曆

按宋史理宗本紀云云　按律曆志祕書省言太府寺丞張湜同李德卿算造曆書與譚玉續進曆書頗有牴牾省官參訂兩曆得失疏密以聞其一曰玉訟德卿竊用崇天曆日法三約用之考之崇天曆用一萬五百九十爲日法德卿用三千五百三十爲日法玉之言然其二曰玉訟積年一億二千二十六萬七千六百四十六不合曆法今考之德卿用積年一億以上其三曰玉訟壬子年六月癸丑年二月六月九月丙辰七月置閏皆差一日今祕書省檢閱林光世用二家曆法各爲推算其四曰德卿曆與玉曆壬子年立春立夏以下十五節氣時刻皆同雨水驚蟄以下九節氣各差一刻其五曰德卿推壬子年二月乙卯朔日食帶出已退所見大分八玉推日食帶出已退所見大分七辰當壁宿六度同其六曰德卿曆斗分作三百六十五日二十四分二十八秒玉曆斗分作三百六十五日二十四分二十九秒二曆斗分僅差一秒惟二十八秒之法起于齊祖沖之而德卿用之使沖之之法可久何以歷代增之玉既指其謬又多一秒豈能必其天道合哉請得商確推算合衆長而爲一然後賜名頒行十二年曆成賜名會天寶祐元年行之史闕其法

度宗咸淳六年春正月行成天曆

按宋史度宗本紀云云　按律曆志是年十一月三十日冬至至後爲閏十一月既以頒曆浙西安撫司準備差遣臧元震言曆法以章法爲重章法以章歲爲重蓋曆數起於冬至卦氣起於中孚十九年謂之一章一章必置七閏必第七閏在冬至之前必章歲至朔同日故前漢志云朔旦冬至是謂章月後漢志云至朔同日謂之章月積分成閏閏七而盡其歲十九名之曰章唐志曰天數終於九地數終於十合二終以紀閏餘章法之不可廢也若此今所頒庚午歲曆乃以前十一月三十日爲冬至又以冬至後爲閏十一月莫知其故蓋庚午之閏與每歲閏月不同庚午之冬至與每歲之冬至又不同蓋自淳祐壬子數至咸淳庚午凡十九年是爲章歲其十一月是爲章月以十九年七閏推之則閏月當在冬至之前不當在冬至之後以至朔同日論之則冬至當在十一月初一日不當在三十日今以冬至在前十一月三十日則是章歲至朔不同日矣若以閏月在冬至後則是十九年之內止有六閏又欠一閏且一章計六千八百四十日於內加七閏月除小盡積日六千九百四十日或六千九百三十九日約止有一日今自淳祐十一年辛亥章歲十一月初一日章月冬至後起算十九年至咸淳六年庚午章歲十一月初一日當爲冬至方管六千八百四十日今算造官以閏月在十一月三十日冬至之後則此一章止有六閏更加六閏除小盡外實積止六千九百十二日比之前後章歲之數實欠二十八日曆法之差莫甚於此況天正冬至乃曆之始必自冬至後積三年餘分而後可以置第一閏今庚午年章歲丙寅日申初三刻冬至去第二日丁卯僅有四分日之一且未正日安得遽有餘分未有餘分安得遽有閏月則是後一章之始不可推算其謬可知矣今欲改之有簡而易行之說蓋曆法有平朔有經朔有定朔一大一小此平朔也兩大兩小此經朔也三大三小此定朔也今止以定

朔之說則當以前十一月大爲閏十月小以閏十一月小爲十一月大則丙寅日冬至即可爲十一月初一以閏十一月初一之丁卯爲十一月初二日庶幾遞趲下一日置閏十一月二十九日丁未始爲大盡然則冬至旣在十一月初一則至朔同日矣閏月旣在至節前則十九年七閏矣此昔人所謂晦節無定由時消息上合履端之始下得歸餘於終正謂此也夫曆久未有不差差則未有不改者後漢元和初曆差亦是十九年不得七閏曆雖已頒亦改正之顧今何靳於改之哉元震謂某儒者豈欲與曆官較勝負旣知其失安得默而不言邪於是朝廷下之有司遣官偕元震與太史局辨正而太史之詞窮元震轉一官判太史局鄧宗文譚玉等各降官有差因更造曆六年曆成詔試禮部尚書馮夢得序之七年頒行即成天曆也

紹熙統天開禧成天曆上

演紀上元甲子歲距紹熙五年甲寅歲積三千八百三十至慶元己未歲積三千八百三十五

開禧上元甲子至開禧三年丁卯歲積七百八十四萬八千一百八十三成天上元甲子距咸淳七年辛未歲積七千一百七十五萬八千一百四十七

步氣朔

策法萬二千

開禧日法一萬六千九百成天七千四百二十

歲分四百三十八萬二千九百一十餘六萬二千九百一十

開禧歲率六百二十七萬二千六百八成天二百七十一萬二百一

氣策十五餘二千六百二十一少二十一分秒八十四

開禧餘三千六百九十二成天餘一千六百二十秒七

朔實三十五萬四千三百六十八

開禧朔率四十九萬九千六十七成天二十一萬九千一百一十七

朔策二十九餘六千三百六十八五十三分秒六

開禧餘八千九百八十七成天餘三千九百三十七

望策一十四餘九千一百八十四

開禧餘一萬一千九百三十三半成天餘五千六百七十二秒四

弦策七餘四千五百九十二

開禧餘六千四百六十六太成天餘二千八百三十九秒

氣差二十三萬七千八百一十一

閏差二萬一千七百四

開禧歲閏一十八萬三千八百四又月閏一萬五千三百一十七閏限三十一萬五千二百六十三

成天歲閏八萬六百九十七月閏六千七百二十四秒六閏限一十三萬八千四百二十

斗分差一百二十七

沒限九千三百七十八太

開禧一萬三千三百八成天五千七百九十九秒一

滅限五千六百三十三

紀實七十二萬

開禧總率一百一萬四千成天四十四萬五千二百

紀策六十同二曆

開禧又有中盈分七千三百八十四成天三千二百四十秒開禧朔虛分三千四百八十三

求天正冬至

置上元距所求年積算以歲分乘之減去氣差餘爲氣汎積以積算與距算相減餘爲距差以斗分差乘之萬約爲躔差小分半已上從秒復以距差乘之秒半已上從分一後皆準此以減氣汎積餘爲氣定積如其平無躔差及以距差乘躔差不滿秒半已上者以汎爲定滿紀實去之不滿如策法而一爲大餘不盡爲小餘其大餘命甲子算外即得日辰因求次氣以氣策累加之小餘滿策法從大餘大餘滿紀策去之命日辰如前

如求已徑以躔差加減歲餘距差乘之紀實去之餘以加減氣積差一十萬七千四百八十九如策

法而一餘同上法其加減躔差乘積算少如距算者加之多如距算者減之其加減氣積差反用之

求天正經朔

置天正冬至氣定積以閏差減之滿朔實去之不滿爲天正閏汎餘用減氣定積餘爲天正十一月朔汎積以百五乘距差退位減之爲朔定積

積算少如距算者加之無距差可乘者以汎爲定

求轉交準此

滿紀實去之不滿如策法而一爲大餘不盡爲小餘其大餘命甲子算外卽得日辰因求弦望及次朔以弦策累加之求朔望以望策累加之去命如前

開禧若在閏限已上者爲其年有閏月用減朔率以月閏而一所得命天正十一月算外卽得經閏月因求次年以閏歲加之命如前卽得所求朔積分若滿四十七萬三千二百去之不滿如日法而一所得命起箕宿算外卽得天正十一月經朔直日之星成天朔積若滿二十萬七千七百六十去之不滿如日法而一所得命箕宿算外卽得天正十一月經朔直日之星

步發斂

候策五餘八百七十三太

開禧餘一千二百三十秒一十成天餘五百四十秒三十五

卦策六餘一千四十八半

開禧餘一千四百七十六秒一十一成天餘六百四十八秒四十二

土王策三餘五百二十四少

開禧餘七百三十八秒六成天餘三百二十四秒二十一

月閏一萬八百七十四

辰法一千

開禧四千二百二十五成天一千八百五十五

半辰法五百

開禧二千一百一十二半成天九百二十七半

刻法一百二十

開禧五百七成天一千一百七十三

刻分法二十

開禧八十四半成天一百八十五半

求五行用事二十四氣七十二候六十四卦中氣去經朔發斂加時與前曆同此不載

步日躔

周天分四百三十八萬三千九十

開禧周天率六百一十七萬二千八百五十九秒一成天二百七十一萬二百一十秒六十一

周天差三十三萬八千九白二十

周天度三百六十五餘一千九百一十秒六十一約分二十五秒七十五

開禧餘四千三百五十九秒一約分二十五秒七十九成天餘一千九百一十秒六十一約分二十五秒七十五

半周天度百八十二約分六十二秒八十七

象限九十一約分三十一秒六

開禧秒八成天秒七

乘法三百八十

開禧二百六成天三百二十五

除法五千七百八十三

開禧三千一百三十五成天四千九百四十六

開禧又有歲差二百五十一秒一成天一百九秒一成天又有半象限四十五約分三十一秒七

常氣中積日及餘　盈縮分

統天　盈七十

開禧　一　盈初

冬至空

成天　盈初

統天二千六百二十一　盈五千八百四十

開禧二千六百九十二　二十一八十四　盈七千四百四十五

小寒一十五

成天一千六百二十秒七　盈七千一百一十五

統天三千四百四十二　四十三六十九　盈四千六百三十

開禧七千二百八十四　盈一萬三千三百九十六

大寒三十

成天二千二百四十一秒六　盈一萬三千一百

統天七千八百六十三太　六十五五十三　盈三千三百七十

開禧一萬一千七十六　盈一萬七千九百二十

立春四十五

成天四千八百六十二秒五　盈一萬七千六百六十八

統天一萬四百八十五　八十七三十八　盈二千六十

開禧一萬四千七百六十八　盈二萬一千八十四

雨水六十

成天六千四百八十三秒四　盈二萬九日三十二

統天一千一百六少　九一十一　盈七百

開禧 一千五百六十九　盈 一萬二千九百五十五

驚蟄七十六

成天 六百八十四秒三　盈 二萬二千九百五

統天 三千七百二十七半　縮 七百

開禧 一千五百六十九　盈 二萬二千六百

春分九十一

成天 二千三百五十三　盈 與開禧同

統天 六千三百四十八太 五十二九十一　縮 二千六十

開禧 六千九百九十四　盈 二萬二千九百五十五

清明一百六

成天 三千九百二十一秒一　盈 二萬二千九百五

統天 八千九百七十九 七十四七十五　縮 三千三百七十

開禧 一萬三千六百三十六　盈 二萬一千八十四

穀雨一百二十一

成天 五千三百四十七秒空　盈 二萬九百三十二

統天 一萬一千五百九十一少　縮 四千六百三十

開禧 一萬六千三百一十八 九十六六十二　盈 一萬七千九百一十

立夏一百三十六

成天 七千一百六十七秒七　盈 一萬七千六百六十八

統天 二千二百一十二半 一十八四十四　縮 五千八百四十

開禧 二千一百二十　盈 二萬二千三百九十六

小滿一百五十三

成天 一千三百六十八秒六　盈 一萬三千百

統天 四千八百三十三太 四七二十八　縮 五千八百四十

開禧 六千八百一十三　盈 七千四百四十五

芒種一百六十七

成天 二千九百八十九秒十五　盈 七千三百一十五

統天 七千四百五十五 六十二十三　縮 七千

開禧 一萬五百四　縮 初

夏至

成天 四千六百一十秒四　縮 初

統天 一萬七十六少 八十三九十七　縮 五千八百四十

開禧 一萬一千一百九十一 八十四　縮 七千四百四十五

小暑一百九十七

成天 六千二百三十一秒二　縮 七千二百一十五

統天 六百九十七半 五八十一　縮 四千六百三十

開禧 九百八十八 五八十一　縮 一萬五千三百九十六

大暑二百十二

成天 四百三十一　縮 一萬三千一百

統天 一千三百一十八太 二十七六十六　縮 五千三百二十

開禧 四千六百八十 二十七六十九　縮 一萬二千九百二十

立秋二百二十六

成天 二千五十二秒一 二十七六十七　縮 一萬七千六百六十八

統天 五千九百四十 四十九五十　縮 一千六十

開禧 八千三百七十二 四十九五十四　縮 一萬一千八十四

處暑二百四十二

成天 三千六百七十四秒空 四十九五十一　縮 二萬九百三十二

統天 八千五百六十一秒 七十三十四　縮 七百

開禧 一萬二千六十四 七十二十八　縮 一萬二千九百五十五

白露二百五十八

成天 五千二百九十四秒 七十一　縮 一萬二千九百五

統天 一萬一千一百八十二半 九十五十九　縮 七百

開禧 一萬五千七百五十六 九十三三十五　縮 二萬三千六百

秋分二百七十三

成天 六千九百一十五秒六 九十三二十　縮 二萬五千六百

統天 一千八百三十八 十五　盈 二千六十

開禧 一千五百四十八 十五八　縮 二萬二千九百五十五

寒露二百八十九

成天 一千一百一十六秒五 十五四　縮 二萬二千九百五

統天 四千四百二十五 三十六九十八　盈 二千三百一十

開禧 六千三百四十 二十六九十二　縮 一萬一千八十六

霜降三百四

成天 二千七百三十七秒四 二十六八十九　縮 二萬九百二十六

統天 七千四十六少 九十八七十三　盈 四千六百二十

開禧 九千九百二十二 五十八七十七　縮 一萬七千九百二十

立冬三百十九

成天 四千三百五十八秒三 五十八三十二　縮 一萬七千六百六十八

統天 九千六百六十七半 八十五十六　盈 五千八百四十

開禧 一萬二千六百二十四 八十六十三　縮 一萬三千三百九十六

小雪三百三十四

成天 五千九百七十九秒一 八十二十八　縮 一萬三千一百

統天 二百八十八太 二四十一　盈 五千八百四十

開禧 四百一十六 二四十六　縮 七千四百四十五

大雪三百五十

成天 一百八十秒一 二四十二　縮 七千一百一十五

常氣　升降分　損益率　朓朒積

統天　升 空　益 六百二十八　朒 初

開禧　升 七千四百四十五　益 九百四十一　同

冬至

成天　升 七千二百一十五　益 四百　同

統天　升 七千　益 五百二十四　朒 六百八

節氣	曆	升降	損益	朓朒
	開禧	升五千九百五十	益七百五十二	朒九百四十一
小寒	成天	升五千八百八十五	益三百二十七	朒四百
	統天	升一萬二千八百四十	益四百十六	朒一千百五十一
	開禧	升四千五百二十四	益五百七十二	朒一千六百
大寒	成天	升四千五百六十八	益二百五十四	朒七百二十七
	統天	升一萬七千四百七十	益三百二	朒一千三百六十八
	開禧	升三千一百六十四	益四百	朒二千三百六十五
立春	成天	升三千一百六十四	益一百八十一	朒九百八十一
	統天	升一萬八百四十	益一百八十五	朒一千八百七十
	開禧	升一千八百七十一	益二百三十六	朒二千六百六十五
雨水	成天	升一千九百七十三	益一百九	朒一千一百六十二
	統天	升二萬二千九百	益六十三	朒二千五十五
	開禧	升六百四十五	益八十二	朒二千九百一
驚蟄	成天	升六百九十五	益三十九	朒一千二百七十一
	統天	升二萬三千大百	損六十三	朒二千一百一十八
	開禧	降六百四十五	損八十二	朒二千九百八十三
春分	成天	降六百九十五	損二十九	朒一千三百二十
	統天	升二萬二千九百	損一百八十五	朒二千五百二
	開禧	降一千八百七十一	損二百三十六	朒二千九百一
清明	成天	降一千九百七十三	損一百九	朒一千二百七十一
	統天	升二萬八百四十一	損三百二	朒一千八百七十
	開禧	降三千三百六十四	損四百	朒二千六百六十五
穀雨	成天	降三千二百六十四	損一百八十一	朒一千一百六十二
	統天	升一萬七千四百七十	損四百一十六	朒一千五百六十八
	開禧	降四千五百二十四	損五百七十一	朒二千二百六十五
立夏	成天	降四千五百六十八	損二百五十四	朒九百八十一
	統天	升一萬二千八百四十	損五百二十四	朒一千一百五十二
	開禧	降五千九百五十一	損七百五十二	朒一千六百九十二
小滿	成天	降五千八百八十五	損三百二十七	朒七百二十七
	統天	降七千	損六百二十八	朒六百二十八
	開禧	降五千九百二十一	損九百四十一	朒九百四十一
芒種	成天	降七千二百一十五	損四百	朒四百
	統天	降空	益六百二十八	朓空
	開禧	降七千四百四十五	益九百四十一	朓初
夏至	成天	降七千二百一十五	益四百	朓初
	統天	降七千	益五百二十四	朓六百二十八
	開禧	降五千九百五十一	益七百五十二	朒九百四十一
小暑	成天	降五千八百八十五	益三百二十七	朓四百
	統天	降一萬二千八百四十	益四百一十六	朓一千一百五十二
	開禧	降四千五百二十四	益五百七十一	朓一千六百九十三
大暑	成天	降四千五百六十八	益二百五十四	朓九百二十七
	統天	降一萬七千四百七十	益三百二	朓一千五百六十八
	開禧	降三千一百大十四	益四百	朓二千二百六十五
立秋	成天	降三千二百六十四	益一百八十一	朓九百八十一
	統天	降二萬八百四十	益一百八十五	朓一千八百七十
	開禧	降一千八百七十一	益二百三十五	朓二千六百六十五
處暑	成天	降一千九百七十三	益一百九	朓一千一百六十三
	統天	降二萬二千九百	益六十三	朓二千五十五
	開禧	降六百四十五	益八十二	朓二千九百一
白露	成天	降六百九十五	益三十九	朓一千一百七十一
	統天	降二萬三千六百	益六十三	朓二千一百一十八
	開禧	升六百四十五	損八十二	朓二千九百八十三
秋分	成大	升六百九十五	損三十九	朓一千三百六十
	統天	降二萬二千九百	益一百八十五	朓二千五十五
	開禧	升一千八百七十一	損二百二十六	朓二千九百五
寒露	成天	升一千九百七十三	損一百九	朓一千二百七十一
	統天	降二萬八百四十	損三百二	朓一千八百七十
	開禧	升三千一百六十四	損四百	朓二千六百六十五
霜降	成天	升三千二百六十四	損一百八十一	朓一千一百六十二
	統天	降一萬七千四百六十	損四百一十六	朓一千五百八十八
	開禧	升四千五百二十四	損五百七十二	朓二千二百六十五

立冬

成天　升四千五百六十八　損二百五十四　朓九百八十一

統天　降一萬二千八百四十　損五百二十四　朓一千一百五十二

開禧　升五千九百五十一　損七百五十二　朓一千六百九十三

小雪

成天　升三千八百八十五　損三百二十七　朓七百二十七

統天　降七千　損六百二十八　朓六百二十八

開禧　升五千九百五十一　損九百四十一　朓九百四十一

大雪

成天　升七千二百一十五　損四　朓四百

欽定古今圖書集成曆象彙編曆法典

第三十一卷目錄

曆法總部彙考三十一

宋十三 紹熙統天開禧成天曆中

曆法典第三十一卷

曆法總部彙考三十一

宋十三

紹熙統天開禧成天曆中

求每日盈縮分升降數經朔弦望加時入氣入氣朏朒數赤道宿度天正冬至加時赤道日度夏至春秋分加時赤道日度分至後赤道宿積度赤道宿積入初末限二十八宿黃道度天正冬至加時黃道日度二十四氣加時黃道日度二十四氣初日夜半黃道日度二十四氣夜半黃道日度午中黃道日度午中

赤道日度與前曆同

赤道過宮

危十二度　九十六分　秒一十六　入衛分娵訾之次在亥用甲丙庚壬

奎二度　十四分　秒九十八　入魯分降婁之次在戌用艮巽坤乾

胃四度　八分　秒八十　入趙分大梁之次在酉用癸乙丁辛

畢八度　二十七分　秒六十二　入晉分實沈之次在申用甲丙庚壬

井十度　四十六分　秒四十四　入秦分鶉首之次在未用艮巽坤乾

柳五度　一十五分　秒二十六　入周分鶉火之次在午用癸乙丁辛

軫九度　五十二分　秒九十　入鄭分壽星之次在辰用艮巽坤乾

氐一度　七十一分　秒七十二　入宋分大火之次在卯用癸乙丁辛

尾四度　十五分　秒五十四　入燕分析木之次在寅用甲丙庚壬

斗四度　八十四分　秒三十六　入吳分星紀之次在丑用艮巽坤乾

女二度　二分　秒十八　入齊分元枵之次在子用癸乙丁辛

右赤道過宮宿度依今曆上元命日所起虛宿七度爲子正元枵之中以曆策累加之滿赤道宿次去之即得十二辰次初中宿度及分秒

求黃道過宮各置赤道所入辰次宿度及分秒以其宿共年黃道全度乘之如其宿赤道全度而一即各得所求

此法見大衍曆以本曆所起赤道日躔宿度爲子正元枵之中紀元曆起虛宿七度與今曆同所以變從黃道皆在危宿十二度半上下入亥末娵訾之次舊曆有起虛四度亦在危十三半上下蓋遷就也今載黃道起宿過宮於經俾推變者有本焉

黃道過宮

危十三度　四十七分　秒十七　入衛分娵訾之次在亥用甲丙庚壬

奎一度　三十七分　秒二十五　入魯分降婁之次在戌用艮巽坤乾

胃四度　十九分　秒十五　入趙分大梁之次在酉用癸乙丁辛

畢七度　八十二分　秒四　入晉分實沈之次在申用甲丙庚壬

井九度　四十一分　秒八十九　入秦分鶉首之次在未用艮巽坤乾

柳五度　分空　秒二十四　入周分鶉火之次在午用癸乙丁辛

張十五度　六十二分　秒四十四　入楚分鶉尾之次在巳用甲丙庚壬

軫九度　六十五分　秒空　入鄭分壽星之次在辰用艮巽坤乾

氐一度　七十四分　秒五十一　入宋分大火之次在卯用癸乙丁辛

尾三度　八十六分　秒六十四　入燕分析木之次在寅用甲丙庚壬

斗四度　三十五分　秒九十二　入吳分星紀之次在丑用艮巽坤乾

女二度　九十五分　秒七　入齊分元枵之次在子用癸乙丁辛

步月離

轉實三十二萬六百五十五

開禧轉率四十六萬五千六百七十二秒五千三百九十六成天轉周分二十萬四千四百五十五秒二千六百四十一

轉策二十七萬六千六百五十五

開禧餘九千三百七十二秒五千三百九十六成天餘四千一百一十五秒一千六百四十一

轉差十八萬八千八百

朔差日一餘一萬一千七百一十三

開禧餘一萬六千四百九十四秒四千六百四成天餘七千二百四十一秒八千三百五十九

上弦度九十一約分三十一秒四十四

開禧秒四十五成天秒四十五

望度一百八十二約分六十三秒八十七

開禧秒九十成天秒八十七

下弦度二百七十三約分九十四秒三十二

開禧秒三十四成天秒三十一

平行度一十三約分三十六秒八十七

七日初數萬六百六十四約分八十九末數二千三百三十六約分一十一

十四日初數九千三百二十八約分七十八末數二千六百七十二約分二十三

二十一日初數七千九百九十二約分六十七末數四千八約分二十三

廿八日初數六千六百五十五約分五十五末數空

入轉日	進退差	轉定分
	統天退十二	一千四百七十
	開禧退十	一千四百六十六
一日	成天退十二	一千四百六十三
	統天退十六	一千四百五十八
	開禧退十六	一千四百五十六
二日	成天退十五	一千四百五十三
	統天退十九	一千四百四十二
	開禧退十九	一千四百四十
三日	成天退十八	一千四百三十八
	統天退二十二	一千四百二十二
	開禧退二十二	一千四百二十一
四日	成天退二十一	一千四百三十
	統天退三十五	一千四百一
	開禧退二十四	一千三百九十九
五日	成天退二十四	一千三百九十九
	統天退二十八	一千三百七十六
	開禧退二十七	一千三百七十九
六日	成天退二十六	一千四百七十五
	統天退二十九	一千三百四十八
	開禧退二十八	一千三百四十九
七日	成天退二十九	一千三百四十九
	統天退二十七	一千三百一十九
	開禧退二十八	一千三百二十七
八日	成天退十六	一千三百二十
	統天退二十四	一千一百九十
	開禧退二十四	一千一百九十五
九日	成天退二十三	一千一百九十四
	統天退二十一	一千二百六十八
	開禧退二十二	一千二百七十七
十日	成天退二十	二千二百七十一
	統天退十八	一千二百四十七
	開禧退一十九	一千二百四十九
十一日	成天退十八	一千二百五十一
	統天退一十五	一千二百十九
	開禧退一十六	一千二百二十
十二日	成天退一十六	一千二百二十二
	統天退一十二	一千二百一十四
	開禧退一十二	一千二百一十四
十三日	成天退一十四	一千三百一十七
	統天進五	一千二百二
	開禧進七	一千二百二
十四日	成天進八	一千二百三

統天進一十　一千二百七

開禧進二十　一千二百九

十五日

成天進二十　一千二百一十

統天進一十六　一千二百一十九

開禧進一十六　一千二百二十一

十六日

成天進一十六　一千二百五十三

統天進二十二　一千二百五

開禧進二十　一千二百三十七

十七日

成天進二十　一千二百三十九

統天進十　一千二百五十五

開禧進十三　一千二百九十七

十八日

成天進十　一千二百五十九

統天進十六　一千二百七十八

開禧進二十六　一千二百八十

十九日

成天進二十四　一千二百八十一

統天進十八　一千三百四

開禧進十七　一千二百六

二十日

成天進二十七　一千三百五

統天進十九　一千三百二十二

開禧進十八　一千三百三十三

二十一日

成天進二十九　一千二百二十

統天進一十七　一千三百六十一

開禧進二十一　一千二百六十一

二十二日

成天進二十七　一千三百六十一

統天進二十四　一千三百八十八

開禧進二十四　一千二百八十七

二十三日

成天進二十二　一千三百八十八

統天進二十一　一千四百一十二

開禧進二十　一千四百一

二十四日

成天進一十九　一千四百十一

統天進一十七　一千四百三十五

開禧進一十六　一千四百三十一

二十五日

成天進一十五　一千四百二十九

統天進三十　一千四百五十

開禧進五　一千四百四十七

二十六日

成天進一十二　一千四百四十四

統天進八　一千四百六十二

開禧進八　一千四百五十九

二十七日

成天進一十　一千四百五十七

統天進一　一千四百七十一

開禧退一　一千四百六十七

二十八日

成天進二　一千四百六十七

入轉日　加減差　遲疾度

統天　加一百十二　疾度空

開禧　加一百十九　疾初

一日

成天　加一百二十八　疾初

統天　加一百二十一　疾一度三十三

開禧　加一百十九　疾一度二十九

二日

成天　加一百十六　疾一度二十八

統天　加一百五　疾二度五十四

開禧　加一百三　疾二度八十四

三日

成天　加一百　疾二度四十四

統天　加八十六　疾三度五十九

開禧　加八十四　疾三度五十一

四日

成天　加八十二　疾二度四十五

統天　加六十四　疾四度四十五

開禧　加六十二　疾四度二十五

五日

成天　加六十二　疾四度二十八

統天　加三十九　疾五度九

開禧　加三十八　疾四度九十七

六日

成天　加三十八　疾四度九十

統天　減初加二十二末減　初益一百八
開禧　減初加十二末減　疾五度二十五

七日
成天　減初加二末減二　疾初疾五度二十八末疾四十
統天　減十八　疾五度五十九
開禧　減十六　疾五度四十七

八日
成天　減一十七　疾五度四十
統天　減四十五　疾五度四十一
開禧　減四十一　疾五度二十一

九日
成天　減四十三　疾五度二十
統天　減六十九　疾四度九十六
開禧　減六十六　疾四度八十九

十日
成天　減六十六　疾四度八十
統天　減九十　疾四度二十七
開禧　減八十八　疾四度二十三

十一日
成天　減六十　疾四度一十四
統天　減一百八　疾三度三十七
開禧　減一百八　疾三度二十五

十二日
成天　減一百四　疾三度二十八
統天　減一百十一　疾二度二十九
開禧　減一百二十三　疾二度二十九

十三日
成天　減一百二十　疾二度二十四
統天　初減一百六末加十九　疾一度六
開禧　初減一百五末加三十　疾一度五

十四日
成天　初減一百四末加二十　初疾度四末遲初
統天　加一百二十　遲空
開禧　加一百二十八　遲初度三十

十五日
成天　加一百二十六　遲初度二十
統天　加一百一十八　遲一度五十九
開禧　加一百一十六　遲一度五十九

十六日
成天　加一百八十四　遲一度五十六
統天　加一百二　遲二度七十
開禧　加一百　遲二度七十四

十七日
成天　加九十八　遲二度七十
統天　加八十二　遲三百七十九
開禧　加八十　遲五度七十四

十八日
成天　加七十八　遲三度六十八
統天　加五十九　遲四度
開禧　加五十七　遲四度五十四

十九日
成天　加三十六　遲四度四十六
統天　加二十三　遲五度二十
開禧　加二十一　遲五度一十一

二十日
成天　加三十二　遲五度
統天　初加七末減三　遲五度五十三
開禧　初加六末減二　遲五度四十二

二十一日
成天　初加七末減二　初遲五度十四末遲五度四十
統天　減二十四　遲五度七十八
開禧　減二十四　遲五度四十六

二十二日
成天　減二十四　遲五度三十九
統天　減九十一　遲三十四
開禧　減五十　遲五度三十二

二十三日
成天　減五十一　遲五度一十五
統天　減七十五　遲四度八十三
開禧　減七十四　遲四度七十二

二十四日
成天　減七十三　遲四度六十四
統天　減九十六　遲四度八
開禧　減九十四　遲三度九十八

二十五日
成天　減九十二　遲三度九十一
統天　減一百一十五　遲二十一
開禧　減一百一十　遲三度四分

二十六日
成天　減一百七　遲二度九十九
統天　減一百十六　遲二度九十九

二十七日
開禧　減一百二十二　遲一度九十四
成天　減一百二十　遲一度九十二
統天　初減七十二　末加六十一　遲空七十
開禧　初減一十二　遲初度七十二

二十八日
成天　初減七十二　遲初度七十二

人轉日　損益率

一日
統天　益一千一百
開禧　益一千六
成天　益七百一十
統天　益一千八十六
開禧　益一千五百四

二日
成天　益六百四十四
統天　益九百四十二
開禧　益一千三百二

三日
成天　益五百六十一
統天　益七百七十二
開禧　益一千六十二

四日
成天　益四百六十一
統天　益五百七十四
開禧　益七百八十四

五日
成天　益三百四十四
統天　益三百五十
開禧　益四百八十

六日
成天　益二百一十一
統天　末損九
開禧　初益一百六十四　末損十五

七日
成天　初益七十二　末損五
統天　損二百六十二
開禧　損二百

八日
成天　損九十四
統天　損四十四
開禧　損五百三十一

九日
成天　損二百三十九
統天　損六百十九
開禧　損八百二十四

十日
成天　損二百六十六
統天　損八百七
開禧　損一千[illegible]百[illegible]十[illegible]

十一日
成天　損四百七十七
統天　損九百六十九
開禧　損一千二百五十三

十二日
成天　損五百七十八
統天　損一千一百四
開禧　損一千五百五十五

十三日
成天　損六百六十六
統天　初損九百五十七　末益三百六十
開禧　初損一千二百二十　末益三百七十九

十四日
成天　初損五百一十八　末益一百六十六
統天　益一千一百六十七
開禧　益一千六百一十八

十五日
成天　益六百九十九
統天　益一千五十九
開禧　益一千四百六十六

十六日
成天　益六百三十三
統天　益九百一十五
開禧　益一千二百六十四

十七日
成天　益六百四十四
統天　益七百三十六
開禧　益一千一十七

十八日
成天　益四百三十二
統天　益五百三十

開禧　益七百二十一

十九日
成天　益三百一十一
統天　益二百九十六
開禧　益三百九十二

二十日
成天　益一百七十八
統天　初益六十三　末損十八
開禧　初益七十六　末損一十六

二十一日
成天　初益三十九　末損十一
統天　損二百一十五
開禧　損五百三

二十二日
成天　損一百三十三
統天　損四百五十八
開禧　損六百三十二

二十三日
成天　損二百八十三
統天　損六百七十三
開禧　損九百二十六

二十四日
成天　損四百五
統天　損八百六十二
開禧　損一千一百六十八

二十五日
成天　損五百一十一
統天　損一千一十四
開禧　損一千三百九十一

二十六日
成天　損五百九十四
統天　損一千一百三十一
開禧　損一千五百四十二

二十七日
成天　損六百六十六
統天　初損六百五十五　末益一百四十八
開禧　初損九百一十

二十八日
成天　初損四百

入轉日　朓朒積
統天　朓
開禧　朓

一日
成天　朓
統天　朓九十四
開禧　朓一千六百三十一

二日
成天　朓七百一十
統天　朓二千二百八十
開禧　朓三千一百三十五

三日
成天　朓一千三百三十四
統天　朓三千三百二十二
開禧　朓四千四百二十七

四日
成天　朓一千九百一十五
統天　朓二千五百六十四
開禧　朓五千四百九十九

五日
成天　朓二千三百七十六
統天　朓四千五百六十八
開禧　朓六千二百八十三

六日
成天　朓二千七百二十
統天　朓四千九百八十
開禧　朓六千七百六十三

七日
成天　初朓一千九百五十一　末朓二十三
統天　朓五千一十七
開禧　朓六千九百一十四

八日
成天　朓二千九百九十八
統天　朓四千八百四十五
開禧　朓六千七百一十二

九日
成天　朓二千九百四
統天　朓四千四百五十一
開禧　朓六千一百八十一

十日
成天　朓二千六百六十五
統天　朓三千八百三十二

開禧　朓五千三百四十七

十一日
成天　朓二千三百九十九
統天　朓三千二十四
開禧　朓四千六百三十五

十二日
成天　朓一千八百二十二
統天　朓二千五十五
開禧　朓二千二百八十二

十三日
成天　朓一千二百四十四
統天　朓七百五十一
開禧　朓一千三百二十七

十四日
成天　初朒五百七十八　末朒初
統天　朒二百六十
開禧　朒三百七十九

十五日
成天　朒一百六十六
統天　朒一千四百二十七
開禧　朒一千九百九十七

十六日
成天　朒八百六十五
統天　朒二千四百八十六
開禧　朒三千四百六十三

十七日
成天　朒一千四百九十八
統天　朒三千四百一十四
開禧　朒四千七百二十七

十八日
成天　朒一千四十二
統天　朒四千一百三十七
開禧　朒五千七百三十八

十九日
成天　朒二千四百七十三
統天　朒四千六百六十七
開禧　朒六千四百五十九

二十日
成天　朒二千二百八十六
統天　朒四千九百六十三
開禧　朒六千八百五十一

二十一日
成天　初朒二千九百六十四　末朒二十四
統天　朒五十八
開禧　朒六千九百二

二十二日
成天　朒二千九百九十一
統天　朒一千七百九十三
開禧　朒六千二百九十九

二十三日
成天　朒一千八百五十九
統天　朒四千三百二十三
開禧　朒五千九百六十七

二十四日
成天　朒二千五百七十六
統天　朒三千六百六十二
開禧　朒三千三十一

二十五日
成天　朒二千一百七十一
統天　朒二千八百
開禧　朒三千八百四十一

二十六日
成天　朒一千六百六十
統天　朒一千七百八十六
開禧　朒一千四百五十

二十七日
成天　朒一千六十六
統天　朒六百一
開禧　朒九百一十

二十八日
成天　朒四百

求天正十一月經朔加時入轉經朔弦望入轉朓朒數朔弦望定日定朔弦望加時黃道日度平交日辰平交加時入轉朓朒定數正交日辰經朔加時中積正交加時黃道月度四象加時黃道月度四象後黃道積度四象後黃道積度入初末限月行九道月行去黃道差月行去赤道差月行九道宿度正交加時月離九道宿度定朔弦望加時黃道月度定朔弦望加時九道月度定朔弦望午中入轉每日午中入轉晨昏月度朔弦望晨昏定程每日轉定數每日晨昏月所求日加時平行月積度所求日加時定月

法同前曆此不載

步晷漏

二至限一百八十二分六十二秒

開禧秒一十五成天秒一十四

一象度九十一分三十一秒四十四

冬至後初限夏至後末限六十二日分六

開禧分五成天分八

夏至後初限冬至後末限一百二十日分五十六

開禧分五十三成天分五十四

冬至岳臺中晷常數一丈二尺八寸五分

臨安中晷常數一丈八寸二分

夏至岳臺中晷常數一尺五寸七分（二曆六分）

臨安中晷常數九寸一分

太法九千

開禧一萬三千六百七十五成天五千五百六十五

半法六千

開禧四百五十成天三千三百一十

少法三千

開禧四千二百二十五

昏明分三百

開禧四百二十二半成天一百八十五半

昏明刻二餘六十

開禧餘二百五十二半成天餘五百五十六半

辰刻八餘四十

開禧餘一百六十九成天餘三百七十一

半辰刻四餘二十

開禧餘八十四半成天餘一百八十五半

求午中入氣及中積午中定積入二至後初末限岳臺午中晷景定數九服午中晷景定數臨安午中晷景定數每日赤道內外度每日午中太陽去極度日出入晨昏半晝分晝夜刻日出入辰刻更點差刻及辰刻每日距中度及每更差度昏曉五更中星九服晝夜刻臨安日出入分臨安距中度（法在前曆此不載）

步交會

交實三十二萬六千五百四十七

開禧交率四十五萬九千八百八十六秒四千八百一十三成天交終分二十萬一千九百二十四秒七千五十一

交策二十七餘三千五百八十六秒四千八百二十五

開禧餘二千五百四十七成天餘一千五百七十四秒七千五十一

交中策一十三餘七千二百七十三半

開禧餘一萬二千四百一十

交差八萬二百九十一

朔差日二餘三千八百二十一

開禧餘五千三百八十秒五千一百七十五成天二千三百六十二秒二千九百四十九

交率十九

秒母一萬

交數二百四十二

交終度三百六十二約分七十九秒二十四

開禧秒四十四成天約分七十九秒四十六

交中度一百八十一約分八十九秒六十二

開禧秒七十一成天約分八十九秒七十三

交象度九十約分九十四秒八十一

開禧秒八十六成天同開禧

半交象度四十五約分四十七秒四十半

成天秒四十二

日食岳臺陽曆限五千六百定法五百六十

開禧七千八百九十定法七百八十九成天三千四百七十定法三百四十七

臨安陽曆限五千六百八十定法五百六十

岳臺陰曆限七千一百定法七百一十

開禧九千七百四十定法九百七十四成天四千二百八十定法四百二十八

臨安陰曆限六千七百定法七百一十

月食限一萬一千二百定法七百三十

開禧一萬五千七百八十定法一千五十二成天六千九百四十定法四百六十三

既限三千九百

成天四千六百三十

求天正十一月經朔加時入交定朔望夜半入交每日夜半入交定朔望加時入交定朔望加時月行入交積度定朔望加時月行入交定積度定朔望加時月行入陰陽曆積度定朔望加時月去黃道度日月食甚轉定分日月食甚入轉朓朒數入交數常望定日日月食甚汎大小餘日食甚定大小餘月食甚定大小餘日月食甚入氣日月食甚日月積度至差分差立差朔入交定日日月食甚月行入陰陽曆交前

後分日食分月食分日食汎用分月食汎用分日月食定用分月食既內外分日月食虧初復滿小餘月食更點法月食入更點日月食帶出入及虧後滿前所見分日月食甚宿次日食所起月食所起日月食甚九服加時差日月九服食分差法同前曆此不載

步五星

歲策三百六十五約分二十四秒二十五

氣策一十五約分二十一秒八十四

朔策二十九約分五十三秒六

曆策一十五約分二十一秒九十一

木星

周實四百七十八萬六千六百一十九

開禧周率六百七十四萬一千一百七十三秒八十七成天二百九十五萬九千七百三十二秒三十二

周策三百九十八約分八十八秒四十九

開禧餘一萬四千九百七十二秒八十七約分八十八秒六十成天餘六千五百七十二約分八十八秒五十七

周差一百三十八萬三千六十五

歲差十九萬六千二百

伏見度一十三

開禧曆率六百一十七萬一千八百五十九秒八十九成天二百七十一萬二百一十秒六十九開禧曆中度一百八十三約分六十二秒九十成天秒八十七開禧曆策度一十五約分二十一秒九十一成天同

段目		常日	常度
	統天	三十日	六度四十三分
	開禧	三十日	六度三十六分
晨疾初	成天	三十一日	六度八十九分
	統天	一十九日	五度五十七分
	開禧	一十九日	五度三十七分
晨疾末	成天	二十九日	五度三十九分
	統天	二十八日	四度十四分
	開禧	二十八日	四度七分
晨遲初	成天	二十八日	三度八十五分
	統天	二十六日	一度五十三分
	開禧	二十六日	一度三分
晨遲末	成天	二十六日	一度四十四分
	統天	一十三日	
	開禧	二十三日	
晨留	成天	二十三日	空
	統天	四十六日四十四分秒二十四半	四度八十四分秒八十八
	開禧	四十六日五十四分秒三	四度九十秒八十五
晨退	成天	四十六日二十四分秒一十九	空三十四分秒四十一半
	統天	四十六日四十四分秒二十四半	四度八十四分
	開禧	四十六日五十四分秒三十	四度九十分

段目		常日	常度
夕退	成天	四十六日二十四分秒二十九	四度九十四分秒八十半
	統天	三十三日	
	開禧	二十三日	
夕留	成天	二十二日	空
	統天	二十六日	一度五十三分
	開禧	二十六日	二度三分
夕遲初	成天	一十六日	一度四十四分
	統天	一十八日	四度一十四分
	開禧	一十八日	四度七分
夕遲末	成天	二十八日	三度八十五分
	統天	二十九日	五度五十七分
	開禧	二十九日	五度三十七分
夕疾初	成天	二十九日	五度三十九分
	統天	三十日	六度四十四分
	開禧	三十日	六度三十六分
夕疾末	成天	三十一日	六度八十九分
	統天	一十七日	四度空
	開禧	一十六日	四度九十分
夕伏	成天	一十七日二十分	四度三分

段目	限度	初行率

	統天	四度九十分	二十二分二十九
	開禧	四度八十三分	二十二分秒二十四
晨疾初	成天	五度二十一分	二十三分秒五十八
	統天	四度二十四分	二十分秒五十三
	開禧	四度七分	二十分秒一十八
晨疾末	成天	四度八分	二十分秒八十六
	統天	三度一十五分	一十七分秒四十四
	開禧	三度九分	一十六分秒八十六
晨遲初	成天	二度九十一分	一十六分秒四十四
	統天	一度一十六分	一十分秒八十七
	開禧	一度五十四分	一十二分秒二十二
晨遲末	成天	一度九分	一十一分秒六
	統天		
	開禧		
晨留	成天	空	空
	統天	空二十三分	三十七分
	開禧	空三十三分	四十分空
晨退	成天	一十五分	
	統天	空三十三二七	十五三十一
	開禧	度空三十二分秒八十五半秒四十	一十五分秒四十四
夕退	成天	度空二十四分秒四十一半	一十五分秒四十八
	統天		
	開禧		
夕留	成天	空	空
	統天	一度一十六分	空
	開禧	一度五十分	空
夕遲初	成天	一度九分	空
	統天	三度一十五分	一十分秒八十七
	開禧	三度九分	一十二分秒二十二
夕遲末	成天	二度九十一分	一十一分秒六
	統天	四度二十四分	一十七分秒四十四
	開禧	四度七分	一十六分秒八十六
夕疾初	成天	四度八分	一十六分秒四十四
	統天	四度九十分	二十分秒五十三
	開禧	四度八十二分	二十分秒一十八
夕疾末	成天	五度二十一分	二十分秒八十八
	統天	三度五分	二十二分秒二十九
	開禧	三度九十六分	二十二分秒二十四
夕伏	成天	三度一十八分	二十三分秒五十八
	統天	益一百四十八	空
	開禧	益一百五十二	初

木星盈縮曆

策數		損益率	盈積度
初	成天	益一百五十二	初
	統天	益一百二十五	一度
	開禧	益一百三十七	一度五十三分
一	成天	益一百三十五	一度五十二分
	統天	益一百一十六	二度八十二分
	開禧	益一百一十六	二度九十分
二	成天	益一百一十四	二度八十七分
	統天	益九十一	三度九十九分
	開禧	益九十	四度六分
三	成天	益八十九	四度一分
	統天	益六十	四度九十分
	開禧	益五十九	四度九十六分
四	成天	益六十	四度九十分
	統天	益二十三	五度五十分
	開禧	益二十二	五度五十五分
五	成天	益二十七	五度五十分
	統天	損二十三	五度七十三分
	開禧	損二十二	五度七十分
六			

成天　損二十七　五度七十七分
統天　損六十　五度五十分
開禧　損五十九　五度五十五分

七
成天　損六十　五度五十分
統天　損九十一　四度九十分
開禧　損九十　四度九十六分

八
成天　損八十九　四度九十分
統天　損一百一十六　三度九十九分
開禧　損一百一十六　四度六分

九
成天　損一百十四　四度一分
統天　損一百三十五　二度八十三分
開禧　損一百三十六　二度九十分

十
成天　損一百十五　二度八十七分
統天　損一百四十八　一度四十分
開禧　損一百五十三　一度五十三分

十一
成天　損一百五十二　二度五十二分

策數　損益率　縮積度
統天　益一百七十五　度
開禧　益一百七十九　初

初
成天　益一百七十五　初
統天　益一百二十五　一度七十五分
開禧　益一百六十　一度七十九分

一
成天　益一百三十六　一度七十五分
統天　益一百二十七　三度二十八分
開禧　益一百二十五　三度三十九分

二
成天　益一百三十二　三度三十一分
統天　益九十七　四度五十五分
開禧　益一百二四　四度七十四分

三
成天　益一百三　四度六十三分
統天　益六十三　五度五十二分
開禧　益六十七　五度七十八分

四
成天　益六十九　五度六十六分
統天　益二十五　五度一十五分
開禧　益二十四　六度四十五分

五
成天　益三十　六度三十五分
統天　損二十五　六度四十分
開禧　損二十四　六度六十九分

六
成天　損三十　六度六十五分
統天　損六十三　六度一十五分
開禧　損六十七　六度四十五分

七
成天　損六十九　六度二十五分
統天　損九十七　五度五十二分
開禧　損一百四　五度七十八分

八
成天　損一百三十　五度六十六分
統天　損二十七　四度五十五分
開禧　損一百三十五　四度七十四分

九
成天　損一百三十二　四度六十三分
統天　損一百五十三　三度二十八分
開禧　損一百六十　三度三十九分

十
成天　損一百五十六　三度三十一分
統天　損一百五十七　一度七十五分
開禧　損一百七十九　一度七十九分

十一
成天　損一百七十五　一度七十五分

火星

周實九百三十五萬九千一百五十五

開禧周率二千三百一十八萬八百四秒一成天五百七十八萬七千七十二秒八十八

周策七百七十九約分九十二秒九十六

開禧餘一萬五千七百四秒一約分七十二秒九十二成天餘六千八百九十二秒八十八約分九十二秒九十

周差二百二十六萬四千二十五

歲差四百四萬六千四百

伏見度十九半

開禧曆率六百一十三萬二千九百五十九秒一
成天二百七十一萬二百一十秒二十七開禧曆
中度一百八十二約分六十二秒九十成天秒八
十七開禧曆策度一十五約分二十一秒九十一
成天同開禧

段目　常日　常度
統天　六十八日　十五分　四十八度七十五分
開禧　六十七日　八十八分　四十八度八十分
合伏
成天　六十九日　三十五分　五十度二十五分
統天　六十三日　四十四度三十七分
開禧　六十二日　四十三度六十一分
晨疾初
成天　六十二日　四十三度八十八分
統天　五十八日　三十九度九十八分
開禧　五十八日　三十九度五十九分
晨疾末
成天　五十八日　三十九度六十一分
統天　五十一日　三十三度五十八分
開禧　五十二日　二十四度一分
晨次疾初
成天　五十一日　三十二度一分
統天　四十五日　二十六度二十三分
開禧　四十四日　二十五度六十七分
晨次疾末
成天　四十四日　二十五度五十四分
統天　三十八日　一十七度一十八分

開禧　四十日　一十八度九分
晨遲初
成天　三十九日　一十七度四十四分
統天　二十九日　六度一十五分
開禧　二十八日　六度三十八分
晨遲末
成天　二十九日　六度一十四分
統天　九日
開禧　九日　空
晨留
成天　九日
統天　二十八日　七十一分秒四十八　八度八十九分秒六十四半
開禧　二十九日　一十六分秒四十六　八度八十分秒七十二
晨退
成天　二十八日　七十一分秒四十五　八度五十二分秒六十八
統天　二十八日　七十一八十四　八度八十九分秒六十四半
開禧　二十九日　一十六分秒四十六　八度八十分秒七十二
夕退
成天　二十八日　七十一分秒四十五　八度五十二分秒六十八半
統天　九日
開禧　九日　空
夕留
成天　九日
統天　二十九日　一十八度一十五分
開禧　二十八日　六度三十八分
夕遲初
成天　二十九日　六度一十四分

統天　三十八日　七度一十八分
開禧　四十日　八度九分
夕遲末
成天　二十九日　一十七度四十四分
統天　四十五日　二十六度二十三分
開禧　四十四日　二十五度六十七分
夕次疾初
成天　四十四日　二十五度五十四分
統天　五十一日　三十三度五十八分
開禧　五十二日　三十四度一分
夕次疾末
成天　五十一日　三十二度一分
統天　五十八日　三十九度九十八分
開禧　五十八日　三十九度五十九分
夕疾初
成天　五十八日　三十九度六十一分
統天　六十三日　四十四度三十七分
開禧　六十二日　四十三度六十一分
夕疾末
成天　六十二日　四十三度八十八分
統天　六十八日　二十五分　四十八度七十五分
開禧　六十七日　八十分　四十八度八十分
夕伏
成天　六十九日　二十五分　五度二十五分
段目　限度　初行率
統天　四十六度一分　七十一分秒八十二
開禧　四十六度四分　七十二分六十八

合伏	成天	四十七度四十分	七十三分秒二十四
	統天	四十一度八十八分	七十分秒九十一
	開禧	四十一度一十五分	七十一分秒二十六
晨疾初	成天	四十一度四十六分	七十一分秒八十
	統天	三十七度七十四分	六十九分秒八十四
	開禧	三十七度三十五分	六十九分秒四十二
晨疾末	成天	三十七度四十三分	六十九分秒七十六
	統天	三十一度七十分	六十七分秒九十七
	開禧	三十二度九分	六十七分秒八
晨次疾初	成天	二十三度一十九分	六十六分秒八十四
	統天	二十四度七十六分	六十二分秒四十
	開禧	二十四度二十二分	六十三分秒七十四
晨次疾末	成天	一十四度一十三分	六十二分秒六十二
	統天	一十六度二十二分	五十二分秒六十四
	開禧	一十七度七分	五十二分秒九十六
晨遲初	成天	一十六度四十九分	五十三分秒四十八
	統天	五度八十分	三十四分秒四十六
	開禧	六度二分	三十七分秒四十八
晨遲末	成天	五度八十分	三十五分秒九十二
	統天		
	開禧	空	空
晨留	成天		
	統天	三度二十二分	六分半 空
	開禧	三度三十九分	五十三分半 空
晨退	成天	三度三十六分秒三十一半	空
	統天	三度二十二分秒六十半	四十五分秒四十三
	開禧	三度三十分秒五十二半	四十四分秒二十三
夕退	成天	三度三十六分秒三十一半	四十四分秒七十二
	統天		
	開禧	空	空
夕留	成天		
	統天	五度八十分	空
	開禧	六度二分	空
夕遲初	成天	五度八十分	空
	統天	一十六度二十二分	三十四分秒四十六
	開禧	一十七度七分	秒八十
夕遲末	成天	一十六度四十九分	三十
	統天	一十四度四十六分	五十一分秒
	開禧	二十四度二十二分	五十三分秒九十六
夕次疾初	成天	一十四度一十一分	五十三分秒四十一
	統天	三十一度七十一分	六十二分秒四十
	開禧	二十三度九分	六十三分秒七十四
夕次疾末	成天	三十一度一十九分	六十二分秒六十二
	統天	三十七度七十四分	六十七分秒九十六
	開禧	三十七度三十五分	六十七分秒八
夕疾初	成天	三十七度四十三分	六十六分秒八十四
	統天	四十一度八十八分	六十九分秒八十四
	開禧	四十一度一十五分	六十九分秒四十二
夕疾末	成天	四十一度四十六分	六十九分秒七十六
	統天	四十六度一分	七分秒九十一
	開禧	四十六度四分	七十一分秒二十六
夕伏	成天	四十七度四十八分	七十一分秒八十

火星盈縮曆

策數	曆	損益率	盈積度
	統天	益一千五百五十二	度空
	開禧	益一千一百四十二	初
初	成天	益一千一百五十六	初
	統天	益七百九十二	一十二度五十二分
	開禧	益七百九十七	一十一度四十二分
一	成天	益七百九十六	一十七度五十六分
	統天	益四百五十六	一十九度四十四分

	開禧	益四百七十五	一十九度三十九分
二	成天	益四百五十八	一十九度五十二分
	統天	益一百四十四	二十四度空
	開禧	益一百七十六	二十四度一十四分
三	成天	益一百四十二	二十四度一十分
	統天	損三十八	二十五度四十四分
	開禧	損三十五	二十五度九十分
四	成天	損三十九	二十五度五十二分
	統天	損一百六十三	二十五度六分
	開禧	損一百四十	二十五度五十五分
五	成天	損一百三十七	二十五度一十三分
	統天	損二百六十三	二十三度四十三分
	開禧	損二百四十五	二十四度一十五分
六	成天	損二百二十六	二十三度七十六分
	統天	損三百四十	二十度八十分
	開禧	損三百一十五	二十一度七十分
七	成天	損三百六	二十一度五十分
	統天	損三百九十六	一十七度四十分
	開禧	損三百八十五	一十八度五十五分
八	成天	損三百七十七	一十八度四十四分
	統天	損四百三十三	一十三度四十四分
	開禧	損四百五十五	一十四度七十分
九	成天	損四百三十九	一十四度六十七分
	統天	損四百五十三	九度一十分
	開禧	損四百九十	一十度一十五分
十	成天	損四百九十二	一十度二十八分
	統天	損四百五十八	四度五十八分
	開禧	損五百二十五	五度二十五分
十一	成天	損五百三十六	五度三十六分
	策數	損益率	縮積度
	統天	益四百五十八	度空
	開禧	益五百二十五	初
初	成天	益五百三十六	初
	統天	益四百五十二	四度五十八分
	開禧	益四百九十	五度二十五分
一	成天	益四百九十	一十一度三十六分
	統天	益四百三十三	九度一十分
	開禧	益四百五十五	一十度一十五分
二	成天	益四百三十六	一十一度二十六分
	統天	益三百九十六	一十三度四十四分
	開禧	益三百八十五	一十四度七十分
三	成天	益三百七十四	一十四度六十二分
	統天	益三百四十	一十七度四十分
	開禧	益三百一十四	一十八度五十五分
四	成天	益三百四	一十八度三十六分
	統天	益二百六十三	二十度八十分
	開禧	益二百四十五	二十一度七十分
五	成天	益二百二十六	二十一度四十分
	統天	益一百六十三	三十三度四十三分
	開禧	益一百四十	二十四度一十五分
六	成天	益一百四十	二十三度六十六分
	統天	益三十八	二十五度六十分
	開禧	益三十五	二十五度五十五分
七	成天	益四十六	二十五度六分
	統天	損四百四十	二十五度四十四分
	開禧	損一百七十六	二十五度九十分
八	成天	損一百四十五	二十五度五十三分
	統天	損四百五十六	二十四度空
	開禧	損四百七十五	二十四度一十四分
九	成天	損四百五十七	二十四度七十分
	統天	損七百九十二	一十九度四十四分

	開禧	損七百九十七	一十九度三十九分
十	成天	損七百九十四	一十九度五十分
	統天	損一千一百五十二	一十一度一十二分
	開禧	損一千一百四十二	一十一度一十二分
十一	成天	損一千一百五十六	一十一度五十六分

欽定古今圖書集成曆象彙編曆法典

第三十二卷目錄

曆法總部彙考三十二

宋十四紹熙統天開禧成天曆下　恭帝德祐一則

曆法典第三十二卷

曆法總部彙考三十二

宋十四

紹熙統天開禧成天曆下

土星

周實四百五十三萬七千一百

開禧周率六百三十八萬九千七百四十八秒九十一成天周率二百八十萬五千四百四十秒二十一

周策三百七十八約分九秒十六

開禧餘一千五百四十八秒九十一成天餘六百八十秒二十一

周差三百五十五萬一百

歲差一百一十一萬五千四百

伏見度十八

開禧曆率六百一十七萬二千八百五十九秒一

成天二百七十一萬二百二十一

開禧曆中度一百八十三約分六十二秒九十成天一百三十一分同開禧秒八十七

開禧曆策度一十五約分二十三秒九十一成天同開禧

段目　常日　常度

統天　二十日六十七分　二度六十七分

開禧　六十一日八十分　四十八度八十分

合伏

成天　一十一日二十分　二度七十分

統天　三十日　三度四十九分

開禧　六十二日　四十三度六十一分

晨疾

成天　二十九日　三度二十五分

統天　二十八日　二度六十六分

開禧　五十二日　三十四度一分

晨次疾

成天　二十八日　二度五十分

統天　二十五日　一度二十八分

開禧　四十日　一十八度九分

晨遲

成天　二十七日　一度五十四分

統天　三十四日

開禧　九日　空

晨留

成天　三十二日

統天　三度八十七分秒二十四

開禧　八度八十分秒七十二

晨退

成天　五十一日八十四分秒五十八半　三度五十七分秒五十五

統天　五十一日三十七分秒五十八　三度六十七分秒五十四

開禧　二十九日一十六分秒四十六　八度八十分秒七十二

夕退

成天　五十日八十四分秒五十八半　三度五十七分秒五十五

統天　三十四日

開禧　九日　空

夕留

成天　三十三日

統天　二十五日　一度二十八分

開禧　二十八日　六度三十八分

夕遲

成天　二十七日　一度五十四分

統天　二十八日　二度六十六分

開禧　四十四日　二十五度六十七分

夕次疾

成天　二十八日　二度五十一分

統天　三十日　三度四十九分

開禧　五十八日　三十九度五十九分

夕疾

成天　二十九日　三度二十五分

統天　二十日六十七分　二度六十七分

開禧　六十二日　四十三度六十一分

夕伏

成天　二十一日二十分　二度七十分

段目　限度　初行率

統天　六十三分　一十三分秒三十三

段	曆		
	開禧	四十六度四分	七十二分六十八秒
合伏	成天	一度六十五分	一十三分三十四秒
	統天	二度一十三分	一十二分三十七秒
	開禧	四十度一十五分	七十一分二十八秒
晨疾	成天	一度九十八分	二十二分二十二秒
	統天	一度六十三分	一十分四十七秒
	開禧	三十二度九分	六十七分八秒
晨次疾	成天	一度五十三分	一十分二十八秒
	統天	空七十八分	七分三十二秒
	開禧	一十七度七分	五十二分九十六秒
晨遲	成天	度空九十四分	七分六十六秒
	統天		
	開禧	空	空
晨留	成天		
	統天	度空二十五分	七十一分空
	開禧	三度二十九分	五十三分半空
晨退	成天	度空三十一分七十秒	空
	統天	度空一十五分七十一秒	一十分四十七秒
	開禧	三度三十九分五十三秒半	四十四分二十二秒
夕退	成天	度空七十一分七十秒	九分七十八秒

段	曆		
	統天		
	開禧	空	空
夕留	成天		
	統天	空七十八分	空
	開禧	六度二分	空
夕遲	成天	度空九十四分	空
	統天	一度六十二分	七分三十二秒
	開禧	二十四度二十二日	五十三分九十六秒
夕次疾	成天	一度五十三分	七分六十六秒
	統天	二度一十三分	一十分四十七秒
	開禧	三十七度三十五分	六十七分八秒
夕疾	成天	一度九十八分	一十分二十八秒
	統天	一度六十二分	一十二分三十七秒
	開禧	四十一度四分	七十一分一十六秒
夕伏	成天	一度六十五分	一十二分一十二秒

土星盈縮曆

策數		損益率	盈積度
	統天	益二百八	度空
	開禧	益三百二十二	初
初	成天	益二百二十五	初
	統天	益一百九十三	二度八分
	開禧	益一百九十五	二度二十三分
一	成天	益一百九十五	二度一十五分
	統天	益一百六十八	四度一分
	開禧	益一百六十二	四度一十八分
二	成天	益一百六十一	四度二十分
	統天	益一百三十三	五度六十九分
	開禧	益一百二十四	五度八十分
三	成天	益一百二十三	五度八十一分
	統天	益八十八	七度二分
	開禧	益八十一	七度四分
四	成天	益八十一	七度四分
	統天	益三十三	七度九十分
	開禧	益三十三	七度八十五分
五	成天	益三十五	七度八十五分
	統天	損三十三	八度二十二分
	開禧	損二十二	八度二十八分
六	成天	損三十五	八度二十分
	統天	損八十六	七度九十分
	開禧	損八十一	七度八十五分
七	成天	損八十五	七度八十五分

紀天　損一百二十三　七度二分
開禧　損一百二十四　七度四分

八
成天　損一百二十八　七度分空
統天　損一百六十八　五度六十九分
開禧　損一百六十一　五度八十分

九
成天　損一百六十四　五度七十二分
統天　損一百九十三　四度一分
開禧　損一百九十五　四度一十八分

十
成天　損一百九十三　四度八分
統天　損二百八　二度八分
開禧　損二百二十三　二度二十三分

十一
成天　損二百一十三　一度一十五分

策數　損益率　縮積度
統天　益一百五十八　度空
開禧　益一百六十五　初

初
成天　益一百六十　初
統天　益一百四十五　一度五十八分
開禧　益一百五十一　一度六十五

一
成天　益一百五十二　一度六十分
統天　益一百二十五　三度三分
開禧　益一百三十八　三度一十六分

二
成天　益一百二十八　三度一十二分
統天　益九十八　四度二十八分
開禧　益一百二　四度四十六分

三
成天　益一百一十二　四度五十分
統天　益六十四　五度二十八分
開禧　益六十七　五度四十八分

四
成天　益七十八　五度六十二分
統天　益二十三　五度九十分
開禧　益二十五　六度一十五分

五
成天　益三十五　六度四十分
統天　損二十三　六度一十三分
開禧　損二十五　六度四十分

六
成天　損三十五　六度七十四分
統天　損六十四　五度九十分
開禧　損六十七　六度二十五分

七
成天　損七十四　六度四十分
統天　損九十八　五度二十六分
開禧　損一百二　五度四十八分

八
成天　損一百七　五度六十六分
統天　損一百二十五　四度二十八分
開禧　損一百二十　四度四十六

九
成天　損一百二十四　四度五十九分
統天　損一百四十五　三度三分
開禧　損一百五十一　三度一十六分

十
成天　損一百五十五　三度二十五分
統天　損一百五十八　一度五十八分
開禧　損一百六十五　一度六十五分

十一
成天　損一百七十　一度七十分

金星

周實七百萬六千八百三十三
開禧周率九百八十六萬七千九百五十六秒一
十成天四百二十三萬二千三百五十六秒九十
五
周策五百八十三約分九十秒二十八
開禧餘一萬五千二百五十六秒一十分秒同成
天萬六千六百九十六秒九十五約分九十秒二
十六
周差一百二萬三千六百七十一
歲差三百三十一萬二千三百
伏見度十半
開禧曆率六百一十七萬二千八百五十八秒八
十八成天二百七十一萬二百一十秒十三開禧
曆中度二百八十二約分六十二秒九十成天秒
八十七開禧曆策度一十五約分二十一秒九十

一成天同

段目		常日	常度
	統天	三十九日	四十九度五十分
	開禧	三十九日	四十九度五十分
合伏	成天	三十九日	四十九度五十分
	統天	五十二日	六十五度一十一分
	開禧	五十二日	六十五度一十二分
夕疾初	成天	五十一日	六十三度三十三分
	統天	四十八日	五十九度一十四分
	開禧	四十八日	五十九度八分
夕疾末	成天	四十九日	五十九度七十六分
	統天	四十二日	五十度一十七分
	開禧	四十四日	五十二度五十三分
夕次疾初	成天	四十三日	五十度八十分
	統天	三十七日	四十度八十二分
	開禧	三十七日	
夕次疾末	成天	三十九日	四十二度一十五分
	統天	三十日	二十六度二十七分
	開禧	二十二日	二十七度一十二分
夕遲初	成天	三十二日	二十七度九分
	統天	二十二日	九度二十一分
	開禧	一十八日	七度二十六分
夕遲末	成天	一十七日	七度六十六分
	統天	六日	
	開禧	六日	空
夕留	成天	六日	
	統天	九十九日一十五分秒十四	三度八十分秒八十六
	開禧	一十日	四度四十四分
夕退	成天	一十日	三度八十九分
	統天	六日	四度五十分
	開禧	五日九十五分秒一十二半	四度五十四分秒八十六半
夕伏退	成天	五日九十五分秒一十三	四度五十四分秒八十五
	統天	六日	四度五十分
	開禧	九日九十五分秒一十二半	四度五十四分秒八十六半
合伏退	成天	五日九十五分秒一十一	四度五十四分秒八十五
	統天	九日九十四分秒十四	三度八十七分秒八十六
	開禧	一十日	四度四十四分
晨退	成天	一十日	三度八十九分
	統天	六日	
	開禧	六日	空
晨留	成天	六日	
	統天	二十二日	九度二十一分
	開禧	一十八日	七度三十六分
晨遲初	成天	一十七日	七度六十六分
	統天	三十日	二十六度二十七分
	開禧	三十二日	二十二度一十二分
晨遲末	成天	二十二日	二十七度九分
	統天	三十七日	四十度八十三分
	開禧	三十七日	四十度二十二分
晨次疾初	成天	三十九日	四十二度二十五分
	統天	四十二日	五十度一十七分
	開禧	四十四日	五十二度五十三分
晨次疾末	成天	四十三日	五十度八十分
	統天	四十八日	五十九度一十四分
	開禧	四十八日	五十九度八分
晨疾初	成天	四十九日	五十九度七十六分
	統天	五十二日	六十五度一十一分
	開禧	五十二日	六十五度一十三分
晨疾末	成天	五十日	六十三度三十三分
	統天	三十九日	四十九度五十分
	開禧	三十九日	四十九度五十分
晨伏			

段目	曆	限度	初行率
	成天三十九日		四十九度五十分
	統天	四十七度五十二分	一度二十七分秒六十九
	開禧	四十七度五十一分	一度二十七分秒六十八
合伏	成天	四十七度五十四分	一度二十八分秒六十八
	統天	六十二度五十分	一度二十五分秒九十五
	開禧	六十二度三十八分	一度二十六分秒一十六
夕疾初	成天	六十度八十二分	一度二十五分秒一十六
	統天	五十六度七十七分	一度二十四分秒三十五
	開禧	五十六度五十九分	一度二十四分秒三十四
夕疾末	成天	五十七度四十分	一度二十三分秒一十八
	統天	四十八度一十六分	一度二十三分秒二
	開禧	五十度三十一分	一度二十一分秒八十二
夕次疾初	成天	四十八度七十九分	一度二十分秒七十六
	統天	三十九度一十九分	一十六度六十六分
	開禧		
夕次疾末	成天	四十度五十八分	一度一十五分秒五十二
	統天	二十五度三十一分	一度一分秒五十九
	開禧	二十六度七分	一度分空秒四十八
夕遲初	成天	二十六度二分	一度一分秒一十四
	統天	八度八十四分	度空六十七秒七十二
	開禧	六度九十五分	六十九度六十四分
夕遲末	成天	七度三十六分	六十度八分秒一十六
	統天		
	開禧	空	空
夕留	成天		
	統天	一度七十分秒一十四	空
	開禧	一度八十四分	空
夕退	成天	一度六十九分	空
	統天	一度九十六分	空六十七分秒七十九
	開禧	一度八十八分秒一十六半	六十九度五十二分
夕伏退	成天	一度七十八分秒一十三	六十七分秒七十二
	統天	一度九十六分	空八十二秒二十
	開禧	一度八十八分秒二十三半	八十三分秒一十六
合伏退	成天	一度七十八分秒一十三	八十五分秒一十四
	統天	一度七十分秒一十四	空六十七分秒七十九
	開禧	一度八十四分	六十九度五十二分
晨退	成天	一度六十六分	六十七分秒七十一
	統天		
	開禧	空	空
晨留	成天		
	統天	八度八十四分	空
	開禧	六度	
晨遲初	成天	七度三十六分	空
	統天	二十五度三十一分	空六十七分秒七十三
	開禧	二十一度七分	六十七度六十四分
晨遲末	成天	二十六度二分	六十八分秒一十六
	統天	三十九度一十九分	一度一分秒五十九
	開禧	三十八度五十三分	一度分空秒四十八
晨次疾初	成天	四十度五十八分	一度一分秒一十四一作十四
	統天	四十八度一十六分	一度一十六分秒六十六
	開禧	五十度三十一分	一度一十六分秒九十四
晨次疾末	成天	四十八度七十九分	一度一十五分秒五十二
	統天	五十六度七十七分	一度一十二分秒二
	開禧	五十六度五十九分	一度二十一分秒八十二
晨疾初	成天	五十七度四十分	一度二十分秒七十六
	統天	六十二度五十分	一度二十四分秒三十五
	開禧	六十一度二十八分	一度二十四分秒三十四
晨疾末	成天	六十度八十二分	一度三十三分秒一十八
	統天	四十七度五十二分	一度二十五分秒九十三
	開禧	四十七度四十一分	一度二十六分秒一十六
晨伏			

成天 四十七度五十四分 一度二十五分秒一十六

金星盈縮曆

策數 損益率 盈積度
統天 益五十三 度空
開禧 益五十二 初

初
成天 益五十四 初
統天 益四十九 空五十三分
開禧 益四十九 初度五十二分

一
成天 益四十九 初度五十四分
統天 益四十二
開禧 益四十二 一度一分

二
成天 益四十二 一度三分
統天 益三十七 一度四十一分
開禧 益三十四 一度四十四分

三
成天 益二十三 一度四十五分
統天 益二十一 一度七十四分
開禧 益二十二 一度七十八分

四
成天 益二十二 一度七十八分
統天 益八 一度九十五分
開禧 益七 二度空分

五
成天 益九 一度空分
統天 損八 二度二分
開禧 損七 二度七分

六
成天 損九 二度九分
統天 損二十一 九十五
開禧 損一十 一度空分

七
成天 損二十二 二度空分
統天 損三十三 一度七十四分
開禧 損二十四 一度七十八分

八
成天 損三十二 一度七十八分
統天 損四十一 一度四十二分
開禧 損四十三 一度四十四

九
成天 損四十 一度四十五分
統天 損四十八 一度一分
開禧 損四十九 一度

十
成天 損四十九 一度三分
統天 損五十三 空五十二分
開禧 損五十二 初度五十二分

十一
成天 損五十四 初度五十四分

策數 損益率 縮積度
統天 益五十三 度空
開禧 益五十二 初

初
成天 益五十四 初
統天 益四十八 空五十一分
開禧 益四十九 初度五十二分

一
成天 益四十九 初度五十四分
統天 益四十一 一度一分
開禧 益四十三 一度一分

二
成天 益四十二 一度三分
統天 益二十二 一度四十一分
開禧 益三十四 一度四十四分

三
成天 益三十一 一度四十五分
統天 益二十一 一度一十四分
開禧 益二十二 一度七十分

四
成天 益二十二 一度七十八分
統天 益八 一度九十五分
開禧 益七 二度空分

五
成天 益九 二度空分
統天 損八 二度三分
開禧 損七 二度七分

六
成天 損九 二度九分
統天 損二十一 一度九十一分

開禧　損二十二　二度空分

七　成天　損二十二　二度空分

統天　損三十二　一度七十四分

開禧　損三十四　一度七十八分

八　成天　損二十三　一度七十八分

統天　損四十一　一度四十二分

開禧　損四十三　一度四十四分

九　成天　損四十一　一度四十五分

統天　損五十八　一度一分

開禧　損四十九　一度一分

十　成天　損四十九　一度三分

統天　損五十三　空五十三分

開禧　損五十三　初度五十二分

十一　成天　損五十四　初度五十四分

水星

周實一百三十九萬五百一十四

開禧周率一百九十五萬八千三百五秒一十成天八十五萬九千七百九十九秒九十

周策一百一十五約分八十七秒六十二

開禧餘一萬四千八百五秒一十約分八十七秒六十成天餘六千四百九十九秒九十

周差八十九萬五千一百六十二

歲差一百一萬二千八百

夕見晨伏度十五半

晨見夕伏度二十半

開禧曆率六百一十七萬二千八百六十秒四成天二百七十一萬二百一十一秒一十五開禧曆中度一百八十二約分六十二秒九十成天秒八十七開禧曆策度一十五約分二十二秒九十一

成天同

段目　常日　常度

統天　一十六日　三十一度五十分

開禧　一十七日六十五分　三十六度六十五分

合伏

成天　一十七日二十五分　三十三度二十五分

統天　一十五日　二十二度二十四分

開禧　一十五日　二十二度四十分

夕疾

成天　一十五日　二十一度八十六分

統天　一十二日　一十二度七十六分

開禧　一十二日　一十度一十分

夕遲

成天　一十二日　一十一度六十四分

統天　二日

開禧　二日　空

夕留

成天　二日

統天　一十日九十二分秒八十一　八度五十分秒六十九

開禧　一十日一十八分秒八十　八度二十一分秒二十

夕伏退

成天　一十日六十八分秒八十八　八度八十一分秒二十

統天　一十日九十三分秒八十一　八度五十六分秒一十九

開禧　一十日二十八分秒一十八　八度二十一分秒二十

合伏退

成天　一十日六十八分秒八十　八度八十一分秒二十

統天　二日

開禧　二日　空

晨留

成天　二日

統天　一十三日　一十二度七十六分

開禧　一十二日　一十度一十分

晨遲

成天　一十二日　一十一度六十四分

統天　一十五日　二十二度二十四分

開禧　一十五日　二十二度四十分

晨疾

成天　一十三日　二十一度八十六分

統天　一十六日　一十一度五十分

開禧　一十七日六十五分　三十二度六十五分

晨伏

成天　一十七日二十三分　三十三度二十五分

段目　限度　初行率

統天　二十六度三十分　一度秒二分

開禧　二十八度二十二分　二度九分　五十分

合伏

成天　二十七度六十一分　二度一十五分秒三十四

段	曆		
	統天	一十八度五十七分	一度六十八分
	開禧	一十八度七十九分	一度七十一分秒七十八
夕疾	成天	一十八度一十五分	一度七十分秒一十六
	統天	一十度一十五分	一度二十七分
	開禧	八度四十七分	一度二十六分秒八十六
夕遲	成天	九度六十七分	一度二十一分秒三十
	統天		
	開禧	空	空
夕留	成天		
	統天	二度四十一分秒八十一	空
	開禧	二度四十五分秒八十	空
夕伏退	成天	二度五十分秒八十	空
	統天	二度四十一分秒八十一	一度五十七分
	開禧	一度四十五分秒八	一度六分秒五十六
合伏退	成天	二度五十分秒八十	一度五分秒七十五
	統天		
	開禧	空	空
晨留	成天		
	統天	十度六十五分	空
	開禧	八度四十七分	空
晨遲			

段	曆		
	成天	九度六十七分	空
	統天	一十八度五十七分	一度二十七分秒空
	開禧	一十八度七十九分	一度二十六分秒八十六
晨疾	成天	一十八度一十五分	一度二十一分秒二十
	統天	二十六度二十分	一度六十八分秒空
	開禧	二十八度二十二分	一度七十一分秒七十八
晨伏	成天	二十七度六十一分	一度七十分秒六十

水星盈縮曆

策數	曆	損益率	盈積度
	統天	益五十八	度空
	開禧	益五十七	初度
初	成天	益五十九	
	統天	益五十二	空五十八分
	開禧	益五十三	初度五十七分
一	成天	益五十五	初度五十九分
	統天	益四十四	一度一十分
	開禧	益四十六	一度一十分
二	成天	益四十八	一度一十四分
	統天	益二十四	一度五十四分
	開禧	益二十六	一度五十六分
三	成天	益三十八	一度六十二分
	統天	益[illegible]	一度八十八分
	開禧	益[illegible]	一度九十二分
四	成天	益[illegible]十五	二度空分
	統天	益八	二度一十分
	開禧	益七	二度一十三分
五	成天	益九	二度二十五分
	統天	損八	二度一十八分
	開禧	損七	二度二十二分
六	成天	損九	二度[illegible]十四分
	統天	損二十二	二十度
	開禧	損二十三	二度一十五分
七	成天	損二十五	二度二十五分
	統天	損三十四	一度八十八分
	開禧	損三十六	一度九十二分
八	成天	損三十八	二度空分
	統天	損四十四	一度五十四分
	開禧	損四十六	一度五十六分
九	成天	損四十八	一度六十二分
	統天	損五十二	一十度
	開禧	損五十三	一度一十分
十			

	成天	損五十五	一度一十四分
	統天	損五十八	度空五十八分
	開禧	損五十七	初度五十七分
十一	成天	損五十九	初度五十九分

策數		損益率	縮積度
	統天	益五十一	度空
	開禧	益五十七	初度
初	成天		
	統天	益五十二	度空五十八分
	開禧	益五十三	初度五十七分
一	成天	益五十五	初度
	統天	益四十四	一度一十分
	開禧	益四十六	一度一十分
二	成天	益四十八	一度一十四分
	統天	益三十四	一度五十四分
	開禧	益二十六	一度五十六分
三	成天	益三十八	一度六十二分
	統天	益二十二	一度八十八分
	開禧	益[illegible]十	一度九十二分
四	成天	益[illegible]十五	二度空分
	統天	益八	二度一十分
	開禧	益七	二度一十五分
五	成天	益九	二度二十五分
	統天	損八	二十八度
	開禧	損七	二度二十二分
六	成天	損九	二度三十四分
	統天	損二十二	二十度
	開禧	損二十二	二度二十五分
七	成天	損二十五	二度二十五分
	統天	損三十四	一度八十八分
	開禧	損三十六	一度九十二分
八	成天	損三十八	二度空分
	統天	損四十四	一度五十四分
	開禧	損四十六	一度五十六分
九	成天	損四十八	一度六十二分
	統天	損五十二	一十度
	開禧	損五十三	一度一十分
十	成天	損五十五	一度一十四分
	統天	損五十八	度空五十八分
	開禧	損五十七	初度五十七分
十一	成天	損五十九	初度五十九分

求五星天正冬至後平合及諸段中積中星五星平合及諸段入曆五星平合及諸段盈縮差五星平合及諸段定積五星平合及諸段定日五星平合諸段所在月日五星平合及諸段加時定星五星平合及諸段初日夜半定星諸段平行分諸段總差諸段初末日行分諸段每日夜半星行宿次徑求其日宿次五星平合見伏入氣五星平合見伏行差五星定合定見定伏汎積五星定合用積用星木火土三星定見定伏用積金水二星定見定伏用積法同前曆此不載

恭帝德祐　年造本天曆

按宋史恭帝本紀不載　按律曆志德祐之後陸秀夫等擁立益王走海上命禮部侍郎鄧光薦與蜀人楊某等作曆賜名本天曆今亡

欽定古今圖書集成曆象彙編曆法典

第三十三卷目錄

曆法總部彙考三十三

金一 熙宗天會一則 世宗大定一則 大明曆法上

曆法典第三十三卷

曆法總部彙考三十三

金一

熙宗天會十五年春正月初用大明曆

按金史熙宗本紀云云　按曆志昔者聖人因天道以授人時釐百工以熙庶政步推之法其來尚矣自漢太初迄於前宋治曆者奚啻七十餘家大槩或百年或數十年率一易焉蓋日月五星盈縮進退與夫天運至不齊也人方製器以求之以俾其齊積寡至多不能無爽故爾金有天下百餘年曆惟一易天會五年司天楊級始造大明曆十五年春正月朔始頒行之其法以三億八千三百七十六萬八千六百九十七爲曆元五千二百三十爲日法然其所本不能詳究或曰因宋紀元曆而增損之也

世宗大定十一年司天監趙知微進大明曆

按金史世宗本紀不載　按曆志正隆戊寅三月辛酉朔司天監言日當食而不食大定癸巳五月壬辰朔日食甲午十一月甲申朔日食加時皆先天丁酉九月丁酉朔食乃後天由是占候漸差乃命司天監趙知微重修大明曆十一年曆成時翰林應奉耶律履亦造乙未曆二十一年十一月望太陰虧食遂命尚書省委禮部員外郎任忠傑與司天曆官驗所食時刻分秒比校知微履及見行曆之親疎以知微曆爲親遂用之明昌初司天又改進新曆禮部郎中張行簡言請俟他日月食覆校無差然後用之事遂寢是以終金之世惟用知微曆我朝初亦用之後始改授時曆焉今其書存乎太史采而錄之以爲曆志

大明曆法上

步氣朔第一

演紀上元甲子距今大定庚子八千八百六十三萬九千六百五十六年

日法五千二百三十分

歲實一百九十一萬二百二十四分

通餘二萬七千四百二十四分

朔實一十五萬四千四百四十五分

通閏五萬六千八百八十四分

歲策三百六十五日餘一千二百七十四分

朔策二十九日餘二千七百七十五分

氣策一十五日餘一千一百四十二分六十秒

望策一十四日餘四千原本闕四字二分四十五秒

象策七日餘二千原本闕四字二分二十二秒半

沒限四千原本闕二字八十七分三十秒

朔虛分二千四百五十五分

旬周三十一萬三千八百分

紀法六十

秒母九十

求天正冬至

置上元甲子以來積年歲實乘之爲通積分滿旬周去之不盡以日法約之爲日不盈爲餘命甲子算外卽所求天正冬至日大小餘

求次氣

置天正冬至大小餘以氣策累加之秒盈秒母從分分滿日法從日卽得次氣日及餘秒

求天正經朔

以朔實去通積分不盡爲閏餘以減通積爲朔積分滿旬周去之不盡如日法而一爲日不盈爲餘卽所求天正經朔大小餘也

求弦望及次朔

置天正經朔大小餘以象策累加之卽各得弦望及次朔經日及餘秒也

求沒日

置有沒之恆氣小餘如沒限已上爲有沒之氣以秒母乘之內其秒用減四十七萬七千五百五十六餘滿六千八百五十六而一所得併恆氣大餘命爲沒日

求滅日

置有滅之朔小餘經朔小餘不滿朔虛分者六因之如四百九十一而一所得併經朔大餘命爲滅日

步卦候第二

候策五　餘三百八十　秒八十

卦策六　餘四百五十七　秒六

貞策三　餘二百二十八　秒四十八

秒母九十
辰法二千六百一十五
半辰法一千三百七半
刻法二百一十三　秒八十
辰刻八　一百四分　秒六十
半辰刻四　五十二分　秒三十
秒母一百

求七十二候

置中氣大小餘命之爲初候以候策累加之卽次候及末候也

求六十四卦

置中氣大小餘命之爲公卦以卦策累加之得辟卦又加之得侯內卦以貞策加之得節氣之初爲侯外卦又以貞策加之得大夫卦又以卦策加之爲卿卦也

求土王用事

以貞策減四季中氣大小餘卽土王用事日也

求發斂

置小餘以六因之如辰法而一爲辰如不盡以刻法除之爲刻命子正算外卽得加時所在辰刻及分數也

如加半辰法卽命子刻初

二十四氣卦候

恆氣 月中節 四正卦	初候	次候	末候
冬至 十一月中 坎初六	蚯蚓結	麋角解	水泉動
小寒 十二月節 坎九二	鴈北鄉	鵲始巢	野雞始雊
大寒 十二月中 坎六三	雞始乳	鷙鳥厲疾	水澤腹堅
立春 正月節 坎六四	東風解凍	蟄蟲始振	魚上冰
雨水 正月中 坎九五	獺祭魚	鴻鴈來	草木萌動
驚蟄 二月節 坎上六	桃始華	倉庚鳴	鷹化爲鳩
春分 二月中 震初九	元鳥至	雷乃發聲	始電
清明 三月節 震六二	桐始華	田鼠化爲鴽	虹始見
穀雨 三月中 震六三	萍始生	鳴鳩拂其羽	戴勝降于桑
立夏 四月節 震九四	螻蟈鳴	蚯蚓出	王瓜生
小滿 四月中 震六五	苦菜秀	靡草死	麥秋至
芒種 五月節 震上六	螳螂生	鵙始鳴	反舌無聲
夏至 五月中 離初九	鹿角解	蜩始鳴	半夏生
小暑 六月節 離六二	溫風至	蟋蟀居壁	鷹乃學習
大暑 六月中 離九三	腐草爲螢	土潤溽暑	大雨時行
立秋 七月節 離九四	涼風至	白露降	寒蟬鳴
處暑 七月中 離六五	鷹乃祭鳥	天地始肅	禾乃登
白露 八月節 離上九	鴻鴈來	元鳥歸	羣鳥養羞
秋分 八月中 兌初九	雷乃收聲	蟄蟲坏戶	水始涸
寒露 九月節 兌九二	鴻鴈來賓	雀入大水化爲蛤	菊有黃華
霜降 九月中 兌六三	豺乃祭獸	草木黃落	蟄蟲咸俯
立冬 十月節 兌九四	水始冰	地始凍	野雞入水化爲蜃
小雪 十月中 兌九五	虹藏不見	天氣上升地氣下降	閉塞而成冬
大雪 十一月節 兌上六	鶡鳥不鳴	虎始交	荔挺出

恆氣	始卦	中卦	終卦
冬至	公中孚	辟復	侯屯內
小寒	侯屯外	大夫謙	卿睽
大寒	公升	辟臨	侯小過內
立春	侯小過外	大夫蒙	卿益
雨水	公漸	辟泰	侯需內
驚蟄	侯需外	大夫隨	卿晉
春分	公解	辟大壯	侯豫內
清明	侯豫外	大夫訟	卿蠱
穀雨	公革	辟夬	侯旅內
立夏	侯旅外	大夫師	卿比
小滿	公小畜	辟乾	侯大有內
芒種	侯大有外	大夫家人	卿井
夏至	公咸	辟姤	侯鼎內
小暑	侯鼎外	大夫豐	卿渙
大暑	公履	辟遯	侯恆內
立秋	侯恆外	大夫節	卿同人
處暑	公損	辟否	侯巽內
白露	侯巽外	大夫萃	卿大畜
秋分	公賁	辟觀	侯歸妹內
寒露	侯歸妹外	大夫無妄	卿明夷
霜降	公困	辟剝	侯艮內
立冬	侯艮外	大夫既濟	卿噬嗑
小雪	公大過	辟坤	侯未濟內
大雪	侯未濟外	大夫蹇	卿頤

步日躔第三

周天分一百九十一萬二百九十三分五百三十秒
歲差六十九　五百三十秒
秒母一萬
周天度三百六十五度二十五分六十八秒
象限九十一　三十一分九秒

二十四氣日積度及盈縮

恆氣　日積度分秒　損益率

恆氣			初末率
冬至	空		益七千五十九
小寒	一十五	九十二 四十三	益五千九百二十
大寒	三十一	七十三 四十八	益四千七百一十八
立春	四十七	四十一 五十一	益三千四百五十三
雨水	六十二	九十八 八十九	益二千一百二十六
驚蟄	七十八	四十二 空	益七百二十七
春分	九十三	七十一 二十四	損七百三十九
清明	一百八	八十五 六十九	損二千一百二十六
穀雨	一百二十三	八十六 二十八	損三千四百五十二
立夏	一百三十八	七十三 六十	損四千七百一十八
小滿	一百五十三	四十八 二十七	損五千九百二十
芒種	一百六十八	一十二 九十二	損七千五十九
夏至	一百八十二	六十二 一十八	益七千五十九
小暑	一百九十七	一十三 四十三	益五千九百二十
大暑	二百一十一	七十八 八	益四千七百一十八
立秋	二百二十六	五十 七十六	益三千四百五十三
處暑	二百四十一	三十八 七	益二千一百二十六
白露	二百五十六	二十八 六十六	益七百三十九
秋分	二百七十一	五十三 十一	損七百三十九
寒露	二百八十六	六十二 三十五	損二千一百二十六
霜降	三百二	二十五 四十六	損三千四百五
立冬	三百一十七	八十一 八十四	損四千七百十八
小雪	三百三十三	五十七 八十	損五千九百三十
大雪	三百四十九	三十二 九十一	損七千五十九

恆氣	初末率
冬至	初四百九十八八十六十五 末四百七十八八十八一十八
小寒	初四百二十五八十九七十二 末三百五十二一十四十一
大寒	初三百四十八八十四八十 末二百七十二二十八七十四
立春	初二百六十七六十一八十六 末一百八十六一十六一十六
雨水	初一百八十一三十七三十八 末九十七十二三十二
驚蟄	初九十二十三四十六 末五九十八四十
春分	初五九十八四十 末九十一千三四六
清明	初九十八九十六五十 末一百八十四十三二十
穀雨	初一百二十六四十八 末一百六十五七十二五十四
立夏	初二百七十三十一九十七 末二百四十六九十一四十二
小滿	初三百五十四三十七十九 末四百二十三九十六三十
芒種	初四百二十八八十八一十二 末四百九十八八十六十五
夏至	初四百九十八八十六十五 末四百二十八八十八二十一
小暑	初四百二十九八十九七十二 末三百五十三十四十一
大暑	初三百四十八八十四八十 末二百七十二十八七十四
立秋	初二百六十七六十六十二 末一百八十六二十六二十六
處暑	初一百八十三二十七三十八 末九十七一十二二十二
白露	初九十二十七四十六 末五九十八四十
秋分	初五九十八四十 末九十二十三四十六
寒露	初九十八九十六五十 末一百八十四十三二十
霜降	初一百二十八四十八 末一百六十五七十二五十四
立冬	初二百七十一三十一九十一 末二百四十六九十一四十二
小雪	初三百五十四三十七十九 末四百二十二九十六三十二
大雪	初四百二十八八十八十一 末四百九十八八十六十五

恆氣	日差
冬至	四 九十一 七十九
小寒	五 一十八 九十九
大寒	五 四十六 一十九
立春	五 七十二 九十六
雨水	五 九十八 八十七
驚蟄	五 九十八 八十七
春分	五 九十八 八十七
清明	五 七十二 九十六
穀雨	五 四十六 一十九
立夏	五 一十八 九十九
小滿	四 九十一 七十九
芒種	四 九十一 七十九
夏至	四 九十一 七十九
小暑	五 一十八 九十九
大暑	五 四十六 一十九
立秋	五 七十二 九十六
處暑	五 九十八 八十七
白露	五 九十八 八十七
秋分	五 九十八 八十七
寒露	五 七十三 九十六
霜降	五 四十六 一十九
立冬	五 十八 九十九
小雪	四 九十一 七十九
大雪	四 九十一 七十九

恆氣	盈縮積
冬至	盈空
小寒	盈七千五十九
大寒	盈一萬二千九百二十九
立春	盈一萬七千六百九十七
雨水	盈二萬一千一百五十
驚蟄	盈二萬三千二百一十六

春分 盈二萬四千一十五
清明 盈二萬三千七百七十六
穀雨 盈二萬一千一百五十
立夏 盈一萬七千六百九十七
小滿 盈一萬二千九百七十九
芒種 盈七千五十九
夏至 縮空
小暑 縮七千五十九
大暑 縮一萬二千九百七十九
立秋 縮一萬七千六百九十七
處暑 縮二萬一千一百五十
白露 縮二萬三千三百七十六
秋分 縮二萬四千一十五
寒露 縮二萬三千二百七十六
霜降 縮一萬一千一百三十
立冬 縮一萬一千六百九十九
小雪 縮一萬一千九百
大雪 縮七千五十九

二十四氣中積及朓朒

恆氣 中積經分約分
冬至 空
小寒 十五日一千一百四十 二十一八十四
大寒 三十二千二百八十七三十 四十三十八十九
立春 四十五三千四百二十一 六十五五十四
雨水 六十四千五百七十六十 八十七三十
驚蟄 七十六四百八十二 千九二十四
春分 九十一一千六百十六 二十一九

恆氣 損益率 初末率
冬至 益二百七十六 初二十九四十八六十四 末一十六七十八五十三
小寒 益二百三十二 初一十六六十八七十四 末一十三八十二十九
大寒 益一百八十五 初一十三七十九十一 末十六十二十二十一
立春 益一百二十五 初十四十六七十 末七二十五四十五
雨水 益八十三 初七一十二十四 末二七十九六十二
驚蟄 益二十九 初三五十八三十一 末空一十四八十一
春分 損二十九 初空二十四八十 末三五十六三十一
清明 損八十三 初三八十五七 末七五十二十六
穀雨 損一百二十五 初七二十三三九 末一十四十五十六
清明 一百六 二千七百六十六 六十五十二九十三
穀雨 一百一十一 三千九百二十三十 七十四七十八
立夏 一百三十六 五千五十四 九十六六十三
小滿 一百五十二 九百六十六 一十八四十八
芒種 一百六十七 二千一百九二 十四十三十三
夏至 一百八十二 二千五百九十一 六十二十八
小暑 一百九十七 四千二百四一六 八十四二
大暑 一百一十三 二百三十 五八十七
立秋 二百二十八 一千四百五十 二十七七十二
處暑 二百四十三 三千五百九十二 六千四十九五十二四
白露 二百五十八 三千七百五十五 一十七十一四十二
秋分 二百七十二 四千八百七十八 九十三二十七
寒露 二百八十九 七百九十六 一十五一十二
霜降 二百四 一千九百三十九 十三十六九十六
立冬 三百一十九 三千七十六 五十八八十一
小雪 三百三十四 四千二百一十八六十 八十六十六
大雪 三百五十 二百三十一三十 二五十一

恆氣 日差 朓朒積
冬至 一十九空 朒空
小寒 二十二十九 朒二百七十六
大寒 二十一五十九 朒五百八
立春 二十二四十五 朒六百九十三
雨水 二十三三十二 朒八百二十八
驚蟄 二十三三十二 朒九百一十一
春分 二十六三十二 朒九百四十
清明 二十二四十五 朒九百一十一
穀雨 二十一五十九 朒八百二十八
立夏 二十二十九 朒六百九十三
小滿 一十九空 朒五百八

立夏 損一百八十五 初十七十二三十六 末一十三五十九九十一
小滿 損二百三十二 初十三八十九四十 末十六五十九五十
芒種 損二百七十六 初十六七十六五十二 末一十九四十六六十四
夏至 益二百七十六 初十九四十八六十四 末一十六七十八五十二
小暑 益二百二十二 初二十六十八七十四 末十三八十一十九
大暑 益一百八十五 初十三六十九十一 末十六十二十四
立秋 益一百三十五 初十四十六七十 末七二十七四十五
處暑 益八十三 初七一十一十一十四 末三七十九六十三
白露 益二十九 初三五十六三十一 末空二十四八十
秋分 損二十九 初空二十四八十 末五十六三十一
寒露 損八十三 初三八十七十六 末十五十
霜降 損一百三十五 初七三十三五十九 末十四十五十六
立冬 損一百八十五 初十七十一三十六 末一十三五十九九十一
小雪 損二百三十二 初十三八十九十四 末十六五十九五十二
大雪 損二百七十六 初十六七十八五十二 末九四十八六十四

芒種　一十九空　朒二百七十六
夏至　一十九空　朓空
小暑　一十二十九　朓二百七十六
大暑　一十一五十九　朓五百八
立秋　一十二四十五　朓六百九十三
處暑　一十三三十二　朓八百二十八
白露　一十三三十二　朓九百一十一
秋分　二十三三十二　朓九百四十
寒露　二十二四十五　朓九百一十一
霜降　二十一五十九　朓八百二十八
立冬　二十二十九　朓六百九十三
小雪　一十九空　朓五百八
大雪　一十九空　朓二百七十六

求每日盈縮朓朒

各置其氣損益率（求盈縮用盈縮之損益求朓朒用朓朒之損益）六因如象限而一爲氣中率與後氣中率相減爲合差半合差加減其氣中率爲初末汎率（至後加初減末分後減初加末）又置合差六因如象限而一爲日差半之加減初末汎率爲初末定率（至後減初加末分後加初減末）以日差累加減其氣初末定率爲每日損益分（至後減分後加）各以每日損益分加減氣下盈縮朓朒爲每日盈縮朓朒

二分前一氣無後率相減爲合差者皆用前氣合差

求經朔弦望入氣

置天正餘以日法除爲日不滿爲餘如氣已下以減氣策爲入大雪氣策已上去之餘亦減氣策爲入小雪氣即得天正經朔入氣日及餘也以象策累加之滿氣策去之即得弦望入次氣日及餘因加後朔入氣日及餘也

求每日損益盈縮朓朒

以日差益加減損加減其氣初損益率爲每日損益率馴積損益其氣盈縮朓朒積爲每日盈縮朓朒積

求經朔弦望入氣朓朒定數

各以所入恆氣小餘以乘其日損益率乘如日法而一以所得損益其下朓朒積爲定數

赤道宿度

斗二十五度　牛七度少　女十一度少　虛九度少秒六十八
危十五度半　室十七度　壁八度太
右北方七宿九十四度秒六十八
奎十六度半　婁十二度　胃十五度　昴十一度少
畢十七度少　觜半度　參十度半
右西方七宿八十三度
井三十三度少　鬼二度半　柳十三度太　星六度太
張十七度少　翼十八度太　軫十七度
右南方七宿一百九度少
角十二度　亢九度少　氐十六度　房五度太
心六度少　尾十九度少　箕十度半
右東方七宿七十九度

求冬至赤道日度

置通積分以周天分去之餘日法而一爲度不滿退除爲分秒（以百爲母）命起赤道虛宿七度外去之至不滿宿即所求年天正冬至加日躔赤道宿度及秒

求春分夏至秋分赤道日度

置天正冬至加時赤道日度累加象限滿赤道宿次去之即各得春分夏至秋分時日在宿及分秒

求四正赤道宿積度

置四正赤道宿全度以四正赤道日度及分減之餘爲距後度以赤道宿度累加之各得四正後赤道宿積度及分

求赤道宿積度入初末限

視四正後赤道宿積度及分在四十五度六十五分秒五十四半已下爲入初限已上者用減象限餘爲入末限

求二十八宿黃道度

以四正後赤道宿入初末限度及分減一百一度餘以初末限度及分乘之進位滿百爲分分滿百爲度至後以減分後以加赤道宿積度爲其宿黃道積度以前宿黃道積度減之（其四正之宿先加象限然後前宿減之）爲其宿黃道度及分（其分就近約爲太半少）

黃道宿度

斗二十二度　牛七度　女十一度　虛九度少秒六十八
危十六度　室十八度少　壁九度半
右北方七宿九十四度六十八秒
奎二十七度太　婁十二度太　胃十五度半　昴十一度
畢十六度半　觜半度　參九度太
右西方七宿八十二度太二百七十七十五六八
井三十度半　鬼二十度半　柳十三度少　星六度太
張十七度六　翼二十度　軫十八度半
右南方七宿一百九度少二百八十七
角十二度太　亢九度太　氐十六度少　房五度太
心六度　尾十八度少　箕九度半

右東方七宿七十八度少（三百六十五二十五六十八）前黃道宿度依今曆歲差所在筭定如上考往古下驗將來當據歲差每移一度依然推變當時宿度然可步曜知其所在

求天正冬至加時黃道日度

以冬至加時赤道日度及分秒減一百一度餘以冬至赤道日度及分秒乘之進位滿百爲分分滿百爲度度命黃赤道差用減冬至加時赤道日度及分秒即所求年天正冬至加時黃道日度及分秒

求二十四氣加時黃道日度

置所求年冬至日躔黃赤道差以次年黃赤道差減之餘以所求氣數乘之二十四而一所得以加其氣中積及約分　又以其氣初日盈縮數盈加縮減之用加冬至加時黃道日度依宿次去之即各得其氣加時黃道日躔宿度及分秒

如其年冬至加時赤道加宿度空分秒在歲差已下者即加前宿全度然求黃赤道差餘以術算

求二十四氣每日晨前夜半黃道日度

副置其氣小餘以其氣初日損益率乘之（盈縮之損益）萬約之爲分應益者盈加縮減應損者盈減縮加其副日法除之爲度不滿退除爲分秒以減其氣加時黃道日度即各得其氣初日晨前夜半黃道日度每日加一度以百約每日損益率（盈縮之損益）應益者盈加縮減應損者盈減縮加爲每日晨前夜半黃道日度及分秒

求每日午中黃道日度

置一萬分以所入氣日盈縮損益率應益者盈加縮減應損者盈減縮加皆加減損益率餘半之滿百爲分不滿爲秒以加其日晨前夜半黃道日度即其日午中日躔黃道宿度及分秒

求每日午中黃道積度

以二至加時黃道日度距至所求日午中黃道日度爲入二至後黃道積度分秒

求每日午中黃道入初末限

視二至後黃道積度在四十三度一十二分秒八十七已下爲初限已上用減象限餘爲入末限其積度滿象限去之爲二分後黃道積度在四十八度一十八分秒二十二已下爲初限已上用減象限餘爲入末限

求每日午中赤道日度

以所求日午中黃道積度入至後初限分後末限度及分秒進三位加二十萬二千五十少開平方除之所得減去四百四十九半餘在初限者直以二至赤道日度加而命之在末限者以減象限餘以二分赤道日度加而命之即每日午中赤道日度以所求日午中黃道積度入至後末限分後初限度及分秒進三位用減三十萬三千五十少開平方除之所得以減五百五十半其在初限者以所減之餘直以二分赤道日度加而命之在末限者以減象限餘以二至赤道日度加而命之即每日午中赤道日度

太陽黃道十二次入宮宿度

雨水　危十三度三十九分五十九秒外入衛分娵訾之次辰在亥

春分　奎二度三十五分八十五秒外入魯分降婁之次辰在戌

穀雨　胃四度二十四分三十三秒外入趙分大梁之次辰在酉

小滿　畢七度九十六分六秒外入晉分實沈之次辰在申

夏至　井九度四十七分一十秒外入秦分鶉首之次辰在未

大暑　柳四度九十五分二十六秒外入周分鶉火之次辰在午

處暑　張十五度五十六分三十五秒外入楚分鶉尾之次辰在巳

秋分　軫十度四十四分五秒外入鄭分壽星之次辰在辰

霜降　氐一度七十七分七十七秒外入宋分大火之次辰在卯

小雪　尾三度九十七分九十二秒外入燕分析木之次辰在寅

冬至　斗四度三十六分六十二秒外入吳越分星紀之次辰在丑

大寒　女二度九十一分九十一秒外入齊分元枵之次辰在子

求入宮時刻

各置入宮宿度及分秒以其日晨前夜半日度減之（相近一度之間者求之）餘以日法乘其分其秒從於下亦通乘之爲實以其日太陽行分爲法實如法而一所得依發斂加時求之即得其日太陽入宮時刻及分秒

步晷漏第四

中限一百八十二日六十二分一十八秒

冬至初限夏至末限六十二日二十分

夏至初限冬至末限一百二十日四十二分

冬至地中晷影常數一丈二尺八寸三分

夏至地中晷影常數一尺五寸六分

周法一千四百二十八

內外法一萬八百九十六

半法二千六百一十五

日法四分之三三千九百二十二半

日法四分之一一千三百七半

昏明分一百三十分七十五秒

昏明刻二刻一百五十六分九十秒

刻法三百一十二分八十秒

秒母一百

求午中入氣中積

置所求日大餘及半法以所入之氣大小餘減之爲其日午中入氣以加其氣中積爲其日午中中積

小餘以日法除爲約分

求二至後午中入初末限

置午中中積及分如中限已下爲冬至後已上去中限爲夏至後其二至後如在初限已下爲初限已上覆減中限餘其入末限也

求午中晷影定數

視冬至後初限夏至後末限百通日內分自相乘副置之以一千四百九十除之所得加五萬三百八十折半限分併之除共副爲分分滿十爲寸寸滿十爲尺用減冬至地中晷影常數爲所求晷影定數視夏至後初限冬至後末限百通日內分自相乘爲上位下置入限分以二百五十乘百約之加一十九萬八千七十五爲法

夏至前後半限已上者減去半限列於上位下位置半限各百通日內分先相減後相乘以七千七百除之所得以加其法

反除上位爲分分滿十爲寸寸滿十爲尺用加夏至地中晷影常數爲所求晷影定數

求四方所在晷影

各於其處測冬夏二至晷影乃相減之餘爲其處二至晷差亦以地中二至晷數相減爲地中二至晷差其所求日在冬至後初限夏至後末限者如在半限已下倍之半限已上覆減半限餘亦倍之併入限日三因折半以日爲分十爲寸以減地中二至晷差爲法置地中冬至晷影常數以所求日地中晷影定數減之餘以其處二至晷差乘之爲實實如法而一所得以減其處冬至晷數卽得其處其日晷影定數所求日在夏至後初限冬至後末限者如在半限已下倍之半限已上覆減半限餘亦倍之併入限日三因四除以日爲分十爲寸以加地中二至晷差爲法置所求日地中晷影定數以地中夏至晷影常數減之餘以其處二至晷差乘之爲實實如法而一所得以加其處夏至晷數卽得其處其日晷影定數

二十四氣陟降及日出分

恒氣	增損差	加減差
冬至	增 初九二十六 末七九十六	減十
小寒	增 初七八十九 末六五十九	減十
大寒	增 初六五十二 末五二十二	減十
立春	增 初五一十八 末三八十八	減十
雨水	增 初三八十二 末二五十二	減十
驚蟄	增 初二四十八 末一三十八	減十
春分	損 初一三十六 末二四十	加八
清明	損 初二五十 末三五十四	加八
穀雨	損 初三六十五 末四六十九	加八
立夏	損 初四八十 末五八十四	加八
小滿	損 初五九十六 末七十一	加八
芒種	損 初八一十九 末七二十二	加八
夏至	增 初八三十七 末七三十三	減八
小暑	增 初七二十 末六一十六	減八
大暑	增 初六空十 末四九十六	減八
立秋	增 初四八十 末三七十六	減八
處暑	增 初三六十 末二五十六	減八
白露	增 初二四十 末二二十六	減八
秋分	損 初一六十 末二六十	加十
寒露	損 初二六十二 末三九十二	加十
霜降	損 初三九十八 末五二十八	加十
立冬	損 初五三十二 末六六十二	加十
小雪	損 初六六十六 末七九十六	加十
大雪	損 初八二 末九三十二	加十

恒氣	陟降率	初末率
冬至	陟一十四十	初空五五十四 末一二十六
小寒	陟二十八七十三	初一三十六 末二三十七三十六
大寒	陟四十三五十六	初二四十三 末二十五一十八
立春	陟五十五一十九	初三二十九 末三九十二四十二

雨水	陟六十三 九十	初二九十九五十	末四三十九八十八
驚蟄	陟六十九 一十八	初四四十四	末四六十七一十六
春分	陟六十四 八十九	初四三十七	末四十一六十八
清明	陟五十九 九	初四八五十	末三六十六二十一
穀雨	陟五十 八十四	初三六十一	末二二六十二
立夏	陟三十九 八十六	初三九十八五十	末二二十四二
小滿	陟二十六 六	初二二十六	末一二十五
芒種	陟九 二十五	初一一十五	末空七六
夏至	陟九 二十五	初空四五十	末三十四四十
小暑	降二十六 六	初一二十三	末二一十六五十三
大暑	降三十九 八十六	初二二十二七十	末二九十九二十二
立秋	降五十 八十四	初三二	末三六十二九十二
處暑	降五十九 九	初三六十五五十	末四八六十二
白露	降六十四 六十九	初四一十五十	末四三十六八十二
秋分	降六十九 一十八	初四六十八	末四四十四九十
寒露	降六十三 九十	初四四十二	末三九十六二十二
霜降	降五十五 一十九	初三九十四	末三二十九一十八
立冬	降四十三 五十六	初三二十七	末二四十三四十二
小雪	降二十八 七十三	初二三十九五十	末一三十七一十六
大雪	降一十 四十	初一二十八五十	末空十七一十二

極氣	日出分
冬至	一千五百六十七 九十二
小寒	一千五百五十七 五十二
大寒	一千五百二十八 七十九
立春	一千四百八十五 三十三
雨水	一千四百三十 四十
驚蟄	一千三百六十六 一十四
春分	一千二百九十六 九十六
清明	一千二百三十二 二十七
穀雨	一千一百七十三 一十八
立夏	一千一百二十二 三十四
小滿	一千八十二 四十八
芒種	一千五十六 四十二
夏至	一千四十七 七
小暑	一千五十六 四十二
大暑	一千八十二 四十八
立秋	一千一百二十二 三十四
處暑	一千一百七十三 一十八
白露	一千二百三十二 二十三
秋分	一千二百九十六 十六
寒露	一千三百六十六 一十四
霜降	一千四百三十 四
立冬	一千四百八十五 二十三
小雪	一千五百二十八 七十九
大雪	一千五百五十七 五十二

二分前後陟降率

春分前三日太陽入赤道內秋分後三日太陽出赤道外故其陟降與他日不倫今各別立數而用之驚蟄十二日陟四六十七一十四此爲末率於驚畢（其減差亦止於此）十三日陟四四十一六十四日陟四三十六九十十五日陟一秋分初日降四三十八一日降四三十九二日降四五十七三日降四六十八此爲初率如用之（其加差亦始於此）

求每日日出入晨昏半晝分

各以陟降初率陟減降加其氣初日日出分爲一日下日出分以增損差（仍加減差）增損陟降率馴積而加減之即爲每日日出分覆減日法餘爲日入分以出分減日入分而半之爲半晝分以昏明分減日出分爲晨分加日入分爲昏分

求日出入辰刻

置日出入分以六因之滿辰法而一爲辰數不盡刻法除之爲刻數不滿爲分命子正算外即得所求

求晝夜刻

置日出分十二乘之刻法而一爲刻不滿爲分即爲夜刻覆減百刻餘爲晝刻

求更點率

置晨分四因退位爲更率二因更率退位爲點率

求更點所在辰刻

置更點率以所求更點數因之又六因內加昏明分滿辰法而一爲辰數不盡滿刻法除之爲刻數不滿爲分命其辰刻算外即得所求

求四方所在漏刻

各於所在下水漏以定其處冬至或夏至夜刻乃與五十刻相減餘爲至差刻置所求日黃道去赤道內外度及分以至差刻乘之進一位加二百三十九而一爲刻不盡以刻法乘之退除爲分內減外加五十刻即所求日夜刻以減百刻餘爲晝刻

其日出入辰刻及更點差率算等並依術求之

求黃道內外度

置日出分如日法四分之一已上去之餘爲外分如出分四之一已下覆減之餘爲內分置內外分千乘

之如內外法而一爲度不滿退除爲分卽爲黃道去赤道內外度內減外加象限卽得黃道去極度

求距中度及更差度

置半法以晨分減之餘爲距中分百乘之如周法而一爲距中度用減二百八十二度一十一分八十四秒餘四因退位爲每更差度

求昏明五更中星

置距中度以其日午中赤道日度加而命之卽昏中星所格宿次因爲初更中星以更差度累加之命赤道宿次去之卽得逐更及明中星

步月離第五

轉中分一十四萬四千一百一十秒六千六十六

轉終日二十七日餘二千九百秒六千六十六

轉中日一十三日餘四千六十五秒三千三十三

朔差日一餘五千一百四秒三千九百二十四

象策七日餘二千一分二十二秒半

秒母一萬

上弦九十一度三十一分四十二秒

望一百八十二度六十二分八十四秒

下弦二百七十三度九十四分二十六秒

月平行度十三度三十六分八十七秒半

分秒母一百

七日初數四千六百四十八末數五百八十二

十四日初數四千六十五末數一千一百六十五

二十一日初數三千四百八十三末數一千七百四十七

二十八日初數二千九百一末數二千三百二十九

求經朔弦望入轉

置天正朔積分以轉終分及秒去之不盡以日法而一爲日不滿爲餘秒卽天正十一月經朔入轉日及餘秒以象策累加之去命如前卽得弦望經日加時入轉日及餘秒徑求次朔入轉以朔差加之

轉定分及積度朓朒率

一日	一千四百六十八	初度
二日	一千四百五十七	一十四度六十八
三日	一千四百四十二	二十九度五十一
四日	一千四百二十二	四十三度六十七
五日	一千三百九十九	五十七度八十九
六日	一千三百七十三	七十一度八十八
七日	一千三百四十七	八十度六十一
八日	一千三百二十一	九十九度八
九日	一千二百九十五	一百一十二度二十九
十日	一千二百七十一	一百二十五度二十四
十一日	一千二百四十七	一百三十七度九十五
十二日	一千二百二十八	一百五十度四十二
十三日	一千二百一十四	一百六十二度七十
十四日	一千二百四	一百七十四度八十四
十五日	一千二百八	一百八十六度八十八
十六日	一千二百一十九	一百九十八度九十六
十七日	一千二百三十六	二百一十二度十五
十八日	一千二百五十八	二百二十三度五十
十九日	一千二百八十一	二百四十六度九
二十日	一千三百七	二百四十八度九十
二十一日	一千三百二十三	二百六十一度九七
二十二日	一千三百五十九	二百七十五度三十
二十三日	一千二百八十四	二百八十八度十九
二十四日	一千四百八	三百二度七十三
二十五日	一千四百三十一	三百一十六度八十
二十六日	一千四百四十九	三百三十一度十三
二十七日	一千四百六十二	三百四十五度六十二
二十八日	一千四百七十二	三百六十度二十四

一日	疾初	益五百一十二
二日	疾一度三十一	益四百六十九
三日	疾二度五十一	益四百一十一
四日	疾三度五十六	益三百三十二
五日	疾四度四十一	益二百四十三
六日	疾五度三	益一百四十一
七日	疾五度三十九	初益四十三 末損四
八日	疾五度十九	損六十三
九日	疾五度三十二	損一百六十四
十日	疾四度九十一	損二百五十八
十一日	疾四度二十五	損三百五十一
十二日	疾三度三十五	損四百二十七
十三日	疾二度二十六	損四百八十一
十四日	疾一度三	初損四百〇三 末益一百一十七
十五日	遲空三十	益五百〇五
十六日	遲一度五十九	益四百六十二
十七日	遲二度八十七	益三百九十五
十八日	遲三度七八	益三百〇九
十九日	遲四度五十七	益二百一十九
二十日	遲五度十三	益一百十七

二十一日遲五度四十二　初益一十七 末損一十一
二十二日遲五度四十六　損八十六
二十三日遲五度二十五　損二百八十四
二十四日遲四度七十八　損二百七十八
二十五日遲四度七　損三百六十八
二十六日遲三度十二　損四百二十八
二十七日遲二度一　損四百九十三
二十八日遲空七十七　損二百九十二

一日　朓初
二日　朓五百一十三
三日　朓九百八十二
四日　朓一千三百九十三
五日　朓一千七百二十五
六日　朓一千九百六十八
七日　朓二千一百九
八日　朓二千一百四十八
九日　朓二千八十五
十日　朓一千九百二十一
十一日　朓一千六百六十三
十二日　朓一千三百一十一
十三日　朓八百八十四
十四日　朓四百二
十五日　朒一百一十七
十六日　朒六百二十二
十七日　朒一千八十四
十八日　朒一千四百七十九
十九日　朒一千七百八十八
二十日　朒二千七
二十一日朒二千一百二十四
二十二日朒二千一百四十三十九
二十三日朒二千五十四三
二十四日朒一千八百七十六十
二十五日朒一千五百九十二
二十六日朒一千二百一十四
二十七日朒七百八十六
二十八日朒二百九十三

求朔弦望入轉朓朒定數

置入轉小餘以其日算外損益率乘之如日法而一所得以損益朓朒積為定數其四七日下餘如初數已下初率乘之初數而一以損益朓朒積為定數如初數已上初數減之餘乘末率末數而一用減初率餘加朓朒為定數其十四日下餘如初數已上者初數減之餘乘末率末數而一便為朓朒定數

求朔望定日

置經朔弦望小餘朓減朒加入氣入轉朓朒定數滿與不足進退大餘命甲子算外各得定朔弦望日辰及餘定朔前干名與後干名同者其月大不同者其月小月內無中氣者為閏視定朔小餘秋分後在日法四分之三已上者進一日春分後定朔日出分與春分日出分相減之餘三約之用減四分之三定朔小餘及此數已上者亦進一日或有交虧初在日入前者不進之

定弦望小餘在日出分已下者退一日望或有交虧初在日出前者小餘雖在日出後亦退之如十七日望者又視定朔小餘在四分之三已下之數（春分後用減定之數）與定望小餘在日出分已上之數相較之朔少望多者望不退而朔猶進之望少朔多者朔不進而望猶退之

日月之行有盈有縮遲疾加減之數或有四大三小若隨常理當察其時早晚隨所近而進退之使不過三大二小

求定朔弦望中積

置定朔弦望大小餘與經朔弦望大小餘相減之餘以加減經朔弦望入氣日（經朔弦望少即加之多即減之）即為定朔弦望入氣以加其氣中積即為定朔弦望中積（其餘以日法退除為分秒）

欽定古今圖書集成曆象彙編曆法典

第三十四卷目錄

曆法典第三十四卷

曆法總部彙考三十四

金二

大明曆法下

求定朔弦望加時日度

置定朔弦望約餘以所入氣日損益率乘（盈縮損益）萬約之以損益其下盈縮積乃盈加縮減定朔弦望中積又以冬至加時日躔黃道宿度依宿次去之卽得定朔弦望加時日所在度及分秒又置定朔弦望約餘副置之以乘其日盈縮之損益率萬約之應益者盈加縮減應損者盈減縮加其副滿百爲分分滿百爲度以加其日夜半日度命之各得其日加時日躔黃道宿次

若先於曆法定每日夜半日度卽爲秒也

求定朔弦望加時月度

凡合朔加時日月同度其定朔加時黃道日度卽爲定朔加時黃道月度弦望各以弦望度加定弦望加時黃道日度依宿次去之卽得定朔弦望加時黃道月度及分秒

求夜半午中入轉

置經朔入轉以經朔小餘減之爲經朔夜半入轉又經朔小餘與半法相減之餘以加減經朔加時入轉

經朔少如半法加之多如半法減之

爲經朔午中入轉若定朔大餘有進退者亦加減轉入否則因經爲定每日累加一日滿終日及餘秒去命如前各得每日夜半午中入轉

求夜半因定朔夜半入轉累加之求午中因定朔午中入轉累加之求加時入轉者如求加時入氣術

求加時及夜半月度

置其日入轉算外轉定分以定朔弦望小餘乘之如日法而一爲加時轉分（分滿百爲度）減定朔弦望加時月度爲夜半月度以所得轉定分累加之卽得每日夜半月度

或朔至弦望或至後朔皆可累加之然近則差少遠則差多置所求前後夜半相距月度爲行度計其相距入轉積度與行度相減餘以相距日數除爲日差行度多以日差加每日轉定分行度少以日差減每日轉定分然後用之可中或欲速求用此數欲究其故宜用後術

求晨昏月度

置其日晨分乘其日算外轉定分日法而一爲晨轉分用減轉定分餘爲昏轉分又以朔弦望定小餘乘轉定分日法而一爲加時分以減晨昏轉分爲前不足覆減之爲後乃前加後減加時月度卽晨昏月所在宿度及分秒

求朔弦望晨昏定程

各以其朔昏定月減上弦昏定月餘爲朔後昏定程以上弦昏定月減望昏定月餘爲上弦後昏定程以望晨定月減下弦晨定月餘爲望後晨定程以下弦晨定月減後朔晨定月餘爲下弦後晨定程

求每日轉定度

累計每程相距日下轉積度與晨昏定程相減餘以相距日數除之爲日差

定程多加之定程少減之

以加減每日轉定分爲轉定度因朔弦望晨昏月每日累加之滿宿次去之爲每日晨昏月度及分秒

凡注曆朔日以後注昏月望後一日注晨月古曆有九道月度其數雖繁亦難削去故其其術如後

求平交日辰

置交終日及餘秒以其月經朔加時入交汎日及餘秒減之爲平交入其月經朔加時後日算及餘秒以加其月經朔大小餘其大餘命甲子算外卽平交日辰及餘秒

求次交者以交終日及餘秒加之大餘滿紀法去之命如前卽次平交日辰及餘秒

求平交入轉脁朒定數

置平交小餘加其日夜半入轉餘以乘其日損益率日法而一所得以損益其下脁朒積爲定數

求正交日辰

置平交小餘以平交入轉脁朒定數脁減朒加之滿

與不足進退日辰卽正交日辰及餘秒與定朔日辰相距卽所在月日

求經朔加時中積

各以其月經朔加時入氣日及餘加其氣中積及餘其日命爲度其餘以日法退除爲分秒卽其經朔加時中積度分秒

求正交加時黃道月度

置平交入經朔加時後日算及餘秒以日法通日內餘進二位如三萬九千一百二十一分爲度不滿退除爲分秒以加其月經朔加時中積然以冬至加時黃道日度加而命之卽得其月正交加時月離黃道宿度及分秒如求次交者以受終度及秒加而命之卽得所求

求黃道宿積度

置正交時黃道宿全度以正交加時月離黃道宿度及分秒減之餘爲距後度及分秒以黃道宿度累加之卽各得正交後黃道宿積度及分秒

求黃道宿積度入初末限

置黃道宿積度及分秒滿交象度及分秒去之如在半交象已下爲初限已上者以減交象度及分秒餘爲入末限

入交積度交象度竝在交會術中

求月行九道宿度

凡月行所交冬入陰曆夏入陽曆月行青道

冬至夏至後青道半交在春分之宿當黃道東立夏後青道半交在立春之宿當黃道東南至所衝之宿亦如之

冬入陽曆夏入陰曆月行白道

冬至夏至後白道半交在秋分之宿當黃道西立冬立夏後白道半交在立秋之宿當黃道西北至所衝之宿亦如之

春入陽曆秋入陰曆月行朱道

春分秋分後朱道半交在夏至之宿當黃道南立春立秋後朱道半交在立夏之宿當黃道西南至所衝之宿亦如之

春入陰曆秋入陽曆月行黑道

春分秋分後黑道半交在冬至之宿當黃道北立春立秋後黑道半交在立冬之宿當黃道東北至所衝之宿亦如之

四序離爲八節至陰陽之所交皆與黃道相會故月行有九道各以所入初末限度及分秒減一百一度餘以所入初末限度及分乘之半而退位爲分分滿百爲度命爲月道與黃道汎差凡日以赤道內爲陰外爲陽月以黃道內爲陰外爲陽故月行正交入夏至後宿度內爲同名入冬至後宿度內爲異名其在同名者置月行與黃道汎差九因八約之爲定差半交後正交前以差減正交後半交前以差加

此加減出入六度正如黃赤道相交同名之差若較之漸異則隨交所在遷變不同也

仍以正交度距秋分度數乘定差如象限而一所得爲月道與赤道定差前加者爲減減者爲加其在異名者置月行與黃道汎差七因八約爲定差半交後正交前以差加正交後半交前以差減

此加減出入六度異如黃道赤道相交異名之差較之漸同則隨交所在遷變不常

仍以正交度距春分度數乘定差如象限而一所得爲月行與赤道定差前加者爲減減者爲加各加減黃道宿積度爲九道宿積度以前宿九道積度減之爲其宿九道度及分

其分就近約太半少論春夏秋冬以四時日所在宿度爲正

求正交加時月離九道宿度

以正交加時黃道日度及分減一百一度餘以正交度及分乘之半而退位爲分分滿百爲度命爲月道與黃道汎差其在同名者置月行與黃道汎差九因八約之爲定差以加仍以正交度距秋分度數乘定差如象限而一所得爲月道與赤道定差以減其在異名者置月行與黃道汎差七因八約之爲定差以減仍以正交度距春分度數乘定差如象限而一所得爲月道與赤道定差以加置正交加時黃道月度及分以二差加減之卽爲正交加時月離九道宿度及分

求定朔弦望加時月所在度

置定朔加時日躔黃道宿次凡合朔加時月行潛在日下與太陽同度是爲加時月離宿次各以弦望度及分秒加其所當弦望加時月躔黃道宿度滿宿次去之命如前各得定朔弦望加時月所在黃道宿度及分秒

求定朔弦望加時九道月度

各以定朔弦望加時月離黃道宿度及分秒如前宿正交後黃道積度爲定朔弦望加時正交後黃道積

度如前求九道積度以前宿九道積度減之餘爲定
朔弦望加時九道月離宿度及分秒
其合朔加時若非正交則日在黃道月在九道所
入宿度雖多少不同考其兩極若應繩準故云月
行潛在日下與太陽同度卽爲加時九道月度其
求晨昏夜半月度並依前術

步交會第六

交終分一十四萬三千三百一十九秒九千三百六
十八
交終日二十七日餘一千一百九分秒九千三百六
十八
交中日十三餘三千一百六十九秒九千六百八十
四
交朔日二餘一千六百六十五秒六百三十二
交望日十四餘四千二秒五千
秒母一萬
交終二百六十三度七千九分三十六秒
交中一百八十一度八十九分六十八秒
交象九十度九十四分八十四秒
半交象四十五度四十七分四十二秒
日蝕既前限二千四百定法二百四十八
日蝕既後限三千一百定法三百二十
月蝕限五千一百
月蝕既一千七百定法三百四十
分秒母一百

求朔望入交

置天正朔積分以交終分去之不盡如日法而一爲
日不滿爲餘卽天正十一月經朔加時入交汎日及
餘秒交朔加之得次朔交望加之得次望再加交望
亦得次朔各爲朔望入交汎日及餘秒

求定朔每日夜半入交

各置入交汎日及餘秒減去經朔望小餘卽爲定朔
望夜半入交汎日及餘秒若定朔望有進退者亦進
退交日否則因經爲定大月加二日小月加一日餘
皆加四千一百二十秒六百三十二卽次朔夜半入
交累加一日滿交終日及餘秒去之卽每日夜半入
交汎日及餘秒

求交朔望加時入交

置經朔望加時入交汎日及餘秒以入氣入轉朓朒
定數朓減朒加之卽定朔望加時入交汎日及餘秒

求定朔望加時入交積度及陰陽曆

置定朔望加時入交汎日以日法通之內餘進二位
如三萬九千一百二十一而一爲度不滿退除爲分
秒卽定朔望加時月行入交積度以定朔望加時入
轉遲疾度遲減疾加之卽月行入交定積度如交中
度已下入陽曆積度已上去之餘爲入陰曆積度
每日夜準此求

求月去黃道度

視月入陰陽曆積度及分如交象已下爲少象已上
覆減交中餘爲老象置所入老少象度於上列交象
度於下相減相乘倍而退位爲分滿百爲度用減所
入老少象度及分餘又與交中度相減相乘八因之
以百一十除爲分分滿百爲度卽得月去黃道度

求朔望加時入交常日及定日

置朔望入交汎日以入氣朓朒定數朓減朒加之爲
入交常日
又置入轉朓朒定數進一位一百二十七而一所得
朓減朒加之常日爲入交日及餘秒

求入交陰陽曆交前後分

視入交定日如交中已下爲陽曆已上去之爲陰曆
如一日上下
以日法通日爲分
爲交後分十三日上下覆減交中爲交前分

求日月蝕甚定餘

置朔望入氣入轉朓朒定數同名相從異名相消以
一千三百三十七乘之定朔望加時入轉算外轉定
分除之所得以朓減朒加經朔望小餘爲汎餘
日蝕視汎餘如半法已下爲中前分半法已上去半
法爲中後分置中前後分與半法相減相乘倍之萬
約爲分日時差中前以時差減汎餘爲定餘覆減半
法餘爲午前分中後以時差加汎餘爲定餘減去半
法爲午後分
月食視汎餘在日入後夜半前者如日法四分之三
已下減去半法爲酉前分四分之三已上覆減日法
餘爲酉後分又視汎餘在夜半後日出前者如日法
四分之一已下爲卯前分四分之一已上覆減半法
餘爲卯後分其卯酉前後分自相乘四因退位萬約
爲分以加汎餘爲定餘各置定餘以發斂加時法求
之卽得日月所蝕之辰刻

求日月食甚日行積度

置定朔望食甚大小餘與經朔望大小餘相減之餘

以加減經朔望入氣日小餘

經朔望日少加多減

即爲食甚入氣以加其氣中積爲食甚中積又置食甚入氣小餘以所入氣日積益率

盈縮之損益之

乘之日法而一以損益其日盈縮積盈加縮減食甚中積即爲食甚日行積度及分

求氣差

置日食甚日行積度及分滿中限去之餘在象限已下爲初限已上覆減中限爲末限皆自相乘進二位如四百七十八而一所得用減一千七百四十四餘爲氣差恆數以午前後分乘之半晝分除之所得以減恆數爲定數

不及減覆減之爲定數應加者減之減者加之

春分後陽曆減陰曆加秋分後陽曆加陰曆減

春分前秋分後各二日二千一百分爲定氣於此加減之

求刻差

置日食甚日行積度及分滿中限去之餘與中限相減相乘進二位如四百七十八而一所得爲刻差恆數以午前後分乘之日法四分之一除之所得爲定數

若在恆數已上者倍恆數以所得之數減之爲定數依其加減

冬至後午前陽加陰減午後陽減陰加夏至後午前陽減陰加午後陽加陰減

求日食爲交前後定分

氣刻二差定數同名相從異名相消爲食差依其加減去交前後分爲去交前後定分視其前後定分如在陽曆即不食如在陰曆即有食之如交前陰曆不及減反減之（反減食差）爲交後陽曆交後陰曆不及減反減之爲交前陽曆即不食亦入交前陽曆不及減反減之爲交後陰曆交後陽曆不及減反減之爲交前陽曆即日有食之

求日食分

視去交前後定分如二千四百已下爲既前分以二百四十八除爲大分二千四百已上覆減五千五百（不足減者不食）爲既後分以三百二十除爲大分不盡退除爲秒即得日食之分秒

求月食分

視去交前後分（不用氣刻差者）一千七百已下者食既已上覆減五千一百（不足減者不食）餘以三百四十除爲大分不盡退除爲秒即爲月食之分秒也去交分在既限已下覆減既限亦以三百四十除爲既內之大分

求日食定用分

置日食之大分與三十分相減相乘又以二千四百五十乘之如定朔入轉算外定分而一所得爲定用分減定餘爲初虧分加定餘爲復圓分各以發斂加時法求之即得日食三限辰刻

求月食定用分

置月食之大分與三十五分相減相乘又以二千一百乘之如定朔入轉算外轉定分而一所得爲定用分加減定餘爲初虧復圓分各如發斂加時法求之即得月食三限辰刻

月食既者以既內大分與十五相減相乘又以四千二百乘之如定朔入轉算外轉定分而一所得爲既內分用減定用分爲既外分置月食定餘減定用分爲初虧因加既外分爲食既又加既內分爲食甚（即定餘分也）再加既內分爲生光復加既外分爲復圓各以發斂加時法求之即得月食五限辰刻

求月食入更點

置食甚所入日晨分倍之五約爲更法又五約更法爲點乃置月食初末諸分昏分已上減昏分晨分已下加晨分如不滿更法爲初更不滿點法爲一點依法以次求之即各得更點之數

求日食所起

食在既前初起西南甚於正南復於東南食在既後初起西北甚於正北復於東北其食八分已上皆起正西復於正東（此據正午地而論之）

求月食所起

月在陽曆初起東北甚於正北復於西北月在陰曆初起東南甚於正南復於西南其食八分已上皆起正東復於正西（此亦據午地而論之）

求日月出入帶食所見分數

各以食甚小餘與日出入分相減餘爲帶食差以乘所食之分滿定用分而一

月食既者以既內分減帶食差餘乘所食分如既外分而一不及減者爲帶食既出入

以減所食分即日月出入帶食所見之分

其食甚在晝晨爲漸進昏爲已退食甚在夜晨爲已退昏爲漸進

求日月食甚宿次

置日月食甚日行積度（望即更加半周天）以天正冬至加時黃道日度加而命之依黃道宿次去之即各得日月食甚宿度及分

步五星第七

木星

周率二百八萬六千一百四十二五十四秒

曆率二千二百六十五萬五百七

曆度法六萬二千一十四

周日三百九十八日八十八分

曆度三百六十五度二十四分八十二秒

曆中一百八十二度六十二分四十一秒

曆策一十五度二十一分八十七秒

伏見一十三度

段目	段日	平度
合伏	二十六日八十六分	三度八十六
晨順疾	二十八日	六度一十一
晨次疾	二十八日	五度五十一
晨順遲	二十八日	四度三十一
晨末遲	二十八日	一度九十一
晨留	二十四日	
晨退	四十六日五十八	四度八十八一十八
夕退	四十六日五十八	四度八十八一十八
夕留	二十四日	
夕末遲	二十八日	一度九十一
夕順遲	二十八日	四度三十一
夕次疾	二十八日	五度五十一
夕順疾	二十八日	六度一十一
夕伏	二十六日八十六	三度八十六

段目	限度	初行率
合伏	二度九十三	二十三
晨順疾	四度六十四	二十二
晨次疾	四度一十九	二十一
晨順遲	三度二十八	一十八
晨末遲	一度四十三	一十二
晨留		
晨退	空	三十二八十二
夕退	空	三十二八十二　一十八
夕留		
夕末遲	一度	四十五
夕順遲	三度一十八	一十二
夕次疾	四度一十九	一十八
夕順疾	四度六十四	二十一
夕伏	二度九十三	二十二

策數	損益率	盈積度
一	益一百五十九	初
二	益一百四十二	一度五十九
三	益一百二十	三度一
四	益九十三	四度二十一
五	益六十一	五度一十四
六	益二十四	五度七十五
七	損二十四	五度九十九
八	損六十一	五度七十五
九	損九十三	五度一十四
十	損一百二十	四度二十一
十一	損一百四十二	三度一
十二	損一百五十九	一度五十九

策數	損益率	縮積度
一	益一百五十九	初
二	益一百四十二	一度五十九
三	益一百二十	三度一
四	益九十三	四度二十一
五	益六十一	五度一十四
六	益二十四	五度七十五
七	損二十四	五度九十九
八	損六十一	五度七十五
九	損九十三	五度一十四
十	損一百二十	四度二十一
十一	損一百四十二	三度一
十二	損一百五十九	一度五十九

火星

周率四百七萬九千四十一秒九十七

曆率三百五十九萬二千七百五十八秒三十二

曆度法九千八百三十六半

周日七百七十九日九十三分一十六秒

曆度三百六十五度二十四分七十六秒

曆中一百八十二度六十二分三十八秒

曆策一十五度二十一分八十六秒

伏見一十九度

段目	段日	平度
合伏	六十七日	四十八度

晨順疾 六十三日 四十四度六十
晨次疾 五十八日 四十度九
晨中疾 五十二日 三十四度六
晨末疾 四十五日 二十六度三十二
晨順遲 三十七日 一十六度六十八
晨末遲 二十八日 五度七十五
晨留 一十一日
晨退 二十八日九十六 五十八 八度
夕退 二十八日九十六 五十八 八度一十五 六十
夕留 一十一日
夕末遲 二十八日 五度
夕順遲 三十七日 一十六度六十八
夕末疾 四十五日 二十六度三十二
夕中疾 五十二日 三十四度六
夕次疾 五十八日 四十度九
夕順疾 六十三日 四十四度六十
夕伏 六十七日 四十一度

段目 限度 初行率
合伏 四十五度四十八 七十二
晨順疾 四十二度二十六 七十一
晨次疾 三十七度九十九 七十
晨中疾 三十二度三十二 六十八
晨末疾 二十四度九十九 六十三
晨順遲 一十五度八十 五十四
晨末遲 五度四十五 三十七
晨留
晨退 一十五 六十 五度五 四十
夕退 三度 四十一
夕留
夕末遲 七十五 五度四十五
夕順遲 一十五度八十 三十七
夕末疾 二十四度九十九 五十四
夕中疾 三十二度三十二 六十三
夕次疾 三十七度九九 六十八
夕順疾 四十二度二十六 七十
夕伏 四十五度四十八 七十一

策數 損益率 盈積度
一 益一千一百率 初
二 益八百 一十一度六十
三 益四百六十四 一十九度六十
四 益一百五十二 二十四度二十六
五 損五十七 二十五度七十六
六 損一百七十二 二十五度一十九
七 損二百六十六 二十三度四十七
八 損三百四十一 二十度八十一
九 損三百九十六 十七度四十
十 損四百三十三 十三度四十四
十一 損四百五十三 九度一十一
十二 損四百五十八 四度五十八

策數 損益率 縮積度
一 益四百五十八 初
二 益四百五十三 四度五十八
三 益四百三十三 九度一十一
四 益三百九十六 一十三度四四
五 益三百四十一 一十七度四十
六 益二百六十六 二十度八十一
七 益一百七十二 二十三度四十七
八 益五十七 二十五度一十九
九 損一百五十二 二十五度七十
十 損四百六十四 二十四度二十四
十一 損八百 十九度六十
十二 損一千一百六十 十一度六十

土星

周率一百九十七萬七千四百一十二秒四十六
曆率五千六百二十二萬三千二百二十九
曆度法一十五萬三千九百二十八
周日三百七十八日九分三秒
曆度三百六十五度二十五分六十六秒
曆中一百八十二度六十二分八十三秒
曆策一十五度二十一分九十秒
伏見一十七度

段目 段日 平度
合伏 十九日四十八 二度四十八
晨順疾 二十七日五十 三度二十二
晨次疾 二十七日五十 二度六十四
晨遲 二十七日五十 一度四十八
晨留 三十六日
晨退 五十一日六 五十半 三度三十九 六十六半
夕退 五十一日六 五十一半 三度三十九 六十六半
夕留 三十六日
夕遲 二十七日 一度四十八

夕次疾　二十七日五十　二度六十四
夕順疾　二十七日五十　三度二十二
夕伏　一十九日四十八　二度四十八
段目　限度　初行率
合伏　一度五十六　一十三
晨順疾　二度二　一十二
晨次疾　一度六十五　一十一
晨遲　空度九十一　八
晨留
晨退　空度二十二八三十二半
夕退　空度二十八三十三半　九
夕留
夕遲　空度九十一
夕次疾　一度六十五　八
夕順疾　二度二　一十一
夕伏　一度五十六　一十二
策數　損益率　盈積度
一　益二百一十三　初
二　益一百九十七　二度一十三
三　益一百六十八　四度一十
四　益一百二十八　五度七十八
五　益八十一　七度六
六　益三十三　七度八十七
七　損三十三　八度二十
八　損八十一　七度八十七
九　損一百二十八　七度六
十　損一百六十八　五度七十八
十一　損一百九十七　四度一十
十二　損二百一十三　二度一十三
策數　損益率　縮積度
一　益一百六十三　初
二　益一百四十九　一度六十三
三　益一百二十八　三度一十二
四　益一百　四度四十
五　益六十五　五度四十
六　益二十三　六度五
七　損二十三　六度二十八
八　損六十五　六度五
九　損一百　五度四十
十　損一百二十八　四度四十
十一　損一百四十九　三度一十二
十二　損一百六十三　一度六十三

金星

周率三百五萬三千八百四秒二十三
曆率一百九十一萬二百四十一秒一十一
曆度法五千二百三十
周日五百八十三日九十分一十四秒
合日二百九十一日九十五分七秒
曆度三百六十五度二十四分六十八秒
曆中一百八十二度六十二分三十四秒
曆策一十五度二十一分八十六秒
伏見一十度半
段目　段日　平度
合伏　三十九日二十五　四十九度七十五
夕順疾　四十七日七十五　六十度一十五五十
夕次疾　四十七日七十五　五十九度三十九
夕中疾　四十七日七十五　五十七度空
夕末疾　三十九日二十一　四十二度二十九
夕順遲　二十九日二十五　二十四度七十二
夕末遲　一十八日二十五　六度九十二五十
夕留　七日
夕退　九日七十　三度七十九九十三
夕退伏　六日　四度五十
合退伏　六日　四度五十
晨退　九日七十　三度七十九九十三
晨留　七日
晨末遲　一十八日二十五　六度九十二五十
晨順遲　二十九日二十五　二十四度七十二
晨末疾　三十九日二十五　四十二度二十九
晨中疾　四十七日七十五　五十七度空
晨次疾　四十七日七十五　五十九度三十九
晨順疾　四十七日七十五　六十度一十六五十
晨伏　三十九日二十五　四十九度七十五
段目　限度　初行率
合伏　四十七度七十六　一百二十七
夕順疾　五十七度七十六　一百二十六
夕次疾　五十七度一　一百二十五
夕中疾　五十四度七十二　一百二十三
夕末疾　四十度六十　一百一十五
夕順遲　二十三度七十三　一百
夕末遲　六度六十六　六十九

夕留
夕退　一度六十九七　六十八
夕退伏　二度二　六十八
合退伏　二度二　八十二
晨退　一度六十九七　六十八
晨留
晨末遲　六度六十六
晨順遲　二十三度七十三　六十九
晨末疾　四十度六十　一百
晨中疾　五十四度七十二　一百一十五
晨次疾　五十七度一　一百二十三
晨順疾　五十七度七十六　一百二十五
晨伏　四十七度七十六　一百二十六

策數　損益率　盈積度
一　益五十二　初
二　益四十八　空度五十二
三　益四十一半　一度空
四　益三十二半　一度四十一半
五　益二十一　一度七十四
六　益七　一度九十五
七　損七　二度一
八　損二十一　一度九十五
九　損三十二半　一度七十四
十　損四十一半　一度四十一半
十一　損四十八　一度空
十二　損五十二　空度五十二

策數　損益率　縮積度
一　益五十二　初
二　益四十八　空度五十二
三　益四十一半　一度空
四　益三十二半　一度四十一半
五　益二十一　一度七十四
六　益七　一度九十五
七　損七　二度二
八　損二十一　一度九十五
九　損三十二半　一度七十四
十　損四十一半　一度四十一半
十一　損四十八　一度空
十二　損五十二　空度五十一

水星
周率六十萬六千三十一秒八十四
曆率一百九十一萬二百四十二秒三十五
曆度法五千二百三十
周日一百一十五日八十七分六十秒
合日五十七日九十三分八十秒
曆度三百六十五度二十四分七十一秒
曆中一百八十二度六十二分三十五秒半
曆策一十五度二十一分八十六秒
晨伏夕見一十四度
夕伏晨見一十九度

段目　段日　平度
合伏　一十五日　二十九度
夕順疾　一十五日　二十三度七十五
夕順遲　一十五日　一十三度二十五
夕留　二日
夕退伏　一十日九十三八十　八度二十六
合退伏　一十月九十三八十　八度二十六
晨留　二日
晨順遲　一十五日　一十三度二十五
晨順疾　一十五日　二十三度七十五
晨伏　一十五日　二十九度

段目　限度　初行率
合伏　一十四度二十六　二百五
夕順疾　一十九度九十五　一百八十一
夕順遲　一十一度一十三　一百三十五
夕留
夕退伏　二度四十九八十
合退伏　二度四十九八十　一百
晨留
晨順遲　一十一度一十三
晨順疾　一十九度九十五　一百三十五
晨伏　二十四度三十六　一百八十一

策數　損益率　盈積度
一　益五十七　初
二　益五十三　空度五十七
三　益四十五　一度一十
四　益三十五　一度五十五
五　益二十二　一度九十
六　益八　二度一十二
七　損八　二度二十
八　損二十一　二度一十二

九	損三十五	一度九十
十	損四十五	一度五十五
十一	損五十三	一度一十
十二	損五十七	空度五十七

策數	損益率	縮積度
一	益五十七	初
二	益五十三	空度五十七
三	益四十五	一度一十
四	益三十五	一度五十五
五	益二十二	一度九十
六	益八	二度一十二
七	損八	二度二十一
八	損二十二	二度一十二
九	損三十五	一度九十
十	損四十五	一度五十五
十一	損五十三	一度一十
十二	損五十七	空度五十七

求五星天正冬至後平合及諸段中積中星

置通積分各以其星周率去之不盡爲前合分覆減周率餘爲後合分如日法而一不滿退除爲分秒卽其星天正冬至後平合中積中星

命爲日曰中積命爲度曰中星

以段日累加中積卽爲諸段中積以平度累加中積經退減之卽爲諸段中星

求五星平合及諸段入曆

置前通積分各加其星後合分以曆率去之不盡各以其星曆度法除爲度不滿退爲分秒卽爲其星平合入曆度及分秒以諸段限度累加之卽得諸段入曆

求五星平合及諸段盈縮差

各置其星其段入曆度及分秒如在曆中已下爲在盈已上減去曆中餘爲在縮以其星曆策除之爲策數不盡爲入策度及分命策數算外以其策數下損益率乘之如曆策而一爲分以損益其下盈率積度卽爲其星其段盈縮定差

求五星平合及諸段定積

各置其星其段中積以其盈縮定差盈加縮減之卽其段定積日及分以加天正冬至大餘及約分滿紀法六十去之不盡卽爲定日及加時分秒不滿命甲子算外卽得日辰

求五星及諸段所在日月

各置其段定積日及分以加天正閏日及分滿朔策及約分除之爲月數不盡爲入月已來日數及分其月數命天正十一月算外卽得其段入月經朔日數及分以日辰相距爲所在定朔月日

求五星平合及諸段加時定星

各置中星以盈縮定差盈加縮減之（金星倍之水星三因之然可加減）卽爲五星諸段定星以加天正冬至加時黃道日度依宿次命之卽其星其段加時所在宿度及分秒

求五星諸段初日晨前夜半定星

各以其段初行率乘其段定積日下加時分百約之乃順減退加其日加時定星卽爲其段初日晨前夜半定星所在宿度

求諸段日率度率

各以其段日辰距後段日辰爲日率以其段夜半宿次與後段夜半宿次相減餘爲度率

求諸段平行分

各置其段度率及分秒以其段日率除之卽其段平行度及分秒

求諸段總差日差

以本段前後平行分相減餘爲其段汎差

假令求木星次疾汎差乃以順疾順遲平行分相減餘爲次疾汎差他皆倣此

倍而退位爲增減差加減其段平行分爲初末日行分

前多後少者加爲初減爲末前少後多者減爲初加爲末

倍增減差爲總差以日率減一除之爲日差

求前後伏遲退段增減差

前伏者置後段初日行分加其日差之半爲末日行分後伏者置前段末日行分加其日差之半爲初日行分以減伏段平行分餘爲增減差前遲者置前段末日行分倍其日差減之爲初日行分後遲者置後段初日行分倍其日差減之爲末日行分以遲段平行分減之餘爲增減差（前後近留之遲段）

木火土三星退行者六因平行分退一位爲增減差金星前後伏退三因平行分半而退位爲增減差前退者置後段初日行分以其日差減之爲末日行分後退者置前段末日行分以其日差減之爲初日行分以本段平行分減餘爲增減之差

水星半平行分爲增減差皆以增減差加減平行分

爲初末日行分

前多後少加初減末前少後多減初加末

又倍增減差爲總差以日率減一除之爲日差

求每日晨前夜半星行宿次

各置其段初日行分以日差累損益之（後少則損之後多則益之）爲每日行度及分秒乃順加退減之滿宿次去之即得每日晨前夜半星行宿次

視前段末日後段初日行分相較之數不過一二日差爲秒或多日差數倍或顛倒不倫當類會前後增減差稍損益之使其有倫然後用之或前後平行俱多俱少則平注之或總差之秒不盈一分亦平注之若有不倫而平注之得倫者亦平注之

求五星平合及見伏入氣

置定積以氣策及約分除之爲氣數不滿爲入氣日及分秒命天正冬至算外即所求平合及伏見入氣日及分秒

求五星平合及見伏行差

各以其段初日星行分與其太陽行分相減餘爲行差若金在退行水在退合者相併爲行差如水星夕伏晨見者直以太陽行分爲行差

求五星定合見伏汎積

木火土三星各以平合晨疾夕伏定積便爲定合定見定伏汎積金水二星置其段盈縮差（木星倍之）各以行差除之爲日不滿退除爲分秒若在平合夕見晨伏者盈減縮加如在退合夕伏晨見者盈加縮減皆以加減定積爲定合定見定伏汎積

求五星定合定積定星

木火土三星各以平合行差除其日太陽盈縮差爲距合差日以太陽盈縮差減之爲距合差度日在盈曆以差日差度減之在縮加之加減其星定合汎積爲定合定積定星金水二星定合退合各以平合退合以差除其日太陽盈縮差爲距合差日順在加退減太陽盈縮差爲距合差度盈曆以差日差度加之在縮減之退在盈曆以差日減之差度加之在縮以差日加之差度減之皆以加減其星定合及再定合汎積爲定合再定合定積定星以冬至大餘及約分加定積滿紀法去命即得定合日辰以冬至加時黃道日度加定星滿宿次去之即得定合所在宿次

其順退所在盈縮太陽盈縮也

求木火土三星定見伏定積日

各置其星定見伏汎積晨加夕減象限日及分秒（半中限與象限）如中限已下自相乘已上覆減歲周日及分秒餘亦自相乘滿七千五而一所得以其星伏見度乘之十五除之爲差其差如其段行差而一爲日不滿退除爲分秒見加伏減汎積加命如前即得日辰也

求金水二星定見伏定日積

各以伏見日行差除其日太陽盈縮差爲日若晨伏夕見日在盈曆加之在縮減之如夕伏晨見日在盈曆減之在縮加之加減其星汎積爲常積視常積如中限已下爲冬至後已上去之餘爲夏至後其二至後如象限已下自相乘已上覆減中限亦自相乘各如法而一爲分

冬至後晨夏至後夕以一十八爲法冬至後夕夏至後晨以七十五爲法

以伏見度乘之十五除之爲差差滿行差而一爲日不滿退除爲分秒加減常積爲定積

冬至後晨見夕伏加之夕見晨伏減之夏至後晨見夕伏減之夕見晨伏加之也

加命如前即得定見伏日辰其水星夕疾在大暑氣初日至立冬氣九日三十五分已下者不見晨留在大寒氣初日至立夏氣九日三十五分已下者春不晨見秋不夕見者亦舊有之矣

曆法典第三十五卷

曆法總部彙考三十五

元一

太宗七年乙未冬十一月中書省臣請契勘大明曆從之

按元史太宗本紀云云

世祖至元四年頒萬壽曆

按元史世祖本紀不載　按曆志夫明時治曆自黃帝堯舜與三代之盛王莫不重之其文備見於傳記矣雖去古既遠其法不詳然原其要不過隨時考驗以合於天而已漢劉歆作三統曆始立積年日法以爲推步之準後世因之歷唐而宋其更元改法者凡數十家豈故相爲乖異哉蓋天有不齊之運而曆爲一定之法所以既久而不能不差既差則不可不改也元初承用金大明曆庚辰歲太宗西征五月朢月蝕不效二月五月朔微月見於西南中書令耶律楚材以大明曆後天乃損節氣之分減周天之秒去交終之率治月轉之餘課兩曜之後先調五行之出沒以正大明曆之失且以中元庚午歲國兵南伐而天下略定推上元庚子歲天正十一月壬戌朔子正冬至日月合璧五星聯珠同會虛宿六度以應太祖受命之符又以西域中原地里殊遠創爲里差以增損之雖東西萬里不復差忒遂題其名曰西征庚午元曆表上之然不果頒用至元四年西域札馬魯丁撰進萬年曆世祖稍頒行之

至元十三年六月甲戌以大明曆浸差命太子贊善王恂與江南日官置局更造新曆以樞密副使張易董其事易恂奏今之曆家徒知曆術罕明曆理宜得耆儒如許衡者商訂詔衡赴京師

按元史世祖本紀云云　按曆志十三年平宋遂詔前中書左丞許衡太子贊善王恂都水少監郭守敬改治新曆衡等以爲金雖改曆止以宋紀元曆微加增益實未嘗測驗於天乃與南北日官陳鼎臣鄧元麟毛鵬翼劉巨淵王素岳鉉高敬等參考累代曆法復測候日月星辰消息運行之變參別同異酌取中數以爲曆本

至元十七年頒授時曆

按元史世祖本紀十七年冬十一月頒授時曆　按曆志十七年冬至曆成詔賜名曰授時曆十八年頒行天下　按王恂傳帝以國朝承用金之大明曆歲久浸疏欲釐正之知恂精于算術遂以命之恂薦許衡能明曆之理詔驛召赴闕命領改曆事官屬悉聽恂辟置恂與衡及楊恭懿郭守敬等徧考曆書四十餘家晝夜測驗創立新法參以古制推算極爲精密詳在守敬傳十六年授嘉議大夫太史令十七年曆成賜名授時曆以其年冬頒行天下　按許衡傳國家自得中原用金大明曆自大定是正後六七十年氣朔加時漸差帝以海宇混一宜協時正日十三年詔王恂定新曆恂以爲曆家知曆數而不知曆理宜得衡領之乃以集賢大學士兼國子祭酒教領太史院事召至京衡以爲冬至者曆之本而求曆本者在驗氣今所用宋舊儀自汴還至京師已自乖舛加之歲久規環不叶乃與太史令郭守敬等新製儀象圭表自丙子之冬日測晷景得丁丑戊寅己卯三年冬至加時減大明曆十九刻二十分又增損古歲餘歲差法上考春秋以來冬至無不盡合以月食衡及金木二星距驗冬至日躔校舊曆退七十六分以日轉遲疾中平行度驗月離宿度加舊曆三十刻以綫代管闚測赤道宿度以四正定氣立損益限以定日之盈縮分二十八限爲三百三十六以定月之遲疾以赤道變九道定月行以遲疾轉定度分定朔而不用平行度以日月實合時刻定晦而不用虛進法以躔離朓朒定交食其法視古皆密而又悉去諸曆積年月日法之傅會者一本天道自然之數可以施之永久而無弊自餘正訛完闕蓋非一事十七年曆成奏上之賜名曰授時曆頒之天下　按楊恭懿傳恭懿歸田里十六年詔安西王相敦遣赴闕入見詔于太史院改曆十七年二月進奏曰臣等徧考自漢以來曆書四十餘家精思推算舊儀難用而新者未備故日行盈縮月行遲疾五行周天其詳皆未精察今權以新儀木表與舊儀所測相較得今歲冬至晷景及日躔所在與列舍分度之差大都北極之高下晝夜

刻長短參以古制創立新法推筭成辛巳曆雖或未精然比之前改曆者附會元曆更日立法全踵故習顧亦無愧然必每歲測驗修改積三十年庶盡其法可使如三代日官世專其職測驗良久無改歲之事矣又合朔議曰日行歷四時一周謂之一歲月踰一周復與日合謂之一月言一月之始日月相合故謂合朔自秦廢曆紀漢太初止用平朔法大小相間或有二大者故日食多在晦日或二日測驗時刻亦鮮中宋何承天測驗四十餘年進元嘉曆始以月行遲速定小餘以正朔望使食必在朔名定朔法有三大二小時以異舊法罷之梁虞劇造大同曆隋劉焯造皇極曆皆用定朔爲時所阻唐傅仁均造戊寅曆定朔始得行貞觀十九年四月頻大人皆異之竟改從平朔李淳風造麟德曆雖不用平朔遇四大則避人言以平朔間之又希合當世爲進朔法使無元日之食至一行造大衍曆謂天事誠密四大二小何傷誠爲確論然亦循常不改臣等更造新曆一依前賢定論推筭皆改從實今十九年曆自八月後四月併大實日月合朔之數也詳見郭守敬傳是日方列跪未讀奏帝命許衡及恭懿起曰卿二老毋自勞也授集賢學士兼太史院事　按郭守敬傳初劉秉忠以大明曆自遼金承用二百餘年浸以後天議欲修正而卒十三年江左既平帝思用其言遂以守敬與王恂率南北日官分掌測驗推步於下而命文謙與樞密張易爲之主領裁奏於上左丞許衡參預其事守敬首言曆之本在於測驗而測驗之器莫先儀表今司天渾儀宋皇祐中汴京所造不與此處天度相符比量南北二極約差四度表石年深亦復欹側守敬乃盡考其失而移置之既又別圖高爽地以木爲重棚創作簡儀高表用相比覆又以爲天樞附極而動昔人嘗展管望之未得其的作候極儀極辰既位天體斯正作渾天象象雖形似莫適所用作玲瓏儀以表之矩方測天之正圜莫若以圜求圜作仰儀古有經緯結而不動守敬易之作立運儀日有中道月有九行守敬一之作證理儀表高景虛罔象非眞作景符月雖有明察景則難作闚几曆法之驗在于交會作日月食儀天有赤道輪以當之兩極低昂標以指之作星晷定時儀又作正方案九表懸正儀座正儀爲四方行測者所用又作仰規覆矩圖異方渾蓋圖日出入永短圖與上諸儀互相參攷十六年改局爲太史院以恂爲太史令守敬爲同知太史院事給印章立官府及奏進儀表式守敬當帝前指陳理致至于日晏帝不爲倦守敬因奏唐一行開元間令南宮說天下測景書中見者凡十三處今疆宇比唐尤大若不遠方測驗日月交食分數時刻不同晝夜長短不同日月星辰去天高下不同卽目測驗人少可先南北立表取直測景帝可其奏遂設監候官一十四員分道而出東至高麗西極滇池南踰朱崖北盡鐵勒四海測驗凡二十七所十七年新曆告成守敬與諸臣同上奏曰臣等竊聞帝王之事莫重于曆自黃帝迎日推策帝堯以閏月定四時成歲舜在璇璣玉衡以齊七政爰及三代曆無定法周秦之間閏餘乖次西漢造三統曆百二十年而後是非始定東漢造四分曆七十餘年而儀式方備又百二十一年劉洪造乾象曆始悟月行有遲速又百八十年姜岌造三紀甲子曆始悟以月食衝檢日宿度所在又五十七年何承天造元嘉曆始悟以朔望及弦皆定大小餘又六十五年祖沖之造大明曆始悟太陽有歲差之數極星去不動處一度餘又五十二年張子信始悟日月交道有表裏五星有遲疾留逆又三十三年劉焯造皇極曆始悟日行有盈縮又三十五年傅仁均造戊寅元曆頗采舊儀始用定朔又四十六年李淳風造麟德曆以古曆章蔀元首分度不齊始爲總法用進朔以避晦晨月見又六十三年一行造大衍曆始以朔有四大三小定九服交食之異又九十四年徐昂造宣明曆始悟日食有氣刻時三差又百三十六年姚舜輔造紀元曆始悟食甚泛餘差數以上計千一百八十二年曆經七十改其創法者十有三家自是又百七十四年聖朝專命臣等改治新曆臣等用創造簡儀高表憑其測實數所考正者凡七事一曰冬至自丙子年立冬後依每日測到晷景逐日取對冬至前後日差同者爲準得丁丑年冬至在戊戌日夜半後八刻半又定丁丑夏至在庚子日夜半後七十刻又定戊寅冬至在癸卯日夜半後三十三刻己卯冬至在戊申日夜半後五十七刻庚辰冬至在癸丑日夜半後八十一刻各減大明曆十八刻遠近相符前後應準二曰歲餘自大明曆以來凡測景驗氣得冬至時刻眞數者有六用以相距各得其時合用歲餘今考驗四年相符不差仍自宋大明壬寅年距至今日八百一十年每歲合得三百六十五日二十四刻二十五分其二十五分爲今曆歲餘合用之數

二曰日躔用至元丁丑四月癸酉望月食旣推求日躔得冬至日躔赤道箕宿十度黃道箕九度有奇仍憑每日測到太陽躔度或憑星測月或憑月測日或徑憑星度測日立術推筭起自丁丑正月至己卯十二月凡三年共得一百三十四事皆躔於箕與日食相符四曰月離自丁丑以來至今憑每日測到逐時太陰行度推筭變從黃道求入轉極遲疾并平行處前後凡十三轉計五十一事內除去不眞的外有三十事得大明曆入轉後天又因考驗交食加大明曆三十刻與黃道合五曰入交自丁丑五月以來憑每日測到太陽去極度數比擬黃道去極度得月道交於黃道共得八事仍依日食法度推求皆有食分得入交時刻與大明曆所差不多六曰二十八宿距度自漢太初曆以來距度不同互有損益大明曆則於度下餘分附以太半少皆私意牽就未嘗實測其數今新儀皆細刻周天度分每度爲三十六分以距綫代管窺宿度餘分並依實測不以私意牽就七曰日出入晝夜刻大明曆日出入晝夜刻皆據汴京爲準其刻數與大都不同今更以本方北極出地高下黃道出入內外度立術推求每日日出入晝夜刻得夏至極長日出寅正二刻日入戌初二刻晝六十二刻夜三十八刻冬至極短日出辰初二刻日入申正二刻晝三十八刻夜六十二刻永爲定式所創法凡五事一曰太陽盈縮用四正定氣立爲升降限依立招差求得每日行分初末極差積度比古爲密二曰月行遲疾古曆皆用二十八限今以萬分日之八百二十分爲一限凡析爲三百三十六限依垜疊招差求得轉分進退其遲疾度數逐時不同蓋前所未有三曰黃赤道差舊法以一百一度相減相乘今依筭術句股弧矢方圓斜直所容求到度率積差差率與天道實脗合四曰黃赤道內外度據累年實測內外極度二十三度九十分以圜容方直矢接句股爲法求每日去極與所測相符五曰白道交周舊法黃道變推白道以斜求斜今用立渾比量得月與赤道正交距春秋二正黃赤道正交一十四度六十六分擬以爲法推逐月每交二十八宿度分于理爲盡

至元二十年詔太子諭德李謙爲曆議

按元史世祖本紀不載　按曆志二十年詔太子諭德李謙爲曆議發明新曆順天求合之微攷證前代人爲附會之失誠可以貽之永久自古及今其推驗之精蓋未有出於此者也今衡恂守敬等所撰曆經及謙曆議故存皆可攷據是用具著於篇惟萬年曆不復傳而庚午元曆雖未嘗頒用其爲書猶在因附著於後使來者有攷焉作曆志

至元二十三年春二月太史院上授時曆經曆議勅藏于翰林國史院

按元史世祖本紀云云　按郭守敬傳十九年恂卒時曆雖頒然其推步之式與立成之數尚皆未有定藁守敬于是比次篇類整齊分秒裁爲推步七卷立成二卷曆議擬藁三卷轉神選擇二卷上中下三曆注式十二卷二十三年繼爲太史令遂上表奏進又有時候箋注二卷修改源流一卷其測驗書有儀象法式二卷二至晷景考二十卷五星細行考五十卷古今交食考一卷新測二十八舍雜坐諸星入宿去極一卷新測無名諸星一卷月離考一卷並藏之官

授時曆議上

驗氣

天道運行如環無端治曆者必就陰消陽息之際以爲立法之始陰陽消息之機何從而見之惟候其日晷進退則其機將無所遁候之之法不過植表測景以究其氣至之始智作能述前代諸人爲法略備苟能精思密索心與理會則前人述作之外未必無所增益舊法擇地平衍設水準繩墨植表其中以度其中晷然表短促尺寸之下所爲分秒太半少之數未易分別表長則分寸稍長所不便者景虛而淡難得實景前人欲就虛景之中攷求眞實或設望筩或置小表或以木爲規皆取表端日光下徹圭面今以銅爲表高三十六尺端挾以二龍舉一橫梁下至圭面共四十尺是爲八尺之表五圭表刻爲尺寸舊寸一今申而爲五釐毫差易分別創爲景符以取實景其制以銅葉博二寸長加博之二中穿一竅若針芥然以方闆爲趺一端設爲機軸令可開闔榰其一端使其勢斜倚北高南下往來遷就于虛景之中竅達日光僅如米許隱然見橫梁于其中舊法以表端測晷所得者日體上邊之景今以橫梁取之實得中景不容有毫末之差地中八尺表景冬至長一丈三尺有奇夏至尺有五寸今京師長表冬至之景七丈九尺八寸有奇在八尺表則一丈五尺九寸六分夏至之景一丈一尺七寸有奇在八尺表則二尺三寸四分雖晷景長短所在不同而其景長爲冬至景短爲夏至則一也惟是氣至時刻攷求不易蓋至日氣正則

一歲氣節從而正矣劉宋祖沖之嘗取至前後二十三四日間晷景折取其中定爲冬至且以日差比課推定時刻宋皇祐間周琮則取立冬立夏二日之景以爲去至既遠日差頗多易爲推攷紀元以後諸曆爲法加詳大抵不出沖之之法新曆積日累月實測中晷自遠日以及近日取前後日率相埒者參攷同異初非偏取一二日之景以取數多者爲定實減大明曆一十九刻二十分仍以累歲實測中晷日差分寸定擬二至時刻于後

推至元十四年丁丑歲冬至

其年十一月十四日己亥景長七丈九尺四寸八分五釐五毫至二十一日丙午景長七丈九尺五寸四分一釐二十二日丁未景長七丈九尺四寸五分五釐以己亥丁未二日之景相校餘三分五釐爲晷差進二位以丙午丁未二日之景相校餘八分六釐爲法除之得三十五刻用減相距日八百刻餘七百六十五刻折取其中加半日刻共爲四百三十二刻半百約爲日得四日餘以十二乘之百約爲時得三時滿五十又作一時共得四時餘以十二收之得三刻命初起距日己亥算外得癸卯日辰初三刻爲丁丑歲冬至此取至前後四日景

十一月初九日甲午景七丈八尺六寸三分五釐五毫至二十六日辛亥景七丈八尺七寸九分三釐五毫二十七日壬子景七丈八尺五寸五分以甲午壬子景相減復以辛亥壬子景相減準前法求之亦得癸卯日辰初三刻至二十八日癸丑景七丈八尺三寸四釐五毫用壬子癸丑二日之景與甲午景準前法求之亦合此取至前後八九日景

十一月丙戌朔景七丈五尺九寸八分六釐五毫二日丁亥景七丈六尺三寸七分七釐至十二月初六日庚申景七丈五尺八寸五分一釐準前法求之亦在辰初三刻此取至前後一十七日景十一月二十一日丙子景七丈九寸七分一釐至十二月十六日庚午景七丈七寸六分十七日辛未景七丈一寸五分六釐五毫準前法求之亦得辰初三刻此取至前後二十七日景

六月初五日癸亥景一丈三尺八分距十五年五月癸未朔景一丈三尺三分八釐五毫初二日甲申景一丈二尺九寸二分五毫準前法求之亦合此取至前後一百六十日景

推十五年戊寅歲夏至

五月十九日辛丑景一丈一尺七寸七分七釐五毫距二十八日庚戌景一丈一尺七寸八分二十九日辛亥景一丈一尺八寸五釐五毫用辛丑庚戌二日之景相減餘二釐五毫進二位爲實復用庚戌辛亥景相減餘二分五釐五毫爲法除之得九刻用減相距日九百刻餘八百九十一刻半之加半日刻百約得四日餘以十二乘之百約得十一時餘以十二收爲刻得三刻命初起距日辛丑算外得乙巳日亥正三刻夏至此取至前後四日景

十四年十二月十五日己巳景七丈一尺三寸四分三釐距十五年十一月初二日辛巳景七丈七寸五分九釐五毫初三日壬午景七丈一尺四寸六釐用己巳壬午景相減以辛巳壬午景相減除之亦合此用至前後一百五十六日景

十四年十二月十二日丙寅景七丈二尺九寸七分二釐五毫十三日丁卯景七丈二尺四寸五分四釐五毫十四日戊辰景七丈一尺九寸九釐距十五年十一月初四日癸未景七丈一尺九寸五分七釐五毫初五日甲申景七丈二尺五寸五釐初六日乙酉景七丈三尺三分三釐五毫前後互取所得時刻皆合此取至前後一百五十八九日景

十四年十二月初七日辛酉景七丈五尺四寸一分七釐初八日壬戌景七丈四尺九寸五分九釐五毫初九日癸亥景七丈四尺四寸八分六釐距十五年十一月初九日戊子景七丈四尺五寸二分五毫初十日己丑景七丈五尺三釐五毫十一日庚寅景七丈五尺四寸四分九釐五毫以壬戌己丑景相減爲實以辛酉壬戌景相減爲法除之或以壬戌癸亥景相減或以戊子己丑景相減若己丑庚寅景相減推前法求之皆合此取至前後一百六十三四日景

推十五年戊寅歲冬至

其年十一月十九日戊戌景七丈八尺三寸一分八釐五毫距閏十一月初九日戊午景七丈八尺二寸六分三釐五毫初十日己未景七丈八尺八分二釐五毫用戊戌戊午二日景相減餘四分五釐爲晷差進二位以戊午己未景相減餘二寸八分一釐爲法除之得一十六刻加相距日二千刻半之加半日刻百約得十日餘以十二乘之百約爲時滿五十又進一時共得七時餘以十二收爲刻命初起距日己亥筭外得戊申日未初三刻爲戊寅歲冬至此取至前

後十日景

十一月十二日辛卯景七丈五尺八寸八分一釐五毫十三日壬辰景七丈六尺三寸一釐五毫閏十一月十五日甲子景七丈六尺三寸六分六釐五毫十六日乙丑景七丈五尺九寸五分三釐十七日丙寅景七丈五尺五寸四釐五毫用壬辰甲子景相減爲實以辛卯壬辰景相減爲法除之亦得戊申日未初三刻或用甲子乙丑景相減推之亦合若用辛卯乙丑景相減爲實用乙丑丙寅景相減除之並同此取

至前後十六七日景

十一月初八日丁亥景七丈四尺三分七釐五毫閏十一月二十日己巳景七丈四尺一寸二分二十一日庚午景七丈三尺六寸一分四釐五毫用丁亥己巳景相減爲實以己巳庚午景相減除之亦同此取

至前後二十一日景

六月二十六日戊寅景一丈四尺四寸五分二釐五毫二十七日己卯景一丈四尺六寸三分八釐至十六年四月二日戊寅景一丈四尺四寸八分一釐以二戊寅景相減用後戊寅己卯景相減推之亦同此取

至前後一百五十日景

五月二十八日庚戌景一丈一尺七寸八分至十六年四月二十九日乙巳景一丈一尺八寸六分三釐三十日丙午景一丈一尺七寸八分三釐用庚戌丙午景相減以乙巳丙午景相減推之亦同此取

至前後一百七十八日景

推十六年己卯歲夏至

四月十九日乙未景一丈二尺三寸六分九釐五毫二十日丙申景一丈二尺二寸九分三釐五毫至五月十九日乙丑景一丈二尺二寸六分四釐以丙申乙丑景相減餘二分九釐五毫爲晷差進二位以乙未丙申景相減得七分六釐爲法除之得三十八刻加相距日二千九百刻半之加半日刻百約得十五日餘以十二乘之百約得二時餘以十二收之得二刻命初起距日丙申筭外得辛亥日寅正二刻爲夏至此取至前後十五日景

三月二十一日戊辰景一丈六尺三寸九分五毫六月十六日壬辰景一丈六尺九分九釐五毫十七日癸巳景一丈六尺三寸一分一釐用戊辰癸巳景相減以壬辰癸巳景相減準前法推之亦合此取

至前後四十二日景

三月初二日己酉景二丈一尺三寸五釐至七月初七日壬子景二丈一尺一寸九分五釐五毫初八日癸丑景二丈一尺四寸八分六釐五毫用己酉壬子景相減以壬子癸丑景相減如前法推之亦合此取

至前後六十一二日景

三月戊申朔景二丈一尺六寸一分一釐至七月初八日癸丑景二丈一尺四寸八分六釐五毫初九日甲寅景二丈一尺九寸一分五釐五毫用戊申癸丑景相減以癸丑甲寅景相減準前法推之亦同此取

至前後六十二三日景

二月十八日乙未景二丈六尺三分四釐五毫至七月二十一日丙寅景二丈五尺八寸九分九釐二十二日丁卯景二丈六尺二寸五分九釐用乙未丙寅丁卯景相減如前法推之亦同此取

至前後七十五六日景

二月三日庚辰景三丈二尺一寸九分五釐五毫至八月初五日庚辰景三丈一尺五寸九分六釐五毫初六日辛巳景三丈二尺二分六釐五毫用前庚辰與辛巳景相減以後庚辰辛巳景相減如前推之亦同此取

至前後九十日景

正月十九日丁卯景三丈八尺五寸一釐五毫至八月十八日癸巳景三丈七尺八寸二分三釐十九日甲午景三丈八尺三寸一分五毫用丁卯甲午景相減以癸巳甲午景相校如前推之亦同此取

至前後一百三四日景

推十六年己卯歲冬至

十月二十四日戊戌景七丈六尺七寸四分至十一月二十五日己巳景七丈六尺五寸八分二十六日庚午景七丈六尺一寸四分二釐五毫用戊戌己巳景相減餘一寸六分爲晷差進二位以己巳庚午景相減餘四寸三分七釐五毫爲法除之得三十六刻以相減距日三千一百刻餘三千六十四刻半之加五十刻百約得一十五日餘以十二乘之百約爲時滿五十又進一時共得十時餘以十二收之爲刻得二刻命初起距日戊戌筭外得癸丑日戊初一刻冬至此取至前後十五六日景

十月十八日壬辰景七丈四尺五分二釐五毫十九日癸巳景七丈四尺五寸四分五釐二十日甲午景七丈五尺二分五釐至十一月二十八日壬申景七丈五尺三寸二分二十九日癸酉景七丈四尺八寸五分二釐五毫十二月甲戌朔景七丈四尺三寸六

分五釐初二日乙亥景七丈三尺八寸七分一釐五毫用甲午癸酉景相減如前推之亦同若以壬申癸酉景相減爲法推之亦同此取至前後十八九日景　若用癸巳與甲戌景相減以壬辰癸巳景相減推之或癸巳甲午景相減推之或用甲戌癸酉景相減推之或甲戌乙亥景相減推之或以壬辰乙亥景相減用壬辰癸巳景相減推之並同此取至前後二十日景

十月十六日庚寅景七丈三尺一分五釐十二月初三日丙子景七丈三尺三寸二分初四日丁丑景七丈二尺八寸四分二釐五毫用庚寅丁丑景相減以丙子丁丑景相減推之亦同此取至前後廿三日景

十月十四日戊子景七丈一尺九寸二分二釐五毫十五日己丑景七丈二尺四寸六分九釐十二月初五日戊寅景七丈二尺二寸七分二釐五毫用己丑戊寅景相減以戊子己丑景相減推之或用己丑庚寅景相減推之亦同此取至前後二十四日景

十月初七日辛巳景六丈七尺七寸四分五釐初八日壬午景六丈八尺三寸七分二釐五毫初九日癸未景六丈八尺九寸七分七釐五毫十二月十二日乙丑景六丈八尺一寸四分五釐用壬午乙丑景相減以辛巳壬午景相減推之壬午癸未景相減推之亦同此取至前後三十一二日景

十月乙亥朔景六丈三尺八寸七分十二月十八日辛卯景六丈四尺二寸九分七釐五毫十九日壬辰景六丈三尺六寸二分五釐用乙亥壬辰景相減以辛卯壬辰景相減推之亦同此取至前後三十八日景

九月二十二日丙寅景五丈七尺八寸二分五釐十二月二十八日辛丑景五丈七尺五寸八分二十九日壬寅景五丈六尺九寸一分五釐用丙寅辛丑景相減以辛丑壬寅景相減推之亦同此取至前後四十七八日景

九月二十日甲子景五丈六尺四寸九分二釐五毫至十二月二十九日壬寅景五丈六尺九寸一分五釐至十七年正月癸卯朔景五丈六尺二寸五分用甲子癸卯景相減壬寅癸卯景相減推之亦同此取至前後五十日景

右以累年推測到冬夏二至時刻爲准定擬至元十八年辛巳歲前冬至當在己未日夜半後六刻即丑初一刻

歲餘歲差

周天之度周歲之日皆三百六十有五全策之外又有奇分大率皆四分之一自今歲冬至距來歲冬至歷三百六十五日而日行一周凡四周歷千四百六十則餘一日析而四之則四分之一也然天之分常有餘歲之分常不足其數有不能齊者惟其所差至微前人初未覺知迨漢末劉洪始覺冬至後天謂歲周餘分太强乃作乾象厤減歲餘分二千五百爲二千四百六十二至晉虞喜宋何承天祖沖之謂歲當有差因立歲差之法其法損歲餘益天周使歲餘浸弱天周浸强强弱相減因得日躔歲退之差歲餘天周二者實相爲用歲差由斯而立日躔由斯而得一或損益失當詎能與天叶哉今自劉宋大明壬寅以來凡測景驗氣得冬至時刻眞數者有六取相距積日時刻以相距之年除之各得其時所用歲餘復自大明壬寅距至元戊寅積日時刻以相距之年除之得每歲三百六十五日二十四分二十五秒比大明曆減去一十一秒定爲方今所用歲餘七十五秒用益所謂四分之一共爲三百六十五度二十五分七十五秒定爲天周餘分强弱相減餘一分五十秒用除全度得六十六年有奇日却一度以六十六年除全度適得一分五十秒定爲歲差復以堯典中星攷之其時冬至日在女虛之交及攷之前史漢元和二年冬至日在斗二十一度晉太元九年退在斗十七度宋元嘉十年在斗十四度末梁大同十年在斗十二度隋開皇十八年猶在斗十二度唐開元十二年在斗九度半今退在箕十度取其距今之年距今之度較之多者七十餘年少者不下五十年輒差一度宋慶元間改統天曆取大衍歲差率八十二年及開元所距之差五十五年折取其中得六十七年爲日却行一度之差施之今日質諸天道實爲密近然古今曆法合於今必不能通於古密於古必不能驗於今今授時曆以之攷古則增歲餘而損歲差以之推來則增歲差而損歲餘上推春秋以來冬至往往皆合下求方來可以永久而無弊非止密於今日而已仍以大衍等六曆攷驗春秋以來冬至疏密凡四十九事具列如後

冬至刻

大衍　宣明　紀元　統天

大明　授時

獻公十五年戊寅歲正月甲寅朔旦冬至

丙辰二十一 乙卯八十八 丁巳三十三 乙卯一

丁巳三十五 甲寅九十九

僖公五年丙寅歲正月辛亥朔旦冬至

辛亥九十四 辛亥六十六 壬子七十四 辛亥二十七

壬子八十九 辛亥十四

昭公二十年己卯歲正月己丑朔旦冬至

己丑四十五 己丑二十 庚寅二十五 戊子九十二

庚寅二十九 戊子八十三

宋元嘉十二年乙亥歲十一月十五日戊辰景長

戊辰三十五 戊辰三十二 戊辰三十九 戊辰五十一

戊辰四十一 戊辰四十七

元嘉十三年丙子歲十一月二十六日甲戌景長

癸酉五十九 癸酉五十七 癸酉六十三 癸酉七十五

癸酉六十五 癸酉七十一

元嘉十五年戊寅歲十一月十八日甲申景長

甲申八 甲申六 甲申十二 甲申二十四

甲申十四 甲申十九

元嘉十六年己卯歲十月二十九日己丑景長

己丑三十三 己丑三十七 己丑四十八

己丑二十七 己丑四十四

元嘉十七年庚辰歲十一月初十日甲午景長

甲午五十七 甲午五十五 甲午六十一 甲午七十二

甲午六十三 甲午六十八

元嘉十八年辛巳歲十一月二十一日己亥景長

己亥八十二 己亥七十九 己亥八十五 己亥九十七

己亥八十七 己亥九十二

元嘉十九年壬午歲十一月初三日乙巳景長

乙巳六 乙巳四 乙巳十 乙巳二十一

乙巳一十一 乙巳一十七

大明五年辛丑歲十一月乙酉冬至

甲申七十 甲申六十八 甲申七十二 甲申八十九

甲申七十四 甲申七十九

陳天嘉六年乙酉歲十一月庚寅景長

庚寅十二 庚寅十三 庚寅五 庚寅二十四

庚寅八 庚寅十七

光大二年戊子歲十一月乙巳景長

乙巳八十 乙巳八十六 乙巳七十九 乙巳九十七

乙巳八十一 乙巳九十

太建四年壬辰歲十一月二十九日丁卯景長

丙寅八十三 丙寅七十八 丙寅七十七 丙寅九十五

丙寅九十八 丙寅八十七

太建六年甲午歲十一月二十日丁丑景長

丁丑三十二 丁丑二十三 丁丑二十五 丁丑四十三

丁丑二十七 丁丑三十六

太建九年丁酉歲十一月二十三日壬辰景長

癸巳四 癸巳六 壬辰九十九 癸巳十六

癸巳空 癸巳八

太建十年戊戌歲十一月五日戊戌景長

戊戌三十 戊戌三十 戊戌二十三 戊戌四十

戊戌二十四 戊戌三十三

開皇四年甲辰歲十一月十一日己巳景長

己巳七十七 己巳七十八 己巳六十九 己巳八十六

己巳七十一 己巳八十六

開皇五年乙巳歲十一月二十二日乙亥景長

乙亥一 乙亥二 乙亥二十一

甲戌五十九 乙亥一十 甲戌九十二 乙亥十一

開皇六年丙午歲十一月三日庚辰景長

庚辰二十五 庚辰二十六 庚辰十八 庚辰三十四

庚辰十九 庚辰三十四

開皇七年丁未歲十一月十四日乙酉景長

乙酉五十 乙酉五十 乙酉四十二 乙酉五十九

乙酉四十四 乙酉五十九

開皇十一年辛亥歲十一月二十八日丙午景長

丙午四十八 丙午四十九 丙午四十三 丙午五十七

丙午四十一 丙午五十六

開皇十四年甲寅歲十一月辛酉朔旦冬至

壬戌二十一 壬戌二十二 壬戌十二 壬戌二十

壬戌十四 壬戌二十九

唐貞觀十八年甲辰歲十一月乙酉景長

甲申四十三 甲申四十五 甲申三十一 甲申五十

甲申三十二 甲申四十四

貞觀二十三年己酉歲十一月辛亥景長

庚戌六十五 庚戌六十八 庚戌五十三 庚戌七十二

庚戌五十四 庚戌六十六

龍朔二年壬戌歲十一月四日己未至戊午景長

戊午八十三 戊午八十六 戊午六十九 戊午八十五

戊午七十一 戊午八十二

儀鳳元年丙子歲十一月壬申景長

壬申二十五 壬申二十八 壬申二十 壬申二十八

壬申十二 壬申二十二

末淳元年壬午歲十一月癸卯景長
癸卯七二十　癸卯七五十　癸卯五七十　癸卯七六十
癸卯五八十　癸卯六八十
開元十年壬戌歲十一月癸酉景長
癸酉四九十　癸酉五四十　癸酉三一十　癸酉五十
癸酉三二十　癸酉四六十
開元十一年癸亥歲十一月戊寅景長
戊寅七四十　戊寅七八十　戊寅五五十　戊寅七四十
戊寅五六十　戊寅七十
開元十二年甲子歲十一月癸未冬至
癸未九八十　甲申三　癸未八十　癸未九九十
癸未八一十　癸未九五十
宋景德四年丁未歲十一月戊辰日南至
戊辰十五六　戊辰二六十　丁卯七四十　丁卯八二十
丁卯七四十　丁卯八十
皇祐二年庚寅歲十一月三十日癸丑景長
癸丑六五十　癸丑七九十　癸丑二十　癸丑二五十
癸丑二二十　癸丑二三十
元豐六年癸亥歲十一月丙午景長
丙午七三十　丙午八五十　丙午二六十　丙午二七十
丙午二六十　丙午二六十
元豐七年甲子歲十一月辛亥景長
辛亥九七十　壬子一十　辛亥五十　辛亥五一十
辛亥五十　辛亥五一十
元祐三年戊辰歲十一月壬申景長
壬申九四十　癸酉八　壬申四八十　壬申四八十
壬申四八十　壬申四八十

元祐四年己巳歲十一月丁丑景長
戊寅十九二　戊寅三二十　丁丑七二十　丁丑七二十
丁丑七二十　丁丑七二十
元祐五年庚午歲十一月壬午冬至
癸未四四十　癸未五六十　壬午九六十　壬午九七十
壬午九六十　壬午九六十
元祐七年壬申歲十一月癸巳冬至
癸巳九二十　甲午五　癸巳四五十　癸巳四五十
癸巳四五十　癸巳四五十
元符元年戊寅歲十一月甲子冬至
乙丑三九十　乙丑五二十　甲子九一十　甲子九一十
甲子九一十　甲子九一十
崇寧三年甲申歲十一月丙申冬至
丙申八六十　丙申九九十　丙申三七十　丙申三六十
丙申三七十　丙申三七十
紹熙二年辛亥歲十一月壬申冬至
癸酉十二　癸酉二七十　壬申五七十　壬申四七十
壬申五七十　壬申四六十
慶元三年丁巳歲十一月癸卯日南至
甲辰五九十　甲辰七四十　甲辰三　癸卯九二十
甲辰三　癸卯九二十
嘉泰三年癸亥歲十一月甲戌日南至
丙子五　丙子二一十　乙亥四九十　乙亥三七十
乙亥四九十　乙亥三七十
嘉定五年壬申歲十一月壬戌日南至
癸亥二五十　癸亥四一十　壬戌六九十　壬戌五六十
壬戌六八十　壬戌五六十

紹定三年庚寅歲十一月丙申日南至
丁酉六五十　丁酉八三十　丁酉七　丙申六三十
丁酉七　丙申九二十
淳祐十年庚戌歲十一月辛巳日南至
壬午九四十　壬午七一十　辛巳九六十　辛巳七七十
辛巳九四十　辛巳七八十
元朝至元十七年庚辰歲十一月己未夜半後六刻冬至
己未八七十　庚申五　己未二五十　己未四
己未二四十　己未六

右自春秋獻公以來凡二千一百六十餘年用大衍宣明紀元統天大明授時六曆推算冬至凡四十九事大衍曆合者三十二不合者十七宣明曆合者二十六不合者二十三紀元曆合者三十五不合者十四統天曆合者三十八不合者十一大明曆合者三十四不合者十五授時曆合者三十九不合者十事今按獻公十五年戊寅歲正月甲寅朔旦冬至授時曆得甲寅統天曆得乙卯後天一日至僖公五年正月辛亥朔旦冬至授時統天皆得辛亥與天合下至昭公二十年己卯歲正月己丑朔旦冬至授時統天皆得戊子並先一日若曲變其法以從之則獻公僖公皆不合矣以此知春秋所書昭公冬至乃日度失行之驗一也大衍曆攷古冬至謂劉宋元嘉十三年丙子歲十一月甲戌日南至大衍與皇極麟德三曆皆得癸酉各先一日乃日度失行非三曆之差今以授時曆攷之亦得癸酉二也大明五年辛丑歲十一月乙酉冬至諸曆皆得甲申殆亦日度之差三也陳

太建四年壬辰歲十一月丁卯景長大衍授時皆得丙寅是先一日太建九年丁酉歲十一月壬辰景長大衍授時皆得癸巳是後一日一失之先一失之後若合於壬辰則差於丁酉合於丁酉則差於壬辰亦日度失行之驗五也開皇十一年辛亥歲十一月丙午景長大衍統天授時皆得丙午與天合至開皇十四年甲寅歲十一月辛酉冬至而大衍統天授時皆得壬戌若合於辛亥則失於甲寅合於甲寅則失於辛亥其開皇十四年甲寅歲冬至亦日度失行六也唐貞觀十八年甲辰歲十一月乙酉景長諸曆得甲申貞觀二十三年己酉歲十一月辛亥景長諸曆皆得庚戌大衍曆議以永淳開元冬至推之知前二冬至乃史官依時曆以書必非候景所得所以不合今以授時曆攷之亦然八也自前宋以來測景驗氣者凡十七事其景德丁未歲戊辰日南至統天授時皆得丁卯是先一日嘉泰癸亥歲甲戌日南至統天授時皆得乙亥是後一日一失之先一失之後若曲變其數以從景德則其餘十六事多後天從嘉泰則其餘十六事多先天亦日度失行之驗十也前十事皆授時曆所不合以此理推之非不合矣蓋類其同則知其中辨其異則知其變今於冬至略其日度失行及史官依時曆書之者凡十事則授時曆三十九事皆中統天曆與今曆不合者僅有獻公一事大衍曆推獻公冬至後天二日大明後天三日授時曆與天合下推至元庚辰冬至大衍後天八十一刻大明後天一十九刻統天曆先天一刻授時曆與天合以前代諸曆校之授時爲密庶幾千歲之日至可坐而致云

古今曆參校疎密

授時曆與古曆相校疎密自見蓋上能合於數百載之前則下可行之未久此前人定說古稱善治曆者若宋何承天隋劉焯唐傅仁均僧一行之流最爲傑出今以其曆與至元庚辰冬至氣應相校未有不舛戾者而以新曆上推往古無不脗合則其疎密從可知已

宋文帝元嘉十九年壬午歲十一月乙巳日十一刻冬至距元朝至元十七年庚辰歲計八百三十八年其年十一月氣應己未六刻冬至元嘉曆推之得辛酉後授時二日授時上考元嘉壬午歲冬至得乙巳與元嘉合

隋大業三年丁卯歲十一月庚午日五十二刻冬至距至元十七年庚辰歲計六百七十三年皇極曆推之得庚申冬至後授時一日授時上考大業丁卯歲冬至得庚午與皇極合

唐武德元年戊寅歲十一月戊辰日六十四刻冬至距至元十七年庚辰歲計六百六十二年戊寅曆推之得庚申冬至後授時一日授時曆上考武德戊寅歲得戊辰冬至與戊寅曆合

開元十五年丁卯歲十一月己亥日七十二刻冬至距至元十七年庚辰歲計五百五十三年大衍曆推之得己未冬至後授時八十一刻授時曆上考開元丁卯歲得己亥冬至與大衍曆合先四刻

長慶元年辛丑歲十一月壬子日七十六刻冬至距至元十七年庚辰歲計四百五十九年宣明曆推之得庚申冬至後授時一日授時曆上考長慶辛丑歲得壬子冬至與宣明曆合

宋太平興國五年庚辰歲十一月丙午日六十三刻冬至距至元十七年庚辰歲計三百年乾元曆推之得庚申冬至後授時一日授時曆上考太平興國庚辰歲得丙午冬至與乾元合

咸平三年庚子歲十一月辛卯日五十三刻冬至距至元十七年庚辰歲計二百八十年儀天曆推之得庚申冬至後授時一日授時上考咸平庚子歲得辛卯冬至與儀天合

崇寧四年乙酉歲十一月辛丑日六十二刻冬至距至元十七年庚辰歲計一百七十五年紀元曆推之得己未日冬至後授時十九刻授時曆上考崇寧乙酉歲得辛丑日冬至與紀元曆合先二刻

金大定十九年己亥歲十一月己巳日六十四刻冬至距至元十七年庚辰歲計一百一年大明曆推之得己未冬至後授時一十九刻授時曆上考大定己亥歲己巳冬至與大明曆合先九刻（大明冬至蓋測驗未密故也）

慶元四年戊午歲十一月己酉日一十七刻冬至距至元十七年庚辰歲計八十二年統天曆推之得己未冬至先授時一刻授時曆上考慶元戊午歲得己酉日冬至與統天曆合

周天列宿度

列宿著於天爲舍二十有八爲度三百六十五有奇非日躔無以校其度非列舍無以紀其度周天之度因二者以得之天體渾圓當二極南北之中絡以赤道日月五星之行常出入於此天左旋日月五星遡

而右轉昔人曆象日月星辰謂此也然列舍相距度數歷代所測不同非微有動移則前人所測或有未密古用闚管今新制渾儀測用二綫所測度數分秒與前代不同者今列於左

漢洛下閎所測　唐一行所測

角十二度

亢九度

氐十五度

房五度

心五度

尾十八度

箕十一度

東方七十五度

斗二十六度及分　二十六度

牛八度

女十二度

虛十度　十度少強

危十七度

室十六度　十六度

壁九度

北方九十八度及分　九十八度二十五分

奎十六度

婁十二度

胃十四度

昴十一度

畢十六度　十七度

觜二度　一度

參九度　十度

西方八十度　八十一度

井三十三度

鬼四度　三度

柳十五度

星七度

張十八度

翼十八度

軫十七度

南方一百一十二度　一百一十一度

宋皇祐所測　元豐所測

角

亢

氐十六度

房　六度

心六度

尾十九度

箕十度　十一度

東方七十七度　七十九度

斗二十五度

牛七度

女十一度

虛　九度少強

危十六度

室十七度

壁

北方九十五度二十五分　九十四度二十五分

奎

婁

胃十五度

昴

畢十八度　十七度

觜

參

西方八十三度　八十二度

井

鬼二度

柳十四度

星

張　十七度

翼　十九度

軫

南方一百一十度　一百一十度

宋崇寧所測　元至元所測

角　十二度一十分

亢九度少　九度二十分

氐　十六度三十分

房五度太　五度六十分

心六度少　六度五十分

尾十九度少　十九度一十分

箕十度半　十度四十分

東方七十八度　七十九度二十分

斗　二十五度二十分

牛七度少　七度二十分

女十一度少	十一度三十五分
虛	八度九十五分
危十五度半	十五度四十分
室	十七度一十分
壁八度太	八度六十分
北方九十四度七十五分	九十三度八十分太
奎十六度半	十六度六十分
婁	十一度八十分
胃	十五度六十分
昴十一度少	十一度三十分
畢十七度少	十七度四十分
觜半度	五分
參十度半	十一度一十分
西方八十三度	八十三度八十五分
井三十三度少	三十三度三十分
鬼二度半	二度二十分
柳十三度太	十三度三十分
星六度太	六度三十分
張十七度少	十七度二十五分
翼十八度太	十八度七十五分
軫	十七度三十分
南方一百九度二十五分	一百八度四十分

日躔

日之麗天縣象最著大明一生列宿俱熄古人欲測躔度所在必以昏旦夜半中星衡考其所距從考其所當然昏旦夜半時刻未易得眞時刻一差則所距所當不容無舛晉姜岌首以月食衡檢知日度所在紀元曆復以太白誌其相距遠近於昏後明前驗定星度因得日躔今用至元丁丑四月癸酉望月食既推求得冬至日躔赤道箕宿十度黃道九度有奇仍自其年正月至己卯歲終三年之間日測太陰所離宿次及歲星太白相距度定驗參考共得一百三十四事皆躔箕宿適與月食所衡允合以金趙知微所修大明曆法推之冬至猶躔斗初度三十六分六十四秒比新測實差七十六分六十四秒

日行盈縮

日月之行有冬有夏言日月行度冬夏各不同也人徒知日行一度一歲一周天會不知盈縮損益四序有不同者北齊張子信積候合蝕加時覺日行有入氣差然損益未得其正趙道嚴復準晷景長短定日行進退更造盈縮以求虧食至劉焯立躔度與四序升降雖損益不同後代祖述用之夫陰陽往來馴積而變冬至日行一度強出赤道二十四度弱自此日軌漸北積八十八日九十一分當春分前三日交在赤道實行九十一度三十一分而適平自後其盈日損復行九十三日七十一分當夏至之日入赤道內二十四度弱實行九十一度三十一分日行一度弱向之盈分盡損而無餘自此日軌漸南積九十三日七十一分當秋分後三日交在赤道實行九十一度三十一分而復平自後其縮日損行八十八日九十一分出赤道外二十四度弱實行九十一度三十一分復當冬至向之縮分盡損而無餘盈縮均有損益初爲益末爲損自冬至以及春分春分以及夏至日躔自北陸轉而西西而南於盈爲益益極而損損至於無餘而縮自夏至以及秋分秋分以及冬至日躔自南陸轉而東東而北於縮爲益益極而損損至於無餘而復盈盈初縮末俱八十八日九十一分而行一象縮初盈末俱九十三日七十一分而行一象盈縮極差皆二度四十分由實測晷景而得仍以筭術推考與所測允合

月行遲疾

古曆謂月平行十三度十九分度之七漢耿壽昌以爲日月行至牽牛東井日過度月行十五度至婁角始平行赤道使然賈逵以爲今合朔弦望月食加時所以不中者蓋不知月行遲疾意李梵蘇統皆以月行當有遲疾不必在牽牛東井婁角之間乃由行道有遠近出入所生劉洪作乾象曆精思二十餘年始悟其理列爲差率以囿進退損益之數後之作曆者咸因之至唐一行考九道委蛇曲折之數得月行疾徐之理先儒謂月與五星皆近日而疾遠日而遲曆家立法以入轉一周之日爲遲疾二曆各立初末二限初爲益末爲損在疾初遲末其行度率過於平行遲初疾末率不及於平行自入轉初日行十四度半強從是漸殺歷七日適及平行度謂之疾初限其積度比平行餘五度四十二分自是其疾日損又歷七日行十二度微強向之益者盡損而無餘謂之疾末限自是復行遲度又歷七日適及平行度謂之遲初限其積度比平行不及五度四十二分自此其遲日損行度漸增又歷七日復行十四度半強向之益者亦損而無餘謂之遲末限入轉一周實二十七日五十五刻四十六分遲疾極差皆五度四十二分舊曆

日爲一限皆用二十八限今定驗得轉分進退時各不同今分日爲十二共三百三十六限半之爲半周限析而四之爲象限

白道交周

當二極南北之中橫絡天體以紀宿度者赤道也出入赤道爲日行之軌者黃道也所謂白道與黃道交而九究而言之其實一也惟其隨交遷徙變動不居故强以方色名之月道出入日道兩相交值當朔則日爲月所掩當望則月爲日所衝故皆有食然涉交有遠近食分有深淺皆可以數推之所謂交周者月道出入日道一周之日也日道距赤道之遠爲度二十有四月道出入日道不踰六度其距赤道也遠不過三十度近不下十八度出黃道外爲陽入黃道內爲陰陰陽一周分爲四象月當黃道爲正交出黃道外六度爲半交復當黃道爲中交入黃道內六度爲半交是爲四象象別七日各行九十一度四象周歷是謂一交之終以日計之得二十七日二十一刻二十二分二十四秒每一交退天一度二百分度之九十三凡二百四十九交退天一周有奇終而復始正交在春正半交出黃道外六度在赤道內十八度正交在秋正半交出黃道外六度在赤道外三十度中交在春正半交入黃道內六度在赤道內三十度中交在秋正半交入黃道內六度在赤道外十八度月道與赤道正交距春秋二正黃赤道正交宿度東西不及十四度三分度之二夏至在陰曆內冬至在陽曆外月道與赤道所差者多夏至在陽曆外冬至在陰曆內月道與赤道所差者少蓋白道二交有斜有直陰陽二曆有內有外直者密而狹斜者疎而闊其差亦從而異今立象置法求之差數多者不過三度五十分少者不下一度三十分是爲月道與赤道多少之差

晝夜刻

日出爲晝日入爲夜晝夜一周共爲百刻以十二辰分之每辰得八刻三分刻之一無間南北所在皆同晝短則夜長夜短則晝長此自然之理也春秋二分日當赤道出入晝夜正等各五十刻自春分以及夏至日入赤道內去極浸近夜短而晝長自秋分以及冬至日出赤道外去極浸遠晝短而夜長以地中揆之長不過六十刻短不過四十刻地中以南夏至去日出入之所爲遠其長有不及六十刻者冬至去日出入之所爲近其短有不止四十刻者地中以北夏至去日出入之所爲近其長有不止六十刻者冬至去日出入之所爲遠其短有不及四十刻者今京師冬至日出辰初二刻日入申正二刻故晝刻三十八夜刻六十二夏至日出寅正二刻日入戌初二刻故晝刻六十二夜刻三十八蓋地有南北極有高下日出入有早晏所有不同耳今授時曆晝夜刻一以京師爲正其各所實測北極高下具見天文志

交食

曆法疎密驗在交食然推步之術難得其密加時有早晚食分有淺深取其密合不容偶然推演加時必本於躔離朓朒考求食分必本於距交遠近茍入氣盈縮入轉遲疾未得其正則合朔不失之先必失之後合朔失之先後則虧食時刻其能密乎日月俱東行而日遲月疾月追及日是爲一會交值之道有陽曆陰曆交會之期有中前中後加以地形南北東西之不同人目高下邪直之各異此食分多寡理不得一者也今合朔既正則加時無早晚之差氣刻適中則食分無强弱之失推而上之自詩書春秋及三國以來所載虧食無不合焉者合於既往則行之悠久自可無弊矣

欽定古今圖書集成曆象彙編曆法典

曆法典第三十六卷

曆法總部彙考三十六

元二

授時曆議下

詩書所載日食二事

書引征惟仲康肇位四海乃季秋月朔辰弗集于房

今按大衍曆作仲康即位之五年癸巳距辛巳三千四百八年九月庚戌朔泛交二十六日五千四百二十一分入食限

詩小雅十月之交大夫刺幽王也十月之交朔日辛卯日有食之亦孔之醜

今按梁太史令虞𠠎云十月辛卯朔在幽王六年乙丑朔大衍亦以爲然以授時曆推之是歲十月辛卯朔泛交十四日五千七百九分入食限

春秋日食三十七事

隱公三年辛酉歲春王二月己巳日有食之

杜預云不書日史官失之公羊云日食或言朔或不言朔或日或不日或失之前或失之後失之前者朔在前也失之後者朔在後也穀梁云言日不言朔食晦日也姜岌校春秋日食云是歲二月己亥朔無己巳似失一閏三月己巳朔去交分入食限大衍與姜岌合今授時曆推之是歲三月己巳朔加時在晝去交分二十六日六千六百三十一入食限

桓公三年壬申歲七月壬辰朔日有食之

姜岌以爲是歲七月癸亥朔無壬辰亦失閏其八月壬辰朔去交分入食限大衍與姜岌合以今曆推之是歲八月壬辰朔加時在晝食六分一十四秒

桓公十七年丙戌歲冬十月朔日有食之

左氏云不書日史官失之大衍推得在十一月交分入食限失閏也以今曆推之是歲十一月加時在晝交分二十六日八千五百六十入食限

莊公十八年乙巳歲春王三月日有食之

穀梁云不言日不言朔夜食也大衍推是歲五月朔交分入食限三月不應食以今曆推之是歲三月朔不入食限五月壬子朔加時在晝交分入食限蓋誤五爲三

莊公二十五年壬子歲六月辛未朔日有食之

大衍推之七月辛未朔交分入食限以今曆推之是歲七月辛未朔加時在晝交分二十七日四百八十九入食限失閏也

莊公二十六年癸丑歲冬十二月癸亥朔日有食之

今曆推之是歲十二月癸亥朔加時在晝交分十四日三千五百五十一入食限

莊公三十年丁巳歲九月庚午朔日有食之

今曆推之是歲十月庚午朔加時在晝去交分十四日四千六百九十六入食限失閏也大衍同

僖公十二年癸酉歲春王三月庚午朔日有食之

姜氏云三月朔交不應食在誤條其五月庚午朔去交分入食限大衍同今曆推之是歲五月庚午朔加時在晝去交分二十六日五千一百九十二入食限蓋五誤爲三

僖公十五年丙子歲夏五月日有食之

左氏云不書朔與日史官失之也大衍推四月癸丑朔去交分入食限差一閏今曆推之是歲四月癸丑朔去交分一日一千三百一十六入食限

文公元年乙未歲二月癸亥朔日有食之

姜氏云二月甲午朔無癸亥三月癸亥朔入食限大衍亦以爲然今曆推之是歲三月癸亥朔加時在晝去交分二十六日五千九百十七分入食限失閏也

文公十五年己酉歲六月辛丑朔日有食之

今曆推之是歲六月辛丑朔加時在晝交分二十六日四千四百七十三分入食限

宣公八年庚申歲秋七月甲子日有食之

杜預以七月甲子晦食姜氏云十月甲子朔食大衍同今曆推之是歲十月甲子朔加時在晝食九分八十一秒蓋十誤爲七

宣公十年壬戌歲夏四月丙辰日有食之

今曆推之是月丙辰朔加時在晝交分十四日九百六十八分入食限

宣公十七年己巳歲六月癸卯日有食之
姜氏云六月甲辰朔不應食大衍云是年五月在交限六月甲辰朔交分已過食限蓋誤今曆推之是歲五月乙亥朔入食限六月甲辰朔泛交二日已過食限大衍爲是
成公十六年丙戌歲六月丙寅朔日有食之
今曆推之是歲六月丙寅朔加時在晝去交分二十六日九千八百三十五分入食限
成公十七年丁亥歲十二月丁巳朔日有食之
姜氏云十二月戊子朔無丁巳似失閏大衍推十一月丁巳朔交分入食限今曆推之是歲十一月丁巳朔加時在晝交分十四日二千八百九十七分入食限與大衍同
襄公十四年壬寅歲二月乙未朔日有食之
今曆推之是歲二月乙未朔加時在晝交分十四日一千三百九十三分入食限也
襄公十五年癸卯歲秋八月丁巳朔日有食之
姜氏云七月丁巳朔食失閏也大衍同今曆推之是歲七月丁巳朔加時在晝去交分二十六日三千三百九十四分入食限
襄公二十年戊申歲冬十月丙辰朔日有食之
今曆推之是歲十月丙辰朔加時在晝交分十三日七千六百分入食限
襄公二十一年己酉歲秋七月庚戌朔日有食之
今曆推之是月庚戌朔加時在晝交分十四日三千六百八十二分入食限
冬十月庚辰朔日有食之
姜氏云比月而食宜在薄蝕大衍亦以爲然今曆推之十月已過交限不應頻食姜說爲是
襄公二十三年辛亥歲春王二月癸酉朔日有食之
今曆推之是月癸酉朔加時在晝交分二十六日五千七百三分入食限
襄公二十四年壬子歲秋七月甲子朔日有食之既
今曆推之是月甲子朔加時在晝日食九分六秒
八月癸巳朔日有食之
漢志董仲舒以爲比食又既大衍云不應頻食在誤條今曆推之立分不叶不應食大衍說是
襄公二十七年乙卯歲冬十二月乙亥朔日有食之
姜氏云十一月乙亥朔交分入限應食大衍同今曆推之是歲十一月乙亥朔加時在晝交分初日八百二十五分入食限
昭公七年丙寅歲夏四月甲辰朔日有食之
今曆推之是月甲辰朔加時在晝交分二十七日二百九十八分入食限
昭公十五年甲戌歲六月丁巳朔日有食之
大衍推五月丁巳朔食失一閏今曆推之是歲五月丁巳朔加時在晝交分十三日九千五百六十七分入食限
昭公十七年丙子歲夏六月甲戌朔日有食之
姜氏云六月乙巳朔交分不叶不應食當誤大衍云當在九月朔六月不應食姜氏是也今曆推之是歲九月甲戌朔加時在晝交分二十六日七千六百五十分入食限
昭公二十一年庚辰歲七月壬午朔日有食之
今曆推之是月壬午朔加時在晝交分二十六日八千七百九十四分入食限
昭公二十二年辛巳歲冬十二月癸酉朔日有食之
今曆推之是月癸酉朔交分十四日一千八百入食限杜預以長曆推之當爲癸卯非是
昭公二十四年癸未歲夏五月乙未朔日有食之
今曆推之是月乙未朔加時在晝交分二十六日三千八百三十九分入食限
昭公三十一年庚寅歲十二月辛亥朔日有食之
今曆推之是月辛亥朔加時在晝交分二十六日六千一百二十八分入食限
定公五年丙申歲春三月辛亥朔日有食之
今曆推之三月辛卯朔加時在晝交分十四日三百三十四分入食限
定公十二年癸卯歲十一月丙寅朔日有食之
今曆推之是歲十月丙寅朔加時在晝交分十四日二千六百二十二分入食限蓋失一閏
定公十五年丙午歲八月庚辰朔日有食之
今曆推之是月庚辰朔加時在晝交分十三日七千六百八十五分入食限
哀公十四年庚申歲夏五月庚申朔日有食之
今曆推之是月庚申朔加時在晝交分二十六日九千二百一分入食限
右詩書所載日食二事春秋二百四十二年間凡三十有七事以授時曆推之惟襄公二十一年十月庚辰朔及二十四年八月癸巳朔不入食限蓋自有曆以來無比月而食之理其三十五食食皆在朔經或

不書日不書朔公羊穀梁以爲食晦二者非左氏以爲史官失之者得之其間或差一日二日者蓋由古曆疏闊置閏失當之弊姜岌一行已有定說孔子作書但因時曆以書非大義所關故不必致詳也

三國以來日食

蜀章武元年辛丑六月戊辰晦時加未
授時曆食甚未五刻
大明曆食甚未五刻
右皆親二曆推戊辰皆七月朔

魏黃初二年壬寅十一月庚申晦食時加西南維
授時曆食甚申一刻
大明曆食甚申三刻
右授時親大明次親二曆推庚申皆十二月朔

梁中大通五年癸丑四月己未朔食在丙
授時曆虧初午四刻
大明曆虧初午四刻
右皆親

太清元年丁卯正月己亥朔食時加申
授時曆食甚申一刻
大明曆食甚申三刻
右授時次親大明親

陳太建八年丙申六月戊申朔食于卯申間
授時曆食甚卯二刻
大明曆食甚卯四刻
右授時次親大明疏遠

唐永隆元年庚辰十一月壬申朔食巳四刻甚
授時曆食甚巳七刻
大明曆食甚巳五刻
右授時疎大明親

開耀元年辛巳十月丙寅朔食巳初甚
授時曆食甚辰正三刻
大明曆食甚辰正一刻
右授時親大明疎

嗣聖八年辛卯四月壬寅朔食卯二刻甚
授時曆食甚寅八刻
大明曆食甚卯初刻
右皆次親

十七年庚子五月己酉朔食申初甚
授時曆食甚申初二刻
大明曆食甚申正初刻
右授時次親大明疎遠

十九年壬寅九月乙丑朔食申三刻甚
授時曆食甚申一刻
大明曆食甚申四刻
右授時次親大明親

景龍元年丁未六月丁卯朔食午正甚
授時曆食甚午正二刻
大明曆食甚未初初刻
右授時次親大明疎遠

開元元年辛酉九月乙巳朔食午正後三刻甚
授時曆食甚午正一刻
大明曆食甚午正二刻
右授時次親大明親

宋慶曆六年丙戌三月辛巳朔食申正三刻復滿
授時曆復滿申正三刻
大明曆復滿申正一刻
右授時密合大明次親

皇祐元年己丑正月甲午朔食午正甚
授時曆食甚午初二刻
大明曆食甚午正初刻
右授時親大明密合

五年癸巳歲十月丙申朔食未一刻甚
授時曆食甚未三刻
大明曆食甚未初刻
右授時次親大明親

至和元年甲午四月甲午朔食申正一刻甚
授時曆食甚申正一刻
大明曆食甚申正二刻
右授時密合大明親

嘉祐四年己亥正月丙申朔食未三刻復滿
授時曆復滿未初二刻
大明曆復滿未初二刻
右皆親

六年辛丑六月壬子朔食未初虧初
授時曆虧初未初刻
大明曆虧初未一刻
右授時親大明次親

治平三年丙午九月壬子朔食未二刻甚
授時曆食甚未三刻
大明曆食甚未四刻
右授時親大明次親

熙寧二年己酉七月乙丑朔食辰三刻甚
授時曆食甚辰五刻
大明曆食甚辰四刻
右授時次親大明親
元豐三年庚申十一月己丑朔食巳六刻甚
授時曆食甚巳五刻
大明曆食甚巳二刻
右授時親大明疎遠
紹聖元年甲戌三月壬申朔食未六刻甚
授時曆食甚未五刻
大明曆食甚未五刻
右皆親
大觀元年丁亥十一月壬子朔食未二刻虧初未八
刻甚申六刻復滿
授時曆虧初未三刻食甚申初刻復滿申六刻
大明曆虧初未初刻食甚未七刻復滿申五刻
右授時曆虧初食甚皆親復滿密合大明虧初次
親食甚復滿皆親
紹興三十二年壬午正月戊辰朔食申初虧
授時曆虧初申一刻
大明曆虧初未七刻
右皆親
淳熙十年癸卯十一月壬戌朔食巳正二刻甚
授時曆食甚巳正二刻
大明曆食甚巳正一刻
右授時密合大明親
慶元元年乙卯三月丙戌朔食午初二刻虧初
授時曆虧初午初一刻
大明曆虧初午初二刻
右授時虧初親大明虧初密合
嘉泰二年壬戌五月甲辰朔食午初一刻虧初
授時曆虧初巳正三刻
大明曆虧初午初三刻
右皆親
嘉定九年丙子二月甲申朔食申正四刻甚
授時曆食甚申正三刻
大明曆食甚申正二刻
右授時親大明次親
淳祐三年癸卯三月丁丑朔食巳初二刻
授時曆食甚巳初一刻
大明曆食甚巳初初刻
右授時親大明次親
元中統元年庚申三月戊辰朔食申正二刻甚
授時曆食甚申正一刻
大明曆食甚申初三刻
右授時親大明疎
至元十四年丁丑十月丙辰朔食午正初虧初未初
一刻食甚未正二刻復滿
授時曆虧初午正初刻食甚未初一刻復滿未正
一刻
大明曆虧初午正三刻食甚未正一刻復滿申初
二刻
右授時虧初食甚皆密合復滿親大明虧初疎食
甚復滿皆疎遠

前代考古交食同刻者爲密合相較一刻爲親二刻
爲次親三刻爲陳四刻爲疎遠今授時大明校古日
食上自後漢章武元年下訖本朝計三十五事密合
者授時十大明二親者授時十有七大明十有六次
親者授時十大明八疎者授時一大明三疎遠者授
時無大明六

前代月食

宋元嘉十一年甲戌七月丙子望食四更二唱虧初
四更四唱食既
授時曆虧初四更三點食既在四更四點
大明曆虧初在四更二點食既在四更五點
右授時虧初親食既密合大明虧初密合食既親
十三年丙子十二月己巳望食一更三唱食既
授時曆食既在一更三點
大明曆食既在一更四點
右授時密合大明親
十四年丁丑十一月丁丑望食二更四唱虧初三更
一唱食既
授時曆虧初在二更五點食既在三更二點
大明曆虧初在二更四點食既在三更二點
右授時虧初食既皆親大明虧初密合食既親
梁中大通二年庚戌五月庚寅望月食在子
授時曆食甚在子正初刻
大明曆食甚在子正初刻
右皆密合
大同九年癸亥三月乙巳望食三更三唱虧初
授時曆虧初三更一點

大明曆虧初三更三點

右授時次親大明密合

隋開皇十二年壬子七月己未望食一更三唱虧初

授時曆虧初在一更四點

大明曆虧初在一更五點

右授時親大明次親

十五年乙卯十一月庚午望食一更四點虧初二更三點食甚三更一點復滿

授時曆虧初在一更三點食甚在二更二點復滿在二更五點

大明曆虧初在一更五點食甚在二更二點復滿在二更五點

右授時虧初食甚復滿皆親大明虧初復滿皆親食甚密合

十六年丙辰十一月甲子望食四更三籌復滿

授時曆復滿在四更四點

大明曆復滿在四更五點

右授時親大明次親

後漢天福十二年丁未十二月乙未望食四更四點虧初

授時曆虧初四更五點

大明曆虧初四更一點

右授時親大明次親

宋皇祐四年壬辰十一月丙辰望食寅四刻虧

授時曆虧初在寅二刻

大明曆虧初在寅一刻

右授時次親大明疎

嘉祐八年癸卯十月癸未望食卯七刻甚

授時曆食甚在辰初刻

大明曆食甚在辰初刻

右皆親

熙寧二年己酉閏十一月丁未望食亥六刻虧初子五刻食甚丑四刻復滿

授時曆虧初在亥六刻食甚在子五刻復滿在丑三刻

大明曆虧初在子初刻食甚在子六刻復滿在丑四刻

右授時虧初食甚密合復滿親大明虧初次親食甚親復滿密合

四年辛亥十一月丙申望食卯二刻虧初卯六刻食甚

授時曆虧初在卯初刻食甚在卯五刻

大明曆虧初在卯四刻食甚在卯七刻

右虧初皆次親食甚皆親

六年癸丑三月戊午望食亥一刻虧初亥六刻甚子四刻復滿

授時曆虧初在戌七刻食甚在亥五刻復滿在子三刻

大明曆虧初在亥二刻食甚在亥七刻復滿在子四刻

右授時虧初次親食甚復滿皆親大明虧初食甚皆親復滿密合

七年甲寅九月己酉望食四更五點虧初五更三點食既

授時曆虧初在四更五點食既在五更三點

大明曆虧初在四更三點食既在五更二點

右授時虧初食既皆密合大明虧初次親食既親

崇寧四年乙酉十二月戊寅望食酉二刻甚戌初刻復滿

授時曆食甚在酉一刻復滿在酉七刻

大明曆食甚在酉三刻復滿在戌二刻

右授時食甚復滿皆次親大明食甚密合復滿次親

元至元七年庚午三月乙卯望食丑三刻虧初寅初刻食甚寅六刻復滿

授時曆虧初在丑二刻食甚在寅初刻復滿在寅六刻

大明曆虧初在丑四刻食甚在寅一刻復滿在寅七刻

右授時虧初親食甚復滿密合大明虧初食甚復滿皆親

九年壬申七月辛未望食丑初刻虧初丑六刻食甚寅三刻復滿

授時曆虧初在子七刻食甚在丑四刻復滿在寅一刻

大明曆虧初在丑二刻食甚在丑六刻復滿在寅二刻

右授時虧初親食甚復滿皆次親大明虧初次親食甚密合復滿親

十四年丁丑四月癸酉望食子六刻虧初丑三刻食既丑五刻甚丑七刻生光寅四刻復滿

授時曆虧初在子六刻食既在丑四刻食甚在丑五刻生光丑六刻復滿寅四刻

大明曆虧初在丑初刻食既丑七刻食甚在丑七刻生光在丑八刻復滿寅六刻

右授時虧初食甚復滿皆密合食既生光皆親大明虧初食甚復滿皆次親食既疎遠生光親

十六年己卯二月癸酉望食子五刻虧初丑二刻甚丑七刻復滿

授時曆虧初在子五刻食甚在丑二刻復滿在丑七刻

大明曆虧初在子七刻食甚在丑三刻復滿在丑七刻

右授時虧初食甚復滿皆密合大明虧初次親食甚親復滿密合

八月己丑望食丑五刻虧初寅初刻甚寅四刻復滿

授時曆虧初在丑三刻食甚在寅初刻復滿在寅四刻

大明曆虧初在丑七刻食甚在寅二刻復滿在寅四刻

右授時虧初次親食甚復滿皆密合大明虧初食甚皆次親復滿密合

十七年庚辰八月甲申望食在晝戌一刻復滿

授時曆復滿在戌一刻

大明曆復滿在戌四刻

右授時密合大明疎

已上四十五事密合者授時十有八大明十有一親者授時十有八大明十有七次親者授時九大明十有四疎者授時無大明二疎遠者授時無大明一

定朔

日平行一度月平行十三度十九分度之七一晝夜之間月先日十二度有奇歷二十九日五十三刻復追及日與之同度是謂經朔經朔云者謂合朔大畧不出此也日有盈縮月有遲疾以盈縮遲疾之數損益之始爲定朔古人立法簡而未密初用平朔一大一小故日食有在朔二月食有在望前後者漢張衡以月行遲疾分爲九道宋何承天以日行盈縮推定小餘故月有三大二小隋劉孝孫劉焯欲遵用其法時議排抵以爲迂怪卒不能行唐傅仁均始采用之至貞觀十九年九月後四月頻大復用平朔訖麟德元年始用李淳風甲子元曆定朔之法遂行淳風又以晦月頻見故立進朔之法謂朔日小餘在日法四分之三已上虛進一日後代皆循用之然虞劆嘗曰朔在會同苟躔次既合何疑於頻大日月相離何拘於間小一行亦曰天事誠密雖四大三小庸何傷今但取辰集時刻所在之日以爲定朔朔雖小餘在進限亦不之進甚矣人之安於故習也初曆法用平朔止知一大一小爲法之不可易初聞三大二小之說皆不以爲然自有曆以來下訖麟德而定朔始行四大三小理數自然唐人弗克若天而止用平朔迨元朝至元而常議方革至如進朔之意止欲避晦日月見殊不思合朔在酉戌亥距前日之卯十八九辰矣若進一日則晦不見月此論誠然苟合朔在辰申之間法不當進距前日之卯已踰十四五度則月見於晦庸得免乎且月之隱見本天道之自然朔之進退出人爲之牽強孰若廢人用天不復虛進爲得其實哉至理所在奚恤乎人言可爲知者道也

不用積年日法

曆法之作所以步日月之躔離候氣朔之盈虛不揆其端無以測知天道而與之脗合然日月之行遲速不同氣朔之運參差不一昔人立法必推求往古生數之始謂之演紀上元當斯之際日月五星同度如合璧連珠然惟其世代綿遠馴積其數至踰億萬後人厭其布筭繁多互相推考斷截其數而增損日法以爲得改憲之術此歷代積年日法所以不能相同者也然行之未遠浸復差失蓋天道自然豈人爲附會所能苟合哉夫七政運行於天進退自有常度苟原始要終候驗周匝則象數昭著有不容隱者又何必捨目前簡易之法而求億萬年宏闊之術哉今授時曆以至元辛巳爲元所用之數一本諸天秒而分分而刻刻而日皆以百爲率比之他曆積年日法推演附會出於人爲者爲得自然或曰昔人謂建曆之本必先立元元正然後定日法法定然後度周天以定分至然則曆之有積年日法尚矣自黃帝以來諸曆轉相祖述殆七八十家未聞舍此而能成者今一切削去無乃昧於本原而考求未得其方歟是殆不然晉杜預有云治曆者當順天以求合非爲合以驗天前代演積之法不過爲合驗天耳今以舊曆頗疎乃命釐正法之不密在所必更奚暇踵故習哉遂取漢以來諸曆積年日法及行用年數具列於後仍附演積數法以釋或者之疑

三統曆　西漢太初元年丁丑鄧平造行一百八十八年至東漢元和乙酉後天七十八刻

積年一十四萬四千五百一十一
日法八十一
四分曆東漢元和二年乙酉編訢造行一百二十一年至建安丙戌後天七刻
積年一萬五百六十一
日法四
乾象曆建安十一年丙戌劉洪造行三十一年至魏景初丁巳後天七刻
積年八千四百五十二
日法一千四百五十七
景初曆魏景初元年丁巳楊偉造行二百六年至宋元嘉癸未先天五十刻
積年五千八十九
日法四千五百五十九
元嘉曆宋元嘉二十年癸未何承天造行二十年至大明七年癸卯先天五十刻
積年六千五百四十一
日法七百五十二
大明曆宋大明七年癸卯宋祖沖之造行五十八年至魏正光辛丑後天二十九刻
積年五萬二千七百五十七
日法三千九百三十九
正光曆後魏正光二年辛丑李業興造行一十九年至興和庚申先天十二刻
積年一十六萬八千五百九
日法七萬四千九百五十二
興和曆興和二年庚申李業興造行一十年至齊天保庚午先天九十九刻
積年二十萬四千七百三十七
日法二十萬八千五百三十
天保曆北齊天保元年庚午宋景業造行一十七年至周天和丙戌後天一日八十七刻
積年一十一萬一千二百五十七
日法二萬三千六百六十
天和曆後周天和元年丙戌甄鸞造行一十三年至大象己亥先天四十刻

積年八十七萬六千五百七
日法二萬三千四百六十
大象曆大象元年己亥馮顯造行五年至隋開皇甲辰後天十刻
積年四萬二千二百五十五
日法一萬二千九百九十二
開皇曆隋開皇四年甲辰張賓造行二十四年至大業戊辰後天七刻
積年四百一十二萬九千六百九十七
日法一十萬二千九百六十
大業曆大業四年戊辰張胄元造行一十一年至唐武德己卯後天七刻
積年一百四十二萬八千三百一十七
日法一千一百四十四
戊寅曆唐武德二年己卯道士傅仁均造行四十六年至麟德乙丑後天四十七刻
積年一十六萬五千三
日法一萬三千六百
麟德曆麟德二年乙丑李淳風造行六十三年至開元戊辰後天一十二刻
積年二十七萬四百九十七
日法一千三百四十
大衍曆開元十六年戊辰僧一行造行三十四年至寶應壬寅先天一十四刻
積年九千六百九十六萬二千二百九十七
日法三千四十
五紀曆寶應元年壬寅郭獻之造行二十三年至貞元乙丑後天二十四刻
積年二十七萬四百九十七
日法一千三百四十
貞元曆貞元元年乙丑徐承嗣造行三十七年至長慶壬寅先天十五刻
積年四十萬三千三百九十七
日法一千九十五
宣明曆長慶二年壬寅徐昂造行七十一年至景福癸丑先天四刻

積年七百七萬五百九十七
日法八千四百
崇元曆景福二年癸丑邊岡造行十四年後六十三年至周顯德丙辰先天四刻
積年五千三百九十四萬七千六百九十七
日法一萬三千五百
欽天曆五代周顯德三年丙辰王朴造行五年至宋建隆庚申先天二刻
積年七千二百六十九萬八千七百七十七
日法七千二百
應天曆宋建隆元年庚申王處訥造行二十一年至太平興國辛巳後天二刻
積年四百八十二萬五千八百七十七
日法一萬單二
乾元曆太平興國六年辛巳吳昭素造行二十年至咸平辛丑合
積年三千五十四萬四千二百七十七
日法二千九百四十
儀天曆咸平四年辛丑史序造行二十三年至天聖甲子合
積年七十一萬六千七百七十七
日法一萬一百
崇天曆天聖二年甲子宋行古造行四十年至治平甲辰後天五十四刻
積年九千七百五十五萬六千五百九十七
日法一萬五百九十
明天曆治平元年甲辰周琮造行十年至熙寧甲寅合
積年七十一萬一千九百七十七
日法三萬九千
奉元曆熙寧七年甲寅衛朴造行十八年至元祐壬申後天七刻
積年八千三百一十八萬九千二百七十七
日法二萬三千七百
觀天曆元祐七年壬申皇居卿造行三十一年至崇寧癸未先天六刻

積年五百九十四萬四千九百九十七
日法一萬二千三十
占天曆崇寧二年癸未姚舜輔造行三年至丙戌後天四刻
積年二千五百五十萬一千九百三十七
日法二萬八千八十
紀元曆崇寧五年丙戌姚舜輔造行二十一年至金天會丁未合
積年二千八百六十一萬三千四百六十七
日法七千二百九十
大明曆金天會五年丁未楊級造行五十三年至大定庚子合
積年三億八千三百七十六萬八千六百九十七
日法五千二百三十
重修大明曆大定二十年庚子趙知微重修行一百一年至元朝至元辛巳後天一十九刻
積年八千八百六十三萬九千七百五十七
日法五千二百三十
統元曆後宋紹興五年乙卯陳德一造行三十二年至乾道丁亥合
積年九千四百二十五萬一千七百三十七
日法六千九百三十
乾道曆乾道三年丁亥劉孝榮造行九年至淳熙丙申後天一刻
積年九千一百六十四萬五千九百三十七
日法三萬
淳熙曆淳熙三年丙申劉孝榮造行一十五年至紹熙辛亥合
積年五千二百四十二萬二千七十七
日法五千六百四十
會元曆紹熙二年辛亥劉孝榮造行八年至慶元己未後天一十刻
積年二千五百四十九萬四千八百五十七
日法三萬八千七百
統天曆慶元五年己未楊忠輔造行八年至開禧丁卯先天六刻

積年三千九百一十七
日法一萬二千
開禧曆開禧三年丁卯鮑澣之造行四十四年至淳祐辛亥後天七刻
積年七百八十四萬八千二百五十七
日法一萬六千九百
淳祐曆淳祐十年庚戌李德卿造行一年至壬子合
積年一億二千二十六萬七千六百七十七
日法三千五百三十
會天曆寶祐元年癸丑譚玉造行十八年至咸淳辛未後天一刻
積年一千一百三十五萬六千一百五十七
日法九千七百四十
成天曆咸淳七年辛未陳鼎造行四年至至元辛巳後天一刻
積年七千一百七十五萬八千一百五十七
日法七千四百二十
此下不會行用見於典籍經進者二曆
皇極曆大業間劉焯造阻難不行至唐武德二年己卯先天四十三刻
積年一百萬九千五百一十七
日法一千二百四十二
乙未曆大定二十年庚子耶律履造不曾行用至辛巳後天一十九刻
積年四千四十五萬二千一百二十六
日法二萬六百九十
授時曆元至元十八年辛巳為元
積年日法不用
實測到至元十八年辛巳歲
氣應五十五日六百分
閏應二十日一千八百五十分
經朔三十四日八千七百五十五

日法二千一百九十演紀上元己亥距至元辛巳九千八百二十五萬一千四百二十二筭
氣應五十五日六百二分
閏應二十日一千八百五十三分
經朔三十四日八千七百四十九分
日法八千二百七十演紀上元甲子距辛巳五百六十七萬五百五十七筭日命甲子
氣應五十五日五百三十三分
閏應二十日一千八百八分
經朔三十四日八千七百二十五分
日法六千五百七十演紀上元甲子距辛巳三千九百七十五萬二千五百三十七筭
氣應五十五日六百三十一分
閏應二十日一千九百一十九分
經朔三十四日八千七百一十二分

欽定古今圖書集成曆象彙編曆法典

曆法典第三十七卷

曆法總部彙考三十七

元三

授時曆經上

步氣朔第一

至元十八年歲次辛巳爲元

上考往古下驗將來皆距立元爲算周歲消長百年各一其諸應等數隨時推測不用爲元

日周一萬

歲實三百六十五萬二千四百二十五分

通餘五萬二千四百二十五分

朔實二十九萬五千三百五分九十三秒

通閏十萬八千七百五十三分八十四秒

歲周三百六十五日二千四百二十五分

朔策二十九日五千三百五分九十三秒

氣策十五日二千一百八十四分三十七秒半

望策十四日七千六百五十二分九十六秒半

弦策七日三千八百二十六分四十八秒少

氣應五十五萬闕六百分

閏應二十萬一千八百五十分

沒限七千八百一十五分六十二秒半

氣盈二千一百八十四分三十七秒半

朔虛四千六百九十四分闕七秒

旬周六十萬

紀法六十

推天正冬至

置所求距算以歲實上推往古每百年長一下算將來每百年消一乘之爲中積加氣應爲通積滿旬周去之不盡以日周約之爲日不滿爲分其日命甲子算外卽所求天正冬至日辰及分

如上考者以氣應減中積滿旬周去之不盡以減旬周餘同上

求次氣

置天正冬至日分以氣策累加之其日滿紀法去之外命如前各得次氣日辰及分秒

推天正經朔

置中積加閏應爲閏積滿朔實去之不盡爲閏餘以減通積爲朔積滿旬周去之不盡以日周約之爲日不滿爲分卽所求天正經朔日及分秒

上考者以閏應減中積滿朔實去之不盡以減朔實爲閏餘以日周約之爲日不滿爲分以減冬至日及分不及減者加紀法減之命如上

求弦望及次朔

置天正經朔日及分秒以弦策累加之其日滿紀法去之各得弦望及次朔日及分秒

推沒日

置有沒之氣分秒如沒限已上爲有沒之氣以十五乘之用減氣策餘滿氣盈而一爲日并恒氣日命爲沒日

推滅日

置有滅之朔分秒在朔虛分已下爲有滅之朔以三十乘之滿朔虛而一爲日并經朔日命爲滅日

步發斂第二

土王策三日四百三十六分八十七秒半

月閏九千六百十二分八十二秒

辰法一萬

半辰法五千

刻法一千二百

推五行用事

各以四立之節爲春木夏火秋金冬水首用事日以土王策減四季中氣各得其季土始用事日

氣候

正月

立春節正月　東風解凍　蟄蟲始振　魚陟負冰

雨水中正月　獺祭魚　候鴈北　草木萌動

二月

驚蟄節二月　桃始華　倉鶊鳴　鷹化爲鳩

春分中二月　元鳥至　雷乃發聲　始電

三月

清明節三月　桐始華　田鼠化爲鴽　虹始見

穀雨中三月　萍始生　鳴鳩拂其羽　戴勝降於桑

四月

立夏節四月　螻蟈鳴　蚯蚓出　王瓜生

小滿中四月 苦菜秀 靡草死 麥秋至
五月
芒種節五月 螳螂生 鵙始鳴 反舌無聲
夏至中五月 鹿角解 蜩始鳴 半夏生
六月
小暑節六月 溫風至 蟋蟀居壁 鷹始摯
大暑中六月 腐草為螢 土潤溽暑 大雨時行
七月
立秋節七月 涼風至 白露降 寒蟬鳴
處暑中七月 鷹乃祭鳥 天地始肅 禾乃登
八月
白露節八月 鴻鴈來 元鳥歸 羣鳥養羞
秋分中八月 雷始收聲 蟄蟲坏戶 水始涸
九月
寒露節九月 鴻鴈來賓 雀入大水為蛤 菊有黃花
霜降中九月 豺乃祭獸 草木黃落 蟄蟲咸俯
十月
立冬節十月 水始冰 地始凍 雉入大水為蜃
小雪中十月 虹藏不見 天氣上升地氣下降 閉塞而成冬
十一月
大雪節十一月 鶡鴠不鳴 虎始交 荔挺出
冬至中十一月 蚯蚓結 麋角解 水泉動
十二月
小寒節十二月 鴈北鄉 鵲始巢 雉雊
大寒中十二月 雞乳 征鳥厲疾 水澤腹堅

推中氣去經朔

置天正閏餘以日周約之為日命之得冬至去經朔以月閏累加之各得中氣去經朔日算滿朔策去之乃冬至閏然後定朔無中氣者裁之

推發斂加時

置所求分秒以十二乘之滿辰法而一為辰數餘以刻法收之為刻命子正算外即所在辰刻

如滿半辰法通作一辰命起子初

步日躔第三

周天分三百六十五萬二千五百七十五分

周天三百六十五度二十五分七十五秒

半周天一百八十二度六十二分八十七秒半

象限九十一度三十一分四十三秒太

歲差一分五十秒

周應三百一十五萬一千七十五分

半歲周一百八十二日六千二百一十二分半

盈初縮末限八十八日九千九十二分少

縮初盈末限九十三日七千一百二十分少

推天正經朔弦望入盈縮曆

置半歲周以閏餘日及分減之即得天正經朔入縮曆冬至後盈夏至後縮以弦策累加之各得弦望及次朔入盈縮曆日及分秒滿半歲周去之即交盈縮

求盈縮差

視入曆盈者在盈初縮末限已下為初限已上反減半歲周餘為末限縮者在縮初盈末限已下為初限已上反減半歲周餘為末限其盈初縮末者置立差三十一以初末限乘之加平差二萬四千六百又以初末限乘之用減定差五百一十三萬三千二百餘再以初末限乘之滿億為度不滿退除為分秒縮初盈末者置立差二十七以初末限乘之加平差二萬二千一百又以初末限乘之用減定差四百八十七萬六百餘再以初末限乘之滿億為度不滿退除為分秒即所求盈縮差

又術置入限分以其日盈縮分乘之萬約為分以加其下盈縮積萬約為度不滿為分秒亦得所求盈縮差

赤道宿度

角十二二十 亢九二十 氐十六三十
房五六十 心六五十 尾十九一十
箕十四十

右東方七宿七十九度二十分

斗二十五二十 牛七二十 女十一三十五
虛八九十五太 危十五四十 室十七一十
壁八六十

右北方七宿九十三度八十分太

奎十六六十 婁十一八十 胃十五六十
昴十一三十 畢十七四十 觜初五
參十一一十

右西方七宿八十三度八十五分

井三十三三十 鬼二二十 柳十三三十
星六三十 張十七二十五 翼十八七十五
軫十七三十

右南方七宿一百八度四十分

右赤道宿次並依新製渾儀測定用為常數校天為密若考往古即用當時宿度為準

推冬至赤道日度

置中積以加周應爲通積滿周天分上推往古每百年消一下算將來每百年長一去之不盡以日周約之爲度不滿退約爲分秒命起赤道虛宿六度外去之至不滿宿卽所求天正冬至加時日躔赤道宿度及分秒

上考者以周應減中積滿周天去之不盡以減周天餘以日周約之爲度餘同上如當時有宿度者止依當時宿度命之

求四正赤道日度

置天正冬至加時赤道日度累加象限滿赤道宿次去之各得春夏秋正日所在宿度及分秒

求四正赤道宿積度

置四正赤道宿全度以四正赤道日度及分減之餘爲距後度以赤道宿度累加之各得四正後赤道宿積度及分

黃赤道率

積度（至後黃道 分後赤道）	度率	積度（至後赤道 分後黃道）	度率	積差	差率
初	一		一 〇八六五		八十二秒
一	一	一 〇八六五	一 〇八六三	八十二秒	二分四六
二	一	二 一七二八	一 〇八六〇	三分二八	四分一一
三	一	三 二五八八	一 〇八五七	七分三九	五分七六
四	一	四 三四四五	一 〇八四九	十三分一五	七分四一
五	一	五 四二九四	一 〇八四三	二十分五六	九分〇七
六	一	六 五一三七	一 〇八三三	二十九分六三	十分七一
七	一	七 五九七〇	一 〇八二二	四十分三六	十二分四〇
八	一	八 六七九二	一 〇八一三	五十二分七六	十四分〇八
九	一	九 七六〇五	一 〇八〇一	六十六分八四	十五分七六
十	一	十 八四〇六	一 〇七八六	八十二分六〇	十七分四五
十一	一	十一 九一九二	一 〇七七二	一 〇〇〇五	十九分一六
十二	一	十二 九九六四	一 〇七五五	一 一九二一	二十分八七
十三	一	十四 〇七一九	一 〇七四〇	一 四〇〇八	二十二分五八
十四	一	十五 一四五九	一 〇七二〇	一 六二六六	二十四分三〇
十五	一	十六 二一七九	一 〇七〇四	一 八六九六	二十六分〇五
十六	一	十七 二八八三	一 〇六八四	二 一三〇一	二十七分七九
十七	一	十八 三五六七	一 〇六六三	二 四〇八〇	二十九分五五
十八	一	十九 四二三〇	一 〇六四二	二 七〇三五	三十一分三一
十九	一	二十 四八七二	一 〇六二二	三 〇一六五	三十三分〇七
二十	一	二十一 五四九四	一 〇五九九	三 三四七二	三十四分八五
二十一	一	二十二 六〇九三	一 〇五七九	三 六九五七	三十六分六三
二十二	一	二十三 六六六八	一 〇五五四	四 〇六二〇	三十八分四二
二十三	一	二十四 七二二二	一 〇五三〇	四 四四六二	四十分二〇
二十四	一	二十五 七七五二	一 〇五〇六	四 八四八二	四十二分
二十五	一	二十六 八二五八	一 〇四八二	五 二六八二	四十三分七九
二十六	一	二十七 八七四〇	一 〇四五六	五 七〇六一	四十五分五九
二十七	一	二十八 九一九六	一 〇四三二	六 一六二〇	四十七分二八
二十八	一	二十九 九六二八	一 〇四〇八	六 六三五八	四十九分一七
二十九	一	三十一 〇〇三六	一 〇三八二	七 一二七五	五十分九五
三十	一	三十二 〇四一八	一 〇三五五	七 六三七〇	五十二分七二
三十一	一	三十三 〇七七三	一 〇三三三	八 一六四二	五十四分五〇
三十二	一	三十四 一一〇六	一 〇三〇六	八 七〇九二	五十六分二六
三十三	一	三十五 一四一二	一 〇二八〇	九 二七一九	五十八分〇一
三十四	一	三十六 一六九一	一 〇二五四	九 八五二〇	五十九分七四
三十五	一	三十七 一九四五	一 〇二二九	十 四四九四	六十一分四五
三十六	一	三十八 二一七四	一 〇二〇三	十一 〇六三九	六十三分一四
三十七	一	三十九 二三七七	一 〇一七七	十一 六九五三	六十四分八一
三十八	一	四十 二五五四	一 〇一五二	十二 三四三四	六十六分四七
三十九	一	四十一 二七〇六	一 〇一二六	十三 〇〇八一	六十八分〇八
四十	一	四十二 二八三二	一 〇一〇一	十三 六八八九	六十九分六七
四十一	一	四十三 二九三四	一 〇〇七五	十四 三八五六	七十一分二四
四十二	一	四十四 三〇〇九	一 〇〇四九	十五 〇九八〇	七十二分七六
四十三	一	四十五 三〇五八	一 〇〇二七	十五 八二五六	七十四分二六
四十四	一	四十六 三〇八五	一 〇〇〇〇	十六 五六八二	七十五分七一
四十五	一	四十七 三〇八五	九九七四	十七 三二五三	七十七分一三
四十六	一	四十八 三〇五九	九九五一	十八 〇九六五	七十八分五〇
四十七	一	四十九 三〇一〇	九九二五	十八 八八一五	七十九分八四
四十八	一	五十 二九三五	九九〇一	十九 六七九九	八十一分一二
四十九	一	五十一 二八三六	九八七六	二十 四九一一	八十二分三七
五十	一	五十二 二七一二	九八五一	二十一 三一四八	八十三分五七
五十一	一	五十三 二五六三	九八二七	二十二 一五〇五	八十四分七二
五十二	一	五十四 二三九〇	九八〇三	二十二 九九七七	八十五分八三
五十三	一	五十五 二一九三	九七八〇	二十三 八五六〇	八十六分八八
五十四	一	五十六 一九七三	九七五五	二十四 七二四八	八十七分八九
五十五	一	五十七 一七二八	九七三一	二十五 六〇三七	八十八分八五
五十六	一	五十八 一四五九	九七〇八	二十六 四九二二	八十九分七七
五十七	一	五十九 一一六七	九六八五	二十七 三八九九	九十分六二
五十八	一	六十 〇八五二	九六六一	二十八 二九六二	九十一分四四
五十九	一	六十一 〇五一三	九六三九	二十九 二一〇六	九十二分二二
六十	一	六十二 〇一五二	九六一六	三十 一三二八	九十二分九四
六十一	一	六十二 九七六八	九五九四	三十一 〇六二二	九十三分六一
六十二	一	六十三 九三六二	九五七二	三十一 九九八三	九十四分二六
六十三	一	六十四 八九三四	九五五一	三十二 九四〇九	九十四分八五
六十四	一	六十五 八四八五	九五二九	三十三 八八九四	九十五分二八
六十五	一	六十六 八〇一四	九五〇九	三十四 八四三二	九十五分九〇
六十六	一	六十七 七五二三	九四八七	三十五 八〇二二	九十六分三八
六十七	一	六十八 七〇一〇	九四七〇	三十六 七六六〇	九十六分八一

六十八	二	六十九六四八〇	九四五〇	三十七七三四	九十七分一九
六十九	一	七十五九三〇	九四二七	三十八七〇六〇	九十七分五六
七十	一	七十一五三五七	九四一二	三十九六八一六	九十七分八九
七十一	一	七十二四七六九	九三九二	四十六六〇五	九十八分一八
七十二	一	七十三[illegible]一六	九三八五	四十一六四二三	九十八分四五
七十三	一	七十四三五四六	九三五三	四十二六二六八	九十八分六八
七十四	一	七十五二八九九	九三四三	四十三六一三六	九十八分六一
七十五	一	七十六二二四二	九三二九	四十四六〇二七	九十九分一〇
七十六	一	七十七一五七一	九三一五	四十五五九三七	九十九分二五
七十七	一	七十八〇八八六	九三〇四	四十六五八六二	九十九分四八
七十八	一	七十九〇一九〇	九二八六	四十七五八〇二	九十九分五二
七十九	一	七十九九四七六	九二七五	四十八五七五四	九十九分八二
八十	一	八十八七五一	九二六五	四十九五七六	九十九分七二
八十一	一	八十一八〇一六	九二五五	五十五六八八	九十九分七九
八十二	一	八十二七七一	九二四四	五十一五六六七	九十九分八四
八十三	一	八十三六五一五	九二三八	五十二五六五一	九十九分八六
八十四	一	八十四五七五三	九二二八	五十三五六四〇	九十九分九三
八十五	一	八十五四九八一	九二二二	五十四五六三三	九十九分九六
八十六	一	八十六四三〇三	九一一五	五十五五六二九	九十九分九七
八十七	一	八十七三四一八	九二一二	五十六五六二六	九十九分九九
八十八	一	八十八二六二〇	九二一〇	五十七五六二五	一
八十九	一	八十九一八四〇	九二〇四	五十八五六二五	二
九十	二	九十一〇四四	九二〇四	五十九五六二五	一
九十一	三	九十一〇二四八	二八七七	六十五六二五	[illegible]
九十二		九十[illegible]五		六十八七五二	

推黄道宿度

置四正後赤道宿積度以其赤道積度減之餘以黄道率乘之如赤道率而一所得以加黄道積度爲二十八宿黄道積度以前宿黄道積度減之爲其宿黄道度及分 其秒就近爲分

黄道宿度

角十二 八十七　亢九 五十六　氐十六 四十

房五 四十八　心六 二十七　尾十七 九十五

箕九 五十九

右東方七宿七十八度一十二分

斗二十三 四十七　牛六 九十　女十一 一十

虛九 分空太　危十五 九十五　室十八 三十二

壁九 三十四

右北方七宿九十四度一十分太

奎十七 八十七　婁十二 三十六　胃十五 八十一

昴十一 〇八　畢十六 五十　觜初 〇五

參十一 二十八

右西方七宿八十三度九十五分

井三十一 〇三　鬼二 一十一　柳十三

星六 三十一　張十七 七十九　翼二十 〇九

軫十八 七十五

右南方七宿一百九度八分

右黄道宿度依今曆所測赤道准冬至歲差所在筭定以憑推步若上下考驗據歲差每移一度依術推變各得當時宿度

推冬至加時黄道日度

置天正冬至加時赤道日度以其赤道積度減之餘以黄道率乘之如赤道率而一所得以加黄道積度即所求年天正冬至加時黄道日度及分秒

求四正加時黄道日度

置所求年冬至日躔黄赤道差與次年黄赤道差相減餘四而一所得加象限爲四正定象度置冬至加時黄道日度以四正定象度累加之滿黄道宿次去之各得四正定氣加時黄道宿度及分

求四正晨前夜半日度

置四正恒氣日及分秒 冬夏二至盈縮之端以恒爲定 以盈縮差命爲日分盈減縮加之卽爲四正定氣日及分置日下分以其日行度乘之如日周而一所得以減四正加時黄道日度各得四正定氣晨前夜半日度及分秒

求四正後每日晨前夜半黄道日度

以四正定氣日距後正定氣日爲相距日以四正定氣晨前夜半日度距後正定氣晨前夜半日度爲相距度累計相距日之行定度與相距度相減餘如相距日而一爲日差 相距度多爲加相距度少爲減 以加減四正每日行度率爲每日行定度累加四正晨前夜半黄道日度滿宿次去之爲每日晨前夜半黄道日度及分秒

求每日午中黄道日度

置其日行定度半之以加其日晨前夜半黄道日度得午中黄道日度及分秒

求每日午中黄道積度

以二至加時黄道日度距所求日午中黄道日度爲二至後黄道積度及分秒

求每日午中赤道日度

置所求日午中黄道積度滿象限去之餘爲分後內

減黃道積度以赤道率乘之如黃道率而一所得以加赤道積度及所去象限爲所求赤道積度及分秒以二至赤道日度加而命之卽每日午中赤道日度及分秒

黃道十二次宿度

危十二度六十四分九十一秒入娵訾之次辰在亥
奎一度七十三分六十三秒入降婁之次辰在戌
胃三度七十四分五十六秒入大梁之次辰在酉
畢六度八十八分五秒入實沈之次辰在申
井八度三十四分九十四秒入鶉首之次辰在未
柳三度八十六分八十秒入鶉火之次辰在午
張十五度二十六分六秒入鶉尾之次辰在巳
軫十度七分九十七秒入壽星之次辰在辰
氐一度一十四分五十二秒入大火之次辰在卯
尾三度一分一十五秒入析木之次辰在寅
斗二度七十六分八十五秒入星紀之次辰在丑
女二度六分三十八秒入元枵之次辰在子

求入十二次時刻

各置入次宿度及分秒以其日晨前夜半日度減之餘以日周乘之爲實以其日行定度爲法實如法而一所得依發斂加時求之卽入次時刻

步月離第四

轉終分二十七萬五千五百四十六分
轉終二十七日五千五百四十六分
轉中十三日七千七百七十三分
初限八十四
中限一百六十八
周限三百三十六
月平行十三度三十六分八十七秒半
轉差一日九千七百五十九分九十三秒
弦策七日三千八百二十六分四十八秒少
上弦九十一度三十一分四十三秒太
望一百八十二度六十二分八十七秒半
下弦二百七十三度九十四分三十一秒少
轉應一十三萬一千九百四分

推天正經朔入轉

置中積加轉應減閏餘滿轉終分去之不盡以日周約之爲日不滿爲分卽天正經朔入轉日及分上考者中積內加所求閏餘減轉應滿轉終去之不盡以減轉終餘同上

求弦望及次朔入轉

置天正經朔入轉日及分以弦策累加之滿轉終去之卽弦望及次朔入轉日及分秒如徑求次朔以轉差加之

求經朔弦望入遲疾曆

各視入轉日及分秒在轉中已下爲疾曆已上減去轉中爲遲曆

遲疾轉定及積度

入轉日	初末限	遲疾度
初	初	疾初
一	一十二二十	疾一三〇七七
二	二十四四十	疾二四九六三
三	三十六六十	疾三五三〇五
四	四十八八十	疾四三七四八
五	六十一	疾四九九三八
六	七十三二十	疾五三五二二
七	末八十二六十	疾五四二八一
八	七十四十	疾五二九四七
九	五十八二十	疾四八七三五
十	四十六	疾四一九九六
十一	三十三八十	疾三三〇八六
十二	二十一六十	疾二二三五九
十三	九四十	疾一〇一六八
十四	初二八十	遲初
十五	一十五	遲一五九二三
十六	二十七二十	遲二七四八八
十七	三十九四十	遲三七四二二
十八	五十一六十	遲四五三八〇
十九	六十三八十	遲五一〇〇四
二十	七十六	遲五三九三八
二十一	末七十九八十	遲五四二四八
二十二	六十七六十	遲五二二二三
二十三	五十五四十	遲四七三九九
二十四	四十三二十	遲四〇一三一
二十五	三十一	遲三〇七七二
二十六	一十八八十	遲一九六七七
二十七	六六十	遲七二〇一

入轉日	轉定度	轉積度
初	十四六七六四	初
一	十四五五七三	十四六七六四
二	十四四〇二九	二十九二三三七
三	十四二一三〇	四十三六三六六

四	十三九八七七	五十七八四九六
五	十三七二七一	七十一八二七二
六	十三四四四六	八十五五六四四
七	十三二三五三	九十九〇〇九〇
八	十二九四七五	一百一十二二四四二
九	十二六九四八	一百二十五一九一八
十	十二四七七七	一百三十七八八六六
十一	十二二九六〇	一百五十四六二
十二	十二〇四九六	一百六十二六六〇三
十三	十二〇四六二	一百七十四八〇九九
十四	十二〇八五二	一百八十六八五六一
十五	十二二一二二	一百九十八九四一
十六	十二三七五二	二百一十一一五三五
十七	十二五七三〇	二百二十三五二八七
十八	十二八〇六二	二百三十六一〇一七
十九	十三〇七五三	二百四十八九〇八〇
二十	十三三三七七	二百六十一九八三三
二十一	十三五七一二	二百七十五三二一〇
二十二	十三八五一一	二百八十八八九二二
二十三	十四〇九五五	三百二七四三三
二十四	十四三〇四六	三百一十六八二八八
二十五	十四四七八二	三百三十一一四六四
二十六	十四六二六三	三百四十五六二一六
二十七	十四七一五四	三百六十二二七九

求遲疾差

置遲疾曆日及分以十二限二十分乘之在初限已下爲初限已上覆減中限餘爲末限置立差三百二十五以初末限乘之加平差二萬八千一百又以初末限乘之用減定差一千一百一十一萬餘再以初末限乘之滿億爲度不滿退除爲分秒卽遲疾差

又術置遲疾曆日及分以遲疾曆日率減之餘以其下損益分乘之如八百二十而一益加損減其下遲疾度亦爲所求遲疾差

求朔弦望定日

以經朔弦望盈縮差與遲疾差同名相從異名相消

盈遲縮疾爲同名盈疾縮遲爲異名

以八百二十乘之以所入遲疾限下行度除之卽爲加減差

盈遲爲加縮疾爲減

以加減經朔弦望日及分卽定朔弦望日及分若定弦望分在日出分已下者退一日其日命甲子算外各得定朔弦望日辰定朔干名與後朔干同者其月大不同者其月小內無中氣者爲閏月

推定朔弦望加時日月宿度

置經朔弦望入盈縮曆日及分以加減差加減之爲定朔弦望入曆在盈便爲中積在縮加半歲周爲中積命日爲度以盈縮差盈加縮減之爲加時定積度以冬至加時日躔黃道宿度加而命之各得定朔弦望加時日度

凡合朔加時日月同度便爲定朔加時月度其弦望各以弦望度加定積爲定弦望月行定積度依上加而命之各得定弦望加時黃道月度

推定朔弦望加時赤道月度

各置定朔弦望加時黃道月行定積度滿象限去之以其黃道積度減之餘以赤道率乘之如黃道率而一用加其下赤道積度及所去象限各爲赤道加時定積度以冬至加時赤道日度加而命之各爲定朔弦望加時赤道月度及分秒

象限以下及半周去之爲至後滿象限及三象去之爲分後

推朔後平交入轉遲疾曆

置交終日及分內減經朔入交日及分爲朔後平交日以加經朔入轉爲朔後平交入轉在轉中已下爲疾曆已上去之爲遲曆

求正交日辰

置經朔加朔後平交日以遲疾曆依前求到遲疾差遲加疾減之爲正交日及分其日命甲子算外卽正交日辰

推正交加時黃道月度

置朔後平交日以月平行度乘之爲距後度以加經朔中積爲冬至距正交定積度以冬至日躔黃道宿度加而命之爲正交加時月離黃道宿度及分秒

求正交在二至後初末限

置冬至距正交積度及分在半歲周已下爲冬至後已上去之爲夏至後其二至後在象限已下爲初限已上減去半歲周爲末限

求定差距差定限度

置初末限度以十四度六十六分乘之如象限而一爲定差反減十四度六十六分餘爲距差以二十四乘定差如十四度六十六分而一所得交在冬至後各減夏至後各加皆加減九十八度爲定限度及分

秒

求四正赤道宿度

置冬至加時赤道度命爲冬至正度以象限累加之各得春分夏至秋分正積度各命赤道宿次去之爲四正赤道宿度及分秒

求月離赤道正交宿度

以距差加減春秋二正赤道宿度爲月離赤道正交宿度及分秒

冬至後初限加末限減視春正夏至後初限減末限加視秋正

求正交後赤道宿積度入初末限

各置春秋二正赤道所當宿全度及分以月離赤道正交宿度及分減之餘爲正交後積度以赤道宿次累加之滿象限去之爲半交後又去之爲中交後再去之爲半交後視各交積度在半象已下爲初限已上用減象限餘爲末限

求月離赤道正交後半交白道舊名九道出入赤道內外度及定差

置各交定差度及分以二十五乘之如六十一而一所得視月離黃道正交在冬至後宿度爲減夏至後宿度爲加皆加減二十三度九十分爲月離赤道後半交白道出入赤道內外度及分以周天六之一六十度八十七分六十二秒半除之爲定差

月離赤道正交後爲外中交後爲內

求月離出入赤道內外白道去極度

置每日月離赤道交後初末限用減象限餘爲白道積用其積度減之餘以其差率乘之所得百約之以加其下積差爲每日積差用減周天六之一餘以定差乘之爲每日月離赤道內外度內減外加象限爲每日月離白道去極度及分秒

求每交月離白道積度及宿次

置定限度與初末限相減相乘退位爲分爲定差

正交中交後爲加半交後爲減

以差加減正交後赤道積度爲月離白道定積度以前宿白道定積度減之各得月離白道宿次及分

推定朔弦望加時月離白道宿度

各以月離赤道正交宿度距所求定朔弦望加時月離赤道宿度爲正交後積度滿象限去之爲半交後又去之爲中交後再去之爲半交後視交後積度在半象已下爲初限已上用減象限爲末限以初末限與定限度相減相乘退位爲分分滿百爲度爲定差

正交中交後爲加半交後爲減

以差加減月離赤道正交後積度爲定積度以正交宿度加之以其所當月離白道宿次去之各得定朔弦望加時月離白道宿度及分秒

求定朔弦望加時及夜半晨昏入轉

置經朔弦望入轉日及分以定朔弦望加減差加減之爲定朔弦望加時入轉以定朔弦望日下分減之爲夜半入轉以晨分加之爲晨轉以昏分加之爲昏轉

求夜半月度

置定朔弦望日下分以其入轉日轉定度乘之萬約爲加時轉度以減加時定積度餘爲夜半定積度依前加而命之各得夜半月離宿度及分秒

求晨昏月度

置其日晨昏分以夜半入轉日轉定度乘之萬約爲晨昏轉度各加夜半定積度爲晨昏定積度加命如前各得晨昏月離宿度及分秒

求每日晨昏月離白道宿次

累計相距日數轉定度爲轉積度與定朔弦望晨昏宿次前後相距度數相減餘以相距日數除之爲日差

距度多爲加距度少爲減

以加減每日轉定度爲行定度以累加定朔弦望晨昏月度加命如前即每日晨昏月離白道宿次

朔後用昏望後用晨朔望晨昏俱用

曆法典第三十八卷

曆法總部彙考三十八

元四

授時曆經下

步中星第五

大都北極出地四十度太強

冬至去極一百一十五度二十一分七十三秒

夏至去極六十七度四十一分一十三秒

冬至晝夏至夜三千八百一十五分九十二秒

夏至晝冬至夜六千一百八十四分八秒

昏明二百五十分

黃道出入赤道內外去極度及半晝夜分

黃道積度	內外度	內外差
初	二十三九〇三〇	三三
一	二十三八九九七	九九
二	二十三八八九八	一分六六
三	二十三八七三二	二分三一
四	二十三八五〇一	二分九九
五	二十三八三〇二	三分六五
六	二十三七八三七	四分一三
七	二十三七四〇五	四分九八
八	二十三六九〇七	五分六五
九	二十三六三二四	六分三六
十	二十三五七〇六	七分〇二
十一	二十三五〇〇四	七分六九
十二	二十三四二三五	八分三九
十三	二十三三三九六	九分〇八
十四	二十三二四八八	九分七五
十五	二十三一五一三	十分四七
十六	二十三〇四六六	十一分一四
十七	二十二九三五二	十一分八五
十八	二十二八一六七	十二分五四
十九	二十二六九一三	十三分二五
二十	二十二五五八八	十三分九五
二十一	二十二四一五三	十四分六六
二十二	二十二二七二七	十五分三七
二十三	二十二一一九〇	十六分〇六
二十四	二十一九五八四	十六分七八
二十五	二十一七九〇六	十七分四七
二十六	二十一六二五九	十八分一〇
二十七	二十一四三三九	十八分九〇
二十八	二十一二四四九	十九分六〇
二十九	二十一〇四八九	二十分二七
三十	二十八四六二	二十分九九
三十一	二十六三六三	二十一分六八
三十二	二十四一九五	二十二分三五
三十三	二十一九六〇	二十三分〇三
三十四	十九九六五七	二十三分七一
三十五	十九七二八六	二十四分三七
三十六	十九四八四九	二十五分〇二
三十七	十九二三四六	二十五分六六
三十八	十八九七八〇	二十六分三一
三十九	十八七一四九	二十六分九三
四十	十八四四五六	二十七分五二
四十一	十八一七〇四	二十八分一四
四十二	十七八八九〇	二十八分七三
四十三	十七六〇一八	二十九分二九
四十四	十七三〇八九	二十九分八四
四十五	十七〇一〇五	三十分三八
四十六	十六七〇六七	三十分九〇
四十七	十六三九七七	三十一分四一
四十八	十六〇八三六	三十一分九一
四十九	十五七六四五	三十二分三六
五十	十五四四〇九	三十二分八五
五十一	十五一一二四	三十三分二六
五十二	十四七七九八	三十三分六四
五十三	十四四四三四	三十四分〇七
五十四	十四一〇二七	三十四分四五
五十五	十三七五八二	三十四分八一
五十六	十三四一〇一	三十五分一五
五十七	十三〇五八六	三十五分四七
五十八	十二七〇三九	三十五分七八

五十九	十二 六三一四	三十六分 〇七
六十	十一 五九四八	三十六分 三三
六十一	十一 二六一二	三十六分 五九
六十二	十一 八二二五	三十六分 八三
六十三	十 七八九八	三十七分 〇五
六十四	十 七五四一	三十七分 二四
六十五	十 五一〇四	三十七分 四四
六十六	九 〇七六一	三十七分 六一
六十七	九 四三五九	三十七分 七六
六十八	九 六〇九一	三十七分 九一
六十九	八 七六八三	三十八分 〇七
七十	八 七二一五	三十八分 一七
七十一	七 九八四七	三十八分 二八
七十二	七 二四六九	三十八分 三八
七十三	七 八一八〇	三十八分 四七
七十四	六 四七一二	三十八分 五四
七十五	六 八三七二	三十八分 六二
七十六	五 二九五五	三十八分 六七
七十七	五 五五八六	三十八分 七二
七十八	五 八一五七	三十八分 七七
七十九	四 一七八九	三十八分 八一
八十	四 二四七〇	三十八分 八五
八十一	四 四〇二二	三十八分 八八
八十二	三 五六四二	三十八分 八九
八十三	三 六二五三	三十八分 九〇
八十四	二 七八五四	三十八分 九二
八十五	二 八四三五	三十八分 九三
八十六	二 九〇〇六	三十八分 九四
八十七	一 九六六七	三十八分 九四
八十八	一 〇二二九	三十八分 九五
八十九	〇九七〇	三十八分 九五
九十	一五二一	三十八分 九五
九十一	一一七二	一十二分 一七
九十一 三	空	空

黃道積度	冬至前後去極	夏至前後去極
初	一百一十五度 七三二一	六十七度 一四三一
一	一百一十五 四二〇七	六十七 四四六一
二	一百一十五 四二八〇	六十七 四四五二
三	一百一十五 七一五八	六十七 一四一四
四	一百一十五 四一四六	六十七 四四二六
五	一百一十五 四一五三	六十七 四四一九
六	一百一十五 八〇〇九	六十七 〇五六三
七	一百一十五 四〇八五	六十七 三五八七
八	一百一十五 五〇〇〇	六十七 三六六二
九	一百一十四 八九一四	六十七 〇六五八
十	一百一十四 四八九八	六十七 三七七四
十一	一百一十四 四八七一	六十七 三八九一
十二	一百一十四 七七八三	六十七 〇八八九
十三	一百一十四 三六九五	六十七 四九七四
十四	一百一十四 三五一六	六十八 五〇五六
十五	一百一十四 五四六六	六十八 三一〇六
十六	一百一十四 〇三九六	六十八 七二七六
十七	一百一十四 九二五四	六十八 九三一七
十八	一百一十四 一一〇三	六十八 七四六九
十九	一百一十四 五〇六〇	六十八 三六〇二
二十	一百一十三 三八一七	六十八 五七五五
二十一	一百一十三 三七六三	六十八 五八〇九
二十二	一百一十三 七五〇八	六十九 一〇六四
二十三	一百一十三 三四三三	六十九 五一三九
二十四	一百一十三 二二七七	六十九 五三九五
二十五	一百一十三 四一九〇	六十九 三五七二
二十六	一百一十二 〇九二三	六十九 八六四九
二十七	一百一十二 八七二四	六十九 〇八四八
二十八	一百一十二 九五二五	七十 九〇四六
二十九	一百一十二 三三二六	七十 五二四六
三十	一百一十二 〇一五六	七十 八四一六
三十一	一百一十一 〇九六五	七十 八六〇七
三十二	一百一十一 三七八三	七十 四八八九
三十三	一百一十一 〇五三一	七十一 八一二一
三十四	一百一十一 〇二〇八	七十一 八五六四
三十五	一百一十一 二〇九四	七十一 五五七八
三十六	一百一十 九七二九	七十一 九八四二
三十七	一百一十 八五九四	七十二 九〇七七
三十八	一百一十 二二三九	七十二 六三三三
三十九	一百一十 九〇二一	七十二 九五四九
四十	一百〇九 九七九五	七十二 八八七六
四十一	一百〇九 四四七八	七十三 三一九四
四十二	一百〇九 三二二〇	七十三 五四三二
四十三	一百〇八 六九一一	七十三 二七五一
四十四	一百〇八 三六二二	七十四 五〇八〇
四十五	一百〇八 四三八二	七十四 三三八〇

四十六	一百〇八 一〇〇二	七十四 六六七〇
四十七	一百〇七 二七〇一	七十四 六九六一
四十八	一百〇七 七二九九	七十五 〇二七二
四十九	一百〇七 八〇八七	七十五 九五八四
五十	一百〇六 五七二五	七十五 三八四七
五十一	一百〇六 六四七二	七十五 一二九〇
五十二	一百〇六 四〇一九	七十五 四五五三
五十三	一百〇五 七七七五	七十六 〇八九七
五十四	一百〇五 七四一一	七十七 一二六一
五十五	一百〇五 二〇五七	七十七 六五一五
五十六	一百〇四 四七四二	七十七 四九二〇
五十七	一百〇四 二二九七	七十八 五二七五
五十八	一百〇四 八〇二一	七十八 〇六四一
五十九	一百〇三 〇六四六	七十八 八九一六
六十	一百〇三 九二七九	七十九 八三九二
六十一	一百〇二 六九四三	七十九 二六二九
六十二	一百〇二 〇五五七	八十〇 一〇五六
六十三	一百〇二 二二二〇	八十〇 六四四二
六十四	一百〇一 一八七二	八十〇 六七九九
六十五	一百〇一 九四一五	八十一 九一三九
六十六	一百〇一 四〇九八	八十一 三五七四
六十七	一百〇〇 八七八〇	八十一 九九八一
六十八	一百〇〇 一三二三	八十二 七二四九
六十九	九十九 二九一五	八十二 六六五七
七十	九十九 一五四七	八十三 七〇二五
七十一	九十九 九一七八	八十三 八四九二
七十二	九十八 六八九〇	八十三 一八七二
七十三	九十八 三四一二	八十四 五二五〇
七十四	九十八 八〇四三	八十四 〇五二九
七十五	九十七 三六〇五	八十四 五九六七
七十六	九十七 六二八八	八十五 一三八六
七十七	九十七 〇八一八	八十五 八七五四
七十八	九十六 二四八九	八十六 五一八三
七十九	九十六 五一一〇	八十六 三五五二
八十	九十五 七七〇一	八十六 一九六一
八十一	九十五 八三五二	八十七 〇三一〇
八十二	九十四 六九四四	八十七 二六二八
八十三	九十四 〇五九五	八十八 七〇七七
八十四	九十四 一一八六	八十八 六四八六
八十五	九十三 二七六七	八十八 六六〇五
八十六	九十三 三三三八	八十八 五二二四
八十七	九十二 三九九九	八十八 四六七三
八十八	九十二 四六五〇	九十〇 四〇一二
八十九	九十二 五二〇一	九十〇 三四六一
九十	九十一 五八五二	九十〇 三八一〇
九十一	九十一 六四〇三	九十一 二一六九
九十一 三	九十一 四三三一	九十一 四三三一

黃道積度	冬晝夏夜	夏晝冬夜
初	一千九百 九〇六八	二千 〇九四二
一	一千九百 〇〇五八	三千 九九五一
二	一千九百 三〇四八	三千 六九六一
三	一千九百 八〇一八	三千 一九九一
四	一千九百 四〇七九	三千 五九三〇
五	一千九百 三一二〇	三千〇 六八八九
六	一千九百 三一六一	三千〇 六八四八
七	一千九百 五一八二	三千〇 四八二七
八	一千九百 〇一〇四	三千〇 〇八〇六
九	一千九百 六一七五	三千〇 三八九四
十	一千九百 七一〇四	三千〇 六八〇二
十一	一千九百 三一九九	三千 六八一〇
十二	一千九百 五二七一	三千 四七三八
十三	一千九百 九二四三	三千〇 〇七六六
十四	一千九百 五二〇六	三千〇 五七〇三
十五	一千九百 二二四九	三千〇 七七六〇
十六	一千九百 一三八二	三千〇 八六二七
十七	一千九百 三三二五	三千〇 六六八四
十八	一千九百 六三二八	三千〇 三六八一
十九	一千九百 一四二二	三千〇 八五七七
二十	一千九百 八四二五	三千〇 一五八四
二十一	一千九百 七四〇九	三千〇 三五〇〇
二十二	一千九百 七五七三	三千〇 二四三六
二十三	一千九百 〇五三八	三千 九四七一
二十四	一千九百 四六六二	三千〇 五三四七
二十五	一千九百 〇六八七	三千 九三二二
二十六	一千九百 八七八一	三千 一二二八
二十七	一千九百 八七六六	三千 一二四三
二十八	一千九百 〇八二二	三千 九一八七
二十九	一千九百 三八七七	三千 六一三二
三十	一千九百 八九六二	三千 一〇四七
三十一	一千九百 五九三八	三千 四〇七一
三十二	二千 三〇八四	二千九百 六九二三

三十三	二千三一九〇	二千九百六八一九
三十四	二千五一五六	二千九百四八五三
三十五	二千八八二	二千九百一七二七
三十六	二千三二六九	二千九百六七四〇
三十七	二千九三九五	二千九百〇六一四
三十八	二千七四七二	二千九百二五二七
三十九	二千六四九九	二千九百二五一〇
四十	二千七五四六	二千九百二四六三
四十一	二千九六三二	二千九百〇三七六
四十二	二千二七五一	二千九百七二五八
四十三	二千〇六七九八	二千九百三二一一
四十四	二千〇二八五六	二千九百七一五二
四十五	二千〇九九三三	二千九百〇〇七六
四十六	二千一百七〇一一	二千八百二九九八
四十七	二千一百六〇〇九	二千八百四九〇一
四十八	二千一百五一八七	二千八百四八二二
四十九	二千一百六二六五	二千八百三七四四
五十	二千一百八三三三	二千八百一六七六
五十一	二千一百〇四九二	二千八百九五一六
五十二	二千一百四五一〇	二千八百五四九九
五十三	二千一百八五一八	二千八百一四九一
五十四	二千一百二六七七	二千八百七三二二
五十五	二千一百八七一五	二千八百一二九四
五十六	二千一百四八〇四	二千八百六一〇五
五十七	二千一百〇九四五	二千八百九〇六六
五十八	二千二百七〇三一	二千七百二九七六
五十九	二千二百四一八〇	二千七百五八二九

六十	二千二百[illegible]一六九	二千七百七八四〇
六十一	二千二百[illegible]七八	二千七百九七三一
六十二	二千二百九三一六	二千七百〇六九三
六十三	二千二百八四〇五	二千七百二四〇五
六十四	二千二百七四〇五	二千七百三四〇五
六十五	二千二百六六二三	二千七百三三八六
六十六	二千二百五七六二	二千七百四二四七
六十七	二千二百五八二一	二千七百四一七八
六十八	二千二百五九〇〇	二千七百五〇〇九
六十九	二千二百四九七九	二千七百五〇二〇
七十	二千三百四〇八八	二千六百五九二一
七十一	二千三百四一八七	二千六百五八二二
七十二	二千三百四二九六	二千六百五七一三
七十三	二千三百五二〇五	二千六百五六〇四
七十四	二千三百五四一四	二千六百四五九五
七十五	二千三百五五二三	二千六百四四八六
七十六	二千三百五六三二	二千六百四三七七
七十七	二千三百五七四一	二千六百四二六八
七十八	二千三百五八四〇	二千六百四一五九
七十九	二千三百五八四九	二千六百四一六〇
八十	二千三百五九四八	二千六百四〇六一
八十一	二千四百五〇四七	二千五百四九六二
八十二	二千四百五一四六	二千五百四八六五
八十三	二千四百五二一五	二千五百四七九四
八十四	二千四百四三八四	二千五百五六二五
八十五	二千四百四四五三	二千五百五五五六
八十六	二千四百四五二一	二千五百五四八七
八十七	二千四百三六八一	二千五百六三二八
八十八	二千四百三七四〇	二千五百六二六九
八十九	二千四百三七〇九	二千五百七二〇〇
九十	二千四百二八六八	二千五百七一四一
九十一	二千四百二九一七	二千五百七〇九二
九十一三	二千五百	二千五百

黃道積度	晝夜差
初	〇九
一	二九
二	四七
三	六六
四	八五
五	一分〇四
六	一分二二
七	一分四一
八	一分六一
九	一分七九
十	一分九九
十一	二分一八
十二	二分三七
十三	二分五六
十四	二分七四
十五	二分九四
十六	三分一四
十七	三分三〇
十八	三分五一
十九	三分六九

二十	三分八八
二十一	四分〇七
二十二	四分二六
二十三	四分四二
二十四	四分六一
二十五	四分八〇
二十六	四分九八
二十七	五分一六
二十八	五分三五
二十九	五分四九
三十	五分六七
三十一	五分八五
三十二	六分〇一
三十三	六分一六
三十四	六分三三
三十五	六分四八
三十六	六分六三
三十七	六分七八
三十八	六分九二
三十九	七分〇五
四十	七分一九
四十一	七分三二
四十二	七分四四
四十三	七分五六
四十四	七分六八
四十五	七分七八
四十六	七分八九
四十七	七分九八
四十八	八分〇八
四十九	八分一七
五十	八分二六
五十一	八分二二
五十二	八分四〇
五十三	八分四六
五十四	八分五四
五十五	八分五九
五十六	八分六四
五十七	八分六九
五十八	八分七五
五十九	八分七八
六十	八分八一
六十一	八分八四
六十二	八分八九
六十三	八分九〇
六十四	八分九二
六十五	八分九四
六十六	八分九七
六十七	八分九七
六十八	八分九八
六十九	九分〇〇
七十	九分〇〇
七十一	九分〇一
七十二	九分〇一
七十三	九分二一
七十四	九分〇一
七十五	九分〇一
七十六	九分〇一
七十七	九分〇〇
七十八	九分〇〇
七十九	九分〇〇
八十	九分〇〇
八十一	九分〇〇
八十二	八分九七
八十三	八分九七
八十四	八分九七
八十五	八分九七
八十六	八分九六
八十七	入分九六
八十八	八分九六
八十九	八分九六
九十	八分九五
九十一 三	二分七九
	空

求每日黃道出入赤道內外去極度

置所求日晨前夜半黃道積度滿半歲周去之在象限已下為初限已上復減半歲周餘為入末限滿積度去之餘以其段內外差乘之百約之所得用減內外度為出入赤道內外度內減外加象限卽所求去極度及分秒

求每日半晝夜及日出入晨昏分

置所求入初末限滿積度去之餘以晝夜差乘之百

約之所得加減其段半晝夜分爲所求日半晝夜分以半夜分便爲日出分用減日周餘爲日入分以昏明分減日出分餘爲晨分加日入分爲昏分

求晝夜刻及日出入辰刻

置半夜分倍之百約爲夜刻以減百刻餘爲晝刻以日出入分依發斂求之卽得所求辰刻

求更點率

置晨分倍之五約爲更率又五約更率爲點率

求更點所在辰刻

置所求更點數以更點率乘之加其日昏分依發斂求之卽得所求辰刻

求距中度及更差度

置半日周以其日晨分減之餘爲距中分以三百六十六度二十五分七十五秒乘之如日周而一所得爲距中度用減一百八十三度一十二分八十七秒半倍之五除爲更差度及分

求昏明五更中星

置距中度以其日午中赤道日度加而命之卽昏中星所臨宿次命爲初更中星以更差度累加之滿赤道宿次去之爲逐更及曉中星宿度及分秒　其九服所在晝夜刻分及中星諸率並準隨處北極出地度數推之

已上諸率與晷漏所推自相符契

求九服所在漏刻

各於所在以儀測驗或下水漏以定其處冬至或夏至夜刻與五十刻相減餘爲至差刻置所求日黃道去赤道內外度及分以至差刻乘之進一位如二百三十九而一所得內減外加五十刻卽所求夜刻以減百刻餘爲晝刻

其日出入辰刻及更點等率依術求之

步交會第六

交終分二十七萬二千一百二十二分二十四秒

交終二十七日二千一百二十二分二十四秒

交中十三日六千六十一分一十二秒

交差二日三千一百八十三分六十九秒

交望十四日七千六百五十二分九十六秒半

交應二十六萬一百八十七分八十六秒

交終三百六十三度七十九分三十四秒

交中一百八十一度八十九分六十七秒

正交三百五十七度六十四分

中交一百八十八度五分

日食陽曆限六度　定法六十

陰曆限八度　定法八十

月食限十三度五分　定法八十七

推天正經朔入交

置中積加交應減閏餘滿交終分去之不盡以日周約之爲日不滿爲分秒卽天正經朔入交汎日及分秒

上考者中積內加所求閏餘減交應滿交終去之不盡以減交終餘如上

求次朔望入交

置天正經朔入交汎日及分秒以交望累加之滿交終日去之卽爲次朔望入交汎日及分秒

求定朔望及每日夜半入交

各置入交汎日及分秒減去經朔望小餘卽爲定朔望夜半入交若定日有增損者亦如之否則因經爲定大月加二日小月加一日餘皆加七千八百七十七分七十六秒卽次朔夜半入交累加一日滿交終日去之卽每日夜半入交汎日及分秒

求定朔望加時入交

置經朔望入交汎日及分秒以定朔望加減差加減之卽定朔望加時入交日及分秒

求交常交定度

置經朔望入交汎日及分秒以月平行度乘之爲交常度以盈縮差盈加縮減之爲交定度

求日月食甚定分

日食視定朔分在半日周已下去減半周爲中前已上減去半周爲中後與半周相減相乘退二位如九十六而一爲時差中前以減中後以加皆加減定朔分爲食甚定分以中前後分各加時差爲距午定分

月食視定望分在日周四分之一已下爲卯前已上覆減半周爲卯後在四分之三已下減去半周爲酉前已上覆減日周爲酉後以卯酉前後分自乘退二位如四百七十八而一爲時差子前以減子後以加皆加減定望分爲食甚定分各依發斂求之卽食甚辰刻

求日月食甚入盈縮曆及日行定度

置經朔望入盈縮曆日及分以食甚日及定分加之以經朔望日及分減之卽爲食甚入盈縮曆依日躔術求盈縮差盈加縮減之爲食甚入盈縮曆定度

求南北差

視日食甚入盈縮曆定度在象限已下爲初限已上用減半歲周爲末限以初末限度自相乘如一千八百七十而一爲度不滿退除爲分秒用減四度四十六分餘爲南北汎差以距午定分乘之以半晝分除之所得以減汎差爲定差

汎差不及減者反減之爲定差應加者減之應減者加之

在盈初縮末者交前陰曆減陽曆加交後陰曆加陽曆減在縮初盈末者交前陰曆加陽曆減交後陰曆減陽曆加

求東西差

視日食甚入盈縮曆定度與半歲周相減相乘如一千八百七十而一爲度不滿退除爲分秒爲東西汎差以距午定分乘之以日周四分之一除之爲定差若在汎差已上者倍汎差減之餘爲定差依其加減

在盈中前者交前陰曆減陽曆加交後陰曆加陽曆減中後者交前陰曆加陽曆減交後陰曆減陽曆加在縮中前者交前陰曆加陽曆減交後陰曆減陽曆加中後者交前陰曆減陽曆加交後陰曆加陽曆減

求日食正交中交限度

置正交中交度以南北東西差加減之爲正交中交限度及分秒

求日食入陰陽曆去交前後度

視交定度在中交限已下以減中交限爲陽曆交前度已上減去中交限爲陰曆交後度在正交限已下以減正交限爲陰曆交前度已上減去正交限爲陽曆交後度

求月食入陰陽曆去交前後度

視交定度在交中度已下爲陽曆已上減去交中爲陰曆視入陰陽曆在後準十五度半已下爲交後度前準一百六十六度三十九分六十八秒已上覆減交中餘爲交前度及分

求日食分秒

視去交前後度各減陰陽曆食限（不及減者不食）餘如定法而一各爲日食之分秒

求月食分秒

視去交前後度（不用南北東西差者）用減食限（不及減者不食）餘如定法而一爲月食之分秒

求日食定用及三限辰刻

置日食分秒與二十分相減相乘平方開之所得以五千七百四十乘之如入定限行度而一爲定用分以減食甚定分爲初虧加食甚定分爲復圓依發斂求之爲日食三限辰刻

求月食定用及三限五限辰刻

置月食分秒與三十分相減相乘平方開之所得以五千七百四十乘之如入定限行度而一爲定用分以減食甚定分爲初虧加食甚定分爲復圓依發斂求之即月食三限辰刻

月食既者以既內分與一十分相減相乘平方開之所得以五千七百四十乘之如入定限行度而一爲既內分用減定用分爲既外分以定用分減食甚定分爲初虧加既外爲食既又加既內爲食甚再加既內爲生光復加既外爲復圓依發斂求之即月食五限辰刻

求月食入更點

置食甚所入日晨分倍之五約爲更法又五約更法爲點法乃置初末諸分昏分已上減去昏分晨分已下加晨分以更法除之爲更數不滿以點法收之爲點數其更點數命初更初點算外各得所入更點

求日食所起

食在陽曆初起西南甚於正南復於東南食在陰曆初起西北甚於正北復於東北食八分已上初起正西復於正東（此據午地而論之）

求月食所起

食在陽曆初起東北甚於正北復於西北食在陰曆初起東南甚於正南復於西南食八分已上初起正東復於正西（此亦據午地而論之）

求日月出入帶食所見分數

視其日月出入分在初虧已上食甚已下者爲帶食各以食甚分與日出入分相減餘爲帶食差以乘所食之分滿定用分而一

如月食既者以既內分減帶食差餘進一位如既外分而一所得以減既分即月帶食出入所見之分不及減者爲帶食既出入

以減所食分即日月出入帶食所見之分

其食甚在晝晨爲漸進昏爲已退其食甚在夜晨爲已退昏爲漸進

求日月食甚宿次

置日月食甚入盈縮曆定度在盈便爲定積在縮加半歲周爲定積（望即更加半周天）以天正冬至加時黃道日

度加而命之各得日月食甚宿次及分秒

步五星第七

曆度三百六十五度二十五分七十五秒

曆中一百八十二度六十二分八十七秒半

曆策一十五度二十一分九十秒六十二微半

木星

周率三百九十八萬八千八百分

周日三百九十八日八十八分

曆率四千三百三十一萬二千九百六十四分八十六秒半

度率一十一萬八千五百八十二分

合應一百一十七萬九千七百二十六分

曆應一千八百九十九萬九千四百八十一分

盈縮立差二百三十六加

平差二萬五千九百一十二減

定差一千八十九萬七千

伏見一十三度

段目	段日	平度
合伏	一十六日八十六	三度八十六
晨疾初	二十八日	六度一十一
晨疾末	二十八日	五度五十一
晨遲初	二十八日	四度三十一
晨遲末	二十八日	一度九十一
晨留	二十四日	
晨退	四十六日五十八	四度八十八一十二半
夕退	四十六日五十八	四度八十八一十二半
夕留	二十四日	
夕遲初	二十八日	一度九十一
夕遲末	二十八日	四度三十一
夕疾初	二十八日	五度五十一
夕疾末	二十八日	六度一十一
夕伏	一十六日八十六	三度八十六

段目	限度	初行率
合伏	二度九十三	二十三分
晨疾初	四度六十四	二十二分
晨疾末	四度一十九	二十一分
晨遲初	三度二十八	一十八分
晨遲末	一度四十五	一十二分
晨留		
晨退	空三十二八十七半	
夕退	空三十二八十七半	一十六分
夕留		
夕遲初	一度四十五	
夕遲末	三度二十五	一十二分
夕疾初	四度一十九	一十八分
夕疾末	四度六十四	二十一分
夕伏	三度九十五	二十二分

火星

周率七百七十九萬九千二百九十分

周日七百七十九日九十二分九十秒

曆率六百八十六萬九千五百八十分四十三秒

度率一萬八千八百七分半

合應五十六萬七千五百四十五分

曆應五百四十七萬二千九百三十八分

盈初縮末立差一千一百三十五減

平差八十三萬一千一百八十九減

定差八千八百四十七萬八千四百

縮初盈末立差八百五十一加

平差三萬二百二十五負減

定差二千九百九十七萬六千三百

伏見一十九度

段目	段日	平度
合伏	六十九日	五十度
晨疾初	五十九日	四十一度八十
晨疾末	五十七日	三十九度〇八
晨次疾初	五十三日	三十四度一十六
晨次疾末	四十七日	二十七度〇六
晨遲初	三十九日	一十七度七十二
晨遲末	二十九日	六度二十
晨留	八日	
晨退	二十八日九十六四十五	八度六十五六十七半
夕退	二十八日九十六四十五	八度六十五六十七半
夕留	八日	
夕遲初	二十九日	六度二十
夕遲末	三十九日	一十七度七十二
夕次疾初	四十七日	二十七度〇四
夕次疾末	五十三日	三十四度一十六
夕疾初	五十七日	三十九度〇八
夕疾末	五十九日	四十一度八十
夕伏	六十九日	五十度

段目	限度	初行率

合伏　四十六度五十　七十三分
晨疾初　三十八度八十七　七十二分
晨疾末　二十六度三十四　七十分
晨次疾初　二十一度七十七　六十七分
晨次疾末　二十五度一十五　六十二分
晨遲初　一十六度四十八　五十三分
晨遲末　五度七十七　三十八分
晨留
晨退　六度四十六三十二半
夕退　六度四十六三十二半　四十四分
夕留
夕遲初　五度七半七
夕遲末　一十六度四十八　三十八分
夕次疾初　二十五度一十五　五十三分
夕次疾末　三十一度七十七　六十二分
夕疾初　三十六度三十四　六十七分
夕疾末　三十八度八十七　七十分
夕伏　四十六度五十　七十二分

土星

周率三百七十八萬九百一十六分
周日三百七十八日九分一十六秒
曆率一億七百四十七萬八千八百四十五分十六
秒
度率二十九萬四千二百五十五分
合應一十七萬五千六百四十三分
曆應五千二百二十四萬五百六十一分
盈立差二百八十三加
平差四萬一千二十二減
定差一千五百一十四萬六千一百
縮立差三百三十一加
平差一萬五千一百二十六減
定差一千一百一萬七千五百
伏見一十八度

段目　段日　平度
合伏　二十日　二度四十
晨疾　三十一日　三度四十
晨次疾　二十九日　二度七十五
晨遲　二十六日　一度五十
晨留　三十日
晨退　五十二日六十四五十八　三度六十二五十四半
夕退　五十二日六十四五十八　三度六十二五十四半
夕留　三十日
夕遲　二十六日　一度五十
夕次疾　二十九日　二度七十五
夕疾　三十日　三度四十
夕伏　二十日四十　二度四十

段目　限度　初行率
合伏　一度四十九　一十二分
晨疾　二度一十一　一十一分
晨次疾　一度七十一　一十分
晨遲　初八十三　八分
晨留
晨退　初二十八四十九半
夕退　初四十五半二十八　一十分
夕留
夕遲　初八十三　八分
夕次疾　一度七十一　一十分
夕疾　二度一十一　一十一分
夕伏　一度四十九

金星

周率五百八十三萬九千二十六分
周日五百八十三日九十分二十六秒
曆率三百六十五萬二千五百七十五分
度率一萬
合應五百七十一萬六千三百三十分
曆應一十一萬九千六百三十九分
盈縮立差二百四十一加
平差三減
定差三百五十一萬五千五百
伏見一十度半

段目　段日　平度
合伏　三十九日　四十九度五十
夕疾初　五十二日　六十五度五十
夕疾末　四十九日　六十一度
夕次疾初　四十二日　五十度三十五
夕次疾末　三十九日　四十二度五
夕遲初　三十三日　二十七度
夕遲末　一十六日　四度二十五
夕留　五日
夕退　一十日九十五一十三　三度六十九八十七
夕退伏　六日　四度三十五

段目	段日	平度	限度	初行率
合退伏	六日			四度三十五
晨退	一十日九十五一十一			三度六十九八十七
晨留	五日			
晨遲初	一十六日			四度二十五
晨遲末	三十三日			二十七度
晨次疾初	三十九日			四十二度九十
晨次疾末	四十二日			五十度一十五
晨疾初	四十九日			六十一度
晨疾末	五十二日			六十五度
晨伏	三十九日			四十九度五十

段目	限度	初行率
合伏	四十七度六十四	一度二十七分半
夕疾初	六十三度○四	一度二十六分半
夕疾末	五十八度七十	一度一十五分半
夕次疾初	四十八度二十六	一度二十三分半
夕次疾末	四十度九十	一度一十六分
夕遲初	二十五度九十九	一度二分
夕遲末	四度○九	六十二分
夕留		
夕退	一度五十九一十三	六十一分
夕退伏	一度六十三	
合退伏	一度六十二	八十二分
晨退	一度五十九一十三	六十一分
晨留		
晨遲初	四度○九	
晨遲末	二十五度九十九	六十二分
晨次疾初	四十度九十	一度一分
晨次疾末	四十八度三十六	一度一十六分
晨疾初	五十八度七十一	一度二十二分半
晨疾末	六十三度○四	一度二十五分半
晨伏	四十七度六十四	一度一十六分半

水星

周率一百一十五萬八千七百六十分

周日一百一十五日八十七分六十秒

曆率三百六十五萬二千五百七十五分

度率一萬

合應七十萬四百三十七分

曆應二百五萬五千一百六十一分

盈縮立差一百四十一加

平差二千一百六十五減

定差三百八十七萬七千

晨伏夕見一十六度半

夕伏晨見一十九度

段目	段日	平度
合伏	一十七日七十五	三十四度二十五
夕疾	一十五日	二十一度三十八
夕遲	一十二日	一十度一十二
夕留	二日	
夕退伏	一十一日一十八八十	七度八十一二十
合退伏	一十一日一十八八十	七度八十一二十
晨留	二日	
晨遲	一十二日	一十度一十二
晨疾	一十五日	二十一度三十八
晨伏	一十七日七十五	三十四度二十五

段目	限度	初行率
合伏	二十九度○八	二度一十五分五十八
夕疾	一十八度一十六	一度七十分三十四
夕遲	八度五十九	一度一十四分七十二
夕留		
夕退伏	二度一十八十	
合退伏	二度一十八十	一度三分四十六
晨留		
晨遲	八度五十九	
晨疾	一十八度一十六	一度一十四分七十二
晨伏	二十九度○八	一度七十分三十四

推天正冬至後五星平合及諸段中積中星

置中積加合應以其星周率去之不盡爲前合復減周率餘爲後合以日周約之得其星天正冬至後平合中積中星

命爲日曰中積命爲度曰中星

以段日累加中積卽諸段中積以度累加中星經退則減之卽爲諸段中星

上考者中積內減合應滿周率去之不盡便爲所求後合分

推五星平合及諸段入曆

各置中積加曆應及所求後合分滿曆率去之不盡如度率而一爲度不滿退除爲分秒卽其星平合入曆度及分秒以諸段限度累加之卽諸段入曆

上考者中積內減曆應滿曆率去之不盡反減曆率餘加其年後合餘同上

求盈縮差

置入曆度及分秒在曆中已下爲盈已上減去曆中餘爲縮視盈縮曆在九十一度三十一分四十三秒太已下爲初限已上用減曆中餘爲末限
其火星盈曆在六十度八十七分六十二秒半已下爲初限已上用減曆中餘爲末限縮曆在一百二十一度七十五分二十五秒已下爲初限已上用減曆中餘爲末限置各星立差以初末限乘之去加減平差得又以初末限乘之去加減定差再以初末限乘之滿億爲度不滿退除爲分秒卽所求盈縮差
又術置盈縮曆以曆策除之爲策數不盡爲策餘以其下損益率乘之曆策除之所得益加損減其下盈縮積亦爲所求盈縮差

求平合諸段定積

各置其星其段中積以其盈縮差盈加縮減之卽其段定積日及分秒以天正冬至日分加之滿紀法去之不滿命甲子算外卽得日辰

求平合及諸段所在月日

各置其段定積以天正閏日及分加之滿朔策除之爲月數不盡爲入月已來日數及分秒其月數命天正十一月算外卽其段入月經朔日數及分秒以日辰相距爲所在定月日

求平合及諸段加時定星

各置其段中星以盈縮差盈加縮減之（金星倍之水星三之）卽諸段定星以天正冬至加時黃道日度加而命之卽其星其段加時所在宿度及分秒

求諸段初日晨前夜半定星

各以其段初行率乘其段加時分百約之乃順減退加其日加時定星卽其段初日晨前夜半定星加命如前卽得所求

求諸段日率度率

各以其段日辰距後段日辰爲日率以其段夜半宿次與後段夜半宿次相減餘爲度率

求諸段平行分

各置其段度率以其段日率除之卽其段平行度及分秒

求諸段增減差及日差

以本段前後平行分相減爲其段汎差倍而退位爲增減差以加減其段平行分爲初末日行分
前多後少者加爲初減爲末前少後多者減爲初加爲末
倍增減差爲總差以日率減一除之爲日差

求前後伏遲退段增減差

前伏者置後段初日行分加其日差之半爲末日行分以減伏段平行分餘爲增減差
前遲者置前段末日行分倍其日差減之爲初日行分以遲段平行分減之餘爲增減差（前後近[illegible]之遲段）
木火土三星退行者六因平行分退一位爲增減差
金星前後退伏者三因平行分半而退位爲增減差
前退者置後段初日行分以其日差減之爲末日行分以本段平行分減之餘爲增減差
水星退行者半平行分爲增減差皆以增減差加減平行分爲初末日行分
前多後少者加爲初減爲末前少後多者減爲初加爲末
又倍增減差爲總差以日率減一除之爲日差

求每日晨前夜半星行宿次

各置其段初日行分以日差累損益之後少則損之後多則益之爲每日行度及分秒乃順加退減滿宿次去之卽每日晨前夜半星行宿次

求五星平合見伏入盈縮曆

置其星其段定積日及分秒若滿歲周日及分秒去之餘在次年天正冬至後如在半歲周已下爲入盈曆滿半歲周去之爲入縮曆各在初限已下爲初限已上反減半（[illegible]）歲周餘爲末限卽得五星平合見伏入盈縮曆日及分秒

求五星平合見伏行差

各以其星其段初日星行分與其段初日太陽行分相減餘爲行差若金水二星退行在退合者以其段初日星行分併其段初日太陽行分爲行差內水星夕伏晨見者直以其段初日太陽行分爲行差

求五星定合定見定伏汎積

木火土三星以平合晨見夕伏定積日便爲定合伏見汎積日及分秒
金水二星置其段盈縮差度及分秒（水星倍之）各以其段行差除之爲日不滿退除爲分秒在平合夕見晨伏者盈減縮加在退合夕伏晨見者盈加縮減各以加減定積爲定合伏見汎積日及分秒

求五星定合定積定星

木火土三星各以平合行差除其段初日太陽盈縮積爲距合差日不滿退除爲分秒以太陽盈縮積減之爲距合差度各置其星定合汎積以距合差日盈減縮加之爲其星定合定積日及分秒以距合差度盈減縮加之爲其星定合定星度及分秒

金水二星順合退合者各以平合退合行差除其日太陽盈縮積爲距合差日不滿退除爲分秒順加退減太陽盈縮積爲距合差度順合者盈加縮減其星定合汎積爲其星定合定積日及分秒退合者以距合差日盈加縮減距合差度盈加縮減其星退定合汎積爲其星退定合定積日及分秒命之爲退定合定星度及分秒以天正冬至日及分秒加其星定合定積日及分秒滿旬周去之命甲子算外即得定合日辰及分秒以天正冬至加時黃道日度及分秒加其星定合定星度及分秒滿黃道宿次去之即得定合所躔黃道宿度及分秒

徑求五星合伏定日木火土三星以夜半黃道日度減其星夜半黃道宿次餘在其日太陽行分已下爲其日伏合金水二星以其星夜半黃道宿次減夜半黃道日度餘在其日金水二星行分已下者爲其日伏合　金水二星伏退合者視其日太陽夜半黃道宿次未行到金水二星宿次又視次日太陽行過金水二星宿次金水二星退行過太陽宿次爲其日定合伏退定日

求木火土三星定見伏定積日

各置其星定見定伏汎積日及分秒晨加夕減九十一日三十一分六秒如在半歲周已下自相乘已上反減歲周餘亦自相乘滿七十五除之爲分滿百爲度不滿退除爲秒以其星見伏度乘之一十五除之所得以其段行差除之爲日不滿退除爲分秒見加伏減汎積爲其星定見伏定積日及分秒加命如前即得定見定伏日辰及分秒

求金水二星定見伏定積日

各以伏見日行差除其段初日太陽盈縮積爲日不滿退除爲分秒若夕見晨伏盈加縮減如晨見夕伏盈減縮加以加減其星定見定伏汎積日及分秒爲常積如在半歲周已下爲冬至後已上去之餘爲夏至後各在九十一日三十一分六秒已下自相乘已上反減半歲周亦自相乘冬至後晨夏至後夕一十八而一爲分冬至後夕夏至後晨七十五而一爲分又以其星見伏度乘之一十五除之所得滿行差除之爲日不滿退除爲分秒加減常積爲定積在晨見夕伏者冬至後加之夏至後減之夕見晨伏者冬至後減之夏至後加之爲其星定見定伏定積日及分秒加命如前即得定見定伏日晨及分秒

欽定古今圖書集成曆象彙編曆法典

第三十九卷目錄

曆法典第三十九卷

曆法總部彙考三十九

元五

庚午元曆上

演紀上元庚午距太宗庚辰歲積年二千二十七萬五千二百七十筭外上考往古每年減一筭下驗將來每年加一筭

步氣朔術

日法五千二百三十

歲實一百九十一萬二百二十四

通餘二萬七千四百二十四

朔實一十五萬四千四百四十五

通閏五萬六千八百八十四

歲策三百六十五　餘一千二百七十四

朔策二十九　餘二千七百七十五

氣策一十五　餘一千一百四十二　秒六十

望策一十四　餘四千闕二　秒四十五

象策七　餘二千闕一　秒二十二半

沒限四千八十七　秒三十

朔虛分二千四百五十五

旬周三十一萬三千八百

紀法六十　秒母九十

求天正冬至

置上元庚午以來積年以歲實乘之爲通積分滿旬周去之不盡以日法約之爲日不盈爲餘命壬戌筭外卽得所求天正冬至大小餘也

先以里差加減通積分然後求之求里差術具月離篇中

求次氣

置天正冬至大小餘以氣策及餘累加之秒盈秒母從分分滿日法從日卽得次氣日及餘分秒

求天正經朔

置通積分滿朔實去之不盡爲閏餘以減通積分爲朔積分滿旬周去之不盡如日法而一爲日不盡爲餘卽得所求天正經朔大小餘也

求弦望及次朔

置天正經朔大小餘以象策累加之卽各得弦望及次朔經日及餘秒也

求沒日

置有沒之氣恆氣小餘如沒限以上爲有沒之氣以秒母乘之內其秒用減四十七萬七千五百五十六餘滿六千八百五十六而一所得併入恆氣大餘內命壬戌筭外卽得爲沒日也

求滅日

置有滅之朔小餘（經朔小餘不滿朔虛分者）六因之如四百九十一而一所得併經朔大餘命爲滅日

步卦候發斂術

候策五　餘三百八十　秒八十

卦策六　餘四百五十七　秒六

貞策三　餘二百二十八　秒四十八

秒母九十

辰法二千六百一十五

半辰法一千三百七半

刻法三百一十三　秒八十

辰刻八　分一百四　秒六十

半辰刻四　分五十二　秒三十

秒母一百

求七十二候

置節氣大小餘命之爲初候以候策累加之卽得次候及末候也

求六十四卦

置中氣大小餘命之爲公卦以卦策累加之得辟卦又加得內卦以貞策加之得節氣之初爲侯外卦又以貞策加之得大夫卦又以卦策加之爲卿卦也

求土王用事

以貞策減四季中氣大小餘卽得土王用事日也

求發斂

置小餘以六因之如辰法而一爲辰數不盡以刻法除爲刻命子正算外卽得加時所在辰刻分也

如加半辰法卽命子初

求二十四氣卦候

恆氣（月中節 四正卦）　初候　次候　末候

冬至十一月中坎初六 蚯蚓結 麋角解 水泉動
小寒十二月節坎九二 鴈北鄉 鵲始巢 野雞始雊
大寒十二月中坎六三 雞始乳 鷙鳥厲疾 水澤腹堅
立春正月節坎六四 東風解凍 蟄蟲始振 魚上冰
雨水正月中坎九五 獺祭魚 鴻鴈來 草木萌動
驚蟄二月節坎上六 桃始華 鶬鶊鳴 鷹化爲鳩
春分二月中震初九 元鳥至 雷乃發聲 始電
清明三月節震六二 桐始華 田鼠化爲鴽 虹始見
穀雨三月中震六三 萍始生 鳴鳩拂其羽 戴勝降于桑
立夏四月節震九四 螻蟈鳴 蚯蚓出 王瓜生
小滿四月中震六五 苦菜秀 靡草死 小暑至
芒種五月節震上六 螳螂生 鵙始鳴 反舌無聲
夏至五月中離初九 鹿角解 蜩始鳴 半夏生
小暑六月節離六二 溫風至 蟋蟀居壁 鷹乃學習
大暑六月中離九三 腐草化爲螢 土潤溽暑 大雨時行
立秋七月節離九四 涼風至 白露降 寒蟬鳴
處暑七月中離六五 鷹乃祭鳥 天地始肅 禾乃登
白露八月節離上九 鴻鴈來 元鳥歸 羣鳥養羞
秋分八月中兌初九 雷始收聲 蟄蟲坏戶 水始涸
寒露九月節兌九二 鴻鴈來賓 雀入大水化爲蛤 鞠有黃花
霜降九月中兌六三 豺乃祭獸 草木黃落 蟄蟲咸俯
立冬十月節兌九四 水始冰 地始凍 野雞入水化爲蜃
小雪十月中兌九五 虹藏不見 天氣上騰地氣下降 閉塞成冬
大雪十一月節兌上六 鶡鳥不鳴 虎始交 荔挺出

恆氣 始卦 中卦 終卦
冬至 公中孚 辟復 侯屯內
小寒 侯屯外 大夫謙 卿睽
大寒 公升 辟臨 侯小過內
立春 侯小過外 大夫蒙 卿益
雨水 公漸 辟泰 侯需內
驚蟄 侯需外 大夫隨 卿晉
春分 公解 辟大壯 侯豫內
清明 侯豫外 大夫訟 卿蠱
穀雨 公革 辟夬 侯旅內
立夏 侯旅外 大夫師 卿比
小滿 公小畜 辟乾 侯大有內
芒種 侯大有外 大夫家人 卿井
夏至 公咸 辟姤 侯鼎內
小暑 侯鼎外 大夫豐 卿渙
大暑 公履 辟遯 侯恆內
立秋 侯恆外 大夫節 卿同人
處暑 公損 辟否 侯巽內
白露 侯巽外 大夫萃 卿大畜
秋分 公賁 辟觀 侯歸妹內
寒露 侯歸妹外 大夫無妄 卿明夷
霜降 公困 辟剝 侯艮內
立冬 侯艮外 大夫既濟 卿噬嗑
小雪 公大過 辟坤 侯未濟內
大雪 侯未濟外 大夫蹇 卿頤

步日躔術

周天分一百九十一萬二二百九十二 秒九十八
歲差六十八 秒九十八
秒母一百
周天度三百六十五 分二十五 秒六十七
象限九十一 分三十一 秒九
分秒母一百

恆氣日積度	二十四氣日積度盈縮 分	秒	損益率
冬至空			益七千九十九
小寒一十五	九十二	四十三	益五千九百二十
大寒三十一	七十三	四十八	益四千七百一十八
立春四十七	四十二	五十一	益三千四百五十三
雨水六十二	九十八	八十九	益二千一百二十六
驚蟄七十八	四十二	空	益七百三十九
春分九十三	七十一	二十四	損七百三十九
清明一百八	八十五	六十九	損二千一百二十六
穀雨一百二十三	八十六	二十八	損三千四百五十三
立夏一百三十八	七十三	六十八	損四千七百一十八
小滿一百五十三	四十八	二十七	損五千九百二十
芒種一百六十八	一十	九十二	損七千五十九
夏至一百八十二	六十二	一十八	益七千五十九
小暑一百九十七	一十二	四十三	益五千九百二十
大暑二百一十一	七十六	八	益四千七百一十八
立秋二百二十六	五十	七十五	益三千四百五十三
處暑二百四十一	二十八	七	益二千一百二十六
白露二百五十六	三十八	六十六	益七百三十九
秋分二百七十一	五十三	一十二	損七百三十九
寒露二百八十六	八十二	二十五	損二千一百二十六
霜降三百二	二十五	四十六	損三千四百五十三
立冬三百一十七	八十	八十四	損四千七百一十八
小雪三百三十二	五十	八十七	損五千九百一十

大雪　二百四十九　三十一　九十二　損七千五百一十九

恆氣		初末率		
冬至	初	四百九十八	八十六	十五
	末	四百七十八	八十八	一十一
小寒	初	四百二十五	八十九	七十二
	末	三百二十五	十	四十一
大寒	初	三百四十八	八十四	八十
	末	二百七十一	一十八	七十四
立春	初	二百六十七	六十二	八十六
	末	一百八十六	一十六	一十六
雨水	初	一百八十二	二十七	三十八
	末	九十七	一十二	三十二
驚蟄	初	九十	一十二	四十六
	末	五	九十八	四十
春分	初	五	九十八	四十
	末	九十	一十二	四十六
清明	初	九十八	九十六	五十
	末	一百八十	四十三	二十
穀雨	初	一百八十八	六	四十八
	末	二百六十五	七十二	五十四
立夏	初	二百七十三	一十一	九十七
	末	三百四十六	九十一	四十三
小滿	初	三百五十四	三	七十九
	末	四百二十三	九十六	三十二
芒種	初	四百二十八	八十八	一十一
	末	四百九十	八十一	六十五
夏至	初	四百九十八	八十	六十五
	末	四百二十八	八十八	一十一
小暑	初	四百二十五	八十九	七十二
	末	三百五十二	十	四十一
大暑	初	三百四十八	八十四	八十
	末	二百七十一	一十八	七十四
立秋	初	二百六十七	六十二	八十六
	末	一百八十六	一十六	一十六
處暑	初	一百八十二	二十七	三十八
	末	九十七	一十二	三十二
白露	初	九十一	一十二	四十六
	末	五	九十八	四十
秋分	初	五	九十八	四十
	末	九十一	一十二	四十六
寒露	初	九十八	九十六	五十
	末	一百八十	四十三	二十
霜降	初	一百八十八	六	四十八
	末	二百六十五	七十二	五十四
立冬	初	二百七十三	一十一	九十七
	末	三百四十六	九十一	四十
小雪	初	三百五十四	三十	七十九
	末	四百二十三	九十六	三十二
大雪	初	四百三十八	八十八	十
	末	四百九十八	八十	六十五

恆氣	日差	盈縮積
冬至	四　九十一　七十九	盈空
小寒	五　一十八　九十九	盈七千　五十九
大寒	五　四十六　一十九	盈一萬二千九百七十九
立春	五　七十二　九十六	盈一萬七千六百九十七
雨水	五　九十八　八十七	盈二萬一千一百五十
驚蟄	五　九十八　八十七	盈二萬三千二百七十六
春分	五　九十八　八十七	盈二萬四千　一十五
清明	五　七十二　九十六	盈二萬三千二百七十六
穀雨	五　四十六　一十九	盈二萬一千一百五十
立夏	五　一十八　九十九	盈一萬七千六百九十七
小滿	四　九十一　七十九	盈一萬二千九百七十九
芒種	四　九十一　七十九	盈七千　五十九
夏至	四　九十一　七十九	縮空
小暑	五　一十八　九十九	縮七千　五十九
大暑	五　四十六　一十九	縮一萬二千九百七十九
立秋	五　七十二　九十六	縮一萬七千六百九十七
處暑	五　九十八　八十七	縮二萬一千一百五十
白露	五　九十八　八十七	縮二萬三千二百七十六
秋分	五　九十八　八十七	縮二萬四千　一十五
寒露	五　七十二　九十六	縮二萬三千二百七十六
霜降	五　四十六　一十九	縮二萬一千一百五十
立冬	五　一十八　九十九	縮一萬七千六百九十七
小雪	四　九十一　七十九	縮一萬二千九百七十九
大雪	四　九十一　七十九	縮七千　五十九

二十四氣中積及朓朒

恆氣中積	經分	約分
冬至空		
小寒十五	一千一百四十二　二十一	六十　八十四
大寒三十	二千二百八十五　四十三	二十　六十九
立春四十五	三千四百二十八　六十五	五十四
雨水六十	四千三百七十　八十七	六十　三十九
驚蟄七十六	四百八十三　九	三十　二十四
春分九十一	一千六百二十六　二十一	九
清明一百六	二千七百六十八　五十二	六十　九十二
穀雨一百二十一	三千九百一十一　七十四	三十　七十八
立夏一百三十六	五千　九十六	五十四　六十三
小滿一百五十二	九百九十六　一十八	六十　四十八
芒種一百六十七	二千一百九　四十	三十　三十二
夏至一百八十二	三千二百五十二　六十二	一十八
小暑一百九十七	四千三百九十四　八十四	六十　一
大暑二百一十三	三百七　五	三十　八十七
立秋二百二十八	一千四百五十　二十七	七十二
處暑二百四十三	二千五百九十三　四十九	六十　五十七
白露二百五十八	二千七百二十五　七十	三十　四十二
秋分二百七十三	四千八百七十八　九十三	二十七
寒露二百八十九	一千七百九十　一十五	六十　一十二
霜降三百四	一千九百三十三　三十六	三十　九十六
立冬三百一十九	三千　五十八	七十六　八十一
小雪三百三十四	四千二百十八　八十	六十　六十六
大雪三百五十	一百三十一　二	三十　三十一

恆氣	損益率
冬至	益二百七十六
小寒	益二百三十二
大寒	益一百八十五

氣	損益率
立春	益一百三十五
雨水	益八十三
驚蟄	益二十九
春分	損二十九
清明	損八十三
穀雨	損一百三十五
立夏	損一百八十五
小滿	損二百三十二
芒種	損二百七十六
夏至	益二百七十六
小暑	益二百三十二
大暑	益一百八十五
立秋	益一百三十五
處暑	益八十三
白露	益二十九
秋分	損二十九
寒露	損八十三
霜降	損一百三十五
立冬	損一百八十五
小雪	損二百三十二
大雪	損二百七十六

極氣	初末率					
	初			末		
冬至	一十九	四十九	六十四	一十六	七十八	五十二
小寒	一十六	六十八	七十四	一十三	八十	一十九
大寒	一十二	六十九	一十一	一十	六十二	一十四
立春	一十	四十六	七十	七	二十七	四十三
雨水	七	一十一	一十四	三	七十九	六十三
驚蟄	三	五十六	三十一	空	二十四	八十
春分	空	二十四	八十	三	五十六	三十一
清明	三	八十五	七十六	七	五十一	
穀雨	七	二十五	五十九	一十	四十	五十六
立夏	一十	七十一	三十六	一十三	五十九	九十一
小滿	一十三	八十九	四十	一十六	五十九	五十二
芒種	一十六	七十八	五十二	一十九	四十九	六十四
夏至	一十九	四十九	六十四	一十六	七十八	五十二
小暑	一十六	六十八	七十四	一十三	八十	一十九
大暑	一十三	六十九	八十一	一十	六十二	一十四
立秋	一十	四十六	七十	七	二十七	四十五
處暑	七	一十一	二十四	三	七十九	六十三
白露	三	五十六	三十一	空	三十四	八十
秋分	空	二十四	八十	三	五十六	三十一
寒露	三	八十五	七十六	七	二十一	一
霜降	七	三十五	五十九	一十	四十	五十六
立冬	一十	七十一	三十六	一十三	五十九	九十一
小雪	一十三	八十九	四十	一十六	五十九	五十二
大雪	一十六	七十八	五十二	一十九	四十八	六十四

極氣	日差	朓朒積
冬至	一十九	朒空
小寒	二十 二十九	朒二百七十六
大寒	二十一 五十九	朒五百八
立春	二十二 四十三	朒六百九十三
雨水	二十三 一十二	朒八百三十八
驚蟄	二十三 三十二	朒九百一十一
春分	二十三 三十二	朒九百四十
清明	二十二 四十五	朒九百一十一
穀雨	二十一 五十九	朒八百二十八
立夏	二十 二十九	朒六百九十三
小滿	一十九	朒五百闕八
芒種	一十九	朒二百七十六
夏至	一十九	朓空
小暑	二十 二十九	朓二百七十六
大暑	二十一 五十九	朓五百闕八
立秋	二十二 四十五	朓六百九十三
處暑	二十三 三十二	朓八百二十八
白露	二十三 三十二	朓九百一十一
秋分	二十三 二十二	朓九百四十
寒露	二十二 四十五	朓九百一十一
霜降	二十一 五十九	朓八百二十八
立冬	二十 二十九	朓六百九十三
小雪	一十九	朓五百八
大雪	一十九	朓二百七十六

求每日盈縮朓朒

求盈縮用盈縮之損益求朓朒用朓朒之損益

各置其氣損益率六因如象限而一爲其氣中率與後氣中率相減爲合差加減其氣中率爲初末汎率（至後加初減末　分後減初加末）又置合差六因如象限而一爲日差半之加減初末汎率爲初末定率（至後減初加末　分後加初減末）以日差累加減氣初定率爲每日損益分（至後減　分後加）各以每日損益分加減氣下盈縮朓朒爲每日盈縮朓朒

二分前一氣無後率相減爲合差者皆用前氣合

差

求經朔弦望入氣

置天正閏餘以日法除爲日不滿爲餘如氣策以下以減氣策爲入大雪氣以上去之餘亦以減氣策爲入小雪氣卽得天正經朔入氣日及餘也以象策累加之滿氣策去之卽爲弦望入次氣日及餘因加得後朔入氣日及餘也（便爲中朔望入氣）

求每日損益盈縮朓朒

以日差益加損減其氣初損益率爲每日損益率馴積損益其氣盈縮朓朒積爲每日盈縮朓朒積

求經朔弦望入氣朓朒定數

以各所求入氣小餘以乘其日損益率如日法而一所得損益其下朓朒積爲定數（便爲中朔弦望朓朒定朔）

赤道宿度

斗二十五　牛七少　女十一少　虛九少（六十七秒）

危十五度半　室十七　壁八太

右北方七宿九十四度（六十七秒）

奎十六半　婁十二　胃十五　昴十一少

畢十七少　觜半　參十半

右西方七宿八十三度

井三十三少　鬼二半　柳十三太　星六太

張十七少　翼十八　軫十七

右南方七宿一百九度少

角十二　亢九少　氐十六　房五太

心六少　尾十九少　箕十半

右東方七宿七十九度

求冬至赤道日度

置通積分以周天分去之餘日法而一爲度不滿退除爲分秒以百爲母命起赤道虛宿六度外去之不滿宿卽得所求年天正冬至加時日躔赤道宿度及分秒

其在蕁斯干之東西者先以里差加減通積分

求春分夏至秋分赤道日度

置天正冬至加時赤道日度累加象限滿赤道宿次去之卽各得春分夏至秋分加時日在宿度及分秒

求四正赤道宿積度

置四正赤道宿全度以四正赤道日度及分秒減之餘爲距後度以赤道宿度累加之各得四正後赤道宿度及分秒

求赤道宿積度入初限

視四正後赤道宿積度及分在四十五度六十五分五十四秒半以下爲入初限以上者用減象限餘爲入末限

求二十八宿黃道度

置四正後赤道宿入初末限度及分減一百一度餘以初末限度及分乘之進位滿百爲分分滿百爲度至後以減分後以加赤道宿積度爲其宿黃道積度以前宿黃道積度減之（其四正之宿先加象限然後以前宿減之）爲其宿黃道度及分（其分就近約爲太半少）

黃道宿度

斗二十三　牛七　女十一　虛九少（六十七秒）

危十六　室十八少　壁九半

右北方七宿九十四度（六十七秒）

奎十七太　婁十二太　胃十五半　昴十二

畢十六半　觜半　參九太

右西方七宿八十三度太

井三十半　鬼二半　柳十三少　星六太

張十七太　翼二十　軫十八半

右南方七宿一百九度少

角十二太　亢九太　氐十六少　房五太

心六　尾十八少　箕九半

右東方七宿七十八度少

前黃道宿度依今曆歲差所在算定如上考往古下驗將來當據歲差每一度依術推變當時宿度然後可步七曜知其所在

求天正冬至加時黃道日度

以冬至加時赤道日度及分秒減一百一度餘以冬至加時赤道日度及分秒乘之進位滿百爲分分滿百爲度命曰黃赤道差用減冬至加時赤道日度及分秒卽得所求年天正冬至加時黃道日度及分秒

求二十四氣加時黃道日度

置所求年冬至日躔黃赤道差以次年黃赤道差減之餘以所求氣數乘之二十四而一所得以加其氣中積度及約分以其氣初日盈縮數盈加縮減之用加冬至加時黃道日度依宿次去之卽各得其氣加時黃道日躔宿度及分秒

如其年冬至加時黃道宿度空分秒在歲差以下者卽加前宿全度然求黃赤道差餘依術算

求二十四氣及每日晨前夜半黃道日度

副置其恆氣小餘以其氣初日損益率乘之（盈縮之損益）萬約之應益者盈加縮減應損者盈減縮加其副日

法除之爲度不滿退除爲分秒以減其氣加時黃道日度卽得其氣初日晨前夜半黃道日度每日加一度以萬乘之又以每日損益數（[illegible]）應益者盈加縮減應損者盈減縮加爲每日晨前夜半黃道日度及分秒

求每日午中黃道日度

置一萬分以所求入氣日損益數加減（益者盈加縮減損者盈減縮加）半之滿百爲分不滿爲秒以加其日晨前夜半黃道日度卽其日午中日躔黃道宿度及分秒

求每日午中黃道積度

以二至加時黃道日度距至所求日午中黃道日度爲入二至後黃道日積度及分秒

求每日午中黃道入初末限

視二至後黃道積度在四十三度一十二分八十七秒之以下爲初限以上用減象限餘爲入末限其積度滿象限去之爲二分後黃道積度在四十八度一十八分二十一秒之以下爲初限以上用減象限餘爲入末限

求每日午中赤道日度

以所求日午中黃道積度入至後初限分後末限度及分秒進三位加二十萬二千五十少開平方除之所得減去四百四十九半餘在初限者直以二至赤道日度加而命之在末限者以減象限餘以二分赤道日度加而命之卽每日午中赤道日度以所求日午中黃道積度入至後末限分後初限度及分秒進三位同減三十萬二千五十少開平方除之所得以減五百五十半其在初限者以所減之餘直以二分赤道日度加而命之在末限者以減象限餘以二至赤道日度加而命之卽每日午中赤道日度

太陽黃道十二次入宮宿度

危十二度三十九分五十九秒外入衛分娵訾之次辰在亥

奎二度三十五分八十五秒外入魯分降婁之次辰在戌

胃四度二十四分三十二秒外入趙分大梁之次辰在酉

畢七度九十六分　六秒外入晉分實沈之次辰在申

井九度四十七分一十　秒外入秦分鶉首之次辰在未

柳四度九十五分二十六秒外入周分鶉火之次辰在午

張十五度五十六分三十五秒外入楚分鶉尾之次辰在巳

軫十度四十四分　五秒外入鄭地壽星之次辰在辰

氐一度七十七分七十七秒外入宋分大火之次辰在卯

尾三度九十七分七十二秒外入燕分析木之次辰在寅

斗四度三十六分六十六秒外入吳越分星紀之次辰在丑

女二度九十一分九十一秒外入齊分元枵之次辰在子

求入宮時刻

各置入宮宿度及分秒以其日晨前夜半日度減之（[illegible]）餘以日法乘其分（[illegible]）爲實以其日太陽行分爲法實如法而一所得依發斂加時求之卽得其日太陽入宮時刻及分秒

步晷漏術

中限一百八十二日　六十二分　一十八秒

冬至初限夏至末限六十二日　二十分

夏至初限冬至末限一百二十日　四十二分

冬至永安晷影常數一丈二尺八寸三分

夏至永安晷影常數一尺五寸六分

周法一千四百二十八

內外法一萬　八百九十六

半法二千六百一十五

日法四分之三三千九百二十二半

日法四分之一一千三百　七半

昬明分一百三十分　七十五秒

昬明刻二刻一百五十六分　九十秒

刻法三百一十三分　八十秒

秒母一百

求午中入氣中積

置所求日大餘及半法以所入氣大小餘減之爲其日午中入氣以加其氣中積爲其日午中中積

小餘以日法除爲約分

求二至後午中入初末限

置午中中積及分如中限以下爲冬至後以上去中限爲夏至後其二至後如在初限以下爲初限以上

覆減中限餘爲入末限也

求午中晷影定數

視冬至後初限夏至後末限百通日內分自相乘副置之以一千四百五十除之所得加五萬三百八折半限分併之除其副爲分分滿十爲寸寸滿十爲尺用減冬至地中晷影常數爲求晷影定數

視夏至後初限冬至後末限百通日內分自相乘爲七位下置入限分以二百二十五乘之百約之加一十九萬八千七十五爲法

夏至前後半限以上者減去半限列于上位下置半限各百通日內分先相減後相乘以七千七百除之所得以加其法

及除上位爲分分滿十爲寸寸滿十爲尺用加夏至地中晷影常數爲所求晷影定數

求四方所在晷影

各於其處測冬夏二至晷數乃相減之餘爲其處二至晷差亦以地中二至晷數相減爲地中二至晷差其所求日在冬至後初限夏至後末限者如在半限以下倍之半限以上覆減全限餘亦倍之併入限日三因折半以日爲分十分爲寸以減地中二至晷差數減之餘以其處二至晷差乘之爲實實如法而一所得以減其處冬至晷數即得其處其日晷影定數

爲法置地中冬至晷影常數以所求日地中晷影定

所求日在夏至後初限冬至後末限者如在半限以下倍之半限以上覆減全限餘亦倍之併入限日三因四除以日爲分十分爲寸以加地中二至晷差爲法置所求日地中晷影定數以地中夏至晷影常數減之餘以其處二至晷差乘之爲實實如法而一所得以加其處夏至晷數即得其處其日晷影定數

二十四氣陟降及日出分

恆氣	增損差		加減差
冬至	增 初九 末七	初二十六 末九十六	減十
小寒	增 初七 末六	初八十九 末五十七	減十
大寒	增 初六 末五	初五十二 末十二	減十
立春	增 初五 末[illegible]	初一十八 末八十八	減十
雨水	增 初三 末二	初八十二 末五十二	減十
驚蟄	增 初二 末一	初四十八 末一十八	減十
春分	損 初一 末二	初三十八 末四十八	加八
清明	損 初三 末三	初五十 末五十四	加八
穀雨	損 初三 末四	初六十五 末六十九	加八
立夏	損 初四 末五	初八十 末八十四	加八
小滿	損 初五 末七	初九十八 末二	加八
芒種	損 初七 末八	初一十九 末二十三	加八
夏至	增 初八 末七	初三十七 末三十二	減八
小暑	增 初七 末六	初二十 末一十六	減八
大暑	增 初六 末四	末九十六	減八
立秋	增 初四 末三	初八十 末七十六	減八
處暑	增 初二 末二	初六十 末五十六	減八
白露	增 初二 末一	初四十 末三十六	減八
秋分	損 初一 末一	初六十 末六十一	加十
寒露	損 初二 末三	初六十二 末九十二	加十
霜降	損 初三 末五	初九十八 末二十八	加十
立冬	損 初五 末六	初二十二 末六十二	加十
小雪	損 初六 末七	初六十六 末九十六	加十
大雪	損 初八 末九	初二 末三十二	加十

恆氣	陟降率		初末率		
冬至	陟十	四十	初空 末一	初五 末二十六	初五十 末四
小寒	陟二十八	七十三	初一 末二	初三十六 末三十七	二十六
大寒	陟四十三	五十六	初二 末二	初四十二 末二十五	一十八
立春	陟五十五	一十九	初三 末三	初二十九 末九十二	四十一
雨水	陟六十三	九十	初三 末四	初九十五 末二十九	初五十 末八十六
驚蟄	陟六十九	一十八	初四 末四	初四十四 末六十七	二十六
春分	陟六十四	六十九	初四 末四	初三十七 末一十	六十八
清明	陟五十九	九	初四 末三	初八 末六十六	初五十 末一十二
穀雨	陟五十	八十四	初三 末三	初六十二 末三	六十三
立夏	陟三十九	八十六	初一 末三	初九十八 末二十四	五十
小滿	陟二十六	六	初一 末一	初一十六 末一十五	
芒種	陟九	三十	初一 末四	初一十五 末七	六十
夏至	降九	三十五	初空 末一	初四 末一十四	初五十 末四十
小暑	降二十六	六	初一 末二	初二十二 末一十六	五十二
大暑	降三十九	八十六	初二 末二	初一十二 末九十九	初五十 末二十二
立秋	降五十	八十四	初三 末三	初三 末六十二	九十二
處暑	降五十九	八	初三 末四	初六十五 末八	初五十二 末六十
白露	降六十四	六十九	初四 末四	初一十 末一十六	初五十 末八十二
秋分	降六十九	一十八	初四 末四	初六十八 末四十四	九十
寒露	降六十三	九十	初四 末一	初四十二 末九十六	二十二
霜降	降五十五	一十九	初二 末三	初九十四 末十九	一十八
立冬	降四十三	五十六	初一 末二	初十七 末四十二	四十三
小雪	降二十八	七十三	初二 末一	初三十九 末一十七	初五十 末一十六
大雪	降十	四十	初一 末空	初一十八 末七	初五十 末一十二

恆氣　日出分

節氣	日出分	
冬至	一千五百六十七	九十二
小寒	一千五百五十七	五十二
大寒	一千五百二十八	七十九
立春	一千四百八十五	十
雨水	一千四百三十	四
驚蟄	一千三百六十六	十四
春分	一千二百九十六	九十六
清明	一千二百三十二	二十七
穀雨	一千一百七十二	一十八
立夏	一千一百二十二	二十四
小滿	一千八十二	四十八
芒種	一千五十六	四十二
夏至	一千四十七	七
小暑	一千五十六	四十
大暑	一千八十二	四十八
立秋	一千一百二十二	二十四
處暑	一千一百七十二	十八
白露	一千二百三十二	二十七
秋分	一千二百九十六	九十六
寒露	一千三百六十六	一十四
霜降	一千四百三十	四
立冬	一千四百八十五	二十三
小雪	一千五百二十八	七十九
大雪	一千五百五十七	五十二

二分前後陟降率

春分前三日太陽入赤道內秋分後三日太陽出赤道外故其陟降與他日不倫今各別立數而用之

驚蟄十二日陟四 [illegible]　十三日陟四 [illegible]

十四日陟四 [illegible]　十五日陟四

此爲末率於此用畢 [illegible]

秋分初日降四 [illegible]　一日降四 [illegible]

二日降四 五十七　三日降四 [illegible]

此爲初率始用之 [illegible]

求每日日出入晨昏半晝分

各以陟降初率陟減降加其氣初日日出分爲一日下日出分以增損差增損陟降率馴積而加減之即爲每日日出分覆減日法餘爲日入分以日出分減日入分半之爲半晝分以昏明分減日出分爲晨分加日入分爲昏分

求日出入辰刻

置日出入分以六因之滿辰法而一爲辰數不盡刻法除之爲刻不滿爲分命子正算外即得所求

求晝夜刻

置日出分十二乘之刻法而一爲刻不滿爲分即爲夜刻覆減一百餘爲晝刻及分秒

求更點率

置晨分四因之退位爲更率二因更率退位爲點率

求更點所在辰刻

置更點率以所求更點數因之又六因之內加昏明分滿辰法而一爲辰數不盡滿刻法除之爲刻數不滿爲分命其日辰刻算外即得所求

求四方所在漏刻

各於所下水漏以定其處冬至或夏至夜刻乃與五十刻相減餘爲至差刻置所求日黃道去赤道內外度及分以至差刻乘之進一位如二百二十九而一爲刻不盡以刻法乘之退除爲分內減外加五十刻即得所求日夜刻以減百刻餘爲晝刻

其日出入辰刻及更點差率等並依前術求之

求黃道內外度

置日出之分如日法四分之一以下去之餘爲外分如日法四分之一以下覆減之餘爲內分置內外分千乘之如內外法而一爲度不滿退除爲分秒即爲黃道去赤道內外度內減外加象限即得黃道去極度

求距中度及更差度

置半法以晨分減之餘爲距中分百乘之如周法而一爲距中度用減一百八十二度十二分八十三秒半餘四因退位爲每更差度

求昏明五更中星

置距中度以其日午中赤道日度加而命之即昏中星所格宿次因爲初更中星以更差度累加之滿赤道宿次去之即得逐更及明中星

步月離術

轉終分一十四萬四千一百一十　秒六千二十　微六十

轉終日二十七　餘一千九百　秒六千　二十　微六十

轉中日一十三　餘四千　六十五　秒三千　一十　微三十

朔差日一　餘五千一百　四　秒三千九百七十九　微四十

象策七　餘二千一　秒二千五百
秒母一萬　微母一百
上弦度九十一　分三十一　秒四十一太
望度一百八十二　分六十二　秒八十三半
下弦度二百七十三　分九十四　秒二十五少
月平行度十三　分三十六　秒八十七半
分秒母一百
七日初數四千六百四十八　末數五百八十二
十四日初數四千　六十五　末數一千一百六十
二十一日初數三千四百八十三　末數一千七百
五
四十七
二十八日初數二千九百一

求經朔弦望入轉凡稱秒者微從之他倣此

置天正朔積分以轉終分及秒去之不盡如日法而一爲日不滿爲餘秒即天正十一月經朔入轉日及餘秒以象策累加之去命如前得弦望經日加時入轉及餘秒徑求次朔入轉即以朔差加之

加減中差即得中朔弦望入轉及餘秒

求轉定分及積度朓朒

一日　一千四百六十八　度初
二日　一千四百五十七　一十四度六十八
三日　一千四百四十二　二十九度二十五
四日　一千四百二十二　四十二度六十七
五日　一千三百九十一　五十七度八十九
六日　一千三百七十一　七十一度八十
七日　一千三百四十七　八十五度五十一
八日　一千三百二十一　九十九度八
九日　一千二百九十五　一百一十二度二十七
十日　一千二百七十一　一百二十五度十四
十一日　一千二百四十七　一百三十七度九十五
十二日　一千二百二十八　一百五十度四十二
十三日　一千二百一十四　一百六十二度七十
十四日　一千二百四　一百七十四度八十四
十五日　一千二百八　一百八十六度八十八
十六日　一千二百一十九　一百九十八度九十
十七日　一千二百三十六　二百一十一度一十五
十八日　一千二百五十八　二百二十三度五十一
十九日　一千二百八十一　二百三十六度九
二十日　一千三百七　二百四十八度九十
二十一日　一千三百三十二　二百六十一度九十七
二十二日　一千三百五十九　二百七十五度二十
二十三日　一千三百八十四　二百八十八度七十九
二十四日　一千四百八　三百二度七十三
二十五日　一千四百三十一　三百一十六度八十一
二十六日　一千四百四十九　三百三十一度一十
二十七日　一千四百六十三　三百四十五度八十二
二十八日　一千四百七十二　三百六十度四

一日　疾初　益五百一十二
二日　疾一度十二　益四百六十九
三日　疾二度六十　益四百一十一
四日　疾三度十八　益三百三十二
五日　疾四度四十　益二百四十二
六日　疾五度　益一百四十一
七日　疾五度二十九　初益末損　四十三四
八日　疾五度四十七　損　六十三
九日　疾五度一十　損一百六十四
十日　疾四度九十一　損一百五十八
十一日　疾四度二十五　損二百二十五
十二日　疾三度二十五　損四百一十五
十三日　疾二度一十六　損四百八十一
十四日　疾一度一十　初損末益　一百二
十五日　遲空二十　益五百五
十六日　遲一度五十九　益四百六十二
十七日　遲二度七十七　益三百九十五
十八日　遲三度七十八　益三百九
十九日　遲四度九十六　益二百一十九
二十日　遲五度一十二　益一百一十七
二十一日　遲五度四十二　初益末損　一十七
二十二日　遲五度四十七　損　八十六
二十三日　遲五度二十九　損一百八十四
二十四日　遲四度七十八　損二百七十八
二十五日　遲四度七　損三百六十八
二十六日　遲三度二十三　損四百三十八
二十七日　遲二度一　損四百九十三
二十八日　遲空七十五　損二百九十三

一日　朓初
二日　朓五百一十三
三日　朓九百八十一
四日　朓一千二百九十三
五日　朓一千七百一十五

日	朓朒積	
六日	朓一千九百六十八	
七日	朓二千一百	九
八日	朓二千一百四十八	
九日	朓二千八十五	
十日	朓一千九百二十一	
十一日	朓一千六百六十三	
十二日	朓一千三百一十一	
十三日	朓八百八十四	
十四日	朓四百	三
十五日	朒一百一十七	
十六日	朒六百二十二	
十七日	朒一千	八十四
十八日	朒一千四百七十九	
十九日	朒一千七百八十八	
二十日	朒二千	七
二十一日	朒二千一百二十四	
二十二日	朒二千一百四十	
二十三日	朒二千	五十四
二十四日	朒一千八百七十	
二十五日	朒一千五百九十二	
二十六日	朒一千二百二十四	
二十七日	朒七百八十六	
二十八日	朒二百九十二	

求中朔弦望入轉朓朒定數

置入轉小餘以其日算外損益率乘之如日法而一所得以損益朓朒積爲定數其四七日下餘如初數以下初率乘之如初數而一以損益朓朒積爲定數如初數以上以初數減之餘乘末率如末數而一用減初率餘加朓朒積爲定數其十四日下餘如初數以上以初數減之餘乘末率如末數而一爲朒定數

求朔弦望中日

以尋斯干城爲準置相去地里以四千三百五十九乘之退位萬約爲分曰里差以加減經朔弦望小餘滿與不足進退大餘卽中朔弦望日及餘以東則加之以西則減之

求朔弦望定日

置中朔弦望小餘朓減朒加入氣入轉朓朒定數滿與不足進退大餘命壬戌算外各得定朔弦望日辰及餘定朔干名與後朔同者其月大不同者其月小月內無中氣者爲閏視定朔小餘秋分後在日法四分之三以上者進一日春分後定朔日出分與春分日出分相減之餘者三約之用減四分之三定朔小餘及此分以上者亦進一日或有交虧初於日入前者不進之定弦望小餘在日出分以下者退一日或有交虧初於日出前者小餘雖在日出後亦退之如望在十七日者又視定朔小餘在四分之三以下之數春分後用減定之數與定望小餘在日出分以上之數相校之朔少望多者望不退而朔猶進之望少朔多者朔不進而望猶退之

日月之行有盈縮遲疾加減之數或有四大三小若循常當察加時早晚隨所進退之使不過四大三小

求定朔弦望中積

置定朔弦望小餘與中朔弦望小餘相減之餘以加減經朔弦望入氣日餘中朔弦望少卽加之多卽減之卽爲定朔弦望入氣以加其氣中積卽爲定朔弦望中積其餘以日法退除爲分秒

求定朔弦望加時日度

置定朔弦望約餘以所入氣日損益率乘之盈縮之損益萬約之以損益其下盈縮積乃盈加縮減定朔弦望中積又以冬至加時日躔黃道宿度加之依宿次去之卽得定朔弦望加時日所在度分秒

又法置定朔弦望約餘副之以乘其日盈縮之損益率萬約之應益者盈加縮減應損者盈減縮加其副滿百爲分分滿百爲度以加其日夜半日度命之各得其日加時日躔黃道宿次

若先於曆中注定每日夜半日度卽用此法爲妙也

求定朔弦望加時月度

凡合朔加時日月同度其定朔加時黃道日度卽爲定朔加時黃道月度弦望各以弦望度加定朔弦望加時黃道日度依宿次去之卽得定朔弦望加時黃道月度及分秒

求夜半午中入轉

置中朔入轉以中朔餘減之爲中朔夜半入轉又中朔小餘與半法相減之餘以加減中朔加時入轉

中朔少如半法加之多如半法減之

爲中朔午中入轉若定朔大餘有進退者亦加減轉日否則因中爲定每日累加一日滿轉終日及餘秒去命如前各得每日夜半午中入轉

求夜半因定朔夜半入轉累加之求午中因定朔

午中入轉累加之求加時入轉者如求加時入氣之術法

求加時及夜半月度

置其日入轉筭外轉定分以定朔弦望小餘乘之如日法而一爲加時轉分（分滿百爲度）減定朔弦望加時月度以相次轉定分累加之卽得每日夜半月度

或朔至弦望或至後朔皆可累加之然近則差少遠則差多置所求前後夜半相距月度爲行度計其日相距入轉積度與行度相減餘以相距日數除之爲日差行度多日差加每日轉定分行度少日差減每日轉定分而用之可也欲求速卽用此數欲究其微而可用後術

求晨昏月度

置其日晨分乘其日筭外轉定分日法而一爲晨轉分用減轉定分餘爲昏轉分又以朔望定小餘乘轉定分日法而一爲加時分以減晨昏轉分爲前不足覆減之爲後乃前加後減加時月度卽晨昏月度所在宿度及分秒

求朔弦望晨昏定程

各以其朔昏定月減上弦昏定月餘爲朔後昏定程以上弦昏定月減望昏定月餘爲上弦後昏定程以望晨定月減下弦晨定月餘爲望後晨定程以下弦晨定月減後朔晨定月餘爲下弦後晨定程

求每日轉定度

晨計每定程相距日下轉積度與晨昏定程相減餘以相距日數除之爲日差（定程多加之定程少減之）以加減每日轉分爲轉定度因朔弦望晨昏月每日累加之滿宿次去之爲每日晨昏月度及分秒

凡注曆朔日已後注昏月望後一日注晨月

古曆有九道月度其數雖繁亦難削去具其術

求平交日辰

置交終日及餘秒以其月經朔加時入交汎日及餘秒減之餘爲平交其月經朔加時後日筭及餘秒（中朔同）以加其月中朔大小餘其大餘命壬戌筭外卽得平交日辰及餘秒

求次交者以交終日及餘秒加之如大餘滿紀法去之命如前卽得次平日辰及餘秒也

求平交入轉朓朒定數

置平交小餘其日夜半入轉餘以乘其損益率日法而一所得以損益其日下朓朒積爲定數

求正交日辰

置平交小餘以平交入轉朓朒定數朓減朒加之滿與不足進退日辰卽得正交日辰及餘秒與定朔日辰相距卽得所在月日

求中朔加時中積

各以其月中朔加時入氣日及餘加其氣中積及餘其日命爲度其餘以日法退除爲分秒卽其月中朔加時中積度及分秒

求正交加時黃道月度

置平交入中朔加時後日筭及餘秒以日法通日內餘進二位如三萬九千一百二十一爲度不滿退除爲分秒以加其月中朔加時中積然後以冬至加時黃道日度加而命之卽得其月正交加時月離黃道宿度及分秒如求次交者以交中度及分秒加而命之卽得所求

求黃道宿積度

置正交加時黃道宿全度以正交加時月離黃道宿度及分秒減之餘爲距後度及分秒以黃道宿度累加之卽各得正交後黃道宿積度及分秒

求黃道宿積度入初末限

置黃道宿積度及分秒滿交象度及分秒去之餘在半交象以下爲初限以上者減交象度餘爲末限

入交積度交象度並在交會篇中

求月行九道宿度

凡月行所交冬入陰曆夏入陽曆月行青道

冬至夏至後青道半交在春分之宿當黃道東立冬立夏後青道半交在立春之宿當黃道東南至所衝之宿亦皆如之也宜細推

冬入陽曆夏入陰曆月行白道

冬至夏至後白道半交在秋分之宿當黃道西立冬立夏後白道半交在立秋之宿當黃道西北至所衝之宿亦如之也

春入陽曆秋入陰曆月行朱道

春分秋分後朱道半交在夏至之宿當黃道南立春立秋後朱道半交在立夏之宿當黃道西南至所衝之宿亦如之也

春入陰曆秋入陽曆月行黑道

春分秋分後黑道半交在冬至之宿當黃道北立春立秋後黑道半交在立冬之宿當黃道東北至所衝之宿亦如之也

四時離爲八節至陰陽之所交皆與黃道相會故月

行有九道各以所入初末限度及分減一百一度餘以所入初入初末限度及分乘之半而退位爲分分滿百爲度命爲月道與黃道汎差凡日以赤道內爲陰外爲陽月以黃道內爲陰外爲陽故月行正交入夏至後宿度內爲同名入冬至後宿度內爲異名其在同名者置月行與黃道汎差九因之八約之爲定差半交後正交前以差減正交後半交前以差加

此加減出入六度正如黃赤道相交同名之差若較之漸異則隨交所在遷變不常

仍以正交度距秋分度數乘定差如象限而一所得爲月道與赤道定差前加者爲減減者爲加其在異名者置月行與黃道汎差七因之八約之爲定差半交後正交前以差加正交後半交前以差減

此加減出入六度異名黃赤道相交異名之差若較之漸同則隨交所在遷變不常

仍以正交度距春分度數乘定差如象限而一所得爲月道與赤道定差前加者爲減減者爲加各加減黃道宿積度爲九道宿積度以前宿九道積度減之爲其宿九道度及分秒

其分就近約爲太半少論春夏秋冬以四時日所在宿度爲正

求正交加時月離九道宿度

以正交加時黃道日度及分減一百一度餘以正交度及分乘之半而退位爲分分滿百爲度命爲月道與黃道汎差其在同名者置月行與黃道汎差九因之八約之爲定差以加仍以正交度距秋分度數乘定差如象限而一所得爲月道與赤道定差以減其異名者置月行與黃道汎差七因之八約之爲定差以減仍以正交度距春分度數乘定差如象限而一所得爲月道與赤道定差以加置正交加時黃道月度及分以二差加減之卽爲正交加時月離九道宿度及分

求定朔弦望加時月所在度

置定朔加時日躔黃道宿次凡合朔加時月行潛在日下與太陽同度是爲加時月離宿次各以弦望度及分秒加其所當弦望加時日躔黃道宿度滿宿次去之命如前各得定朔弦望加時月所在黃道宿度及分秒

求定朔弦望加時九道月度

各以定朔弦望加時月離黃道宿度及分秒加前宿正交後黃道積度爲定朔弦望加時正交後黃道積度如前求九道積度以前宿九道積度減之餘爲定朔弦望加時九道月離宿度及分秒

其合朔加時若非正交則日在黃道月在九道所入宿度雖多少不同考其兩極若繩準故云月行潛在日下與太陽同度卽爲加時九道月度求其晨昏夜半月度並依前術

欽定古今圖書集成曆象彙編曆法典

第四十卷目錄

曆法典第四十卷

曆法總部彙考四十

元六

庚午元曆下

步交會術

交終分一十四萬二千三百一十九　秒九千三百
六　微二十
交終日二十七　餘一千一百（闕）九　秒九千三百
六　微二十
交中日一十三　餘三千一百六十九　秒四千六
百五十三　微一十
交朔日二　餘一千六百六十五　秒六百九十三
微八十
交望日一十四　餘四千（闕）二　秒五千
秒母一萬　微母一百
交終度三百六十三　分七十九　秒三十六
交中度一百八十一　分八十九　秒六十八
交象度九十　分九十四　秒八十四
半交象度四十五　分四十七　秒四十二
日食既前限二千四百　定法二百四十八
日食既後限三千一百　定法三百二十
月限五千一百
月食既限一千七百　定法三百四十
分秒母皆一百

求朔望入交

先置里差半之如九而一所得依其加減天正朔積分然後求之

置天正朔積分以交終分去之不盡如日法而一爲日不滿爲餘卽得天正十一月中朔入交汎日及餘秒

便爲中朔加時入交汎日及餘

交朔加之得次朔交望加之得望再加交望亦得次朔各爲朔望入交汎日及餘秒

凡稱餘秒者微亦從之餘倣此

求定朔及每日夜半入交

各置入交汎日及餘秒減去中朔望小餘卽爲定朔望夜半入交汎日及餘秒若定朔望有進退者亦進退交日否則因中爲定大月加二日小月加一日餘皆四千一百二十秒六百九十三微八十卽次朔夜半入交累加一日滿交終日及餘秒去之卽每日夜半入交汎日及餘秒

求定朔望加時入交

置中朔望加時入交汎日及餘秒以入氣入轉朓朒定數朓減朒加之卽得定朔望加時入交汎日及餘秒

求定朔望加時入交積度及陰陽曆

置定朔望加時入交汎日以日法通之內餘進二位如三萬九千一百二十一而一爲度不滿退除爲分秒卽得定朔望加時月行入交積度以定朔望加時入轉遲疾度遲減疾加之卽爲月行入定交積度如交中度以下爲入陽曆積度以上去之爲入陰曆積度（每日夜半準此求之）

求月去黃道度

視月入陰陽曆積度及分交象以下爲少象以上覆減交中餘爲老象置所入老少象度於上位列交象於下相減相乘倍之退位爲分分滿百爲度用減所入老少象度及分餘又與交中度相減相乘八因之以一百一十除之爲分分滿百爲度卽得月去黃道度及分

求朔望加時入交常日及定

置朔望入交汎日以入氣朓朒定數朓減朒加爲入交常日又置入轉朓朒定數進一位以一百二十七而一所得朓減朒加交常日爲入交定日及餘秒

求入交陰陽曆交前後分

視入交定日如交中以下爲陽曆以上去之爲陰曆如一日上下以日法通日內分內餘爲交後分十三日上下覆減交中日餘爲交前分

求日月食甚定餘

置朔望入氣入轉朓朒定數同名相從異名相消以一千二百二十七乘之以定朔望加時入轉算外轉定分除之所得以朓減朒加中朔望小餘爲汎餘日食視汎餘如半法以下爲中前半法以上去之爲中

後置中前後分與半法相減相乘倍之萬約爲分曰時差中前以時差減汎餘爲定餘覆減半法餘爲午前分中後以時差加汎餘爲定餘減去半法餘爲午後分月食視汎餘在日入後夜半前如日法四分之三以下減去半法爲酉前分四分之三以上覆減日法餘爲酉後分又視汎餘在夜半後日出前者如日法四分之一以下爲卯前分四分之一以上覆減半法餘爲卯後分其卯酉前後分自相乘四因退位萬約爲分以加汎餘爲定餘各置定餘以發斂加時法求之卽得日月食甚辰刻及分秒

求日月食甚日行積度

置朔望食甚大小餘與中朔大小餘相減之餘以加減中朔望入氣日餘（以中朔望少加多減）卽爲食甚入氣以加其氣中積爲食甚中積又置食甚入氣餘以所入氣損益率（盈縮之損益）乘之如日法而一以損益其日盈縮積盈加縮減食甚中積卽爲食甚日行積度及分先以食甚中積經分爲約分然後加減之餘類此者依而求之

求氣差

置日食食甚日行積度及分滿中限去之餘在象限以下爲初限以上覆減中限爲末限皆相乘進二位以四百七十八而一所得用減一千七百四十四餘爲氣差恆數以午前後分乘之半晝分除之所得以減恆數爲定數

如不及減者覆減爲定數應加者減之應減者加之

春分後陽曆減陰曆加秋分後陽曆加陰曆減

春分前秋分後各二日二千一百分爲定氣於此宜加減之

求刻差

置日食食甚日行積度及分滿中限去之餘與中限相減相乘進二位如四百七十八而一所得爲刻差恆數以午前後分乘之日法四分之一除所得爲定數

若在恆數以上者倍恆數以所得之數減之爲定數依其加減

冬至後午前陽加陰減午後陽減陰加夏至後午前陽減陰加午後陽加陰減

求日食去交前後定分

置氣刻二差定數同名相從異名相消爲食差依其加減交前後分爲去交前後定分視其前後定分如在陽曆卽不食如在陰曆卽有食之如交前陰曆不及減反減之（反減食差）爲交後陽曆交後陰曆不及減反減之爲交前陽曆卽不食交前陽曆不及減反減之爲交後陰曆交後陽曆不及減反減之爲交前陰曆卽日有食之

求日食分

視去交前後定分如二千四百以下爲既前分以二百四十八除爲大分二千四百以上覆減五千五百（不足減者不食）爲既後分以三百一十除爲大分退爲秒

共一分以下者涉交太淺太陽光盛或不見食

求月食分

視去交前後分（不用氣刻差者）一千七百以下者食既以上覆減五千一百（不足減者不食）餘以三百四十除之爲大分不盡退除爲秒卽月食之分秒去交分在既限以下覆減既限亦以三百四十除之爲既內之大分

求日食定用分

置日食之大分與二十分相減相乘又以二千四百五十乘之如定朔入轉筭外轉定分而一所得爲定用分減定餘爲初虧分加定餘爲復圓分各以發斂加時法求之卽得日食三限辰刻也

求月食定用分

置月食之大分與三十五分相減相乘又以二千一百乘之如定望入轉筭外轉定分而一所得爲定用分加減定餘爲初虧復圓分各如發斂加時法求之卽得月食三限辰刻月食既者以既內大分與一十五分相減相乘又以四千二百乘之如定望入轉筭外轉定分而一所得爲既內分用減定用分爲既外分置月食定餘減定用分爲初虧分因加既外分爲食既分又加既內分爲食甚分（分[illegible]之）再加既內分爲生光分復加既外分爲復圓分各以發斂加時法求之卽得月食五限辰刻及分

如月食既者以十分併既內大分如其法而求其定用分也

求月食所入更點

置食甚所入日晨分倍之五約之爲更法又五約之爲點法乃置月食初末諸分昏分以上者減昏分晨分以下者加晨分如不滿更法爲初更不滿點法爲一點依法以次求之卽得更點之數

求日食所起

食在既前初起西南甚於正南復於東南食在既後

初起西北甚於正北復於東北其食八分以上者皆起正西復正東此據正午地而論之

求月食所起

月在陽曆初起東北甚於正北復於西北月在陰曆初起東南甚於正南復於西南其食八分以上皆起正東復正西此亦據正午地而論之

求日月出入帶食所見分數

各以食甚小餘與日出入分相減餘爲帶食差以乘所食之分滿定用分而一

月食既者以既內分減帶食差餘乘所食分如既外分而一不及減者爲帶食既出入以減所食分卽日月出入帶食所見之分其食甚在晝晨爲漸進昏爲已退食甚在夜晨爲已退昏爲漸進也

求日月食甚宿次

置日月食甚日行積度望卽更加望度以天正冬至加時黃道日度加而命之依黃道宿次去之卽各得日月食甚宿度及分秒

步五星術

木星

周率二百八萬六千一百四十二　秒九

曆率二千二百六十五萬　五百五十七

曆度法六萬二千　一十四

周日三百九十八日　八十八分　九十秒

曆度三百六十五度　二十四分　四十五秒

曆中一百八十二度　六十二分　八十七秒

曆策一十五度　二十一分

伏見一十三度

段目	段日	平度
合伏	一十六日八十六	三度八十六
晨順疾	二十八日	六度一十一
晨次疾	二十八日	五度五十一
晨順遲	二十八日	四度三十一
晨末遲	二十八日	一度九十一
晨留	二十四日	
晨退	四十六日五十八	四度八十八 一十八
夕退	四十六日五十八	四度八十八 一十八
夕留	二十四日	
夕末遲	二十八日	一度九十一
夕順遲	二十八日	四度三十一
夕次疾	二十八日	五度五十一
夕順疾	二十八日	六度一十一
夕伏	一十六日八十六	三度八十六

段目	限度	初行率
合伏	二度九十三	二十三
晨順疾	四度六十四	二十二
晨次疾	四度一十九	二十一
晨順遲	三度二十八	一十八
晨末遲	一度四十五	一十二
晨留		
晨退	空度三十二 八十二	
夕退	空度三十二 八十二	一十六
夕留		
夕末遲	一度四十五	
夕順遲	三度二十八	一十二
夕次疾	四度一十九	一十八
夕順疾	四度六十四	二十一
夕伏	二度九十三	二十二

策數	損益率	盈積度
一	益一百五十九	初
二	益一百四十二	一度五十九
三	益一百二十	三度一
四	益九十三	四度二十一
五	益六十一	五度一十四
六	益二十四	五度七十五
七	損二十四	五度九十九
八	損六十一	五度七十五
九	損九十三	五度一十四
十	損一百二十	四度二十一
十一	損一百四十二	三度一
十二	損一百五十九	一度五十九

策數	損益率	縮積度
一	益一百五十九	初
二	益一百四十二	一度五十九
三	益一百二十	三度一
四	益九十三	四度二十一
五	益六十一	五度一十四
六	益二十四	五度七十五
七	損二十四	五度九十九
八	損六十一	五度七十五
九	損九十三	五度一十四

十　損一百二十　四度二十一
十一　損一百四十二　三度一
十二　損一百五十九　一度五十九

火星

周率四百[illegible]七萬九千四十二秒一十四半
曆率三百五十九萬二千七百五十七
秒四十四少
曆度法九千八百三十六半
周日七百七十九日　九十三分　一十六秒
曆度三百六十五度　二十四分　七十五秒
曆中一百八十二度　六十二分　三十七秒半
曆策一十五度　二十一分　八十六秒
伏見一十九度
段目　段日　平度
合伏　六十七日　四十八度
晨順疾　六十三日　四十四度六十
晨次疾　五十八日　四十度一九
晨中疾　五十二日　三十四度六
晨末疾　四十五日　二十六度三十
晨順疾　三十七日　一十六度六十
晨末遲　二十八日　五度七十五
晨留　一十一日
晨退　二十八日九十六五十八　八度一十五六十
夕退　二十八日九十六五十八　八度一十五六十
夕留　一十一日
夕末遲　二十八日　五度七十五
夕順遲　三十七日　一十六度六十八
夕末疾　四十五日　二十六度三十
夕中疾　五十二日　三十四度六
夕次疾　五十八日　四十度九
夕順疾　六十三日　四十四度六十
夕伏　六十七日　四十八度
段目　限度　初行率
合伏　四十五度四十八　七十二
晨順疾　四十二度二十六　七十二
晨次疾　三十七度九十九　七十
晨中疾　三十二度三十二　六十八
晨末疾　二十四度九十九　六十三
晨順疾　一十五度八十　五十四
晨末遲　五度四十五　三十七
晨留
晨退　三度四十五
夕退　三度四十五　四十一
夕留
夕末遲　五度四十五
夕順遲　一十五度八十　三十七
夕末疾　二十四度九十　五十四
夕中疾　三十二度三十　六十三
夕次疾　三十七度九十九　六十八
夕順疾　四十二度二十六　七十
夕伏　四十五度四十　七十一
策數　損益率　盈積度
一　益一千一百六十　初
二　益八百　一十度六十
三　益四百六十四　一十九度六十
四　益一百五十二　二十四度二十四
五　損五十七　二十五度七十六
六　損一百七十二　二十五度一十九
七　損二百六十六　二十三度四十七
八　損三百四十一　二十度八十一
九　損三百九十六　一十七度四十
十　損四百三十三　一十三度四十四
十一　損四百五十三　九度二十一
十二　損四百五十八　四度五十八
策數　損益率　縮積度
一　益四百五十八　初
二　益四百五十三　四度五十八
三　益四百三十三　九度一十一
四　益三百九十六　一十三度四十四
五　益三百四十一　一十七度四十
六　益二百六十六　二十度八十一
七　益一百七十二　二十三度四十七
八　損五十七　二十五度一十九
九　損一百五十二　二十五度七十六
十　損四百六十四　二十四度二十四
十一　損八百　一十九度
十二　損一千一百六十　一十度六十一

土星

周率一百九十七萬七千四百一十一　秒六十九
曆率五千六百二十二萬三千二百四十八半
曆度法一十五萬三千九百二十八

周日三百七十八日　九分　二秒
曆度三百六十五度　二十五分　六十八秒
曆中一百八十二度　六十二分　八十四秒
曆策一十五度　二十一分　九十秒
伏見一十七度
段目　段日　平度
合伏　一十九日四十八　二度四十八
晨順疾　二十七日五十　三度二十二
晨次疾　二十七日五十　二度六十四
晨遲　二十七日五十　一度四十八
晨留　三十六日
晨退　五十一日九十一六　三度二十九六十六
夕退　五十一日五十一六　三度三十九六十六
夕留　三十六日
夕遲　二十七日五十　一度四十八
夕次疾　二十七日五十　二度六十四
夕順疾　二十七日五十　三度二十二
夕伏　一十九日四十八　四度四十八
段目　限度　初行率
合伏　一度五十六　一十三
晨順疾　二度三　一十二
晨次疾　一度六十五　一十一
晨遲　空度九十二　八
晨留
晨退　空度二十八二十三
夕退　空度二十八三十三　九七十五
夕留
夕遲　空度九十一　八
夕次疾　一度六十五　一十一
夕順疾　二度三　一十二
夕伏　一度五十六　一十三

策數　損益率　盈積度
一　益二百一十三　初
二　益一百九十七　二度一十三
三　益一百六十八　四度一十
四　益一百二十八　五度七十八
五　益八十一　七度六
六　益三十三　七度八十七
七　損三十三　八度二十二
八　損八十一　七度八十七
九　損一百二十八　七度六
十　損一百六十八　五度七十八
十一　損一百九十七　四度一十
十二　損二百一十三　二度一十三
策數　損益率　縮積度
一　益一百六十三　初
二　益一百四十九　一度六十三
三　益一百二十八　三度一十二
四　益一百　四度四十
五　益六十五　五度四十
六　益二十三　六度五
七　損二十三　六度二十八
八　損六十五　六度五
九　損一百　五度四十
十　損一百二十八　四度四十
十一　損一百四十九　三度一十二
十二　損一百六十三　一度六十三

金星

周率三百　五萬三千八百四　秒六十三太
曆率一百九十一萬　二百四十　秒七十六半
曆度法五千二百三十
周日五百八十三日　九十分　一十四秒
合日二百九十一日　九十五分　七秒
曆度三百六十五度　二十四分　六十八秒
曆中一百八十二度　六十二分　三十四秒
曆策一十五度　二十一分　八十六秒
伏見一十度半
段目　段日　平度
合伏　三十九日二十五　四十九度七十五
夕順疾　四十七日七十五　六十度一十六五十
夕次疾　四十七日七十五　五十九度三十九
夕中疾　四十七日七十五　五十七度
夕末疾　三十九日二十五　四十二度二十九
夕順遲　二十九日二十五　二十四度七十二
夕末遲　一十八日二十五　六度九十三五十
夕留　七日
夕退　九日七十七　三度七十九九十三
夕退伏　六日　四度五十
合退伏　六日　四度五十
晨退　九日七十七　三度七十九九十三
晨留　七日

晨末遲　一十八日二十五　六度九十三五十
晨順遲　二十九日二十五　二十四度七十二
晨末疾　三十九日二十五　四十二度二十九
晨中疾　四十七日七十五　五十七度
晨次疾　四十七日七十五　五十九度三十九
晨順疾　四十七日七十五　六十度一十六五十
晨伏　三十九日二十五　四十九度七十六
投日　限度　初行率
合伏　四十七度七十六　一百二十七
夕順疾　五十七度七十六　一百二十八
夕次疾　五十七度一　一百二十五
夕中疾　五十四度七十二　一百二十三
夕末疾　四十度六十　一百一十五
夕順遲　二十三度七十二　一百
夕末遲　六度六十六　六十九
夕留
夕退　一度六十九七
夕退伏　二度二　六十八
合退伏　二度二　八十二
晨退　一度六十九七　六十八
晨留
晨末遲　六度六十六
晨順遲　二十三度七十三　六十九
晨末疾　四十度六十　一百
晨中疾　五十四度七十二　一百一十五
晨次疾　五十七度一　一百二十三
晨順疾　五十七度七十六　一百二十五

晨伏　四十七度七十五　一百二十六
策數　損益率　盈積度
一　益五十二　初
二　益四十八　空度五十二
三　益四十八　一度
四　益三十二半　一度四十一半
五　益二十一　一度七十四
六　益七　一度九十五
七　損七　二度二
八　損二十一　一度九十五
九　損三十二半　一度七十四
十　損四十一半　一度四十一半
十一　損四十八　一度
十二　損五十二　空度五十二
策數　損益率　縮積度
一　益五十二　初
二　益四十八　空度五十二
三　益四十一半　一度
四　益三十二半　一度四十一半
五　益二十一　一度七十四
六　益七　一度九十五
七　損七　二度二
八　損二十一　一度九十五
九　損三十二半　一度七十四
十　損四十一半　一度四十一半
十一　損四十八　一度
十二　損五十二　空度五十二

水星
周率六十萬六千三十一　秒七十七半
曆率一百九十一萬　二百四十二　秒一十三半
曆度法五千二百三十
周日一百一十五日　八十七分　六十秒
合日五十七日　九十三分　八十秒
曆度三百六十五度　二十四分　七十秒
曆中一百八十二度　六十二分　三十五秒
曆策一十五度　二十一分　八十五秒
晨伏夕見一十四度
夕伏晨見一十九度
投日　投日　平度
合伏　一十五日　二十九度
夕順疾　一十五日　二十三度七十五
夕順遲　一十三日　一十三度二十五
夕留　二日
夕退伏　一十日九十三八十　八度二十六
合退伏　一十日九十三八十　八度二十六
晨留　二日
晨順遲　一十五日　一十三度二十五
晨順疾　一十五日　二十三度七十五
晨伏　一十五日　二十九度
投日　限度　初行率
合伏　二十四度三十六　二百五
夕順疾　一十九度九十五　一百八十一
夕順遲　一十一度一十三　一百三十五
夕留

夕退伏	二度四十九八十	
合退伏	二度四十九八十	一百八
晨留		
晨順遲	一十一度一十三	
晨順疾	一十九度九十五	一百三十五
晨伏	二十四度三十六	一百八十一

策數	損益率	盈積度
一	益五十七	初
二	益五十三	空度五十七
三	益四十五	一度一十
四	益三十五	一度五十五
五	益二十二	一度九十
六	益八	二度一十二
七	損八	二度二十
八	損二十二	二度一十二
九	損三十五	一度九十
十	損四十五	一度五十五
十一	損五十三	一度一十
十二	損五十七	空度五十七

策數	損益率	縮積度
一	益五十七	初
二	益五十三	空度五十七
三	益四十五	一度一十
四	益三十五	一度五十五
五	益二十二	一度九十
六	益八	二度一十二
七	損八	二度二十
八	損二十二	二度一十二
九	損三十五	一度九十
十	損四十五	一度五十五
十一	損五十三	一度一十
十二	損五十七	空度五十七

求五星天正冬至後平合及諸段中積中星

置通積分先以里差加減之各以其星周率去之不盡爲前合分覆減周率餘爲後合分如日法而一不滿退除爲分秒即得其星天正冬至後平合中積中星命爲日曰中積命爲度曰中星以段日累加中積即爲諸段中積以平度累加中星經退則減之即爲段中星

求五星平合及諸段入曆

置通積分各加其星後合分以曆率去之不盡各以其曆度法除爲度不滿退除爲分秒即爲其星平合入曆度及分秒以諸段限度累加之即得諸段入曆度及分秒

求五星平合及諸段盈縮定差

各置其星段入曆度及分秒如在曆中以下爲盈以上爲減去曆中餘爲縮以其星曆策除之爲策數不盡爲入策度及分命數算外以其策損益率乘之如曆策而一爲分以損益其下盈縮積度即爲其星段盈縮定差

求五星平合及諸段定積

各置其星段中積以其段盈縮定差盈加縮減之即得其段定積日及分加天正冬至大餘及約分滿紀法去之不滿命壬戌算外即得日辰也

求五星平合及諸段所在月日

各置其定積以加天正閏日及約分以朔策及約分除之爲月數不盡爲入月以來日數及分其月數命天正十一月算外即得其段入月中朔日數及分乃以日辰相距爲所在定朔月日

求五星平合及諸段加時定星

各置中星以盈縮定差盈加縮減金星倍之水星三之然後加減即爲五星諸段定星以加天正冬至加時黃道日度依宿次命之即其日其段加時所在宿度及分秒

求五星諸段初日晨前夜半定星

各以其段初行率乘其段定積日下加時分百約之乃順減退加其日加時定星即其段初日晨前夜半定星所在宿度及分秒

求諸段日率度率

各以其段日辰距後段日辰爲日率以其段夜半宿次與後段夜半宿次相減餘爲度率

求諸段平行分

各置其段度率及分秒以其段日率除之即得其段平行度日及分秒

求諸段總差及日差

本段前後平行分相減爲其段汎差假令求木星次疾汎差乃以順疾順遲平行分相減餘爲次疾汎差他皆倣此

倍而退位爲增減差加減其平行分爲初末日行分前多後少者加爲初減爲末前少後多者減爲初加爲末

倍增減差爲總差以日率減一除之爲日差

求前後伏遲退段增減差

前伏者置後段初日行分加其日差之半爲末日行分後伏者置前段末日行分加其日差之半爲初日行分以減伏段平行分餘爲增減差前遲者置前段末日行分倍其日差減之爲初日行分後遲者置後段初日行分倍其日差減之爲末日行分以遲段平行分減之餘爲增減差（前後近留遲段）木火土三星退行者六因平行分退一位爲增減差金星前後退伏者三因平行分半而退位爲增減差前退者置後段初日之行分以其日差減之爲末日行分後退者置前段末日之行分以其日差減之爲初日行分以本段平行分減之餘爲增減差水星平行分爲增減差皆以增減差加減平行分爲初末日行分

前多後少加初減末前少後多減初加末

又倍增減差爲總差以日率減一除之爲日差

求每日晨前夜半星行宿次

各置其段初日行分以日差累損益之（後少則損之後多則益之）爲每日行度及分秒乃順加退減之滿宿次去之卽得每日晨前夜半星行宿次

視前段末日後段初日行初相較之數不過一二日差爲秒或多日差數倍或顚倒不倫當類同前後增減差稍損益之使其有倫然後用之或前後平行分俱多俱少則平注之或總差之秒不盈一分亦平注之若有不倫而平注得倫者亦平注之

求五星平合及見伏入氣

置定積以氣策及約分除之爲氣數不滿爲入氣日及分秒命天正冬至筭外卽得所求平合及見伏入氣日及分秒

求五星平合及見伏行差

各以其段初日星行分與太陽行分相減餘爲行差若金在退行水在退合者相併爲行差如水星夕伏晨見者置以太陽行分爲行差

求五星定合及見伏汎積

木火土三星各以平合晨疾夕伏定積爲定合定見定伏汎積金水二星置其段盈縮定差（水星倍之）各以行差除之爲日不滿退除爲分秒若在平合夕見晨伏者盈減縮加如在退合夕伏晨見盈加縮減皆以加減定積爲定合定見定伏汎積

求五星定合定積定星

木火土三星各以平合行差除其日太陽盈縮差爲距合差日以太陽盈縮差減之爲距合差度日在盈縮以差日差度減之在縮曆加之加減其星定合汎積爲定合定積定星金水二星順合退合各以平合退合行差除其日太陽盈縮差爲距合差日順加退減太陽盈縮差爲距合差度順在盈曆以差日差度加之在縮曆減之退在盈曆以差日減之差度加之在縮曆以差日加之差度減之皆以加減其定星定合再定合汎積爲定合再定合定積定星以冬大餘及約分加定積滿紀法去之命得定合日辰以冬至加時黃道日度加定星滿宿次去之卽得定合所在宿次

其順退所在盈縮卽太陽盈縮

求木火土三星定見伏定日

各置其星定見伏汎積晨加夕減象限日及分秒（半中限爲象限）如中限以下自相乘以上覆減歲周日及分秒餘亦自相乘滿七十五而一所得以其星伏見度乘之一十五除之爲差其差如其段行差而一爲日不滿退除爲分秒見加伏減汎積爲定積加命如前卽得日辰

求金水二星定見伏定日

各以伏見日行差除其日太陽盈縮差爲日若晨伏夕見日在盈曆加之在縮曆減之如夕伏晨見日在盈曆減之在縮曆加之加減其星汎積爲常積視常積如中限以下爲冬至後以上去之餘爲夏至後其二至後如象限以下自相乘以上覆減中限餘亦自相乘各如法而一

冬至後晨夏至後夕以一十八爲法冬至後夕夏至後晨以七十五爲法

以伏見度乘之一十五除之爲差其差滿行差而一爲日不滿退除爲分秒加減常積爲定積

冬至後晨見夕伏加之夕見晨伏減之夏至後晨見夕伏減之夕見晨伏加之

加命如前卽得定見伏日辰

其水星夕疾在大暑氣初日至立冬氣九日三十五分以下者不見晨留在大寒氣初日至立夏氣九日三十五分以下者不見春不晨見秋不夕見者亦舊曆有之

欽定古今圖書集成曆象彙編曆法典

第四十一卷目錄

曆法總部彙考四十一

曆法典第四十一卷

曆法總部彙考四十一

明一

太祖吳元年十一月劉基等進大統曆命頒行之定以每年十月朔頒曆勅太史院官盡心推步詳加較勘

按明通紀吳元年十一月劉基及太史院屬高翼以所纂戊申曆來上遂命頒行之

按明大政紀十一月乙未冬至太史院進戊申歲大統曆上謂劉基曰古者以季冬頒來歲之曆似爲太遲今於冬至亦爲未宜明年以後皆以十月朔進

按明寶訓十一月乙未冬至太史院使劉基及其僚高翼進戊申大統曆太祖覽之謂基曰此衆人之爲乎基曰是臣一人詳定太祖曰曆數者國家之大事帝王敬天勤民之本也天象之行有遲疾古今曆法有疎密一不得其要不能無差春秋之時鄭國爲一詞命必裨諶草創世叔討論子羽修飾子產潤色然後用之故少有闕失辭命尚如此而況於造曆乎卿等推步須各盡其心必求至當庶幾副朕敬授民時之意基等頓首而退乃復以所錄再加詳較而後刊之

洪武元年徵元太史院使張佑等修定曆數

按明紀事本末洪武元年冬十月徵元太史院使張佑張沂司農卿兼太史院使成隸太史同知郭讓朱茂司天少監王可大石澤李義太監趙恂太史院監候劉孝忠靈臺郎張容回回司天監黑的兒阿都剌司天監丞迭里月實一十四人修定曆數

洪武二年徵元回回司天臺官鄭阿里等議曆

按明紀事本末洪武二年夏四月徵元回回司天臺官鄭阿里等十一人至京議曆法占天象

洪武三年改司天監爲欽天監設官分科令各專科肄業

按明紀事本末洪武三年六月改司天監爲欽天監設欽天監官其習業者分四科曰天文曰漏刻曰大統曆曰回回曆自五官正而下至天文生各專科肄焉五官正理曆法造曆歲造大統曆御覽月令曆六壬遁甲曆御覽天象七政躔度曆凡曆註上御曆三十事民曆三十二事壬遁曆六十七事靈臺郎辨日月星辰之躔次分野以占候保章正專志天文之變辨吉凶之占挈壺正知漏孔壺爲漏浮箭爲刻以考中星昏明之度而統於監正丞

洪武十一年欽天監進明年大統曆頒諸王百官

按明大政紀洪武十一年九月庚午朔欽天監進明年大統曆上御奉天殿頒曆于諸王百官

洪武十三年令欽天監印曆頒內外官

按明會典凡頒行曆日洪武十三年令諸王及在京文武百官直隸府州俱欽天監印造頒給十二布政司則欽天監預以曆本及印分授之使刊印以授府縣頒之民間

洪武十五年命大學士吳伯宗等譯回回曆經緯度天文諸書

按明紀事本末云云

洪武十七年欽天監博士元統以曆漸差擬合修改書奏遂擢統爲監正

按明通紀洪武十七年九月欽天監博士元統言曆日之法其來尚矣今曆雖以大統爲名而積分猶授時之數見授時之法以至元辛巳爲曆元至洪武甲子積一百四年經云大約七十年差一度每歲差一分五十秒辛巳至今年遠數盈漸差天度擬合修改臣今以洪武甲子歲冬至爲大統曆元推演聞奏勘司令王道亨有師郭伯玉者精明九數之理若得此人推大統曆法庶幾可成一代之制蓋天道無端惟數可以推其幾天道至妙因數可以明其理是理因數顯數從理出可相倚而不可相違也書奏上是其言擢統爲監正

洪武十八年定王府頒曆之儀

按明會典凡受曆洪武十八年定每歲九月初一日欽天監進次年曆日頒訖即遣使者齎曆至王國長史司官先啓聞設香案於殿上王常服出殿門迎接使者捧曆詣殿上置於案退立於案東引禮引王詣前贊四拜贊跪使者取曆立授王王受訖以授執事者復置於案贊王俯伏興再四拜禮畢

後頒曆以十月初一日其王府曆日亦不遣使但附於各府齎捧進賀冬至表人員順齎頒授

洪武二十年冬十一月選時人年壯解書者赴京習天文推步之術

按明紀事本末云云

洪武二十五年訪求通曉曆數推無不驗者必錫封爵

按明通紀洪武二十五年九月時朝廷訪求通曉曆數推往知來試無不驗者必爵及封侯食祿千五百石

洪武二十六年欽天監監副李德芳疏奏以春秋戊寅歲考監正元統改用曆元有差上諭只驗無差者用之仍依授時法推算又定進頒曆日儀

按明紀事本末洪武二十六年秋七月欽天監監副李德芳言故元至元辛巳爲曆元上推往古每百年長一日下驗將來每百年消一日未久不可易今監正元統改作洪武甲子曆元不用消長之法考得春秋晉獻公十五年戊寅歲距至元辛巳二千一百六十三年以辛巳爲曆元推得天正冬至在甲寅日夜子初三刻與當時實測數相合洪武甲子元正上距獻公戊寅歲二千二百六十一年推得天正冬至在己未日午正三刻比辛巳爲元差四日六時五刻當用至元辛巳爲元及消長之法方合天道疏奏元統復言臣所推甲子曆元實于舊法無爽上曰二說皆難憑獨驗七政交會行度無差者爲是于是欽天監以洪武甲子然曆元而造曆依授時法推算如初

按明通紀二十六年欽天監副李德芳言故元至元辛巳爲曆元上推往古每百年長一日下驗將來每百年消一日未久不可易今監正元統改作洪武甲子曆元不用消長之法非是今當用至元辛巳爲曆元及消長之法方合天道疏奏元統復爭之上曰二說皆難憑只驗七政交會行度無差者爲是自是欽天監造曆以洪武甲子爲曆元仍依舊法推算不用捷法

按明會典洪武二十六年定進頒曆日儀前期一日尚寶司設御座于奉天殿（今爲皇極殿）教坊司設中和樂于殿內其日陳設如常儀儀禮司設御曆案于殿中設曆案于丹陛中道設百官曆案于丹陛下鼓初嚴引禮引文武官進曆官入詣侍立位鼓三嚴執事文武官詣華蓋殿（今爲中極殿）行五拜三叩頭禮畢傳制受曆侍從等官各就位皇帝服皮弁服出樂作陞座捲簾樂止鳴鞭訖引禮引進曆官就位贊禮唱鞠躬樂作贊四拜平身樂止典儀唱進曆引禮引進曆官由東陛詣丹陛案前贊跪搢笏取曆由殿東門舁東入至殿中內贊唱跪外贊唱衆官皆跪唱進曆監官以曆置于案內贊唱出笏俯伏興外贊亦唱俯伏興平身內贊唱復位引禮引進曆官由百官門出樂作引至拜位樂止贊禮唱鞠躬樂作四拜平身樂止進曆官退執事舉百官曆案于丹墀中道鳴贊唱排班齊鞠躬樂作贊四拜平身樂止傳制官詣御前跪奏傳制俯伏興由殿東門舁東出至丹陛東西向立稱有制贊禮唱跪衆官皆跪宣制曰欽天監進某年大統曆其賜百官頒行天下贊禮唱俯伏興樂作贊四拜平身唱頒曆頒曆官取曆散于百官散畢駕興百官以次出

東宮進曆儀欽天監官捧曆于左順門候奉天殿禮畢由文華殿左門入于殿東門外西向立候陞座鴻臚官贊四拜導引欽天監正官隨至文華殿外搢笏捧曆由東門入至殿中贊跪贊進曆監正官啓欽天監進某年大統曆啓訖置于案出笏俯伏興仍導引出至拜位贊四拜興退立侍班候百官排班行禮畢

嘉靖十八年後俱欽天監官捧至文華殿左門司禮監官捧進不行禮

洪武二十九年定曆法

按明會典凡造曆以洪武甲子爲曆元仍依舊法推算不用捷法洪武二十九年欽定曆法永爲遵守

洪武三十一年革回回監隸欽天監仍兼其本國法

按明會典洪武三十一年革回回監而其曆法亦隸之本監　又凡本監習業者分爲四科自五官正以下與天文生陰陽人各專一科回回官生附隸本監子弟仍世其業以本國土板曆相兼推算

成祖永樂元年始以十一月朔進曆

按見聞錄大統曆禮部例在先歲九月朔欽天監進呈後因太宗即位之初造曆未備請以十一月朔進諸衛之著爲令

永樂五年十一月辛亥朔欽天監進永樂六年大統曆上御奉天門受之頒賜諸王及文武羣臣

按明大政紀云云

永樂八年十二月癸巳朔欽天監進永樂九年大統曆上御奉天殿受之頒賜諸王及文武羣臣

按明大政紀云云

永樂十年十一月壬午朔頒賜諸王及文武羣臣大統曆

按明大政紀云云

永樂十四年十一月戊子朔欽天監進永樂十五年大統曆上御奉天殿受之頒賜諸王及文武羣臣

按明大政紀云云

英宗正統十四年以曆疎遂廢學士楊廉言洪武至今驗之交食一一不爽可豫國家無疆之用

按明紀事本末正統十四年造己巳大統曆冬夏二至晝夜六十一刻行之而疎遂廢不行學士楊廉言漢與四百年更三造曆唐三百年更七造曆宋三百餘年至十八造曆本朝自洪武至今百四十年未更造而交食一一驗不爽則知許平仲郭守敬所造曆理數極精古今曆無過之者乃天生傑出之智豫國家曆數無疆之用也

正統十六年命預進來歲曆樣發南京并各布政司刊印

按明會典凡歲造大統曆先期二月初一日進呈來歲曆樣然後刊造一十五本送禮部差人齎至南京并各布政司照樣刊印

憲宗成化十七年敎諭俞正己以一章七閏編冊上進禮部尚書奏以輕率妄議詔下錦衣衞

按明大政紀俞正己言曆象授時乃敬天勤民之急務後世曆法失差由不得古人隨時損益之常法也我朝盡革前代弊政獨曆法可議臣竊以經傳所載日月行天之常度本曆元以步筭又以陰陽盈虧之理求之以驗今曆謹詳定成化十四年戊戌十一月初一日己丑子正初刻合朔冬至日月與天同會於斗宿七度至二十三年丁巳十一月初一日戊辰酉正初刻合朔冬至日月與天復同會於斗宿七度所謂氣朔分齊是爲一章者也今將一章十九年七閏之數冬至朔閏月節氣年月日時逐月開坐編成一冊上進請敕該部精加考訂仍行欽天監從宜造曆頒行天下詔以曆法已嘗稽定今奏有差所司其詳看以聞禮部尚書周洪謨等會掌欽天監事太常卿童軒集曆科官生與正己參考講論竟日不能決洪謨等因奏正己止據邵子皇極經世書及歷代天文志推筭氣朔又祖述前代術家評論歲差之意言古今曆法俱各有差曾不知與天合雖差而可今正己膠泥所聞輕率妄議請下法司治罪詔正己不諳事體妄議曆法錦衣衞其執治之

孝宗弘治十一年訪世業疇人并諸能通曆象者

按明紀事本末云云

武宗正德十三年周濂以日食起復弗合請驗交食以更曆元

按明紀事本末正德十三年夏五月己亥朔日食起復弗合日官周濂請驗交食以更曆元

世宗嘉靖二年光祿少卿華湘攝欽天監事以曆法漸差合行修改請勅禮部延訪知曆者詳定不報

按明大政紀嘉靖二年八月光祿少卿華湘者攝欽天監事上言堯時冬至初昏昴中日在虛七度今冬至初昏室中日在箕六度去堯未四千年而差五十度矣自至元辛巳改曆至今歲差一分五十秒今差三度六十四分五十秒也故洪武中博士元統言我朝曆法雖名大統實仍授時之舊年遠數盈漸差天度合行修改夫至元距洪武甲子僅一百四年迄今則二百四十三年矣年愈遠數愈盈可不修改以合天度哉乞勅禮部延訪知曆如揚雄邵雍郭守敬者詳定歲差以成一代之制不報

論曰我朝請改曆元者元統鄭善夫及湘凡三人矣大都皆勦舊說而未窺授時曆法之深也蓋授時曆雖元起于至元辛巳而不以辛巳爲曆元其法以七千二百五十七萬六千爲一元一元之中平分天地人三元各得二千四百一十九萬二千自太一甲子至嘉靖四十三年甲子歷過五千二百九十五萬八百四十己逾天地二元矣今當人元內四百五十六萬六千八百四十後推將來每年增一前考已往每年減一是以太一甲子爲曆元而不以至元辛巳爲曆元也所謂以辛巳爲元者蓋曆家以世數遼遠難于推算故截去眞元而姑以辛巳爲始耳遂使睿識之士無所考據紛紛異辭不知曆元之所在矣至于歲差之法起于子半虛六度約六十六年而退一度自堯時迄洪武甲子退過四十九度五十七分故冬至日躔箕七度七十九分正統甲子退過五十度四十一分冬至日躔箕六度九十六分弘治甲子退過五十一度二十四分冬至日躔箕六度一十三分嘉靖甲子退過五十二度七分冬至日躔箕五度三十分以後每歲約退一分三十八秒四十七微步曆者隨年減去之矣豈仍至元辛巳之舊哉今考至元辛巳冬至日躔箕九度二十二分一十八秒至嘉

靖初年日躔箕五度八十五分蓋已退過三度六十餘分矣又將何所于改耶至嘉靖初至今上壬午六十一年又退九十三分故今曆冬至日躔箕四度九十二分其與至元辛巳日躔箕九度三十七分者相去遠矣而謂仍用至元之舊也果何見哉至于日食起復方位多寡分數稍有不同則以南北地勢不一里差之法未之講爾故正德甲戌日食日官推步八分六十七秒而閩廣之間遂至食既萬曆乙亥日食京師未甚而蘇松至晝晦則南北之地勢使然也蓋日輪大而月魄小故相掩之際自下視之南北不同每千里而差一分東西不同每千里而異數刻矣而豈曆元不精歲差未改使然哉若以爲歲差未改所致則自至元迄今已差四度五十九分以法推之則合朔之時月已去日四度五十九分矣若之何而能食耶按法月行一日十三度有奇則一時當行一度有奇而四度五十九分當行四十餘刻矣如使歲差未改則今日之度與日官所步者當差四十餘刻豈止起復方位多寡分數稍有不同而已哉若因此而疑曆元之當改則悞矣然則今之司天者亦嚴督疇人使之精深其業斯可耳勿信異議而輕爲更張也

按明紀事本末嘉靖二年光祿少卿管監事華湘言天子奉順陰陽治曆明時蓋時以作事事以厚生而世從治也時苟不明將每朔弦晦望失其節分至啓閉乖其期無以該洽生靈而世亂矣夫曆數之典代有作者曷嘗不廣集衆思人無遺智法無遺巧期于永久不變也哉然不數歲而輒差曆所以差由天周有餘而日周不足也日之差驗于中星堯冬至昏昴中而日在虛七度躔元枵之子今冬至昏室中日在箕三度躔析木之寅計去堯三千餘年而差者五十度矣再以赤黃道考之至元辛巳改曆冬至赤道歲差一度五十秒今退天三度五十二分五十秒矣黃道歲差九十二分九十八秒今退天三度二十五分七十四秒矣是以正德戊寅日食庚辰月食時刻分秒起復方位類與推算迕恭惟皇上入繼大統之年適與元革命改憲之年合則調元正曆固有待於今日也臣伏揆古今善治曆者三家漢太初以鍾律唐大衍以蓍策元授時以晷景而晷景爲近其所因者本也欲正律而不登臺測景竊以爲皆空言臆見非事實已伏望許臣暫住朝參督同中官正周濂及掄選疇人子弟諳曉本業者及冬至前詣觀象臺晝夜推測日記月書至來年冬至以驗二十四氣分至合朔日躔月離黃赤二道昏日中星七政紫炁月孛羅睺計都之度視元辛巳所測差次錄聞昔班固作漢志言治曆有不可不擇者三家專門之裔明經之儒精算之士臣三者無一早夜皇皇罔知所措乞勑禮部延訪有能知曆理如揚雄精曆數如邵雍智巧天授如僧一行郭守敬者徵赴京師令詳定歲差成一代之制不報

嘉靖七年命各省刊印曆日進禮部後分發頒賜

按明會典嘉靖七年令各布政司查照遞年解京曆數量將四分之一解赴禮部內將一分送各衙門分散官吏一分發順天府及各衛分散軍民其所減二分盡發各府州縣頒給小民

嘉靖十九年命欽天監預進明年曆式發各布政司刊印進呈其御覽月令曆及七政躔度曆以九月初一十一月初一日進

按明會典曆日國家治曆明時以賜百官頒行天下屬欽天監官推算而事隸於祠部每歲二月朔欽天監奏進明年曆式預行各布政司刊布例以九月朔進呈頒賜十九年改用十月朔　凡歲進御覽月令曆大統曆七政躔度曆洪武間以九月初一日進後以十一月初一日進當日以大統曆給賜百官頒行天下東宮曆同日於文華殿進儀注見禮部祠祭司太皇太后皇太后中宮曆俱司禮監捧進本監仍具本奏知

又按會典嘉靖十九年令以十月初一日進曆頒賜百官

嘉靖四十年二月朔曆官推步日食不驗

按明通紀嘉靖四十年二月朔日曆官推步申酉間當日食陰雲不見有言日雖有雲而申酉時不加晦是不食也請舉大禮從之

穆宗隆慶元年正月命欽天監造隆慶元年大統曆通行天下

按明大政紀云云

欽定古今圖書集成曆象彙編曆法典

第四十二卷目錄

曆法總部彙考四十二

明二（神宗萬曆一則　鄭世子朱載堉曆學新說一）

曆法典第四十二卷

曆法總部彙考四十二

明二

神宗萬曆二十三年鄭世子以曆久漸差自輯曆書請博求知曆者正曆數以求大統不果行

按明紀事本末萬曆二十三年秋九月（[illegible]）鄭世子載堉疏請改曆（[illegible]）章下禮部覆言曆名沿襲已久未敢輕議至于歲差之法當為考正所以求之者大約有三曰考月令之中星移次應節曰測二至之日景長短應候曰驗交食之分秒起復應時考以衡管測以晷表驗以刻漏斯亦僅得之矣夫天體至廣曆家以周天三百六十五度四分度之一而紀日月星辰之行又析一度為百分一分為百秒可謂密矣然在天一度應地二千九百三十二里其在分秒又可推也譬之輪轂外廣而中漸以狹至輻轂之處間不容髮矣夫渾儀之體徑僅數尺外布三百六十五度四分度之一每度不及指計安所置分秒哉至于晷表之樹不過數尺刻漏之籌不越數寸以天之高且廣也而以徑尺寸之物求之欲其纖微不爽不亦難乎故方其差在分秒之間無可驗者至踰一度乃可以管窺耳此所以窮古今之智巧不能盡其變與今之談曆者或得其算而無測驗之具即有其具而置非其地高下迥絕則亦無準宜非墨守者之所能自信也即如世子言以大統授時二曆相較考古則氣差三日推今則時差九刻夫時差九刻在亥子之間則移一日在晦朔之交則移一月此可驗之于近也設移而前則生明在二日之昬設移而後則生明在四日之夕矣弦望亦宜各差一日今似未至此也此以曆家雖有成法猶以測驗為准為今之計直令星曆之官再加詳推以求歲差之故亟為更正茲聞前禮官鄭繼之有言欲定歲差宜定歲法于二至餘分絲忽之間定日法于氣朔盈虛一晝之際定日月交食于半秒難分之所斯其言似中曆家肯綮要在得精思善算而又知曆理者以職其事誠博求之不可謂世無其人而其本又在我皇上秉欽若之誠以建中和之極光調玉燭默運璇璣正曆數以永大統之傳是在今日誠千載一時也

載堉議遂格不行

鄭世子朱載堉曆學新說一

進曆書疏

為恭進曆書上祝萬壽敬陳愚見以仰裨盛典萬一事先臣南京都察院右都御史何瑭乃臣外舅江西撫州府通判何諮之祖也臣父恭王壯年嘗師友於瑭臣雖未及而覩而亦幸私淑焉瑭與元儒許衡同里慕其象數之學衡所撰授時曆備載元史瑭亦嘗著陰陽律呂之說名曰管見臣性愚鈍嗜好頗同忝居桑梓復與瓜葛靜居多暇讀其書而悅之探索既久偶有所得是故不揣狂謬敢以一得之愚徼為皇上陳之庶或芻蕘之見葵藿之忱亦得少裨盛典於萬一也伏望天恩曲垂鑑宥俯賜容納臣下情不勝感戴不勝幸甚臣聞在昔聖人法天垂象擬宸極而運璿璣揆乾元而敘景曜分辰野辨躔曆敬農時興物利皆以繫順五行紀綱萬物以前民用而詔方來者也是故伏羲仰觀俯察因曆作易分二以象兩儀掛一以象三統揲四以象時歸奇以象閏合乾坤之策三百六十當期之日凡此之類取法於曆者不一而足然則易以曆為本曆在易之先其來尚矣逮乎炎帝分八節以始農功軒轅紀三光而關書契迎日推策旁羅日月星辰乃命容成綜六術考氣象建五行察發斂起消息正閏餘述而著焉謂之調曆洎于少昊則鳳鳥司曆顓頊則南正司天帝嚳序三辰曆日月而迎送之由是堯欽曆象敬授人時鳥火虛昴以殷四仲舜在璣衡以齊七政協時月正日同律度量衡禹行夏正為百王不易之法湯武革命改統易朔治曆明時箕子陳洪範協用五紀歲月日時無易百穀用成乂用明俊民用章家用平康自古聖帝明王莫不皆以此事為盛舉至若仲尼丘明雖在匹夫下位每於朔閏發文矯正得失宣明曆數不自以為僭者蓋謂既知斯理豈可不言以愚當世是不仁也以罔其上是不忠也安避僭越之嫌而默然以自欺哉故左傳仲尼曰丘聞之火伏而後蟄者畢今火猶西流司曆過也孟軻氏曰天之高也星辰之遠也

苟求其故千歲之日至可坐而致也夫術士知數而未達其理故失之淺先儒明理而復善其數故得之深數在六藝之中乃學者常事耳仲尼之徒通六藝者七十餘人未嘗不以數學爲儒者事數非律所禁也天運無端惟數可以測其機天道至元因數可以見其妙理由數顯數自理出理數可相倚而不可相違古之道也古者天子有日官諸侯有日御以和萬國以協三辰至於寒暑晦明之徵陰陽生殺之數啓閉升降之紀消息盈虛之節皆應躔次以合天道故能該浹生靈調和元氣以扶治化之本四方之政由斯而行凡爲國家者履端立極必體其元布政考績必因其歲禮動樂舉必正其朔三農百工必依其時五刑九伐必順其氣庶務百爲必從其期故五紀有常度庶徵有常應正朔行之於天下巍巍乎君道之最尊此天地之大紀帝王之重事是以聖人寶之故虞書曰天之曆數在爾躬此之謂也是故曆者有常之數也不可一日而差差之毫釐則亂天人之序乖百事之時誠有國家者之所重而宋歐陽修曰後世曆學一出於陰陽之家其事則重其學則末孔子之徒亦未嘗道夫修爲此說者蓋抑傷之云耳臣又考諸大戴禮曰聖人慎守日月之數以察星辰之行次序四時之順逆謂之曆截十二管以定八音之上下清濁謂之律律居陰而治陽曆居陽而治陰律曆迭相治也其間不容髮故先儒謂黃帝造律一事與伏羲畫卦大禹叙疇孔子作春秋同功蓋伏羲取諸河之龍圖大禹取諸雒之龜書黃帝取諸解谷鳴鳳孔子取諸西狩獲麟夫聖人爲萬物之靈而猶取諸四靈之物若蓋亦神道設教之意也今八卦載於易九疇載於書與春秋並傳惟樂律則不傳豈非缺典歟況王者制度軌則壹稟於律律爲萬事根本定四時興六樂悉由是出學者詎可廢而不講哉臣惟帝王之治天下以律曆爲先儒者之通天人至律曆而止曆以數始數自律生律曆既正寒暑以節歲功以成民事以序庶績以凝萬事根本由茲立焉古人自入小學知樂知數已曉其槩後世老師宿儒猶或弗習律曆而律曆之家未必知道各師其師岐而二之雖有巧思豈能究造化之統會以識天人之蘊奧哉三代而下治效之不古若亦此之由而世豈察及此是亦儒家所當討論之大者諉曰星翁樂師之責可乎然而或者疑焉以爲樂律之學原無所禁固在當學若乃天文之學律法禁之不宜編著成書以冒私習之禁意欲廢棄往古遺文使之絕傳而後已豈不殊爲可惜乎茲又不可不辨蓋聞天文之家其學有二曰推步者推其一定之氣朔乃理之常者也曰占驗者占其未來之休咎乃天之變者也天之變者不許術士妄談禍福惑世誣民律法之所禁者此耳而怪力亂神亦儒者之所恥言也若夫氣朔加時之早晏則國家頒曆於四海日月交食之秒刻則所司移文於天下此古聖人欽曆象授民時之意固皆理之常者何嘗不欲人知而律法所禁豈在是乎昔漢武帝詔公孫卿壺遂司馬遷射姓等造太初曆此數人皆國之太史也然姓等奏不能爲算願募民間治曆者更造密度迺選鄧平唐都落下閎等二十餘人分部運算依律起曆而曆始成若唐之戊寅大衍諸曆則又出於釋老之徒所造其藝比諸太史所習者益精焉宋紹興五年曆官言日食九分半虧在辰正常州布衣陳得一言當食八分半虧在巳初其言卒驗遂詔得一與道士裴伯壽等更造新曆賜名統元曆宋自太宗以來往往徵民間知曆者與之議曆故孝宗日朝士鮮知星曆者不必專領迺詔有通天文曆算者所在州軍以聞以此觀之可見曆數之學累代所不禁也設使當時民間果不敢私習則其學絕傳久矣安得今日復有曆法乎臣父及臣篤好數學弱冠之時讀性理大全見宋儒邵雍皇極經世書朱熹易學啓蒙蔡元定父子律呂新書洪範皇極內篇等而悅之口不絕誦手不停披研窮既久數學之旨頗得其要壯年以來復觀歷代諸史志中所謂曆者五十餘家考其異同辨其疎密志之所好樂而忘倦但以未覩皇朝大統曆於是猶未慊耳後讀丘祭酒所撰大學衍義補內載大統曆氣閏轉交四准分秒心竊喜曰大統曆經全文未見而其大略已得之矣然大統與授時二曆相較考古則氣差三日推今則時差九刻臣於此而疑焉以爲二者必有一是苟非測景驗氣孰眞孰誤何由得知而洪儀鉅表非外郡所有且冬夏二至大餘未差差在數刻之間而以口舌爭之實難憑信惟萬曆辛巳歲十一月冬至大統在丁丑日而授時在丙子乙酉歲冬至大統在戊戌授時在丁酉丙申歲夏至大統在癸巳授時在壬辰庚子歲夏至大統在甲寅授時在癸丑甲辰歲夏至大統在乙亥授時在甲戌庚戌歲冬至大統在己酉授時在戊申甲寅歲冬至大統在庚午授時在己巳戊午

歲冬至大統在辛卯授時在庚寅乙丑歲夏至大統在乙丑授時在甲子己巳歲夏至大統在丙戌授時在乙酉癸酉歲夏至大統在丁未授時在丙午丁丑歲夏至大統在戊辰授時在丁卯癸未歲冬至大統在壬寅授時在辛丑丁亥歲冬至大統在癸亥授時在壬戌辛卯歲冬至大統在甲申授時在癸未戊戌歲夏至大統在戊午授時在丁巳壬寅歲夏至大統在己卯授時在戊寅丙午歲夏至大統在庚子授時在己亥庚戌歲夏至大統在辛酉授時在庚申此皆相差一日而晷景最易辨假若授時曆差固不必較萬一大統曆差則干係甚重也相差九刻雖不爲多若在旦暮之間所差不過一辰若處夜半之際所差便隔一日夫節氣差天一日則置閏差天一月閏差一月則時差一季時差一季則歲差一年其所差者豈小小而已哉自萬曆九年已來七八十年之間所差如此過此已後其差可知夫冬夏二至乃曆法之綱領時刻微差已失其眞況差一日乎若恆氣既乖則置閏失當盈虛沒滅建除滿平之類吉凶宜忌一切皆錯不可謂全曆矣此非曆官之失正由曆經當改而未改也蓋曆者歲之積也歲者月之積也月者日之積也日者時之積也時者刻之積也刻者分之積也分者秒之積也凡有形之物銖銖稱之至石必差寸寸量之至引必錯況無形之數乎夫乾樞斡運無停七政轉動不齊而拘之以一定之法猶膠柱而調瑟是以既久則不能不差既差則不可不改蓋變法以從天隨時而推數故法有疎密數有繁簡雖條例稍殊而綱目一也臣又推得萬曆一百年歲次壬子十一月冬至大統在甲戌日丑正三刻授時在甲戌日子正初刻相差十餘刻萬曆一千年歲次壬子十一月冬至大統在壬子日辰正三刻授時在庚戌日戌初二刻相差兩日萬曆一萬年歲次壬子十一月冬至大統在授時之明年三月甲戌日戌正三刻授時在大統之去年八月己丑日亥初一刻相差一百餘日當此之時大統之冬至近授時之清明授時之冬至近大統之白露不獨相差一季又且相隔一年所差非不多也夫曆法苟得其理則千歲之日至猶今日耳千載之後有差安知今日未必無差假若差在授時則無足論萬一大統少差又豈可坐視其弊而不論哉或疑以爲授時減分太峻失之先天大統不減失之後天或曰授時近密大統爲疎或曰授時未必全是二曆强弱之間宜有所折衷然士大夫明曆理者必有辨其是非者矣非算術家所能知也夫曆數者總約于方冊而中乎億萬里之遼漠推測于一時而準乎千百世之前後密擬于近小之事物而深通乎幽元至大之理苟非鴻儒窮天人之蘊而得於神會精融之間者其孰能與於此哉臣忝末學雖好算術而實未臻其奧方之許衡王恂郭守敬輩相去遠矣然四海之廣兆民之衆若衡輩者未嘗無也皇上好此事則此輩出不好此事則此輩無由以自顯昔齊桓公時東野人有以九九見者桓公曰九九小數安用對曰不逆其小所以致大以今日言之愚臣之謂也皇上赦臣狂妄之罪而容之則衡恂守敬輩必相繼而至矣臣謹按別錄云洪武間監正元統造大統曆以洪武甲子歲爲曆元上考下推無消長之法時副監李德芳上疏駁之謂統甲子元曆不與經史相合宜用許衡辛巳元曆及消長之法方合天道上曰二統皆難憑只驗七政交會行度無差者爲是由是本監造曆用甲子元曆推算夫大統曆驗今交食雖密但考古之法未備德芬言之當矣臣嘗有志仰體太祖所謂二統難憑之意是故和會二家酌取中數立爲新率編撰成書以伸野人芹曝之獻以擬華封富壽之祝志雖如是而未敢勇爲者緣大統曆亦係制典舊章非臣下所敢擅議然葵藿之忱惓惓不已乃心與口相谷諏曰律曆乃吾儒事非讖緯曲學比先儒往往從事於斯考諸前代有春公修治者若司馬遷之太初曆許衡之授時曆是也有私撰進獻者若劉焯之皇極曆耶律楚材之庚午元曆是也公私雖異効忠則一我太祖高皇帝革命之時元曆未久氣朔未差故仍舊貫不必改作但討論潤色而已今則積年既久氣朔漸差似應修治後漢志所謂三百年斗曆改憲者宜在此時仰惟祖宗列聖御極以來未嘗以曆而爲年號至我皇上始以萬曆爲元而九年辛巳歲距至元辛巳正三百年適當斗曆改憲之期又協乾元用九之義而曆元應在是矣夫孝者善繼人之志善述人之事我太祖嘗有意考七政之運行定二統之是否而未遂也繼述之盛舉寧不有待于今日乎前代人君或有新曆告成則改年號以曆爲名以慶之以爲福壽之徵然此不過後天而奉天時者也聖上預以萬曆爲元此乃先天而天弗違固宜有曆以應之爲聖壽萬歲之嘉徵臣俟之久而未見焉此愚臣日夜之所惓惓也於是採

衆說之所長輯爲一書名曰律曆融通其學大旨出於許衡而與衡曆不同後漢志曰陰陽和則景至律氣應則灰除是故天子常以日冬夏至御前殿合八能之士陳八音聽樂均度晷景候鍾律權土灰放陰陽冬至陽氣應則樂均清景長極黃鍾通土灰輕而衡仰夏至陰氣應則樂均濁景短極蕤賓通土灰重而衡低進退於先後五日之中八能各以候狀聞太史封上效則和否則占晉志曰日冬至音比林鍾浸以濁日夏至音比黃鍾浸以淸十二律應二十四氣之變其爲音也一律而生五音十二律而爲六十音因而六之六六三十六故三百六十音以當一歲之日故律曆之數天地之道也夫黃鍾乃律曆之本原而舊曆罕言之新法則以步律呂爻象爲首此與舊曆不同一也堯時冬至日躔所在宿次劉宋何承天以歲差及中星考之應在須女十度左右唐一行大衍曆議曰劉炫推堯時日在虛危間則夏至火已過中虞劆推堯時日在斗牛間則冬至昴尚未中蓋堯時日在女虛間則春分昏張一度中秋分虛九度中冬至胃二度中昴距星直午正之東十二度夏至尾十一度中心後星直午正之西十二度四序進退不逾午正間舛漏使然也元人曆議亦云堯時冬至日在女虛之交而授時曆考之乃在牛宿二度是與虞劆同大統曆考之乃在危宿一度是與劉炫同相差二十六度皆不與堯典合新法上考堯元年甲辰歲夏至午中日在柳宿十二度左右冬至午中日在女宿十度左右心昴昏中各去午正不逾半次與承天一行二家之說合而與舊曆不同二也春秋左傳昭公二十年己丑日南至授時曆推之得戊子先左傳一日大統曆推之得壬辰後左傳三日新法推之與左傳合此與舊曆不同三也授時曆以至元十八年爲元大統曆以洪武十七年爲元新法則以萬曆九年爲元其餘各條不同者多詳見曆議新法比諸授時庶幾青生於藍而青於藍冰生於水而寒於水但臣未見大統曆經而與之較疎密耳然天道元遠非愚臣所盡知兄又未覩曆經不識儀表粗曉算術罔諳星象惟據史冊成說實乏師傳口授是以新法或有差誤宜令通此事者以訂正之庶或少裨盛典於萬一也乞將臣疏幷所獻曆書勅下該部會集大臣名儒從長計議其大統曆所未差者切不可便改儻有小差卽便更正以成一代之制宜新其名恭擬之曰聖壽萬年曆用符改憲之文以協天人之應此乃福慶嘉瑞之至大者尤不可忽也愚臣出位妄言極知僭越無所逃罪然而芹暴之誠犬馬之勁自不容已是故冒瀆天威伏乞聖明原情矜宥臣下情無任戰慄待罪恐懼之至爲此具本將臣昔年所撰律曆融通四卷音義一卷幷臣近年新撰聖壽萬年曆二卷萬年曆備考三卷共爲十冊裝潢成帙暨表文一通專差右長史關志拯隨本齎捧上進謹具奏聞伏候勅旨

進律曆融通疏

伏以正日協時聖帝重法天之治和聲同律明君隆經世之規職掌雖在于臣工指書實出于廊廟萬邦作式四海承休臣載堉誠惶誠恐稽首頓首竊惟甲曆作于太昊肇開物成務之原鍾律造于軒轅闡不息合同之化曰嘉量曰平衡曰審度非律不精曰履端曰舉正曰歸餘非曆不備八節之序既順而後得財成輔相之宜八風之氣已宣斯可臻位育中和之效蓋律呂爲萬事之根本而曆數乃五紀之綱維雖辨異以立名然交資以爲用迭相居而迭相理助顯仁藏用之功互相配而互相成贊富有日新之業泥諸形器若不過象數之粗究夫淵微實可貫天人之奧述唐虞世遠而推步之法始乖洎文武政衰而制作之意斯泯賢智者忽之以爲易庸愚者畏之以爲難調六律而協五音等爲末務序三辰而齊七政竝飾虛文分律曆爲兩途岐理數於二致惟新書起於元定得古人已試之規蓋時曆本於許衡誠太史不易之準臣雖末學志切先猷俯拾糟粕之遺仰探精神之蘊總旋宮六十調著意推求稽名曆五十家傾心考證時刻分秒期脗合于璣衡累積從圖務融通于權量雖昭代之洪儀鉅表尚未親覩其全而大統之氣盈朔虛亦已與聞其略取二統而較減分之法不無異同卽二至而求節氣之差遂有先後據今日而論秖爽一辰歷萬年而推殆差一季迭相窮究互有精粗假如密係授時誠宜擇善儻若疎由大統理合從長須察根源方顯得失苟非測景以驗曆憑何罷問以定時曆豈無因時懸有待茲蓋伏遇皇帝陛下天縱聰明日新問學朝乾夕惕敬天法祖勤民旰食宵衣議禮考文制度身聲同於夏禹何勞秬黍之求曆數在于唐堯豈待羲和之測第以曆雖名爲大統法實本諸授時惟我萬曆九年距彼至元十世誠乾象文明之會正斗曆改憲之期也愚臣忝列天潢

久陶聖化愧乏涓塵之報用攄芹曝之忱遠宗丘濬之貽編近竊何瑭之管見撰爲新率擬以嘉名謬成一書恭祝萬壽匍匐而學邯鄲之步捧心而效西施之顰井鼃奚敢以談天穰線何堪以補袞知無稗于調燮聊以效其忠勤伏願行夏之時則韶之舞乘六龍以御極正朔昭布于華裔合萬象以同春太和洋溢于宇宙九功惟敘九叙惟歌日之升月之恆綿鳳曆于有永金之聲玉之振熙鴻號于無疆臣干冒天威無任激切屏營之至謹奉表上進以聞

聖壽萬年曆上

步發斂第一

嘉靖甲寅歲爲曆元

臣謹按甲寅者卽所謂閼逢攝提格之歲也古人曆法多以此爲距算蓋甲寅於五行爲木於五常爲仁木爲五行之始仁爲五常之首是故重之斷取近距命爲元也

元紀四千五百六十

後漢志註引先儒宋氏曰紀卽元也四千五百六十者五行相代一終之大數也王者卽位或遇其統或不値其數故一之以四千五百六十爲甲寅之終也自堯元年甲辰歲推而上之六百五十年得此甲寅歲命爲紀也

期實千四百六十一

後漢志曰曆數之生也乃立儀表以校日景景長則日遠天度之端也日發其端周而爲歲然其景不復初四周千四百六十一日而景復初是則日行之終以周除日得三百六十五餘四分之一爲歲之日數也

歲差歲餘

後漢志註引杜預長曆曰天行不息日月星辰各運其舍皆動物也行度大量可得而限累日爲月新故相序不得不有毫毛之差此自然之理也理既不得一而算守恆數故曆無不有差失也始失于毫毛而尚未能覺積而成多以失弦望晦朔則不得不改憲以從之朱熹曰日躔漸退故歲餘漸縮今人只說天運有差天豈得差自是運行合當如此許衡曰古今曆法合於今必不能通於古密於古必不能驗於今故授時曆考往則增歲餘而損歲差推來則增歲差而損歲餘上推春秋已來冬至皆合下求方來可以永久無弊非止密於今日而已臣謹按曆家所謂歲差者有三曰日躔歲差曰五星歲差曰節氣歲差前代諸曆但有日躔差五星差其節氣差則自統天授時二家始焉新法因之而頗不同蓋授時每年差二秒統天差二秒有奇新法不及二秒而歲周氣策等率皆活法以其每年增損無定故不開列各隨歲差求而用之與彼二家頗不同也大統曆缺此法故詳論之

律應五十五日六十刻八十九分

律總甸周六十日

宿周二十八日

黃鍾　冬至益卦初九　小寒益卦六二
復卦　初九　六二　六三　六四　六五　上六
頤卦　初九　六二　六三　六四　六五　上九
屯卦　初九　六二　六三　六四　九五　上六
既濟　初九　六二　九三　六四　九五　上六
家人　初九　六二　九三　六四　九五　上九
大呂　大寒益卦六三　立春益卦六四
臨卦　初九　九二　六三　六四　六五　上六
明夷　初九　六二　九三　六四　六五　上六
賁卦　初九　六二　九三　六四　六五　上九
損卦　初九　九二　六三　六四　六五　上九
節卦　初九　九二　六三　六四　九五　上六
太蔟　雨水益卦九五　驚蟄益卦上九
泰卦　初九　九二　九三　六四　六五　上六
大畜　初九　九二　九三　六四　六五　上九
需卦　初九　九二　九三　六四　九五　上六
小畜　初九　九二　九三　六四　九五　上九
中孚　初九　九二　六三　六四　九五　上九
夾鍾　春分震卦初九　清明震卦六二
大壯　初九　九二　九三　九四　六五　上六
歸妹　初九　九二　六三　九四　六五　上六
豐卦　初九　六二　九三　九四　六五　上六
離卦　初九　六二　九三　九四　六五　上九
噬嗑　初九　六二　六三　九四　六五　上九
姑洗　穀雨震卦六三　立夏震卦九四
夬卦　初九　九二　九三　九四　九五　上六
大有　初九　九二　九三　九四　六五　上九
睽卦　初九　九二　六三　九四　六五　上九
兌卦　初九　九二　六三　九四　九五　上六
革卦　初九　六二　九三　九四　九五　上六
仲呂　小滿震卦六五　芒種震卦上六

乾卦 初九 九二 九三 九四 九五 上九
履卦 初九 九二 六三 九四 九五 上九
同人 初九 六二 九三 九四 九五 上九
无妄 初九 六二 六三 九四 九五 上九
隨卦 初九 六二 六三 九四 九五 上六
蕤賓 夏至恆卦初六 小暑恆卦九二
姤卦 初六 九二 九三 九四 九五 上九
大過 初六 九二 九三 九四 九五 上六
鼎卦 初六 九二 九三 九四 六五 上九
未濟 初六 九二 六三 九四 六五 上九
解卦 初六 九二 六三 九四 六五 上六
林鍾 大暑恆卦九三 立秋恆卦九四
遯卦 初六 六二 九三 九四 九五 上九
訟卦 初六 九二 六三 九四 九五 上九
困卦 初六 九二 六三 九四 九五 上六
咸卦 初六 六二 九三 九四 九五 上六
旅卦 初六 六二 九三 九四 六五 上九
夷則 處暑恆卦六五 白露恆卦上六
否卦 初六 六二 六三 九四 九五 上九
萃卦 初六 六二 六三 九四 九五 上六
晉卦 初六 六二 六三 九四 六五 上九
豫卦 初六 六二 六三 九四 六五 上六
小過 初六 六二 九三 九四 六五 上六
南呂 秋分巽卦初六 寒露巽卦九二
觀卦 初六 六二 六三 六四 九五 上九
漸卦 初六 六二 九三 六四 九五 上九
渙卦 初六 九二 六三 六四 九五 上九

坎卦 初六 九二 六三 六四 九五 上六
井卦 初六 九二 九三 六四 九五 上六
無射 霜降巽卦九三 立冬巽卦六四
剝卦 初六 六二 六三 六四 六五 上九
比卦 初六 六二 六三 六四 九五 上六
蹇卦 初六 六二 九三 六四 九五 上六
艮卦 初六 六二 九三 六四 六五 上九
蒙卦 初六 九二 六三 六四 六五 上九
應鍾 小雪巽卦九五 大雪巽卦上九
坤卦 初六 六二 六三 六四 六五 上六
謙卦 初六 六二 九三 六四 六五 上六
師卦 初六 九二 六三 六四 六五 上六
升卦 初六 九二 九三 六四 六五 上六
蠱卦 初六 九二 九三 六四 六五 上九
建寅 立春正月節 雨水正月中
東風解凍 蟄蟲始振 魚陟負冰
獺祭魚 候鴈北 草木萌動
建卯 驚蟄二月節 春分二月中
桃始華 倉庚鳴 鷹化為鳩
元鳥至 雷乃發聲 始電
建辰 清明三月節 穀雨三月中
桐始華 田鼠化為鴽 虹始見
萍始生 鳴鳩拂其羽 戴勝降于桑
建巳 立夏四月節 小滿四月中
螻蟈鳴 蚯蚓出 王瓜生
苦菜秀 靡草死 麥秋至
建午 芒種五月節 夏至五月中

螳螂生 鵙始鳴 反舌無聲
鹿角解 蜩始鳴 半夏生
建未 小暑六月節 大暑六月中
溫風至 蟋蟀居壁 鷹始摯
腐草為螢 土潤溽暑 大雨時行
建申 立秋七月節 處暑七月中
涼風至 白露降 寒蟬鳴
鷹乃祭鳥 天地始肅 禾乃登
建酉 白露八月節 秋分八月中
鴻鴈來 元鳥歸 羣鳥養羞
雷始收聲 蟄蟲坏戶 水始涸
建戌 寒露九月節 霜降九月中
鴻鴈來賓 雀入大水為蛤 菊有黃華
豺乃祭獸 草木黃落 蟄蟲咸俯
建亥 立冬十月節 小雪十月中
水始冰 地始凍 雉入大水為蜃
虹藏不見 天氣上騰地氣下降 閉塞而成冬
建子 大雪十一月節 冬至十一月中
鶡鴠不鳴 虎始交 荔挺出
蚯蚓結 麋角解 水泉動
建丑 小寒十二月節 大寒十二月中
鴈北鄉 鵲始巢 雉雊
雞乳 征鳥厲疾 水澤腹堅

求歲定積

置距元所距年積算為汎距來加往減元紀為定距以朞實乘之四約為積日不滿退除為刻是名汎積定距自相乘七之八而一所得滿百萬為日不滿為

刻及分秒（帶半秒已上者收作一秒）是名節氣歲差用減汎積餘爲定積

求律策

置所求定積與次年定積相減餘如十二而一得律策

求氣策

置所求律策二而一得氣策

求候策

置所求氣策三而一得候策

求爻策

置所求候策五而一得爻策

求十二律呂

置歲定積減去律應滿律總去之不盡得歲首黃鍾正律大小餘大餘命甲子筭外累加律策得次律大小餘滿律總去之

求六十四卦

置歲首黃鍾正律大小餘卽是復卦初九爻象累加爻策得次爻大小餘滿旬周去之命法如前

求二十四氣

併所求年律策氣策加黃鍾大小餘滿旬周去之卽立春正月節累加氣策得次氣大小餘滿旬周去之命如上

求七十二候

置立春大小餘卽東風解凍之候累加候策得次候大小餘滿旬周去之命如上

求五行用事

各以四立之節爲春木夏火秋金冬水始用事日爻策三之以減四季中氣各得其季土始用事日

求列宿當直

置歲定積併律策氣策以宿周折半加之律應減之滿宿周去之不盡卽所求立春日當直宿命起角宿筭外累加半律策滿宿周去之各得次氣日當直宿

求時刻

置日下小餘以十二乘之刻滿百爲時命子正筭外若滿五十刻亦進作一時命子初筭外餘如十二而一爲刻不滿爲初刻

步朔閏第二

寅月策五十九日六刻十一分八十六秒

卯月策八十八日五十九刻十七分七十九秒

辰月策百一十八日十二刻二十三分七十二秒

巳月策百四十七日六十五刻二十九分六十五秒

午月策百七十七日十八刻三十五分五十八秒

未月策二百六日七十一刻四十一分五十一秒

申月策二百三十六日二十四刻四十七分四十四秒

酉月策二百六十五日七十七刻五十三分三十七秒

戌月策二百九十五日三十刻五十九分三十秒

亥月策三百二十四日八十三刻六十五分二十三秒

子月策三百五十四日三十六刻七十一分十六秒

丑月策三百八十三日八十九刻七十七分九秒

朔策二十九日五十三刻五分九十三秒

望策十四日七十六刻五十二分九十六秒半

弦策七日三十八刻二十六分四十八秒少

閏應十九日三十六刻十九分

求閏餘

置歲定積減去閏應滿朔策去之不盡卽所求閏餘日及分秒

求汎閏

視閏餘在十八日已上者其年有閏置所求閏餘全分加九十刻六十三分卻與朔策相減視餘幾日爲閏幾月不滿日者有閏在年前子丑月又法左手亥位起十八日戌位十九酉位二十如是右旋視所至處亦得汎閏若至子丑位者閏在昨歲之冬

求朔積

置所求月策減去閏餘卽其月朔積若求閏月及閏後月者復加朔策方爲其月朔積

求經朔弦望

置所求月朔積加黃鍾大小餘滿旬周去之各得其月經朔加以望策卽得經望以弦策加經朔得上弦加經望得下弦

求盈虛

置十六日減去氣策餘爲沒限恆氣小餘在沒限已上爲有沒之氣以十五乘之用減氣策餘如氣策小餘而一爲日併恆氣大餘爲沒古曆謂之沒今曆謂之盈

置三十日減去朔策餘爲朔虛經朔小餘在朔虛已下爲有減之朔以三十乘之如朔虛而一爲日併經朔大餘爲滅古曆謂之滅今曆謂之虛

步日躔第三

日平行一度

歲周三百六十五度二十五分

歲中百八十二度六十二分半

象策九十一度三十一分二十五秒

半象策四十五度六十五分六十二秒半

辰策三十度四十三分七十五秒

半辰策十五度二十一分八十七秒半

赤道歲差一分五十秒

黃道歲差一分三十八秒

盈初縮末限八十八日九十一刻

縮初盈末限九十三日七十一刻

周應二百二十八度二十二分三十九秒

求經朔弦望入曆

置所求朔積即經朔入曆加以弦望策得弦望入曆冬至後爲盈夏至後爲縮滿歲中去之即盈縮相代（律曆六爲中曆）

求盈縮初末限

視入曆盈者在盈初縮末限已下縮者在縮初盈末限已下爲初限已上反減歲中餘爲末限

求盈縮差

盈初縮末者立差三十一忽平差二分四十六秒定差五百一十三分三十二秒縮初盈末者立差二十七忽平差二分二十一秒定差四百八十七分六秒各置立差以所求限大餘乘之加平差又乘之用減定差再乘之滿萬爲度不滿退除爲分秒命爲盈縮積與次限盈縮積相減餘爲盈縮分以乘入曆初末限下小餘萬約爲分加入其限盈縮積爲盈縮差

赤道宿度

漢太初所測　唐開元所測

角十二度

亢九度

氐十五度

房五度

心五度

尾十八度

箕十一度

東方七十五度

斗二十六度及分　二十六度

牛八度

女十二度

虛十度　十度少強

危十七度

室十六度

壁九度

北方九十八度及分　九十八度少

奎十六度

婁十二度

胃十四度

昴十一度

畢十六度　十七度

觜二度　一度

參九度　十度

西方八十度　八十一度

井三十三度

鬼四度　三度

柳十五度

星七度

張十八度

翼十八度

軫十七度

南方百一十二度　百一十一度

宋皇祐所測　元豐所測

角

亢

氐十六度

房　六度

心六度

尾十九度

箕十度　十一度

東方七十七度　七十九度

斗二十五度

牛七度

女十一度

虛　九度少強

危十六度

室十七度

壁

北方九十五度少　九十四度少

奎

婁

胃十五度

昴
畢十八度　十七度
觜
參
西方八十三度　八十二度
井三十四度
鬼二度
柳十四度
星
張　十七度
翼　十九度
軫
南方百一十度
宋崇寧所測　元至元所測
角　十二度十分
亢九度少　九度二十分
氐　十六度三十分
房五度太　五度六十分
心六度少　六度五十分
尾十九度少　十九度十分
箕十度半　十度四十分
東方　七十九度二十分
斗　二十五度二十分
牛七度少　七度二十分
女十一度少　十一度三十五分
虛　八度九十五分
危十五度半　十五度四十分

室　十七度十分
壁八度太　八度六十分
北方九十四度　九十三度八十分
奎十六度半　十六度六十分
婁　十一度八十分
胃　十五度六十分
昴十一度少　十一度三十分
畢十七度少　十七度四十分
觜半度　初度五分
參十度半　十一度十分
西方八十三度　八十二度八十五分
井三十三度少　三十三度三十分
鬼二度半　二度二十分
柳十三度太　十三度三十分
星六度太　六度三十分
張十七度少　十七度二十五分
翼十八度太　十八度七十五分
軫　十七度三十分
南方百九度少　百八度四十分

列宿相距度數歷代所測不同非徵有動移則前人所測或有未密漢唐宋用窺管止存大略元人始用二綫遂及分焉今曆因之用為常數校天為密若考往古仍依當時宿度命之其時無宿度者壹準前人宿度故並載之以備考古所須惟推密率日躔無論古今並依今曆有分赤道宿度為準

求冬至加時赤道日度

置歲定積命日為度餘為度下分秒減去周應滿曆率

赤道歲差折半加躔周為曆率

去之不盡即所求日躔赤道積度命起角宿初度算外滿今所測赤道宿度考古仍依當時宿度去之至不滿者即所求歲前冬至加時赤道日度及分秒

求四正加時赤道日度

置所求歲前冬至加時赤道日度及分秒以象策累加之滿赤道宿度去之各得四正定氣加時赤道日度及分秒

求四正後赤道宿積度

置四正赤道宿全度以四正赤道日度及分秒減之餘為距後度以赤道宿度累加之各得四正後赤道宿積度及分秒

黃赤道率

積度（至後黃道分後赤道）	初	一	二	三	四	五	六
度率	一	一	一	一	一	一	一
積度（至後赤道分後黃道）	初	一〇八六五	二一七二八	三二五八八	四三四四五	五四二九四	六五一三七
度率	一〇八六五	一〇八六三	一〇八六〇	一〇八五七	一〇八四九	一〇八四三	一〇八三三
積差（月離白道附載於此）	初	〇〇八二	〇三二八	〇七三九	一三一五	二〇五六	二九六三
差率	〇〇八二	〇二四六	〇四一一	〇五七六	〇七四一	〇九〇七	一〇七三

七	一	七 七五 〇九	一 二〇 三八	三四 六〇	四[illegible] 〇二
八	一	八 九六 二七	一 一〇 二八	七五 六[illegible]	[illegible] 八四
九	一	九 〇七 五六	一 [illegible] 一八	八六 四六	七[illegible] 六[illegible]
十	一	十〇 一八 六四	一 八〇 六七	六八 [illegible]	四[illegible] [illegible]
十一	一	十一 九九 [illegible]	一 七〇 一七	一 [illegible]〇 五〇	[illegible] 六九
十二	一	十二 六九 四九	一 五〇 五七	一 [illegible] 一九	八[illegible] 七[illegible]
十三	一	十四 [illegible]〇 九七	一 四〇 〇七	一 〇四 八〇	五[illegible] 八[illegible]
十四	一	十五 五[illegible] 九四	一 二〇 〇七	一 六六 六[illegible]	[illegible] [illegible]四
十五	一	十六 七[illegible] 九[illegible]	一 〇〇 四七	一 九八 六六	[illegible] 九六
十六	一	十七 八二 三八	一 八〇 四六	二 〇一 [illegible]三	[illegible] 九七
十七	一	十八 六三 七五	一 六〇 三六	二 八四 〇〇	[illegible] 五九
十八	一	十九 三四 〇二	一 四〇 二六	二 三七 五〇	二三 〇一
十九	一	二十〇 七四 二八	一 二〇 二六	三 六〇 五一	[illegible] 七[illegible]
二十	一	二十一 九五 四四	一 九〇 九五	三 七二 [illegible]四	八三 五四
二十一	一	二十二 九六 三〇	一 七〇 五五	三 五六 七九	六三 [illegible]六
二十二	一	二十三 六六 八六	一 五〇 四五	四 二〇 [illegible]六	四二 二八
二十三	一	二十四 二七 [illegible]	一 三〇 一五	四 六四 [illegible]四	[illegible]四 〇〇
二十四	一	二十五 五七 二七	一 [illegible] 六五	四 八八 [illegible]四	[illegible]四 [illegible]
二十五	一	二十六 五八 八二	一 八〇 二四	五 八二 [illegible]六	七四 九[illegible]
二十六	一	二十七 四八 [illegible]七	一 五〇 六四	五 六七 一[illegible]	九四 九五
二十七	一	二十八 九九 六一	一 三〇 二四	六 二一 〇六	三四 八七
二十八	一	二十九 二九 八六	一 〇〇 八四	六 五六 八三	一四 七九
二十九	一	三十一 三〇 六〇	一 八〇 二三	七 七[illegible] 五二	九五 五〇
三十	一	三十二 一〇 八四	一 五〇 九三	七 七六 [illegible]	七五 [illegible]
三十一	一	三十三 七〇 三七	一 三〇 二三	八 四[illegible] 二六	五五 [illegible]四
三十二	一	三十四 〇一 五一	一 〇〇 六一	八 九七 三〇	二五 六六
三十三	一	三十五 一一 一四	一 八〇 〇二	九 一二 九七	〇五 一八

三十四	一	三十六 九一 一六 五[illegible] 四[illegible]	九 [illegible]八 [illegible]五	七五 四九
三十五	一	三十七 四一 五九 [illegible] 九[illegible]	十 九四 四四	四六 五一
三十六	一	三十八 七[illegible] [illegible]四 [illegible] [illegible]	十一 [illegible] 九六	[illegible]六 四二
三十七	一	三十九 七三 七[illegible] 七[illegible] 七[illegible]	十一 五六 [illegible]九	八六 一四
三十八	一	四十 五[illegible] 四五 五[illegible] [illegible]	十二 [illegible]二 四四	四六 七六
三十九	一	四十一 〇二 六七 [illegible] 六[illegible]	十三 八[illegible] 一[illegible]	[illegible]六 八八
四十	一	四十二 三二 [illegible]八 〇[illegible] 二一	十三 八六 九八	六六 七九
四十一	一	四十三 三二 四九 七〇 五〇	十四 五三 六八	二七 四一
四十二	一	四十四 [illegible]三 九〇 四[illegible] 九[illegible]	十五 八[illegible] [illegible]九	七[illegible] 六二
四十三	一	四十五 五三 八[illegible] 二[illegible] 七[illegible]	十五 五八 [illegible]	[illegible]七 六四
四十四	一	四十六 八二 五[illegible] [illegible] [illegible]	十六 八五 [illegible]六	七[illegible] 一五
四十五	一	四十七 八三 五[illegible] 七九 四九	十七 五三 [illegible]	[illegible]七 二七
四十六	一	四十八 五三 九[illegible] 五九 一九	十八 六[illegible] 五九	五七 [illegible]八
四十七	一	四十九 [illegible] [illegible] 二九 五九	十八 [illegible]八 五八	八七 四九
四十八	一	五十 三二 五九 [illegible]九 一九	十九 九六 九七	[illegible]八 一[illegible]
四十九	一	五十一 三二 六八 七九 六八	二十 一四 一九	[illegible]八 七二
五十	一	五十二 [illegible] [illegible]七 五九 一八	二十一 四[illegible] 八[illegible]	五八 七[illegible]
五十一	一	五十三 六[illegible] [illegible]九 二九 七八	二十二 〇一 五五	七八 二四
五十二	一	五十四 九[illegible] 〇三 〇九 三八	二十二 七九 七九	八八 [illegible]五
五十三	一	五十五 九[illegible] [illegible] 八九 [illegible]七	二十三 六八 [illegible]五	八八 八八
五十四	一	五十六 七[illegible] [illegible]九 五九 五七	二十四 四七 [illegible]	八八 [illegible]
五十五	一	五十七 [illegible] 八七 [illegible]九 [illegible]七	二十五 [illegible] [illegible]八	[illegible]八 九七
五十六	一	五十八 五[illegible] 九四 [illegible]九 八七	二十六 [illegible]四 九七	[illegible]八 五八
五十七	一	五十九 六[illegible] 七[illegible] 八九 五六	二十七 九[illegible] 九八	[illegible] 七九
五十八	一	六十〇 五[illegible] [illegible]八 六九 [illegible]六	二十八 [illegible] [illegible]九	[illegible]九 [illegible]
五十九	一	六十一 [illegible] 三五 二九 九六	二十九 [illegible] 六[illegible]	四九 [illegible]四
六十	一	六十二 五〇 二一 一九 六六	三十〇 二一 八[illegible]	九七 四[illegible]

六十一	一	六十二 六九 八七 九九 四五	三十一 二〇 二六 六九 一三
六十二	一	六十三 六九 一三 七九 二五	三十一 八九 三九 二九 六四
六十三	一	六十四 二八 四九 五九 一五	三十二 〇九 九四 八九 五四
六十四	一	六十五 八八 五四 二九 九五	三十三 九八 四八 三九 八五
六十五	一	六十六 一八 四〇 〇九 九五	三十四 三八 二四 九九 〇五
六十六	一	六十七 二七 三五 八九 七四	三十五 二八 二〇 三九 八六
六十七	一	六十八 一七 [illegible] 七九 一四	三十六 六七 〇六 八九 一六
六十八	一	六十九 八六 〇四 五九 〇四	三十七 四七 一三 一九 九七
六十九	一	七十〇 三五 〇九 二九 七四	三十八 六七 〇〇 五九 六七
七十	一	七十一 五五 七三 一九 二四	三十九 一六 六八 八九 九七
七十一	一	七十二 六四 九七 九九 二三	四十〇 〇六 五六 一九 八八
七十二	一	七十三 六四 一一 八九 五三	四十一 二六 三四 四九 五八
七十三	一	七十四 四三 六五 五九 三三	四十二 六六 八二 六九 八八
七十四	一	七十五 九二 九八 四九 三三	四十三 三六 六一 九九 一八
七十五	一	七十六 四二 二二 二九 九三	四十四 二六 七〇 一九 〇九
七十六	一	七十七 七一 一五 一九 五三	四十五 三五 七九 二九 五九
七十七	一	七十八 八〇 六八 〇九 四三	四十六 六五 二八 四九 〇九
七十八	一	七十九 九〇 〇一 八九 六二	四十七 〇五 二八 五九 二九
七十九	一	七十九 七九 六四 七九 五二	四十八 五五 四七 六九 二九
八十	一	八十 五八 一七 六九 五二	四十九 一五 六七 七九 二九
八十一	一	八十一 一八 六〇 五九 五二	五十〇 八五 八六 七九 九九
八十二	一	八十二 七七 [illegible] 四九 四二	五十一 六五 七六 八九 四九
八十三	一	八十三 一六 五五 三九 八二	五十二 五五 一六 八九 九九
八十四	一	八十四 五五 三七 二九 八二	五十三 四五 〇六 九九 三九
八十五	一	八十五 八四 一九 二九 二二	五十四 三五 三六 九九 六九
八十六	一	八十六 〇四 三二 一九 五二	五十五 二五 九六 九九 七九
八十七	一	八十七 一三 八四 一九 二二	五十六 二五 六六 九九 九九

八十八	一	八十八	二六九二 三〇一二	五十七	五六 二五 一
八十九	一	八十九	一八九二 四〇〇四	五十八	五六 二五 一
九十	一	九十	一〇九一 四四〇四	五十九	九六 九 一
九十一	一	九十一	〇二九二 四八〇四	六十	五六 二五 一
九十一 三一 二五	空	九十一	二一 二五 空	六十	八七 五二

推變黃道宿度

置四正後赤道宿積度及分秒以其赤道積度減之餘以黃道率乘之如赤道率而一所得以加黃道積度爲二十八宿黃道積度以前宿黃道積度減之爲其宿黃道度及分其秒就近爲分

黃道宿度

推今見用起萬曆二十二年甲午凡七十二年

角十二度七十四分

亢九度四十五分

氐十六度二十一分

房五度四十二分

心六度二十分

尾十七度八十一分

箕九度五十八分

東方七十七度四十一分

斗二十三度六十三分

牛六度九十八分

女十一度二十五分

虛九度十分

危十六度十二分

室十八度四十四分

壁九度三十二分

北方九十四度八十六分

奎十七度七十四分

婁十二度二十三分

胃十五度六十二分

昴十度九十五分

畢十六度二十五分

觜初度五分

參十度二十四分

西方八十三度十九分

井三十一度十三分

鬼二度十三分

柳十三度十五分

星六度三十八分

張十八度

翼二十度二十二分

軫十八度六十八分

南方百九度七十九分

預推未來起萬曆九十四年丙午凡七十二年

角十二度七十一分

亢九度四十二分

氐十六度十七分

房五度四十一分

心六度十九分

尾十七度七十八分

箕九度五十八分

東方七十七度二十六分

斗二十三度六十八分

牛六度九十九分

女十一度二十八分

虛九度十二分

危十六度十七分

室十八度四十七分

壁九度三十三分

北方九十五度四分

奎十七度七十分

婁十二度二十分

胃十五度五十八分

昴十度九十二分

畢十六度三十二分

觜初度五分

參十度二十三分

西方八十三度

井三十一度二十八分

鬼二度十四分

柳十三度十九分

星六度四十分

張十八度四分

翼二十度二十五分

軫十八度六十五分

南方百九度九十五分

唐志云日躔宿度如郵傳之過宿度既差黃道隨而變矣元志云黃道宿度據歲差每移一度依術推變嘉靖初樂護掌監事上言曆經即歲差以推變黃道六十七年該推變一次本監失於推變護又嘗語人云往年在監未奉更正甚爲遺憾護行文集可考也萬曆甲午歲差所推黃道危十六度十三分昴十度九十五分元授時曆危十五度九十五分昴十一度八分近年七政四餘躔度危止於十五度昴尚有十一度仍同舊曆蓋未嘗推變護言信矣按赤道六十七年差一度黃道七十二年差一度護所謂六十七年該推變者誤也當云七十二年推變可也今推萬曆甲午已來七十二年是爲見用復推未來七十二年備考云耳

求冬至加時黃道日度

置所求歲前冬至加時赤道日度及分秒以其赤道積度減之餘以黃道率乘之如赤道率而一所得以加黃道積度即所求歲前冬至加時黃道日度及分秒

求四正加時黃道日度

置所求歲定積與次年歲定積相減餘命日爲度及分秒以赤道歲差折半加之以黃道歲差減之名定率四約之爲四正定象度置所求歲前冬至加時黃道日度及分秒以四正定象度累加之滿黃道宿度去之各得四正定氣加時黃道日度及分秒

求四正晨前夜半黃道日度

冬夏二至盈縮之端以恆爲定春秋二分置恆氣日及分秒以盈縮差命度爲日盈減縮加之即四正定氣日及分秒置日平行度萬通之以盈縮分盈初縮末加之縮初盈末減之爲其日行定度置四正小餘以其日行定度乘之如平行度而一所得以減四正加時黃道日度各得四正晨前夜半黃道日度及分秒

求每日晨前夜半黃道日度

以四正定氣日距後正定氣日爲相距日以四正晨前夜半日度距後正晨前夜半日度爲相距度累計相距日之行定度與相距度相減餘如相距日而一爲日差相距度多爲加相距度少爲減加減四正每日行度率爲每日行定度累加四正晨前夜半日度滿黃道宿度去之爲每日晨前夜半黃道日度及分秒

求每日子午二正黃道日度

置所求月經朔入曆以經朔小餘減之餘爲經朔晨前子正入曆累加一日爲每日晨前子正入曆又以五十刻加之爲午正入曆命日爲度各視其限求盈縮差盈加縮減之爲所求黃道定積度以歲前冬至加時黃道日度加而命之滿黃道宿度去之即每日子午黃道日度及分秒

或以其日行定度折半加晨前夜半黃道定積度亦得午中黃道定積度

求每日子午二正赤道日度

視黃道定積度在象策已下爲至後已上去之爲分後再去之爲至後復去之爲分後內減黃道積度以赤道率乘之如黃道率而一所得以加赤道積度及所去象策以歲前冬至加時赤道日度加而命之滿赤道宿度去之即每日子午赤道日度及分秒

赤道十二次宿度

娵訾之次初起危十二度二十六分八十七秒半
降婁之次初起奎一度六十分六十二秒半
大梁之次初起胃三度六十四分三十七秒半
實沈之次初起畢七度十八分十二秒半
鶉首之次初起井九度六分八十七秒半
鶉火之次初起柳四度空分六十二秒半
鶉尾之次初起張十四度八十四分三十七秒半
壽星之次初起軫九度二十八分十二秒半
大火之次初起氐一度十一分八十七秒半
析木之次初起尾三度十五分六十二秒半
星紀之次初起斗四度九分三十七秒半
元枵之次初起女二度十三分十二秒半

黃道十二次宿度

娵訾之次初起危十二度八十分
降婁之次初起奎一度七十四分
大梁之次初起胃三度七十分
實沈之次初起畢六度八十一分
鶉首之次初起井八度三十六分
鶉火之次初起柳三度九十二分
鶉尾之次初起張十五度四十四分
壽星之次初起軫十度六分
大火之次初起氐一度十三分
析木之次初起尾二度九十八分
星紀之次初起斗三度七十八分
元枵之次初起女二度九分已上見用

娵訾之次初起危十二度八十四分

降婁之次初起奎一度七十三分

大梁之次初起胃三度六十九分

實沈之次初起畢六度八十分

鶉首之次初起井八度三十七分

鶉火之次初起柳三度九十三分

鶉尾之次初起張十五度四十八分

壽星之次初起軫十度六分

大火之次初起氐一度十三分

析木之次初起尾二度九十七分

星紀之次初起斗三度七十八分

元枵之次初起女二度九分已上朱來

赤道有常黃道無定凡推辰次當以赤道爲準隨日度歲差推變黃道右據萬曆甲午年歲差所推已後臨時推變

推變十二次宿度

置赤道入次宿度及分秒以前宿赤道距後積度加之滿象策去之爲四正後赤道入次積度以其赤道積度減之餘以黃道率乘之如赤道率而一所得以加黃道積度爲四正後黃道入次積度以前宿黃道距後積度減之如不及減加象策以減之餘即所求黃道入赤道十二次宿度及分秒

求入十二次時刻

各置黃道入次宿度及分秒以其日晨前夜半黃道日度及分秒減之餘以日半行度乘之爲實以其日行定度爲法實如法而一所得依時刻法求之即入次時刻

步晷漏第四

京師北極出地四十度太

冬至中晷恆數丈五尺九寸六分

夏至中晷恆數一尺三寸四分

冬至晝夏至夜三十八刻

夏至晝冬至夜六十二刻已上見元志

岳臺北極出地三十五度

冬至中晷恆數丈二尺八寸三分

夏至中晷恆數尺五寸七分

冬至晝夏至夜四十刻

夏至晝冬至夜六十刻已上見宋志

黃道出入赤道內外度及半晝夜分

積度	內外度	內外差	冬晝夏夜	夏晝冬夜	晝夜差
初	二十三九〇三〇	〇〇三三	十九刻〇七九六	三十刻九二〇四	〇〇〇九
一	二十三八九九七	〇〇九九	十九〇八〇五	三十〇九一九五	〇〇二九
二	二十三八八九八	〇一六六	十九〇八三四	三十〇九一六六	〇〇四七
三	二十三八七三二	〇二三一	十九〇八八一	三十〇九一一九	〇〇六六
四	二十三八五〇一	〇二九九	十九〇九四七	三十〇九〇五三	〇〇八五
五	二十三八二〇二	〇三六五	十九一〇三二	三十〇八九六八	〇一〇四
六	二十三七八三七	〇四三二	十九一一三六	三十〇八八六四	〇一二二
七	二十三七四〇五	〇四九八	十九一二五八	三十〇八七四二	〇一四一
八	二十三六九〇七	〇五六五	十九一四〇〇	三十〇八六〇〇	〇一六一
九	二十三六三四二	〇六三六	十九一五六一	三十〇八四三九	〇一七九
十	二十三五七〇六	〇七〇二	十九一七四〇	三十〇八二六〇	〇一九九
十一	二十三五〇〇四	〇七六九	十九一九三九	三十〇八〇六一	〇二一八
十二	二十三四二三五	〇八三九	十九二一五七	三十〇七八四三	〇二三七
十三	二十三三三九六	〇九〇八	十九二三九四	三十〇七六〇六	〇二五六
十四	二十三二四八八	〇九七五	十九二六五〇	三十〇七三五〇	〇二七四
十五	二十三一五一三	一〇四七	十九二九二四	三十〇七〇七六	〇二九四
十六	二十三〇四六六	一一一四	十九三二一八	三十〇六七八二	〇三一四
十七	二十二九三五二	一一八五	十九三五三二	三十〇六四六八	〇三三〇
十八	二十二八一六七	一二五四	十九三八六二	三十〇六一三八	〇三五一
十九	二十二六九一三	一三二五	十九四二一三	三十〇五七八七	〇三六九
二十	二十二五五八八	一三九五	十九四五八二	三十〇五四一八	〇三八八
二十一	二十二四一九三	一四六六	十九四九七〇	三十〇五〇三〇	〇四〇七
二十二	二十二二七二七	一五三七	十九五三七七	三十〇四六二三	〇四二六
二十三	二十二一一九〇	一六〇六	十九五八〇三	三十〇四一九七	〇四四三
二十四	二十一九五八四	一六七八	十九六二四六	三十〇三七五四	〇四六二
二十五	二十一七九〇六	一七四七	十九六七〇八	三十〇三二九二	〇四八〇
二十六	二十一六一五九	一八二〇	十九七一八八	三十〇二八一二	〇四九八
二十七	二十一四三三九	一八九〇	十九七六八六	三十〇二三一四	〇五一六
二十八	二十一二四四九	一九六〇	十九八二〇二	三十〇一七九八	〇五三五
二十九	二十一〇四八九	二〇二七	十九八七三七	三十〇一二六三	〇五四九
三十	二十〇八四六二	二〇九九	十九九二八六	三十〇〇七一四	〇五六七
三十一	二十〇六三六三	二一六八	十九九八五三	三十〇〇一四七	〇五八五
三十二	二十〇四一九五	二二三五	二十〇〇四三八	二十九九五六二	〇六〇一
三十三	二十〇一九六〇	二三〇三	二十〇一〇三九	二十九八九六一	〇六一六

三十四	十九 九六五七	二三七一	二十〇 一六五五	二十九 八三〇六四五三三
三十五	十九 七二八六	二四三七	二十〇 二二八八	二十九 七七〇六一二四八
三十六	十九 四八四九	二五〇三	二十〇 二九二六	二十九 七〇〇六六四六三
三十七	十九 二三四六	二五六六	二十〇 三五九九	二十九 六四〇六[illegible]七八
三十八	十八 九七八〇	二六三一	二十〇 四二七七	二十九 五七〇六二[illegible]九二
三十九	十八 七一四九	二六九三	二十〇 四九六九	二十九 五〇〇七三一〇五
四十	十八 四四五六	二七五二	二十〇 五六七四	二十九 四三〇七二六一九
四十一	十八 一七〇四	二八一二	二十〇 六三九三	二十九 三六〇七〇七三二
四十二	十七 八八九二	二八七四	二十〇 七一二五	二十九 二八〇七七五四四
四十三	十七 六〇一八	二九二九	二十〇 七八六九	二十九 二一〇七三一五六
四十四	十七 三〇八九	二九八四	二十〇 八六二五	二十九 一三〇七七五六八
四十五	十七 〇一〇五	三〇三八	二十〇 九三九三	二十九 〇六〇七〇七七八
四十六	十六 七〇六七	三〇九〇	二十一 〇一七一	二十八 九八〇七二九八九
四十七	十六 三九七七	三一四一	二十一 〇九六〇	二十八 九〇〇七四〇九八
四十八	十六 〇八三六	三一九一	二十一 一七五八	二十八 八二〇八四二〇八
四十九	十五 七六四五	三二三六	二十一 二五六六	二十八 七四〇八三四一七
五十	十五 四四〇九	三二八五	二十一 三三八三	二十八 六六〇八一七二六
五十一	十五 一一二四	三三二六	二十一 四二〇九	二十八 五七〇八九一三二
五十二	十四 七七九八	三三六四	二十一 五〇四一	二十八 四九〇八五九四[illegible]
五十三	十四 四四三四	三四〇七	二十一 五八八一	二十八 四一〇八一九四六
五十四	十四 一〇二七	三四四五	二十一 六七二七	二十八 三二〇八七三五四
五十五	十三 七五八二	三四八一	二十一 七五八一	二十八 二四〇八[illegible]九五九
五十六	十三 四一〇一	三五一五	二十一 八四四〇	二十八 一五〇八六〇六四
五十七	十三 〇五八六	三五四七	二十一 九三〇四	二十八 〇六〇八九六六九
五十八	十二 七〇三九	三五七八	二十二 〇一七三	二十七 九八〇八二七七五
五十九	十二 三四六一	三六〇七	二十二 一〇四八	二十七 八九〇八五二七八
六十	十一 九八五四	三六三三	二十二 一九二六	二十七 八〇〇八七四八一
六十一	十一 六二二一	三六五九	二十二 二八〇七	二十七 七一〇八九二八四
六十二	十一 二五六二	三六八二	二十二 三六九一	二十七 六二〇八〇九八九
六十三	十〇 八八七九	三七〇五	二十二 四五八〇	二十七 五四〇八[illegible]〇八〇
六十四	十〇 五一七四	三七二四	二十二 五四七〇	二十七 四五〇八二〇九二
六十五	十〇 一四五〇	三七四四	二十二 六三六二	二十七 三六〇八三八九四
六十六	九 七七〇六	三七六一	二十二 七二五六	二十七 二七〇八四四九七
六十七	九 三九四五	三七七六	二十二 八一五三	二十七 一八〇八四七九七
六十八	九 〇一六九	三七九一	二十二 九〇五〇	二十七 〇九〇八五〇九八
六十九	八 六三七八	三八〇七	二十二 九九四八	二十七 〇〇〇九五二〇〇
七十	八 二五七一	三八一七	二十三 〇八四八	二十六 九一〇九五二〇〇
七十一	七 八七五四	三八二八	二十三 一七四八	二十六 八二〇九五二〇一
七十二	七 四九二六	三八三八	二十三 二六四九	二十六 七三〇九五一〇一
七十三	七 一〇八八	三八四七	二十三 三五五〇	二十六 六四〇九五〇〇一
七十四	六 七二四一	三八五四	二十三 四四五一	二十六 五五〇九四九〇一
七十五	六 三三八七	三八六二	二十三 五三五二	二十六 四六〇九四八〇一
七十六	五 九五二五	三八六七	二十三 六二五三	二十六 三七〇九四七〇一
七十七	五 五六五八	三八七三	二十三 七一五四	二十六 二八〇九四六〇〇
七十八	五 一七八五	三八七七	二十三 八〇五四	二十六 一九〇九四六〇〇
七十九	四 七九〇八	三八八一	二十三 八九五四	二十六 一〇〇九四六〇〇
八十	四 四〇二七	三八八五	二十三 九八五四	二十六 〇一〇九四六〇〇
八十一	四 〇一四二	三八八八	二十四 〇七五四	二十五 九二〇九四六〇〇
八十二	三 六二五四	三八八九	二十四 一六五四	二十五 八三〇八四六九七
八十三	三 二三六五	三八九〇	二十四 二五五一	二十五 七四〇八四九九七
八十四	二 八四七五	三八九二	二十四 三四四八	二十五 六五〇八五二九七
八十五	二 四五八三	三八九三	二十四 四三四五	二十五 五六〇八五五九七
八十六	二 〇六九〇	三八九四	二十四 五二四二	二十五 四七〇八五八九六
八十七	一 六七九六	三八九四	二十四 六一三八	二十五 三八〇八六二九六
八十八	一 二九〇二	三八九五	二十四 七〇三四	二十五 二九〇八六六九六
八十九	九〇〇七	三八九五	二十四 七九三〇	二十五 二〇〇八七〇九六
九十	五一一二	三八九五	二十四 八八二六	二十五 一一〇八七四九五
九十一	一二一七	三八九五	二十四 九七二一	二十五 〇二〇八七九九五
九十一 三一二五	空	空	二十五	二十五 空

京師譬如北辰四方拱之晝夜漏刻宜爲曆準至如岳臺乃前代測景之處謂之地中故畧載之以見隨處晷漏不同

求每日子正午正日躔黃道去極度

置所求日晨前夜半黃道積度滿躔中去之在象策已下爲初限已上反減躔中餘爲末限滿積度去之餘以其段內外差乘之百約爲分用減內外度爲出入赤道內外度內減外加象策即所求日躔黃道子正去極度及分秒求午正去極度放此

求每日午正隨處日去地度

置所求日午正日躔黃道去極度及分併其處北極出地度及分用減躔中餘即其處日去地度爲弧半背

若弧半背在象策已上反減躔中餘爲弧半背則知景在表南

約量矢數與限二十九度五分五十秒相減餘以六十一分七十七秒乘之百約爲加減差矢在限已上加已下減加減百八十七度九十分爲定差以矢與五十八度十一分相減餘以定差乘之滿百度約爲分不滿退除爲秒併入九度爲法復以矢與百一十六度二十二分相減相乘及矢自乘相併爲實開方

所得進一位以法除之爲弧半背卽其處日去地度及分秒如不同更增損矢數算之以同爲矢定數

求每日隨處中晷汎數

置五十八度十一分減去所求矢定數餘用八因爲實復以矢與百一十六度二十二分相減相乘平方開之爲法除實命度爲尺卽其日其處中晷汎數

求每日隨處中晷定數

各於其處立八尺表每日實測午晷眞數而與算術所求晷數相減餘名爲地形差所測晷數多則爲加少則爲減加減所算晷數卽其日其處中晷定數

求二至加時眞數

取二至前後晷數近似者相減餘以百刻乘之爲實取其次日晷數相減餘爲法實如法而一爲刻求冬至視其前晷多則爲減差少則爲加差夏至反之總計距日刻數以差加減折半加五十刻爲前距定日以其日算外命之卽二至加時眞數

求每日半晝夜及日出入晨昏分

置所求初末限滿積度去之餘以其段晝夜差乘之百約爲分前多後少爲減前少後多爲加加減其段半晝夜分爲所求半晝夜分以半夜分便爲日出分用減百刻餘爲日入分於日出分減二刻半餘爲晨分於日入分加二刻半則爲昏分

求晝夜刻及日出入時刻

置所求半夜分倍之百約爲夜刻用減百刻餘爲晝刻以日出入分依時刻法求之卽得所求時刻

求更點所在時刻

置其日晨分倍之五約爲更率又五約爲點率各以其率乘所求更點數用加其日昏分內減更點率滿百刻去之不滿依時刻法求之卽得所求時刻

求昏後夜半中星

置躔中度及分以其次日晨前夜半赤道日度及分秒加而命之卽所求日昏後夜半中星積度及分秒

求逐日昏曉中星

置其次日晨分以躔周加一度乘之萬約爲度昏減曉加所求日昏後夜半中星積度卽昏曉中星積度及分秒

求逐更逐點中星

置昏後曉中星積度（不及則加躔周）以曉前昏中星積度減之餘二十五而一所得爲點差置昏中星積度命爲一更一點以點差累加之滿赤道宿度去之卽逐更逐點中星宿度及分秒

求九服所在漏刻

各於所在以儀測驗或下水漏以定其處冬至或夏至夜刻與五十刻相減餘爲至差刻以所求日黃道出入赤道內外度及分秒乘之二十三度九十分除之所得內減外加五十刻卽所求夜刻以減百刻餘爲晝刻

其九服所在逐段晝夜差半晝夜分及日出入晨昏分更點中星等率並準隨處晷漏修短依術推之（以上聖壽萬年曆係原本卷之一）

曆法典第四十三卷

曆法總部彙考四十三

明三

鄭世子朱載堉曆學新說二

聖壽萬年曆下

步月離第五

月平行十三度三十六分八十七秒半

離周三百二十六限十六分六十秒

離中百六十八限八分三十秒

離象八十四限四分十五秒

轉周二十七日五十五刻四十六分

轉中十三日七十七刻七十三分

轉象六日八十八刻八十六分半

轉差一日九十七刻六十分

轉應七日五十刻二十四分

疾遲度率及積度

入轉日	初末限	疾遲度	轉度率	轉積度
初	初	疾初	十四六七六四	初
一	十二	一三〇七七	十四五五七四	十四六七六四
二	二十四四十	二四九六三	十四四〇二九	二十九二三三八
三	三十六六十	三五三〇五	十四二一三一	四十三六三六七
四	四十八八十	四三七四八	十三九八七七	五十七八四九八
五	六十一	四九九三八	十三七二七一	七十一八三七五
六	七十三二十	五三五二一	十三四四四七	八十五五六四六
七	末八十二六十	五四二八一	十三二三五五	九十九〇〇九三
八	七十四十	五二九四八	十二九四七四	百一十二二四四八
九	五十八二十	四八七三五	十二六九四九	百二十五一九二二
十	四十六	四一九九六	十二四七七七	百三十七八八七一
十一	三十三八十	三三〇八六	十二二九六一	百五十〇三六四八
十二	二十一六十	二二三五九	十二一四九六	百六十二六六〇九
十三	九四十	一〇一六八	十二〇四二二	百七十四八一〇五
十四	初二八十	遲初二〇八八	十二〇八五二	百八十六八五二七
十五	十五	一五九二三	十二二一二五	百九十八九二八九
十六	二十七二十	二七四八六	十二三七五〇	二百一十一一五一四
十七	三十九四十	三七四二三	十二五七三一	二百二十三五二六四
十八	五十一六十	四五三八〇	十二八〇六三	二百三十六〇九九五
十九	六十三八十	五一〇〇四	十三〇七五四	二百四十八九〇五八
二十	七十六	五三九三八	十三三二七七	二百六十一九八一二
二十一	末七十九八十	五四二四八	十三五七一三	二百七十五三一八九
二十二	六十七六十	五二二二三	十三八五一一	二百八十八八九〇二
二十三	五十五四十	四七三九九	十四〇九五六	三百〇二七四一三
二十四	四十三二十	四〇一三一	十四三〇四六	三百一十六八三六九
二十五	三十一	三〇七七二	十四四七八三	三百三十一一四一五
二十六	十八八十	一九六七七	十四六一六三	三百四十五六一九八
二十七	六六十	〇七二〇一	十四七〇六四	三百六十〇二三六一

求經朔弦望入轉

置歲定積減去轉應滿轉周去之不盡卽所求入轉大小餘各加其月朔積及弦望策滿轉周去之爲所求經朔弦望入轉大小餘若徑求次朔入轉以轉差加之

求疾遲初末限

置入轉大小餘以十二限二十分乘之在離中已下爲疾已上減去離中爲遲在離象已下爲初已上反減離中爲末又法視入轉大小餘在轉中已下爲疾已上減去轉中爲遲在轉象已下爲初已上反減轉中爲末以十二限二十分乘之爲疾遲初末限

求疾遲差

置立差三秒二十五忽以所求限大餘乘之加平差二分八十一秒又以限乘之用減定差千一百一十一分餘再以限乘之滿萬爲度不滿退除爲分秒如是求次限積度相減餘爲疾遲分以乘所得初末限下小餘萬約爲分加入其限積度爲疾遲差

求疾遲限下行度

置平行度及分秒以轉象乘之八十四除之所得爲一限平行度不滿退除爲分秒以其限疾遲分疾初遲末益遲初疾末損損益一限平行度爲所入疾遲限下行度

求加減差

置所求盈縮疾遲差各以八百二十乘之如所入疾遲限下行度而一爲分不滿退除爲秒盈遲名爲加差縮疾名爲減差

求定朔弦望

置經朔弦望大小餘各以其加減差加減之滿或不足進退大餘卽定朔弦望視前後定朔兩干同者前月大盡不同者前月小盡無中氣者爲閏月若定弦望小餘在日出分已下者退一日

求定朔弦望加時及每日夜半晨昏入轉

置經朔弦望入轉大小餘以定朔弦望加減差加減之爲定朔弦望加時入轉以定朔弦望小餘減之爲定朔弦望晨前夜半入轉累加一日爲每日晨前夜半入轉各以其日晨分加之爲晨入轉昏分加之爲昏入轉滿轉周去之

求定朔弦望加時黃道日度

置經朔弦望入盈縮大小餘以加減差加減之爲定朔弦望入曆在盈便爲積日在縮加歲中爲積日命日爲度以盈縮差盈加縮減之爲加時日行定積度以歲首冬至加時黃道日度加而命之各得定朔弦望加時黃道日度及分秒

求定朔弦望加時黃道月度

凡定朔加時日月同度以日行定積度卽月行定積度弦望則各置其加時日行定積度以象策上弦一加望再加下弦三加之爲加時月行定積度如前加而命之滿躔周及黃道宿度去之不盡各得定朔弦望加時黃道月度及分秒

求定朔弦望夜半晨昏黃道月度

置所求入轉日轉度率與次日轉度率相減餘以所求入轉小餘乘之萬約爲分前多後少減前少後多加加減轉度率爲轉定度以乘定朔弦望小餘萬約爲分用減加時定積度餘爲晨前夜半定積度以轉定度乘其日晨昏分萬約爲分各加夜半定積度爲晨昏定積度加命如前各得夜半晨昏黃道月度及分秒

求每日夜半晨昏黃道月度

累計相距日數轉度率爲轉積度與定朔弦望夜半相距度相減餘如相距日數而一爲日差距度多爲加距度少爲減加減每日轉度率爲行定度以累加定朔弦望夜半定積度爲每日夜半定積度累加定朔弦望晨昏定積度爲每日晨昏定積度加命如前卽每日夜半晨昏黃道月度及分秒

註曆自朔至望皆用昏度旣望已後則用晨度

求每日夜半晨昏赤道月度

視所求夜半晨昏黃道月行定積度在象策已下爲至後滿象策去之爲分後猶多再去之爲至後復多仍去之爲分後以其黃道積度減之餘以赤道率乘之如黃道率而一所得以加赤道積度及所去象策各爲赤道定積度以歲首冬至加時赤道日度加而命之滿赤道宿度去之卽每日夜半晨昏赤道月度及分秒

步交道第六

正交三百六十三度七十九分三十四秒

中交百八十一度八十九分六十七秒

距交十四度六十六分六十六秒

交周二十七日二十一刻二十二分二十四秒

交中十三日六十刻六十一分十二秒

交差二日三十一刻八十三分六十九秒

交應二十日四十七刻三十四分

求經朔弦望入交

置歲定積減去交應滿交周去之不盡卽所求入交大小餘各加其月朔積及弦望策滿交周去之爲所求經朔弦望入交大小餘若徑求次朔入交以交差加之

求定朔弦望加時及每日夜半入交

置經朔弦望入交大小餘以定朔弦望加減差加減之爲定朔弦望加時入交以定朔弦望小餘減之爲定朔弦望晨前夜半入交累加一日爲每日晨前夜半入交滿交周去之

求朔後平交入轉及加減差

置經朔入交與交周相減餘爲朔後平交大小餘以加經朔入轉爲朔後平交入轉在轉中已下爲疾已上去之爲遲依月離篇求疾遲之加減差命爲正交日加減差

求正交日辰

置朔後平交與經朔相併以正交日加減差遲加疾減之爲正交大小餘滿旬周去之命甲子算外卽正

交日辰及加時小餘

求正交加時黃道月度

置朔後平交大小餘以月平行度及分秒乘之爲距後度以所求月朔積命日爲度併之爲歲前冬至距正交定積度以冬至加時黃道日度加而命之滿躔周及黃道宿度去之不盡爲正交加時黃道月度及分秒

求正交在二至後初末限

置冬至距正交定積度及分秒在躔中已下爲冬至後已上去之爲夏至後在象策已下爲初限已上反減躔中餘爲末限

求汎差距差定限度

置初末限度以距交乘之如象策而一爲汎差反減距交餘爲距差以二十四乘汎差如距交而一所得交在冬至後減夏至後加皆加減九十八度爲定限度及分秒

求月離赤道正交宿度

冬至後初限加末限減視春正夏至後初限減末限加視秋正以距差加減春秋二正赤道宿度爲月離赤道正交宿度及分秒

求正交後赤道宿積度入初末限

各置春秋二正赤道所當宿全度及分以月離赤道正交宿度及分秒減之餘爲正交後積度以赤道宿度累加之滿象策去之爲半交後再去之爲中交後又去之爲半交後視各交積度在半象已下爲初限已上反減象策餘爲末限

求每交月離白道積度及宿次

置定限度與初末限相減相乘退位爲分爲定差正交中交後爲加半交後爲減以差加減正交後赤道積度爲月離白道定積度以前宿白道定積度減之各得月離白道宿次及分

求定朔弦望加時月離白道宿度

各以月離赤道正交宿度距所求定朔弦望加時月離赤道宿度爲正交後積度滿象策去之爲半交後再去之爲中交後又去之爲半交後視交後積度在半象已下爲初限已上用減象策爲末限以初末限與定限度相減相乘退位爲分分滿百爲度爲定差正交中交後爲加半交後爲減以差加減月離赤道正交後積度爲定積度以正交宿度加之以其所當月離白道宿度去之各得定朔弦望加時月離白道宿度及分秒

求每日月臨午位黃道宿度

置月離赤道定積度及中星所臨宿積度上弦前後視昏度望前後視夜半度下弦前後視晨度月在中星已下爲前已上爲後以月星積度相減

不及則加躔周而後減之

餘以其日轉定度乘之如躔周而一所得前減後加其日夜半晨昏月離黃道定積度以歲首冬至加時黃道日度加而命之滿黃道宿度去之即月臨午位黃道宿度及分秒

求每日月臨午位赤道宿度

置月臨午位黃道積度及分秒依前篇求赤道積度以歲首冬至加時赤道日度加而命之滿赤道宿度去之即月臨午位赤道宿度及分秒

求每日月臨午位時刻更點

置月臨午位赤道積度及分秒以其日晨前夜半中星積度及分秒減之

不及則加躔周而後減之

餘以百乘之如躔周而一爲刻不滿退除爲分秒下弦已後上弦已前月中在晝依時刻法求之上弦已後下弦已前月中在夜依更點法求之

求每日月離赤道交後初末限

置月離赤道正交後積度以赤道宿度及分累加之至所求月臨午位赤道宿度及分秒在躔中已下爲正交後已上去之爲中交後在象策已下爲初限已上反減躔中餘爲末限

求月離半交白道出入赤道內外度

置各交汎差度及分秒以二十五乘之六十一除之所得視月離黃道正交在冬至後宿度爲減夏至後宿度爲加皆加減二十三度九十分爲月離赤道後半交白道出入赤道內外度折半以辰策除之爲定差

求月離出入赤道內外白道去極度

置每日月離赤道交後初末限度及分秒用減象策餘爲白道積用其積度減之餘以其差率乘之百約之以加其下積差爲每日積差

月離白道積差差率舊附日躔篇黃赤道率下

倍辰策以積差減之餘以定差乘之爲每日月離出入赤道內外度內減外加象策爲每日月離白道去極度及分秒

求隨處月去地度及表景汎數定數

置所求日月臨午位白道去極度及分併其處北極出地度及分用減躔中餘卽其處月去地度爲弧半背

術與日同見晷漏篇

步交食第七

日食交外限六度定法六十一

日食交內限八度定法八十一

月食限十三度五分定法八十七

求交食凡例

凡日食必在朔月食必在望餘日雖交不食視朔望汎交大小餘近交周上下與交周相減餘爲距正交分近交中上下與交中相減餘爲距中交分倍之不滿交差爲入食限定朔加時在夜定望加時在晝若無帶食則不必推出入帶食則須推之

凡定望加時在日出後而月食初虧於日出前者則退一日只以昨夜言望注曆時宜預推當退望而不退是爲錯誤

求日食時差及距午分

視定朔小餘在五十刻已下用減五十刻餘爲中前分已上減去五十刻餘爲中後分以中前後分與五十刻相減相乘如九十六而一爲刻不滿退除爲分秒中前名減中後名加命爲時差以併中前或中後分爲距午分

求食甚入盈縮定度

日食置定朔加時黃道日行定積度以時差加減之爲食甚入盈縮定度月食不用時差直以定望加時黃道日行定積度便爲食甚入盈縮定度滿躔中去之

求日食南北差

視食甚入盈縮定度在象策已下爲初限已上用減躔中餘爲末限以初末限自相乘千八百七十除之爲度不滿退除爲分秒用減四度四十六分餘爲南北汎差距午分乘之半晝分除之所得用減汎差（不及減反減之）爲南北定差在縮初盈末正交加中交減在盈初縮末正交減中交加

係反減者應加卻減之應減卻加之

求日食東西差

置食甚入盈縮定度與躔中相減相乘千八百七十除之爲度不滿退除爲分秒爲東西汎差距午分乘之二十五刻除之爲東西定差

若在汎差已上則倍汎差相減餘爲定差在縮中前盈中後正交加中交減在盈中前縮中後正交減中交加

雖係倍減者加減只如常

求交限度

日食置正交中交度及分秒以六度十五分爲損益差正交損之中交益之以南北東西定差加減之爲交限度月食則不須損益加減直以正交中交度及分秒爲交限度

求交定度

置朔望汎交大小餘以月平行度乘之以盈縮差盈加縮減之爲交定度若在十五度半已下併入正交度及分秒爲交定度

求食差

視交定度在正交限已下中交限已上爲交內在正交限已上中交限已下爲交外各與限度相減餘爲食差

求所食分秒

各置食限以其食差減之餘如定法而一爲所食分秒不及減者不食食分少者日光赫盛或不見食

求定限行度

置定朔望加時入轉大小餘依月離求所入疾遲限下行度減去八百二十分餘爲定限行度

求定用分

日食置二十分月食置三十分與所食分秒相減相乘平方開之所得日以七因月以六因各進二位皆以八百二十乘之如定限行度而一爲定用分

求三限時刻

日食置定朔小餘以時差加減之爲食甚分月食不用時差但以定望全分爲食甚分各以定用分減食甚爲初虧加食甚爲復圓依時刻法求之卽三限時刻

求五限時刻

月食十分已上者減去十分餘爲既內復與十分相減相乘如定用分求之爲既內分以減食甚分爲食既以加食甚分爲生光餘同前法共所求三限爲五限

求月食更點

置其日晨分倍之五約爲更法又五約爲點法乃置五限諸分昏分已上減昏分晨分已下加晨分以更法加入如法而一爲更數不滿以點法加入如法而

爲點數

求帶食帶復

視其日日出入分在初虧分已上食甚分已下爲帶食在食甚分已上復圓分已下爲帶復各與日出入分相減餘名前後差在日出入分已下爲前已上爲後各以所食分秒乘之如定用分而一爲日出入前後食復分日食日出已後日入已前爲見日入已後爲不見月食日出已前日入已後爲見日出已後日入已前爲不見此與舊法不同詳見古今交食考舊曆無論出入前後日月一例求之是屬錯誤

求起復方所

日食起於西復於東食分少者交外偏南交內偏北月食起於東復於西食分少者交外偏北交內偏南皆指北極所在爲北日月所在爲南不必辨午地論舊曆日月食八分已上即言正東正西今惟月食十分已上者始言之

求食甚宿度

置食甚入盈縮定度

日食在盈無所加在縮加躔中月食在盈加躔中在縮無所加

爲黃道定積置冬至距後赤道積度在定積已下者滿象策去之餘依黃道術求之用減定積滿象策去之即食甚躔離黃道宿度及分秒

步五緯第九

合應

土星二百六十二日三千二十六分

木星三百一十日千八百三十七分

火星三百四十三日五千一百七十六分

金星二百三日八千三百四十七分

水星九十一日七千六百二十八分

周率

土星三百七十八日九百一十六分

木星三百九十八日八千八百分

火星七百七十九日九千二百九十分

金星五百八十三日九千二十六分

水星百一十五日八千七百六十分

曆應

土星八千六百四日五千三百三十八分

木星四千一十八日六千七十三分

火星三百一十四日四十九分

金星六十日千九百七十五分

水星二百五十三日七千四百九十七分

度率

土星二十九日四千二百五十五分

木星十一日八千五百八十二分

火星一日八千八百七分半

金星一日

水星一日

伏見

土星十八度

木星十三度

火星十九度

金星十度半

水星夕伏晨見十九度晨伏夕見十六度半

諸段積日積度

段目	段日	平度
土合伏	二十日四十	二度四十
晨疾	三十一日	三度四十
晨次疾	二十九日	二度七十五
晨遲	二十六日	一度五十
晨留	三十日	
晨退	五十二日六十四五十八	三度六十二五十四半
夕退	五十二日六十四五十八	三度六十二五十四半
夕留	三十日	
夕遲	二十六日	一度五十
夕次疾	二十九日	二度七十五
夕疾	三十一日	三度四十
夕伏	二十日四十	二度四十
木合伏	十六日八十六	三度八十六
晨疾初	二十八日	六度十一
晨疾末	二十八日	五度五十一
晨遲初	二十八日	四度三十一
晨遲末	二十八日	一度九十一
晨留	二十四日	
晨退	四十六日五十八	四度八十八十二半
夕退	四十六日五十八	四度八十八十二半
夕留	二十四日	
夕遲初	二十八日	一度九十一
夕遲末	二十八日	四度三十一
夕疾初	二十八日	五度五十一
夕疾末	二十八日	六度十一

夕伏	十六日八十六	三度八十六
火合伏	六十九日	五十度
晨疾初	五十九日	四十一度八十
晨疾末	五十七日	三十九度〇八
晨次疾初	五十三日	三十四度十六
晨次疾末	四十七日	二十七度〇四
晨遲初	三十九日	十七度七十二
晨遲末	二十九日	六度二十
晨留	八日	
晨退	二十八日九十六四十五	八度六十五六十七半
夕退	二十八日九十六四十五	八度六十五六十七半
夕留	八日	
夕遲初	二十九日	六度二十
夕遲末	三十九日	十七度七十二
夕次疾初	四十七日	二十七度〇四
夕次疾末	五十三日	三十四度十六
夕疾初	五十七日	三十九度〇八
夕疾末	五十九日	四十一度八十
夕伏	六十九日	五十度
金合伏	三十九日	四十九度五十
夕疾初	五十二日	六十五度五十
夕疾末	四十九日	六十一度
夕次疾初	四十二日	五十度二十五
夕次疾末	三十九日	四十二度五十
夕遲初	三十三日	二十七度
夕遲末	十六日	四度二十五
夕留	五日	

夕退	十日九十五十三	三度六十九八十七
夕退伏	六日	四度三十五
合退伏	六日	四度三十五
晨退	十日九十五十三	三度六十九八十七
晨留	五日	
晨遲初	十六日	四度二十五
晨遲末	三十三日	二十七度
晨次疾初	三十九日	四十二度五十
晨次疾末	四十二日	五十度二十五
晨疾初	四十九日	六十一度
晨疾末	五十二日	六十五度五十
晨伏	三十九日	四十九度五十
水合伏	十七日七十五	三十四度二十五
夕疾	十五日	二十一度三十八
夕遲	十二日	十度十二
夕留	二日	
夕退伏	十一日十八八十	七度八十一二十
合退伏	十一日十八八十	七度八十一二十
晨留	二日	
晨遲	十二日	十度十二
晨疾	十五日	二十一度三十八
晨伏	十七日七十五	三十四度二十五
段目	限度	初行率
土合伏	一度四十九	十二分
晨疾	二度十一	十一分
晨次疾	一度七十一	十分
晨遲	初八十三	八分

晨留		
晨退	初二十八四十五半	
夕退	初二十八四十五半	十分
夕留		
夕遲	初八十三	
夕次疾	一度七十一	八分
夕疾	二度十一	十分
夕伏	一度四十九	十一分
木合伏	二度九十三	二十三分
晨疾初	四度六十四	二十二分
晨疾末	四度十九	二十一分
晨遲初	三度二十八	十八分
晨遲末	一度四十五	十二分
晨留		
晨退	空三十二八十七半	
夕退	空三十二八十七半	十六分
夕留		
夕遲初	一度四十五	
夕遲末	三度二十八	十二分
夕疾初	四度十九	十八分
夕疾末	四度六十四	二十一分
夕伏	二度九十三	二十二分
火合伏	四十六度五十	七十三分
晨疾初	三十八度八十七	七十二分
晨疾末	三十六度三十四	七十分
晨次疾初	三十一度七十七	六十七分
晨次疾末	二十五度十五	六十二分

晨遲初	十六度四十八	五十三分
晨遲末	五度七十七	三十八分
晨留		
晨退	六度四十六三十二半	
夕退	六度四十六三十二半	四十四分
夕留		
夕遲初	五度七十七	
夕遲末	十六度四十八	三十八分
夕次疾初	二十五度十五	五十三分
夕次疾末	三十一度七十七	六十二分
夕疾初	三十六度三十四	六十七分
夕疾末	三十八度八十七	七十分
夕伏	四十六度五十	七十二分
金合伏	四十七度六十四	一度二十七分半
夕疾初	六十三度〇四	一度二十六分半
夕疾末	五十八度七十一	一度二十五分半
夕次疾初	四十八度三十六	一度二十三分半
夕次疾末	四十度九十	一度十六分
夕遲初	二十五度九十九	一度二分
夕遲末	四度〇九	六十二分
夕留		
夕退	一度五十九十三	
夕退伏	一度六十三	六十一分
合退伏	一度六十三	八十二分
晨退	一度五十九十三	六十一分
晨留		
晨遲初	四度〇九	

晨遲末	二十五度九十九	六十二分
晨次疾初	四十度九十	一度二分
晨次疾末	四十八度三十六	一度十六分
晨疾初	五十八度七十一	一度二十三分半
晨疾末	六十三度〇四	一度二十五分半
晨伏	四十七度六十四	一度二十六分半
水合伏	二十九度〇八	二度十五分五十八
夕疾	十八度十六	一度七十分三十四
夕遲	八度五十九	一度十四分七十二
夕留		
夕退伏	二度十分八十	
合退伏	二度十分八十	一度三分四十六
晨留		
晨遲	八度五十九	
晨疾	十八度十六	一度十四分七十二
晨伏	二十九度〇八	一度七十分三十四

求五星平合日

置歲定積各加其星合應滿其周率去之不盡反減周率餘卽所求歲首冬至後平合日及分秒

求諸段積日積度

副置平合日及分秒累加段日卽諸段積日命日爲度累加平度退則減之卽諸段積度及分秒

求諸段入曆

置歲定積各以其星曆應併所求平合日及分秒加之如其度率而一爲度不滿退除爲分秒滿日躔曆率去之不盡爲所求平合入曆度累加限度各得其段入曆度及分秒

求盈縮初末限

置各段入曆度及分秒若在躔中已下爲盈已上減去躔中爲縮其土木金水四星諸段在象策已下爲初限已上用減躔中餘爲末限其火星諸段盈者在二因辰策已下縮者在四因辰策已下爲初限已上用減躔中餘爲末限

求盈縮差

土星盈者立差二秒八十三忽加平差四分十秒二十二忽減定差千五百一十四分六十一秒縮者立差三秒三十一忽加平差一分五十一秒二十六忽減定差千一百一分七十五秒

木星盈縮立差二秒三十六忽加平差二分五十九秒十二忽減定差千八十九分七十秒

金星盈縮立差一秒四十一忽加平差三忽減定差三百五十一分五十五秒

水星盈縮立差一秒四十一忽加平差二十一秒六十五忽減定差三百八十七分七十秒

火星盈初縮末立差十一秒三十五忽減平差八十三分十一秒八十九忽減定差八千八百四十七分八十四秒縮初盈末立差八秒五十一忽減平差三分二秒三十五忽減定差二千九百九十七分六十三秒

新改縮初盈末立差一秒二十四忽減平差二十分二十秒減定差四千三百九十二分

各置立差以所求初末限度及分秒乘之加減平差再乘之用減定差又乘之滿萬爲度不滿退除爲分秒爲盈縮差

又法置所求初末限下小餘以其限盈縮分乘之萬約爲分加入其限積度亦爲盈縮差

求諸段定積日及日辰

各置其段積日以其盈縮差盈加縮減之卽其段定積日及分秒以歲首黃鍾正律大小餘加之滿旬周去之其大餘命甲子筭外卽得日辰及加時小餘

求諸段所在月日

各置其段定積日及分秒加閏餘減朔策餘如朔策而一爲月數不盡爲入經朔已來日數其月數命正月若在朔策已下不及減者爲入年前十一月已上去之爲入十二月俱以日辰所在爲定凡閏餘在十六日已上則其年有閏依求汎閏術定之

求諸段加時定積度

各置其段積度以其盈縮差盈加縮減之（金星再之水星三之）卽諸段加時定積度以歲首冬至加時黃道日度加而命之卽其星其段加時所在宿度及分秒

求諸段初日晨前夜半所在宿度

各以其段初行率乘其段加時小餘百約爲分順減退加其日加時定積度卽其段初日晨前夜半定積度加命如前卽得所在宿度及分秒

求諸段日率度率及平行分

各以其段日辰與後段日辰相距數爲日率以其段夜半積度與後段夜半積度相減餘爲度率各置度率及分秒以其日率除之卽其段平行分

求諸段增減差及日差

以本段前後平行分相減爲其段汎差倍而退位爲增減差前多後少者加爲初減爲末前少後多者減爲初加爲末以加減其段平行分爲初末日行分又倍增減差爲總差以日率減一除之爲日差

求前後伏遲退段增減差

前伏者置後段初日行分加其日差之半爲末日行分後伏者置前段末日行分加其日差之半爲初日行分以減伏段平行分餘爲增減差

前遲者置前段末日行分倍其日差減之爲初日行分後遲者置後段初日行分倍其日差減之爲末日行分以前後近留之遲段平行分減之餘爲增減差

土木火三星退行者六因平行分退一位爲增減差

金星前後退伏者三因平行分半而退位爲增減差

前退者置後段初日行分以其日差減之爲末日行分後退者置前段末日行分以其日差減之爲初日行分以本段平行分減之餘爲增減差

水星退行者半平行分爲增減差

皆以增減差加減平行分爲初末日行分前多後少者加爲初減爲末前少後多者減爲初加爲末又倍增減差爲總差以日率減一除之爲日差

求每日晨前夜半星行宿度

各置其段初日行分以日差累損益之後少則損之後多則益之爲每日行度及分秒乃置其段初日晨前夜半定積度順加退減滿宿度去之卽每日晨前夜半星行宿度及分秒

求平合見伏入太陽盈縮曆

置其星其段定積日及分秒在歲中已下爲盈已上去之爲縮多則再去之復爲盈各在初限已下爲初限已上反減歲中餘爲末限卽其星平合見伏入曆日及分秒

求平合見伏星與太陽行差

各以其星其段初日星行分與其段初日太陽行分相減餘爲行差若金水二星退行在退合者以其段初日星行分并其段初日太陽行分爲行差其水星夕伏晨見者直以其段初日太陽行分爲行差

求定合定見定伏汎積日

土木火三星各以平合晨見夕伏定積日便爲定合伏見汎積日及分秒

金星置其段盈縮差水星倍置之各以其段行差除之爲日不滿退除爲分秒在平合夕見晨伏者盈減縮加在退合夕伏晨見者盈加縮減各加減定積日爲定合伏見汎積日及分秒

求定合定積日定積度

土木火三星各以平合行差除其段初日太陽盈縮積爲距合差日不滿退除爲分秒以太陽盈縮積減之爲距合差度副置其星定合汎積以距合差日盈度盈減縮加之爲其星定合定積日定積度及分秒

此與下條言盈縮者皆指太陽非謂本星

金水二星順合退合者各以平合退合行差除其日太陽盈縮積爲距合差日不滿退除爲分秒順加退減太陽盈縮積爲距合差度順合者以距合差日差度盈加縮減其星定合汎積爲其星定合定積日定積度及分秒退合者以距合差日盈減縮加以距合差度盈加縮減加減其星退定合汎積爲其星退定合定積日定積度及分秒加命如前各得所求日辰及宿度分秒

徑求合伏定日者土木火三星以夜半黃道日度減其星夜半黃道度餘在其日太陽行分已下者金水二星以其星夜半黃道度減夜半黃道日度餘在其日本星行分已下者各爲其日合伏係合退伏者視其日夜半黃道日度未行到本星度及視次日太陽行過本星度而本星退行過太陽宿度者爲其日合退伏

求定見定伏定積日

土木火三星各置定見定伏汎積日及分秒以歲中折半晨加夕減之在歲中已下自相乘已上倍歲中反減之餘亦自相乘七十五而一爲分不滿退除爲秒以其星見伏度乘之十五除之所得滿行差而一爲日不滿退除爲分秒見加伏減汎積爲其星定見定伏定積日及分秒加命如前卽得定見定伏日辰金水二星各以伏見日行差除其段初日太陽盈縮積爲日不滿退除爲分秒夕見晨伏盈加縮減晨見夕伏盈減縮加加減其星定見定伏汎積日及分秒爲常積若在歲中已下爲冬至後已上去之爲夏至後在歲中折半已下自相乘已上反減歲中餘亦自相乘冬至後晨夏至後夕十八而一爲分冬至後夕夏至後晨七十五而一爲分以其星見伏度乘之十五除之所得滿行差而一爲日不滿退除爲分秒晨見夕伏冬至後加夏至後減夕見晨伏冬至後減夏至後加皆加減常積爲其星定見定伏定積日及分秒加命如前卽得定見定伏日辰以上聖壽萬年曆係原本卷之二

曆法典第四十四卷

曆法總部彙考四十四

明四

鄭世子朱載堉曆學新說三

萬年曆備考上

諸曆冬至考

治曆者以其新法與古人課疎密於千百世之上下則往往新法能上合於古舊法不能下合於今布算考之愈前愈疎最後最密非前人拙後人工也蓋前賢草創之初無所踵襲其法出於自心之精神其用力之勤百倍於後人後人因前賢已有之法耽翫既久開發益明積習考驗轉爲精密用力少而成功多感前賢之德補其所未盡則可也以爲莫已若則誣也歷代諸曆可考者五十家今列其名目并所造之人所距之年各以其術推當時及近歲之冬至復將新率上考與相參校則疎密異同從可知已

太初曆漢武帝時鄧平等造

三統曆漢平帝時劉歆重造

二曆並以太初元年丁丑歲爲距至萬曆二十二年甲午歲千六百九十七年以其法推太初元年天正冬至得甲子及推萬曆二十二年天正冬至得癸巳後天十四日唐一行以麟德開元二曆上考太初元年天正冬至當在辛酉謂太初所測非是今以新法上考亦得辛酉與大衍所說同

唐志大衍曆議曰太初元年三統曆及周曆皆以十一月夜半合朔冬至日月俱起牽牛一度古曆與近代密率相較二百年氣差一日三百年朔差一日推而上之久益先天引而下之久益後天太初元年周曆以甲子夜半合朔冬至麟德曆以辛酉禺中冬至十二月癸亥晡時合朔氣差三十二辰朔差四辰此疎密之大較也僖公五年周曆漢曆唐曆皆以辛亥南至後五百五十餘歲至太初元年周曆漢曆皆得甲子夜半冬至唐曆皆以辛酉則漢曆後天三日矣祖沖之張胄元促上章歲至太初元年沖之以癸亥雞鳴冬至而胄元以癸亥日出欲令合于甲子而適與魯曆相會自此推僖公五年魯曆以庚戌冬至而二家皆以甲寅且僖公登觀臺以望而書雲物出於表晷天驗非時史億度乖丘明正時之意以就劉歆之失今考麟德元年冬至唐曆皆以甲子而周曆漢曆皆以庚午然則自太初下至麟德差四日自太初上及僖公差三日不足疑也

四分曆漢章帝時編訢等造靈帝時重修

距熹平三年甲寅歲至萬曆二十二年甲午歲千四百二十年以其法推熹平三年天正冬至得丁丑及推萬曆二十二年天正冬至得壬辰後天十三日劉宋祖沖之以大明曆上考熹平三年天正冬至當在乙亥謂四分曆所推非是唐一行以大衍曆上考得甲戌今以新法上考亦得甲戌與大衍同

宋志祖沖之議曰後漢書說四分曆法雖分章設蔀遡自元和而晷儀衆數定於熹平三年四分曆立冬中景長一丈立春中景九尺六寸尋冬至南極日晷最長二氣去至日數既同則中景應等而前長後短頓差四寸此曆景冬至後天之驗也二氣中景日差九分半弱進退均調略無盈縮以率計之二氣各退二日十二刻則晷景之數立冬更短立春更長並差二寸二氣中景俱長九尺八寸矣即立冬立春之正日也以此推之曆置冬至後天亦二日十二刻也熹平三年時曆丁丑冬至加時正在日中以二日十二刻減之天定以乙亥冬至加時在夜半後三十八刻尋古曆法並同四分四分之數久則後天經三百年朔差一日是以漢載四百食率在晦魏代已來遂革斯法世莫之非者誠有效於天也

乾象曆漢獻帝時劉洪造

距建安十一年丙戌歲至萬曆二十二年甲午歲千三百八十八年以其法推建安十一年天正冬至得乙丑及推萬曆二十二年天正冬至得丙戌後天七日以大衍曆上考建安十一年天正冬至得壬戌新法考之與大衍同

景初曆魏明帝時楊偉造

距景初元年丁巳歲至萬曆二十二年甲午歲千三百五十七年以其法推景初元年天正冬至得丁未

及推萬曆二十二年天正冬至得丁亥後天八日以大衍曆上考景初元年天正冬至得甲辰新法考之與大衍同

泰始曆西晉武帝時劉智造

距泰始十年甲午歲至萬曆二十二年甲午歲千三百二十年以其法推泰始十年天正冬至得辛酉及推萬曆二十二年天正冬至得丁亥後天八日以大衍曆上考泰始十年天正冬至得戊午新法考之與大衍同

三紀曆東晉孝武帝時姜岌造

距太元九年甲申歲至萬曆二十二年甲午歲千二百一十年以其法推太元九年天正冬至得戊戌及推萬曆二十二年天正冬至得丁亥後天八日以大衍曆上考太元九年天正冬至得乙未新法考之與大衍同

按自前漢太初巳後至於劉宋元嘉巳前諸曆所置冬至率皆後天三日蓋由踵三統之訛承四分之謬不過爲合以驗天非順天以求合故也一行所謂有效於古宜合於今此乃前人定論今以諸曆下推近歲冬至差多者至十三四日少亦不下七八日其當時亦未必與天合可知也自何承天造元嘉曆測驗之後迄於授時則轉爲精密矣是故新法上考多與之合間有不合者其說放此云

元嘉曆前宋文帝時何承天造

距元嘉二十年癸未歲至萬曆二十二年甲午歲千一百五十一年以其法推元嘉二十年天正冬至得乙巳及推萬曆二十二年天正冬至得甲申後天五日以新法上考元嘉二十年天正冬至得乙巳與元嘉曆合

大明曆前宋孝武帝時祖沖之造

距大明七年癸卯歲至萬曆二十二年甲午歲千一百三十一年以其法推大明七年天正冬至得庚寅及推萬曆二十二年天正冬至得庚辰後天一日以新法上考大明七年天正冬至得庚寅與大明曆合

正光曆後魏孝明帝時李業興等造

距正光三年壬寅歲至萬曆二十二年甲午歲千七十二年以其法推正光三年天正冬至得己亥及推萬曆二十二年天正冬至得庚辰後天一日以新法上考正光三年天正冬至得己亥與正光曆合

興和曆後魏孝靜帝時李業興等重造

距興和二年庚申歲至萬曆二十二年甲午歲千五十四年以其法推興和二年天正冬至得甲戌及推萬曆二十二年天正冬至得辛巳後天二日以大衍曆上考興和二年天正冬至得癸酉新法與大衍同

天保曆北齊文宣帝時宋景業造

距天保元年庚午歲至萬曆二十二年甲午歲千四十四年以其法推天保元年天正冬至得丁卯及推萬曆二十二年天正冬至得壬午後天三日以大衍曆上考天保元年天正冬至得丙寅新法與大衍同

天和曆周武帝時甄鸞造

距天和元年丙戌歲至萬曆二十二年甲午歲千二十八年以其法推天和元年天正冬至得己丑及推萬曆二十二年天正冬至得庚辰後天一日以大衍曆上考天和元年天正冬至得庚寅新法與大衍同

大象曆周靜帝時馬顯等造

距大象元年己亥歲至萬曆二十二年甲午歲千一十五年以其法推大象元年天正冬至得戊戌及推萬曆二十二年天正冬至得庚辰後天一日以新法上考大象元年天正冬至得戊戌與大象曆合

開皇曆隋文帝時張賓等造

距開皇四年甲辰歲至萬曆二十二年甲午歲千一十年以其法推開皇四年天正冬至得甲子及推萬曆二十二年天正冬至得庚辰後天一日以新法上考開皇四年天正冬至得甲子與開皇曆合

皇極曆隋文帝時劉焯造

距仁壽四年甲子歲至萬曆二十二年甲午歲九百九十年以其法推仁壽四年天正冬至得己酉及推萬曆二十二年天正冬至得辛巳後天二日以新法上考仁壽四年天正冬至得己酉與皇極曆合

大業曆隋文帝時張胄玄造煬帝時重定

距大業四年戊辰歲至萬曆二十二年甲午歲九百八十六年以其法推大業四年天正冬至得辛未及推萬曆二十二年天正冬至得庚辰後天一日以大衍曆上考大業四年天正冬至得庚午新法與大衍同

戊寅曆唐高祖時傅仁均造

距武德九年丙戌歲至萬曆二十二年甲午歲九百六十八年以其法推武德九年天正冬至得乙巳及推萬曆二十二年天正冬至得壬午後天三日以大衍曆上考武德九年天正冬至得甲辰新法與大衍同

麟德曆唐高宗時李淳風造
距麟德元年甲子歲至萬曆二十二年甲午歲九百三十年以其法推麟德元年天正冬至得甲子及推萬曆二十二年天正冬至得辛巳後天二日以新法上考麟德元年天正冬至得甲子與麟德曆合

神龍曆唐中宗時南宮說等造
距神龍元年乙巳歲至萬曆二十二年甲午歲八百八十九年以其法推神龍元年天正冬至得己亥及推萬曆二十二年天正冬至得辛巳後天二日以新法上考神龍元年天正冬至得己亥與神龍曆合

大衍曆唐元宗時僧一行等造
距開元十二年甲子歲至萬曆二十二年甲午歲八百七十年以其法推開元十二年天正冬至得戊寅及推萬曆二十二年天正冬至得辛巳後天二日以新法上考開元十二年天正冬至得戊寅與大衍合

五紀曆唐代宗時郭獻之等造
距寶應元年壬寅歲至萬曆二十二年甲午歲八百三十二年以其法推寶應元年天正冬至得戊戌及推萬曆二十二年天正冬至得辛巳後天二日以授時曆上考寶應元年天正冬至得丁酉新法與授時同

貞元曆唐德宗時徐承嗣等造
距建中五年甲子歲至萬曆二十二年甲午歲八百一十年以其法推建中五年天正冬至得癸巳及推萬曆二十二年天正冬至得辛巳後天二日以新法上考建中五年即是興元元年天正冬至得癸巳與貞元曆合

宣明曆唐穆宗時徐昂等造
距長慶二年壬寅歲至萬曆二十二年甲午歲七百七十二年以其法推長慶二年天正冬至得壬子及推萬曆二十二年天正冬至得辛巳後天二日以新法上考長慶二年天正冬至得壬子與宣明曆合

崇元曆唐昭宗時邊岡等造
距景福元年壬子歲至萬曆二十二年甲午歲七百二年以其法推景福元年天正冬至得己未及推萬曆二十二年天正冬至得辛巳後天二日以新法上考景福元年天正冬至得己未與崇元曆合

欽天曆後周世宗時王朴造
距顯德三年丙辰歲至萬曆二十二年甲午歲六百三十八年以其法推顯德三年天正冬至得乙未及推萬曆二十二年天正冬至得辛巳後天二日以新法上考顯德三年天正冬至得乙未與欽天曆合

應天曆宋太祖時王處訥等造
距建隆三年壬戌歲至萬曆二十二年甲午歲六百三十二年以其法推建隆三年天正冬至得丙寅及推萬曆二十二年天正冬至得辛巳後天二日以新法上考建隆三年天正冬至得丙寅與應天曆合

乾元曆宋太宗時吳昭素等造
距太平興國六年辛巳歲至萬曆二十二年甲午歲六百一十三年以其法推太平興國六年天正冬至得丙午及推萬曆二十二年天正冬至得辛巳後天二日以新法上考太平興國六年天正冬至得丙午與乾元曆合

儀天曆宋眞宗時史序等造
距咸平四年辛丑歲至萬曆二十二年甲午歲五百九十三年以其法推咸平四年天正冬至得辛卯及推萬曆二十二年天正冬至得辛巳後天二日以新法上考咸平四年天正冬至得辛卯與儀天曆合

乾興曆宋眞宗時張奎造命日起丁卯
距乾興元年壬戌歲至萬曆二十二年甲午歲五百七十二年以其法推乾興元年天正冬至得辛巳及推萬曆二十二年天正冬至得辛巳後天二日以新法上考乾興元年天正冬至得辛巳與乾興曆合

崇天曆宋仁宗時宋行古造
距天聖二年甲子歲至萬曆二十二年甲午歲五百七十年以其法推天聖二年天正冬至得壬辰及推萬曆二十二年天正冬至得辛巳後天二日以授時曆上考天聖二年天正冬至得辛卯新法與授時同

明天曆宋英宗時周琮等造
距治平元年甲辰歲至萬曆二十二年甲午歲五百三十年以其法推治平元年天正冬至得辛酉及推萬曆二十二年天正冬至得庚辰後天一日以新法上考治平元年天正冬至得辛酉與明天曆合

奉元曆宋神宗時沈括等造
距熙寧七年甲寅歲至萬曆二十二年甲午歲五百二十年以其法推熙寧七年天正冬至得癸丑及推萬曆二十二年天正冬至得庚辰後天一日以新法上考熙寧七年天正冬至得癸丑與奉元曆合

觀天曆宋哲宗時皇居卿造
距元祐七年壬申歲至萬曆二十二年甲午歲五百二年以其法推元祐七年天正冬至得戊子及推萬

曆二十二年天正冬至得庚辰後天一日以新法上考元祐七年天正冬至得戊子與觀天曆合

占天曆宋徽宗時姚舜輔造

距崇寧二年癸未歲至萬曆二十二年甲午歲四百九十一年以其法推崇寧二年天正冬至得乙酉及推萬曆二十二年天正冬至得庚辰後天一日以新法上考崇寧二年天正冬至得乙酉與占天曆合

紀元曆宋徽宗時姚舜輔重造命日起己卯

距崇寧五年丙戌歲至萬曆二十二年甲午歲四百八十八年以其法推崇寧五年天正冬至得辛丑及推萬曆二十二年天正冬至得庚辰後天一日以新法上考崇寧五年天正冬至得辛丑與紀元曆合

大明曆金熙宗時楊級造

距天會五年丁未歲至萬曆二十二年甲午歲四百六十七年以其法推天會五年天正冬至得辛卯及推萬曆二十二年天正冬至得庚辰後天一日以新法上考天會五年天正冬至得辛卯與大明曆合

統元曆宋高宗時陳得一造

距紹興五年乙卯歲至萬曆二十二年甲午歲四百五十九年以其法推紹興五年天正冬至得癸酉及推萬曆二十二年天正冬至得庚辰後天一日以新法上考紹興五年天正冬至得癸酉與統元曆合

乾道曆宋孝宗時劉孝榮造

距乾道三年丁亥歲至萬曆二十二年甲午歲四百二十七年以其法推乾道三年天正冬至得辛酉及推萬曆二十二年天正冬至得庚辰後天一日以新法上考乾道三年天正冬至得辛酉與乾道曆合

淳熙曆宋孝宗時劉孝榮重造

距淳熙三年丙申歲至萬曆二十二年甲午歲四百一十八年以其法推淳熙三年天正冬至得戊申及推萬曆二十二年天正冬至得庚辰後天一日以新法上考淳熙三年天正冬至得戊申與淳熙曆合

大明曆金世宗時趙知微重修

乙未曆金世宗時耶律履造命日起甲申

二曆並以大定二十年庚子歲為距至萬曆二十二年甲午歲四百一十四年以其法推大定二十年天正冬至得己巳及推萬曆二十二年天正冬至得庚辰後天一日以新法上考大定二十年天正冬至得己巳與大明曆合

會元曆宋光宗時劉孝榮重造

距紹熙二年辛亥歲至萬曆二十二年甲午歲四百三年以其法推紹熙二年天正冬至得丁卯及推萬曆二十二年天正冬至得庚辰後天一日以新法上考紹熙二年天正冬至得丁卯與會元曆合

統天曆宋寧宗時楊忠輔造

距慶元五年己未歲至萬曆二十二年甲午歲三百九十五年以其法推慶元五年天正冬至得己酉日十六刻及推萬曆二十二年天正冬至得己卯日七十八刻先新法八刻以新法上考慶元五年天正冬至得己酉日十六刻與統天曆合

開禧曆宋寧宗時鮑澣之造

距開禧三年丁卯歲至萬曆二十二年甲午歲三百八十七年以其法推開禧三年天正冬至得辛卯及推萬曆二十二年天正冬至得庚辰後天一日以新法上考開禧三年天正冬至得辛卯與開禧曆合

庚午曆元太祖時耶律楚材造命日起壬戌

距元太祖十五年庚辰歲至萬曆二十二年甲午歲三百七十四年以其法推元太祖十五年天正冬至得己亥及推萬曆二十二年天正冬至得庚辰後天一日以新法上考元太祖十五年天正冬至得己亥與庚午曆合

按元太祖以宋寧宗開禧二年丙寅歲即位其十五年歲次庚辰乃宋寧宗嘉定十三年庚辰歲也元太宗在位適無庚辰年元志以為太宗誤矣

淳祐曆宋理宗時李德卿造

距淳祐十年庚戌歲至萬曆二十二年甲午歲三百四十四年以其法推淳祐十年天正冬至得丙子及推萬曆二十二年天正冬至得庚辰後天一日以新法上考淳祐十年天正冬至得丙子與淳祐曆合

會天曆宋理宗時譚玉造

距寶祐元年癸丑歲至萬曆二十二年甲午歲三百四十一年以其法推寶祐元年天正冬至得壬辰及推萬曆二十二年天正冬至得庚辰後天一日以新法上考寶祐元年天正冬至得壬辰與會天曆合

成天曆宋度宗時陳鼎造

距咸淳七年辛未歲至萬曆二十二年甲午歲三百二十三年以其法推咸淳七年天正冬至得丙寅及推萬曆二十二年天正冬至得庚辰後天一日以新法上考咸淳七年天正冬至得丙寅與成天曆合

授時曆元世祖時許衡等造

距至元十八年辛巳歲至萬曆二十二年甲午歲三

百一十二年以其法推至元十八年天正冬至得己未日夜半後六刻及推萬曆二十二年天正冬至得己卯日八十六刻先新法四分刻之三以新法上考至元十八年天正冬至得己未日夜半後六刻與授時曆合

古有黄帝顓頊夏殷周魯六家之曆今皆不傳而見於史志者自漢迄元凡五十家其積年日法雖殊然用以推古今冬至則一也萬曆二十一年癸巳歲仲冬十一月二十九日己卯卯時在夜半前冬至此冬至乃萬曆二十二年甲午歲歲首黄鍾建子之月一陽來復生物之始曆家所謂天正冬至是也今以古曆五十家之法下推甲午歲己卯日冬至其合者僅二家其不合者共四十八家內後一日者二十三家後二日者十五家後五日七日十三日者各一家後三日十四日者各二家後八日者三家以新法上考五十家曆所距之年天正冬至則合者三十六不合者十四其不合者太初三統四分乾象景初泰始三紀興和天保大和大業戊寅此十二家在大衍已前者今以大衍曆考之皆與新法所推同則知新法非不合也蓋彼造曆之時測驗未密祖沖之及一行已有定論矣唐五紀宋崇天此二家者在大衍後蓋寫大衍舊率而失之後天也今以統天曆授時曆考之亦與新法所推同以此觀之古今諸曆相較新法爲密庶幾千歲之日至可坐而致云

附錄三條

一自萬曆二十二年甲午已後六十年中間春秋二分冬夏二至大統曆與新法不同者凡二十四條新法皆在大統前一日大統皆在新法後一日夫二至二分乃四郊大祀之期大統曆法或誤故不可不辨也撮其略列于此

冬至　庚戌年（戊申己酉）　甲寅年（己巳庚午）　戊午年（庚寅辛卯）
　　　癸未年（辛丑壬寅）　丁亥年（壬戌癸亥）　辛卯年（癸未甲申）
夏至　丙申年（壬辰癸巳）　庚子年（癸丑甲寅）　甲辰年（甲戌乙亥）
　　　乙丑年（甲子乙丑）　己巳年（乙酉丙戌）　癸酉年（丙午丁未）
春分　丁酉年（丙寅丁卯）　戊午年（丙辰丁巳）　壬戌年（丁丑戊寅）
　　　丙寅年（戊戌己亥）　庚午年（己未庚申）　辛卯年（己酉庚戌）
秋分　癸卯年（庚子辛丑）　丁未年（辛酉壬戌）　辛亥年（壬午癸未）
　　　丙子年（癸巳甲午）　庚辰年（甲寅乙卯）　甲申年（乙亥丙子）

右二分辨之猶難惟二至悉晷景以驗之則眞僞最易辨而曆法疎密可決矣

一凡曆法之疎密當以天爲驗蓋是乃曆之本也何謂天之驗蓋自古以來景長之極爲眞冬至長之不極雖名冬至實非眞冬至也景短之極爲眞夏至短之不極雖名夏至實非眞夏至也且如萬曆二十四年五月夏至大統曆推得癸巳而新法推得壬辰此夏至之不相同也萬曆三十八年十一月冬至大統曆推得己酉而新法推得戊申此冬至之不相同也夫癸巳壬辰己酉戊申此四日無題勒款識孰知其眞否可與衆共辨者惟晷景是證耳若萬曆二十四年夏至之日其景不短而前一日之景卻短萬曆三十八年冬至之日其景不長而前一日之景卻長則知新法爲密大統爲疎亦昭然矣後漢志曰曆不差不改不驗不用未差無以知其失未驗無以知其是失然後改是然後用此前賢定論也今亦未敢自以新法爲是恭候欽依清臺測驗可以決其是否耳餘條冬夏至悉皆放此云

一萬曆三十八年庚戌歲依大統曆丙子日子正二刻小滿該閏三月依新法乙亥日亥正一刻小滿該閏四月萬曆四十年壬子歲依大統曆庚寅日子正初刻大寒該閏十一月依新法己丑日亥初三刻大寒該閏十二月皆因時差一辰遂致氣差一日而致閏差一月若庚戌歲者不獨差一月又且差一季以夏爲春矣傳曰閏以正時時以作事事以厚生生民之道於是乎在可不慎歟此亦曆家之所當辨者也

已上三條乃議曆之要務是故表而出之伏候聖明采擇（以上萬年曆備考係原本卷之一）

二至晷景考

說者皆云漢曆有四太初最密唐曆有八大衍最密宋曆十六紀元最密元曆有二授時最密今大統曆與回回曆相校大統最密然新率與之校所得尤多覩太初等曆大不侔矣自魯僖公五年丙寅歲正月至洪武十六年癸亥歲十一月二千三十八年之間傳志所載二至晷景凡六十事用前代所謂密者四曆及大統曆并新法考之所得開列于後

魯僖公五年丙寅歲春王正月辛亥朔日南至（見春秋左傳）

漢太初曆辛亥二十五刻　唐大衍曆辛亥九十四刻

宋紀元曆壬子八十四刻　元授時曆辛亥十四刻

大統曆甲寅八十二刻　新法推得辛亥五十五刻

右紀元後天一日大統後天三日餘與天合

昭公二十年己卯歲春王二月己丑日南至（見春秋左傳）

太初己丑五十刻　大衍己丑四十五刻

紀元庚寅二十五刻　授時戊子八十三刻

大統壬辰七刻　新法己丑二十三刻

右紀元後天一日授時先天一日大統後天三日餘與天合

按南至見於經傳者惟此二條而已餘或見於讖緯等書若春秋命曆序之類即漢志隋志所引者今未敢以爲據授時曆議據前漢志魯獻公十五年戊寅歲正月甲寅朔旦冬至引用此條爲首蓋獻公乃隱公五世祖其十五年戊寅歲下距隱公元年己未歲百六十一年其非春秋時明矣而元志乃云自春秋獻公以來者許郭諸儒多聞博古豈不知獻公在春秋前百餘年哉第以所推昭公己丑冬至而得戊子既不能合僖與獻公相合故援此以傅非而爲之說云曲變曆法以從昭公則與獻公不合遂謂春秋所書昭公冬至乃日度失行之驗然則大衍宣明諸曆推之皆得己丑豈皆誤耶大獻公甲寅冬至別無所據惟劉歆三統曆是據也若左傳不足信而歆獨可信乎太初元年冬至在辛酉歆乃以爲甲子差天三日尚不能知而能逆知上下數百載乎然則獻公十五年冬至當在何日曰三統授時之甲寅失之先紀元大定之丁巳失之後大衍所推丙辰宣明所推乙卯庶或近之然別無所考據闕其疑可也以要言之凡春秋前後千載之間氣朔交食長曆大衍所推近是劉歆班固所說全非杜預一行已有定論詳載別卷矣

劉宋元嘉十二年乙亥歲十一月十五日戊辰景長（見隋志）

太初癸酉七十五刻　大衍戊辰三十五刻

紀元戊辰三十九刻　授時戊辰四十七刻

大統己巳十四刻　新法戊辰五十二刻

右太初後天五日大統後天一日餘與天合

元嘉十三年丙子歲十一月廿六日甲戌景長（見隋志）

太初己卯空刻　大衍癸酉五十九刻

紀元癸酉六十三刻　授時癸酉七十一刻

大統甲戌三十九刻　新法癸酉七十六刻

右太初後天五日大統與天合餘皆先天一日

唐志大衍曆議曰較前代史官注記惟元嘉十三年十一月甲戌景長皇極麟德開元曆皆得癸酉蓋日度變常爾元授時曆所議亦同今按前人考古景長之驗或不相合則云日度失行竊謂此言過矣苟日度失行當知歲差漸漸而移今歲既已不合來歲豈能復合耶蓋係前人所測或未密耳非日度變行也夫冬至之景一丈有餘表高晷長則景虛而淡欲就虛景之中考其眞實或設望筩或置副表景符之類以求實景然望筩或一低昂副表景符或一前却兼以測景之人工拙不同用意詳略亦異所據之表或稍有傾欹圭面或稍有斜側二至前後數日之景進退只在毫釐之間僾俙之際要亦難辨若夫陽城岳臺略分南北尚有不同況於四海九服之遼相去千有餘里委託之人未知當否旣非目擊其實所報晷景寧足信乎

元嘉十五年戊寅歲十一月十八日甲申景長（見隋志）

太初己丑五十刻　大衍甲申八刻

紀元甲申十二刻　授時甲申二十刻

大統甲申八十七刻　新法甲申二十五刻

右太初後天五日餘與天合

元嘉十六年己卯歲十一月二十九日己丑景長（見隋志）

太初甲午七十五刻　大衍己丑三十三刻

紀元己丑三十七刻　授時己丑四十四刻

大統庚寅十一刻　新法己丑五十刻

右太初後天五日大統後天一日餘與天合

元嘉十七年庚辰歲十一月初十日甲午景長（見隋志）

太初庚子空刻　大衍甲午五十七刻

紀元甲午六十一刻　授時甲午六十八刻

大統乙未三十六刻　新法甲午七十四刻

右太初後天六日大統後天一日餘與天合

元嘉十八年辛巳歲十一月二十一日己亥景長（見隋志）

太初乙巳二十五刻　大衍己亥八十二刻

紀元己亥八十五刻　授時己亥九十三刻

大統庚子六十刻　新法己亥九十八刻

右太初後天六日大統後天一日餘與天合

元嘉十九年壬午歲十一月初三日乙巳景長（見隋志）

太初庚戌五十刻　大衍乙巳六刻

紀元乙巳十刻　授時乙巳十七刻

大統乙巳八十四刻　新法乙巳二十三刻

右太初後天五日餘與天合

大明五年辛丑歲十一月初三日乙酉冬至見宋志
太初庚寅二十五刻　大衍甲申七十刻
紀元甲申七十三刻　授時甲申七十九刻
大統乙酉四十五刻　新法甲申八十六刻
右太初後天五日大統與天合餘皆先天一日
宋書元嘉曆推是年冬至在甲申日八十刻祖沖之以爲曆誤乃上議曰臣測景歷紀躬辨分寸銅表堅剛暴潤不動光晷明潔纖毫楷然據大明五年十月十日景一丈七寸七分半十一月二十五日一丈八寸一分太二十六日一丈七寸五分彊折取其中則中天冬至應在十一月三日求其早晚令後二日景相減則一日差率也倍之爲法前二日相減百刻乘之爲實以法除實得冬至加時在夜半後三十一刻在元嘉曆後一日天數之正也按元儒算晷景其法不同今附載於此是年十月初十日壬戌景長一丈七寸七分五釐十一月二十五日丁未景長一丈八寸一分七釐五毫二十六日戊申景長一丈七寸五分依元儒法當置壬戌戊申二日之景相減餘二分五釐以百刻乘之得二百五十刻爲實卻以丁未戊申二日之景相減餘六分七釐五毫爲法除之得三十七刻乃置壬戌戊申相距四十六日百刻乘之得四千六百刻凡冬至景前多後少爲減減去三十七刻折半得二千二百八十一刻加日中五十刻爲二十三日三十一刻命起前距壬戌算外得十一月初三日乙酉三十一刻即所求冬至也欲使初學易曉故詳載之唐志大衍曆議曰祖沖之既失元嘉十三年甲戌冬至以爲加時太早增小餘以附會之而十二年戊辰景長得己巳十七年甲午景長得乙未十八年己亥景長得庚子合一失三其失愈多劉孝孫張胄元因之小餘益彊又以十六年己丑景長爲庚寅矣治曆者糾合衆同以稽其所異苟獨異焉則失行可知今曲就其一而少者失三多者失五是舍常數而從失行也夫以唐志此說證之則沖之所測景者假託而非眞雖其筭術有可取焉要之其說則是景則非也一行議胄元之謬所謂就一失五者即已上六條而元統所造大統曆其失乃與沖之胄元相類推今難密考古頗疎李德芳輩蓋不無遺憾云

周天和二年丁亥歲十一月初三日庚子景長見隋志
太初丙午七十五刻　大衍庚子六十一刻
紀元庚子五十五刻　授時庚子六十五刻
大統辛丑十五刻　新法庚子七十一刻
右太初後天六日大統後天一日餘與天合

天和三年戊子歲十一月十四日乙巳景長見隋志
太初壬子空刻　大衍乙巳八十六刻
紀元乙巳七十九刻　授時乙巳九十刻
大統丙午四十刻　新法乙巳九十五刻
右太初後天七日大統後天一日餘與天合

建德元年壬辰歲十一月二十九日丁卯景長見隋志
太初癸酉空刻　大衍丙寅八十三刻
紀元丙寅七十七刻　授時丙寅八十七刻
大統丁卯三十七刻　新法丙寅九十三刻
右太初後天六日大統與天合餘皆先天一日

建德二年癸巳歲五月初三日戊辰景短見隋志
太初乙亥六十二刻　大衍己巳四十六刻
紀元己巳三十九刻　授時己巳四十九刻
大統己巳九十九刻　新法己巳五十五刻
右按曆法凡冬夏二至相距一百八十二日六十二刻有奇是歲歲前天正冬至在丁卯丁卯距戊辰不足一百八十二日必無戊辰夏至之理若就戊辰夏至則失丁卯冬至此蓋隋志之誤無疑諸曆推己巳者爲是惟太初後天六日

建德三年甲午歲十一月二十日丁丑景長見隋志
太初癸未五十刻　大衍丁丑三十二刻
紀元丁丑二十五刻　授時丁丑三十六刻
大統丁丑八十五刻　新法丁丑四十二刻
右太初後天六日餘與天合

建德六年丁酉歲十一月二十三日壬辰景長見隋志
太初己亥二十五刻　大衍癸巳五刻
紀元壬辰九十九刻　授時癸巳九刻
大統癸巳五十八刻　新法癸巳十五刻
右太初後天七日紀元與天合餘皆後天一日
唐志大衍曆議云建德六年以壬辰景長而麟德開元曆皆得癸巳開皇七年以癸未景短而麟德開元曆皆得壬午先後相戾不可叶也皆日行盈縮使然凡曆術在於常數而不在於變行旣叶中行之率則可以兩齊先後之變矣

宣政元年戊戌歲十一月初五日戊戌景長見隋志
太初甲辰五十刻　大衍戊戌三十刻
紀元戊戌二十三刻　授時戊戌三十三刻

大統戊戌八十二刻　新法戊戌三十九刻
右太初後天六日餘與天合
隋開皇四年甲辰歲十一月十一日己巳景長見隋志
太初丙子空刻　大衍己巳七十七刻
紀元己巳六十九刻　授時己巳八十六刻
大統庚午二十八刻　新法己巳八十五刻
右太初後天七日大統後天一日餘與天合
開皇五年乙巳歲十一月二十二日乙亥景長見隋志
太初辛巳二十五刻　大衍乙亥一刻
紀元甲戌九十三刻　授時乙亥十刻
大統乙亥五十二刻　新法乙亥十刻
右太初後天六日紀元先天一日餘與天合
開皇六年丙午歲十一月初二日庚辰景長見隋志
太初丙戌五十刻　大衍庚辰二十五刻
紀元庚辰十八刻　授時庚辰二十四刻
大統庚辰七十六刻　新法庚辰三十四刻
右太初後天六日餘與天合
開皇七年丁未歲五月初九日癸未景短見隋志
太初己丑十二刻　大衍壬午八十八刻
紀元壬午八十刻　授時壬午九十六刻
大統癸未二十八刻　新法壬午九十六刻
右太初後天六日大統與天合餘皆先天一日
是年十一月十四日乙酉景長見隋志
太初辛卯七十五刻　大衍乙酉五十刻
紀元乙酉四十二刻　授時乙酉五十九刻
大統丙戌初刻　新法乙酉五十八刻
右太初後天六日大統後天一日餘與天合

開皇十一年辛亥歲十一月二十八日丙午景長見隋志
太初壬子七十五刻　大衍丙午四十八刻
紀元丙午四十刻　授時丙午五十六刻
大統丙午九十七刻　新法丙午五十六刻
右太初後天六日餘與天合
開皇十四年甲寅歲十一月辛酉朔旦冬至見隋志
太初戊辰五十刻　大衍壬戌二十一刻
紀元壬戌十三刻　授時壬戌二十九刻
大統壬戌七十刻　新法壬戌二十九刻
右按隋書蕭吉傳云甲寅之年以辛酉冬至來年乙卯以甲子夏至冬至陽始郊天之日卽是至尊本命夏至陰始祀地之辰卽是皇后本命至尊德並乾之覆育皇后仁同地之載養所以二儀元氣並會本辰此蓋時曆傳會以媚其上非實測晷景所得也諸曆推壬戌者爲是惟太初後天六日
唐貞觀十八年甲辰歲十一月乙酉景長見元志
太初辛卯空刻　大衍甲申四十三刻
紀元甲申三十一刻　授時甲申四十四刻
大統甲申八十三刻　新法甲申四十七刻
右太初後天六日餘皆先天一日
貞觀二十三年己酉歲十一月辛亥景長見元志
太初丁巳二十五刻　大衍庚戌六十五刻
紀元庚戌五十三刻　授時庚戌六十六刻
大統辛亥四刻　新法庚戌六十九刻
右太初後天六日大統與天合餘皆先天一日
元志授時曆議云唐貞觀十八年甲辰歲十一月乙酉景長諸曆得甲申二十三年己酉歲十一月辛亥景長諸曆皆得庚戌大衍曆議以永淳開元冬至推之知前二冬至乃史官依時曆以書必非候景所得所以不合耳

龍朔二年壬戌歲十一月戊午景長見元志
太初乙丑五十刻　大衍戊午八十三刻
紀元戊午六十九刻　授時戊午八十二刻
大統己未十九刻　新法戊午八十六刻
右太初後天七日大統後天一日餘與天合
儀鳳元年丙子歲十一月壬申景長見元志
太初己卯空刻　大衍壬申二十五刻
紀元壬申十刻　授時壬申二十二刻
大統壬申五十九刻　新法壬申二十七刻
右太初後天七日餘與天合
永淳元年壬午歲十一月癸卯景長見元志
太初庚戌五十刻　大衍癸卯七十二刻
紀元癸卯五十七刻　授時癸卯七十四刻
大統甲辰四刻　新法癸卯七十三刻
右太初後天七日大統後天一日餘與天合
開元十年壬戌歲十一月癸酉景長見元志
太初庚辰五十刻　大衍癸酉四十九刻
紀元癸酉三十一刻　授時癸酉四十六刻
大統癸酉七十四刻　新法癸酉四十七刻
右太初後天七日餘與天合
開元十一年癸亥歲十一月戊寅景長見元志
太初乙酉七十五刻　大衍戊寅七十四刻
紀元戊寅五十五刻　授時戊寅七十刻

大統戊寅九十八刻　新法戊寅七十一刻
右太初後天七日餘與天合
開元十二年甲子歲十一月癸未景長見元志
太初辛卯空刻　大衍癸未九十八刻
紀元癸未八十刻　授時癸未九十五刻
大統甲申二十三刻　新法癸未九十六刻
右太初後天八日大統後天一日餘與天合
宋景德四年丁未歲十一月戊辰日南至見元志
太初丙子七十五刻　大衍戊辰十五刻
紀元丁卯七十四刻　授時丁卯八十刻
大統丁卯八十五刻　新法丁卯七十九刻
右太初後天八日大衍與天合餘皆先天一日
元志授時曆議云自宋以來測景驗氣者凡十七事其景德丁未歲戊辰日南至統天授時皆得丁卯是先一日嘉泰癸亥歲甲戌日南至統天授時皆得乙亥是後一日一失之先一失之後若曲變其率以從景德則其餘十六事多後天若從嘉泰則其餘十六事多先天以此理推之非曆不合也蓋類其同則知其中辨其異則知其變已下二條放此
皇祐元年己丑歲十一月十九日戊申景長見宋志
太初丁巳二十五刻　大衍戊申四十二刻
紀元丁未九十七刻　授時丁未九十九刻
大統戊申四刻　新法丁未九十九刻
右太初後天九日大衍大統與天合餘皆先天一日
皇祐二年庚寅歲五月二十五日辛亥景短見宋志
太初己未八十七刻　大衍辛亥四刻
紀元庚戌六十刻　授時庚戌六十一刻
大統庚戌六十六刻　新法庚戌六十一刻
右太初後天八日大衍與天合餘皆先天一日
是年十一月三十日癸丑景長見宋志
太初壬戌五十刻　大衍癸丑六十六刻
紀元癸丑二十二刻　授時癸丑二十三刻
大統癸丑二十八刻　新法癸丑二十二刻
右太初後天九日餘與天合
皇祐四年壬辰歲五月十七日辛酉景短見宋志
太初庚午三十七刻　大衍辛酉五十二刻
紀元辛酉八刻　授時辛酉十刻
大統辛酉十四刻　新法辛酉十刻
右太初後天九日餘與天合
元豐六年癸亥歲十一月丙午景長見元志
太初乙卯七十五刻　大衍丙午七十三刻
紀元丙午二十六刻　授時丙午二十六刻
大統丙午二十八刻　新法丙午二十五刻
右太初後天九日餘與天合
元豐七年甲子歲十一月辛亥景長見元志
太初辛酉空刻　大衍辛亥九十七刻
紀元辛亥五十刻　授時辛亥五十一刻
大統辛亥五十三刻　新法辛亥四十九刻
右太初後天十日餘與天合
元祐三年戊辰歲十一月壬申景長見元志
太初壬午空刻　大衍壬申九十五刻
紀元壬申四十八刻　授時壬申四十八刻
大統壬申五十刻　新法壬申四十六刻
右太初後天十日餘與天合
元祐四年己巳歲十一月丁丑景長見元志
太初丁亥二十五刻　大衍戊寅十九刻
紀元丁丑七十二刻　授時丁丑七十二刻
大統丁丑七十四刻　新法丁丑七十一刻
右太初後天十日大衍後天一日餘與天合
元祐五年庚午歲十一月壬午冬至見元志
太初壬辰五十刻　大衍癸未四十四刻
紀元壬午九十六刻　授時壬午九十六刻
大統壬午九十八刻　新法壬午九十五刻
右太初後天十日大衍後天一日餘與天合
元祐七年壬申歲十一月癸巳冬至見元志
太初癸卯空刻　大衍癸巳九十二刻
紀元癸巳四十五刻　授時癸巳四十五刻
大統癸巳四十七刻　新法癸巳四十三刻
右太初後天十日餘與天合
元符元年戊寅歲十一月甲子冬至見元志
太初甲戌五十刻　大衍乙丑三十九刻
紀元甲子九十一刻　授時甲子九十刻
大統甲子九十二刻　新法甲子八十九刻
右太初後天十日大衍後天一日餘與天合
崇寧三年甲申歲十一月丙申冬至見元志
太初丙午空刻　大衍丙申八十六刻
紀元丙申三十七刻　授時丙申三十六刻
大統丙申三十八刻　新法丙申三十五刻
右太初後天十日餘與天合

崇寧四年乙酉歲十一月辛丑冬至見元志
太初辛亥二十五刻　大衍壬寅十刻
紀元辛丑六十二刻　授時辛丑六十刻
大統辛丑六十二刻　新法辛丑五十九刻
右太初後天十日大衍後天一日餘與天合
紹熙二年辛亥歲十一月壬申冬至見元志
太初壬午七十五刻　大衍癸酉十二刻
紀元壬申五十七刻　授時壬申四十七刻
大統壬申四十七刻　新法壬申四十七刻
右太初後天十日大衍後天一日餘與天合
紹熙四年癸丑歲十一月十九日壬午景長見宋志
太初癸巳二十五刻　大衍癸未六十一刻
紀元癸未六刻　授時壬午九十六刻
大統壬午九十六刻　新法壬午九十五刻
右太初後天十一日大衍紀元後天一日餘與天
合
慶元三年丁巳歲十一月癸卯日南至見元志
太初甲寅二十五刻　大衍甲辰五十九刻
紀元甲辰三刻　授時癸卯九十三刻
大統癸卯九十三刻　新法癸卯九十二刻
右太初後天十一日大衍紀元後天一日餘與天
合
嘉泰三年癸亥歲十一月甲戌日南至見元志
太初乙酉七十五刻　大衍丙子五刻
紀元乙亥四十九刻　授時乙亥三十八刻
大統乙亥三十八刻　新法乙亥三十八刻
右太初後天十一日大衍後天二日餘皆後天一
日
嘉定五年壬申歲十一月壬戌日南至見元志
太初癸酉空刻　大衍癸亥二十五刻
紀元壬戌六十八刻　授時壬戌五十七刻
大統壬戌五十七刻　新法壬戌五十六刻
右太初後天十一日大衍後天一日餘與天合
紹定三年庚寅歲十一月丙申日南至見元志
太初丁未五十刻　大衍丁酉六十五刻
紀元丁酉七刻　授時丙申九十三刻
大統丙申九十三刻　新法丙申九十二刻
右太初後天十一日大衍紀元後天一日餘與天
合
淳祐十年庚戌歲十一月辛巳日南至見元志
太初壬辰五十刻　大衍壬午五十四刻
紀元辛巳九十四刻　授時辛巳七十八刻
大統辛巳七十八刻　新法辛巳七十八刻
右太初後天十一日大衍後天一日餘與天合
元至元十四年丁丑歲十一月癸卯日辰初三刻冬至見元志
太初甲寅二十五刻　大衍甲辰十四刻
紀元癸卯五十二刻　授時癸卯三十三刻
大統癸卯三十三刻　新法癸卯三十二刻
右太初後天十一日大衍後天一日餘與天合
至元十五年戊寅歲五月乙巳日亥正二刻夏至見元志
太初丙辰八十七刻　大衍丙午七十六刻
紀元丙午十四刻　授時乙巳九十五刻
大統乙巳九十五刻　新法乙巳九十五刻
右太初後天十一日大衍紀元後天一日餘與天
合
是年十一月戊申日未初三刻冬至見元志
太初己未五十刻　大衍己酉三十八刻
紀元戊申七十六刻　授時戊申五十七刻
大統戊申五十七刻　新法戊申五十七刻
右太初後天十一日大衍後天一日餘與天合
至元十六年己卯歲五月辛亥日寅正二刻夏至見元志
太初壬戌十二刻　大衍壬子一刻
紀元辛亥三十九刻　授時辛亥十九刻
大統辛亥十九刻　新法辛亥十九刻
右太初後天十一日大衍後天一日餘與天合
是年十一月癸丑日戌初二刻冬至見元志
太初甲子七十五刻　大衍甲寅六十三刻
紀元甲寅一刻　授時癸丑八十一刻
大統癸丑八十一刻　新法癸丑八十一刻
右太初後天十一日大衍紀元後天一日餘與天
合
至元十七年庚辰歲十一月己未日丑初一刻冬至見元志
太初庚午空刻　大衍己未八十七刻
紀元己未二十五刻　授時己未六刻
大統己未六刻　新法己未六刻
右太初後天十一日餘與天合
太祖洪武十六年癸亥歲十一月己未日冬至見大衍學

義補

太初庚午七十五刻　大衍庚申五刻
紀元己未三十四刻　授時己未二刻
大統己未三刻　新法己未二刻

右太初後天十一日大衍後天一日餘與天合史官所記二至晷景凡六十條以太初等五曆及新法考之太初合者僅二後天五日至十一日者凡五十八大衍合者三十六先一日者六後一日者十七後二日者一紀元合者四十二先一日者十後一日者八授時合者四十八先一日者十後一日者二大統合者四十二先一日者三後一日者十三後三日者二新法合者比授時多一事其不合者比授時少一事夫以此觀之則太初最疎固無足取大衍紀元非見用者亦不必論其授時曆不合者十二而先者多至於十後者僅二蓋減分太多未得其宜也將來氣朔皆失之先矣大統曆不合者十八而先一日者僅三後一日者多至十三後三日者二蓋由歲餘一定而無加減故也夫後者多而先者少今雖未覺其失恐將來氣朔浸失之後矣新法不合者十一比授時爲少合者四十九視授時爲多蓋密於授時矣其不與天合者非不合也前人有云類其同則知其中辨其異則知其變先後相戾者不可得兼也若曲變其法以改先者則後者愈後以改後者則先者益先徒令合者皆不合矣今乃折取中數不執一偏則先後二者雖不盡合而其相去亦皆不遠凡相合者各得中平之率矣

附錄二十條

萬曆二十四年丙申歲五月夏至
大統癸巳六刻　新法壬辰九十八刻
授時壬辰九十七刻

二十八年庚子歲五月夏至
大統甲寅三刻　新法癸丑九十四刻
授時癸丑九十四刻

三十二年甲辰歲五月夏至
大統乙亥初刻　新法甲戌九十一刻
授時甲戌九十一刻

三十八年庚戌歲十一月冬至
大統己酉八刻　新法戊申九十八刻
授時戊申九十八刻

四十二年甲寅歲十一月冬至
大統庚午五刻　新法己巳九十五刻
授時己巳九十五刻

四十六年戊午歲十一月冬至
大統辛卯二刻　新法庚寅九十二刻
授時庚寅九十二刻

五十三年乙丑歲五月夏至
大統乙丑十刻　新法甲子九十九刻
授時甲子九十九刻

五十七年己巳歲五月夏至
大統丙戌七刻　新法乙酉九十六刻
授時乙酉九十六刻

六十一年癸酉歲五月夏至
大統丁未四刻　新法丙午九十三刻
授時丙午九十三刻

六十五年丁丑歲五月夏至
大統戊辰一刻　新法丁卯八十九刻
授時丁卯九十刻

七十一年癸未歲十一月冬至
大統壬寅八刻　新法辛丑九十七刻
授時辛丑九十七刻

七十五年丁亥歲十一月冬至
大統癸亥五刻　新法壬戌九十三刻
授時壬戌九十四刻

七十九年辛卯歲十一月冬至
大統甲申二刻　新法癸未九十刻
授時癸未九十一刻

八十六年戊戌歲五月夏至
大統戊午十刻　新法丁巳九十七刻
授時丁巳九十九刻

九十年壬寅歲五月夏至
大統己卯七刻　新法戊寅九十四刻
授時戊寅九十五刻

九十四年丙午歲五月夏至
大統庚子四刻　新法己亥九十一刻
授時己亥九十二刻

九十八年庚戌歲五月夏至
大統辛酉一刻　新法庚申八十八刻
授時庚申八十九刻

百年壬子歲十一月冬至
大統甲戌十二刻　新法癸酉九十八刻

授時甲戌初刻

千年壬子歲十一月冬至

大統壬子三十七刻　新法庚戌九十刻

授時庚戌八十一刻

萬年壬子歲十一月冬至

大統甲戌八十七刻　新法壬寅十六刻

授時己丑八十九刻先大統百五日先新法十二日

已上預推未來二至新舊三家各有異同宜於其時測驗晷景以證新舊曆孰爲疎密也謹述大槩以發其端附於此卷之末自萬曆元年已來百年之間大統授時二曆相差不過十餘刻及至千年則差二日萬年則差百有餘日所差非不多也新率恆處二曆強弱之間得中平之數云以上萬年曆備考係原本卷之二

曆法典第四十五卷

曆法總部彙考四十五

明五

鄭世子朱載堉曆學新說四

萬年曆備考下

古今交食考

前代課曆故事取各家所造之曆各使推而上之於千百世之上以求交食與夫歲月日星辰之著見於經史者爲合與否然後推而下之以定當來之氣朔則知與往古相合者爲密不合者爲疎甚易辨也萬曆九年辛巳歲距漢武帝元光元年丁未歲一千七百一十四年距陳宣帝太建八年丙申歲一千有五年二者之間史志原載日月食分加時起復方位各取數事而以元儒舊法幷今新法考之自唐已下不必考者未及千年故略之也仍取萬曆甲午已後日月交食亦各數事較其異同筆於此卷往則稽於史來則驗於天而新舊二家疎密可見矣

漢武帝元光元年七月癸未先晦一日日有食之在翼八度劉向云日中時食從東北過半晡時復（見五行志）

謹按日食必起自西理無從東起者疑有脫文故也當作從西北向東北食過半過半謂六七分已上是歲有閏而漢曆失閏故以爲七月晦晦閏之失辨見別卷茲不復贅

依新法算

距嘉靖甲寅歲一千六百八十七年

距萬曆辛巳歲一千七百一十四年

日食九分四十九秒

初虧 午正一刻 西北

食甚 未初二刻 正北

復圓 申初初刻 東北

食甚日躔黃道翼八度五十一分赤道翼八度三十九分

依舊法算

距至元辛巳歲一千四百一十四年

日食九分六十二秒

初虧 午正三刻 正西

食甚 未正初刻

復圓 申初二刻 正東

食甚日躔黃道翼六度五十二分赤道翼六度四十一分

漢武帝征和四年八月辛酉晦日有食之不盡如鉤在亢二度晡時食從西北日下晡時復（[illegible]）

依新法算

距嘉靖甲寅歲一千六百四十二年

距萬曆辛巳歲一千六百六十九年

日食九分八十五秒

初虧 未初二刻 西北

食甚 未正三刻 正北

復圓 申正初刻 東北

食甚日躔黃道角十一度七十八分赤道角十度八十九分

依舊法算

距至元辛巳歲一千三百六十九年

日食九分四十三秒

初虧 未正初刻 正西

食甚 申初一刻

復圓 申正二刻 正東

食甚日躔黃道角九度八十五分赤道角九度七分

謹按曆經云若當時有宿度仍依當時曆法命之依三統曆冬至日在牽牛加而命之則與亢二度合

漢明帝永平四年八月丙寅時加未日有食之（見後漢書五行志注）

謹按此不言朔者八月之晦也時加未者猶言加時在未

依新法算

距嘉靖甲寅歲一千四百九十三年

距萬曆辛巳歲一千五百二十年

日食二分七十一秒

初虧 未初二刻 西北

食甚 未正二刻 正北

復圓 申初二刻 東北

食甚日躔黃道亢初度十二分赤道亢初度十一分

依舊法算

距至元辛巳歲一千二百二十年

日食二分五十六秒

初虧　　未正二刻　　西北

食甚　　申初三刻　　正北

復圓　　申正二刻　　東北

食甚日躔黃道角十一度六十九分赤道角十度七十七分

魏文帝黃初二年六月二十七日戊辰加時未日食見晉書曆志

依新法算

距嘉靖甲寅歲一千三百三十三年

距萬曆辛巳歲一千三百六十年

日食三分七十二秒

初虧　　午正三刻　　西北

食甚　　未初三刻　　正北

復圓　　未正三刻　　東北

食甚日躔黃道張九度七十四分赤道張九度八十九分

依舊法算

距至元辛巳歲一千六十年

日食四分二十四秒

初虧　　未初一刻　　西北

食甚　　未正一刻　　正北

復圓　　申初一刻　　東北

食甚日躔黃道張八度七十一分赤道張八度八十四分

魏文帝黃初二年七月十五日癸未日加壬月加丙食見上

謹按日加壬謂日在地中壬位月加丙謂月在天上丙位以漏刻言則亥末子初也丙字舊文作景爲避唐諱今仍作丙庶讀者易曉也

依新法算

距嘉靖甲寅歲一千三百三十三年

距萬曆辛巳歲一千三百六十年

月食八分七十秒

初虧　　子初初刻　　三更一點　　東南

食甚　　子正三刻　　三更五點　　正南

復圓　　丑正一刻　　四更五點　　西南

食甚月離黃道室六度九十七分赤道室六度八十分

依舊法算

距至元辛巳歲一千六十年

月食八分七十一秒

初虧　　子初一刻　　三更二點　　正東

食甚　　丑初一刻　　四更二點

復圓　　寅初一刻　　五更二點　　正西

食甚月離黃道室五度九十分赤道室五度七十五分

宋文帝元嘉十三年十二月十六日甲夜月食盡在鬼四度以衛計之日當在牛六見宋書祖沖之曆議

謹按甲夜或作中夜者誤甲夜一更也乙丙丁戊夜二三四五更也盡字疑衍今曆鬼無四度蓋據當時赤道度耳元志云列舍相距度數歷代所測不同非微有動移則前人所測或有未密正謂此也已下二條放此

依新法算

距嘉靖甲寅歲一千一百一十八年

距萬曆辛巳歲一千一百四十五年

月食八分七十一秒

初虧　　申正三刻　　昏刻　　東北

食甚　　酉正一刻　　一更二點　　正北

復圓　　戌初三刻　　一更五點　　西北

食甚月離黃道柳三度四十一分赤道柳三度六十二分

依舊法算

距至元辛巳歲八百四十五年

月食八分七十三秒

初虧　　申正三刻　　昏刻　　正東

食甚　　酉正二刻　　一更三點

復圓　　戌正一刻　　二更一點　　正西

食甚月離黃道柳二度七十九分赤道柳二度九十七分

宋文帝元嘉十四年五月十五日丁夜月食盡在斗二十六度以衛計之日當在井三十同上

謹按赤道斗無二十六度唐志大衍曆議云古以牽牛上星爲距太初改用中星然則斗二十六度者漢太初曆所測也新法改斗二十六度爲牛初度依近代所測也

依新法算

距嘉靖甲寅歲一千一百一十七年
距萬曆辛巳歲一千一百四十四年
月食十一分六十二秒
初虧　子正初刻　三更三點　正東
食既　丑初一刻　四更一點
食甚　丑初三刻　四更四點
生光　丑正初刻　四更五點
復圓　寅初一刻　五更四點　正西
食甚月離黃道牛初度五十一分赤道牛初度五十
五分
依舊法算
距至元辛巳歲八百四十四年
月食十一分六十二秒
初虧　子正初刻　三更四點　正東
食既　丑初二刻　四更二點
食甚　丑正初刻　四更四點
生光　丑正二刻　五更一點
復圓　寅初四刻　五更五點　正西
食甚月離黃道斗二十三度十六分赤道斗二十五
度八分
宋文帝元嘉二十八年八月十五日丁夜月食在奎
十一度以術計之日當在角二 同上
謹按此條不言食盡者食不至既也
依新法算
距嘉靖甲寅歲一千一百三年
距萬曆辛巳歲一千一百三十年
月食七分三十秒
初虧　子正初刻　三更三點　東南
食甚　丑初二刻　四更二點　正南
復圓　寅初初刻　四更五點　西南
食甚月離黃道奎十四度二十六分赤道奎十三度
十五分
依舊法算
距至元辛巳歲八百二十年
月食七分三十秒
初虧　子正一刻　三更四點　東南
食甚　丑初三刻　四更二點　正南
復圓　寅初二刻　五更一點　西南
食甚月離黃道奎十三度五十四分赤道奎十二度
四十八分
宋孝武帝大明三年九月十五日乙夜月食盡在胃
宿之末以術計之日當在氐十二 同上
依新法算
距嘉靖甲寅歲一千九十五年
距萬曆辛巳歲一千一百二十二年
月食十四分四秒
初虧　戌初初刻　一更三點　正東
食既　戌正初刻　一更五點
食甚　戌正二刻　二更一點
生光　亥初初刻　二更三點
復圓　亥正初刻　二更四點　正西
食甚月離黃道胃十四度七十二分赤道胃十四度
八分
依舊法算
距至元辛巳歲八百二十二年
月食十四分四秒
初虧　酉正三刻　一更二點
食既　戌初四刻　一更五點
食甚　戌正二刻　二更一點
生光　亥初初刻　二更三點
復圓　亥正一刻　二更五點　正西
食甚月離黃道胃十四度一分赤道胃十三度四十
一分
陳宣帝太建八年丙申六月戊申朔食於卯甲間 見元史曆志
謹按二十四向寅末卯初是名曰甲然則卯甲間
者謂卯初之後卯正之前也
依新法算
距嘉靖甲寅歲九百七十八年
距萬曆辛巳歲一千五年
日食七分九十六秒
日未出已食一分六十一秒
日已出見食六分三十五秒
初虧　寅正一刻　西北
食甚　卯初二刻　正北
復圓　卯正二刻　東北
食甚日躔黃道柳二度六十六分赤道柳二度八十
二分
依舊法算
距至元辛巳歲七百五年
日食八分

日未出已食六分七十三秒
日已出見食一分二十七秒
初虧 寅正二刻 正西
食甚 卯初一刻
復圓 卯正三刻 正東
食甚日躔黃道柳二度十九分赤道柳二度三十二分

謹按此條曆家所謂帶食者也舊以應見者爲不見應不見者爲見與新法不同知曆者當辨孰爲近是

已上往古日月食共十條距今甲午歲千餘年矣自甲午已後本朝日月食共十條開列於後

萬曆二十四年丙申歲三月壬午夜望月食
依新法算
距嘉靖甲寅歲四十二年
距萬曆辛巳歲一十五年
月食三分七十秒
月未入已復二分七秒
月已入不見復一分六十三秒
初虧 寅初二刻 五更三點 東北
食甚 寅正三刻 曉刻 正北
復圓 卯初三刻 在晝 西北
食甚月離黃道角五度六分赤道角四度七十六分
依舊法算
距至元辛巳歲三百一十五年
月食三分七十一秒
月未入已復二分八十秒
月已入不見復九十一秒
初虧 寅初四刻 五更二點 東北
食甚 卯初初刻 曉刻 正北
復圓 卯正一刻 在晝 西北
食甚月離黃道角四度九十六分赤道角四度六十七分

萬曆二十四年丙申歲閏八月乙丑朔日食
依新法算
距嘉靖甲寅歲四十二年
距萬曆辛巳歲一十五年
日食九分七十五秒
初虧 巳正三刻 西北
食甚 午正初刻 正北
復圓 未初一刻 東北
食甚日躔黃道翼十九度赤道翼十七度六十二分
依舊法算
距至元辛巳歲三百一十五年
日食九分七十秒
初虧 午初初刻 正西
食甚 午正一刻
復圓 未初三刻 正東
食甚日躔黃道翼十八度九十分赤道翼十七度五十三分

萬曆二十六年戊戌歲七月戊戌夜望月食
依新法算
距嘉靖甲寅歲四十四年
距萬曆辛巳歲一十七年
月食九分十八秒
初虧 丑初初刻 四更一點 東北
食甚 丑正二刻 四更五點 正北
復圓 寅正初刻 五更四點 西北
食甚月離黃道虛六度九十六分赤道虛六度八十六分
依舊法算
距至元辛巳歲三百一十七年
月食九分十八秒
初虧 丑初初刻 四更一點 正東
食甚 丑正二刻 四更五點
復圓 寅正一刻 五更五點 正西
食甚月離黃道虛六度八十六分赤道虛六度七十七分

萬曆二十七年己亥歲六月癸巳夜望月食
依新法算
距嘉靖甲寅歲四十五年
距萬曆辛巳歲一十八年
月食十一分十六秒
月未出已食七分五十九秒
月已出見食三分五十七秒
初虧 酉初二刻 在晝 正東
食既 戌初初刻 昏刻
食甚 戌初二刻 昏刻
生光 戌初三刻 一更一點
復圓 亥初初刻 一更五點 正西
食甚月離黃道女七度九十二分赤道女八度三分

依舊法算

距至元辛巳歲三百一十八年

月食十一分十六秒

月未出已食一分九十九秒

月已出見食八分十七秒

初虧　酉初二刻　在晝　正東

食既　戌初初刻　昏刻

食甚　戌初二刻　昏刻

生光　戌初三刻　一更二點

復圓　亥初一刻　一更五點　正西

食甚月離黃道女七度八十二分赤道女七度九十二分

謹按此與太建八年帶食其理相同舊法應見者爲不見應不見者爲見與新法異爲至則驗大明知疏密

依新法算

萬曆二十九年辛丑歲十一月己酉夜望月食

距嘉靖甲寅歲四十七年

距萬曆辛巳歲二十年

月食七分八十七秒

初虧　丑初初刻　三更五點　東南

食甚　丑正三刻　四更三點　正南

復圓　寅初三刻　四更五點　西南

食甚月離黃道畢十四度六分赤道畢十四度九十三分

依舊法算

距至元辛巳歲三百二十年

月食七分八十九秒

初虧　丑初初刻　三更五點　東南

食甚　丑正二刻　四更三點　正南

復圓　寅正一刻　五更一點　西南

食甚月離黃道畢十三度九十六分赤道畢十四度八十三分

依新法算

萬曆三十年壬寅歲四月丙午夜望月食

距嘉靖甲寅歲四十八年

距萬曆辛巳歲二十一年

月食十四分十秒

初虧　子初二刻　三更一點　正東

食既　子正三刻　三更五點

食甚　丑初一刻　四更二點

生光　丑正初刻　四更四點

復圓　寅初一刻　五更二點　正西

食甚月離黃道尾五度八十九分赤道尾六度二十五分

依舊法算

距至元辛巳歲三百二十一年

月食十四分十秒

初虧　子正初刻　三更三點　正東

食既　丑初三刻　四更三點

食甚　丑正一刻　四更五點

生光　寅初初刻　五更二點

復圓　寅正二刻　曉刻　正西

食甚月離黃道尾五度八十二分赤道尾六度十九分

依新法算

萬曆三十年壬寅歲十月甲辰夜望月食

距嘉靖甲寅歲四十八年

距萬曆辛巳歲二十一年

月食十三分二十九秒

月未出已食十分三十四秒

月已出見食二分九十五秒

初虧　申初一刻　在晝　正東

食既　申正二刻　在晝

食甚　酉初初刻　昏刻

生光　酉初二刻　一更一點

復圓　酉正二刻　一更三點　正西

食甚月離黃道畢二度九十四分赤道畢三度九分

依舊法算

距至元辛巳歲三百二十一年

月食十三分二十九秒

月未出已食二分五十九秒

月已出見食十分七十秒

初虧　申初初刻　在晝　正東

食既　申正一刻　在晝

食甚　酉初初刻　昏刻

生光　酉初二刻　一更一點

復圓　酉正四刻　一更四點　正西

食甚月離黃道畢二度八十四分赤道畢三度九十八分

謹按食既在晝則月出已既矣是知舊法所推帶

食分誤

萬曆三十一年癸卯歲四月丁亥朔日食

依新法算

距嘉靖甲寅歲四十九年

距萬曆辛巳歲二十二年

日食八分六十六秒

初虧　辰初初刻　西北

食甚　辰正一刻　正北

復圓　巳初三刻　東北

食甚日躔黃道胃十二度二十一分赤道胃十二度十四分

依舊法算

距至元辛巳歲三百二十二年

日食七分九十八秒

初虧　辰初二刻　西北

食甚　辰正四刻　正北

復圓　巳正一刻　東北

食甚日躔黃道胃十二度十三分赤道胃十二度六分

萬曆三十一年癸卯歲十月戊戌夜望月食

依新法算

距嘉靖甲寅歲四十九年

距萬曆辛巳歲二十二年

月食四分四十秒

初虧　子正四刻　三更五點　東北

食甚　丑正一刻　四更二點　正北

復圓　寅初二刻　四更五點　西北

食甚月離黃道昴二度六十二分赤道昴二度六十七分

依舊法算

距至元辛巳歲三百二十二年

月食四分四十秒

初虧　丑初一刻　四更一點　東北

食甚　丑正三刻　四更四點　正北

復圓　寅正一刻　五更一點　西北

食甚月離黃道昴二度五十四分赤道昴二度五十九分

萬曆三十二年甲辰歲四月辛巳朔日食

依新法算

距嘉靖甲寅歲五十年

距萬曆辛巳歲二十三年

日食三分九十秒

初虧　未正三刻　西南

食甚　申正初刻　正南

復圓　酉初初刻　東南

食甚日躔黃道胃一度五十五分赤道胃一度五十二分

依舊法算

距至元辛巳歲三百二十三年

日食四分二十二秒

初虧　申初三刻　西南

食甚　酉初初刻　正南

復圓　酉正一刻　東南

食甚日躔黃道胃一度四十八分赤道胃一度四十五分

謹按日月食舊例惟推黃道度今附赤道度於下蓋欲學者兼通黃赤道相求術庶不致失傳也

右古今日月食共二十條祇依元史舊法與臣新法相校而錄其同異焉若夫大統曆經全文實愚臣所未覩雖頗聞其略節然莫知其詳也伏望欽依合該監推考而辨定疎密爲後來修曆者張本臣下情不勝榮幸仰荷之至（以上萬年曆備考係原本卷之）

鄭府長史謝廷訓奏勅請進萬年曆副本啓

爲恭進曆書上祝萬壽敬陳愚見以仰裨盛典萬一事萬曆二十三年十月二十八日承奉河南等處承宣布政使司劄付承准禮部照會該本部題祠祭清吏司案呈奉本部送內府抄出鄭世子載堉奏前事內稱大統曆倘有小差乞要更正以成一代之制宜新其名爲聖壽萬年曆及將所著新法十冊恭進等因奉聖旨禮部知道欽此欽遵抄出到部送司案呈到部看得鄭世子載堉恭進曆書上祝萬壽欲要更新其名及將大統曆所差即便改正各一節爲照人君欽若天道敬授民時以成治功者莫大於曆是故自堯舜相傳以來靡不重之所以大一統也我太祖高皇帝創有天下即治曆明時頒行中外命之曰大統蓋不惟昭王者無外之義而聖子神孫億萬年無疆之祚卽在於是始有不可以數限量者焉列聖相承毫無異議皇上紹天纘緒繼治安民二十有三載夫旣叶泰階之符而際昇平之盛矣適者萬壽屆期四方來賀鄭世子載堉恭獻聖壽萬年曆書併請因

時改名原其用心無非俯竭一得之忱欲效萬年之祝意甚善也但臣等查得會典凡造曆以洪武甲子爲曆元仍依舊法推算不用捷法夫曆元必用洪武甲子者所以重一代開創之本而推算用舊法者誠以天有常度苟求其故千歲之日至可坐而致所謂故者言天運自然之常度行成法可求不必於鑿也今大統曆以我太祖之聰明睿智遡考前代推步之法而用元郭守敬之術立表以測景考景以驗氣上符天運下順民時以成之皆因其故也是以行之二百餘年重熙累洽蓋自畿甸以及要荒凡雕題椎結殊鄉異俗一皆稟受正朔此萬萬世不可易者行之既久習之已熟一旦而欲更新其名無論非祖宗創制立法至意且恐駭華裔之觀聽也又考元曆志至元四年西域札馬魯丁撰進萬年曆世祖稍頒行之十三年平宋遂詔前中書左丞許衡太子贊善王恂都少監郭守敬等改治新曆參考累代曆法復測候日月星辰消息運行之變參別異同酌取中數以爲曆本至十七年冬至曆成名曰授時曆十八年頒行天下萬年曆不復行則萬年曆名元既有之雖行而未久亦不便於襲用矧今年號萬曆業已該萬年之義曆名改擬之說臣等未敢輕議至於歲差之法上古無聞蓋一元肇啓四序適調天有常運日月星辰行有常度自無差忒自唐虞以降暨於春秋時令不無愆其候矣詎非氣漸澆漓運行乖舛而致然歟然而差法猶未立也逮漢雒下閎始知有差及晉虞喜始立差法自是宋何承天祖沖之梁虞劇隋劉焯張胄元唐僧一行宋王朴沈括輩各有差法之議訖無畫一之規大都所約年限有遠近所置分度有疎密耳至元許衡郭守敬等乃測景於四表毫忽微眇皆有可考約以六十六年差一度考往則每百年減一推來則每百年加一其法號爲精密我朝制曆實用其法則差法固在向遵用之宜無復異者近屢有言曆法差訛當爲考正然於何而正之所以求之者大約有三曰考月令之中星移次應節曰測二至之日景長短應候曰驗交食之分秒起復應時考以衡管測以臬表驗以刻漏斯亦庶得之矣夫天體至廣曆家以周天三百六十五度四分度之一而紀日月星辰之行次又析一度爲百分一分爲百秒可謂密矣然在天一度應地二千九百三十二里其在分秒又可推也譬之輪轂外廣而中漸以狹至於輻轃之處間不容髮矣夫渾儀之體徑僅數尺外布三百六十五度四分度之一每度不及指許安所置分秒哉至於臬表之樹不過數尺刻漏之籌不越數寸以天之高且廣也而以徑尺寸之物求之欲其纖微不爽不亦難乎故方其差在分秒之間無可驗者至踰一度乃可以管窺耳此所以窮古今之智巧不能盡其變歟今之談曆者或得其算而無測驗之具即有其具而置非其地高下迥絕則亦無准宜非墨守者之所能自信也即如世子言以大統與授時二曆相較考古則氣差三日推今則時差九刻夫時差九刻在亥子之間則移一日在晦朔之交則移一月此可驗之於近也設移而前則生明在初二之昏矣設移而後則生明在初四之夕矣弦望亦宜各差一日今似未至此也此以曆家雖有成法猶以測驗爲准爲今之計宜令星曆之官再加詳推以求歲差之故亟爲更正嘗聞前禮官鄭繼之有言欲定歲差宜定歲法於二至餘分絲忽之間定日法於氣朔盈虛一畫之際定日月交食於半秒難分之所斯其言似中曆家肯綮要在得精思善算而又知曆理者以職其事誠博求之不可謂世無其人而其本又在我皇上秉欽若之誠以建中和之極光調玉燭默運璇璣正曆數以永大統之傳是在今日誠千載一時也臣等竊觀鄭世子所著新法其原本進呈恭備御覽未使繙閱恐致損汚合無行河南布政司轉行該府長史司具啓世子知會另將副本解部轉發欽天監與世業各科曆官所傳諸書互相參訂細加磨算務使分秒微纖隨時測驗蘄於不爽則曆數之奧既占而有孚天運之常亦算無遺筴矣若夫世子載堉不以崇高富貴爲逸豫之圖乃能留心曆學博通今古志行既爲可尚忠愛良有足嘉即東平河間何以稱焉相應賜勅獎諭以示優褒取自聖裁恭候命下臣等遵奉施行等因萬曆二十三年九月十九日本部尚書兼翰林院學士范等具題二十三日奉聖旨是鄭世子著寫勅獎諭欽此欽遵除將獎諭一節另行移文撰勅外所據新著律曆融通等書副本相應開取案呈到部擬合就行爲此合就照會該布政司著落當該官吏照依照會內事理轉行鄭府長史司啓世子知會即將所著律曆融通等書副本作速差人解部以憑轉發欽天監磨算施行等因承此擬合就行爲此劄仰本司官吏照依劄付備承照會內事理即便具啓鄭世子知會即將所著律曆融通等書副本作速差人

解部轉發欽天監磨算施行毋得遲違未便奉此擬合具啓爲此今將前項緣由理合具本謹具啓聞

邢雲路議正曆元疏

臣惟稽古帝王必以治曆明時爲首務蓋其重也大哉帝堯其首命羲和氏曰欽若昊天曆象日月星辰敬授人時而卽以咨帝舜曰天之曆數在爾躬其重如此嗣是夏后殷周紹明三正有自來矣下逮春秋始爽厥德於是有日至之愆不朔之食豈天路之殊常抑日官之失職歟漢唐以降迄於宋元治曆家亡慮數十其表見者如鄧平祖沖之李淳風僧一行郭守敬輩各殫心思求合天運或差而改改而差差而復改率皆由淺之深由疎之密惟郭守敬乃臻其妙爲誠可謂冠絕古今矣然而守敬亦未嘗自信爲無差也觀其謂積年距至元辛巳爲元則可其諸應宜隨時測驗者用辛巳爲元則不可令司天氏固祖述郭守敬太史者而胡不是之察也臣少習乾象長益篤嗜凡研思二十餘年乃有所得始覺古人有未盡而今時有不然者何也蓋天日之交氣之齊也日月之交朔之會也日忒而氣不齊月愆而朔不會今之弊也夫窺天之器宜無踰於觀象測景候時籌策四事矣臣今以四事窺天運背日異而月不同焉孟子曰天之高也星辰之遠也苟求其故千歲之日至可坐而致也然則日之至乃天之根氣之始所關大矣乃今之日至何如也大統推今年冬至在申正二刻而臣測在未正一刻大統實後天九刻餘蓋以癸巳甲午丙申丁酉之晷相加減實測二百五十九刻七十三分四十五秒得乙未日未正一刻冬至復取前後二十餘日計二千餘刻日日而量之秒秒而較之皆同未正一刻無殊科此日行所至昭昭在天可以數籌可以景測可與人人共知見者匪人力所私懸想所致也乃大統差至後天九刻餘計氣應應損九百餘分而不自覺豈其未嘗籌測耶孟子所謂千歲可坐致者今甫以三百餘年輒差九刻則何論千歲不寧惟是今年立春夏至立冬皆適值子半之交臣測立春乙亥而大統推丙子臣測夏至壬辰而大統推癸巳臣測立冬己酉而大統推庚戌夫立春與冬乃王者行陽德陰德之令而夏至則其祀方澤之期也今皆相隔一日則理人事神之謂何是豈爲細故況以立春隔日而生人之年月日時皆非矣此而不改後將何極且曆法疎密驗在交食自昔記之矣乃今年閏八月朔日有食之大統推初虧巳正三刻食幾既而臣候初虧巳正一刻食止七分餘大統實後天幾二刻而計閏應及轉應若交應則各宜如法增損之矣蓋日食八分以下陰曆交前初虧西北固曆家所共知也今閏八月朔日食實在陰曆交前初虧西北其食七分餘明甚則安得謂之初虧正西食甚九分八十六秒耶而大統之不效亦明甚然此八月也若或值元日於子半則當退履端於月窮而朝賀大禮當在月正二日矣又可謂細故耶此而不改臣竊恐愈久愈差將不流而至春秋之食晦不止也臣故曰閏應轉應交應之宜俱改也我朝聖神在御重熙累洽我皇上繼天立極調元出治其曆數之傳直追帝堯之統則治曆明時止今日之急務也乃自國初迄今二百餘年曆猶未正司天氏但知僅守元臣立成之法而一切諸應不隨時以考驗氣朔並乖天人弗協而猶然用至元辛巳爲元夫有一代之典必有一代之曆我朝制作越千古獨奈何以曆數大典而猶然以勝國爲元耶臣愚不自蓄此於中久矣向欲陳獻恐有越俎之嫌未敢也乃今年適逢上命儒臣纂修正史夫史也者大經大法咸正罔缺者也然而莫重於曆亦莫難於曆乃今尚未聞有一人欲起而更正之者及今不正何爲信史及今不言豈非失時臣故自今年悉心詳驗之思以上獻也野有一芹尚思自獻況以曆數大典又當修史之會臣既實見其非是則安敢不亟陳於君父之前伏願陛下俯納臣言勅下禮部議覆上請遴選海內之有眞知曆數如郭守敬其人者俾之竭心殫力因數察理探賾索隱鉤深致遠其於日月之消息氣朔之差應悉立新故之分弧矢分合之變黃道白道之一而不一天首天尾之齊以非齊一一測正之亡爽焉假以便宜遲以歲月然後改憲明時報之天子定昭代之曆元成熙朝之大典將見理陰敘陽各得其所特惠辰從職不相侵蓋先後天而不違乃謂之欽若昊天人不違而況人乎乃可以敬授人時百工允釐庶績咸熙聖德則天光於上下此帝堯相傳之統格天之致也由是東隅西極南交北狄皆曉然見天人之明正炯炯洞洞覩大聖人之作爲出尋常萬倍而國家億萬年曆數無疆之休端在是矣臣不勝悚慄待命之至爲此具本專差書吏劉欽親齎謹具奏聞

李應策請定歲差疏

乞勅亟定歲差以答輿望事臣惟曆之關於時歲差

之闕於曆大矣該鄭世子載堉會獻曆上壽蒙禮部覆准發欽天監磨對事閒乙未歲八九月中迄今無耗昨該河南按察司僉事邢雲路復請議正曆元詳議本年冬至雲路測未正一刻大統推申二刻實後天九刻本年閏八月日食雲路候初虧巳正一刻食止七分大統推初虧巳正三刻食將盡後天二刻其測候諸應參差較鄭世子所奏簡切便覽獨應時加減法尚未達悉耳臣思國朝曆元聖祖嘗諭二說難憑但驗七政交會行度無差者爲是惟時以至元辛巳揆之洪武甲子僅百四年所律以差法似不甚遠至正德嘉靖已退當三度餘奚俟今日哉春秋不食朔猶直書官失之今日食後天幾二刻冬至後天逾九刻計氣應應損九百餘分乃云弗失乎曆理微秒日月五星運轉交會咸取應於窺管測表歐陽修所謂事之最易差者雖古太初大衍諸書詎不深思元解得義和氏之曆象授時遺意然果以鍾律爲數無差則太初曆宜即定於漢而後之爲三統四分者若何又果以蓍策爲術無差則大衍曆當亦即定於唐而後之爲五紀貞元觀象者又若何蓋陰陽迭行隨動而移移而錯錯而乖違日陷不止則躔離之謬分至之忒積此爲窮謂移九刻於亥子之間則差一日懼後不啻焉前華湘奏堯時初昏昴中日行北陸躔於子虛七度今冬至初昏室中日行東陸躔於寅屬箕三度以相距四千年而隔餘五十度驗曆數愆期顧有言此日至之週遍於東西南運度豈泥若分秒而量積二萬七千餘年復歸如初又天行舒移而漸西每日過一度者爲天道左旋之常日行縮移而漸西每積歲亦過行一度者爲天道右轉之祕茲直存而不論耶人人知歲差易微考之退度若以五十年若百年若六十六年或八十三年殊無一經久確論故由春秋歷宋末元初愈稽愈失計無慮數十更矣夫亦何術何數無錯大統曆本之勝國郭太史守敬以彼減二十四分二十五秒於周歲加二十五分七十五秒於周天窺度精到有陋太初大衍等爲不足言者然積六十六年有奇而退一度則推驗之始已知有差何不即酌定盡一俟其退一度逾六十六年而後更茲其故難於言矣無猶氂毫之除加之周天者微多減之周歲者微少纖悉難究姑置此爲盈虛之驗而探賾索隱不能不隨時以待歟雲路持觀象測景候時籌策四事議諸應宜俱改想已洞燭款竅使得中祕星曆書一徧閱而校焉必自有得世子僅閱衍義補氣閏轉交四准分秒數字即悟大統曆大義併所獲律呂說冀正之臣嘗謂律本居陰以治陽曆實居陽以治陰乃非兩本惟登臺候日晷應否析忽於秒周歲周天微爲增減務期晦朔弦望昏旦夜半中星分秒不爽尺寸與聖祖原諭元統李德芳同一軌焉務稱完制餘不必更也而本監奉查律例久稽未復此又專門之裔本業雖長理或未諳精算之士末技雖善經實弗明其奈何以國制鉅任畀之豈鄧平虞喜沈括輩各名家不能定一二尋常曲士易能哉譬之今鼎建大工操尺與運斤者缺一焉不可爲矣矧履端節至萬曆方新纂修國典諸法畢備失今不舉後需何期伏乞勅下該部諭令僉事邢雲路即以原官暫署欽天監俾相咨訂正仍選委在京各衙門素明曆法者二三員責之贊襄大務以共成一代之典而決千古之疑中外臣民實不勝願望脫有襲故者目之爲多事言未及而阻泥隨之則不敢云克濟也已云云

張應候申明曆元疏

爲申明曆元乞賜宸斷以杜妄議事臣等仰荷聖恩職司臺監凡星象曆數選擇堪輿數事莫不夙夜匪懈兢兢業業毫無敢忽此臣等上報國恩而下盡臣子之職分也臣等於萬曆二十四年十一月內偶接得河南僉事邢雲路揭帖開稱大統曆算差訛悉宜改正臣等不勝駭異査得昔帝堯乃命羲和欽若昊天曆象日月星辰敬授人時迄於周秦漢晉唐宋以來不啻數十家更改損益以至於元而有郭守敬出焉是以上考往古下驗將來斟酌損益以成一代之曆其歲差歲實諸應氣策立法之密槩無出其右者矣爰及我太祖高皇帝統率華裔乃命監正元統等分步推測考往驗來皆依守敬之法節氣交食分秒時刻毫無增損始更名曰大統曆而又取之西夷設監立官推步回回曆數較對大統務求脗合以成一代之大典是遵祖宗之定制也今僉事邢雲路陳言曆數之差前後相懸一日又不知是遵何家之法而輕信何人妄議者也且國朝立法律例備載有人私習天文曆數者罪之私傳妄議者罪同況元郭守敬王恂等職司太史尚且奉其勅方敢更正諸曆我國朝監正元統雖奉成命自知才不及守敬法不能易改是以遵奉明旨將授時曆改爲大統曆名雖異而法術同雖經三百年來迄今雍熙太平相沿已久天

道朒合交食準驗年愈遠而數愈眞其後有樂護華湘等勉强欲求斟酌改易並未奉行考之今時賢才無守敬學業無元統雖有毫末之聰未敢擅議於一時也當國初時苟可更之分秒錯綜一經改易始成一代之名豈不可乎是知其必不可改也今我皇上聖神英武法令嚴明若聽雲路之疏變易成法反復天道是知其不易爲也今邢雲路之請尚未奉行而都邸中外官民謠誦曰大統曆數差錯朔日相越一日惑世誣民變亂成法是誰之過歟且臣等本監造曆一載年前頒朔天下共知奈何邢雲路復生異議今使中外臣民洶洶不安紛紛議起邢雲路是誠何心矣伏望皇上大奮宸斷勅下禮部酌議如果臣等曆數有差願選海內高明之士有能精於曆數者公同考較如果臣等歷年交食朒合天道時節分秒不移或遵祖制業依古法仍勅下中外臣民勿生妄議行令廠衛五城衙門嚴加禁約如有妄議謠傳曆數差訛者許緝拏究問如律庶止訛言曆數之非庶止中外臣民之議則天下幸甚臣等幸甚矣

禮部議正曆元疏

爲中明曆元乞賜宸斷以杜妄議事奉聖旨禮部知道欽此欽遵通抄到部送司案呈到部爲照治曆明時國家首務序正五辰綱紀萬事所係誠爲鉅重毫忽豈容少差顧其差與不差惟驗之日月星辰而已先在萬曆二十三年鄭世子載堉疏進曆書內稱舊法少差已經本部奉旨覆議以其書下欽天監推算測驗尚無實證未敢遽信爲然近據萬曆二十四年閏八月朔日食時刻分秒與欽天監所奏委覺參差臣等方議題請博訪精通曆數之士亟爲測驗修正之圖今適河南按察司僉事邢雲路疏請改正曆元諸法良爲有見乃欽天監監正張應候又此奏辯惟欲固守舊法夫使舊法無差誠宜世守而今既覺少差矣失今不修將歲愈久而差愈遠其何以齊七政而釐百工哉相應俯從邢雲路所請即行考求磨算漸次修改爲是但曆數本極元微修改非可易議蓋更曆之初上考往古數千年布算雖有一定之法而成曆之後下行將來數百年不無分秒之差前此不覺非其術之疎也以分秒布之百餘年間其微不可紀蓋亦無從測識之耳必積至數百年差至數分而始微見其端今欲驗之亦必測候數年而始微得其槩即今該監人員不過因襲故常推衍成法而已若欲斟酌損益緣舊爲新必得精諳曆理者爲之總統其事選集星家多方測候積算累歲較析毫芒然後可爲準信裁定規制今據邢雲路奏議詳悉研窮星曆之家考正舊法之差似得肯綮蓋一時五官疇人未有能及之者相應專任責成令無容行吏部即以僉事邢雲路行取入京添註五品京衛提督欽天監事該監人員皆聽約束本部仍博訪通曉曆法之士悉送本官委用務親自督率各官測候二至太陽晷刻逐月中星躔度及驗日月交食起復時刻分秒方位諸數隨得隨錄逐一開呈御覽積之數年酌定歲差修正舊法則萬世之章程不易而一代之寶曆惟精其於國家敬天勤民之政亦誠大有裨補矣其見行二十六年曆日該監仍照舊法推算不與相妨及查律例所禁乃指民間妄以管窺而測妖祥僞造曆書而紊氣朔者言若天官書天文志曆書曆志載在歷代國史直云通天地人謂之儒學士大夫所宜通曉第患不能精耳非槩以例禁之也據大明會典明開天文地理藝術之人禮部務要備知以憑取用仍行天下訪取考驗收用在弘治十年令訪取世業原籍子孫併山林隱逸之士及致仕退閑等項官吏生儒軍民人等有能精通天文者試中取用在嘉靖元年工科給事中吳巖題請考選精術以備國用本部覆奉欽依保舉精通天文曆法者不拘致仕官員監生生員山林隱逸之士何嘗禁人習學曆法乎如欲執私習之條而絕星曆之學誤矣該監各官局守成算既不能測驗以窮其變又不能虛心博訪考訂以復其常今既有其人務在同心共事協力推驗不得妒功忌能自相矛盾悉聽本部參究恭候命下容臣等遵奉施行

總跋附錄四疏

宋人所撰夢溪筆談有云熙寧中予領太史令衛朴造曆氣朔已正但五星未有候簿可驗前世修曆多只增損舊曆而已未曾實考天度其法須測驗每夜昏曉夜半月及五星所在度秒置簿錄之滿五年其間剔去雲陰及晝見日數外可得三年實行然後以算術綴之古所謂綴術者此也是時司天曆官皆承世族隸名食祿本無知曆者惡朴之術過己群沮之屢起大獄雖終不能搖朴而候簿至今不成奉元曆五星步術但增損舊曆正其甚謬處十得五六而已朴之曆術今古未有爲羣曆人所沮不能盡其藝惜哉余讀至此喟然歎曰古人有云後之視今亦猶今

之覩昔觀臺官之參語則吾輩議曆者其罪不容誅矣惡之欲其死非大獄而何苟非部科卓見確論以維持之不亦殆乎雖然抱忠之臣猶懷卞和三獻之志終不能已蓋雖有時而屈或亦有時而伸道之不行也退其志可乎故錄四疏全文示世之議曆者而感發懲創皆在其中矣

欽定古今圖書集成曆象彙編曆法典

曆法典第四十六卷

曆法總部彙考四十六

明六

鄭世子朱載堉曆學新說五

律曆融通

自雒下閎造太初曆取法黃鍾律數而後知創曆不可無所本自僧一行造大衍曆改從大易策數而後知修曆不可有所拘易大傳曰河出圖雒出書聖人則之所謂則之者非止畫卦叙疇二事而已至若律曆禮樂莫不皆然蓋天地萬物無非陰陽而圖書二者陰陽之妙盡矣夫六經之道同歸禮樂之用爲急然而曆者禮之本也律者樂之宗也何以言之夫曆之與也測景於天景有消長因之以考分至以序四時而五禮本之律之始也候氣於地氣有深淺因之以辨清濁以正五音而六樂宗之聖人作樂以應天制禮以配地故曰律居陰而治陽曆居陽而治陰律曆迭相治也其間不容髮而相錯綜也以河圖雒書言之則河圖者禮也雒書者樂也樂記曰天尊地卑君臣定矣卑高以陳貴賤位矣動靜有常小大殊矣方以類聚物以羣分則性命不同矣在天成象在地成形如此則禮者天地之別也其河圖之謂歟地氣上齊天氣下降陰陽相摩天地相蕩鼓之以雷霆奮之以風雨動之以四時煖之以日月而百化興焉如此則樂者天地之和也其雒書之謂歟故河圖圓而左旋其數則偶所謂居陽而治陰也十二辰支以之雒書方而右轉其數則奇所謂居陰而治陽也七曜以之陽道常饒陰道常乏故河圖之數五十五視大衍而有餘雒書之數四十五視大衍而不足合河圖與雒書共得百數若陰陽之交覯牝牡之相銜均而分之得大衍之數者二此天地自然之至理故律曆倚之而起數語其經則曆有十二辰支律有十二宮調語其緯則曆有七曜律有七音河圖曆也故有四時迭運之象雒書律也故有二分損益之象是以黃鍾之管九寸則雒書而爲律元黃鍾之尺百分則河圖而爲度母從黍之律橫黍之度長短分齊交相契合斯乃造化之妙故名之曰黃鍾曆法蓋言倚數取諸此也夫七八九六者天地之大數也七爲少陽八爲少陰九爲老陽六爲老陰陽屬於天陰屬於地天體圓其用方故七⊙爲天之象而九⊡爲天之數地體方其用圓故八⊡爲地之象而六⊙爲地之數夫數者混融乎太極之先昭晰乎有象之後方圓曲直天下之眞象圍徑積實天下之眞數即象以求數則數外無象因數以會象則象外無數二者相須而未嘗相離也圖書者方圓之至方圓者動靜之機動靜者陰陽之本陽奇而陰偶故天一而地二陽動而陰靜故天圓而地方圓以爲方方以爲圓則靜者不能無動引動爲之用則動者不能無靜靜爲之體則動爲之用動爲之體則靜爲之用用以體爲基體以用爲本此陰陽之所相根而造化之所不窮也河圖者其天地對待之數乎以天一處於北則地二自然處於南以天三處於東則地四自然處於西四位既定則天五自然居乎中中也者四方所取正也六與一合六即一五也七與二合七即二五也爲八爲九者三五四五也四方既正則五五相比十復居於中矣此皆自然相合之數五行之所以生成也故孔子曰天數五地數五五位相得而各有合此之謂也雒書者其參天兩地之數乎陽生於下而左旋陰生於上而右旋陽數則參大參者三也自一三如三三三如九三九二十七本文無十故去其二十而言七三其七爲二十一去二十則一復處於下陰數則兩地兩者二也自二二如四二四如八二八十六本文無十故去其十而言六二其六爲十二去十則二復處於上過此以往積數萬億皆不越乎此八位既定則五數自然居乎中中也者是亦八位所取正也以一加五則六在一後以六加五爲十一去十則一在六先以三加五則八在三後以八加五爲十三去十則三在八先以至四九二七亦莫不互相加益而爲先後也此皆自然相比之數亦五行之所以生成也故孔子曰參天兩地而倚數此之謂也是知河圖之數五十五者天也合而用之者聖人也雒書之數四十五者天也倚而用之者聖人也河圖之五行則以相生而順行雒書之五行則以相制而逆運二者皆起於一推其

生則土居未中推其制則土居丑中是又自然有相合之理劉歆謂河圖雒書相爲經緯豈微義哉邵雍曰圓者河圖之數方者雒書之文當知方以爲體則圓以爲用圓以爲體則方以爲用圓者徑一而圍三方者徑一而圍四河圖以十居中圓以推之三其十爲三十故圖外成數六七八九總三十方以推之四其十爲四十故圖內外生成之數總四十雒書以五居中圓以推之三其五爲十五故書從橫皆十五方以推之四其五爲二十故書外陽數一三九七總二十陰數二四八六亦總二十體用相因莫匪自然至哉圖書其象數之原乎夫物生而後有象象而後有滋滋而後有數象之與數若異用也而本則一若殊途也而歸則同不明乎數不足與語象不明乎象不足與語數是故欲明律曆之學必以象數爲先天道生於太一一變而爲七七變而爲九七與八乾坤之體坎離之象也九與六乾坤之用坎離之數也七九中實六八中虛奇偶陰陽之理也故天象多用七而天數多用九用七者若日月五星而爲七政四方各七宿是也用九者三九二十七故二十七日有奇而月離一周爲四九三十六故三百六旬有餘而日躔一周焉河圖一六屬水而爲北方七宿二七屬火而爲南方七宿三八屬木而爲東方七宿四九屬金而爲西方七宿五十屬土而爲大衍之數故唐志云大衍爲天之樞如環之無端蓋律曆之大紀也十乃全數居中央而爲宮九次之居西方而爲商八次之居東方而爲角七次之居南方而爲徵六次之居北方而爲羽此五聲之位清濁之序也然五聲之相生由中而南故宮生徵由南而西故徵生商由西而北故商生羽由北而東故羽生角始於宮終於角左旋一周以象河圖也六律之相生自子而亥故黃鍾生仲呂自亥而戌故仲呂生無射自戌而酉故無射生夾鍾自酉而申故夾鍾生夷則乃至於丑而止故始於黃鍾而終於林鍾右旋一周以象雒書也日爲太陽其數九居雒書之正南故蕤賓在午月爲太陰其數六居雒書之西北故應鍾在亥黃鍾爲塡星太蔟爲太白姑洗爲歲星林鍾爲熒惑南呂爲辰星蕤賓爲日應鍾爲月曆有五緯七政律有五聲七始故律曆同一道天之陰陽五行一氣而已有氣必有數有聲曆以紀數而聲寓律以宣聲而數行律與曆同流行相生黃鍾者聲氣之元名乎蕤賓應鍾是名中和所以濟五音和陰陽旋宮之律可定聲氣之元周流而不窮矣故周髀曰冬至夏至觀律之數聽鍾之音知寒暑之極明代序之化是知律者曆之本也曆者律之宗也其數可相倚而不可相違故名曰律曆融通

黃鍾曆法上 凡五篇

步律呂第一

律元九

黃鍾之管長九寸從黍爲分之九寸也寸皆九分凡八十一分雒書之奇自相乘之數也是爲曆本故以萬曆九年爲元義取諸此上考往古下推來今皆距律元爲算

律母百

黃鍾之尺長十寸橫黍爲分之十寸也寸皆十分凡百分河圖之偶自相乘之數也是爲母法秒滿法從分分滿法從刻刻滿法從日度下分秒放此不滿秒者爲忽

律限三百

紀之以三是也律母三之得律限夫三十爲世三百爲十世年遠數盈漸差天度古人所謂斗曆改憲之期

律總六十

平之以六是也五聲乘十二律得六十調是名律總置律總爲實三而一所得是名律差

律數十二

國語曰紀之以三平之以六成於十二天之道也天之大數不過十二是故律曆宗之

律率三十

古法日餘十六分之七今改日餘千六百分之六百九十九大餘紀之以三小餘滿法從日不滿退除爲刻及分

黃鍾　冬至益卦初九　小寒益卦六二
復卦　初九　六二　六三　六四　六五　上六
頤卦　初九　六二　六三　六四　六五　上九
屯卦　初九　六二　六三　六四　九五　上六
既濟　初九　六二　九三　六四　九五　上六
家人　初九　六二　九三　六四　九五　上九
大呂　大寒益卦六三　立春益卦六四
臨卦　初九　九二　六三　六四　六五　上六
明夷　初九　六二　九三　六四　六五　上六
賁卦　初九　六二　九三　六四　六五　上九
損卦　初九　九二　六三　六四　六五　上九

節卦　初九　九二　六三　六四　九五　上六
太族　雨水益卦九五　驚蟄益卦上九
泰卦　初九　九二　九三　六四　六五　上六
大畜　初九　九二　九三　六四　六五　上九
需卦　初九　九二　九三　六四　九五　上六
小畜　初九　九二　九三　六四　九五　上九
中孚　初九　九二　六三　六四　九五　上九
夾鍾　春分震卦初六　清明震卦六二
大壯　初九　九二　九三　九四　六五　上六
歸妹　初九　九二　六三　九四　六五　上六
豐卦　初九　六二　九三　九四　六五　上六
離卦　初九　六二　九三　九四　六五　上九
噬嗑　初九　六二　六三　九四　六五　上九
姑洗　穀雨震卦六三　立夏震卦九四
夬卦　初九　九二　九三　九四　九五　上六
大有　初九　九二　九三　九四　六五　上九
睽卦　初九　九二　六三　九四　六五　上九
兌卦　初九　九二　六三　九四　九五　上六
革卦　初九　六二　九三　九四　九五　上六
仲呂　小滿震卦六五　芒種震卦上六
乾卦　初九　九二　九三　九四　九五　上九
履卦　初九　九二　六三　九四　九五　上九
同人　初九　六二　九三　九四　九五　上九
无妄　初九　六二　六三　九四　九五　上九
隨卦　初九　六二　六三　九四　九五　上六
蕤賓　夏至恆卦初六　小暑恆卦九二
姤卦　初六　九二　九三　九四　九五　上九

大過　初六　九二　九三　九四　九五　上六
鼎卦　初六　九二　九三　九四　六五　上九
未濟　初六　九二　六三　九四　六五　上九
解卦　初六　九二　六三　九四　六五　上六
林鍾　大暑恆卦九三　立秋恆卦九四
遯卦　初六　六二　九三　九四　九五　上九
訟卦　初六　九二　六三　九四　九五　上九
困卦　初六　九二　六三　九四　九五　上六
咸卦　初六　六二　九三　九四　九五　上六
旅卦　初六　六二　九三　九四　六五　上九
夷則　處暑恆卦六五　白露恆卦上六
否卦　初六　六二　六三　九四　九五　上九
萃卦　初六　六二　六三　九四　九五　上六
晉卦　初六　六二　六三　九四　六五　上九
豫卦　初六　六二　六三　九四　六五　上六
小過　初六　六二　九三　九四　六五　上六
南呂　秋分巽卦初六　寒露巽卦九二
觀卦　初六　六二　六三　六四　九五　上九
漸卦　初六　六二　九三　六四　九五　上九
渙卦　初六　九二　六三　六四　九五　上九
坎卦　初六　九二　六三　六四　九五　上六
井卦　初六　九二　九三　六四　九五　上六
無射　霜降巽卦九三　立冬巽卦六四
剝卦　初六　六二　六三　六四　六五　上九
比卦　初六　六二　六三　六四　九五　上六
蹇卦　初六　六二　九三　六四　九五　上六
艮卦　初六　六二　九三　六四　六五　上九

蒙卦　初六　九二　六三　六四　六五　上九
應鍾　小雪巽卦九五　大雪巽卦上九
坤卦　初六　六二　六三　六四　六五　上六
謙卦　初六　六二　九三　六四　六五　上六
師卦　初六　九二　六三　六四　六五　上六
升卦　初六　九二　九三　六四　六五　上六
蠱卦　初六　九二　九三　六四　六五　上九

求汎距定距

置律元所距積年爲汎距來加往減律限爲定距若汎距在律限已下不及減者反減律限爲定距諸應加減亦反之

求汎積定積

置所求定距以律數乘之爲積月以積月乘日率爲積日以積月乘日餘爲積餘積餘滿法併入積日爲歲汎積

置定距自相乘爲實七之八而一所得滿律母爲分不滿退除爲秒忽是名所求歲差來減往加汎積爲歲定積

求正律策

置所求定積與欠年定積相減餘如律數而一得正律策

求半律策

置所求正律策二而一得半律策

求均策

置所求半律策三而一得均策

求聲策

置所求均策五而一得聲策

求黃鍾正律大小餘及時刻
置所求歲定積來加往減大餘五十五小餘六大餘滿律總去之不盡來即所求往反減律總得黃鍾正律大小餘其大餘命甲子算外小餘以律數乘之刻滿律母爲時命子正算外若滿半律母亦進作一時命子初算外餘如律數而一爲刻不滿爲初刻
求黃鍾前後半律及次律
置所求黃鍾正律大小餘減去半律策即得黃鍾前後半律之數如不及減則加律總減之若求次律者以半律策累加之滿律總去之各得次律正半之數命法如前
求均及聲
置本月正律或半律大小餘以均策累加之即得次均之大小餘其正半律日即爲初均加者爲中均再加爲末均求五聲之日者以聲策累加之即得次聲之大小餘其正半律日即命爲宮次第加者爲商爲角爲徵爲羽餘同上
求爻象
置黃鍾正律大小餘命爲益卦初九爻象以半律策累加之得益六二至巽上九而止是爲二十四氣爻象又置黃鍾正律大小餘即復卦初九爻象以聲策累加之得復六二至蠱上九而止是爲三百六十當期之日惟盈日無爻象餘同上

步發斂第二

建寅　立春正月節　雨水正月中
東風解凍　蟄蟲始振　魚陟負冰
獺祭魚　候雁北　草木萌動
建卯　驚蟄二月節　春分二月中
桃始華　倉庚鳴　鷹化爲鳩
元鳥至　雷乃發聲　始電
建辰　清明三月節　穀雨三月中
桐始華　田鼠化爲鴽　虹始見
萍始生　鳴鳩拂其羽　戴勝降於桑
建巳　立夏四月節　小滿四月中
螻蟈鳴　蚯蚓出　王瓜生
苦菜秀　靡草死　麥秋至
建午　芒種五月節　夏至五月中
螳螂生　鵙始鳴　反舌無聲
鹿角解　蜩始鳴　半夏生
建未　小暑六月節　大暑六月中
溫風至　蟋蟀居壁　鷹始摯
腐草爲螢　土潤溽暑　大雨時行
建申　立秋七月節　處暑七月中
涼風至　白露降　寒蟬鳴
鷹乃祭鳥　天地始肅　禾乃登
建酉　白露八月節　秋分八月中
鴻雁來　元鳥歸　羣鳥養羞
雷始收聲　蟄蟲坏戶　水始涸
建戌　寒露九月節　霜降九月中
鴻雁來賓　雀入大水爲蛤　菊有黃花
豺乃祭獸　草木黃落　蟄蟲咸俯
建亥　立冬十月節　小雪十月中
水始冰　地始凍　雉入大水爲蜃
虹藏不見　天氣上升地氣下降　閉塞而成冬
建子　大雪十一月節　冬至十一月中
鶡鴠不鳴　虎始交　荔挺出
蚯蚓結　麋角解　水泉動
建丑　小寒十二月節　大寒十二月中
雁北鄉　鵲始巢　雉雊
雞乳　征鳥厲疾　水澤腹堅

求二十四氣
倂所求正律半律策及黃鍾大小餘滿律總去之即立春正月節累加半律策得次氣大小餘滿律總去之命如上
求七十二候
置立春大小餘即東風解凍之候累加均策得次候大小餘滿律總去之命如上
求五行用事
各以四立之節春爲木夏爲火秋爲金冬爲水始用事日聲策三之以減四季中氣各得其季土始用事日
求列宿當直
置歲定積倂入正半律策來加往減九日六刻滿宿周二十八日去之不盡來即所求往反減宿周餘爲立春日當直宿命起角宿算外累加半律策滿宿周去之各得次氣日當直宿
求建除
建除滿平定執破危成收開閉終而復始交節之後各以同月之日爲建故交節之始與上日重名
求納音
子午丑未甲乙起宮寅申卯酉甲乙起商辰戌巳亥

甲乙起角丙丁而下例知凡宮爲土商金角木徵火羽水迭爲次第終而復始各以所生者爲納音

步朔閏第三

朔策二十九日五十三刻五分九十三秒

望策十四日七十六刻五十二分九十六秒半

弦策七日三十八刻二十六分四十八秒少

寅月策五十九日六刻十一分八十六秒

卯月策八十八日五十九刻十七分七十九秒

辰月策百一十八日十二刻二十三分七十二秒

巳月策百四十七日六十五刻二十九分六十五秒

午月策百七十七日十八刻三十五分五十八秒

未月策二百六日七十一刻四十一分五十一秒

申月策二百三十六日二十四刻四十七分四十四秒

酉月策二百六十五日七十七刻五十三分三十七秒

戌月策二百九十五日三十刻五十九分三十秒

亥月策三百二十四日八十三刻六十五分二十三秒

子月策三百五十四日三十六刻七十一分十六秒

丑月策三百八十三日八十九刻七十七分九秒

求閏餘

置歲定積來加徃減二十日二十刻五十分朔策爲法除之不盡來卽所求徃反減朔策得閏餘

求汎閏

視閏餘在十八日已上者其年有閏置所求閏餘全分加九十刻六十三分卻與朔策相減視餘幾日爲閏幾月起建寅月命之卽汎閏月不滿日者有閏在年前子丑月

求朔積

置所求月策減去閏餘卽其月朔積若求閏月及閏後月者復加朔策方爲其月朔積

求經朔弦望

置所求朔積加黃鍾正律大小餘滿律總去之各得其月經朔加以望策卽得經望以弦策加經朔得上弦加經望得下弦

又法置正月經朔大小餘累加弦策滿律總去之亦得弦望及次朔大小餘若徑求次朔以朔策加之

凡考古係大正者以年前十一月爲正月正月爲二月係地正者以年前十二月爲正月正月爲二月各照常法推之

求盈虛

置十六日減所求半律策餘爲沒限恆氣小餘在沒限已上爲有沒之氣以十五乘之用減半律策餘如半律策小餘而一爲日併恆氣大餘爲沒古曆謂之沒今曆謂之盈

置三十日減去朔策餘爲朔虛經朔小餘在朔虛已下爲有滅之朔以三十乘之如朔虛而一爲日併經朔大餘爲滅古曆謂之滅今曆謂之虛

步日躔第四

日平行一度

躔周三百六十五度二十五分

躔中百八十二度六十二分半

象策九十一度三十一分二十五秒

半象策四十五度六十五分六十二秒半

辰策三十度四十三分七十五秒

半辰策十五度二十一分八十七秒半

赤道歲差一分五十秒

黃道歲差一分三十八秒

盈初縮末限八十八日九十一刻

縮初盈末限九十三日七十一刻

求經朔弦望入曆

置歲定積與次年歲定積相減餘爲歲周半之爲歲中凡所求月朔積卽經朔入曆以弦望策加之得弦望入曆冬至後爲盈夏至後爲縮滿歲中去之卽盈縮相代

求盈縮初末限

視入曆盈者在盈初縮末限已下縮者在縮初盈末限已下爲初限已上反減歲中餘爲末限

求盈縮差

盈初縮末者立差三十一忽平差二分四十六秒定差五百一十三分三十二秒縮初盈末者立差二十七忽平差二分二十一秒定差四百八十七分六秒各置立差以所求限大餘乘之加平差又乘之用減定差再乘之滿萬爲度不滿退除爲分秒命爲盈縮積與次限盈縮積相減餘爲盈縮分以乘入曆初末限下小餘萬約爲分加入其限盈縮積爲盈縮差

赤道宿度

漢太初所測　唐開元所測　宋皇祐所測

角十二度

亢九度

氐十五度　十六度
房五度
心五度　六度
尾十八度　十九度
箕十一度　十度
東方七十五度　七十七度
斗二十六度及分　二十六度　二十五度
牛八度　七度
女十二度　十一度
虛十度　十度少強
危十七度　十六度
室十六度　十七度
壁九度
北方九十八度及分　九十八度少　九十五度少
奎十六度
婁十二度
胃十四度　十五度
昴十一度
畢十六度　十七度　十八度
觜二度　一度
參九度　十度
西方八十度　八十一度　八十三度
井三十三度　三十四度
鬼四度　三度　二度
柳十五度　十四度
星七度
張十八度

翼十八度
軫十七度
南方百一十二度　百一十一度　百一十度
宋元豐所測　崇寧所測　元至元所測
角　十二度十分
亢　九度少　九度二十分
氐　十六度三十分
房六度　五度太　五度六十分
心　六度少　六度五十分
尾　十九度少　十九度十分
箕十一度　十度半　十度四十分
東方七十九度　七十九度二十分
斗　二十五度二十分
牛　七度少　七度二十分
女　十一度少　十一度三十五分
虛九度少強　八度九十五分
危　十五度半　十五度四十分
室　十七度十分
壁　八度太　八度六十分
北方九十四度少　九十四度　九十三度八十分
奎　十六度半　十六度六十分
婁　十一度八十分
胃　十五度六十分
昴　十一度少　十一度三十分
畢十七度　十七度少　十七度四十分
觜　半度　初度五分
參　十度半　十一度十分

西方八十二度　八十三度　八十三度八十五分
井　三十三度少　三十三度三十分
鬼　二度半　二度二十分
柳　十三度太　十三度三十分
星　六度太　六度三十分
張十七度　十七度少　十七度二十五分
翼十九度　十八度太　十八度七十五分
軫　十七度三十分
南方　百九度少　百八度四十分

列宿相距度數歷代所測不同非微有動移則前人所測或有未密漢唐宋用窺管止存大略元人始用二綫遂及分焉今曆因之用爲常數校天爲密若考往古仍依當時宿度命之其時無宿度者壹準前人宿度故並載之以備考古所須惟推密率日躔無論古今並依今曆有分赤道宿度爲準

求冬至加時赤道日度

置歲定積命日爲度來加往減七十八度八十分赤道歲差折半加日躔周爲曆率以除積度不盡來即所求往反減曆率命起角宿初度筭外滿今赤道宿度去之至不滿者即所求歲前冬至加時赤道日度及分秒

求四正加時赤道日度

置所求歲前冬至加時赤道日度及分秒以象策累加之滿赤道宿度去之各得四正定氣加時赤道日度及分秒

求四正後赤道宿積度

置四正赤道宿全度以四正赤道日度及分秒減之

餘爲距後度以赤道宿度累加之各得四正後赤道宿積度及分秒

黃赤道率

積度	度率	積度	度率	積差	差率
初至後黃道分後赤道	一	初至後赤道分後黃道	一〇八六五	初月離白道附載於此	〇〇八二
一	一	一〇八六五	一〇八六三	〇〇八二	〇二四六
二	一	二一七二八	一〇八六〇	〇三二八	〇四一一
三	一	三二五八八	一〇八五七	〇七三九	〇五七六
四	一	四三四四五	一〇八四九	一三一五	〇七四一
五	一	五四二九四	一〇八四三	二〇五六	〇九〇七
六	一	六五一三七	一〇八三三	二九六三	一〇七三
七	一	七五九七〇	一〇八二三	四〇三六	一二四〇
八	一	八六七九三	一〇八一二	五二七六	一四〇八
九	一	九七六〇五	一〇八〇一	六六八四	一五七六
十	一	十〇八四〇六	一〇七八六	八二六〇	一七四五
十一	一	十一九一九二	一〇七七二	一〇〇〇五	一九一六
十二	一	十二九九六四	一〇七五五	一一九二一	二〇八七
十三	一	十四〇七一九	一〇七四〇	一四〇〇八	二二五八
十四	一	十五一四五九	一〇七二〇	一六二六六	二四三〇
十五	一	十六二一七九	一〇七〇四	一八六九六	二六〇五
十六	一	十七二八八三	一〇六八四	二一三〇一	二七七九
十七	一	十八三五六七	一〇六六三	二四〇八〇	二九五五
十八	一	十九四二三〇	一〇六四二	二七〇三五	三一三〇
十九	一	二十〇四八七二	一〇六二二	三〇一六五	三三〇七
二十	一	二十一五四九四	一〇五九九	三三四七二	三四八五
二十一	一	二十二六〇九三	一〇五七五	三六九五七	三六六三
二十二	一	二十三六六六八	一〇五五四	四〇六二〇	三八四二
二十三	一	二十四七二二二	一〇五三〇	四四四六二	四〇二〇
二十四	一	二十五七七五二	一〇五〇六	四八四八二	四二〇〇
二十五	一	二十六八二五八	一〇四八二	五二六八二	四三七九
二十六	一	二十七八七四〇	一〇四五六	五七〇六一	四五五九
二十七	一	二十八九一九六	一〇四三二	六一六二〇	四七三八
二十八	一	二十九九六二八	一〇四〇八	六六三五八	四九一七
二十九	一	三十一〇〇三六	一〇三八二	七一二七五	五〇九五
三十	一	三十二〇四一八	一〇三五五	七六三七〇	五二七三
三十一	一	三十三〇七七三	一〇三三二	八一六四三	五四五〇
三十二	一	三十四一一〇五	一〇三〇六	八七〇九三	五六二六
三十三	一	三十五一四一一	一〇二八〇	九二七一九	五八〇一
三十四	一	三十六一六九一	一〇二五四	九八五二〇	五九七四
三十五	一	三十七一九四五	一〇二二九	十〇四四九四	六一四五
三十六	一	三十八二一七四	一〇二〇三	十一〇六三九	六三一四
三十七	一	三十九二三七七	一〇一七七	十一六九五三	六四八一
三十八	一	四十〇二五五四	一〇一五二	十二三四三四	六六四七
三十九	一	四十一二七〇六	一〇一二六	十三〇〇八一	六八〇八
四十	一	四十二二八三二	一〇一〇二	十三六八八九	六九六七
四十一	一	四十三二九三四	一〇〇七五	十四三八五六	七一二四
四十二	一	四十四三〇〇九	一〇〇四九	十五〇九八〇	七二七六
四十三	一	四十五三〇五八	一〇〇二七	十五八二五六	七四二六
四十四	一	四十六三〇八五	一〇〇〇〇	十六五六八二	七五七一
四十五	一	四十七三〇八五	九九七四	十七三二五三	七七一二
四十六	一	四十八三〇五九	九九五一	十八〇九六五	七八五〇
四十七	一	四十九三〇一〇	九九二五	十八八八一五	七九八四
四十八	一	五十〇二九三五	九九〇一	十九六七九九	八一一二
四十九	一	五十一二八三六	九八七六	二十〇四九一一	八二三七
五十	一	五十二二七一二	九八五一	二十一三一四八	八三五七
五十一	一	五十三二五六三	九八二七	二十二一五〇五	八四七二
五十二	一	五十四二三九〇	九八〇三	二十二九九七七	八五八三
五十三	一	五十五二一九三	九七八〇	二十三八五六〇	八六八八
五十四	一	五十六一九七三	九七五五	二十四七二四八	八七八九
五十五	一	五十七一七二八	九七三一	二十五六〇三七	八八八五
五十六	一	五十八一四五九	九七〇八	二十六四九二二	八九七七
五十七	一	五十九一一六七	九六八五	二十七三八九九	九〇六三
五十八	一	六十〇〇八五二	九六六一	二十八二九六二	九一四四
五十九	一	六十一〇五一三	九六三九	二十九二一〇六	九二二二
六十	一	六十二〇一五二	九六一六	三十〇一三二八	九二九四
六十一	一	六十二九七六八	九五九四	三十一〇六二二	九三六一
六十二	一	六十三九三六二	九五七二	三十一九九八三	九四二六
六十三	一	六十四八九三四	九五五一	三十二九四〇九	九四八五
六十四	一	六十五八四八五	九五二九	三十三八八九四	九五三八
六十五	一	六十六八〇一四	九五〇九	三十四八四三二	九五九〇
六十六	一	六十七七五二三	九四八七	三十五八〇二二	九六三八
六十七	一	六十八七〇一〇	九四七〇	三十六七六六〇	九六八一
六十八	一	六十九六四八〇	九四五〇	三十七七三四一	九七一九
六十九	一	七十〇五九三〇	九四二七	三十八七〇六〇	九七五六

七十	一	七十一 五三九四 五七一二	三十九 六八九七 一六八九	
七十一	一	七十二 四七九三 六九九二	四十〇 六六九八 〇五一八	
七十二	一	七十三 四一九三 六一八五	四十一 六四九八 二三四五	
七十三	一	七十四 三五九三 四六五三	四十二 六二九八 六八六八	
七十四	一	七十五 二八九三 九九四三	四十三 六一九八 三六九一	
七十五	一	七十六 二二九三 四二二九	四十四 六〇九九 二七一〇	
七十六	一	七十七 一五九三 七一一五	四十五 五九九九 三七二五	
七十七	一	七十八 〇八九三 八六〇四	四十六 五八九九 六二四〇	
七十八	一	七十九 〇一九二 九〇八六	四十七 五八九九 〇二五二	
七十九	一	七十九 九四九二 七六七五	四十八 五七九九 五四六二	
八十	一	八十〇 八七九二 五一六五	四十九 五七九九 一六七二	
八十一	一	八十一 八〇九二 一六五五	五十〇 五六九九 八八七九	
八十二	一	八十二 七二九二 七一四四	五十一 五六九九 六七八四	
八十三	一	八十三 六五九二 一五三八	五十二 五六九九 五一八九	
八十四	一	八十四 五七九二 五三二八	五十三 五六九九 四〇九三	
八十五	一	八十五 四九九二 八一二二	五十四 五六九九 三三九六	
八十六	一	八十六 四二九二 〇三一五	五十五 五六九九 二九九七	
八十七	一	八十七 三四九二 一八一二	五十六 五六九九 二六九九	
八十八	一	八十八 二六九二 三〇一〇	五十七 五六 二五	一
八十九	一	八十九 一八九二 四〇〇四	五十八 五六 二五	一
九十	一	九十〇 一〇九二 四四〇四	五十九 五六 二五	一
九十一	一	九十一 〇二九二 四八〇四	六十〇 五六 二五	一
九十一 三一二五	空	九十一 三一二五 空	六十〇 八七 五〇	

推變黃道宿度

置四正後赤道宿積度以其赤道積度減之餘以黃道率乘之如赤道率而一所得以加黃道積度爲二十八宿黃道積度以前宿黃道積度減之爲其宿黃道度及分其秒就近爲分

黃道宿度

角十二度七十四分

亢九度四十五分

氐十六度二十一分

房五度四十二分

心六度二十分

尾十七度八十一分

箕九度五十八分

右東方七宿七十七度四十一分

斗二十三度六十三分

牛六度九十八分

女十一度二十五分

虛九度十分

危十六度十三分

室十八度四十四分

壁九度三十三分

右北方七宿九十四度八十六分

奎十七度七十四分

婁十二度二十三分

胃十五度六十三分

昴十度九十五分

畢十六度三十五分

觜初度五分

參十度二十四分

右西方七宿八十三度十九分

井三十一度二十三分

鬼二度十三分

柳十三度十五分

星六度三十八分

張十八度

翼二十度二十二分

軫十八度六十八分

右南方七宿百九度七十九分

右黃道宿度依萬曆甲午年歲前冬至日躔所在算定以憑推步若上考已往下驗方來即據歲差每移一度依術推變黃道各得當時宿度

求冬至加時黃道日度

置所求歲前冬至加時赤道日度及分秒以其赤道積度減之餘以黃道率乘之如赤道率而一所得以加黃道積度即所求歲前冬至加時黃道日度及分秒

求四正加時黃道日度

置所求歲定積與次年歲定積相減餘命日爲度及分秒以赤道歲差折半加之以黃道歲差減之爲定率四約之爲四正定象度置所求歲前冬至加時黃道日度及分秒以四正定象度累加之滿黃道宿度去之各得四正定氣加時黃道日度及分秒

求四正晨前夜半黃道日度

冬夏二至盈縮之端以恆爲定春秋二分置恆氣日

及分秒以盈縮差命度爲日盈減縮加之卽四正定氣日及分秒置日平行度萬通之以盈縮分盈初縮末加之縮初盈末減之爲其日行定度置四正小餘以其日行定度乘之如平行度而一所得以減四正加時黃道日度各得四正晨前夜半黃道日度及分秒

求每日晨前夜半黃道日度

以四正定氣日距後正定氣日爲相距日以四正晨前夜半日度距後正晨前夜半日度爲相距度累計相距日之行定度與相距度相減餘如相距日而一爲日差相距度多爲加相距度少爲減加減四正每日行度率爲每日行定度累加四正晨前夜半日度滿黃道宿度去之爲每日晨前夜半黃道日度及分秒

求每日子午二正黃道日度

置所求月經朔入曆以經朔小餘減之餘爲經朔晨前子正入曆累加一日爲每日晨前子正入曆又以五十刻加之爲午正入曆命日爲度各視其限求盈縮差盈加縮減之爲所求黃道定積度以歲前冬至加時黃道日度加而命之滿黃道宿度去之卽每日子午黃道日度及分秒

或以其日行定度折半加晨前夜半黃道定積度亦得午中黃道定積度

求每日子午二正赤道日度

視黃道定積度在象策已下爲至後已上去之爲分後再去之爲至後復去之爲分後內減黃道積度以赤道率乘之如黃道率而一所得以加赤道積度及所去象策以歲前冬至加時赤道日度加而命之滿赤道宿度去之卽每日子午赤道日度及分秒

赤道十二次宿度

娵訾之次初起危十二度二十六分八十七秒半
降婁之次初起奎一度六十分六十二秒半
大梁之次初起胃三度六十四分三十七秒半
實沈之次初起畢七度十八分十二秒半
鶉首之次初起井九度六分八十七秒半
鶉火之次初起柳四度空分六十二秒半
鶉尾之次初起張十四度八十四分三十七秒半
壽星之次初起軫九度二十八分十二秒半
大火之次初起氐一度十一分八十七秒半
析木之次初起尾三度十五分六十二秒半
星紀之次初起斗四度九分三十七秒半
元枵之次初起女二度十三分十二秒半

黃道十二次宿度

娵訾之次初起危十二度八十分三十一秒
降婁之次初起奎一度七十三分六十七秒
大梁之次初起胃三度七十分四十五秒
實沈之次初起畢六度八十一分三十三秒
鶉首之次初起井八度三十六分十一秒
鶉火之次初起柳三度九十一分六十七秒
鶉尾之次初起張十五度四十四分二十三秒
壽星之次初起軫十度六分四十二秒
大火之次初起氐一度十三分三十九秒
析木之次初起尾二度九十八分十八秒
星紀之次初起斗三度七十七分九十六秒
元枵之次初起女二度八分八十四秒

赤道有常黃道無定凡推辰次當以赤道爲準隨日度歲差推變黃道右據萬曆甲午年歲差所推已後臨時推變

推變十二次宿度

置赤道入次宿度及分秒以前宿赤道距後積度加之滿象策去之爲四正後赤道入次積度以其赤道積度減之餘以黃道率乘之如赤道率而一所得以加黃道積度爲四正後黃道入次積度以前宿黃道距後積度減之如不及減加象策以減之餘卽所求黃道入赤道十二次宿度及分秒

求入十二次時刻

各置黃道入次宿度及分秒以其日晨前夜半黃道日度及分秒減之餘以日平行度乘之爲實以其日行定度爲法實如法而一所得依時刻法求之卽入次時刻

步晷漏第五

京師北極出地四十度太
冬至中晷恆數丈五尺九寸六分
夏至中晷恆數二尺三寸四分
冬至晝夏至夜三十八刻
夏至晝冬至夜六十二刻已上見元志
岳臺北極出地三十五度
冬至中晷恆數丈二尺八寸三分
夏至中晷恆數尺五寸七分
冬至晝夏至夜四十刻
夏至晝冬至夜六十刻已上見宋志

黃道出入赤道內外度及半晝夜分

積度	內外度	內外差	冬晝夏夜	夏晝冬夜	晝夜差
初	二十三 九〇三〇	〇〇三三	十九刻 〇七九六	三十刻 九二〇四	〇〇〇九
一	二十三 八九九七	〇〇九九	十九 〇八〇五	三十〇 九一九五	〇〇二九
二	二十三 八八九八	〇一六六	十九 〇八三四	三十〇 九一六六	〇〇四七
三	二十三 八七三二	〇二三一	十九 〇八八一	三十〇 九一一九	〇〇六六
四	二十三 八五〇一	〇二九九	十九 〇九四七	三十〇 九〇五三	〇〇八五
五	二十三 八二〇二	〇三六五	十九 一〇三二	三十〇 八九六八	〇一〇四
六	二十三 七八三七	〇四三二	十九 一一三六	三十〇 八八六四	〇一二二
七	二十三 七四〇五	〇四九八	十九 一二五八	三十〇 八七四二	〇一四一
八	二十三 六九〇七	〇五六五	十九 一四〇〇	三十〇 八六〇〇	〇一六一
九	二十三 六三四二	〇六三六	十九 一五六一	三十〇 八四三九	〇一七九
十	二十三 五七〇六	〇七〇二	十九 一七四〇	三十〇 八二六〇	〇一九九
十一	二十三 五〇〇四	〇七六九	十九 一九三九	三十〇 八〇六一	〇二一八
十二	二十三 四二三五	〇八三九	十九 二一五七	三十〇 七八四三	〇二三七
十三	二十三 三三九六	〇九〇八	十九 二三九四	三十〇 七六〇六	〇二五六
十四	二十三 二四八八	〇九七五	十九 二六五〇	三十〇 七三五〇	〇二七四
十五	二十三 一五一三	一〇四七	十九 二九二四	三十〇 七〇七六	〇二九四
十六	二十三 〇四六六	一一一四	十九 三二一八	三十〇 六七八二	〇三一四
十七	二十二 九三五二	一一八五	十九 三五三二	三十〇 六四六八	〇三三〇
十八	二十二 八一六七	一二五四	十九 三八六二	三十〇 六一三八	〇三五一
十九	二十二 六九一三	一三二五	十九 四二一三	三十〇 五七八七	〇三六九
二十	二十二 五五八八	一三九五	十九 四五八二	三十〇 五四一八	〇三八八
二十一	二十二 四一九三	一四六六	十九 四九七〇	三十〇 五〇三〇	〇四〇七
二十二	二十二 二七二七	一五三七	十九 五三七七	三十〇 四六二三	〇四二六
二十三	二十二 一一九〇	一六〇六	十九 五八〇三	三十〇 四一九七	〇四四三
二十四	二十一 九五八四	一六七八	十九 六二四六	三十〇 三七五四	〇四六二
二十五	二十一 七九〇六	一七四七	十九 六七〇八	三十〇 三二九二	〇四八〇
二十六	二十一 六一五九	一八二〇	十九 七一八八	三十〇 二八一二	〇四九八
二十七	二十一 四三三九	一八九〇	十九 七六八六	三十〇 二三一四	〇五一六
二十八	二十一 二四四九	一九六〇	十九 八二〇二	三十〇 一七九八	〇五三五
二十九	二十一 〇四八九	二〇二七	十九 八七三七	三十〇 一二六三	〇五四九
三十	二十〇 八四六二	二〇九九	十九 九二八六	三十〇 〇七一四	〇五六七
三十一	二十〇 六三六三	二一六八	十九 九八五三	三十〇 〇一四七	〇五八五
三十二	二十〇 四一九五	二二三五	二十〇 〇四三八	二十九 九五六二	〇六〇一
三十三	二十〇 一九六〇	二三〇三	二十〇 一〇三九	二十九 八九六一	〇六一六
三十四	十九 九六五七	二三七一	二十〇 一六五五	二十九 八三四五	〇六三三
三十五	十九 七二八六	二四三七	二十〇 二二八八	二十九 七七一二	〇六四八
三十六	十九 四八四九	二五〇三	二十〇 二九三六	二十九 七〇六四	〇六六三
三十七	十九 二三四六	二五六六	二十〇 三五九九	二十九 六四〇一	〇六七八
三十八	十八 九七八〇	二六三一	二十〇 四二七七	二十九 五七二三	〇六九二
三十九	十八 七一四九	二六九三	二十〇 四九六九	二十九 五〇三一	〇七〇五
四十	十八 四四五六	二七五二	二十〇 五六七四	二十九 四三二六	〇七一九
四十一	十八 一七〇四	二八一二	二十〇 六三九三	二十九 三六〇七	〇七三二
四十二	十七 八八九二	二八七四	二十〇 七一二五	二十九 二八七五	〇七四四
四十三	十七 六〇一八	二九二九	二十〇 七八六九	二十九 二一三一	〇七五六
四十四	十七 三〇八九	二九八四	二十〇 八六二五	二十九 一三七五	〇七六八
四十五	十七 〇一〇五	三〇三八	二十〇 九三九三	二十九 〇六〇七	〇七七八
四十六	十六 七〇六七	三〇九〇	二十一 〇一七一	二十八 九八二九	〇七八九
四十七	十六 三九七七	三一四一	二十一 〇九六〇	二十八 九〇四〇	〇七九八
四十八	十六 〇八三六	三一九一	二十一 一七五八	二十八 八二四二	〇八〇八
四十九	十五 七六四五	三二三六	二十一 二五六六	二十八 七四三四	〇八一七
五十	十五 四四〇九	三二八五	二十一 三三八三	二十八 六六一七	〇八二六
五十一	十五 一一二四	三三二六	二十一 四二〇九	二十八 五七九一	〇八三二
五十二	十四 七七九八	三三六四	二十一 五〇四一	二十八 四九五九	〇八四〇
五十三	十四 四四三四	三四〇七	二十一 五八八一	二十八 四一一九	〇八四六
五十四	十四 一〇二七	三四四五	二十一 六七二七	二十八 三二七三	〇八五四
五十五	十三 七五八二	三四八一	二十一 七五八一	二十八 二四一九	〇八五九
五十六	十三 四一〇一	三五一五	二十一 八四四〇	二十八 一五六〇	〇八六四
五十七	十三 〇五八六	三五四七	二十一 九三〇四	二十八 〇六九六	〇八六九
五十八	十二 七〇三九	三五七八	二十二 〇一七三	二十七 九八二七	〇八七五
五十九	十二 三四六一	三六〇七	二十二 一〇四八	二十七 八九五二	〇八七八
六十	十一 九八五四	三六三三	二十二 一九二六	二十七 八〇七四	〇八八一
六十一	十一 六二二一	三六五九	二十二 二八〇七	二十七 七一九三	〇八八四
六十二	十一 二五六二	三六八三	二十二 三六九一	二十七 六三〇九	〇八八九
六十三	十〇 八八七九	三七〇五	二十二 四五八〇	二十七 五四二〇	〇八九〇
六十四	十〇 五一七四	三七二四	二十二 五四七〇	二十七 四五三〇	〇八九二
六十五	十〇 一四五〇	三七四四	二十二 六三六二	二十七 三六三八	〇八九四
六十六	九 七七〇六	三七六一	二十二 七二五六	二十七 二七四四	〇八九七
六十七	九 三九四五	三七七六	二十二 八一五三	二十七 一八四七	〇八九七
六十八	九 〇一六九	三七九一	二十二 九〇五〇	二十七 〇九五〇	〇八九八
六十九	八 六三七八	三八〇七	二十二 九九四八	二十七 〇〇五二	〇九〇〇
七十	八 二五七一	三八一七	二十三 〇八四八	二十六 九一五二	〇九〇〇
七十一	七 八七五四	三八二八	二十三 一七四八	二十六 八二五二	〇九〇一
七十二	七 四九二六	三八三八	二十三 二六四九	二十六 七三五一	〇九〇一
七十三	七 一〇八八	三八四七	二十三 三五五〇	二十六 六四五〇	〇九〇一
七十四	六 七二四一	三八五四	二十三 四四五一	二十六 五五四九	〇九〇一
七十五	六 三三八七	三八六二	二十三 五三五二	二十六 四六四八	〇九〇一
七十六	五 九五二五	三八六七	二十三 六二五三	二十六 三七四七	〇九〇一
七十七	五 五六五八	三八七三	二十三 七一五四	二十六 二八四六	〇九〇〇
七十八	五 一七八五	三八七七	二十三 八〇五四	二十六 一九四六	〇九〇〇

七十九	四七九○八	三八八一	二十三八九五四	二十六一○○九四六○○
八十	四四○二七	三八八五	二十三九八五四	二十六○一○九四六○○
八十一	四○一四二	三八八八	二十四○七五四	二十五九二○九四六○○
八十二	三六二五四	三八八九	二十四一六五四	二十五八三○八四六九七
八十三	三二三六五	三八九○	二十四二五五一	二十五七四○八四九九七
八十四	二八四七五	三八九二	二十四三四四八	二十五六五○八五二九七
八十五	二四五八三	三八九三	二十四四三四五	二十五五六○八五五九七
八十六	二○六九○	三八九四	二十四五二四二	二十五四七○八五八九六
八十七	一六七九六	三八九四	二十四六一三八	二十五三八○八六二九六
八十八	一二九○二	三八九五	二十四七○三四	二十五二九○八六六九六
八十九	九○○七	三八九五	二十四七九三○	二十五二○○八七○九六
九十	五一一二	三八九五	二十四八八二六	二十五一一○八七四九五
九十一	二七	三八九五	二十四九七二一	二十五○二○八七九九五
九十一三一二二五	空	空	二十五	二十五空

京師譬如北辰四方拱之晝夜漏刻宜爲曆準至如岳臺乃前代測景之處謂之地中故畧載之以見隨處晷漏不同

求每日子正午正日躔黃道去極度

置所求日晨前夜半黃道積度滿躔中去之在象策已下爲初限已上反減躔中餘爲末限滿積度去之餘以其段內外差乘之如律母而一爲分用減內外度爲出入赤道內外度內減外加象策即所求日子正去極度及分秒求午正去極度倣此

求每日午正隨處日去地度

置所求日午正日躔黃道去極度及分併其處北極出地度及分用減躔中餘即其處日去地度爲弧半背

若弧半背在象策已上反減躔中餘爲弧半背則知景在表南

約量矢數與限二十九度五分五十秒相減餘以六十一分七十七秒乘之律母除之爲加減差矢在限已上加已下減加減百八十七度九十分爲定差以矢與五十八度十一分相減餘以定差乘之度如律母而一爲分不滿退除爲秒併入九度爲法復以矢與百一十六度二十二分相減相乘及矢自乘相併爲實開方所得進一位以法除之爲弧半背即其處日去地度及分秒如不同更增損矢數算之以同爲矢定數

求每日隨處中晷汎數

置五十八度十一分減去所求矢定數餘用八因爲實復以矢與百一十六度二十二分相減相乘平方開之爲法除實命度爲尺即其日其處中晷汎數

求每日隨處中晷定數

各於其處立八尺表每日實測午晷眞數而與算術所求晷數相減餘名爲地形差所測晷數多則爲加少則爲減加減所算晷數即其日其處中晷定數

求二至加時眞數

取二至前後晷數近似者相減餘以律母乘之爲實取其次日晷數相減餘爲法實如法而一爲刻求冬至視其前晷多則爲減差少則爲加差夏至反之總計距日刻數以差加減折半加五十刻爲前距定日以其日算外命之即二至加時眞數

求每日半晝夜及日出入晨昏分

置所求初末限滿積度去之餘以其段晝夜差乘之如律母而一爲分前多後少爲減前少後多爲加加減其段半晝夜分爲所求半晝夜分以半夜分便爲日出分用減百刻餘爲日入分於日出分減二刻半餘爲晨分於日入分加二刻半則爲昏分

求晝夜刻及日出入時刻

置其日半夜分二因之如律母而一所得爲夜刻用減百刻餘爲晝刻以日出入分依時刻法求之即得所求時刻

求更點所在時刻

置其日晨分二因五約之爲更率又五約之爲點率各以其率乘所求更點數用加其日昏分內減更點率滿百刻去之不滿依時刻法求之即得所求時刻

求昏後夜半中星

置躔中度及分以其次日晨前夜半赤道日度及分秒加而命之即所求日昏後夜半中星積度及分秒

求逐日昏曉中星

置其次日晨分以躔周加一度乘之萬約爲度昏減曉加所求日昏後夜半中星積度即昏曉中星積度及分秒

求逐更逐點中星

置昏後曉中星積度（不及則加躔周）以曉前昏中星積度減之餘二十五而一所得爲點差置昏中星積度命爲一更一點以點差累加之滿赤道宿度去之即逐更逐點中星宿度及分秒

求九服所在漏刻

各於所在以儀測驗或下水漏以定其處冬至或夏

至夜刻與五十刻相減餘爲至差刻以所求日黃道出入赤道內外度及分秒乘之二十三度九十分除之所得內減外加五十刻即所求夜刻以減百刻餘爲晝刻

其九服所在逐投晝夜差率晝夜分及日出入晨昏分更點中星等率並準隨處畧漏修短依術推之畢

律曆融通條
原本卷之一

欽定古今圖書集成曆象彙編曆法典

第四十七卷目錄

曆法典第四十七卷

曆法總部彙考四十七

明七

鄭世子朱載堉曆學新說六

律曆融通

黃鍾曆法下凡四篇

步月離第六

月平行十三度三十六分八十七秒半

離周三百六十八度三十七分六秒

離中百八十四度十八分五十三秒

離象九十二度九分二十六秒半

轉周二十七日五十五刻四十六分

轉中十三日七十七刻七十三分

轉象六日八十八刻八十六分半

轉差一日九十七刻五十九分九十三秒

疾遲度率及積度

入轉日	初末限	疾遲度	轉度率	轉積度
初	初	疾初	十四六七六四	初
一	十二二十	一三〇七七	十四五五七四	十四六七六四
二	二十四四十	二四九六三	十四四〇二九	二十九二三三八
三	三十六六十	三五三〇五	十四二一三一	四十三六三六七
四	四十八八十	四三七四八	十三九八七七	五十七八四九八
五	六十一	四九九三八	十三七二七一	七十一八三七五
六	七十三二十	五三五二一	十三四四四七	八十五五六四六
七	末八十二六十	五四二八一	十三二三五五	九十九〇〇九三
八	七十四十	五二九四八	十二九四七四	百一十二二四四八
九	五十八二十	四八七三五	十二六九四九	百二十五一九二二
十	四十六	四一九九六	十二四七七七	百三十七八八七一
十一	三十三八十	三三〇八六	十二二九六一	百五十〇三六四八
十二	二十一六十	二二三五九	十二一四九六	百六十二六六〇九
十三	九四十	一〇一六八	十二〇四三二	百七十四八一〇五
十四	初二八十	遲初三〇八八	十二〇八五二	百八十六八五三七
十五	十五	一五九二三	十二二一二五	百九十八九三八九
十六	二十七二十	二七四八六	十二三七五〇	二百一十一一五一四
十七	三十九四十	三七四二三	十二五七三一	二百二十三五二六四
十八	五十一六十	四五三八〇	十二八〇六三	二百三十六〇九九五
十九	六十三八十	五一〇〇四	十三〇七五四	二百四十八九〇五八
二十	七十六	五三九三八	十三三三七七	二百六十一九八一二
二十一	末七十九八十	五四二四八	十三五七一三	二百七十五三一八九
二十二	六十七六十	五二二二三	十三八五一一	二百八十八八九〇二
二十三	五十五四十	四七三九九	十四〇九五六	三百〇二七四一三
二十四	四十三二十	四〇一三一	十四三〇四六	三百一十六八三六九
二十五	三十一	三〇七七二	十四四七八三	三百三十一一四一五
二十六	十八八十	一九六七七	十四六一六三	三百四十五六一九八
二十七	六六十	〇七二〇一	十四七〇六四	三百六十〇二三六一

求經朔弦望入轉

置歲定積來加往減十三日二刻五分轉周爲法除之不盡來卽所求往反減轉周各加其月朔積及弦望策滿轉周去之爲所求經朔弦望入轉大小餘若徑求次朔入轉以轉差加之

求疾遲初末限

視入轉大小餘在轉中已下爲疾已上減去轉中爲遲置律數作限帶律差爲分以入轉大小餘乘之得入限大小餘以律數乘七音爲聲數所得入限大小餘在聲數已下爲初限已上則倍聲數減去所得入限大小餘爲末限

求疾遲差

置立差三秒二十五忽以所求限大餘乘之加平差二分八十一秒又以限乘之用減定差千一百一十一分餘再以限乘之滿萬爲度不滿退除爲分秒如是求次限積度相減餘爲疾遲分以乘所得初末限下小餘萬約爲分加入其限積度爲疾遲差

求疾遲限下行度

置平行度及分秒以轉象乘之如聲數而一所得爲一限平行度不滿退除爲分秒以其限疾遲分疾初遲末益遲初疾末損損益一限平行度爲所入疾遲限下行度

求加減差

置聲數進一位減去律差各以所求盈縮疾遲差乘之各如所入疾遲限下行度而一爲分不滿退除爲秒盈遲名爲加差縮疾名爲減差

求定朔弦望

置經朔弦望大小餘各以其加減差加減之滿或不足進退大餘卽定朔弦望視前後定朔兩干同者前月大盡不同者前月小盡無中氣者爲閏月若定弦望小餘在日出分已下者退一日

求定朔弦望加時及每日夜半晨昏入轉

置經朔弦望入轉大小餘以定朔弦望加減差加減之爲定朔弦望加時入轉以定朔弦望小餘減之爲定朔弦望晨前夜半入轉累加一日爲每日晨前夜半入轉各以其日晨分加之爲晨入轉昏分加之爲昏入轉滿轉周去之

求定朔弦望加時黃道日度

置經朔弦望入盈縮大小餘以加減差加減之爲定朔弦望入曆在盈便爲積日在縮加歲中爲積日命日爲度以盈縮差盈加縮減之爲加時日行定積度以歲首冬至加時黃道日度加而命之各得定朔弦望加時黃道日度及分秒

求定朔弦望加時黃道月度

凡定朔加時日月同度以日行定積度卽月行定積度弦望則各置其加時日行定積度以象策上弦一加望再加下弦三加之爲加時月行定積度如前加而命之滿躔周及黃道宿度去之不盡各得定朔弦望加時黃道月度及分秒

求定朔弦望夜半晨昏黃道月度

置所求入轉日轉度率與次日轉度率相減餘以所求入轉小餘乘之萬約爲分前多後少減前少後多加加減轉度率爲轉定度以乘定朔弦望小餘萬約爲分用減加時定積度餘爲晨前夜半定積度以轉定度乘其日晨昏分萬約爲分各加夜半定積度爲晨昏定積度加命如前各得夜半晨昏黃道月度及分秒

求每日夜半晨昏黃道月度

累計相距日數轉度率爲轉積度與定朔弦望夜半相距度相減餘如相距日數而一爲日差距度多爲加距度少爲減加減每日轉度率爲行定度以累加定朔弦望夜半定積度爲每日夜半定積度累加定朔弦望晨昏定積度爲每日晨昏定積度加命如前卽每日夜半晨昏黃道月度及分秒

註曆自朔至望皆用昏度既望已後則用晨度

求每日夜半晨昏赤道月度

視所求夜半晨昏黃道月行定積度在象策已下爲至後滿象策去之爲分後猶多再去之爲至後復多仍去之爲分後以其黃道積度減之餘以赤道率乘之如黃道率而一所得以加赤道積度及所去象策各爲赤道定積度以歲首冬至加時赤道日度加而命之滿赤道宿度去之卽每日夜半晨昏赤道月度及分秒

步交道第七

正交三百六十三度七十九分三十四秒

中交百八十一度八十九分六十七秒

距交十四度六十六分六十六秒

交周二十七日二十一刻二十二分二十四秒

交中十三日六十刻六十一分十二秒

交差二日三十一刻八十三分六十九秒

求經朔弦望入交

置歲定積來加往減二十六日三刻八十八分交周爲法除之不盡來卽所求往反減交周各加其月朔積及弦望策滿交周去之爲所求經朔弦望入交大小餘若徑求次朔入交以交差加之

求定朔弦望加時及每日夜半入交

置經朔弦望入交大小餘以定朔弦望加減差加減之卽定朔弦望加時入交以定朔弦望小餘減之爲定朔弦望晨前夜半入交累加一日爲每日晨前夜半入交滿交周去之

求朔後平交入轉及加減差

置經朔入交與交周相減餘爲朔後平交大小餘以加經朔入轉爲朔後平交入轉在轉中已下爲疾已上去之爲遲依月離篇求疾遲之加減差命爲正交日加減差

求正交日辰

置朔後平交與經朔相併以正交日加減差遲加疾減之爲正交大小餘滿律總去之命甲子算外卽正交日辰及加時小餘

求正交加時黃道月度

置朔後平交大小餘以月平行度及分秒乘之爲距後度以所求月朔積命日爲度併之爲歲前冬至距正交定積度以冬至加時黃道日度加而命之滿躔周及黃道宿度去之不盡爲正交加時黃道月度及分秒

求正交在二至後初末限

置冬至距正交定積度及分秒在躔中已下爲冬至後已上去之爲夏至後在象策已下爲初限已上反減躔中餘爲末限

求汎差距差定限度

置初末限度以距交乘之如象策而一爲汎差反減距交餘爲距差倍律數以乘汎差如距交而一所得交在冬至後減夏至後加皆加減九十八度爲定限度及分秒

求月離赤道正交宿度

冬至後初限加末限減視春正夏至後初限減末限加視秋正以距差加減春秋二正赤道宿度爲月離赤道正交宿度及分秒

求正交後赤道宿積度入初末限

各置春秋二正赤道所當宿全度及分以月離赤道正交宿度及分秒減之餘爲正交後積度以赤道宿度累加之滿象策去之爲半交後再去之爲中交後又去之爲半交後視各交積度在半象已下爲初限已上反減象策餘爲末限

求每交月離白道積度及宿次

置定限度與初末限相減相乘退位爲分爲定差正交中交後爲加半交後爲減以差加減正交後赤道積度爲月離白道定積度以前宿白道定積度減之各得月離白道宿次及分

求定朔弦望加時月離白道宿度

各以月離赤道正交宿度距所求定朔弦望加時月離赤道宿度爲正交後積度滿象策去之爲半交後再去之爲中交後又去之爲半交後視交後積度在半象已下爲初限已上用減象策爲末限以初末限與定限度相減相乘退位爲分滿律母爲度爲定差正交中交後爲加半交後爲減以差加減月離赤道正交後積度爲定積度以正交宿度加之以其所當月離白道宿度去之各得定朔弦望加時月離白道宿度及分秒

求每日月臨午位黃道宿度

置月離赤道定積度及中星所臨宿積度上弦前後視昏度望前後視夜半度下弦前後視晨度月在中星已下爲前已上爲後以月星積度相減

不及則加躔周而後減之

餘以其日轉定度乘之如躔周而一所得前減後加其日夜半晨昏月離黃道定積度以歲首冬至加時黃道日度加而命之滿黃道宿度去之卽月臨午位黃道宿度及分秒

求每日月臨午位赤道宿度

置月臨午位黃道積度及分秒依前篇求赤道積度以歲首冬至加時赤道日度加而命之滿赤道宿度去之卽月臨午位赤道宿度及分秒

求每日月臨午位時刻更點

置月臨午位赤道積度及分秒以其日晨前夜半中星積度及分秒減之

不及則加躔周而後減之

餘以律母乘之如躔周而一爲刻不滿退除爲分秒下弦已後上弦已前月中在晝依時刻法求之上弦已後下弦已前月中在夜依更點法求之

求每日月離赤道交後初末限

置月離赤道正交後積度以赤道宿度及分累加之至所求月臨午位赤道宿度及分秒在躔中已下爲正交後已上去之爲中交後在象策已下爲初限已上反減躔中餘爲末限

求月離半交白道出入赤道內外度

置各交汎差度及分秒倍律數加一乘之律總加一除之所得視月離黃道正交在冬至後宿度爲減夏至後宿度爲加皆加減二十三度九十分爲月離赤道後半交白道出入赤道內外度折半以辰策除之爲定差

求月離出入赤道內外白道去極度

置每日月離赤道交後初末限度及分秒用減象策餘爲白道積用其積度減之餘以其差率乘之如律母而一所得以加其下積差爲每日積差

月離白道積差差率舊附日躔篇黃赤道率下

倍辰策以積差減之餘以定差乘之爲每日月離出入赤道內外度內減外加象策爲每日月離白道去極度及分秒

求隨處月去地度及表景汎數定數

置所求日月臨午位白道去極度及分併其處北極

出地度及分用減躔中餘即其處月去地度爲弧半背

術與日同見晷漏篇

步交食第八

日食交外限六度定法六十一

日食交內限八度定法八十一

月食限十三度五分定法八十七

求交食凡例

凡日食必在朔月食必在望餘日雖交不食視朔望汎交大小餘近交周上下與交周相減餘爲距正交分近交中上下與交中相減餘爲距中交分倍之不滿交差爲入食限定朔加時在夜定望加時在晝若無帶食則不必推出入帶食則須推之

凡定望加時在日出後而月食初虧於日出前者則退一日只以昨夜言望注曆時宜預推當退望而不退是爲錯誤

求日食時差及距午分

視定朔小餘在五十刻已下用減五十刻餘爲中前分已上減去五十刻餘爲中後分以中前後分與五十刻相減相乘如九十六而一爲刻不滿退除爲分秒中前名減中後名加命爲時差以併中前或中後分爲距午分

求食甚入盈縮定度

日食置定朔加時黃道日行定積度以時差加減之爲食甚入盈縮定度月食不用時差直以定望加時黃道日行定積度便爲食甚入盈縮定度滿躔中去之

求日食南北差

視食甚入盈縮定度在象策已下爲初限已上用減躔中餘爲末限以初末限自相乘千八百七十除之爲度不滿退除爲分秒用減四度四十六分餘爲南北汎差距午分乘之半晝分除之所得用減汎差不及減反減之爲南北定差在縮初盈末正交加中交減在盈初縮末正交減中交加

係反減者應加卻減之應減卻加之

求日食東西差

置食甚入盈縮定度與躔中相減相乘千八百七十除之爲度不滿退除爲分秒爲東西汎差距午分乘之二十五刻除之爲東西定差

若在汎差已上則倍汎差相減餘爲定差

在縮中前盈中後正交加中交減在盈中前縮中後正交減中交加

雖係倍減者加減只如常

求交限度

日食置正交中交度及分秒以六度十五分爲損益差正交損之中交益之以南北東西定差加減之爲交限度月食則不須損益加減直以正文中交度及分秒爲交限度

求交定度

置朔望汎交大小餘以月平行度乘之以盈縮差盈加縮減之爲交定度若在十五度半已下併入正交度及分秒爲交定度

求食差

視交定度在正交限已下中交限已上爲交內在正交限已上中交限已下爲交外各與限度相減餘爲食差

求所食分秒

各置食限以其食差減之餘如定法而一爲所食分秒不及減者不食食分少者日光赫盛或不見食

求定限行度

置定朔望加時入轉大小餘依月離求所入疾遲限下行度減去八百二十分餘爲定限行度

求定用分

日食置二十分月食置三十分與所食分秒相減相乘平方開之所得日以七因月以六因各進二位皆以八百二十乘之如定限行度而一爲定用分

求三限時刻

日食置定朔小餘以時差加減之爲食甚分月食不用時差但以定望全分爲食甚分各以定用分減食甚爲初虧加食甚爲復圓依時刻法求之即三限時刻

求五限時刻

月食十分已上者減去十分餘爲既內復與十分相減相乘如定用分求之爲既內分以減食甚分爲食既以加食甚分爲生光餘同前法共所求三限爲五限

求月食更點

置其日晨分倍之五約爲更法又五約爲點法乃置五限諸分昏分已上減昏分晨分已下加晨分以更法加入如法而一爲更數不滿以點法加入如法而一爲點數

求帶食帶復

視其日出入分在初虧分已上食甚分已下為帶食在食甚分已上復圓分已下為帶復各與日出入分相減餘名前後差在日出入分已下為前已上為後各以所食分秒乘之如定用分而一為日出入前後食復分日食日出已後日入已前為見日出已前日入已後為不見月食日出已前日入已後為見日出已後日入已前為不見此與舊法不同(詳見古今交食考)舊曆無論出入前後日月一例求之是屬錯誤

求起復方所

日食起於西復於東食分少者交外偏南交內偏北月食起於東復於西食分少者交外偏北交內偏南皆指北極所在為北日月所在為南不必據午地論舊曆日月食八分已上即言正東正西今惟月食十分已上者始言之

求食甚宿度

置食甚入盈縮定度

日食在盈月食在縮無所加日食在縮月食在盈加躔中

為黃道定積度以歲首冬至加時黃道日度加而命之滿黃道宿度去之即日月食甚躔離黃道宿度及分秒

步五緯第九

合應

宮土三百六十日五千二百七十三分

角木二百八十日九千七十四分

徵火七百二十三日千七百四十五分

商金十二日二千六百九十六分

羽水四十五日八千三百二十三分

周率

宮土三百七十八日九百一十六分

角木三百九十八日八千八百分

徵火七百七十九日九千二百九十分

商金五百八十三日九千二十六分

羽水百一十五日八千七百六十分

曆應

宮七五千二百二十四日五百六十一分

角木千八百九十九日九千四百八十一分

徵火五百四十七日二千九百三十八分

商金十一日九千六百三十九分

羽水二百五日五千一百六十一分

度率

宮土二十九日四千二百五十五分

角木十一日八千五百八十二分

徵火一日八千八百七分半

商金一日

羽水一日

伏見

宮土十八度

角木十三度

徵火十九度

商金十度半

羽水夕伏晨見十九度晨伏夕見十六度半

諸段積日積度

段目	段日	平度
土合伏	二十日四十	二度四十
晨疾	三十一日	三度四十
晨次疾	二十九日	二度七十五
晨遲	二十六日	一度五十
晨留	三十日	
晨退	五十二日六十四五十八	三度六十二五十四半
夕退	五十二日六十一五十一	三度六十二五十四半
夕留	三十日	
夕遲	二十六日	一度五十
夕次疾	二十九日	二度七十五
夕疾	三十一日	三度四十
夕伏	二十日四十	二度四十
木合伏	十六日八十六	三度八十六
晨疾初	二十八日	六度十一
晨疾末	二十八日	五度五十一
晨遲初	二十八日	四度三十一
晨遲末	二十八日	一度九十一
晨留	二十四日	
晨退	四十六日五十八	四度八十八十二半
夕退	四十六日五十八	四度八十八十二半
夕留	二十四日	
夕遲初	二十八日	一度九十一
夕遲末	二十八日	四度三十一
夕疾初	二十八日	五度五十一
夕疾末	二十八日	六度十一
夕伏	十六日八十六	三度八十六

火合伏	六十九日	五十度
晨疾初	五十九日	四十一度八十
晨疾末	五十七日	三十九度〇八
晨次疾初	五十三日	三十四度十六
晨次疾末	四十七日	二十七度〇四
晨遲初	三十九日	十七度七十二
晨遲末	二十九日	六度二十
晨留	八日	
晨退	二十八日九十六四十五	八度六十五六十七半
夕退	二十八日九十六四十五	八度六十五六十七半
夕留	八日	
夕遲初	二十九日	六度二十
夕遲末	三十九日	十七度七十二
夕次疾初	四十七日	二十七度〇四
夕次疾末	五十三日	三十四度十六
夕疾初	五十七日	三十九度〇八
夕疾末	五十九日	四十一度八十
夕伏	六十九日	五十度
金合伏	三十九日	四十九度五十
夕疾初	五十二日	六十五度五十
夕疾末	四十九日	六十一度
夕次疾初	四十二日	五十度二十五
夕次疾末	三十九日	四十二度五十
夕遲初	三十三日	二十七度
夕遲末	十六日	四度二十五
夕留	五日	
夕退	十日九十五十三	三度六十九八十七

夕退伏	六日	四度三十五	
合退伏	六日	四度三十五	
晨退	十日九十五十三	三度六十九八十七	
晨留	五日		
晨遲初	十六日	四度二十五	
晨遲末	三十三日	二十七度	
晨次疾初	三十九日	四十二度五十	
晨次疾末	四十二日	五十度二十五	
晨疾初	四十九日	六十一度	
晨疾末	五十二日	六十五度五十	
晨伏	三十九日	四十九度五十	
水合伏	十七日七十五	三十四度二十五	
夕疾	十五日	二十一度三十八	
夕遲	十二日	十度十二	
夕留	二日		
夕退伏	十一日十八八十	七度八十一二十	
合退伏	十一日十八八十	七度八十一二十	
晨留	二日		
晨遲	十二日	十度十二	
晨疾	十五日	二十一度三十八	
晨伏	十七日七十五	三十四度二十五	
段目		限度	初行率
土合伏		一度四十九	十二分
晨疾		二度十一	十一分
晨次疾		一度七十一	十分
晨遲		初八十三	八分
晨留			

晨退	初二十八四十五半	
夕退	初二十八四十五半	十分
夕留		
夕遲	初八十三	
夕次疾	一度七十一	八分
夕疾	二度十一	十分
夕伏	一度四十九	十一分
木合伏	二度九十三	二十三分
晨疾初	四度六十四	二十二分
晨疾末	四度十九	二十一分
晨遲初	三度二十八	十八分
晨遲末	一度四十五	十二分
晨留		
晨退	空三十二八十七半	
夕退	空三十二八十七半	十六分
夕留		
夕遲初	一度四十五	
夕遲末	三度二十八	十二分
夕疾初	四度十九	十八分
夕疾末	四度六十四	二十一分
夕伏	二度九十三	二十二分
火合伏	四十六度五十	七十三分
晨疾初	三十八度八十七	七十二分
晨疾末	三十六度三十四	七十分
晨次疾初	三十一度七十七	六十七分
晨次疾末	二十五度十五	六十二分
晨遲初	十六度四十八	五十三分

晨遲末	五度七十七	三十八分
晨留		
晨退	六度四十六三十二半	
夕退	六度四十六三十二半	四十四分
夕留		
夕遲初	五度七十七	
夕遲末	十六度四十八	三十八分
夕次疾初	二十五度十五	五十三分
夕次疾末	三十一度七十七	六十二分
夕疾初	三十六度三十四	六十七分
夕疾末	三十八度八十七	七十分
夕伏	四十六度五十	七十二分
金合伏	四十七度六十四	一度二十七分半
夕疾初	六十三度○四	一度二十六分半
夕疾末	五十八度七十一	一度二十五分半
夕次疾初	四十八度二十六	一度十三分半
夕次疾末	四十度九十	一度十六分
夕遲初	二十五度九十九	一度二分
夕遲末	四度○九	六十二分
夕留		
夕退	一度五十九十三	
夕退伏	一度六十三	六十一分
合退伏	一度六十三	八十二分
晨退	一度五十九十三	六十一分
晨留		
晨遲初	四度○九	
晨遲末	二十五度九十九	六十二分

晨次疾初	四十度九十	一度二分
晨次疾末	四十八度三十六	一度十六分
晨疾初	五十八度七十一	一度二十三分半
晨疾末	六十三度○四	一度二十五分半
晨伏	四十七度六十四	一度二十六分半
水合伏	二十九度○八	二度十五分五十八
夕疾	十八度十六	一度七十分三十四
夕遲	八度五十九	一度十四分七十二
夕留		
夕退伏	二度十分八十	
合退伏	二度十分八十	一度三分四十六
晨留		
晨遲	八度五十九	
晨疾	十八度十六	一度十四分七十二
晨伏	二十九度○八	一度七十分三十四

求五星平合日

置歲定積來減往加其星合應滿其周率去之不盡往即所求來反減周率即歲首冬至後平合日及分秒

求諸段積日積度

副置平合日及分秒累加段日即諸段積日命日爲度累加平度退則減之即諸段積度及分秒

求諸段入曆

置歲定積以其星曆應併所求平合日及分秒來加往減之如其度率而一爲度不滿退除爲分秒滿曆率去之來即所求往反減曆率即平合入曆度累加限度各得其段入曆度及分秒

求盈縮初末限

置各段入曆度及分秒若在躔中已下爲盈已上減去躔中爲縮其土木金水四星諸段在象策已下爲初限已上用減躔中餘爲末限其火星諸段盈者在二因辰策已下縮者在四因辰策已下爲初限已上用減躔中餘爲末限

求盈縮差

土星盈者立差二秒八十三忽加平差四分十秒二十二忽減定差千五百一十四分六十一秒縮者立差三秒三十一忽加平差一分五十一秒二十六忽減定差千一百一分七十五秒

木星盈縮立差二秒三十六忽加平差二分五十九秒十二忽減定差千八十九分七十秒

金星盈縮立差一秒四十一忽加平差三忽減定差三百五十一分五十五秒

水星盈縮立差一秒四十一忽加平差二十一秒六十五忽減定差三百八十七分七十秒

火星盈初縮末立差十一秒三十五忽減平差八十三分十一秒八十九忽減定差八千八百四十七分八十四秒縮初盈末立差八秒五十一忽減平差三分二秒三十五忽減定差二千九百九十七分六十三秒

新改縮初盈末立差一秒二十四忽減平差二十分三十秒減定差四千三百九十二分

各置立差以所求初末限度反分秒乘之加減平差再乘之用減定差又乘之滿萬爲度不滿退除爲分秒爲盈縮差

又法置所求初末限下小餘以其限盈縮分乘之萬約爲分加入其限積度亦爲盈縮差

求諸段定積日及日辰

各置其段積日以其盈縮差盈加縮減之卽其段定積日及分秒以歲首黃鍾正律大小餘加之滿律總去之其大餘命甲子算外卽得日辰及加時小餘

求諸段所在月日

各置其段定積日及分秒加閏餘減朔策餘如朔策而一爲月數不盡爲入經朔已來日數其月數命正月若在朔策已下不及減者爲入年前十一月已上去之爲入十二月俱以日辰所在爲定凡閏餘在十六日已上則其年有閏依求汎閏術定之

求諸段加時定積度

各置其段積度以其盈縮差盈加縮減之（金星再之水星三之）卽諸段加時定積度以歲首冬至加時黃道日度加而命之卽其星其段加時所在宿度及分秒

求諸段初日晨前夜半所在宿度

各以其段初行率乘其段加時小餘如律母而一爲分順減退加其日加時定積度卽其段初日晨前夜半定積度加命如前卽得所在宿度及分秒

求諸段日率度率及平行分

各以其段日辰與後段日辰相距數爲日率以其段夜半積度與後段夜半積度相減餘爲度率各置度率及分秒以其日率除之卽其段平行分

求諸段增減差及日差

以本段前後平行分相減爲其段汎差倍而退位爲增減差前多後少者加爲初減爲末前少後多者減爲初加爲末以加減其段平行分爲初末日行分又倍增減差爲總差以日率減一除之爲日差

求前後伏遲退段增減差

前伏者置後段初日行分加其日差之半爲末日行分後伏者置前段末日行分加其日差之半爲初日行分以減伏段平行分餘爲增減差

前遲者置前段末日行分倍其日差減之爲初日行分後遲者置後段初日行分倍其日差減之爲末日行分以前後近留之遲段平行分減之餘爲增減差

土木火三星退行者六因平行分退一位爲增減差金星前後退伏者三因平行分半而退位爲增減差前退者置後段初日行分以其日差減之爲末日行分後退者置前段末日行分以其日差減之爲初日行分以本段平行分減之餘爲增減差

水星退行者半平行分爲增減差皆以增減差加減平行分爲初末日行分前多後少者加爲初減爲末前少後多者減爲初加爲末又倍增減差爲總差以日率減一除之爲日差

求每日晨前夜半星行宿度

各置其段初日行分以日差累損益之後少則損之後多則益之爲每日行度及分秒乃置其段初日晨前夜半定積度順加退減滿宿度去之卽每日晨前夜半星行宿度及分秒

求平合見伏入太陽盈縮曆

置其星其段定積日及分秒在歲中已下爲盈已上去之爲縮多則再去之復爲盈各在初限已下爲初限已上反減歲中餘爲末限卽其星平合見伏入曆日及分秒

求平合見伏星與太陽行差

各以其星其段初日星行分與其段初日太陽行分相減餘爲行差若金水二星退行在退合者以其段初日星行分併其段初日太陽行分爲行差其水星夕伏晨見者直以其段初日太陽行分爲行差

求定合定見定伏汎積日

土木火三星各以平合晨見夕伏定積日便爲定合伏見汎積日及分秒

金星置其段盈縮差水星倍置之各以其段行差除之爲日不滿退除爲分秒在平合夕見晨伏者盈減縮加在退合夕伏晨見者盈加縮減各加減定積日爲定合伏見汎積日及分秒

求定合定積日定積度

土木火三星各以平合行差除其段初日太陽盈縮積爲距合差日不滿退除爲分秒以太陽盈縮積減之爲距合差度副置其星定合汎積以距合差日差度盈減縮加之爲其星定合定積日定積度及分秒此與下條言盈縮者皆指太陽非謂本星

金水二星順合退合者各以平合退合行差除其日太陽盈縮積爲距合差日不滿退除爲分秒順加退減太陽盈縮積爲距合差度順合者以距合差日差度盈加縮減其星定合汎積爲其星定合定積日定積度及分秒退合者以距合差日盈減縮加以距合差度盈加縮減加減其星退定合汎積爲其星退定合定積日定積度及分秒加命如前各得所求日辰及宿度分秒

徑求合伏定日者土木火三星以夜半黃道日度減其星夜半黃道度餘在其日太陽行分已下者金水二星以其星夜半黃道度減夜半黃道日度餘在其日本星行分已下者各爲其日合伏係合退伏者視其日夜半黃道日度未行到本星度及視次日太陽行過本星度而本星退行過太陽宿度者爲其日合退伏

求定見定伏定積日

土木火三星各置定見定伏汎積日及分秒以歲中折半晨加夕減之在歲中已下自相乘已上倍歲中反減之餘亦自相乘七十五而一爲分不滿退除爲秒以其星見伏度乘之十五除之所得滿行差而一爲日不滿退除爲分秒見加伏減汎積爲其星定見定伏定積日及分秒加命如前即得定見定伏日辰金水二星各以伏見日行差除其段初日太陽盈縮積爲日不滿退除爲分秒夕見晨伏盈加縮減晨見夕伏盈減縮加加減其星定見定伏汎積日及分秒爲常積若在歲中已下爲冬至後已上去之爲夏至後在歲中折半已下自相乘已上反減歲中餘亦自相乘冬至後晨夏至後夕十八而一爲分冬至後夕夏至後晨七十五而一爲分以其星見伏度乘之十五除之所得滿行差而一爲日不滿退除爲分秒晨見夕伏冬至後加夏至後減夕見晨伏冬至後減夏至後加皆加減常積爲其星定見定伏定積日及分秒加命如前即得定見定伏日辰以上律曆融通係原本卷之二

黃鍾曆議上凡五篇

律元

曆距曰元元者萬物之始衆善之長所以統三辰之會也天有三辰地有五行太極運三辰五星於上而元氣轉三統五行於下其於人皇極統三德五事故三辰合於三統五星合於五行日合於天統月合於地統斗合於人統木合於辰星火合於熒惑木合於歲星金合於太白土合於塡星三辰五星而相經緯也夫三五相包而生故三統合於一元因元一而九三之以爲法十一三之以爲實實如法而一得黃鍾長九十太極中央元氣謂之黃鍾其長九寸者陽氣之全也故黃鍾紀元氣之謂律律者法也莫不取法焉是爲萬事根本天道運行循環無端術家推步氣朔盈虛日月躔離五星伏見上考已往下驗方來則必皆以曆元爲距故曆元者所以因之起算者也後漢志曰黃帝造曆元起辛卯顓頊用乙卯夏用丙寅殷用甲寅周用丁巳魯用庚子六家古曆立元各殊積算遠近今不可考後世治曆者或求諸遐邈或距諸目前歷代諸曆始有百家無一同者三統曆以十四萬年已上爲元麟德曆以二十六萬年已上爲元皇極曆以百萬年已上爲元大衍曆以九千六百九十六萬年已上爲元此皆取諸曠古者也太初曆就以太初元年丁丑歲爲元戊寅曆初則以武德元年戊寅歲爲元授時曆以至元十八年辛巳歲爲元大統曆以洪武十七年甲子歲爲元此皆取諸當時者也或遠或近雖則相縣要之順天求合則密爲合驗天則疎此前人定論也古法推步七政多求其總會於甲子逆考順推上下數千萬年而諸曆履端歸餘遠近多寡爲數不同竊嘗論之唐李淳風僧一行益精於曆數矣然淳風麟德曆已爲一行所非而一行大衍曆推今冬至凡差一日則其積年日法俱不可求曆元之始終豈非以歲遠故難測耶豈天地生數之始果如是紛糅耶抑好奇者爲之故爾又有所謂元會運世命爲曆法者初無其事但以十二與三十相參甲子爲之夫氣朔有盈虛故有大盡小盡因此以置閏古之道也例以三十爲用是以一定之數推不齊之運猶月皆大盡亦不置閏也世儒雖惑之而曆家不取其說惟所謂截元曆者但以測驗眞數爲則不復逆考順推以求其齊元大儒許衡等造授時曆實用其術而積年日法在所不取其見卓矣皇朝大統曆雖稍損益多因舊法故超勝諸曆而行之最久是知衡曆可以爲百世之師範也今黃鍾算術以萬曆九年辛巳歲爲距者其旨有三一者貴其名二者貴其義三者貴其時夫貴其名何也按玉海諸書皆云伏羲元年辛巳在位百二十年神農元年亦辛巳在位百二十年說者或以爲黃帝命大撓始作甲子然辛巳之名已見於羲農之世其非大撓始作明矣六十甲子迨與天地俱生其來尚矣莫知誰所造也以爲大撓始作非也干支紀年見於史者辛巳其爲權輿乎夫羲農二聖適同辛巳之元皆躋上壽之域此尤可欽羨也是故表而出之伏願當今體無爲之化協萬壽之徵此所以貴其名也貴其時義何也易革卦之象君子以治曆明時而湯武以之所謂順乎天而應乎人考諸三代而下創業之君順天應人

者不無其人若夫治曆明時或未及爲則有待於後王是故漢高祖革命之後襲秦正朔歷孝惠文景三君至武帝太初元年方議造漢曆漢興至此百餘歲矣後又三十餘歲至元鳳六年而是非堅定唐高祖創業之時雖嘗治曆而法未密歷太高中睿四君至元宗開元九年始命僧一行改造大衍曆唐興至此亦百餘歲而儀式方備是知歷代帝王草創之初固有未及爲者全賴嗣君善繼善述以成其志耳我太祖高皇帝創帝業奠華夏順天應人莫大於此雖湯武有所不及而革命之際距勝國至元辛巳歲纔八十七年授時曆積算未久氣朔不差故仍舊貫無所改作略加潤色而已然彼辛巳至今萬曆辛巳三百年矣年遠數盈漸差天度古人所謂三百年斗曆改憲治曆明時之期豈非在於斯乎恭惟祖宗列聖御極以來改元建號未嘗以曆爲名至我皇上始以萬曆爲年號而適當改憲之際此乃天運潛符爲聖壽萬年曆之元矣九者陽數大哉乾元位尊九五飛龍在天之象故以九年表之古之人論數也曰物生而後有象象而後有滋滋而後有數夫沖漠之間兆朕之先數之原也有儀有象判一而兩數之分也日月星辰垂於上山嶽川澤奠於下數之著也四時迭運而不窮五氣以序而流通風雷不測雨露之澤萬物形色數之化也聖人繼世經天緯地立茲人極稱物平施父子以親君臣以義夫婦以別長幼以序朋友以信數之敎也分天爲九野別地爲九州制人爲九行九品任官九井均田九族睦俗九禮辨分九變成樂九刑禁姦九寸爲律九分造曆九筮稽疑九章命算九職任萬民九賦斂財賄九式節財用九府立圜法九服辨邦國九命位邦國九儀命邦國九法平邦國九伐正邦國九貢致邦國之用九兩繫邦國之民營國九里制城九雉九階九室九經九緯數之度也律書曰王者制事立法物度軌則壹稟於六律六律爲萬事根本故取黃鍾之律其長九寸以表萬曆九年爲曆之元蓋託義倚數用爲推步之距而已或云漢雒下閎倚數起於黃鍾之龠其法一本於律至唐一行乃始專用大衍之策則曆術又本於易是皆傅會之說何必踵其故習哉不然蓋曆起於數數者自然之用也其用無窮而無所不通以之於律於易皆可以合也要在順天求合而已且夫取象之說於經有之歸奇象閏再閏象扐之類初非揲卦本旨特取象之說耳以爲涉於傅會不亦過歟或云若以萬曆元年爲距何如曰易不云乎大衍之數五十其用四十有九一元太極妙不可言能以美利利天下而不言所利是故乾元惟用九耳故曰顯諸仁藏諸用春秋傳曰元年者人君之用也大哉乾元萬物資始天之用也至哉坤元萬物資生地之用也成位乎其中則與天地參故體元者人君之事而調元者宰相之職然推步之家用以爲距者特取斗曆改憲一節而已蓋辛巳歲適當其際故用爲距而以曆元命之亦猶大統曆不以洪武元年爲元而以甲子歲爲元也

律母

道生於一謂之太一太一者太極也由一生二是爲兩儀由二生三是爲三才由三生四是爲四象由四生五是爲五行總而言之凡數皆生於一一者五行之本萬物之元也是故二者一之與一也三者一之與二也四者一之與三也五者一之與四也其上之一數之母也其下之一二三四數之子也去母言之惟有一二三四而無五加母言之則有二三四五而無一一者先天也五者後天也後天不見其所生先天不見其所成蓋自然之理也由五已往則一爲之本由五已來則五爲之元是故六者五之與一也七者五之與二也八者五之與三也九者五之與四也十者五之與五也此謂一爲五數之本五爲萬數之元也傳曰天地與我並生萬物與我爲一一與一爲二二與一爲三自此以往巧歷不能得而況其凡乎推其本元而論之不過一二三四而已傳曰古之所謂道術者無乎不在其數則一二三四是也此之謂歟數術之要妙在乎七之與九何也夫道化而爲一一者太一也物之祖也數之根也一化而爲七其象則圓七化而爲九其象則方九者究也乃復化而爲一則歸於其根矣夫七生於坤坎與六爲表裏故其體圓而用方九生於乾離與八爲表裏故其體方而用圓是故七中減一者[圖]六也☷坤之象也六中加一者[圖]七也☵坎之象也坤之與坎皆根於陰者也九中減一者[圖]八也☲離之象也八中加一者[圖]九也☰乾之象也乾之與離皆根於陽者也故洛書之位九居於上河圖之位六居於下而乾坤定矣洛書之位七居於右河圖之位八居於左而坎離交矣河圖洛書相爲經緯八卦九疇相爲表裏故九爲老陽而六爲老陰七爲少陽而八爲少陰易之爲書至理要道不過七八九六數言而已一二三四者六七八

九之所以生六七八九者一二三四之所以成十者一之全數也五者十之半數也是故十半之則爲五五倍之而爲十十卽一也百千萬億亦猶一也乃至溝澗正載不可說數亦不過乎一也此算術之至妙者歟易曰天一地二天三地四天五地六天七地八天九地十奇數究於九偶數甚於十十者天地之全體九者天地之大用此所以成變化而行鬼神也何瑭氏曰造化之道一陰一陽而已矣陽動陰靜陽明陰晦陽無體以陰爲體陰無用待陽而用二者相合則生相離則滅微哉微哉通於其說則鬼神之幽人物之著天文地理一以貫之而無遺矣九爲陽精主於施十爲陰精主於化施者萬物之父化者萬物之母故九寸爲律元十寸爲度母算律之率以九爲黃鍾之經分以十爲黃鍾之約分就經分而言故曰黃鍾之律其長九寸就約分而言故曰黃鍾之度其長十寸九寸十寸名異實同而先儒未達也何氏曰漢志謂黃鍾之律九寸加一寸爲一尺夫度量權衡所以取法於黃鍾者蓋貴其與天地之氣相應也若加一寸以爲尺則又何取於黃鍾殊不知黃鍾之長固非人所能爲至於九其寸而爲律十其寸而爲尺則人之所爲也漢志不知出此乃欲加黃鍾一寸爲尺謬矣何氏此論發千載之祕破萬世之惑有功於律學也大矣此則唐宋諸儒之所未發惟我聖朝文明之化所被始有斯論豈不偉哉今復廣其說曰先儒有言一者九之祖也十百千萬之宗也圓之而天方之而地行之而四時天所以覆物也地所以載物也四時所以成物也散之無外卷之無內體諸造化而不可遺者乎雒書天道也君道也父道也夫道也變道也應變之道也河圖地道也臣道也子道也妻道也生道也守常之道也陽之情莫切於交陰之情莫急於生交道右行相制生道左旋相代天地萬物生生世世之道盡之矣是故河圖非無奇也而用則存乎耦雒書非無耦也而用則存乎奇耦者陰陽之對待奇者五行之迭運對待者不能孤迭運者不可窮天地之形四時之成人物之生萬化之凝其妙矣乎天地之位也四時之運也陰陽感而五行播矣五行陰陽也陰陽五行也天地絪縕萬物化醇男女構精萬物化生無極之眞二五之精妙合而凝化化生生莫測其神莫知其能而可以一言盡之黃鍾是也故黃鍾之長從黍八十一分而爲九寸因而爲律曆之元其長橫黍十寸而爲百分因而爲律曆之母皆取法於河圖雒書其義精矣故何氏之說雖與先儒異而實同也

律義

周景王問律於伶州鳩對曰律所以立均出度也古之神瞽考中聲而量之以制度律均鍾百官軌儀紀之以三平之以六成於十二天之道也夫六中之色也故名之曰黃鍾所以宣養六氣九德也由是第之二曰太蔟所以金奏贊陽出滯也三曰姑洗所以修潔百物考神納賓也四曰蕤賓所以安靖神人獻酬交酢也五曰夷則所以詠歌九則平民無貳也六曰無射所以宣布哲人之令德示民軌儀也爲之六間以揚沈伏而黜散越也元間大呂助宣物也二間夾鍾出四隙之細也三間中呂宣中氣也四間林鍾和展百事俾莫不任肅純恪也五間南呂贊陽秀也六間應鍾均利器用俾應復也律呂不易無姦物也大昭小鳴和之道也和平則久久周則純純明則終終復則樂所以成政也故先王貴之司馬遷律書曰七正二十八舍律曆天所以通五行八正之氣天所以成就萬物也舍者日月所舍舍者舒氣也廣莫風居北方廣莫者言陽氣在下陰莫陽廣大也故曰廣莫東至於虛虛者能實能虛言陽氣冬則宛藏於虛日冬至則一陰下藏一陽上舒故曰虛東至於須女言萬物變動其所陰陽氣未相離尚相如胥也故曰須女十一月也律中黃鍾黃鍾者陽氣踵黃泉而出也其於十二子爲子子者滋也滋者言萬物滋於下也其於十母爲壬癸壬之爲言任也言陽氣任養萬物於下也癸之爲言揆也言萬物可揆度故曰癸東至牽牛牽牛者言陽氣牽引萬物出之也牛者冒也言地雖凍能冒而生也牛者耕植種萬物也東至於建星建星者建諸生也十二月律中大呂大呂者其於十二子爲丑丑者紐也言陽氣在上未降萬物厄紐未敢出條風居東北主出萬物條之言條治萬物而出之故曰條風南至於箕箕者言萬物根棋故曰箕正月也律中太蔟太蔟者言萬物蔟生也故曰太蔟其於十二子爲寅寅言萬物始生螾然也故曰寅南至於尾言萬物始生如尾也南至於心言萬物始生有華心也南至於房房者言萬物門戶也至於門則出矣明庶風居東方明庶者明衆物盡出也二月也律中夾鍾夾鍾者言陰陽相夾廁也其於十二子爲卯卯之爲言茂也言萬物茂也其於十母爲甲乙甲

者言萬物剖符甲而出也乙者言萬物生軋軋也南至於氐者言萬物皆至也南至於亢亢者言萬物亢見也南至於角角者言萬物皆有枝格如角也三月也律中姑洗姑洗者言萬物洗生其於十二子爲辰辰者言萬物之蜄也清明風居東南維主風吹萬物而西之軫軫者言萬物益大而軫軫然西至於翼翼者言萬物皆有羽翼也四月也律中仲呂仲呂者言萬物盡旅而西行也其於十二子爲巳巳者言陽氣之已盡也西至於七星七星者陽數成於七故曰七星西至於張張者言萬物皆張也西至於注注者言萬物之始衰陽氣下注故曰注五月也律中蕤賓蕤賓者言陰氣幼少故曰蕤痿陽不用事故曰賓景風居南方景者言陽氣道竟故曰景風其於十二子爲午午者陰陽交故曰午其於十母爲丙丁丙者言陽道著明故曰丙丁者言萬物之丁壯也故曰丁西至於弧弧者言萬物之吳落且就死也西至於狼狼者言萬物可度量斷萬物故曰狼涼風居西南維主地地者沈奪萬物氣也六月也律中林鍾林鍾者言萬物就死氣林林然其於十二子爲未未者言萬物皆成有滋味也北至於罰罰者言萬物氣奪可伐也北至於參參言萬物可參也故曰參七月也律中夷則夷則言陰氣之賊萬物也其於十二子爲申申者言陰用事申賊萬物故曰申北至於濁濁者觸也言萬物皆觸死也故曰濁北至於留留者言陽氣之稽留也故曰留八月也律中南呂南呂者言陽氣之旅入藏也其於十二子爲酉酉者萬物之老也故曰酉閶闔風居西方閶者倡也闔者藏也言陽氣道萬物闔黃泉也其於十母爲庚辛庚者言陰氣庚萬物故曰庚辛者言萬物之辛生故曰辛北至於胃胃者言陽氣就藏皆胃胃也北至於婁婁者呼萬物且內之也北至於奎奎者主毒螫殺萬物也奎而藏之九月也律中無射無射者陰氣盛用事陽氣無餘也故曰無射其於十二子爲戌戌者言萬物盡滅故曰戌不周風居西北主殺生東壁居不周風東主辟生氣而東之至於營室營室者主營胎陽氣而產之東至於危危垝也言陽氣之危垝故曰危十月也律中應鍾應鍾者陽氣之應不用事也其於十二子爲亥亥者該也言陽氣藏於下故該也音始於宮窮於角數始於一終於十成於三氣始於冬至周而復生神生於無形成於有形然後數形而成聲故曰神使氣氣就形形理如類有可類或未形而未類或同形而同類類而可班類而可識聖人知天地識之別故從有以至未有以得細若氣微若聲然聖人因神而存之雖妙必效情核其華道者明矣非有聖心以乘聰明孰能存天地之神而成形之情哉神者物受之而不能知及其去來故聖人畏而欲存之唯欲存之神之亦存其欲存之者故莫貴焉故璿璣玉衡以齊七政即天地二十八宿十母十二子鍾律調自上古建律運曆造日度可據而度也合符節通道德即從斯之謂也蔡元定曰律者陽氣之動揚聲之始必聲和氣應然後可以見天地之心然非精於曆數則氣節亦未易正也是知律與曆蓋相須爲用不知律不可與言曆不知曆亦不可與言律欲候氣以驗律必測景以正曆此先後之序也

律數

至治之世天地之氣合以生風天地之風氣正十二律定十二律者六律爲陽六呂爲陰律以統氣類物一曰黃鍾二曰太蔟三曰姑洗四曰蕤賓五曰夷則六曰無射呂以旅陽宣氣一曰大呂二曰夾鍾三曰仲呂四曰林鍾五曰南呂六曰應鍾有三統之義焉故黃鍾爲天統林鍾爲地統太蔟爲人統黃鍾者陽氣施種於黃泉孳萌萬物爲六氣元也變動不居周流六虛始於子在十一月大呂呂旅也言陰大旅助黃鍾宣氣而芽物也位於丑在十二月太蔟蔟奏也言陽氣大奏地而達物也位於寅在正月夾鍾言陰夾助太蔟宣四方之氣而出種物也位於卯在二月姑洗洗潔也言陽氣洗物辜潔之也位於辰在三月仲呂言微陰始起未成著於其中旅助姑洗宣氣齊物也位於巳在四月蕤賓蕤繼也賓導也言陽始導陰氣使繼養物也位於午在五月林鍾林君也言陰氣受任助蕤賓君主種物使長大楙盛也位於未在六月夷則則法也言陽氣正法度而使陰氣夷當傷之物也位於申在七月南呂南任也言陰氣旅助夷則任成萬物也位於酉在八月無射射厭也言陽氣究物而使陰氣畢剝落之終而復始無厭巳也位於戌在九月應鍾言陰氣應無射該藏萬物而雜陽閡種也位於亥在十月三統者天施地化人事之紀也故陰陽之施化萬物之終始既類旅於律呂又經歷於日辰而變化之情可見矣玉衡杓建天之綱也日月初躔星之紀也綱紀之交以原始造設合樂用焉律呂唱和以育生成化歌奏用焉指顧取象然後陰

陽萬物靡不條鬯該成故曰制禮上物不過十二天之大數也按律曆二術皆生於黃鍾古有是說推原是說之由蓋謂天之大數不過十二是故度律均鍾輿夫百事軌儀紀之以三平之以六而成於十二也所謂紀之以三者若三十度爲一辰三十日爲一月三百六十爲一朞三十年爲一世三百年爲一限之類是也所謂平之以六者若六時爲晝六時爲夜六月爲盈六月爲縮六律配五聲合爲六十調六甲配五子合爲六十日六十年赤道退天一度之類是也所謂成於十二者若黃鐘之生十二律而循環無端以象天之十二方位日之十二躔次月之十二盈虧星辰之十二宮斗杓之十二建歲之十二月日之十二時如是之類皆與律呂之數相符是故測景候氣而與脗合古之所謂曆法生於黃鐘此之謂歟

十二律呂以配卦象之圖

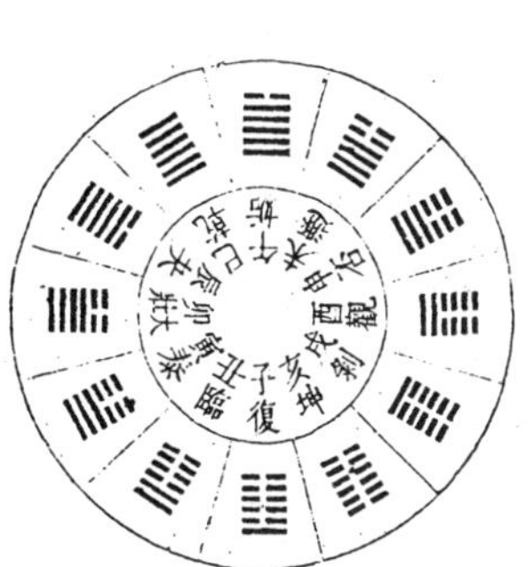

律象

十二律呂以配卦象其法自復卦一陽生屬子爲冬至十一月中臨卦二陽生屬丑爲大寒十二月中泰卦三陽生屬寅爲雨水正月中大壯四陽生屬卯爲春分二月中夬卦五陽生屬辰爲穀雨三月中乾卦六陽生屬巳爲小滿四月中爲純陽之卦陽極則陰生故姤卦一陰生屬午爲夏至五月中遯卦二陰生屬未爲大暑六月中否卦三陰生屬申爲處暑七月中觀卦四陰生屬酉爲秋分八月中剝卦五陰生屬戌爲霜降九月中坤卦六陰生屬亥爲小雪十月中爲純陰之卦陰極則陽生又繼以十一月之復焉陰陽消長如環無端不特見之卦畫之生如此而卦氣之運亦如此自然與律之陰陽消長相爲配合大傳所謂易與天地準故能彌綸天地之道於此亦可見其一端故十二卦順四時之氣配四方之位實與伏羲六十四卦圓圖之位大合卦氣流行之接卦畫對待之妙陰陽盛衰消長相爲倚伏之機備於此十二月卦中矣謹按十二律配卦象其原出於易緯而諸家所主不一邵雍已前未聞有圖雍所傳先天圖蓋出於陳希夷朱熹謂此圖希夷已前原有但祕而不傳惟方士輩相傳授耳參同契所言是也今考參同契之文於復則曰黃鍾建子臨則曰丑之大呂泰則曰輻輳於寅輳指太蔟言也大壯則曰俠列卯門俠指夾鍾言也他卦放此結之曰終坤始復如循連環此一節文義與六十四卦圓圖全合惟與方圖不合疑舊圖世遠或傳寫之誤歟何瑭嘗作一圖其卦次第自上而下曰以伏羲橫圖豎起觀之則造化在目中矣夫坤者地也故居最下地之上有山焉山之上有水焉水之上有風焉風之上有雷焉雷之上有火焉曰電之屬是也火之上有澤焉霄漢之類是也澤之上有天而已故乾居最上焉皆自然之次序非有所穿鑿也瑭又曰火陽也雖附於天而未嘗不行於地水陰也雖附於地而未嘗不行於天水火者天地之二用也雨雪霜露皆澤之類也此圖舊所未有實自瑭始今推究之然則八卦橫圖一數當從左起左陽右陰故也或疑非逆行乎曰非也自左而右是順從右而左爲逆凡四時五行十支方位皆由左而後右匪惟卦象爾耳至於書數亦然故蒼頡造書隸首作數下筆布算先自左方後世巧者莫能易之此造化自然非人所爲也故知橫圖從右起者誤矣從圖橫圖方圖皆係新作與舊不同今列於後

從圖

上 乾 兌 離 震 天 澤 火 雷 陽

下 巽 坎 艮 坤 風 水 山 地 陰

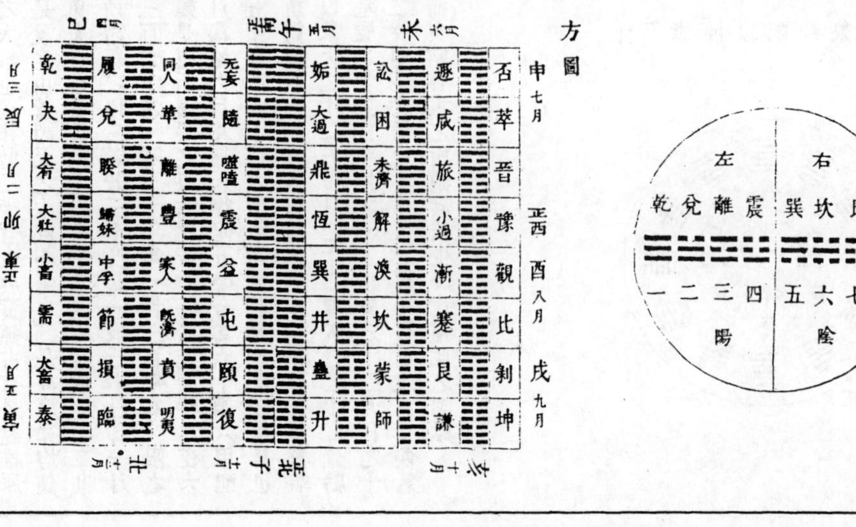

右按上文以橫圖爲內卦配從圖爲外卦經緯錯綜成卦六十有四則西邊之下卦北邊之上卦皆坤西與北陰方也有坤而無乾古云天傾西北此也東邊之下卦南邊之上卦皆乾東與南陽方也有乾而無坤古云地不滿東南此也乾坤交於寅爲泰塞於申爲否古云寅申爲陰陽祖此也子午卯酉四正之位也復姤大壯觀四卦居之按四仲月以應分至爲寅申巳亥四隅之位也泰否乾坤四卦居之按四孟月以應啟閉爲辰戌丑未中央土之位也夬剝臨遯四卦居之按四季月以應寄旺爲十二月卦次序適與十二支方位相合亦自然之理而先儒所未發也然自漢以來曆家皆主六日七分之術以推卦氣其說不經至於觀陰陽之變則錯亂而不明今依何氏改定自與先天圖合詳見下卷爻象篇

曆法典第四十八卷

曆法總部彙考四十八

明八

鄭世子朱載堉曆學新說七

律曆融通

黃鍾曆議中　凡十六篇

律音

樂記曰宮爲君商爲臣角爲民徵爲事羽爲物五者不亂則無怗懘之音矣宮亂則荒其君驕商亂則陂其臣壞角亂則憂其民怨徵亂則哀其事勤羽亂則危其財匱五者皆亂迭相陵謂之慢如此則國之滅亡無日矣納音之說蓋出於此凡五音其三爲綱宮商角是也其二爲紀徵羽是也綱者聲之根本故爲君爲臣爲民紀者聲之支末故爲事爲物此三天兩地之義也黃鍾爲宮太蔟爲商姑洗爲角三律皆陽故爲夫林鍾爲徵南呂爲羽應鍾爲和三呂皆陰故爲妻此陽奇陰偶之義也以干支言之則甲乙者干之綱也丙丁而下干之紀也子丑者支之綱也寅卯而下支之紀也凡干支陽者爲之夫而陰者爲之妻甲乙而後丙丁丙丁而後戊己戊己而後庚辛庚辛而後壬癸此自然之序也宮而後商商而後角角而後徵徵而後羽羽而後宮終則復始循環無端此自然之理也黃鍾居子其衝在午林鍾居未其衝在丑子與未隔八相生午與丑隔八相生黃鍾陽律爲夫林鍾陰呂爲妻故丑未者乃子午之妻也是以子午丑未其甲乙起自宮而繼之以商角徵羽故甲子乙丑甲午乙未爲宮丙子丁丑丙午丁未爲商戊子己丑戊午己未爲角庚子辛丑庚午辛未爲徵壬子癸丑壬午癸未爲羽此皆統於黃鍾之宮者也太蔟居寅其衝在申南呂居酉其衝在卯寅與酉隔八相生申與卯隔八相生太蔟陽律爲夫南呂陰呂爲妻故卯酉者乃寅申之妻也是以寅申卯酉其甲乙起自商而繼之以角徵羽宮故甲寅乙卯甲申乙酉爲商丙寅丁卯丙申丁酉爲角戊寅己卯戊申己酉爲徵庚寅辛卯庚申辛酉爲羽壬寅癸卯壬申癸酉爲宮此皆統於太蔟之商者也姑洗居辰其衝在戌應鍾居亥其衝在巳辰與亥隔八相生戌與巳隔八相生姑洗陽律爲夫應鍾陰呂爲妻故巳亥者辰戌之妻也是以辰戌巳亥其甲乙起自角而繼之以徵羽宮商故甲辰乙巳甲戌乙亥爲角丙辰丁巳丙戌丁亥爲徵戊辰己巳戊戌己亥爲羽庚辰辛巳庚戌辛亥爲宮壬辰癸巳壬戌癸亥爲商此皆統於姑洗之角者也夫宮屬土土生金商屬金金生水角屬木木生火徵屬火火生土羽屬水水生木各以所生者而謂之納音蓋律娶妻而呂生子天地之情也若夫海中金爐中火之類斯乃術士俚語編成歌謠便於記誦耳元無別義不必强解也

律均

律均讀作韻與韻義同古無韻字以均爲韻字言一韻聲也旋宮之法自冬至始隨月所建六律六呂迭相爲均一均之音有七以一爲主六爲從其爲從者律有三呂有三先儒謂之三男三女蓋以陽律爲父爲男陰呂爲母爲女取象於大易也父爲均主則男長女幼男爲兄女爲妹故先男而後女母爲均主則女長男幼女爲姊男爲弟故先女而後男此其大凡也然十有二聲中用者七不用者五故十有二均中用者八十有四不用者六十用與不用總而計之共百四十有四聲也建子之月所用者七律謂黃鍾爲宮父也太蔟爲商長男也姑洗爲角中男也蕤賓爲變徵少男也林鍾爲徵長女也南呂爲羽中女也應鍾爲變宮少女也不用者五律謂大呂夾鍾仲呂夷則無射也建丑之月所用者七律謂大呂爲宮母也夾鍾爲商長女也仲呂爲角中女也林鍾爲變徵少女也夷則爲徵長男也無射爲羽中男也黃鍾爲變宮少男也不用者五律謂太蔟姑洗蕤賓南呂應鍾也建寅之月所用者七律謂太蔟爲宮父也姑洗爲商長男也蕤賓爲角中男也夷則爲變徵少男也南呂爲徵長女也應鍾爲羽中女也大呂爲變宮少女也不用者五律謂夾鍾仲呂林鍾無射黃鍾也建卯之月所用者七律謂夾鍾爲宮母也仲呂爲商長女也林鍾爲角中女也南呂爲變徵少女也無射爲徵長男也黃鍾爲羽中男也太蔟爲變宮少男也不用

者五律謂姑洗蕤賓夷則應鍾大呂也建辰之月所用者七律謂姑洗爲宮父也蕤賓爲商長男也夷則爲角中男也無射爲變徵少男也應鍾爲徵長女也大呂爲羽中女也夾鍾爲變宮少女也不用者五律謂仲呂林鍾南呂黃鍾太蔟也建巳之月所用者七律謂仲呂爲宮母也林鍾爲商長女也南呂爲角中女也應鍾爲變徵少女也黃鍾爲徵長男也太蔟爲羽中男也姑洗爲變宮少男也不用者五律謂蕤賓夷則無射大呂夾鍾也建午之月所用者七律謂蕤賓爲宮父也夷則爲商長男也無射爲角中男也黃鍾爲變徵少男也大呂爲徵長女也夾鍾爲羽中女也仲呂爲變宮少女也不用者五律謂林鍾南呂應鍾太蔟姑洗也建未之月所用者七律謂林鍾爲宮母也南呂爲商長女也應鍾爲角中女也大呂爲變徵少女也太蔟爲徵長男也姑洗爲羽中男也蕤賓爲變宮少男也不用者五律謂夷則無射黃鍾夾鍾仲呂也建申之月所用者七律謂夷則爲宮父也無射爲商長男也黃鍾爲角中男也太蔟爲變徵少男也夾鍾爲徵長女也仲呂爲羽中女也林鍾爲變宮少女也不用者五律謂南呂應鍾大呂姑洗蕤賓也建酉之月所用者七律謂南呂爲宮母也應鍾爲商長女也大呂爲角中女也夾鍾爲變徵少女也姑洗爲徵長男也蕤賓爲羽中男也夷則爲變宮少男也不用者五律謂無射黃鍾太蔟仲呂林鍾也建戌之月所用者七律謂無射爲宮父也黃鍾爲商長男也太蔟爲角中男也姑洗爲變徵少男也仲呂爲徵長女也林鍾爲羽中女也南呂爲變宮少女也不用者五律謂應鍾大呂夾鍾蕤賓夷則也建亥之月所用者七律謂應鍾爲宮母也大呂爲商長女也夾鍾爲角中女也仲呂爲變徵少女也蕤賓爲徵長男也夷則爲羽中男也無射爲變宮少男也不用者五律謂黃鍾太蔟姑洗林鍾南呂也此之謂五聲六律十二管旋相爲宮生生不已轉轉無窮而與大易之理相合造化自然之妙用也按所用七律者有虞氏謂之七始見於尚書大傳周人或謂之七音或謂之七律見於左傳國語古惟五音有其名而二音之名則略之不載也至前漢淮南子始以和繆二字名之後漢律歷志又以變宮變徵名之夫二變之名起自漢儒無可疑耳竊謂繆之一字理猶未盡宜改爲中蓋此其名不雅遂使後世疑焉未若和繆二字雅而近古七音之內宮音爲之始變宮爲之終變徵之音獨居於中故謂之中以十二律方位考之則宮必與變徵相衝正中相對故謂之中是故不曰變徵而曰中不曰變宮而曰和其名允協其理盡矣

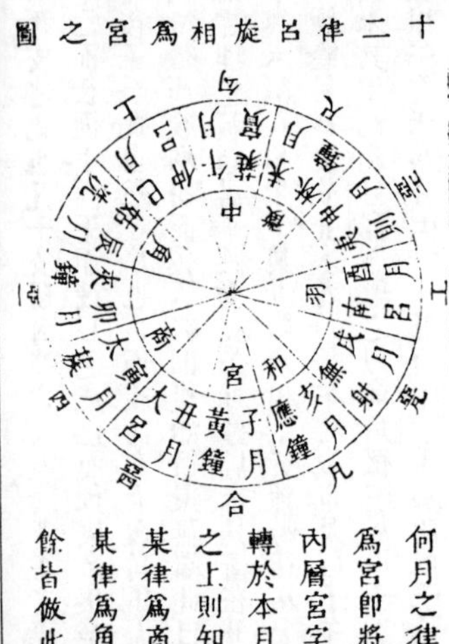

十二律呂旋相爲宮之圖

何月之律爲宮卽將內層宮字轉於本月之上則知某律爲商某律爲角餘皆倣此

圖說

朱熹蔡元定言律呂最詳未嘗廢黜二變皆謂律爲均者十二每均各有七聲凡八十四聲其宮商角徵羽五聲爲正中和二聲爲變正者爲調變者不爲調故以五乘十二得六十調是爲旋宮夫中和二音雖不爲調而每調內有此中和二音七律備而成樂是乃樂學千古不刊之正法也何妥陳暘未諳此理專用五聲而黜二變旋宮既廢黃鐘孤立冬夏聲缺四時失序無以贊化機而育萬物禮壞樂崩莫斯爲甚遂使廟堂之上不復得聞治世之音此則何妥陳暘之大罪也按旋宮之法曆家多未曉故詳載之十二律呂各有正半正律平調也半律清調也先半而後正從徵至著也冬至已前黃鍾半律爲宮已後正律爲宮大寒已前大呂半律爲宮已後正律爲宮餘律放此雨水則太蔟也春分則夾鍾也穀雨則姑洗也小滿則仲呂也夏至則蕤賓也大暑則林鍾也處暑則夷則也秋分則南呂也霜降則無射也小雪則應鍾也凡黃鍾爲宮則太蔟爲商姑洗爲角蕤賓爲中林鍾爲徵南呂爲羽應鍾爲和歌國風以黃鍾之角用姑洗起調姑洗畢曲歌小雅以黃鍾之徵用林鍾起調林鍾畢曲歌大雅以黃鍾之宮用黃鍾起調黃鍾畢曲歌周頌以黃鍾之羽用南呂起調南呂畢曲歌商頌以黃鍾之商用太蔟起調太蔟畢曲凡大呂爲宮則夾鍾爲商仲呂爲角林鍾爲中夷則爲徵無射爲羽黃鍾爲和歌國風以大呂之角用仲呂起調仲呂畢曲歌小雅以大呂之徵用夷則起調夷則畢曲歌大雅以大呂之宮用大呂起調大呂畢曲歌周

頌以大呂之羽用無射起調無射畢曲歌商頌以大呂之商用夾鍾起調夾鍾畢曲凡太蔟爲宮則姑洗爲商蕤賓爲角夷則爲中南呂爲徵應鍾爲羽大呂爲和歌國風以太蔟之角用蕤賓起調蕤賓畢曲歌小雅以太蔟之徵用南呂起調南呂畢曲歌大雅以太蔟之宮用太蔟起調太蔟畢曲歌周頌以太蔟之羽用應鍾起調應鍾畢曲歌商頌以太蔟之商用姑洗起調姑洗畢曲凡夾鍾爲宮則仲呂爲商林鍾爲角南呂爲中無射爲徵黃鍾爲羽太蔟爲和歌國風以夾鍾之角用林鍾起調林鍾畢曲歌小雅以夾鍾之徵用無射起調無射畢曲歌大雅以夾鍾之宮用夾鍾起調夾鍾畢曲歌周頌以夾鍾之羽用黃鍾起調黃鍾畢曲歌商頌以夾鍾之商用仲呂起調仲呂畢曲凡姑洗爲宮則蕤賓爲商夷則爲角無射爲中應鍾爲徵大呂爲羽夾鍾爲和歌國風以姑洗之角用夷則起調夷則畢曲歌小雅以姑洗之徵用應鍾起調應鍾畢曲歌大雅以姑洗之宮用姑洗起調姑洗畢曲歌周頌以姑洗之羽用大呂起調大呂畢曲歌商頌以姑洗之商用蕤賓起調蕤賓畢曲凡仲呂爲宮則林鍾爲商南呂爲角應鍾爲中黃鍾爲徵太蔟爲羽姑洗爲和歌國風以仲呂之角用南呂起調南呂畢曲歌小雅以仲呂之徵用黃鍾起調黃鍾畢曲歌大雅以仲呂之宮用仲呂起調仲呂畢曲歌周頌以仲呂之羽用太蔟起調太蔟畢曲歌商頌以仲呂之商用林鍾起調林鍾畢曲凡蕤賓爲宮則夷則爲商無射爲角黃鍾爲中大呂爲徵夾鍾爲羽仲呂爲和歌國風以蕤賓之角用無射起調無射畢曲歌小雅以蕤賓之徵用大呂起調大呂畢曲歌大雅以蕤賓之宮用蕤賓起調蕤賓畢曲歌周頌以蕤賓之羽用夾鍾起調夾鍾畢曲歌商頌以蕤賓之商用夷則起調夷則畢曲凡林鍾爲宮則南呂爲商應鍾爲角大呂爲中太蔟爲徵姑洗爲羽蕤賓爲和歌國風以林鍾之角用應鍾起調應鍾畢曲歌小雅以林鍾之徵用太蔟起調太蔟畢曲歌大雅以林鍾之宮用林鍾起調林鍾畢曲歌周頌以林鍾之羽用姑洗起調姑洗畢曲歌商頌以林鍾之商用南呂起調南呂畢曲凡夷則爲宮則無射爲商黃鍾爲角太蔟爲中夾鍾爲徵仲呂爲羽林鍾爲和歌國風以夷則之角用黃鍾起調黃鍾畢曲歌小雅以夷則之徵用夾鍾起調夾鍾畢曲歌大雅以夷則之宮用夷則起調夷則畢曲歌周頌以夷則之羽用仲呂起調仲呂畢曲歌商頌以夷則之商用無射起調無射畢曲凡南呂爲宮則應鍾爲商大呂爲角夾鍾爲中姑洗爲徵蕤賓爲羽夷則爲和歌國風以南呂之角用大呂起調大呂畢曲歌小雅以南呂之徵用姑洗起調姑洗畢曲歌大雅以南呂之宮用南呂起調南呂畢曲歌周頌以南呂之羽用蕤賓起調蕤賓畢曲歌商頌以南呂之商用應鍾起調應鍾畢曲凡無射爲宮則黃鍾爲商太蔟爲角姑洗爲中仲呂爲徵林鍾爲羽南呂爲和歌國風以無射之角用太蔟起調太蔟畢曲歌小雅以無射之徵用仲呂起調仲呂畢曲歌大雅以無射之宮用無射起調無射畢曲歌周頌以無射之羽用林鍾起調林鍾畢曲歌商頌以無射之商用黃鍾起調黃鍾畢曲凡應鍾爲宮則大呂爲商夾鍾爲角仲呂爲中蕤賓爲徵夷則爲羽無射爲和歌國風以應鍾之角用夾鍾起調夾鍾畢曲歌小雅以應鍾之徵用蕤賓起調蕤賓畢曲歌大雅以應鍾之宮用應鍾起調應鍾畢曲歌周頌以應鍾之羽用夷則起調夷則畢曲歌商頌以應鍾之商用大呂起調大呂畢曲冬至後夏至前陽生之月也律呂有半而無倍夏至後冬至前陰生之月也律呂有倍而無半陽一陰二之義也故自仲呂已上先半律而後正律自蕤賓已下先正律而後倍律蓋以正律代彼半律而以倍律代彼正律正與倍半所用雖異皆先短而後長由淸而至濁也漢志曰六律六呂而十二辰立矣五聲淸濁而十日行矣夫五六者天地之中合而民所受以生也故日有六甲辰有五子十一而天地之道畢言終而復始唐志曰天數始於一地數始於二合二始以位剛柔天數終於九地數終於十合二終以紀閏餘天數中於五地數中於六合二中以通律曆天有五音所以司日也地有六律所以司辰也參伍相周究於六十聖人以此見天地之心也故六十日及六十年甲子一周皆名律總因而六之減去律總止餘三百是名律限甲子五周黃道漸差天度古所謂斗曆改憲之期也以律母乘律總如律限而一得二十是名律差以律數爲限帶律差爲分得十二限二十分是名月限以律數乘七音得八十四是爲聲數進一位以律差減之餘八百二十卽月限之刻分也

律紀

五音生於陰陽分爲十二律呂所以紀斗氣效物類

也冬至之氣斗杓建子子爲天正一陽來復之初而羣物感之於是乎始萌日度去極至遠晝漏至短晷景至長以此三至焉故曰冬至也是故律始黃鍾曆始冬至月始建子時始夜半以此四始焉故曰歲始也夫一陽生於子節交冬至即屬次年亦猶夜半已後即屬次日然人事一日始於寅時一年始於寅月寅月爲正子丑二月雖屬次年而紀曆則猶在舊歲如月食於夜半後雖屬曉猶以夜言之也故自去年冬至至今年冬至謂之一歲自今年正旦至明年正旦謂之一年冬至正旦一歲節令二者爲首故制典重之也曆家推日躔命星度測景候氣皆自天正冬至爲首或謂之歲首冬至或謂之歲前冬至以別之者謂非今年仲冬冬至乃昨年仲冬冬至也凡欲正歲始則必驗以律曆當此之時天效之以景地效之以響後漢志曰陰陽和則景至律氣應則灰除古者天子常以日冬夏至御前殿合八能之士陳八音聽樂均度晷景候鍾律權土灰放陰陽冬至陽氣應則樂均清景長極黃鍾通土灰輕而衡仰夏至陰氣應則樂均濁景短極蕤賓通土灰重而衡低水勝故夏至濕火勝故冬至燥燥故灰輕濕故灰重進退於先後五日之中八能各以候狀聞太史封上效則和否則占夫曆有聖人之德六焉以本氣者尚其體以綜數者尚其文以考類者尚其象以作事者尚其時以占往者尚其源以知來者尚其流大業載之吉凶生焉是以君子將有興焉咨焉而以從事受命而莫之違也若夫用天因地揆時施教頒諸明堂以爲民極者莫大乎月令帝王之大司備矣天下之能事畢矣過此而往羣忌拘禁非君子之所取也其術曰十二律呂共管一歲周而復始每律各管三十日四十三刻有奇是名一律其間分爲前後二段前段爲半律後段爲正律正半各管初中末三小段每一小段各管五日七刻有奇是名爲均每均各管宮商角徵羽五聲每聲各管一日零一刻有奇名爲一音晉志曰一律而生五音十二律而爲六十音因而六之六六三十六故三百六十音以當一歲之日故律曆之數天地之道也各於其日奏其調焉律均條中詳載之矣

律策

律呂相距大率三十日十六分之七此古法也今以律母通母得千六百通子得七百而減其一分爲日率三十帶日餘千六百分之六百九十九此新法也以積月乘日率爲積日以積月乘日餘爲積餘積餘滿法從日不滿退除爲刻及分夫策者算器之名以竹爲之古人用以計數周易所謂二篇之策是也本起於黃鍾之數始於子一而每辰三之歷九辰至酉得萬九千六百八十三而五數備焉以爲律法又參之終亥凡歷十二辰得十七萬七千一百四十七而辰數該矣以爲律積以法除積得九寸即黃鍾宮律之長也此則數因律起律以數成故可歷管萬事綜覈氣象其筭用竹廣二分長三寸正策三廉積二百一十六枚成六觚乾之策也負策四廉積百四十四枚成四方坤之策也觚方皆經十二天地之大數也是故探賾索隱鉤深致遠莫不用焉夫一十百千萬所同用也律度量衡曆其別用也故體有長短檢以度物有多少受以量量有輕重平以權衡聲有清濁協以律呂三光運行紀以曆數然後幽隱之情精微之變可得而綜也今黃鍾曆法以三百六十五日二十四刻有奇爲歲策半之爲歲中以十二除歲策得三十日四十三刻有奇爲正律策半之爲半律三約半律爲均策五約均策爲聲策已上諸策各隨歲差增損故其分秒無定臨時依術求而用之以二十九日五十三刻五分九十三秒爲朔策半之爲望策再半之爲弦策以三百六十五度二十五分爲躔周半之爲躔中再半之爲象策又半之爲半象三約象策爲辰策半之爲半辰以三百六十八度三十七分爲離周半之爲離中以二十七日五十五刻四十六分爲轉周半之爲轉中以轉周減朔策餘爲轉差以三百六十三度七十九分三十四秒爲正交半之爲中交以二十七日二十一刻二十二分二十四秒爲交周半之爲交中以交周減朔策餘爲交差已上諸策皆有常數不隨歲差而增損也故附於此

律歲

太歲在子爲黃鍾戊子黃鍾之宮也庚子其爲無射之商甲子其爲夷則之角丙子其爲仲呂之徵壬子其爲夾鍾之羽太歲在丑爲大呂己丑大呂之宮也辛丑其爲應鍾之商乙丑其爲南呂之角丁丑其爲蕤賓之徵癸丑其爲姑洗之羽太歲在寅爲太蔟戊寅太蔟之宮也庚寅其爲黃鍾之商甲寅其爲無射之角丙寅其爲林鍾之徵壬寅其爲仲呂之羽太歲在卯爲夾鍾己卯夾鍾之宮也辛卯其爲大呂之商乙卯其爲應鍾之角丁卯其爲夷則之徵癸卯其爲

蕤賓之羽太歲在辰爲姑洗戊辰姑洗之宮也庚辰其爲太蔟之商甲辰其爲黃鍾之角丙辰其爲南呂之徵壬辰其爲林鍾之羽太歲在巳爲仲呂己巳仲呂之宮也辛巳其爲夾鍾之商乙巳其爲大呂之角丁巳其爲無射之徵癸巳其爲夷則之羽太歲在午爲蕤賓戊午蕤賓之宮也庚午其爲姑洗之商甲午其爲太蔟之角丙午其爲應鍾之徵壬午其爲南呂之羽太歲在未爲林鍾己未林鍾之宮也辛未其爲仲呂之商乙未其爲夾鍾之角丁未其爲黃鍾之徵癸未其爲無射之羽太歲在申爲夷則戊申夷則之宮也庚申其爲蕤賓之商甲申其爲姑洗之角丙申其爲大呂之徵壬申其爲應鍾之羽太歲在酉爲南呂己酉南呂之宮也辛酉其爲林鍾之商乙酉其爲仲呂之角丁酉其爲太蔟之徵癸酉其爲黃鍾之羽太歲在戌爲無射戊戌無射之宮也庚戌其爲夷則之商甲戌其爲蕤賓之角丙戌其爲夾鍾之徵壬戌其爲大呂之羽太歲在亥爲應鍾己亥應鍾之宮也辛亥其爲南呂之商乙亥其爲林鍾之角丁亥其爲姑洗之徵癸亥其爲太蔟之羽舊說甲子仲呂之徵也丙子夾鍾之羽也戊子黃鍾之宮也庚子無射之商也壬子夷則之角也本以丙壬戊庚甲爲次序乃以甲丙戊庚壬爲次序蓋後世淺陋人不曉此理妄改本文耳本出淮南子而晉書宋書皆引之今考其來由則知承訛踵謬亦已久矣

律風

冬至前後有風自子方來爲主自午方來爲客此宮音之風也有風自寅方來爲主自申方來爲客此商音之風也有風自辰方來爲主自戌方來爲客此角音之風也有風自未方來爲主自丑方來爲客此徵音之風也有風自酉方來爲主自卯方來爲客此羽音之風也有風自亥方來爲主自巳方來爲客自下而上爲主自上而下爲客此變宮變徵之風也大寒前後有風自丑方來爲主自未方來爲客此宮音之風也有風自卯方來爲主自酉方來爲客此商音之風也有風自巳方來爲主自亥方來爲客此角音之風也有風自申方來爲主自寅方來爲客此徵音之風也有風自戌方來爲主自辰方來爲客此羽音之風也有風自子方來爲主自午方來爲客自下而上爲主自上而下爲客此變宮變徵之風也雨水前後有風自寅方來爲主自申方來爲客此宮音之風也有風自辰方來爲主自戌方來爲客此商音之風也有風自午方來爲主自子方來爲客此角音之風也有風自酉方來爲主自卯方來爲客此徵音之風也有風自亥方來爲主自巳方來爲客此羽音之風也有風自丑方來爲主自未方來爲客自下而上爲主自上而下爲客此變宮變徵之風也春分前後有風自卯方來爲主自酉方來爲客此宮音之風也有風自巳方來爲主自亥方來爲客此商音之風也有風自未方來爲主自丑方來爲客此角音之風也有風自戌方來爲主自辰方來爲客此徵音之風也有風自子方來爲主自午方來爲客此羽音之風也有風自寅方來爲主自申方來爲客自下而上爲主自上而下爲客此變宮變徵之風也穀雨前後有風自辰方來爲主自戌方來爲客此宮音之風也有風自午方來爲主自子方來爲客此商音之風也有風自申方來爲主自寅方來爲客此角音之風也有風自亥方來爲主自巳方來爲客此徵音之風也有風自丑方來爲主自未方來爲客此羽音之風也有風自卯方來爲主自酉方來爲客自下而上爲主自上而下爲客此變宮變徵之風也小滿前後有風自巳方來爲主自亥方來爲客此宮音之風也有風自未方來爲主自丑方來爲客此商音之風也有風自酉方來爲主自卯方來爲客此角音之風也有風自子方來爲主自午方來爲客此徵音之風也有風自寅方來爲主自申方來爲客此羽音之風也有風自辰方來爲主自戌方來爲客自下而上爲主自上而下爲客此變宮變徵之風也夏至前後有風自午方來爲主自子方來爲客此宮音之風也有風自申方來爲主自寅方來爲客此商音之風也有風自戌方來爲主自辰方來爲客此角音之風也有風自丑方來爲主自未方來爲客此徵音之風也有風自卯方來爲主自酉方來爲客此羽音之風也有風自巳方來爲主自亥方來爲客自下而上爲主自上而下爲客此變宮變徵之風也大暑前後有風自未方來爲主自丑方來爲客此宮音之風也有風自酉方來爲主自卯方來爲客此商音之風也有風自亥方來爲主自巳方來爲客此角音之風也有風自寅方來爲主自申方來爲客此徵音之風也有風自辰方來爲主自戌方來爲客此羽音之風也有風自午方來爲主自子方來爲客自下而上爲主自上而下爲客此變宮變徵之風也處暑前後有風自申方來爲主自寅方來

爲客此宮音之風也有風自戌方來爲主自辰方來爲客此商音之風也有風自子方來爲主自午方來爲客此角音之風也有風自卯方來爲主自酉方來爲客此徵音之風也有風自巳方來爲主自亥方來爲客此羽音之風也有風自未方來爲主自丑方來爲客自下而上爲主自上而下爲客此變宮變徵之風也秋分前後有風自酉方來爲主自卯方來爲客此宮音之風也有風自亥方來爲主自巳方來爲客此商音之風也有風自丑方來爲主自未方來爲客此角音之風也有風自辰方來爲主自戌方來爲客此徵音之風也有風自午方來爲主自子方來爲客此羽音之風也有風自申方來爲主自寅方來爲客自下而上爲主自上而下爲客此變宮變徵之風也霜降前後有風自戌方來爲主自辰方來爲客此宮音之風也有風自子方來爲主自午方來爲客此商音之風也有風自寅方來爲主自申方來爲客此角音之風也有風自巳方來爲主自亥方來爲客此徵音之風也有風自未方來爲主自丑方來爲客此羽音之風也有風自酉方來爲主自卯方來爲客自下而上爲主自上而下爲客此變宮變徵之風也小雪前後有風自亥方來爲主自巳方來爲客此宮音之風也有風自丑方來爲主自未方來爲客此商音之風也有風自卯方來爲主自酉方來爲客此角音之風也有風自午方來爲主自子方來爲客此徵音之風也有風自申方來爲主自寅方來爲各此羽音之風也有風自戌方來爲主自辰方來爲客自下而上爲主自上而下爲客此變宮變徵之風也右十二律各隨方位分別賓主占其順逆之風而以五行生克辨定吉凶今風角家所謂子午爲宮丑未爲徵寅申爲商卯酉爲羽辰戌爲角巳亥爲變宮子午互爲變徵六律五聲分爲陰陽卽其遺法也推本而論之蓋以子爲黃鍾故曰陽宮其徵則林鍾也故未爲陽徵午爲蕤賓故曰陰宮其徵則大呂也故丑爲陰徵至變徵則互相爲用故子爲午之變徵午爲子之變徵一終既畢則從大呂林鍾爲始却以丑爲陽宮未爲陰宮寅申爲徵卯酉爲商辰戌爲羽巳亥爲角子午爲變宮丑未互爲變徵餘律放此凡十二終而爲八十四聲監正元統所輯風角一覽乃以子午爲宮丑未寅申爲徵卯酉爲羽辰戌爲商巳亥爲角不隨月律所在遷移其相傳之誤歟然古人占風不特此耳如管子曰凡聽徵如負豬豕覺而駭凡聽羽如鳴鳥在樹凡聽宮如牛鳴窌中凡聽商如離羣羊凡聽角如雉登木以鳴音疾以清周官保章氏以十有二風察天地之和命乖別之妖祥鄭註曰十有二辰皆有風吹其律以知和否春秋楚師伐鄭師曠曰吾驟歌北風又歌南風南風不競多死聲楚必無功是時楚師多凍其命乖別審矣服虔曰北風無射夾鍾以北南風南呂姑洗以南律書所謂六律爲萬事根本其於兵械尢所重故云望敵知吉凶聞聲效勝負百王不易之道也然考之傳記陽立於五極於九五九四十五則變矣故八風各四十五日艮爲條風震爲明庶風巽爲清明風離爲景風坤爲凉風兌爲閶闔風乾爲不周風坎爲廣莫風卦不過八風亦八而已其言十二風者乾之風漸九月坤之風漸六月艮之風漸十二月巽之風漸三月而四維之風皆主兩月此其所以爲十二風也十二風卽十二律也故樂記曰八風從律而不姦此之謂也古人占風以知未來之事者亦多矣如周之尹喜占風以知神人漢之翼奉占風以知邪臣其爲術亦不同或以六律五聲或以六情五際或用干支或依卦象初無定法若夫驗與不驗則存乎其人耳

律景

天效以景地效以響景卽晷也響卽律也景有修短律有清濁景有消長律有損益其理一也故冬至景極長而配之以黃鍾半律則極短夏至景極短而配之以黃鍾正律則極長大雪小寒冬至之兩鄰也故皆配之以應鍾所以佐黃鍾半律也芒種小暑夏至之兩鄰也故皆配之以大呂所以輔黃鍾正律也春秋二分晷景適平故皆配之以蕤賓以要言之景漸短則律漸長景極短則律極長所謂參伍以變錯綜其數者也淮南子曰子午卯酉爲二繩丑寅辰巳未申戌亥爲四鉤東北爲報德之維西南爲背陽之維東南爲常羊之維西北爲號通之維日冬至則斗北中繩陰氣極陽氣萌故曰冬至爲德日夏至則斗南中繩陽氣極陰氣萌故曰夏至爲刑陰陽刑德有七舍何謂七舍室堂庭門巷術野十二月德居室三十日先日至十五日後日至十五日而徙所居各三十日德在室則刑在野德在堂則刑在術德在庭則刑在巷陰陽相德則刑德合門八月二月陰陽氣均日夜分平故曰刑德合門德南則生刑南則殺故曰二月會而萬物生八月會而草木死兩維之間九十一

度十六分度之五而升日行一度十五日爲一節以生二十四時之變斗指子則冬至音比黃鍾加十五日指癸則小寒音比應鍾加十五日指丑則大寒音比無射加十五日指報德之維則越陰在地故曰距日冬至四十六日而立春陽氣凍解音比南呂加十五日指寅則雨水音比夷則加十五日指甲則雷驚蟄音比林鍾加十五日指卯中繩故曰春分則雷行音比蕤賓加十五日指乙則淸明風至音比仲呂加十五日指辰則穀雨音比姑洗加十五日指常羊之維則春分盡故曰有四十六日而立夏大風濟音比夾鍾加十五日指巳則小滿音比太蔟加十五日指丙則芒種音比大呂加十五日指午則陽氣極故曰有四十六日而夏至音比黃鍾加十五日指丁則小暑音比大呂加十五日指未則大暑音比太蔟加十五日指背陽之維則夏分盡故曰有四十六日而立秋涼風至音比夾鍾加十五日指申則處暑音比姑洗加十五日指庚則白露降音比仲呂加十五日指酉中繩故曰秋分雷戒蟄蟲北鄉音比蕤賓加十五日指辛則寒露音比林鍾加十五日指戌則霜降音比夷則加十五日指蹏通之維則秋分盡故曰有四十六日而立冬草木畢死音比南呂加十五日指亥則小雪音比無射加十五日指壬則大雪音比應鍾加十五日指子故曰陽生於子陰生於午此篇用律與常法異曆家罕有知者故備述焉或問候氣之說豈傳聞之誤歟不然古人用律何故異耶曰此事大難言也非愚昧所知也雖然嘗私淑諸何氏之徒竊聞其大槩焉瑭之言曰或問孟子何謂浩然之氣曰難言也其爲氣也至大至剛以直養而無害則塞于天地之間其爲氣也配義與道無是餒也是集義所生者非義襲而取之也行有不慊於心則餒矣律候氣之謂歟公孫弘曰心和則氣和氣和則形和形和則聲和聲和則天地之和應矣蓋律者形而下者也氣者形而上者也形而上謂之道形而下謂之器不求諸道而求諸器未之有也隋志曰灰飛半出爲和氣吹灰全出爲猛氣吹灰不能出爲衰氣和氣應者其政平猛氣應者其臣縱衰氣應者其君暴由此觀之古人以律占政事之得失今人以曆驗律管之眞僞失其旨矣以上律曆融通係原本卷之三

五紀

洪範五紀一曰歲二曰月三曰日四曰星辰五曰曆數乾坤定位之後四時七政隨天而運寒暑一匝爲歲晦盈一匝爲月日躔一匝爲日經緯錯列爲星辰步算精審爲曆數故有王省惟歲乃至庶民惟星之文省者猶言察也省察歲月日星曆五者之協否也王察歲卿士察月師尹察日庶民察星由上達下皆與聞焉以驗時曆恐有乖謬責非在於一人故總歲月日星四者言之則曰五紀其實曆數一事耳卿士以下不言省者統於上文故也王省惟歲者察其寒暑之往來陰陽之消長以定四時也卿士惟月者察其弦望之晦盈交會之薄食以定四象也師尹惟日者察其晨昏之出沒晷景之進退以定漏刻也庶民惟星者星有好風星有好雨察其中星之早晚以知時令以便農商以占風雨以愼出入也夫歲乃月之綱月乃日之綱日乃星之綱星乃曆之綱事體有輕重次序有先後不容紊也故曰歲月日時無易百穀用成乂用明俊民用章家用平康此一節本四五紀文而錯簡於八庶徵條先儒因就庶徵爲說非箕子本旨矣嗚呼至哉天氣煦物地形嫗物日昱晝燥物月昱夜息物星辰以綱紀物歲時分至發斂啓閉以行物聖人仰觀俯察測以度計以數準以法象用能知其形狀大小遠近運行遲速分齊之詳以敎民者其來尚矣閎冠何嬺之流斯豈可不知歟

三正

何休春秋註曰夏以斗建寅之月爲正平旦爲朔法物見色尚黑殷以斗建丑之月爲正雞鳴爲朔法物牙色尚白周以斗建子之月爲正夜半爲朔法物萌色尚赤今按正朔兩字世並言之然非一義也一歲之中舉一月而首之之謂正一日之間擇一時而尚之之謂朔故周之天統也更始履端則以子月祀享朝會亦以子時故其詩云夜如何其夜未央庭燎之光君子至止鸞聲將將又云雞旣鳴矣朝旣盈矣此皆周人之詩紀其時事耳商之地統夏之人統異夫是也說者曰黃帝以來至於夏末並用人統以寅月爲元日以平旦爲艮辰自湯至秦迄於漢初迭用亥子丑而以爲正朔武帝太初元年始乃復之至今行爲大抵有一代之君則必有一代之統有一代之正則必有一代之朔豈可生其朔而悖其制從其月而戾其時哉雖然言天道者必先乎子何以知之鬭途圖敎合璧連珠數由是起土圭測景律管候氣理由是興此天道必先乎子也行人事者必用寅何以知之寅賓出日平秩東作帝典斯存雞鳴而起坐以待旦

輒書足據此言人事必用於寅也夫天道長於千百世之上質諸聖人而不易故孔子曰復其見天地之心乎人事便於寅百世之下俟諸聖人而不疑故孔子曰行夏之時周易主於天道魯論主於人事各主一理不可偏廢然亦不可使相瀾也考諸史志古之曆術立元有二夏曆以寅月平旦合朔立春爲元則子丑月屬昨歲而子丑時亦屬昨日周曆以子月夜半合朔冬至爲元則子丑月屬來歲而子丑時亦屬來日劉宋何承天造元嘉曆始以寅月甲子夜半合朔雨水爲元進乖夏朔退非周正唐一行大衍曆議譏之當矣近世術家乖謬尤甚仍謂寅月爲歲之首子時爲日之元遂使在外臣工泥於習俗迷其歸趣有遇朝賀祀享重典迺以三更五更爲期淆亂正誼大違國制原其本心蓋由恭敬使然遂致於失禮耳禮者無過無不及者也記曰君子表微況茲非細故乎是故不可不辨考諸制典所載一應重大禮儀並云清晨既無三更五更之說而累朝詔赦首條皆云自某日昧爽已前是亦以寅卯爲晝夜之際而不以亥子爲今昨之界以此推之則知術家歲首寅月日首子時天人二統正朔二義蓋相紊矣原諸古人朝賀祀享自黃帝至舜禹皆用平旦行禮象其有明德也此百王不易之法非若庭燎雞鳴之詩所陳乃湯武一時之權制也我朝得天下最正而明德昭然可謂度越黃帝舜禹矣彼湯武一時之權制無足取也今在外各衙門乃舍此而取彼豈不謬哉舊曆命氣朔皆始自天正非也新法推恆氣以立春爲首步經朔以建寅爲先計晝刻以日出爲始如是之類欽遵聖制用夏正也惟命律呂仍首黃鐘命宿度仍起夜半所謂並行而不相悖也

二統

大統曆乃洪武間欽天監監正元統造其術以洪武十七年甲子歲爲曆元上考下推無消長之法時監副李德芳上疏駁之謂統甲子元曆不與經史相合至差四日半宜用授時辛巳元曆及消長之法方合天道上曰二統皆難憑只驗七政交會行度無差者爲是由是本監造曆用統甲子元曆推算夫大統曆驗今交食雖密但考古之法未備德芳言之當矣今則仰體太祖聖論二統難憑之意和會二家當以大統之密者刊正授時之失復以授時之所長者補大統之所未備其視元志消長惟氣應測驗最眞是故無所增損其閏應等依大統之法以增損之故閏增元志二刻交增元志二刻十四秒轉減元志十六刻九十九分仍借授時所距之年以立歲差之法蓋距年近則差法不可以立故也授時舊法歲實天周皆每百年頓差一分大統雖無此法然當斟酌舊術但去其已甚者耳新法所求歲差每年增損一秒七十五忽二年秖積得三秒五十忽如是漸漸積之以至於分分而刻刻而日古人所謂天地之道浸其消長之法不可以峻也又推交食蝕與舊法不同而比授時大統皆密此乃合二統之所長欽遵我太祖高皇帝聖論也凡當潤色者詳見各條下

歲餘

古之造曆者立表候景於其午晷短長之極以驗陰陽消息之始是爲曆本孟子曰天之高星辰之遠苟求其故千歲日至可坐而致此之謂也且如今日午中晷景極長則從今日爲始日日驗之凡歷三百六十五日而復長是爲冬至今日午中晷景極短驗亦如之凡歷三百六十五日而復短是爲夏至是知三百六十五日爲一歲之大率也然至四歲則歷三百六十六日而後復長及復短者蓋每歲之末尚有餘分是故積四歲而餘一日則知一歲當餘四分日之一也日有百刻均作四分每分爲二十五刻將此所餘一日派入四歲則每歲爲三百六十五日二十五刻舉其成數言之則三百六十六日也故堯典曰朞三百有六旬有六日以閏月定四時成歲此之謂也三代古法至春秋時蓋已亡矣孔子數致意焉其說見於左傳是已秦漢以降言曆諸家惟知歲周三百六十五日二十五刻而不知實不及二十五刻但二十四刻有奇然奇零之數幽微之理未易窺測不能的知眞數是故術家以意酌量定取分秒謂之歲餘漢末有劉洪者宗室之子也善推布之學其造乾象曆考驗日月與術相較因見氣朔後天精思二十年始悟曆與天不合者蓋由歲餘太强之所致也創意減之遂將歲餘二十五刻命作二千五百而減爲二千四百六十一分有奇由是以來治曆之家所見不同或損或益大率多在二千四百四十分左右至許衡等造授時曆復將歲餘減至二千四百二十五分可謂減之之極自古所未有也然以之推步測驗與天實爲密近迄今曆家宗之無敢議者抑亦未有逐日驗景測候若彼之用心者彼雖積久或復漸差亦無人識之也嘗詳味之疑其一二似有未當故略辨

之以俟知曆者擇焉授時曆謂上考往古每百年於歲實加一分下求將來減亦如之竊以爲此言過矣夫陰陽消長之理以漸而積者也先自一秒積至十秒復自十秒積至一分未有不從秒起便至分者授時曆於百年之際頓加一分考古冬至雖或偶中揆之於理實有未然假如春秋魯隱公三年辛酉歲下距至元辛巳二千年以授時本法算之於歲實當加二十分得庚午日六刻爲其年天正冬至凡冬至距來年冬至該三百六十五日四分日之一今以授時之法考其次年壬戌歲下距至元辛巳千九百九十九年當加十九分得乙亥日五十刻四十四分爲其年天正冬至置乙亥日五十刻四十四分減去庚午日六刻加所去旬周三百六十得三百六十五日四十四刻四十四分則是三百六十五日九分日之四非四分日之一也曆法之謬莫甚於此知曆之家所當訂正者也新法以其差率不均稍訂正之設若每年增損二秒推而上之則失昭公己丑假如每年增損一秒至一秒半則失僖公辛亥二秒爲過一秒至一秒半爲不及酌取中數每年增損一秒太則僖公辛亥昭公己丑皆得矣其法置定距自相乘七因八歸所得律母約之爲分命曰歲差七居雒書之西爲坎八居河圖之東爲離坎離爲日月門戶曆家取法以制歲差然惟歲策有所增損若周天餘分則不必增損授時曆有天周歲餘增損相補之法今革去不用也

朔餘

節氣晷漏生於日陽道也朔望交會生於月陰道也陽道至尊而理微非庸夫所能察陰道平易而象著此俗子所共知故聖人順世俗之情而紀時令以弦望指其圓缺以識之謂之某月此月名所由立朔閏所由出也然星命家直以節氣推人吉凶若斷自朔日爲某月推之則不驗此則陽道至尊之明證矣凡推朔望交食差一二刻即覺其誤而於二至晷景差一二日尚不能覺此又陰道平易之明證矣故曰推交食者曆家之易事也定晷漏者曆家之難事也是以聖人重氣常人重朔雖有重輕未可偏廢或者有謂宜廢朔望之名直以節氣紀之庶幾尊陽抑陰之意殊不思朔望之名其來也遠書曰十有一月朔巡守至於北岳之類是也古人淳朴但見十九年終冬至與朔同日遂謂十九年爲一章一章之月凡二百三十五內有七閏焉以章歲十九乘周歲三百六十五日二十五刻而以章月二百三十五除之得二十九日五十三刻八分五十一秒此古曆一月之率也故日九百四十分日之四百九十九後世精於曆者察知歲朔餘分率皆太強以致後天自漢劉洪始裁減之乃以千四百五十七分日之七百七十三爲朔餘以法除實得五十三刻五分四十二秒是後諸家增損不同所同者二十九日五十三刻耳夫古曆朔餘固太強而洪削之則太弱故其曆行之未久朔輒先天惟大衍等曆朔餘五分九十二秒者無過不及麟德曆以爲五分九十七秒猶失之強紀元曆以爲五分八十九秒亦失之弱授時曆併麟德紀元二曆朔餘折半得五分九十三秒其庶幾乎中平之率矣

盈虛

一歲十二月一月三十日總之以六十甲子焉蓋律曆之恆數如此傳曰紀之以三平之以六成於十二天之道也以十二乘三十得三百六十爲一朞之日易曰三百六十當朞之日指恆數而言耳然十二律氣每氣所管實三十日四十三刻有奇與三十相減多四十三刻有奇謂之氣盈十二月朔每朔所管惟二十九日五十三刻有奇與三十相減少四十六刻有奇謂之朔虛各以十二乘之氣盈得五日二十四刻有奇朔虛得五日六十三刻有奇相併共得十日八十七刻有奇謂之閏餘大槩言之則一年而餘十一日積至三年之內則餘一月是故置閏月也書曰以閏月定四時成歲此之謂也假如今年正月元旦立春則知明年正月十二日立春自立春至立春隔三百六十五日自元旦至元旦隔三百五十四日相減恰餘十一日也古語閏餘成歲此之謂也夫一歲而餘十一日此儒者及曆家所共知也若問此十一日分派在一歲內何月何日爲多一日何月何日爲少一日不獨世儒不知雖精通曆學者而亦未易知也何以言之趙友欽曰唐一行已前沒滅之術不同元授時曆蓋放一行法也沒用氣盈而推滅用朔虛而求所謂沒者均一朞爲三百六十段每段爲一日有奇如以冬至爲第一段則小寒爲第十六段餘以類推其段日日有之凡兩段跨三日先一日九十九刻左右後一日一刻左右二段之間雖止一日有奇但一日整居其間而餘數跨在前後二日首尾故曰跨三日若一日之段在九十八刻五十四分三十七秒半已後者爲沒沒之次日必無其段無段之日其

先一日必爲沒矣今按此說不以無投之日爲沒而以其先一日爲沒於理不通是故爲之辨曰夫盈生於氣者也虛生於朔者也皆以三十日爲法者紀之以三故也置律率三十日四十三刻六十八分七十五秒而以三十除之得一日一刻四十五分六十二秒半乃一日而有餘名爲盈策置朔率二十九日五十三刻五分九十三秒亦以三十除之得九十八刻四十三分五十三秒十忽乃一日而不足名爲虛策置恆氣大小餘以盈策累加之則日日有其投至盈日則一投跨三日蓋此投其首在昨日其尾在明日而本日無全投故曰沒日置經朔大小餘以虛策累加之則日日有其投至虛日則一日跨三投蓋此日上有前投尾下有後投首而本投無全日故曰滅日古曆謂之沒滅今曆謂之盈虛其義一也置律率三十日四十三刻六十八分七十五秒爲實以其小餘四十三刻六十八分七十五秒爲法實如法而一爲日得六十九日六十六刻九十五分二十七秒是爲前後兩盈相距之數置朔率二十九日五十三刻五分九十三秒爲實而以朔虛四十六刻九十四分七秒爲法實如法而一爲日得六十二日九十一刻四分二十三秒是爲前後兩虛相距之數置所求盈虛大小餘以距數累加之卽得次盈及次虛矣舊法推萬曆九年辛巳歲氣首冬至在辛未日八十一刻新法疑其稍強恐致後天乃減去七刻有奇以致盈日擠在後耳故舊法在正月甲午而新法在二月庚子者蓋盈生於氣氣之分秒少改多則盈移於前多改少則盈移於後亦自然之理也

爻象

爻象配日之說出自緯書通卦驗統軌圖參同契等而漢儒孟喜京房郎顗及魏伯陽所見各有異同孟氏章句其說易本於氣而後以人事明之京氏乃以卦爻配朞之日然分數有多寡參差不齊止於占災眚驗吉凶而已若夫觀陰陽之變化則錯亂而不明郎氏所傳之卦皆六日八十分日之七蓋置朞周三百六十五日二十五刻爲實以六十卦爲法除之得六日而餘五百二十五刻以百刻乘六十得六千刻用約分法以七十五除其法得八十除其實得七故曰每卦所管六日七分已上諸家皆於羣卦之內摘出坎離震兌餘六十卦以中孚爲首一日配一爻至歲終爲一周魏氏則於羣卦之內摘出乾坤離坎餘六十卦以屯蒙爲首一時配一爻至月盡爲一周夫月盡爲一周者遇小盡則數不行歲終爲一周者不以復卦陽生爲氣之始亦與天地自然之理不相契合要之各出臆見互有可疑者焉自劉洪乾象曆已來至於耶律楚材庚午元曆皆載卦象之術惟許衡授時曆黜之不用至今從之新法雖用卦爻配日然與舊術則大不同蓋謂伏羲以木德王故其所畫八卦每卦各有三爻三者木之生數八者木之成數因而重之不過倍其三以爲爻八其八以爲卦耳凡爻初自下起猶木之根而幹幹而枝也其橫圖自左而右者陽左而陰右也其從圖自上而下者陽上而陰下也如是從橫錯綜以成六十四卦方圖震巽恆益實居中央此四卦者貞悔皆屬木伏羲所尚也故爲羣卦之宗總統四時而以陽剛陰柔分配春秋冬夏震春分巽秋分以風雷爲驗也益則雷在內風在外恆則風在內雷在外冬至夏至之象除此四卦其餘六十以冬至日爲復初九而次之以頤屯旣濟家人此五卦在子位以應黃鍾後投及大呂前投也以大寒日爲臨初九而次之以明夷賁損節此五卦在丑位以應大呂後投及太蔟前投也以雨水日爲泰初九而次之以大畜需小畜中孚此五卦在寅位以應太蔟後投及夾鍾前投也以春分日爲大壯初九而次之以歸妹豐離噬嗑此五卦在卯位以應夾鍾後投及姑洗前投也以穀雨日爲夬初九而次之以大有睽兌革此五卦在辰位以應姑洗後投及仲呂前投也以小滿日爲乾初九而次之以履同人无妄隨此五卦在巳位以應仲呂後投及蕤賓前投也以夏至日爲姤初六而次之以大過鼎未濟解此五卦在午位以應蕤賓後投及林鍾前投也以大暑日爲遯初六而次之以訟困咸旅此五卦在未位以應林鍾後投及夷則前投也以處暑日爲否初六而次之以萃晉豫小過此五卦在申位以應夷則後投及南呂前投也以秋分日爲觀初六而次之以漸渙坎井此五卦在酉位以應南呂後投及無射前投也以霜降日爲剝初六而次之以比蹇艮蒙此五卦在戌位以應無射後投及應鍾前投也以小雪日爲坤初六而次之以謙師升蠱此五卦在亥位以應應鍾後投及黃鍾前投也卦爻之策與聲策同黃鍾後投初均宮聲卽爲復卦初九爻象累加聲策得復六二至於上六而後繼以頤卦初九如是六十卦三百六十爻當朞之日惟盈沒爲閏日無爻象者亦猶閏月無中氣

也以其術與律呂術同是故曆經附載

日躔

古曆緒餘見於經典灼然可考莫如日躔及中星焉而推步家鮮有達者穿鑿紛紜至今未定蓋由不知夏時之與周正異也夫唐虞禪讓正朔相沿故大戴禮記云虞夏之曆建正於孟春此之謂也夏小正篇即其遺法大抵夏曆紀中星察發斂皆以節氣爲主周曆則以中氣爲主曆術古有六家其顓頊等曆今雖不可考而一行之時尚及見之大衍曆議言之詳矣顓頊曆上元甲寅歲正月甲寅晨初合朔立春七曜皆直艮維之首蓋重黎受職於顓頊九黎亂德二官咸廢帝堯復其子孫命掌天地四時以及虞夏故本其所由生命曰顓頊其實夏曆也湯作殷曆更以十一月甲子夜半合朔冬至爲上元周人因之距羲和千祀昏明中星率差半次夏曆章蔀紀首皆在立春故其課中星揆斗建與閏餘所盈縮皆以十二節氣爲之損益而殷周漢曆章蔀紀首皆直冬至故其名察發斂亦以中氣爲主此其異也夏小正雖頗疎簡失傳乃羲和遺迹何承天循大戴之說復用夏時更以正月甲子夜半合朔雨水爲上元進乖夏朔退非周正故近代推月令小正者皆不與古合嘗以新法歲差上考堯典中星則所謂四仲月蓋自節氣之始至於中氣之終三十日內之中星耳後世執著於二分二至中星是亦誤矣禮記註疏曰月令昏明中星皆大略而言不與曆正同但在一月之內有中者即得載之所以昏明之星不可正依曆法但舉大略耳此說得之夫測中晷以定冬至冬至正則一歲氣節從而正矣驗中星以求日躔日躔眞則七政行度無不眞矣此二者蓋治曆之本也豈可苟哉漢志曰元封七年十一月甲子朔旦冬至日月在建星又曰在牽牛之初宋祁曰建星在斗後十三度在牛前十一度日在斗牛間是太初所測止得其大略耳大衍曆議謂明帝永平十一年冬至當以戊午而四分曆以爲辛酉章帝元和二年冬至當以丁亥而四分曆以爲庚寅至既後天三日日必先天三度故當時測驗者以爲日在南斗二十一度以今密率考之實在南斗十七八度之間而已劉宋之世何承天以爲日應在斗十三四度祖沖之以爲在十十一度是亦未有定說唐一行曰日之所在難知驗以中星則漏刻不定漢世課昏明中星爲法已淺今候夜半中星以求日衝近於得密而水有清濁壺有增減或積塵所擁故漏有遲疾臣等頻夜候中星而前後相差或至三度大率冬至遠不過斗十四度近不出十度以此觀之一行所測蓋亦未爲密也按東晉已前未有歲差之說故三統曆以爲冬至常躔牽牛之初四分曆以爲冬至常在斗二十一劉洪蔡邕之流皆無異說自虞喜始覺其差謂每歲當漸差故創立歲差術其曆雖不傳而其法可考也且如推堯元年冬至日躔宿度則諸家所見亦各不同虞喜以爲歲差二分堯時日應在危何承天謂堯時日應在須女十度左右祖沖之譏承天之失復從虞喜之說歲差二分有奇日在營室初度劉孝孫以爲在危一劉焯以爲在虛六大衍曆歲差一分二十秒日在虛一紀元曆歲差一分三十六秒日在虛六授時曆本法上考往古每百年歲周長一分天周消一分堯距至元三千六百餘年故歲周三百六十五萬二千四百六十一分天周三百六十五萬二千五百三十九分如是推之則堯時日在牛二大統曆不用授時消長之術但以常數推之然則當在危一有奇二曆相差二十六度其推冬至之日及有閏無閏亦各不同四仲中星各隨日躔而異諸賢所見互有異同竊以爲承天一行二家之說蓋近之矣

天周

古曆周天之度周歲之日皆三百六十有五全策之外皆有奇分所謂四分之一自今歲冬至距來歲冬至歷三百六十五日而日行一周凡四周歷千四百六十則餘一日析而四之則四分之一也然天之分常有餘歲之分常不足其數有不能齊者蓋黃道雖云差冬夏二至日躔恆距赤道二十四度其躔每歲不同歲差移一分餘斜絡於二十八宿間歲久皆其經行之道如人纏絲爲團絲絲纏絡雖重復參差而周道則一譬猶月之出入黃道每交退移變動不居日出入於赤道大率亦然但月之退移也著而日之退移也微古人造曆初未之覺以爲日有常度天周即歲周其說似是而非故久而益差晉虞喜始覺之謂天度與歲日數殊不用天周即歲周之術使天自爲天歲自爲歲因立歲差法其法損歲餘益天周使歲餘浸弱天周浸強強弱相減則得日躔歲退之差歷代治曆者咸宗之而有所損益焉初喜以天體爲三百六十五度二十六分乃四分之一有餘歲策爲三百六十五日二十四分乃四分之一不足五十年

差一度宋何承天以歲差太速改周天爲三百六十五度二十五分半周歲爲三百六十五日二十四分半百年差一度祖沖之以四十五年差一度隋劉焯以七十五年差一度唐傅仁均以五十五年差一度僧一行以八十二年差一度自後諸曆各各不同宋曆多在七十五年左右惟統天曆取大衍歲差率八十二年及開元所距之差五十五年折取中數得六十六年三分年之二爲日退移一度之限故謂周天三百六十五度二十五分七十五秒周歲三百六十五日二十四分二十五秒百年差一度半元授時曆從之至今守其說蓋亦近密矣按漢代以前未有歲差之法晉宋而後雖立歲差而未有定論李淳風猶謂無差冬至日常躔斗十三度至一行而論始定王孝通難云如歲差自昴至壁則堯前七千餘載冬至日應在東井井極北故暑斗極南故寒寒暑易位必不然矣一行辨之曰夫所謂歲差者日與黃道俱差也假冬至日躔大火之中則春分黃道交於虛九而南至之軌更出房心外距赤道亦二十四度設在東井差亦如之若日在東井猶去極最近表景最短則是分至常居其所黃道不遷日行不退又安得謂之歲差乎此言當矣至若損歲餘益天周之說今則以爲未然蓋歲餘雖有所消而天周實無所長其強使之長者不過因求歲差而設此以胷臆之見而誣天也夫歲餘之消驗諸晷景可知天周之長則無所憑據非近誣矣乎今考諸曆周天餘分以萬約之則古六曆爲三百六十五度二千五百分大衍曆爲二千五百六十五分紀元曆爲二千五百七十二分授時曆爲二千五百七十五分皆以漸而增也豈天實有所增哉特人爲傅會之耳古云善治曆者當順天以求合非爲合以驗天此皆爲合驗天者也故今新法削去後人所增之分以復古曆之舊所謂周天三百六十五度四分度之一是也一爲實四爲法實如法而一以度母百約之則爲二十五分上考下推無所增損此不易之法也

欽定古今圖書集成曆象彙編曆法典

曆法典第四十九卷

曆法總部彙考四十九

明九

鄭世子朱載堉曆學新說八

律曆融通

黃鍾曆議下 凡十五篇

歲差

渾天家說天體正圓狀如鞠毬內少半盛水中間浮一葉譬之地也元氣運天左旋不已而地常平爲水所載故也人處地上不當天半地上天多地下天少何以知之以日月之近大而遠小星度之高密而低疎知之也然地平既在天半之下而仰觀止見周度之半者天遠似乎低地平與之相妨人目不可盡見也天有二樞雖旋不離其所是謂北極南極然北極升出地上而南極降入地下斜倚運轉非平轉也二極中腰一周謂之赤道亦隨天形斜倚而不平矣言赤道者初非有形昔人木刻渾天之象而以五色莊嚴日月所行之路故以五色名之是謂九道於天則有其路而無其形也天體又似薰被香毬中有機者盛灰埋火之處即同地耳毬雖轉而火常平也兩畔相合之際正猶赤道其中機環則黃道白道也赤黃白道循環一周各爲三百六十五度二十五分其度初亦非有昔人強名之以便推測耳天本無度地本無里地以人步爲里天以日行爲度故曰推步度者尺寸之總名尺不可以量天故借太陽圓徑作爲一度黃道度之廣狹隨太陽高下而異惟赤道則不然蓋赤道之度近極則狹而密遠極則闊而疎譬如傘蓋半張視其橑也柑橘去皮觀其瓣也或以圓瓜比爲天體既如圓瓜其十二辰次猶瓜有十二瓣周天三百六十五度二十五分均爲十二瓣則一瓣爲三十度四十三分七十五秒周度輻輳於南北二極則度之形斂尖於瓜之兩端而開廣於瓜之腰圍瓜腰一圍是名赤道其度在赤道者正得一度之廣去赤道則漸遠而漸狹雖名一度實不及一度也既以天體比之圓毬則東西南北相距皆然故東西以二十八宿相距遠近爲度南北以北極樞星相距遠近爲度一周皆三百六十五度二十五分二極相距及赤道半周皆百八十二度六十二分五十秒赤道橫分二極與二極相遠各九十一度三十一分二十五秒雖云赤道斜倚於南而其東西兩旁則正在卯酉之位矣蓋赤道宿度有常渾象倚之爲準然非日所行路日所行路則黃道是也其宿度多寡與赤道不同而累歲變更或增損無定蓋由黃道斜跨赤道內外各半冬夏二至去赤道最遠其度既狹而日又横行故每度爲有餘春秋二分當赤道所交其度既廣而日又斜行故每度爲不足惟四立之日度在酌中之處餘則以漸而廣狹矣日行有餘則度數少日行不足則度數多此黃道所以異也日道以赤道外爲陽內爲陰月道以黃道外爲陽內爲陰一出一入之間差法由茲而立故先儒謂黃道之差始自春分秋分赤道所交月道之差始自交初交中黃道所交黃道一周退前所交六十分度之一是謂歲差歷二萬一千九百一十五年而歲差周又曰今人只說天運有差天豈得差自是運行合當如此諸家所擬歲差分秒率皆疎謬蓋由未悟自然之數故也授時曆依筭術勾股弧矢方圓斜直所容求到黃赤道度率爲密新法因之取二至初日黃道一度當赤道一度八分六十五秒即黃赤道相差自然之數也推黃道歲差術據赤道百年退天一度半故置赤道歲差一分五十秒以律母乘之得一度五十分爲實以一度八分六十五秒爲法除之得一分三十八秒命爲黃道歲差置一度八分六十五秒以律母乘之得一百八度六十五分爲實以一度五十分爲法除之得七十二年不盡用約分法得三十分之十三是知七十二年有奇而黃道退一度折衷一行及傅仁均所擬歲差於强弱之間適得中平之率先儒論黃道六十年差一度雖似有理用推堯典中星則過中矣未敢以爲然也先儒又謂凡日月每日行度本無盈縮進退曆家欲求日月交會故以赤道爲起筭之法以赤道度數而揆之日道月道則有盈縮及進退焉非真有盈縮進退此說於日似矣月則不然辨見月度條下

命度

漢劉歆三統曆推步往古上元開闢之始夜半合朔冬至日月如合璧五星如連珠皆躔牽牛之初故其紀星命度起自牽牛而名之曰星紀之次蓋古有是名耳後漢魏晉以來日躔退在南斗故曆家以南斗紀周天之始終而謂之曰斗分劉宋何承天造元嘉曆改從夏正以爲上元雨水中氣日躔營室命度起自室二不曰斗分而曰室分祖沖之造大明曆以爲上元冬至日躔北方子位命度始於虛一謂之虛分周隋之際曆法尤疎或斗或虛而無定見劉孝孫以爲上元命度宜起虛中張孟賓以爲日月五星並從斗十一起甄鸞造天和曆起斗十五馬顯造大象曆起斗十二張胄玄造大業曆先起虛五後稍覺疎改起虛七劉焯皇極曆命起黃道虛一唐傅仁均戊寅曆命起虛六李淳風麟德曆以爲定在南斗十二南宮說神龍曆七曜皆起黃道牽牛之初一行大衍曆改起赤道虛九五紀貞元二曆起赤道虛四宣明曆復從虛九崇元曆仍改虛四五代欽天曆起虛八宋朝諸曆應天乾元觀天起虛四儀天起虛二明天起虛六崇天紀元統天起虛七金大定曆起虛七元授時庚午二曆起虛六夫日躔歲差自有眞度豈人爲傅會可以增損而諸家命度進退不一蓋係舊術之弊所謂演紀上元傅會爲之故致如此自元人定議不用積年日法而猶用其命度起自虛六何哉今術則不然定以東方蒼龍七宿爲首命起赤道角宿初度較諸前代曆家傅會之失茲庶幾得自然之理耳

候極

論語曰譬如北辰居其所而衆星共之北辰北極天之樞也天運無窮而樞不動故曰居其所也其不動處無星故謂之辰傍有星名曰紐自漢至齊梁先儒談天者皆謂紐星卽不動處惟祖暅之以儀測知不動處猶去紐星一度有餘自唐至宋又測紐星去不動處三度有餘南宋在臨安測紐星去極約有四度半元志但從三度之說蓋紐星去極尚未有定說也唐開元間測浚儀岳臺北極出地三十四度八分宋志元志皆云三十五度或云三十五度弱弱者謂在八九十分之間而不滿一度也大都北極出地四十度太強太卽七十五分太強八十分左右也太半少強弱約量爲說耳唐志云北極去地雖秒分微有盈縮難以日校大率三百五十餘里而差一度極之遠近旣異則黃道軌景固隨而變矣蓋候極之法亦未有定也元志有正方案專爲候極而設凡晷儀象以之爲準然紐星去極古今尚無定論況能測知極出地之度耶今擬新法宜於正方案上周天度內權以一度爲北極自此度外右旋數至六十七度四十一分爲夏至日躔所在復數至百一十五度二十一分爲冬至日躔所在左旋數亦如之距二處經中心交貫界綫井中心共五處各插一針於二至日午中向東立案驗景使三針景合而爲一如不合則揩起一頭務使相合然後懸繩界取中線而又取方十字界之橫界上距極若干度卽極出地度及分也此法簡易惟以日景驗極不必窺測紐星比諸前人日校庶無分秒盈縮之失其正方案制度詳見元史

正方

宋志云舊說謂今中國於地爲東南當偏西北望極星置極不當正北又謂天常傾西北極星不得居中夫謂中國觀之天常北倚可也謂極星偏西則不然所謂東西南北者何從而得之豈不以日之所出者爲東日之所入者爲西乎古人候天自安南至浚儀纔六千里而北極差十五度稍北不已庸距知極星之不直人上也今南北纔五百里則北極輒差一度已上而東西南北數千里間日分之時候之日未嘗不出於卯半而入於酉半則又知天樞旣中則日之所出者定爲東日之所入者定爲西天樞則常爲北無疑矣以衡窺之日分之時以渾儀抵極星以候日之出沒則常在卯酉之半少北此始放乎四海而同者何從而知中國之爲東南也彼徒見中國東南皆際海而爲是說也彼北極之出地六千里之間所差者已如是又安知其茫昧幾千萬里之外耶今直當據建邦之地人目之所及者裁以爲法不足爲法者宜置而勿議可也趙友欽曰地中有子午卯酉四向四向旣正則輪盤二十四向皆正矣然而八方之地各有偏向若世所用指南針要亦可准試卽偏地用之驗其所指者正午歟偏午歟使偏地而指偏午則二十四向皆隨偏午而定一向旣差餘向俱差矣此不可不辨也本草衍義曰磁石磨針鋒則能指南然常偏東不全南也蓋丙爲大火庚金受其制故如此嘗以正方案之一規均爲百刻而以日景與指南針相校果指午正之東一刻零三分刻之一然世俗多不解考日景以正方向而惟憑指南針以爲正南豈不誤哉

晷景

縣象著明尺表之驗可推動氣幽微寸管之候不忒推律候氣立表測景蓋治曆之本也自漢太初至於劉宋元嘉上下數百年間冬至皆後天三日而司馬遷落下閎京房劉歆揚雄賈逵張衡蔡邕劉洪姜岌之徒素號精於律曆皆所未達何哉至何承天立表測景始知其謬然則觀天地之高遠在陰陽之消長以正位辨方定時考閏莫近乎圭表而推步晷景乃其至要也元許衡等造授時曆亦憑晷景爲本而於曆經不載推律步晷之術是爲缺略晉志漸臺四星主晷漏律呂事今以律呂晷漏名篇蓋取諸此補大統之缺也唐一行曰日行有南北晷漏有長短然二十四氣晷差徐疾不同者句股使然也直規中則差遲與句股數齊則差急隨辰極高下所遇不同如黃道漏刻此乃數之淺者近代且猶未曉按自大衍而後各家步晷之術雖異大概不過以距二至日分自乘爲實增損定率或乘或除加減二至恆晷爲所求晷而已今用北極出地度數兼弧矢句股二術以求之庶盡其原又隨地形高下立差以盡其變前此所未有也

漏刻

日月帶食出入五星晨昏伏見曆家設法悉因晷漏爲準而晷漏則隨地勢南北辰極高下爲異焉元人都燕其授時曆七曜出沒之早晏四時晝夜之永短皆準大都晷漏算定國初都金陵故大統曆日出入之時刻及晝夜之消長改從南京晷漏然當通改一番全殊元曆可也大統夏至晝冬至夜皆五十九刻冬至晝夏至夜皆四十一刻授時夏至晝冬至夜皆六十二刻冬至晝夏至夜皆三十八刻相差三刻有奇今推交食分秒南北東西等差及五星定伏定見皆因元人舊法而獨改其漏刻夫地勢高下以燕爲準漏刻消長則準金陵互相舛啎是以不合也且元統改曆之時未能預知成祖遷都之事故不得不以南監觀象臺測驗爲準永樂以後頒正朔設儀表皆自京師則漏刻亦當宗法北監測驗誠不爲過所以大一統而尊帝都也是故新法晷漏姑從元曆所推者爲其與今京師晷漏相合也夫晷漏生於日躔與月無干交食則由乎月雖日食亦乃月之所爲也宋紀元曆以晷漏繼日躔以交會繼月離是爲得之元授時曆以月離繼日躔以交會繼中星則失其序矣今從宋曆以步晷漏術附日躔篇後編於上卷而以月離交食五星編載下卷蓋寓尊陽抑陰之意

更點

日出謂之晝日入謂之夜日未出二刻半爲晨日已入二刻半爲昏晨昏皆屬夜而不屬晝也舊說天之晝夜以日出入爲界人之晝夜以天昏明爲限日出前二刻半而明日入後二刻半而昏損夜五刻以裨於晝則晝多於夜復校五刻春秋分晝夜五十刻據日見之漏耳若兼日未見及沒後五刻則春秋分晝五十五刻夜四十五刻此說非是趙友欽曰舊云日未出二刻半天先明日已入二刻半天方昏然此五刻不可以衆星出沒論但日出始爲晝入則爲夜耳此說得之蓋日入爲昏初星出爲昏末昏末卽起一更一點故無初更初點非若宿有初度時有初刻也元曆乃以初更初點命之於率不通又五更五點者實爲晨初其距日出惟二刻半耳而宋志云若依司辰星漏曆減去待旦十刻卽同禁中更漏此毛詩所謂興居無節號令不時故挈壺氏不能掌其職也今人或以一更三點爲更初五更三點爲更盡則一更一點及五更五點皆在更點外其法不知始自何時要之當以昏末晨初爲更點之始終方是新法所推中星月食更點悉依古制但未知近日挈壺所掌更漏起末遲速何如耳

月度

洪範曰日月之行有冬有夏言日月行度冬夏各不同人徒知日行一度歲一周天曾不知盈縮損益四序有不同者北齊張子信及隋劉焯推究日行盈縮自冬至行一度五分漸減一二分至三四分以及赤道之交則正行一度從此復漸減之極於夏至止行九十五分自夏至後其行漸增所增與所減之數相似及冬至則復如前蓋日行一度有餘曰疾不及一度曰遲以增虧之數相補一日止爲一度從冬至距春分以行疾而積盈從春分距夏至以行遲而消其積盈比之常度猶差前故冬至距夏至皆曰盈段從夏至距秋分以行遲而積縮從秋分距冬至以行疾而消其積縮比之常度猶差後故夏至距冬至皆曰縮段然春分前二日半已交赤道則盈二度有餘秋分後二日半纔交赤道則縮二度有餘故二分之際盈縮最多授時曆謂盈初縮末限八十八日九十一刻縮初盈末限九十三日七十一刻盈縮極差皆二度四十分要之日在赤道之南行疾赤道之北行遲惟月行則不論赤道南北而爲疾遲蓋別有一理焉

李淳風有推月孛法言孛星所在則月行最遲與孛星對衝則月行最疾孛不常見而月行最遲處可以測知今曆四餘躔度所推月孛是也孛躔赤道南則月行遲於南孛躔赤道北則月行遲於北是月行之遲疾不係於赤道也先儒謂日月行度本無盈縮又謂月行近日則疾遠日則遲其說非也古法因十九年月圍二百三十五次故以十九除之得十二度十九分度之七併太陽行一度共得十三度十九分度之七爲月一晝夜平行之定數然觀其所離先後不同有差至五度半者後漢劉洪始推究之知月入轉一周有疾有遲凡一晝夜疾行則至十四度餘遲行則止十二度餘二十七日強半之間疾遲各有等差古法疎略但謂行十三度十九分度之七而近代諸曆用十三度百六十十分度之五十九以萬平之得三千六百八十七分半爲月平行率視古爲密焉

定朔

古者平朔月朝見曰朒夕見曰朓劉向父子據鴻範傳以爲人事緩急之應未達月行遲疾之理今以日所盈縮月所遲疾而損益之或進退其日以爲定朔則舒亟之度乃數使然非由人事之應遲疾有衰其變者勢也月逶迤馴屈行不中道進退緩速不率其常而損益之率生焉由是躔離相錯偕以損益所謂日過平行則益之不及則損之從陽之義也月過平行則損之不及則益之御陰之道也雖尊卑之用睽而及中之志同蓋月度縮而日度盈則定朔在經朔後名曰朒月度盈而日度縮則定朔在經朔前名曰朓若俱盈俱縮則有損有益定弦定望亦如之今曆求盈縮疾遲之加減差即損益之謂也舊法若定朔加時在日入後則進一日有交見初虧則不進若弦望加時在日出前則退一日雖在日出後有交見初虧則亦退蓋加時不可見但見初虧即比加時故借初虧如加時例而進退之夫陽道主於進而陰道主於退朔之有進望之有退亦至理所在也自元人建議革去進朔法朔不復進而弦望猶退焉大統曆因之凡月帶食於日出時雖屬次日只以其夜言望故退一日此定論也然嘉靖二十六年四月丁酉二十七年三月辛卯皆謂之曉望食甚在日出後初虧在日出前當退望而不退蓋註曆之誤云

交道

天左旋日月右轉其所行各有道路月不由日之黃道亦猶日不由天之赤道也前漢治曆者惟有赤道術雖知黃道而無其術後漢已來始推黃道而未推月道曆家步月權以黃道命之蓋日道與赤道差遠至二十四度弱月道與黃道差近不過六度耳以黃道步月取其易筭也若尋常註曆求其捷要者依月離術求之足矣欲究象數精微則宜推考月之本道即舊曆所謂九道也元人一之名爲白道載在月離術中今以其名未當改名交道以其布筭既殊故別爲篇宋書曰前世諸儒依圖緯云月行有九道故畫作九規更相交錯檢其行次遲疾換易不得順度劉向論九道云青道二出黃道東白道二出黃道西黑道二出北赤道二出南又云立春春分東從青道立夏夏至南從赤道秋白冬黑各隨其方按日行黃道陽路也月者陰精不由陽路故或出其外或入其內出入去黃道不得過六度入十三日有奇而出出亦十三日有奇而入凡二十七日而一入一出矣交於黃道之上與日相掩則食焉今書傳官本有圖爲圓規者九而重疊相錯先儒所傳九道蓋如此耳以理究之月行若今纏線於彈丸上線道雖重然止一縷往來未嘗斷絕果如九規則斷而不相屬此可以見九道之說非也故筆談曰天有黃赤二道月有九道此皆強名非實有也亦由天之有三百六十五度天何嘗有度以日行三百六十五日而一朞強謂之度以步日月五星行次而已日之所由謂之黃道南北極之中間度最均處謂之赤道月行黃道南謂之朱道北謂之黑道東謂之青道西謂之白道黃道內外各四幷黃道而爲九日月之行有遲有速難以一術御也故因其合散分爲數段每段以一色名之欲以別筭位而已如筭法用赤籌黑籌以別正負之數曆家不知其意遂以爲實有九道甚可嗤也元志曰古人隨方立名分爲八行與黃道而爲九究而言之其實一也惟其隨交遷徙變動不居故強以方色名之月道出入日道兩相交值當朔則日爲月所掩當望則月爲日所衝故皆有食然涉交有遠近食分有深淺皆可以數推之每一交之終退天一度餘凡二百四十九交有奇退天一周終而復始正交在春正半交出黃道外六度在赤道內十八度正交在秋正半交出黃道外六度在赤道外三十度中交在春正半交入黃道內六度在赤道內三十度中交在秋正半交入黃道內六度在赤道外十八度月道與赤道正交距春秋二正黃赤道正交宿度東西不及十四度

三分度之二自元已前曆家求月道者皆自黃道推之元人改從赤道求之其差數多者不過三度五十分少者不下一度三十分是爲月道與赤道多少之差舊曆皆云月出黃道外曰陽曆入黃道內曰陰曆新法不用陰曆陽曆之名直曰內外而已蓋以月行在黃道北爲內在南則爲外也

交會

易曰縣象著明莫大乎日月日乃火之精其卦爲離月乃水之精其卦爲坎然離之象外陽而內陰外剛而內柔外明而內暗外實而內虛坎之象則反是是故太陽其質則虛若火之爲燄也太陰其質則實若水之爲冰也日自有光月本無光借日之光爲光亦猶冰本無光以燈照之則有光矣夫物之性火能舒光水能兩景故日能舒普天之光而月能函大地之景月中如有物者猶鏡所照蓋山河之景也月形不似鏡而如圓毬者與渾天同類也日沒地中月在天上猶能受其光者譬如磁石隔物猶能引針二氣潛通自然相感非地所能隔也書曰哉生明又曰旁死魄皆指月而言蓋日光所照則謂之明其所不照則謂之魄故定望加時與日相遠距天半周其路雖殊其度則衝從過對直與日相望故謂之望人居其間盡覩其明故月形圓既望則偏所不照者而漸生矣故曰哉生魄也定朔加時與日最近雖各在一路而其度正同日在於上月潛在下與日相會謂之合朔日照月表人覩其裏日光赫盛不見月形謂魄亾矣故曰死魄旁死魄者朔後一日也其次日曰朏朏者月始出也故又曰哉生明至於朔望之間去日非近非遠當天半周之半日照其側人觀其傍故半明而半魄其形若弓張弦故謂之弦在上旬曰上弦在下旬曰下弦下弦月在日西故光在東上弦月在日東故光在西由去日有遠近故光景有圓缺而月之體本無盈虧也凡所謂朔望者日月同度相合對度相衝而其路則殊也若路同則食矣古云同經同緯則食同經不同緯則不食是也蓋黃道與月道如香毬內二環相疊而小差定朔近交則月體蔽日而日食定望近交則日光衝月而月食因距交有遠近故食分有多寡然日月之體本無傷損也由是言之日月之食與否當觀月行表裏距交遠近皆可以籌策而推焉大約於黃道驗之也嘗造泥丸中穿一索外以粉塗之縣於暗室中以燈照其側則半明半暗照其前則全明照其後則全暗此弦望晦朔之象也方照其後時若少偏則雖不見粉丸之光而猶見燈光若不偏則燈光反爲粉丸所掩此日食之象也方照其前時若少偏則背燈而視之全見粉丸之光若不偏則其光反爲燈景所蔽此月食之象也夫有理而後有象有象而後有數理由象顯數自理出理數可相倚而不可相違凡天地造化莫能逃其數故曰推筭交食曆家之易事也測景驗律曆家之難事也

日食

舊說日體大其道周圍亦大月體小其道周圍亦小月道在日道內猶如小環在大環中日去人遠月去人近月體因近視而比日體之大月道因近視而比日道之廣故皆爲三百六十五度四分度之一月從交道穿過黃道適與日遇日體爲月體所蔽故云食而日體非有損也日道與月道相交處有二若正會於交則月體障盡日體而日暗甚謂之食既若交不正但在交前後而度相近者亦食而不既月行交外食偏南月行交內食偏北近於交際食分多遠於交際食分少天之交限此大率也又有人之交限舊云假令中國食既戴日之下所虧纔半化外反觀則交而不食化外食既戴日之下所虧纔半中國反觀則交而不食何則日如大赤丸月如小黑丸其縣一索日上而月下卽其下正望之黑丸必掩赤丸似食之既及旁觀有遠近之差則食數有多寡矣春分已後日行赤道北畔交外偏多交內偏少秋分已後日行赤道南畔交外偏少交內偏多是故有南北差冬至已後日行黃道東畔午前偏多午後偏少夏至已後日行黃道西畔午前偏少午後偏多是故有東西差日中仰視則高旦暮平視則低是故有距午差食於中前見早食於中後見遲是故有時差凡此諸差惟日有之月則無也正德九年八月辛卯朔日食大統曆推之合食八分六十七秒而閩廣之區遂至食既彼處言官以曆不效爲言然京師所觀止食八九分耳故推交食惟日頗難若月食分數但以距交遠近別無四時增損蓋月小暗虛大月入暗虛卽食故八方所見食分並同也日爲月所掩而食則不然蓋日大而月小日上而月下日行有四時之異人視有九服之殊故旁觀者遠近自不同矣然宇宙之廣未可以一術齊欲推九服之變則其時刻分秒各據其處考晷景之短長揆辰極之高下順天求合與地偕變增損其法而後準也曆經推定之數徒以中國所見

者言之耳舊云月行內道在黃道之北食多有驗月行外道在黃道之南雖遇正交無由掩映食多不驗又云天之交限雖係內道若在人之交限之外類同外道日亦不食此說似矣而未盡也假若夏至前後日食於寅卯酉戌之間人向東北西北而觀之則外道食分反多於內道矣此前賢所未發而舊曆亦略不及此欲創新法以補其所未備揆之於理似密於前但未遇其期以親驗之耳姑發其端後人或因此說而必悟其理焉亦易於修改也凡推日食不言既者蓋日體大於月月不能盡掩之或遇食既則月居其中而日光四溢形如金環當此之時晝似初昏而星見也須臾有光射出而天遂明故日無食十分之理雖既亦止九分有奇而已然此分數可推而月之居中與否難定假若日食九分八十秒是爲極則之數月掩正中四邊皆餘十秒是爲既也若少偏則惟一邊餘二十秒即非既矣故推日食止言食甚不言食既者幸其不至於既而不欲其既也大藏經中有文殊菩薩與諸仙論宿曜經以爲日輪廣五十一由旬月輪廣五十由旬此蓋西域天文其所謂由旬者姑不必論但置五十爲實以五十一爲法除之得九分八十秒是月輪當日輪百分之九十八於理或然耳授時曆謂日食陽曆限六度定法六十陰曆限八度定法八十試各置其限度如其定法而一皆得十分則以爲日亦有食十分者以理究之恐未然也今於其定法下各加一數以除限度則得九分八十餘秒而與西域天文所論相去不遠此其與舊異也修改之意後世或有未知故具述焉

月食

舊說日月與地三者形體大小相似地體亦圓而不方其大止可當天一度半而天周當地徑二百四十餘倍也日月相衝爲地所蔽有景在天其大如日日光不照名曰暗虛月望行黃道則入暗虛矣俞暗虛有表裏深淺故月食有南北多少古人雖有暗虛之說指爲地景殆未然也假如春秋二分食於卯酉之正日月相望其平如衡地猶在下烏能蔽之天雖大於地不應相去數百倍觀諸斜景察諸寒暑可知矣竊嘗思之日者火之精也火燄所衝必有黑煙四周皆明獨此處暗然眞火與凡火不同凡火止能炎上眞火則從橫斜直所衝皆然蓋離封之象外明而內暗外實而內虛暗而虛者離之中爻日之外景也故曰暗虛耳文獻通考曰日火外明其對必有暗氣大小與日體同是也以今觀之日月大小相較所差不多暗虛與月相較則大於月何也譬猶燈烟以比其燄則燄小而煙多是故暗虛比日大一倍也授時曆望在交前後者距交十三度五分爲交限限外則不食若當限內則有食矣望而距交未遠在四度三十五分之內其食必既餘八度七十分雖甚而不既也食已既矣又云食甚何也所謂食甚之時則在初虧復圓中間假若食不至既亦於此際食分最多從此則轉少矣日食不言既月食言既又言甚者蓋月初既時名食既食既之後生光之前此際名爲食甚若日則不然雖既不久而光即生既甚生光無所分別故止言甚不言既也夫月食至十分已下即爲食既月食乃至十五分者蓋十分已是食既月體盡黑然纔隱在暗虛之內而未深入暗虛之中故食十分已上爲既內分月望正在交際而食則滿既內五分蓋暗虛倍於月月入其內居於正中兩旁各餘五分廾前既外十分其十五分若非正在交際雖入暗虛之中或近上或近下則不至十五分故月食有五限虧而後既既而後甚甚而後生光乃至復圓也夫暗虛者景也景之蔽月故無早晚高卑之異亦無四時九服之殊譬如縣一黑丸於暗室中其左然一燈燭其右縣一白丸若燈光爲黑丸所蔽則白丸不受其光矣人在四旁視之所見無不同也故月食無時差之說宋志應天崇天諸曆其推月食直以定望小餘便爲食甚定分是也惟紀元曆昧於此理妄立時差金大定曆因之元儒格物窮理而亦爲其所惑若授時曆月食求時差者誤矣是故新法但從應天崇天舊說月食不用時差直以定望加時便爲食甚時刻然非杜撰蓋亦前人定論已有此說今特述之耳

定數

黃帝陰符經曰日月有數大小有定聖功生焉神明出焉是日月之行有一定之數過交則食理之常也而小雅云彼月而食則維其常此日而食于何不臧日君道也無朏魄之變月臣道也遠日益明近日益虧望與日軌相會則徙而浸遠遠極又徙而近交所以著人臣之象也望而正於黃道是謂臣干君明則陽斯食之矣朔而正於黃道是謂臣壅君明則陽爲之食矣日月之食於筭可推而知則是數自當然而詩以爲異者人君位貴居尊恐其志移心易聖人假之靈神作爲鑒戒耳夫以昭昭太陽照臨下土忽爾

殲亡俾晝作夜其爲怪異莫斯之甚故有伐鼓用幣之儀貶膳去樂之說皆所以重天變而警人君者也天道深遠有時偶驗或昔人之禍釁偶與相逢故聖人得因其變常假爲勸戒使智達之士識先聖之深情中下之人信妖祥以自懼但神道可以助教而不可以爲教神之則惑衆去之則害宜故其言若有若無其事若信若不信期於大通而已矣經典之文不明言咎惡而公羊家董仲舒何休及劉歆等以爲發無不應夫發無不應則修省何及祇知言徵祥之義而未悟勸阻之方也要之日月交食固皆常理實非災異趙友欽曰日月之食其所行交道有常數雖盛世所不免故可以籌策推非若五星有反常之變也此言得之矣杜預曰日月動物雖行度有大量不得不有小差故有雖交而不食者或有頻交而食者一行曰十月之交於曆當食君子猶以爲變詩人悼之然則古之太平日不食星不孛蓋有之矣此皆謬說雖然日月者活曜也欲以死法算定不失分刻是亦難矣故課曆者以差一分一刻爲親二分二刻爲次親三分三刻爲疎四分四刻爲疎遠未敢自以爲百發百中也若謂食非定數則近誣矣或曰春秋二百四十二年惟有三十六食何也曰史官失記耳且如詩書上自仲康下至幽王千數百年之間惟載二食夏商末世禍亂極矣而豈不聞日食何耶若夫頻月而食蓋亦史文之誤先儒明曆理者已有定論不待辨而明矣

五緯

夫在天成象日月星辰皆象也而日月五緯獨異於衆星自有行度者此二五之精造化之妙非衆星之比也日月五緯體性不齊故遲疾有異當以陰陽五行別之蓋律曆同一道天之陰陽五行一氣而已有氣必有數有聲曆以紀數而聲寓律以宣聲而數行律與曆同流行相生故其配五聲也不以體之大小論而以性之遲疾論宮居中央屬土厥性尊重角居東方屬木厥性柔和徵居南方屬火厥性輕躁商居西方屬金厥性明敏羽居北方屬水厥性渙散故其行度亦各隨之凡五緯順行曰進逆行曰退速行曰疾緩行曰遲不行曰留月雖因日而有晦朔弦望其遲疾不因日若五緯則因日而有遲留退伏矣土木火三星屬陽於日爲臣其行度則土性尊重最遲火性輕躁最疾惟木得其中焉雖云火星最疾其視日猶遲耳自其與日同躔計之日行在前星隨在後疾追不及去日漸遠其進漸遲遲甚而留留久而退初遲退漸疾退退最疾而後退漸遲遲甚則留留久則進初遲進漸疾進進最疾則與日同躔也與日同躔謂之合近日不見謂之伏伏見距日度數視其星之大小爲異月有晦朔星有伏見月有弦望星有留退其歸一也大抵近一遠三而留周天相半而退留退初末各隨其性而度數亦異焉凡退行最疾時必與日對衝矣未與日對衝之先夜半後可望是名晨段既與日對衝之後夜半前可望是名夕段金水二星屬陰於日爲妾時常輔日而行故與彼三星異金星去日最遠僅逾半象水星去日最遠不及一辰終無對衝却有退合其近日最疾時則行度疾於日故與日初合畢趨進於前進遠漸遲遲甚則留留而後退初遲退漸疾退退最疾時與日再合合畢猶退初疾退漸遲退退遠而留留已復進由遲漸疾疾追及日相合如初故初合已後見於西方謂之夕段再合已後見於東方謂之晨段五緯各有遲疾而其行度多寡則皆不同乃常數如此古法惟知有常數未知有變數之加減北齊張子信仰觀歲久知五緯有盈縮之變當加減常數以求其逐日之躔蓋五緯不由黃道亦不由月所行道而出入黃道內外各自有其道視日遠近爲遲疾如足力之有勤倦其變數之加減如里路之徑直斜曲也前漢志曰天下太平五星循度無有逆行日不食朔月不食望此說非也不因日食何以知其爲朔不因月食何以知其爲望食不在朔望者蓋曆術之弊歟五星於日猶臣妾也其配三天兩地而分陰陽則土木火三星屬陽爲臣金水二星屬陰爲妾臣不敢與君敵故對衝則退行猶恭敬之禮也妾不敢與君離進而前驅稍遠則退退而後隨稍遠則進進退逡巡不敢離日亦恭敬之道也而前志云熒惑去日遠而顧忒太白進在日前氣盛則皆逆行謂非正行誤矣舊說星入月中見爲星食月不見爲月食星若入日中則爲黑子然則五緯於月高下無定惟下於日而已以物喩之日月五緯猶魚也魚行江河不著其底必憑江河之水以行或逆或順各任其情七曜雖縣虛不附於天意其必憑天之氣以行然魚之性好泝上流流急魚緩爲水所漂喩隨天左旋而實右行也或難曰古今曆家皆云七曜右行惟宋儒則云隨天左旋信否答曰非始於宋儒也沈約宋書天文志已有是說其載劉向五紀辨論

之詳蓋先得我心所同然者宋儒性理之學一出擭爲己物以爲前賢之所未發誣也曰左右二說孰是耶曰千載不決之疑也人步舟中蟻行磨上緩速二船良駑二馬之喻各主一理似則皆似矣苟非凌空御氣飛到日月之旁親視其實孰能辨其左右哉然以正理論之日君道也月與五星臣道也曆家以爲月近日而虧遠日而盈此易所謂二多譽四多懼也日行一度月行十三度日緩月速君逸臣勞駿奔走之象也五星近日而疾遠日而舒論語所謂君在踧踖如也與與如也過位色勃如也足躩如也出降一等逞顏色怡怡如也去日甚遠則畱畱久則退退後遷延復與日近此臣下念念不敢忘君之象皆有關於世教其說不可廢也若依宋儒所見則皆反之而無義味不如曆家之說爲長君子有所取焉而但以爲布算難易之別其說淺矣況我太祖高皇帝御製文集自有定論凡爲臣子者允宜欽遵而固執之於彼宋儒偏見之陋何足據云雖然五星之理愚昧之所未達故不敢詳言之今所述者不過因史志之舊文間或潤色之耳欲求精密則須依憑象器測驗天文積日累月務得其實而後綴以算術立爲定法方可以成一代之懿制傳之萬世而無弊也乃今儀表之具生來目所未覩況能知其距度之疎密辰次之廣狹乎嘗觀宋人小說有曰古今曆法五星行度唯畱退之際最多差自內而進者其退必向外自外而進者其退必由內其跡如循柳葉兩末銳於中間往還之道相去甚遠故星行兩末成度稍遲以其斜行故也中間成度稍速以其徑絕故也曆家但知行道有遲速不知道徑又有斜直之異前世修曆多只增損舊曆而已未曾實考天度其法須測驗每夜昏曉夜半月及五星所在度秒置簿錄之滿五年其間剔去雲陰及晝見日數外可得三年實行然後可以算術綴之古之所謂綴術者此也已上一段言測驗綴術甚詳乃治曆之要旨故附載於卷末昔蔡邕上書云願匍匐於渾儀之下按度考數著於篇章以成一代盛典夫古人何不飽煖自逸而願爲此辛苦事者懼抱藝而長終惜絕傳於來世欲伸葵藿之誠遑恤出位之罪哉詩云夙夜匪解以事一人此之謂也我太祖嘗謂元曆與今曆二統皆難憑況黃鍾乃律曆之本原而二統罕言之是故欽遵聖諭撰此末議採衆說之所長羽翼大統廣其未備以俟知曆者裁之云耳以上律曆融通係原本卷之四

欽定古今圖書集成曆象彙編曆法典

第五十卷目錄

曆法典第五十卷

曆法總部彙考五十

明十

神宗萬曆二十四年按察司僉事邢雲路奏大統曆刻差宜改欽天監正張應候等疏詆其誣禮部上言應從雲路所請卽令督欽天監事仍博訪通曉曆法之士酌定未果行

按明紀事本末萬曆二十四年河南按察司僉事邢雲路奏窺天之器無踰觀象測影候時籌策四事乃今之日至大統推在申正二刻臣測在未正一刻是大統後天九刻餘矣不寧惟是今年立春夏至立冬皆適值子午之交臣測立春乙亥而大統推丙子臣測夏至壬辰而大統推癸巳臣測立冬己酉而大統推庚戌夫立春與冬乃王者行陽德陰德之令而夏至則其祀方澤之期也今皆相隔一日則理人事神之謂何是豈爲細故且曆法疏密驗在交食自昔記之矣乃今年閏八月朔日有食之大統推初虧巳正二刻食幾既而臣候初虧巳正一刻食止七分餘大統實後天幾二刻而計閏應及轉應若交應則各宜如法增損之矣蓋日食八分以下陰曆交前初虧西北固曆家所共知也今閏八月朔日食實在陰曆交前初虧西北其食七分餘明甚則安得謂之初虧正西食甚九分八十六秒耶而大統之不效亦明甚然此八月也若或值元日于子半則當退履端于月窮而朝賀大禮當在月正二日矣又可謂細故耶此而不改臣竊恐愈久愈差將不流而至春秋之食晦不止臣故曰閏應轉應交應之宜俱改也久之刑科給事中李應策亦言國朝曆元聖祖崇論二統難憑但驗七政交會行度無差者爲是惟時以至元辛巳撰之洪武甲子僅百四年所律以差法似不甚遠至正德嘉靖已當退三度餘奚俟今日哉春秋不食朔猶直書官失之今日食後天幾二刻冬至後天逾九刻計氣應應損九百餘分乃云弗失乎曆理微秒日月五星運轉交會咸取應于窺管測表歐陽修所謂事之最易差者雖古太初大衍諸書詎不深思元解得羲和氏之曆象授時遺意然果以鍾律爲數無差則太初曆宜卽定於漢而後之爲三統四分者若何又果以蓍策爲術無差則大衍曆亦當卽定于唐而後之爲五紀貞元觀象者又若何蓋陰陽迭行隨動而移移而錯錯而乖違日陷不止則躔離之謬分至之忒積此爲窮雲路持觀象測景候時籌策四事議者應宜俱改使得中祕星曆書一編閱而校焉必自有得于是欽天監正張應候等疏詆其誣禮部言使舊法無差誠宜世守而今既覺少差矣失今不修將歲愈久而差愈遠其何以齊七政而釐百工哉理應俯從雲路所請卽行考求磨算漸次修改但曆數本極元微修改非可易議蓋更曆之初上考往古數千年布算雖有一定之法而成曆之後下行將來數百年不無分秒之差前此不覺非其術之疎也以分秒布之百餘年間其微不可紀耆亦無從測識之耳必積至數百年差至數分而始微見其端今欲驗之亦必測候數年而始微得其槩卽今該監人員不過因襲故常推衍成法而已若欲斟酌損益緣舊爲新必得精諳曆理者爲之總統其事選集星家多方測候積算累歲較析毫芒然後可爲準信裁定規制伏乞卽以邢雲路提督欽天監事該監人員皆聽約束本部仍博訪通曉曆法之士悉送本官委用務親自督率官屬測候二至太陽晷刻逐月中星躔度及驗日月交食起復時刻分秒方位諸數隨得隨錄一切開呈御覽積之數年酌定歲差修正舊法則萬世之章程不易而一代之曆寶惟新其於國家敬天勤民之政誠大有禆益矣疏奏留中未行

萬曆三十六年路士登考立春正月節曆

按立春考證萬曆三十六年戊申歲立春正月節曆以洪武初欽天監監正元統大統曆法推

推天正冬至

置所求萬曆三十六年戊申歲距元至元辛巳歲積三百二十八年減一以大統歲實三百六十五日二十四刻二十五分乘之得一十一萬九千四百三十四日二十九刻七十五分爲中積分加氣應五十五日〇六刻得一十一萬九千四百八十九日三十五刻七十五分爲通積分滿旬周去之餘二十九日三

十五刻七十五分爲天正冬至分以法推之得歲前十一月初四日癸巳辰正二刻冬至

求立春

置氣策一十五日二十一刻八十四分三十七秒五十微三因之得四十五日六十五刻五十三分一十二秒五十微加天正冬至日分得七十五日〇一刻二十八分一十二秒五十微其日滿旬周去之餘一十五日〇一刻二十八分一十二秒五十微爲立春分以法推之得歲前十二月二十一日己卯子正一刻立春以元至元辛巳太史令郭守敬授時曆法推

推天正冬至

置所求萬曆三十六年戊申歲距元至元辛巳歲積三百二十八年減一以授時消一歲實三百六十五日二十四刻二十二分乘之得一十一萬九千四百三十四日一十九刻九十四分爲中積分加氣應五十五日〇六刻得一十一萬九千四百八十九日二十五刻九十四分爲通積分滿旬周去之餘二十九日二十五刻九十四分爲天正冬至分以法推之得歲前十一月初四日癸巳卯正初刻冬至

求立春

置授時消一氣策一十五日二十一刻八十四分二十五秒三因之得四十五日六十五刻五十二分七十五秒加天正冬至日分得七十四日九十二刻四十六分七十五秒其日滿旬周去之餘一十四日九十一刻四十六分七十五秒爲立春分以法推之得歲前十二月二十日戊寅亥初三刻立春

以余蘭州立六丈表取冬至前後各四十五日實測晷景推

推今時所測天正冬至

余於蘭州立六丈表下識圭刻約戊申歲前丁未歲冬至前後相距各四十五日測得午景前四十五日九月十八日戊申景長七丈二尺〇九分至後四十四日十二月十九日丁丑景長七丈二尺五寸四分五釐後四十五日十二月二十日戊寅景長七丈一尺六寸六分以前後相對所距四十五日戊申戊寅二景相校餘四寸三分爲晷差爲實仍以十二月十九日二十日丁丑戊寅相連二日景相校餘八寸八分五釐爲法以法除實得四十八刻五十八分七十五秒前多後少爲減差于前後相距各四十五日計九十日凡九千刻內減前減差餘八千九百五十一刻四十一分二十五秒折取其中爲四千四百七十五刻七十〇分六十秒加半日五十刻共爲四千五百二十五刻七十〇分六十秒百約爲日命起戊申日算外得四十五日爲癸巳餘以發斂收之爲時刻及分除甲子以前至戊申之十六日自甲子至癸巳得二十九日二十五刻七十〇分六十秒爲冬至分以法推得歲前十一月初四日癸巳卯正初刻冬至

推今時所測歲實

置余所測萬曆三十六年戊申歲前冬至日景推得癸巳日夜半後二十五刻七十〇分六十秒上取元至元十八年辛巳歲前郭守敬所測日景推得己未日夜半後六刻即五十五萬六百分之氣應爲準以辛巳距今戊申三百二十七年共積一十一萬九千四百三十四日加新測到癸巳日夜半後二十五刻七十〇分六十秒內減去至元辛巳歲測到己未日夜半後六刻得一十一萬九千四百三十四日一十九刻七十〇分六十秒爲實以距積三百二十七年而一得三百六十五日二十四刻二十一分九十秒爲今時所測歲實

求今時所測氣策

置今時歲實三百六十五日二十四刻二十一分九十秒以二十四氣而一得一十五日二十一刻八十四分二十四秒六十微爲今時所測氣策

求今時所測立春

置今時氣策一十五日二十一刻八十四分二十四秒六十微三因之得四十五日六十五刻五十二分七十三秒八十微加天正冬至日分得七十四日九十一刻二十三分三十三秒爲立春分去其旬周餘一十四日九十一刻二十三分三十三秒爲立春分以法推得歲前十二月二十日戊寅亥初三刻立春

右大統立春分校授時多九刻八十一分三十七秒五十微立春後天十刻有奇相隔一日與天不合授時校余實測之數止多二十三分四十二秒其立春時刻與余合余與天合乃稍差二十餘分者則消一未盡畸零之小數耳不害其爲同也

論曰孟子云天之高也星辰之遠也苟求其故千歲之日至可坐而致也旨哉言乎夫故之言利也其天行順利之故道也故不難致而難於求然求亦多術矣從古羲和道廢日官失職帝王六曆訛於四分漢人踵之久假不變而不知爲好事之僞作也四分之曆天與日齊以步氣朔一跬步不可行迨漢末劉洪

始覺其誤乃減歲餘立歲差考冬至日躔在斗二十二度千古不明之數自洪始發之後之曆家代各改革然不數十年而輒先後天不可行者何則以歲差之中仍有消長一機未備也至元太史郭守敬乃悉其竅焉觀守敬之言曰上考往古下驗將來皆距立元爲筭歲實上推每百年長一下筭每百年消一其諸應等數隨時推測不用爲元其說至明也至洪武初欽天監博士元統則不知測驗爲何事而徑削去消長另立準分以爲修改合天擢爲監正監副李德芳持消長正論力爭之不得遂從統議然而統所修改四準則皆授時舊數接年續之一無所改者也訛傳至今失之益遠疇人沿襲恬不爲怪今余於蘭州立六丈之表視郭太史四丈之高又申一之半復從宋周琮取立冬立春去至日遠之景日差長幾九寸尤易分別以法布之立春時刻與郭太史消一之曆符合而大統則後天九刻八十餘分適值子半之交差天一日矣夫曆從何來從日躔之在天來也今仰觀天象立春日躔在戊寅亥初而欽天監在己卯子正此可以口舌爭乎且七政壹稟於日躔日度變而朔轉交及五曜之率皆變氣應一差卽諸事皆差而以之步曆無一可者故守敬曰天有不齊之運而曆爲一定之法所以旣久而不能不差旣差則不可不改隆慶間監官周相亦曰今年遠數盈歲差天度失今不考所差必甚皆探本之論也乃監正張應候等不知强以爲知方詘詘然曰大統曆乃元統依守敬法爲之準驗無差必不可改且詆余爲妄議夫使元統果依守敬安得有差統背守敬者也背守敬而差却以爲無差何不觀今日之天其躔形圭景立春在亥分寸易辨一指點間可與海內億萬人有目所共見者正孟子所謂天日之故可求而可坐致者也若信如彼言堅持大統爲無差則余與守敬差耶若余與守敬差則天亦差耶嗟嗟張壽王不能爭鄧平祖沖之不能勝戴法興李德芳之是不能排元統之非張應候之非力能奪余之是振古如茲匪今斯今則吾末如之何也已

萬曆四十一年南京太僕寺少卿李之藻因邇年曆法推筭差謬特薦西洋陪臣龐迪我等洞知曆學一十四事超越中國乞勅禮部開館令將所有曆法依原文譯出成書

按明紀事本末萬曆四十一年南京太僕寺少卿李之藻上西洋曆法言邇年臺諫失職推筭日月交食時刻虧分往往差謬交食旣差定朔定氣由是皆舛伏見大西洋國歸化陪臣龐迪我龍化民熊三拔陽瑪諾等諸人慕義遠來讀書談道俱以穎異之資洞知曆筭之學攜有彼國書籍極多久漸聲敎曉習華音其言天文曆數有我中國昔賢所未及道者一曰天包地外地在天中其體皆圓皆以三百六十度筭之地經各有測法從地窺天其自地心測筭與自地面測筭者都有不同二曰地面南北其北極出地高低度分不等其赤道所離天頂亦因而異以辨地方風氣寒暑之節三曰各處地方所見黃道各有高低斜直之異故其晝夜長短亦各不同所得日景有表北景表南景亦有周圍圓景四曰七政行度不同各爲一重天層層包裹推筭周經各有其法五曰列宿在天另有行度二萬七千餘歲一周此古今中星所以不同之故不當指列宿之天爲晝夜一周之天六曰五星之天各有小輪原俱平行特爲小輪旋轉于大輪之上下故人從地面測之覺有順逆遲疾之異七曰歲差分秒多寡古今不同蓋列宿天外別有兩重之天動運不同其一東西差出入二度二十四分其一南北差出入一十四分各有定筭其差極微從古不覺八曰七政諸天之中心各與地心不同處所春分至秋分多九日秋分至春分少九日此由太陽天心與地心不同處所人從地面望之覺有盈縮之差其本行初無盈縮九曰太陰小輪不但筭得遲疾又且測得高下遠近大小之異交食多寡非此不確十曰日月交食隨其出地高低之度看法不同而人從所居地面南北望之又皆不同兼此二者食分乃審十一曰日月交食人從地面望之東方先見西方後見凡地面差三十度則時差八刻二十分而以南北相距二百五十里作一度東西則視所離赤道以爲減差十二曰日食與合朔不同日食在午前則先食後合在午後則先合後食凡出地入地之時近于地平其差多至八刻漸近于午則其差時漸少十三曰日月食所在之宮每次不同皆有捷法定理可以用器轉測十四曰節氣當求太陽眞度如春秋分日乃太陽正當黃赤二道相交之處不當計日勻分凡此十四事者臣觀前此天文曆志諸書皆未論及或有依稀揣度頗與相近然亦初無一定之見惟是諸臣能備論之不徒論其度數而已又能論其所以然之理蓋緣彼國不以天文曆學爲禁五千年來通國

之後曹聚而講究之窺測既核研究亦審與中國數百年來始得一人無師無友自悟自是此豈可以疎密較者哉觀其所製窺天窺日之器種種精絕卽使郭守敬諸人而在未或測其皮膚又況現在臺諫諸臣刻漏塵封星臺迹斷者寧可與之同日而論也昔年利瑪竇最稱博覽超悟其學未傳溘先朝露士論至今惜之今龐迪我等鬚髮已白年齡向衰失今不圖政恐後無人解伏乞勅下禮部亟開館局首將陪臣龐迪我等所有曆法照依原文譯出成書其于鼓吹休明觀文成化不無稗補也

光宗泰昌元年議改曆

按明通紀泰昌元年八月七日造曆議以明歲改泰昌元年大統曆日

熹宗天啓六年十月朔頒曆

按明通紀云云

愍帝崇禎元年七月以欽天監推算日食不準禮部疏請改修曆法

按春明夢餘錄崇禎元年七月上傳欽天監推算日食前後刻數俱不對天文重事這等錯違卿等傳與他姑恕一次以後還要細心推算如再錯誤重治不饒禮部因具疏請改修曆法奉旨曆法皇祖朝曾議重修今日食刻數復差允宜更正依卿等所請修改一應事宜再着另行具奏禮部復奏略謂治曆明時古人以爲重事臣等不敢繁稱止據元史所載以宰相王文謙樞密張易主領裁奏于上仍命左丞許衡叅預其事王恂郭守敬並領太史院事分掌測驗推步于下而又博徵楊恭懿諸人助之然猶五年而成六年而頒行十年而進書五種二十六卷後三十年間續進書九種七十九卷則成之甚難矣高皇帝驅元北遁典章散失止成授時成法數卷方爲大統曆僅能依法布算而不能言其所以然之故後來有志之士亦止將前史曆志揣摩推度幷未有守敬等數年實測之功力又無前代灼然可據之遺書所以言之而未可行用之而不必驗也按大明會典凡天文地理等藝術之人行天下訪取考驗收用弘治十一年令訪取精通天文者試中取用嘉靖二年科臣建議部覆保舉於是以戶科給事中樂頀工部主事華湘俱陞光祿寺少卿提督欽天監事然二臣終不能改守敬之舊所以至今寢閣臣等考之周禮則馮相與保章異職稽之職掌則天文與曆法異科蓋天文占候之宜禁者懼妄言禍福惑世誣人也若曆法則止於敬授人時而已豈律例所禁哉今議通行各直省不拘官吏生儒草澤布衣但通曉曆法者具文前來但近世言曆諸家大都宗郭守敬舊法比於現在監官藝猶魯衛無能翹然出於其上也至於歲差環轉歲實參差天有經地有緯列宿有本行日月五星有本輪日月有共會惟西國之曆有之高皇帝命吳伯宗與西域馬沙亦黑翻譯曆法葢以此也萬曆四十年監正周子愚建議欲得參用務會通歸一今宜取其說參用西法果得會通歸一卽本朝曆法可以遠邁前代矣

崇禎二年以五月朔日食不驗上責欽天監官九月設局命吏部侍郎徐光啓督修曆法奏舉南京太僕寺少卿李之藻西洋龍華民等同襄曆事報可

按明紀事本末崇禎二年九月癸卯開設曆局命吏部左侍郎徐光啓督修曆法先是五月乙酉朔日食時刻不驗上切責欽天監官五官夏官正戈豐年等奏言大統曆乃國初監正元統所定其實卽元太史郭守敬所造授時曆也二百六十年來曆官按法推步一毫未嘗增損非惟不敢且亦不能若妄有竄易則失之益遠矣切詳曆始于唐堯至今四千年其法從粗入精從疎入密漢唐以來有差至二日一日者後有差一二時者至于守敬授時之法古今稱爲極密然中間刻數依其本法尚不能無差此其立法固然非職所能更改豈惟職等卽守敬以至元十八年成曆越十八年爲大德三年八月已推當食而不食大德六年六月又食而失推載在律曆志可考也是時守敬方以昭文殿大學士知太史院事亦未能有所增改良以心思技術已盡于此不能復有進步矣于是禮部覆言曆法大典唐虞以來咸所隆重故無百年不改之曆我高皇帝神聖自天深明象緯而一時曆官如元統李德芳輩才力有限不能出守敬之上因循至今後來專官修正則有童軒樂頀華湘等著書考定則有鄭世子載堉副使邢雲路等建議改正則有俞正己周濂周相等是皆明知守敬舊法本未盡善抑亦年遠數贏卽守敬而在亦須重改故也況曆法一志歷代以來載之國史若史記漢書晉唐書宋元史尤爲精備後之作者稾爲成式因以增修我國家事度越前代而獨此一事略無更定如萬曆間纂修國史擬將元史舊志謄錄成書豈所以昭聖朝之令典哉已而光啓上曆法修正十事其一議歲

差每歲東行漸長漸短之數以正古來百五十年六十六年多寡互異之說其二議歲實小餘昔多今少漸次改易及日景長短歲歲不同之因以定冬至以正氣朔其三每日測驗日行經度以定盈縮加減眞率東西南北高下之差以步日躔其四夜測月行經緯度數以定交轉遲疾眞率東西南北高下之差以步月離其五密測列宿經緯行度以定七政盈縮遲疾順逆違離遠近之數其六密測五星經緯行度以定小輪行度遲疾留逆伏見之數東西南北高下之差以推步陵犯其七推變黃赤道廣狹度數密測三道距度及月五星各道與黃道相距之度以定交轉其八議日月去交遠近及眞會似會之因以定距午時差之眞率以正交食其九測日行考知二極出入地度數以定周天緯度以齊七政因月食考知東西相距地輪經度以定交食時刻其十依唐元法隨地測驗二極出入地度數地輪經緯以求晝夜晨昏永短以正交食有無先後多寡之數因舉南京太僕寺少卿李之藻西洋人龍華民鄧玉函同襄曆事疏奏報可故有是命

崇禎三年徵西洋陪臣湯若望等供事曆局命徐光啓修改曆法取資縣生員冷守中成書送部

按明紀事本末崇禎三年夏五月徵西洋陪臣湯若望秋七月徵西洋陪臣羅雅谷供事曆局

按新法曆書學曆小辯督修曆法徐光啓崇禎三年十一月咨部爲欽奉明旨修改曆法謹開列事宜請乞聖裁事准禮部咨准都察院咨據巡按四川監察御史馬如蛟呈奉本院勘劄先該本部咨題前事內開博訪得資縣儒學生員冷守中執有成書言論娓娓謹令抄錄原書先行呈覽如果堪用行文起取等因到院移咨過部轉咨查覽等因准此看得曆法一家本于周禮馮相氏會天位辨四時之敘于他學無與也從古用大衍用樂律牽合傅會盡屬贅疣今用皇極經世亦猶二家之意也此則無關工拙可置勿論惟是曆之始事先定氣朔曆之終事必驗交食今崇禎四年辛未歲前冬至大統曆推在庚午十一月十八日亥正一刻本部從前推步臨期測驗定在十九日丑初一刻五分四十一秒則于大統曆已是先天一十二刻有奇而于來術所推在酉初四刻又先于大統一十六刻則比于本部新法共先二十八刻有奇燕越蒼素不啻遠矣然而此事奧賾難究逝駟莫挽彼此是非孰從定之亦姑未論獨辛未年日月交食此可豫推尤難掩覆合離疏密毫髮畢呈此不必以口舌爭也考是年四月十五日戊午夜望月食欽天監推到食限一十四分九十九秒初虧于正東爲丑初三刻食既爲丑正三刻食甚爲寅初二刻生光爲寅正一刻復光于正西爲卯初初刻本部新法所推則食限二十六分六十秒其在順天府則初虧在丑初一刻內第二十五分三十秒食既在丑正一刻內第五十一分二十三秒食甚在寅初一刻內第六分四十三秒生光在寅初四刻內第五十九分零二秒復圓在卯初初刻內第二分二十三秒又依各省直道里約略推得先後時刻不暇徧舉今止論四川成都府則初虧在子正初刻九十一分一十三秒食既在丑初一刻二十六分六十七秒食甚在丑正初刻七十零分六十三秒生光在寅初初刻二十六分四十零秒復圓在寅正初刻五十分七十三秒蓋順天府復圓之時月輪準在地平上未入四川復圓之時月輪尚在地平上一十五度有奇來術云加時在晝則此相左之甚而明白易見本部原疏嘗云莫難于造曆莫易于辨曆蓋爲此也今時日既在指顧事理又若列眉合無聽令本生同該地方陰陽人等至期詣公府一同候驗如果加時在晝卽其法自絕千古本部當旰衡俟之如或在夜則尚宜虛心習學以成先志蓋太祖以來此道寥寥苟有志焉樂與其進也再照月食分數寰宇皆同不比日食多寡隨處各異特緣地有經度東西易地則先後時刻亦隨處不一如前所推蜀省時刻乃依廣輿圖計里畫方之法揣摩推算未委果否相合如必欲得眞數又須以本地交食之數驗之至期得本地方官令本生同陰陽人等測定初虧眞正時刻分秒備細具申轉咨前來使本部得藉手以告成事是所甚願也爲此合咨貴部煩爲查照轉咨施行

崇禎四年春正月禮部尚書徐光啓進日躔曆指等書夏四月徐光啓預定月食分秒時刻方位以進冬十月徐光啓上測候四說布衣魏文魁有考正曆法未經進呈與欽天監局互議又資縣生員冷守中于四川參驗月食不准許其虛心學習

按明紀事本末崇禎四年春正月禮部尚書徐光啓進日躔曆指一卷測天約說二卷大測二卷日躔表二卷割圜八線表六卷黃道升度七卷黃赤距度表一卷通率表一卷　夏四月戊午夜望月食徐光啓

豫定月食分秒時刻方位奏言日食隨地不同則用地緯度筭其日分多少用地經度筭其加時早晏月食分數實宇皆同止用地經度推求先後時刻漢安帝元初三年三月二日日食史官不見遼東以聞五年八月朔日食史官不見張掖以聞蓋食在早獨見于遼東食在晚獨見于張掖當時京師不見食非史官之罪而不能言遼東張掖之見食則其法爲未密也唐書載北極出地自林邑十七度至蔚州四十度元人設四海測驗二十七所庶幾知詳求經緯之法矣臣特從輿地圖約略推步開載各省今食初虧度分蓋食分多少旣天下皆同則餘率可以類推不若日食之經緯各殊必須詳備也又月體一十五分則盡入闇虛亦十五分止耳而臣今推二十六分六十秒者蓋闇虛體大于月若食時去交稍遠卽月體不能全入闇虛止從月體論其分數是夕之食極近于二道之交故月入闇虛一十五分方爲食旣更進一十一分有奇乃得生光故爲二十六分有奇如囘囘曆推十八分四十七秒略同此法也　冬十月辛丑朔日食徐光啓復上測候四說其略曰日食有時差舊法用距午爲限中前宜加中後宜減以定加時早晚若食在正中則無時差不用加減故臺官相傳謂日食加時有差多在早晚日中必合獨今此食旣在日中而加時則舊術在後新術在前當差三刻以上所以然者七政運行皆依黃道不由赤道舊法所謂中乃赤道之午中而不知所謂中者黃道之正中也黃赤二道之中獨冬夏二至乃得同度餘日漸次相離今十月朔去冬至度數尚遠兩中之差二十三度有奇豈可仍因食限近午不加不減乎若食在二至又正午相値果可無差卽食于他時而不在日中卽差之原尚多亦復難辨適際此日又値此時足爲顯證是可驗時差之正術一也交食之法旣無差誤及至臨期實候其加時亦或少有後先此則不因天度而因地度地度者地之經度也本方之地經度未得眞率則加時難定其法必從交食時測驗數次乃可較勘畫一今此食依新術測候其加時刻分或前後未合當取從前所記地經度分斟酌改定此可以求里差之眞率二也時差一法溺于所聞但知中無加減而不知中分黃赤今一經目見一經口授人人知加時之因黃道人人知黃道極之歲一周天奈何以赤道之午正爲黃道之中限乎臣今取黃道中限隨時隨地筭就立成臨宮已經謄錄臨時用之無不簡便其他諸術亦多類此足以明學習之甚易三也該監諸臣所最苦者從來議曆之人詆爲擅改不知其斤斤墨守者郭守敬之法卽欲改不能也守敬之法加勝于前矣而謂其至今無差亦不能也如時差等術蓋非一人一世之聰明所能揣測必因千百年之積候而後智者會通立法若前無緒業卽守敬不能驟得之況諸臣乎此足以明疎失之非辜四也有此四者卽分數甚少亦宜詳加測候以求顯驗故敢冒昧上聞

按新法曆書學曆小辯爲恭進曆元以正曆數等事准禮部咨准通政司咨據保定府滿城縣玉山布衣魏文魁爲前事具疏令伊男魏象乾齎捧曆元一部到司看得魏文魁雖云考正曆法然未經試驗不敢輕進御覽合咨考驗等因到部相應轉咨查照考驗等因准此看得滿城縣耆儒魏文魁知其名二十餘年矣頗聞邢觀察律曆考多出其手近刻曆測曆元二書則功力識見加勝于前蓋苦心力學之士無論一時草澤卽百年來治曆名家翹然自負籍甚有聲者所不逮也但事干進奏銀臺謂未經考驗不敢輕進良爲有見而本儒身在原籍無憑咨核姑就近刻二書及送到交食一單略舉一二令再爲商求務期畫一徵前驗後確與天合因而推步成曆不惟生平積學可以自見本部亦得取資藉力以襄大典矣百年絕緒非不欲速其成潛隱碩儒非不樂與其善但與其奉旨之後考究異同致稽覆不若計定于前應時報命之爲愈也辭句頗繁粘連別幅爲此合咨貴部希爲查照轉達施行須至咨者

計開

一議交食據單開崇禎四年四月十五日夜望月食今考驗食分則爲密合加時後天一刻亦爲親近獨二年五月朔日食監推三分二十四秒初虧巳正三刻囘囘科推五分五十二秒初虧午初三刻臨期實候得食止二分初虧巳正四刻與本部所據新法密合此改修之議所從起也今曆測稱三分九秒初虧巳初三刻則食多一分時先五刻曆元稱日食一分二十一秒初虧午初初刻則食少一分加時密合而兩書自相違異食差將及二分加時不啻五刻此宜再加研察并將兩術筭草備細開報以憑查核務須追合天行方可議定成法以垂永久至今年十月朔監推日食二分六十四秒初虧未初一刻本局新法

推食二分有奇初虧午正一刻而單開食止九十七秒初虧未初二刻則食少一分有奇加時後天五刻此法異同不須爭論宜待臨時候驗疎密自見耳

一議冬至據曆測不用授時曆加減歲實亦不用大統定用歲實而用金重修大明曆小餘二十四刻三十六分則各年冬至宜遞加二十四刻三十六分方合古來成法今查曆元稱崇禎元年戊辰測己巳歲天正冬至得癸未日午正二刻崇禎三年庚午測辛未歲天正冬至得甲午日子正初刻兩年之間實差四十九刻平分之得二十四刻五十分亦爲密近但天啓七年丁卯測戊辰歲天正冬至得戊寅日卯初二刻而前推己巳歲天正冬至得午正二刻則差二十九刻與小餘不合者四刻六十四分兩測兩推必居一誤矣所宜再加研究以求必合者也

右二則略舉目前易見之事欲須審定畫一但山居既無儀器推測得此已屬苦心今欲必求確合當于候臺測驗本部新局亦粗備一一可以審詳或本儒年至未得輒便前來亦可令嗣子門生測量分數細加較筭縱未能卽合天行于自立之法自譔之書不宜參商矛盾以啓駁正之端若臨期果有疑義不妨實告本部共圖剖析事關國典不至如往代曆師珍其敝帚也再查二書中復有當極論者今略舉數事如左計好學深思者必能豁然領悟不至厭其繁細也此事豈不繁不細可鹵莽而得者哉

其一歲實自漢以來代有減差至授時減爲二十四分二十五秒依郭法百年消一今當爲二十一分有奇而曆元用楊級趙知微之三十六秒翻覆驟加與郭法懸殊矣今詳郭法寖次減率考古驗今實非妄作決宜遵用而曆元所用又似實測得之是以確然自信仍非臆說二義參差將何決定根尋究竟則皆是也又皆非也其中義據巧曆茫然所宜極論者一

其一勾股弧矢曆學之斧斤繩尺也每測皆尋弧背每筭皆求弦矢而今曆測中猶用圜三徑一開方求矢之法此之半徑則六十度八十七分五十秒之通弦耳此而可用則六十度八十七分五十秒之弧與其通弦等乎半之則三十度四十三分七十五秒之弧又與其正弦等乎是術一誤何所不誤所宜極論者二

其一冬夏二至不爲盈縮之定限今考日躔春分迄夏至夏至迄秋分此兩限中日時刻不等又立春迄立夏立秋迄立冬此兩限中日時刻亦不等此皆測量易見推筭易明之事則太陽盈縮之實限宜在夏冬二至之後而各有時日刻分代有長消加減所宜極論者三

其一舊曆言太陰最高得疾最低得遲且以圭表測而得之非也太陰遲疾是入轉內事表測高下是入交內事若云交卽是轉緣何交終轉終兩率互異既是二法豈容混推以交道之高下爲轉率之遲疾也變轉既是二行而月行轉周之上又復左旋所以最高向西行則極遲最低向東行乃極疾正與舊法相反五星高下遲疾亦皆準此所宜極論者四

其一日食法謂在正午則無時差非也時差言距非距赤道之午中乃距黃道限東西各九十度之正中也而黃道限之正中在午中前後有差至二十餘度者若依正午加減烏能必合所宜極論者五

其一交食限定爲陰曆距交八度陽曆距交六度亦非也本局考定陰曆當十七度陽曆當八度月食則定限南北各十二度所宜極論者六

其一曆測云宋文帝元嘉六年十一月己丑朔日食不盡如鉤晝星見今以郭氏授時曆推之止食六分九十六秒郭曆舛矣不知所謂舛者何也若郭曆果推得不盡如鉤晝星見則眞舛矣今云六分九十六秒乃是密合非舛也夫月食天下皆同日食九服各異前史類能言之南宋都于金陵郭曆造于燕中相去三千里北極出地差八度日食分數宜有異同矣其云不盡如鉤當在九分左右而極差八度時在十一月則食差當得二分弱郭曆推得七分弱非密合而何本局今定日食分數首言交次言地次言時一不可闕所宜極論者七

右七則因本書所有略引其端事頗賾隱更僕未罄此外有當論定者不止百數必欲集成大業固當一一講究勒爲全書令傳習者洞曉其法可以隨試輒效後來者通知其意可以因時改革或復壘守其說則各就本法自成一家之言以待天驗以質公評斯亦前朝之恆事無足爲嫌者也　滿城玉山布衣魏文魁云貴局二議七論其中有是非二字謹領敎略答一二

一議交食據崇禎四年四月十五日月食魏文魁以第二男魏星乾第二孫魏理漕候漏測驗本縣縣尹葛允升縣學生員張爾翥同測驗蠡縣人甲午舉人賈訥己未進士王行健測驗三處測得食旣生光刻

分魁以法推得分秒以著曆元乞貴局大方家更正杳云獨崇禎二年五月乙酉朔日食曆測稱三分九秒初虧巳初三刻是刊書者誤也魁之原稿所存日食一分三十九秒復圓午初三刻將日食分秒作成定用倍而減之初虧自見臨時測驗數處報來及禮部有闞各者曆元乞貴局更正

一議冬至據曆測不用加減歲實亦不用大統歲實而用金重修大明曆歲實非余用也原是授時曆大統曆四餘用也貴局不查疑余用之余之所用歲實者不假思索皆從天得曆元著明十載合天不謬眞而不僞諒之諒之杳單中又云或本儒未得輒便前來斯言過也魁疏潛隱未上曆元未進御覽不知下落何處未奉旨議並無名命私自來京惹人哂恥而來何爲耶

其一歲實自漢以來代有減差至授時曆減爲二十四刻二十五分是郭守敬自言自大明壬寅歲距至元辛巳歲八百一十九年以積年而一積日得歲實非減而得之也守敬只有這一長處其月策轉終交終交汎等並皆仍舊矣百年消長各一決不可用曆元不從用楊級趙知微之三十六秒曆元妙而神術人何得知耶郭守敬法考古驗今眞是妄作決不可遵用如是遵用貴局遵用在魁不然何謂也守敬云自大明壬寅歲來壬寅歲天正冬至乙酉日夜半後三十二刻祖沖之立表所測守敬用百年消長推之得甲午日八十刻失一日二十四刻守敬云天道有失行是天失行邪是人之法失行邪而百年消長遵用是乎非乎魁用衆君子所測今年崇禎四年辛未歲天正冬至甲午日夜半後五十分爲應上距大明壬寅歲一千一百六十九年乘歲實三百六十五日二十四刻二十七分得中積減氣應以甲子去之餘以減甲子得乙酉日二十九刻天正冬至與天合又以授時至元辛巳三百五十年乘歲實得中積減氣應以甲子去之餘以減甲子得己未日夜半後六刻冬至與天合

其一句股弧矢曆學之斧斤繩尺也猶用圍三徑一是術一誤何所不誤貴局責誤者不責其源清而責流濁余歷測曆元所著勾股弧矢三乘之術以誤三百五十餘年誤起於元翰林學士知制誥同修國史欒城李冶其後太史令郭守敬遵而用之既然圍三徑一之誤必也用太一之文三而一二一三之數也弧矢割圓三乘之誤貴局定有真見著爲書何如使魁收入曆元以傳後世

其一冬夏二至不爲盈縮之定限殊不知冬至盈初夏至縮初春分前二日四十刻秋分後二日四十刻盈縮遲換卽爲末限二日四十刻者自平立定三差而來曰極差

其一太陰而用圭表所測是眞遲疾者何云非非也夫測太陽二至前後晷景年年有之矣若測太陰高低晷刻有年有月非測太陽之比也非是年是月不得測驗四年半測高四年半測低九年一率遲疾一更自劉洪粗知而不知平立有差今以尖圓法得平立定三差盈縮遲疾咸備在曆元卷之三天啓癸亥歲日低月高之會測法細錄報貴局查之

其一日食法謂在正午則無時差是也非非也所謂時差者言旦夕也不言距度也食在夕者酉初一刻時差多定朔小餘必是七十二刻時差六刻有奇日食在晨刻者卯正三刻定朔小餘必是二十八刻時差六刻有奇日食在午正初刻者定朔小餘必是五十刻不知時差自何而來在曆元卷之二交食元中講之甚明貴局非也是孰非邪以定朔小餘五十刻問司曆氏時差幾何渠止會推數不明曆理待報自知也

其一日食限定爲陰曆距交八度陽曆距交六度亦是也非非也陰陽過此限不食且如宋仁宗天聖二年甲子歲五月丁亥朔曆官報當午日食五分有奇候之不食以諸曆推算皆食五分有奇授時曆推之亦然郭守敬云天道失行以魁之術推之是日得陰曆八度三分果然不食嗟嗟歷代無一人知曆數湮沒至今不亦傷乎今貴局定陰曆當十七度陽曆當八度月食則定限南北各十二度此外國之曆學非中國之有也魁不可得而知之也何謂也言陰曆定限八度陽曆定限六度者是距交前後二度相並也自陰陽八度六度之前後漸漸而寬寬至六度弱漸漸而窄窄至距交陰八陽六二度相並乃會食之所也弧矢三乘尖圓之法正謂此云

其一曆測云劉宋文帝元嘉六年己巳歲十一月己丑朔日食不盡如鉤晝星見河北地盡暗黑如夜秦中地震貴局言南宋都金陵三千里郭曆造於燕去河北止千里非三千里不可辯論何謂也貴局報今年四月十五日夜望月食朝鮮虧時與山西太原府同則可知矣夫北極出地南北異東西同求日出日

入則可而南北日出入異異者北極出地高下之故也東西雖同者謂日出卯日入酉也若交食時刻相同則不然夫交食者或當交或交之前後移刻則交過之而日躔月離去交遠矣如陝西臨洮蘭州河州等處西去上谷纔五千餘里日在西時帶食此處在天復圓朝鮮王京東去上谷五千餘里上谷西距太原又四百餘里北極出地雖同是言日之出入與交不干假如西域巳時即中國未時也如是日月有食定巳時邪定未時邪欲修曆數必也數理明達方任其事余觀貴局多曆理明達者乎諺云水深丈探人深語激是也是也　與王廷評答客難昨傳來魏處士答問語已悉當須更一辨正否古云有爭氣者勿與言也又曰不直則道不見酌於言不言之間採該局所論次者略節數語開其未悟望致之若更有辨論能依名理雖十往返可也

一崇禎二年五月朔日食據云刻書者誤也然原稿未誤者云食一分三十九秒亦恐未確蓋日食之難苦于陽精晃耀每先食而後見月食之難苦于游景紛侵每先見而後食故日食一分以下非人目所能見臺官類能言之是日果食一分三十九秒則所見者極微矣而通都共覩實不止一分三十九秒也今年十月朔密室所候將及二分而外間所見止一分以上此足下所目覩非其明效耶

一歲實小餘三十六分據云此趙知微重修大明曆四餘所用授時大統皆仍之處士亦仍之則三十六分特用之四餘不用之氣朔耶豈四餘氣朔當有兩歲實耶不知五星之歲實又與氣朔四餘同耶異耶處士自云所用歲實不假思索皆從天得此疑實測所定果亦近之然何不少費思索并定一五星四餘晝一不爽之歲實乃猶仍金元諸人之舊也吝單中言或本儒年至未得輒便前來者謂其高年儻未得來當遣子弟代之此正欲其來不得已命其子弟耳若曰拒之使不來曷不并拒其子弟耶文理自明再繹之

一歲實加減小餘自漢四分曆定爲二十五分乾象曆減爲二四六一八〇南宋大明曆又減爲二四二八一四宋統天曆元授時曆又減爲二四二五其間七十餘家互有加損總計之則自漢至今皆以漸減也彼皆實測實筭以爲當然烏得謂元以後遂不應復減耶郭云百年減一分三百五十年來應減三分五十秒當爲二十一分五十秒而該局所考正今之定用歲實乃是二十〇分四十八秒六十[illegible]微即又不及百年而減一分明理若數亦猶行古之道也此則不知者鬨之將大笑且駭以爲該局所推冬至時刻必且先天若干亦先大統若干而又不然如今歲推壬申年天正冬至大統得在十一月三十日己亥寅正一刻而局推在本年月日辰初一刻一十八分乃後于大統一十二刻用儀器數具前後測驗確與天合並無乖爽此爲何故乎歲實非本年冬至可定眞冬至時刻非歲實可推也此說甚長更僕未罄姑就所明通之處士亦知冬至時刻終古無定率乎果有定率則處士所定二十七分歲歲加增足矣何爲每測必差即曆元所測定二三年間便成參錯此其間得無誘之儀表未精測候未確不知果精果確乃眞見其無定率矣蓋正歲年與步月離相似冬至無定率與定朔定望無定率一也朔望無定率宜以平朔望加減之冬至無定率宜以平年加減之若郭太史所增減之歲實者平年也故新法之平冬至或在大統前或在後其定冬至恆在大統後也此法一經道破達者自能豁然但欲窮究其理非虛心定意經歷歲時難可遽通耳

一勾股三乘術非誤也特徑一圍三不合耳既稱作者宜自爲清源以傳後世奈何沿前人之濁流耶弧與弦終古無相等之率無論古率徽率密率太一率即多分之至萬萬億猶是弦也否則周外之切線也且弧弦之術舉手即須每推一法當數四用之即依古率推演已覺太繁況徽密以上乎必若此者曆將卒世而不就矣該局既已言之安得無見又安得無書第所傳之書有論說有立成有通率都爲一十六卷八十餘萬言以入曆元得無本末不相稱耶此書爲用甚大故名大測自當孤行於世得知者用之譬如崇臺九成延袤百丈而不混者或未可寄人廡下也老而好學誠往昔之美譚然求人之術乃當以排抵爲羞鴈耶

一舊法冬夏二至爲盈縮之定限今云否者古名曆家精詳測候見春分至立夏行四十五度有奇立秋至秋分亦行四十五度有奇其度分等而中間所歷時日不等又時日多寡世世不等因知日行最高度上古在夏至前今世在夏至後六度則夏至後六日乃眞盈縮之限此即眞冬至所自出矣第其說頗奥且賾非好學深思未易與之言也

一論太陰遲疾用圭表得之夫太陽用二至前後表景推筭在一二日內或亦近之若遠則所得者定非眞率何況太陰但太陰之遲疾不在去地高庳去地高庳者交道也九年再測者亦非測太陰測月孛也月交東鶩月轉西馳兩道違行是生月孛孛者悖也月轉至是則違天行故最遲也九年以內孛實行天一周四年半在高四年半在庳其測高測庳之月日太陰必與孛同度既得同度必是最遲豈因圭表所測去地高下爲其遲疾耶且孛則九年而一周月則二十七日有奇而一轉若洞悉交轉之義精探違順之理深明平白之率確審經緯之度卽月月自有其遲疾日日可得其高下何必九年哉必九年乃得者則是歲星須十二年塡星須二十九年歲差須二萬五千餘年誰能待之

一日食距午時差舊法以爲論時則定朔小餘五十刻是也本局以爲論度則黃道九十度限是也時與度有時而合有時而離有食在午中或近午左右而推筭時刻乃不合天者其度限去午左右稍遠故也如今年十月朔日食午正而監推乃在未初回回曆在未正亦一證已

一日食距交限定爲陰曆八度陽曆六度舊法也該局定爲陰曆十七度陽曆八度而云不然何不考今年十月朔日食甚距交幾度耶按是日食甚在未初一刻內五十一分本月十五日夜望月食甚在辰初一刻內一十三分兩食中積爲十四日七十三刻月食甚時過正交入陰曆一度依法推得日食甚時月未至中交十四度強而食及二分則初入食限豈非十七度乎何得定爲陰曆八度耶至宋仁宗天聖二年甲子歲五月丁亥朔曆官推當食不食司天奏日食不應中書奉表稱賀乃諸曆推筭皆云當食以授時推之亦然夫于法則實當食而於時則實不食苟如宋臣之稱賀是罔上也如元人言日度失行是誣天也此事遂爲千古不決之疑今當何以解之按西曆日食有變差一法是日在陰曆距交十度強于法當食而獨此日此地之南北差變爲東西差故論天行則地心與日月兩心俱參直實不失食而從人目所見則日月相距近變爲遠實不得食頋獨汴京爲然若從汴以東數千里漸見食至東北一萬數千里則全見食也此術於日食法中最爲深賾推曆之難全在此等其說甚長已著該局所譔交食曆中未經進呈不敢輕出然論曆至此果所謂得未曾有也古來當食而不食者或推入限不眞或夜食而誤爲晨夕皆不足論獨是年于法不誤而實不見食乃是百中一二變差法亦曆中元指藉此一駁得爲闡明正如洪鐘在懸非因扣擊何從發其音聲哉處士一言謂之有功曆學可矣若陰曆八度三分已入限大半無緣得不食也

一據答未後一條語意難明如云河北千里朝鮮虧時等不知何物若本部原咨則有二說一謂南北里差元史稱四海測驗二十七所大都北極出地四十度太強揚州三十三度今測得金陵三十二度半較差八度少如唐書每度三百五十里則二千九百餘里謬也如近法每度二百五十里則二千餘里爲其南北徑線如行路紆曲豈非三千里乎有里差則有食分差安可謂日食時南北之分秒等耶試問之南來人今年十月朔曾見日食與否當自知之一謂東西里差盡大地人皆以日出處爲東日入處爲西皆以日出時爲卯日入時爲酉有定東西無定卯酉也南北里差論北極出地若干里而高下差一度東西里差論七政出入亦若干里而遲速差一度不易之定論驗諸交食最易見矣今反抹去此差而欲議交食乎按漢安帝元和三年三月二日日食史官不見遼東以聞五年八月朔日食史官不見張掖以聞豈非食在早獨見于遼東食在晚獨見于張掖耶據稱西域之巳時卽中國之未時則日月有食西域之見時爲巳中國之見時爲未極易曉何者地有兩時天無二食也推之西域以西中國以東何獨不然安得謂南北異東西同哉今年四月望月食蜀中移文言曆事本部回咨稱順天府初虧丑初一刻成都府則子正一刻近該省回文云果在子正是可據爲明證若來說中言陝西臨洮等處見日在西時帶食而上谷乃見在天復圓則必無之理亦宜再查原稿似倒說矣且不論倒否但云一見帶食一見復圓卽是東西異見也欲明南北異東西同而所引西域加時及帶食復圓二事又皆東西各異得無以予之矛陷予之盾乎欲修曆數必也理數明達方任其事是也是也然論理論數各一是非誰使正之此則古來有法追天而已明年三月九日俱有月食試各預推分秒時刻公諸耳目至期驗定疎密自見也儻不可待則太陰去離經星經緯度分五星躔度去離經星及陵犯時刻經緯度分皆日日可推夜夜可驗亦各先推

後驗公諸耳目孰妙不妙孰神不神孰明不明孰速不達如出手見指立表見景將誰欺乎卽亦何煩爭論何勞翰墨哉

附載前論中二法

論食限一法

崇禎四年十月朔日食甚在未初一刻內五十一分本月十五日夜望月食甚在辰初三刻內一十三分兩食中積爲十四日七十三刻（分秒不論）月食甚時過正交入陰曆一度論時則過交在食甚前七刻半也以減中積得十四日六十五刻半爲月從日食時行至正交之積時在大統法半交周爲十三日六十一刻今月食在後當作逆行從正交至日食甚爲過中交一日四刻半（或言食甚在中交前一日四刻半）又月行一日距交十三度二十分今一日四刻半則日食甚時月未至中交一十四度強爲已入食限三度弱故食止二分也

論變差一法

宋仁宗天聖二年甲子五月朔曆官于汴京推得午時日食五分至期不食今考此地此月日在午正前十刻（卽巳初二刻）合朔非午時也于時日躔實沈二十三度月未至中交十度半入陰曆黃道緯距度五十三分

五十三分者日月兩心相距之數也減二徑折半三十分得二十三分是爲日月兩周切近之距數

其在本地太陽出地平高五十二度四十分太陰南北差三十四分因入陰曆去減二十三分得十一分爲月應食日之數故諸家成法皆推爲當食然是三分之一非五分也再考合朔在午前十刻而太陰距黃道象限三十三度用法求三差得南北一差大半變爲東西差

欲明此理此數爲書萬言未能備述該局譔交食曆指三十卷具載其術

其南北差止一十七分而兩周相距二十三分不能相及遂不復見食矣又東西差十七分變爲四刻則視朔亦移前四刻

巳朔二刻爲天元合朔云視朔者人所見合朔也

爲辰正二刻也此在汴京則然若去汴以東七八千里則見食三分又北七八千里亦見食更東北行萬里則見全食

右法獨在黃道中限乃爲變差雖食午正而在中限左右則亦有之故曰東西時差不以午正爲限以黃道九十度之正中爲限也變則時時不同或多變爲少或少變爲多或有變爲無或無變爲有其多變爲少少變爲多者人但以爲推步未工竟不知未工者安在也無變爲有人多不覺然古史所載亦有食而失推者職此之故星曆家雖蒙失占之罰亦竟不知其所繇矣惟有變爲無則推步在先至期弗驗不得不傳耳故三代以來一切交食皆宜論定爲古今交食考以俟虛心學習者考焉今諸大論人表未能得竣無暇及此當以異日　禮部爲欽奉明旨修改曆法謹開列事宜請乞聖裁事祠祭清吏司案呈奉本部送八月十六日准都察院咨七月二十八日據四川巡按監察御史劉光沛呈送本年五月初五日據四川布政司經歷司呈奉本司劄付本年三月二十日蒙職案驗前事奉本院勘劄准禮部咨祠祭清吏司案呈奉本部送准禮部尚書兼翰林院學士協理詹事府事督修曆法徐光啓咨稱內准禮部咨准本院咨據巡按四川監察御史馬如蛟呈奉本院勘劄先該本部咨題前事內開博訪得資縣生員冷守中執有成書言論娓娓謹令抄錄原書先行呈覽如果堪用行文起取等因到院移咨過部轉咨查覽等因仰司呈堂查照劄案內事理轉行資縣喚令生員冷守中到司至期地方官督令本生公同陰陽人等參驗交食眞正時刻分秒備錄具報以憑轉報施行蒙此同日又蒙本院案驗爲月食事奉本院勘劄准禮部咨祠祭清吏司案呈奉本部送禮科抄出禮部尚書兼翰林院學士協理詹事府事督修曆法徐光啓題奉明旨覽奏月食方隅時刻互有同異便著監督官測候及各省直奏報參驗自見所陳四事務講求詳確以資修改該部知道欽此仰司呈堂查照劄案內備奉明旨內事理卽便轉行合屬府州縣至期參驗備錄時刻的確開報以憑轉報回銷施行蒙此俱經通行合屬遵照行令成都府轉行資縣申送生員冷守中到司論令本生先將月食分秒開報至期互相參驗據本生具呈手本開報崇禎四年四月十五日交十六日月食寅正二刻初虧卯初二刻食甚卯正二刻復圓月食一十三分二十八秒至崇禎四年四月十五日戊午夜該本司署印分守川西道參政賀自鏡會同按察司署印軍驛屯鹽茶水道布政司參政曾棟都司軍政掌印都指揮僉事高銘僉書林天庚團練參將王國臣督率合屬文武官吏師生陰陽醫學僧綱道紀人等前詣都司陳設自十五日戊

午夜候至己未子時據成都府陰陽官生鄭艮等報初虧子正初刻三更三點正東食既丑初三刻四更三點食甚丑正初刻四更四點生光寅初三刻五更二點復圓寅正二刻五更五點正西呈報在卷查得生員冷守中預報初虧時刻參驗交食差錯二時曆法未精不必言矣即陰陽官所報時刻更點亦未必一一按接也第據衆目所共見者初虧在東南食甚在正南月光盡掩無餘良久光始東生復圓則在西南月將西沈天色欲曙日尚未出也想治曆家始能推算分刻的確非草澤所能測度也除冷守中遵奉部文諭令虛心再加習學外等因緣由前來合行呈報爲此具由呈乞照驗請禮部原奉勘合字號併賜注銷施行等因到院據此擬合就行爲此合咨貴部煩爲注銷施行咨部送司准此相應轉咨案呈到部擬合就行爲此合咨前去煩爲查照知會施行須至咨者

崇禎六年欽天監習學官生周引及訪舉庠生鄔明著等參議魏文魁所著曆法是年徐光啓卒以布政司右參政李天經督修曆法

按新法曆書學曆小辯客有傳魏處士歲餘氣至考專排木局新法吾輩以爲議論異同豈無一二可相印正者宜並存之可也既而詳覈其說不過冬至交食兩事則前學曆小辯論之悉矣彼于辯中旨義茫然不解遂不能節節置對但爲模稜籠統之說曰某法合天某法不合天某法先天某法後天至天之所以先與後法之所以合與不合隻字不及也儻默然無說彼便詫爲己勝不將使實理爲强詞所晦耶共議條答應之或曰是者心口如鐵石無隙可通豈箴砭所能至乎余輩曰不然向者己巳之歲部議僉用西法余輩亦心疑之迨成書數百萬言讀之井井各有條理然猶疑信半也久之與測日食者一月食者再見其方位時刻分秒無不脗合乃始中心折服至邇來奉命習學日與西先生探討不直譜之以書且試以器不直承之以耳且習以手語語皆真銓事事有實證即使盡起古之作者共聚一堂度無以難也然後相悅以解相勸以努力譬如行路者既得津梁從之求進而已若未入其門何由能信其室中之藏吾輩非昔日之魏子耶請以所聞于先生者就來語開說一二聊當耳提處士學久功深儻得幡然覺悟即吾輩之朝斯夕斯上可不負簡書者此非其一班乎即不其然而以公諸人人使夫有志斯道者共論定之政如引流飲渴酌者必蒙其潤豈必魏子衆以爲然因共劄記凡得若干則如左

一治曆者先立曆元定四應分各策皆平行數耳欲求定數必因積測用法算立術以加減其平行乃始密合於天行蔿有不合者更測更算必合乃已此非一人一世之功也今處士自云一測即得甚易已第未知處士之曆先有法而後測乎抑先測而後有法乎若先法後測是爲合以驗天非順天以求合矣若先測後法恐管闚蠡勺數十年未或闚其藩籬也試爲之當自知之跬步未涉者烏能知泰山之巔非一蹴可至耶古來造曆者七十餘家立法者十有三家是皆覺有乖違隨即因而改憲其所更定撰次無不釋回增美多于前功且皆生有奇抱兼饒學力故能爲時主所信用後世所傳稱顧未聞其專詡己長咨彈先闕艮以創始難工誼不忘其所自耳今處士所用立成悉皆古來舊法何嘗自設一術自布一籌而乃排斥名賢遽謂前無作者此蓋未能盡羿之道遂關射羿之弓又何怪同時嫌忌如西國先生者見詆以戴法與乎法與實不勝祖冲之故有當時之詘今試根極理要推尋事驗孰戴孰祖尚未知所定抑何言之易耶法與所說持之有故不遇正術固自斐然恐亦未便可輕也

一盈縮遲疾加減等三差表爲算交食之根本舊傳立成表悉不合天今細查曆元曆測所載太陽盈縮三差從冬至起至第六段巳差三十二刻而測冬至之差不與焉其各段所差又復多寡不一是皆因仍舊法以爲己有不一改正則每日所推太陽細行悉無合者至交食加時所差更多矣曷不反覆紬繹從實際探討以求萬一之是而紛紛尚口當復何益

一測景以求冬至從來作者用爲造曆權輿然三景所得實與天行不合近羅先生撰揆日訂訛一卷論之晰矣儻前後二景不甚相遠即所差無幾聊可用之其他正法甚多未易殫述總之不論何法惟揆日景不得爲求冬至之法蓋定冬至必爲最長之景而最長之景每歲無定率也是故從古曆家每論求冬至刻分以取歲實俱言難定即處士曆元中所測二三年已成參錯小辯中既詳言之載尋古今揆日測景書策所記今以法算覈之有得有失亦一一可考大明曆合者一郭太史授時曆邢觀察律曆考各有合者惟處士所測遂無一合殆是任意揣摩非由實

測或因村落草剏圭表未精故也試以勾股割圓二術面相籌筭是非立見矣又漫言某先某後惟己爲獨得豈好高使氣者能使日再中乎

一處士言日食分數止論京師不論各直省異哉自黃帝以來至于今四千餘年矣正閏殊統南北東西殊地而皆有曆將悉從燕冀受術乎將各就其國都立術乎抑一方所立可槩普天之下乎史書所載有食在晨見於東食在夕見於西者有南北所見多寡不同者不數考諸方之異同何由得此方之必合也嗚呼九州萬國周環大地一一知其入限有無食分多寡加時早晚先言後驗若合符契則目之爲小技拘虛局見寶爲家珍且復論而不推推而不效則以爲大經大法此可謂明于大小之辨者乎若處士者亦幸而生當今之世近聖人之居故得憑藉金元舊法自爲滿足耳試令生洪武之時將用何術從留都推筭又或居滇粵之地將用何術從本鄉測候也古云南北不同分東西不同時又云月食天下皆同日食九服各異是皆曆書之言處士自云何處搜尋不到乃獨遺此數語耶律曆考篇衮稍繁搜括亦備竟未見剏一新法說一大義造一用器有可爲華故鼎新之助者是故不知者河漢其言以爲自成一家其知者以爲皆古人之糟粕也而欲守此以裁成大典汨抑方來吾見其窮已

一崇禎四年十月朔日食先報後驗通都共見乃處士先推九十七秒後來直云不食何也是日有司奏鼓兆人屬目果不食言食曆官安所逃罪聖明在上誰爲擀護而獲免耶若夫密室測量蓋因陽精炫耀非人目可當初虧時率多未見或用水盤映照則晃于閃爍又苦動搖故善巧者設爲此法用素板作圍界畫分秒以承日光則虧復初終分數多寡灼然不爽所取於密室者窺光自闇倍覺分明卽晉井茂林日中見星之義僧寮中或爲幽房通隙以受塔影亦此理也于時寓目者有周農部名天祚李儀部名長德及王光祿應遴陳中翰應登本監在局學習官生僉共賞歎以爲見所未見此外鄰近來觀者未易縷數又同日於本臺依法測之所見同禮部及觀象臺官生以水盤照之所見亦同何獨處士一人未見耶所以然者似因原推本無定據中心惶惶幸其不食年高目眩臨時未獲諦見而旁人見者惟于逢怒諛言迎合遂信以爲眞强詞附會耳然而進形筆劄指通國所見者悉云非是斯誤甚矣凡處士之護前自用強人從己皆此類也自欺欺人竟誰屬乎

一萬曆四十年壬子五月朔日食處士稱測候不食是也第未知本時候得耶抑先時推得耶若本時候得則人人得言之又何足論若先時推得曷不明言其所以然也依本局新法是日定朔爲筭外酉初二刻于時太陽躔實沈宮九度〇八分未至地平十九度有奇日入戌初一十九分距定朔得一小時四十九分而太陰亦未至地平十九度此實食也論視食尚有高庳差約一度于時太陰日行十二度約二小時行一度今差一度變爲二小時以加定朔并得戌初初刻三十〇分則太陽已入地故不可得見也又此時太陰在陰曆離黃道四十分而實沈宮當正降故在順天府卽日未入亦不能相掩若西國則羅先生親候得午正刻食甚六分有奇蓋東西不同時此其一徵已

一黃赤二道廣狹不同距升降不同分舊傳距度等表殊多舛謬處士以爲無庸改乎奈何因仍用之夫造表之法無論術不能强立義不能妄言卽黃赤道以一弧求一矢如處士所抄集古術必用四十餘法而得一率則造一小表亦將抑首終歲其難甚矣若局中新法一弧一矢特用乘法一次便能得之終歲之功一日可了此其繁簡巧拙相去幾何如處士是己非人必欲舍而從彼則局中所撰新法立成其種以百計一種之率大者以萬計儻用其舊術當聚數十人推筭二三百年乃可竣事將何以應詔稱任使乎

一聞處士以占候自命未知果否果爾則七政之學尤宜虛心究之何者日月五星經緯度數及其次舍衝會合照陵犯與人物爲徵應實占候家之準的若言會而實未會言合而實未合則一切吉凶禍福孰從論之設遇夫曉達象緯者又孰肯信之今者徐察其語言文字恐分宮賦度或未能盡合天行也何者元監正未能爲五星卽郭太史亦然今所傳九曜法猶是古來相仍舊貫兩家特傳錄其書耳處士之書亦復如是觀其所爭四餘歲實尚作小餘二四三六則是五百年前之術也而欲以推今之星躔經緯其能合乎今本局所造皆崇禎元年之數歷茲六載已有微差特未及歲歲更定耳而漫錄五百年前之術用強求勝吾弗知之矣如必自以爲是請先指一星推定某日時刻與某星會于某宮某宿若干度分內

外去離若干度分至期與衆共驗之不亦可乎果其屢試不差乃可得言禨祥矣更據理論之禨祥者周禮保章氏之職也其言不傳于今則爲天文科所傳之書絕不雅馴仍無義據蓋遼金以來星翁卜師之妄作耳此律法所正禁達識者莫稱也無已則有二焉其一推人生命知其稟受剛柔善惡可用以矯偏克己其二推歲月時令知其水旱豐凶可用以豫備修救此於身修國治不爲無補儒者亦或用心焉顧非精研熟究分秒不失未免喜畏殽雜凶吉倒置矣即使悉無乖舛其所詮說尚多有不驗者焉是以智者諱言之

一東西差變爲南北差學曆小辯中無是語也第云南北一差大半變爲東西差耳此理精微蓋必千百年積候千萬里互證方能推究若驟語之雖聰明絕世未易懸曉其然不然也敢以過望于處士乎脫欲知之則宜用渾儀等器耳提面命以彼積學當能了然若以黃道九十度爲時差中限理亦如是但恐滿志盛氣已所未知便是必無之理則所謂山中人不信有魚大如木耳老而好學如燈燭之光吾輩甚爲處士望之其如不就何已則不就又欲使人舍而信彼去昭昭入冥冥誰能聽之哉

一日食距交限學曆小辯中用崇禎四年十月兩食之數剖晰極明處士何惜一覽耶尚執陽六陰八之舊法以爲必然不易也夫陰曆十七度陽曆八度不自西法始大統曆亦然處士所抄纂者皆大統法也而于日食第三推亦未之見尤異矣今採錄如左

大統曆推日食在正交中交限度法曰視其推得交定度全分如在七度以下或三百四十二度以上者皆爲食在正交

依此則正交前七度正交後二十二度爲食限何者置三百四十二度以減全周三百六十四度餘二十二度則將滿全周二十二度入食限也

又曰如在一百七十五度以上或二百零二度以下皆爲食在中交

以上兩數相減得二十七度即中交前後兩食限并也又置一百七十五度以減半周一百八十二度餘七度與正交等又置半周一百八十二度以減二百〇二度餘二十〇度則中交前後兩食限爲七爲二十也

一古稱議禮之家有如聚訟惟曆亦然顧惟曆家是非特爲易辨何者訟必決于證佐他證佐未足可信也曆以七政爲證佐無不可信者矣今欲追天以求決定乎小辯固云日日可推夜夜可驗但恐處士於恆星五星之學未能深入不應傲之以其所不知獨交食法其所俊言而來年甲戌歲適有三食處士亦推得復圓時刻特未詳耳儻必以己法爲是請於本局各細推諸草密封送禮部禮科以待臨期測候疎密自辨矣他諸論撰亦各悉心努力作爲成書傳之其人自多識者何煩口說也嗚呼茫茫區宇才不絕世人人各有耳目豈其一手可能掩蔽人人各有心思豈其一怒可能降伏耶

按明紀事本末冬十月以山東布政司右參政李天經督修曆法時徐光啓以病辭曆務逾月卒所著崇禎曆書幾百卷

崇禎七年督修曆法山東右參政李天經上言七政時刻開具禮部委司官同監局官生詳議以聞滿城布衣魏文魁以月食上言奉命入京測驗李天經上曆元等書

按明紀事本末崇禎七年春正月乙巳督修曆法山東右參政李天經疏言七政之餘依新法則火土金三星本年九月初旬會于尾宿之天江左右木星于是月前犯鬼宿之積尸氣一時五緯已有其四非必以數合天即天驗法之一據也從來曆家于列宿惜星有經度無緯度雖回回曆近之猶然古法故臣等所推經緯度數時刻與監推各不同如本年八月秋分大統曆算在八月三十日未正一刻新法算在閏八月二日未初一刻一十分相距兩日臣於閏八月二日同監局官生測太陽午正高五十度零六分尚差一分入交推變時刻應在未初一刻一十分脗合新曆隨取輔臣徐光啓從前測景簿數年俱合春秋傳曰分同道也至相過也二語可爲今日節變差訛之一証蓋太陽行黃道中線迨二分而黃道與赤道相交此晝夜之所以平而分應所由起也迨二至則過赤道內外各二十三度有奇夫過赤道三十三度爲眞至則兩道相交于一線詎不爲眞分乎太陽有平行有實行平則每日約行若干而實則有多寡不獨秋分爲然謹將諸曜會合陵犯行度開具禮部委司官同監局官生詳議以聞　滿城布衣魏文魁上言今年甲戌二月十六日癸酉曉刻月食今曆官所訂乃二月十五日壬申夜也八月應乙卯月食今乃以甲寅遂令八月之望爲晦并白露秋分皆非其

期訛謬尚可言哉奏上命文魁入京測驗　秋七月甲辰李天經上曆元二十七卷星屏一

按谷應泰曰古今改曆者無慮數十家由黃帝訖秦凡六改由漢初漢末凡五改由曹魏訖隋凡十三改由唐訖周凡十六改由宋初訖宋末凡十八改由金熙宗訖元凡三改其間傑然名家者漢太初以鍾律唐大衍以蓍策元授時以晷景而晷景爲最密明太祖吳元年太史令劉基率其屬進戊申大統曆已而欽天監博士元統請以洪武甲子歲冬至爲曆元大約錫名雖殊立成罔異與授時都無增損良以才非守敬華故滋難也自時厥後建議改正則有俞正己鄭善夫周濂周相諸人專官修治則有童軒樂頀華湘諸人著書考定則有鄭世子載堉副使邢雲路諸人志切持籌事同築室言人人殊旋復報罷迄于萬曆西儒來賓繼軌迭至一時象緯曆筭之說迥出尋常嘿與天會李之藻旣推轂于定陵徐光啓復連茹于懷廟開局京圻允稱甚盛其法以二十四刻二十一分八十八秒六十四微爲平行歲實小餘而以均數加減之則爲定冬至由是太陽有平行實行而三百六十五度之盈縮因之太陰有自行次輪又次輪而朔望之遲疾因之交食有時差里差視差而食時之刻數分秒方位因之有所爲根數者猶授時氣應也引數者猶授時盈縮曆遲疾限也均數者猶授時加減差也黃道東行一分四十三秒餘者猶授時歲差一分五十秒也至如午中分黃赤之辨分至有贏縮之殊而隨動自動疾動遲動不同則交道之廣狹生焉闡微析幽思出象表雖使揚子譚元落下握筭無以及此衆言淆亂迄未通頒適我皇南嚮之辰詔司天西曆之布法象維新璣衡愈密豈非宏制尚闕于垂成而大典終歸于有待哉唐乎盛矣

崇禎十四年十二月禮部上疏論治曆請勅下另立新法一科遇交食節氣同異據法直陳以俟測驗其該監官生學習則按月按季課試嚴行賞罰之例

按春明夢餘錄崇禎十四年十二月禮部疏看得古今治曆之家多矣其最精者漢落下閎太初曆以鍾律唐一行大衍曆以蓍策元郭守敬授時曆以晷景皆稱推驗之精而晷景爲近然用之旣久皆不能無差蓋天與日月星辰其體皆動而其最不可測者常在於秒忽之間推移盈縮聖智有不能盡窮雖以時分刻刻分秒非不至細而差之半秒積以歲月則躔離朓朒皆不合原筭此治曆之所以難也我皇上因監法稍差時置西法一局令禮臣徐光啓領其事而寺臣李天經陪臣湯若望等與欽天監張守登諸臣覿面講求逐年推筭十餘年來如日月交食五星伏見之類臣等歷經會同赴觀星臺占測而御前亦用赤儀器親自臨驗西法比監實爲密近固昭然不待辨者守敬成曆時嘗言天體難測須每歲創驗修改庶幾可使如三代日官專其職未嘗自以爲足也高皇帝精於觀天雖用守敬曆而特令劉基召集天下律曆名家者赴京詳議復自製觀星盤大文分野諸書且別立回回一科亦未嘗以守敬之曆爲足也蓋其愼也當時博士元統成化中丘濬正德中鄭善夫嘉靖中華湘萬曆中邢雲路諸臣皆以差訛疏請改正今得西曆與之較驗而舊曆之不能不差則守敬固已自言之矣臣部尚書林欲楫向與臣等詳察經緯新曆誠如所言交食節氣用新神煞月令諸款用舊未爲不可而再四商確有不鄭重者舊法用日度計日定率西法用天度因天立差舊法用黃道矩度西法用黃道緯度雖微有不同然其黃赤儀亦皆相似特守敬之徒沿習不察耳自古曆法輒數十年一改而守敬之曆行之已三四百年矣小差者雖日月交食時同刻異無大懸絕至置閏之差起於春秋分所差二日而西曆定分之日卽舊曆所註晝夜各五十刻之日也在今日西法較密在異時亦未能保其不差則一番更改良不易言據天經原疏曾請將在局生儒盡收之欽天監以便隨時測驗將新法暫附大統以便公同考証而前奉明旨亦令監官張守登等於交食經緯晦朔弦望年遠有差者旁求參考又以新法推測屢近著照回回科例收監學習實爲得之似宜勅下另立新法一科遇交食節氣同異據法直陳以俟測驗而後徐商更改庶有當乎其寺臣李天經及遠臣湯若望中書黃應遴新局官生黃宏憲等纍年新進曆書一百四十餘本日晷星晷星球星屏闚筩諸器多曆家所未發專門勞勣積有歲年似宜量加叙錄而該監官生學習則有會典按月按季課試嚴行賞罰之例所當重加申飭者也乃臣等區區之愚猶有進焉曆爲敬天授民設也敬天在順時布令觀變警心其所重莫如刑賞授民在東作西成南訛朔易其所重莫如農桑故堯舜之曆以釐工熙

績爲欽天而成周之曆以無遂幽風爲月令非徒如保章挈壺之流斤斤於時刻分秒之未而已凡曆數始於河圖五十有五以十乘之爲五百五十以五乘之爲二百七十有五自洪武元年戊申距今壬午蓋二百七十有五年矣實爲河圖中候宜修明禮樂先德後刑勸民農桑敦崇仁厚以昌扶國脈基萬年有道之長其斯爲治曆之本務乎漢儒言明王謹于尊天愼于養人故立羲和之官以節授民事奉順陰陽則日月光明風雨時節災害不生我皇上敬天勤民同符二祖知有敬授精意非臣等迂陋所能測識萬一也

皇清

天聰二年

大清會典一時憲曆法以

太宗文皇帝天聰二年戊辰冬至後第一子正爲曆元悉依黃道推算每日用九十六刻其合朔望上弦下弦幷

京師節氣各省節氣時刻

京師各省太陽出入晝夜長短各有不同

一七政曆俱依黃道推算於太陰分注正斜升降於五星分注經緯躔度晨夕伏見又合推日月五星行最高卑及交宮伏見遲留順逆幷月孛羅睺計都躔度

一凌犯曆按視差氣差推算於月及五星凌犯掩俱注時刻幷相離度分所屬宮次其日月交食各直省初虧時刻帶食分數各有不同

崇德二年

大清會典曆象授時

國之要典崇德二年十月朔始頒曆日

順治元年

大清會典凡設科順治元年本監設四科　又論回回科不許再報交食以亂新法　又本監修政曆法官進新法測天等儀並進新法曆式奉

旨西洋新法推驗精密見今定造時憲新曆悉依此法爲準

順治二年

大清會典順治二年時憲曆成欽天監官進呈

御覽遂宣

旨賜百官頒行天下十月初一日禮部官奏請

皇上陞武英殿文武官員各具朝服齊集午門外頒曆行禮自後每年十月初一日早禮部欽天監官設黃案一於

太和殿正中又設黃案一於

皇太后宮門前正中設黃案二於

午門外正中設紅案八於

午門外兩旁滿漢文武各官俱朝服於

午門外齊集欽天監官用龍亭一座捧安進呈

皇太后曆日

皇上曆日

皇后曆日又用亭八座捧置頒給王以下各官曆日行一跪三叩頭禮校尉舁亭由欽天監出香亭前導敎坊司作樂自

東長安門進至

午門外欽天監官於亭內捧進呈

皇太后曆日

皇上

皇后曆日置所設黃案上又捧頒給諸王等曆日置兩旁紅案上頒給各官曆日俱於甬道兩旁陳設畢進呈

皇上曆日

皇后曆日黃案禮部官二員舉起二員前引由中門入至

太和門階下一員捧進呈

皇上曆日一員捧進呈

皇后曆日由中階上置

太和殿正中所設黃案上一跪三叩頭退進呈

皇太后曆日黃案禮部官二員舉起二員前引至

皇太后宮大門階下一員捧曆日置門前所設黃案上一跪三叩頭退頒給諸王百官等曆日俱在

午門外跪領親王郡王貝勒以上各依次命府屬官員跪領貝子公等依次跪領滿洲蒙古漢軍文武各官各跪領一本頒畢鳴贊官贊排班文武官員俱排班立贊跪衆皆跪宣讀官宣

旨曰順治某年時憲曆日頒給衆官爾等曉諭天下

宣畢各官行三跪九叩頭禮畢各退　又順治二年新曆告成頒行天下令該監局官生肄習遵守

順治三年

大清會典順治二年諭回回科凌犯曆不必用

順治九年

大清會典順治九年諭回回科不必再報夏季天象

順治十年

大清會典順治十年題準每年十月朔恭進御覽曆日及皇太后皇后前並頒賜親王郡王貝勒貝子公等俱並用滿漢字曆日

順治十四年

大清會典順治十四年議準回回科推算虛妄革去不用止存二科

康熙元年

大清會典康熙元年照順治間例於太皇太后皇太后皇上皇后前進呈曆日

康熙三年

大清會典康熙三年復用舊法續因舊法差訛用回回法

康熙七年

大清會典康熙七年命大臣傳集西洋人與本監官質辨復令禮部堂官與西洋人至午門測驗正午日影　又凡曆書康熙七年題準各通書俱不及選擇曆書萬年曆曆法通書大全三書但選擇曆書內缺山向正五行等二十四事其正五行於三台通書內取用其餘於曆法通書大全內所載合曆法公規等條取用其餘重複無用者悉令刪去

康熙八年

大清會典康熙八年議定仍用洪範五行　又特遣大臣二十員於觀象臺測驗遂令西洋人治理曆法　又凡每年二月初一日進呈來歲曆樣四月初一日頒發各省曆樣各二本兵部驛送各布政司照式刊頒九月預期具題頒曆十月初一日進呈御覽等曆

康熙十一年

大清會典凡每年十二月將推算凌犯曆譯寫進呈　又凡遇日月交食前期五月推算將京師所食並各省所食分秒時刻起復方位繪圖進呈

康熙十五年

大清會典康熙十五年進皇太子曆日

康熙十六年

大清會典康熙十六年進貴妃嬪曆日

康熙十七年

大清會典康熙十七年預推永年表告成共三十二卷

康熙二十一年

大清會典康熙二十一年進皇貴妃妃曆日

康熙二十二年

大清會典康熙二十二年議準選擇曆書萬年曆並曆法通書大全內二十四事山向洪範五行等二十四件編爲一書共成一冊名爲欽定選擇曆書同萬年曆永遠遵行刊板交禮部庫內收貯　又測驗盛京北極高度推算日月交食表告成

欽定古今圖書集成曆象彙編曆法典

第五十一卷目錄

曆法典第五十一卷

曆法總部彙考五十一

新法曆書一

日躔曆指

曆象以齊七政今首日躔者何也曰七政運行各有一道二極各有三百六十經緯度其度分又各有實經緯視經緯其會合有實會視會實望視望棼然不齊首日躔者乃所以齊之也日躔之能齊七政柰何曰凡測量之法必自其根始如度樹之短長地其根也度舟行之遠近水大其根也度天行之根有二其一在天行之內歲首是也古法以今歲之十一月冬至爲來年之天正歲首冬至者則日軌高度分之極少日躔赤道緯之極南也其一在天行之外曆元是也自昔推曆元者必求上古之積年後來歲實稍密即無數可論故至授時而廢不用矣授時以至元辛巳爲曆元以其氣應爲根而求通積以歲實而一得冬至然此所得者皆平年之冬至非定冬至也今法以崇禎元年戊辰冬至日子正初刻爲曆元依恆年表求其根數爲平冬至因以法加減之爲定冬至定冬至者歲歲加減初無通積可求蓋日軌度之眞極少日躔緯之眞極南也是則天行之兩根舍日躔皆無從取之矣曰此兩根者六曜皆有行度皆可用以爲歲首爲曆元何獨日躔乃可乎曰此其故有二其一七曜之中獨日躔之行甚順也其一以他曜測不若以日躔測甚便也何謂甚順太陽之行與本天之本行相合爲一緣黃道帶之最中無出入歲月日時各平行有恆度分無永短如是者皆終古不易他曜之行於本天本行之外各有小輪各有緯距度各有遲疾留逆時時不等雖有定法而似無法何能爲他行之法譬如畸零不齊之布帛宜以十寸之尺度之若以畸零度畸零無乃欲齊而棼之乎故六曜者畸零之布帛日躔者十寸之尺也若恆星之東行與日相似亦可謂順矣乃行度最遲必六十餘年而一度二萬五千二百餘年而一周推步者欲求其變動之數卒世而不一得也且考恆星之經度必用太陽之經度自非二分二至爲其準則何從定之星之古測今測更多不合或曰順行或曰否人自爲說又何從定之豈若日躔之歲月日時具可測驗具可推算哉何謂甚便日光甚大用闚筩諸器即分秒可得諸星體微光眇測候頗難月體大矣而去地甚近其視差甚大己亦不能爲主古今法考月離經度者必因其食甚時刻考太陽之經度加半天周得太陰之經度故自昔名曆家先測太陽定其行度經度次及月五星恆星之行度經緯度以爲定法是知日行者諸行之本也然曆法首步氣朔茲有氣而未及朔何也曰朔望者日與月比論乃得之也未論月離未可論朔望也其不及歲差何也曰歲差者日與恆星比論乃得之也未論恆星未可論歲差也今以本法諸義著於篇以資推算焉

定南北線第一

第一法必待春秋分第二第三法恆日可用但論其理俱未能定卯酉之眞線何故爲太陽本行去離赤道以前以後終歲終古皆不作周圈而作螺旋圈也欲得眞線別有本法

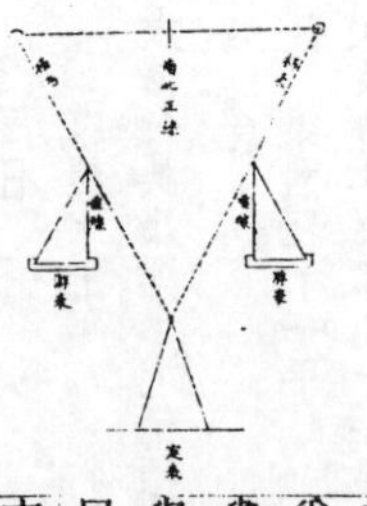

本法用地平經緯儀取最近北極一星測其東西行所至兩經度中分之即正北方也　用句陳大星西名小熊尾第一夏至子時在極東冬至子時在極西用句陳第五星西名小熊尾第三冬至酉時在極西卯時在極東用此即定線一夕可得若無本器用兩表之法兩表者一定表其體與地平爲垂線一游表其直邊亦與地平爲垂線先以二表與星相望參直成一線若星漸移而東則遷游表隨東至不復東而止移西亦如之末從定表望而游表各以直線聯之成三角形

平分其角作南北正線

或以權繫垂線可當表但須權末極銳與垂線相應以切地平定點

已上諸法必以夜及午正時若或早或晚隨時求之則有別法先定一表景之直線以此線當地平上之太陽經圈即於此時用測器取日軌高得南北正線如後圖作甲乙丙丁圈其心戊甲丙爲地平丙上數本地赤道出地之數如順天府五十度即至己從己作徑線徑線之或北或南取本日日躔離赤道距等

度爲己壬作壬癸線爲赤道距等圈次從丙甲上數日軌高度分如高三十度得子作子丑線即本時地平上之太陽緯圈也此線交壬癸距圈於卯從卯向甲丙地平引作酉卯辰垂線取子丑緯圈上子午半弦爲度從戊心抵酉卯辰線上作斜線得未戊引至圈界成未戊申線也乙戊丁爲東西線未戊申爲景線即或左或右如本時刻與卯酉遠近之數成未戊乙角則得申戊丁對角從景線上依法作角得角傍東西正線其本日太陽宮度及北極出地之數或暮夜用星說見本論

定北極出地度分第二有一百法

凡步日躔月離五星行度等一切測驗推算皆以北極出地之正度分若儀器未精測候未確如春秋分所測午正日軌高差至一分則以算太陽之經度必差二分半推太陽之最高必差一度有奇即日躔行度不能得其眞率也以此定冬夏至時刻等無不忒矣故此法最宜詳密不容率爾以致謬誤

凡得日躔經度或某星經度以午正日軌高或出入地平之經度等率可定北極出地度分見本論約有五十法今先具一本法　用象限儀取北極附近一星極高極低之數平分之爲北極出地度分如用句陳大星西曆爲小熊尾第一冬至日酉時測得極低三十七度强卯時測之得四十三度强其差六度半之三度與三十七幷得四十度强是順天府北極出地之數

古法用表景或儀器測冬夏至兩日軌高之差折半以減夏至高得赤道高以減象限即北極高也然人目不在地心在地面故得數未確

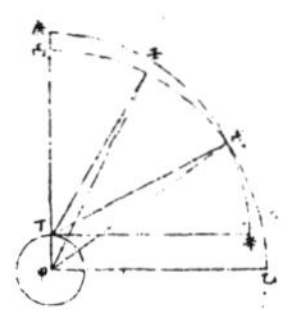

如上圖甲爲地心丁爲地面人目在丁用儀器如丁辛戊庚測得冬至日軌高辛戊然實高乙戊視高辛戊其差爲丁戊甲角夏至日軌高爲壬其差則丁壬甲角小於丁戊甲角兩視之差不等其所得之數必非眞率且用表即景末難定又有日輪半徑之差實表非中景故清蒙之差致差之道多端豈容略率推步遽定高下之數哉

問日躔列宿漸次西移古來名爲歲差西曆以爲列宿東行度分非日果差西也是既然矣又日躔有最高不惟旋轉東行即兩心又無定距則近星去極亦有時遠近隨時變易安能遽定爲一定之法終古不易曰恆星及最高皆一二萬年而一周數十年而一度近星去極雖則游移爲動甚微爲時甚緩數年之間目力器數固難驗其變易矣旣具測候之法待其積時積數灼見違離然後依法更定未爲失也

論淸蒙氣之差第三

西曆第谷欲究極日躔行度之理造測器十具體式各異宮度分秒絲毫不錯以定本地北極出地度分訖次用古法即二至之高折中取之測之不合者四分莫知所繇乃造大渾儀一具於黃道上加極細闚筩夏至午正測之又時時測諸經緯度分則二法往往不合每渾儀所測之緯度高於所算太陽之緯度乃知眞高在視高之下因悟差高之緣蓋淸蒙之氣所爲也淸蒙之氣者地中游氣時時上騰入夜爲多水上更多其質輕微略似澄清之水其於物體不能隔礙人目使之隱蔽却能映小爲大升卑爲高故日月出入人從地平上望之比於中天則大星座出入人從地平上望之比於中天則廣此映小爲大也定望日時地在日月之間人在地平無兩見之理而恆得兩見或日未西沒而已見月食於東日已東出而尙見月食於西或高山之上見日月出入以較曆家算定時刻每先昇後墜此升卑爲高也

試以錢一文寘空盞底人立稍遠令盞之邊掩錢體人目不見錢則止更以水注之水半則錢體半見水滿則全見升卑爲高其理明矣

清蒙之氣有厚薄有高下氣盛則厚而高氣減則薄而下厚且高則映像愈大升像愈高薄且下則映像不甚大升像亦不甚高其所繇厚且高者若海若江湖水氣多也或水少而土浮處此氣能令輕塵上升亦厚且高也地勢不等氣勢亦不等故受蒙者其勢亦不等欲定日躔月離五星列宿等之緯度宜先定本地之清蒙差

萬曆二十五年丁酉西洋之遖北人汎海至諾瓦生八納之地北極出地七十六度強日躔大寒四度論宗動之法應日出在冬至後五十二日却前出十三日所差二十九度於時太陽實在地平下五度因本地在大海中蒙氣甚盛太陽久躔地平之下不能消除其濕勢故發見折象尤多令前出十三日也又早晚蒙氣亦不等蓋晝則太陽能消濕氣至暮而盡夜則復生漸生漸盛及晨而多故蒙氣又有晝夜早晚之差

清蒙之本性能昇物象令高於實在之所不能偏左偏右故其差恆在緯度不在經度今先論測緯法借宗動天本論內一則曰凡測高以恆球緯圈量之蓋恆天之內經緯之度皆相連有一自有二若得本地北極出地之數及或東或西恆球上日躔經度可得本時恆天內眞緯

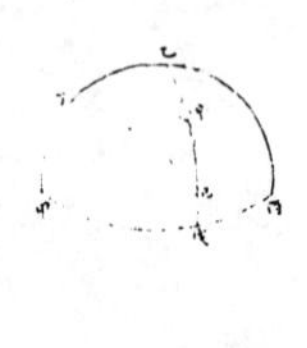

如左圖甲乙丙爲南北圈甲戊丙爲地平圈之一弧乙爲天頂乙辛己戊爲恆球一經圈過太陽之視高辛亦過太陽之實高己從北極丁作丁己弧成丁乙己曲線三角形此形有丁乙邊爲北極高之餘度有丁己邊爲日軌距北極之度有丁乙戊角爲丙乙戊之餘角

丙乙戊角爲乙戊經圈距正午丙之度其弧爲丙戊

求乙己卽日軌之實高離天頂度其法己角

卽恆球經圈乙己借北極出圈丁己兩線所作角

在本圈恆爲銳角若丁乙己爲同類銳角卽如左圖從丁向乙己作丁庚垂弧分元形爲兩直角形若丁乙己爲異類卽於乙己邊引長之從丁作丁庚垂弧必在形外其前圖丁乙庚直角形有丁乙邊乙角求乙庚則全數與乙角之餘弦若丁乙弧之切線與庚乙弧之切線又法全數與丁乙之正弦若乙角之正弦與丁庚之正弦次丁庚己形有丁己邊又有丁庚邊求己庚則全與丁庚之餘弦若丁己弧之割線與己庚弧之割線末乙庚庚己幷得己乙爲日軌之實高離天頂度其後圖丁庚乙形有丁乙邊乙角求乙庚法如前但庚乙內減庚己餘乙己卽所求

假如太陽躔鶉首初度地平經度任置爲從午正或東或西算九十四度求太陽地平上之正高太陽距極爲六十六度二十九分丁己爲六十六度二十九分見前全圖丁乙戊角爲八十六度丁乙爲五十度北京赤道高法全數與丁乙戊角之餘弦六九七六若丁乙邊之切線一一九一七五與庚乙邊之切線以二三率相乘以全除之得八三一二查表得四度四十五分又全與丁乙邊之正弦七六六○四若乙角之正弦九九七五六與丁庚之正弦算得七六四一○查表得四十九度五十分又全與丁庚之餘弦六四五○一若丁己割線二五○六一七與己庚之割線算得一六一六五○查表得五十一度四十七分己庚乙井之得五十六度三十二分減九十得三十三度二十八分乃太陽地平之緯度也正高也此四數極出地太陽距極太陽地平經太陽地平緯皆相連相乘

右係測緯度之正法若先用器測得經度以此法推得緯度而別測得緯度與所推不合則別測者必高於所推其差必繇清蒙之氣也　若論測器不在地心而在地面則以地半徑之差數減所測緯度下方詳之

崇禎三四五年每年測冬至卽用元儀元篇規然所得數非一前後有差一二分或是蒙氣塵灰等之故耳

求黃道與赤道之距度世世不等第四赤名太陽之緯

法曰夏至前後一日用測器數具各依法求午正日軌高若俱合即眞率否則擇其相合者用之第二第三日再測如前於所得眞率內減去地半徑之差又減去赤道高餘爲兩道距度即夏至日躔赤道以上之緯度也何以不用冬至以夏至太陽近天頂蒙氣甚微不入算冬至近地平蒙氣多則差多何以用前後一二日曰至前後一日日躔去離赤道止一十三秒次日止五十五秒測器之上無從分別與初日不異也

若用冬夏兩至之較差不爲眞率見前論

古今各測

周顯王二十五年丁丑迄崇禎元年戊辰爲一千九百七十一年西古史亞理大各

秦二世三年甲午迄崇禎元年戊辰爲一千八百四十七年西史阨臘多

漢景帝中元元年壬辰迄崇禎元年戊辰爲一千七百七十七年西史意罷閣

漢光武建武十七年辛丑迄崇禎元年爲一千四百八十八年西史多勒某其書爲曆家之宗

已上四家測定黃赤相距爲二十三度五十一分二十〇秒於中分爲二十三度八十五分

唐僖宗廣明元年庚子迄崇禎元年爲七百四十八年西史亞耳罷德測定二十三度三十五分於中分爲二十三度五十八分三十三秒

宋神宗熙寧三年庚戌迄崇禎元年爲五百五十八年西史西雜刻測定二十三度三十四分於中分爲二十三度五十六分六十七秒

宋高宗紹興十年庚申迄崇禎元年爲四百八十八年西史亞爾滿測定二十三度三十三分於中分爲二十三度五十五分

元成宗大德四年庚子迄崇禎元年爲三百二十八年西史波祿法測定二十三度三十二分於中分爲二十三度五十三分三十三秒

天順四年庚辰迄崇禎元年爲一百六十八年西史褒爾罷測定二十三度二十八分於大統曆爲二十三度四十六分六十七秒

正德十年乙亥迄崇禎元年爲一百一十三年西史歌白泥測定二十三度二十八分二十四秒於大統曆爲二十三度四十八分一十二秒

萬曆二十四年丙申迄崇禎元年爲三十二年西史第谷造銅鐵測器十具甚大甚準又算地之半徑差及清蒙差歲歲測候定爲二十三度三十一分三十〇秒西土今宗用之於大統曆爲二十三度五十二分三十〇秒

第谷覃精四十年察古史測法知從來未覺有清蒙之氣及地之半徑兩差又舊用儀器體製小分度粗窺篇孔大所得餘分不過四分度或六分度之幾而已且古來測北極出地之法未眞未確故相傳舊測俱不足依賴以定太陽躔度

今欲定黃道各經度分之緯度分若干借宗動一題曰凡得兩道極相距度分及黃道其經度分可推本度分之緯度分

如左圖甲乙爲赤道一象限甲丙爲黃道一象限兩道遇於甲爲春秋分乙丙爲過兩至兩極之經圈有兩道距度即二十三度三十一分三十秒之弧爲甲角之度而測他距度其法如日躔立夏節爲丁即從丁向赤道作丁戊垂弧而成甲丁戊曲線直角形此形有甲角二十三度半強又有甲丁弧立夏之經度四十五求丁戊弧緯度則全數十萬與甲丁弧之正弦七〇七二若甲角之正弦三九九一五與丁戊弧之正弦二八二二二查得一十六度二十三分三十九秒爲立夏之黃赤距度與立春立秋立冬之距度皆等蓋從兩分之交數經度皆四十五也他各節去離二分或左或右經度等則距度亦等以此法推黃道各經度分之緯度分作表如後

反之有太陽之緯求其經如上圖甲丁戊形有甲角丁戊弧緯而求甲丁弧其法全數與甲角之正弦三九九一五若戊丁弧之餘割線三五四三八一與甲丁弧之餘割線一四一四二一查得四十五度其法見宗動天本書

凡過極圈截黃赤二道有黃道所截之經度分求截赤道之經度分此即約說所名赤道上之黃道升度也過極圈者在正球爲地平在欹球爲子午圈時圈等

如左圖乙甲丙如前若正球（赤道過天頂）則己戊丁弧爲地平己丁庚其子午圈己爲北極庚爲南極甲戊丁

形之丁戊爲其地平東西或左或右之一分若歃球則丁戊爲過極圈子午時圈等夫甲戊丁角形有日躔經度之甲丁四十五度有甲角而求赤道之弧戊甲其法全數與甲角二十三度半强之割線一〇九〇六四若甲丁弧之餘切線一〇〇〇〇〇與戊甲弧之餘切線一〇九〇六七查得四十二度三十一分强

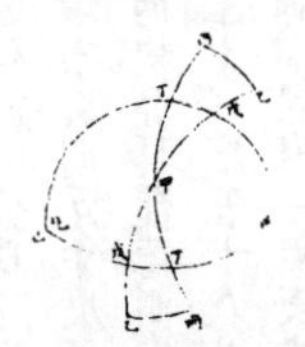

春秋兩分時太陽之本度第五

曆法家古來有公論二端其一曰凡動而有法者三一自上而下如土石等重物以地心爲界爲界者欲至地心而止二自下而上如氣火等輕物以月天爲界此二動自行必成直線名爲直動三循環行一周至元界如天行一周成全圈名爲周動也三者而外皆名無法之動詳見本論

其二曰凡天體及七政恆星等必平行不平行則推步之術無從可立無從可用矣然而人目所見各有遲疾順逆時時遷革百千萬年無一平行者又何也曆家因此推求悟有不同心之圈及諸小輪等雖有彼此前後多互異之說總之欲得其不平行之故而又不失其平行之恆理不得不然耳詳見七政性理之論

太陽之公動其理不一其屬宗動天而定晝夜之時之類後篇詳之今略論其本行曰太陽既爲周動又必平行則人目所見經歷歲月日時悉宜平等則從天正春分至秋分又從秋分至春分平分一歲其日亦宜平等乃從春分晝夜平至秋分歷一百八十六日有奇而平從秋分晝夜平至春分歷一百七十八日有奇而平所差八日有奇安得謂之平行又人目所見太陽之體冬至則大夏至則小見大去人必近見小去人必遠又冬至月食小於夏至之食蓋大光之體愈遠其景愈長愈大月過地景之時愈多故知時多者景大景大則光體必遠既兩有冬夏遠近又安得謂之周動且漸遲漸速漸大漸小非驟然遷變卽又日日刻刻皆非平行也今欲明遲速之故而又不失爲平行欲明大小之故而又不失爲周動將何說以處於此

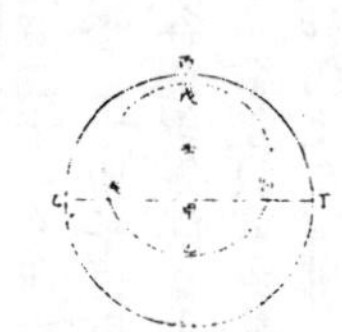

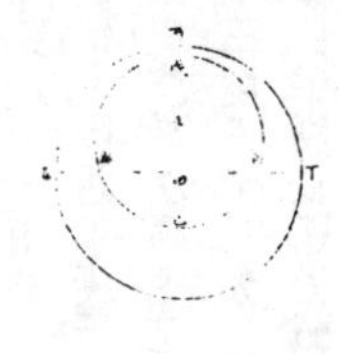

如圖甲爲地心乙丙丁爲宗動天庚己辛戊爲日輪本天庚辛爲春秋兩分戊己爲冬夏兩至若兩圈爲同心者卽庚戊辛半周辛己庚半周所得圈分必等今不等必緣不同心其差數詳見下方故人目不在太陽本天之心壬而在宗動天之心甲則日行本輪天恆平行而人目所見者庚戊辛所經之日多於辛己庚所以冬縮而夏贏也日在戊去甲遠在己去甲近故冬大而夏小也但在本天既平行則推算者必先得平行數爲根而後可論其遲疾多寡故須先作平行表其術以歲周爲法天周爲實平分之見下文

其求天正春秋分日躔本度之法有二其一或春分或秋分前後三四日內於午正初刻測得日軌高與本地赤道離地平度數兩數相減得數爲本日日躔緯度以緯度求經度

法見本篇四若赤道度多於日軌高卽太陽在南六宮若少於日軌高卽在北六宮

既得經度可步日躔經度得若干時刻而入於交點

交點卽春秋分也交者黃赤道之交點者無分

其法以歲周三百六十五日二十三刻〇四分爲法以天周三百六十度爲實而一得每日太陽平行五十九分〇八秒一十九微爲第一率以日法九十六刻爲第二率以所得日躔經度爲第三率依法求得若干時刻爲第四率次用此時刻於本日午正初刻或加或減得太陽入交點時刻

春分赤道多於日軌高爲未及交以所得時刻加於本日午正時刻若少於日軌高爲過交以所得時刻減於本日午正時刻

秋分則加減相反

赤道多於日軌高爲過交減之少於日軌高爲未及交加之

次法測得日軌高與赤道之差以相減每差一分爲四刻春秋加減如前法何者太陽日平行約一度而春秋分前後第一經度其緯爲二十三分五十六秒約爲二

十四日九十六刻則太陽每四刻行緯一分故赤道日軌之差一分當得四刻也

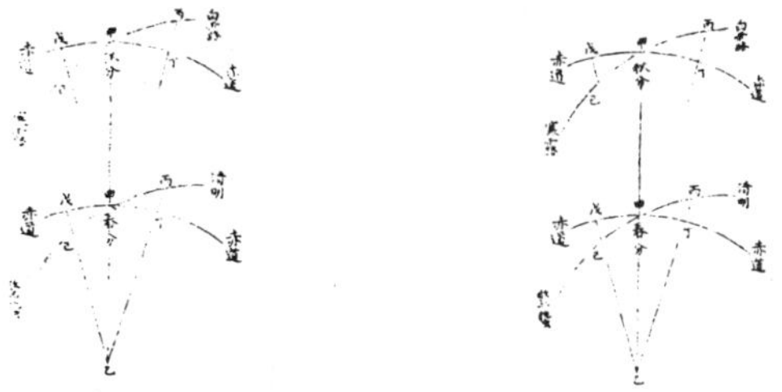

此法可用於分前後一二日若過此緯度漸縮矣故第一則爲公法

如上圖兩道兩弧遇於甲人在乙測赤道乙丁乙戊日日不異太陽則漸向交漸近赤道如春分太陽在己少於乙戊則未過甲交己戊爲太陽之緯己甲爲太陰之經若己未及甲一度則後一日而入於交點若太陽在丙多於乙丁是已過甲交丙丁爲緯丙甲爲經若丙過甲一度則前一日已入交點秋分反是是爲加減之元本

假如崇禎三年二月初八日在局午正時測得日軌高五十度一十三分加入地平半徑差一分五十二秒若有清蒙差卽應減率今在午日軌之高度多故蒙差極微卽不減實得地心以上日軌之眞高五十度一十四分五十二秒

若本地極出地三十九度五十〇分

順天府北極出地之度有三說未知孰是尚須測候歸一今試一一推之

卽赤道高五十度一十〇分以與日眞高相減餘四分五十二秒爲本地本日赤道以上太陽之緯度次簡黃赤距度表求其經度得去離降婁初一十二分二十二秒次以太陽日平行五十九分〇八秒爲一率日法九十六刻爲二率今行一十二分二十二秒爲三率而求四率得二十〇刻弱而日眞高多於赤道高則入交點在本日午正前二十〇刻爲辰初初刻

若北極出地三十九度五十三分卽赤道高五十度〇七分與日眞高相減餘七分五十二秒爲太陽緯依法得經度二十〇分用三率法求得三十二刻〇七分則入交點在本日寅初初刻〇八分每刻十五分

若北極出地四十度卽赤道高五十度減差爲一十四分五十二秒求經得三十七分一十五秒用三率法求得五十九刻〇七分則入交點在初七日戌初三刻〇八分

若北極出地四十度〇一分則入交點在初八日午正前六十四刻〇七分爲是初七日酉正三刻〇八分

前此諸說未能遽得眞率今用西術成數立一較法緣此展轉推求庶幾近之欲得眞確須銅鑄儀象亦大亦精累年測候以立萬年不易之法

按遠西之國有曆學名家於萬曆十二年甲申在大尼亞國其地居順天府西以法推其地經度得東西相去一百〇四度因推其東西時差得二十七刻一十一分彼國北極出地五十五度五十四分四十五秒連測五年而得太陽入春秋兩分之眞率今以時差加率爲順天府各年之眞率如左

萬曆十二年甲申二月初九日酉春分在午正後八十六刻正加時差二十七時一十一分得次日子正後六十五刻一十一分爲中春分

午正後八十六刻者中曆日法以子正起筭西曆以午正起算八十六并二十七得一一三減日周九十六刻存一十七刻又以子正起加四十八刻得六十五刻爲次日數後倣此

本年距元測一百八十七日酉秋分在午正後六十四刻正加時差得次日子正後四十三刻一十一分爲中秋分

十三年乙酉距元測三百六十六日酉春分在午正後一十三刻〇四分加時差得本日子正後八十九刻正爲中春分

本年距元測一百五十二日酉秋分在午正後八十七刻四分加時差得次日子正後六十六刻一十四分爲中秋分

十四年丙戌距元測七百三十〇日酉春分在午正後三十六刻〇八分加時差得次日子正後一十六刻〇四分爲中春分

本年距元測九百一十七日酉秋分在午正後一十四刻〇八分加時差得本日子正後九十〇刻〇四分爲中秋分

十五年丁亥距元測一千〇九十五日酉春分在午正後五十九刻一十一分加時差得次日子正後三十九刻〇七分爲中春分

本年距元測一千二百八十二日酉秋分在午正後

三十七刻一十一分加時差得次日子正後一十七刻〇七分爲中秋分

十六年戊子距元測一千四百六十一日酉春分在午正後八十三刻正加時差得次日子正後六十二刻一十一分爲中春分

本年距元測一千六百四十七日酉秋分在午正後六十一刻加時差得次日子正後四十刻十一分爲中秋分

右法用之可得歲周率及冬至夏至等時刻

上論詳測春秋兩分太陽躔度然須以日躔表所算太陽經度考之若測相合則準不合則不準也

隨日午正測太陽所躔經度宮分

置赤道高若干又置午正太陽正高

所測日地平高數內減蒙氣差又加地半徑差得正高

兩數相減其較爲太陽距緯度（距赤道數）以此數查黃赤距度表中橫行內求度分上或下得宮度分乃太陽本日午正所躔度分（若表中無元數即用中比例法）凡赤道數大測數小宜用冬至傍半周宮度分若赤道數小測數大用夏至傍半周宮度分宮在上用上度在下用下度

如測日高得六十度四十三分（因高過蒙氣不用差）加地半徑差一分十三秒得六十度四十四分強減赤道高五十度〇五分餘十度三十九分查黃赤距度表得降婁宮二十七度三十五分（因測大赤小用上行宮度）乃日躔度分或鶉尾二度二十五分

又測午正高得三十七度十三分減蒙氣半分加地半徑差二分二十五秒得三十七度十五分赤道高內減之得較爲十二度五十一分乃太陽距度也查表得大梁三度五十二分或鶉火二十六度〇八分

太陽平行及實行第六

歲實者太陽行天一周之月日時刻也太陽之歲有二其一從某節某點（二分二至之類皆名節亦皆名點）行天一周而復於元節元點是名太陽之節氣歲若太陽會於某星行天一周而復與元星會是名太陽之恆星歲恆星有本行自西而東假如今年春分太陽會某恆星至來年春分此星已行過春分若干分矣太陽至春分則已滿節氣歲之實而尚未及元星若干分即又須若干時刻逐及於元星而與之會乃滿恆星歲之實故恆星歲實必多於節氣歲實

此外又有太陰之歲以日月十二會定爲十二月此歲爲三百五十四日有奇少於太陽之歲實十一日有奇也但太陰之視行絕不平

視行者月周天本平行而其小輪有自行度即入轉也自行有順逆因其行速故人目視之不見順逆而但見遲疾既有遲疾故晦朔弦望絕不能爲平等

故用此紀年者又以太陽之歲實爲本

如前篇萬曆甲申春分在午正後一十七刻一十一分越三百六十五日爲乙酉在午正後四十一刻相減得小餘二十三刻〇四分（每刻十五分）則歲實爲三百六十五日二十三刻〇四分　又用前世實測前後相較如弘治元年戊申西國曆家白耳那瓦測得春分爲西曆三月二十四日子正後六十四刻〇六分越一百年爲萬曆十六年戊子名曆第谷測得春分爲西曆三月十九日子正後四十三刻六分西法歲三百六十五日四分日之一每四歲之小餘成一日因而置閏則百年中爲整年七十五閏年二十五共爲三萬六千五百二十五日用兩測中積數

戊申三月二十四日子後六十四刻〇六分戊子三月十九日午後四十三刻〇六分

相減其較七十五刻〇五分百而一得每一年少〇刻一十一分一十五秒以減整年實三百六十五日二十四刻得三百六十五日二十三刻〇三分四十五秒爲今定用歲實

此法與甲申乙酉實測所得不合其差爲二十七秒若用前古數百數千年所傳實測之數其差更多何者太陽之歲行不等其原有三其一太陽不同心圈之心

不同心之天太陽所麗名日輪本天其心非地心也故又名不同心天亦名最高天此歲差所因也

亦可名歲差天

順節氣自西而東每歲有自行度故取一點今歲與節點合百年後便覺去離若干其二太陽不同圈之心去離地心其遠近又復不等其三恆星亦不平行此三差爲數甚微故百年之內難於計算數百千年以上乃可得之（因大統曆故百年歲實減一分）

算每日太陽平行分法

置先算定歲實爲三百六十五日二十三刻〇三分四十五秒乃太陽行天一周三百六十度也今欲定一日之行而成表法以周天爲實以歲實爲法除之欲得細數故以前兩數因本類化之如左

置周天三百六十度以六十因七次得一〇〇七七六九六〇〇〇〇〇〇〇〇爲實

置歲實三百六十五日二十三刻大刻〇三分四十五秒先將三百六十五日以二十四時乘之俱化爲時得八七六〇時再以二十三刻化爲時得五時每時四刻二十刻故得五時加於先得數共爲八七六五時尚餘三刻再化爲分得四十五分每刻十五分加小餘〇三分共爲四十八分仍置八七六五時以六十乘之化爲分末加四十八分共得五二五九四八分再以六十乘之化爲秒末加小餘四十五秒共得三一五五六九二五秒爲法與前周天實數而一得三一九三四九七四塵因先所置實數俱化爲塵周天度七次化之得第七位數爲塵法數爲時之一秒先化時爲分化分爲秒則時之一秒得周天三一九三四九七四塵若取時之一分因進一位周天數亦進一位爲末若取一時則周天數亦宜上二位爲芒則一時太陽行周天三一九三九七四芒以二十四時乘之得一日行爲七六六四三九三七六芒依約法以六十除之得一二七七三九八九俱爲纖尚餘三十六芒再以六十除之爲微得二一二八九九餘四十九纖又再以六十除之爲秒得三五四八秒餘十九微再以六十除之爲分得五十九分餘八秒將先各類所餘數并之得太陽一日平行爲五十九分〇八秒一十九微四十九纖三十六芒

前法既得一日之行今再求一時以及各時之行法以前推得一日或二十四小時行五十九分〇八秒二十微前數四十九微已過大半宜進作二十微各半之得十二時之行爲二十九分三十四秒一十〇微再半之得六時之行爲一十四分四十七秒〇五微又半之得三時之行爲七分二十三秒三十二微以三除之得一時之行二分二十七秒五十一微仍以一時之行遞加至二十四時爲一日所行也再遞加至六十分爲表次用加法二日至十日又至百日二百日三百日乃至一歲作表

求太陽最高之處及兩心相距之差第七

最高與夏至異古多羅某在今一千四百年前測得最高去離降婁初爲經度六十五度三十五分兩心地心與日輪本天心之差爲十萬分半徑全數之四千一百五十一今在經九十五度四十分兩心之差爲十萬分之三千五百六十七差五百八十四系曰太陽公動一隨宗動西行一隨列宿東行及本行之外別有二種行度一從最高恆自西而東歲行若干一地心與太陽本輪即不同心之圈之心相距分歲歲減少意數千年後當相合爲一點

想當然耳或別有行動不可知也亦有爲之說者未能定其然否

問最高何物何繇能知有此曰若不同心最高之點恆在夏至如甲則太陽從春分辛至戊行四十五經度之弧與從己至秋分壬亦行四十五經度之弧其時日必等蓋兩心在甲乙線內與丁丙爲直角而丁甲丙與辛甲壬兩弧俱兩平分於甲幾何三卷三十題則所分各兩弧丙甲與甲丁辛甲與甲壬之行度等其所須時日必等乃春分後行四十五度至立夏立秋前四十五度至秋分其行度等而時日恆不等則丙庚丑丁兩弧度必不等而不同圈之心必不在甲乙線之上

其推步最高法於春分後四十餘日即每日測午正日軌高求其四十五度以定天正立夏

春分至立夏當行四十五經度其緯當得十六度二十三分三十九秒加赤道高約五十度得六十六度二十三分三十九秒若日軌高適滿其數即正得四十五度爲立夏若過或不及用前篇求春分法得本時刻

遡春分迄立夏總計中間積日時刻以日率五十九分〇八秒一十九微五十〇纖而一得太陽平行之總度分乃非四十五度而得餘分如後論

如左圖甲爲地心作丙戊丁圈任取甲乙小線欲求此數故任作之乙爲心作未己庚辛爲太陽平行之本圈次作己甲辛爲春秋分線過甲地心次於戊上取戊壬爲四十五度從壬過甲作直線至未而截己卯弧於庚得己甲庚爲四十五度之角次從小圈心乙向庚作直線次作未己線次從未向己辛作子未垂線末從乙向庚未作乙午垂線即庚未線必兩平分於午

庚未爲本圈之弦從心出垂線至其上必平分則丙甲庚角爲從戊壬四

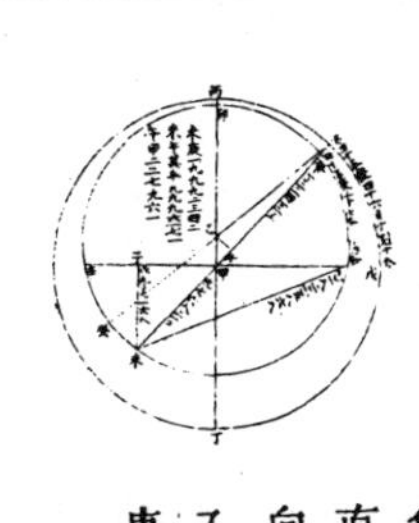

十五度以上至最高點之角

春分後日行戊壬弧爲天元經度四十五其視行四十六日一十〇刻一十〇分以日率準之得平行四十五度二十七分三十四秒則庚己弧也己未庚乘圈角半之得二十二度四十三分四十七秒庚甲己角既四十五度即己甲未角得一百三十五度以加庚未己角共一百五十七度四十三分四十七秒未甲己三角形內得甲未己角即得己角爲二十二度一十六分一十五秒倍之爲辛未弧四十四度三十二分三十〇秒

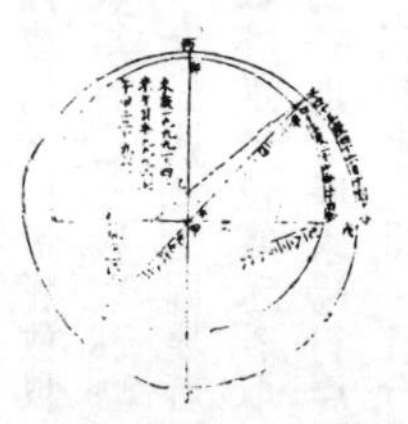

又日行己卯辛弧爲春分至秋分時刻得一百八十六日七十四刻其平行爲一百八十四度〇五分二十四秒即辛未己弧當得一百七十五度五十四分三十六秒

辛未己弧內減己角之倍數即辛未弧四十四度三十二分三十〇秒餘未己弧得一百三十一度二十二分一十〇秒求得未己弦一八二二五八六八又於未己弧加己庚共得一百七十六度四十九分四十四秒求得未甲庚弦一九九九二三四二

既戊壬爲經度四十五今欲求壬至丙太陽最高之點或卯甲庚角及乙甲兩心之差各幾何依下文論之

己子未三邊直角形既得己角及己未邊求未子線其法全數萬萬內與己角二十二度有奇內之正弦一三八九〇〇〇與未子邊若未己弦一八二二五八六八外與未子邊得六九〇七一六

八外

甲子未直角形既有子甲未角

四十五度爲庚甲己之交角故及未子邊求未甲其法全數內與未子外若子未甲角

四十五度爲未甲兩角平分子直角故之割線一四一四二一〇〇內與未甲邊外得九七六八二一

〇

庚未弦一九九九二三四二平分之得九九九六一七一午未也內減未甲餘二二七九六一午甲也

又庚己未弧與半圈其較三度一十〇分一十六秒平分之得一度三十五分〇八秒乙庚午角也

若庚乙引之至癸癸未弧爲較半之爲癸庚未角求正弦得二七六四五〇乙午線也

乙午甲直角形既得甲午午乙兩邊求甲乙用勾股法得三五八四一六即兩心之差其全數乙卯爲太陽本圈之半徑約之得百分之三分半有奇

又求乙甲午角其法午甲邊外與全數內若午乙邊外與甲角之切線得一二一三四一三八內其弧五十〇度三十分爲壬丙即日躔從立夏天元經度四十五至最高丙得五十〇度三十〇分以加四十五得最高之處爲經度九十五度三十〇分在夏至後五度三十〇分其最高衝在冬至後五度三十分

若用秋分前遡立秋四十五度即用前法但依前圖更右爲左論之

立秋後至秋分日行戊壬弧爲天元經度四十五其視行得四十六日三十八刻一十〇分其平行四十五度四十四分一十三秒己庚弧也己未庚乘圈角

半其弧得角爲二十二度五十二分〇六秒其己卯辛弧一百八十四度〇五分二十四秒即辛未己弧一百七十五度五十四分三十六秒二率俱如前

次求未己弦甲未己三角形既得未角以減庚甲己角四十五度得己角二十二度〇七分五十四秒

庚甲己角爲甲己未形之外角必與未己兩角幷等故減未角得己角幾何一卷三十二題

倍之爲辛未弧得四十四度一十五分四十八秒以減辛未己弧餘一百三十一度爲未己弧求得未己弦一八二一四五七三六又於未己弧加己庚共得一百七十七度二十三分〇一秒求得未甲庚弦一九九九四七八四

又己子未形求未子線其法全數內與己未弦外若己角內之正弦與未子邊外得六八七三八三三

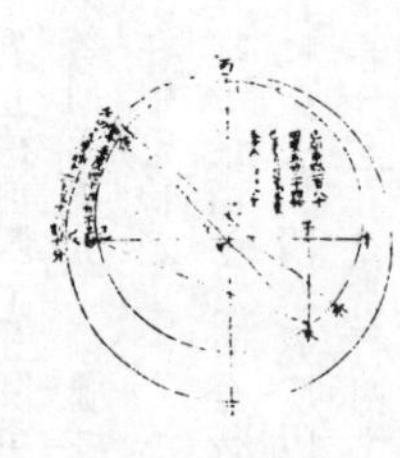

又甲子未形求未甲邊其法全數內與子未邊外若未角之割線內與未甲邊外得九七二一〇六八庚未弦一九九九四七八四平分之得九九九九七三九二午未也內減未甲餘二七六三二四午甲也
庚己未弧與半圈之較二度三十六分五十九秒癸未也平分之得一度一十六分二十九秒乙庚午角也求正弦得二二八二四四乙午線也
乙午甲形求甲乙用勾股法得三五八三八八卽兩心之相距

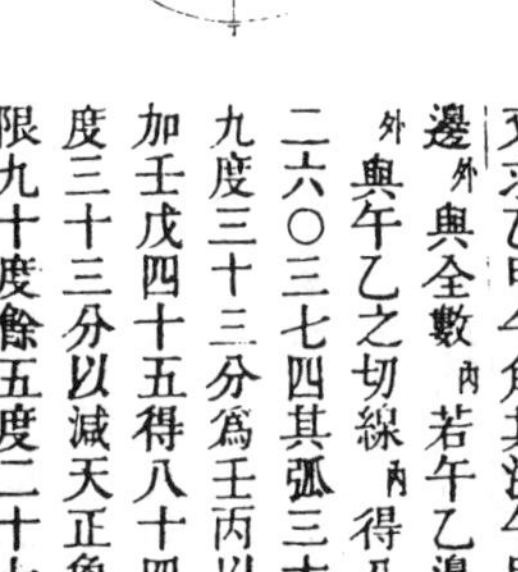

又求乙甲午角其法午甲邊外與全數內若午乙邊外與午乙之切線內得八二六〇三七四其弧三十九度三十三分爲壬丙以加壬戊四十五得八十四度三十三分以減天正象限九十度餘五度二十七分爲最高過夏至之數

此秋分前數與春分後數較差三分然可不論蓋測午正太陽之高或多或寡所差一分卽此算內當差一度今算內差三分則兩測中有差三秒者三秒居一度中爲三千六百分之三安從覺之若兩心之差因此三分之差亦復不合然其較爲一千萬分中之二十八至微矣

右二法皆用天元四十五經度若用天元六十經度則一經度之緯度十二分五十六秒每緯度一分當八刻若用七十經度則緯度一分當十四刻若春分前四十五度秋分後四十五度亦可用但蒙氣多難定其確數耳

古今測候最高所得前後各異今錄取三家以備參考

意羅閣於漢景帝七年壬辰迄崇禎元年戊辰爲一千七百七十七年多祿某於晉永和七年庚辰迄崇禎元年爲一千五百八十八年所測太陽最高其法先求夏至之日

從天正春分迄夏至其視行得九十四日四十八刻日九十六刻夏至迄秋分得九十二日四十八刻共一百八十七日以日率求平行則九十四日四十八刻行九十三度〇九分九十二日四十八刻行九十一度一十一分

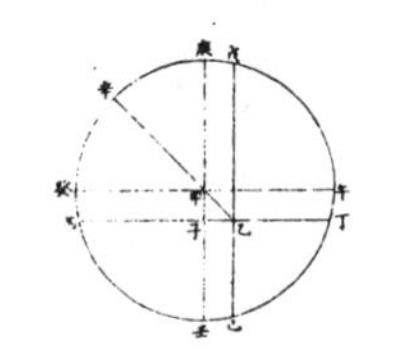

如上圖甲爲太陽本圈心乙爲地心丙爲春分丁爲秋分戊爲夏至己爲冬至兩至線與兩分線遇於乙爲直角次作乙甲辛遇兩心線辛爲最高之點其戊丙戊丁兩弧并之多於半周天則最高在丙戊丁弧內又丙戊弧大於戊丁則最高心在丙乙乙戊兩線以內亦在春分後夏至前如甲次從甲作庚甲壬癸甲午兩直線相遇於甲爲直角與丙乙乙戊各平行夫丙戊弧九十三度〇九分戊丁弧九十一度一十一分幷得一百八十四度二十〇分平分之各得九十二度〇十分爲丙庚丁庚丁庚內減丁戊平行一象限餘〇度五十九分爲戊庚弧其正弦一七一六爲乙子句丁庚內減癸庚天正一象限餘二度〇十分爲癸丙弧其正弦三七八〇爲甲子股用句股法得四一五一爲甲乙弦卽兩心之相距

又求甲乙子角其法子乙邊外與子甲邊外若全數內與甲乙子角之切線內得二二〇二七其弧六十五度三十五分日躔春分後至最高之點爲實沈五度三十五分

兩心相距爲十萬之四千一百五十一約之爲百分之四以較前第一法所得之數不無互異其較爲十萬之五百八十一兩得數不等其元測必不等然此古法以日躔天正夏至之時刻爲根夏至之定時最爲難得何者夏至後天元一經度得緯僅一十三秒若北極出地四十度之處用一丈之表測午正日軌高得二十六度半彊其景爲千萬之四百九十八萬五千八百一十六若加十三秒之景應加千萬之六十五分約之爲十萬之六分彊通之爲六微雖復巧手明目何從覺之又本地本時蒙氣之映高亦得二分四十〇秒又天正夏至未確若先後一日卽最高之處及兩心相距必前後若干度分以此論之纖芥參差諒無足怪乃愈見斯人之不爲牽合斯術之最爲密親矣

亞耳罷德後多祿某七百四十年於唐僖宗廣明元年庚子迄崇禎元年七百四十八年測算得最高在實沈二十二度一十七分(卽夏至前七度四十三分)不同心之差得十萬之三十四百六十五

白耳那瓦於弘治元年戊申迄崇禎元年一百四十年測得日躔從春分迄秋分行一百八十六日九十○刻○十分從春分至立夏行四十六日一十四刻○五分從立秋至秋分行四十六日三十五刻○五分因而推算庚己弧此爲四十五度二十九分一十三秒

前法爲四十五度二十七分三十四秒

行四十六日一十四刻○五分

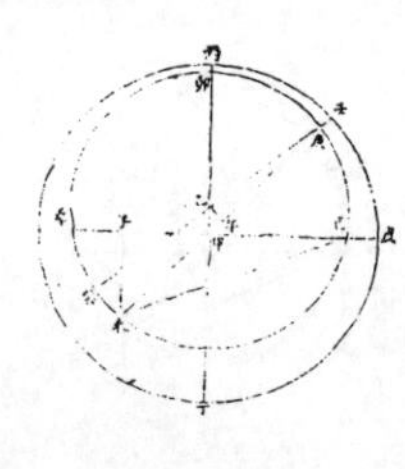

前法爲四十六日二十○刻一十○分

己卯辛弧此爲一百八十四度○三分二十一秒

前法爲一百八十四度○五分二十四秒

行一百八十六日九十○刻一十○分

前法爲一百八十六日七十二刻三十○分

己未辛弧此爲一百七十五度五十六分三十九秒

前法爲一百七十五度五十四分三十六秒

己甲庚爲四十五度角其餘己甲未角一百三十五度同前未甲庚線爲一九九九二七六八

己甲未形有己未邊有角求甲未邊得九七六四八○三

未午爲未甲庚之半得九九九六三八四內減甲未得甲午二三一五八一

癸未弧三度○四分五十四秒乙庚午角一度三十二分二十七秒其正弦午乙二二六九七

乙午甲直角形有兩邊求甲角甲乙邊得午甲乙角四度一十五分一十○秒爲立夏離最高之度分甲乙邊三五四八○七爲兩心之差其全數則太陽本圈之半徑乙卯

最高在夏至後四度一十五分一十○秒

前法爲五度三十○分差○度一十四分五十○秒

兩心差三五四八○七

前法爲三五八四一六其較三四一一則一千萬分中之三千四百一十一分一萬分中之三分有奇也

推太陽之視差及日地去離遠近加減之算第八

按天問略等書皆言地體居天中止一點是也然各重天高下大小不等各天與地球比例之大小亦不等惟恆星一重天比於向下諸天甚遠甚大以地球較之極微無數可論故測候之家以恆星爲求視差之本

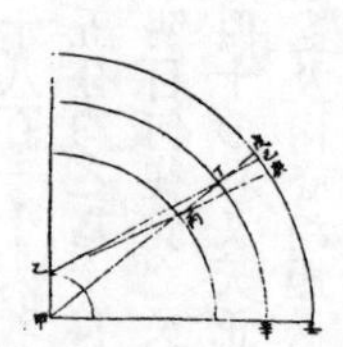

如上圖甲爲地心甲乙爲地半徑丁辛爲日躔最高圈丙爲高衡圈日行在最高丁人在乙見日躔於外天(恆星宗動常靜皆是)己壬己弧爲其地平上之視高然從地心測之則壬戊爲其地平上之實高兩高之差爲戊丁己角或乙丁甲角若日行高衡丙從地心測其實高仍在戊與在最高丁等則從地面乙視之見日躔於外天庚從乙丙庚線定視高爲壬庚較前視高壬己爲小故太陽之實高等隨時所見視高不等其視差之數亦不等也

凡有日軌高若干度欲定其視差若干先求本時太陽去地遠近之數其法借三大論(論日月地相去遠近及大小之比例)中一則日以日月食推地徑與日輪本天徑之比例歌白泥定地半徑與日天半徑之比例若一與一千一百四十二

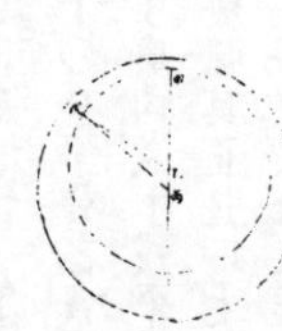

如上前圖甲戊丁爲太陽本圈甲爲最高乙爲其心丙爲地心乙丙爲兩心之差日在戊甲戊爲日距最高度之弧乙戊爲本圈之半徑今欲求自地相離之線曰戊乙丙直線三角形有乙戊半徑全數又有兩心之差乙丙數(三五八四一六)又

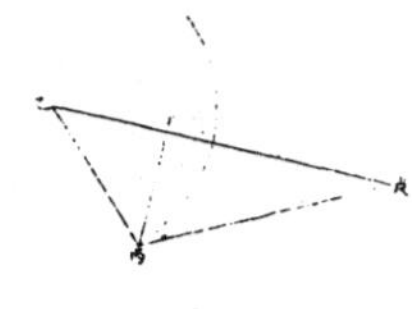

有甲乙戊角之餘角爲戊乙丙形而求丙戊邊其法如增圖全數乙丙內與乙丙邊外若戊乙丙角餘角之正弦丁丙內與某數增圖之丁丙邊外又全數乙內與乙丙邊外若戊乙丙角餘角之餘弦

若戊乙丙爲鈍角其餘角爲丁乙丙此角之正弦爲丁丙餘弦爲乙丁與某數增圖之乙丁邊外以所得第二數加乙戊半徑增圖之戊丁全邊爲股第一數爲句各數自之幷而開方得丙戊既得丙戊次以半徑乙戊全數爲第一率以所倍於地半徑之一千一百四十二爲第二率以丙戊若干爲第三率而求得四率爲丙戊所倍於地半徑之數見本表

若戊乙丙爲銳角其法全數即乙丙內與乙丙邊外若乙角之正弦即丙丁外與丙丁外亦若乙角之餘正弦內與丁乙邊外次於乙戊內減乙丁餘丁戊用句股法丙丁丁戊各自之幷而開方得丙戊

加減差者太陽本圈中平行與視行之差也如上論從天正春分至立夏日行經度四十五其在本圈行四十五度二十七分三十四秒此兩行之較爲加減差也太陽從最高下行至最高衝此半周內應減算從最高衝上行至最高此半周內應加算

如左圖外圈爲宗動天之黃道與地同心爲丙內圈爲太陽之本天其心丁有最高最高衝之線過丁心

若太陽在元枵娵訾降婁大梁實沈春分前後半周平行在實沈初度而視行已至甲即平行算外應加實至甲之弧或丁乙丙角得太陽實躔若在鶉尾壽星大火析木秋分前後半周平行在鶉尾初度而視行纔至戊即平行算內減尾至戊之弧或丁乙丙角得實躔凡最高左右距弧等其加減之算亦等求一即得二

丙乙丁角形有丁丙兩心差有丙乙日地相離數有乙丁丙角上圖爲鈍角而求丁乙丙角爲減差其法全數內與丁丙邊外若丙丁乙角餘角即丙丁午之正弦即丙午內與某數外又丙乙邊外與全數內若某數即丙午外與乙角之正弦即丙午內若丁爲銳角

最高前後九十度必鈍最高衝前後九十度必銳其法全數丁丙內與丁丙邊外若丁角之正弦丙子內與某數丙子外又丙乙邊外與全數內若某數丙子外與乙角之正弦丙子內

用前法推各度分之差列表如後

求地半徑差法同如上丁丙邊爲地半徑丙乙爲太陽距地心之數乙甲爲日躔距天頂之數丁乙丙爲視差角而求乙角爲視差之數其法全數內與丁丙邊外若甲丁乙角之正弦內與某數又丙乙邊外與全數內若某數外與乙角之正弦內簡表得其度分以加所測之數加者視高小於日高也

論日差第九

稱日者日行一晝夜循宗動一周而復於元界也其界爲子午圈或地平圈用子午者以子正或午正時起算用地平者以卯正或酉正時起算也日分十二時九十六刻然其實行度分日日不等如太陽甲日午正在天正春分一點乙日午正春分點行天一周滿經度三百六十而太陽尚不及者一度既至則春分點已去離一度太陽更東行一度而後成爲一日

此一度者有贏有縮日日不等絕非平行故步日躔月離經緯諸星凡稱日者皆不用贏縮之日而用平日平日者行赤道一周井太陽一日之平行爲三百六十度五十九分○八秒一十九微也見本表按以上原本籤卷數週閱前後當以此卷爲原本曆指卷一

欽定古今圖書集成曆象彙編曆法典

第五十二卷目錄

曆法典第五十二卷

曆法總部彙考五十二

新法曆書二

恆星曆指一

曆以齊七政乃自日躔而後首論恆星者何也曰日躔終古行黃道其經其緯易定耳若月五星各有道各有極各有交各有轉紛糅不齊非先定恆星之經緯卽六曜之經緯無從可論故六曜如乘傳恆星其地誌也六曜如行棊恆星其枰局也以是先恆星也恆星之黃道赤道須並論者何也曰赤道在天中終古不變推步者賴爲準則焉乃諸曜皆循黃道行一切躔度因之布算故用赤道經緯以求合於大元用黃道經緯以求合於本行則七政如海舟黃道其行程赤道其望山也故黃赤二道須並論也二道之兼求經緯何也曰凡測量躔度及交食會合必將定其所至之處左右前後纖微乖舛非定處矣故二道之各經各緯如棊局之有縱有橫地圖之有袤有廣闕其一固不可也然則自古曆家何以皆有經度無緯度乎曰創始難工增修易善前人所作爲後人之師前人所缺待後人而補凡事盡然曆爲尤甚者天事難明故也有經無緯正前人所未及回回曆有經有緯而成法爲千年前所立至今無測候改定者亦彼法所未及也曰緜前取驗旣以爲郛之誌棊之局宜恆定不易矣今又須測候改定則是恆星之經緯亦非恆定也已自不定曷爲他行待彼而定曰天載無窮天能無盡大圜在上旣爲動體凡在體中無有不動若云不動則有窮之屬也顧其爲動動必有法若云無法又無能之屬也天豈然哉非止動而已也凡能動者皆有四端一曰隨動一曰自動一曰疾動一曰遲動宗動西行諸曜從之此隨動也七曜恆星各自東行而各有法此自動也西行一日一周其爲亟速非思議所及此疾動也諸曜東行經時不等比於宗動皆可名遲最遲者二萬五千餘年而東行一周此遲動也今論恆星則屬自動又屬遲動自動旣有法卽依法推步可爲他行之法遲動卽數十年而微露端倪數百年而灼見違離違離之後因可隨時革正端倪初見不妨豫爲更易其或甄明此學人不絕世卽數年之間一爲推變有何不可向所云測候改定職此之繇易稱治曆明時取象於革至哉乎一言蔽之矣曰向言每一動者各有四動今恆星之黃赤經緯又屬四種此四動者異乎同乎曰安得同乎黃赤二道位置不等其各兩極不等二經二緯縱橫不等交互不等故令星行不等其差亦不等有名爲有差而絕不可謂差者黃道之經度是也恆星依黃道東行如載籍相傳堯時冬至日躔約在虛七度今躔箕四度四千年間而日退行若干度者卽星之進行若干度也古曆謂之歲差各立年率郭守敬以爲六十六年有奇而差一度今者斟酌異同辨析微眇定爲每歲東行一分四十三秒七十三微二十六纖六十九年一百九十一日七十三刻而行一度凡二萬五千二百○二年九十一日二十五刻而行天一周終古恆然也此立名爲差而實有定法不可謂差者也有行度不爽而兩道參差致生違異者赤道之經度是也星依黃道行與赤道諸緯皆以斜絇相遇兩經相較是生廣狹因其廣狹是生疾遲又因其斜迤而從赤極分經古今各測復生參錯其南北東西亟舒寬迮互有乘除一再廻易卽還故處此則星經不異而以交道爲異者也有星本平行而兩距變易致成升降者赤道之緯度是也黃赤兩至之距爲二十三度八十六分有奇星從南至行北距如是旣迄象限與赤同行道於半周則其距南亦復乃爾計行半周而南北距差四十七度七十二分有奇盡一周而復是其星行不異而以距度爲異者也至若黃赤二道兩至之距古來皆稱二十四度今測定爲二十三度八十六分七十六秒考之西史所載周顯王時一測西漢景帝時一測東漢順帝時一測三史折衷爲二十四度一十八分三十秒以較今測差三十一分五十四秒此爲二道之兩至距度二千年間昔遠今近漸次移易之數也故有不係星行不關經度而躔道自爲近就者黃道之緯度是也合四者論之有易見易知者一有難見而可知者二有易見而不可知者一黃道經行與日躔同類理明數順易見易知矣

赤經赤緯糾紛轉易致爲繁曲然其理可推其數可循總皆二萬五千二百〇二年有奇而一周則難見而可知也惟是黃緯一差分數曉然古時旣遠上古時當更遠不知遠於何始今時旣近後來者當更近不知近於何終遠極或當先近不知改於何年近極或當返遠不知轉於何日此則非理數所能窮非思路所能及故曰易見也不可知也而近世曆家以支離之詞文鹵莽之術揣摩者尚云微有移動誕妄者直曰天度失行自非博稽遠覽探賾索隱何繇知天運之必無僭差天事之終難究竟耶然則法當何如曰無他道焉深論理明著數精擇人審造器隨時測驗追合於天而已西曆所載恆星經緯定自萬曆年間迄今已三十餘載不敢因仍妄用今擬新曆以崇禎元年戊辰歲爲曆元一切撰造斷以是年爲始故恆星黃赤道經緯皆用是年實躔度分展轉推算三四較勘無有差忒然後繪圖立表以待施用別爲恆星曆指三卷首言測驗諸法次言本行及經緯度變易又次言經緯相求繪圖法義於所謂深論理明著數者未及詳備已得其十二三矣用之百年當無舛戾後此依法推變略如前說凡爲圖二十有五立成表四卷其與舊傳天文圖稍異者舊圖無緯度并分宮分宿一千二百年前所定今則皆係見測又圖中止有形象而無本星躔度囘囘曆立成所載有黃道經緯度者止二百七十八星其繪圖者止十七座九十四星亦無赤道經緯今皆崇禎元年所測黃赤二道經緯度分各各備具各各正對一加量度卽圖中各星所在度分與立成表所載本星度分各各符同並無差失凡有測而入表者一千三百五十六星所分大小等次遠近位置紆直形模悉與天象相合其所係符合者非從舊圖改易非從懸象倣摹若改易倣摹不惟不合且去之彌遠今此諸圖黃赤經緯每座每星測算旣確次於圖中依表點定乃加印記後方聯綴所謂閉門造車出而合轍因此知前之測候曾無乖爽後來致用可無謬誤也其舊圖未載而體勢明晳測量已定經緯悉具者一一增入舊圖所有而微細隱約者雖仍其位座目所未見星猶闕焉此外微星雖分明可見而不在測數者悉無增加免致煩亂至若舊圖中南天田六甲天柱天牀等星皆茫昧依希不成位座又如器府天理八魁天廟等星按圖索之了不可得其近處多有微星或云昔之作者牽合此星綴緝成形以補苴空缺今欲依經緯度分聯之卽非本像因仍舊貫則飾無爲有迹涉矯誣儻令依圖指陳依法測驗將無辭以對不得不并廢其名也

測恆星法第一 凡一章

凡治曆以七政經緯度分爲本欲治七政經緯度分以恆星度分爲本欲察恆星得其所居定處必用測星之法測星之法有三其一用太陰用太陰者令太陰居太陽恆星之間早測則太陽未出先測星與太陰之距度旣出卽測太陰與太陽之距度晚測則太陽未入先測陰陽之距度旣入卽測太陰與星之距度各以兩測合推之得恆星之度分也其二用器器者水漏自鳴鐘等一切定時之器細考恆星過子午線時刻並測其高又別求太陽所躔本度因得恆星經緯之度也其三用太白用太白者略同前太陰法早則先測恆星太白之距次測太白太陽之距晚測反是亦各以二距推得恆星度分也問此三法孰愈曰太白爲愈用太陰者古法也而未盡善者有三太陰之體大欲測其中點甚難欲測其邊亦復未易一也本行疾速先與太陽同測次與恆星同測兩測之間所過時刻又自有經行度分二也太陰有視差早晚間高度愈寡差度愈多三也用器者近世之法若人器俱精多能巧合顧其用法繁細而又多風塵寒熱之變亦難保其必合也若用太白則近歲之法較前二爲勝者其體小測以窺筩則全見之行度遲緩兩測之間遷變甚少又視差絕微通無乖悞之緣也測法曰午後太陽未入得并見太白時卽測其兩相距度分器用紀限大儀一人從通光定耳中窺太白之體一人從通光游耳上取太陽之景次數儀邊兩距卽日星之距又同時用渾儀求其出地平上之兩高弧及其距赤道之兩緯度次於日入後旣見恆星更依前法求太白與恆星之距度及其兩高弧兩距赤緯度仍倂識兩測相距之時刻推兩測間太白經行分秒加減之卽得三曜之各定度分卽得太白左右太陽與恆星相距之定度分也旣得此星所躔赤道經緯度又先已測得距赤緯度因推得其黃道經緯度又用此一星徧測餘星其經緯度分悉可得矣西土士第谷七八年積習此法度越倫輩每連日比測又早晚並測必求太陽與太白晚測所居高所居緯度及離地遠近比次日早測所得一一符合乃已何者高度同則視差亦同以東補西卽不必計視差故

也

獨測恆星法第二（凡五章）

以太白居中左右測恆星太陽之距度必用兩測一求太白距太陽一求太白距恆星也然須連日比測須早晚並測者欲以相等之兩視差相補可不論視差此簡法也今不用比測並測或早或晚一測即得故名獨測此則必論視差本法也

求太陽經度

萬曆十年壬午西二月二十六日申初二刻第谷用紀限大儀測太白太陽之距得四十六度一十〇分三十〇秒又用渾儀得太白在赤道北一十五度二十一分四十〇秒於時太陽在地平上一十五度一十分太白高四十八度三十分（二測亦用渾儀或象限儀）因考太陽經度查本表得娵訾一十七度四十九分四十二秒是其實躔而今求視躔於法減太陽之東西差二分一十一秒爲在本宮一十七度四十七分三十一秒其視經總度得三百四十八度四十七分三十秒（總度皆從春分起算）次查本表得其緯度分依法以視差相加得視緯偏南四度五十二分一十五秒更有太白前見測視緯度及與太陽相離經度則得所求二總經度差如下文

求太白高下視差

從地半徑所得故爲高下視差

欲推太陽與太白之經度差必先求太白之東西視差然太白之視差有二一爲高下差一爲東西差又先從高下差以得東西差如左圖太白居本天爲甲地心爲丙地面爲乙成甲乙丙三角形次引長甲乙

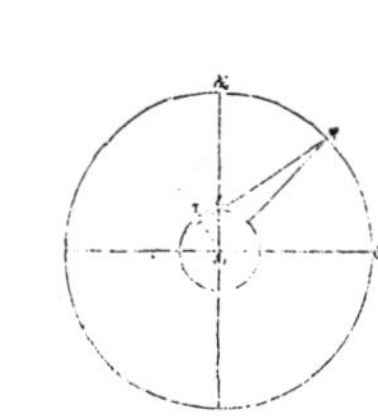

至丁從丙作丁丙垂線成乙丙丁三角形此形有乙丙爲地半徑全數丁爲直角乙丙與乙外兩角等乙丙者丁乙丙角也乙外者甲乙戊角也乙外角爲太白高之餘弧角依三角形法得丙丁線爲六六二六二（全數十萬）又甲丙丁三角形內之甲丙線爲太白離地心其相距以地半徑爲度得八百一十五爲半徑全數又先有丁直角及丙丁線即推得甲小角二分四十八秒爲太白之高下視差

求太白東西視差（即經度視差）

既得高下差因以之求東西差（亦名經度視差）如左圖甲爲天頂赤爲地平辛壬之極己庚爲赤道其極乙太白在戊其高下視差爲丙戊弧即有甲乙戊三角形其甲乙爲地平赤道兩極之差於本地爲三十四度〇

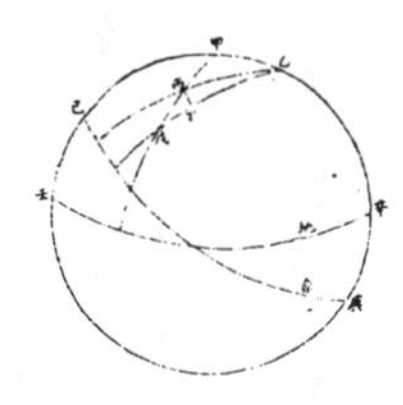

五分一十五秒是其北極出地度之餘弧也戊甲爲太白出地平高度之餘弧四十一度三十〇分乙戊爲太白在赤道北緯度之餘弧七十四度三十八分二十〇秒以曲線三角形之法因其三邊求其角得本三角形之戊角爲九度

四十八分又於視差丙向丁作垂線成丙丁戊小三角形有丁直角有戊銳角又有先所得丙戊視差弧二分四十八秒依此用曲線三角形法得其兩角與對角之一線可推其餘邊餘角得所求丙丁線三十二秒爲太白之經度視差

丙丁線小圈弧也與黃道平行

求太白與太陽經度差

視差既定次求經度差如左圖甲爲赤道極甲乙甲戊俱過北極之大圈弧乙爲太陽丁爲太白乙丁爲兩視處之距弧丙乙丁戊爲各距赤道之度即成甲乙丁曲線三角形也今欲求甲角以得赤道之經度差丙戊依前法用三邊求角三邊者甲丁爲太白距赤道之餘度甲乙爲太陽距赤道之緯度帶一象限乙丁爲二測之距度即三邊具而因以求得甲角知太白離太陽之赤道經四十一度五十四分五十八秒更加入太陽之視經總度

從春分起算爲三百四十八度四十七分三十〇秒

及太白之視經重差

重差者一爲黃道經差三十二秒一爲赤道差三十〇秒

則自春分起數減周得太白所在爲實經三十〇度

四十三分三十〇秒

加減視差訖乃得實經

求畢宿大星赤道經緯度

本日戊初初刻測畢宿大星其西距太白三十〇度五十九分其赤道緯一十五度三十六分太白高二十七度三十〇分在赤道北一十五度二十五分一十〇秒今求兩距之赤道經度差如左圖丁戊爲赤道甲爲赤道極乙爲太白丙爲畢大星甲乙爲太白緯度之餘弧甲丙爲畢大星緯度之餘弧乙丙其兩測之距弧依上法得甲角三十二度一十一分〇六秒兩星之經度差也又依此時刻定太白之本行爲是日合行五十七分先後兩測間得八分一十八秒以加太白之實經度又以後測之高下視差再用前高下差圖求得三分四十五秒以求東西視差亦再用前東西差圖求得二分〇七秒以減太白之實經度共得春分至太白之視經三十〇度四十九分四十一秒以加太白距畢大星之視經三十二度一十一分〇六秒得此星離春分六十三度〇〇四十七秒

重測恒星法第三 凡四章

前法因視差之煩恐有悞不如早晚左右測之兩得數相除相補偹而易就所謂重測也

求婁宿北星赤道經緯度

萬曆十四年丙戌西十二月二十六日申初二刻第谷測得太白距太陽四十六度三十〇分太白在赤道南一十一度一十五分三十〇秒高二十三度正太陽高三度其距赤道查本表得在南二十二度四十一分三十〇秒躔星紀一十四度五十一分五十三秒總經得二百八十六度〇八分四十二秒 春分起算

如左圖甲爲赤道南極乙爲太白丙爲太陽甲乙爲太白距南之餘弧七十八度四十四分三十〇秒甲丙爲太陽距南之餘弧六十七度一十八分三十〇秒乙丙爲兩測之度差依三角形法推得甲角四十七度二十一分〇五秒爲太白距太陽之經度差其總經爲三百三十三度二十九分四十七秒再於本日申正三刻求婁宿北星距太白經度差得五十二度二十一分太白高二十〇度三十〇分兩測間太白之本行四分五十四秒以加經度差總得太白經度三百三十三度三十四分四十一秒以加二星經度差減周約存婁宿北星赤道視經二十五度五十五分四十一秒

求角宿距星赤道經緯度

又戊子年西十二月十五日巳初初刻測得太白距太陽四十六度三十六分出地平高二十度居赤道之南十四度〇四分太陽高三度躔星紀三度五十三分四十一秒在赤道南二十三度二十八分〇二秒其總經二百七十四度一十四分四十九秒如圖甲爲南極乙爲太白丙爲太陽丙甲爲太陽緯度之餘六十六度三十二分乙甲爲太白緯度之餘七十五度五十六分乙丙爲兩測之距四十六度三十六分依法推得乙丙距之經度差爲丁戊四十八度二十六分一十八秒以減太陽經度餘二百二十五度四十八分三十一秒爲太白之總經度

本日辰初三刻先測太白距角宿距星二十九度三十三分三十〇秒居赤道南一十四度〇二分出地平上一十九度今依前圖乙爲角距星丙爲太白餘同上乙甲爲角距星緯度之餘弧八十一度〇二分四十五秒丙甲爲太白緯度之餘弧七十五度五十八分乙丙爲兩星相距二十九度三十三分三十〇

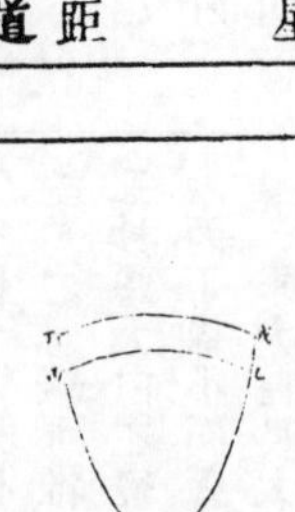

秒依法推得甲角二十九度四十四分二十一秒爲兩星之經度差又兩測間太白赤道度三分四十七秒以減前太白之總經度得二百二十五度四十四分四十四秒再減角距星與太白經度之差得總經一百九十六度〇分二十

三秒

再求角宿距星赤道經緯度

前借西土所測三星之度仍用三角形証之百簡其二三以明法之密合其法再取角距星以較兩年所測而定其準數如前丙戌年測婁北星得二十五經度五十五分四十一秒若加婁角二星元經度之差一百六十九度五十一分五十一秒卽丙戌年角距星之經度共得一百九十五度四十七分三十二秒此比戊子年所得之一百九十六度○分二十三秒差一十一分一十一秒論赤道經度之星差兩年間不得有此所以然者因當日所測之星及太陽皆居赤道南與地平相近其視差爲多緜有清蒙之差地半徑之差其視差愈多故也雖然其東西兩測之高度既同距度又同若以前差分秒平分之減多益少卽得平矣故於戊子年減恆星差五十秒以進一周丙戌年反加之以退一周折中爲丁亥年冬至之後角距星之經度有一百九十五度五十三分五十八秒與前獨測畢大星之經度止相合何者彼所得六十三度○分五十三秒而本星距角距之元經度爲一百三十二度四十八分一十○秒兩測之相距六年更加經五分

恆星東行每年五十一秒六年得五分○六秒赤經略同

并之得角宿距星丙戌年兩測爲俱在同度同分僅隔五秒矣

證獨測不如重測之便

測恆星之經度向所云獨測爲本法重測爲簡法其大端矣重測之爲簡法者獨測之求視差甚難重測則不論視差也所以不論視差者先於西邊測太陽之高度後於東邊測太陽之高度兩高度既同卽其距赤道兩率不甚相遠而太白之兩高度與其兩距度亦然卽有偏斜微細難推可勿論也此兩測所得數若有贏縮則兩視差所爲矣而兩測之高同緯同則視差必同若依本法推論視差所得數於兩測一宜減一宜加今以贏縮之總率平分之加一於此減一於彼損有餘補不足適得其平與兩推視差何異焉故曰重測則不論視差第谷之新法甚爲簡捷者也

以赤道之周度察恆星之經度第四 凡二章

近黃赤兩道有大星任定若干爲距星用前測法或自西而東或自東而西求其兩測之距度及其距赤道之緯度卽用三角形法推得其經度差如是相連綴求之以迄一周所得各赤道經度總之合於赤道周卽如所測各距星之經度俱爲密合用此距星爲衆星之界測量推算鮮不合也

先左旋求四大距星之經度

今借用萬曆十三年乙酉第谷所測之星以爲法如左圖甲乙丙爲極分交圈乙丙爲赤道甲爲赤道極庚爲角宿距星距河鼓中星巳九十七度五十○分在赤道南八度五十六分二十○秒河鼓巳距婁宿北星丁九十○度一十五分在赤道北七度五十一分三十○秒婁北丁距北河東星戊七十四度四十五分三十○秒在赤道北二十一度二十八分三十○秒北河東戊又距角距星九十○度四十六分二十○秒距赤道二十八度五十七分左旋一周連綴測得各星經度總之合於赤道周卽各測俱不謬而可用爲距星以測衆星矣

依前法先推甲己庚三角形其第一邊甲己爲河鼓中星緯度之餘八十二度○八分三十○秒第二邊甲庚爲北極至赤道南之角大星共九十八度五十六分二十○秒第三邊庚己爲兩星之距度依上測爲九十七度五十○分用三角形法推得九十六度四十五分○九秒爲甲角之弧卽兩星相距之赤道經度也次推甲己丁三角形有第一甲己邊有第二甲丁爲北極至婁北得六十八度三十一分三十○秒第三己丁河鼓中婁北之距依上測爲九十○度一十五分依法推得甲角之赤道弧九十三度二十二分五十八秒又轉推甲丁戊在左甲戊庚在右兩三角形其甲戊六十一度○三分爲同用邊餘邊皆見上文依法推甲角左對弧八十三度五十七分三十三秒右對弧八十五度五十四分一十八秒此四星相距之各經度差并之得三百五十九度五十九分五十八秒以較赤道全周止差二秒若以秋分爲界則於半周減一十五度五十二分一十八秒爲秋分與角大星之距度次加各星之經度差以合於全周

後右旋求六大距星之經度

上文隨恆星之本行自西而東測得其經度此自東還西反測之以證其密合亦用角宿距星爲首依萬曆乙酉所測赤道與前解不異所得諸星距度及赤道經緯度若數一二於眉睫之下也

六大星	距赤道度		分	秒
乙角宿距星	南	八	五十六	二十
丙軒轅大星	北	十三	五十八	〇
丁井宿距星	北	二十二	三十八	三十
戊婁宿大星	北	二十一	二十八	三十
己室宿大星	北	十三	〇	四十
庚河鼓中星	北	七	五十一	二十

六大星	相距	度	分	秒
乙角宿距星	南	五十四	二	〇
丙軒轅大星	北	五十四	三十三	四十五
丁井宿距星	北	五十八	二十二	〇
戊婁宿大星	北	三十四	三十七	十五
己室宿大星	北	四十七	四十九	二十
庚河鼓中星	北	九十七	五十	〇

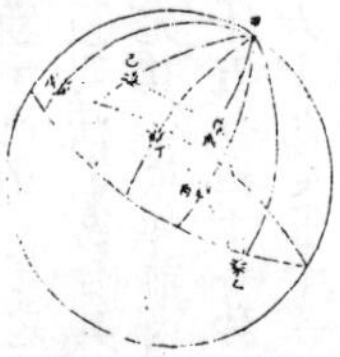

六距星用大三角形轉甲者六角

第一乙甲丙形從甲過赤道至乙共九十八度五十六分二十〇秒甲丙爲軒轅大星距赤道之餘七十六度〇二分乙丙爲二星之距五十四度〇二分推得甲角對二星之經度差四十九度一十九分二十〇秒

第二丙甲丁形先有甲丙其甲丁爲井宿距星距赤道之餘六十七度二十一分三十〇秒丙丁爲二星之距五十四度三十三分四十五秒推得甲角弧五十七度〇四分一十〇秒

第三丁甲戊形先有甲丁其甲戊爲婁宿北星距赤道之餘六十八度三十一分三十〇秒丁戊爲二星之距五十八度二十二分推得甲角弧六十三度二十八分三十〇秒

第四戊甲己形先有甲戊其甲己爲室宿距星距赤道之餘七十六度五十九分二十〇秒戊己爲二星之距三十四度三十七分一十五秒推得甲角弧四十四度五十八分

第五己甲庚形先有甲己其甲庚爲河鼓中星緯度之餘八十二度〇八分四十〇秒其己庚爲二星之距四十七度四十九分得甲角弧四十八度二十五分

第六庚甲乙形先有兩腰其庚乙爲二星之距九十七度五十〇分得甲角弧九十六度四十五分一十〇秒已上所得六經度差并之得三百六十度卽赤道周若從二分起算則先定近分第一星近分之度以加減前測所得不異今依上述萬曆乙酉所測春分以後總經度如左

星名	赤道經度	分	秒
婁宿大星	二十六	〇	三十
畢宿大星	六十三	三	四十五
井宿距星	八十九	二十九	一十
北河東星	一百九	五十八	〇
軒轅大星	一百四十六	三十二	四十五
角宿距星	一百九十五	五十二	一十八
河鼓中星	二百九十二	三十七	二十
室宿距星	三百四十一	二	三十

星名	赤道緯度	分	秒
婁宿大星	二十一	二十八	三十
畢宿大星	十五	三十六	十五
井宿距星	二十二	三十八	三十
北河東星	二十八	五十七	四十五
軒轅大星	一十三	五十七	四十五
角宿距星	八	五十六	二十
河鼓中星	七	五十一	二十
室宿距星	一十三	〇	二十

以恆星赤道經緯度求其黃道經緯度第五（凡五章）

前定赤道上之恆星經緯度可用以推考七政矣欲求備法須更求黃道上經緯度也蓋黃道上恆星之緯度終古不易其經度雖隨時變易而每星相距之經度差亦終古如一無相離無相就也所以然者恆星本行之極卽是黃道之極故用赤道者爲其與天元密合用黃道者爲其與本行密合二道二極兩經兩緯兼而用之七政遠近灼然不爽矣欲推其理非

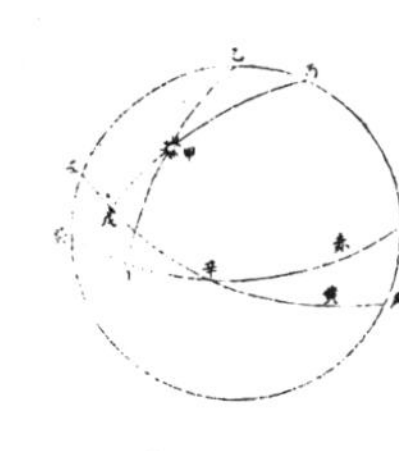

三角形無絲得之今更依前所測諸星申明此法如左

星居兩道之北

如圖外周爲極至交圈丁己爲赤道戊庚爲黃道乙爲赤道極丙爲黃道極甲爲婁宿北星之本位今設赤道距度甲丁經度辛丁以求黃道經度辛戊緯度甲戊其法用甲乙丙三角形有乙丙邊（兩極相距）有甲乙（赤道緯度之餘）有乙角對邊丁辛己丁辛爲赤道經度辛爲春分辛己爲象限

依三角形法先求得甲丙八十度〇三分爲黃道緯度之餘次求得丙角其弧戊壬得五十八度〇六分五十〇秒爲黃道經度之餘壬夏至也辛春分也以戊壬減壬辛象限得戊辛三十一度五十三分一十〇秒爲黃道經度又以甲丙減丙戊象限得甲戊九度五十七分爲黃道緯度求餘星倣此其居黃赤道南北左右位置不同別用三角形求之今略舉如左

星居兩道之中

如甲爲畢宿大星有赤道緯度甲丁依前用甲乙丙三角形之法求得丙極出弧過黃道自戊至甲共九

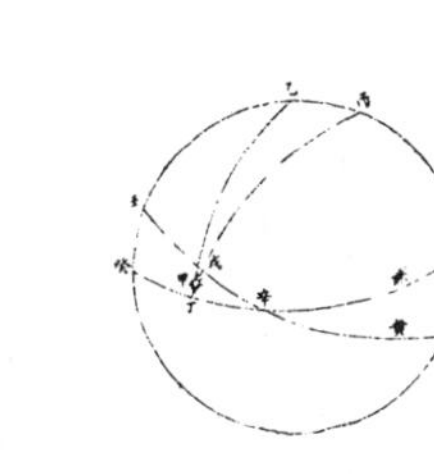

十五度三十〇分五十一秒即象限外五度三十〇分五十一秒爲黃道之南距緯度而丙角之弧戊壬二十六度〇二分以減象限得戊辛六十三度五十八分爲畢大星之黃道經度

又如甲點爲井宿距星其甲乙丙三角形求甲丙法以乙丙乙甲兩邊及乙角推得甲丙九十度五十二分五十七秒爲南距緯度其在黃道南者止五十二分五十七秒其丙角亦止二十八分四十〇秒其餘辛甲即本星之黃道經度也

星居兩道之南

如角宿距星居黃赤二道之南圖中甲乙丙三角形與上相似即推法亦同但乙丙則南極耳形之甲丙弧八十八度〇一分即甲星在黃道南一度五十九

分是其緯度而丙角之對弧庚戊七十一度五十六分五十〇秒即黃道經度自戊至秋分辛得一十八度〇三分一十〇秒

星居兩道相交之左

左圖則辛爲春分辛己爲黃道辛庚爲赤道冬至移左夏至移右而經度亦從

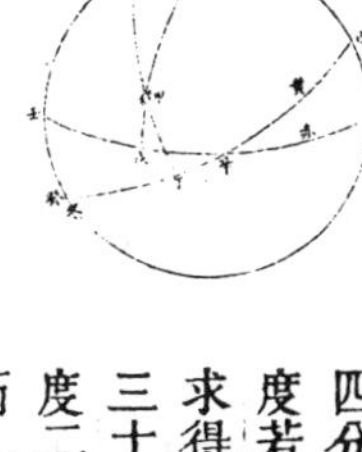

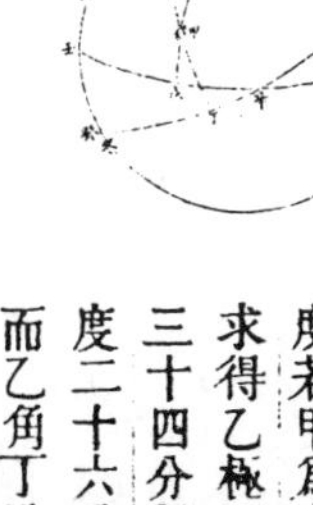

左起算故甲乙丙三角形與上第一圖正相反上求甲丙此則甲乙上求丙角此乙角也如甲爲河鼓中星依法求得乙極至甲六十〇度三十八分三十秒即甲丁二十九度二十一分三十秒爲黃道緯度而乙角之弧丁己一百五十五十四度〇四分減象限己辛得辛丁六十四度〇四分爲距春分之黃道經度若甲爲室宿距星依法求得乙極至甲七十〇度三十四分即甲丁一十九度二十六分爲黃道緯度而乙角丁己一百〇七度有奇可推距春分之經度

星居兩道相交之右

此圖則辛又爲秋分餘皆如前一二圖而甲星在秋分辛夏至癸之間即其經度必過一象限如甲爲北河東星依法求得甲丙八十三度〇二分〇八秒即緯度在黃道北六度五十七分五十二秒而丙角於

一象限外加一十七度三十〇分二十六秒爲其黃道經度若甲爲轅軒大星卽甲丙之餘甲戊在黃道北止二十六分三十〇秒爲其緯度而丙角之弧於夏至癸一象限外加五十四度〇四分四十〇秒爲其黃道經度

星名	黃道經度		分	秒
婁宿北星	北	三十一	五十三	〇
畢宿大星	南	六十四	〇	〇
井宿距星	南	八十九	三十一	二十
北河東星	南	一百七	三十	三十
軒轅大星	北	一百四十四	四	四十
角宿距星	南	一百九十八	三	〇
河鼓中星	北	二百九十五	五十六	〇
室宿距星	北	三百四十七	四十四	〇

星名	黃道緯度		分	秒
婁宿北星	北	九	五十七	〇
畢宿大星	南	五	三十一	〇
井宿距星	南	〇	五十三	〇
北河東星	南	六	五十八	〇
軒轅大星	北	〇	二十六	三十
角宿距星	南	一	五十九	〇
河鼓中星	北	二十九	二十一	三十
室宿距星	北	一十九	二十九	〇

以恆星測恆星第六 凡二章

前以太白求恆星簡知太陽所在因是推定各星度數其理著明矣今既得恆星爲界卽不必以太陽與距星比測直以星相比可得其實躔度數也

測近赤道之恆星

凡恆星近赤道四十度以下藉儀器測之聊可省功太遠卽不可蓋渾儀中圈正合天元赤道乃至地平過極等圈皆切對其所當度分所以近赤道諸星不論在何方向卽可指本星之赤道經度差及其距度也但須用二星左右同見先得其遠近度差依法求得第三星之眞經度

眞經度者從降婁起算至本星

若彼此分秒相符卽爲密合若有微差則平分其較以多益寡假如測井宿南第二星得赤道北緯一十六度四十〇分左有軒轅大星其北緯一十三度五十七分四十五秒相距五十一度一十一分卽所求經度差爲五十三度〇八分三十〇秒此應減於先得之軒轅經度而存九十三度二十四分一十五秒爲是井二星之經度也起算春分右有畢宿大星其北緯一十五度三十六分一十五秒相距二十九度〇九分卽所求經度差三十〇度二十一分一十五秒應加於畢宿大星之本經度乃得井二星之經九十三度二十五分也兩測相比則右方所得數較餘四十五秒減半以益左得九十三度二十四分三十六秒爲井二星赤道上眞經度矣

今更求黃道經緯度卽以所得赤道經緯度依前第五題法卽得井二星甲之經度在鶉首三度一十八分五十〇秒其南緯六度四十八分三十〇秒居黃赤二道之間其餘星各依本方本向或南或北各依三角形法推算俱倣此

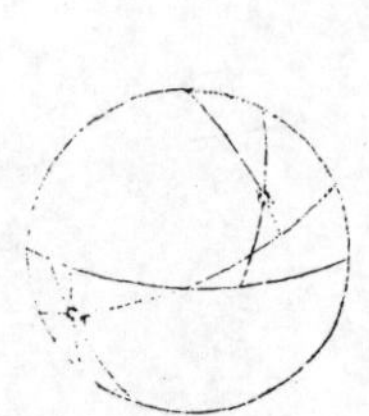

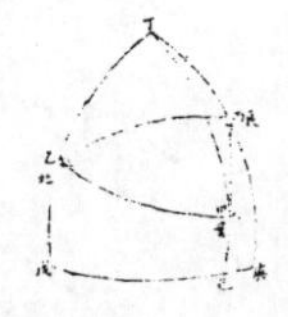

測近兩極之恆星

隆慶六年壬申有客星甚大在策星東北甚近苐谷詳究其經緯度先測定四周諸星然後與本星兩兩相比卽得其實所今先用所測王良西星以明其法按王良西星距婁北星四十一度二十〇分四十五秒距北河南星七十七度二十五分如上圖甲爲婁北星乙爲北河丙爲王良西星從黃道極丁出弧過各星至戊至己至庚成甲乙丁甲乙丙乙丙丁三三角形今所求者爲王良西星距黃道之餘弧丁丙及丁角以得黃道上之戊庚弧定其經度也

先論甲乙丁三角形其兩腰弧爲二星距極之弧卽其距黃道之餘弧也一爲

八十○度○三分一爲八十三度二十二分其乙丁甲角之弧戊己則二星之黃道經度差爲七十五度三十七分如前法得甲乙底七十四度四十五分○八秒又得乙角八十一度二十七分一十五秒

次論甲乙丙三角形其腰線即王艮酉星與二星之距而底線即上甲乙因推甲乙丙角四十二度三十四分一十八秒而存丙乙丁外角三十八度五十二分五十七秒下文用此

末論乙丙丁三角形前已得乙丙丁丙弧及乙角因推得丙丁弧三十八度四十五分二十二秒其餘弧丙庚爲王艮酉星距黃道之緯度又推得丁角七十八度○八分三十○秒是王艮酉星與北河南星之黃道經度差眞經度所出也若更求其赤道經緯度即因所得度分如上圖之甲丙線及丙角依前第五題法即得本星之赤道經三百五十六度四十三分二十○秒其北緯五十六度四十八分三十○秒餘星皆依此法

測恆星之賫第七 凡一章

測恆星測七政躔度公理也而有四賫一曰測器二曰子午線三曰北極出地度分四曰視差四賫既具非其時又不可測焉測器者何也凡測星有三求一求其出地平上度分二求其互相距度分三求其距黃赤二道之何方何度分所用器亦有三一爲過天頂之圈如象限儀立運儀等此爲測地平高度之器一爲紀限儀此爲測兩距度之器一爲渾天儀南北觀象臺所有即是是爲兼測二道經緯之器今所用測星者則紀限渾天二儀而非大不得準非堅固不得準非界畫均平安置停穩垂線與窺筩景尺一一如法亦不得準也子午線者七政行度升之極而降之始也北極出地者凡用儀必以儀之極與本地之高極高極者出地上之極也相當而後各經緯皆相當乃始展轉測候焉若無子午以正東西升降無高極以正南北高下即一切綴算之法無從得用故二者測天之本也視差者何也凡七政之視差有二一爲地半徑差一爲清蒙氣差地半徑差月最大日金水次之火木土則漸遠漸消恆星天最遠地居其中止於一點故絕無地半徑差而獨有清蒙之差清蒙地氣去人甚近故不論天體近遠但以高卑爲限星去地平未遠人目望之星爲此氣所蒙不能直射人目必成折照乃能見之一經轉折人之見星必不在其實所即星體在地平之下人所目見乃在其上也詳見日躔曆指迨升度既高蒙氣已絕則直射人目是爲正照雖星月之間微有濕氣不能爲差也試用一星於地平近處測其去北極之度迨至子午圈上又測之即兩測必不合或用兩星於地平近處測其距度迨至子午圈上又測之即兩測亦必不合此其證也此氣晴明時有之人目所不見而能曲折相照升卑爲高故名清蒙若雲霧等濁蒙直是難測不論視差矣苐谷累年測候妙悟此理剏立差分恆星視差比日躔視差更弱止近地平二十度以下乃能覺之表如下方

恆星高度	恆星視差分	秒
○	三十	○
一	二十一	三十
二	十五	三十
三	十二	三十
四	十一	○
五	十	○
六	九	○
七	八	十五
八	六	四十五
九	六	○
十	五	三十
十一	五	○
十二	四	三十
十三	四	○
十四	三	三十
十五	三	○
十六	二	三十
十七	二	○
十八	一	十五
十九	○	三十
二十	○	

作此表者其本方極出地之度與此方不等且視差亦隨天氣各有多寡厚薄但數既密微測得其時則此表可共用之所謂時者如雲霞霧露無論已即使晴明時日而二十度以下蒙氣乃所必有若所測兩星俱在二十度以上即可不論視差若一在二十度上與蒙氣相絕一在二十度下居蒙氣之中則近地平之星必升卑爲高而成視差兩星之經度非眞率矣至若日躔元枵於時爲立春於候爲東風解凍濕氣尤盛此際測星其視差必多於他時更宜消息加減之也此四賫者爲測星所須舉其大略若全理全用具載本論

測恆星之器第八 凡二章

測量全義之末篇論諸測器略備矣此所系獨測候恆星二器者因上文每言測法必先明器理然後能通其言意也

測恆星相距之器

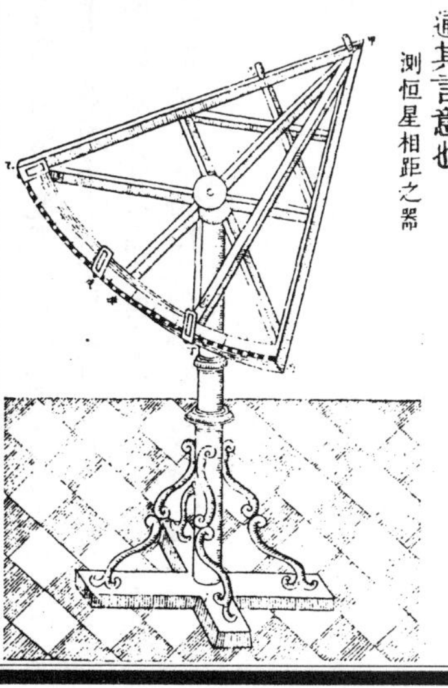

測恆星相距之器圖說

如前圖甲乙丙爲全圈六分之一名紀限儀者曆家以六十爲紀法以別於四分一之象限也甲爲全圈之心乙丙爲紀限之弧分六十度度分六分十二或三十任儀大小作之儀愈大分愈細卽愈善耳甲丁尺爲度尺樹圓表於甲以爲尺樞其末丁游移弧上以定度分切度分之處刻其半爲中線以直當甲心之一點丁上立一通光耳耳上於中線兩旁各作一罅各與中線平行兩罅之間與甲表之徑等是耳隨尺游移故名遍光游耳又於乙上立一耳常定不移是名遍光定耳又別作一耳用則加之否則去之是名通光設耳三耳之用不同其制一也又於己上立一小表弧之上去乙二十度爲戊去乙丙各三十度爲庚己戊線與甲庚平行使從戊闚己從庚闚甲其度分等而通光設耳之本所則戊也全器以架承之或爲圓球架或爲三樞架令上下左右偏正無所不可以便展轉測諸曜之距度分測法先定所測之二星順其正斜之勢以儀面承之以搘杖支之次令一人從定耳之一罅窺甲表同方之一邊令目與表與第一星相參直又一人從游耳窺第二星亦如之次覜兩耳下兩中線之間弧上距度分卽兩星之距度分也若兩距度分絕少難容兩人並測卽加設耳於戊以戊己當乙甲向己表窺第一星而丁甲度尺對第二星如前從庚右數之卽所測之距度因戊己與庚甲爲平行線故也凡測日與月月與星星與日皆倣此但日光照耀表景多虛淡不明宜用展縮木筩一具加度尺之上以束光聚影則灼然易見矣

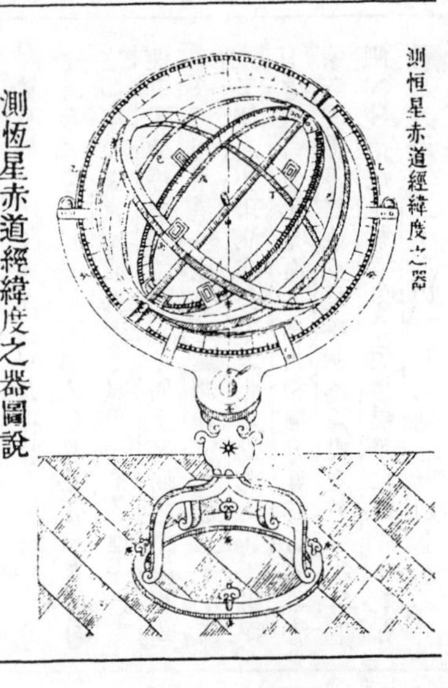
測恆星赤道經緯度之器

測恆星赤道經緯度之器圖說

如前圖乙爲子午圈周分三百六十度游移架上以就本方北極出地之高平分其周而設之軸平分其軸而設之表當天頂而設之垂線下置垂權至於壬而止以取平也架之下設螺轉之榘四以爲足展轉覜垂權而高下之以取平也軸之兩端入於乙圈之鑿欲其利轉也其交於己圈也己圈之交於丙丁圈也持之欲其固也丙丁圈者赤道也平分兩極而居於己圈之中界故又名中圈也己與丙丁兩圈爲一體旋轉相從而兩圈之內又設爲戊辛之圈戊辛與外圈同軸自爲旋運不交於外圈而丙丁戊辛兩圈之上各設兩游耳游耳者可離可合百游無定之通光耳也兩圈之各兩面皆平分爲三百六十以定度分其測星也用赤道圈求經度法以兩通光耳一定焉一游焉一人從定耳窺軸心之甲表與第一星參直一人移游耳展轉遷就窺甲表與第二星參直兩耳間之度分卽兩星之眞經度差也用戊辛圈求緯度亦以遍光耳遷就焉若測向北緯度卽設耳於赤道南測向南緯度卽設耳於赤道北皆準諸軸心之甲表令目與表與所測星參直乃止次簡游耳下本圈之度分在赤道圈或南或北凡若干卽本星之距赤道南北度分按以上原本作曆指卷一誤當爲原本曆指卷二恆星之一

曆法典第五十三卷

曆法總部彙考五十三

新法曆書三

恆星曆指二

恆星本行第一 凡五章

前卷所借西史測星之法爲恆星曆之基本此卷應準前法仍借舊測諸星經緯度立表以待推算然舊測在萬曆十三四年今相去四十餘載不復可用宜作新表又須先明新舊所以異同之故不得不論其本行次乃定時下各星之經緯度表

恆星本行之徵

七政之運行也時相會時相對其與恆星也時相近時相遠其本曜之光時消時長

月有晦朔弦望近論太白辰星熒惑皆有之

其東西出沒於卯酉也時南時北其過子午圈也時高時下人目所見變動不居故從古迄今人人知其自有運動因生各曜推步之法無可疑者若恆星則無先相會後相望無先相近後相遠其光不消不長其東西出沒其過子午圈雖百數十年無從覺其有差安知其有本運動乎夫恆星移運非一世之事前古曆家既已測其定度欲更得其轉移之數必百年數十年誰能待之是故一人之身絕無能覺之緣也後來學者傳受先賢所測度數復身試測之往往見其不合先人所見與四節相近者後人測之漸遠又後之人測之又漸遠從是推知恆星有本行之實度分及其移易之所以然也如角宿大星古地末恰於周赧王二十年丙寅測得其經度在秋分前鶉尾宮二十二度後多祿某於漢順帝永和三年戊寅測在鶉尾宮二十七度後泥谷老於嘉靖四年乙酉測得過秋分在壽星宮一十七度後第谷於萬曆十三年乙酉測在壽星宮一十八度軒轅星亦如之周赧王丙寅在鶉首宮二十七度漢末和戊寅在鶉火宮三度二十分今測在鶉火宮二十四度四十分餘星皆如之是以帝堯之世日中星鳥謂春分則初昏時鶉火中也而周末在井今在參矣堯時冬至日在虛漢唐在斗今在箕矣非其自有本行安得冬至宿虛離而西鳥離子午而東乎

恆星本行之極

七政本行以黃道爲道以黃道極爲極終古恆然何繇知之蓋人目所見出沒於地平之卯酉南北不一過午之高度多寡不一又有時離赤道而南有時復還於赤道之北以此知其行必非循赤道行以此知其極必非宗赤道極也然七政之循黃道或浹旬可得或周歲可得恆星之循黃道必上下古今然後可得何者上古有測中古有測今時有測乃恆星出沒地平之處今非中古之處中古非上古之處其還午之軌高亦然而恆移不定者赤道之距度恆定不移者黃道之距度也以此推知其循黃道行宗黃道極與七政同理灼然無疑矣更徵實論之凡恆星距赤道之度從星紀迄鶉首則在赤道之南者必古多而今漸少在赤道之北者必古少而今漸多不似七政之行從冬至逾春分而夏至自南趨北乎從鶉首迄星紀則在赤道之南者必古少而今漸多在赤道之北者必古多而今漸少不似七政之行從夏至逾秋分而冬至自北趨南乎如外屏第二星堯時在赤道南一十二度彊因此時入娵訾宮故距度漸減至多祿某尚在南〇二度四十九分後漸過赤道以北今北距五度矣井宿距星堯時在赤道北一十四度弱因入實沈宮故距度漸加至多祿某得一十度正今北距二十三度與夏至圈相近也又軒轅大星堯時距赤道北二十四度因入鶉火宮故距度漸減至多祿某得一十九度三十〇分今止一十三度三十〇分角宿大星堯時距赤道北十〇度因入鶉尾宮故距度漸減以至於盡盡而復加至多祿某過赤道距南二十〇分而今漸遠距南得〇九度一十〇分以此三四星爲徵餘者盡然知其不隨赤道而循黃道行宗黃道極也且七政皆右行而恆星亦右行以此推之尤著明矣

恆星本行古測

多祿某見恆星距赤游移不一先以上古所測星之赤道距度黃道距度及其兩道相距度依三角形法測得其黃道經度後以自測之赤道距度如前求所

當之黃道經度以兩距時之經度差得中積之本行假如地末恰在其前四百三十二年所測角宿大星距赤道北一度二十四分距黃道南二度正此時之兩道相距爲二十三度五十一分因推其黃道經度在鶉尾宮二十二度二十○分後自測其黃道距度已過赤道而南三十○分其黃道距度及兩道相距如前因得本星黃道經度在鶉尾宮二十六度三十八分以較地末恰所測差四度一十八分以四百三十二年分之約得一百餘年而行一度此多祿某所定爲恆星本行也

泥谷老後多祿某一千三百八十六年又以時史所記恆星距赤道度及所自測以推其本行漸次減速蓋從多祿某至巴德倪七百四十一年共得本行一十一度二十六分爲六十五年而一度又六百四十五年至見測時行九度一十一分是爲六十一年而一度以是論恆星之本行有遲速初無恆度可爲常定不易之法也因立爲遲疾加減法今略解之云凡恆星去離四節有兩說或云恆星離四節（二分二至）而右行每六七十年進一度或四節離恆星而左行每六七十年退一度其理則同此所用者左行而退度也如圖甲戊子大圈爲黃道甲爲天元春分古時合於婁宿南星後來春分去離天元甲而積漸西移以至於戊乃其行遲疾不一故推步之法以從甲至戊之本行爲春分去天元之平行以戊爲心作午子己小平面圈貼合於圓球面上以子未全徑指量平行與視行（視行卽實行也）之差度其癸己辛邊上爲自行度立加減法若在己未午半圈則減於甲戊之平行以得其實行若在午子己半圈卽加於甲戊之平行以得實行也依此所求有三一求春分節戊隨時去離天元甲若干爲平行二求小圈之最遠己隨時向辛未行若干爲自行三求子未小圈半徑內加減度所當小圈邊之自行度卽顯恆星實本行之度也

恆星本行今測

從古曆家旣知恆星自有本行後相去二千餘年其所行度尚未及周天十二分之一（三十度）其遲如此乃欲藉此推測全周欲定其運行體勢歷歲多寡譬如隙中窺豹所見一班而遽欲槩其全體何從取證乎故古來諸家所定或六十年或七八十年或百年而行一度各不相合若於諸家所定長短不齊之中立爲別法又甚繁而未必是也第谷精思累年用前賢之成法展轉參訂始信恆星運動常是平行雖從前諸測不無差殊究所從來各有因起窮極理勢終歸一致其說先以泥谷老所測角宿距星試之於正德九年甲戌測得赤道南距八度三十六分第谷疑前測地面其北極出地高度尚非眞率使人用大器密測實得彼所用高度尚差二分四十五秒因辨角距星距度中宜減二分四十五秒爲北極不及之度又以所自測本星之黃道南距一度五十九分及此時之兩道相距二十三度三十一分三十○秒依前卷三角形法改泥谷老時所測黃道經應得過秋分一十七度○三分三十○秒又自於萬曆甲申年測算得十八度○三分兩測時相距七十年而角南星行五十九分三十○秒卽一年得五十一秒爲恆星本行之恆數也

又疑七十年時日太少不足以推驗全周再引係巴科於漢武帝元朔六年戊午所測軒轅大星在鶉首宮二十九度五十○分至自測時逾一千七百一十三年乃在鶉火宮二十四度○五分卽所行二十四度一十五分以距年而一亦得五十一秒爲一年之本行凡七十年又七閱月而行一度可爲定率矣

又因此距太遠復引巴德倪在係巴科後一千○六年爲唐僖宗中和四年甲辰所測軒轅大星得其黃道經度在鶉火宮一十四度○五分比元朔戊午贏一十四度一十五分迄第谷時越七百○五年而差一十度正究其比例又得五十一秒爲一年之本行且無遲速若茲參伍知千年數百年此率猶當未變也

或問前言古名曆若地末恰若多祿某各有測驗第谷時曷不用此二家之說並加參伍乎曰依地末恰多祿某測法卽二家所得本行先自不合用之參伍將何從而可乎試簡彼兩測角距星地末恰測在鶉尾宮二十二度二十○分越一千八百七十九年而第谷測得經度東行二十五度四十三分卽一年平行僅得四十九秒一十五微多祿某測在鶉尾宮二十六度四十○分越一千四百四十六年而第谷測得東行二十一度二十三分卽一年平行五十三秒

一十五微何從而可乎若損其有餘補其不足亦宜以五十一秒爲正何況有係巴科巴德倪第谷三測數並較並無乖舛安得舍此之密合而從彼之紛紜哉

又問古者測驗何故多有不合而今所當用全屬第谷之新法乎曰第谷測星非得其分秒不用非三四器三四人同時並測而所並得在一分以內不用故其法爲獨密也古法寬疎或儀器未善或未覺知天行變易之詳所測度數差在數分之內自謂足矣安得如新法之精乎又第谷于恒星一一測候皆躬親爲之又苦心數十年乃得就此若古測不能遍及諸星又皆遠借係巴科所遺之經緯度表加以後來行度率爾立法未如第谷之實測實見確有據依可以信今傳後也若泥谷老所立恒星測法設平行自行以遲疾加減求得實行當其時誠爲密合今以測星法細考之已覺稍遠將來愈久愈遠後有作者當自得之不待繁稱也

恒星本行表

因列宿本行恒平分無遲速可用加減法於曆元以前曆元以後時時推得黃道經度所在也若因黃道距度稍有變易恒星本行亦當小差此在數百載之後隨時測定若經度分即數百年後亦當未變況第谷所測近在四十年間今借用之豈非濱河汲水甚易而實是乎

崇禎元年戊辰爲曆元下推應加上推應減 分秒法俱是六十

加	分	秒	減	加	分	秒	減	加	分	秒	減
加 每年五十一秒			減 同上	加 同上			減 同上	加 同上			減 同上
戊辰	○○	○○	戊辰	丁丑	○七	三九	己未	丙戌	一五	一八	庚戌
己巳	○○	五一	丁卯	戊寅	○八	三○	戊午	丁亥	一六	○九	己酉
庚午	○一	四二	丙寅	己卯	○九	二一	丁巳	戊子	一七	○○	戊申
辛未	○二	三三	乙丑	庚辰	一○	一二	丙辰	己丑	一七	五一	丁未
壬申	○三	二四	甲子	辛巳	一一	○三	乙卯	庚寅	一八	四二	丙午
癸酉	○四	一五	癸亥	壬午	一一	五四	甲寅	辛卯	一九	三三	乙巳
甲戌	○五	○六	壬戌	癸未	一二	四五	癸丑	壬辰	二○	二四	甲辰
乙亥	○五	五七	辛酉	甲申	一三	三六	壬子	癸巳	二一	一五	癸卯
丙子	○六	四八	庚申	乙酉	一四	二七	辛亥	甲午	二二	○六	壬寅
加 每年五十一秒			減 同上	加 同上			減 同上	加 同上			減 同上
乙未	二二	五七	辛丑	庚戌	三五	四二	丙戌	乙丑	四八	二七	辛未
丙申	二三	四八	庚子	辛亥	三六	三三	乙酉	丙寅	四九	一八	庚午
丁酉	二四	三九	己亥	壬子	三七	二四	甲申	丁卯	五○	○九	己巳
戊戌	二五	三○	戊戌	癸丑	三八	一五	癸未	戊辰	五一	○○	戊辰
己亥	二六	二一	丁酉	甲寅	三九	○六	壬午	己巳	五一	五一	丁卯
庚子	二七	一二	丙申	乙卯	三九	五七	辛巳	庚午	五二	四二	丙寅
辛丑	二八	○三	乙未	丙辰	四○	四八	庚辰	辛未	五三	三三	乙丑
壬寅	二八	五四	甲午	丁巳	四一	三九	己卯	壬申	五四	二四	甲子
癸卯	二九	四五	癸巳	戊午	四二	三○	戊寅	癸酉	五五	一五	癸亥
甲辰	三○	三六	壬辰	己未	四三	二一	丁丑	甲戌	五六	○六	壬戌
乙巳	三一	二七	辛卯	庚申	四四	一二	丙子	乙亥	五六	五七	辛酉
丙午	三二	一八	庚寅	辛酉	四五	○三	乙亥	丙子	五七	四八	庚申
丁未	三三	○九	己丑	壬戌	四五	五四	甲戌	丁丑	五八	三九	己未
戊申	三四	○○	戊子	癸亥	四六	四五	癸酉	戊寅	五九	三○	戊午
己酉	三四	五一	丁亥	甲子	四七	三六	壬申	己卯	一度○○	二一	丁巳

以日周三百六十五度四分度之一推恒星積歲本行列表如左 分秒微纖法俱一百

年	分	秒	微	纖	年	度	分	秒	微	纖
一	一	四十三	七十三	二十六	八十	一	一十四	九十八	六十一	一十一
二	二	八十七	四十六	五十二	九十	一	二十九	三十五	九十三	七十五
三	四	三十一	一十九	七十八	一百	一	四十三	七十三	二十六	三十九
四	五	七十四	九十三	○六	二百	二	八十七	四十六	五十二	七十八
五	七	一十八	六十六	三十二	三百	四	三十一	一十九	七十九	一十七
六	八	六十二	三十九	五十八	四百	五	七十四	九十三	○五	五十六
七	十	○六	一十二	八十五	五百	七	一十八	六十六	三十一	九十四
八	十一	四十九	八十六	一十一	六百	八	六十二	三十九	五十八	三十三
九	十二	九十三	五十九	三十八	七百	一十	○六	一十二	八十四	七十二
十	十四	三十七	三十二	六十四	八百	一十一	四十九	八十六	一十一	一十一
二十	二十八	七十四	六十五	二十八	九百	一十二	九十三	五十九	三十七	五十
三十	四十三	一十一	九十七	九十二	一千	一十四	三十七	三十二	六十三	八十九
四十	五十七	四十九	三十	五十六	二千	二十八	七十四	六十五	二十七	七十八
五十	七十二	八十六	六十三	一十九	三千	四十三	一十一	九十七	九十一	六十七
六十	八十六	二十三	九十五	八十三	四千	五十七	四十九	三十	五十五	五十六
七十	度	六十一	二十八	四十七	五千	七十一	八十六	六十三	一十九	四十四

歲差第二 凡一章

歲之有差亦多故矣一因太陽最高行度一因太陽本圈心去離地心漸次不等此二者爲自差之根或因測驗未合或因北極出地之高度未真此二者爲偶差之根若無此四緣卽太陽所成歲周終古若一何難之有哉然而太陽最高地心去離皆緣古今測候灼然無爽故當依彼自差剏意立法若恒星行度參錯短長旣未能確見其所繇而平行一法又千數百年來的有可據則短長之因亦宜斷歸於偶差而已何必强定爲自差揣摩臆度定爲參差之法幷向

下諸天亦與之爲參差率率天行㤂從彼管窺未定之說耶今依實測實理則恆星經歲之間其東行實得三百六十五日二十四刻〇九分二十六秒四十三微常有定率絕無多寡以較日躔定用歲實實羸一刻五分四十二秒以變經度得五十一秒爲恆星周歲離四節而東行之經度

恆星歲實

古今定歲實之法有二一爲星歲恆星行周歲而復於故處是也一爲節歲日行周歲而復於故處是也近古曆家專用節歲者多矣泥谷老於正德年間欲復用星歲其說引恆星之歲實三一上古之實爲三百六十五日二十四刻一十一分其一中古之實爲三百六十五日二十四刻〇九分一十二秒又自行測驗約略改定爲三百六十五日二十四刻〇九分四十〇秒以先後三率較之所差僅一分四十八秒以爲密親又用古今所測節歲相較二千年以來有差至八九分者以爲疎遠此其復用星歲之本意也然第谷更密考之并恆星歲實所得日數亦復小異其法取多祿某所測太陽及恆星度分以較所自測度分又除去最高差不同心差專求太陽從婁西星平行之度

上古春分節密合於婁西星後節漸違星而西星漸違節而東推步者從天元春分以迄婁西定爲若干度分是名歲差根也

自多祿某以迄自測得兩距之中積度分用中積歲而一爲每年之歲實也按多祿某於漢順帝永和三年戊寅測得天正秋分第谷於萬曆十六年戊子亦如之次加兩測地之東西差

兩測地有東西差卽中積歲之率有多有寡加之者令兩測之中積歲等

得中積距一千四百五十五年三百五十三日五十九刻一十〇分依此查太陽平行得若干周如左

多祿某測太陽在秋分節其最高在實沉宮五度三十分其本圈心距地心之度爲六十〇分本圈半徑之二分二十九秒三十〇微如左圖甲爲最高丙爲最高心戊爲地心甲乙爲太陽離最高之弧弧之對甲戊乙與丙戊乙同角則乙丙戊三角形內有乙丙爲本圈之半徑有丙戊爲本圈心離地心之遠有丙戊乙角對太陽去最高之遠可推得丙乙戊角爲中處日平行所至與實數

以見測視行依法加減訖卽實行

之差因在夏後冬前宜以中實差加於實處

若冬後夏前則以減於實處

卽太陽實處改爲中處而離春分得六宮〇二度一十〇分當時歲差根止六度三十六分

因此時測得角距星距赤道三十〇分推得其黃道經度距春分爲一百七十六度三十六分內減角距婁西之本距一百七十〇度正餘六度三十六分爲此時之歲差根

以減太陽距節平行度六宮〇二度一十〇分得太陽距婁西星平行度五宮二十五度三十四分爲陽嘉元年壬申之太陽平行根

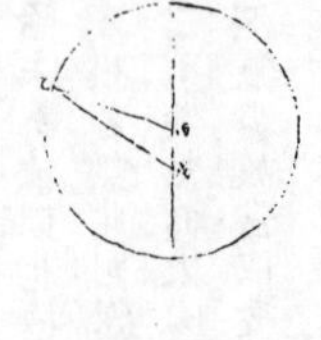

後第谷亦測太陽在秋分此時最高移至鶉首宮五度三十〇分如圖甲爲最高丙爲太陽本圈心戊爲地心二心之距丙戊爲六十〇分本圈半徑之二分〇九秒乙爲太陽之實處

見測之數已經加減訖

距最高八十四度三十〇分所對甲戊乙與丙戊乙同角卽乙丙戊三角形內有乙丙丙戊兩邊有戊角可推丙乙戊角爲中處與實處之差得二度〇二分三十〇秒以加實處得中處六宮〇二度〇二分三十〇秒爲太陽距春分之平行度也內減此時之歲差根二十八度〇五分三十〇秒得太陽去離婁西星平行五宮〇三度五十七分以較前多祿某所測五宮二十五度三十四分所差二十一度三十七分爲太陽中積年間之平行以恆星之中積度分推太陽之右旋得一千四百五十五周三百三十八度二十三分以四率比例推得日行度五十九分〇八秒一十一微二十七纖一十四芒二十六末五十四塵

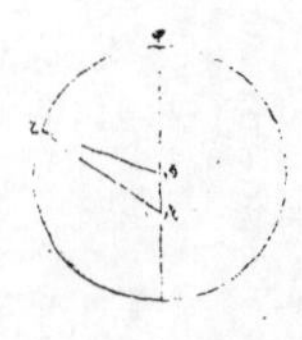

一年行一十一宮二十九度四十四分四十九秒四十〇微四十二纖五十三芒三十八末三十〇塵爲恆星歲實較泥谷老所定實少一十三秒一十六微三十〇纖變時得三百六十五日二十四刻〇九分二十六秒四十三微三十〇纖自多祿某以來至於今恆如是

問星歲無差而有定算如此何近古曆家不復用之曰欲立歲限以定處爲主節歲於躔道有定處於四節有定處於天氣寒暑有定處若星歲雖有定算而無定限隨恆星右旋若隨火木土而已以此較彼將孰愈也其餘尚有他故曆指詳之

恆星變易度第三 凡三章

向言恆星有本行足明其黃道經度日日變遷且有定率矣若用此以推赤道經緯度及黃道緯度可否移易及其經度差互相近互相遠俱未及詳也今論次如左

恆星赤道經緯度變易

定恆星向赤道之度必從赤道起算右行則爲經度而去離南北則距度也若從赤道兩極出大圈過春分名極分交圈乃爲界首經度所始而星居其上者不論在赤道之或南或北者無經度分因在初度初分故也一離此圈不論左右遠近皆名正升度之圈

是從黃道上行而與赤道同出地平同入地平者名升度圈其在正球處名正升在欹球處名斜升

然止論赤道度則皆用正升

乃以限赤道之經度容赤道之緯度也又赤道大圈爲南北距度所始星居其上則無緯度一離此圈不論南北遠近乃至兩極皆名距等圈或云赤道緯圈乃以限赤道之緯度容赤道之經度也但赤道既斜交於黃道而恆星依黃道有本行必與赤道緯圈皆以斜角相交相過即星雖在赤道緯圈上得限距度而以遁行故即黃赤兩距圈每相違遠矣故星之升度圈能得黃赤經度合一不離者獨有二一爲同在極至交圈一爲同在兩道交之兩點自此而外更不可得雖行黃道經度均平如一其行赤道經度時時變動所以然者赤道之升度圈與黃道極所出圈相遇有疎有密隨在不等故也如圖

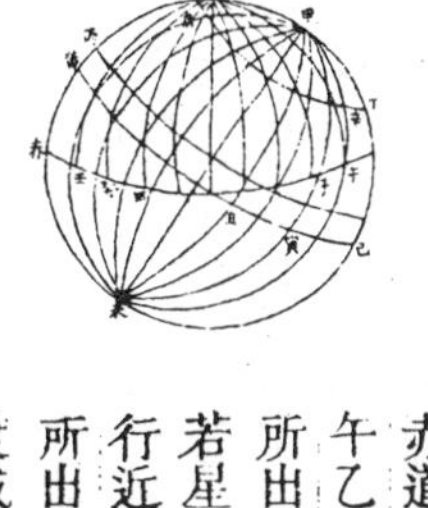

赤道極乙所出升度圈乙午乙子乙癸等黃道極甲所出圈甲庚未甲丑未等若星在黃道緯之丙己圈行近於黃道即黃赤兩極所出兩圈相去略等其經度或赤道或黃道東行亦略等若星距黃道遠在戊丁圈從戊至庚設一十五度即星歷黃道經圈若干時得戊庚十五度而歷赤道升度圈亦若干時所過乙壬乙癸各十五度將及乙甲幾四十度矣所以然者甲庚未弧限黃道經度至戊庚已稍寬而乙壬乙癸等弧限赤道經度至此尚密所以星行歷黃道經度少歷赤道經度多也又使有星在黃道緯之辛丁圈上行即乙午乙子等弧限赤道經度者反寬而甲辛未等弧限黃道者反密則星行時所歷黃道經度反多歷赤道經度反寡矣總言之爲星行二道之經度恆自不等

再論星歷赤道緯度亦常不等如圖甲爲星在赤道南二十三度三十〇分若行一周必至分節乙即無距度然隨黃道行必過赤道而北極遠處又在北二十三度三十〇分矣又丙爲星行一周即離赤道圈丙漸至己行愈遠去赤道亦愈遠至丁必離四十七度若更在戊距赤道丙己向北二十〇度過庚行愈遠距亦愈遠至壬爲本圈距赤最遠之界更加二十〇度總爲六十七度矣餘皆倣此蓋左邊距赤之度每多於右邊距赤之度如庚之距乙多於戊之距丙也至北極癸即左滿九十度若過極即周行皆在癸丙九十度間戊辛之間加一度即癸辛之間減一度減者減癸丙九十度也若至黃道極辛即其距度終古不易矣

二十八宿各宿度變易

或問二十八宿有次第蓋日月五星各以本行先歷角宿至亢至氐房心等古昔如此今世不然所見先入參度而後過觜度自餘不覺者宿度寬也其實皆有之何故曰二十八宿不以赤道極爲本行之極而以黃道極爲極故其行度時近時遠於赤道極行漸近極即北極所出赤道經圈漸密七政過之其行則疾漸遠極即赤道經圈漸疎七政過之其行則遲七政行度疾於恆星遠甚其逐及於近極之恆星在古覺速在今覺遲其逐及於遠極之恆星在古覺遲在

今覺遲速皆緣二道二極能使其然非七政有異行亦非恆星有易位也

如圖赤道南北極甲上所出各圈相去皆設一十度黃道兩極乙上所出各圈亦如之有星爲丁卽限其黃道自丁向戊行約每七百年行一十度也又一星爲己原設在丁前一十度其限赤度者爲甲己子圈而所行亦依黃道自己向庚七百年十度因是己星依黃道至壬時丁星亦依黃道至辛己壬以黃道算得十經度而丁辛亦正對

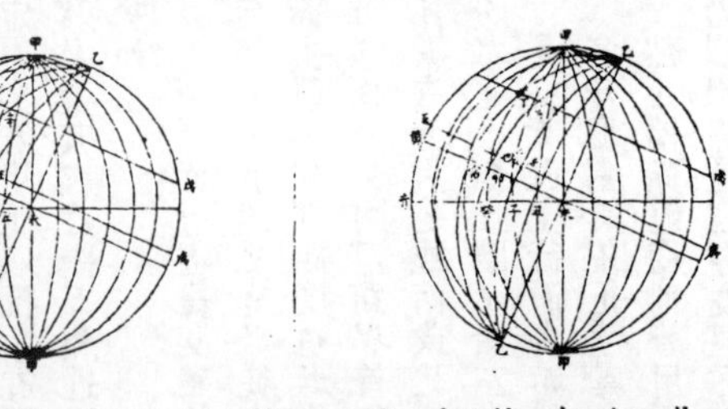

寅卯爲黃道之十經度也然以赤道算之則黃己壬所對赤子丑一十度之弧而黃丁辛所對不止赤癸子一十度之弧更過赤道子而近丑將及二十度卽丁星先在己星之後十度而漸向前行至逐及於甲丑圈上卽兩星同經度矣過丑則丁反在前矣假令日循黃道亦於丁戊線上行何得不於七百載之先至卯入丁宿度前距己未及數度而七百載之後乃至壬井入丁己二宿同經之度乎此非行有疾遲皆因度有廣狹故也度之所以廣狹者分宿度以赤道所出經圈爲限而步七政以黃道所出經圈爲限也但此設丁己二星一近北極一近黃道相去稍遠者欲令此理灼然易見若設兩星距度不遠卽不必七百年能超踰十度或進一二度亦此理耳若古時七政所歷先後不相越者正當黃赤二度廣狹相等故也

考赤道宿度差

中曆古分宿度以相井或不成一周天今用之不合天度因自授時以來如上所說宿度變易故也法宜先求今之實宿度以究極古今異同之故仍立法以求古之實宿度如堯時冬至相傳日在虛七度或在初分或在末分皆不可知今折中設在六度三十○分卽所用虛宿距星定在析木宮二十三度三十○分爲其赤道經度則其距黃道之緯度必八度四十二分以此經緯度依三角形法推其黃道經度所得與赤道經度不遠亦在本宮二十三度三十八分所以然者兩星之黃道經度差終古不易依諸距星今相離黃道經度可以定古黃道各宿度而更以黃道經緯度覆求各距星之赤道經度及各宿本度也其術俱用三角形法

古赤道積宿度今算定

角一百四十六度三十一分春分起算

亢一百五十九度○五分

氐一百六十八度四十四分

房一百八十一度四十五分

心一百八十七度二十五分

尾一百八十九度二十○分

箕二百○七度○五分

斗二百一十七度二十七分

牛二百四十二度四十六分

女二百五十○度十○分

虛二百六十三度三十○分

危二百七十二度三十七分

室二百九十一度二十四分

壁三百○七度二十四分

奎三百一十九度五十三分

婁三百三十三度四十六分

胃三百四十四度二十○分

昴三百五十九度二十二分

畢一十○度二十二分

觜二十八度二十五分

參二十○度五十五分

井三十五度一十七分

鬼六十五度○八分

柳七十二度三十三分

星八十八度五十四分

張九十六度二十四分

翼一百一十三度○三分

軫一百三十○度○二分

今赤道積宿度

角一百九十六度二十六分

亢二百○八度一十○分

氐二百一十七度二十九分

房二百三十四度一十○分

心二百三十九度三十八分
尾二百四十五度四十七分
箕二百六十五度〇五分
斗二百七十五度三十九分
牛三百〇〇度〇三分
女三百〇六度五十三分
虛三百一十八度〇〇分
危三百二十六度四十一分
室三百四十一度三十四分
壁三百五十八度三十四分
奎六度五十七分
婁二十三度三十二分
胃三十五度三十六分
昴五十〇度十六分
畢六十一度四十五分
參七十八度二十九分
觜七十八度四十三分
井九十度〇七分
鬼一百二十二度二十一分
柳一百二十四度三十〇分
星一百三十七度二十一分
張一百四十三度〇九分
翼一百六十〇度二十八分
軫一百七十九度〇六分

赤道古各宿度　今各宿度
角十二度三十四分　十一度四十四分
亢九度三十九分　九度十九分

氐十三度〇一分　十六度四十一分
房五度四十〇分　五度二十八分
心一度五十五分　六度九分
尾十七度四十五分　一十九度一十八分
箕十〇度二十二分　十〇度三十四分
斗二十五度十九分　二十四度二十四分
牛七度二十四分　六度五十〇分
女十三度二十二分　十一度〇七分
虛九度〇七分　八度四十一分
危十八度四十七分　十四度五十三分
室十六度〇〇　十七度〇〇
壁十二度二十九分　八度二十三分
奎十三度五十三分　十六度三十五分
婁十〇度三十四分　十二度〇四分
胃十五度〇二分　十四度三十〇分
昴十一度〇〇　十一度二十九分
畢十八度〇三分　十六度三十四分
觜二度三十〇分　參〇度二十四分
參四度二十二分　觜十一度二十四分
井二十九度五十一分　三十二度四十九分
鬼七度二十五分　二度〇九分
柳十六度二十一分　十二度五十一分
星七度三十〇分　五度四十八分
張十六度三十九分　十七度一十九分
翼十六度五十九分　一十八度三十八分
軫十六度二十九分　十七度二十分

赤道古今各宿度依三百六十五度四分度之一算

角十一度九十〇分四十四秒
亢九度四十五分二十六秒
氐十六度九十二分六十六秒
房五度五十四分六十四秒
心六度二十三分九十七秒
尾十九度三十〇分〇秒
箕十度五十六分六十六秒
斗二十四度七十五分五十八秒
牛六度九十三分六十一秒
女十一度二十七分五十七秒
虛八度八十一分〇秒
危十五度十〇分四秒
室十七度二十四分七十九秒
壁八度四十四分五十六秒
奎十六度八十一分六十三秒
婁十二度二十四分二十六秒
胃十四度七十〇分五十八秒
昴十一度八十一分〇二秒
畢十六度八十〇分八十二秒
古觜今參〇度四十〇分〇秒
古參今觜十一度五十六分〇二秒
井三十三度二十九分五十三秒
鬼二度一十五分〇秒
柳十二度八十五分〇秒
星五度八十八分四十六秒
張十七度五十六分九十二秒
翼十八度六十三分三十三秒

軫十七度三十三分三十三秒

恆星黃道經緯度變易第四 凡三章

前論赤道星度設大圈過南北兩極及赤道上以定諸星赤道經度又赤道左右設不等小圈至兩極橫割子午圈以定赤道緯度今論黃道以定其經緯度亦如之但不從赤道南北極論而以黃道南北極論一切行度及行度之有變易皆主此今論其緯度變易與否及其經度差與諸星相近相遠以盡黃道星度之理

恆星黃道緯度變易

第谷測星數十年得其黃緯度以較多祿某所記微不合且極至交圈側近之星比於極分交圈側近之星其緯度所差尤多反覆研究以古黃經度及赤緯度究其所當黃緯度明其實然又欲定諸星之古時經度宜得一起算之界故先求角宿距星經度

此爲近於極分交圈者其黃赤距當不易

依前三角形法求其緯度按地末恰所測角距星距赤道北一度二十四分係巴科所測止距三十六分後多祿某測得其距度在赤道南三十〇分其黃道南距度因此時離秋節不遠故恆爲二度不變因推得黃經度於地末恰時在鶉尾二十一度五十三分後係巴科時在本宮二十三度五十三分多祿某時至二十六度三十八分繇是以角南爲距星先測近二至之星試之然後以測分至兩間之星各得其緯度分知諸星之距黃緯度漸近二至漸有變易焉非星位之有變易也而黃道之時遠時近於赤道也

北河西星距角距星之黃經差九十三度三十五分而在左

此爲近於極至交圈可驗黃赤距度變易之數

地末恰時其經度在實沈宮一十八度一十八分與夏至近其赤道距度三十三度止後係巴科時稍前在本宮二十〇度一十八分赤距度三十三度一十〇分又多祿某時更前在二十三度〇三分而赤緯度三十三度二十四分因是可求其黃緯度各時所當焉如圖外圈爲極至交圈甲丙爲赤道甲乙爲黃道丁爲北河西星甲己爲黃經度庚己爲過黃道極及本星之弧其赤道緯度三史所測皆設爲丁戊今所求爲丁己黃道距度也丁辛庚三角形內有丁辛邊爲本星距赤道戊丁之餘弧

在地末恰時爲五十七度蓋三十三度之餘也

有庚辛邊

黃赤二道最遠之距於時爲二十三度五十一分二十〇秒

有辛庚丁角

甲己黃經七十八度一十八分餘己乙一十一度四十二分爲辛庚丁角之弧

以求庚丁第三邊得其餘弧即本星之黃緯度丁己法從辛至壬下垂線成兩直角形一爲壬辛丁一爲壬辛庚先壬辛庚內有庚辛邊有庚角有壬直角以求壬辛邊得四度四十二分一十五秒又求壬庚得二十三度二十五分次壬辛丁內有壬直角有壬辛辛丁二邊以求壬丁邊得五十六度五十二分十五秒以井先得之壬庚邊共八十〇度一十七分一十五秒爲丁庚邊是黃道緯度丁己之餘弧即當時北河西星離黃道極庚之度

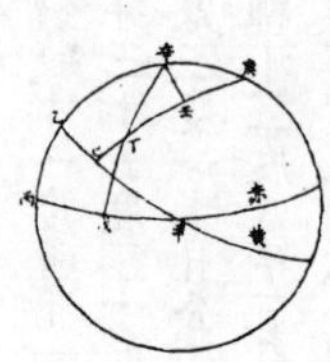

其餘九度四十二分四十五秒爲本星距黃道之度

依係巴科所測赤緯度如前其丁辛邊則五十六度五十〇分三十三度一十〇分之餘兩極相距辛庚仍前二十三度五十一分二十〇秒辛庚丁角九度四十二分

黃經甲己八十〇度一十八分之餘

推壬辛邊三度五十四分三十〇秒壬庚二十三度三十三分壬丁五十六度四十四分四十五秒井得丁庚八十度一十八分即北河西星黃道之北距丁己九度四十二分

依多祿某所測其兩極距如前本星赤道緯三十三度二十四分即丁辛邊爲五十六度三十六分黃道經八十三度〇三分即辛庚丁角六度五十七分以推壬辛邊得二度四十八分二十〇秒壬庚二十三度四十二分以加壬丁五十六度三十三分一十五秒井得黃緯之餘弧庚丁八十〇度一十五分一十五秒其緯度稍强於前兩測爲九度四十四分四十五秒總三史所推折中爲九度四十三分以較今測北河西星之距黃道一十〇度〇二分實差一十九

分爲三史時至今黃赤相距之度漸次改易自遠而近也

又河鼓中星角距星之經差九十七度五十二分在右邊

亦近於極至交圈可驗黃赤距變易

地末恰時在析木宮二十九度五十〇分距赤道北五度四十八分後稍前至星紀宮一度五十〇分其距赤緯亦五度四十八分及多祿某時更前至本宮四度三十五分其距赤緯五度五十〇分此時此星在冬至左右不遠故以黃赤二道相距最遠之度加三測之本星赤緯度卽得黃緯度之二十九度四十〇分爲其切近於極至交圈與其在圈也略等故不用三角形法乃今河鼓中星距黃道二十九度二十一分三十〇秒以此證近至之黃赤距度昔遠今近極著明矣

前用二星者爲其一近冬至一近夏至皆在黃道北必一增一減其黃緯度隨黃道所兩至之處測其遠離南北幾何得其漸近於赤道也若考星居分至之間者則其差亦在多寡之間矣如昴宿東第二星地末恰以太陰測之得其北距黃道三度四十〇分在降婁三十〇度後在大梁三度亞仁諾所測未移緯度而今測在本宮二十四度四十五分恆得距黃道三度五十五分較古測强一十五分爲此處變易黃道之度也又房宿北星與昴宿爲對照地末恰所測在大火宮二度距北一度二十〇分後在本宮六度然搿老所測未移度而今測乃前至二十三度二十〇分距黃道止一度〇五分較古測差一十五分卽此時黃道近就於赤道亦一十五分矣或疑黃赤二道之距既能自遠而近則邃古之時必更遠遠於何止乎曰邃古之距無從取證何可妄爲之說但近古三史皆以二十三度五十一分爲二至距赤之限且測非一人人非一測又皆以太陽二至之高下得之豈有悞乎今世之測驗更細更詳比昔就近實爲三分度之一尤無可疑者但自今以後當復更近近何時已近極或當復遠復在何時此則人靈微眇無能窮天載之無窮耳

或問前所求虛宿等距星上古之經度也而用今之黃緯度能無謬乎曰用今世之緯度微不同於古之緯度但以之推南北度亦微差以求東西經度卽無緣致誤矣

恆星黃道經度不變易

前以恆星之有本行徵其赤道經緯度隨時變易者爲諸星循黃道行斜交於赤道故也今論諸星循黃道行互相視有遲速乎曰否藉有遲有速者必有違有就位置有違就者形象必有改革乃自上古以來氐恆似斗尾恆如鉤天津如弓箕宿向冬至行四千年得五十四度虛宿之過冬至也四千年亦五十四度餘皆若此歷數千年形象如故運行如故遲速如故知黃道經度決無變易矣係巳科於二千年前述古記以遺後世論黃道周繞數星或居一直線上或別成形象多祿某在後更測之仍如是迄今不改如當時婁宿自西一二星與天大將軍南二星作一直線天關星偕畢大星天廩南二星同在大梁宮亦如之北河二大星與五諸侯中星爲三等邊三角形鶉火宮內御女與軒轅向北第二第四第六星皆相距等遠次相星與角宿北星亢宿北二星在鶉尾宮皆作一直線虛宿二星相距之廣同危宿南北二星相距之廣也此皆古係巳科所傳與今所見一一不爽試用尺度向地平二十〇度以上旣離蒙氣之處一一量度甚易見也此以知恆星各相距或遠或近窮古今恆如是矣

考黃道宿度差

星自循黃道上行而分別宿度之過極經圈乃從赤道極上出故以黃道之星歷赤道之度進行斜過疎密疾遲變遷不一出黃極者諸星依之運動相距遠近行度遲速終古如一也故當有諸恆星之黃道經度法先以堯時冬至日躔虛六度三十〇分用三角形法推得其正麗黃經度二百六十三度三十八分而以經度差定率歷推古今之黃道各宿積度各宿本度並列於左

黃道宿古積度

角一百四十四度〇三分

亢一百五十四度三十八分

氐一百六十五度一十八分

房一百八十三度一十二分

心一百八十七度五十八分

尾一百九十五度三十一分

箕二百一十一度〇七分

斗二百二十〇度二十七分

牛二百四十四度一十八分

女二百五十一度五十九分

虛二百六十三度三十八分
危二百七十三度三十七分
室二百九十三度四十四分
壁三百〇九度二十五分
奎三百二十〇度五十六分
婁三百三十四度一十〇分
胃三百四十七度一十〇分
昴三百五十九度〇一分
畢〇八度四十〇分
參〇二十二度三十八分
觜〇二十三度五十九分
井〇三十五度三十二分
鬼〇六十五度五十七分
柳〇七十〇度三十三分
星〇八十七度三十三分
張〇九十五度五十六分
翼一百一十四度〇〇分
軫一百三十一度〇〇分

黃道宿今積度平度

角一百九十八度三十九分
亢二百〇九度一十四分
氐二百一十九度五十四分
房二百三十七度四十八分
心二百四十二度三十四分
尾二百五十〇度〇七分
箕二百六十五度四十三分
斗二百七十五度〇三分
牛二百九十八度五十四分
女三百〇六度三十五分
虛三百一十八度一十四分
危三百二十八度一十三分
室三百四十八度二十〇分
壁〇四度〇一分
奎〇一十五度三十二分
婁〇二十八度四十六分
胃〇四十一度四十六分
昴〇五十三度三十七分
畢〇六十三度一十六分
參〇七十七度一十四分
觜〇七十八度三十五分
井〇九十度〇八分
鬼一百二十〇度三十三分
柳一百二十五度〇九分
星一百四十二度〇九分
張一百五十〇度三十二分
翼一百六十八度三十六分
軫一百八十五度三十六分

右黃道積度是各宿離春分東行之度其十二次度分表見後方

各宿黃道本度

角一十度三十五分
亢一十度四十〇分
氐一十七度五十四分
房四度四十六分
心七度三十三分
尾一十五度三十六分
箕九度二十〇分
斗二十三度五十一分
牛七度四十一分
女十一度三十九分
虛九度五十九分
危二十度〇七分
室一十五度四十一分
壁一十一度三十一分
奎一十三度一十四分
婁一十三度〇〇分
胃一十一度五十一分
昴九度三十九分
畢一十三度五十八分
參一度一十一分
觜一十一度三十三分
井三十〇度二十五分
鬼四度三十六分
柳一十七度〇〇分
星八度二十三分
張一十八度〇四分
翼一十七度〇〇分
軫一十三度〇三分

各宿黃道本度以三百六十五度四分度之一分各宿度

角一十度七十三分七十六秒
亢一十度八十二分二十二秒

氐一十八度一十六分一十〇秒
房四度八十三分六十二秒
心七度六十六分〇一秒
尾一十五度八十二分七十六秒
箕九度四十六分九十五秒
斗二十四度一十九分七十八秒
牛七度六十三分五十四秒
女一十度九十七分九十九秒
虛一十度一十二分九十〇秒
危二十度四十一分〇一秒
室一十五度九十一分二十一秒
壁一十一度六十七分六十七秒
奎一十三度四十二分二十六秒
婁一十三度一十八分九十六秒
胃一十一度九十六分一十六秒
昴九度七十八分一十一秒
畢一十四度一十七分〇四秒
參〇一度三十五分〇秒
觜一十一度七十一分〇二秒
井三十度八十六分〇二秒
鬼四度六十五分八十二秒
柳一十七度二十四分七十五秒
星八度五十〇分五十六秒
張一十八度三十三分〇一秒
翼一十七度二十四分七十九秒
軫一十三度二十四分〇三秒按以上原本作曆指卷三誤當作曆指卷二恆星之二

以恆星之黃道經緯度求其赤道經緯度第一上凡二章

前論恆星以本行依黃道漸移而東既有平行經度而緯度南北移就爲數甚少非歷歲久遠不可得見以此互相推較其經度差無時不同緯度相距遠近又無從可改必至數百年後測驗差數乃得依法推變也若論赤道經緯度則否星行既依黃道其向赤道時時遷改欲從赤道求之無法可得故求赤道經緯必用黃道經緯蓋星之去離赤道無恆而去離黃道有恆黃道赤道之相去離也又有恆以兩有恆求一無恆無患不得矣其推步則有多法或用曲線三角形依乘除三率推算爲第一此初法也或用曲線三角形加減推算爲第二此約法也或用簡平儀量度加減推算爲第三此簡法也或造立成表簡閱得數并免臨時推算之煩爲第四此因法也第一法前第一卷已備論之今所論者每具二則爲第二第三法如左方若立成表作者甚難用者甚佚但恐徇末忘本則繇而不知者多矣今附載之

求恆星赤道緯度前法即第二法

前法用曲線三角形加減推算如圖有星在甲甲辛爲黃道緯度其餘弧甲乙爲甲乙丙三角形之一邊辛戊爲黃道經度以加戊己象限得甲乙丙角又乙丙爲兩極距度則是甲乙丙三角形有甲乙乙丙兩邊有乙角可求甲丙邊甲丙之餘弧甲丁則本星距赤道之緯度也其法以三角形內之小弧加於大弧之餘弧得總弧求其正弦求緯恆用正弦求經恆用切線爲先得數其總弧或正得九十度或較多或較寡若正得九十度即半先得之弦爲次得之弦又以大小兩弧所包之見角求其倒弦爲角之弧過象限故用倒弦倒弦者對本角過弧之正弦則後得之弦也今用三率法爲全數與次得之弦若後得之倒弦與他弦既得他弦以減先得之弦所存爲三角形內第三弧之餘弦即所求赤道緯之正弦也

假如參宿腰星之西有五等小星其黃道經度於崇禎元年推得七十四度二十一分其緯度距黃道南二十三度三十二分使黃道在南距赤道二十三度三十二分云使者假設之數不用實分秒則三角形內甲乙大弧得六十六度二十八分乙丙小弧二十三度三十二分甲乙丙角對辛戊經度弧及戊己象限弧共得一百六十四度二十二分甲辛爲甲乙大弧之餘弧得二十三度三十二分依法加於乙丙小弧二十三度三十二分得四十七度〇四分其正弦七三二一五爲

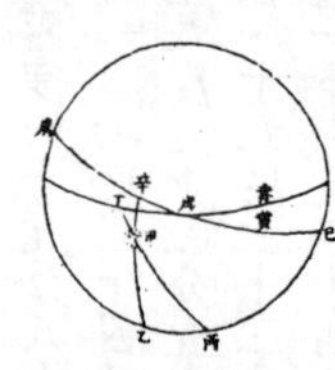

先得之弦數即以此數折半（適足一象限故）得三六六〇七爲次得之弦數次求甲乙丙角之倒弦（即己辛弧之弦）一九六三〇一（首一者己戊全弦也）爲後得之弦數依三率法以乘次得之三六六〇七得七一八五九爲他弦以減先得之七三三一五餘一三五六爲甲丙弧之餘弦即甲丁弧之正弦爲本星距赤道圈緯度四十六分三十五秒

若三角形內之總弧過一象限即次得之弦非折半可得法以大弧之餘弧減小弧所存求其弦以加於先得之總弦半之爲次得之弦其後得者甲乙丙角之倒弦依前用三率法但所求得之他弦若小於先得之弦其法同前若等則所求三角形內第三弧之弦正爲九十度之弦而星必在赤道上無距度若他弦大於先得之弦則以小弦減大弦（不論倒弦但以小減大）餘爲本星距赤道之弦假如

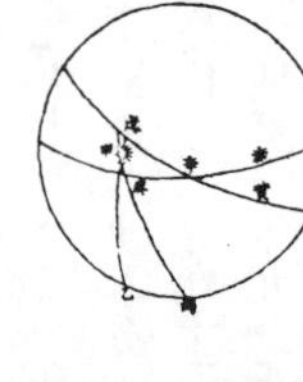

畢宿大星於崇禎元年距黃道南五度三十一分在甲其黃道經度爲辛戊六十四度三十五分三十秒即甲乙爲大弧八十四度二十九分乙丙爲小弧二十三度三十一分三十秒（兩極之距度）兩弧所包甲乙丙角一百五十四度三十五分三十秒依法以大弧甲乙之餘弧甲戊五度三十一分加於小弧乙丙二十三度三十一分三十秒共得二十九度〇二分三十秒求其弦四八五四四爲先得之總弦又以餘弧甲戊減小弧乙丙存一十八度〇分三十秒其弦三〇九一五以加先得之總弦四八五四四得七九四五九然後半之得三九七二九爲次得之弦其後得者甲乙丙角之倒弦一九〇三二八依三率法以乘次得之三九七二九得他弦七五六一四因他弦大於先得之弦故於他弦內減先得之四八五四四存二七〇七〇查得十五度四十二分爲甲庚弧是本星距赤道之度

若總弧不及一象限則如前求先得之總弦次以小弧減大弧之餘弧所存查其正弦又以減先得之弦所存半之爲次得之弦其餘同前第一法

假如崇禎元年大角星距黃道北三十一度〇二分三十〇秒其經度過秋分一十九度〇二分三十〇秒其兩弧間之角甲乙丙得一百〇九度〇二分三十〇秒而甲乙大弧五十八度五十七分三十〇秒乙丙小弧二十三度三十一分三十〇秒今大弧之餘弧甲己三十一度〇二分三十〇秒以加乙丙二十三度三十一分三十〇秒得五十四度三十四分其弦八一四七九爲先得之數又甲己丙減乙丙小弧存七度三十一分其弦一三〇八一以減先得之弦存六八三九八半之得三四一九九爲次得之弦次依三率法以乘甲乙丙角之倒弦一三二六一二得四五三五一爲他弦以減先得之八一四七九存三六一二八爲本星距赤道之弦查得甲己弧二十一度一十〇分五十四秒

求赤道緯度後法（即第三法）

後法用簡平儀或量度或加減推算

簡平儀者以圓平面當渾儀也圓平面（闕）以極至交圈爲界作過心平面也以面當球與平渾儀同意論球則半在面前可見今以直線當弧半在面後不可見其直線當弧與前半同理下文言某線爲某弧或言前弧後弧等俱本此

量度者用規器量度所有之見度分即於分度等圈上量取所求之隱度分也加減者亦於本儀取數其算法即前法也量度則省算然每星當作一圖亦不能得細分秒加減則一圖能算多星可省圖可得細分秒特未免乘除之煩總之先得各星之黃道經緯度即從星作直線與赤道平行至外周從線尾起算至赤道爲本星之赤道緯度弧可量亦可算也今併具二法用者擇焉試先解儀上諸線如丙壬寅子大圈爲極至交圈壬丑線爲赤道大圈辛寅線爲黃道大圈春秋二分俱在癸若星距黃道南則寅爲夏至辛爲冬至星距黃道北則辛爲夏至寅爲冬至今所測星爲乙癸甲線爲星之黃道緯度對丙辛弧甲乙線爲星之黃道經度對辰卯弧丙乙子線爲過星之距等小圈與黃道平行丙卯辰子即過星距等圈之

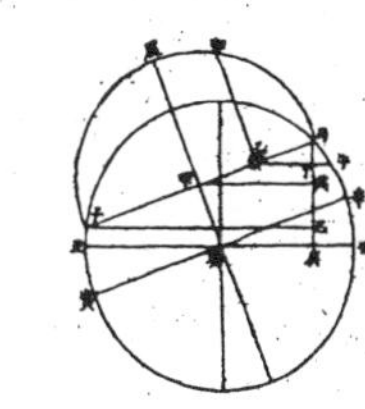

半在儀上爲立面與儀面爲直角在弧爲丙卯辰子在儀面爲丙乙甲子自人視之卯點卽乙點辰點卽甲點也卯辰爲星之黃道經度弧夫卯卽乙乙卽星若有乙丁線與赤道平行截極至交圈於午卽從午至赤道壬爲所求本星之赤道緯度弧矣今用規器量度則先定黃道緯度之丙辛弧經度之辰卯弧從經緯線相交之乙星上出乙午線則壬午弧必所指赤道距度也以加減推算則用直線三角形先從丙出垂線至己半之得己戊從戊作線與丁乙平行必至甲

丙甲爲丙子之半故丙戊爲丙己之半

又從子出子己底線借丙己垂線作丙己子直角卽成三角形者三而求丙丁弦以減丙庚正弦存丁庚弦爲星之赤道緯度

假如乙爲句陳大星其黃道經於崇禎元年爲八十三度二十五分二十七秒黃道緯六十六度○二分當用第二圖推本星距赤道之緯度法以星距黃道之丙辛六十六度○二分加於黃道距赤之壬辛二十三度三十一分三十○秒得丙壬弧八十九度二十三分三十○秒其正弦丙庚九九九九七今欲推己庚線

己庚者子丑弧之正弦子丑者星距等圈近赤之弧

法以黃道距赤之丑寅

二十三度三十一分三十○秒

減星距黃道之子寅六十六度○二分得丑子弧四十二度三十○分三十○秒其正弦己庚六七五六九以減丙庚餘丙己三二四二八半之得丙戊弦一六一一四又勾陳黃道經度甲乙八十三度二十五分二十七秒以減全數十萬率一存乙丙六五八率二以乘丙戊弦率三得一○六爲丙丁弦率四也次以一○六減丙庚正弦得丁庚九九八九一其弧八十七度一十九分爲勾陳大星距赤道之度其比例甲丙與乙丙若戊丙與丙丁也更之甲丙與戊丙若乙丙與丙丁幾何六卷四

算恆星赤道緯度以右法爲例若各星躔度不同卽加減法亦異今爲六圖略率論次如左

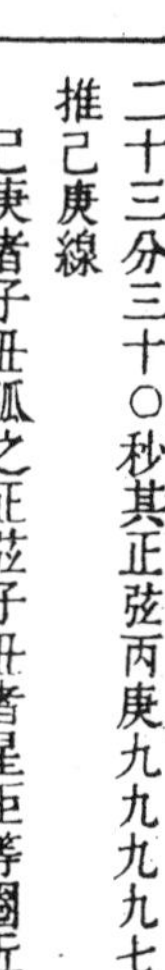

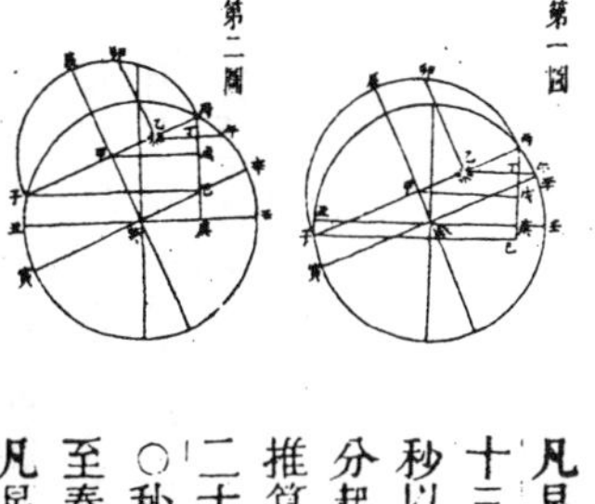

第一圖　第二圖

凡星距黃道北其緯在二十三度三十一分三十○秒以內其黃道經度自春分起至秋分止用第一圖推算或星距黃道南亦在二十三度三十一分三十○秒以內而經度過秋分至春分止者同

凡星距黃道北過二十三度三十一分三十○秒而不過六十六度二十八分三十○秒在本象限之內其黃道經度自春分至秋分用第二圖推算若星距黃道南過二十三度三十一分三十○秒又不過六十六度二十八分三十○秒而過秋分至春分者同

凡星在黃道北其緯過六十六度二十八分三十秒經度自春分至秋分用第三圖推算若在黃道南緯度同前而經度自秋分至春分亦用第三圖爲兩至距赤度星距黃度幷之丙壬弧過九十度而丙庚正弦也亦不在癸辛象限之內故

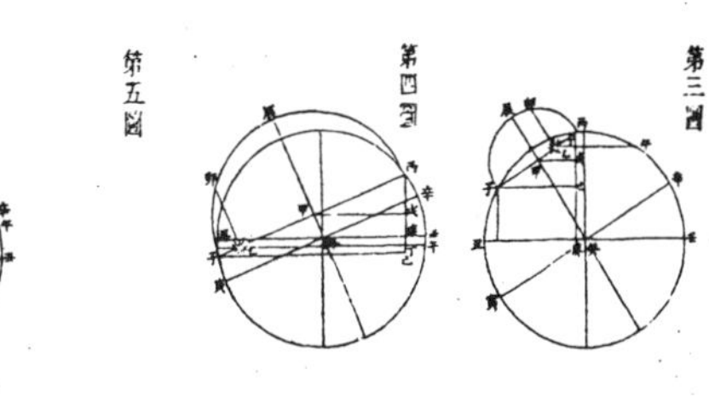

第三圖　第四圖　第五圖

凡星距黃道南二十三度三十一分三十○秒以內而經度自春分至秋分用第四圖若星距黃道北亦二十三度三十一分三十○秒以內而經度自秋分至春分者同

凡星距黃道南過二十三度三十一分三十○秒而不過六十六度二十八分三十○秒其經度自春分至秋分用第五圖若星距黃道北緯度同上而經度反過秋分至春分亦用第五圖

凡星距黃道南過六十六度二十八分三十○秒其

經度自春分至秋分用第六圖若星距黃道北緯度同前而經度自秋分至春分卽壬丙總弧過九十度亦用第六圖總之星距黃道之弧任在南在北其與黃赤距弧於圖右推算卽相加於圖左推算卽相減爲恆法也

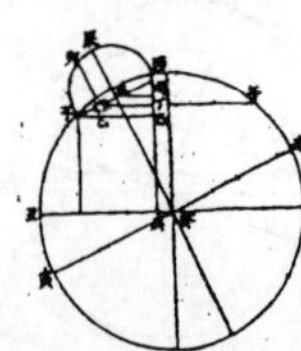
第六圖

凡星黃距度大於黃赤距度則以其較弧之正弦減先得總弧之正弦若小則以較弧之弦加先得總弧之正弦如第三圖子寅星黃距大於丑寅黃赤距則以其較弧子丑或子未之正弦己庚減丙壬總弧之正弦丙庚而得丙己若小如第一圖子丑星赤距爲寅丑黃赤距之較弧則以較弧之正弦庚己加丙壬總弧之正弦丙庚而得丙己

凡星黃距黃赤距之總弧大於一象限用其通餘弧之正弦如第三圖壬丙過九十度壬丙丑爲通弧丙丑爲通餘弧則用其正弦丙庚

凡星之經度弧少不及二至圈則取其正弦加減於全數以得其餘矢若大而過二至之圈則取其通餘弧之正弦求其餘矢求法在前三圖用減在後三圖用加如各圖從甲辰分節起算至卯乙辰卯爲經度弧其正弦甲乙俱在前半圖若過至節之界或子或丙至卯乙則卯辰爲經度之加弧在後半圖又前三圖內甲乙減甲丙得乙丙後三圖內加之得乙丙皆爲餘矢也以正弦減半徑爲餘矢大弧過九十度其限外弧爲加弧幷九十度爲過弧各圖皆以丙丁弦減丙庚正弦惟星在兩道間如第四圖丙丁大於丙庚則以丙庚減丙丁而得丁庚赤道緯其餘法簡各圖自明

欽定古今圖書集成曆象彙編曆法典

第五十四卷目錄

曆法總部彙考五十四

新法曆書四 恆星曆指三

曆法典第五十四卷

曆法總部彙考五十四

新法曆書四

恆星曆指三

以恆星之黃道經緯度求赤道經緯度第二下 凡三章

求恆星赤道經度前法 第二法

前法求緯度用曲線三角形并兩腰分盈縮適足三等加減得之此爲黃經緯求赤經緯以二求二故也

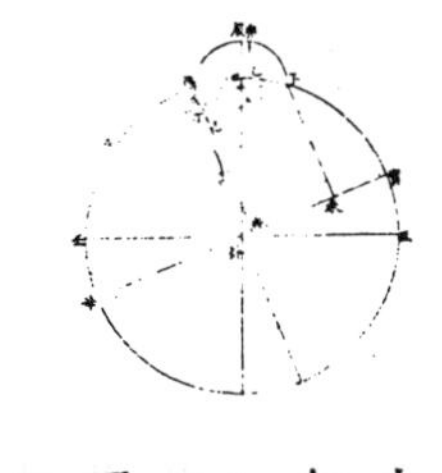

既得赤緯則以三求一故不拘大小皆歸一法止用兩緯度之餘弧及見角之餘角以推他角所對赤道經度之餘弧

如圖甲丙爲星赤道緯之餘弧甲乙爲黃道緯之餘弧甲乙丙爲對黃經度之見角丁乙庚其餘角是甲乙丙三角形內有二邊有乙角今求甲丙乙他角以推戊己是爲赤道經度之餘弧

假如甲爲大角星其赤道緯於崇禎元年得二十一度一十〇分五十一秒爲甲戊其餘弧甲丙六十八度四十九分得正弦九三二四四爲第一率黃道緯三十一度〇二分三十〇秒爲庚甲其餘弧甲乙五十八度五十七分三十〇秒得正弦八五六七九爲第二率其黃道經度過秋分辛一十九度〇二分三十〇秒爲辛庚即甲乙丙角之餘弧庚丁必七十度五十七分三十〇秒得正弦九四五二八爲第三率求得八六八五六爲戊己弧之正弦查得戊己弧六十度一十七分三十〇秒以減象限存二十九度四十二分三十〇秒爲大角星秋分後之赤道經度

求赤道經度後法 第三法

用簡平儀與前求緯法同今所求者爲辰卯弧而先得者赤黃二緯度故三角形之底線與黃道平行星緯弧與兩道距弧在圖左即相加在圖右即相減如左圖乙爲勾陳大星其黃道緯六十六度〇二分其先得之赤道緯甲癸八十七度一十九分辛壬爲黃赤距弧二十三度三十一分三十〇秒以加赤道緯度弧壬丙八十七度一十九分得辛丙一百一十度五十分三十秒總弧其通餘弧丙寅之正弦九三四五七爲丙庚也又因星在圖之右應以星緯弧兩道距弧相減得六十三度四十七分三十秒爲寅子弧其正弧八九七二〇爲子未或己庚以減丙庚正弦餘三七三七爲丙己半之存一八六八爲丙戊今本星黃道緯弧六十六度〇二分爲辛午其弦九一三七八爲丁庚以減丙庚正弦得丙丁二〇七九因以丙戊爲第一率丙甲全數爲第二丙丁爲第三得丙乙弦一一一二九六去其首位丙甲全數存一一二九六爲甲乙弦所對辰卯弧六度二十九分一十秒即本星之赤道經度

並求恆星赤道經緯度 第四法

依前法用立成表可並求經緯度且省算如左圖星在甲其黃道緯甲丁經丁庚而求赤道緯甲乙經乙庚即用此兩曲線三角形取之其法於甲乙丙三角形內因三表可得甲乙弧爲赤緯及丙乙弧以得乙庚赤經先用赤道升度表查取相當之黃道經度如圖戊庚爲赤道弧辛庚爲黃道弧今反以辛庚爲赤道即原黃道之丁庚升度今以當赤道之弧即可得相當之庚丙上度也次以黃赤距度表用其經弧查其緯弧既得經弧之度丙庚即知兩道相距之緯度丙丁也更用過極圈截黃交角表因辛庚當赤道即星上過極之壬丙弧截見當黃道之戊庚弧於丙則得甲丙乙交角次以黃緯甲丁加兩道距丁丙得甲丙爲第一三角形之弧夫甲乙丙既爲直角又有後得之甲丙乙角即先推甲乙弧爲星之赤道緯後得乙丙以減先得之丙庚存

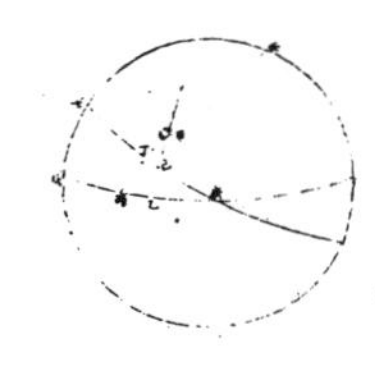

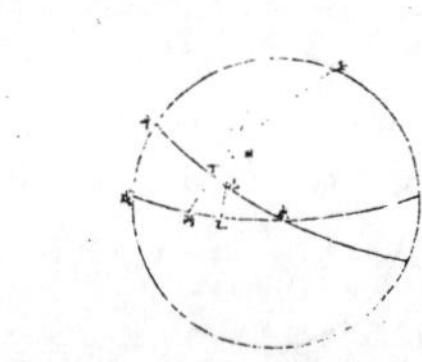

乙庚爲星距分節之經弧假如婁宿東星於崇禎元年距黃道北九度五十七分距春分節三十二度二十九分四十八秒爲見當赤道上之黃道升度丁庚也而在大梁宮查升度表於大梁宮得其度分其相當者爲見當黃道上之度三十四度四十八分庚丙也又用兩道距度表以庚丙弧四度四十八分於大梁宮查其相當之距緯得一十三度一十○分爲黃赤距度丙丁又以庚丙弧之度分於交角表查大梁宮之四度四十八分得七十度二十分二十四秒○爲甲丙乙角今以甲丁九度五十七分加於丁丙十三度一十分得二十三度○七分爲三角形之弧甲丙其正弦三九二六○爲第二率甲丙乙角之正弦九四一六七爲第三率甲乙丙直角全數爲第一率求得三六九九九爲第四率卽甲乙弧之正弦查得二十一度四十二分五十三秒爲本星距赤道之緯弧又以甲乙丙角全數爲第一率甲丙乙餘角一十九度三十九分三十六秒之弦三三六四四爲第二率甲丙弧之切線四二六八八爲第三率而求乙丙底弧之切線得一四三六四爲第四率查得八度一十分二十六秒以減庚丙弧三十四度四十八分存二十六度三十七分三十四秒爲本星赤道之經弧乙庚

若經少緯多星越赤道極之軸線戊丁而近黃道極法當先用升度表次用黃赤距表又次用交角表以三率求乙丙則甲丙乙角之餘弦與甲丙弧之切線相乘得數爲乙丙弧之切線內減先升度表所取之丙丁弧餘丁乙以減三百六十度所餘環周之大丁乙卽赤道經也再以丙角甲丙正弦相乘得數卽赤道緯甲乙

若黃緯過九十度之外諸法同前但去九十度而用零數法以零數之餘弧取其正弦乘丙角之正弦得甲乙緯又以零餘弧之切線乘兩角之餘弦得丙乙之餘切線又以所去九十度加丙乙內減升度丙丁所存以減全周所存通弧爲本星之赤道經度

假如紫微垣新增少弼外南星其黃經五十○度○九分黃緯八十○度三十八分查升度表得五十二度三十五分爲丙丁查距度表得一十八度二十九分爲丙己查交角表得七十五度一十二分爲丙角今以距度丙己加黃緯甲己得甲丙九十九度○七分爲過象限則去九十度獨用其零數九度○七分以其餘弧八十○度五十

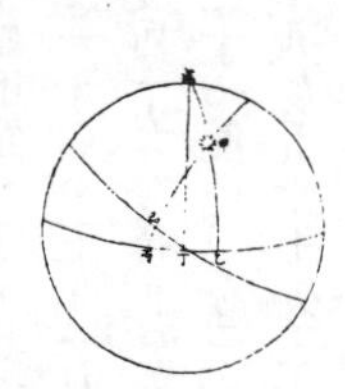

三分查八線表得九八七三七爲正弦以乘丙角之正弦九六六八二得九五四五○一爲赤緯甲乙之正弦查得七十二度三十九分又查餘零弧八十○度五十三分其切線六二三一六○以乘丙角之餘弦二五五四五得一五九一○六爲丙乙之餘切線查得三十二度○九分以加前所去九十度得一百二十二度○九分內減升度丙丁五十二度三十五分存六十九度三十四分以減全周三百六十存二百九十○度二十六分爲本星之赤道經度

若星在黃赤道之間法以黃緯減黃赤距度其餘同前用相乘之數減丙丁所得數爲赤經數若星在兩道南丙丁爲赤經法當以乘出之乙丙數加乙丁爲赤道經度是黃經短赤經長也

前所求在降婁大梁實沈三宮則可若在鶉首鶉火鶉尾其法異是何也此星方位出象限之外經度巳轉過至節故前減者此宜加前加者此宜減又前黃緯過九十度卽越北極軸線故減於三百六十度內方得所求今從春分轉至秋分雖過九十度而無軸

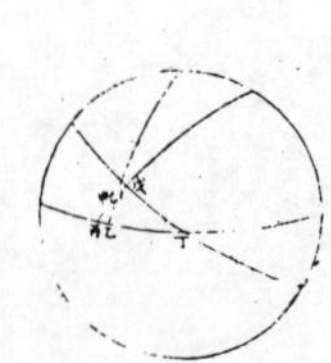

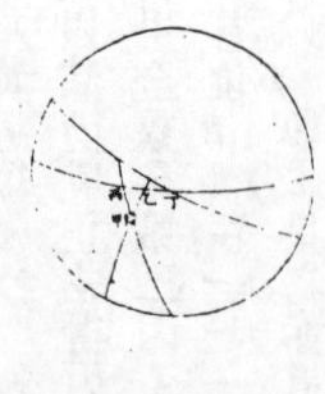

緜可越不[illegible]南極故也故不必減於全周自秋分以往對待六宮如壽星至娵訾俱同前法但星在南左用北右法星在南右用北左法此爲異耳

以度數圖星象第二凡三章

平渾儀義

古之作者造渾天儀以準天體以擬天行其來尚矣後世增修遞進乃有平面作圖爲平渾儀者形體不甚合而理數甚合爲其地平圈地平距等圈及過天頂橫截之弧與天夫黃赤二道黃赤距等圈及過兩極橫截之弧皆確應天象故以此言天特爲著明能畢顯諸星之經緯度數也曆家稱爲至公至便超絕衆器今詳其應用多端不後於渾儀其要約簡易則勝渾儀且渾儀所用大環欲其纖毫不爽勢不可得未若平面之直線當一環圜界當一環直者必直圜者必圜無可疑也然論其本原卽又從渾儀出何者凡於平面圖物體若依體之一面繪之定不合於全體必依視學以物影圖物體或圓或方或長短各用其遠近明暗斜直之比例則像在平面儼然物之元體矣但光體變遷出光之處無數則所作影亦無數而受影之半面有正有偏則影之變態又無數故視學家分爲二品一爲有法物像一爲無法物像以可用爲有法不則無法今論渾儀之影能生平儀義本於此必求平面之上能爲實用可顯諸曜之度數以資推算者則爲有法而於諸無法像中擇其有法者特有三一設光於最遠處照渾儀正對春分或秋分則極至交圈爲平面之圈界以面受影卽顯赤道及其距等圈皆如直線而各過極經圈皆爲曲線之弧此有法之第一儀也次設光切南極則赤道爲平面之圈界諸赤道距等皆作平面上圓形而極至交圈又如直線此爲有法之第二儀也又次設光切春分或秋分在極分圈與赤道之交則亦以極至交圈爲平面之圓界以面受影卽赤道與極分交圈爲直線而其餘皆爲曲線之弧此有法之第三儀也今繪星圖惟用第二儀次則第三以其正對恆星之度其第一儀不用也爲是平渾所須幷論之

總星圖義

設渾儀以北極抵立平面其軸線爲平面之垂線有光或目切南極正照之儀上設點其影或像必徑射於平面卽北極居中設點之影去北極漸遠者其在平面之兩距亦漸遠乃至南極則爲無窮影終不及於平面矣又平面之上北極所居點爲過兩極軸線之影爲渾儀衆圈之心平面上諸赤道距等圈離此愈遠卽其影愈寬大至近南極者則平面無可容之地也假有渾儀爲甲丙乙丁甲爲南極乙爲北極以乙極抵丑乙子平面有光或目在甲極光照近北極

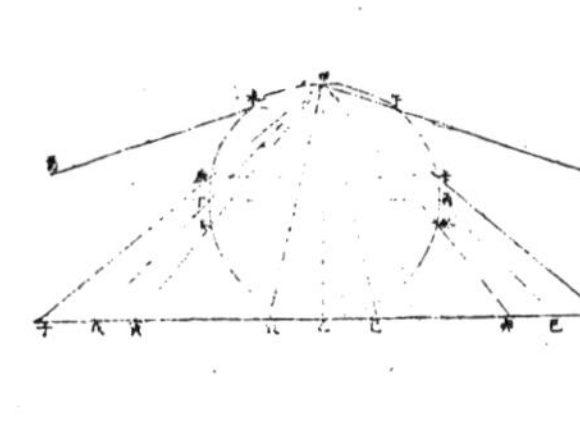

之圈辰己卽其影自己迄辰爲本圈之全徑因以乙爲心己辰爲界卽平面作圈準渾儀之實環也又照夏至圈癸壬之圓界其影至卯寅卽以卯寅爲徑次照赤道圈丙丁之圓界影至己戊以己戊爲徑各如前作圈各得準其本環次有冬至圈辛庚雖近甲南極小於赤道之丙丁圈而影在平面爲丑子反大於赤道影己戊蓋乙甲丑角大於乙甲己角故也若至午未南極圈其影在平面更遠而終竟可至惟甲南極爲左右直影與子丑平行終不至於平面也今作星圖不用兩至兩極圈獨用赤道之左右度分度分近乙北極卽平面上影相距亦愈近遠亦愈遠經度旣爾緯度亦然蓋經度從心向外出線其左右各侶線愈遠心相距亦愈廣緯度從心向外作圈其內外各侶圈愈遠心相距亦愈寬也問經度遠心卽愈廣易見矣何以知星之緯度在平儀之上愈遠心相距愈寬乎曰以幾何徵之設有甲乙丙丁圈以全徑甲丙抵戊己平面爲垂線若平分圈界如一十二從甲出直線各過所分圈界至戊己庚辛平面上各點得戊庚寬於庚辛面庚辛又寬於辛壬餘線盡然蓋從甲出各侶線至平面以各底線連之其各腰與各底爲比例則甲庚與庚辛若甲壬與壬辛也今甲庚大於甲壬則庚辛必大於辛壬見幾何第六卷第三題試以丙爲心作壬辛庚三侶圈其在

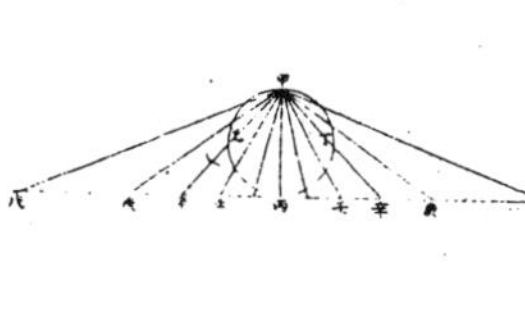

儀各所分圈界則爲距等而壬辛之相距與辛庚之相距廣狹大異矣依此作圖則去心遠者各所限經緯度漸展漸大與近心者不等而經緯度之比例恆等卽所繪星之體勢與天象恆等不然者經度漸展緯度平分依經緯則失體勢依體勢則失經緯乖違甚也

斜圈圖圓義

渾儀諸圈有正有斜正者如赤道圈赤道距等圈及諸過極經圈也斜者如黃道圈地平圈及其各距等圈也以視法作爲平面圖設照本或人目或光在南極則正受照之圈影至平而必成圈形或直線如前說矣若斜受照之圈其影在平面當作何形像乎此當用角體之理明之按量體法測量全義六卷中論角體有正角有斜角兩者皆以平圓面爲底皆以從頂至底心之直線爲軸線其爲正與斜則以垂線分之若自角下垂線至底與軸線爲一如第一圖甲乙垂線卽甲丙丁戊角形之軸線則甲丙丁戊爲正角體若兩線相離如第二圖甲己爲軸線甲乙爲垂線則甲丙戊庚丁爲斜角體也更以斜角體上下反截之爲甲辛壬

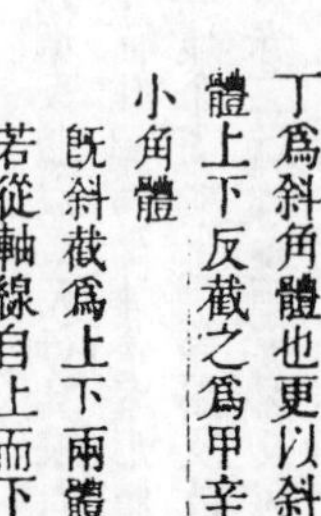

第一圖

第二圖

小角體

既斜截爲上下兩體更若從軸線自上而下縱截之爲兩平分其截面三角形大小比例相似則名反截之角體若不合比例則爲無法

依斜角體之本理則小體之底與大體之底相似不得不成圓形今欲推黃道等斜圈不能正受照本之光則於平儀面所顯何像法依第二斜角圖以甲當南極照本之點壬辛爲渾儀上斜圈丙戊庚爲平面上斜圈之影亦用三圖徵爲圓影焉

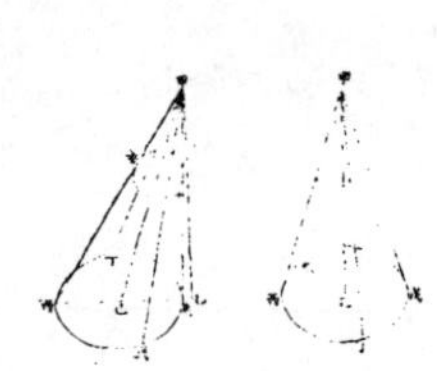

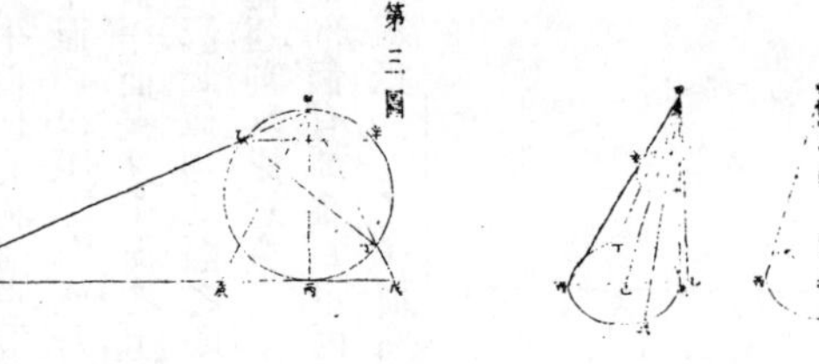

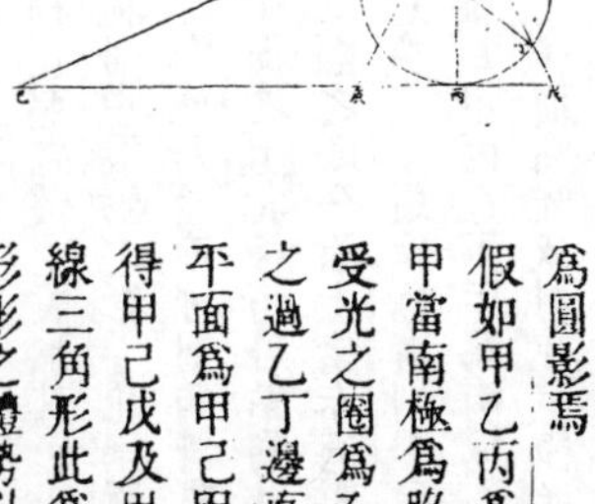

第三圖

假如甲乙丙爲極至交圈甲當南極爲照本之點斜受光之圈爲乙丁從甲照之過乙丁邊直射至己戊平面爲甲己甲戊兩線卽得甲己戊及甲乙丁皆直線三角形此爲渾儀平面形影之體勢以角體法論之己戊爲乙丁圓圈之影卽甲己戊爲全角體而甲乙丁其反截之小角體矣又甲丙垂線非甲庚樞線卽甲己戊爲斜角體而己戊其底自與甲乙丁小角體其底乙丁各相似也問反截之角體與平面所得三角形何云兩相似乎

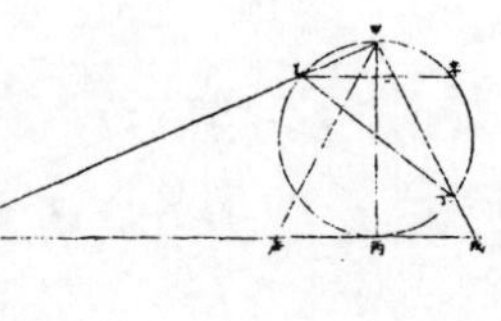

凡相似兩三角形必三角各等三邊之比例各等此有諸乎曰有之甲爲共角從乙作直線至辛與己戊爲平行卽甲丙之垂線而甲乙辛角與甲己戊角俱在平行線上必等又甲乙辛甲丁乙俱在界乘圈之角而所乘之甲乙甲辛兩弧等卽兩角必等而甲丁乙與甲己戊兩角亦等其餘角甲乙丁及甲戊己亦等則乙丁小角體之底與其所照平面上之己戊必相似也凡斜圈之弧近於照本其影必長距遠則短如從南極照黃道斜圈其半弧乙在赤道南近甲卽甲己必長於甲戊然分較之雖南影長於北影合較之則平面上圓影不失黃道之圓影矣

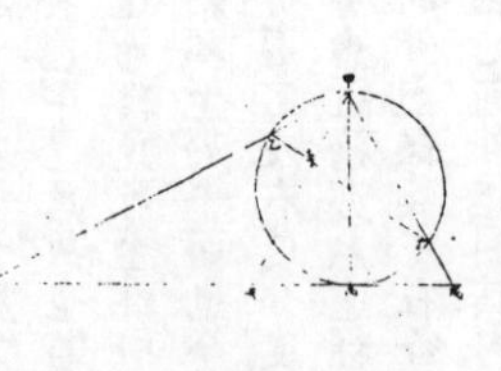

問以視法圖黃道既爲圓形從何知其心乎曰從照本之點出直線爲斜圈徑之垂線引至平面則黃道之心也蓋本圖大小三角形既相似而甲丙與甲庚兩線又相離卽各分爲兩三角形各相似其甲丙戊與甲丙己一偶也甲辛乙與甲辛丁一偶也是以甲己庚角與己甲庚角等而甲庚線與庚己線亦等又甲戊庚角與戊甲庚角等

何者因前圖得己角與丁角等此圖得丁角與乙甲辛角等即己角與乙甲辛角亦等因得乙戊兩角等又得乙角與庚甲戊角等即戊角與庚甲戊角亦等而戊庚與甲庚兩線亦等因得戊庚與庚己兩線等而庚爲己戊徑之心

繪總星圖第三 凡三章

古法繪星圖以恆見圈爲紫微垣以恆隱圈界爲總圖之界過此南偏之星不復有圖矣西曆因恆見圈南北隨地不同又漸次不同故以兩極爲心以赤道爲界平分爲南北二圖以全括渾天可見之星此兩法所繇異也

赤道平分南北二總星圖

以規器作赤道圈即本圖之外界也縱横作十字二徑平分爲四象限限各九十又三分之分各三十又五分之分各六又六分之分各一此爲全周三百六十度矣次從心至界上依度數引直線爲各經度其作緯度有二法一用幾何則依界上經度於横徑之左定尺於横徑之右上下游移之每度一界限度

界限度者或一度二度爲一限或五度十度爲一限以至九十

即於直徑上作識則直徑上下所得度與界限度各相應而疎密不等經緯相稱矣用數則依切線表求界限度之相當數以規器取之

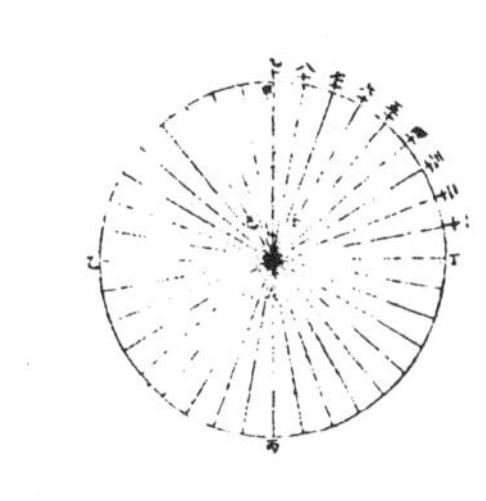

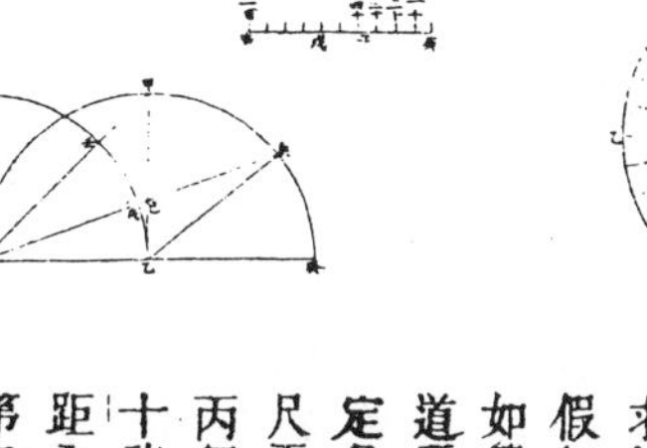

用比例規甚便無規先作半徑百平分之用以取數

若表中求一十度即徑上下得二十度表中求二十徑上下得四十所得比所求恆多一倍也

假如欲依界限度以分徑如第一圖甲乙丙丁爲赤道所分徑爲甲丙於乙上定尺從右徑末丁向上移尺至一十二十等限於甲丙徑上作戊己等一十二十諸識各識愈離心其侶距愈遠矣若以數分之依第二圖如求四十度癸庚則表中查二十度之切線相當數爲三十六用規器向庚辛直線取庚子三十六移至甲乙徑上自中心乙至己爲三十六即得四十度矣蓋以丁爲心作乙丙象弧其半弧乙壬之切線爲平面之半徑甲乙即乙己爲二十度弧乙戊之切線若引丁戊割線至庚則癸庚得四十度與前法合也

見界總星圖

見界總星圖者以北極爲心以恆隱圈爲界此巫咸甘石以來相傳舊法也然兩極出入地平隨地各異而舊圖恆見恆隱各三十六度三十六者嵩高之北極出地度耳自是而南江淮間可見之星本圖無有也更南閩粤黔滇可見之星本圖更無有也則此爲嵩高之見界總圖而非各省直之見界總圖也又赤道爲天之大圈其左右距等侶圈以漸加小至兩極各一點耳於平面作圖而平分緯度自極至於赤道緯度恆平分而經度漸廣廣袤不合即與天象不合向所謂得之經緯失之形勢得之形勢失之經緯者也況過赤道以南其距等緯圈宜小而愈大其經度宜翕而愈張若復平分緯度即不稱愈甚其相失亦愈甚矣今依此作圖宜用滇南北極出地二十度爲恆隱圈之半徑以其圈爲隱見之界則各省直所得見之星無不備載可名爲總星圖矣又依前法爲不等緯距度向外漸寬則經緯度廣袤相稱而星形度數兩不相失矣但前以赤道爲界設照本在南極所求者止九十緯度則所用切線半之止四十五度至赤道止矣用爲平圖之半徑經緯度猶未甚廣足可相配若此圖則否其半徑過赤道而外尚七十度幷得一百六十度半之爲八十度從南極點出直線必

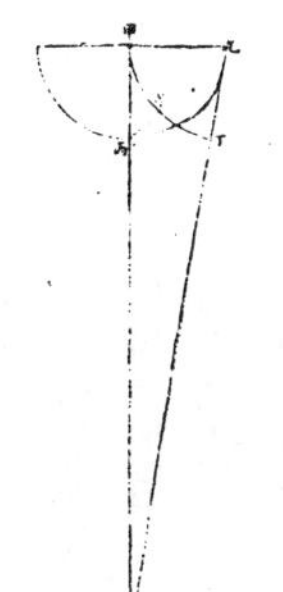

剖圓八十度乃合於百六十度之切線也此其長比赤道內之半徑不啻五倍經緯皆愈出愈寬以比近北極之度分大小殊絕矣如右圖甲爲平圖之心乙爲南極甲丙爲半徑亦卽爲四十五度甲戊弧之切線若從乙出直線割八十度之弧甲丁然後與甲丙引長百六十度之線遇於己其長於甲丙幾及六倍也如是而依本法作圖若圖幅少狹卽北度難分若北度加寬卽圖廣難用矣今改立一法設照本稍出南極之外去極二十度起一直線以代乙己其與甲丙之引線不交於己而稍近丙以斂所求之度定平圖之半徑則廣狹大小皆適中矣但照本所居宜有定處去極遠則切線太促不能分七十度之限太近則半徑過長略同前說也今法如上圖甲爲平圖之心欲其外界出丙己壬赤道之外遠至七十度先求照本隨所照光圖之作甲丙直線去赤道徑甲癸七十度正次作乙丙垂線爲二十度之正弦次作丙丁線爲二十度之切線令丁點在南極之外爲照本則甲丙與乙丙若丙丁與乙丁何者甲乙丙丙丁兩三角形相似故也次引丁丙切線與甲癸之引長線遇於辛則辛點定百六十度之限爲平圖之半徑矣次以緯度分甲辛線恆令丁戊與戊己若丁甲與甲庚則赤道內庚分向北之緯度赤道外庚分向南之緯度也欲得各丁戊線以

加減取之向南距度之正弦以減甲丁割線得小丁戊因得大甲庚向北距度之正弦以加甲丁割線得大丁戊因得小甲庚也蓋正弦雖在癸己左右因甲戊其平行線卽與正弦等故

左邊爲北右邊爲南

問赤道緯度其內外廣狹旣爾不齊則欲作黃道圈用何法乎曰此因照本不切南極以照黃道斜圈之邊不能爲直角卽不能爲軸邊之心而有二心故其影不能爲正圓而欲成撱圓與前南北平分總圖稍異法也當於甲辛徑上從赤道向內數黃赤距二十三度三十一分三十〇秒若所得爲子午卽作午壬直線平分之於未從未出垂線向甲辛徑上得黃道向北半圈之心爲下庚而其邊依緯度之狹則小次於赤道外自癸至辛數得二道距度如前求得黃道向南半圈之心爲上庚其邊因緯度之寬則大也

極至交圈平分左右二總星圖

前分有法物象三儀其第一照本在最遠者星圖所不用其用者第二第三也第二法照本在南極以赤

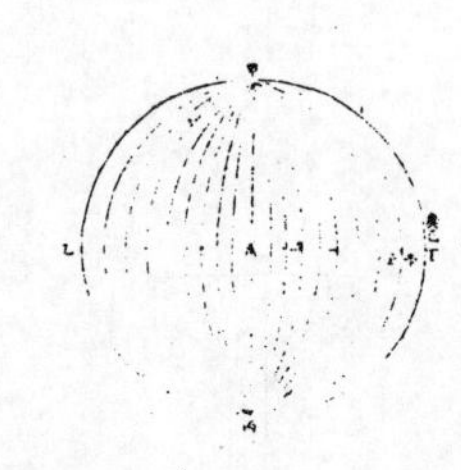

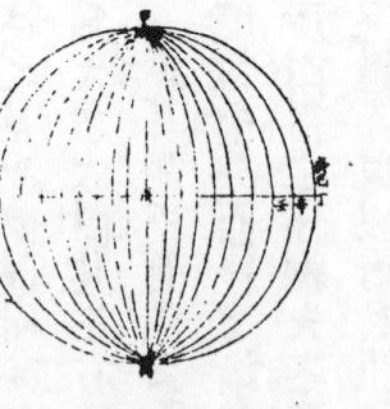

道圈爲平面界則前說赤道平分二圖是已第三法照本在二分以極至交圈爲平面界今解之設照本切春分卽用所照平面之心以準秋分以極至交圈爲界赤道圈極分交圈則爲直線諸赤道距等圈諸過極經圈則爲曲線之弧以此定經緯度及半天恆星之方位也又設照本切秋分則以春分爲心其餘圈影皆同上可定餘半天恆星之方位矣圖法先作極至交圈爲圖界假設甲乙丙丁圈爲赤道

本極至交圈假爲赤道借用第一圖

平分三百六十度借丙點爲赤道與極分圈之交從丙向己庚等邊界引直線過乙丁徑作辛壬等識卽各過極圈之經度限也次卽用甲乙丙丁圈爲極至交圈卽第一圖則甲辛丙甲壬丙等過極經圈之弧可定恆星之赤道經度矣次欲

作赤道距等圈先假設甲乙丙丁爲極分交圈

本極至交圈假爲極分借用第二圖

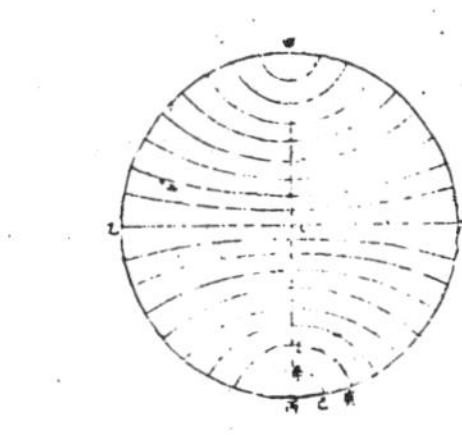

借乙點爲赤道與極分圈之交從乙向己庚等邊界引直線過甲丙徑上作辛壬等識卽各赤道距等圈之緯度限也次卽用甲乙丙丁爲極至交圈（卽第二圖）則己辛庚壬等皆赤道距等之弧而丁戊乙爲赤道可定恆星之赤道緯度也若欲以黃道爲心作圖則以乙丁線當黃道甲丙爲黃道之兩極而乙丁上下距等之弧皆可定恆星之黃道緯度平面界圈亦爲過黃道極之經度圈如前所作赤道平分二圖皆改赤道極爲黃道極赤道面爲黃道面皆可定恆星之黃道經緯度也

恆星有等無數第四（凡三章）

恆星以芒色分氣勢以大小分等第所載者有數不能載者無數可盡也今略論其體等及其大數別定黃赤二道之經緯度作圖作表如後卷

恆星分六等

古多祿某推太陽太陰本體之容積先測其視徑及月食時之地影及地球之徑容展轉相較乃能得之（詳見三大論）後巴德侃借用其法以考五星及恆星離地之遠又測諸大星之視徑如圖甲辛爲太陽離地之遠其視徑甲乙爲太陽居最高及最高衝折中之半徑也今設丙爲鎭星其離地爲辛丙卽太陽之半徑至此見如丙戊而鎭星居此所見大僅得太陽視半徑一十八分之一爲丙丁用三率法辛丙與丙戊若辛甲與甲乙次以地徑推得丙戊總線數卽可得丙丁分線數古法推七政及恆星之體大略如此蓋因其視徑及距地之遠可得渾體之容積也但恆星已知離地最遠而無視差可考止依其視徑以較五星卽其體之大小十得七八矣第谷則以鎭星較之因測鎭星得其視徑一分五十秒亦微有視差爲一十五秒弱推其離地以地半徑爲度得一萬〇五百五十因得其全徑大於地之全徑二倍又一十一分之九是鎭星之渾體容地之渾體二十有二矣此測爲鎭星居最高最高衝折中之數也若在最高測其距地爲地半徑一萬二千九百（後論五星更詳此理）而恆星更遠居其上設加一千卽約爲一萬四千因以所測之視徑分其差等

先測明星如心宿中星大角參宿右肩等其視徑二分卽得大地四徑有奇何也因設星離地一萬四千依圈界與圈徑之比例（徑七圍二十二）卽星所居之圈界得八萬八千三百六十分之每度得二百四十四〇九分之四又六十分之每分得四視徑二分得八有奇是恆星之全徑二分當渾地之八半徑也卽四全徑也又以立圓法推之卽此星渾體之容大於渾地之容六十有八倍此爲第一等星也此一等內尚有很星織女等又見大一十五秒其體更加二十餘倍若見小一十五秒如角宿距星等卽反之其體減二十餘倍

次測北斗上相北河等其視徑一分三十〇秒設其距地與前等推其實徑大於地徑三倍有奇而其渾體大於地之渾體二十八倍有奇此爲第二等

又次測婁箕尾三宿等星其視徑一分〇五秒依前距地之遠其實徑大於地徑二倍又五分之一其體大于地體近一十一倍爲第三等

又次測參旗柳宿玉井等星其視徑四十五秒其實徑與地徑若三與二其體大于地體四倍有半爲第四等

又次測內平東咸從官等小星得視徑三十〇秒其實徑與地徑若五十與四十九其體比於地體得一又一十八分之一爲第五等

又次測最小星如昴宿左更等得視徑二十〇秒其實徑與地徑若一十五與二十二卽其體比於地體得三分之一爲第六等

右恆星相比約分六等若各等之中更有微過或不及其差無盡則匪目能測匪數可算矣

或問前言恆星居鎭星之上離地皆等故依其視徑以推其體之大小則不等若設其遠近不等卽其實徑不隨其視徑從何推知其體乎曰假令諸恆星之體實等因其中更有遠近不等故見有大小不等卽以六等星比第一等所見小大乃爾必更遠於前率十餘倍矣蓋測此大小星比其視徑如天田西星與大角星差一分五十五秒卽其遠近距當得一十四

萬一千大地之半徑與鎮星最高及大角之距地略等此中空界安所用之且小大彬彬雜以成文物之理也若何舍此而强言等體乎七政恆星遠近大小皆從視徑視差展轉推測理數實然無庸不信然而宏闊已甚猶有未經測算難於遽信者焉況此遠近等體之說非理非數則是虛想戲論而已又誰信之故

恆星無數

自古掌天星者大都以可見可測之星求其形似聯合而爲象因象而命之名以爲識別是有三垣二十八宿三百座一千四百六十一有名之星爲世所傳巫咸石申甘德之書是也西曆依黃道分十二宮其南北又三十七像亦以能見能測之星聯合成之共得一千七百二十五其第一等大星一十七次二等五十七次三等一百八十五次四等三百八十九次五等三百二十三次六等二百九十五蓋有名者一千二百六十六餘皆無名矣然而可圖者止此若依法仰觀所見實無數也何謂依法今使未諳星曆者漫視之而漫數之樊然淆亂未足實證其無數也更使諳曉者按圖索象則依法矣如是令圖以內之星悉皆習熟若數一二然而各座之外各座之中所不能圖不能測者尚多有之可見恆星實無數也更於晴明之夜比蒙昧之夜又多矣於晦朔之夜比弦望之夜又多矣以秋冬比春夏又多矣以利眼比鈍眼又多矣至若用遠鏡以窺衆星較多於平時不啻數十倍而且光耀粲然界限井然也卽如昴宿傳云七星或云止見六星而實有三十七星鬼宿四星其中積尸氣相傳爲白氣如雲耳今如圖甲爲距星乙爲本宿東北大星其間小星三十六瞭然分明可數也他如牛宿中南星尾宿東魚星傳說星觜宿南星皆在六等之外所稱微茫難見者用鏡則各見多星列次甚遠假如觜宿南一星數得二十一星相距如圖大小不等可徵周天諸星實無數也

鬼宿中積尸氣圖

觜宿南小星圖

天漢

渾天衆圈有大有小如黃赤二道過極經圈極至極分交圈地平圈等凡與地同心者皆大圈也如冬夏二至圈常見常隱圈各距等圈凡與地不同心者皆小圈也若天漢者論其界不可謂圈凡圈以圓線爲界此以廣面爲界故也論其心實與黃赤二道相等不可謂非大圈蓋其心必同地心且兩交黃道兩交赤道旁過二極皆一一相對正與黃道相反斜絡天體平分爲二故也欲測其廣無定數大約兩至之外廣於兩至之中從天津又分爲二至尾宿復合爲一過夏至圈以井宿距星爲限正切鶉首初度過北極西距二十三度半前過冬至圈則星紀初度約居其中又轉至南極東距亦二十三度半而復就夏至總爲過兩至與黃道相反之斜圈也古多疑某測其兩涯所過星宿與近世不異在赤道北則從四瀆始南三星當其中北一星不與焉次水府次井西四星切其左邊天關一星五車卩切其右更前積水在左大陵從北第二星在右王良所居在其中若洲渚然次天津橫截之兩端平出其左右河鼓中星在右其對邊爲天市垣齊星此赤道北兩涯所經諸星也在赤道南者以天弁東星爲界次斗第三星次箕南二星其對邊則天市垣宋星尾宿第一星而入於常隱之界迨過南極以來復起於天稷過弧矢天狼以至赤道此爲赤道南所經諸星也

問天漢何物也曰古人以天漢非星不置諸列宿天之上也意其光與映日之輕雲相類謂在空中月天之下爲恆清氣而已今則不然遠鏡既出用以仰窺明見爲無數小星蓋因天體通明映徹受諸星之光井合爲一直是清白之氣與鬼宿同理不藉此器其誰知之然後思天漢果爲氣類與星天異體者安能亘古恆存且所當星宿又安得古今寰宇覩若畫一哉甚矣天載之元而人智之淺也溫故知新可爲惕然矣 按以上原本作曆指卷四誤當作曆指卷三恆星之三

恆星經緯圖說 附

第一見界總星圖說

見界總星圖者以赤道之北極爲心以赤道爲中圈以見界爲界見界者取北極出地三十度爲限則閩粵以北可見諸星無不具在矣自此以南難以復加者爲是渾天圓體赤道以南天度漸狹而在圖則漸廣形勢相違是故無法可以入圖也必用赤道爲界分作二圖以二極爲心然後體理相應故作赤道南北二總圖次焉本圖外界分三百六十五度四分度之一者赤道經度也正南北直線名子午線上分

極以南極以北各一百六十度者赤道緯度也從心至界分二十八直線者依二十八宿各距星分二十八宿各所占度分也此各宿度分元史載古今前後六測如漢落下閎唐僧一行宋皇祐元豐崇寧元郭守敬等或前多後寡或前寡後多或寡而復多多而復寡種種不一元世造曆者推究至此茫然不解但揣摩臆度以爲非微有動移則前人所測或有未密而已夫謂前人未密他術有之此則千四百年如彼其久二十八宿如彼其多諸名家所測如彼其詳而悉無一合安得悖謬至是且其他諸法又何以不甚參商謂繇謨測必不然也若曰微有動移庶幾近之而又不能推明其所以然之故今以西曆詳考黃赤經緯變易蓋二十八宿分經者從赤道極出線至赤道乃止而諸星自依黃道行是以歲月不同積久斯見若精言之則日日刻刻皆有參差特此差經二萬五千四百餘年而行天一周正所謂微有動移非久不覺故後此數十年百年依法推變正是事宜而前代各測不同者皆天行自然非術有未密也此說已具恆星曆表卷中今略舉一二如北極天樞一星古測去離北極二度後行過北極今更踰三度有奇矣觜宿距星漢落下閎測得二度唐一行宋皇祐元豐皆一度崇寧半度元測五分今測之不啻無分且侵入參宿二十四分今之各宿距星所當宮度所得多寡悉與前史前圖不合蓋繇於此此圖皆崇禎元年戊辰實躔赤道度分其量度法如求某星之經緯度分若干用平邊界尺從圖心引線切本星視圖邊得所指某宮某度分卽本年本星之赤道經度分次用規器依元定界尺從赤道量至本星以爲度用元度依南北分度線上量得度分卽本年本星之赤道緯度分次視本圖本星所躔宮分查本宮表所註度分卽知給圖立表測天三事悉皆符合若黃道在本圖中止畫一規及經度其查考經緯度分別具黃道分合各圖中

第二赤道南北兩總星圖說

赤道南北兩總星圖一以北極爲心一以南極爲心皆以赤道爲界從心出直線抵界凡十二者爲十二時線又細分爲三百六十則赤道經度也與總圖所分經度不同者彼分三百六十五度四分度之一準一歲日行周天之數名爲日度此平分三百六十名爲平度也凡造器測天推步演算先用平度特爲徑捷測算既就以日度通之所省功力數倍故兩用之也其正南北直線爲子午線平分十二宮左右各六線上細分南北各九十爲赤道緯度亦平度也去極二十三度半有奇復作一心者黃道極也從黃極出曲線抵界亦十二者黃道經度也分十二宮三百六十度其黃赤同度同分者獨二分二至四線其餘各有參差欲考黃赤異同於此得其大意矣南總圖自見界諸星而外尙有南極旁隱界諸星舊圖未載此雖各省直未見從海道至滿剌加國悉見之滿剌加者屬國也考一統志輿地圖凡屬國越在萬里之外皆得附載何獨略於天文如海南諸國近在襟帶間所見星辰歷歷指掌而圖籍之中可闕諸乎惟是向來無象無名故以原名翻譯附焉查考赤道經緯度法略同見界總圖不具論若赤道左右星座爲赤道所截分載兩圖求其全像亦在見界總圖矣

第三黃道南北兩總星圖說

黃道南北兩總星圖一以黃道北極爲心一以黃道南極爲心皆以黃道爲界從心出直線十二抵界者分黃道十二宮次又細分爲三百六十平度爲黃道經度南北直線從心上下各細分九十平度則黃道緯度也凡恆星七政皆循黃道行與赤道途徑不同故行赤道經緯時時變易其行黃道經緯則終古如一矣前赤道三總圖後黃道二十分圖皆書各星座名數與立成表相符足備簡閱此不煩贅述故加七政字號分別某恆星之芒色氣勢與某政相若因七政情性可得本星情性考其會聚衝照三合四合六合中有下濟敷施之理焉南極旁新譯諸星倣此其近界星座爲黃道所截分屬兩圖亦查前見界總圖或後黃道分圖皆可得其全像量度法略同見界總圖從此二十分圖從此圖出其分截之處位座未全者於此二圖考之

第四黃道二十分星圖說

分星圖獨依黃道者恆星與七政皆循黃道行依此爲分其正術也必用分圖者總圖尺幅既狹如星座如宮次如度分如等第未能明晳用以證合天象頗覺爲難分之則一覽瞭然世傳丹元子步天歌分三垣二十八宿爲三十一圖臺官亦有爲圓方二圖者皆本此意但步天歌悉不載宮度方圖稍分宿次亦係舊率其經緯度分悉未開載星形等第與天象不能盡合則兩圖等耳今分爲二十圖首一圖卽紫微垣而與舊圖略異者彼以赤道之北極爲極此以黃

道之北極爲極也彼以恆見星爲界故從心至界爲三十六度是嵩高之恆見星界他方不然今取三徑均平止二十二度半蓋以黃極爲極則恆見諸星不復可論也外周分黃道三百六十平經度全徑四十五則此圖之黃道平緯度是名北極分圖也次六圖上狹下廣上狹者各以本宮本度與北極分圖相接下廣者亦以本宮本度各與黃道中界六圖相接也以十二宮次分六圖每圖得二宮每宮得三十爲黃道經度也北不至黃道北極二十二度半南不至黃道二十二度半中間四十五度爲此圖中之黃道平緯度是名黃道北界六分圖也又次六圖各上下平分中間最廣爲黃道上下界皆稍狹上狹者以本宮度與北界分圖相接下狹者以本宮度與南界分圖相接每圖二宮每宮三十度爲黃道經度黃道以北近夏至圈黃道以南近冬至圈各二十二度半井得四十五度爲此圖之黃道緯度是名黃道中界六分圖也又次六圖上廣下狹上與中界圖相接下與南極圖相接分宮分度分經分緯與北界分圖同法是名黃道南界六分圖也又次一圖與第一圖略等所有諸星皆在恆隱界中舊傳所無今譯名增入是爲南極分圖也諸圖中星名位次皆巫咸甘石舊傳各依舊圖聯合大小分爲六等各以本等印記分別識之中虛者舊疑非星因稱爲氣今用遠鏡窺測則皆星也因恆時不見分異姑爲散圈以象之其有位座如恆而星實未見用青圈爲識與蒼同色明其無有之間也凡若干星合爲一座各以數識之本座之外復有餘數又不相聯則其附近之有測新星表中各

註經緯度分星名之下稱爲增入者也其不書數目者無測之星表中所未載也諸圖總以黃道爲中界復有曲線斜絡於黃道之上下者赤道也又有斜絡於赤道之上下者冬夏至線也其與天體異色斜絡天體廣狹不等者自昔稱爲雲漢疑與白氣同類其實亦皆星也若星座同名而叅觀兩在覺其體勢不同者因天本渾圜所分宿度當爲弧線今居平面不免變易是黃赤同圖則線分曲直兩次並列則線分斜正而安星本法皆依各線布置遇曲直與爲曲直遇斜正與爲斜正寧使形模小異尚可證以根繇儻令經緯微遷懼無辭於爽謬矣且一星一表毫髮難移點綴既畢自然肖像非若畫繪之家先想成形而追形定位雖欲更移秒末以就成體勢固不可得也量度則兩圓圖與總圖同法十八方圖則上下求經左右求緯各以直線求其相等度分星居兩線之交則各兩相等度分爲星之經緯度分

欽定古今圖書集成曆象彙編曆法典

第五十五卷目錄

曆法總部彙考五十五

新法曆書五 月離曆指一

曆法典第五十五卷

曆法總部彙考五十五

新法曆書五

月離曆指一

步七政次月離者何也曰其故有六月與日視體相若雖借恆星五緯同借日光而獨能繼照古今以之配日稱爲二曜則尊於諸星一也太陽以定春夏秋冬而成歲太陰以定晦朔弦望而成月歲與月錯綜損益曆法典焉以知天時以授民事二也日食於定朔月食於定望恆用日躔月離諸行以求食分加時日食之繁倍於月食其三視差皆從月生三也太陽五緯恆星漸次高遠差數漸微大小高下難可遽得惟月去人最近差數爲大易見易測故測候諸曜皆用月差較量緐顯入微悉能推見四也日與星不並見欲測太陽躔度距某星幾何無法可得古法於晝時測日月之距至夜測月星之距并之得日星之距五也大圜之中百昌庶物生長之緣有二日以暄之月以潤之諸風雲雨露霜雪等皆係於月其在物也各有盈虛消息亦係月之虧復進退其與太陽經緯諸星或會或衝或三合四合六合各有順逆承制之理測候推算之法醫家藉此以工治療農家藉此以爰稼穡商旅藉此以行舟泛海六也

上五則有關曆學者書中略已論述後一則各有本學茲不備著

有此諸端故推步之法宜求密合而欲求密合政復未易如日躔之行止有三種月離則有七種參錯之中欲求齊一非明理無以立法非立法無以致用其曲折繁細十倍日躔矣乃勝國至今此學湮廢星官家徒傳舊法若求其立法之原與乖違之故卽無片言隻字可資考證好學者偶一測驗偶一致思便欲輕言改作不復究本來之條貫求目前之徵實計從世之變遷譬如勺水於河曷嘗遡源於星海窮委於歸墟者哉今據西法譯該曆指四卷闡理著數似覺井然曆表四卷條畫分明以步月離經緯度比於舊法可省工力三分之二以步交食可省四分之三其爲密近似復勝之且令數百年後據茲義指得以改憲求合爲謹列如左

月離各種行度第一

月離行度與日躔異日躔恆依黃道其行度三而已隨宗動天西行一也自行二也最高行三也若月離則有七種行度如左

一曰隨行隨行者自東而西依宗動天一日一周七政恆星共繇之其起算之界爲子正初點或午正初點與太陽同

二曰平行(一名本行)平行者月之本天自西而東日平行一十三度有奇二十七日有奇而行天一周其界有二一以太陽爲界從合朔起算每日去離太陽若干度分以命太陰之本行度分累積之一以宮次節氣爲界(宮次如降婁大梁等節氣如春分秋分等)從各初點起算每日去離若干以命太陰之本行度分累積之此行謂之交周滿一周爲交終其初交曰正交其次交曰中交其行各及半曰正半交曰中半交　其兩界命兩種行度分異名同理詳下方

三曰自行(一名本輪舊名小輪也因小輪非一故改命之)自行者太陰之行不平不順有時疾有時遲既爾紛紜無憑布度古曆因想近月四周有一本輪太陰既隨本天循交道(卽白道)東行(右旋)又依此輪自東而西(左旋)一日行十三度有奇二十七日有奇而行輪一周此亦平行也而與交道平行參錯不一所以下土視之時疾時遲矣因其疾遲以別於交道之行故彼名平行此名自行也既曰周行本輪則疾時與交行相合遲時與交行相背亦宜如五緯之法有逆行度分此獨言遲不言逆者月行甚疾但見其遲不見其逆也此周謂之轉周滿一周爲轉終分四象限首限曰正轉二限曰正半轉亦曰本輪之最高三限曰中轉四限曰中半轉亦曰本輪之最庳曰最高衝(或省曰高衝)行最高極遲行最庳極疾也

最高最庳之一周又名不同心圈其與本輪異名同理詳見下方

四曰次輪次輪者太陰之最高既依白道行則月離最高時其距地心之遠近宜等迨測之則時時不等古曆又想本輪之周復有一次輪循本輪左旋月在

次輪之上循周右旋也此法古曆所未有以意命之其行次輪一周名爲次轉終也四分之則爲小四象第一名正初象第二名正半象第三名中初象第四名中半象也

五日交行交行者從測候見太陰行白道

古法月有九行殊謬元授時曆廢不用獨言白道交周是也一名月道

出入黃道約五度有奇不行黃道中線

何名黃道中線七政恆星皆循黃道行而六曜皆有出入如太白最遠出入約六度故黃道左右廣十二度名爲黃道帶而太陽獨行其最中故名中線也黃道一名躔道

而兩交於中線兩交之點一名正交（亦日羅睺）一名中交（亦日計都）兩交之行自東而西與他行異亦名羅計行度也

六日又次輪古來無有也萬曆間西史第谷測候極密得太陰行兩小輪（其一本輪其一次輪）其各兩半時（兩小輪各有正半中半）之兩均數與實測之度分往往未合故知次輪而外當有又次一輪此之爲數微眇難分其於曆法未關損益故無暇及也

七日面輪面輪者太陰既依本輪又依次輪各周行卽月面宜恆向次輪心下土所見時時旋轉須當不一若之何終古恆如是故當復有本行使面恆下向也此亦未關疎密不能備著

測月平行度第二

測月之法於七政爲最難其故有六

其一月天最小距地甚近卽地球與其本天有小大之比例乃測器之心不居地心而居地面所得月軌高乃地面之視高非地心之實高也（此在日躔曆指謂之地半徑差）

其二有地球與月天之比例乃可推地半徑差既得地半徑差乃以加所測之高定其實高不先得此無緣得彼

其三凡得各曜之高必減清蒙之高以定實高各曜之蒙差高下不等測月者未知距地若干卽無差數可減所測高則非實高

其四月體恆虧缺不全若用太陽法令其光過窺表卽處淡難見光體不圓亦無從得其中心之光若目察窺表見月體不全無從測其心

其五若測以地平經緯儀或黃赤道經緯儀縱得其經緯度分又以三視差故測得之數無一合者（三視差見交食曆指）

其六依測日星法以恆星測驗推算而得其經緯度似可用亦因三視差故無一合者

然則何如按西曆古今法測月離度分必於月食時簡知之昔史姜岌亦以月食衝簡知太陽所在不知考太陽之躔度易考太陰之離度難而姜倒用之兩率皆疎矣今法於月食時推太陽之經度其對衝卽太陰之經度（考太陽經度法見日躔表一卷）若日食則不可用何故日食時因于視差是生中食實食視食

中食者兩平行所得平朔也實食者加減平朔而得地月日三心參直定朔也視食者加減定朔而得其加時先後此地此時人目所見也

隨地隨時都無定率故

右法任用一月食皆足簡知行度若求月平行率則用前後兩會食取中積平分之其法與日平行相似而難易迥別何者月或全食或不全食或食於南或食於北或於遲限食或於疾限食各各不等顧須求其相等一不等卽所得非眞率也然兩食猶爲未足宜精擇所宜用之四會食參互稽求以定月曆今詳論其法如左

夫月不平行古今治曆者之公言也欲求平行之率必用擇食之法欲明擇食之理先解不平行之理其徵有二

其一初日測太陰過子午圈註定時刻（定時法測星第一水漏自鳴鐘等器次之）次日測過子午定時刻如之第三第四日復測皆如之次取各日所註時刻較之必一一不等知其非平行若平行者宜一一等也如一周三百六十平度初日行一百刻次日亦行一周而得一百刻有奇或九十九刻有奇多寡不等其歷時多者必行遲也歷時寡者必行疾也

其二取月食三事各以其中積時相減必有多寡知其非平行　如西測食略所記天啓三年癸亥九月望月食食甚在戌初初刻〇五分（日九十六刻十五分下做此）日躔壽星宫一十四度四十一分月離降婁宫度分同　又記天啓四年甲子二月望月食食甚在丑初三刻〇三分日躔降婁宫一十四度二十九分月離壽星同　又記本年八月望月食食甚在寅初二刻〇四分三十九秒日躔壽星宫三度五十五分五十三秒月離降婁同　推得先兩食中積時爲一百七十八日二十六刻十三分太陽行一百八十度一十二分一十一秒太陰行滿六交會置中積（一百七十八日二十七刻）

分〇一六爲法而一得二十九日六十八刻〇七分四十三秒五十〇微爲一會望策後兩食中積時爲一百七十六日〇七刻〇十二分三十九秒太陽行一百六十九度二十七分〇四秒太陰行滿六交會置中積六而一得二十九日三十一刻〇二分一十三秒三十〇微爲一會望策　右前後兩會望策不等差三十七刻餘前六會積分多必行遲後六會積分少必行疾又前兩食間太陽行經度與後兩食間不等其較一十度四十六分〇七秒而積分之較僅二百二十〇刻八十七分八十〇秒經度積時多寡不等足徵非平行也

右二則皆不平行之徵也所以然者其緣又有三三緣者其二在月其一不在月不在月者日躔經度是也前論以月食簡知月離經度謂食甚時二曜經度正相對也然日躔自有贏縮自非恆平何能定月離之平何者日躔有最高最庳其去地也時近時遠是生地景一名闇虛時大時小時長時短若日躔最高其景則長則大月之過景加時則多日躔最庳其景則短則小月之過景加時則少此第一差之緣也二在月者一爲月轉遲疾也月行遲限則過景時多月行疾限則過景時少此第二差之緣也一爲月轉最高最庳也在最高月體小又入於小景則過時少在最庳月體大又入於大景則過時多此第三差之緣也

是故曆家設擇食之法擇者導擇也去其不齊之緣以求其齊也不齊之緣第一在日躔經度或在贏或在縮則擇食之第一法宜擇兩食之日躔經度所在等既免此緣則餘二緣在月之本行本輪日無與也

如圖甲爲地球乙日體在最底從乙發光地景則短丙日體在最高從丙發光地景則長月循戊丁本輪行如在丁近地過丁小景又在戊遠地過戊小景而此二小景等則何從知月在其最高戊乎或者其最庳丁乎惟先知日躔所在在其最庳景宜短或不至戊或至戊宜更小所見小景者丁也而月離在其最庳也日在其最高景宜長過月之最庳宜作己庚大景而所見小景者戊也則月離在其最高也故兩食之太陽高庳等則景大小等可免第一差之緣也夫景之末地之心太陽之心三者恆相對也地景之行度分卽太陽之行度分太陽之高庳兩食不等卽行度之遲疾不等而景之行度遲疾亦不等若高庳等則兩行之遲疾皆等

是故前後兩會望皆全食又兩食之黃道同度差自分秒以上至一二度無害卽兩景之大小等兩過景之加時等又得其月離之距地心等卽其本輪之轉分所至亦等

轉分之所至等者距地之遠近等也然月在本輪之最高最庳則其遠其近一而已若在正轉中轉則距地之遠近雖等而在左在右未定也法見下文　本論或用不同心圈其理則一

其擇食之第二法卽兩食之月距地心等也若同在本輪之最高或最庳不論左右若欲定其左右則以恆星經度測之若兩食之經度等加時等卽其或在左或在右亦等　既得月轉分之所在等卽可測食前月體之徑若徑等卽其距地必等測月體有本法本論見後篇可免第二三差之緣也

如上言欲求月平行率必用各率均齊之前後兩食欲得此前後食必考於古之傳記今考二十一史各天文志大都有年月日而無時刻分秒經緯度數將於何取之不得已借西曆會通用之又考古至百千年以上若用朝代年號紛綸不齊若用甲子細碎無紀故近古有虛立積年略如章蔀紀元法以十九年爲一章二十八章爲一衺十五衺爲一總一總者四百二十〇章七千九百八十〇年也每年爲三百六十五日四分日之一每四年加一日爲三百六十六日說見曆指第一卷　今用此推算通以歷代紀年則爲法起簡仍不妨符合矣崇禎元年爲總期六千三百四十一年

總期之四千二百八十六年爲周考王十四年癸丑西史默冬推定十九年而太陰滿自行本輪之周復與太陽同度

每年三百六十五日四分日之一爲月二百三十五

是爲章歲漢史所謂月行之終復會於端也西曆謂之全數用以求月之日

求月之日者於太陽月之某日求太陽之日數法

以十九數及通閏數推之別有本論

崇禎元年爲章蔵之第十四通閏得二十四日也（西數）雖然尚未能確見分齊如漢人以章月平分推太陰各日平行爲十三度十九分度之七後世譏其疎漏因而代代改率然不於千數百年間詳考天行得其決定均齊之數未免揣摩影響西史依巴谷用實法考驗定爲三百四十五平年又八十二日四刻（平年者古法三百六十五日無餘分）或一十二萬六千〇〇七日四刻實兩交食各率齊同之距也於時交會轉終皆復其始

交會者太陰距太陽之行或太陰距節氣之行滿一周爲定望也轉終者太陰之本輪自行度亦滿周而復其故處也

計其中積凡爲交會者四千二百六十七爲轉終者四千五百七十三

以中積分（一十二萬六千〇〇七日四刻）爲實交會數（四千二百六十七）爲法而一得會望策二十九日三十一分五十〇秒〇八微二十〇纖（古西法以六十分爲一日）或二十九日五十〇刻一十四分〇三秒（今西法）通率爲二十九日六時（日十二時）三刻（每時八刻）〇五分九十秒二十七微

求日平行分以天周（三百六十度）爲實會望策爲法而一得一十二度一十一分二十六秒四十一微二十〇纖一十八芒爲太陰一日平行距太陽之度也（日有平日有用日見日躔曆指）倍之得二日三倍之得三日可列表

如別卷　距太陽平行分以合太陽日平行分當加以合羅計日行分當減

求通閏以平年日爲實日行平分爲法而一得四千四百四十九度三十七分二十一秒二十八微二十九纖除滿十二交會（一年十二月）外餘一百二十九度三十七分有奇爲一平年（三百六十五日）之通閏約得爲十日有奇也

中通閏是歲實與十二朔之較西通閏是平年與十二朔之較（年無小餘）以平年通閏加小餘得中通閏

求刻平行分以日平行爲實九十六刻爲法而一得一刻平行分秒（見本表）

求交分（即太陰黃道上之日行度滿一周）置太陰日平行分加太陽日平行五十九分〇八秒一十七微一十三纖一十三芒三十一末（古圖之數）得一十三度一十〇分三十四秒五十八微三十三纖三十〇芒三十一末用乘法得十日百日乃至一年得四千八百〇九度二十三分〇三秒一十九微用除法得一刻一分秒之平行率以滿天周得二十七日三十〇刻一十二分〇五秒是爲交中分

求轉分（即太陰本圈之最高行滿一周）置前中積（一十二萬六千〇〇七日四刻）爲實以轉數（四千五百七十三）爲法而一得二十七日五十二刻一十一分五十〇秒爲轉終分又以天周（三百六十度）爲實轉終分爲法而一得一日之轉分一十三度〇三分五十三秒五十六微一十七纖五十一芒五十九末用乘法得十日百日乃至一年得四千七百六十八度或約十三轉外餘八十八度四十三分〇七秒四十五微用除法得一刻一分秒之轉率可立表

測月平行次論第三

法用太陰四會食其擇法欲前兩會之中積平行度中積日其比例與後兩會之比例等又第一與第二

月行本輪同勢

勢者遲疾最高庳等同者俱在小輪一象限內

第三與第四亦然又第一與第二之中積實行度等第三與第四亦然若是則前兩會後兩會兩中積間月在本輪必各滿自行之周

如是均齊乃得實平行度分

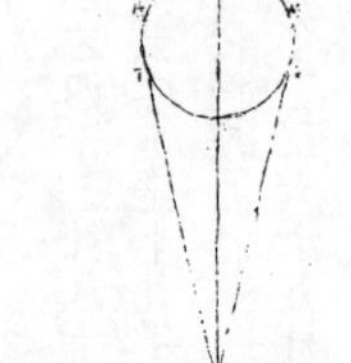

解曰如圖己爲地心丙丁乙戊爲小輪乙爲最高丙爲最高衝（即最庳）己丁己戊爲兩切線

凡月在戊在丁其變行之勢亦借名爲留段蓋月行甚速留時絕少僅一瞬耳然遲疾之間度分難測故借名爲留段也

從乙丙分小輪爲四象限各象有變形之勢

如在最高乙爲極遲最庳丙爲極疾丁戊爲留詳見下方

假令簡得第一會時月在辛第二會在同象限

同在乙丁象限內爲同類之行

如庚第三會在他象限如壬第四在同象限

同在乙戊象限內爲同類之行

如癸即不可用何者上法言所求同行同類同時者

必庚所至亦在辛癸所至亦在壬若如圖庚與辛癸與壬各去離若干雖以同時故同行辛庚弧（前兩會之差）與壬癸弧（後兩會之差）必等然一弧之均數用加一弧之均數用減其時（自行）與行（視行）不得相等

兩弧等者其自行雖等而視行不等

故法言庚會必仍在辛癸會必仍在壬而後爲月滿自行之全周

系凡簡會食不當在戊與丁兩切線之上蓋日在巳己丁己戊兩視線切圈其所切之處難辨其高下之準分也

視法曰凡斜望圓圈作一直線又曰視線切圓圈之兩旁人目謬見曲線爲直線其謬直線中間有上行下行者雖動而目視之若不動

此古法依巴谷等所共用其書不全所用四會食之行度時日等各率皆無傳故略舉其正法如右方

測止中交行度第四

正中交者黃白二道之兩交也正交亦曰羅睺亦曰天首亦曰陰曆初陽曆末西曆謂之龍頭中交亦曰計都亦曰天尾亦曰陽曆初陰曆末西曆謂之龍尾月行及於黃道曰交月本圈之自行度曰轉而轉終分多於交終分故轉滿一周交終末及恆居其後交不及轉之度卽兩交退行之度故謂兩交爲逆行也（自東而西）測法亦用交食而考古無傳不能得其眞率西史依巴谷如前法用兩月食擇其前後各率均齊如太陰或同在陰曆同在陽曆太陽之自行同度去兩交之兩點或前或後同限食分等加時等卽太陰之轉分所至等因以定兩交行天若干周而復於故處其原測之中積爲交會五千四百五十八兩交行天周爲五千九百二十三

置中積會數（五千四百五十八）以會望策

二十九日五十〇刻一十四分〇三秒

乘之得一十六萬一千一百七十七日五十八分（西古）（六十分爲一日）五十八秒〇三微二十五纖爲中積日次以中積會數乘天周（三百六十度）得二百一十三萬二千二百八十〇度爲實以中積日爲法而一得一十三度一十三分四十五秒三十九微四十八纖五十六芒三十七末是太陰距交一日行度

次於兩交日行度去減太陰黃道上行度

卽平行分日十三度一十分三十四秒五十九微

得兩交逆行日三分一十一秒每年行一十九度〇一十九秒四十三微用乘法得積年度用除法得時刻度列表（如別卷）

以上諸率皆依巴谷古測所定後多祿某歌白泥及第谷各加密測仍用試法數端推得合會之數每年不足爲一十四分一十八秒一十〇微一十九纖應加轉終分每年盈爲五十四微一十二纖應減交行每年盈爲一秒二微四十二纖應減

今新曆表所用率

朔實二十九日五十〇刻一十四分〇三秒〇九微通得二十九日五十三刻〇六分九十二秒

轉終二十七日五十三刻〇五分二十五秒一十四微通得二十七日五十五刻五十八分四十七秒四十九微

交終二十七日二十〇刻〇五分三十三秒四十八微通得二十七日二十一刻二十一分九十六秒七十四微

依上三數之本法可得大統所用別率及其異同之較

通論七政本輪異名同理第五

日躔曆指論太陽贏縮疾遲之理設太陽所行之道與地爲不同心圈今論月行亦用不同心圈亦用小輪此二者名雖異而理實同蓋藉以分布度數指記運行隨人所立期於不爽而止若大象森羅其孰然孰不然或皆不然則非智計所能測也今略解如左

不同心者一圈之內別函一圈兩圈各異心也若圈周之上任用一點爲心別作小圈則爲小輪如圖甲乙圈內別有丙丁圈戊己不同心又庚辛壬圈周以辛爲心作癸子圈是謂小輪

解曰日躔曆指既言不同心

贏縮今古共知言不同心近而易明

月離曆指又言小輪

回回曆已著小輪之目因仍用之

且諸曆中或復錯出故宜

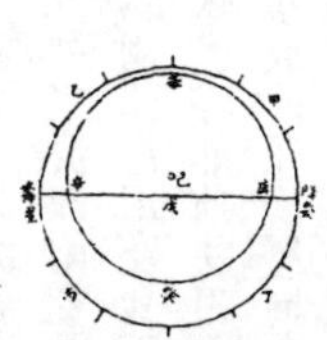

詮釋同異以絕疑端此法七政所同今借太陽爲解他可類推也按日行夏遲冬疾春分過夏至迄秋分歷時日多秋分過冬至迄春分歷時日少何故若以不同心圈解之作甲乙丙丁外圈戊爲心分黃道十二宮爲天元宮次又以己爲心作庚壬辛癸圈次從降婁壽星各初度相對作直線必過地心戊而任分庚辛壬癸圈爲二必上爲大半下爲小半己心在戊心之上故也日平行一歲盡庚壬辛癸圈卽

夏半周

夏至左右春分迄秋分

庚壬辛爲大分冬半周

冬至左右秋分迄春分

辛癸庚爲小分大分歷時多小分歷時少日自恆平行人從地心戊視之則爲贏縮遲疾矣若用小輪則

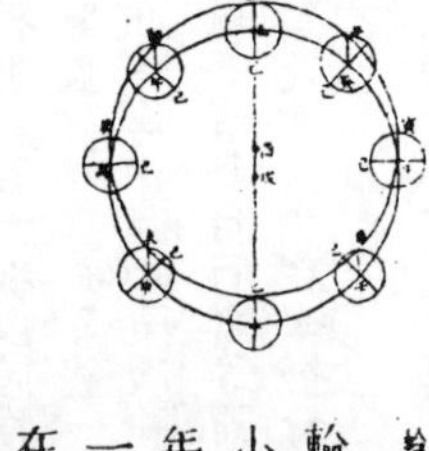

如上圖戊爲地心甲乙丙丁大圈名負小輪圈（或日帶小輪）其周上乙點爲心作小輪如丁爲心己庚爲周也小輪從丁向甲乙丙行一年而復日體亦行小輪周一年而復（復者復于故處）置日體在最庳己小輪心丁循大圈行四十五度至壬日從己行小輪四十五度至庚次丁心行大圈九十度至甲日行小周亦九十度至寅丁心至癸日至子心至乙日至丑心至午日至卯心至丙日至辰心至申日至未心回丁日回己日在小輪周上行成己庚寅子丑卯辰未圈卽是不同心之圈其心爲酉而酉戊兩心相距之度卽小圈之半徑

又如左一圖用不同心圈午爲日從地心戊本圈心酉各作線至午成戊酉午三角形如二圖用小輪子爲日子癸爲小輪半徑從地心戊作戊子線成戊子癸三角形其戊酉午形與戊癸子等戊酉與子癸等子丑弧與午乙等（圈大小不等而度分等）卽子癸丑角與乙酉午角等其餘角午酉戊與子癸戊亦等戊午戊子兩邊等（日距地心之度等也）則戊酉午與子癸戊兩形等形等則所求之日距地心若干太

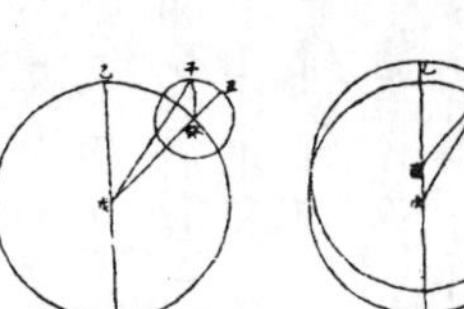

陽平行自行之差日體大小之類或用不同心圈或用小輪其得數同也

測定本輪之大小遠近及其加減差第六

借西古史多祿某及近世歌白泥之論

法用三會食測算（此多祿某所用）

第一食總期之四千八百四十六年爲漢順帝陽嘉二年癸酉五月（西曆之月今三月）初六日子正後（順天府時刻）一十八刻〇十分月全食日躔大梁宮一十三度一十四分其平行一十二度二十一分

第二食四千八百四十七年爲陽嘉三年甲戌十月（建戌之月）二十四日子正後（順天府）一十七刻〇十分月食十二分之十在黃道南日躔壽星宮二十五度〇十分其平行二十六度四十三分

第三食四千八百四十九年爲永和元年丙子三月（建寅之月或建卯）初六日子正後三十七刻〇五分（順天府爲在晝不見）月食十二分之六在黃道南日躔娵訾宮一十四度一十二分其平行爲一十一度一十四分

前二會中積

太陽太陰兩視行皆爲一百六十一度五十五分（各減全周）是爲黃道上兩會相距之度

積日爲五百三十一日九十三刻若平日爲九十三刻〇七分

於時月平行距日爲一百六十九度三十七分

月自行爲一百一十〇度二十一分（本輪行度）

視平兩行之較得七度四十二分以爲加減率

平行大視行小用減法爲月自行過小輪或不同心圈之最高在最高逆行故

後二會中積

太陽太陰兩視行皆爲一百三十八度五十五分是爲黃道上兩會相距之度

積日爲五百〇二日二十〇刻若平日爲二十二刻

於時月平行距日爲一百三十七度三十三分

月自行爲八十一度三十六分

視平兩行之較得一度二十一分以爲加減率

平行小視行大用加法爲月未至最高

大圖說

外大圈白道也小圈爲太陰之本輪第一會月之視行在子平行(小輪心在丁庚丑線)在丑(視行大必在前)第二會月之視行在午平行在丑(平行大必在前)第三會月視行在未(以下原本闕)

三會月行離總圖

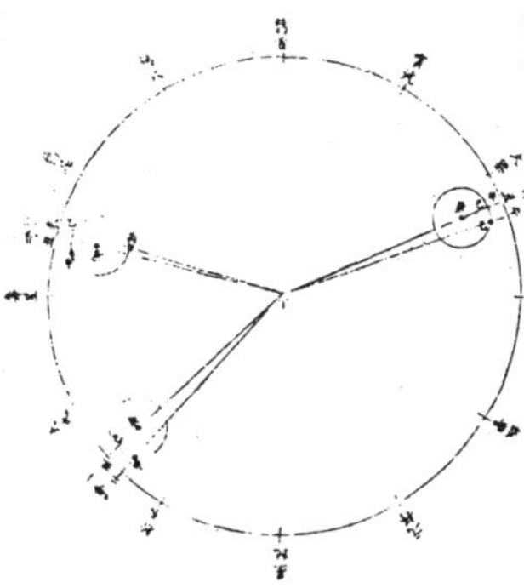

小圖說

此卽前大圖中之小輪分圖借古史成法用二小輪(一爲本輪一爲次輪)以齊月行似爲足矣別有諸家異同之說更僕難罄未能悉舉

如左圖以地心丁爲心作午未丑子黃道弧

大圖言白道者度分相若互言之

庚爲小輪心依黃道自西而東(右旋)二十七日有奇而一周天此爲交周日行十三度一十分有奇太陰日平行度也月體在小輪(卽本輪)之上從甲向乙(左旋)二十七日有奇而一周本輪此轉周也日行十三度三分有奇太陰日轉自行度也小輪亦分三百六十度與周天等說見本篇第五

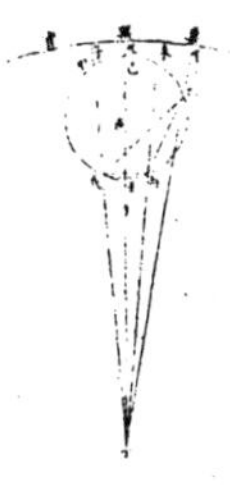

所謂月體在小輪之上者乃朔望之時也其外非在此見下文

依上法列平行立成表取小輪心行度推某日太陰在某宮某度分卽丁庚丑線所指黃道度分也又用測法或會食時推算求太陰所躔宮度得丁乙午丁戊甲子等線定丑丁午丑丁子等角卽兩行之差也以爲加減之率如大圖三會食第一食月在甲去甲一百一十度(兩會自行相距之度)而至乙乙者第二會食之月離度也

甲乙之間平行多視行少則乙在小輪之右又乙行遲段故月在小輪之上弧

推得兩會中積視行平行之差爲七度四十二分卽黃道上子午也又去乙八十一度二十一分而至丙

乙丙之間視行與平行差少故丙亦在小輪之右又丙行疾段則在小輪之下

推得兩會兩行之差爲一度二十一分卽黃道上午未也次得丙甲弧一百六十八度○三分

丙甲之間自行大平行小丙行疾段在小輪下

月行丙甲弧兩行之差爲六度二十一分

以前午子午未二差相減得未子較爲此兩行之較

又如前圖乙丙丙甲兩弧幷卽平行少視行多必在最庳之兩旁(行疾段)故甲乙反之卽平行多視行少必在最高之兩旁(行遲段)故次定己爲最高從甲從乙從丙作甲丁乙丁丙丁各線甲丁割小輪圈於戊次作乙丙丙戊戊乙三線成乙戊丙形乙戊丁等形

乙戊丁形有乙戊丁角

甲戊乙角之餘甲戊乙者甲乙弧之在界乘圈角也半甲乙弧得五十五度一十分半爲甲戊乙角

後凡言乘圈角卽所乘弧折半推算全圈分一百八十度

一百二十四度四十九分半又有戊丁乙角

其對弧爲黃道弧之子午七度四十二分

卽戊乙丁角(以減一百八十度)必

四十七度二十八分半依

三角形用法以角求邊之比例

三角形外作切圈卽乙角對戊丁弧其弦爲戊丁線丁角對乙戊弧其弦爲乙戊線戊角對乙丁弧其弦爲乙丁線

十萬爲全數（全周之半徑）查表（八線表中有法）得乙戊爲二六七九八戊丁爲一四七三九六

半弧度查表求正弦倍正弦得通弦

戊丙丁形有戊角甲戊丙角之餘也甲乙乙丙二弧并爲一百九十一度五十七分因乘圈半之爲甲戊丙角度其餘爲丙戊丁角度八十四度一分半有戊丁內角

戊丁丙角之弧爲兩行之差未子六度二十一分自得戊丙丁角依三角求邊之比例得戊丁一九九九九六戊丙二二二二〇

先得乙戊戊丁之比例次得戊丁戊丙之比例用變率法通之

變率者變兩戊丁爲同數他率從之也用三率法次戊丁爲第一率次戊丙爲二率先戊丁爲三率求四率得先戊丙卽兩比例之數俱同類

得〇戊丁俱一四七三九六戊丙一六三〇二戊乙二六七九八

又乙戊丙形有乙戊戊丙兩邊有乙戊丙角（乙丙弧之半）求乙丙得一七九六〇乙丙線者乙丙弧之弦也乙丙弧爲八十一度三十六分若設小輪全徑爲二十萬分卽乙丙弦爲一二〇六八四用變率法（詳見）乙丙之先數得丙戊丙丁爲某數

云某數者先乙丙爲一率先戊丙爲二率相偕爲比例也

乙丙之次數得某數算得戊丙一一八六三七戊丁一〇七二六八四旣得戊丙弦求其弧得七十二度四十六分一十〇秒爲戊壬丙有戊壬丙弧并入丙乙乙甲以減全周餘九十五度一十六分五十〇秒爲甲戊弧其弦一四七七八六爲甲戊綫甲戊弧於全周爲小分則圈之心必在甲戊外置庚心作己庚壬丁綫定己爲最高壬爲最庳

次依幾何原本（三卷三十六題）甲丁戊丁兩線內矩形與己丁壬丁兩線內矩形等又己丁壬丁矩形及庚壬上方形并與庚丁上方形等則甲丁丁戊相乘加全數庚壬上方積以開方得庚丁爲一一四八五五六次設庚丁全數爲十萬用變率法得庚己八七〇六是爲月天半徑與小輪半徑之比例

次從庚心作甲戊垂綫平分甲戊線於辛截甲戊弧於癸成庚辛丁直角形此形有辛丁

先得丁戊戊甲今庚辛線平分甲戊以辛戊加戊丁所得一一四六五七七又有庚丁一四八五五六求辛庚丁角得八十六度三十八分半是在心之庚角所乘癸戊壬弧也以減半周餘九十三度二十一分半爲癸己弧先得甲戊弧爲九十五度一十六分五十〇秒甲癸半之爲四十七度三十八分三十〇秒以減癸己餘四十五度四十三分爲甲己是第一會食太陰未至最高之度也以減甲乙餘六十四度三十八分爲己乙是第二會食太陰過最高之度以己乙并乙丙得一百四十六度一十四分是第三會食太陰距最高之度

依上算得辛丁庚角三度二十六分黃道子丑弧也爲第一食兩行之差

小輪心指黃道上之丑點本行從丑向子則月在子居前平行在丑居後

應於平行加丑子度分爲視行又甲丁乙角七度四十二分去減甲丁丑角餘己丁乙角四度二十一分於黃道弧爲午丑是第二食兩行之差

乙在最高之後月視行未至丑

應於平行減午丑度分爲

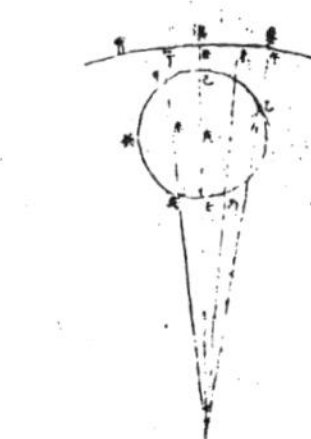

視行又丙丁乙角先爲一度二十一分以減午丁丑角餘丙丁丑角二度四十九分於黃道弧爲未丑是第三食兩行之差（丙未至最高衝）應於平行減未丑度分爲視行

未第一食月視行離大火宮一十三度一十五分於黃道弧爲子（太陽躔其衝大梁宮度分同）今得兩行之差丑子三度二十二分減視行率得平行小輪心度丑爲在大火宮九度五十三分第二食視行離降婁宮二十五度〇六分於黃道爲午兩行差四度二十一分以加視行率得丑爲在降婁宮二十九度三十〇分第三食視行離鶉尾宮一十四度一十二分於黃道爲未兩行差三度二十二分以加視行率得丑爲在鶉尾宮一十七度〇四分

一系因上論可得小輪半徑（庚壬）與月天半徑（丁庚）之比例

二系可得兩行之極大差

法從地心丁作丁卯線切小輪於卯因幾何（三卷三十六題）丁卯切線上方形與己丁壬丁兩線矩內形等今先有己丁壬丁兩數以相乘開方得卯丁既卯丁庚形有三邊以求卯丁庚角是爲兩行之極大差

此差古今測法同得數小異別有圖表見後卷

五度一分上法用不同心圈得數無異

測本輪大小遠近及加減差後法第七

法同上用三會食（此近世歌白泥法今時通用）

第一食總期之六千二百二十四年爲正德六年辛未十月（西曆之月今九月）初七日子正後二十八刻（順天府時刻下同）月全食太陽躔壽星宮二十二度二十五分平行爲二十四度一十三分

第二食六千二百三十五年爲嘉靖元年壬午九月初六日子正後三十一刻月全食太陽躔鶉尾宮二十二度一十二分平行爲二十三度四十九分（今作八月）

第三食六千二百三十六年爲嘉靖二年癸未八月二十六日子正後四十二刻一十分月食太陽躔鶉尾宮一十一度二十一分平行一十三度〇二分（今作八月）

前兩會食黃道上相距之中積視行度（周減全）爲三百二十九度四十七分中積日爲三千九百八十七日平時三刻一十分於時交周上中積平行度（周減全）爲三百三十四度四十七分本輪自行（周減全）爲二百五十〇度三十六分因自行度是生平行視行之差五度以爲加減率

中積之視行大平行小故月在小輪之右

後兩會食黃道上相距之中積視行度爲三百四十九度〇九分中積日爲三百五十四日平時十二刻〇九分於時交周上中積平行度爲三百四十六度一十〇分本輪自行爲三百一十六度四十三分因自行度是生兩行之差二度五十九分以爲加減率

中積之平行大視行小因差少月仍在小輪之右

第一食月在甲從甲數前二會之自行中積二百五十度三十六分至乙卽乙爲小輪周上第二食月離所在而乙甲餘弧必一百〇九度二十四分甲丁乙角之弧爲午子五度是人目所見黃道上兩行之差

又從乙（第二會月離所在）過戊甲數三百一十六度四十三分至丙卽第三會月離所在而丙乙弧必五十三度三十七分丙丁乙角之弧爲午未二度五十九分是黃道上兩行之差

又乙丁甲角去減丙丁乙角餘甲丁丙角爲子未二度〇一分爲黃道上兩行之差

次幷甲乙丙弧得一百六十二度四十一分以減全周餘一百九十七度一十九分爲丙己甲弧是周之大半卽周之心在其弦內次作丁庚丑線定己爲最高從甲從乙從丙作甲丁乙丁丙丁各線丙丁線割小輪圈於戊次作乙甲甲戊戊乙三線成甲乙戊形

乙戊丁形有戊丁乙角（二度五十九分）又有乙戊丁角

丙戊乙角乘丙乙弧二十六度三十八分半其餘以滿一百八十度爲乙戊丁角一百五十三度二十一分半

卽戊乙丁角第三爲二十三度三十九分三十〇秒

以求各腰
倍角之數求其弦卽對邊之數
得乙戊邊爲一〇四二戊丁爲八〇二四
次甲戊丁形有甲丁戊角(未子二度一分)有甲戊丁角
甲戊丙角乘甲己丙弧一百九十七度二十九分
半之得八十八度三十九分半甲戊丙角也其餘
爲甲戊丁角九十一度二十〇分半
卽有戊甲丁角有三角求其邊若戊丁爲八〇二四
則甲戊爲七〇二一
次甲戊乙形有戊乙(四一〇二)戊甲(七〇二一)兩邊有乙戊甲
角
乘甲己乙弧二百五十〇度三十六分半之爲一
百二十五度一十八分
求甲乙得一二二七
若小輪之半徑庚壬爲全數卽因甲己乙弧之度推
得甲乙弦又用變率法推乙戊戊甲戊丁各線與庚
壬全數爲同比例之數算得甲乙爲一六三二三戊
丁爲一〇六七五一戊乙爲一三八五三有戊乙弦
卽得戊乙弧爲八十七度
四十一分以幷乙丙弧得
一百四十〇度五十八分
求其弦得一八八五〇爲
丙戊以幷戊丁得一二二五
六〇二
次依幾何原本(三卷三十六題)丙
丁丁戊兩線內矩形與己
丁丁壬兩線內矩形等又

己丁丁壬矩形及庚壬方幷與庚丁方等則以丙丁
丁戊矩形一三四〇八一三九一〇二庚壬方(庚壬全數爲一萬萬)
一萬萬幷爲積開方得庚丁方之邊爲一一六
二二六次設庚丁全數爲十萬變庚壬爲八六〇四
是爲月天半徑與小輪半徑之比例與前古法所得
小異
次從庚心作丙戊之垂線平分丙戊線於辛截丙戊
弧於癸成庚辛丁直角形此形有庚丁(一一六二)有辛
丁
先得戊丁一〇六七五
一又有丙戊一八八五
二半之爲辛戊九四二
六以幷戊丁爲一一六
一七七
求庚丁辛角得一度三十
九分爲未丑又求辛庚丁
角得八十八度二十一分
爲癸壬弧幷丙癸
先得戊乙丙弧一百四
十度五十八分其半爲
丙癸七十度二十九分
得一百五十八度五十〇
分其餘(以滿半周)爲丙己二十
一度一十〇分是第三食
月距小輪最高之自行度
第二食月在乙己弧七
十四度二十七分爲其距

最高之自行第一食月在甲甲乙己一百八十三度
五十一分爲其距最高之自行
又己丁丙角爲未丑一度三十九分月在平行之後
則第三食平行內應減未丑丙丁乙角爲午未二度
五十九分月在平行之後則第二食平行內應減午
未兩角幷得午丑四度三十八分爲第一食應減之
數而甲丁乙角先得五度因月在小輪下弧則爲應
減之數一加一減相準餘壬丁甲角爲丑子弧〇度
二十二分則第一食平行內應加丑子
末第一食月視行經度離降婁宮二十二度二十五
分減丑子弧二十五分(視行內應減平行內應加)得平行爲在降
婁宮二十二度〇三分第二食月視行離娵訾宮二
十二度一十二分加午丑弧四度三十八分得平行
爲在娵訾宮二十六度五十〇分第三食月視行離
娵訾宮一十一度二十一分加己丁丙角一度三十
九分得平行爲在娵訾宮一十三度皆食時之經度
也
因上二論以推加減立成表如後卷

三食月行經度總圖

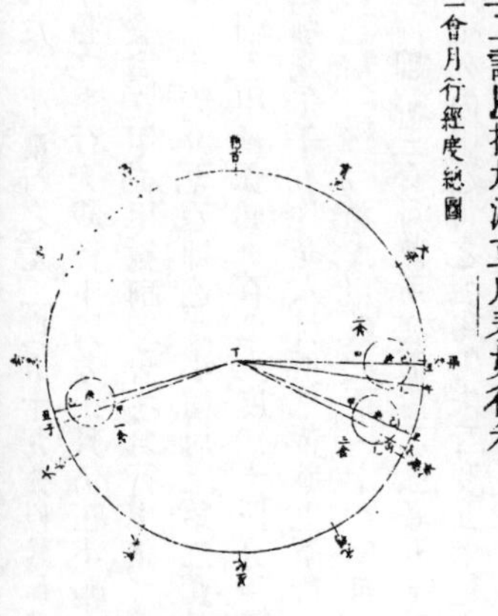

試舊推平行率名術疎密第八

依前法用太陰加減差表定前後兩會食之中積時可得太陰之平行率又用上論求兩食之本輪自行度若此兩率之距本輪最高或最庳等則所定平行率爲確合

如前本篇第六所用第二會食爲總積之四千八百四十七年係漢順帝陽嘉二年（多祿某所用）其各率見本章　又第七所用第二會食爲總積之六千二百三十五年係正德六年（歌白泥所用）其各率見本章其中積率爲平年一千三百八十八年（三百六十五日）三百〇二日一十四刻〇四分其間交會滿一萬七千一百六十六周其自行本輪亦滿全周則爲確合今依上古法推（依巴谷在周顯王時）減全周外餘三百五十九度四十八分〇七秒

轉周不及交會一十一分五十三秒

依中古法推（多祿某在陽嘉年）減周外餘三百五十九度三十七分四十九秒

轉不及會二十二分一十一秒

依近世法推（歌白泥在正德年）減周外餘四分則知近世之法視古爲密蓋測驗推步一二千年積功力積智巧所定諸法漸次加精故也

定太陰平行自行之曆元第九

曆元者於某地之某年月日時刻定某曜躔本天之某度分爲推步之根本上溯既往下迄將來靡不準此或加或減以得隨時所躔各度分也

今擬定崇禎元年戊辰天正冬至後子正初刻爲曆元其地則京師順天府定爲曆元之本所曆元則上下推步略同古法論地則自唐至元有測驗北極出地之法是爲地之緯度若其東西經度從古未有也今立法以本府爲根其南北北極出地三十九度五十五分有奇九服皆隨地測驗東西則以本府爲初度初分九服依此爲準或加或減推算各地本時本曆之各所求度分別有本法本論（詳後卷）

古北極出地度通爲四十〇度四十九分有奇中西二率悉與古法不合蓋前人未悟地半徑差蒙氣差於兩至所測之高應加應減故也說見日躔曆指

用曆元前一月食之歲月日時及曆元之歲月日時取其中積日求太陰之平行若干度分減朔策（一交會之全周）餘度分爲曆元之平行度分則朔應也又考月食時得自行若干度分亦算中積時之自行若干度分兩數并得爲曆元之自行度分則轉應也（以上原本曆指卷五）（月離之一）

解第二均數第十

如上論因月有本輪自行度以致不平不順定朔定望多寡不一今用其自行度分加減其平行視行以定均數則於定朔定望及交食之法始無遺漏乃曆家詳測密推以爲未足盡月行之理故又立次輪一法以定均數與本輪第一均數并用之今解其義如左

古今測月行審有自行度與平行不合立爲本輪法（東不同心）與自行加減以定朔望以正交食然其朔望之極大差不過五度此本輪之半徑也是知定朔定望時太陰恆在本輪之周矣其在上下弦之差則不然古曆於上下弦日推太陰自行本輪之二限四限左右兩傍之盡處所謂留際也如此則爲去最高之極大差

又在黃道之九十度限

一名黃平象限如此則無東西視差

以定本日之經度若如本輪法則此差止應得爲五度及用圓渾儀測候或以距太陽求月之視行經度或以恆星求其黃道上之視經度得數乃與先推殊不合論推算宜得五度論測候則得七度四十分從古至今累測皆如之又測弦前後若干日亦與推算不合每日遠近所差不等如月行止定朔定望日在小輪周餘日去離遠近多寡各有本行度分因從其差數以立差法仍定本輪周上復有次小一輪循本輪右旋（與七政行同）（與自行異）半月一周因其行度作加減差以定第二均數列表（如後卷）

求次輪之比例第十一

既論有次小輪今論其大小以定加減率

如圖丁爲地心庚爲本輪心甲乙丙爲本輪周作庚丁過心線作本輪之丁甲切線即庚丁甲爲五度角也

視行平行之極大差

朔望時次作庚甲戊線又作丁戊線則成庚丁戊角爲七度四十〇分視平兩行上弦下弦之大差次庚爲心戊爲界作戊己圈太陰在定朔定望時必循甲乙丙本輪周左行在兩弦

時必循戊己周左行而弦前後半月間則自甲向戊戊向甲右旋爲次輪之自行也

若庚丁線爲一萬全數卽庚甲爲八百七十二(五度之正)當庚戊爲一千三百三十四(七度四十分之正弦)相減得甲戊四百六十三甲戊線平分於辛庚爲心辛爲界作辛戊爲負次輪圈(一名帶次輪)卽甲辛爲二百三十一以幷庚甲得庚辛一千一百〇三爲負次輪辛癸圈之半徑則本輪次輪兩半徑爲一一〇三與二三一也

系有二小輪之比例可解前一推一測異同之極大差又可推朔望前後之視行疑於無法而不知實有法也

朔望前後三十八度其視行絕異故云疑於無法詳後論

如圖兩圈爲本次二輪丁爲地心甲爲本輪之最高丙爲其心乙爲次輪心作丙乙線爲一一〇三從乙心作次輪圈其半徑二三一(如上兩輪之比例)次從丙作丙戊丙子線切次輪於戊於子成戊子兩直角設月體在戊今論之

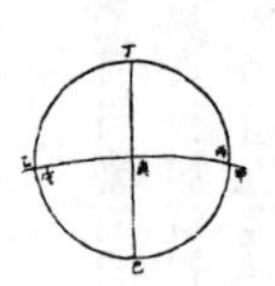

凡月行本輪周左旋(依宗動天)(自東而西)如圖庚爲本輪心甲乙爲白道丁爲最高己爲最庳其平行則自甲向丙庚至乙其自行則自丁而丙而己而戊而復於丁從丁(卽正半轉卽最高)入轉行極遲向丙(卽中轉亦當際)其遲日損至丙而及平行度謂之遲初限從丙向己(卽中半轉卽最庳)遲損疾益至己而極疾謂之遲末限從己向戊(卽正轉亦當際)其疾日損至戊而及平行度謂之疾初限從戊而復向丁疾損遲益至丁而極遲謂之疾末限最高左右二限謂之遲曆逆經度行

逆七政經度也從省曰逆行

最庳左右二限謂之疾曆順經度行(後省曰順行)二十七日有奇而周(卽周轉)若次輪則如左圖乙爲其心甲己爲本輪周壬戊癸子爲次輪周壬爲最近癸爲其最遠

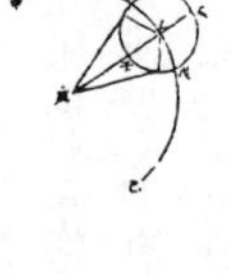

本輪可言高庳次輪不得言高庳故言遠近謂遠近於本輪心

其順本輪左旋則自甲向己其自行右旋(如七政自西而東)則自壬而戊而癸而子而復於壬從壬入轉至戊爲遲初限從戊至癸爲遲末限從癸至子爲疾初限從子至壬爲疾末限最近左右二限爲逆曆逆行最遠左右二限爲疾曆順行十五日弱而周謂次轉周

夫甲己弧者約太陰距太陽之半周也

朔與望相距之一百八十度

次輪心行甲己半周則月循次輪行滿一周是月體循本輪周行一度卽循次輪周行二度次輪心從甲至乙月從壬至戊比本輪上之兩行皆在遲曆皆逆行一至戊切點則爲逆行之末順行之始順行則始疾故戊切點爲月行次輪順逆兩行之大差今以數明之

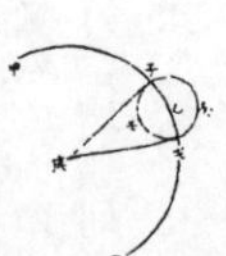

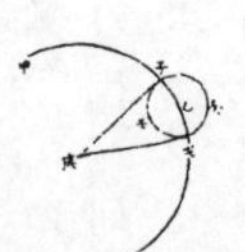

作乙戊線爲切線之垂線成乙戊丙形戊爲直角此形有乙戊二三一有乙丙一一〇二求丙角得一十二度二十八分爲次輪上月行之最大差是本輪心行度(甲乙)外應加減之數乙丙戊角既一十二度二

十八分戊乙丙角必七十七度三十二分壬戊弧也半之得三十八度四十六分爲甲乙弧(甲乙爲壬戊之半)系凡次輪心距本輪最高三十八度爲大差之限朔望前後各等

論太陰次輪異名同理第十二

前卷推月不平行之緣爲有本輪次輪因立兩均數以定其實行(此歌白泥術)而首卷又有異名同理一章(第五)言用不同心圈立法得數不異是則止論本輪未及次輪也今幷論兩小輪與兩不同心圈亦復異名同理得數無二(此馬日諸術)如左

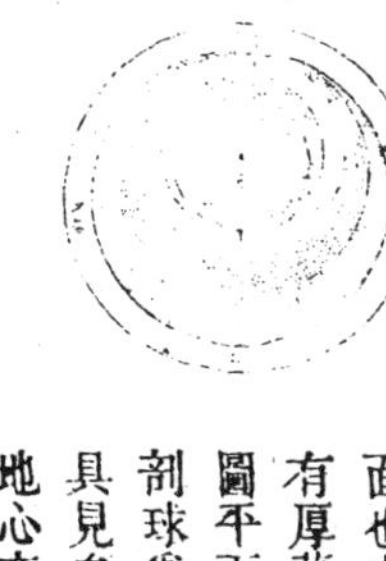

如圖是月本天之大圈平面也本天中函有諸球體有厚薄行有順逆遲速此圖平面亦函有諸圈譬猶剖球爲面其中所有一一具見矣內外凡六圈甲爲地心亦爲月本天之心外第一圈爲黃道平分十二宮次圈爲交道(黃白經度略等)已見前解第二第六總名爲負太陰中距之天其第二之外規面第六之內規面則與地同心(甲也)其第二之內規面第六之外規而則與地不同心而以中距之心爲心兩天各有厚薄不等其厚薄處恆相反相對也(此二天同一色繪之)

此天平面之外圈斜交於黃道內函月行諸圈爲一體順經度行(右旋)每日六分四十〇秒五十五微〇六纖八平年三百一十二日有奇而行天一周周行無首尾其起算之界用外規之最薄卽本天之最高

第三第五總名爲太陰中距天又名爲正不同心天上有二面同心此四面不同心其心爲乙距地心甲以最外規(丁也)之半徑(丁甲也)爲度十分之約得一有半爲乙甲求其厚得丁甲十五分之四爲丁戊此天內函月行之軌道爲一體順經度行(右旋)其外雖爲負距天所挈一體順行又自有其行度每日二十四度二十二分五十三秒有奇凡一十四日七十三刻〇七分有奇而行天一周

在歌白泥法爲次輪上

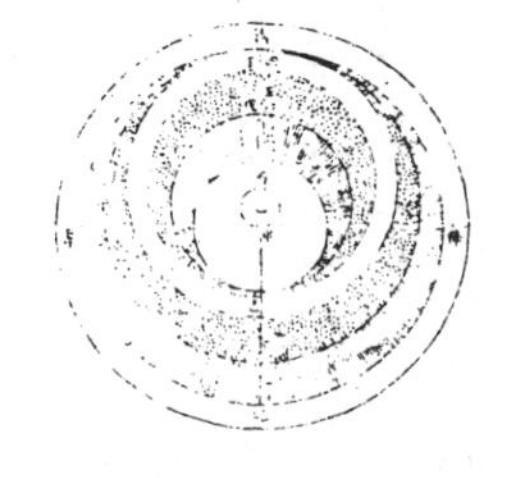

月行之周

其起算之界爲最近地心之處(已如上次輪法也)本表目其本行度爲日月相距之倍度是爲次引數凡月朔望間必行一周故朔望時月恆在於最近卽無此圈行度亦不用次均數皆與前法所論次輪同理此圈又名爲引數之圈以其函負月軌圈爲定均數之根

第四名爲月軌圈蓋太陰自行之軌道也與第三第五正不同心之天又不同心其心丙故又名次不同心之天乙丙兩心相距以中距天(卽第三第五)之全徑(外規過心相距)爲度六十平分之得其一分半弱次不同心之心丙旋遶正不同心之心乙作一小圈月體循第四天行雖最外爲負距天所挈一體順行又爲中距天所挈一體順行其自行則又逆經度左旋譬之負距天如流水中距天如舟月體如人水自順地勢東行有水之行度舟亦順水勢東行又自有舟之行度人却從船首向船尾西行又自有人之行度也其起算以自天之最高爲界日逆行一十一度一十八分五十九秒有奇三十一日七十八刻有奇而行天一周其在前解則自行本輪也

前解定次輪上(或正不同心圈理同)太陰一日順行二十四度有奇今減本輪上(或次不同心圈理同)逆行一十一度一十八分有奇餘一十三度〇三分有奇因兩行相背故相減所得較數爲前引數

兩不同心圈各有最高最庳

前解在次輪者爲最遠最近此解亦名最高最庳則太陰所至有遠近四限與前解同其數以中距天之半徑丁乙爲度半徑六十則極遠距地心爲六十八次遠爲六十五分〇九秒次近爲五十四分五十一秒極近爲五十二分(皆歌白泥所測也)

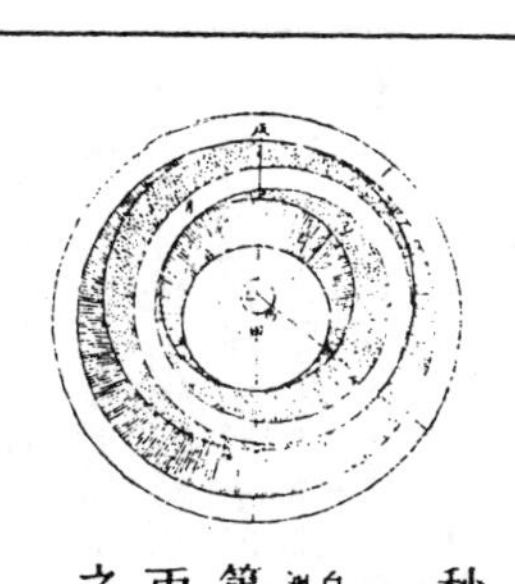

第二圖次不同心之心在丙其最高在丁正不同心之最高在戊

中名月孛西名平最高甲乙戊線定黃道上月孛

之經度甲丙己線定己爲正最高之經度
甲丙己線過甲丙兩心則己爲月軌距地之極遠
乙丙丁線定月軌道最高之經度從己至月前解名爲月自行古史各有本表今用前兩輪解已作表不復備著

右二法外第谷及其門人又有別解更細更密特爲奇妙以步月離倍勝前法特微眇難見以步交食精粗剕然今并論如左

第谷密測月離覺月自行在朔望時遇初宮或六宮及左右平距
最高庳之左右其距地等
即自行四限（高庳左右）但依古法用一均數一本輪自行足以齊太陰之不平行矣自非然者即用古法多見參差因依古步五星法於月離法中亦加一均輪均輪者古推步五星自行用兩不同心圈一爲負本輪心之圈一爲均行之圈
均行圈者與本輪心圈又不同心而出入其內外古推五星但依本輪心圈未能悉合別依此圈推步然後度分不謬故名均行之圈或用均輪也歌白泥謂月離法中可省此第谷覺有未合復用之乃合
其解詳於五星曆中今月離亦用之是爲新法依此作五輪月行全圖如左方如圖甲爲地心取甲乙線爲半徑
前法爲次輪之半徑
乙爲心甲爲界作甲丁丙圈（前法爲次輪）從圈周任取丁爲心作戊己癸圈其半徑丁戊是爲月與地之平距也
平距者最高庳之間
即五十六地半徑也
前法爲月本天半徑或負本輪圈之半徑
若丁戊爲全數十萬即甲乙爲二千一百七十分右爲二三一又於戊己癸周任取癸點爲心取癸辛線

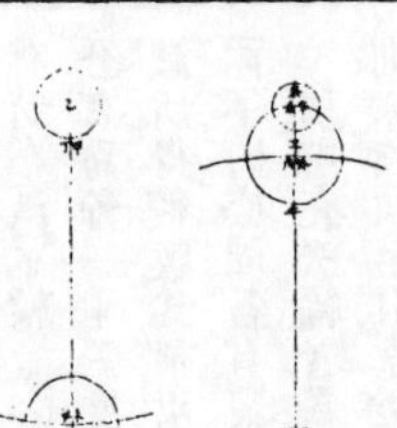

五千八百分爲半徑作午辛辰本輪又取辛庚線二千九百分爲半徑作庚壬子均輪得癸庚線（兩小輪之兩半徑并）八千七百此八千七百者於前法爲本輪之半徑但前用一本輪以齊太陰朔望之行此析爲二析爲二者以前法之本輪半徑三平分之二爲新本輪之半徑一爲均輪之半徑新本輪之半徑者月朔望時近遠之實半較也

凡月之定朔定望時丁心與地心甲合爲一點丁心右旋（順經度行）循甲丙丁圈
從甲向丙而丁而復於甲
半月而周
此圈以當前法之次輪故如前月體循次輪周半月而復
則甲丙丁周上之弧爲月距太陽之倍數本輪之癸心循戊癸未圈
從戊向癸而未而復於戊
右旋（順經度行）二十七日有奇而周均輪庚子之心辛循本輪周左旋
逆經度行從辰向辛而壬而午而復於辰
亦二十七日有奇而周即辰辛戊癸兩弧之行恆爲等度分而此兩圈皆當前法之一本輪其行周皆轉終分也月體則循均輪周右旋
順經度行從子向壬向庚而復於子
十三日有奇而周（是轉終之倍數）

凡朔望時丁心必在甲若自行爲初宮初度則如一圖癸心在戊辛心在辰月體在子無均數自行爲六宮則如後圖癸心在未辛心在午月體亦在子亦無均數
朔望圖見交食曆朔望之外依圖用三角形法推算則得月離之宮度分可無用表
依新法則戊爲月孛蓋最高也甲丁乙所指爲平最高今以二法較論同異則月與地之中距（五十六地半徑）兩家微異
前法爲本輪心距地新法亦然皆丁戊也
若自行初宮初度則月距地比於中距前法盈十萬之八千五百分新法盈二千九百分是損三分之二也
此第谷所定也以視差及密測月高庳法得之
若自行三宮則兩家所定最大差爲小異其以次小輪（前爲次輪今爲均輪）爲自行之倍數新舊一也今用合圖明之

合圖說

實線爲前論歌白泥法半虛線爲第谷新法不論次輪前法次輪在上新法次輪在下其理不二故也五緯曆中見其論

前法丁地心亦爲戊寅庚卯圈心戊丁其半徑戊本輪心以平行右旋歷丑寅庚卯等點月從丙自行左旋向乙設戊平行三十度至丑月左旋從丙至乙自行二十九度一十三分

每平行一度自行五十九分四十六秒故

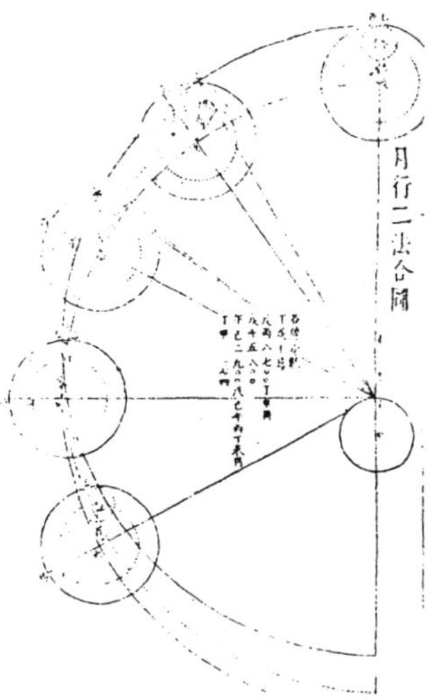

月行二法合圖

平行六十度至寅卽自行五十八度二十六分亦從丙至乙丙乙盈爲自行弧又至庚至卯等皆同此推若依丁戊線從丁向戊取丁申線與戊丙等申爲心丙爲界作圈必過各乙點是名過乙圈亦爲高庳圈不同心圈

新法丁戊半徑戊寅庚卯圈同前別取戊午線爲戊丙三分之二戊爲心午爲界作本輪

較舊本輪之徑減三分之一

次平分戊午於己午爲心己爲界作均輪得本輪徑三分之

一月體在己設戊心平行至丑卽戊乙戊丙兩線開展

午心循子午本輪左旋爲各子午弧

如張籠之勢

丁戊丙直線戊午乙過兩小輪心線若自行初宮初度卽兩線合爲一線後漸展開至三宮九十度成直角至六宮復合爲一

己月從最近西最近本輪心也右旋順經度行至己爲自行之倍數如戊行至丑兩心線爲丑西午乙月在己則酉己弧倍於丙乙弧或午子弧

丙乙午子與戊丑等而乙丑乙寅等線恆與戊丁平行

餘悉同此酉己弧行倍於丙乙次依丁戊線從丁取十萬分之二千九百爲未未爲心已爲界作圈過各已點是爲均行之圈兩法至庚點卽相近

依前法推加減表則用丁丑乙一三角形求丁角新法用午己丑及丑己丁兩形求丑丁己角兩得數之差自行十五度爲四分三十三秒自行三十度爲八分○九秒自行四十五度爲九分五十六秒自行六十度爲九分三十二秒自行七十五度爲七分三秒自行九十度爲三分○六秒前法以自行九十五度爲大差之限則四度五十六分一十九秒新法以自行九十一度爲大差之限則四度五十八分二十七秒兩得數之差隨在皆成乙丁已角而最高左右均數新法比前法爲大最高衝左右新法比舊法爲小

凡月離諸表今皆依新法推算

欽定古今圖書集成曆象彙編曆法典

曆法典第五十六卷

曆法總部彙考五十六

新法曆書六

月離曆指二

推太陰之實經度第十三

前論因本輪之自行度加減立第一均數以得定朔定望副周轉周又因兩弦之自行差與朔望異用次輪之自行加減立第二均數於理爲盡從是可得太陰之視行實經度今論其如左

查平行表簡得太陰太陽之相距度分及月距本輪最高度分用平面三角形法可得其實經度（用古法解之）

第一法西古史依巴谷在羅德島

地中海島北極出地三十六度

於總積之四千五百八十七年爲漢武帝元朔二年甲寅三月之（建辰月）初七日子正後八十四刻一十四分（羅天府時刻）用渾儀測得月距太陽爲四十八度〇六分於時日躔鶉首一十〇度四十〇分卽月視行度必在鶉火二十八度三十七分此時此地爲午正後一十二刻依正升斜升表算得月尊在黃平象限無東西差

今用月離表試之依表是時太陽之平行爲鶉首一十二度〇三分均數爲一度二十三分當時太陽最高在實沈宮初以減四十八度〇六分得四十六度四十三分爲太陰距太陽之平行度

此於實距內減均數而得平行蓋太陽在最高後平大視小用減法若在最高衝平小視大用加法

查表於時太陰自行爲三百三十三度又平行距太陽爲四十五度　五分視平兩行之較爲一度三十八分更用兩小輪圖試之

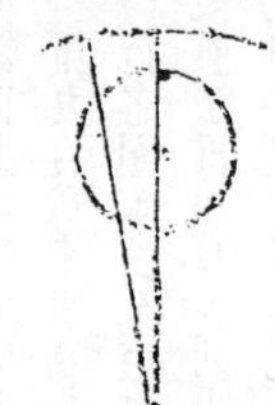

從自行之最高甲左旋過己至乙得三百三十三度乙爲心作次輪圈作乙丙緣兩心線割次輪於壬從壬至戊爲日月相距之倍數九十〇度一十〇分次作乙戊戊丁戊丙三線成戊乙丙三角形形有丙乙一一〇三有乙戊二二三一有乙角

壬戊弧九十度一十分

求丙戊邊及戊丙乙角

乙爲鈍角宜引長丙乙邊作戊子垂線成戊乙子直角形有乙戊邊二一三一有戊乙子角一十分戊乙子角者戊乙丙過九十之餘也先求戊子得二五七弱次求乙子得〇〇一以并丙乙得一一〇四戊子子丙各自之并而開方得一一二五不盡爲戊丙又子丙與全數若戊子與丙角之切線得一十二度一十〇分爲乙辛弧次以甲己乙弧并乙辛得三百四十五度一十一分其餘弧一十四度四十九分爲甲辛或甲丙辛角

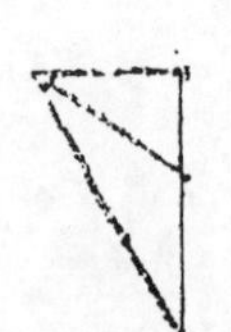

次戊丙丁形有戊丙一一二五有戊丙丁角（戊丙甲角之餘）一百六十五度一十一分丙丁爲全數求戊丁丙角引長丁丙邊從戊作戊子垂線戊子丙直角形有角有邊求戊子爲二八七子丙爲一〇八五子戊丁直角形有兩邊求第三丁戊得一〇一八五爲月距地心次求丁角爲子丁邊數與全

若戊子邊數與丁角之切線二八四查表得一度三十八分如上所測數爲確合

第二法太陽經二百六十九度〇四分太陰經二百五十七度四十三分太陰自行爲一百二十二度四十九分日月相距爲一十一度二十一分倍之爲二十二度四十二分如圖甲乙爲太陰自行度壬戊爲倍數丙乙戊形有丙乙乙戊兩邊有乙角壬戊弧之角求丙角得五度五十二分爲辛乙弧求丙戊邊得五十六分以乙辛減乙甲自行不過半周故應減餘一百一十六度五十三分爲甲辛弧其餘六十三度〇七分卽辛丙丁角次丙戊丁形有丙戊丙丁兩邊有丙角求丁角得四度四十二分爲白道上之庚癸弧因在自行前半周以減平行得二百五十二度五十七分是太陰本時之實經度從春分起算

篇中屢言黃平象限者是黃道在地平以上之九十度限也兩道在地平上下皆半周赤道恆定不易其半周上九十度限恆在午正線黃道斜迤時時不一其九十度限時東時西又隨地多寡若極出地四十度則差多者至距午二十五度惟南北二至乃與午線同度分耳其法其表詳載交食曆今略舉如左法欲求本地本時之黃平象限於本月日時簡本地本宮之黃平限表其第一直行本日之月離宮度也第二第三四行爲其時分秒第五第六爲其月離象限度分先約得月離經度若干極四十度表有時之秒他極減之而少一行查表取其橫相對時分子正起算得某時月在黃平象限更以本時簡月表求月離經度得某宮某度分又對取其時分爲月在象限之正時

假如崇禎四年八月十四日求本日何時月在黃平象限先約月在娵訾宮六度本表求時得二十一時〇一分五十三秒以此時查月表求月經度查本宮七度一十分查時得二十一時三分五十三秒爲月在黃平限之時可測其高欲密合更以此時求經度更求時

系凡月生明或生魄作直線聯兩角此線若過天頂爲地平上之垂線卽太陰必在黃平限點上而此直線亦與白道爲直角引長之必過黃道之極

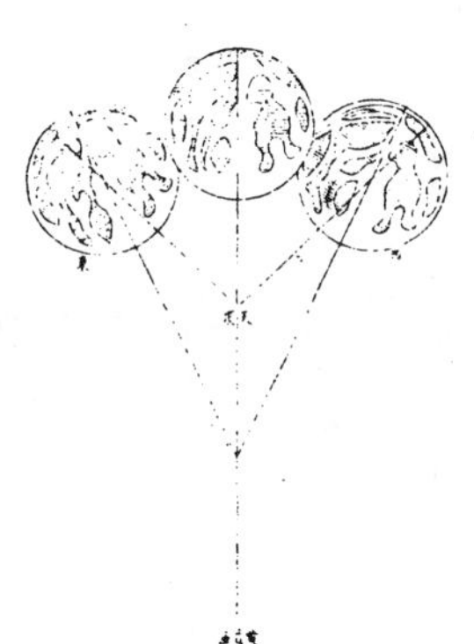

黃白二道在太陰曆中每作一道論其所差甚微故此線直過天頂及黃道極必分地平上之黃道弧爲兩平分

此兩圈相交有細解其本論見球圈原本

月望時無從得角從月駁定月體之南北兩極如前直線用之知其過黃道極及在黃平象限之上

二十八宿距度第十四

中西古今曆法理同數異大同小異理大同者共戴一天同齊七政也數小異者如周天有平度日度法有用六用十之類會而通之罔或弗合亦無害其大同也獨恆星宮次中曆依赤道爲二十八宿北爲三垣南方無垣則附見於諸宿西曆依黃道爲十二象通計南北爲五十二象此卽大不相侔矣以故回回曆翻譯並存今恆星曆各註黃赤經緯度分星名位次皆按中曆更定免致淩雜而間考西古太陰曆則亦有二十八舍譯謂月所宿留之處卽又與宿次同義且二十八距星亦皆脗合其不合者獨觜宿距星不用觜用天關耳竟不知其何繇而同若疑上古相通則此法之外又何以畢無一合亦一奇也其諸法義圖表俱見恆星曆指今欲推太陰宮宿度仍用本表先定黃道所離經度依表求得本時刻太陰所離某宿某度法曰表中求月所離之宮度數內減去近小宿數所餘者爲本宿之度分

假如月離鶉火二十八度三十七分本宮近小數爲星宿二十二度〇九分相減之得六度二十八分乃月在星宿六度有奇

宿	距星在宮次	度分
斗	星紀	〇五〇三
牛		二八五四
女	元枵	〇八〇〇
虛		一八一四
危		二八一三
室	娵訾	一八二〇
壁	降婁	〇四〇一
奎		一七一七
婁		二八四六
胃	大梁	一一四六
昴		二四四七
畢	實沈	〇三一六
觜		一八三五
參		一七一四
井	鶉首	〇〇〇七
鬼	鶉火	〇〇三三
柳		〇六〇三
宿	距星在宮次	度分
星		二二〇九
張	鶉尾	〇一二二
翼		一八三六
軫	壽星	〇五三六
角		一八三九
亢		二九一四
氐	大火	〇九五四
房		二七四八
心	析木	〇二三四
尾		一〇〇七
箕		二五四三

此表崇禎元年定測以後每年加五十二秒七十年一度

見恆星曆指有細行之表用之

擇月食以定交周第十五

如上論定朔望轉周實經度訖次當定交周度分其法亦用兩月食兩食者須太陽之距最高等須太陰自行度等須食分等須食在陽曆或在陰曆亦等乃可推月行交道滿若干周而復還於故處第舊史不載食分亦不載陰陽曆無憑推步即西古多祿某（漢順帝時）亦未覺太陽之最高隨天運行

順七政右旋每百年約行一度

故所擇兩月食見黃道上之經度等即謂太陽之距最高亦等而實則不等其法亦不可用至近世歌白泥（正德間）擇用兩食於法爲合但所用兩食一在陽曆一在陰曆雖內外不等而度分之對待相等如日月之在朔望皆名交會不害爲可用也

第一食總積之四千五百四十年爲漢文帝六年日躔大梁宮六度四分五月

酉月也實建申之月

初二日子正後三十一刻

順天府時刻不見食甚

月食十二分之七在陽曆中交即月在南初虧東北於時月自行爲一百六十三度三十三分

多祿某歌白泥兩算同均數爲一度二十三分

未滿半周一百八十度

故用減法

第二食（歌白泥所記）六千二百二十二年爲正德四年己巳日躔實沈宮二十一度六月（實建酉之月）初二日子正後二十四刻一分

順天府時刻不見食甚

月食十二分之八在陰曆正交即月在北初虧東南於時月自行爲一百五十九度五十五分

兩食時月自行差止三度半可勿論其日躔前後相距不等然多祿某所測太陽最高爲實沈六度所用食時日躔在最高前三十度弱歌白泥時最高在鶉首五度所用食時日躔在最高前十四度兩距之較雖十六度以最高旁近度距地心之數爲差微即地景大小無二亦可勿論

今論兩食時之月自行略等太陰距地心之度分略等則所差者在食分也爲十二分之一

計兩食之中積爲平年（三百六十五日）一千六百八十三年八十八日九十刻〇五分或六十一萬四千三百八十三日九十刻〇五分得交會（即朔望）二萬〇八百〇五會交終則二萬二千五百七十七周外餘一百七十九度二十四分

後食大於前食爲十二分之一月體之徑於天度略爲三十分則食差爲二分三十秒交前後之緯距二分三十秒其經度爲三十分次食既大於前食卽近交其較半度則未滿半周之較爲三十分查表求兩食之兩均數一加一減其較二十一分以減三十分得九分爲不及半周之數實餘一百七十九度五十一分

上文推定

依巴谷及多祿某先後推定見本篇第四

月交會五千四百五十八則交終五千九百二十三依此用三率法以交會率（二千九百有奇）爲法中積日爲實而一得二萬〇八百 五會再用三率法以交終爲法而一得二萬二千五百七十七交半置交數（二二五七七半）以三百六十乘之以會數（二〇八五）而一得一會時（二十九日有奇）交行之度分又以會數（五四五八）爲一率交數（二五五九）爲二率一日之太陰平行

一十二度一十一分二十七秒

爲三率求得一十三度一十三分四十六秒爲一日交行之度以日求月求年準此法

論交行第十六

交行有二一順經度行一逆經度行順行者月平行一日一十三度一十三分四十六秒是爲月行距交之度則以交爲界又如前定月平行一日一十三度一十分三十五秒〇五微是爲月行距宮次或節氣之度則以宮次或節氣爲界兩數之較得三分一十一秒是則兩交一日逆行之數所謂羅計行度也順行者如七政右旋自西而東逆行者如宗動左旋自東而西右旋者先降婁次大梁左旋者先元枵次星紀故月行兩界一爲定界一爲不定界定者宮次如娵訾等節氣如冬至等不定者謂正中二交也兩界則兩數其較則爲不定界之行分不定界之數大於定界之數故累積其較則與月行相背矣

交有平行又有自行與日月相似自行有遲有疾黃白二道之相距亦時多時少古來未覺有此第谷累年密測得交行惟朔望時無加減

與日在最高最高衝同理

恆得五度弱過此漸加至兩弦而極而此自行恆半月滿一周

與太陰次輪行度同理

如圖甲爲月天球上之黃道一極人目在他極外斜看黃道面戊庚己爲黃道圈去甲五度〇八分得乙乙爲心作戊癸己球上大圈爲平白道兩圈相遇各平分於己於戊爲兩交庚癸相距之限五度〇八分是爲兩交相距之中數

兩相距之小數爲四度五十八分三十秒大數爲五度一十七分三十

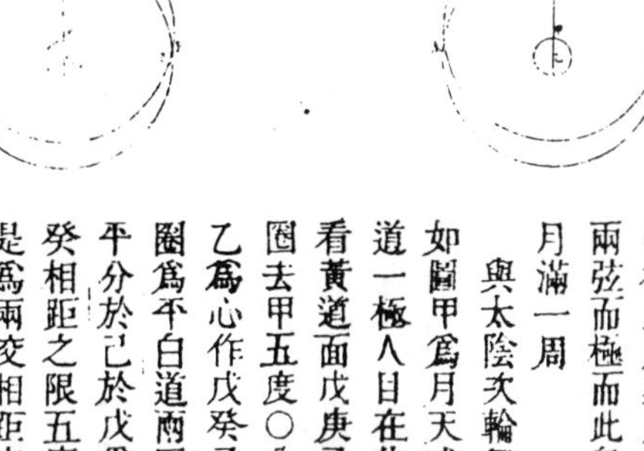

秒相減得較半之以并小數得五度〇八分相距之中數也

而己戊爲兩交平行之度

次乙爲心作丁丙小圈其徑爲大小兩數之較一十九分小圈之周恆負正白道之心

如黃極遶赤極作一圈名極圈又白極遶黃極作一圈名白極圈此小圈與之同理正白道之心如丙丑丁寅皆是也

半月

十四日有奇半朔策也

行一周

若正白道之心在丑

最近黃道極惟朔望則然

以丑爲心作球上大圈如辰辛子辛爲正白道

若球上作大圈過白黃兩極宜爲乙丑庚弧今依視法作直線

其距黃道爲辛庚（本大圈之一弧）辛癸爲中白道正白道之差而正白道兩交黃道於辰於子則辰子爲兩道（朔望時）之正交是交食所用之兩交也

若正白道之心在寅（兩弦時）以寅爲心作卯壬未大圈

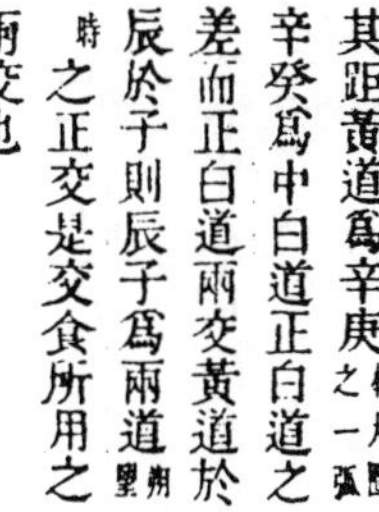

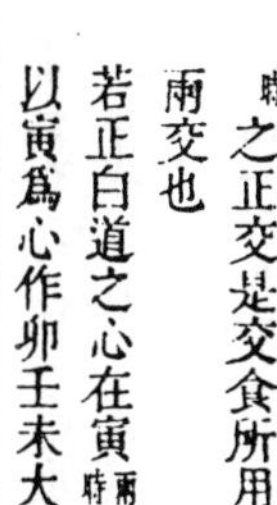

定癸壬爲中白道正白道之差而庚壬得五度一十七分三十〇秒是爲黃白二道相距之極遠

寅心距甲心爲極遠故則卯未爲兩遠交距戊己兩平交爲戊卯未己距卯未兩近交爲卯辰未子

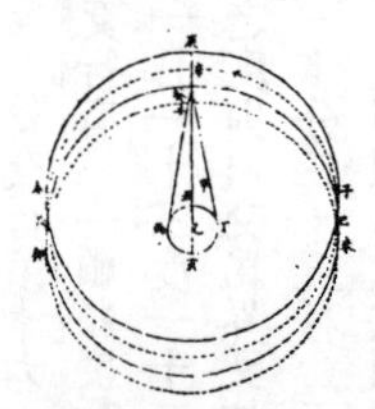

遠交者兩弦之交近交者朔望之交平交者半弦策之交

凡正白道心在寅之上兩弦前後丑之下朔望前後若干度分則中正兩白道之大距相距之最遠在壬之上辛之下亦若干度分而兩交在卯未之上辰子之下亦若干度分

若正白道心或在丙或在丁則正中兩道之大距相合於癸弧之上而丁甲癸或丙甲癸爲兩象限兩交則在辰卯子未之間戊己之左右

本曆表中有正交之加減有正白道與黃道相距之度分其原蓋出於此如圖正白道爲辰辛子卽有辛辰庚角可推正白道之各度分距黃道若干與黃赤二道距度同法

若在癸在壬俱倣此

若正白道在辛癸壬之外

在辛壬限內而不在三點之上則先求丁之上下距甲若干以得癸之上下距庚若干蓋丁甲癸爲一象限甲癸庚亦一象限甲丁大癸庚亦大若小亦小其加減率及用法見本曆表

定交行之曆元第十七

上文言擇兩月食以定交周因其經時若干而滿周以知交終及歲月日時交行之數然止用兩食相對較勘多寡不知其距交幾何度分今欲審某時距交若干以定交應亦須兩月食其距太陽之遠近等兩食分等兩食之在陰曆陽曆正交中交等旣諸率各等則距交必等因而折取中數則得本時正交所躔度分此與白道法

第一食

多祿某所記卽前第六章定本輪所用第二食總積之四千八百四十七年爲漢順帝陽嘉三年甲戌十月建戌之月二十四日子正後一十七刻順天府時刻一十分月食十二分之十在黃道南初虧東北於時太陽躔壽星宮二十五度一十分月自行爲六十四度三十〇分用減法得均數爲四度二十〇分

第二食歌白泥所測總期之六千二百一十三年爲弘治十三年庚申十一月某日子正後三十一刻正順天府刻月食十二分之十在黃道南初虧東北日躔大火宮二十三度一十一分

兩食之中積時爲一千三百六十六年其間太陽行最高一十六度有奇以減日躔兩度差二十八度得一十二度爲前後日距最高之差日在最高旁近其距地之差甚微地景無二與無差同

月自行爲二百九十一度三十五分用加法得均數爲四度二十八分

兩食時月本輪最高前後等距

前過最高六十四度後未至最高六十九度其較五度距地之差甚微與無差同

食分大小等初虧方位等則兩食之月距交等度

中積爲一千三百六十六平年三百五十八日一十七刻九分

此時自行滿交周外其距交爲一百五十九度五十五分

如圖甲乙丙丁爲白道乙丁爲正中二交甲爲北爲內爲上爲陰曆丙爲南爲外爲下爲陽曆乙戊己丁爲距交等之兩弧是兩食時月體一過交一不及交之度戊在乙交之前己在丁交之後前食用減法得均數四度二十〇分

減者月在自行之前半周依表平交行爲甲乙庚減庚戊得甲乙戊爲月所至之實處

取戊庚後食用加法得均數四度二十八分

加者月在自行之後半周依表平交行爲甲丙辛加辛己得甲丙己爲月所至之實處

取己辛庚辛爲兩食中積月距交之平行一百五十九度幷戊庚辛己得戊丙己兩距之實行一百六十八度四十三分其餘一十一度一十七分爲乙戊丁己兩弧幷半之得五度三

十九分爲兩食時月距交之度乙庚得九度五十九分若半交甲爲界則甲乙庚得九十九度五十九分是第一食時之交行根所謂交應也若他時他處求交應依此加減之

今擬崇禎元年戊辰天正冬至爲曆元順天府爲曆元本所如日躔表推算本曜恆年表（如後卷）交行兩界任用但月體行度多端差數繁曲既成加減均齊則或用定界從宮次節氣起算或用不定界從羅計起算所得正等

測黃道白道相距度分第十八

西史多祿某（漢光武時）其地爲北極高三十〇度五十八分用三直儀（測高儀皆可用）測得月軌極北距天頂二度〇七分以減北極出地度得二十八度五十一分爲月距赤道度分於時黃赤距度爲二十三度五十一分

黃赤距古遠今近說見日躔曆指

以減太陰距赤度餘五度正爲黃白相距之度此測因月近天頂地半徑差極微可以勿論又軌度最高在清蒙限外亦無差分若在近濁測月軌高不先定地半徑差清蒙差以爲加減即所得者非實度分

西古史多言黃白距五度正上古則云四度五十八分回回曆則五度〇二分皆不遠近世第谷（萬曆間）密測詳推功倍古人其言曰朔望時古測僅少一分半若上下兩弦則五度一十七分本書有測法有算數今略舉如左

總積四千八百〇〇年爲漢章帝章和元年丁亥八月（建未之月）十八日（本地）午正後二十九刻一十分月在正午時爲上弦依本表算得距交八十六度一十七分于時測得月距黃道

地半徑蒙氣二差俱加減訖外

爲五度一十三分

右二則所言度分通爲日度則五度一分半者當爲五度九分八十二秒五度一十七分者當爲五度三十六分五度一十三分者當爲五度二十九分

大統以前諸曆黃白相距俱六度正通爲平度則是五度五十五分距度恆大於西術以推算月食往往小于天驗殆緣於此

西術定黃白距度求月軌極高得距赤度分去減黃赤距度餘爲黃白距度此古今通法但多祿某當漢光武時去今一千四百餘年於時黃赤距二十三度五十一分所減大所餘必小今時則二十三度三十一分半所減小所餘必大故今之黃白距較古爲大

是黃赤漸近而黃白不移其所以然難可窺度

又恆星曆言近至之恆星古今緯度不一在冬至則南緯度小北緯度大夏至反是亦黃赤漸近之徵也

今推黃白距度列表略同黃赤距度法（見日躔曆指及測量八卷）其用法見月離表

論月視差第十九

日躔曆指論地球半徑與月天半徑爲比例若本天視地爲遠爲高則比例爲小若爲近爲庳則比例爲大

兩數相近其比例名爲大相遠名爲小

凡視差有三（清蒙不與）一曰地平緯差二曰黃道經差三曰去極緯差其根則一地球之半徑是也蓋推算之地平緯恆與地心爲對人目所見之地平緯恆與地面爲對故因地之半徑而生視差若日月星在天頂即實行與視行爲一線即測驗與推算爲一率自此而外七政皆有視差但以去地遠近出地高庳分別大小耳今所論者地平緯差也（餘二差詳見交食曆指）前史謂之南北差因曜實在北所見在南故立此名今通稱之

求月視差法依表算得月在極南

即冬至但此論緯度非時也故稱南至以別之

近冬至十度以內又在兩交之中

正半交中半交黃白相距極遠之際

又在黃平象限之上測其地平以上之高是爲視高次用赤道出地度南至距赤緯度太陰距黃緯度推得月在地平以上之高是爲實高次以視高減實高其較爲地半徑之視差若不用南至任以恆日依表推月過子午線或黃平象限上求其黃道上緯度及其距交經度距黃緯度得地平以上之實高亦測其視高兩數之較爲地半徑之視差此法古今累測所得數無異略舉如左

總積四千八百四十八年爲漢順帝陽嘉四年乙亥十月（建酉之月）初三日西史多祿某在本地極高三十〇度五十八分太陽躔壽星宮五度二十八分月在子午線亦爲黃平象限

凡兩至在黃平象限與子午線同度

推其經度爲星紀宮三度〇九分月距交爲七十四度四十〇分其距黃緯度爲四度五十九分計本地赤道高五十九度〇二分星紀三度九分之距赤緯

於時爲二十三度四十八分以減赤道高得緯度高爲三十五度一十四分黃道某度地平上高加月距黃緯度在黃道北故加得四十〇度一十三分爲太陰之實高次測得三十九度〇五分爲視高一推一測其較一度八分爲地半徑視差

又總積六千二百三十五年爲嘉靖元年壬午九月建申之月二十七日午正後二十二刻一十分西史歌白泥測得月軌視高七度一十分於時日躔壽星一十三度二十九分月自行得三百五十八度爲本輪之最高推黃道經爲在星紀一十二度三十三分距交七十二度五十二分距黃緯爲四度四十七分因推得月距赤道二十七度四十一分本地赤道高三十五度三十八分去減月距赤道度餘七度五十七分爲月在地平上之實高一測一推之較爲四十四分即月在最高地半徑視差

右兩術所推太陰之地半徑差各依本法論定太陰出入地平時若在本輪之最高則多祿某爲〇度五十三分歌白泥爲五十分若在最高衝則多祿某爲一度一十九分歌白泥爲六十六分異同若此將何適從所以然者緣兩史測月時未悟月近地平有清蒙一差故也說見日躔曆指清蒙映物能升卑爲高凡測月之地平高所得數乃所見之視高與人目平行非月行之實高與地心平行以地半徑差減實高則爲視高又以清蒙差加視高則爲眞視高近世第谷依此法推得太陰出入地平時在最高爲五十六分二十一秒在最庳爲六十六分〇六秒其各遠近之差在多祿某爲二十六分歌白泥爲一十六分第谷爲一十分三家皆有地半徑差表今以第谷新術爲正

以地半徑大差求月距地心第二十

如左圖甲爲地心乙丙爲視地平乙甲爲地半徑丙角爲視差用第谷之大數六十六分〇六秒乙爲直角乙甲半徑爲度

爲度者恆呼爲一以上累加之

求月距地心之甲丙法爲全數內與乙甲外若丙角之餘割線內與甲丙得五十二又十萬之二萬一千〇二十五是月極近地爲五十二地半徑有奇若用小數五十六分二十一秒推得六十一又十萬之二千七百八十二

系既定甲乙丙之比例若有月距天頂之戊丁弧或稱戊乙丁角或稱丁乙甲之餘角任高任下皆用甲乙丁形有乙甲甲丁有丁乙甲角求乙丁甲角恆爲地半徑之角

如前論月本天本輪次輪各半徑之比例爲十萬爲一一〇二爲二三一并之得地心至太陰極遠最高之線一一三三三次用變率法一一三三三得六十一地半徑又十萬之二千七百八十二則本輪之半徑一一〇二得若干次輪之半徑二三一得若干依此推之

系如圖得丁戊

月距地心十萬分之幾若干數亦可得月距地心若干地半徑數有表見圖說

二系地半徑差月距地心恆互推

三系若定地半徑若干里亦可得月近遠若干里本有解

論太陰清蒙氣第二十一

日躔曆指有論有法以測清蒙差度分因之列表凡測太陰得其視高則求地半徑差加之得數又以清蒙氣差減之爲其實高凡推太陰得其實高則以地半徑差減之得數又以清蒙氣差加之爲其視高但清蒙之差因地因時所在各異今表其折衷通用之率也必求本地本時之確數宜隨處所積歲月累測以定之

測月徑地景徑第二十二

測日月徑度西古史有本用儀器今以月食立法則曆家之正術也

總積四千〇九十三年爲周襄王三十一年庚子月日子正後順天府時刻下同四十一刻〇五分月食十二分之三約爲四之一於時日躔降婁宮二十七度〇五分月離壽星二十七度〇五分月自行爲三百四十〇度〇五分月距交九度二十分距黃道北四十八

分半算食表

又總積四千一百九十一年爲周景王二十二年戊寅月日子正後一十四刻五分月食十二分之六約爲半徑於時日躔星紀一十八度一十二分月離鶉首一十八度一十二分月自行二十八度五十四分

前食月距本輪最高二十度弱兩食之較八度有奇俱在本輪上弧不能變遠近之數

月距交七度四十八分距黃道南四十分四十秒

如圖日光照地面即地背生景形如角體漸小以趨盡月過交入地景一名闇虛有高庳食分爲之大小今兩食時同在最高之左右其距地等食分一爲半徑一爲四之一其較爲四之一距黃道一爲四十分四十秒一爲四十八分三十秒其較七分五十秒依法算月徑四之一得七分五十秒依法四之得三十一分二十秒是月距最高二十度之似徑也

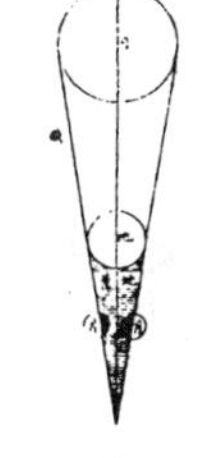

測月徑度法詳見三圜比例說

系凡食分爲月之半徑即月距黃道爲景之半徑因上數當食時地影半徑爲四十分四十秒

二系若食時能測定食分又推算得躔離自行距交距黃等諸率可得月徑及景徑不必用古兩食法

日月距地率日月實徑率地景長率總論第二十三

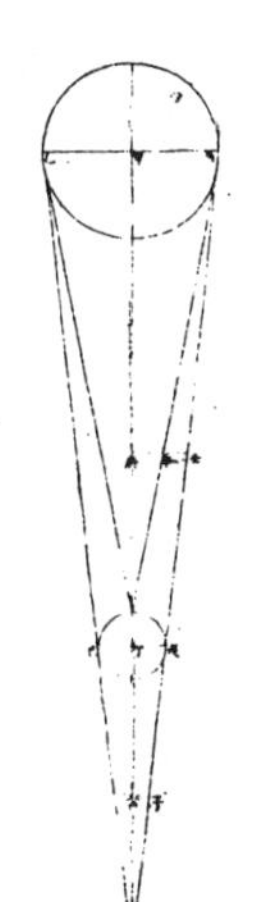

如右圖乙甲丙爲日己丁戊爲地日光照地以兩光線從乙過己從丙過戊而遇於丑是生己戊丑角體之景次從乙從丙至地心作乙丁丙丁二線又作甲丁丑線過日地兩心次從地心丁上下取月距地心之數

地半徑爲度如上文所定

爲丁庚爲丁寅兩距等作庚辛壬己戊寅子線皆平行其太陽似徑之度爲三十一分二十〇秒

欲解上義先定太陽之似徑此在三圜說有各種

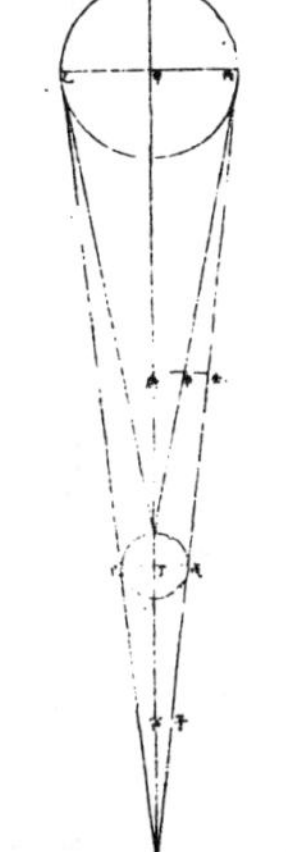

法今用者古多祿某所定也又太陽行最高最庳不等似徑亦不等本章所用者日在最高之似徑也論月亦在小輪之最高如下文

庚辛丁直角形有庚丁月距地六十四又六之一有丁角甲丙度一十五分四十秒求庚辛法爲全內與丁庚六十四又六之一外若丁角之切線四五五內與某數外得地半徑十萬分之二萬九千一百九十六

次求寅子

庚壬丑三角形內有庚壬丁戊寅子三線相距等

用遞加法三率之第一第三并爲第二率之倍數庚辛爲月最高半徑度依多祿某說約與日半徑度等又寅子爲地景之半徑四十分四十秒即兩數之比例

庚辛十五分四十秒寅子四十分四十秒爲若五與十三先得庚辛二九一九六用三率法得寅子爲地半徑十萬分之七萬五千九百〇九以并庚辛得一十〇萬五千一百〇五以滿丁戊之倍數二十萬爲不足地半徑十萬分之九萬四千八百九

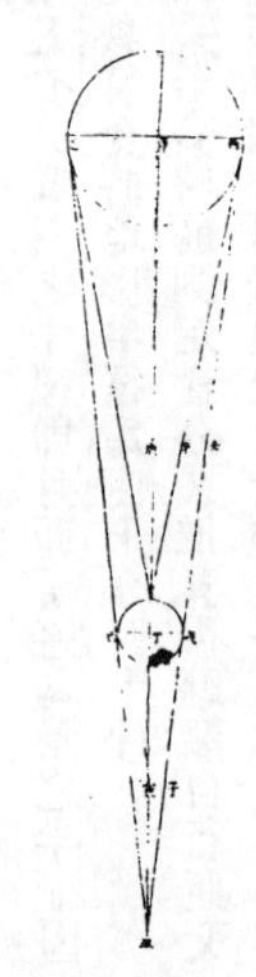

十五爲辛壬

丁戊倍之爲二十萬與庚壬寅子井等於倍數內減庚辛寅子井所餘爲辛壬

次丙戊戊丁兩線所作戊角擬爲直角實非直角其差極微非算所及

丙戊甲丁兩線亦擬爲平行實非平行以差微故

用幾何法第六卷第二題爲戊丙與壬丙若丁丙與辛丙又丁甲與庚甲若戊丁地半徑十萬與壬辛九四八九五既丁甲

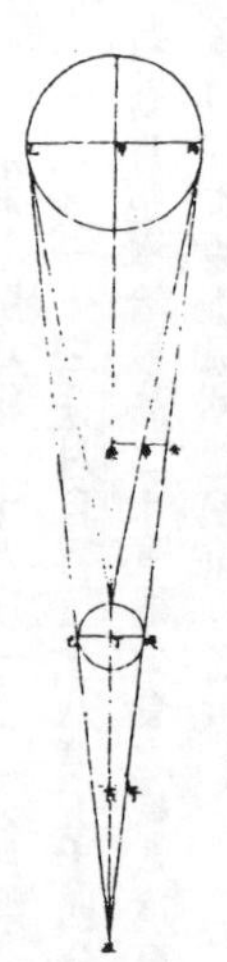

與庚甲若戊丁與壬辛則甲丁爲十萬若戊丁庚甲爲九四八九五若壬辛所餘之庚丁必爲○○五千一百○五先定庚丁爲六十四地半徑又六之一依變率法求甲丁得一二一○是日距地心如地之半徑者一千二百一十也

以上係古法後世累代密推有亞巴德於總積五千六百○四年爲唐昭宗大順二年辛亥推得一千一百四十六倍歌白泥於正德間推得一千一百七十九倍第谷於萬曆間推得一千一百八十二倍此差列數至微推算極難或月徑月徑加減以分計則其差以數百倍計故名曆家於此殫思竭慮焉今時所用大都歌白泥之率也

一系依上論丁戊地半徑爲一萬分庚辛月半徑爲一萬分之二千九百二十六是爲地月之兩實徑用此比例可推兩體之比例

二系甲丙丁庚辛丁兩形相似則庚丁與庚辛若丁甲與甲丙推得日實徑與月實徑之比例

三系可得甲丙與丁戊日地兩實徑之比例

以上三系詳見三圖說

四系置日距地度及日與地之比例又距月行本輪距地度於上圖爲丁寅可得月所過地景之徑列表其引數爲月本輪自行之數然圖說所設者日在最高若去最高卽復異此故表有本行名地景差其引數爲太陽之引數以所得之分與引數相減卽得法　蓋日在高景大在庳景小故也

月距地視差視徑三家異率第二十四

漢章帝時西史多祿某術

月距諸率爲地半徑	地半徑視差	月視差
十單又十分[illegible]	度十分天度	十分十秒
極遠並二輪遠 六四 ○九	○五四	二九
本輪最高 五三 五○	一五八	三二○八
本輪心 四八 五一	一○一	三八四二
本輪最庳 四三 五一	一○四	三八○八
極近並二輪近 三三 三三	一二四	五五
遠近限差 三○ 三七	○三○	二六

正德間西史歌白泥術

月距諸率爲地半徑	地半徑視差	月視徑
十單又十分	十分十秒	十分十秒
極遠 六八 二一	五○一九	二七四○
本輪最高 六五 三○	五二二四	三○一○
本輪心 六○ 一九	五八二五	三二四四
本輪最庳 五五 ○八	六二二一	五五四○
極近 五二 一七	六五四四	三六○八
遠近限差 一六	一五二五	○八三○

萬曆間西史第谷術

月距諸率爲地半徑	地半徑視差	月視徑
十單又十分	十分十秒	十分十秒
極遠 六○ 三六	五七四四	
本輪最高 五八 ○八	五九○九	三○三○
本輪心 五六 五○	六○五一	三二三四
本輪最庳 五四 五○	六二三九	三四四○
極近 五二 一四	六五三六	
遠近限差 八	八五三	

第谷及其門人刻爾白改之法今所用又測太陽視徑爲冬至三十一分半夏至三十分以上原本曆指卷六

月離之二

欽定古今圖書集成曆象彙編曆法典

第五十七卷目錄

曆法總部彙考五十七

新法曆書七月離曆指三

曆法典第五十七卷

曆法總部彙考五十七

新法曆書七

月離曆指三

三圜比例說第二十五

三圜者日一月二地三皆爲圜體曆家先求其比例大小遠近之數爲測驗推算之基本此諸數者驟言之似出恆聞習見之外故是信情所不能及如太陽之體目視之不過數寸耳曰大於地球之體一百五十倍誰卽信之月與日人目不能別其大小曰月之體小於日幾千倍誰卽信之然從古至今諸曆名家測驗推算以理以數反覆論定咸宗斯指迨用以求七政行度交食合會一切諸法非此不合卽又無能不信也先臣鄧玉函定著一書甄明此術引入月曆疑於過繁今擇其要切者著於篇凡爲題十借題一共十一題

借題

借題者不屬本論借外論以爲義據下文所必須也

一地體爲圜球見表度說及地球圖說

二地球在大圜之中心見測天約說及表度

三目見物僅能定其似大小目接於物物之諸分皆發本象來至於目則全收其象云收象者非在目之外郛也睛本圜球有同鳥卵重重抱裹收象之處在其最中爲之瞳心若目視物之四周則四和線發來至瞳心合而成角爲角體之形若視物之兩端則兩腰線發來至瞳心合成三角面之形凡角之末銳必在瞳心名爲視角角之大小稱物之大小若視角極微目不見物乃不能定其大小若視角過大則目眶所限不能盡角之廣必移目兩視乃得全見

四同是一物在近見大在遠見小以三角形之埋明之如圖甲乙同底若腰長

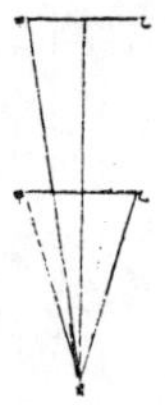

則底之對角必小

甲乙線以近遠生目中視角大小

五未定物之近遠目不能定其實大小近遠大小視法皆有比例

六近遠兩物大小不等若小者在近大者在遠而視角等則目定其大小亦等

如日月之視徑等不知者疑其大小亦等不能辨其遠近不能分似大實大故也

七有光之體體之各分皆能發光

八光景之限難分凡有光之體體之四周皆有切氣借光於體亦可當有光之體而發浮光故表景之末漸至虛淡其濃實者是正光之景其虛淡者則浮光之景

第一題測太陽太陰之視徑凡八法

月去人近日去人遠先得月之視徑及其視差乃可求日之大小遠近故先求月之視徑視大小之度在瞳心之視角角之度分卽對弧之度分人目在大圜之心

或在地心或在地面今此無分不煩別論則天上度分爲目所定視大小之度分故論日月視徑皆用周天度如日半度曰三十分則周天七百二十之一也

第一法

古用壺漏法

西土厄日多國人所創

從午正初啓霤至明日午正止權其廢水得重若干次候月初升啓霤用原壺原水升竟則止權其廢水得重若干次用三率法先水若干得九十六刻後水若干得幾何刻分爲月徑全升之時再用三率法得爲全周之幾何古亞利谷以此定爲七百二十一分之一約爲二十九分五十九秒　古依巴谷定爲三十三分一十四秒　加白蠟定爲三十六分

以上三術未定太陰最高庳自行近遠數多不合又水漏法參差之緣甚多難於切準或用沙漏自鳴鐘其定太陰升降與此同法　以下諸法測日多通用

第二法

後此曆家謂太陰出入升降舒亟無恆或經時不行太白升降有時遲至一刻不見運動或俄然隕墜凡此皆清蒙之氣所爲也則蒙氣之中未可以行定時以時定徑更立法植物爲表或版或牆在目之南表之西際以當午線目在表北依不動之處候月之西周至於午線便須啓霤

或水或沙或自鳴鐘

候體全過午止霤考之得時得度與前法同

第三法

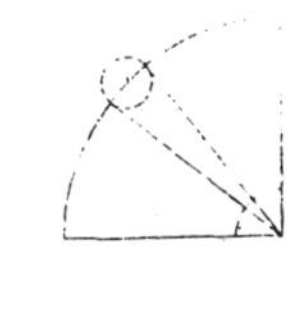

上法測用月午可免清蒙之差然月行自有遲疾以時定徑亦未能得其實經度也第谷別立一法兩人用兩象限儀候月正午同時並測一測其上弧距地平若干一測其下弧距地平若干兩數之較爲月半徑如總積六千三百○○年爲萬曆十五年丁亥在其本地測得上弧距地一十五度二十分下弧距地一十四度四十分其較三十四分爲目之似徑度分

第四法

第四法

或用橫直二表及景符直表平圭定上弧之高橫表立圭定下弧之高相減得徑

用表求高法見測量十卷

第五法

兩人同時同測一以表景求高一以象限求高兩高之較日月之半徑也

表景得上弧之高象限得心之高

第六法

第谷及其門人刻白爾借古依巴谷多祿某法爲木候儀先作木架立柱高與人等柱端爲兩運之軸

一周轉一上下

木爲長衡三分之一在前二在後而入之軸上下左右無所不可至也衡之兩端各立一表上表中心爲圜孔徑二三分下表與上表同心從心作圈與上孔等圈之外更作數平行圈兩表之間爲景篩

法見測量全義十卷新儀解

以束上景而致之下表也篩之下端刻寸許缺之令旁見下表之景圈或不用景篩則設之幽室獨直上表其外以受日光達於下表室須黝黑絕無次光

日月火所照皆爲正光所照之外而能見物皆其次光也

乃得實景用時以上表承日光在下表則成圓形必合一圈

不合更作合者

如甲爲下表之心甲乙圈與上孔等光之半徑爲甲丁取丙丁與甲乙等作丙圈卽甲丙與乙丁亦等乙爲日周其光至丁甲爲日

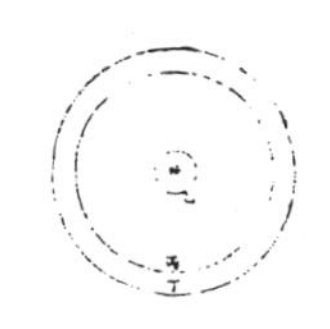

心其光至丙是兩表相距若干因生大甲丙之光若干用三角形法求甲丙於兩表之距度得幾分卽見日視角之度分法表相距之幾丈尺與全若甲丙與視角之切線

查八線表取數

刻白爾用此候得冬至日徑爲三十一分半夏至減一分有奇爲是三十分則半度也第谷之表間一丈四尺冬至得三十一分

較刻白爾爲少半分

系日視徑有大小則爲日之近遠既有近遠安得無最高最庳大不恆在冬至小不恆在夏至而有運移安得最高最庳不有運移假令不信日有自行則視徑大小無義可說

若無本儀則於密室中穴牆壁以版如上表法承日別用平表準下表以受光諸法同前作孔或方或橢無所不可

若測月徑光淡難分則上表之孔特宜加大刻白爾所測爲月平兩[illegible]際也距地少至二十九分半強多至三

十一分一十二秒弱（光淺難定故）極近距地少至三十二分強多至三十四分一十八秒弱

第七法

以遠鏡求冬夏二至兩徑之差法木爲架用遠鏡一具入於定管量取兩鏡間之度後鏡之後有景圭就置之管與圭皆因冬夏以爲頫仰其管圭之相距則等至時從景圭取兩視徑以其較較全徑爲二至日徑之差

第八法

測月求附近兩恆星一左一右與月參直以月之兩弧當兩星用紀限儀或弧矢儀測其兩相距度分得徑分

系月高庳有四限一在本輪次輪之兩最高爲極遠二在兩輪之兩最庳爲極近三在本輪之高次輪之庳爲中遠四在本輪之庳次輪之高爲中近各限之徑而諸家所測多不等極近或曰三十三分或曰三十四乃至三十五分三十秒中遠中近或曰三十一分或曰三十二分三十五秒極遠曰二十九分三十秒

問古今一月也古今一儀也諸名家所測乃爾參差何以故曰其故多矣或人目有利鈍不等或夜有幽明不等或太空氤氳之氣有清濁厚薄不等是皆能變易視徑爲大小

其正法以月食爲本

本卷求日月徑多從歌白泥所測蓋取諸天驗月曆中大都宗本其說

第二題日月視徑大小

古史記日食既者或言晝晦恆星皆見鳥棲獸宿或言月不盡掩日有金環

系如中圖月全掩日卽其似徑與日似徑等此則食既於東生光於西既與甚同時不移晷也如右圖月體不足掩日則有金環月之似徑爲小如三圖則食既以後更有食甚久而生光月之似徑爲大所以然者日在最高月在本輪最庳日高故視徑小月庳故視徑大則掩日有餘也日在最庳月在最高日之視徑大月小則掩日不足也倶在最高倶在最庳故兩視徑等則掩日適足也

第三題日食時月視徑之小大隨地不等

舊法於日全食時測定月之視徑隨時不等日在最庳月在最高則兩視徑約皆三十一分是以月掩日爲適足若日高月庳是日小月大以月掩日則羸矣而或謂全食時有金環是有時月小而日大或曰無之此兩說者古來通士疑弗能明也至近今二十年間名曆蔚興世濟其美辨義旣晰測候加精因而南北參訂然後乃知兩視徑隨地各異究極根緣又知日食時絕難定視徑之大小遂使千年疑障豁爾鎺除繇是觀之理彌析而愈有智日出而靡涯數甚賾而難窮豈可見限自封謂循古爲已足哉

按總積之六千三百一十四年爲萬曆二十九年辛丑十二月（建丑之月）朔西士某者第谷之高第弟子也於諸物亞國北極高六十四度有奇本日未初刻測候得日全食月掩日不足四周都有金環廣寸許約兩視徑爲日大與月小若六與五於時推得日躔星紀宮二度二十二分是近最高衝其視徑當爲三十一分月自行四度三十八分是近最高其視徑亦當爲三十一分依恆法卽兩曜之視徑宜略等以相掩宜適足今實測爲大小不等若六與五

同日其同門刻白爾於玻厄米亞國北極出地五十〇度有奇則得月之視徑爲三十分半其相掩乃至盡

又總積之六千三百二十一年爲萬曆三十六年戊申八月（建酉之月）朔於某地北極高約五十一度依法推得日食六分之一至期實測適合是爲兩視徑相等

同日於某地北極高五十七度推得日食十二分之一有奇至期實候悉不見食是爲日大月小兩視徑不等

從上兩食兩名士功力悉敵秒分不爽人所共信密推密測無從得言作用有差而易地相方乖違乃爾蓋逾近北日體逾大月逾小逾向南日體逾小月逾大以此見兩視徑不止隨時大小亦隨地大小又見日食時未能得兩視徑之眞率又見日食分數未合不必盡因推步然其故何也

因之推本其故有二一曰蒙氣差一曰光體差一者清蒙之性能令有光之體展小爲大如日月星出入地時本體皆見爲大其相距間亦見大又如平面玻璃鏡以鑒物則景較形爲大如輕雲薄霧籠罩日體亦見爲大皆是也今二史者一在諸物亞於時日軌

高僅三度又冬月地寒在海中皆積氣厚蒙之緣也故日體得展小爲大月無光則小於日一在玻厄米亞極出地減前一十四度又居平原不邇江河湖海於時日軌高一十六度蒙氣已消日體無繇得大則兩視徑等也是一差也二者月在日下人目視之參直是生角體之形其底月體其末銳入於人之瞳心其周面則有光無光之界也兩界閒蒙氣愈厚生光愈多其照耀之勢侵入於角體則月之魄體能爲小如圖目與月與日相參直依推步法兩視徑等然自目至月其閒有氣氣映日生光必越本界而侵入於角體之限人目遂不能全見月魄故魄本非小視之若小

系日食時因氣清濁爲人見大小

二系日食之視分多寡因去極遠近若本地去北極近則日軌庳則氣多則分數少去極遠則日軌高則氣少則分數多

推步得數等竟視卽不等

何者蒙氣多日軌庳熯濕之力未獲全成卽光大魄小故也日高者反是

因上論日之光體人視之有時能爲大月之魄體人視之有時能爲小近歲名曆家既明其義

弟谷之遺書多所未竣門人刻白爾輩增修其業日就精微

因用視法

依日軌高庳論蒙氣厚薄

用測量法推步定法立爲均數列表以定日食時太陰太陽之視徑從極出地二十〇度至七十四度或於太陽用加差或於太陰用減差其理一也表入交食曆中

第四題日月之視徑與實徑大小絕異

是其徵有七凡視徑與實徑同時見大時見小必非其實也視也一徵也卽有時等而日在上去人遠月在下去人近則日之實徑必大月必小二徵也月掩日下土所見九服各異如此方此時日全食南北相去四五度

二百五十里而一度

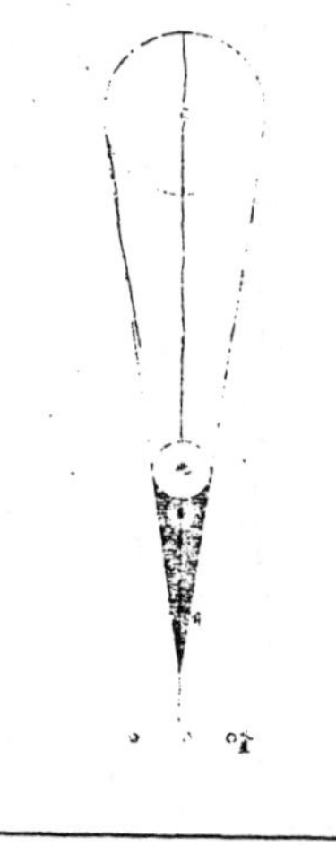

卽不見全食東西同時亦不見全食是則月入地球爲小地視日亦小月視日更小三徵也地景短不能食熒惑何况歲星以上則地小於日月過地景則食食時見月小於地景則更小於日四徵也七政各有性情能力施暨下土其勢略等乃其視行有疾有遲行遲者其天周大人見爲遲本行自疾所以然者遠故也近者行疾其天周小如舟行大水遠見行遲近見行疾因是能力所施近而疾者其見功亟遠而遲者其見功緩五徵也月距日九十度其光過半圈則發光之體大受光之體小六徵也因上推月距地爲地全徑者三十日距地爲地全徑者六百〇五則日天比月天其大算周約二十倍日本天半度月本天半度則其比例爲一與二十七徵也

第五題月視地爲小

義見前題三徵四徵

第六題月天視七政天爲小去人最近

曷知之以交食知之凡言食者物在於彼有他物隔焉或虧或蔽則謂之食所食者必遠能食者必近也所食者必在外能食者必在內也以球論則內近心者必小外遠心者必大也試觀月掩日日爲之食日外月內不待言矣月掩恆星星爲之食星外月內不待言矣獨月與五星曆家言有時星食月有時月食星亦未然也夫星固未始有在月下者也歷稽古史多言月食五星而不言五星食月斯著明已今錄略如左

月食辰星

一總積五千四百六十八年爲唐元宗天寶十四年

乙未十二月
月食太白
一總積五千五百五十〇年爲唐文宗開成二年丁巳二月己亥日
二本年七月丁亥日
三五千五百五十五年爲唐武宗會昌二年壬戌正月
四本年三月
五六千〇五十五年爲元順帝至正二年壬午七月乙未日
月食熒惑
一五千五百二十五年爲唐憲宗元和七年壬辰正月辛未日
二五千五百四十四年爲唐文宗泰和五年辛亥二月甲申日
三六千〇百二十七年爲元仁宗延祐元年甲寅三月壬申日
月食歲星
一五千四百七十五年爲唐肅宗寶應元年壬寅正月癸未日
二五千五百一十九年爲唐憲宗元和元年丙戌二月壬申日
三五千五百四十八年爲唐文宗泰和九年乙卯六月庚寅日
四本年十月庚申日
五五千五百五十二年爲唐文宗開成四年己未二月丁卯日
月食塡星
一五千五百四十一年爲唐文宗泰和二年戊申正月庚午日
二五千五百四十五年爲唐文宗泰和六年壬子四月辛未日
三六千〇〇七年爲元世祖至元三十一年甲午九月丙寅日

第七題求月之實徑

測月之實徑用地徑古法也今依歌白泥術月平（兩畱際）距地度爲三十地全徑又四之一其視徑三十二分二十八秒推算如左

如圖丁爲地心乙甲丙爲月徑三十二分丁甲爲月距地三十地全徑成甲丁丙三角形有角有邊求乙丙得千分地全徑之二百七十六弱爲月全徑約之得月一地三倍有半強若以周徑法求之則七（得也）與二十一（周也）若六十半地徑（月半徑）與月天之周依法算得一百九十地徑又七之一以三百六十（天周平度）而一得一度爲三十六分地徑之一十九又以六十分爲一率（六十分一度也）三十六之一十九爲二率三十二分爲三率求得二千一百六十分地徑之六百三十六約得二十四之七或三有半之一同上率

若用月五限數所得大數同上零數小異不足算

若用古多祿某數平距爲四十九地半徑視徑爲三十六分算得月實徑爲千分地徑之二百七十或二百六十七不合天驗今不用

若用第谷數得千分之二百七十九比歌白泥贏千分之三不足算

第八題求日之實徑

如左圖日距地爲地全徑者五百八十九有半日視徑三十一分四十秒（歌白泥術）即甲乙丁三角形有乙直角有甲丁乙視角有丁乙句求甲乙股法爲全與五八九半若一十五分五十秒之切線與股（日半徑也）算得二又千萬之七百一十五萬一千一百九十一半徑也倍之得五又千萬之四百三十〇萬二千三百八十二約得日全徑爲地全徑者五又百分之四十三或五又半或又周徑法求之所得數同

第九題定日月實徑各里數

天度里差古今不一今約定南北二百五十里而差一度以天周三百六十乘之得九萬里求徑得二萬八千六百四十八里以日徑數（地一日五又百之四十三）乘地徑之里數得日之實徑爲一十五萬五千五百六十五里月之實徑爲地徑千分之二百七十六以乘地徑之里數得七千九百〇七里

第十題求日體之容

用測量全義第六卷法有徑求周（法以二十二乘徑七而一）得日體周爲四十八萬八千九百一十九里求周之圜面積（法以徑乘周）得七百五十六億（數至萬萬日億）五千八百六十八萬四千一百三十五里求正面積

大平圜之積也法以周之圜面積四而一得一百八十九億一千四百六十七萬一千〇三十四里求其容

法以徑三之二乘大平圜之積生球容之數得一千九百五十〇萬一千二百六十五億三千三百四十六萬九千五百三十里爲日體之容積也

測體之里度者乃實也六面之體各面一里見測量六卷

若以日體較地球之容用上比例數

地徑一日徑五又百之四十三

其法置五有奇再自之得一百五十一爲日體容地球之數

若用第谷術

日距地爲一千一百五十地半徑日視徑爲三十一分

地球徑與日體徑爲一與五又六之一置五又六之一再自之得一百三十九有奇爲日體容地球之數較前術差一十二若用古多祿某術得七十六不合天今不用

第十一題求月體之容

月之實徑與地球徑若二與七

或六十分之一十七分九秒或千分之二百八十六

置兩數各再自之得三百四十三與八置三四三八而一得四十三爲月一地四十三以求里數同上法

依第谷術爲四十二

日地月三容積之比例

月一地四十二地一日一百五十一以四十二乘一百五十一得六千三百四十二爲日體容月體之數也

因上法能推日本天月本天可容地球之數

測月距地之高第二十六

用此法可測日月五星去人遠近度分及自相距各度分

第一法兩地並測

一人在北如順天府北極出地三十九度五十五分（平度）測時月在午正得其距天頂設四十三度一十三分又一人在南與順天府之地經度等數

地球有南北度如云北極出地若干度南行二百五十里而減一度北行加一度是也名曰地緯度若兩地同時刻而見月食是兩地同在一子午圈下是東西經度也赤道下兩地亦相去二百五十里而差一度是名地經度

如廣州府

順天府經度約在廣州之東爲五分刻之三或赤道三度高數甚大不因此差以爲乖爽

北極出地二十二度一十二分測時月在午正得其距天頂二十五度一十九分

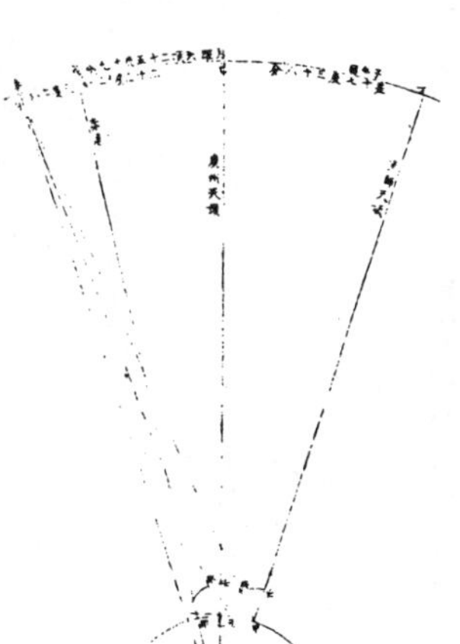

如圖丙爲地心卯丑甲爲地面辛己丁爲子午圈戊丙爲赤道線（截球如簡平儀法）距赤道戊二十二度一十二分爲己是廣州之天頂作己丙線截地面於乙乙即廣州也又距赤道戊三十九度五十五分爲丁是順天府之天頂作丁丙線截地面於甲甲即順天也次從甲從乙作甲丑乙卯切地球之兩線爲兩府之各地平線兩人在甲在乙各測月作視線爲甲辛爲乙辛作辛丙爲月距地心線又作甲乙底線今所求者辛丙也

法甲乙丙角形有甲丙乙丙兩等腰

俱地球之半徑俱爲全數

又有乙丙甲角（兩地相距之度）一十七度三十八分求甲乙線

法有二一用三角形法一用通弦甲乙線者甲午乙弧之通弦也

算得乙丙爲十萬即甲乙爲三〇六五四

次辛乙甲角形有甲乙邊又有甲乙兩角何者甲丙乙形丙角爲一十七度三十八分以減兩直角一百

八十度餘甲乙兩角并爲一百六十二度二十四分平分之得八十一度一十二分爲乙甲丙角又先測定己甲庚角四十三度一十三分即兩角并得一百二十四度二十五分以減兩直角餘五十五度三十五分爲乙甲庚角也　次以甲乙丙角八十一度一十二分減兩直角餘九十二度四十八分爲甲乙壬角又先測定壬乙癸角二十五度一十九分即兩角并爲一百十八度〇七分爲癸乙甲角也　以求辛乙邊法引長辛乙邊作甲酉垂線成甲酉乙直角形形有乙角爲辛乙甲（即癸乙甲）角之餘有甲乙求得甲酉邊又求得乙甲酉角以并辛甲乙（即庚甲乙）角得辛甲酉角又求得乙酉邊　次甲辛酉直角形有甲酉邊有甲角求得辛酉邊去減乙酉餘爲所求辛乙邊得五四三四五〇約爲五十四地半徑

次辛乙丙角形有乙丙地半徑（即全數）有辛乙邊又有辛乙丙角何者先得甲乙丙角八十一度一十二分又得甲乙辛角一百二十四度〇八分并得二百〇五度二十分以減全周得一百五十四度四十分以

求丙辛邊法引長辛乙邊從丙角作丙子垂線成乙子丙直角形形有丙乙邊又有丙乙子角（即丙乙辛角之餘）二十五度一十九分先求丙子及子乙次辛丙子直角形有丙子句辛乙子股求辛丙弦法丙子辛子各自之并而開方得五五四一約五十五地半徑又十分之四強爲月距地心之度也

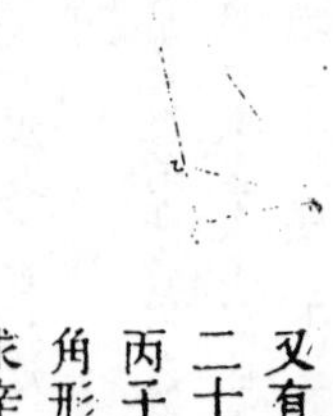

第二法本地自測

用月全食於食甚時測月軌高又推太陽經度以定太陰經度查高弧表或用測量（測量全義八卷）法求月在本時本經度之地平實高與所測視高相減爲視差角則成三角形其一邊爲地半徑一角爲月視高角之加角（本角外加一象限）一爲視差角法求視餘角之對邊得月距地若干

如西士玉山王幹（曆學名家）於總積六千一百七十四年爲天順五年辛巳六月（建巳之月）某日亥正初刻（本地時刻）月食太陽躔鶉首宮九度三十四分三十四秒月離星紀同食甚測月軌視高十七度半又因本法推日下度月實高度俱一十八度三十一分視實兩高之較六十一分爲視角之度分

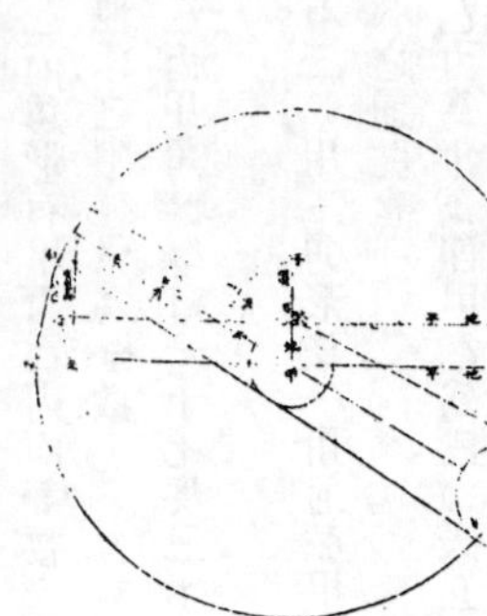

如右圖己爲日甲爲地壬爲月叅直乙丙爲實地平癸寅爲視地平測日在癸視線爲癸辰卯視差角爲癸壬甲癸壬甲形有癸甲（地半徑全數）有壬癸甲角午癸辰爲視高角更加一象限爲壬癸甲角一百〇七度三十〇分有癸壬甲（視差）角六十一分又有癸甲壬角（實高角丙甲戊之餘角）七十一度二十九分求甲壬邊法曰對角之正弦與對角之正弦若角與角置甲癸全數爲一算得五十四有半是本時月距地爲五十四地半徑又半弱

第三法本地自測

用日食西儒丁氏於總積六千二百八十〇年爲隆慶元年丁卯四月（建卯之月）初九日午正（本地羅馬府時刻）時日食測候得日軌高五十九度一十分食既有金環於時日躔降婁宮二十八度三十八分赤道北距一十一度〇一分四十一秒本地極高四十一度五十〇分二十〇秒因食既必地月日相叅直爲一視線隨用月曆表及三視差法推得月實距太陽二十九分

以加測高度五十九度一十分得五十九度四十二分四十四秒爲月之實高度分

如圖甲爲地心乙爲地面爲測目所在己爲月丙爲日甲辛爲實地平庚爲天頂從地心過日心作甲丙壬線過月心作甲己戊線定日月兩實高度

或稱辛壬弧辛戊弧或稱其餘庚甲壬角庚甲戊角

又從目過日月心作乙己丙丁線定日月並距天頂度爲庚丁弧或庚乙丁角因成甲乙己三角形形有甲乙邊爲地半徑有己甲乙角爲月實高之餘度

實高五十九度四十二分四十四秒其餘三十○度一十三分一十六秒

又有甲乙己加角

所測之月視高度加一象限共爲一百四十九度一十分

求甲己邊

有二角自有第三角其法兩角之正弦與兩角各對邊比例等

算得五十六地半徑弱爲月距地心之度

第四法本地自測

用月食恆星時上以日食時推月之實高測月之視高立法今以恆星立法如總積六千一百九十九年爲成化二十二年丙午太陽躔大火宮六度三十分

西史玉山王幹晨見月周下切軒轅大星隨時測得本星高四十五度本地極出地四十九度二十六分於時爲卯正初刻月離鶉火二十二度四十○分在黃道北距二十六分

有時有極高度有日躔有星高有月下周之視高

恆星之實高與視高爲差極微

有月之經度緯度可得月之實高

若以月心爲實高減月半徑一十六分得用下周爲實高

第五法

兩高之差以求月距地心如上法

推月在黃平象限時或推在南至時或候午線時測其高隨時推其實緯度兩高加減得視差之角見前卷

測日距地之高附

第一法

用測月第一法

第二法

午正時測得日軌之視高隨推其本時經度緯度得其實高兩高相減得數爲視差名地半徑差或用日躔曆

指圖有地心人目在地面目在視地平成三邊直角形有目心邊地半徑有目心日角

目見日出入時其半在地平上半在地平下疑爲初度分非初度分也爲所見者視地平非實地平也其在中距爲差三分最高二五四最庳三○七見日躔表

求心日線法全數內與目心邊外若日角之餘割線內與日心線外算得一千一百四十五地半徑爲日距地心之度　若日在地平上亦如在午法一測一推求視差

第三法

用月食正法也見上章

欽定古今圖書集成曆象彙編曆法典

第五十八卷目錄

曆法總部彙考五十八

新法曆書八（月離曆指四）

曆法典第五十八卷

曆法總部彙考五十八

新法曆書八

月離曆指四

總論月天象數及表原第二十七

依上論分別太陰象數凡為球體者四第一與第二為表裏皆與地同心第一球之大圈（一名中圈一名緩圈）為白道白道與黃道兩交而分為斜角兩交之處一曰正交一曰中交第二球者複球也複球以外大球以內函兩小輪為小輪之大者為第三球名曰本輪亦曰自行輪輪之徑為兩大球之距小輪之小者為第四球名曰次輪

如左圖外大圈白道也又名月天大圈（包他輪其中）又名斜圈（斜交於黃道）亦名交周亦名龍頭龍尾之圈正交為龍頭中交為龍尾本圈兩交黃道其兩交點時時遷運

亦名九道

一白道也在黃道之四方皆有內外并黃道為九

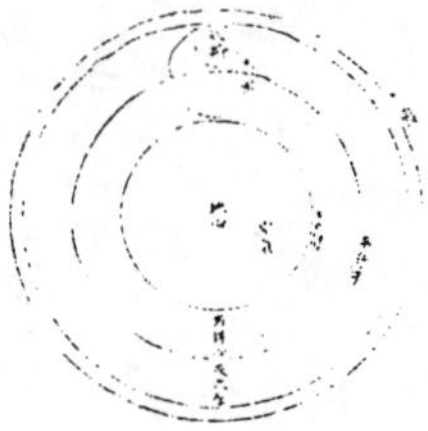

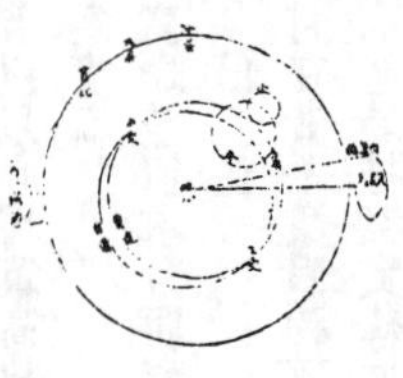

為元以來不用此術

表裏二天中容小輪一體左旋

如宗動天行與七政違行

小輪從之一日行三分一十秒四十七微一平年（三百六十五日）行一十九度一十九分四十三秒凡六千八百九十三日有奇而一周

四球合體總名曰月本天其南北二極距黃道二極各五度有奇

上論黃白道相距或內或外最遠者五度有奇

夫黃道行天不以黃道極為樞而以赤道極為樞故黃道極去赤道極二十三度有奇而環行名曰黃道極圈月道行天不以白道極為樞而以黃道極為樞故白道極去黃道極五度有奇而環行名曰白道極圈

如上圖其圖有兩黃道其外則外天黃道或曰天或宗動任意之

月本天中自有三行一曰交行二曰本輪自行三曰次輪自行三行各有軌轍其轍迹安在在其大圈平面也何謂大圈平面如本天白道為大圈（球之最大圈）從白道剖本球為二即所剖之處為兩大平面交行在其周本輪次輪行皆在其面也

兩交一名正交一名中交月在正交向黃道內行九十度謂之正半交此半周謂之陰曆過半周為中交向黃道外行九十度謂之中半交此半周謂之陽曆過半周而復於正交為交終西曆謂之龍頭龍尾蓋兩道間成蟠曲之形腹粗末細有若蟲蛇非謂有龍食月如俚俗之說也又謂之昇降之交月行黃道內自南之北漸高於地平則言升行黃道外自北之南漸向地平則言降或稱外內或稱上下其義一也若羅睺計都之名非古曆所有疑出於九執唐人再用九執曆僧一行寫之而未盡陳元景爭之而不得獨兩交猶仍其譯言耳

本曆恆年表橫分四節其第三節為正交行度（即羅計行度）因其左旋（與七政違行）故歲減歲行之率

太陽恆年表紀年有平年閏年序減忽加者閏年也忽闕一宿者閏年也太陰紀年與之同法

每平年減一十九度一十九分四十三秒（三百六十五日行度）每閏年減一十九度二十二分三十三秒（三百五十六日行度）若用加法則平年每加一十一宮一十度四十〇分一十七秒閏年加一十一宮一十度三十七分〇七秒其得數同也

恆年表以冬至為界每年從天正冬至子正後起算是為實根若每日每時刻之細行交分不以冬至為界則為虛根但隨日隨時計其度分累積之（如日行三分一十秒）凡累積皆用減法

平行圈者太陰全天表裏二球之中圈也與地同心為本輪心平行之軌道故名負小輪圈其行順七政

右旋(自星紀至元枵也)其界有三第一以節氣爲界如冬至春分等(或以宮次)一日行一十三度一十分三十五秒〇一微爲月之距節平行分(止右旋一行)滿一周得二十七日三十〇刻一十三分〇五秒爲交終第二以太陽經度爲界太陽平行經度日五十九分〇八秒二十〇微月之日行多太陽之日行少以少減多得一日之相距一十二度一十一分二十三秒四十九微滿一周又逐及於日爲朔策

或會望策　太陰距太陽行二十七日有奇而一周其間太陽亦行二十七度有奇則太陰行一周外又二十七度有奇而逐及於日與之會共爲二十九日有奇也

其日率西曆前後四家大同小異　一多祿某爲二十九日五十〇刻〇九分〇三秒二十〇微正　豐所王(大餘同上)小餘二微五十八纖五十一芒二十二末

歌白泥一十〇微三十八纖〇九芒二十〇末今世第谷八微三十九纖四十六芒四十八末第谷之測算爲極密矣今新曆用之第三以正交爲界正交

逆行(左旋)太陰順行(右旋)一向左一向右兩相違背故距交一行謂之雜行兩行相幷

正交行三分一十一秒

太陰行一十三度十分三十五秒

得一十三度一十三分四十六秒　此第三行度即

太陰恆年表第三節之交行度用均數訖爲月距黃緯之引數　如圖從冬至至月經線爲月平行經度之弧

自行輪周者次輪心平行之軌道也(即本輪)次輪行於本輪周左旋(與七政遲行)以本輪之最高爲界初逆行(向左)

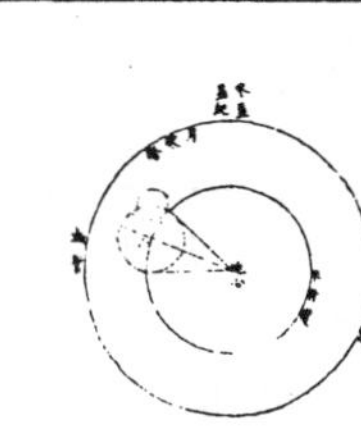

約九十度(至留際即轉初)順行(向右)至半周

過最庳至留際即轉中

復逆行如圖月在次輪周從地心作兩線切本輪周即月在兩切線外(本輪之上半周)逆行在兩切線內(本輪之下半周)順行　若月在心線(從地心過本輪心)是爲本輪之最庳即兩行(一平行一自行)度分等若在心線前或後即其視經度與平行度必不等　次輪心從最高起算日行一十三度〇三分五十三秒五十六微(是爲轉度分)二十七日五十二刻一十一分五十四秒而一周

次輪心從最高行一周而復於故處

是爲轉終度分

次輪者月體所行之軌道也其界向本輪心爲最近界之衝爲最遠試以一線聯兩心線即其界矣(如圖甲丙乙丁線是也)月體在次輪近地心之半周即月體逆經度行而順本輪行若在其遠地心之半周即月體順經度行而逆本輪行從本輪心出兩線切次輪之兩旁即定本輪心第二均加減之界

如上測月行諸論以定朔望則用一自行之均數足矣爲朔望時月體必在本輪之內甲乙丙丁圈上故也去離朔望即宜用兩均數自朔至望望至朔必行次輪一周而復故月實行距太陽一百八十度則行次輪一周三百六十度而次輪周之日行度必倍於距太陽之日行度每日得二十四度二十二分四十七秒三十〇微行一周爲一十四日七十三刻〇七分有奇半月之率也

天上周圈不論大小皆平分三百六十度

系凡月行距日九十度(兩弦是也)次圈周行一百八十度則在次輪之最遠而距平行經度爲極遠如上圖小輪上之月體所麗爲視行平行之極大差

因上兩小輪行度在本輪有最高最庳在次輪有最近最遠定爲自行之四限矣

凡月在次輪之最遠

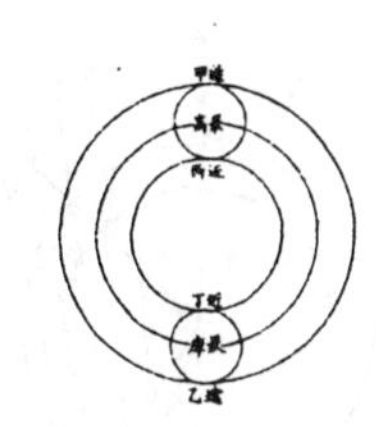

遠近以去離本輪心論次輪心又在本輪之最高則月距地心爲極遠圖爲甲月在次輪之最遠次輪心在本輪之最庳則月距地心爲極近爲乙若在次輪最近本輪最高則爲次遠爲丙在次輪最近本輪最庳則爲次近爲丁因此

四限屢變視行之勢也惟朔望時月恆在次輪之最近

月表原

太陰立成表橫分爲四節第一節爲月平行度分冬至爲界從之起行則本輪心循白道右行所得黃道上平行度分也第二節爲自行度分則次輪之最近一點所行軌道是爲本輪之內圈

其中圈爲負次輪心之軌道其外圈爲最遠點之軌道

其界則本輪之最高點其行逆經度左旋也此行所至名曰前引數其所當有距地心之角角所對爲黃道上之弧弧之數名曰月行之初均數夫月之行若止循本輪之周則或加或減藉一引一均而足矣乃古今積測惟定朔定望則月體在本輪內之如丙如丁周其距本輪心之度恆等朔望以外則月體去次輪之最近線漸遠乃至極遠又漸近而復其於前引數初均線

從地心過次輪之最近以至黃道或時在前或時在後是生次均數以較初均數或加或減以得月離黃道之實經度

所謂朔望一均數爲足不論此數有二根第谷所用不同心圈及均數并生初均表中所排是故曆家先置月在次輪之最近即本輪之內圈算初均加減表與太陽加減差表同諸率定數見上卷若月在最近之左右上下則去離本輪心必遠於最近自地視之遲疾順逆皆非本輪之本率也因以月距兩心線從心最遠近至次輪之度求第二均數

月從最近循次輪周右行得數從月體向次輪心作線截本輪之內圈得數以加減前均數爲第二均數

夫從本輪之心以視月體之次自行有此次均數亦瞭然矣然人目所見不在本輪心而在地面又安能令次均數合於黃道而以之加減爲實經度也故又用三角形法以次均次引求得第三均數以加減於第一爲實均數以實均數加減黃道平行爲實經度分如圖丙戊圈爲次輪最近之軌道論月向乙心行

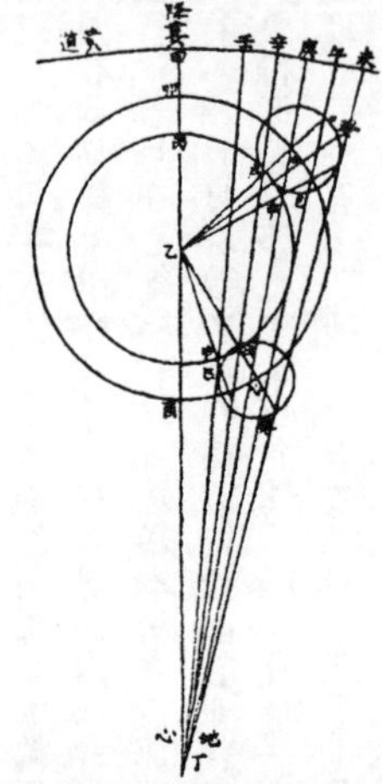

或用卯心酉圈之弧或用丙戊圈之弧其理一也若向丁地心因朔望時月在次輪之最近戊故推前均數用丙戊弧推月表同

圖解丁爲地心甲乙丁爲太陰平行線以定黃道上經度表月平行經度分如甲爲降婁宮某度某分是也卯心酉爲本輪自行之中圈次輪心之軌道戊己癸爲次輪心爲其心乙戊過心線定次輪距本輪最高之度卽丙戊弧也前引數卽丙丁戊角之甲辛黃道上之弧初均數卽其黃道上之甲辛弧因引數丙戊未過半周於

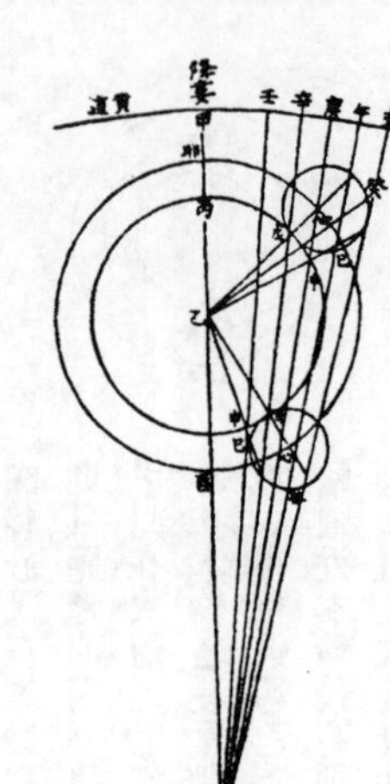

法應減卽於平行經度減甲辛得月在黃道辛點之某度分也但得月恆在戊卽於丁辛初均線用此加減足矣然特朔望爲然離朔望卽月不在戊而丁辛均線不足定月之經度試如在己卽作乙申己線定戊乙己角或戊申弧本輪之弧爲本輪上月距心之度是名第二均數以此次均數或加或減於丙戊得丙申爲實引數今欲得次均次引合於黃道卽因實引數及戊己弧作丁己庚過月體線成戊丁己角得庚辛弧是爲第三均數而以之或加或減於甲辛得庚甲是名實均數　加減法如月從戊至己上下兩次輪其行度等在上圖則以第三均數加於第二在下圖則以第三均數加於第一若月在癸則兩圖俱加第三均之根有二故表中列兩數一丙申弧爲月在本輪自行之度分一戊己弧爲月在次輪距日距朔望日之倍數查表求得辛庚辛壬辛午等度分依本號加減之

表名爲太陰二三均表表前有用法

推太陰日差

日躔曆有日差表以推太陽經度若推太陰經度其日差不得與太陽同法蓋太陰不行黃道中線其相距或南或北各五度有奇卽其正升度與黃道不等又太陰行度又從太陽行推算

次輪上太陰自行度倍於距太陽之度故別立太陰日差表

法有二其一設時求太陰經度先均時

均時者以均數變用時爲平時以本時太陽所躔宮度分爲引數表上下橫行各一書宮次者是也冬至星紀起算左右兩直行書度

宮次在上順數至下宮次在下逆數至上從太陽躔宮直行從躔度橫行相遇得均數用均數依本號或加或減於用時與太陽表同法得平時以推太陰經度

一法先用所設用時以推太陰經度次求日差均數半之依本號或加或減於先得之經度

半之者時變爲度月行一分卽時約爲經度之半分故於所得均數二分取一以加以減

例見本表用法以上原本曆指卷七月離之三

太陰小論第二十八

第一論太陰晦朔伏見

太陰晦朔伏見古今立論疎密迥殊漢儒洪範傳曰晦而月見西方謂之朓亦日朓朒者政緩所致朔而月見東方謂之側匿側匿者政急所致夫晦在朔後晦失也朔在晦前朔失也曆則失之而歸咎於政誣甚矣唐曆家以晦日之晨月見東方因立進朔之法使月隱晦晨明藏朔夕此則鉤索未能而妄生遷變使月有兩朔食乃在晦將誰欺乎宋元史皆非之頗爲辨晰然未能縷形其所以然也夫月距晦朔見有疾遲因乎天度因乎地度卽此方近處合朔於亥子之交而甲日之晨乙日之夕兩見微明亦時有之此之進退將安往焉况海以南數千里則有甲晨乙夕終歲恆見者漠以北數千里則有朔在午中朝暮皆見者亦將使晨隱夕藏其可得乎今法若時若地應速應遲皆從籌算可密推用儀器可指數先事可豫言臨時可確按又何庸轉移避就爲也以此備述所繇徵之度數如下論

問太陰合朔以後恆以三日見於西方亦有二日者其在晦以前亦如之何故曰是其因有三　一因赤道上之黃道升降度有正有斜正升則斜降斜升則正降正升斜降者秋半周六宮秋分左右各三宮是也斜升正降者春半周六宮春分左右各三宮是也皆論斜球非正平球正升者赤道之升度多黃道之升度少正降者赤道之降數多黃道之降數少斜升斜降則反是

凡南極出地者與上論悉相反

若太陰離正降六宮則朔後疾見若離斜降六宮則朔後遲見其在晦前亦如之離正升六宮則遲隱離斜升六宮則疾隱也如二圖各有子午圈有地平有極出地等有黃道宮次二圖上圖月離大梁爲正降宮次距太陽十五度日入月在地平上爲十三度半卽能見下圖月離大火爲斜降宮次距太陽十五度日入月在地平上爲十度卽不能見一也　一因白道南北如圖設月距黃道五度距太陽皆十五度而緯分南北

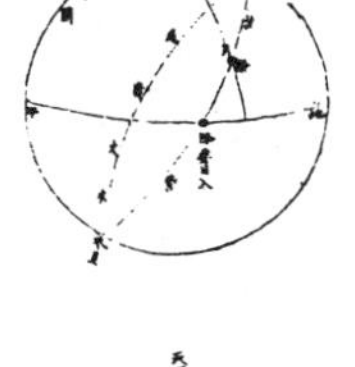

日月各有一日所行之軌道卽赤道距等圈也今如圖設黃道左右五度各一圈交於距等月在焉兩月各至地平其弧有大小則入地有先後人見有遲速

若在北卽入地後黃道疾見若在南卽入地先黃道遲見二也　一因月視行度若視行爲遲段則朔後見月遲爲疾段則朔後見月疾三也　右第一因月之見界以十五度爲限其疾者朔後一日又四分日之一而見也若三因丼合又不待此如合朔在亥子間則甲日太陽未出亦見

東方乙日太陽已入亦見西方何以徵之設月在黃道北五度太陽躔實沈一十五度本地北極高四十度卽晝長（甲之日也）五十九刻（日九十六刻）加一日刻（甲之夜乙之日）共一百五十五刻（甲晨至乙夕）於時月行約得二十三度平分之（合朔前後）得一十一度半以加實沈十五度（日躔也）得實沈二十六度半是乙日日入時月之距日經度也以減十五度得實沈三度半是甲日日未出月之距日經度也日躔實沈十五度其斜升五十三度一十三分月離實沈三度半又北距五度其斜升三十六度半日月兩升度相減得一十六度四十三分爲甲日之晨日月赤道上出地平之差（月先日後）變時爲月出四刻半而日出得見月東方也乙日太陽正降爲九十五度月離實沈二十六度半其正降爲一百一十三度兩降度相減得一十八度爲乙日之夕日月赤道上入地平之差（日先月後）變時爲日入五刻而月入得見月西方也　若日躔冬至月離黃道南推日月出入之差不過八度變時爲二刻則不見

一系凡極出地愈高愈疾見因斜升度之差爲多否則遲見

二系極甚高朔後數日不見

三系月距黃道南五度若極出地六十二度月晝夜不見

四系極甚高合朔在午正則一日之間晨見東方夕見西方如極高五十二度躔離度同上推得日月升降差一十二度時爲三刻皆在月見界之內

五系旣定月之見界爲距日十二升度亦可推遲見之日數如極出地四十度日躔降婁月南距五度推得兩斜升差爲一十二度卽得月距日之經度爲四十度月行當三日有奇則朔後三日有奇而見月西方晦前亦如之

三因之外又有兩因一曰朦朧分（卽晨昏度一名昧爽黃昏）日入地平下一十八度爲朦朧之末分因升降有正斜斜又有大小則月距日十二度有時得見有時不得見

一曰氣淸濁差如同是子正時有時見極微之星有時不得見四五等之星氣則使之其在月也亦然

第二論月體

月體爲圓球何以知之凡圓體于諸體中爲最尊如天如日月星如地亦於萬象中爲最尊故應圓凡物之初體皆圓（如核如卵如胎）諸大象皆始造時之初體故應圓又月之體半爲明半爲魄其明魄之界時爲弦直線時爲弧曲線若果平體何從得生弧線且旣爲平面日照之宜全體發光如平面之鏡一向日卽全鏡發光也月爲不然則知非平面試以人目居中置一燭東方稍遠置一球西方稍近相參直卽見球全受光次不動目燭獨移球西南隅卽見球大半爲明小半爲魄更移球正南必明魄各半其界爲直線更移得魄大明小更移正東必見全魄燭爲太陽目爲地爲人球爲太陰以近遠日爲光大小其明魄界半周之間爲直線者一而已餘皆弧線也

論其體質非淸非純虛實雜也故能映光不能透光能發光不能迴光何謂透光如水如玻瓈水晶金剛石皆純淸故能透光不止映光非惟不能迴光亦且不能發光何謂迴光如明鏡爲全實故能迴光不止發光非惟不能透光亦且不能映光月皆不然而虛實疎密介在其間故能映能發也　然則何似稍似於雲雲掩日月皆能映光質薄則光顯質厚則光微早日未出夕日已入照雲成霞霞照下土虹霓之屬本因雲氣而成光采是爲發光體實則光大體虛則光小月實似之獨雲之映光多發光少月之映光少發光多此爲異耳

第三論月駁

月面不純一色如斑駁然昔人以爲山河大地之景不然也山河大地之體東西不等云何月中之景時時不變乎然則如何此有二說一曰月本圓體特其體中疎密虛實不得純一不能如鏡光合體迴返所受之光第因其本質所至自爲發光密實處發光大虛疎處發光微

如金剛石勝玻瓈玻瓈勝木其質疎密虛實不等故

凡大光明中間有弱光可指則日大光中之駁點也

如大赤霞中間有淡紅可指則日大赤中之駁點也是故名爲月駁也一曰月體如地球實處如山谷土田虛處如江海日出先照高山光甚顯次及田谷江海漸微如人登大高山視下土崇卑其明昧互相容也試用遠鏡窺月生明以後初日見光界外別有光明微點若海中島嶼然次日光長魄消

日漸遠明漸生如人上山漸遠漸見所未見則見初日之點或合於大光或較昨加大或魄中更生他點

如日出地先照山巔次照平疇等以光先後知月而高庳此其徵已

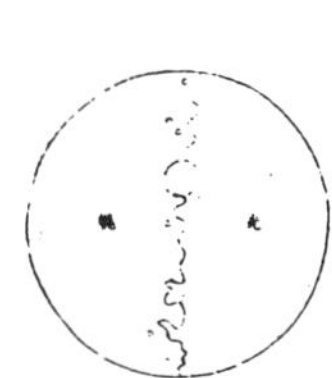

第四論月光

太陽爲萬光之原本其體至實

光大小因體虛實如煉鐵之光大於煉炭之光鐵體實於炭也

其質極純

質不純者光亦不純則不能大

其體爲全球曲面

凡發光者不論曲面直面必須順平若凹凸之面不能發大光稍有偏欹光則相奪亦不能大

故在大圜中爲大光之獨體月及經緯諸星之光皆從稟受焉（月借日光古語則然）何以明之如月食甚時地球隔太陽之光露光極微目所難見一也日食甚時月在日與人目之間月之下魄不受日光人目見之則爲黑色二也

問月既無光乃兩食甚時亦有淡光此爲何故曰體實無光而能受光而能發光兩食之時不受日光而經緯諸星亦能映照相受相發因生微光矣

月光有二一爲對日而發光名曰正光一爲日光不至而從所受之處相映發爲微光名曰次光

問月近日人見光小遠日人見光大何故曰月合朔時外大半受光

日體大月體小則日必照月之大半人自下土止視其內小半則無光既而生明所見漸大至一象限則已見其受光之大半故漸遠漸大也

何謂日照月之大半如圖甲爲日乙爲月戊丁己丙兩光線切月體從丙從丁向乙作兩垂線成戊丁乙己丙乙兩直角則丁乙丙兩線不成一直線何者

凡一直線截平行兩線其內兩角幷與兩直角等反之若兩直線不平行即一端漸近一端漸遠其漸近內兩角必大於兩直角今設丁丙兩直角則丁乙丙不能以一直線與乙爲角若從乙心作徑線必在丁丙兩點之上則丁庚丙必月周之大半矣

系月近日受光之分大遠日受光之分小

月體自無運動曷知之人所恆見斑駁之象終古不易月朔時上大半爲明下小半爲魄月望時上小半爲魄下大半爲明兩弦各明魄半也如圖甲爲日乙丙丁戊爲月本天人在地爲己月或上或下恆半爲明半爲魄從人目作視線自見月距日近光小距日遠光大

從生明以後漸長生魄以後漸消

人止見月體之小半入目一點也從點作兩線切一圈兩切線之內弧必圈之小半（如圖）

系如上言日照月得大半人見月得小半則定望前後各數刻月猶能發全光滿大半之限然後魄生而光減非若晦朔之間一瞬即生明也

問日照月人見月各幾何數曰日月去地去人各有高庳近遠不等古法分月體周爲三百六十度折中推得日照月爲一百八十一度六分度之一人目見月爲一百七十八度四分度之一日照地爲一百八十〇度二十五分半

月體地球其周分爲三百六十度與天等

如左圖甲爲日乙爲月己爲地日月之視徑約等月在最高日在最高衝

人目在戊則戊丙戊丁兩視線定見月之丙庚丁弧從月心乙向丙向丁作乙丙乙丁兩垂線成乙丁戊丙斜方形從乙戊平分之作乙丁戊直角形形有丁戊乙角一十五分四十〇秒

日月視徑並約爲三十一分二十秒

即丁乙戊角必八十九度四十四分二十〇秒其丁庚爲見月之半弧倍之得一百七十九度二十八分四十〇秒

若月徑爲二十八分則所見弧之小餘三十二分

若月徑爲三十三分則小餘二十七分

因上圖推合朔時日照丙辛丁弧丙辛丁者丙庚丁之餘也是爲一百八十〇度三十一分二十〇秒

用日距地之數及其比例推得日照地爲一百八十〇度二十五分三十六秒

問月生明後其光曲抱月體至上弦下弦明魄之界則爲直線望前望後明魄之界又爲弧曲之線何故

曰月本球體人目所見似爲平面其理正如平儀然儀之子午圈可當月周皆大圈也儀之極分交圈可當上下弦明魄之界皆直線也儀之時圈可當太陰每日距太陽漸長漸消明魄之界皆弧曲線也凡儀上大圈皆分球爲兩平分其全見者獨子午圈耳他諸圈皆半見半在儀之彼面彼面者在月則爲上半球也人所不見平儀曲線即時線本是大圈斜絡於球止見其半故爲不等橢圈

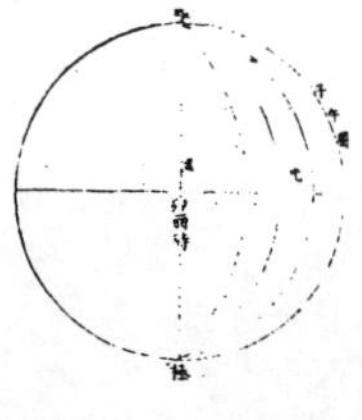

人視之爲橢圈漸消漸長故不等

之半月面中明魄界之弧曲線本亦大圈因其斜絡止見爲半亦不等橢圈之半也

其與平儀本理未能全合者儀上圈皆分球爲兩平分此依上言月受光者大半不受光者小半則明魄之照界別成一小圈爲大圈之距等而非月球之中圈

中圈必大圈也分球爲兩平分

人目所見之界其直線則距等圈之似直線本是圈也人視爲直其弧曲線則亦距等橢圈之半也以此之故朔後三四日新月之兩端能過半周之界

問月行每日去離太陽約十二度等也然朔前後光魄消長之分數少兩弦前後消長之分數多望前後復少人於定望前後一二日見月光如不易何故

曰月體本圓面之上必有兩圈皆爲明魄之界一爲日所照之界一爲人所見之界兩圈於定朔時相合爲一照與見相反定望時亦合爲一照與見相同過朔望漸相離

如兩交圈結於兩極漸展漸離相離之處若黃赤二道之距遠度也

兩界圈之距間則人所見月體有光之分也以此推之人目所見爲球之正面如平儀之極分交圈也兩界合圈在球之側面如平儀之子午圈也初日相離距度若干人側視之則見少如時圈之近子午度分等人側視之則見狹兩弦時距度亦若干人平視之則見多如時圈之近極分圈度分等人平視之則見廣也故朔望之消長非少而見少兩弦之消長非多而見多也如圖甲爲日乙爲地丙爲月丁丙戊庚爲人所見月之半己丙庚丁爲日所照月之半丁庚爲兩界之距間即本時人見月體有光之分也

從目日及月心作甲乙丙三角平面平分月體則己丁庚戊爲圓面

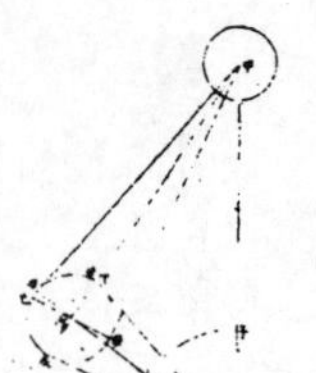

甲乙丙角形有甲乙日距地心約一千二百地半徑有乙丙月距地心約六十地半徑又有甲乙丙角爲月距日之度試作癸子弧即得乙角之度求丙甲乙角設月距日之乙角爲四十度算得一度五十五分以幷四十度得四十一度五十五分又引長乙丙成甲丙辛外角即與丁丙庚角等

庚丁壬丁壬辛皆四分之一各減共用之丁壬其兩餘等

甲丙辛外角與相對之兩內角等即丁庚弧亦與兩內角等則月距日四十度人所見月體有光之分約得四十二度

言約者未定之辭也如上論月體明魄兩界圈似大圈而實距等圈則有差又約月距地爲六十地半徑然時多時少日距地爲一千二百地半徑亦時多時少又月經度距日四十度或在南或在北亦有差是故約言之

系若測得月體明魄兩界之比例可推月距日之度

卽上圖說反用之

二系若欲圖某日之月光界先求月距太陽若干度分次依上法求月面半徑上明魄界若干度分從兩極

月面上兩極定爲過白道兩極之大圈線或與白道爲直角

作橢圈之半乃本日所見月面有光之界也若未至九十度光作角形若過九十度作未成圓形如圖甲丙爲月之兩極丁戊爲明魄之界甲戊丙線爲本日之月光界甲戌丙丁爲兩角之形甲戌丙乙爲未成圓形

用上法推凡日光界爲全徑

十分之一距日二十六度

十分之二距日四十度半

十分之三距日六十度

十分之四距日七十二度半

十分之五距日九十度弦也

十分之六距日一百〇七度半

十分之七距日一百二十度

十分之八距日一百三十五度半

十分之九距日一百五十四度

滿十分距日一百八十度望也

以上數依日測爲定若推算當求月高庳求白道緯度當有微差

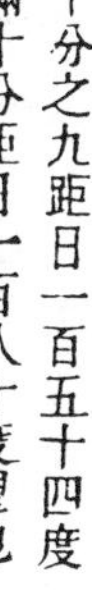

問月望時中心光色稍淺四周光色特深何故曰月體圓中心體一分發光一分四周體三分發光一分一分者因所受之日光少故發光淺三分者因所受之日光多故發光深如左圖甲爲月體乙爲目見月之角從角分爲十分中一分見月周一十一度有奇旁一分見月周二十五度有奇

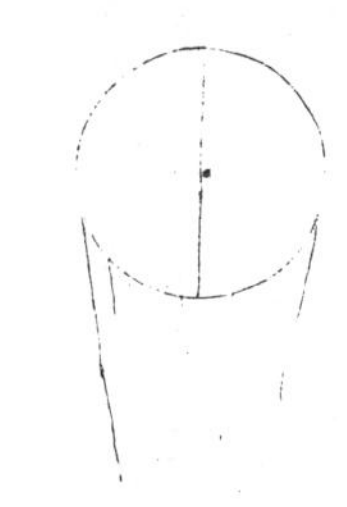

問日月出地平之高度等同用一表其景長短不等何故曰上文言月距地視日爲甚近又曰地面與月天有比例則表末不在地心者簡二論按其圖甚易明

論四餘辨天行無紫炁第二十九

舊曆七政之外別有四餘謂之四隱曜一曰羅睺爲火之餘氣二曰計都爲土之餘氣三曰紫炁爲木之餘氣四曰月孛爲水之餘氣羅計之名梵語也其說後出陰陽家以此推人祿命顧不經至於紫炁一曜卽又天行所無有而作者妄增之後來者妄信之更千餘歲未悟也今欲測候旣無象可明欲推算復無數可定欲論述又無理可據所以未從斷棄者或不能考定三之實有故不能灼見一之實無耳茲各論如左

羅計者黃道與白道相遇之兩交也舊法謂之正交中交亦名天首天尾西法謂之龍首龍尾若求月距羅計宮度法先推月離宮度以加交行宮度卽得其行度體勢詳本篇第四第二十五

月孛者月行之最遲也本篇本法用兩小輪則爲次輪行本輪之最高爲月離次輪之最遠於距地爲極遠以視平行爲極遲然依本法本論則無從得其周天行度欲得周天行度依次法用不同心圈解之則月孛者其負中距圈之最高也前本解定其本行爲每日六分四十〇秒五十五微〇六纖每年行四十〇度三十八分〇九秒三十二微凡三千二百三十二日三十七刻一十二分而行天一周或稱八年半三百一十二日有奇而行

天一周

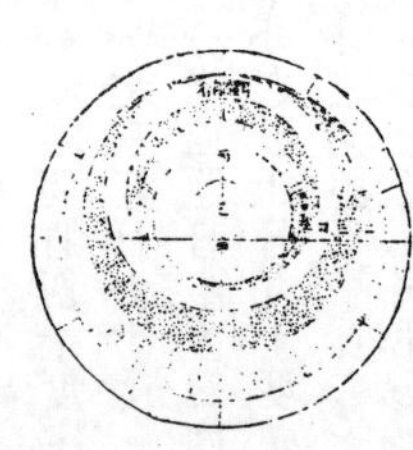

推月孛距度法依太陰極年表有平日太陰距節氣若干有太陰距自行輪最高若干是名引數兩數相減得太陰距孛點若干又於月離某宮度去減距孛度分得孛點所在宮度分

孛者悖也是爲月行之最遲一悖也又逆經度行二悖也又違天左旋三悖也曆家遂以當彗孛謬甚矣彗孛非時之變象豈有行度可指可推乎又因其在最高故極遲若在最庳則極疾舊說謂最高極疾最庳極遲即遲疾順逆一一相背繇不知月轉左旋故耳

謂天行無紫炁者何也曰舊說謂紫炁生於閏餘閏餘者朔周不及氣盈之數也是不屬太陽不屬五緯則爲太陰曆中之行度率無疑矣考太陰曆之行度展轉相生凡有十種此外無有今先述如左

第一太陰每日距節氣行一十三度一十〇分三十五秒

第二太陰每日距本輪最高行名前引數一十三度〇三分五十三秒五十六微

第三距交日行一十三度一十三分四十五秒三十九微距第行并入交行分

諸曆上三行爲月曆之根本篇一二卷測定訖因此二行更生七行

第四於第一行內去減太陽日平行五十九分〇八秒二十〇微爲每日太陰距太陽得一十二度一十一分三十六秒四十一微

第五以一二行相減得六分四十一秒〇五微爲自行本輪之最高行分即月孛

第六以一三相減得交行每日三分一十一秒因月平行順經度右旋交行逆經度左旋積日相違故是名正交中交即羅睺計都

第七太陽日平行交行兩并得六十二分一十九秒二十〇微爲太陽每日距交分

第八置太陽平行分去減太陰最高行月孛行分得五十二分二十七秒一十五微爲太陽每日距太陰最高之行分

第九太陰最高行交行兩并得九分五十二秒〇五微爲太陰最高之距交分

第十太陰行次輪日二十四度二十二分五十三秒强以減太陰自行一十三度〇三分五十三秒五十六〇微餘一十一度一十九分弱爲兩自行之較差分

右十行皆用太陽太陰諸行反覆加減而得所以然者六曜各有平行自行次自行匪平匪順必依太陽爲準以得其實行故也又六曜之行不相連逮月曆諸行止此十端無緣得有閏餘一行糅雜其間矣

凡天行之數其初也必發於端其究也必復於端發端者起算之界復端者滿周而還於故處也從此論其合違齊其多寡大至萬億細極纖芒始於紛綸終於畫一矣若紫炁以閏餘爲紀竟不知何所起何所止據云二十八年而行天一周謂此十閏之數閏何以終於十乎十閏者不足二十七年非二十八也其初根又始於二十二十者何物乎意者十九年而一章從茲託始乎依彼法乘除正得二十七矣而十九年之七閏又非定率也又何以從七閏始十閏終也或又以二十爲土木相會之年是則誠然然氣朔盈虛於二星曷與焉此爲率合傳會不倫尤甚特遁辭矣三率乘除之法必緣比例等也通閏之與二十氣策之與紫炁周積是何比例而得聯爲四率履端無始歸餘無終畢止無中妄作爲耳周天諸道諸行諸點皆天之所設也因而測量揆度立爲諸率以便推算皆人之所設也閏餘之法既有氣盈朔虛爲天設之點因而以少減多得其通閏每歲十日有奇則人之所爲足濟於事矣奈何復以加減之一率妄設一周行於天上乎即如嚮者太陰十率皆從加減得之以爲推步之用亦可各設一周行於天上乎五緯諸星略似太陰若皆然者周天各道不亦紛紜而無所至極哉

四餘曆自漢太初以至元授時諸名家皆不著即西國之曆屢行於前代矣唐人再用九執曆一爲太史令瞿曇羅一爲太史監瞿曇悉達傳其法者爲曆官陳元景寫其術而未盡者爲大慧禪師僧一行元人嘗行萬年曆其人爲扎馬魯丁陰用其法者爲王恂郭守敬國初譯回回曆其人爲靈臺郎海達兒回回大師馬沙亦黑馬哈木傳譯則簡討吳伯宗亦皆無所謂四餘者何故羅計二行則已爲正中二交月孛一行則已爲最遲行度不煩更借他名紫炁一術則亦皆知其無當矣故無論唐以前未聞其說即唐以

後傳其說矣而中西兩家凡爲正術者皆棄弗錄也葢其法名爲西曆而實西國之旁門如所稱西域星經都賴聿斯經及婆羅門李弼乾作十一曜星行曆皆誕辭耳鮑該曹士蔿嘗業之然士蔿所爲書止羅計二隱曜立成曆而先是李淳風亦止作月孛法五代王朴作欽天曆以羅計爲蝕神首尾行之民間小曆可見紫炁一術即用彼法者猶棄弗錄也今世傳金重修大明曆四餘法或以議元時造曆者爲失傳夫金元相去未遠元初本承用金曆何遽失傳則是趙知微之猥濫如此術及轉神曆皆俚鄙不經殆耶律楚材王恂郭守敬諸人所諱也何足述哉

古今交食考第三十

崇禎元年戊辰爲總積六千三百四十一年今上考總積三千九百九十二年爲周平王四十九年己未酉三月十九日曜三日

言三日者火星之日爲翼尾室觜宿

太陽躔娵訾宮二十四度半子正後八刻○五分順天府時刻下同月全食

三千九百九十四年爲周平王五十年庚申酉三月初八日曜七日

七日者填星之日爲氐女胃柳宿

太陽躔娵訾宮一十三度四十五分子正後一十八刻○五分月食四分之一在南

本年酉九月初一日曜二日

二日者太陰之日爲心危畢張宿

太陽躔鶉尾宮三度一十五分子正後四刻○五分月食大半在北

四千○九十三年爲周襄王三十一年庚子酉四月二十二日曜一日

一日者太陽之日爲房虛昴星宿

太陽躔降婁宮二十七度○五分酉子正後四十一刻○五分

言酉時刻者中曆食在晝不見同下

月食四分之一在南

四千一百九十一年爲周景王二十二年戊寅酉七月十六日曜五日

五日者木星之日爲角斗奎井宿

太陽躔鶉首一十八度一十二分子正後一十四刻○五分月食二分之一在北

四千二百一十二年爲周敬王十九年庚子酉十一月十九日曜三日太陽躔析木度分闕子正後一十六刻一十分月食四分之一在南

四千二百二十三年爲周敬王二十九年庚戌酉四月二十五日曜五日太陽躔大梁度分闕子正後一十六刻○五分月食六分之一在南

四千三百三十一年爲周安王十九年戊戌酉十二月二十三日太陽躔析木十八度一十九分酉子正後四十七刻月食小半食限內六刻

四千三百三十二年爲周安王二十年己亥酉六月十八日曜六日

六日者太白之日爲元牛婁鬼宿

太陽躔大梁二十一度四十九分子正後六刻○五分月全食食限內十二刻

本年酉十二月十二日曜一日太陽躔析木十七度半子正後十四刻○五分月全食食十二刻

四千五百一十三年爲漢高祖六年庚子酉九月二十二日曜七日太陽躔鶉尾二十六度○六分子正後一刻○五分月全食

四千五百一十四年爲漢高祖七年辛丑酉二月二十日曜三日太陽躔娵訾二十六度一十七分子正後二十七刻月全食食十二刻

本年酉九月十二日曜四日

四日者水星之日爲軫箕壁參宿

太陽躔鶉尾十一度一十二分子正後四十五刻月全食

四千五百四十○年爲漢文帝六年丁卯酉五月初一日曜七日太陽躔大梁六度○四分子正後三十一刻月食十二分之七在北

四千五百七十三年爲漢景帝後元三年庚子酉正月二十七日曜四日太陽躔元枵五度○八分子正後十四刻○五分月食四分之一在南

四千八百三十八年爲漢安帝延光四年乙丑酉四月初五日曜五日太陽躔降婁約一十五度子正後七刻○四分月食六分之一在南

右十七食上古依巴谷墨端等所測

四千八百四十六年爲漢順帝陽嘉二年癸酉酉五月初六日曜四日太陽躔實沈十三度一十四分子正後八刻○一十分月全食

四千八百四十七年爲漢順帝陽嘉三年甲戌酉十月二十日曜四日太陽躔壽星二十五度○六分子正後十七刻一十分月食六分之五在北

四千八百四十九年爲漢順帝永和元年丙子酉二月初六日曜二日太陽躔娵訾十四度一十二分子正後三十七刻一十分月食二分之一在北

右三食多祿某所測

五千五百九十六年爲唐僖宗中和三年癸卯酉七月二十三日太陽躔鶉火四度〇二分子正後三刻〇九分月食六分之五

五千六百〇四年爲唐昭宗大順二年辛亥酉八月初八日亞剌得國北極出地三十〇度一十五分在順天府西里差一十九刻本方午正後四刻〇五分太陽躔鶉火一十九度一十四分日食三分之二

五千六百〇五年爲唐昭宗景福元年壬子酉正月二十三日本國午正後五刻太陽躔析木八度三十七分日食二分之一

五千六百一十四年爲唐昭宗天復元年辛酉酉八月初三日太陽躔鶉火十四度三十六分本國子正後三十三刻〇五分月食不盡

右四食亞巴德所測

嘉靖二十四年乙巳總積六千二百五十八年酉十月二十六日祿法府北極出地五十〇度五十〇分在順天府西里差三十 刻四十〇秒本地午正後十六刻日將入（極高近冬至故日短）順天府爲午正後四十六刻〇五分（食不見）日食三十一分之一十二分

嘉靖二十五年丙午總積六千二百五十九年酉正月二十四日本地子正後三十五刻〇八分順天府爲午正後五刻〇七分一十六秒日食六分之五在南

右二食日瑪用弧矢儀測

正德六年辛未總積六千二百二十四年酉十月（望日闕）太陽平行躔壽星二十四度一十三分視行躔二十二度二十五分子正後二十八刻〇五分（順天府時刻下同）月全食

嘉靖元年壬午總積六千二百三十五年酉九月望日太陽平行躔鶉尾二十三度四十九分視行躔二十二度一十二分子正後三十一刻月全食

嘉靖二年癸未總積六千二百三十六年酉八月望日太陽平行躔鶉尾十三度〇二分視行一十一度二十一分子正後六十三刻〇五分月食（分數闕）

正德四年己巳總積六千二百二十二年酉七月在正交前太陽躔實沈二十一度子正後二十四刻一十分月食四分之三在南

弘治十三年庚申總積六千二百一十三年酉十一月太陽躔大火二十三度一十一分子正後三十五刻一十分月食六分之五在北

天順元年丁丑總積六千一百七十〇年酉九月望日子正後二十四刻一十一分月全食食既至生光爲時五刻一十分

若幹玉山所測用星之高定時

天順四年庚辰總積六千一百七十三年酉七月望日子正後一十三刻〇三分月食三分之一強

本年酉十二月望日子正後三十三刻一十一分月全食食既至生光爲時四刻〇八分初虧時北河大星月南河大星參相直復圓時北河次星月南河大星參相直此於瞻測時用恆星推算定原推之疎密也

天順五年辛巳總積六千一百七十四年酉十二月望日月食六分之五陰雲不見初虧復圓以星測得食甚爲子正後一刻〇九分

成化十七年辛丑總積六千一百九十四年酉三月望日入爾瑪你亞國北極出地四十九度二十六分在順天府西里差二十八刻〇二分日食十二分之十一用日軌高測得本地初虧午正後一十三刻一十一分復圓二十一刻一十三分

右十食歌白泥所測

近歲西史第谷細測月食爲今譔月離表新法之原

萬曆元年癸酉總積六千二百八十六年酉十二月望日子正後十二刻〇三分月全食（時刻爲食甚下同）原推太陽躔析木二十六度五十分臨時實候得月離與太陽衝在五十一分月離表與天驗差一分於時月自行爲二百三十四度二十四分

萬曆四年丙子總積六千二百八十九年酉十月望日子正後二十五刻一十分月食先推太陽躔壽星二十四度三十〇分二十〇秒實測月離三十三分表驗差二分二十〇秒

萬曆五年丁丑總積六千二百九十〇年酉四月望日子正後十五刻〇五分月全食先推太陽在降婁二十二度四十七分一十秒實測月離五十二分表驗差四分五十〇秒

本年酉九月望日子正後三十二刻〇三分月全食先推太陽在壽星十三度二十三分二十〇秒實測月離二十四分四十〇秒表驗差一分二十〇秒

萬曆六年戊寅總積六千二百九十一年酉九月望日子正後三十三刻〇九分月食二十四分之五先推太陽躔壽星二度一十九分實測月離二十一分一十五秒表驗差二分一十五秒

萬曆八年庚辰總積六千二百九十三年酉正月望日子正後二十〇刻〇十分月全食先推太陽躔元枵二十一度二十八分一十秒實測月離二十五分四十五秒表驗差二分三十五秒

萬曆九年辛巳總積六千二百九十四年酉正月望日子正後二十〇刻月全食先推太陽躔元枵十度〇四分五十〇秒實測月離二分表驗差二分五十〇秒

本年酉七月望日子正後四十八刻月全食先推太陽躔鶉火三度四十〇分五十〇秒實測月離三十七分三十〇秒表驗差三分二十〇秒

萬曆十二年甲申總積六千二百九十七年酉十一月望日子正後三十二刻〇九分月全食先推太陽躔大火二十五度四十九分一十五秒實測月離五十〇分三十六秒表驗差一分二十〇秒

萬曆十五年丁亥總積六千三百〇〇年酉九月望日子正後十八刻月食四十八分之三十九約十六分之十三先推太陽躔鶉尾二十三度〇八分三十六秒實測月離十分四十〇秒表驗差二分

萬曆十六年戊子總積六千三百〇一年酉三月望日子正後四十〇刻〇二分月全食先推太陽躔娵訾二十二度四十九分實測月離四十八分表驗差一分

萬曆十八年庚寅總積六千三百〇三年酉十二月望日子正後八刻月食分數闕先推太陽躔星紀十九度〇一分二十〇秒實測月離三分四十〇秒表驗差三分二十〇秒

萬曆二十年壬辰總積六千三百〇五年酉六月望日子正後二十一刻〇五分月食三分之二先推太陽躔鶉首三度一十五分實測月離一十六分表驗差一分

本年酉十一月望日子正後十刻一十一分月食先推太陽躔析木二十七度一十五分二十〇秒實測月離十六分一十五秒表驗差五十五秒

萬曆二十二年甲午總積六千三百〇七年酉十月望日子正後五十刻〇一分月食先推太陽躔大火五度二十九分三十〇秒實測月離三十一分三十〇秒表驗差二分

萬曆二十三年乙未總積六千三百〇八年酉四月望日子正後四十六刻月全食先推日躔大梁三度二十四分三十〇秒實測月離二十九分表驗差四分三十秒

本年酉十月望日子正後六十二刻月全食先推太陽躔壽星二十四度一十五分四十五秒實測月離十八分二十〇秒表驗差二分三十六秒

萬曆二十四年丙申總積六千三百〇九年酉四月望日子正後一十七刻一十分月食先推日躔降婁二十三度〇九分三十六秒實測月離十三分一十五秒表驗差三分四十〇秒

萬曆二十六年戊戌總積六千三百一十一年酉二月望日子正後五十二刻〇七分月食二十五分之二十三先推太陽躔元枵二度二十二分實測月離三十〇分二十四秒表驗差一分二十六秒

本年酉八月望日子正後十刻〇七分月全食先推太陽躔鶉火二十三度一十二分一十五秒實測月離八分二十〇秒表驗差四分

萬曆二十七年己亥總積六千三百一十二年酉正月望日子正後五十一刻一十一分月全食先推太陽躔元枵二十一度一十一分實測月離一十分三十秒表驗差一分

右二十一食第谷所自測

萬曆三十七年己酉總積六千三百二十二年酉七月望日子正後二十八刻〇十分月食先推太陽躔鶉首二十四度一十分實測月離十二分一十二秒表驗差二分一十二秒

萬曆四十一年癸丑總積六千三百二十六年酉十月望日子正後九十一刻一十二分月食先推太陽躔大火五度一十三分一十五秒實測月離十三分五十〇秒表驗差三十五秒

右二食第谷門人所測以上原本曆指卷八月離之四

欽定古今圖書集成曆象彙編曆法典

第五十九卷目錄

曆法典第五十九卷

曆法總部彙考五十九

新法曆書九

交食曆指一

或問日月薄蝕是災變乎非災變乎若言是者則躔度有常上下百千萬年如視掌耳豈人世之吉凶亦可以籌算窮也若言否者則古聖賢戒懼修省又復何說曰災與變不同災與災變與變又各不同如水旱蟲蝗之屬傷害民物者災也日月薄蝕無患害可指然以理揆之日爲萬光之原是生暄燠月爲夜光之首是生濕潤大圜之中惟是二曜相資相濟以生萬有若能施之體受其蔽虧卽所施之物成其闕陷矣況一朔一望兩光盛長受損之勢將愈甚焉是謂無形之災不可謂非災也夫暈珥彗孛之屬非凡所有者異也交食雖躔度有常推步可致然光明下濟忽焉掩抑如月食入景深者乃至倍於月體日食旣者乃至晝晦星見嘻其甚矣是則常中之變不可謂非變也旣屬災變卽宜視爲譴告側身修省是以有修德正事之訓有無敢馳驅之戒兢業日愼猶懼不堅矣曰旣稱災變凡厥事應可豫占乎可豫備乎曰從古曆家不言事應言事應者天文也天文之學牽合傅會傷過信其說非惟無益害乃滋大欲辨眞僞總之能言其所以然者近是如日月薄蝕宜論其時論其地論時則正照者災深論地則食少者災減然月食天下皆同宜專計時日食九服各異宜幷記地矣迨於五緯恆星其與二曜各有順逆乖違之性亢害承制之理方隅衝合之勢爲其術者一一持之有故然以爲必然不爽終不可得也惟豫備一法則所謂災害者不過水旱蟲蝗疾癘兵戎數事而已誠以欽若昭事之衷修勤恤顧畏之實過求夙戒時至而救之者裕如則所謂天不能使之災又何必徵休咎於梓禆問禨祥於京翼乎然則星曆之家槩求精密尤勤於交食者何也曰太陰去人最近饒有視差凡人目所見人器所測則視度而已其實行度分非人可見非器可測必以食甚時知爲定望與日正相對從是知其實度從是知其本行自餘行度漸可推算也又因月食知地景爲角體之形月體過之其距地同而入景之淺深不同可推日在其本天行與地爲不同心也又因日食推月距地時時不等知其有本輪有次輪也又兼以日月食推日月體之大小及日月距地之遠近也別有度地之學因月食可推地在天之最中其四周皆以天爲上人則環居地面也又因月食知地景爲圓體而居東者漸遠漸後見食卽非月食以地爲先後特因各所見之時刻爲先後也因以推地爲圓體而水附於地合爲一球也又以月食與子午線相距遠近知諸方之地經度也若泯薄蝕於二曜卽造曆者雖神明默成無所措其意矣是則交食者密術之所繇生故作者述者咸於此盡心焉今譔曆指有合論有分論月食術稍簡以附合論之末日食頗繁叠爲別卷諸立成表以類從焉

界說

凡物體能隔他物之象使不至目則爲暗體若以體之一面受光而光復透射出於彼面則爲徹體如玻璃水晶是也

目所司存惟光惟色而色又隨光發見故解徹體必以通光解暗體必以其能隔他象如月掩日而日全食晝爲之晦恆星皆見爾時太陽在外體質明顯又堅密無比光力甚厚乃爲月體所隔不能映見微光可證月乃全非徹體而全爲暗體其徹體有二通明之極全無隔礙者爲甚徹雖則透光而微雜昏蒙者爲次徹

光在本體爲原光其出而顯他物之象爲照光日有原光地與月皆借之爲光者照光也謂顯他物之象者因他物之勢隨施隨受有原先後無時先後也非如寒熱燥濕之類漸及於物力盡而止

原光以直徑發照爲最光因而旁及者爲次光日光正照以直線至於物體則爲最光有物隔之旁周映射則生次光如雲之上日體所照最光也雲之下不復見日而猶有光是次光也

滿光者原光之全體所發少光者原光之半體所發也日未全出地平上所生光爲少光全昇在上則生滿光日未全食時則存少光旣以復圓卽得滿光

景之四周有最光遶之卽景爲次光以景爲明者誤也以影爲暗者亦誤也稱景爲明暗之中庶幾近之葢全無光乃爲暗今至夜子初人在地景至深之中去最光極遠而近日之物尚能别識卽見景中猶存微光不失爲次光也

最光所不及爲初景次光所不及則爲次景景與光幷行光漸微景漸厚故次景與最光相反若初景卽次光也

最光全不及之處則爲滿景若受正照之微光卽爲缺景景與光正相反無景之極則爲滿光無光之極則爲滿景假如甲乙爲施光之物丙爲暗球從甲出正照之光過丙球左右其切丙之界者得甲戊及甲己從乙出光又得乙戊及乙丁其庚戊辛爲最光全不及之處則滿景也若庚戊辛戊以外則甲乙光體之多分漸照之至乙丁甲己乃全光之界卽自戊至丁至己丙球之景漸薄以趨於盡矣

太陽光照月及地第一 凡五章

日月地三球體大小不等地爲靜體日月則有諸種行度則有高庳內外其去地去人遠近不等法當以大小之比例及其相遠相近之比例推其施光受光之體勢乃得景之體勢因而得交食之體勢蓋交食者生於景景生於光不尋其本而求其末無法可得

其說五章

一日有兩球於此一爲暗體一爲明體而小大等卽明者以半面施光暗者以半面受光

如左圖甲爲明球乙爲暗球小大等卽其徑丙丁及戊己各與甲乙線爲直角而丙丁與戊己等卽甲丙甲丁乙戊乙己與甲庚乙辛皆以半徑相等而丙庚丁半球與戊辛己半球亦相等今於明球之旁從丙從丁出兩切線至暗球之旁戊巳戊己與丙丁爲平行線卽丙戊與丁己亦平行線也見幾何一卷三十三題 又因丙戊乙及丁己乙俱爲直角卽戊丙甲及己丁甲亦俱直角見幾何一卷二十九題 卽丙戊丁己線不能割兩球而止切兩周於丙於戊於丁於己其所抱爲丙庚丁爲戊辛己是甲乙兩球之各半也若日月地三球相等而月與地皆以半面受太陽之光如上所說則定朔日食半地面宜皆見之安得復有南北不等食分望日太陰全食時纔食旣卽生光安得復有食甚時刻及旣內分今皆不然可見三球無相等之球

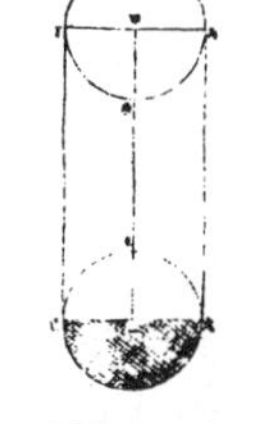

二日明體大暗體小則施光以小半受光以大半

如左圖甲爲明球乙爲暗球作兩切線爲丙己爲戊庚從四切點作橫線爲丙戊爲己庚甲旣大球卽己丙戊爲銳角丙己庚角爲鈍角如曰不然或皆爲直角卽庚戊丙戊庚己亦皆直角兩切線必平行而乙球與甲球等見幾何一卷二十八題 必不然也或己丙戊反爲鈍角而丙己庚反爲銳角卽兩切線不能相交於癸又不然也今以兩切線相交於癸明己丙戊爲銳角丙己庚爲鈍角卽於丙丁戊弧內作負圈角必鈍角矣於己壬庚內作負圜角必銳角矣見幾何三卷三十一三十二題 故丙丁戊施光者不及半圈己壬庚受光者又不止半圈也因此推知太陽照地及太陰必各照其大半而暗體所隔之日光漸遠又漸斂漸進以趨於一處卽景居暗球之背不得不爲角體之形矣又因此推求望日先後人目所見太陰受日之光不長不消者久之而後生魄此爲何故蓋亦因月體以大半受光以小半入於人目光不輙轉而魄未遽見故未望時已見全光已望後猶未失全光矣

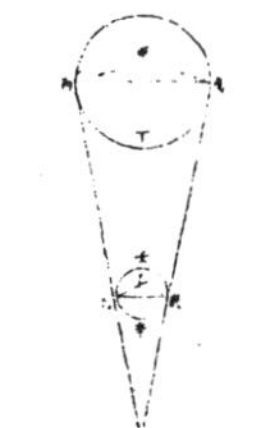

三日明體小暗體大則施光以大半受光以小半

如前圖反論之可明太陰何以照地而地何反隔日之光也

四曰大施小受愈相近則施者之小半愈小受者之大半愈大

如左圖丙為小暗球甲與乙皆大明球作庚未直線過三球心以交於左右切線其乙球之兩切線交於午甲球之兩切線交於未即庚未長於乙午而庚丁未與乙辛午兩角庚丁與乙辛兩線皆相等則庚未線與庚丁線之比例大於乙午與乙辛而丁庚未角大於辛乙午角也（見幾何五卷八題）又庚未線過三球之心必截丁己辛癸兩線為兩平分而庚甲丁乙子辛兩形內之甲與子皆為直角則其餘庚丁兩角并乙辛兩角并皆等一直角即兩并率等（幾何一卷三十二題）兩并率之甲庚丁角大於子乙辛角各減之所存庚丁甲角必小於乙辛子角矣大以庚丁甲及乙辛子不等之兩角各減庚丁未及乙辛午相等之兩直角所存甲丁未角更大於子辛午角又丁戊己弧內作負圈角必等於甲丁未角辛壬癸弧內作負圈角必等於子辛午角辛壬癸弧之負圈角既小於丁戊己弧之負圈角則辛壬癸弧必大於丁戊己弧（幾何三卷三十一三十二題）夫辰寅己與辛壬癸相似之弧也丑寅卯與丁戊己亦相似之弧也

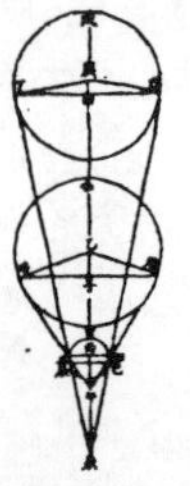

大小圈左右各有切線其切點過分圈之線其所分大小圈分各相似其大小兩弧亦相似即辰寅己弧亦大於丑寅卯弧可見明球在近比在遠者尤能照小暗球之多分也因推知日全食而視為大者日體去月體近故也何以分遠近日與月俱有自行圈體去月體遠故也日全食而視為小者日與地不同心其行於自行圈之上下為最高最庳則為距地之遠近因而生景之大小也日既全食矣又何以分大小月掩日至既有時晝晦極星皆見蟲飛鳥棲此為全食而大月在日內從中掩蔽雖至食既而其四周日光皆見曆家謂之金環此為全食而小矣若然者日與月與地相去或遠或近之所緣生也

五曰小施大受愈相遠則施者之大半加小受者之小半漸大

如左圖甲乙皆為小明球丙為大暗球乙去丙遠於甲作各切線過三球心之直線皆如前次從暗球心丙至各切點作丙丁丙己丙庚丙辛各半徑得丙丁為丁壬之垂線丙庚為庚癸之垂線而丁與庚皆為直角丙丁與丙庚兩線又等則丙癸線與丙庚半徑之比例大於丙壬與丙丁而丙庚癸角又大於丙丁壬角也（幾何五卷八題）依顯丙辛癸角亦大於丙己壬角以并前率為庚丙辛合角亦大於丁丙己合角而其弧庚戊辛必大於丁戊己可見小明球照大暗球愈遠愈照其多分也今依本圖設丙為地外切線（癸辛也）以丙為地景（日光過丙大球所出景）甲乙兩小球為月體其兩小球之小大既等則同以外切線為外光之界或為內景之界惟因月體循本輪行時居上周如乙則去地遠時居下周如甲則去地近以是月食之分數有多有寡月居影厚處如甲左右則食多月居影薄處如乙左右則食寡故曰月食有多寡者亦相距或遠或近之所緣生也

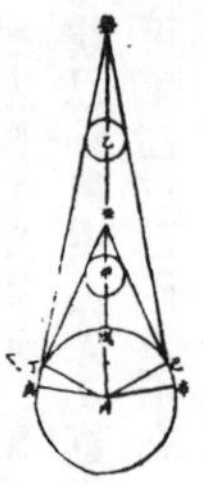

景之處所第二（凡二章）

凡光以直線照物體其無光之處則有景之處也欲於交食時求影所在理不異此蓋月與地能出景者不在其受光之面或其左右必於受光反對之面日光不照之地在日食則為月景之處在月食則為地景之處矣說二章

一曰景與光所居正相反

暗體得光於此面射景於彼面是景之中心與原光之心暗體之心參相對如一直線則暗體隔光於景使原光之心恆居一線之末界其正相反之彼界其景之心在焉如曰不然設原光在甲其照及乙乙為暗體隔光生景據云景不射丙（丙者與甲正相對之處）為甲乙丙直線而斜射丁則乙甲丁者角也有角則有幾何凡幾何皆分之無窮能出

直線至於無數而皆至乙丁邊夫甲既爲原光之體其所照必以直線出之試諸儀器足以爲證即乙丁皆在受光之地何自能爲乙暗體之景乎因此明景與光正在相反之兩界論暗體者其受光之面必向光所出之原界其生景之面必向景所射之彼界亦正相反也論日與月獨至兩交之處而有食亦依此理

二曰明暗兩體任一運動景隨之移

試以暗體移動其所借之光隨處不一即所生之景亦隨處不一蓋景與光既如一直線即暗體所居定爲景之末界如直線之首首移而線尚不移則是曲線非直線也又試以明體移動設甲爲明體乙爲暗體乙丙爲影則甲乙丙如一直線如曰明體甲移至丁丁仍照乙而乙尚射景至丙則丁乙丙猶直線也有是理乎

問太陽照室僅通隙光光照牆壁奕奕顫動太陽既自順行牆隙仍無變遷則此顫動爲從何來或者光與景未必定爲直線而能微作曲勢乎曰西古博物者亞利斯多言空中嘗有浮埃輕而不墜微而不顯莊周氏謂之野馬或亦稱爲白駒幽室之內原光既微次光反厚即顯此物在於光中紛入沓出能亂光景之界使目視景絪縕浮動而實非景動乃景之界線爲浮埃所亂致使其然也更以氣爲證今觀太陽出地地面以上多生蒙氣氣在日體與人目之間即見日之光界亦如顫動非獨日也日中晴朗切視地面光耀閃爍如波浪然熾炭在爐炭之四周火光煜煜亦如顫動凡若此者一皆繇氣而生在日在地在炭固無顫動之理是以景必繫於暗體如輪必繫於樞軸光上景即下光東景即西必相對也無相就也故太陽照地其光繞地一周則景在其相衝之界亦繞天一周蓋日光從其本天直射至於地而景在地之彼而亦直射至於月天第日體常依黃道中線則地景亦常依黃道中線而月行常出入黃道中線之內外是以月體與地景不得恆相遇合大都不合時多合時少故日月不食時多食時少以此

景之形勢第三凡二章

求食分之幾何必先求景之幾何景幾何者以日月地之大得景之形勢以日月地相距之遠近分數得景之變易大小分數也此所論則景之形勢後考其變易之勢得景分以定食分焉凡二章

一曰二體相等其景平行而無窮明小暗大其景漸展而無窮

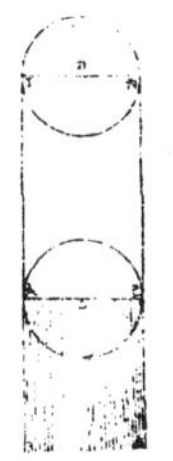

論相等者證以平行之切線也如圖甲乙兩球等丙己丁戊爲兩球之切線與兩球之徑丙丁己戊遇於切點皆爲直角則互爲平行線又球等即徑之長短亦等以遇丙己及丁戊無不爲平行線也幾何一卷三十三題若兩球之周遭切線無數皆同此論則引之至庚辛以迨無窮終平行終不能相遇而其形爲長圓柱之無窮體

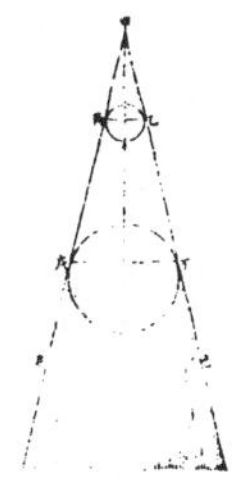

論明球小於暗球則推以三角形相似之比例也如圖乙丙爲小明球丁戊爲大暗球兩球之切線丁乙及戊丙引長之過小球必相遇於甲成甲丁戊三角形又從丁戊底作己庚平行線在大球之外成庚甲己三角形與甲丁戊相似則甲己庚角與甲丁戊角相等其各邊各角皆相似而甲丁與丁戊若甲己與己庚也反而更之己庚與丁戊若甲己與甲丁也甲

己長與甲丁則己庚亦長與丁戊愈遠愈長可見大球之景漸遠漸拓矣幾何六卷四題更論丁戊線之內外角則在內者爲銳角在外者爲鈍角故引切線向內過小球必相遇引之向外愈遠愈拓終不相遇而其形爲無限長無限廣之角體又因兩球所居遠近不同景之張翕隨而變易故兩球相近即乙丙底線爲小其景愈狹而乙甲丙角形愈短兩球相遠即底線爲大其景愈拓而角形愈長也

今驗諸日食有食分同而所歷時刻不同者月景之

在地面廣狹不同也月與日會月在日與地之間或月近地而日在遠則目之見界過月周至日體其界廣日過遲其見食時刻多或月遠地而日反近則目之見界過月周至日體其界狹日過速其見食時刻少也姑以前圖明之目在甲乙丙爲月體丁戊爲日體切線甲丁及甲戊爲目所見之界若日在近爲丁戊卽從丁過戊道近行速其食時寡若在遠爲己庚從己過庚道遠行遲其食時多皆太陽有不同心圈而太陰又有小輪所繇生也

二曰日月地三體大小不同

凡暗體出角景者施光之體必大於暗體否者其光不能照暗體之大半而使其景漸小以趨於盡也試觀月食時月體近地則入大景遠地則入小景愈遠愈小必至於盡安得不信日體大於地體乎設謂日體與地體或等則景宜亦等或小則宜漸大又當皆爲無窮之景遇望時月體必不能出大景之外不應有不食之望矣有不食者是地景之益遠益銳也月食於地景之中又有全而且久者是月徑更小於景而景小於地也地景之遠而益銳者是日大於地也此以景理推論三體之小大略可明矣若又以日體之大推月地之景則更有法可考其大小之比例也昔人因太陽照地所生之景及其遠近其視徑時時不同又以較於他體得其實體之大說見月離曆指中此獨用視徑定食時刻分之數其論實體爲景與食之原略舉一二如左

幾何原本論三角形於一邊之兩界出兩線復作一三角形在其內則內形兩腰并之必小於相對兩腰而後兩線所作角必大於相對角如圖甲乙爲太陽之徑丙爲目從遠視之丁亦爲目從近視之此所謂內外兩三角形也今先以線論因內形之甲丁乙丁兩腰小於相對之甲丙乙丙兩腰則所作丁角比相對之丙角亦近於其用之甲乙底近則見大故丁目視甲乙日徑必見大於丙目所視之甲乙徑也夫以角論因內兩線所作丁角大於相對丙角則此內角所對線亦似大於外角所對線而丁目所見之甲乙大於丙目所見之甲乙也此太陽視徑不同之緣也

求太陽實體之大第谷設最高最庳之中處得其距地一千一百五十地半徑全數十萬其半徑一十五分三十秒得正弦四百五十一以三率算法推其全徑得地之全徑五又七十五之一十四如三百八十九與七十五也又以其徑與其周之比例得太陽體之立方五千八百八十六萬三千八百六十九地球之立方四十二萬一千八百七十五其終數得一百四十弱爲太陽大於地之倍數也此其照月照地生角體銳景之原也

景之作用第四凡三章

月與地若各以其景相酬報然如月望則地景隔日光令月不受照有時失滿光有時全失光也至月朔則月體隔日光令地不受照有處射滿景有處留少光而已說三章

一曰月食於地景

月食在望緣日月相對其理明矣獨謂闇處爲地景者或致疑焉今解之月對日受光藉非日月之間有不通光之實體爲其映蔽則何繇阻日光之直照若天體及空中之火空中之氣皆通明透徹不能作障使月失光也卽金水二星亦是實體有時居日月之間然其景俱不及地況能過地及月乎則知能掩月者惟有地體一面受光一面射景而月體爲借光之物入此景中無能不食半進而半食矣全進而全食矣

二曰日食者月掩之

恆言月在內去人近日在外去人遠故定朔時月體能掩日光是已第金水二星亦皆時在日內又皆不通光之實體水星雖小金星則大於月也何獨月能食日乎曰二星雖有時在日內則去人甚遠則視徑見小不能掩日百分之一二而日光甚盛所虧百之一二非目力所及且二星比月去日更近所出銳角之景更短不能及地面也若月體之大雖不及太白而去地甚近去日甚遠一指足蔽泰山又何疑乎由此言之求一實不通光之體全掩日體者惟月爲能又自西而東不及三十日而周其行度較於諸天最爲疾速故每望定朔皆同經度皆能有食其不食者繇距度不及交耳

三曰因景之徑生多變易

月以距度廣狹爲食分多寡一因去交有遠有近去黃道中線有正有偏一因入地景有淺有深故也今

論其全食者而大小遲疾猶多變易皆非一定蓋日在自行本天月在小輪相距遠近往往不等日距月近較距遠時更照月體之多分從月體出景更短其景至地更小則日雖全食月體見小歷時亦速也日與地亦然以兩體相距之遠近爲地景之大小使月食時入於地景在其近末之銳分則闇虛之體見小食分少歷時速皆因三體之相距遠近以生大小遲疾地景月景皆無一定之徑致令隨時變易如此若月景地景二徑之小大又自不等故日食盡於食既而月則食既以後尚有既內餘分蓋地景大於月景故兩食皆全其虧復遲疾無能不異矣又月食天下皆同日食則否日食則此地速彼地遲此地見多彼地見少此地見偏南彼地見偏北無不異也月食則凡居地面者目所共見其食分大小同虧復遲疾同經歷時刻同唯所居不同子午線者則見食之時刻先後不同耳蓋月一入景失去借光更無處可見其光也又槩論天下日食應多於月食爲二徑折半其近交時加以南北視差易相逮及故論一方則日食應少於月食爲月食共見日食因地故見後卷詳之

月在景之光色第五凡三章

月既暗體當全食時一入地景遂應失其借光非復人目可見也蓋可見之物悉無原光必借外光以顯其象無外光即無從見有此物安從更顯物色乎今月居厚景尚有微光可見更發色象或赤色或靑黑色或雜色此何從生今略解之凡三章

一日月不獨食於地景

論通光者有二體一謂物象遇甚澈之體易於通射比於發象元處更加透明則形若闊而散焉一謂物象遇次澈之體難於通射比於發象元處小雜昏暗則形若斂而聚焉其遇甚澈者如舟用篙檝半在水中發象上出出於水面所遇空明氣之光甚澈之體也則其象散而斜射視之若曲焉其遇次澈者如太陽入地平下其光照地旁本宜直上乃所遇清蒙之氣次澈之體也則其象合聚而射於地面凡地平以上皆得其次光爲朦朧焉即昧爽黃昏亦曰晨昏此兩者皆以一物經繇兩體其勢曲折皆謂之折照

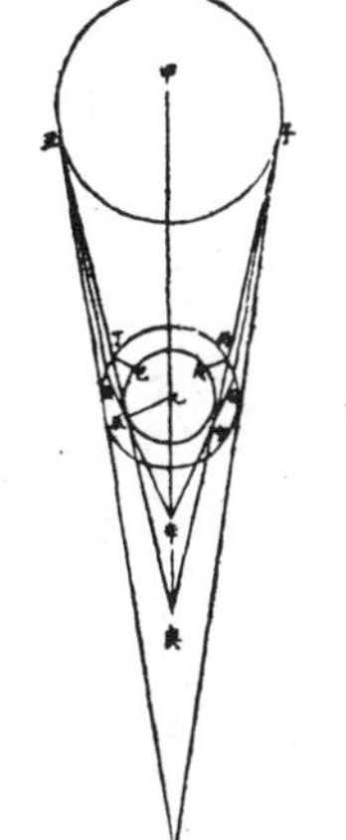

若一物在一體之中以一直線入目謂之直照

夫同是日光也在地面之上能折入於地景之根際則自地面而上何獨不能折入於景之中際至月體經行之處乎如圖甲爲太陽乙爲地球藉非清蒙氣能迎太陽之光而成折照則宜從子出光至丙從丑出光至丁切地面徑過而復合於庚爲地景銳角也今不其然因清蒙氣周遶地球日光至丙至丁遇其次澈之體難於透射則曲而內聚止於戊己地面矣而大圜中大氣無不受日之照光光在壬癸者過於

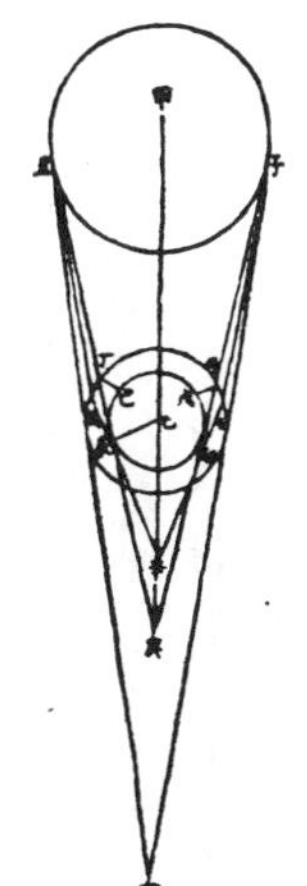

蒙氣即內斂至於卯辰此爲初折從卯辰切地而過若遂以直線引之即復合於辛成卯辰辛雜線三角形爲地之滿景自此以外全景之中皆得太陽折照之光與朦朧次光相類而實爲初景能食望月之滿光也欲求滿景之長姑先依初折之光引直線復出於蒙氣之外

姑先云者不宜遽引直線也蓋初折之光至於卯辰既抵地面又復內斂謂之次折則兩線之交尚在辛點之內今云然者姑先明初折之理約定乙

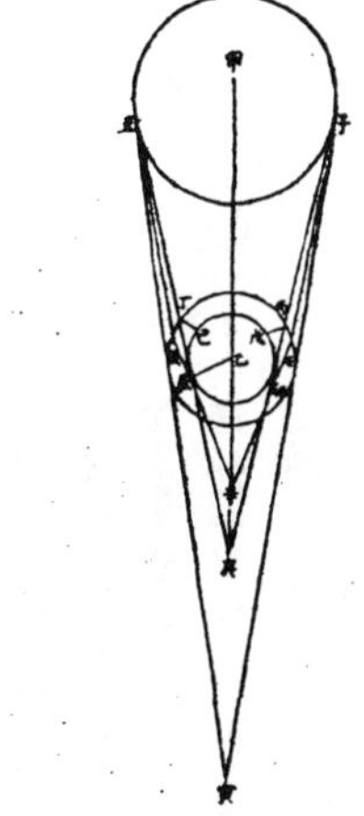

辛之數如太陰之言交泛言平朔言本輪也其次折之理次二章詳言之求辛點以內之定距率矣而借第谷所測清蒙差與多祿某所定地景角之大得辛辰庚角三十四分近地平之氣差大率如此得卯庚辰全角二十五分三十六秒半之爲辛庚辰角一十二分四十八秒其相對之外角乙辛辰爲四十六分四十八秒辛庚辰辛辰庚相對之兩內角并次乙辛辰三角形其乙辛辰角既得四十六分四十八秒乙辰辛爲切線與垂線所作角必直角此直角與乙辛邊如乙辛辰角與乙辰地半徑即得乙辛短線長於地半徑七十三倍若論地之全景乙庚線尚長三四倍也夫月食於地景必依其景之體勢顯其食之貌象今全景之中既以地景兼蒙氣之景則并有初景有滿景月入於中隨其所至變易光色無足異矣或曰從古論食月者全屬地景今云不止地景而更加之氣景此爲全景方之地景不亦愈長愈廣乎則從上古以來以地徑度月體過景之數以地徑定日月之視徑以地徑較日月之兩高以地徑求日月之去地遠近悉皆乖舛而當更定新率然乎抑否乎曰不然所論蒙氣之景謂太陽之光因於此氣能令全景之中分別厚薄變易景中之色象非謂地之徑因景而加大也譬如眼鏡本無厚之體徒以變易物象顯其用耳且氣景之於地景亦何能加長加大乎計清蒙出地之高不能過極高之山極高之山測其垂線不能過千四百步大地之徑則三萬里以高山之步數化爲里數而較地徑則五千分之一耳此氣之厚何能加於地徑而云設此論者有妨於地徑測量之法乎

二曰月體當食而成赤色是氣景所生

月全食時其光色往往更迭變易其初食既與未生光當此二際則成赤色夫月入地景果必失光宜爲純黑不應復顯他色今赤色者得無是其本光乎曰次光之物惟無光之處能顯其光一遇大光之體則次者之光泯矣今以地景言之月居其甚厚之際即甚遠於大光果有自體之光於此尤宜顯著乃今測之則在淺見盛在深見微可證食時所見非月體自有之光也故應論定月能食於氣景如上所說矣然食時亦能變易諸色何以獨言赤色試觀太陽下照地面受之論其本然皜明無色日地之間或發昏蒙之氣即地面所見時轉爲黃時轉爲赤皆因所遇之氣如玻瓈映目色青見青色綠見綠也今日照地旁照光所過清蒙之氣因於斜穿而成厚體月體所顯光色尤深成爲赤色矣試論其所以

視學家有公論凡象斜射次激之體以垂線爲主曲折通之初入則聚折而向於垂線既出則散折而離於垂線也何謂垂線蓋於激體之面過受形之點作線下垂則是折照所向所離之線如圖圓體甲戊乙方體甲丁戊皆次激也當其面有斜照之光在丙至甲點而入至乙點而出則甲丁與丁乙皆爲垂線照光至甲點而入必聚而折向於甲丁垂線至乙點而出必又散而折離於乙丁

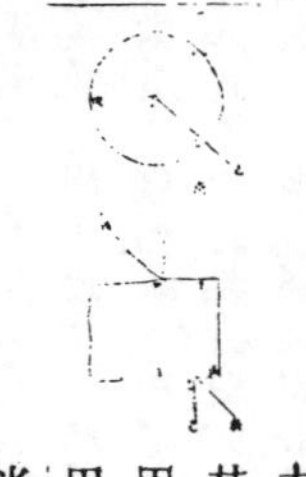

或乙壬垂線若言光至乙點出或不照庚而更照己則是反照之光非折照之光也依此申言上章所推地球滿景之長如圖太陽之光過於蒙氣從壬癸折入作壬卯癸辰線爲初折又從卯辰折出作卯午辰未線爲次折以復合於己

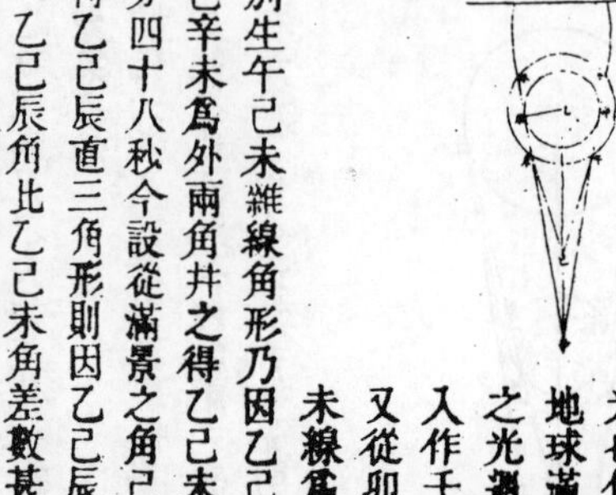

別生午己未雜線角形乃因乙己未角生己未辛及己辛未爲外兩角并之得乙己未內角一度二十〇分四十八秒今設從滿景之角己出切線至地球辰得乙己辰直三角形則因乙己辰角一度二十〇分乙己辰角比乙己未角差數甚微略得四十八秒故以算景之長不論爲數如前比例得地滿景之心長於地半徑四十三倍比月最庳之入景處近地一十一地半徑也

月最庳入景五十四最高入景五十八

今圖月在景之形勢地球爲甲乙丙圈其四周有氣爲丙乙圈氣外切邊之光復合於卯是爲全景透氣之光自丙至戊因戊以上所照必聚而止於地面無從透達也則光至丙爲太陽之外邊所照光至戊乃其近中體所照以丙較戊更斜從庚而來入氣處更曲從辛來之光已透氣而復出更直故令丙丁線割戊己線於壬爲丁己壬角形是爲次光又爲初景其角形周遭爲環體抱滿景而居全景之中也丁己壬角形既盡於壬而又展開至癸左右相交至丑寅愈

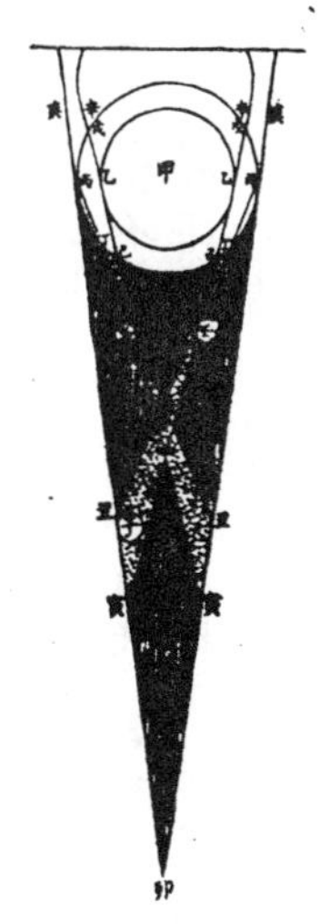

遠愈拓復出乎景矣則丁己壬以內壬丑寅以內皆初景之所居也因此設月體爲子入景正初景展拓之處月食既正在其中將復光亦如之是故兩時皆顯赤色食甚離於次景入於滿景乃變青黑矣

三曰月體當食而成青黑色是借光所生

月居食甚之中時顯雜色時但青黑皆須因光而見若幷無光當純黑色也前已言既入此界即無太陽入氣折照之光則所繫見色者意或月體自有微光乎曰凡雜色之映見皆不繫於純光純光自當無色也雜色所從著見者必因濕氣居其中間如虹霓是已若虹霓是濕雲所映無從可證試以玻瓈瓶滿貯清水別爲密室止穿一隙以達日光瓶水承隙則光透瓶壁亦成虹霓大氣之體本是熱濕因於地氣時重時輕若太陽之光從地旁過而地景在濕氣之中則月體所至生種種色亦此理矣若青黑色月在滿景多見之則因去光最遠所得希微之光不足顯其本體故光色近於純黑果絕無光又不能顯此色矣第所謂希微之光者實非本光如前言人在地景最厚處天光尚映照之近日之物略能別識若月食時則受光之天去月體最爲切近而諸星環遶四周皆有借光可照月體較人在地面尚爲景之薄處豈得無微光可借聊顯色象乎何必假此疑爲自有之本光問合朔以後月之下半未受日光而月體微光亦顯青黑之色若無本光此光又何從而生曰生明以後魄顯微光然能去離月體足知其非本光去離者未至上弦此光漸消漸不可見也若實爲本光則上下弦前後深夜視之比朔後之月尚近太陽者尤爲舫黑其本光愈宜顯著今爲不然深夜即無初昏即有其爲此時地面反照之光甚易明矣

此論月爲暗體絕無本光與月離曆指四卷第二十六所論者不同蓋西土原有此二說不妨互存之

日月食有定時第六凡二章

日月交食皆有定時者在月則因地景在日則因月景景之推移既隨日躔所至終古不爽又月行本道所距黃道度分亦有一定之法是以一在定朔一在定望當食必食多寡先後上下千百世可知也說二章

一曰地球在天心

日食恆在定朔月食恆在定望者何也地球在天心故也驗諸日食必兩曜同居一線而月在地與日之間正隔日光於地又驗諸月食令日月不相望於一直線兩界之末則終古無食也設地不居天中或偏近於黃道之上下左右則食不在半周而月食之衝非太陽所在矣古法以月食衝知太陽所在如圖甲爲地從甲心作乙丁丙戊圈爲宗動天之地平則甲必爲天之心也何者從乙出直線至丙丁至戊亦如之乙爲東並爲鶉首初度丙爲西亦爲星紀初度丁爲鶉火戊爲元枵皆初度也則有視學之公論三其一日月所視物必從直線乃見之使目在甲能徧見乙丁丙戊即甲乙甲丁甲丙甲戊皆直線也其二曰若光從一窺表出能射黃道正相對之兩點必爲徑線此乙丙及丁戊能過甲亦如光過窺表甲能至黃道鶉首星紀等宮正相對之初度則乙丙及丁戊必爲本圈之徑

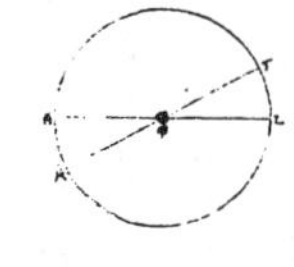

更試測日月定望時得並在地平此出彼沒若距度同即日月略居其一徑之兩末則乙丙及丁戊爲圈徑無疑也其三曰凡圈中有多徑線交而相分其兩分線必等此兩徑乙丙及丁戊交而相分於甲即甲乙甲丙甲丁甲戊線皆相等又幾何一卷第十七卷第三界說皆言圈中一點所出多直線至其界皆相等即此點定爲圈之心今甲點出甲乙甲丙等直線至乙丁丙戊各界諸線皆相等即甲必爲本圈之心因此推之地球在天之心甚易明矣

二曰食之大小疏密因月距度

昔人測日月食必在正中二交月體去交漸遠則食分漸少以至無食何也月以本體掩日而日爲之食又以本體入於地景而自爲食故恆言日月地居一直線之上則食偏則否三球之所以偏者有二一則日體恆行黃道中線地景恆在其正衝度分一則月行常出入黃道中線是故有時不入地景則食與不食皆因月行本道與日與景之距度多寡而已若其距度較日月景之二徑折半或大或等者必不食也小則必食也愈小則食愈大也但月與景之二徑折半大不過一度日與月之二徑折半止三十餘分耳故兩交左右之距度或在陽曆或在陰曆各有食限不入食限者雖遇朔望無緣相及故一歲之中不能多有食矣即入於食限而去兩交有遠有近則其距度有廣有狹即食分有寡有多相因致然不能齊一也

日月食合論第七 凡一章

日食與月食不同勢食日謂之障食食月謂之藏食何謂障食日爲諸光之宗月與星皆從受光焉月之食日非真食日也定朔則地與月與日自下而上爲一線相參直月本暗體今在日與地之間以暗體之上半受光於日以下半射景於地如屏蔽然特能下掩人目而不能上侵日體日之原光自若也雖人見爲食而實非食也何謂藏食定望則日月相對日光正照之月體正受之人目正視之若於此際經度相及適及兩交日與地與月亦爲一線相參直而地在日與月之間地既暗體以其半體受光於日以其半體射景於月若月體全入於景中則純爲晦魄必待出於景際然後蘇而生明如沒而復出者然是則可謂真食也總之日月兩曜若同行一道之上則每朔每望無不食矣日月地三體若并不居一直線則永無食矣惟各行於一道時及於兩交故日與月皆隔五月而一食或六月而一食歲歲大率有之不食者半食於夜日食則此方所見他方所不見耳其食也日體恆居一直線之此界其彼界則月體地體疊居焉月居末界即月面之日光食於地景矣地居末界即地面之日光食於月景矣如上圖甲爲地己爲日卯辰圈爲黃道乙丙爲白道其大距（兩距之最遠）五度弱二分丁戊爲兩交（即龍頭龍尾亦名羅睺計都）

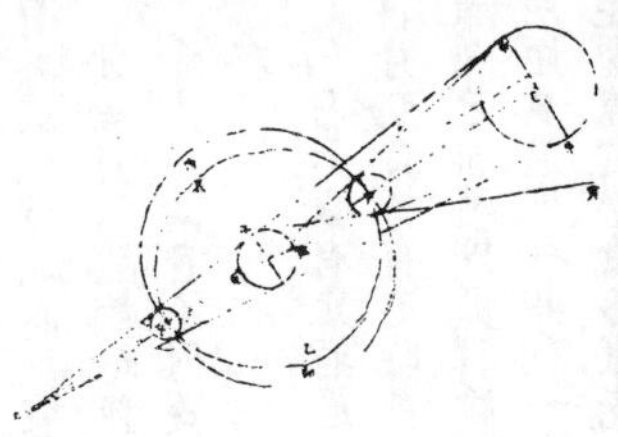

論月食日照地球其光自庚辛至地切兩旁過之而復合於壬自甲至壬角體之形爲地景地景之心恆隨太陽而行黃道中線若離處去兩交遠二徑折半小於兩道之距度分月行本道從旁相過不能逮及則不食矣若正遇於兩交或交之左右二徑折半大於二道之距度分則兩相涉入月爲之食其食分多寡在距度廣狹距度廣狹在去交遠近也論日食則人目所見恆在地面推得實會仍須推其視會若僅據實會則是地心之見食非地面之見食凡有無多寡加時先後悉皆乖失矣如圖丁爲月或正居於兩交或在交之左右日月二徑之各半合之小於距度分則月能掩日日爲之食不然則不食也所謂實會視會兼推則合者地面所見推食於地平以上至天頂之正中則爲推實會便爲視會自此以外地面所見先後大小遲疾漸次不同如圖人在地面癸依丁月之徑適滿太陽之庚辛徑則見爲全食若人在地面子依丁月之徑乃見兩切線所至爲己寅則月掩太陽止於己庚半徑見爲半食矣大凡日欲食時月不能離黃道一度強自此以上無緣相涉故定朔之日有食時少無食時多也（以上原本曆指卷九交食之一）

日月本行圖第一 凡二章

日居本圈月居本輪行度參差因而有交食因而每食不同此略圖二曜本行以明交食之原月離圖獨言朔望者交食時必在其本輪內圈之周也

太陽本行圖

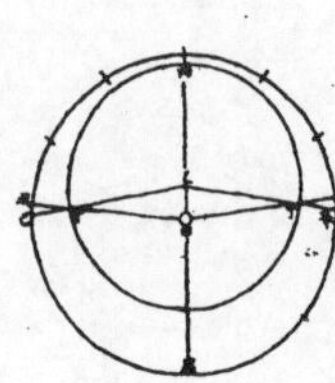

甲爲地球在天心其大小之比例雖可計算略言之則地之與天若尺土之與大地也如圖外大圈爲黃道與地同心內圈爲太陽本天其心在乙乙之離地心依第谷算爲全數十萬分之三千五百八十四約之爲百分之三有半也其最高今時在鶉首宮六度爲丙太陽右行從辛過內一周天而復於辛爲三百六十五日二十三刻三分四十八秒是謂歲實任躔某宮某度分皆以地心甲爲主而地心所出直線至戊黃道指爲太陽之實行

其平行則又以本圈之乙心為主故人在地所測之實行時速時遲而太陽因最高在北任分本圈則北為大半故北六宮之日數多於南六宮幾八日有奇也

依此見求太陽之躔度必用兩法一者定其平行如臨乙丁己直線窺之從乙心見黃道上之己點二者定其實行如隨甲丁戊窺之乃從地心見黃道上之戊點先得其平行又以加減求實行而平實之差為戊己弧以甲丁乙三角形求之即得也其自丙過秋分至庚兩行之差必減平行而得實行自庚過辛春分至丙則加於平行而得實行若用表則從丙最高起算或從庚最庳起算至日體之本度為引數以求加減之度

太陰朔望本行圖

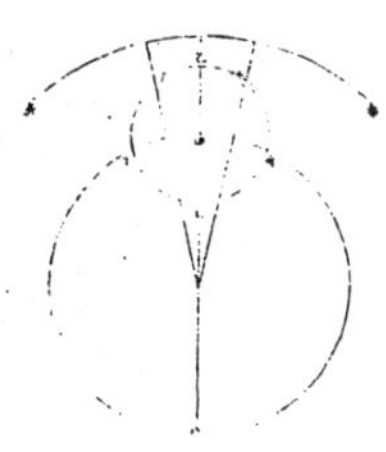

月離之術依歌白泥論有本圈有本輪有次輪本輪之心依本圈之邊滿一轉即次輪之心依本輪之邊得兩轉故朔望時月體皆在次輪之最近最近者近於本輪之心也因是不用次輪但以最近處為界得圓圈月離曆指謂為本輪之內圈此可名朔望之小輪也

假如丙丁戊為太陰朔望時之本圈則與地同心(因無差故設為同心)本輪為乙丙丁其心在本圈之邊甲右距日得每日十二度一十一分其最高在乙最庳在己月體則又居次之邊左行自乙至丙而己而丁謂之引數最外有黃道為辛庚若從地心出直線上至黃道而次輪心正居此線之上則所指者為太陰之平行度分也又從地心出直線上至黃道而月體正居此線之上則所指者為太陰實行度分也凡月轉或在高或在庳正當一宮初度(乙也)或七宮初度(己也)則平行即是實行過此必有兩行之差則以差數加減於平行度分得其實行度分又月在乙丙己半轉則以減得之若在己丁乙半轉則以加得之以在朔望故平實行相距之極大差不過四度五十八分二十七秒(甲丙甲丁是也)過此為兩弦之差則更少與交食無與月離曆詳之若用不同心圈論則并不用此本輪其加減平行度分而得實行度分理則一也因日月以平實分本行故平朔平望時兩體未必正相合正相對凡實會之或先或後日月各以其平行直線相遇而合為一直線則是中會

實會中會視會第二(凡三章)

測天約說言日月之行有隅照(相距三之一)有方照(相距四之一)有六合照(相距六之一)然悉無交食而獨相會(朔也亦名合會)相對(望也亦名照會)則能有食故本篇所論者止於相會相對也抑會者總名也細言之有實會有中會有視會三者皆為推步之原故言交食之術必先言相會相對言相會相對之理必從實會中會始

實會中會以地心為主

實會者以地心所出直線上至黃道者為主而日月五星兩居此線之上則實會也即南北相距非同一點而總在此線正對之過黃極圈亦為實會蓋過黃極圈者過黃道之兩極而交會於黃道分黃道為四直角者也則從旁視之雖地心各出一線南北異緯從黃極視之即見地心所出二線東西同經是南北正對如一線也是故謂之實會若月與五星各居其本輪之周地心所出線上至黃道而兩本輪之心俱當此線之上則為月與五星之中會日無本輪本行圈與地為不同心兩心所出則有兩線此兩線者若為平行線而月本輪之心正居地心線上則是日與月之中會也蓋實會既以地心線射太陰之體為主則此地心線過小輪之心謂之中會矣若以不同心圈之平行線論之因日月各有本圈即本圈心皆與地心(即黃道心)有相距之度分即日月循各本圈之周右行所過黃道經度必時時有差(與地不同心故也)其從地心出直線過日月之體上至黃道此所指者為日月之實行度分也設從地心更出一平行直線與本圈心所出直線偕平行而上至黃道此所指者為日月之平行度分也蓋太陽心線與地心一線平行太陰心線亦與地心一線平行恆時多不相遇至相遇時兩地心線合為一線則是日月之中相會若太陽實行之直線與太陰實行之直線合為一線則是日月之實相會合會望會皆有中有實其理不異

先依小輪法作圖甲為地心亦為黃道心亦為太陰本圈心

太陰與地同心者為用本輪故蓋本輪周即太陰圈心繞地心之周其理一也

乙為太陽本圈心(與地不同心)太陽在丁太陰在戊甲戊丁線直至黃道圈得辛指日月實相會之度如太陽

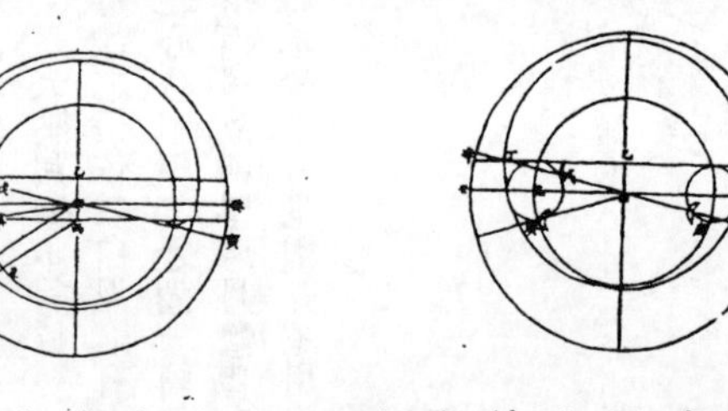

在丁太陰亦在甲辛直線上爲庚而此線至黃道圈得丙即指日月實相望之度若太陰在癸與太陽不同一線之上乃過月本輪之心已而至黃道壬此直線之所指則日月中相會之度也如月在庚從地心出平行線甲子與甲壬太陽平行爲一線而至黃道子亦指日月中相望之度矣

次依不同心圈法如後圖黃道與太陽之本圈皆同前獨太陰無本輪而易爲本圈其心與地心不同在甲乃在丙此亦以日月並居一直線爲實會如太陽在丁太陰在本圈之邊戊地心所出甲戊丁線至辛則所指爲實會而正對月體至黃道寅則所指爲實望若中會中望則以平行線爲主蓋甲壬爲地心所出直線既偕太陽本圈心所出過日體之直線乙丁爲平行線又偕太陰本圈心所出過月體之直線丙庚爲平行線則是兩偕行之直線合爲一甲壬而至黃道故所指者爲日月中相會之度也其至相對之黃道上爲癸則所指者爲日月中相望之度設過此交會之時太陰在丑則月圈心出者爲丙丑線地心出者爲甲己線兩線自偕爲平行而甲壬與乙丁自偕爲平行甲壬甲己不得合爲一線矣故地心所出之兩偕行線能合爲一甲壬者必指中交之度爲日月相會之共界也

實會中會相距無定度

日月本圈各與地不同心故兩圈心所出直線各與地心所出直線雖恆爲平行線而又與地心所出直線其相距廣狹恆無定數設日在本圈之最高月在本圈之最庳其實行所至即平行所至則中會即實會矣或太陽在最庳太陰在最高或兩最高兩最庳在黃道上同度則中會實會亦皆無距度也惟日月去本圈之最高及最庳右行漸遠則地心所出平行直線漸相去至半圈周則甚相遠而爲實中兩會之相距最大差

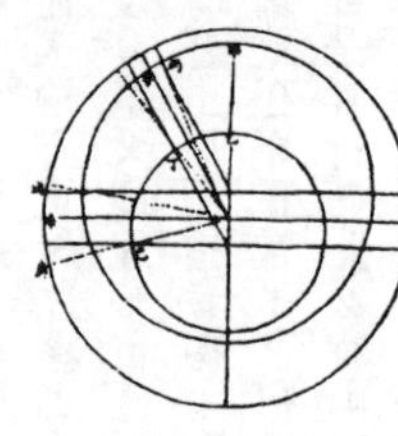

假如甲爲太陽之最高乙爲太陰之最庳若太陽在甲太陰在乙即兩本圈心及地心所出直線上至黃道皆合於甲乙線則實會無分於中會也若太陽至丙太陰至丁去最高各不甚遠則地心所出辛平行線距本圈心所出直線亦左右稍遠即中會亦稍遠於實會矣又使太陽在戊太陰在己則三直線相距更遠而實會中會相距亦更遠此則以太陽之引數九宮二度得戊辛弧二度三分一十五秒應減以太陰之引數八宮二十八度得辛庚弧四度五十八分二十七秒應加依法合之得戊庚弧七度〇一分四十二秒爲太陽太陰實會相距數

實會中會互相隨因有變易

實會與中會多不同時或中會在先實會在後或實會在先中會在後惟日月各居其本圈之最高或最庳或一居最高一居最庳則中會不分於實會（因平行度乃正是實行度）即不用加減度分若彼此俱加於平行度或俱減於平行度而所加減之度分等則中會亦不分於實會也（兩均數相減若俱等無所減故）又依黃道右行論之使中會之時太陽之實行在前太陰之實行在後則實會在前中會必隨而在後（月行速過中而得實會）若中會時太陰在前太陽在後則實會必後於中會也（實會之後月乃過中）若太陽與太陰或皆在本輪中轉之半周（從最高至最庳）則兩躔所得加減度其一較狹者必在前也或皆在本輪正轉之半周（從過庳至最高）則兩加減度其一較廣者必在前也若其不同在最高庳之間而各居一半周則過最高者在前過最庳者反在後矣

如圖太陽在本圈太陰在次輪外圈爲黃道從地心

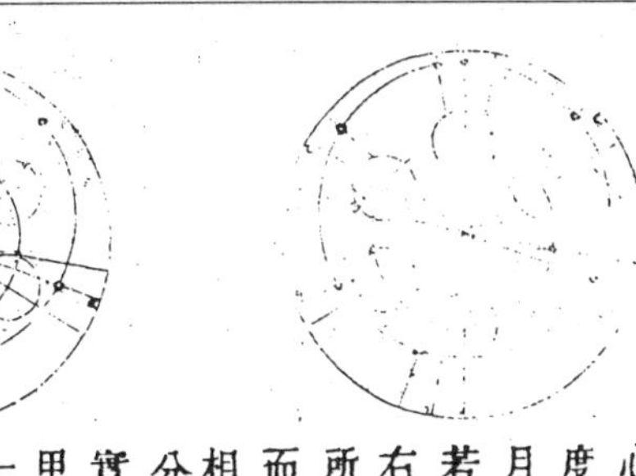

出直線至黃道而過本輪心所指者爲日月兩平行度之中會葢地心所出日月兩平行線合爲一線也若地心線從中會線之左右過日月兩體而至黃道所指者爲日月之實行度而兩線相距之廣卽日月相距之度法應化爲時刻分以加以減於中會乃得實會也又日月平行同在甲或在乙加減度不同類（一實在前一實在後）則兩率并之得日月相距之度若日月同在丙丁戊己加減度同類（或都在前或都在後）則兩率相減之餘爲日月相距之度也依本圖論日月在甲則以太陽之加減度加於平行而得實行（在前故也）太陰則減之而得實行（在後故）其所差時刻則以加於中會得實會也（月過中而逐及於日故）日月在乙其加減度則太陽用減（在後）太陰用加（在前）其時刻則相減以得實會也（既會之後月乃過中）若在丙太陰之加減度大太陽小皆減之其時刻則加之以得實會（月欲及日故）若在丁太陽之加減度大太陰小亦皆減之其時刻亦減之而得實會（月已過日故）若在戊太陰之加減度大太陽小皆加之（皆過中故）其時刻則減之得實會（月已過日故）若在己太陰之加減度小太陽大皆加之其時刻亦加之得實會也（月欲及日故）總論之行度在中會前卽當加（甲日乙月戊己之日月）在中會後卽當減（甲月乙日丙丁之日月）時刻月實行在日後則當加（甲丙己是）月實行在日前則當減也（乙丁戊是）

推中會實會元法第三（凡五章）

日月同居黃道經度分秒不異是爲正相會正相會者實朔也日月相距正得黃道半周分秒不異是爲正相對正相對者實望也其推步之法因二曜之實行度不同其實行之變易又時時不同故先以平行求得其中相會中相對而後漸得其實相會實相對爲第中會之法以紀首（甲子爲紀首）以每年每日每時之平行度分推步易得耳實會法必用幾何術中三角形弧弦切割諸線非是則無從可得故今交食曆中所列諸表不過求中求實兩法而求實甚難不得不繁曲不得不詳密也

求中會

月行黃道視日行甚速其在後也能逐及於日其既及也又超於日前其在朔也有時隔日光於在下其在望也有時失光於地景求朔望法先定太陽之平行度分以求太陰距日之度分若同居黃道經無距度分秒則爲朔若相距正得半周則爲望外此則中會在先必減其已過之時刻而得中會若中會在後則加以不及之時刻而得中會

假如壬申年三月十六日癸丑日月相望求太陽平行其紀首爲天啓四年甲子天正冬至後第一日子正時太陽在九宮〇度五十一分四十五秒至本日癸丑午正時得中積時爲八年一百三十五日六時用太陽平行度每年一十一宮二十九度四十五分四十一秒每日五十九分八秒二十微每小時二分二十七秒五十一微并得中積度爲三千〇一十一度三十八分四十七秒加紀首前宮度得總數滿平周（三百六十度）去之餘四十二度三十〇分三十一秒爲本日午正時太陽躔大梁宮之平行度分

次如前法求同時太陰中積度分一百二十九度三十七分二十二秒四十微每日一十二度一十一分二十六秒四十一微爲太陰自太陽平行度分加紀首前十度一十七分三十六秒五十三微并得二千六百九十九度七分二十四秒滿平周去之餘五宮二十九度七分二十四秒爲本日午正時月距太陽之經度分以減半平周爲不及者五十二分三十六秒未得正望求其時用不及度三十分二十八秒三十七微爲一小時其餘得時四十三分三十三秒爲正中望算外得未初二刻一十三分三十三秒

求引數

凡日月在最高或最庳其實行與平行者無異外此則不同行而兩行相距又無定數故從最高右行指其平行所至黃道之弧爲引數因之以求太陽太陰兩處所差加減度若太陰則從其本輪之最高起筭左行爲引數之弧也第須先定日月在中會時之平行度如前太陽正午在大梁宮十二度三十分三十一秒一小時又行二分二十七秒五十一微尚未至中會須行四分一十五秒（并小時）得中會時刻以加前得數其中會平行度在本宮一十二度三十四分四十六秒其正相對爲太陰平行度分則在大火宮矣

若太陽平行度正合於最高則無引數亦無加減過之卽相減不及則於平行度外加一平周（三百六十度也）而減最高餘爲引數假如最高每年行四十五秒從甲子至壬申年三月得六分一十七秒以加於紀首之最高得三宮〇五度五十六分五十八秒幷得三宮〇六度〇三分一十五秒爲太陽最高行度因太陽平行度在二宮不及加平周減之得十宮〇六度三十一分三十一秒爲太陽中會時引數同時依太陰每年之本行二宮二十八度四十三分八秒每日行一十三度三分五十四秒其中積得二千四百八十度五十九分五十三秒加入紀首前六宮一十七度四十六分二十三秒滿平周去之得五宮八度四十六分一十六秒爲太陰壬申年三月中會時之引數也

求實會

法先求太陽加減度依前所得最高及平行作圖外圈爲黃道從春分向左計其平行度從地心出直線指之次從心又出一直線至最高度線上任取一點爲太陽本圈心從太陽圈心又出直線與平行度之指線爲平行線至黃道更從黃道心（卽地心）出直線過太陽體之心至黃道指其實行度也

如圖外圈爲黃道其心甲出直線至丁卽前所推太陽平行在大梁宮十二度又出直線至三宮六度爲當會時之最高行度丙圈爲太陽本圈其心乙出直線過太陽至己更作甲丙直線引至戊指太陽之實行度卽戊己弧爲加減度應推丙角用甲乙丙三角形如法求之

如圖引數之餘弧爲丁辛或己辛五十三度二十八分二十九秒（止論角故異弧同度）卽丙乙辛外角也甲乙兩心之差爲全數十萬分之三五八四今以弦線求加減度先依甲乙線作甲乙庚直角三邊形用句股開方求弦線其比例爲甲丙線與甲庚丙角之正弦若甲庚線與甲丙庚角之正弦

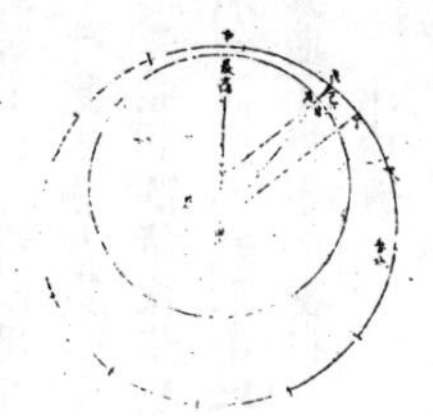

得一度三十六分五十五秒爲太陽加減度若用切線則更省以全數加兩心之差數得一〇三五八四恆爲第一率又相減得九六四一六爲第二率引數之角隨時不一半之而求切線爲第三率如法求得第四率爲切線查其本度分以減半引數餘爲加減度若本圖則引數餘弧之角半之爲二十六度四十四分一十四秒其切線五〇三九〇爲三率如法得第四率四六九〇三爲二十五度九分四十一秒之切線以減半引數得一度三十六分三十三秒爲太陽加減度也

次求太陰加減度按西曆近世名家先有歌白泥後有第谷從前所論會法兩家之說略同至論太陰則第谷之術更爲精密今先言舊法次言密法

舊法曰如圖黃道內作同心圈從太陽平行度越半周而定太陰平行度之一點從心出直線至此點必爲本圈之過心線而指本輪之心次從本輪最高左旋查其引數又從黃道心作一直線過太陰體兩線所至黃道間得一弧此弧爲太陰之加減度也（加減度卽名均數）

假如太陰平行度在大火宮正對太陽其引數自戊左行至丙未及半周月體在丙兩直線並出甲乙戊指平行度甲丙己指實行度戊己弧爲所求加減度其求之者甲乙丙三角形也若用句股法則自丙至丁下垂線開方求得甲丙弦則甲丙線與甲丁丙角若丙丁線與丁甲丙角也如用切線則甲乙全數十萬本輪之半徑乙丙八六〇〇相加得一〇八六〇〇相減得九一四〇〇又半引數求其切線如恆法卽得均度之切線矣以此推步交食未免微差第谷新法更爲詳密不合者今諸列表悉用此術故應說其義指如下文

密求實會（第谷法）

月離曆指論太陰之本行故備晦朔弦望此說交會故圖說止於朔望也太陰交會僅用三圈一爲本天一爲本輪一爲次輪本天卽本圈也與地同心負本輪之心其半徑當十萬則本輪之半徑得五千八百從最高左旋負次輪之心如次輪心從最高丁行至

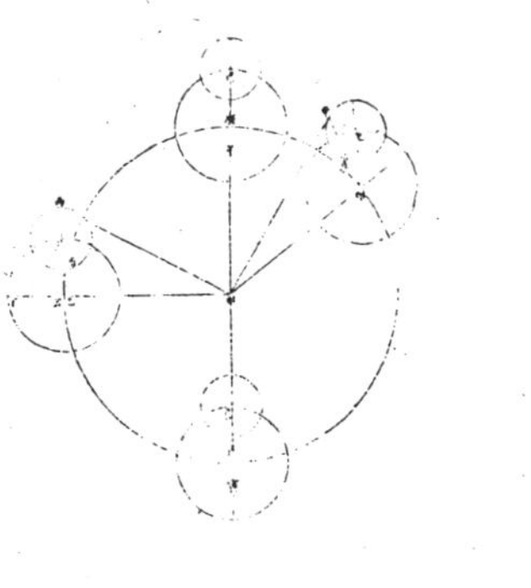
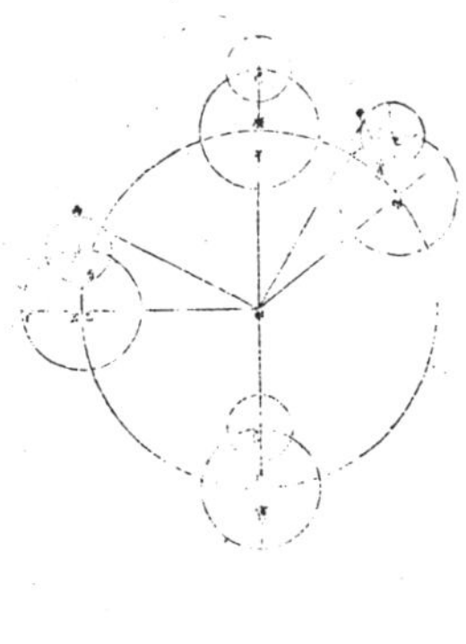

己其自行度即表中所名引數用以求加減度加減度即均數也若本輪在子或寅則月體在庚自行在一宮初度或六宮末度則無引數可計亦無均度可求矣若本輪在丑則月體在丙自行得三宮初度爲交會時之極大差欲得此數用甲乙丙三角形求之甲乙線爲全數乙己與巳丙相加得乙丙爲八千七百甲乙丙角係自行之象限必爲直角依前法以切線求乙甲丙均度角必得四度五十八分有奇若月輪在卯爲十宮月體在辛必用兩三角形乃得均度

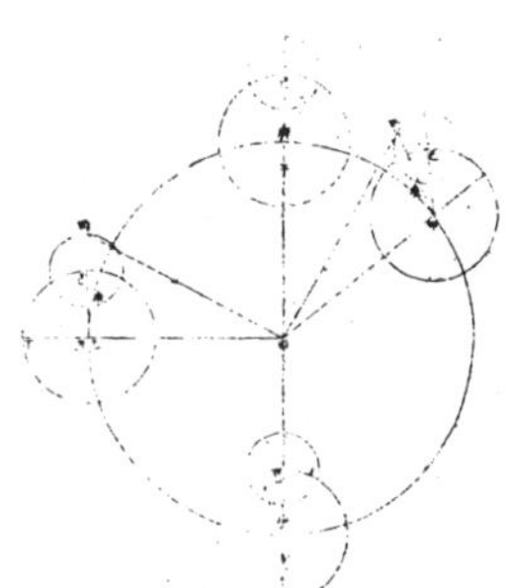
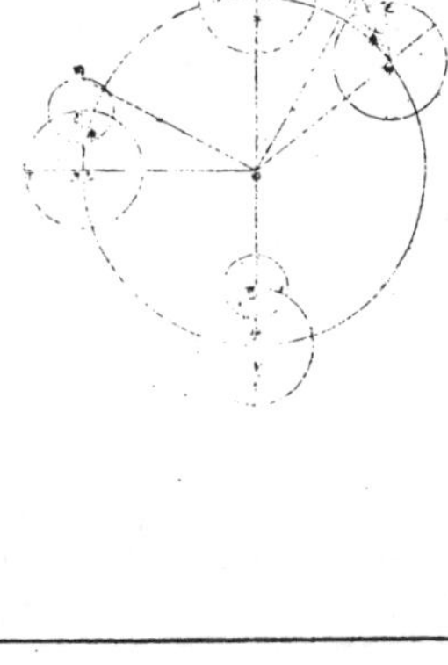

其一爲甲卯辛形所求均度爲卯甲辛角形中特有全數無從得角宜先推卯己辛三角形形有本輪之半徑卯己有次輪之半徑己辛有引數餘弧之倍角卯己辛如法推得卯辛線及己卯辛角以減於引數得其餘弧之數爲甲卯辛角因此可求卯甲辛角爲均度也更論次輪之周月體循而右旋其半徑僅得本輪半徑之半以較全數得十萬之二千九百兩半徑并得八千七百爲會時所用之數以推最大均度太陰在次輪從最近庚起算恆倍本輪行如丁己爲本輪之一象限而太陰行小輪從庚至丙得半周是自行得半周太陰行全周故前言本輪在子在寅月體至庚悉無加減數也今依圖求太陰均度如前設得其自行五宮八度四十六分一十六秒距太陽半周其經度在大火宮一十二度則本輪在乙從地心引直線爲甲乙全數從乙出直線至自行之限丙必與中最高線甲戌爲平行線而定引數爲庚丙倍引數從最近右旋得太陰在次輪丁從乙至丁引乙丁直線則得乙丙丁三角形其乙丙丙丁兩線爲兩小輪之半徑乙丙丁角爲倍引數（辛壬丁是）之餘角（丁辛弧是）即可求丙乙丁角與乙丁直線也又甲乙丁三角形欲求乙甲丁均度之角以切線算之宜先得己乙丁角以倍全數及乙丁線乃得其所包角矣法見下文

如圖求丙乙丁角倍引數（辛壬丁也）得三百一十七度三十二分三十二秒餘（丁辛）四十二度二十七分二十八秒爲乙丙丁角其餘角（乙丁兩角也）總而半之得六十八度四十六分一十六秒其切線得二五七四三〇爲三率兩輪之半徑相加得八七〇〇爲一率相減餘二九〇〇爲二率算得第四率切線八五八一〇其弧四十度三十八分以減前總餘角之半數得二十八度〇八分一十六秒爲丙乙丁角也次求乙丁線則丙乙丁角之正弦（四七一六〇）與丙丁（二九〇〇）若乙丙丁角之正弦（六七五〇五）與乙丁線算得四一二九次以甲乙丁大三角形求均度先得己乙丙角（引數之餘未滿半周）以加丙乙丁角得己乙丁角四十九度二十二分其餘角（甲丁兩角）總而半之得六十五度一十九分查切線二一七五八二爲三率以乙

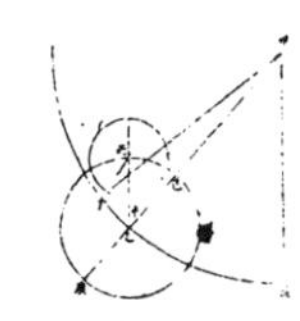

丁線加全數共一〇四一二九爲一率相減得九五八七一爲二率算得第四率切線二〇〇三二〇其弧六十三度二十八分一十七秒以減前六十五度一十九分餘一度五十分四十三秒爲所求太陰均度與列表合

今以兩所得均度求實會時査圖視均度或以加於平行度或以減於平行度卽見太陰距對處若干或過之或不及則以其相距之度分化爲時刻依前法或加或減於中會時刻必近於實會時刻

如前推壬申三月月食其會時太陽之平行在實行後則以均度加於平行得實行太陰之平行在實行前則以均度減實行又以二實行相較見太陰視正相對不及者三度二十七分三十八秒化爲二十七刻三分四十五秒以加前中會算外得實會在戌正二刻二分一十八秒

復求實會時

日月之兩實行變動不居非一圓形能盡其理幾何家欲徑測徑推無法可得故須先用平行以漸推其實行顧又非一推可遽合也蓋初用之引數其所指者中會之引數非實會之引數則其加減度所推實時特近於實時非正實時也法宜更求中實會之間日月自行度分依加減時法或加或減於前之平自行乃得次引數求其均度復査二曜實相距度化爲時刻或加或減於中會時刻乃得正實時刻若三推之終所得時刻分秒不異於次得卽合天無疑矣

假如前得差二十七刻三分四十五秒其間太陽復平行一十六分四十七秒以加初平行得一宮一十二度五十一分三十三秒減其最高（最高不動卽用前數）得自行一十宮六度四十八分一十七秒餘弧（至周）五十三度一十一分四十二秒半之而求切線得五〇〇七〇爲三率以全數加不同心差爲一率相減爲二率算得四率四六六〇五其弧一度三十六分三十四秒爲太陽次均度也

太陰中實會之距時間（加前二十七刻有奇）復平行三度二十七分二十八秒以加前經度總得經度七宮一十六度二分二十四秒爲本輪居本圈之處而本輪此時間亦向右自行三度四十二分三十一秒以加前自行得次自行五宮一十一度二十八分四十七秒卽次引數也爲次輪心居本輪周之處倍之得太陰居次輪周之度也借前圖則乙丙丁角今爲三十五度二分二十六秒餘角（乙丁丙角）總而半之得七十二度二十八分四十七秒其切線三一六七六八爲三率一二率如前算得一〇五五八八其弧四十六度三十三分以減前半弧七十二度二十八分四十七秒得二十五度五十五分二十二秒爲丙乙丁角次求乙丁線則此角之正弦四三七一六爲一率丙丁半徑爲二率乙丙丁角之正弦五七四一六爲三率算得三八〇八爲乙丁直線也

今求均度以自行餘之甲乙丙角幷丙乙丁角爲己乙丁角四十三度二十六分三十五秒餘者（甲丁乙角）總而半之得六十八度一十六分四十二秒爲三率第一及二爲乙丁線一加一減於全數（甲乙）算得二三二五九六求應減之度而得次均度一度三十二分三十三秒又以太陰次均度加於太陽次均度見太陰視正相對不及者三度〇九分〇七秒化爲時刻得二十四刻一十二分一十七秒以加於中會算外得實會在戌初三刻一十分五十秒

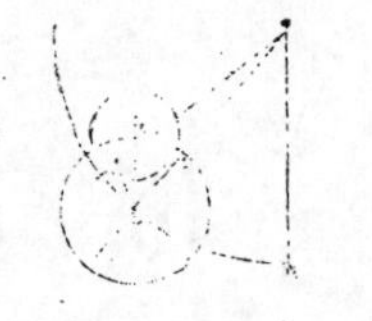

欽定古今圖書集成曆象彙編曆法典

第六十卷目錄

曆法總部彙考六十

新法曆書十交食曆指二

曆法典第六十卷

曆法總部彙考六十

新法曆書十

交食曆指二

推會時簡法第四凡四章

前依幾何法用日月行度推會時者論其所以然也若恆時推步別用諸表諸表雖從圖出其用之甚易不煩故名簡法然以此便初學耳明理之家正須從難處入不宜恃此爲足也

列表法

交會表從前圖出者止均度二表即加減度表一爲太陽均度一爲太陰均度論太陽如圖甲丙乙丙兩直線至黃道之相距弧爲均度用三角形法求甲丙乙角則與求丁戊弧不異蓋丁戊能代丁己係甲丙乙角能代丁甲己角見幾何一卷二十九題但丁甲己非三角形無從可得均度故用甲乙丙則恆有乙丙全數有甲乙兩心之相距八三五四又有自行之正或餘角如庚乙戊角即周圈之上任所至可以三角形推得均度也論太陰如左圖獨交會時其本輪與地同心則有本輪之加減度最大者爲次輪之最遠在最高最庳之間因月體至此去本輪心最遠故其二輪之半徑必合爲乙丙直線而指月體其數八七〇〇又有甲乙全數有本輪上自行度丁戊成甲乙丙三角形依前法可推乙圖丙角之均度外此則月居次輪最近或最遠之左右從地心出直線指實行即月體所居無兩半徑合并之數故所求均度非一三角形可得須用兩形求之如圖月居丙因在次輪之左必得乙丙直線乃生乙丙丁及甲乙丙兩三角形矣求中會時曆元後推首朔至二百年每年可當曆元法先定崇禎元年戊辰天正冬至後第一日子正時爲根而恆減通閏一十日六十〇刻一十一分一十二秒遇閏年多減一日不滿數加朔策二十九日一十二時四十四分三秒減之得次首朔若用加法則以太陰年十二朔策三百五十四日八時四十八分三十八秒加所得之數而減太陽年三百六十五日遇閏年則三百六十六日不滿亦加朔策減之

曆元前總甲子亦於每甲子年定首朔表自六十六甲子天啓四年逆溯而上每加六十太陰年滿朔策去之餘爲三日七時一十三分〇六秒依此遞加共爲若干甲子而得若干總數滿朔策去之餘爲本甲子年首朔也更有每年零用表與曆元後二百恆年同法亦歲減通閏每四年加閏一日則先一年減之爲一十一日一十五時一十一分一十二秒得次上首朔也

又有太陽引數太陰引數二表有交行度表有太陽經度表太陽引數者是太陰年本行減最高行即一十一宮一十九度一十六分八秒亦即三百五十四日八時四十八分三十八秒加朔策得一十八度二十二分三十九秒太陽經度者從最庳起算太陰年所行得一十一宮一十九度一十六分五十二秒加朔策得一十八度二十

三分一十六秒太陰引數者太陰之自行也從本輪最高起算太陰年所行除正周外得十宮九度四十八分○一秒加朔策得十一宮五度三十七分○一秒交行度者太陰年所行除全周外得八度○二分四十七秒加朔策得一宮八度四十三分一秒四表皆同一法恆加太陰年行度若首朔表加朔策諸表亦加朔策但首朔表論閏日後四表不論閏日耳其通閏在零年順推則首朔用減下四表用加在甲子年逆推則首朔用加下四表用減

用表求中會

中會法若下推將來用曆元後五種行度表第一格簡得冬至後首朔次用朔實十三月表加之即得若上推既往用曆元前總甲子表得甲子年首朔而所求交會即在本年則於十三月表查朔策或望策加之即得所求交會不在本年先查六十零年表加相距之年後加相距之朔策或加望策即得

假如壬申年九月庚戌夜望有食用本年下首朔○日一十六時二十五分二十一秒紀日三十七從冬至至本月望相距十月又半故朔實十三月表內對十月得二百九十五日七時二十○分三十一秒加望策一十四日一十八時二十二分二秒總得三百四十七日一十八時七分五十四秒滿旬周六十日去之餘得中會在庚戌日時刻從子正起算得在酉初七分五十四秒又試用曆元前總甲子表於六十六甲子下得○日○三時四十四分○八秒紀日五十五至壬申積八年查零年表八年下得○日一十二時四十一分一十三秒紀日四十二朔策望策皆如前總得四百有三日滿旬周去之餘亦得庚戌日時分秒悉如前推會朔則不加望策餘法同若盡求一年之中會則於首朔或首望加朔策於總數以後累加之至十二次然後從首會加太陰年三百五十四日八時四十八秒得合於終會即所推十二會悉合矣

用表求實會

兩中會之間朔策也定爲二十九日十二時四十四分○三秒○九微實會則二曜之自行所至有時過朔策有時不及朔策過不及之大差多祿某定爲一十四時三十○分第谷去減二十分法用引數依均度表加減求之故推中會並列太陽太陰兩引數以求加減度又列太陽平行經度後來亦用太陽均度加減爲實行度而以兩均度所推得之近實時約略改爲目見器測之視時如下文表中太陽自行從最庳起算其經度從冬至起算前圖所說或從最高或從春分其理不異

假如求崇禎五年壬申三月癸丑夜望時先定中時

	會時 日	會時 時	會時 分	會時 秒	太陽引數 宮	太陽引數 度	太陽引數 分	太陽引數 秒
壬申	○	一六	二五	二一	一一	三五	三二	一五
紀日	三七				一			
四朔策	一八	○二	五六	一三	○三	二六	二五	二三
望策	一四	一八	二二	○二	○○	一四	三三	一○
總數	七○	一三	四三	三六	○四	○六	三○	四八

	太陰引數 宮	太陰引數 度	太陰引數 分	太陰引數 秒	太陽經度 宮	太陽經度 度	太陽經度 分	太陽經度 秒
壬申	○七	一二	三五	三八	○○	○一	三五	一三
四朔策	○三	一三	一六	○○	○三	二六	二五	三七
望策	○六	一二	五四	三○	○○	一四	三三	一二
總數	○五	○八	四六	○八	○四	一二	三四	○二

如圖總數一百七十○日去二旬周餘五十○乃所用[illegible]癸丑日某時某分其引數經度必與本時相合次以太陽引數對四宮六度查均度得一度三十七分三十六秒差度一分一十六秒借引數之小餘用三率法六十分爲一率一分一十六秒爲二率小餘三十分四十八秒爲三率求得本差三十九秒又因向後之均度漸少故以本差三十九秒減本均度止一度三十六分五十七秒次從表首行查號爲加即書加又以太陰引數對五宮八度得一度五十五分○七秒差度四分五十八秒向後均度亦漸少亦以差度借引數小餘所求本差分秒減本均度止得一度五十一分二十○秒其號爲減即書減依前法兩均度一加一減宜相加即得日月實相望差度如上

		度	分	秒
太陽均度	加	○一	三六	五七
太陰均度	減	○一	五一	二○
差度		○三	二八	一七

圖次用四行時表查日距日時得其差時分秒或加或減於中會則不遠於實會若均度皆號爲加而太陰所得小於太陽所得或均度皆號爲減而太陰所得反大於太陽所得或太陰爲減太陽爲加則所化時刻恆加於中會時刻否則恆減於中會時刻以得實時刻今三度二分五十二秒得六時又度餘二十五分二十五秒查得時餘五十分○二秒加於前一十三時四十三分三十六秒得實會在二十○時三十三分三十八秒爲戌正也

密求實會

前以中會之引數求實會今云密者以前經加減故得次引數與實會相近復如前求得時刻復加或減於中會乃得正實會法依前所用四行時表以時刻

反查度分因太陽自行一日不異其平行仍用其平行表以六時五十分得一十六分五十秒加於前引數得太陽總引數四宮六度四十七分三十七秒此距間於本表查得太陰行三度四十三分一十一秒以加於前引數總爲五宮

		度	分	秒
太陽均度	加	○一	三六	三六
太陰均度	減	○一	三二	五○
月距日度		○三	○九	二六

一十二度二十九分一十七秒又以此兩引數求得均度如上圖亦以一加一減故當相加而兩均度之差較前更少變爲時亦少卽依本表三度二分五十二秒得六時又度餘六分六秒得時餘十二分度餘二十八秒得時餘五十五秒總加於中會復得十九時五十六分三十秒爲正實會在戌初三刻一十一分三十○秒更欲密推則用次得之實時又求第三引數以復求均度以較次得之太陽均度其二曜相距之弧亦變爲時刻若同前卽前得無疑若異者用後得爲正實會也

	依表算會時（宮度 日時 分秒）	依圖算會時（宮度 日時 分秒）	
中交	癸丑 一三 四二 三六	癸丑 一三 四三 三三	見五十九之五十二及五十三
太陽引數	四 ○六 三○ 四七	一○ ○六 三一 三一	見五十九之五十五圖在五十九之四十自最高算
太陰引數	五 ○八 四六 ○六	五 ○八 四六 一六	見五十九之五十五圖在五十九之四十二
太陽均度	加 ○一 三六 五七	加 ○一 三六 五五	見五十九之五十六及五十七圖在五十九之五十五
太陰均度	減 ○一 五一 二○	減 ○一 五○ 四三	見五十九之六十三及六十四圖在五十九之五十九
日月相距弧	○三 二八 一七	○三 二七 三八	見五十九之六十七圖在五十九之五十

兩交相距時	○六 五○ ○二	○六 四八 四五	
近實交	癸丑 二○ 三三 三七	癸丑 二○ 三二 一八	見五十九之六十三圖皆同
太陽次引數	四 ○六 四七 三七	一○ ○六 四八 一七	見五十九之六十四自最高算
太陰次引數	五 一二 二九 一七	五 二二 二八 四七	同在五十九之六十四及六十五
太陽次均度	加 ○一 三六 三六	加 ○一 三六 三四	
太陰次均度	減 ○一 三二 五○	減 ○一 三二 三三	見五十九之六十五及六十六幷有圖
次相距弧	○三 ○九 二六	○三 ○九 ○七	以後皆在五十九之六十五及六十六
次相距時	○六 一二 五五	○六 一二 一七	
實會	癸丑 一九 五六 三○	癸丑 一九 五五 五○	以上原本曆指卷十交食之二

求視會實會第一　凡三章

前所得實會時刻雖則合天於人目所見儀器所測未盡合也所以然者太陽行度赤道交子午圈有升度差隨時變易日日不均詳見日躔曆指而今依曆元推步或用表查算無能不均須用加減時表以求本地可見可測之實時又推步者但依本地所定子午線其在地方不同子午線者雖可通用故又用里差加減以求諸方所見所測之實時也

實時改視時

如前求太陽實度得中實兩會相距時刻查太陽平行時表得分數依前加減時刻亦加亦減於前得太陽經度乃得實度　假如前推壬申三月望會太陽平經度爲四宮冬至起算一十二度三十四分○一秒中實兩會之差得六時一十二分五十五秒其距間又得太陽平行一十五分一十八秒以加於中會時之太陽平經度得其實會時平經度四宮一十二度四十九分一十九秒更加其次均度一度三十六分三十六秒則太陽實度四宮一十四度二十五分五十五秒今查加減時表得○九分五十五秒其號爲加則以加於實會共得二十時○五分四十四秒算外得癸丑日戌正五分爲順天府所見所測之食甚時

見食隨地異時

月食分數天下皆同第見食時刻隨地各異何也人各就所居之地目力所及者則見月食而各所居地皆以子午正綫爲主若其地同居一子午綫者南北地緯雖殊東西地經則同則所見月食之分數遲速皆同也若地易子午綫易則時刻并易矣所以然者時刻早晚因太陽行度隨人所居各以見日出入爲東西爲卯酉卽以日中爲南爲子午而平分時刻故月食時必本地之日未東升或已西沉乃得見之若在其晝時刻不可得見也天啓三年九月十五夜望月食順天府及南北同經之地則初虧在酉初一刻一十二分食甚在戌初初刻復圓在戌正二刻一十三分各算外高麗及其同經之地卽初虧在酉末戌初而西洋意大里亞諸國日尚在天頂爲午正則不見月食以里差推之西洋之初虧在巳正三刻四分食甚在午正一刻○七分復圓在未初三刻一十分各算外雖月入景七分五十六秒所居宮度彼此遠近皆同而以里差故彼地彼時太陽在午正二十二分太陽反在子正二十二分食甚止在日中何從見之今壬申年九月十五日夜望月食初虧在卯初三刻則陜西四川等處得見南京山東等近海東境不可得見也秦蜀之子午異於東方之子午故

今以順天府推算本食因定各省直之食時宜先定各省直視順天子午線之里差幾何後以其所差變

數化爲所差時刻每一度應得時四分向東以加於順天推定時刻向西則減乃可得各省直見食時刻也若日食則其食分多寡加時早晚皆係視差東西南北悉無同者必須隨地考北極高下差其距度隨地測子午正線差其經度乃可定其目見器測之視時定子午衛見西測食略中法於當身所居目見器測考定一月食之時刻與先所定他方之月食時刻較算或兩地兩人同測一月食彼此較算乃以所差時刻得所差度分也

前順天府所推月食時刻并具各省直先後差數因未得諸方見食確數無從遽定地之經度但依廣輿圖計里畫方之法略率開載耳既而杳報多相合者然非甄明之輩躬至其地測極高下見食早晚終未敢以耳聞臆斷勒爲成書也左方所記政所謂略率開載者欲求決定當俟異日故稱約加約減焉

南京應天府及福建福州府約加四分（凡一十五分爲一刻）

山東濟南府約加五分

山西太原府約減一刻〇九分

湖廣武昌府河南開封府約減一刻

陝西西安府廣西桂林府約減二刻〇四分

浙江杭州府約加十二分

江西南昌府約減一十分

廣東廣州府約減一刻〇五分

四川成都府約減三刻〇七分

貴州貴陽府約減二刻〇八分

雲南雲南府約減四刻〇八分

證子午差變易見時

萬曆元年癸酉十一月望依大統曆推月食初虧丑正一刻食甚寅初三刻本夜苐谷在西國測得食甚在戌正〇三分於時太陽近冬至所測時即定望時無加減大統所推稍疎大略東西差時三十餘刻爲順天府所見後於西國也

萬曆五年丁丑三月十五日夜望依大統曆月食甚寅正一刻苐谷測戌正三刻〇五分先後差七小時一刻一十分爲一彼一此子午異線變易加時也

萬曆二十年壬辰十一月望大統曆記食甚寅初二刻苐谷測在戌初二刻〇七分加時差二分總得差七小時三刻〇二分則西國之夜望爲順天府之曉望西國半夜後所測在順天爲次晝不可得見也

萬曆四十年壬子四月十五日夜望曆官報月食初虧寅正一刻既實測得寅正四刻當時西國把沕辣有測戌正三刻〇八分者更西多勒都測得戌正〇三方同測不必加減時得順天府較極西差九小時正較中西差八小時〇七分

萬曆四十四年丙辰正月十六日夜望雲陰不見初虧至戌正一刻見食一分約食九分有奇測復圓在亥正四刻於時小西洋之印度國測月正出地平上食九分有奇此地北極出地一十五度二十五分因本食時太陽在娵訾宮一十四度其半晝弧得五小時三刻〇八分則太陽入地時正太陰食甚時爲西初三刻〇八分又復圓時測畢宿大星高五十五度次測軒轅大星高四十六度以先測之畢宿大星得復圓在戌初二刻一十一分以次測之軒轅大星得復圓在戌初三刻則順天府較後三小時一刻

萬曆四十五年丁巳正月十五日夜望依大統曆推復圓亥正二刻庶幾密合廣州府測得復圓亥正一十三分南印度國測在戌初三刻則廣州府較順天府偏西差一十七分南印度更西較廣東差二小時一刻一十三分

天啓三年癸亥九月十五日夜望初虧月未出順天府測得復圓戌正二刻一十分杭州府測戌正三刻〇七分上海縣測亥初一刻三方較得杭州視順天偏東差一十二分上海視杭州更東差一刻〇八分上海視順天偏東總差二刻〇五分

天啓四年甲子八月十四日夜望曆官報月食一十三分六十五秒初虧丑正初刻既測得一十六分六十三秒初虧丑初二刻〇六分小西洋北國測得子初三刻〇八分泰西教主京都測得西正三刻一十三分較得北印度視順天府偏西差七刻一十三分視泰西差六小時二刻〇八分

天啓七年丁卯十二月望月食曆官報初虧寅正三刻復圓辰初三刻既實測得初虧寅初初刻〇一分復圓卯正三刻〇六分與西法合於時太陽在元枵宮一度順天府出地平上爲辰初一十一分依大統曆推復圓在辰初三刻則在日出後二刻不可得見而同時陝西西安府則見復圓在天測得大角星高四十七度其北極出地三十四度一十九分得月食初虧丑正二刻〇三分將復圓測角南星高四十一度五十分得卯正一刻〇二分視京師偏西差二刻〇四分爲八度半也

崇禎四年辛未四月十五日戊午夜望依大統曆月

初虧丑初三刻依新曆初虧丑初〇六分三十八秒實測得丑初〇五分大角星高四十九度四十分距午正三十九度加其距太陽一百五十七度二十七分得太陽過正午一十三小時〇五分二十八秒去半日刻餘一時〇五分爲丑初〇五分新曆初報各省較順天差數在四川成都府初虧子正一十四分三十八秒彼中實測正合是成都府視京師偏西差三刻〇六分得一十二度四十五分爲兩子午綫之度差較各處實測食之時如此凡有兩處東西相距則所得時刻必差若相距愈遠則所得食之時刻差必愈多蓋因子午不同證見食時故不同

推步交食本論第二 凡四章

步交食之術有二一曰加時早晚一曰食分淺深加時者日食於朔月食於望當豫定其食甚在某時刻分秒也食分者月所借之日光食於地景地所受之日光食於月景當豫定其失光幾何分秒也加時早晚非在日月正相會相望之實時而在人目所見儀器所測之視時乃視時無均度可推故日月兩食皆先求其實時既得實時然後從視處密求日食之定時詳見後篇惟月食則實時卽近視時也然日與月實相會之度分未定卽欲求其實時無從可得故須先推中會時計其平行及自行而得均數然後以均數加減求得其實會因得其實時矣古法所謂躔離朓朒卽自行均數之謂茲特深求原委以故倍加詳密耳若食甚之前爲初虧食甚之後爲復圓此兩限閒亦應推定時刻分秒其法於前後數刻閒推步日躔月離求其實行視行

月有遲疾經時則生變易故宜近取以得起復之閒時刻久近也食分多寡謂日食時月體掩日體若干月食時月體入地景若干也其法以日月兩半徑較太陰距黃道度分得其大小次求二曜距交遠近與古法不異第日月各有最高庳景徑因之小大黃白距度有廣狹食限爲之多少至於日食三差尤多曲折此爲異矣前論交食原及推交會時太陽太陰皆同一理次後論兩食之徵亦然更後卽不復能爲合論故先論太陰入景淺深與其食時久近次以三視差論太陽之食分加時難易迥殊詳略亦異也

推月食有無

欲徵月之有食一論交之左右一論交之前後論左右者視太陰距黃道之緯度以方於月半徑地景半徑幷而緯度爲小則食若大者過而不相涉若等者過而相切皆不得食也論前後則食之處必在正交中交之或前或後而不甚遠甚遠則距度廣月與景亦過而不相涉也近則距度狹狹則必小於兩半徑幷而無能不食矣是故徵食有兩法一略一詳略法者未定月食之實時先求中會時亦聊可測其距度也試用表查平望之宮度幷註其同格相當之交周度若正得六宮或〇宮初度則太陰在正交中交之二點卽羅計卽龍首龍尾無距度必食若過交或不及交而度分相近不出食限之外亦食也假如考壬申年三月會望用曆元後表查首朔相當之交周度得七宮一十八度四十二分一十一秒爲當時正合經朔之平交度次用十三月交周度表查

第四月又得四宮〇二度四十〇分五十六秒加望策六宮一十五度二十分〇七秒得總數滿平周去之餘六宮〇六度四十三分一十四秒是太陰過中交六度有奇入食限內已六七度卽月體必半入地景而定爲有食也若用曆元前總甲子表以推既往法先考總甲子下首朔及交周度並列之次查其零年亦如之次加朔策或望策亦如之總之卽得中望及其相當之交周度萬曆五年丁丑三月壬寅夜望大統曆紀月食一十二分五十秒本年在六十五甲

	日	時	分	秒	宮	度	分	秒
甲十三望總紀又	〇〇八一一四	一一一一〇	五一一二四	一二〇〇五	一〇〇〇〇	二一〇一〇	四五〇二〇	二二四〇三
子年朔策數日日紀	三五八四二〇八	〇〇四八七	七二二二三	四九九二四	一八三六六	四七二五〇	七七〇〇五	三一二七三
	〇六一							

子第十三年列數如上得癸卯爲本食日曆紀壬寅者是其夜望也實過子正爲癸卯日之卯初三刻得食甚故進一日再查交周度表得太陰當時過交中止〇五分三十三秒深入食限之內宜得全食不止十二分五十秒也

	日	時	分	秒	宮	度	分	秒
甲十三一望總紀又	二二二二一八一	〇一一一〇	一二四二五	三三〇〇一	一〇〇〇〇	一二〇一〇	四〇四二四	二二三〇三
子年朔策數日日紀	〇〇九四五〇九	三五二八一	六七四二〇	五〇三二〇	〇〇一六六	八七〇五一	一三〇〇五	六八二七三
	四〇一							

綱目紀唐肅宗乾元二年巳亥春二月月食今上推其食分加時法查本表五十一甲子及零年朔策等依前列數如上依總數得太陰過中交止一度四十五分有奇宜全

食食甚時在丁未日丑初三刻也

其詳法則更推太陰實望時之距黃緯度以較二徑折半若距緯度小者即月不能不入於地景因而有食如下文

求太陰實望時距度

中望時表中已得相當之交周度今更以加減之時更求交周度復加或復減於前所得即實望時之平交度也次又以均度或加或減乃得實望時之實交度矣

假如壬申年三月中望時交周度過中交六度四十三分一十四秒時差（實會與中會相距）得六時一十二分五十五秒交周時表中查得三度二十五分三十四秒因時加度數亦加若減亦減總得一十度〇八分四十八秒猶是平交度也更減前均度一度三十二分五十秒得實交度八度三十五分五十八秒今以交周度求距度用太陰距度表於六宮八度得四十一分二十九秒表中次度多五分〇九秒故以交周度之餘三十六分得差三分五秒相加得太陰距黃道南四十四分三十四秒

因交周度爲太陰之右旋度相加於左旋之交行度（即兩交行一名羅計行度）故所用均度不異於自行之均度其平行一年得四宮二十八度四十二分四十五秒一日得一十三度一十三分四十六秒一時得三十三分〇五秒以此求距度用甲子年爲紀首於時太陰去正交八十三度二十九分二十四秒依法算得總平行數六宮一十度〇九分〇五秒次減前均度所得數六宮〇八度三十六分一十五秒爲實交度也次依三角形之比例則全數與全距度之正弦若交周度之正弦與距度之正弦蓋黃白道之全距算交食無過五度交周度之弧又從近交所始也如圖甲丁爲白道甲戊爲黃道己丙乙爲過黃極及交周度之弧各一象限丁戊爲黃白

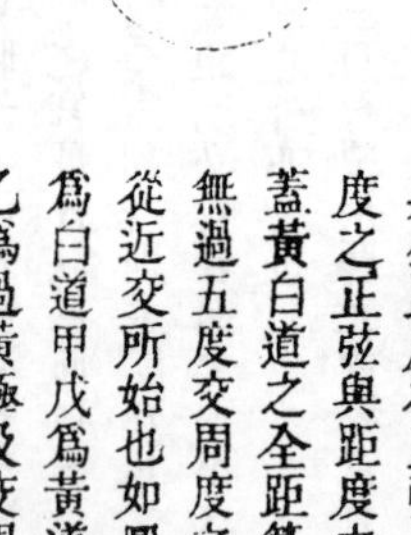

之全距（相去最遠）太陰在丙近於中交甲求其距度丙乙則甲丁與丁戊若甲丙與丙乙算得四十四分三十三秒今依距度四十四分三十三秒考壬申年三月會望有食與否簡半徑表中用太陰引數〇五宮一十二度得月半徑地半景井爲一度四分三十五秒而距度止四十四分三十四秒距少徑多太陰之行無能不入景即無能不食矣

推日食有無

欲考會朔有食與否須定會朔時太陰之視距度以較於日月兩半徑井若視距度大於二徑折半或等者不食也小則食矣視距度者生於視差而本於高度故當先求高度法於會朔時以太陽本日距赤道度加於本方之赤道高度得本方之子午最高度又於赤道高度去減距赤道度得本方之子午最庳度次求兩數之正弦井而半之爲三率以太陽距午正弧之正矢爲二率全數爲一率依法算得第四率以減子午最高或最庳餘者爲二曜高弧之弦大約太陽距赤道北則所得之數與子午最高相減若太陽距赤道南則與最庳相減

假如崇禎七年甲戌二月朔日順天府定朔在巳正一十四分日月距午正線七刻〇一分於赤道得二十六度半用其餘弧求正矢得一〇五〇七爲二率因太陽在降婁宮八度三十分四十秒得其距度在赤道北三度二十二分以加赤道高得五十三度二十七分爲子午最高相減餘四十六度四十三分爲子午最庳次求其二正弦井而半之得七六五五六五爲三率算得四率爲八〇四四以減五十三度二十七分之正弦餘七二二九〇查得四十六度一十八分太陽在地平上之正弦也今查日月高庳差表（即地半徑差在日食表中）於轉周度得太陰距地之遠其下依高度取其相當之視差得四十三分去減太陽之視差二分（高度左方取之）餘四十一分以減太陰之距北實度四十八分五十五秒餘〇七分五十五秒爲太陰視距度以較二徑折半爲甚小知月之掩日分數爲多矣

凡人目所見太陰在天頂南則月之視所較其實所恆偏南偏庳故其距度多能變易太陽之食分又月在黃道南則當以視差加於距度人所居愈向北所得視差愈大其視月愈偏南而所見日食愈小若月在黃道北所得視差或小或等於距度當以減於距度則視處反近於黃道而北方所見日食大於南方矣第視差之大若過於距度之大而去減距度即北方視月又偏居黃道之南比南方所見更遠而得日食又小

試如崇禎二年己巳五月己酉朔日食四年辛未十月辛丑朔日食今以相較己巳年太陰實所距南八

分四十九秒陽曆順天府本時之地平高得七十三度一十八分其二曜高庳差一十七分四十秒以加距度八分四十九秒總得視距度二十六分二十九秒以減於二徑折半三十二分○四秒餘止五分三十五秒以推日食所見宜少矣若浙江杭州府高度八十三度一十四分推二曜高庳差得七分○九秒以加距度八分四十九秒得一十五分五十八秒視二徑折半爲一倍小卽月掩日宜得大半也辛未歲不然太陰距度在黃道北一度一十五分二十二秒順天府合朔時得日月高止三十五度四十一分二十○秒二曜高庳差四十八分以減距度餘二十七分二十二秒視二徑折半不及者五分一十六秒卽見日食若杭州府高度四十三度四十八分得高庳差四十四分以減距度尙餘三十一分二十二秒是其視距度略等於二徑折半則月不能掩日也大約太陰實距度在黃道南論中國暨同緯之地等其六十度以下之高庳差必大或等於二徑折半卽使無距度猶未得食也若距在北則太陰之視差能偏南一度強

最大者六十三分減日視差二分得六十一分必距度之大倍視差之大乃不食否則有食詳見後篇

累推曆元前後交食

交食之法上推往古下驗將來百千萬年當如指掌若悉用古法推步窮年累月不能得竟矣此交食諸表所爲作也用表則遠邇唐虞下沿萬禩開卷瞭然不費功力如讀先秦古書見春秋前後一切日食皆不記月日今欲一一考定是何月日又如目前推得

		日	時	分	宮	度	分
一世紀日	甲子	七二	二○	○一	四	六二	四四
		○一					
四十紀日	二年	四一	一二	七四	三	八一	一四
		○四					
四月總數	一	八一	二○	六五	四	二○	一四
		○三	二○	三五	○○	八一	五○
五月總數	一	七四	五一	○四	五○	三○	一二
		七五	八一	三三	五	一二	六二

見食而欲累求向後若干年應得若干食是皆不用交食全法依交周度表便可得之法先求某年第一中會卽首朔也周表取相當之交周度若入食限卽第一食也求次食加五月或六月亦必入食限矣若初所求交周度未入食限則查交周度十二月表求某數相加而入食限者用之

假如周考王六年乙巳史記年表但云日月食不言某朔望今求其月日則是年八月一日食三月九月兩月食也依表本年在三十一甲子首朔爲二十七日○二時一十○分二十九秒其相當之交周在四宮二十六度四十四分一十八秒紀日一十零年乙巳在表爲第四十二年首朔得一十四日二十一時四十七分二十四秒相當之交周度爲三宮一十八度四十分三十八秒紀日四十幷兩交周度未入食限更加四月是春三月癸巳朔所得距正交不遠然定朔在二時五十四分則是丑正三刻有奇非此方所見古未有記夜食者亦非也更加五月得其交平行列數如上

以一十八時三十三分知中會在酉正三刻此時用太陽引數得均度一度四十一分太陰引數得均度三度五十四分幷之得日月相距五度三十五分化爲時得一十一以減平朔得定朔在辰初三刻是爲周考王六年八月辛酉朔本地所見地平上之日食矣

甲戌乙亥丙子丁丑戊寅己卯

紀		時		交周度		
宿	日	時	分	宮	度	分
四一	四二	二一	九五	○○	七○	九二
三二	一二	七一	三二	六○	一一	九二
四○	八一	一二	七四	○○	五一	○三
二一	六四	三一	八二	五○	八一	二五
一二	三四	七一	二五	一一	二二	三五
二○	○四	二二	六一	五○	六二	四五
二一	八三	二○	一四	○○	○○	六五
一二	五三	七○	五○	六○	四○	七五
二○	二三	一一	九[illegible]	○○	八○	九五
一一	九二	五一	三五	六○	三一	○○
九一	七五	七○	四三	一一	六一	一二
八二	四五	一一	八五	五○	○二	二二

求本年月食則於前總甲子及零年乙巳數外總加望策得第一平望其交周度在兩交之間無食更加三月則丁丑夜望月過交中分數甚少必全食然定望在晝但見其初虧不見其食甚更加六月得交周度○宮○六度四十七分太陰入食限又時在九月乙亥日用均度得定望爲戊初三刻但見其復圓不見其初虧也是兩皆帶食故史官紀焉又日一食月再食故統言之曰日月食也

甲戌乙亥丙子丁丑戊寅己卯

紀		時		交周度		
宿	日	時	分	宮	度	分
七二	九○	八一	七三	五○	二二	九○
八○	六○	三二	一○	一一	六二	○一
八一	四○	三○	五二	六○	○○	一一
七二	一○	七○	○五	○○	四○	三一
八○	八五	二一	四一	六○	八○	九一
七一	五五	六一	八三	○○	二一	五一
五二	三二	八○	九一	五○	五一	七三
六○	○二	二一	三四	一一	九一	八三
五一	七一	七一	七○	五○	三二	九三
四二	四一	一二	二三	一一	七二	一四
六○	二一	一○	六五	六○	一○	二四
五一	九○	六○	○二	○○	五○	四四

欲下推累年之交食先如前求第一食自此以後或

越五月而一食或越六月而一食日月皆然此其大凡也法查交周度十三月表用片楷別書五月六月之數向本表之各月下遞井而試之但合於食限以內者卽有食之月也如崇禎七年甲戌第一日食在三月朔算本年及向後各年有食之朔如前圖每兩平朔皆入食限惟乙亥之兩朔間戊寅後己卯前之兩朔間各越五月餘皆越六月其食也太陰有晝有夜太陽有晝夜又分南北故非一方所見惟用此考其可見者推之求平望法同此如後圖圖中獨丙子後越五月餘皆越六月凡交食得某月入食限卽次後一二三四月皆無食必至五至六或十一十二月則食欲更求本方所見則推實朔望以時刻定之

食分多寡之原第三 凡五章

推日食分數則以太陰距黃道之視度日月兩視徑之半以及三視差此並有其本論後篇詳之此求月食分數則用太陰之實距黃道度及其視半徑地景半徑卽可得之今先論日月景之各半徑次乃定食限及食分也

視半徑所繇變易

凡圓球之去人遠則目視之爲平面欲測其大小者不依其形依其徑也目之視徑雖以平行線受其像然相距有遠近卽所測得之大小隨而變易近則見大遠則見小矣暗球生景其理準此故受光之體小於施光之體卽其景亦隨相距遠近而有變易距遠者景鉅而長距近者景細而短也

如左日月食合作一圖甲爲地球太陽在最高爲丁在最庳爲戊太陰日食時在其最高爲己在其最庳爲庚月食時在其最高爲壬在其最庳爲辛若從最遠之太陽周癸丑引直線切地周乙丙必相遇於卯從最近之太陽周子寅切地周者必遇於辰子寅辰在癸卯丑限內在內者細且短在外者鉅且長因太陽距地遠近不同故也論太陰其在最高己目依甲未甲午兩線視之若在最庳庚又以甲申甲酉兩線視之故兩所之小大不同若在壬在辛其理準此

上言日月地景三視徑能爲變易則日月最高最庳相距之遠近爲其緣也自此而外更有二緣一爲地所出之蒙氣隨地不一一爲人所稟之目力隨人不一蒙氣居日月與目之間氣厚能散日月之光使易其本象如玻璨水晶等體厚光微以照他物之象能改易之是以人所見日食時太陰掩日之視徑實大於太陽之視徑或相等一遇厚蒙之氣

蒙之厚薄或本地固然或因時增減

卽太陽之光體因而展拓比於依法推步之視徑每多不合故全食時四周亦顯有金環也若蒙氣微薄則月之視徑能掩日之視徑全食時晝晦星見矣其在月也遇蒙氣亦饒有餘光其初虧復圓光曜展拓亦能侵入地景使食時先後稍損於推步之加時也欲明其理姑以數事徵之試用一平邊尺切目窺月體則白月之光能侵入於尺尺之暗體當月之處似有闕焉此其一也生明之月其有光之半周大於無光之半周光之兩端芒角犀銳似欲包其魄體至日食時魄體入日日之光體不斂光以讓月反舒光以拒月故其兩端不作銳角而作鈍角也此在晴明時蒙氣微薄猶不免爾況濃且厚乎此又其一也日輪西沒將及地平適遇雲氣全輪若爲停執累測不移少選則忽焉而入又其一也況日食時月之魄體月食時地景之角體全居蒙氣之中蒙氣所受日光尤盛四周皆能消景則日食時太陰居日目之間其視徑豈能大於日之視徑而全掩日體月食時地景之角體豈不能稍殺於推步之實景而損其初末之加時乎若論目力亦能變日月景之各視徑者目力既衰大光損之每每易於見暗難於見明故月食時較少壯之目能先見月食侵蝕之景若日食時太陽見耀初虧不能遽見其闕也西史第谷測月每夕用五六人皆利眼能手悉用大儀種種合法所測月徑趦求晝一乃徑二十二測得其徑爲三十一分者二三十二分者六三十三分者七三十四分者六三十六分者一何故太光射目當之者利鈍不齊徑之小大隨異也蓋人目之難憑如此

月無大光不能入於窺表通光之竅須人目測有此不齊若日光透表其有不齊緣器疏密矣

定視徑分秒之數

古多祿某限日月地景三徑之數定太陽爲三十一分二十〇秒不論最高最庳恆如是太陰最大者定爲三十五分二十〇秒最小者亦三十一分二十〇秒地景小者四十〇分四十〇秒大者不過四十六分也然多祿某所當之時乃爾迨其後太陽本天之心與地心漸次相就至於今最高之去地近於多祿某時其最庳乃去地稍遠而太陽視徑遂不得過三十一分太陽稍縮則地景稍贏亦不若曩時之細且短也以故第谷所立新法定太陽之視徑在最高爲三十〇分在最庳爲三十二分若太陰則雖距地同所限朔望二時之視徑猶不同也蓋合朔時月會太陽四周環受其光則此時全魄小於望日之全光幾及四分之一是以月在最高卽望時得徑三十二分朔時止二十五分三十六秒在最庳望時得三十六分朔時二十八分四十八秒也又第谷測候之地其北極出地五十六度濟蒙之氣甚厚故推步交食必依此徑乃可得合何者月望時明光甚盛蒙以厚氣光乃加顯徑卽似大月朔時遇日之大光自己失光而受光之蒙氣環圍照映若或消減其魄徑卽似小也然此第谷所當之地乃爾用之他方未必合何者此所限大小之徑以步日食雖則食既者顯金環月不能全掩日體若他方食既則有晝晦星見蟲飛鳥棲者故知一方所定未可槩諸寓內以爲公法也假如崇禎二年己巳五月朔日食依新曆先推食甚二分有奇至日實測得二分若以第谷所限徑用之此日卽見食分數僅得一分一十〇秒謬於實測遠矣崇禎四年辛未十月朔日食新曆先推食甚二分一十二秒至日實測不及二分若用小月徑推算卽所得更少不及一分也視徑因乎蒙氣而爲小大如此豈可強執一率以槩諸方乎故欲定本地之日食分必先定本地之蒙氣差以限本地之視徑又宜纍驗本地之食分加時然後酌量消息蒙差視徑可得而定也今所考求酌定者太陽最高得徑三十〇分在最庳徑三十一分太陰不分朔望蒙氣稍薄故也在最高視徑三十〇分三十〇秒在最庳視徑三十四分四十〇秒地景最小者四十三分最大者四十七分日月行最高最庳處之間視徑亦漸次不一故列表左右並紀太陽及太陰自行宮度以考日月地景各相當之分數是爲視半徑表

太陰視徑差

視半徑表計太陰從其最高至最庳漸次加大也若論蒙氣則南北二方亦有差別西國之北地濱大海其氣更厚故月朔應減月望應加以改表中之半徑如北極高三十度其加減於半徑一十〇秒高四十度其加減三十〇秒過五十至七十極高度卽所加減更多至六分以上也中國北極出地雖止四十二度半亦近海故用加減數如前所列然亦須測驗數食審其果否乃可執爲恆法耳

地景視差

地景半徑之最小者爲四十三分今本表中太陰自行〇宮〇度與相當者是也纔此漸大至太陰自行六宮初度其相當四十七分則爲最大其求之有二法一以測候一以推步第兩法所得數又不同則氣能變景故也以推步者用太陽在其最高時下照地球所生景長以爲定率若太陰過景之處則依其遠近隨時算之如第谷當太陽在最高時測其距地之遠得一千一百八十二地半徑此所推全景之長得二百五十二地半徑又六十分之二十三極如是若太陰在其最高距地之遠得五十八地半徑又八分欲求其所當地景者先於全景內減太陰距地之徑數餘者爲過太陰以外之景角景角者景爲角體也得一百九十四地半徑又一十五分如左圖甲乙地半徑定爲六十萬甲丙爲全景亦通爲一五一四三分臨算末加五位丁丙爲過月以外之景角一一六五五分臨算末加五位而求月食相當之處丁戊幾何廣則甲丙與甲乙若丁丙與丁戊也算得四五五一九三九又甲丁戊直角三角形內求丁甲戊角爲所限目窺丁戊之大則甲丁爲太陰距地還通爲分得三四八八分甲丁戊爲直角丁戊依前算得四五五一九三九而甲丁與丁戊若全數與丁甲戊角之切線得一三〇五查表得四十四分五十〇秒爲太陰在最高時所過地景之半徑也若太陰在最庳求其食時過景之半徑用全景長如前內減五十四地半徑五十二分餘一百九十七地半徑又三十一分爲丁丙直線依前法算得四六四二八〇四爲丁戊線求角以太陰距地之分三二九二爲一率丁戊線

爲二率直角爲三率算切線爲一四一〇查得四十八分二十八秒爲太陰在最庳時所過地景之半徑也今表中列地景半徑小者四十三大者四十七皆少於推得者爲月過地景不論高庳皆受外光圍迫侵銷其景故也論其實則推步所得爲眞然不可得見耳若太陰在高庳之間求其過景者依此法隨時求丁丙線推算也

以測候者用前後兩月食擇食之法欲太陰去其最高最庳距度同則其入於地景之小大亦同但月距黃道不必同又不必全食因以兩距度及兩食分求得其所過之景徑也多祿某引周襄王三十一年庚子三月其地距順天府西八十一度卯初時得見食於是太陰交周得九度二十〇分距黃道北四十八分三十〇秒食全徑一十二分之三又引周景王二十二年戊寅六月里差同上順天府寅初時得見食於時太陰交周得〇七度四十二分距黃道南四十〇分四十〇秒食十二分之六如圖己乙戊丙圈爲地景兩食爲太陰所過乙甲丙線爲黃道

前圖

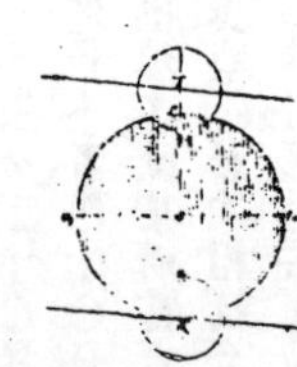

如前圖第一食太陰在丁次食在戊各依食分入景爲己辛爲戊庚其太陰之距度爲甲丁四十八分三十〇秒甲戊四十〇分四十〇秒而甲戊與甲己必相等地景之兩半徑則甲丁減甲戊餘己丁七分五十〇秒兩距度之較又己丁爲月徑四分之一而先得月徑三十一分二十〇秒四分之爲己丁今去減己丁所餘爲甲己半景四十〇分四十〇秒或以距度與食分相較則食差三分與距度之差七分五十〇秒若全食一十二分與全月徑三十一分二十〇秒亦以距度之差推得其景也若後圖兩距度一大於半景一小於半景亦用此比例以求景假如初食三分得距度四十七分五十四秒次食十分距度二十九分三十七秒食分之差七分距度之差一十八分一十七秒則七分與一十八分一十七秒若全食一十二分與全月徑三十一分二十〇秒今既食三分卽全月徑四分之一爲七分五十〇秒以減距度餘四十〇分〇四秒爲地半景又次食得一十分卽月心至地景之周得四分亦全食三分之一也全以月全徑三分之其一爲一十分二十七秒以加距度二十九分三十七秒亦得半景四十〇分〇四秒

後圖

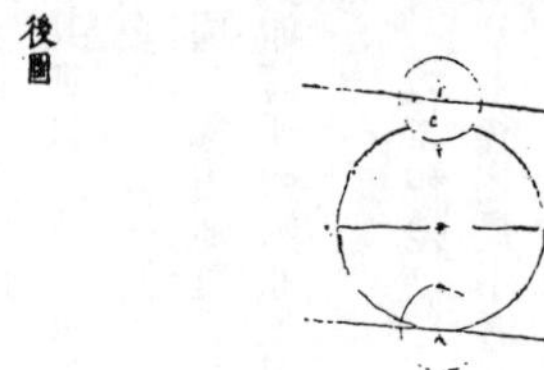

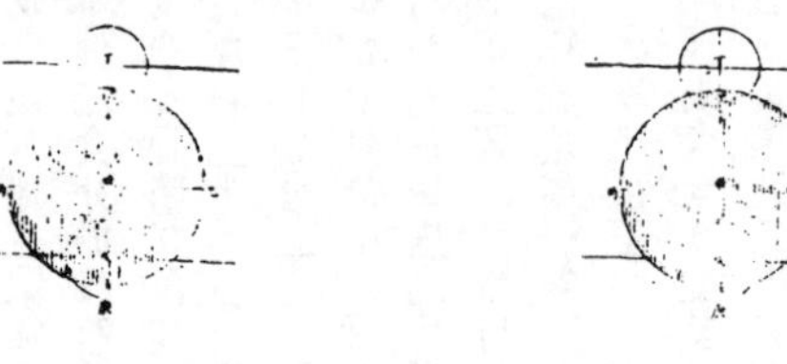

地景實差

表中記地景差不及半分恆減於地景蓋前所論之景實無差或因蒙氣有差耳其有差者太陰以其自行高庳有距地之遠近入於最中時時不同也又太陽居其最高所生之景最大過此漸向最庳去地漸近卽從地出景漸小漸短也故月食時先以太陰自行定地景之半徑又以太陽自行求此實景差而減之乃正得太陰過景之處矣推算之法設太陽先在景高推所生景又設在最庳推所生景得二景之最長最短又設太陽先後距地同而以先過景之徑比於後過景之徑其二徑差卽表中之地景差

假如丁己爲太陽半徑第谷所測爲甲庚地半徑五又四十一分依戊庚平行線減丁戊地半徑餘戊己得地半徑四又四十一分設戊庚爲太陽在最高距地之遠一千一百八十二地半徑則戊己與戊庚若甲庚與甲辛得甲辛地景於太陽在最高時其長二

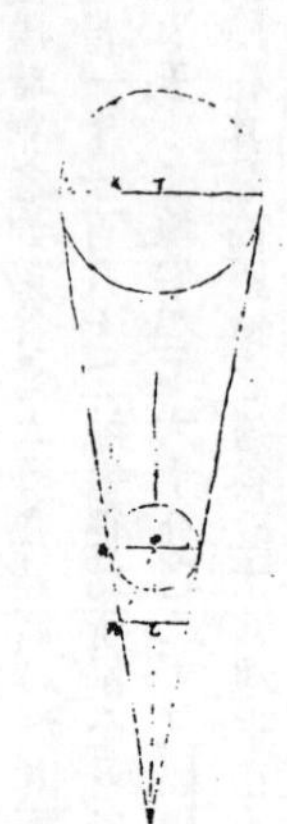

百五十二地半徑又二十三分太陰在其最高最庳之間距地之遠得五十六地半徑又四十三分爲甲乙以減甲辛餘乙辛一百九十五地半徑四十〇分以推月食之半景乙丙則乙辛與乙丙若甲辛與甲庚得乙丙四六五一六五四

算法以原數通爲分又於每率後加五位乘除之又求乙甲丙角所限目窺乙丙之大以太陰距地之遠依前法算得切線一三六四查八線表得四十六分五十二秒又依此法以太陽在最庳距地之遠一一四一地半徑推算地景爲二百四十三地半徑又三十八分去減太陰在高庳之間距地之徑餘一百八十六地半徑又四十五分依前算得四五九九一二四爲乙丙線次以太陰距地之遠三四〇三推得切線一三五一查得乙丙半景四十六分二十六秒比前所得差二十六秒爲地景之最大實差其餘者以太陽自行距最高遠近依法次第求之以上原本曆指卷十一交食之三

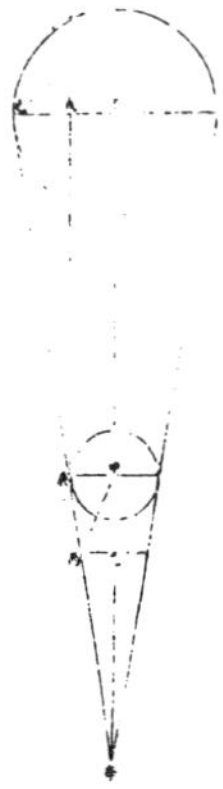

欽定古今圖書集成曆象彙編曆法典

第六十一卷目錄

曆法典第六十一卷

曆法總部彙考六十一

新法曆書十一

交食曆指三

食限第一 凡六章

食限者日月行兩道各推其經度距交若干爲有食之始也而日與月不同月食則太陰與地景相遇兩周相切以其兩視半徑較白道距黃道度又以距度推交周度定食限若日食則太陽與太陰相遇雖兩周相切其兩視半徑未可定兩道之距度爲有視差必以之相加而得距度故特論半徑則日食之二徑狹月食之二徑廣論日食之限反大於月食之限以視差也

太陰食限

表中地景半徑最大者先定四十七分太陰半徑最大者一十七分二十〇秒并得一度〇四分二十〇秒日月兩道之距在此數以內可有月食可食者可不食也以此距度推其相值之交常得一十二度二十八分爲月食限推法最大距度四度五十八分半與象限九十度若距度與交常之弧也其最小者地半景定四十三分月半徑一十五分一十五秒并得五十八分一十五秒若距度與之等者依前法推交常度得一十一度一十六分此限以內月過景必有食也必食者無不食也抑此兩者皆論實望時之食限耳若論平望其限尤寬

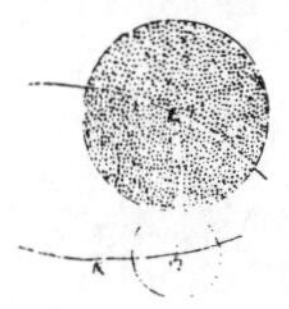

如圖甲乙爲黃道甲丙當白道乙爲地景心丙爲太陰心月切景在丁其最大兩半徑爲乙丙得一度〇四分二十〇秒則相值之甲丙得一十二度二十八分爲定望食限設平望尚在前爲戊則戊平望距丙定望最遠者二度三十八分有奇爲丙戊弧以加甲丙弧得甲戊一十五度〇六分有奇爲太陰切景之時以其心距兩交之度西古史多祿某定實望之食限一十二度一十二分中望之食限一十五度一十二分其所定視半徑最小之食限一十〇度五十〇分

何謂平望距定望最遠得二度三十八分曰太陽均度最大者二度〇三分一十五秒太陰均度最大者四度五十八分二十七秒并得七度〇一分四十二秒爲兩交時日月以實度相距極遠之弧也從此太陰逐及於日行訖七度〇二分此時間太陽又自行三十二分二十八秒太陰又須逐及更行三十二分此時間太陽又行三分弱共爲三十五分以加太陽均度得二度三十八分爲日月之實會望距其中望也如上圖甲乙爲地心所出過本輪心直線至黃道乙指中會太陰實行在丙太陽實行在丁總丙丁弧七度〇二分太陰行至丁太陽已過丁而前又逐及之終合於己故丁己弧三十五分加乙丁共得乙己中實兩會相距二度三十八分

太陽食限

表中太陽之最大半徑一十五分三十〇秒太陰之最大半徑一十七分二十〇秒并得三十二分五十〇秒所謂二徑折半也以此推相值之交常爲六度四十〇分是太陽不論視差不分南北正居實會之食限也第日食不在天頂即有高庳視差太陰每偏而在下交會時以此差故或就近於太陽或移遠隨地隨時各各不同安得以實度遽定日食之限乎測太陰交食時最大高庳差得一度〇四分

因距遠五十四地半徑故

減太陽之最大高庳差三分餘一度〇一分

此爲太陰偏南之極多者凡日食時必有一方能見其然是爲大地公共之最大差

以加二徑折半得總視距度一度三十三分五十〇秒外此即無日食在其內則可食依前法求食限得

兩交前後各一十八度五十〇分爲兩大視徑折半之限也若以小半徑求食限與前差度幷得一度三十一分有奇推相値之交周度一十七度四十八分爲小視徑折半之日食限若日月會入此限內者日必食但非總大地能見必有地能見耳若以中會論食限又須加入實會距中會之度其最大弧三度則中會有食之限二十餘度如圖甲乙爲黃道甲戊爲白道太陰以實度在己以視度在丙太陽乙與太陰丙視相切於丁則己丙爲高庳差己戊爲東西差而丙戊爲南北差南北差之最大者一度〇一分以加乙丙爲總距度乙戊若乙丙爲大折半（二徑折半省曰折半）推得甲戊食限一十八度五十〇分或以小折半乙丙加丙戊得甲戊一十七度四十八分設中會更在前爲辛得食限甲辛更多於甲戊

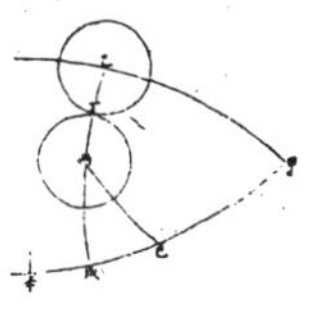

求北中界日食限

北中界者地居赤道之北南不至赤道北不至北極也今依南方極出地十八度北方極出地四十二度定日食之限則最廣者太陰距南其交常度七度三十一分太陰距北其交常度一十七度三十五分爲可食之限最狹者太陰距南交常七度距北交常一十六度五十三分爲必食之限其所繇廣狹者因二徑折半有大有小卽相會時所當距度不同故所限交周度亦異也太陰分南北而定最大日食之限有二義其一論地總本界中有一方焉距北之最大者以十七度爲限又有一方焉距南之最大者以七度爲限非謂一方所見距北可得十七距南又可得七也其一論黃道度爲本界中有地有時太陰或南或北距天頂最遠則其視距度最大以加於太陰實距度得其最大限在北可至十七度在南可得七度亦非謂諸宮交會皆可得七度十七度之限也今試於本界中論地先論其極高四十度者又於本地論時先論其不甚遠於天頂者如日月交會在夏至鶉首宮初度設當時不會於正午其高庳差變爲南北差者必少而所增視距度亦少卽所得者不爲其最大限必設實會正午月距黃道北得其高弧七十三度二十八分以推高庳差一十八分〇八秒全變爲太陰南北差依法加於二徑折半得五十〇分五十八秒爲黃白兩道之視距度則所値交周度得一十〇度爲順天府北極同高地黃道本度月距北日食之最大限可食也設月距南則二徑折半共三十二分五十〇秒反減太陰南北差一十八分〇八秒得兩道視距一十四分四十二秒所値交周止二度五十〇分爲本地本度月距南日食之大限可食也又論其甚遠於天頂者設日月在冬至星紀宮初度會亦正午其高弧二十六度三十〇分推得高庳差卽南北差五十六分二十四秒加二徑折半得黃白兩道總距一度二十九分一十四秒爲月實距南所推最大日可食之限一十七度二十四分所以然者人目所見日月以兩心合會必在太陰所離視道交黃道之處距其兩道實交尚一十一度又本南北差減二徑折半得距度二十三分三十四秒相當者得四度三十二分爲太陰尚不及實交未過黃道南而以視差故人目所見則已過交出日食限之外矣如圖丙爲太陰丁爲太陽甲爲黃白兩道之實交論實距度則日月至甲宜相掩而食今冬至南北差甚大太陰之視行循丙乙視道尚在己距甲遠卽己切太陽周入日食之限後太陽丁行黃道至乙與太陰視道相遇是爲視交卽二曜以兩心合會能全食若更前至辛日月亦未及實交甲太陰實未過黃道南而視行則已過太陽之南卽丙不能掩日亦不能切日不食矣可見太陰實距北在己爲順天府同緯地最大食限得一十七度有奇至辛遂出食限之外况過甲而後實距南其視度距太陽甚遠安得尚有食乎再於本界中論地論其極高一十八度者先設日月在冬至星紀宮初度實會在正午得高弧四十八度三十〇分高庳差全變爲南北差四十一分五十八秒加二徑折半總得兩道相距一度一十四分四十八秒

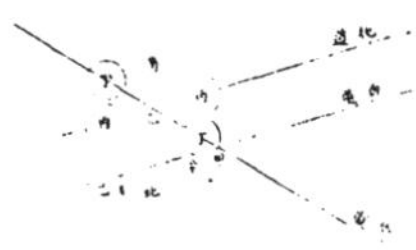

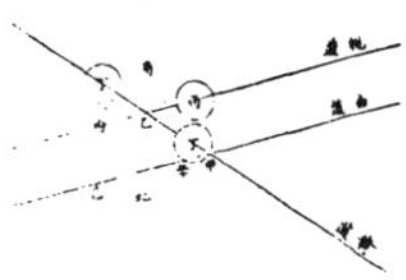

外此無日食在其內可食相值之食限一十四度三十二分其食甚亦未至實交也若行至實交則太陰以視度過交而南四十一分五十八秒矣以較二徑折半則視距爲大不已出兩食限之外乎安得有食設日月會於夏至鶉首宮初度此在天頂北五度三十〇分得高弧八十四度三十〇分推南北差得六分〇八秒以加二徑折半得三十八分五十八秒爲太陰入陽曆兩道相距度二曜至此即以周相切推得日食限七度三十一分若月距北則兩半徑減南北差餘二十六分五十二秒僅得五度一十〇分爲日食限也如圖地居夏至之南目視丙月則偏北故太陰之實度在黃道南爲本道上之乙與太陽之實度丁甚相遠却以南北視差移而就近及以甲乙爲食限二曜相掩必未至甲也若其過實交甲至己在黃道北則因南北差見月更在北與太陽相距更遠不復能相掩矣

太陽太陰越六月皆能再食

越六月者如寅月食申月得再食也如左圖甲丙乙丁爲太陰離道交黃道於甲於乙甲丙乙爲其距北半圈餘乙丁甲爲距南半圈己庚戊辛皆爲食限依多祿某隨通北諸方所定中會時甲己及乙戊入陰曆爲日食限二十〇度四十一分（地愈向北食限愈大故也）甲庚及乙辛入陽曆得一十一度二十二分則限外弧己丙戊得一百三十九度庚丁辛得一百五十七度一十六分越六月之中積交周一百八十四度有奇（先去全周）則大於己丙戊及庚丁辛兩弧故初月在食限內與正交相近者六月後則近中交亦在食限內而日能再食若月食不論陰陽曆其限皆一十五度一十二分則己丙戊弧庚丁辛弧皆一百四十九度三十六分皆小於中積交周度故初月交周度入己甲庚食限內後六月又在戊乙辛食限內而月能再食

太陰越五月能再食越七月不再食

以距月之中積交周度與初月食限外之弧相比若度嬴者則此食限內能起彼食限內能止即兩皆有食若度縮者則一起一止或在兩食限之外不再食矣如五平月交周得一百五十三度二十一分（去全周己）月食於高庳中處其實限一十一度三十〇分南北同得限外無食之弧一百五十七度亦南北同是皆大於交周弧則五平月中不可得兩食矣亦有可兩食者則大月也太陽躔赤道南在其最庳左右必速行同時太陰去全周在其最高遲行必得定朔策少月大交周弧亦大夫五月之平朔策去太陰全周得一百四十五度三十二分中分之左右并得太陽均度四度三十八分又太陰五月自行一百二十九度〇五分中分之以最大加減得其并均度八度四十〇分太陽均度應加

實度距最庳左右比平度遠故

太陰均度應減

設月逐日實未追及故得日月以實行相距總弧一十三度一十八分爲月逐日未及之弧如圖太陽從秋向春行本天小半周

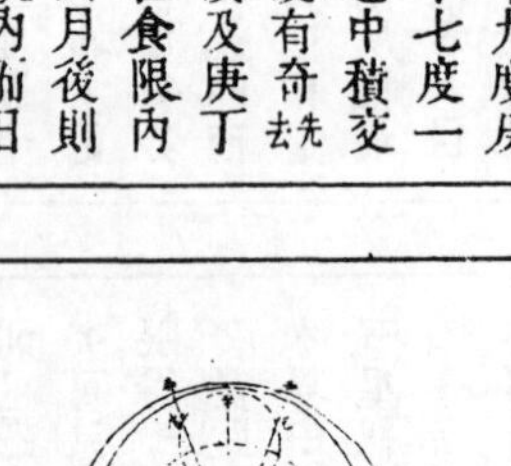

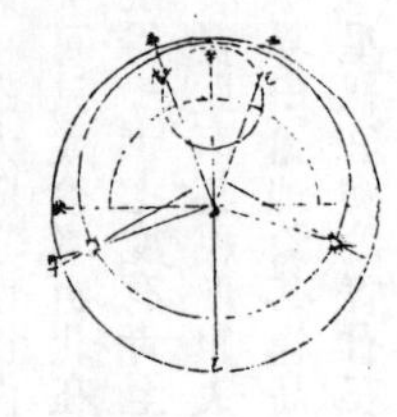

以當黃道正半周必速行以甲乙直線中分其平行左右各得丙丁均度太陰在本輪自戊過最高辛至己遲行以甲辛平分其遲行弧左右得壬辛及庚辛均度日月兩均度不同類一加一減并之得一十三度一十八分爲太陽以實行在前太陰以實行在後之弧而太陰逐太陽行一十三度此時間太陽更行一度〇六分以并於太陽均度總得五度四十四分爲五大月過五平月之度亦爲實交周過平交周之度以加平交周一百五十三度二十一分得一百五十九度〇五分較食限外之弧嬴二度〇五分則月食於甲乙限內爲壬距乙甚近而限外交周度壬庚越五月復可食於庚然食之分數少矣又證太陰越七月不能復食者則小月也月大或平即交周弧大於食限外之弧不可得食

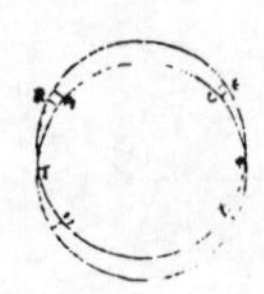

今太陽在其最高左右遲行太陰在其本輪最庳左右速行因而成小月夫七月之平朔策得二百〇三度四十五分同時太陰自行一百八十〇度四十三分如圖甲乙分日月平行甲辛分太陰自行太陽左右各得最大均度丙丁井

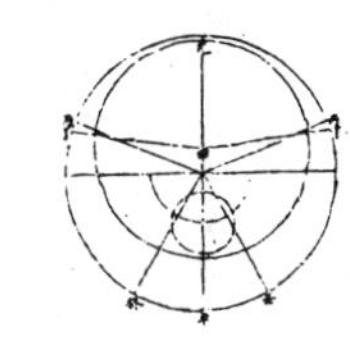

爲四度四十二分應減

實度距最高左右比平度近故

太陰均度壬辛及庚辛井爲九度五十八分應加月設以實行過太陽故一加一減并兩均度得一十四度四十〇分爲太陰過太陽之弧此時間太陽亦行一度一十分以加其均度得五度五十五分是爲七小月間實行不及其平行之度又爲七月間交周平行之弧所減以成七小月實行之度今以平行二百一十四度四十二分去減五度五十五分得二百〇八度四十七分以加於食限外之弧

此第論太陰在其高庳中處甲丙左右四食限爲戊乙壬或己庚丁僅得二百〇三度小於七小月之實交周二百〇八度有奇則月初食在戊丁限內後七月不能於己壬限內再食也

太陽越五月或七月

皆能再食

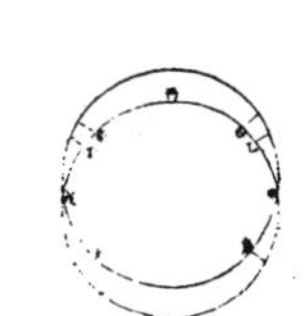

此越五月能再食者必大月也其間交周實行可得一百五十九度〇五分設日月在高庳中處得二徑折半三十二分二十〇秒設太陰距度亦正得三十二分二十〇秒則以前法求得距交六度一十二分當在乙或在丁而乙丙丁弧乃得一百六十七度三十六分若太陰絕無視差者即食限外之弧乙丙丁大於實交周弧八度三十一分日月合會先在甲乙弧內有食越五大月復會必不能及丁戊爲再食矣然太陰既有南北視差則以交周度不及食限內之弧八度三十一分平分之兩加於食限得甲己及戊辛各一十〇度二十八分而太陰在己或在辛皆距黃道五十四分三十〇秒減二徑折半餘視差二十二分三十〇秒倍之得己及辛兩視差共四十五分則諸方能得南北差及此分者所見太陰必偏南下掩太陽得有食也今所論五大月太陽速行先於太陰一十三度一十八分又於太陰逐及時間行一度〇六分總得一十四度二十四分太陰行盡此度乃及日須一日〇九刻是爲五大月過五平月時刻則五大月得一百四十八日一十八小時故先定朔在酉正後必在午正若先在午則後在卯又太陽五大月行一百五十一度以最庳平分左右得先定朔在壽星宮二十一度次定朔在娵訾宮二十一度諸方地面得極高二十餘度見太陰離是二壤值是二時南北視差并得四十五分則越五月得再食此外極出地愈高南北差愈大食限愈寬凡交周在黃道北入甲己食限越五大月必入辛戊食限人居赤道北者可見兩食或交周在黃道南入戊壬食限越五大月必入庚甲食限人居赤道南者可見兩食

謂太陽越七月而再食則小月也否則交周度大於正交及中交之總食限而先在內後必在外不食矣若七小月間交周行依前得二百〇八度四十七分而設無南北差者則以日月兩半徑爲食限得甲乙及戊丁各六度一十二分而總乙己丁弧一百九十二度二十四分小於交周一十六度二十三分即太陽先食於丁戊限內越七月後必己出甲乙限外亦不食也既常有南北視差則以較餘交周弧一十六度二十三分平分之以加於甲乙及戊丁得甲壬及戊癸二限各一十四度二十三分而壬己癸與交周弧相等又甲壬及戊癸一十四度二十三分得相值之距度一度一十三分三

十八秒減二徑折半得四十一分一十八秒爲各視差倍之得一度二十三分則諸方有此視差者得有食也今所論七小月太陽遲行後於太陰共一十四度四十〇分爲太陰一日五小時所行之弧是一日五小時者七小月不及七平月之時刻也總七小月得二百〇五日一十二小時故越七月得再會先會在卯後會必在酉又太陽行七小月實得一百九十八度前已證從最高平分之得先會太陰在娵訾宮二十七度後會在壽星宮一十五度則凡離是二壤值是二時所見太陰南北視差幷得一度二十三分者必越七月得再見日食也此爲極出地三十四度以上蓋距赤道愈遠視差愈大所見食分愈多矣

食分第二 凡四章

欲知此月內有無交食則以食限求之見上文欲知此食食分幾何則以距度求之距度者在月食爲太陰心實距地景之心兩心愈相近月食分愈多在日食爲日月兩心以視度相距其近其遠皆以目視爲準不依實推蓋定朔爲實交會天下所同而人見日食東西南北各異所以然者皆視度所爲也日食詳說見後篇此先解月食分則論定望實會人所見者東西九服各異南北天下不殊也如左

太陰食甚分數

太陰在食限內過地景其兩心最相近時爲食甚而食分必多欲知食甚之處用距度求之蓋距度與地半景及月半徑相減得月入景之分

此言分者天周度數之分非平分月徑之分也稱分有二類見下二文

如兩半徑得一度距度四十〇分相減餘二十分爲所求月入景之分也但距度與半景或等或不等若過不及之分小於月半徑則月不全入景而止食其半或太半或少半而已若距度小於半景者爲太陰之正半徑則雖全食隨復生光其食分卽太陰之全徑以月自行推之若絕無距度卽太陰遇景正在兩交則幷其兩半徑可推月食之分也

假如甲乙爲地景

定望時月入此則失光亦名闇虛

之半徑乙丙爲太陰半徑總得甲丙爲月食限限者乙點爲二周相切之處食從乙點起漸入漸大若兩周相分於乙點則不食也食有三等一曰不全食二曰全食三曰正食不全食者如一圖甲丁爲黃道丁辛當白道月心在辛卽入景者半是爲半食或月心在庚則如二圖入景者大半是爲大半食或在戊則入景者少半爲少半食皆不全食也求食分法以距度減二徑折半如圖甲己與甲丙等爲二徑折半甲戊爲距度以甲戊減甲己餘戊己戊己與辛庚恆相等故於二半徑減距度卽得其入景辛庚爲此食之分也全食者如三圖月心在戊距度甲戊兩道如前而距度入於半景者爲太陰之半徑戊己則己庚入景之分爲全徑但全入以後太陰或向交行欲至丁或離交行欲至辛其周旋出景外則無既內分矣

以上二者皆有距度則皆不食於交點皆偏食也若第四圖太陰食甚時絕無距度則月心與景心皆會於甲甲乙爲半景徑甲戊爲半月徑兩半徑幷爲甲丙設甲乙丙爲黃道甲丁爲白道太陰從丁行以戊

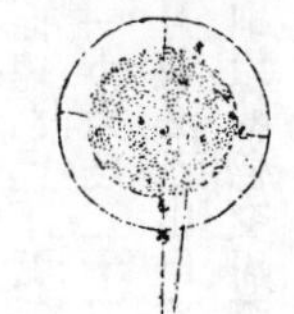

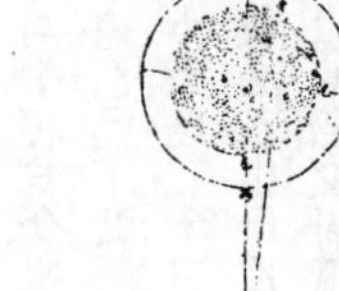

邊至甲己全入於丁甲半景之內矣又行至邊及戊乃食甚故更得甲戊爲既內分總得丁戊兩半徑幷爲此食之分此月食之最大食於交點者也正食也

食分二類

求食分之大幾何有二類其一爲天周度數之分如上文所論者皆是也月食之最大者可得一度〇四分有奇其一爲太陰本徑之分則惟曆家所命如命月體之全徑爲十二平分則最大食得二十二分五十四秒也如命爲十平分則最大食得一十九分〇

五秒也又此二類者皆係太陰及地景之視徑雖距度同分而大小多寡猶多變易設距度恆爲二十五分因太陰自行在最高得月食度數之分爲三十三分一十五秒太陰在最庳得食度數分爲三十九分二十〇秒其自行在一宮或在一十一宮（俱近最高）得三十三分三十八秒在二或十宮得三十四分三十六秒在三或九宮得三十六分在四或八宮得三十七分三十〇秒在五或七宮（俱近最庳）得三十八分四十五秒如前法以太陰半徑半景并每去減二十五分即得此食分之數他距度依此推之其所繇漸漸有差者則因太陰距其最高愈遠即視徑愈大故也又平分本徑亦有多寡有大小蓋太陰在最庳其全體之天度分爲三十四分四十〇秒得平徑一十〇分設食甚正在交點無距度則二徑折半得天度一度〇四分二十〇秒推總食之平徑分得一十八分三十四秒而一平徑分當天度三分二十八秒又設太陰在高庳之中食甚距度如前其平徑亦一十〇分以兩半徑推總食得一十八分四十四秒而一平徑分當天度三分一十五秒與前不同則以視徑故更設太陰在最高其視徑更小僅得天度三十〇分三十〇秒食甚在交皆如前亦得平徑一十〇分而所推總食分更多於前爲一十九分〇五秒則一平徑分當天度三分〇三秒可見距度同平分徑同而食分不同者月自行有高庳其去地之遠近異視徑亦異故也

求月食徑分

太陰入景以本徑分明暗之限爲人目所見之分若全食更加入景之餘分（即既內分）推得總食分則距度能翕張其二徑爲食分多寡之緣也今或依第三卷所定太陰及地景視徑表用引數求之并而去減其距度則太陰視徑與十平分若其二半徑減距度之餘分與食分或依第二卷前所設求太陰均度之圖用甲乙丁三角形求之蓋乙甲丁太陰均度角之正弦與乙丁直線若甲乙丁總自行餘弧角之正弦與甲丁直線既得甲丁爲太陰距地遠次求太陰視徑則其距地遠甲丙與太陰實徑之正弦丁乙若全數與丁丙乙角之切線次以太陰半徑與地半景大小之比例爲一五〇與四〇三推地景視半徑蓋一五〇與四〇三若太陰視半徑之正弦與景視半徑之正弦也既得視半徑用三率法如前推算食分欲用表則於引數查視半徑而以月視徑及兩半徑減距度之餘數查食分然表中列數從引數出其理一也

求月食面積分

前論月食分皆目可見器可測之視徑分也若求其不全食之面入景之分則有別法設甲爲地景之心乙爲太陰之心以距度得其兩心相距爲甲乙直線又先得甲丙爲地景視半徑得乙丙爲太陰視半徑則甲乙丙三角形內有其三直線可求三角又甲乙丁三角形與甲乙丙三角形等則以丙甲丁總角得丙戊丁弧亦以丙乙丁總角得丙己丁弧今欲以徑與圈之比例推丙戊丁及丙己丁兩弧與其本圈半徑同類之分若干

弧曲線與直線異類以周徑法變曲線分爲直線分故曰同類

其法以甲丙及丙戊得景中丙甲丁兩半徑弧形

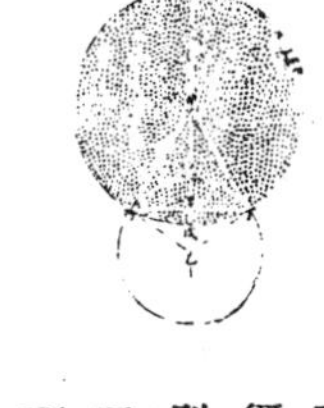

兩半徑弧形者兩半徑爲兩腰弧爲底求得其容積也說見測量全義第三卷

亦以乙丁及丁己得月上丙乙丁兩半徑弧形又丙丁直線爲等腰兩三角形之公底線求其半得丙辛以乘甲辛得甲丙丁三角形之積以乘乙辛得乙丙丁三角形之積次以兩三角形之積各減其兩半徑弧形之積所餘丙戊丁己長圓形爲太陰入景之面可得其餘不入景之面也

假如崇禎五年壬申九月十四日夜望月食四分四

十二秒食甚太陰距度四十四分其視半徑一十六分二十五秒地半景四十三分二十三秒設甲乙為距度乙丙為月半徑甲丙為景半徑則最大線甲乙與餘兩腰線甲丙丙乙若兩腰線相減之餘線甲丁與大線之分也卽算得大線之分甲戊以其餘平分之為戊辛辛乙次從丙作丙辛必為甲乙之垂線矣既得各線如圖皆通為秒以求甲角及乙角則甲辛與全數十萬若甲丙與丙甲辛角之割線算得甲角二十一度四十〇分倍之得四十三度二十〇分為丙戊丁地景之弧又辛乙與全數若乙丙與辛乙丙角之割線算得乙角七十七度〇六分倍之得一百五十四度一十二分為丁己丙太陰周之弧次求其各與本圈半徑同類之分則月徑及地景徑各與其本周若七分與二十二分也推得地景周一六三六一月周六一九一因此用丙戊丁及丙己丁兩弧各求其本圈徑同類之分則全周一六三六一與所截丙戊丁弧之分若全周三百六十度與本截弧四十三度二十〇分算得一九六九為丙戊丁弧其半九八四為丙戊半弧也又太陰全周之分六一九一與丙己丁弧之分亦若三百六十度與本截弧一百五十四度一十二分算得二六五一為丁己丙弧半之得一三二五為丙己半弧也次以甲戊乘丙戊得丙甲丁地景兩半徑弧形之積二五六一三五二以乙己乘丙巳得丙乙丁太陰兩半徑弧形之積又丙甲辛角之切線也乙丙與丙辛若全數也甲丙與甲辛得丙辛九六〇則彼此求兩等邊直線三角形之積與求兩半徑弧形之積通為一法得甲丙丁三角形之積

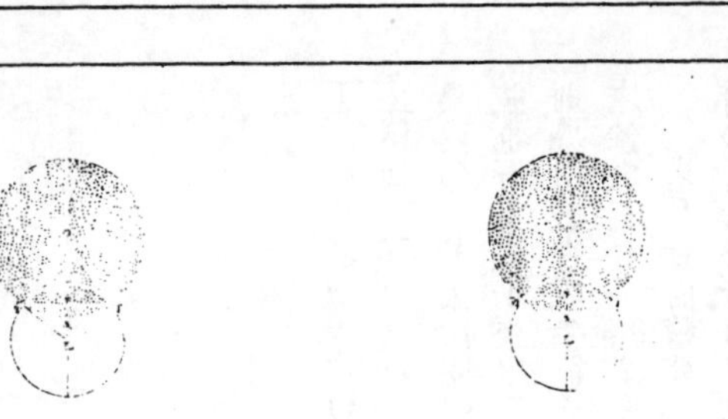

二三二二四〇乙丙丁三角形之積二一一二〇〇各減其兩半徑弧形之積得丙辛丁戊分圈形之積二三九一一二丙己丁辛一〇九三九二五并之得總數一三三三〇三七卽丙己丁戊全形之積也又以太陰半徑九八五乘其半周三〇九得三〇四八五七五與總數比得太陰入景之面與其未食之面若一十三分與三十〇分也

食甚前後時刻第三 凡三章

食甚前初虧也食甚後復圓也兩限間之時刻多寡其緣有三一在太陰本時距度因距度或多或寡每食不同卽太陰入景淺深不同淺則時刻必少深則時刻必多其二在月及景兩視半徑半徑小太陰過之所須時刻少半徑大太陰過之所須時刻多其三在太陰自行自行有時速有時遲雖則距度同視徑同而自行遲疾不同卽所須時刻不同矣推距度及視徑皆依前所設法此專求太陰實行以定食時刻分

月食起復行度

太陰入景自初虧至食甚之弧與其出景自食甚至復圓之弧兩者略相等故求其一倍之得在景之總弧如圖甲為景心躔甲乙黃道乙丙為白道太陰心至丁為初虧在丙為食甚復圓在戊丁戊者天周之弧也而所截弧極小故作直線用之又甲乙丙三角形也而乙角極小乙丙與乙甲略等故作平行線用之因而甲丙可為垂線因而丁丙與丙戊亦可為等今自甲出兩直線為甲丁為甲戊皆當太陰地景之兩半徑而甲丙為太陰距度故甲丁戊三角形以甲

丁方減甲丙方得甲丁方其根爲太陰初虧至食甚行過太陽之弧若不用開方則有別法以角求對邊線如甲丁線與丙直角若甲丙線與甲丁丙角旣得丁角餘爲丁甲丙角則丙直角與甲丁線若甲角與月行景之半線丙丁也雖食分不同或半月入景或全體在景求初虧至食甚之弧恆倣此大求食旣至食甚亦倣此倍之得太陰全入景至生光及復圓之總弧如左圖甲乙爲黃道乙丙爲白道太陰心行至丁則全入景旣至戊卽生光得丙丁及丙戊略相等故先得丙丁倍之卽丁戊也此則以甲丙爲距度甲丁爲地半景減月半徑之餘於甲丙丁三角形用此兩線及甲丙丁直角推丙丁線與前同法若欲精求之不聽甲乙丙爲平行仍作兩線斜交於乙太陰初虧在丁食甚在丙復圓在戊丙丁是太陰在景之半爲距交一十二分之一卽作丁庚線與甲乙平行取丙庚亦丙甲距度一十二分之一以減甲丙得甲庚是太陰初虧之距度以加甲丙得甲己是太陰復圓之距度大以甲丁甲庚兩線及庚直角求得庚丁

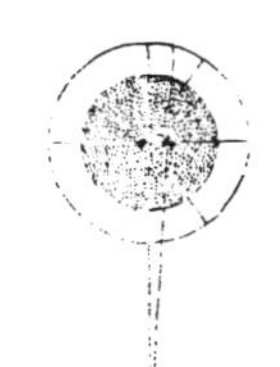

線以庚丁庚丙兩線及庚直角求得丙丁線爲初虧至食甚行度後以甲己甲戊兩線及己直角求得戊己線以戊己己丙兩線及己直角求得丙戊線爲食甚至復圓行度也

食甚距度線與白道當爲垂線

求食時刻設太陰食甚前行度與食甚後行度等卽距度線必當爲白道之垂線不然者必行度前後不等而時刻亦不等如左圖甲乙爲白道甲丙爲黃道太陰在丁自庚黃極出線過丁月爲庚丁弧至戊黃道指太陰實度在戊因太陰在丁得交常分甲丁而庚丁與庚乙若甲丁與甲戊（皆用正弦算）若得甲丁四十五度與甲戊最差之限得六分

甲戊少於甲丁在圖爲己丁

若甲丁在食限內其與甲戊差又不及三分矣因兩道之最大距不過五度故也設甲丁弧得二十〇度而以甲乙與乙丙之比例推甲丁與丁戊得丁戊距度一度四十二分今作戊己與甲乙爲垂線又以甲丙與丙乙之比例推甲戊與戊己亦得戊己相距一度四十二分可見丁與己見有差戊己與戊丁有微差不足見也今不用戊丁開方而用戊己又以戊己平分太陰入景與出景之弧其不得有差甚明矣

太陰食在景時刻

前第二卷論月食以食甚時爲主於食甚前之初虧至食甚後之復圓總推定時刻分秒其法以太陰在景中行度變爲時刻如先得食甚前行度求所當初虧至食甚時刻倍之得其餘行度亦變時刻皆依先所定行度用比例法推筭也如崇禎五年壬申三月望太陰初虧至食甚行四十〇分一十六秒欲變時用三率法太陰行三十三分一十一秒得一小時今四十〇分一十六秒應得一時一十二分四十三秒但太陰自行恆異平行食時間恆不居本輪之一處故所用一小時之行分以定食間行之時不得用平行必須考將食之實行查太陰實行時表法恆以自行宮度得一小時之實行每度所值各各不同如太陰平行一時得三十〇分二十九秒以本時自行求均度或加或減於平行得實行若加減度表對自行初宮三十二分四十〇秒得均度二分四十六秒以減三十〇分二十九秒得二十七分四十三秒爲表中相當引數初宮初度之率也加減度表對自行一宮三十二分四十〇秒得均度二分二十五秒以減一小時之平行餘二十八分〇四秒爲相當引數一宮及一十一宮之率也其餘皆倣此第自行在本輪最高左右必減均度得一時之實行在最庳左右必加均度得一時之實行耳

既以實行推定總時刻則以食既至食甚之時減先定食甚時刻分秒得食既時刻分秒以相加得生光時刻分秒又以減食甚前總時得初虧以相加得復圓又以初虧減復圓得總食之時刻分秒若初虧在子時前復圓在子時後則卽以丑初爲十三時（午正起算）

用小時丑正爲十四時如是接續減之

交食圖義第四凡三章

求日月失光之面向何方位則有兩線其一從太陰距黃道度作大圈令過太陰太陽兩心此日食也或太陰與地景兩心此月食也下至地平周遭移指交食所向之方也其二黃道斜交於地平日月隨之行遇食必有時向東南西北有時向東北西南也欲繪交食圖必先察日月所向起復方位第舊法祇以陰陽二曆分別南北殊粗率今法必可得其度分頗爲繁細耳

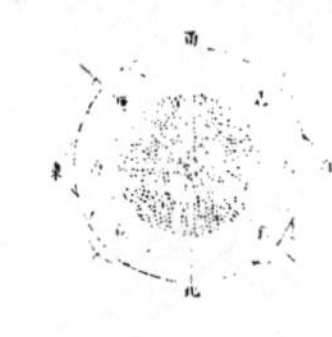

距度變日月食所向方位

太陰食起復之間以本行歷遶其度分即作過兩心月心地景心也大圈至地平時刻各異所向方位亦時刻各異欲盡推之其多無數故當求其初虧食旣食甚生光復圓五向而止如圖甲爲地景心甲乙爲黃道戊丙爲白道兩道之大距不遠故作平行線論初虧太陰在丙食旣在丁食甚在戊即甲丙甲丁甲戊皆過月地景兩心之弧因太陰漸近於地景心甲其距度遠近漸大不同而乙甲丙角乙甲丁角乙甲戊角之小大亦不同則太陰所向地平之方位度分亦不同故恆以本距度推本角如甲丙初虧之距爲半景月半徑幷之甲丁食旣之距爲半景減半月徑之甲戊食甚則爲太陰之正距度也甲戊丁角可當直角不論其甲戊線與甲丙戊對角若甲丙線與丁戊甲直角得甲丙戊角與乙甲丙角相等乙甲丙爲所求又甲丁戊三角形依此法推甲丁戊角與乙甲丁角此爲所求相等而食甚乙甲戊爲直角故在甲諸角其線不等即所向方位不等論日食則甲丙爲日月兩半徑甲戊爲太陰距太陽食甚之視度以求甲丙戊角向下皆同前法今更作圖甲爲景心乙丙爲黃道若太陰初虧在乙其入景之面必正向東若復圓在丙

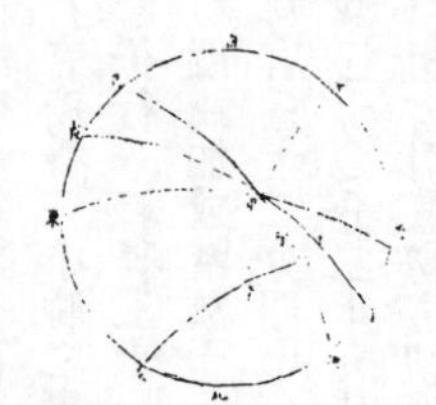

初虧在乙復圓必不在丙故曰若指他食也

其出景之面必正向西皆無距度故若其距北在丁或在戊即入景之面向東南或西南若其距南或在己或在庚即入景之面向東北或西北也論日食設甲爲太陽心其理同此但出入之面所向與月食所向正相反此爲異耳

黃道出沒變日月食所向方位

黃赤兩道之兩交切地平若一在正卯一在正酉不偏南北卽諸方俱無闊度矣外此或黃道距南或距北其距漸多其出沒之闊度去離卯酉亦漸多又南北極愈高其相離更遠如北極出地三十六度黃道度去離春秋分或南或北一宮其闊度左右各一十四度一十五分若去離二宮則更遠其闊度各二十五度一十三分最遠者得二十九度二十九分若北極出地四十度卽一宮得闊度一十五度○四分二宮得二十六度四十五分最遠則三十一度一十九分也太陰旣隨黃道行其食也亦必依其闊度則起復之所向方位太陰亦必依闊度之左右也今欲定其多寡如左圖南西北東爲地平圈丁甲戊爲黃道食時得闊度戊距正東若干太陰心在丙景心在甲過兩心之庚甲己大圈指己因戊黃道度距正東遠己隨之距正東亦遠而丙月之初入景所向爲己也今求東己弧先設辛爲天頂出高庳弧過甲至壬爲頂極圈又作一癸午弧與甲庚爲直角夫甲乙丙小三角形有乙丙距度有甲丙兩半徑有甲乙丙直角依比例推得甲角夫以食時及甲景所躔黃道度得戊甲辛角卽得其餘辛甲乙角又得辛甲乙所分之辛甲午角減乙甲丙小角次甲辛午三角形有甲角有午直角又以北極高及黃道距赤度得甲辛弧可推得辛午線以加辛癸象限得午癸總弧爲午己癸角其餘角爲甲己壬也而己甲壬爲辛甲午之對角甲壬爲辛甲之餘弧因可推壬己弧又戊甲壬三角形有原推之甲戊有甲壬戊直角有乙甲辛相對之壬甲戊角因可推壬戊弧去減先

得之壬己餘己戊爲所求太陰初入景所向東南維之地平經度以加初所得東戊弧則得東己總弧

月食圖

西曆恆推日月食所向方位以其所虧及復圓距度作圖求距度食甚前與食甚後爲一法以太陰自初虧至食甚之實行加入太陽同時所行分秒得太陰初虧至食甚在景之總分以加前所定食甚交常度得復圓交常度以減得初虧交常度次求初虧距度則全數與其交常度若黃白之大距度與其距度求復圓距度倣此

假如崇禎五年壬申三月望太陰初虧至食甚景中行過太陽四十〇分一十六秒爲時四刻一十二分四十三秒同時太陽行二分五十七秒以加前行得四十三分一十三秒爲太陰在景之總行其食甚交常度爲過中交八度三十五分五十八秒以加太陰總行四十三分一十三秒得復圓交常度一十〇度一十九分一十一秒其正弦一七九一四以減得初虧交常度七度五十二分四十五秒其正弦一三七一〇算得太陰初虧距度四十一分復圓四十九分三十〇秒若用表以時分查太陽本行以交常度查太陰距度更易得矣欲依本食作圖其外大圈之半徑爲月半徑地半景并得一度〇四分三十二秒量用比例規或先平分一直線內取食時所得地半景此爲四十六分三十五秒作內圈以當景次查距度此食在南初虧四十一分復圓四十九分得太陰初在乙後在丁食甚亦依其距度在丙爲食之定分圖上下左右書四方其起復所向方位必與天合也以上原本曆指卷十二交食之四凡四章

視差以人目爲主第一

前言實會中會視時食限等皆日月食之公法也是皆準於地心今再論月食生於地景景生於日故天上之實食即人所見之視食無二食也日食不然有天上之實食有人所見之視食其食分之有無多寡加時之早晚先後各各不同推步日食難於太陰者以此其推算視食則依人目與地面爲準

視會

凡交會者必參相直不參直不相掩也日之有實食也地心與月與日參居一線之上也其有視食也人目與月與日參居一線之上也人目居地面之上與地心相距之差爲大地之半徑則所見日食與實食恆偏左偏右分爲兩直線各至於宗動天其所指不得同度分是生視差而人目所參對之線不得爲實會而特爲視會

如左圖甲爲地心乙爲地面丙爲天頂若丁爲日戊爲月即在甲丙一直線上則實會即爲視會因地心與人目無分線故也若日在辛必月至壬方與地面乙作一線爲視會矣若月至己與地心甲作一線則實會也今言交食惟以目見爲憑故日食全論視會若所居地面不同即食分多寡加時早晏亦隨之異也又視會實會在日月本天皆無度分可指而全依宗動天之黃道圈度分則此實會線所指謂之實度視會線所指謂之視度如圖甲辛線所指爲黃道之庚則庚爲太陽之實度若乙目視辛日至黃道癸視己月至黃道午則癸爲太陽之視度午爲太陰之視度也

日月目見之度非實度

譬之畫圖者作平圓形則一舉手一運規即得矣若欲爲螺旋線先須依法作識又依法作線乃成形焉測天之法亦猶是耳今欲知日月躔離東西南北亦轉儀闚表一覽可知若欲定其本行所在則非聊一寓目遽能得之必先後累測度分展轉較勘乃可定也假令目居地之中心地之心即宗動天之心極目所見則有

恆星以當彼界兩界中間有日月五星是名七曜七曜相視有遠有近無有同者即論一曜亦各時遠時近無時同者是則目所能見也然因目所見得其視度於彼界因以視度測其與某恆星相距若干度分因以是度推其實與地相距若干遠近則可謂即目所見遂得其實行能分別其去地遠近則不可何者七政諸本天雖居恆星天之內乃不見火木土等內天之星以本體能掩最外之恆星則何從辨其內外遠近乎又目所見者太陰太陽二體相若何從知其內外之相距絕遠二體之小大絕不相等乎內天之兩星發對於外天之兩經星目見之能知外者之兩相距其遠內者之兩相距不甚遠乎是三者皆目力難憑之效也或曰是則然矣測量之法皆憑目所見也則可廢乎曰何可廢也惟測內天之星得彼界所指之點以爲即在恆星之天聊可得之矣何者凡用在界之弧以測其棱心之角無弗真者目測恆星之天其在地面與其在地心也無以異

地居恆星天中止當一點

若測內天諸曜目雖不在地心相距亦不甚遠故測日月五星於彼界上得點即與實度相近

日聊可得之日距不甚遠日近其實度皆因有地半徑視差故

但恆星有時不見或與內天諸曜不相値故曆家以地平代恆星更用遠視之器以助目力得日月五星之視度分依法推步乃正得其實度分矣

人視差

兩目既存不惟相助以爲明相代以備虛亦能彼此互用以察物之遠近蓋各以其心（目睛最中之一點爲心）受外物之象其兩心之兩直線至物體則相遇爲兩腰兩睛心自相距爲底成三角形因以其比例之大小別物距目之遠近是謂目差緣此可推天上之視差以小喻大其理一也若物大遠於人目則底線極小兩腰極長是過睛心之兩徑線與平行無異正如地球比恆星天之高特以一點爲底視差無所緣生矣

如左圖兩目之心爲甲爲乙目所視之物爲丙若甲乙線可比於甲丙線（可見者不甚遠漸有比例）則兩戊己徑線漸

相就如己而相遇於丙若物更相近爲丁則兩徑速相就爲辛庚

甲乙丙及甲乙丁兩三角形皆等邊又同一底線則丁角大於丙角而丁甲乙角必小於丙甲乙角

而兩目之光線皆從己斂向於庚自覺所視之物變遠爲近矣若物與目相去甚遠則無比例者因兩徑絕難相就絕難相遇故也今借此理明視差之公理如本圖設丁物之前有橫堵爲壬癸令甲目獨視丁物則所見若在壬令乙目獨視丁則所見反在癸而丁前丁後兩交角形必相似即丁物亦不遠於壬不遠於癸蓋視之目分兩線爲交角即能分本物之遠近也若不能分兩線即不能分遠近

地半徑差

目視星欲辨六曜（月五星也）在恆星之內勢不能也則當借地體之大補目力之不及法用地半徑爲底以推測量所指之界即可得七政遠近上下各居本天之實處如左圖甲乙兩目相距爲底則二寸耳今以兩地相距數千里或數里當之以爲底如甲爲順天府乙爲廣州府丁爲太陰兩人同測之一在甲一在乙因此大底之遠近比於各距太陰之兩腰得大小之比例則甲丁及乙丁兩直線必覺彼此相就以趨於丁矣再使壬癸爲列宿天之兩恆星

或壬癸爲太陽之全體壬當其南周癸當其北周

測者一從甲見太陰丁若在壬以本體合於一星之體

或太陰之南周齊太陽之南周

一從乙測太陰反在癸轉就北以合於他星（或太陽之北周）

若甲乙兩測之距愈相遠即所見丁月兩指之極隔亦愈相遠

一偏南一偏北東西亦同

而人在甲能見太陰掩日爲日食人在乙即不可得見矣以此壬癸當宗動天

上之弧正所謂視差與前言目見之小視差其理一也第兩人相距千里萬里同時並測太陰其勢甚難故立別法代之

詳見本書第六卷下文略言之

假令人正居地心推其所得太陰距天頂應若干度分又同時居地面者實測太陰距天頂得若干度分兩度之差即所謂視差也如圖甲乙丙為地球丁為天頂甲戊丁直線所至也若太陰在此線左右為己從甲地心測月見之當在庚自地面乙測之乃在辛則先推定丁甲庚角或所當之丁庚弧後推丁乙辛角或所當之丁辛弧

乙距甲與乙距丁無比例甲乙至小故

以兩角或兩弧相減得視差之弧庚辛

問一星距天頂測其宗動天上所指度分在地心測之則距近在地面測之則距遠若論角則地面之乙角大於地心之甲角何以證之其故何也曰因其一遠一近如圖太陰在本天其距頂之弧為己戊己戊之距地心甲與其距地面乙遠近之差則目所能識也所能分也

因地之半徑與月本天之半徑有比例故

則目之在甲與在乙所受己戊弧之象實不能無大小為己戊弧等而兩角之大小不等

目受物象皆以角形見

交食第一卷

相近者必大遠者必小也

角既有大有小所相當之弧不得不有大小則辛之距天頂視庚之距天頂不得不遠矣又論辛庚視差實為辛甲庚角所定何用辛巳庚或甲己乙角乎曰甲乙線與甲庚線無比例（小大絕遠故）而甲乙與甲己則有比例即甲己與甲庚亦無比例也既甲乙與甲己同為微末不以入算則用辛巳庚角代辛甲庚角無以異矣若論角則丁乙辛角與丁辛弧相當（因甲己矣乙丁）（無大小之比例）又丁乙巳角與乙甲己及甲己乙兩角并等（見幾何第一卷十六題）則兩角并亦與丁辛弧相當矣今丁庚弧既與丁甲庚角相當則餘弧庚辛必與餘角甲己乙或辛巳庚相當也

欽定古今圖書集成曆象彙編曆法典

第六十二卷目錄

曆法總部彙考六十二

新法曆書十二 交食曆指四

曆法典第六十二卷

曆法總部彙考六十二

新法曆書十二

交食曆指四

視差以天頂為限第二 凡六章

人目在地面或在地心仰視天所得日月道相參直者止有一不同者無數過兩目之垂線止一至頂之線此外分離處處各異

三視差

視會與實會無異者惟有正當天頂之一點過此以地半徑以日月距地之遠測太陽及太陰實有三等視差其法以地半徑為一邊以太陽太陰各距地之遠為一邊以二曜高度為一邊成三角形用以得高庳差一也又偏南而變緯度得南北差二也以黃道九十度限偏左偏右而變經度得東西差三也因東西視差故太陽與太陰會有先後遲速之變二曜之會在黃平象限度東卽未得實會而先得視會若在黃平象限西則先得實會而後得視會所謂中前宜減中後宜加者也因南北視差故太陰距度有廣狹食分有大小之變如人在夏至之北測太陰得南北視差卽以加於太陰實距南度以減於實距北度又東西南北兩視差皆以黃平象限為主蓋正當九十度限絕無東西差而反得最大南北差距九十度漸遠南北差漸小東西差漸大至最遠乃全與高庳差為一也

三差恆合為句股形高庳其弦南北其股東西其句至極南則弦與股合至極東極西則弦與句合也

論日月視高差

太陽出地平上漸升至天頂得九十度在夏至則離赤道北二十三度半為丁辛如北極出地四十度卽赤道離地平五十度加丁辛二十三度半得七十三度半此日在午正之高也今太陽未至子午圈別作一高弧從甲過太陽垂至地平上為甲乙丙弧其乙丙既太陽未及午正之圈卽其高不至七十三度也兩曜去天頂有高庳與恆星有遠近時時處處不同故其視差大小亦各不同唯曜在天頂則無差若下

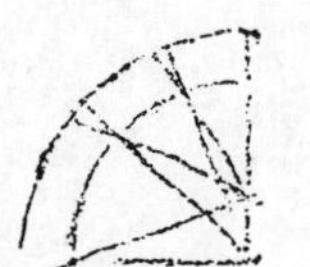

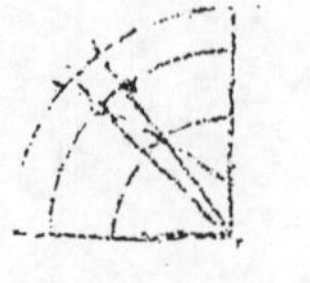

幾度則少差愈庳愈差庳至於地平則得其極大差矣今先論太陰如上圖甲為地心乙為地面丙為天頂丁己為太陰本天丙戊為恆星天若人在地心甲視太陰正在地平己直至戊在參宿第三星下人在地面乙視太陰己直至壬在參宿第一星下是壬戊不同度至一度 六分為太陰之極大視高差若太陰高至庚至辛視差漸減如在丁直視至丙人在甲與在乙悉無交角無差分矣太陰距地心最近者為乙地面至其本體得為地半徑者五十六个

後言一个者皆一地半徑省文也

若太陽甚遠於地自地面至日輪得一千餘个其差更小日出地平之最大差止三分漸高漸小矣凡推日食恆以太陽之視差減太陰之視差得兩曜之視差假如甲乙為地球丙丁

爲日月本天皆如前於最上之天

或指宗動或指恆星其理同也

得戊寅爲太陰視差得己庚爲太陽視差相減得戊己爲兩曜之高庳視差

求太陽高庳差

凡地半徑與星距地心之遠此兩直線若能爲大小之比例者卽人在地面所測與星所在之實度分不一是爲視差若星距地甚遠其距遠之線極大地半徑極小兩線絕不能爲比例卽人所測與地心所出兩直線所指之度不能分卽不能爲視差故求星之距地遠近恆以視差爲證以視差之多寡不等推其距地遠近亦不等如測恆星無視差可證其距地最遠測塡星微有之僅得數秒而測太陰所得過一度因知七政之最遠者爲塡星最近者爲太陰而太陽得視差三分當在其中央矣太陽太陰之距地遠近如前以月食求之其法更易今以其遠近及地半徑反推其視差定爲高庳差表如圖甲乙爲地半徑甲戊爲太陽距地心之遠任在本天最高或最庳或高庳之間皆有小異今設在高庳之間者如日初出在丙則甲乙丙三角形內乙甲丙爲直角甲角直線爲甲乙者一千一百四十二个此中數也推得甲丙乙角三分爲太陽之最大高庳差若太陽在丁其丙丁高弧三十度則以餘弧之乙甲丁角推得高庳差二分三十六秒爲甲丁乙角若丙丁高弧六十度則甲丁乙爲一分三十秒依高度推高差皆準此至天頂戊卽無差

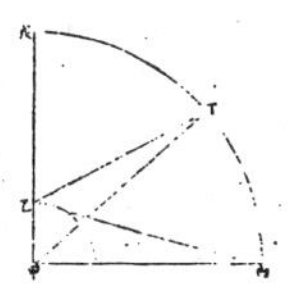

求太陰高庳差

太陰之距地旣近視差旣大卽其在本輪之最高最庳次輪之最遠最近視差大小亦皆變易其在本輪最高次輪最遠一限則距地依歌白泥算六十八个二十一分以六十度高弧推之得視差二十五分二十八秒若在本輪最高次輪最近二限距地六十五个三十〇分以同前高度推視差二十六分三十八秒若在本輪最庳次輪最近三限其距地五十五个〇八分以同高弧推得視差三十一分四十二秒若本輪最庳次輪最遠四限距地五十二个一十七分以同高度推得三十三分二十八秒是爲同六十度弧之最大視差若他高度其法同此所推視差各異矣又太陰在小輪高庳遠近時時變易視差隨之無能不變欲考其幾何如圖甲爲太陰本輪之心從地心壬出直線過甲至辛指最高於乙最庳於丙是爲次輪心一在最高一在最庳而己丁及庚戊兩弧皆設六十度引乙丁及丙戊直線得甲乙丁及甲丙戊兩三角形今先求次輪在本輪最高遠近之間各度生何視差借太陰曆指所定以地半徑量諸輪之半徑得甲己爲五个一十一分甲壬爲六十个一十八分而己辛止得二个五十一分則甲乙丁三角形內得乙丁爲一个二十五分地半徑爲个个六十分甲乙爲六个三十六分丁乙甲角六十度推得甲丁線六个〇七分以幷壬甲總得六十六个二十五分大於壬己線五十五徑分有奇是名剩分今更設比例分論之如壬己爲六十比分卽己辛得二比分三十七秒而剩徑分五十五當化爲四十六比秒又己辛當六十比分依法推得一十八分正

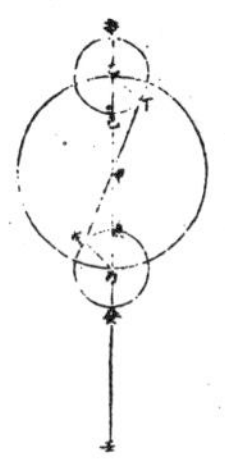

六十與一十八若二分三十七秒與四十六秒

爲次輪上六十度己丁所求高差應減於最近已高差也次論甲丙戊三角形其兩線甲丙戊角及剩分與前同但壬庚線得五十五个〇八分亦以當六十比分卽庚癸得三比分〇七秒而剩徑爲五十五比秒又庚癸當六十比分亦推得一十八分

六十與一十八若三分〇七秒與五十五秒

是爲次輪上六十度庚戊所求高差應加於最近庚高差也蓋依前所定四限丁六十度在一辛二己遠近之間高於己得視差少於己故剩分推視差以減於己得太陰在己正高庳差戊六十度在三庚四癸遠近之間庳於庚得視差多於庚故剩分爲推視差以加於庚得太陰在戊正高庳差也其餘次輪之遠近度求視差皆準此

太陰在朔高庳視差

本書二卷論太陰交會時恆居次輪之最近所謂第二第三限在前圖爲己爲庚也因太陰食日加時恆不在本輪之最高最庳而月行次輪周恆倍於本輪周故朔望時太陰恆在次輪之最近最近所行之周名本輪之內圈是大於次輪小於本輪以己庚相距之線爲徑今欲求內圈之上下左右各度得何高庳視差如圖己丙庚內圈己爲高最遠庚爲庳最近乙距地心甲爲地半徑六十个一十八分設歌白泥之數以爲法

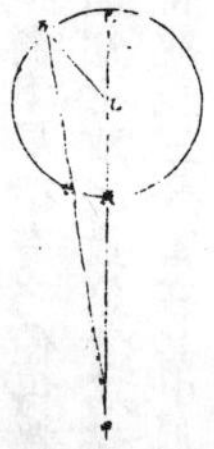

己丙弧六十度乙丙得五个一十一分與甲乙六十个十八分同類之徑分也以甲乙丙三角形推太陰在丙距二限己六十度得甲丙線六十三个〇四分因得甲己六十五个三十〇分剩得二个二十八分今設己庚爲六十〇比分即推得一十四比分

六十與一十四若己庚十个二十二分與剩徑二个二十八分爲剩分以推太陰在丙之視差加於在己之視差得太陰之眞視差

假如太陰距天頂四十二度在本輪七十二度在次輪六十〇度總論其變視差以距頂倍之度查本表得太陰在遠近之第二限有高庳差三十五分三十一秒以較第一限贏一分二十九秒今距第二限六十〇度依前法推得一十八分而六十分與一分二十九秒若一十八分與二十七秒則於二限高庳差減二十七秒餘三十五分〇四秒是一二限間次輪行六十度之高庳差也又第三限較第四限之視差不及者二分一十九秒而六十與二分一十九秒若一十八分與四十二秒以四十二秒加於第三限之四十二分一十九秒爲四十三分〇一秒是三四限間六十度之高庳視差令太陰行本輪七十二度又在二三限之間法以丁戊上兩視差相減餘七分五十七秒於時太陰自行得二十比例分則六十與七分五十七秒若二十與二分三十九秒以二分三十九秒加於前推一二限間次輪六十度之視差三十五分〇四秒得太陰居高庳遠近之間本輪七十二度距天頂四十二度次輪六十度之眞視差三十七分四十三秒凡以距天頂餘度求四限間之視差法皆準此其在二三限日食所用有立成視差表依諸高度及距地遠近簡之

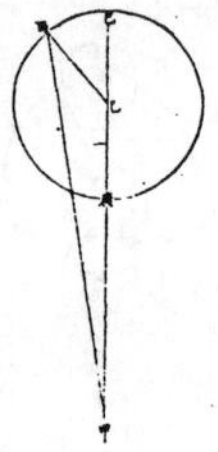

測日月求高庳視差

借月食推太陽太陰距地心遠近而求視差以三角形推算爲常法欲從天行求之則測日月高度以比其實緯度兩度之較爲高庳差也隆慶六年壬申有客星見王良北西史第谷以視差求其距地之遠立數法試之其一候其至子午圈同恆星在極高度測其相距遠俟行半周在極庳度復測之得遠近之差以推定其高庳差其一用北極出地度考之從極上極下測一恆星得其高庳差度半之以加於下測之度或減於上測之度若未得北極出地之高度即有視差其一南北相距兩地同測一星以較於北極或於恆星彼此得度有差則有視差其一測星之高度依法以加以減不正得其赤道上之本緯度則視差所移易也今測日月其距極甚遠又有出有入非如北極恆星常見不隱二曜亦不能同時並測即諸法不可盡用備述此者明測候之理且以需他用耳

假如萬曆十一年秋八月太陰黃經度從冬至起得一十五度四十〇分黃道緯距北二度四十二分第谷測其子午高得上周一十三度三十八分其半徑一十五分蒙氣八分皆以減於高度餘實高度一十三度一十五分因太陰在赤道南以減本地赤道高度得太陰赤道緯度二十〇度五十〇分第以前黃道經緯推本方之實赤道緯僅一十九度五十七分則以相減得五十四分爲太陰一十三度一十五分之高庳視差也又萬曆十五年六月太陰黃經度從冬至起得七度五十〇分黃緯五度有奇推其赤道實緯度一十八度〇五分測其上周高一十五度二十〇分下周一十四度四十六分得徑三十四分太陰心高一十五度〇三分內減蒙氣六分餘與赤道高相減得一十九度〇八分爲太陰赤道距度較實推贏一度〇三分是爲本方之高庳視差也從兩視徑觀之可見徑大者近於最庳小者近於最高故所測高度略同所推視差大相遠矣又萬曆十四年九

月測太陰高四十五度其視徑三十四分於時離鶉火宮十一度一十〇分而本度距地平正當黃道九十度限不必用赤道緯度以求視差祇以黃道實緯度四度四十五分減視緯度距南五度三十〇分得四十五分爲太陰高四十五度之高庳視差也

以四方分視差第三　凡五章

視高差無定方惟日躔月離所在從天頂下垂線過躔至地平爲直角其過躔處分視實之高庳而已至黃道經緯度亦依視高而有變易則因日月視度從黃道偏南北或偏東西或正或斜隨所在得其橫直視差爲南北東西差

三視差總圖

前論視高差爲過天頂大圈之弧止向地平隨方取之今論南北差是過黃極大圈之弧爲黃道兩平行圈所限也其一過實度其一過視度東西差則黃道之弧爲過黃極兩大圈所限也亦一過實度一過視度三視差弧獨黃道正南北或正東西則合爲一弧外此必成三角形以法推每邊之度分也如上圖甲乙爲地半徑丙爲太陰丙丁爲月本天戊己庚爲黃道壬己癸爲過天頂象限從地心出直線過太陰爲甲丙至宗動天指其實度爲辛若從地面出乙丙線指其視度爲午則辛午弧爲太陰高庳視差午申弧與黃道平行過太陰視度於午未辛酉弧亦與黃道平行過太陰實度於辛則兩平行弧間午未或辛亥爲太陰南北視差又亥辛及午未爲過黃道極大圈之弧則亥午在其中爲太陰東西視差合三視差得午未辛或亥辛午三角形

今依本圖設日食在黃平象限西太陰以實行在子正對太陽在己人在乙尚未見食必太陰過東至丙乙丙己參相直則見食是爲視會是實會在先視會在後也若食在黃平象限東即反是如次圖更易見

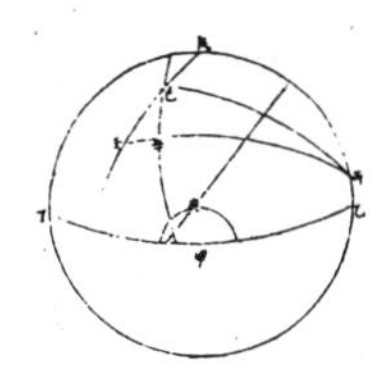
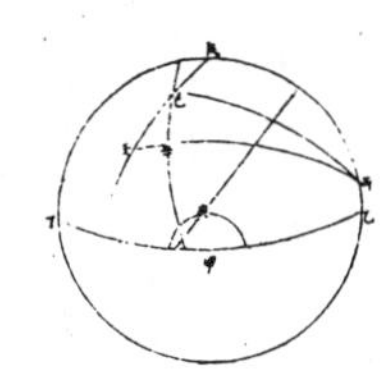

設乙甲丁爲地平戊爲天頂甲辛己爲黃道丙爲其極太陽或太陰在己爲實度但人不在地心在地面如庚視太陰在壬則己壬爲高差從丙至己至壬作丙己丙壬兩弧線卽得甲己線交黃道於辛而辛己爲東西差辛壬爲南北差

高弧正交黃道南北東西差

以高弧與黃道相交之角分南北東西差可得其幾何蓋兩弧相交以直角則高弧正爲距度弧不偏東西卽絕無東西差而高庳差徑爲南北差若黃道自爲高弧而太陰在交處無距度則高庳差徑爲東西差而絕無南北差若太陰有距度則黃道不同於高弧太陰不免有東西差亦幷有南北差如圖甲戊爲黃道卽爲高弧與地平爲直角甲爲天頂太陰在丁則其高差丁戊卽爲東西差若太陰距南或北作大圈過黃道之兩極爲乙丙其距度爲丁乙丁丙得甲乙甲丙弧與甲丁弧必不等又不交於乙丙弧之極故甲乙丁甲丙丁不能爲直角而並得南北東西差且太陰愈近天頂乙丙兩角愈銳南北差愈多太陰漸遠於天頂兩角漸大殆如直角而南北差漸少

高弧斜交黃道南北東西差

太陰有距度求視差甚難其理甚繁其在交無距度者稍易稍簡故先之設黃道爲甲乙丙其斜交之高弧爲丁乙戊太陰無距度在乙其視高差爲乙戊得南北差爲丙戊東西差爲乙丙成乙丙戊三角形其形有丙戊爲過黃道兩極之弧則乙丙戊爲直角有丙乙戊角其相當弧甲丁過高下圈及黃道極之弧也有乙戊視高差法以曲線三角形之理推乙丙丙戊兩視差之弧但此三角

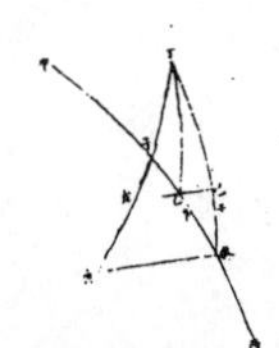

形小其三邊皆爲大圈之弧可用直線法推之再設太陰不正在交有距度或南或北如圖丁乙爲過地平兩極之高弧甲乙丙爲黃道太陰距南在戊距北在己其黃經度在乙從天頂得丁戊爲太陰距南高弧丁己爲太陰距北高弧因實度在戊在己視度在庚在壬得戊庚及己壬爲太陰視高差又得庚癸壬辛弧其至癸至辛指太陰視經度與黃道爲直角今以實經緯及北極出地度算南北東西差

假如以北極高得乙丁過頂弧又有乙戊爲太陰距度弧有甲乙丁爲高弧交黃道之角加甲乙戊直角得丁乙戊角可推丁戊弧及丁戊乙角若太陰距北有丁乙己爲高弧交黃道角之餘角亦可推丁己弧及丁己乙角又查丁戊丁己視高差表得戊庚及己壬而太陰距南乙子戊三角形內有子乙戊直角有乙子戊高弧交黃道之角有戊乙距度弧可推子乙及子戊弧則子癸庚三角形內有子庚弧有庚子癸角有子癸庚爲直角可推庚癸視距度去減乙戊實距度得南北差亦可推子癸黃道弧減子乙得乙癸東西差其太陰距北則乙癸己三角形內有距度乙己有乙己癸角有乙直角可推乙癸及己癸弧及乙癸己角去減己壬視高差得壬癸弧又壬辛癸爲直角可推辛癸及壬辛於乙己距度去減壬辛視距度餘爲南北差乙癸減辛癸餘乙辛爲東西差

如上說細論視差於理爲盡若恆時推步別有捷法力省大半蓋丁乙己角可當丁戊乙角甲乙丁角可當乙癸己角丁乙弧亦可當丁戊及丁己弧故也若本地距黃道遠依此算卽不得有差惟黃道在天頂太陰之大距五度又在本天最庳則差至六分不得用此若太陽將食卽太陰居食限之內距度不過一度半依省法算所差者不過一分四十五秒欲幷無差仍用原法

太陰無距度以視高差求南北東西差

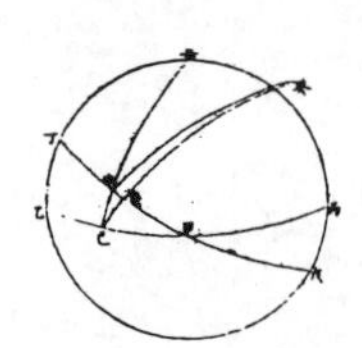

依圖乙壬戊爲子午圈乙甲丙爲地平壬爲天頂丁甲戊爲黃道壬己爲高弧太陰在辛則辛己爲視高差自黃極癸出癸辛癸己兩大圈弧限辛庚爲東西差庚己爲南北差此三角形有己庚辛爲直角辛己爲高差更得高弧交黃道之角庚辛己則視高差辛己之正弦與南北差庚己之正弦若全數與庚辛己角之正弦

假如高弧交黃道之角庚辛己得六十四度三十五分一十五秒其正弦九〇三二四視高差弦辛己得五十八分三十六秒正弦一七〇四算得正弦一五三九查其弧得五十二分五十四秒爲太陰南北差庚己此用正弦法也或用加減筭求南北差則以辛己高差減庚辛己角餘六十三度三十六分三十九秒得餘弦四四四四六又相加得六十五度三十三分五十一秒其餘弦四一三六八兩餘弦相減餘三〇七八半之得一五三九爲南北差之正弦也或用線求東西差則全數與庚己南北差之割線若辛己

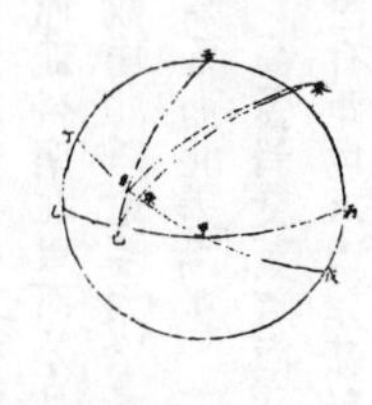

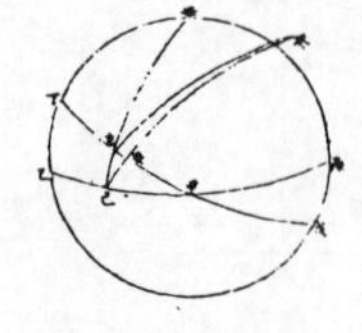

高差之餘弦與庚辛東西差之餘弦或用角求東西差則庚辛己曲線三角形甚小可用直線三角形法其高差之正弦與東西差之正弦若全數與高弧交黃道角之餘弦

假如用線推南北差五十二分五十四秒得割線一〇〇〇一一八五視高差五十八分三十六秒其餘弦九九九八五四七推得九九九七三一爲餘弦得庚辛東西差二十五分一十秒再以角求東西差則庚辛己角之餘弦四二九一三高差之正弦一七〇四算得七三一爲正弦

亦查得二十五分〇八秒爲東西差或用加減算則高弧交黃道角之餘二十五度二十四分四十五秒減高差餘二十四度二十六分〇九秒其餘弦九二〇四二加高差得二十六度二十三分二十一秒其餘弦八九五八〇兩餘弦相減餘二四六二半之得正弦七三一查得二十五分〇八秒爲庚辛東西差

太陽有距度以高差求南北東西差

前題算有距視差法簡矣又有簡於此者但依太陰時距南時距北分兩圖解之如圖甲己丙爲子午圈甲乙丙爲地平乙丁爲黃道天頂在己太陰在子則己癸爲高弧子癸爲高差又辛當北極北極圈爲戊庚負黃道極戊自戊出大圈之弧戊壬過丑指太陰實經度而丑子爲實距度又出一大圈弧戊癸至太陰視度癸從癸作垂線至壬得壬子癸三角形而子壬爲南北差壬癸爲東西差

丑壬寅癸兩弧小故壬癸可當丑寅

欲求其幾何先依第一法從天頂己連赤道極黃道極爲己戊辛三角形形有兩極相距之弧辛戊有北極出地之餘弧己辛有極至交圈交於子午圈之己辛戊角可推黃極距天頂之線己戊亥己戊子三角形有黃極距天頂之弧己戊有太陰出地高之餘弧己子又有戊子在第一圖爲象限戊丑加太陰實距度丑子之總弧在第二圖

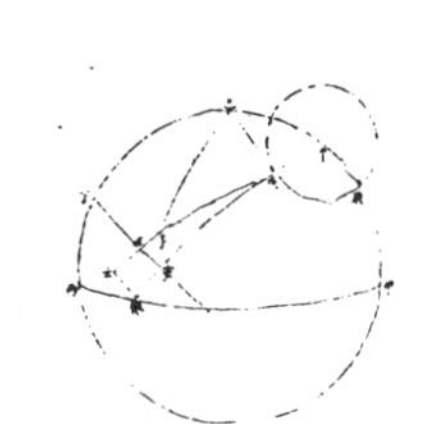

爲太陰實距度丑子之餘弧可推己子戊角亥子癸壬三角形有高差弧子癸有壬子癸角有子壬癸直角可推子壬弧是爲太陰南北視差又本三角形以子癸高差子壬南北差推壬癸東西差

假如第谷測太陰在元枵宮初度五十六分距南四度三十八分日在申正五十〇分得太陰高弧九度二十〇分得高差五十四分二十〇秒其本方北極出地五十五度五十四分三十〇秒即升度爲三百一十二度四十三分去減鶉首初之升度餘爲極至圈交於子午圈之己辛戊角而己辛及辛戊兩弧皆不及九十度則己辛戊爲銳角法全數與第一弧之正弦若第二弧之正弦與他數名先得之數 又全數與先得之數若兩弧所包角之正矢與他數名後得之數 而後得之數恆加於兩弧較差

前圖

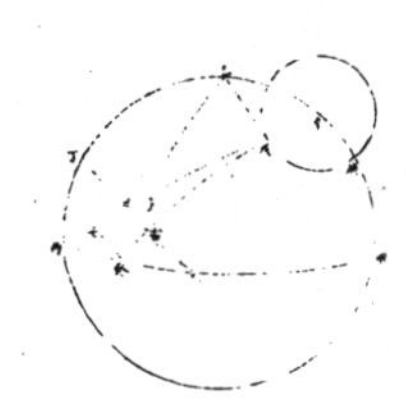

之正矢得第三弧之正矢如前圖依第谷測己辛戊三角形求己戊弧則兩道大距弧辛戊弧第一之正弦三九九一五其本方極高餘己辛弧第二之正弦五六〇五二一求先得之數爲二二三七三又己辛戊角兩弧所包角四十二度四十三分得正矢二六五二八求後得之數爲五九三五以加兩弧較差之正矢一六九六得七六三一爲己戊弧第三弧之正矢查得二十二度三十一分四十一秒以求己子戊角則己戊子三角形內全數與第一旁線之餘割線若本角旁亥線之餘割線與他數名先得之數 又兩旁線較差之正矢與對本角線之正矢相減餘爲他數名後得之數 而全數與先得之數若後得之數與本角之正矢如前圖己子角旁亥線爲太陰距天頂弧八十〇度四十〇分餘割線一〇一三四二戊子第一旁線爲太陰距南加象限共九十四度三十八分餘割線一〇〇三二八算得一〇一六七四爲先得之數其兩弧較差一十三度五十八分得正矢二九五六減己戊弧之正矢七六三一得四六七四爲後得之數依法算得四七五四爲己子戊角之正矢查得一十七度四十四分一十五秒以求子壬弧則全數與子癸高差弧之切線若壬子癸角之餘弦壬子癸與己子戊兩交角等與子壬弧之切線而子癸弧之切線一五九四壬子癸角之餘弦九五二四八算得壬子弧之切線

一五一八查得五十二分一十〇秒爲太陰南北差之子壬弧以求東西差則全數與子癸弧之餘弦九九九八七五一若子壬弧之正割線一〇〇〇一一五一與壬癸弧之正割線算得九九九九九〇二爲壬癸弧之正切線查得一十五分一十〇秒爲太陰東西視差壬癸或寅丑

又次法甲乙地平甲丙黃道戊癸高弧丁黃道極皆同前此圖加戊辛爲太陰實經度出地平高之餘弧而戊辛己三角形內又有太陰實高度之餘弧戊己有太陰實距度己辛以此三邊徑推戊己辛角爲高弧交太陰緯弧角其餘角前圖或交角後圖爲壬己庚角假如依前算戊己八十〇度四十〇分得餘割線一〇一三四二二太陰距南辛己四度三十八分餘割線一二三七九四七算得一二五四五六〇爲先得之數以本兩弧之較差七十六度〇二分得正矢七五八六四戊辛弧七十六度一十五分三十〇秒得正矢七六二四五以相減得一八一爲後得之數又算得四七六〇爲戊己辛角之正矢查得一十七度四十五分

日食掩地面幾何第四凡五章

太陽有全食或周邊無光而晝晦星見者有全食而周顯金環者又有食不全而此地見食之分多彼地見食之分寡者今欲求見全食之地幾何廣見金環幾何遠自見全食之地至盡不見食之地幾何更求相距幾何地即見食漸差一分此四者大槩依視差推算種種具有法焉

全食不見光之地面

依苐谷測定蒙氣之高距地面上約有九里欲求全食時得人所共見里數若干即以蒙氣高與太陰視徑及太陽光氣內曲之角定之葢交會時太陰當日目之中掩太陽光其視徑必大於太陽視徑而人目所周之地平自無光矣但日光從最通明處射地而來一遇次通明之蒙氣即曲而斜照見本曆指第一卷必依氣之高低漸漸聚合廣狹不等如氣太高則光不至地面而聚合可無滿景氣太低則光一曲即至地月景反覺開展不止恆測之界今設氣高九里以絕日光必月景近地占千餘里必太陰視徑大於太陽視徑四分有餘乃可論食在天頂也若食在下度則月徑可小景或反大圖中蒙氣高爲甲丁求甲乙丙以定甲丙不受光氣之拓界乙丁乙丙皆地半徑約一萬五千里則乙丁與全數若甲乙與甲乙丙角之割線算得一〇〇〇六〇查本表得一度五十九分爲甲乙丙角又全數與本角之切線若丙乙線與甲丙線得里數爲五百一十九即太陰在頂滿景之半徑也而全徑則一千〇三十八里蓋食距地平高三十度即太陰視徑大於太陽視徑止一分必滿景徑得千餘里視徑加大里數亦多然蒙氣差表未詳故止以地半徑差別求之

法日月兩半徑相減以差數加太陽視差即於表中本高度前後查太陰高下視差與得數等即以高度差前後各得滿景半徑若視差與得數不等即以中比例法求相應之高弧加於高度差如太陽行最高得視半徑一十五分太陰行最庳得視半徑一十七分二十〇秒差數爲二分二十〇秒試以食在天頂表得六秒加兩半徑差數得二分二十六秒於太陰廣東廣西等處夏至時是下二度爲八十八以本度查太陽視差視差表中以八十八度查二分一十四秒所不及者爲一十二秒依比例算得一十一分宜加於二度即更下去頂愈遠也故天頂正下爲滿景之心前下二度一十一分景缺即初見光其界限約五百四十六里後下高弧等得里數亦等共得一千〇九十二即同食甚時同見食掩地面之廣也欲論先後時刻自初見滿景至復見生光則日月並隨宗動天行之度化爲里數所得見滿景必不止數千里矣若太陽行最高太陰在高庳之正中其差數加太陽視差共一分二十〇秒算食甚時得滿景二度二十八分爲里數六百一十七又太陽及太陰皆在最庳得總差數一分五十三秒算食甚時得八百四十二里爲滿景至於兩徑相等或太陰不甚大於太陽即無滿景因蒙氣曲光內射故也

試食甚在下度距地平七十〇度太陰在最庳得視差二十一分四十六秒更下二度得視差二十三分四十九秒差二分〇三秒至兩半徑差數餘一十七

秒加太陽在最高從七十至下二度強所變視差度〇七秒總得二十四秒即以比例算應高弧二十四分總得二度二十四分化爲里得六百即地平上自中往後見滿景之地也若往前設地平高七十二太陰視差一十九分四十〇秒較於太陰高七十度之視差差二分〇六秒至兩半徑差餘一十四秒加太陽變視差七秒

上下加求太陰從太陽視差故

總得二十一秒因以比例算得二十分加七十二度化爲里得五百八十三即往前之滿景前後相加總得一千一百八十三里乃食甚同見滿景之地也

依本法推算食甚距天頂愈遠得滿景愈大而自其中心論前後兩半徑必隨高下度不等如食甚距地平高四十〇度在前得三度二十三分爲八百四十六里

景之前應高度多查表求後景之後應高度少查表求前

在後得三度三十八分爲九百〇八里總七度〇一分爲一千七百五十四里若食高二十〇度必前行一千四百八十三里即五度五十六分後行二千二百〇八里即八度五十〇分總三千六百九十一里爲滿景因視差近地平變少必度多即得變數與兩徑差數等徑差少

或太陽在最庳或太陰距最庳略遠即高度進退亦少里數亦減矣

見金環之地面

太陽在最高其視徑較太陰在最高之視徑略小較在中或最庳愈小無比故全食之食甚不顯餘光而周無金環明矣其在中距與太陰在最高之視徑等雖因蒙氣可顯金環然以大小之故不能畢露且蒙氣所生大小隨時隨處不一則亦無從可定耳自中距以下太陽視徑漸大較太陰在最高至最庳即大三十〇秒矣設食甚在天頂因周大一十五秒得四圍去中心遠四分度之一而可見金環者約有六十二里乃全徑則一百二十五里爲此時所同見至先後可見之地者又不止此若食甚距天頂愈遠得金環愈大假如距四十度高弧五十度依前一十五秒應得二十分全徑則四十餘分以三十度高弧應得全徑一度二十度高弧應得一度半一十〇度應得四度化爲里約一千里何也因視差近地平變少得度多故也若論蒙氣愈加得金環愈大因此弟谷居北方設月朔半徑大於望半徑亦此意也

總見食之地面

求滿景及金環俱以日月視徑爲主如太陰大於太陽則生滿景太陽反大即爲金環此一定之理今欲得滿與缺之景幾何或從見滿景地面食既是至斷不見景地面復圓是即以兩曜最高最庳之行求之蓋日月皆在最高見食地面少皆在最庳見食地面反多

因正在高庳故倘相距漸遠其食景大小亦漸變易

一在高一在庳則見食多寡均矣論天頂全食法加日月兩半徑以總數查表所得數或等或小加此兩數之差更加太陽視差復得總數復查表其旁所得高度即自景中心至不見食之界也

總數不正合高度用中比例法求之

假如日月皆在最高加其半徑總得三十〇分一十五秒查表太陰距地最遠之方所對六十高度得三十〇分〇六秒較兩半徑總數差九秒太陽視差〇一分二十七秒三數併加共得三十一分四十二秒在高度五十九及五十八間自頂往下數以中比例推得四十六分乃自天頂至周界得三十一度四十六分爲總見食地面之半徑而全徑則六十三度三十二分化爲里共得一萬五千八百八十三使日月皆在最庳兩半徑數并得三十二分五十〇秒查表本方內得相對高度五十九依前法推得不止五十八度即見食之界距頂三十二度五十〇分共六十五度四十分爲里一萬六千四百一十七若太陽在最高太陰在最庳總得六十四度一十八分即一萬六千零七十五里使太陰在最高太陽在最庳算得六十四度五十二分爲里一萬六千二百一十七

若論全食在下度食愈低其景愈大但地面不全受景則人目在地面同見食之廣不全依高低度何云食愈低其景愈大視日月兩輪大小約等以中心與目正對皆居一直線上雖相距實遠目視之若同爲一輪同在一度今欲見其兩心相離不正在一線則自此地至彼地勢若橫行然蓋高度全食前後左右皆於日月爲橫行愈高愈橫得景亦少若全食在下度或前或後

以高弧及同見爲主前後非東西南北可定必隨日月所居方併過日圈爲是

多爲對行而非橫行愈下愈對必行之多始得其體

之離惟多行故遲出景外所以食在下度愈低得景愈廣矣何云不全受景見日食即因日月目併居一直線上

此論以體相對雖心不正在一直線會合亦無妨今全食在高度或前或後行凡日月目直線可對者自正以心相對惟去離漸遠至以邊相對以見食至復圓爲止若全食在下度目少進即見食漸高至兩曜以邊居直線上亦能盡見其復圓使目退行少許見食漸低兩曜先至地平不及以邊居線上因而體雖尚對而所餘食分爲目所不見矣縱使更退亦不得見復圓故地面所受之景乃地景（日已沒故）非日食之景耳推下度全食之景法日月兩半徑幷與食甚高度太陰之視差順表相減餘數加太陽視差總數復查表得數等其旁所遇高度即爲前行見食之界若不等以中比例求相應之高度與表兩半徑幷加太陰視差更加太陽自食甚高度至本總數相應高度所變視差而末所得總數必應高度即後行見食之界如日月皆在最高兩半徑幷得三十〇分一十五秒設食甚高八十〇度太陰視差在此爲一十〇分二十九秒兩分數相減餘一十九分四十六秒約應高度七十一得太陽視差五十六秒以加總得二十〇分四十二秒乃又應高弧六十九度五十五分即前行至日月過頂二十〇度〇五分而見食地面共爲三十〇度〇五分若後行兩分數宜加得四十分四十四秒約應高弧四十七度太陽視差自八十至此變一分二十九秒以加總得四十二分一十三秒應四十五度一十六分即日月高相離之界共爲三十四度四十四分乃後行見食地面之徑也設食甚高爲六十〇度依本法算得前行見界距三十〇度〇九分過天頂較前徑略長後行則景長無比必行六十度始見下地平其未見復圓者八十餘秒而前後地面見景爲九十餘度設食甚高四十度必前行三十四度一十四分後行四十度乃下地平尚見食五分八十餘秒總見景七十四度設高二十度在前得四十三度二十分往後行二十度止得見復光約一分總度六十三度有餘愈下愈見少即此可知同見食之廣不全依高低度因地面不全受景故也若日月皆在最卑得半徑幷最大數爲三十二分五十〇秒設高八十度必前行三十一度後行三十六度共六十七度所同見食較前略廣設高六十〇度即前行三十一度後行六十度未可見復圓蓋所少爲一分二十秒耳大槩依餘日月半徑及餘高度求同見食之地面皆倣此算而以度數更求里數論先後見食則以總食之時及時氣兩視差細求之可也

見食進退一分應地面幾何

太陽任在本輪高庳距天頂遠近及在四方偏正俱分一十平分而見食地面則依高弧取前後以定其徑蓋徑之大小依高度前後不能爲同即前所云較食在下度與食在高度自得景更大乃論滿景之公論也今又設爲全食如前行即太陽從下生光漸至上復圓若後行即從上生光至下復圓總進退間止在一十分內欲算法於度數之分所應任取之徑分加太陽視差及日月各半徑不等之分秒總數查表其旁所對高度即本徑分之景界化爲里得見本食之地面矣假如日月皆在最高食甚在天頂設生光爲一徑分（食退是）求所應之度即十徑分與三十〇分（太陽全徑度數之分）若一徑分與三度數之分以本三分入表查太陽視差九秒更有日月兩半徑不等之一十五秒總得三分二十四秒應三度一十三分即去頂生光之界共八百零四里若生光得太陽半徑即五徑分當一十五度數之分加太陽視差四十五秒及兩半徑不等之一十五秒共得一十六分應一十五度二十四分距頂之界試以復圓即三十〇分查太陽視差一分二十七秒加半徑不等之秒總得三十一分四十二秒應三十一度四十六分乃與前求總景之數正合若食在下度如高六十〇度求一徑分相應之高弧即以三度數之分加本六十高度太陰視差得三十三分〇六秒約對五十七高度因至此太陽變視差八秒宜加且更加兩半徑不等之秒總得三十三分二十九秒應五十六度一十〇分即自食甚至一徑分生光得三度五十分較前算自頂退一徑分多得三十七分爲一百五十餘里若求五徑分應幾何即於六十度太陰視差加一十五分得四十五分〇六秒對四十一度查太陽變視差四十四秒加兩半徑不等之秒總得四十六分〇五秒應四十〇度四十五秒自食甚至半徑生光得一十九度一十五分較前多三度五十一分若日月在本圈別度得視徑大小較最高不同必先求徑分所應度數之分幾何然後依本法算而進食之分與生光之分亦同一理也

日食掩地面總圖

甲爲太陽乙爲太陰丙爲目三者於食甚時皆居一直線上以心相正對也設太陽視徑小於太陰視徑爲丁戊卽地面得滿景爲壬辛必自中心丙至壬至辛乃可見丁戊日輪之邊耳設太陽視徑大於太陰視徑爲庚癸而目在中心丙以丙己丙子直線見太陽庚癸邊必周得金環倘退至壬或進至辛卽不見之矣論滿景總爲丑卯自中心丙進前至卯卽以卯丁直線見日輪復圓退後至丑卽以丑戊直線亦見復圓徑之大小在高度低度其理一也以上原本曆指卷十三交食之五

外三差第一　凡四章

前論交食法有東西南北高庳三差皆生於地徑蓋以地爲大圜之心爲此界以宗動天爲彼界日月在兩界之間因地徑之小於日大於月生彼界之視三差也今言外三差者於三差之外復有三差不生於日月地之三徑而生於氣氣有輕重有厚薄各因地因時而三光之視差爲之變易有三一曰清蒙高差是近於地平爲地面所出清蒙之氣變易高下也二曰清蒙徑差亦因地上清蒙之氣而人目所見太陽本徑之大小爲所變易也三曰本氣徑差本氣者四行之一卽內經素問所謂大氣地面以上月天以下充塞太空者是也此比於地上清蒙更爲精微無形質而亦能變易太陽之光照使目所見之視度隨地隨時小大不一也外三差之義振古不聞西史第谷於萬曆年間殫精推測鉤深索隱曆家推重以爲冠絕古今而此祕未睹至暮年方行萬里乃始洞徹原委尚未及著書其門人述遺指撰集論次然後交食之法於理爲盡則近今十餘年事耳蓋曆學之難言如此

清蒙高差

曆家測驗日月及經緯諸星積累所得其光入人目往往不依直線而至夫太陰太陽有地徑視差無怪其然也恆星無地徑差人測之在地面與在地心不異宜所見者必依直線若之何不然且兩星相距近於地平與其相距近於天頂絕不同其各體之大小亦不同又太陽太陰固有地徑差其視體偏下視高度宜少而所得者忽復多定望時二曜正居天地徑之兩端以理論見一不得見二或並見則半體而已今有時全見之何也古度數家見直物入水中折成曲像空水之交則有鈍角以此鈍角喩諸星射目之折線於理爲允則近地面之氣可比於水天體至清可比水晶光在有氣無氣之交必成折角而能令諸曜之象升卑爲高也若星距頂愈遠所射光之折線角愈減其鈍而視高之去實高也愈多蓋近地則濕氣愈厚故受蒙爲甚而又實非雲霧等有質之物且在地濁之上

曆言入濁言濁中近濁入則不見視此爲異也謂之清蒙也因此凡測候兩星若距度線與地平平行者其在高之距與在庳之距必小有異若不與地平平行而兩高弧各異者不論或正與地平爲直角或斜與地平爲斜角其在高之距與在庳之距亦小有異總之星愈近於地兩距之實度愈少遠則愈多矣第谷之本地北極高五十五度有奇測定太陽太陰之蒙氣差大約相等自地平以上至四十餘度高差漸少更高則無有而近地之最大差得三十四分故太陽極近地平以地徑視差之偏庳三分蒙氣差之視高三十四分相減得太陽高弧之視差三十一分則目視太陽將入以下周至地平見謂在上而其實體已全入於地太陰以最大之地徑視差六十三分蒙氣差之視高三十三分相減餘三十〇分目視之見謂全沒而其實體猶全在地平上也參祿某以渾天儀測太陽行春秋分積年所得皆以本日兩交於赤道遂爲千古不決之疑不知者意其差在儀器儀器果差安得百無一合又安得悉在地平之上竟無差而在下者乎至近世而後知爲清蒙之差也第谷用器甚多甚精諸器畢合不可謂有器差而其所得亦復如是所以然者太陽臨春分論實度尚在赤道南晨測之爲蒙氣所升視之已在赤道上迨太陽近午出蒙氣之外復測之始以實行交於赤道爲真春分秋分反是先以近午之實行在赤道上爲真秋分迨昏測之日已入過赤道而北矣視度乃復在赤道上自朝至中不能有兩春分自中至夕不能有兩秋分則朝夕所

見皆視度非實度也則皆清蒙之高差也問清蒙之氣能變易太陽太陰之實度是已其言隨地隨時又各不同者何謂也曰第谷測定清蒙諸差太陽與太陰大約相等而與諸星則不等其五星所得之差又與恆星不等因此推知致差之因不在距地遠近其差大小皆氣之所爲也氣厚薄時之所爲也距地遠近地之所爲也凡考七曜之蒙差皆候其高弧至於無蒙之處得其實度而以較於有蒙之處得其視差幾何如第谷所居北極高五十五度冬至日夏至夜皆甚短其測候太陽之蒙差必於夏月太陽出蒙氣之上乃可得之測恆星之蒙差又於冬月若夏測星冬測日則盡日盡夜皆在蒙氣中無法可得而氣之厚薄冬與夏必有分矣故所定氣差隨之異也若論地則山阜之上蒙氣爲少平地乃多澤國尤多海濱更多蓋此氣周生於大地之面外規之界距地心悉等而地面有高庳其距氣界各各不等此爲淺深厚薄之緣正如海底有坳突之勢因有淺深若海水之面恆平而已然論其恆勢淺氣所生之視差少深氣爲多論其變淺氣或忽然增加少易而多深氣乃鮮有變時也萬曆十八年庚寅夏六月西曆記月食太陽以半體出地其太陰正相對尚高二度入景中已多分及太陰半沒而太陽已高二度出地平之上若以恆理論之則太陽心方出地平景心宜同時而入太陰之西周實入於地又當在景心入地之前今太陽心出矣而景心尚高二度非蒙氣所爲安得此乎然此視高差可謂甚大則以本地近於大山之下大河之濱其蒙氣爲厚遇夜清氣上騰凌晨更甚故也若他地他時未必盡同此數故治曆者當先定本地之諸曜蒙差參以時令乃能立表推步其法須累測交食之多寡早晏斟酌定之勿謂精於本法便可隨地隨時必無舛戾也若立差既定而臨食時氣候忽更此則難可豫料然所失無幾矣此高差惟月食累遇之若日食則二曜之蒙氣差大略相等高弧既同鮮有變易徑可勿論也

清蒙徑差

太陽全食晝晦星見恆事耳中史及西史皆數記之若太陰全在日與人目之間而不能盡掩日體四周皆有餘光曆家謂之金環或有闕如鉤或云依日月周徑本法則不應有此何者凡此一視徑或大或等於彼一視徑則以此體寘之人目與彼體之間無不全受掩蔽者今止論太陽在其最庳全視徑爲大得三十一分太陰在其最高全視徑爲小得三十○分三十○秒其較三十○秒爲全徑六十分之一耳即定朔果在此時日月以兩心正會何因四周能見太陽之邊乎或有時可見詳下文此說是也然而古今所記實見實測乃復多有之如隆慶元年丁卯三月朔日太陽近於最高得全徑三十分太陰在高庳之正中得全徑三十二分三十四秒則全掩太陽之外尚餘二分三十四秒乃西土實候至食甚時二曜以心正會見有金環又萬曆二十六年戊戌二月朔日太陰在最庳掩太陽復如是論地則此測在西國之內地前測在海濱論北極則此測高五十度前測正高四十一度論臨食時此測有雲前測無雲也

雲氣雖不掩日月亦能變易光耀損益分秒而第谷專精候驗多在北海之濱北極高五十六度累年密測終不見太陰盡掩太陽晝晦星見是則日光恆贏月魄恆縮又將疑掩之不盡爲恆事矣迨萬曆二十八年庚子六月朔於內地北極高五十度測得日食五分有半依本地原推正應四分較多一分有半則又日光縮月魄贏也又萬曆二十九年辛丑十一月朔日全食第谷門人於本地北極高六十餘度測得食甚時見金環四周皆廣一分有半太陽徑十二分萬曆三十六年戊申七月朔日食西土內地北極高五十一度測食甚時得二分正同時向北更四度論高視差宜減一分猶宜見食一分而第谷門人密測乃不見食此兩測者皆日先居贏且贏甚也而皆無雲綜其大都極出地甚高近海或大澤食時多雲氣則日光贏測數少於推數極出地迤庳居地高平去水澤遠食甚無雲氣則月魄贏推數少於測數展轉推求即清蒙之氣隨地隨時有無厚薄不等能淺深受光於日而變易其照耀之勢使人目所見或增或減迄無定限也再驗之海中有小島其視體甚小於太陽之視徑日初出時正當其中平分太陽之體則石之兩旁皆顯大光若不當其中而石居太陽之左右則不能映蔽日光如兩相退讓而露太陽之全體此爲何故石之蔽日隱顯之間雖以一線爲界乃海中蒙氣極厚日之施光蒙氣受之故人目所見日光能侵軼於本界之外也喩月魄於石體其理正同故蒙氣甚者全食時如石當日之正中少食時如石當日之左右即高弧至於午正人目見日無横斜之線不能升庳爲高乃地以上之蒙氣猶能承受日光使

溢界外而展小爲大月不蔽日職是故矣如圖地心爲甲日心爲丙太陰正當日目之中爲乙月景之最中人目所在爲己設太陽之邊實爲丁爲戊其光下照所限月景之界宜爲丁甲戊甲兩線此限外之氣皆得最光也然因乙太陰

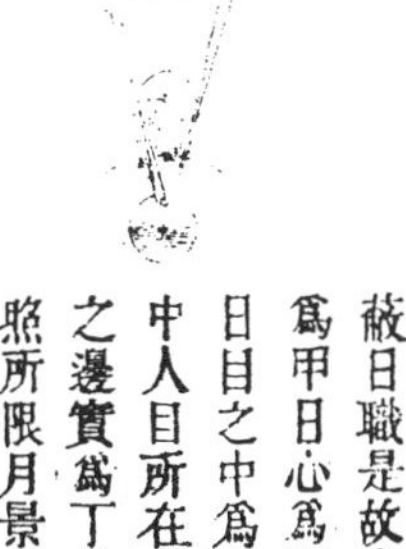

隔太陽原光於己目目所能正見者非丁戊乃是庚辛而作己辛直線則目宜全不見日周之微光矣第太陽正照之最光下及於月景四周之外而外氣之近地者爲次微之體則太陽之光借此體以侵入於月景本界之內別作一界線曲而向內即人目所正見爲癸而癸既切景較遠景之處加有光焉

光愈正照愈明切景之光甚似垂線若正照然故比距遠之處加明焉

故景之四周從癸至壬目所見皆成日光是爲癸壬金環癸壬所在實於空中非太陽之光果外溢至辛也從下視之若在月之四周與太陽同天而太陽之原光若丁戊以外更餘辛庚一環矣但癸壬之廣狹依氣厚薄隨地隨時一一不同耳曾有人試以銅薄規爲小圓形依直角線寘長竿之末退後一丈又寘一規正對前規與爲平行後規之心開細孔以目切孔正覷前規之心其前規之全徑較兩規相距之遠得一千分之十以掩天上之弧得三十四分二十〇秒與本時太陰光滿近最庳之全徑等則目視兩規與目視二曜大小遠近之比例亦等次從後規視前規理宜全掩太陰之體乃所見者四周皆顯大光更移後規向前二尺有奇以遠近之比例論則前規可掩弧度四十一分然而尚有微光也可見日月近地平圍因蒙氣有視度之高庳差即去地平遠猶有視徑之大小差矣

本氣徑差

金環又有二種一爲虛環人目所見其內規（如上圖之癸）爲最光向外漸微至外規（如上圖之壬）則似次光此爲地上清蒙之氣所生上文所說是也一爲實環若內若外悉是最光此所見者必爲太陽原光矣所以然者太陽在最高太陰在最庳則太陰之視徑略小於太陽之視徑上文所云六十分之一者是也但實環既爲原光在太陽之周非復向之虛環從蒙氣中隱映而得則人居月景之中何自得見之即在景之偏際亦宜見左失右何自得全見之曰此亦因太陽出光折照至於人目雖正在景中猶得見之折照之緣即非地上清蒙之氣而在空中之本氣前交食第一卷論月體當食顯赤色是氣景所生此論地面當食而見光色是空中本氣所射其理一也設甲爲太陽其實邊乙丙太陰在癸其實邊丁戊人居地面在己辛之間不能以直線見太陽所以得見者太陽全輪既受掩於月體爲壬庚所餘庚乙實環皆爲原光而以庚壬丙規之光正照丁戊月邊過丁戊則折而內向以至於地面己辛其所繇內折者欲就於甲癸垂線也（詳本篇一卷第五）己辛以內皆爲月景得界丁辛及戊己成三角形（戊丁爲底圖未盡景末）又太陽乙丙外規之光正照太陰近處爲子丑過子丑又折入景中而相遇於寅

此折甚於前折者愈遠於垂線愈欲急就之也

得寅己辛角形形以丙爲折入景中之重光人目在重光之中從卯辰兩交得見光環意疑在丁丑旋遶月輪其實則太陽之原光庚己也

問本篇首卷言凡象射次澈之體則成折線故本章言日光過地面則折入於景爲蒙氣故也空中本氣則甚澈之體何能受光而折入於人目乎曰空中本氣爲甚澈之體此恆理也然亦有時而變如彗孛攙搶乃及客星等皆在列宿天中非理所宜有難究其所生之繇而實則恆有之今言日食有金環者大抵皆虛環也其實環甚爲希有萬一有之不得不究所從來故作此論蓋虛環既蒙氣所爲無可疑者則實環之緣不得不在蒙氣之上既在其上不得不歸之空中本氣舍是別無可推之理耳茲有蒙氣以上變易之徵聊足解此萬曆三十三年乙巳八月西國北極高四十度測太陰在最庳日全食亦全掩原光而其四方尚餘赤光如火廣數度依此地論必言蒙氣所生不足疑亦無待辯矣從此向西北一國北極高五十餘度同時測日不全食未盡一分三十餘秒日周以外太陰餘分甚多而此地尚見是大光豈兩地相遠如此尚當言蒙氣相同之故乎縱使相同而蒙

氣距地面極高無過二百里此不全食之地其交景之頂尚在二百里以上全出蒙氣本界之外則安得有本地面之蒙氣受照爲光且四周皆見乎彼所見滿景四周之光既不爲蒙氣所生必爲空氣所生矣假如甲爲太陽乙爲太陰丙爲地丁戊爲蒙氣界若全食則所生金環在丁戊之四周也今不全食之地在己其交景之頂爲子亦見光

　此光非金環因在日周故其理不二而光中甚黑則非丁戊氣所能生矣蓋自己視太陰之下周庚必以己子庚線視其上周必從己壬至太陽辛則太陽之辛癸原光正照己目及蒙氣之界面丁壬丁壬之中絕無月景而丁壬等高之景全在己子庚直線之下安所得生光之原乎可見日四周之光必生於蒙氣以上必爲空氣所生或近於月輪在庚子兩線之中或在月輪之下不遠矣

　日食晝晦星見

凡前史記日食晝晦必因全食若星則不全食而見者有之如晨昏分中日已出已入矣明昧之交正似太陽未全食之光也而大星已見也又或不全食而見者有之故曆家下推將來雖得全食其見星與否未可豫定蓋見星不見星之緣不盡在於食分多因蒙氣與陰晴耳若食時遇氣甚清人目先見最光而習之忽爾失光雖日不全食亦似向晦星乃可見如從大光中暫焉入室見爲甚闇也若食時遇氣甚厚或多雲霧則目先習是次光後見失光不以爲異又醲厚之氣受返照之光光亦不能甚失日雖全食未及甚晦正如浮雲在天雖太陽已沒朦朧宜盡而尚有餘明星不可見矣自此之外更有太陽正照斜照之緣如太陽當晨昏時斜照於地上氣得其正照之光則能返照地面若此時以日食絕正照於氣中則地無返照之光又本無正照之光安得不爲甚晦乎故午前日食初虧至食甚時加晦生光至復圓時稍明午後食則反是蓋太陽愈庳愈能正照氣中而地得其返照之光太陽愈高愈正照於地面而以有食絕其正光惟四外反有從旁斜入之次光耳又或太陰近最高其視徑不甚大於日之視徑則太陽四周光耀散溢雖則全食地面之次光乃大於少食者亦多有之又使日食切近地平太陰微高於日則地面所見日下周之原光雖不盡如鉤而上氣乃與日月參相對絕其正照即地面絕無返照之光此時亦變爲甚晦也